PREFACE 머리말

산업현장의 예상치 못한 사고와 재해 그리고 각종 재난으로부터 안전을 지키는 일은 누구 한 사람의 힘으로 해낼 수 있는 일이 아닙니다. 국가를 비롯하여 사업주, 관리자, 근로자 한 사람 한 사람 그리고 국민 모두의 관심과 참여 및 노력이 필요한 일이라 할 수 있겠습니다.

여러 가지 문제점에도 불구하고 중대재해처벌법이 2021년 제정되어 시행된 것은 근로자와 국민의 안전을 위해서는 긍정적인 부분이 크다고 생각합니다.
아울러 2년간의 유예기간을 두었던 50인 미만 사업장에도 2024년부터 확대적용됨에 따라 산업현장뿐만 아니라 대한민국 전체에서 안전에 대한 새로운 인식의 전환이 시작되었다고 볼 수 있겠습니다.
이제는 근로자뿐만 아니라 국민 모두가 위험을 감지할 수 있는 지식과 능력을 갖출 수 있어야 합니다. 특히나 산업현장에서 주도적으로 안전을 이끌어 가야 할 산업안전기사의 역할이 더욱 중요해짐에 따라 현실적으로 그 수요 또한 급격히 증가하고 있습니다.

필자는 이러한 상황을 감안하여 38년 동안의 강의 경험과 유능하신 전문가들의 자료를 참고하여 산업안전기사 자격증 시험을 준비하는 모든 수험생들이 빠르고 쉽게 합격할 수 있는 필수 내용으로 본 교재를 구성하였습니다.
나름대로 오랜 준비기간 동안 세심한 주의를 기울여 집필하였으나 전문적이고 방대한 분량의 산업안전이론을 완벽하게 정리하기에는 부족함이 있을 것입니다.
따라서, 산업안전을 위해 애쓰고 노력하는 현장의 선·후배 안전관리자 및 보다 나은 안전관리를 위해 끊임없이 연구하고 수고하는 여러 교수님들의 아낌없는 지도와 편달을 바랍니다. 또한 앞으로도, 항상 수험생의 입장에서 생각하고 고민하여 부족한 부분들은 수정·보완해 나갈 것을 약속합니다.
출판의 기회를 주신 박문각 출판과 편집자들께 마음 깊이 감사드리며, 처음부터 끝까지 이 길을 시작하시고 인도하신 분이 여호와 하나님이심을 고백하며, 모든 영광을 임마누엘의 하나님께 돌립니다.

김용원 편저

GUIDE 산업안전기사 시험정보

▌산업안전기사란?

- **자격명**: 산업안전기사
- **관련부처**: 고용노동부
- **시행처**: 한국산업인력공단
- **관련학과**: 대학 및 전문대학의 안전공학, 산업안전공학, 보건안전학 관련학과
- **직무내용**: 제조 및 서비스업 등 각 산업현장에 배속되어 산업재해 예방계획의 수립에 관한 사항을 수행하며, 작업환경의 점검 및 개선에 관한 사항, 유해 및 위험방지에 관한 사항, 사고사례 분석 및 개선에 관한 사항, 근로자의 안전교육 및 훈련에 관한 업무 수행

▌시험과목

구분		내용
시험과목	필기	1. 산업재해 예방 및 안전보건교육 2. 인간공학 및 위험성 평가·관리 3. 기계·기구 및 설비 안전 관리 4. 전기설비 안전 관리 5. 화학설비 안전 관리 6. 건설공사 안전 관리
	실기	산업안전관리 실무

▌시험방법 및 합격기준

구분			내용
검정방법	필기	문제형식	객관식 4지 택일형
		문항수	120문항(과목당 20문항)
		시험시간	3시간(과목당 30분)
	실기	문제형식	복합형(필답형, 작업형)
		시험시간	필답형 1시간 30분 / 작업형 1시간
합격기준	필기		100점을 만점으로 하여 과목당 40점 이상, 전과목 평균 60점 이상
	실기		100점을 만점으로 하여 60점 이상

산업안전기사 합격률

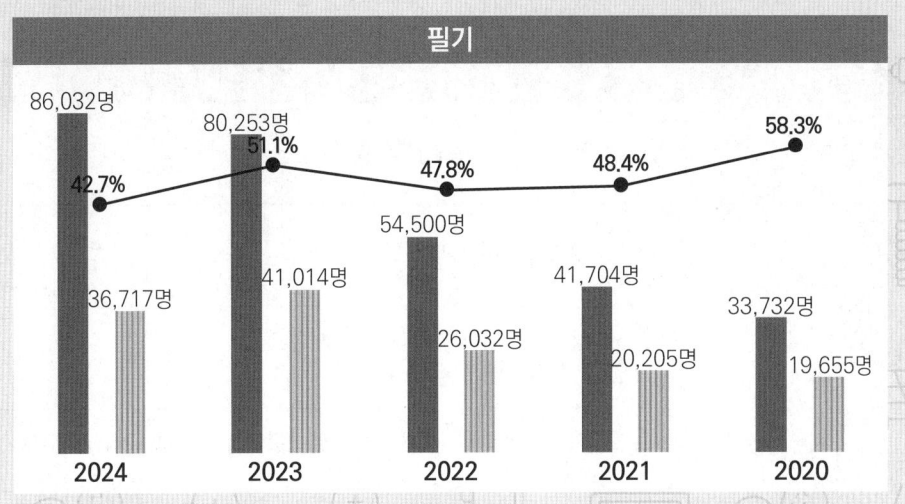

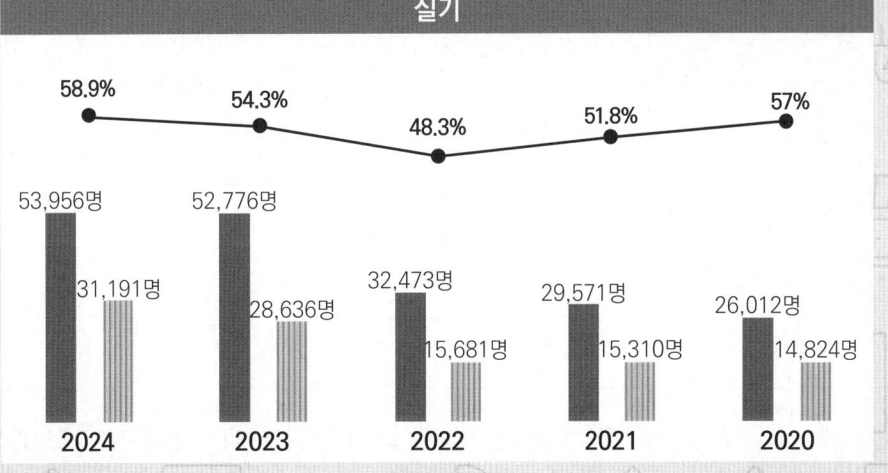

GUIDE 산업안전기사 필기 출제기준

직무분야	안전관리	중직무분야	안전관리	자격종목	산업안전기사	적용기간	2024.01.01.~2026.12.31.
필기검정방법	객관식	문제수	120			시험시간	3시간

필기과목명	주요항목	세부항목
산업재해 예방 및 안전보건교육	1. 산업재해예방 계획수립	1. 안전관리 / 2. 안전보건관리 체제 및 운용
	2. 안전보호구 관리	1. 보호구 및 안전장구 관리
	3. 산업안전심리	1. 산업심리와 심리검사 / 2. 직업적성과 배치 3. 인간의 특성과 안전과의 관계
	4. 인간의 행동과학	1. 조직과 인간행동 / 2. 재해 빈발성 및 행동과학 / 3. 집단관리와 리더십 4. 생체리듬과 피로
	5. 안전보건교육의 내용 및 방법	1. 교육의 필요성과 목적 / 2. 교육방법 / 3. 교육실시 방법 4. 안전보건교육계획 수립 및 실시 / 5. 교육내용
	6. 산업안전 관계법규	1. 산업안전보건법령
인간공학 및 위험성 평가·관리	1. 안전과 인간공학	1. 인간공학의 정의 / 2. 인간-기계체계 / 3. 체계설계와 인간요소 4. 인간요소와 휴먼에러
	2. 위험성 파악·결정	1. 위험성 평가 / 2. 시스템 위험성 추정 및 결정
	3. 위험성 감소대책 수립·실행	1. 위험성 감소대책 수립 및 실행
	4. 근골격계질환 예방관리	1. 근골격계 유해요인 / 2. 인간공학적 유해요인 평가 / 3. 근골격계 유해요인 관리
	5. 유해요인 관리	1. 물리적 유해요인 관리 / 2. 화학적 유해요인 관리 / 3. 생물학적 유해요인 관리
	6. 작업환경 관리	1. 인체계측 및 체계제어 / 2. 신체활동의 생리학적 측정법 / 3. 작업 공간 및 작업자세 4. 작업측정 / 5. 작업환경과 인간공학 / 6. 중량물 취급 작업

기계·기구 및 설비 안전 관리	1. 기계공정의 안전	1. 기계공정의 특수성 분석 / 2. 기계의 위험 안전조건 분석
	2. 기계분야 산업재해 조사 및 관리	1. 재해조사 / 2. 산재분류 및 통계 분석 / 3. 안전점검·검사·인증 및 진단
	3. 기계설비 위험요인 분석	1. 공작기계의 안전 / 2. 프레스 및 전단기의 안전 3. 기타 산업용 기계 기구 / 4. 운반기계 및 양중기
	4. 기계안전시설 관리	1. 안전시설 관리 계획하기 / 2. 안전시설 설치하기 / 3. 안전시설 유지·관리하기
	5. 설비진단 및 검사	1. 비파괴검사의 종류 및 특징 / 2. 소음·진동 방지 기술
전기설비 안전 관리	1. 전기안전관리업무수행	1. 전기안전관리
	2. 감전재해 및 방지대책	1. 감전재해 예방 및 조치 / 2. 감전재해의 요인 / 3. 절연용 안전장구
	3. 정전기 장·재해 관리	1. 정전기 위험요소 파악 / 2. 정전기 위험요소 제거
	4. 전기방폭 관리	1. 전기방폭설비 / 2. 전기방폭 사고예방 및 대응
	5. 전기설비 위험요인 관리	1. 전기설비 위험요인 파악 / 2. 전기설비 위험요인 점검 및 개선
화학설비 안전 관리	1. 화재·폭발 검토	1. 화재·폭발 이론 및 발생 이해 / 2. 소화 원리 이해 / 3. 폭발방지대책 수립
	2. 화학물질 안전관리 실행	1. 화학물질(위험물, 유해화학물질) 확인 2. 화학물질(위험물, 유해화학물질) 유해 위험성 확인 3. 화학물질 취급설비 개념 확인
	3. 화공안전 비상조치 계획·대응	1. 비상조치계획 및 평가
	4. 화공 안전운전·점검	1. 공정안전 기술 / 2. 안전 점검 계획 수립 / 3. 공정안전보고서 작성심사·확인
건설공사 안전 관리	1. 건설공사 특성분석	1. 건설공사 특수성 분석 / 2. 안전관리 고려사항 확인
	2. 건설공사 위험성	1. 건설공사 유해·위험요인 파악 / 2. 건설공사 위험성 추정·결정
	3. 건설업 산업안전보건관리비 관리	1. 건설업 산업안전보건관리비 규정
	4. 건설현장 안전시설 관리	1. 안전시설 설치 및 관리 / 2. 건설공구 및 장비 안전수칙
	5. 비계·거푸집 가시설 위험방지	1. 건설 가시설물 설치 및 관리
	6. 공사 및 작업 종류별 안전	1. 양중 및 해체 공사 / 2. 콘크리트 및 PC 공사 / 3. 운반 및 하역작업

GUIDE 구성과 특징

✅ 합격비법 손글씨 핵심요약

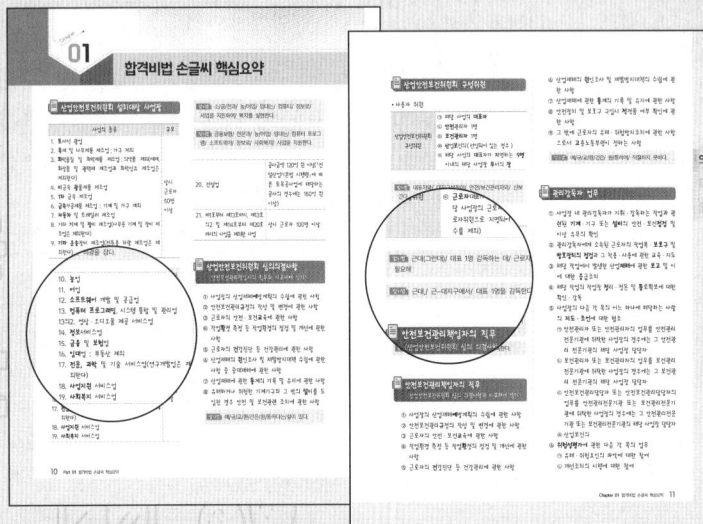

Point 1
꼭 알아야 할 중요한 핵심이론만 눈이 편한 손글씨로 정리

Point 2
문장을 읽기만 해도 암기내용이 머리에 쏙쏙 들어오는 '암기법' 수록

✅ 7개년 공개기출 및 CBT 기출복원문제(2018년 ~ 2024년)

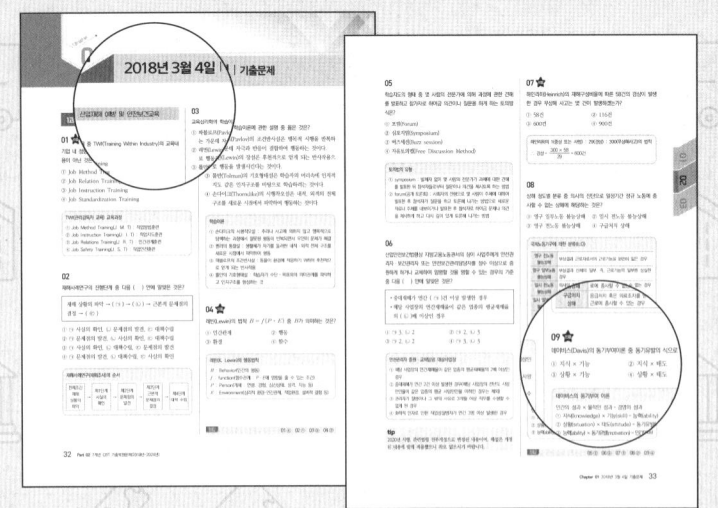

Point 1
7개년 공개기출 및 CBT 기출복원문제로 기출경향을 파악하고 빈출표시를 통해 문제적응력 향상

Point 2
문제 해결을 위한 포인트만 콕 집어 쉽고 명확한 해설로 문제 해결 스킬 향상

✅ 최신 CBT 기출복원문제(2025년 1회 · 2회 · 3회)

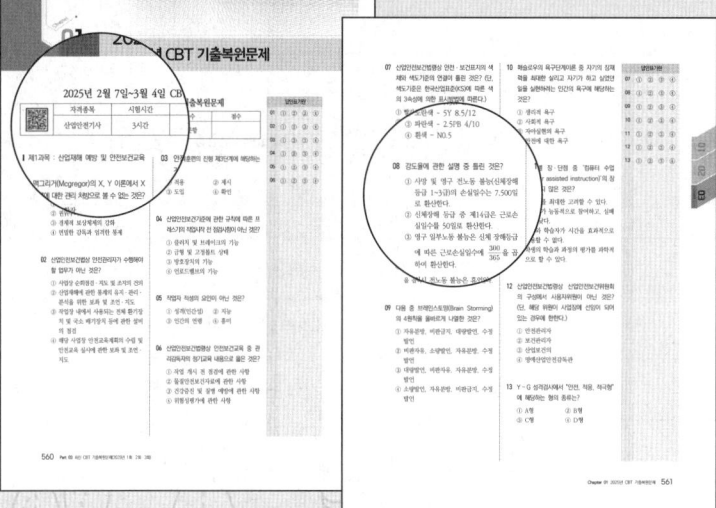

Point 1

2025년 1회·2회·3회 CBT 기출복원문제 풀이로 최신 출제경향 파악

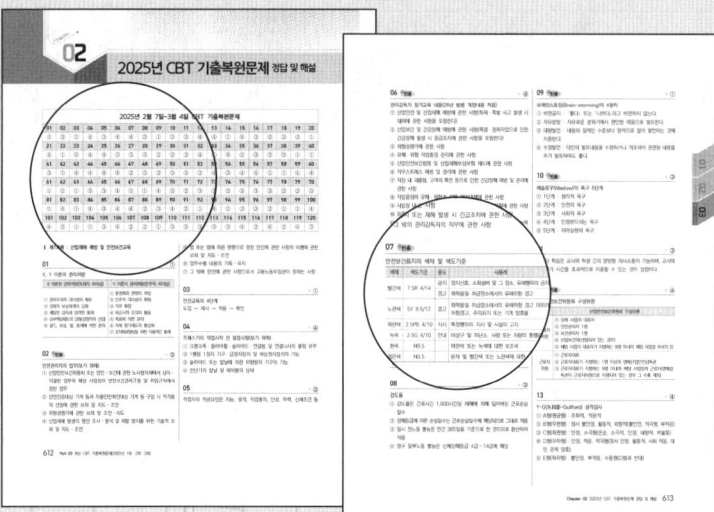

Point 2

핵심만 정확하게 찍어주는 해설로 문제 해결력 향상

CONTENTS 목차

Study check 표 활용법
스스로 학습 계획을 세워서 체크하는 과정을 통해 학습자의 학습능률을 향상시키기 위해 구성하였습니다.
각 단원의 학습을 완료할 때마다 날짜를 기입하고 체크하여, 자신만의 3회독 플래너를 완성시켜보세요.

PART 01 합격비법 손글씨 핵심요약

		Study Day		
		1st	2nd	3rd
합격비법 손글씨 핵심요약	10			

PART 02 7개년 공개기출 및 CBT 기출복원문제(2018년~2024년)

			Study Day						Study Day		
			1st	2nd	3rd				1st	2nd	3rd
01	2018년 3월 4일 기출문제	32				12	2021년 8월 14일 기출문제	306			
02	2018년 4월 28일 기출문제	56				13	2022년 3월 5일 기출문제	331			
03	2018년 8월 19일 기출문제	80				14	2022년 4월 24일 기출문제	355			
04	2019년 3월 3일 기출문제	107				15	2022년 7월 2일~7월 22일 CBT 기출복원문제	381			
05	2019년 4월 27일 기출문제	133				16	2023년 3월 1일~3월 15일 CBT 기출복원문제	405			
06	2019년 8월 4일 기출문제	158				17	2023년 5월 13일~6월 4일 CBT 기출복원문제	428			
07	2020년 6월 6일 기출문제	184				18	2023년 7월 2일~7월 22일 CBT 기출복원문제	452			
08	2020년 8월 22일 기출문제	208				19	2024년 2월 15일~3월 7일 CBT 기출복원문제	477			
09	2020년 9월 20일 기출문제	233				20	2024년 5월 9일~5월 28일 CBT 기출복원문제	505			
10	2021년 3월 7일 기출문제	257				21	2024년 7월 5일~7월 27일 CBT 기출복원문제	532			
11	2021년 5월 15일 기출문제	281									

PART 03 최신 CBT 기출복원문제(2025년 1회·2회·3회)

			Study Day		
			1st	2nd	3rd
01	2025년 CBT 기출복원문제	560			
02	2025년 CBT 기출복원문제 정답 및 해설	612			

PART 01

합격비법
손글씨 핵심요약

합격비법 손글씨 핵심요약

📄 산업안전보건위원회 설치 대상 사업장

사업의 종류	규모
1. **토사석** 광업 2. **목재** 및 나무제품 제조업 : 가구 제외 3. **화학물질** 및 화학제품 제조업 : 의약품 제외(세제, 화장품 및 광택제 제조업과 화학섬유 제조업은 제외한다) 4. **비금속 광물**제품 제조업 5. **1차** 금속 제조업 6. **금속**가공제품 제조업 : 기계 및 가구 제외 7. **자동차** 및 트레일러 제조업 8. 기타 **기계** 및 **장비** 제조업(사무용 기계 및 장비 제조업은 제외한다) 9. **기타 운송**장비 제조업(전투용 차량 제조업은 제외한다)	상시 근로자 50명 이상

> **암기법1** 화/목/금/토에/ 자/비로 가는/ 기장은/ 1차로/ 기타 운송한다.

> **암기법2** 화/목/토에/ 금속/ 자동차로/ 기타 운송하는/ 기장이/ 1차로/ 비광을 잡다.

10. **농업** 11. **어업** 12. **소프트웨어** 개발 및 공급업 13. **컴퓨터 프로그래밍**, 시스템 통합 및 관리업 13의2. 영상·오디오물 제공 서비스업 14. **정보**서비스업 15. **금융** 및 **보험**업 16. **임대**업 : 부동산 제외 17. **전문, 과학** 및 기술 서비스업(연구개발업은 제외한다) 18. **사업지원** 서비스업 19. **사회복지** 서비스업	상시 근로자 300명 이상

> **암기법1** 소/금/전과/ 농/어업/ 임대는/ 컴퓨터/ 정보로/ 사업을 지원하여/ 복지를 실현한다.

> **암기법2** 금융보험/ 전문과/ 농/어업/ 임대는/ 컴퓨터 프로그램/ 소프트웨어/ 정보로/ 사회복지/ 사업을 지원한다.

20. 건설업	공사금액 120억 원 이상(「건설산업기본법 시행령」에 따른 토목공사업에 해당하는 공사의 경우에는 150억 원 이상)
21. 제1호부터 제13호까지, 제13호의2 및 제14호부터 제20호까지의 사업을 제외한 사업	상시 근로자 100명 이상

📄 산업안전보건위원회 심의의결사항
〈안전보건관리책임자의 직무와 비교하여 암기〉

① 사업장의 산업재해**예방**계획의 수립에 관한 사항
② 안전보건관리**규**정의 작성 및 변경에 관한 사항
③ 근로자의 안전보건**교육**에 관한 사항
④ 작업**환**경 측정 등 작업환경의 점검 및 개선에 관한 사항
⑤ 근로자의 **건**강진단 등 건강관리에 관한 사항
⑥ 산업재해의 **원**인조사 및 재발방지대책 수립에 관한 사항 중 중대재해에 관한사항
⑦ 산업재해에 관한 **통**계의 기록 및 유지에 관한 사항
⑧ 유해하거나 위험한 기계기구와 그 밖의 **설**비를 도입한 경우 안전 및 보건관련 조치에 관한 사항

> **암기법** 예/규/교/환/ 건은/ 원/통하다는/ 설이 있다.

산업안전보건위원회 구성위원

① 사용자 위원

산업안전보건위원회 구성위원	㉠ 해당 사업의 **대표자** ㉡ **안전**관리자 1명 ㉢ **보건**관리자 1명 ㉣ **산업보건의**(선임되어 있는 경우) ㉤ 해당 사업의 대표자가 **지명**하는 **9명** 이내의 해당 사업장 **부서의 장**

암기법 대표자와/ 대지구부장이/ 안전/보건관리자와/ 산보간다.

② 근로자 위원

산업안전보건위원회 구성위원	㉠ 근로자**대표** ㉡ 근로자**대표**가 지명하는 **1명** 이상의 명예산업안전**감독관**(위촉되어 있는 사업장의 경우) ㉢ **근로자**대표가 지명하는 **9명** 이내의 해당 사업장의 근로자 (명예감독관이 근로자위원으로 지명되어 있는 경우 그 수를 제외)

암기법1 근대(그런대)/ 대표 1명 감독하는 데/ 근로자 9명이 필요해.

암기법2 근대/ 근~대지구에서/ 대표 1명을 감독한다.

안전보건관리책임자의 직무
〈산업안전보건위원회 심의 의결사항과 비교하여 암기〉

① 사업장의 산업재해**예**방계획의 수립에 관한 사항
② 안전보건관리**규**정의 작성 및 변경에 관한 사항
③ 근로자의 안전보건**교**육에 관한 사항
④ 작업환경 측정 등 작업**환**경의 점검 및 개선에 관한 사항
⑤ 근로자의 **건**강진단 등 건강관리에 관한 사항
⑥ 산업재해의 **원**인조사 및 재발방지대책의 수립에 관한 사항
⑦ 산업재해에 관한 **통**계의 기록 및 유지에 관한 사항
⑧ 안전장치 및 보호구 구입 시 **적격품** 여부 확인에 관한 사항
⑨ 그 밖에 근로자의 유해·위험방지조치에 관한 사항으로서 **고용노동부령**이 정하는 사항

암기법 예/규/교/환/ 건은/ 원/통하여/ 적절하지 못하다.

관리감독자의 업무

① 사업장 내 관리감독자가 지휘·감독하는 작업과 관련된 **기계**·기구 또는 **설비**의 안전·보건**점검** 및 이상 유무의 확인
② 관리감독자에게 소속된 근로자의 작업복·**보호구** 및 **방호장치의 점검**과 그 착용·사용에 관한 교육·지도
③ 해당 작업에서 발생한 산업**재해**에 관한 **보고** 및 이에 대한 **응급**조치
④ 해당 작업의 작업장 **정리**·정돈 및 **통**로확보에 대한 확인·감독
⑤ 사업장의 다음의 어느 하나에 해당하는 사람의 **지도·조언**에 대한 협조
  ㉠ 안전관리자 또는 안전관리자의 업무를 안전관리전문기관에 위탁한 사업장의 경우에는 그 안전관리 전문기관의 해당 사업장 담당자
  ㉡ 보건관리자 또는 보건관리자의 업무를 보건관리전문기관에 위탁한 사업장의 경우에는 그 보건관리 전문기관의 해당 사업장 담당자
  ㉢ 안전보건관리담당자 또는 안전보건관리담당자의 업무를 안전관리전문기관 또는 보건관리전문기관에 위탁한 사업장의 경우에는 그 안전관리전문기관 또는 보건관리전문기관의 해당 사업장 담당자
  ㉣ 산업보건의
⑥ **위험성평가**에 관한 다음의 업무
  ㉠ 유해·위험요인의 파악에 대한 참여
  ㉡ 개선조치의 시행에 대한 참여

⑦ 그 밖에 해당 작업의 안전 및 보건에 관한 사항으로서 **고용노동부령**으로 정하는 사항

> **암기법** 지도조언에/ 정통한 자를/ 고용하여/ 기계설비 점검 및/ 보호구 방호장치 점검 후/ 위험을 평가하여/ 재해보고에 응하라.

안전관리자의 업무

① 산업안전보건위원회 또는 안전·보건에 관한 **노사**협의체에서 심의·의결한 업무와 해당 사업장의 안전 보건관리규정 및 취업규칙에서 정한 업무
② 안전**인증**대상 기계 등과 **자율**안전확인대상 기계 등 구입 시 적격품의 선정에 관한 보좌 및 지도·조언
③ **위험**성평가에 관한 보좌 및 지도·조언
④ 해당 사업장 안전**교육**계획의 수립 및 안전교육 실시에 관한 보좌 및 지도·조언
⑤ 사업장 **순회**점검·지도 및 **조치**의 건의
⑥ 산업재해 발생의 **원**인 조사·분석 및 재발 방지를 위한 기술적 보좌 및 지도·조언
⑦ 산업재해에 관한 **통계**의 유지·관리·분석을 위한 보좌 및 지도·조언
⑧ 법 또는 법에 따른 **명령**으로 정한 안전에 관한 사항의 이행에 관한 보좌 및 지도·조언
⑨ 업무수행 내용의 **기록**·유지
⑩ 그 밖에 안전에 관한 사항으로서 고용노동부장관이 정하는 사항

> **암기법** 위험한/ 노사(안보)교육은/ 원/통하나/ 인자하게/ 명령하여/ 순조롭게/ (내용을) 기록하였다.

안전관리자 증원·교체임명 대상 사업장

① 해당 사업장의 **연간**재해율이 같은 업종의 **평균**재해율의 **2배** 이상인 경우
② **중**대재해가 연간 2건 이상 발생한 경우(해당사업장의 전년도 사망만인율이 같은 업종의 평균 사망만인율 이하인 경우는 제외)
③ **관리**자가 **질병**이나 그 밖의 사유로 3개월 이상 직무를 수행할 수 없게 된 경우
④ **화**학적 인자로 인한 직업성**질병**자가 연간 3명 이상 발생한 경우

> **암기법** 중2들은/ 연평균 2배 이상/ 질병으로 삼/삼하다 (중2들의 연평균이 삼삼하다).

안전보건총괄책임자 지정 대상 사업장

① 관계수급인에게 고용된 근로자를 포함한 상시 근로자가 100명(선박 및 **보트** 건조업, **1차** 금속제조업 및 **토사석 광업**의 경우에는 50명) 이상인 사업
② 관계수급인의 공사금액을 포함한 해당 공사의 총공사금액이 20억원 이상인 **건설업**

> **암기법** (50명 이상과 건설업) 토요일 광내고/ 1차로/ 선보러 가니/ 건설하는 이씨가 나왔더라.

안전보건총괄책임자의 직무

① **위험성**평가의 실시에 관한 사항
② 산업재해가 발생할 급박한 위험이 있거나, 중대재해가 발생하였을 때에는 즉시 **작업의 중지**
③ 도급 시 **산업재해예방**조치
④ 안전보건**관리비**의 관계 수급인간의 사용에 관한 협의조정 및 그 집행의 감독
⑤ 안전 **인증** 대상 기계, 기구 등과 자율안전확인대상 기계, 기구 등의 사용 여부 확인

> **암기법** 위험한/ 작업은 중지하고/ 산재 예방한 후/ 관리비는/ 인자하게 사용하라.

안전보건관리규정 작성 대상 사업장
〈산업안전보건위원회, 안전보건관리책임자와 동일〉

사업의 종류	규모
1. 농업 2. 어업 3. 소프트웨어 개발 및 공급업 4. 컴퓨터 프로그래밍, 시스템 통합 및 관리업 4의2 영상·오디오물 제공 서비스업 5. 정보서비스업 6. 금융 및 보험업 7. 임대업 : 부동산 제외 8. 전문, 과학 및 기술 서비스업(연구개발업은 제외한다) 9. 사업지원 서비스업 10. 사회복지 서비스업	상시 근로자 300명 이상을 사용하는 사업장
11. 제1호부터 제4호까지, 제4호의2 및 제5호부터 제10호까지의 사업을 제외한 사업	상시 근로자 100명 이상을 사용하는 사업장

암기법 소/금/전과/농/어업/ 임대는/ 컴퓨터/ 정보로/ 사업을 지원하여/ 복지를 실현한다.

암기법 금융보험/ 전문과/ 농/어업/임대는/ 컴퓨터 프로그램 / 소프트웨어/ 정보로/ 사회복지/ 사업을 지원한다.

안전보건관리규정에 포함되어야 할 내용

① 안전 및 보건관리조직과 그 직무에 관한 사항
② 안전보건교육에 관한 사항
③ 안전 및 보건에 관한 관리조직과 그 직무에 관한 사항
④ 사고조사 및 대책수립에 관한 사항
⑤ 그 밖에 안전·보건에 관한 사항

암기법 안전/보건은/ 조/교가/ 대책을 수립한다.

안전보건개선계획 수립 대상 사업장

① 산업 재해율이 같은 업종의 규모별 평균 산업 재해율보다 높은 사업장
② 사업주가 안전조치 또는 보건조치를 이행하지 아니하여 중대재해가 발생한 사업장
③ 직업성 질병자가 년간 2명 이상 발생한 사업장
④ 유해인자의 노출기준을 초과한 사업장

암기법 산평재가 높은/ 안전중대는/ 유해인자를 / 직투한다.

안전보건개선계획 포함 사항

① 시설
② 안전보건관리체제
③ 안전보건교육
④ 산업재해예방 및 작업환경 개선을 위하여 필요한 사항

암기법 교/관이/ 개/시

암기법 안전보건관리를 위해서는/ 교육/시설의/ 개선이 필요하다.

안전보건개선계획서의 작성내용 중 개선계획의 중점개선계획 내용

중점개선계획 : 시설, 기계장치, 원료 재료, 작업방법, 작업환경

암기법 원료재료가 없어/ 시/방/ 환/장 하겠네.

안전보건진단을 받아 안전보건개선계획을 수립해야 하는 사업장

① **산업**재해율이 같은 업종 **평균산업**재해율의 **2배** 이상인 사업장
② 사업주가 필요한 **안전**조치 또는 보건조치를 이행하지 아니하여 **중대**재해가 발생한 사업장
③ **직업**성 질병자가 연간 2명 이상(상시근로자 1천명 이상 사업장의 경우 3명 이상) 발생한 사업장
④ 그 밖에 작업환경불량, 화재·폭발 또는 누출사고 등으로 사업장주변까지 피해가 확산된 사업장으로서 고용노동부령으로 정하는 사업장

암기법 안전 중대는/ 산평재가 둘이(두 배)라서/ 사주의 피를/ 직투하더라.

 사업장의 산업재해 발생건수 등 공표대상 사업장

① 산업재해로 인한 **사망자**(사망재해자)가 연간 **2명** 이상 발생한 사업장
② 사망**만인율**(연간 상시근로자 1만명당 발생하는 사망재해자 수의 비율)이 규모별 같은 업종의 평균 사망 만인율 이상인 사업장
③ **중대**산업사고가 발생한 사업장
④ 산업재해 발생 사실을 **은폐**한 사업장
⑤ 산업재해의 발생에 관한 보고를 최근 3년 이내 2회 이상 하지 않은 사업장

암기법 사망자가 둘인/ 중대사고를/ 은폐하면/ 만인이/ 보삼을 두 번 한다.

 산업재해 발생 시 기록 보존해야 할 사항

① 사업장의 **개요** 및 근로자의 인적사항
② 재해 발생의 일시 및 **장소**
③ 재해 발생의 **원인** 및 과정
④ 재해 **재발**방지 계획

암기법 개인적으로/ 장/원은/ 재발 (하지마...)

 중대재해 발생 시 보고사항

① 발생**개요** 및 **피해** 상황
② **조치** 및 **전망**
③ 그 밖의 **중**요한 사항

암기법 개피 보고/ 조진/ 중사

 재해발생 시 조치사항

산업재해 **발생** - **긴급**처리 - 재해조사 - **원인**강구 - 대책수립 - 대책실시계획 - **실시** - **평가**

암기법 발이/ 긴~/ 조놈의/ 원/수가/ 실/실 거리며/ 평가한다.

하인리히의 도미노 이론
(하인리히의 사고 연쇄성 이론)

사회적 환경 및 유전적 요인 - **개인적** 결함 - **불안전한** 행동 및 불안전 상태 - **사고** - **재해**

암기법 사유가/ 개인에게 있으면/ 불안하니/ 사고 나재

버드의 최신 도미노(연쇄성) 이론

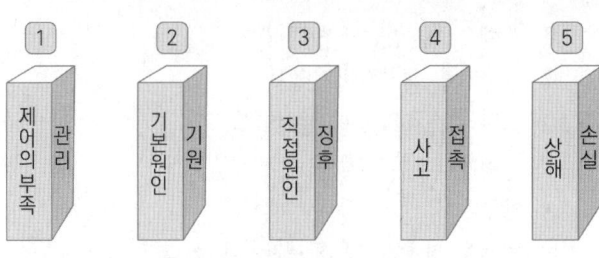

▲ 최신의 재해 연쇄(Frank E. Bird Jr)

암기법1 제/기를/ 직접/ 사면/ 상한다.

암기법2 관/기의/ 징후는/ 접촉하는/ 손에 있다.

아담스의 사고요인과 관리 시스템 (아담스의 도미노 이론)

암기법1 관에서 하는/ 작/전은/ 사/상자가 많다.

암기법1 관에서 하는/ 작/전은 술로 인해/ 사/상자를 낸다.

재해의 본질적 특성(사고의 본질적 특성)

① **사고**의 시간성
② **우연성** 중의 법칙성
③ **필연성** 중의 우연성
④ 사고의 **재현** 불가능성

암기법1 사/필/우/재

암기법2 (사고의 본질을 따지다 보면) 필(히)/ 사/우/재

하인리히의 재해예방 5단계 (하인리히의 사고예방 기본원리)

① 제1단계 : 안전관리**조직**
② 제2단계 : **사**실의 발견
③ 제3단계 : 평가 및 **분석**
④ 제4단계 : 시정책의 **선정**
⑤ 제5단계 : 시정책의 **적용**

암기법 조/사하는/ 분의/ 시선은/ 적에게

무재해로 인정되는 경우

① 업무수행 중의 사고 중 **천**재지변 또는 **돌**발적인 사고로 인한 **구**조행위 또는 긴급피난 중 발생한 사고
② 출·**퇴근** 도중에 발생한 재해
③ **운동**경기 등 각종 행사 중 발생한 재해
④ 특수한 장소에서의 사고 중 **천**재지변 또는 돌발적인 사고 우려가 많은 장소에서 **사**회통념상 인정되는 업무수행 중 발생한 사고
⑤ **제3자**의 행위에 의한 업무상 재해
⑥ 업무상 질병에 대한 구체적인 인정기준 중 **뇌**혈관질환 또는 **심장**질환에 의한 재해
⑦ 업무**시간 외**에 발생한 재해. 다만, 사업주가 제공한 사업장 내의 시설물에서 발생한 재해 또는 작업개시 전의 작업준비 및 작업종료 후의 정리정돈과정에서 발생한 재해는 제외한다.
⑧ **도로**에서 발생한 사업장 밖의 교통사고, 소속 사업장을 벗어난 출장 및 외부기관으로 위탁교육 중 발생한 사고, **회식** 중의 사고, 전염병 등 사업주의 법 위반으로 인한 것이 아니라고 인정되는 재해

암기법 천돌을 구간/ 천사가/ 출퇴근할 때/ 도로에서 회식한/ 제삼자는/ 시간 외에/ 뇌와 심장/ 운동한다.

브레인 스토밍(BS 4원칙)

① 비판금지 ② 자유분방 ③ 대량발언 ④ 수정발언

암기법 비/자(가)/ 대/수(냐)

STOP 기법 안전관찰 사이클

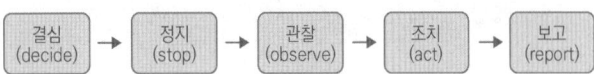
결심(decide) → 정지(stop) → 관찰(observe) → 조치(act) → 보고(report)

암기법 결/정했으면/ 관에서/ 조치한 것을 (하고)/ 보고하라.

암기법 결/정했으면/ 관찰하여/ 조치한 다음/ 보고하라.

재해사례 연구순서

① 전제조건 : 재해상황 파악
② 제1단계 : 사실의 확인
③ 제2단계 : 문제점 발견
④ 제3단계 : 근본적 문제점의 결정
⑤ 제4단계 : 대책의 수립

암기법 재/사에 관한/ 문제는/ 근본적인/ 대책이 필요해.

안전인증 대상 기계 또는 설비

① 프레스 ② 전단기 및 절곡기 ③ 크레인
④ 리프트 ⑤ 압력용기 ⑥ 롤러기
⑦ 사출성형기 ⑧ 고소 작업대 ⑨ 곤돌라

암기법 전단기/로/ 절단하니/ 압/프(아퍼)!!/ 크/리/곤(그리곤)/ 사/고 발생

암기법 전단하니 곡소리 나게/ 압/퍼/ 크/리/곤/ 사/고/ 로운다.

안전인증 대상 방호장치

① 프레스 및 전단기 방호장치
② 양중기용 과부하방지장치
③ 보일러 압력방출용 안전밸브
④ 압력용기 압력방출용 안전밸브
⑤ 압력용기 압력방출용 파열판
⑥ 절연용 방호구 및 활선작업용 기구
⑦ 방폭구조 전기기계·기구 및 부품
⑧ 추락·낙하 및 붕괴 등의 위험방지 및 보호에 필요한 (가)설기자재로서 고용노동부장관이 정하여 고시하는 것
⑨ 충돌·협착 등의 위험방지에 필요한 산업용 로봇 방호장치로서 고용노동부 장관이 정하여 고시하는 것

암기법1 퓨(프)전방에서/ 추락(낙하)하는/ 양과부가/ 방에서 전기 끄고/ 산에 있는/ 절에서 활동하니/ 보안/압에서는 안압/파.

암기법2 가/방들고/ 산에 있는/ 절에서 활동하는/ 프전/ 양과부가/ 보안/압에서는 안/압파.

안전인증 대상 보호구

① 추락 및 감전 위험방지용 안전모
② 안전화
③ 안전장갑
④ 방진마스크
⑤ 방독마스크
⑥ 송기마스크
⑦ 전동식 호흡보호구
⑧ 보호복
⑨ 안전대
⑩ 차광 및 비산물 위험방지용 보안경
⑪ 용접용 보안면
⑫ 방음용 귀마개 또는 귀덮개

> **암기법1** 추감모 쓴/ 용안을/ 보호하기 위해/ 차광 안경 끼고/ 화/장/대에서/ 전동호흡으로/ 방마다/ 방귀/ 방/송하더라.

> **암기법2** 추감모는/ 안전한 장갑 끼고/ 대/화해…/ 용안을/ 보호하기 위해/ 차비로 안경 끼고/ 전동호흡하라고/ 방마다/ 방귀/ 방/송 함

자율안전확인 대상 기계 또는 설비

① **연**삭기 또는 연마기(휴대형은 제외)
② **산**업용 로봇
③ **혼**합기
④ **파**쇄기 또는 분쇄기
⑤ **식**품가공용 기계(파쇄·절단·혼합·제면기만 해당)
⑥ **컨**베이어
⑦ **자**동차 정비용 리프트
⑧ **공**작기계(선반, 드릴기, 평삭·형삭기, 밀링만 해당)
⑨ 고정형 **목재**가공용 기계(둥근톱, 대패, 루타기, 띠톱, 모떼기 기계만 해당)
⑩ **인**쇄기

> **암기법** 산에 간/ 연/인이/ 컨/ 자/식/ 파/혼/공/고를 목재에 남김

자율안전확인 대상 방호장치

① **아**세틸렌 용접장치용 또는 **가**스집합 용접장치용 안전기
② **교**류아크 용접기용 자동전격 방지기
③ **롤**러기 급정지장치
④ **연**삭기 덮개
⑤ **목**재가공용 둥근톱 반발예방장치와 날접촉 예방장치
⑥ **동**력식 수동대패용 칼날 접촉방지장치
⑦ 추락·낙하 및 붕괴 등의 위험방지 및 보호에 필요한 **가**설기자재(안전인증대상기계기구에 해당되는 사항 제외)로서 고용노동부장관이 정하여 고시하는 것

> **암기법1** (기계이름만) - 아가/목/동이 교/가/로/ 연을 날린다.

> **암기법2** (기계이름과 방호장치 함께) - 교자동에서/ 연하게 덮은/ 동력칼을/ 목을 향해 반듯하게 날린/ 아가의 안전을 위해/ 추가로/ 롤러를 급정지했다.

자율안전확인 대상 보호구

① **안**전모(안전인증대상기계기구에 해당되는 사항 제외)
② **보**안경(안전인증대상기계기구에 해당되는 사항 제외)
③ 보안**면**(안전인증대상기계기구에 해당되는 사항 제외)

> **암기법** 안보면 자율이다.

프레스의 작업시작 전 점검 사항

① **클**러치 및 브레이크의 기능
② 크랭크축·**플**라이휠·슬라이드·연결봉 및 연결나사의 풀림 유무
③ 1행정 **1**정지기구·급정지장치 및 비상정지장치의 기능
④ **슬**라이드 또는 칼날에 의한 위험방지 기구의 기능
⑤ **프**레스의 금형 및 고정볼트 상태
⑥ **방**호장치의 기능
⑦ **전**단기의 칼날 및 테이블의 상태

> **암기법** 방/일/ 전단지는/ 슬/프다/ 크/클

산업용 로봇의 작업시작 전 점검 사항

① **외**부전선의 피복 또는 외장의 손상 유무
② **매**니퓰레이터(manipulator) 작동의 이상 유무
③ **제**동장치 및 비상정지장치의 기능

> **암기법** 외/제/매니아

공기압축기의 작업시작 전 점검 사항

① **공기**저장 압력용기의 외관상태
② **드**레인 밸브의 조작 및 배수
③ **압력**방출장치의 기능
④ **언**로드밸브의 기능
⑤ **윤**활유의 상태
⑥ **회전**부의 덮개 또는 울
⑦ 그 밖의 **연결**부위의 이상 유무

> **암기법** 드러운/ 공기는/ 언제/ 회전하나/ 윤기나는/ (압)방으로/ 연결해.

크레인 작업 시 작업시작 전 점검 사항

① **권**과방지장치 · 브레이크 · 클러치 및 운전장치의 기능
② **주행**로의 상측 및 트롤리가 횡행하는 레일의 상태
③ **와이어로프**가 통하고 있는 곳의 상태

> **암기법** 와이가/ 권하는 (운전은)/ (안전한) 주행로로 가라.

이동식크레인 작업 시 작업시작 전 점검 사항

① **권**과방지장치나 그 밖의 경보장치의 기능
② **브레이크** · 클러치 및 조정장치의 기능
③ **와이어로프**가 통하고 있는 곳 및 작업장소의 **지반** 상태

> **암기법1** 와이프가 지발/ 권하는 (경보)/브레이크를 조정하라.

> **암기법2** 와이프가/ 권하는/ 브레이크

지게차 작업 시 작업시작 전 점검 사항

① **제**동장치 및 **조**종장치 기능의 이상 유무
② **하**역장치 및 유압장치 기능의 이상 유무
③ **바퀴**의 이상 유무
④ **전**조등 · **후**미등 · **방**향지시기 및 경보장치 기능의 이상 유무

> **암기법1** 지게에는.. 전후방의/ 바퀴를/ 제조/하라.

> **암기법2** 바퀴/ 제동/전/ 하역

구내운반차 작업 시 작업시작 전 점검 사항

① **제**동장치 및 **조**종장치 기능의 이상 유무
② **하**역장치 및 유압장치 기능의 이상 유무
③ **바퀴**의 이상 유무
④ **전**조등 · **후**미등 · **방**향지시기 및 경음기 기능의 이상 유무
⑤ **충전**장치를 포함한 홀더 등의 결합상태의 이상 유무

> **암기법** 구운(구내운반차) 것은 전후방의/ 바퀴를/ 제조하여/ 충전/하라.

고소작업대 작업 시 작업시작 전 점검 사항

① **비상**정지 및 비상하강방지장치 기능의 이상 유무
② **과**부하방지장치의 작동 유무(와이어로프 또는 체인 구동방식의 경우)
③ **아웃**트리거 또는 바퀴의 이상 유무
④ 작업면의 **기울기** 또는 요철 유무
⑤ **활**선작업용 장치의 경우 홈·균열·파손 등 그 밖의 손상 유무

> **암기법** 활/ 기울기가/ 비상하면/ 과부는/ 아웃

컨베이어 작업 시 작업시작 전 점검 사항

① **원동기** 및 **풀리** 기능의 이상 유무
② **이탈** 등의 방지장치 기능의 이상 유무
③ **비상**정지장치 기능의 이상 유무
④ **원동기**·회전축·기어 및 풀리 등의 덮개 또는 울 등의 이상 유무

> **암기법** 원동기가 풀려/ 이탈하면/ 비상/ 원동기를 울려라.

중량물 취급 작업 시 작업시작 전 점검 사항

① **중량**물 취급의 올바른 자세 및 복장
② **위험물**이 날아 흩어짐에 따른 보호구의 착용
③ **카바**이드·생석회(산화칼슘) 등과 같이 온도상승이나 습기에 의하여 위험성이 존재하는 중량물의 취급방법
④ 그 밖에 **하**역운반기계 등의 적절한 사용방법

> **암기법** 위험물의/ 중량을/ 카바/하라.

안전검사 대상 유해·위험기계

① **프**레스
② **전**단기
③ **크**레인(정격하중 2톤 미만 제외)
④ **리**프트
⑤ **압**력용기
⑥ **곤**돌라
⑦ **국**소배기장치(이동식 제외)
⑧ **원**심기(산업용만 해당)
⑨ **롤**러기(밀폐형 구조제외)
⑩ **사**출성형기[형 체결력 294킬로뉴튼(kN) 미만 제외]
⑪ **고**소작업대(화물자동차 또는 특수자동차에 탑재한 것으로 한정)
⑫ **컨**베이어
⑬ **산**업용 로봇
⑭ **혼**합기
⑮ **파**쇄기 또는 분쇄기

> **암기법** 전/국의/ 큰(컨)/ 산을/ 크/리/곤하니/ 압/끈/ 원/로들이/ 파/혼하는/ 사/고를 당한다.

안전교육의 지도원칙(안전교육의 지도 8원칙)

① 피교육자 중심 교육(**상**대방의 입장에서)
② **동**기부여를 중요하게
③ **쉬**운 부분에서 어려운 부분으로 진행
④ **반**복에 의한 습관화 진행
⑤ **인**상의 강화(사실적·구체적인 진행)
⑥ **오**관(감각기관)의 활용
⑦ **기**능적인 이해(Functional understanding)
⑧ **한** 번에 한 가지씩 교육(교육의 성과는 양보다 질을 중시)

> **암기법** 상/동(동상)에서/ 쉬하는 거 보고/ 반/한/ 인/오/기

TWI 관리감독자 교육 내용

① Job Method Training(J. M. T) : 작업**방법**훈련(작업개선법)
② Job Instruction Training(J. I. T) : 작업**지도**훈련(작업지도법)
③ Job Relations Training(J. R. T) : **인간관계**훈련(부하통솔법)
④ Job Safety Training(J. S. T) : 작업**안전**훈련(안전관리법)

> **암기법** MIRS(미러서) 방에서/ 지도 그리는/ 인간은/ 안전훈련이 필요해.

M	I	R	S
방에서	지도 그리는	인간은	안전훈련이 필요해

근로자 정기안전보건 교육 내용

① 산업**안전** 및 **산업**재해 예방에 관한 사항(화재·폭발 사고 발생 시 대피에 관한 사항을 포함)
② 산업**보건** 및 건강**장**해 예방에 관한 사항(폭염·한파 작업으로 인한 건강장해 발생 시 응급조치에 관한 사항을 포함)
③ **위험**성 평가에 관한 사항
④ **건강**증진 및 **질**병 예방에 관한 사항
⑤ 유해·위험 작업**환경** 관리에 관한 사항
⑥ 산업안전보건**법령** 및 산업재해**보상**보험 제도에 관한 사항
⑦ **직무스트레스** 예방 및 관리에 관한 사항
⑧ 직장 내 **괴롭힘**, 고객의 **폭언** 등으로 인한 건강장해 예방 및 관리에 관한 사항

> **암기법** 위험하여/ 건질만 한/ 환경이 아니라서/ 법으로 보상한다고 /보장해 줘도/ 안 산다고/ 괴롭히고 폭언하니/ 스트레스다.

관리감독자 정기안전보건 교육 내용

① 산업**안전** 및 **산업**재해 예방에 관한 사항(화재·폭발 사고 발생 시 대피에 관한 사항을 포함)
② 산업**보건** 및 건강**장**해 예방에 관한 사항(폭염·한파 작업으로 인한 건강장해 발생 시 응급조치에 관한 사항을 포함)
③ **위험**성평가에 관한 사항
④ 유해·위험 작업**환경** 관리에 관한 사항
⑤ 산업안전보건**법령** 및 산업재해**보상**보험 제도에 관한 사항
⑥ **직무스트레스** 예방 및 관리에 관한 사항
⑦ 직장 내 **괴롭힘**, 고객의 **폭언** 등으로 인한 건강장해 예방 및 관리에 관한 사항
⑧ 작업공정의 유해·위험과 **재해** 예방대책에 관한 사항
⑨ 사업장 내 안전보건관리체제 및 안전·보건조치 **현황**에 관한 사항
⑩ 표준안전 작업방법 결정 및 **지도**·감독 요령에 관한 사항
⑪ 현장근로자와의 의사소통능력 및 강의능력 등 안전보건**교육** 능력 배양에 관한 사항
⑫ 비상시 또는 재해 발생 시 **긴급**조치에 관한 사항
⑬ 그 밖의 관리**감독**자의 **직무**에 관한 사항

> **암기법** 위험을/ 법으로 보상한다고/ 보장해 줘도/ 안 산다고/ 괴롭히고 폭언하니/ 스트레스인데/ 표지환경이/ 감독직무이면/ 긴급조치/ 현황보고/ 교육은/ 공재해 달라.

근로자 채용 시 및 작업내용 변경 시 교육 내용

① 산업**안전** 및 **산업**재해 예방에 관한 사항(화재·폭발 사고 발생 시 대피에 관한 사항을 포함)
② 산업**보건** 및 건강**장**해 예방에 관한 사항
③ **위험**성 평가에 관한 사항
④ 산업안전보건**법령** 및 산업재해**보상**보험 제도에 관한 사항

⑤ **직무스트레스** 예방 및 관리에 관한 사항
⑥ 직장 내 **괴롭힘**, 고객의 **폭언** 등으로 인한 건강장해 예방 및 관리에 관한 사항
⑦ **기계**·기구의 **위험성**과 작업의 순서 및 동선에 관한 사항
⑧ 작업 **개**시 전 **점검**에 관한 사항
⑨ **정리**정돈 및 청소에 관한 사항
⑩ 사고 발생 시 **긴급**조치에 관한 사항
⑪ 물질안전보**건**자료에 관한 사항

> **암기법** 기계 위의/ 위험한/ 물건을/ 긴급히/ 정리하고/ 개점했는데/ 법으로 보상한다고/ 보장해 줘도/ 안 산다고/ 괴롭히고 폭언하니/ 스트레스다.

시스템의 수명주기(단계)

구상(concept) → **정의**(definition) → **개발**(development) → **생산**(production) → **배치 및 운용**(deployment) → **폐기**(disposal)

> **암기법** 구/정/개발은/ 생산에서/ 배운 후/ 폐기한다.

안전사고요인(정신적 요소)

① **안전의식**의 부족
② **주의력**의 부족
③ **방심**(放心) 및 공상(空想)
④ **개성적** 결함 요소
⑤ **판단력**의 부족 또는 그릇된 판단
⑥ **정신력**에 영향을 주는 생리적 현상

> **암기법** 방/정맞은/ 안/주가/ 개/판이네.

산업안전 심리의 5대 요소

① **동기** ② **기질** ③ **감정** ④ **습성** ⑤ **습관**

> **암기법** 동(겨울)절기의/ 감/기는/ 습/습한 데서 생김

유해·위험 기계기구 등의 방호조치 (유해·위험한 기계기구 방호조치 기준)

예초기	원심기	지게차	금속 절단기	공기 압축기	포장기계
날접촉 예방장치	회전체 접촉 예방장치	헤드가드, 백레스트, 전조등, 후미등, 안전벨트	날접촉 예방장치	압력 방출장치	구동부 방호 연동장치

> **암기법1** 예/금으로/ 지/원한다고/ 공/포하니/ 날/ 회전하면/ 헤드백이 (전후 안전하게)/ 날/ 압방으로/ 구동한대.

> **암기법2** 예/금으로/ 지/원한다고/ 공/포하니/ 날/ 회전하면/ 헤드백이 (전후 안전하게)/ 날/ 압/구정으로 데려간대.

프레스 등을 사용하는 작업의 관리감독자 유해·위험 방지 업무

① 프레스 등 및 그 **방**호장치를 점검하는 일
② 프레스 등 및 그 방호장치에 **이상**이 발견되면 즉시 필요한 조치를 하는 일
③ 프레스 등 및 그 방호장치에 **전환**스위치를 설치했을 때 그 전환스위치의 열쇠를 관리하는 일
④ **금형**의 부착·해체 또는 조정작업을 직접 지휘하는 일

> **암기법** 금/전 /방이/ 이상하다.

크레인을 사용하는 작업의 관리감독자 유해·위험 방지업무

① 작업**방법**과 근로자 **배치**를 결정하고 그 작업을 **지**휘하는 일
② **재료**의 결함 유무 또는 **기구** 및 공구의 기능을 점검하고 **불량품**을 제거하는 일
③ 작업중 안전대 또는 안전모의 착용상황을 감시하는 일

> **암기법** 방배지는/ 재기 불량으로/ 대모감이다.

석면 해체·제거 작업(관리감독자 업무)

① 근로자가 석면분진을 들이마시거나 석면분진에 오염되지 않도록 **작업방법**을 **정**하고 지휘하는 업무
② 작업장에 설치되어 있는 석면분진 포집장치, 음압기 등의 **장비**의 이상 유무를 점검하고 필요한 조치를 하는 업무
③ 근로자의 **보호구** 착용 상황을 점검하는 업무

> **암기법** 장비와/ 보호구에 대한/ 작업방법을 정하라.

밀폐공간에서의 작업 특별안전보건교육 내용

① **산소농도 측정** 및 작업환경에 관한 사항
② **사고** 시의 응급처치 및 비상시 구출에 관한 사항
③ **보호구 착용** 및 보호 장비 사용에 관한 사항
④ 작업내용·안전작업방법 및 **절차**에 관한 사항
⑤ **장비**·설비 및 시설 등의 안전**점검**에 관한 사항
⑥ 그 밖에 안전보건관리에 필요한 사항

> **암기법** 밀폐공간에서는/ 산소농도 측정하는/ 장비를 점검하고/ 사고 시/ 절차에 따라/보호구 착용하라.

밀폐된 장소에서 하는 용접작업의 특별안전보건교육 내용

① 작업순서·안전작업 **방법** 및 수칙에 관한 사항
② **환기**설비에 관한 사항
③ **전격**방지 및 보호구 착용에 관한 사항
④ **질식** 시 응급조치에 관한 사항
⑤ 작업**환경**점검에 관한 사항
⑥ 그 밖에 안전·보건 관리에 필요한 사항

> **암기법** 밀폐된 장소에서 용접할 때는 : 질식/환경을/ 순방하고/ 전격적으로/ 환기하라.

석면 해체·제거작업 특별안전보건교육 내용

① 석면의 **특성**과 위험성
② 석면 **해체**·제거의 **작업**방법에 관한 사항
③ **장비** 및 보호구 사용에 관한 사항
④ 그 밖에 안전보건관리에 필요한 사항

> **암기법** 장비의/ 특성에 따라/ 해체 작업하라.

하버드 학파의 교수법 5단계

1단계	2단계	3단계	4단계	5단계
준비시킨다 preparation	교시한다 presentation	연합한다 association	총괄시킨다 generalization	응용시킨다 application

> **암기법** 준비된/ 교사(교시)가/ 연합하면/ 총으로/ 응한다.

교시법 4단계

1단계	2단계	3단계	4단계
준비단계 preparation	일을 하여보이는 단계 presentation	일을 시켜보이는 단계 performance	보습지도의 단계 follow – up

암기법1 준비/ 하여/ 시켜/ 보지(보습지도)

암기법2 준비/ 하여/ 시켜보이는/ 보습지도

맥그리거의 X 이론의 관리처방

① **권**위주의적 리더십의 확보
② **경**제적 보상체계의 강화
③ **세**밀(면밀)한 감독과 엄격한 통제
④ **상**부책임제도의 강화(경영자의 간섭)
⑤ **설득**, 보상, 벌, 통제에 의한 관리

암기법 X라고 하면 상/경하여/ 권/세있는 자를/ 설득한다.

맥그리거의 Y 이론의 관리처방

① **분**권화와 권한의 위임
② **민**주적 리더십의 확립
③ **직**무확장
④ **비**공식적 조직의 활용
⑤ **목표**에 의한 관리
⑥ **자체** 평가제도의 활성화
⑦ **조직**목표달성을 위한 자율적인 통제

암기법1 자체/ 조직의/ 목표는/ 민.비의/ 직.분(을 되찾는 것)

암기법2 민/비의/ 직/분을 위해/ 목숨 걸고/ 자체/ 조직

허즈버그의 두 가지 요인 이론(위생요인)

① **조직**의 정책과 방침
② **작업**조건
③ **대인**관계
④ **임금, 신분, 지위**
⑤ **감독**

암기법 조직/ 작업에 앞장선/ 대/감이/ 임신이라.

허즈버그의 두 가지 요인 이론(동기유발 요인)

① **직무**상의 성취
② **인정**
③ **성장** 또는 발전
④ **책임**의 증대
⑤ **직무내용** 자체(보람된 직무)

암기법 책임있는 (자가)/ 직무의/ 내용을/ 인정하면/ 성장한다

데이비스의 동기부여 이론

인간의 성과 × 물적인 성과 = **경영**의 성과
① **지식**(knowledge) × **기능**(skill) = **능력**(ability)
② **상황**(situation) × **태도**(attitude) = **동기유발**(motivation)
③ **능력**(ability) × **동기유발**(motivation) = **인간**의 성과(human performance)

암기법 인/물/경영에서/… 지/기/능 실코/… 상/태가/ 동하면/… 능/동적인/ 인간이 되라.

운전위치 이탈 시 운전자 준수 사항 (차량계 하역운반기계, 차량계 건설기계)

① **포**크, **버**킷, **디**퍼 등의 장치를 가장 **낮은** 위치 또는 **지면**에 내려 둘 것
② **원**동기를 **정**지시키고 브레이크를 확실히 거는 등 차량계 하역운반기계 등, 차량계 건설기계의 갑작스러운 **이**동을 **방**지하기 위한 조치를 할 것
③ 운전석을 이탈하는 경우에는 **시동키**를 운전대에서 **분리**시킬 것. 다만, 운전석에 잠금장치를 하는 등 운전자가 아닌 사람이 운전하지 못하도록 조치한 경우에는 그러하지 아니하다.

> **암기법** 포버디는 낮은 지면으로/ 원정가니 이방은 /시동키를 분리하라.

재해 누발자 유형

① **미**숙성 누발자
② **상**황성 누발자
③ **습**관성 누발자
④ **소**질성 누발자

> **암기법** 상/습적인/ 미/소

재해 누발자 유형(상황성 누발자의 요인)

① 작업 **자체**가 어렵기 때문
② 기계설비의 **결함** 존재
③ **주위** 환경상 주의력 집중 곤란
④ 심신에 **근심** 걱정이 있기 때문

> **암기법1** 자체/ 결함은/ 주위의/ 근심 때문...

> **암기법2** 주위의/ 근심으로/ 자체/ 결함 발생

프레스 방호장치의 종류

① **양**수조작식
② **수**인식
③ 가드식(**게이트가드식**)
④ **손쳐내기식**
⑤ **감**응형(광전자식)

> **암기법1** 양/손 잡는/ 게이는/ 수/감된다(광/수는/ 양/손잡이/ 게이).

> **암기법2** 수/감되면/ 양/손을/ 가드로...

원동기 회전축 기어 풀리 플라이휠 등의 위험부위

① **덮**개
② **울**
③ **슬**리이브
④ **건널**다리

> **암기법** 덮어서/ 울 때/ 슬쩍/ 건너가라.

직접접촉에 의한 감전방지 대책

① 충전부가 노출되지 않도록 **폐쇄형** 외함이 있는 구조로 할 것
② 충전부에 충분한 절연효과가 있는 방호망이나 **절연덮개**를 설치할 것
③ 충전부는 내구성이 있는 절연물로 **완전히 덮어** 감쌀 것
④ **발**전소·**변**전소 및 개폐소 등 구획되어 있는 장소로서 **관계근로자**가 아닌 사람의 출입이 금지되는 장소에 충전부를 설치하고, **위험표시** 등의 방법으로 방호를 강화할 것
⑤ **전**주 위 및 **철**탑 위 등 격리되어 있는 장소로서 **관계근로자**가 아닌 사람이 접근할 우려가 없는 장소에 충전부를 설치할 것

> **암기법** 전철 관계자는/ 발이 변하는 관계로 위험하니/ 절연덮개로/ 완전히 덮어/ 폐쇄하라.

간접접촉에 의한 감전방지 대책

① **보호**절연
② **안전전압** 이하의 기기 사용
③ **접지**
④ **누**전차단기의 설치
⑤ **비**접지식 전로의 채용
⑥ **이중**절연구조

> **암기법** 안전전압을/ 이중으로/ 보호하기 위해/ 비/누로/ 접지

안전인증 방독마스크의 안전인증 표시에 따른 표시 외에 추가로 표시해야 할 사항

① **파과곡선**도
② **사용시간** 기록카드
③ 정화통의 **외부 측면**의 표시 색
④ **사용상**의 주의사항

> **암기법** 외측의/ 사주로/ 사기치면 (결국)/ 파국(곡)에 이른다.

안전모의 성능 기준

시험 성능 기준	부가 성능 기준
① 내관통성 ② 충격흡수성 ③ 내전압성 ④ 내수성 ⑤ 난연성 ⑥ 턱끈풀림	① **측면변형방호** ② **금속용융물분사방호**

> **암기법** 금/수/ 전압에서 **충/난의/ 턱을/ 관/측**하는 건 자율 이다.

공정안전보고서 제출대상 (다음 사업장의 보유설비)

① **원**유정제 처리업
② **기**타 석유정제물 재처리업
③ **석**유화학계 기초화학물질 제조업 또는 합성수지 및 기타 플라스틱물질 제조업
④ 질소화합물, **질소**, 인산 및 칼리질 화학비료 제조업 중 질소질 비료 제조
⑤ **복**합비료 및 기타 화학비료 제조업 중 복합비료 제조(단순혼합 또는 배합에 의한 경우는 제외)
⑥ 화학살균 **살충제** 및 농업용 약제 제조업(**농약원제 제조만 해당**)
⑦ **화**약 및 불꽃제품 제조업

> **암기법** 복을/ 기/원하는/ 화/석이/ 살충제 먹고/ 질 수 없대.

공정안전보고서 내용(포함 사항)

① **공정** 안전 **자**료
② 공정 위험성 **평가**서
③ 안전 **운전** 계획
④ **비상** 조치 계획

> **암기법1** 비상/운전에 대한/ 공자의/ 평가

> **암기법2** 운전/자/ 비/평

항타기·항발기의 조립·해체 시 점검사항

① **본체 연결부의 풀림** 또는 손상의 유무
② 권상용 **와이어로프**·드럼 및 도르래의 **부착상**태의 이상 유무
③ 권상장치의 브레이크 및 **쐐기**장치 기능의 이상 유무
④ 권상기의 **설치**상태의 이상 유무
⑤ 리더(leader)의 **버팀** 방법 및 고정상태의 이상 유무
⑥ 본체·부속장치 및 **부속품**의 **강도**가 적합한지 여부
⑦ 본체·부속장치 및 부속품에 심한 **손상**·**마모**·변형 또는 부식이 있는지 여부

암기법 본체 부속품 강도가/ 손상, 마모되어/ 본체 연결부가 풀려/ 권상하니 와이프도 드러누워 부상이라고/ 쐐기를 박아/ 버티도록/ 설치하였다.

양중기 와이어로프의 안전계수

근로자가 탑승하는 운반구를 지지하는 달기와이어로프 또는 달기체인의 경우	10 이상
화물의 하중을 직접 지지하는 경우 달기와이어로프 또는 달기체인의 경우	5 이상
훅, 샤클, 클램프, 리프팅 빔의 경우	3 이상
그 밖의 경우	4 이상

근로자	화물	밖으로	훅
10	5	4	3

오답피하기 근로자가 화물을 밖으로 훅~ 던지니 열받아 오네 삼(상)!!

와이어로프의 사용제한 조건

① **이음매**가 있는 것
② **와이어로프**의 한 꼬임(스트랜드)에서 끊어진 소선 (필러선 제외)의 수가 10퍼센트 이상인 것
③ **지름**의 **감소**가 공칭지름의 7퍼센트를 초과하는 것
④ **꼬인** 것
⑤ **심**하게 변형되거나 부식된 것
⑥ **열**과 전기충격에 의해 손상된 것

암기법 이 음메하는/ 와이프의 소가 열받으면/ 지가 먼저 공치자고/ 열나게/ 꼬/심

달기체인의 사용제한 조건

① 달기체인의 길이가 달기체인이 제조된 때의 **길이**의 5퍼센트를 초과한 것
② 링의 단면지름이 달기체인이 제조된 때의 해당 링의 **지름**의 10퍼센트를 초과하여 감소한 것
③ 균열이 있거나 **심**하게 변형된 것

암기법 길로 오면/ 지열이/ 심하게 생김

양중기 방호장치의 종류

① **과부하방지장치**
② **권과방지장치**
③ **비상정지장치** 및 **제동장치**
④ 그 밖의 방호장치(**승강기**의 **파**이널 **리**미트 스위치, **조속기**, **출입문** 인터록 등)

암기법 과부가/ 권하는/ 제/비는 만나지 말고,/ 승강하는(승강기).../ 파리는/ 출입문으로/ 조속히 오라.

정전기 발생현상(대전의 종류)

① **마찰**대전 ② **박리**대전 ③ **유동**대전 ④ **분출**대전
⑤ **충돌**대전 ⑥ **유도**대전 ⑦ **비말**대전

> 암기법 마/박을/ 충돌하여/ 분/유를/ 유도하니/ 비참하다.

자동전격방지기의 설치 방법 (교류아크 용접기)

① **직각**으로 부착할 것(부득이할 경우 직각에서 20°를 넘지 않을 것)
② 용접기의 이동·진동·충격으로 이완되지 않도록 **이완 방**지 조치를 취할 것
③ 전방 장치의 작동 상태를 알기 위한 **표시**등은 보기 쉬운 곳에 설치할 것
④ 전방 장치의 작동 상태를 실험하기 위한 **테스트 스위치**는 조작하기 쉬운 곳에 설치할 것

> 암기법 이방에 대한/ 테스트는/ 직각으로(즉각)/ 표시하라.

굴착면의 높이가 2미터 이상이 되는 지반의 굴착작업

사전조사 내용	작업계획서 내용
① **형상**·지질 및 지층의 상태	① **굴착**방법 및 순서, 토사 반출 방법
② **균열**·함수(含水)· 용수 및 동결의 유무 또는 상태	② **필요**한 인원 및 장비 사용계획
③ **매설물** 등의 유무 또는 상태	③ **매설물** 등에 대한 이설·보호대책
④ **지반**의 지하수위 상태	④ **사업**장 내 연락방법 및 신호방법
	⑤ **흙막이** 지보공 설치방법 및 계측계획
	⑥ **작업**지휘자의 배치계획
	⑦ 그 밖에 안전·보건에 관련된 사항

> 암기법 (사전조사 내용) - 형/균/매/지... (형상이 있는/ 균은/ 지반에/ 매설하라)

> 암기법 (작업계획서 내용) - 매/사에/ 흙으로 된/ 굴착/ 작업이/ 필요해!

히빙 방지대책(흙막이 굴착 시 주의사항에서)

① 흙막이 **근입깊이**를 깊게
② **표토제거** 하중감소
③ **지반개량**
④ 굴착면 하중증가
⑤ **어스앵커설치**

> 암기법 표토제거하고/ 어스/ 근입/하/지.

보일링 방지대책(흙막이 굴착 시 주의사항에서)

① Filter 및 **차**수벽 설치
② 흙막이 **근입깊이**를 깊게(불투수층까지)
③ **약**액주입 등의 굴착면 고결
④ **지**하수위저하
⑤ **압**성토 공법

> 암기법 근육/지압 후에는/ 필히/ 약/차를 마시세요.

토석붕괴의 외적 원인

① 사면, 법면의 경사 및 **기**울기의 증가
② 절토 및 성토 **높**이 증가
③ 공사에 의한 진동 및 **반**복 하중의 증가
④ 지표수 및 지하수의 침투에 의한 **토**사 중량의 증가
⑤ 지진, 차량, **구**조물의 하중작용
⑥ 토사 및 암석의 **혼**합층 두께

암기법 혼/기 (놓치고)/ 구/토하는/ 높은/반

Tip 토석붕괴의 내적원인
① **절**토 사면의 토질·암질
② **성**토 사면의 토질구성 및 분포
③ 토석의 **강도** 저하

암기법 성토(탄)/절/ 강도(저하)...

방독마스크의 종류 및 정화통 외부 측면 표시색(시험가스)

종류	정화통 외부 측면 표시색
유기화합물용	갈색
할로겐용	회색
황화수소용	회색
시안화수소용	회색
아황산용	노란색
암모니아용	녹색

암기법 아황이 노하니/ 유기로 갈아(서)/ 암니로 녹이고/ 할로황시는 몽땅 회쳐 먹자.

유해·위험 방지 계획서 제출 대상 사업장 (건설업)

① 다음의 어느 하나에 해당하는 건축물 또는 시설 등의 건설, 개조 또는 해체공사
  ㉠ **지상** 높이가 31미터 이상인 건축물 또는 인공구조물
  ㉡ 연면적 3만제곱미터 이상인 건축물
  ㉢ 연면적 5천제곱미터 이상인 시설로서 다음의 어느 하나에 해당하는 시설
    ㉮ 문화 및 집회시설
    ㉯ 판매시설, 운수시설
    ㉰ 종교시설
    ㉱ 의료시설 중 종합병원
    ㉲ 숙박시설 중 관광숙박시설
    ㉳ 지하도 상가
    ㉴ 냉동, 냉장 창고시설
② 최대 지간 길이가 **50**미터 이상인 **다리**의 건설 등 공사
③ **연면적 5천** 제곱미터 이상인 **냉**동, **냉**장창고 시설의 설비공사 및 단열공사
④ **다**목적댐, **발**전용댐, 저수용량 **2천만톤** 이상의 **용**수 **전**용댐 및 지방 상수도 전용댐의 건설 등 공사
⑤ **터널**의 건설 등 공사
⑥ 깊이 **10**미터 이상인 **굴착** 공사

암기법 지상에서 **삼일절** 집회를 하니(삼일운동하니)/ 다리로 **오십시오**/ 연오천은 냉냉하나/ 다발용 **댐**이 있어 **천만다행**이니/ 터널의/ 굴이 **열**릴 것이요.

유해·위험 방지 계획서 제출 시 첨부서류 (건설업)

① **공**사개요 및 **안전**보건 관리계획
② 작업**공**사종류별 **유**해·위험 방지계획

암기법 공개된/ 안보는/ 공유하자.

화재 종류(화재급수)별 소화기 표시색

① A급(일반화재) : **백색**
② B급(유류화재) : **황색**
③ C급(전기화재) : **청색**
④ D급(금속화재) : **없음**

암기법1 뱁새가/ 황새 잡으러/ 청와대로 갔더니/ 없더라.

암기법2 백수가/ 황금 찾으러/ 청와대로 갔더니/ 없더라.

보링(Boring)의 종류

① **오거**(Auger) 보링
② **수세식** 보링
③ **회전식** 보링
④ **충격식** 보링

암기법 오/수에/ 회/충

연약지반 개량공법(사질토)

① **동다짐** 공법
② **전기 충격** 공법
③ **다짐 모래 말뚝** 공법(vibro composer, sand compaction pile)
④ **진동 다짐** 공법(vibro floatation)
⑤ **폭파 다짐** 공법
⑥ **약액 주입** 공법

암기법 모래에는...// 동/전으로/ 다/진 폭/약

Tip 점성토

배수공법	Deep well 공법
	Well point 공법
탈수공법	Sand drain 공법
	Pack drain 공법
	Paper drain 공법
압밀(재하)공법	Preloading 공법
	압성토 공법(sur charge)
	사면 선단 재하 공법
치환공법	굴착 치환
	미끄럼 치환
	폭파 치환
기타공법	동치 환공법
	고결 공법(생석회 말뚝, 동결, 소결) 등

암기법1 (동치미/ 먹고) 배/탈나서/ 압퍼니/ 치료해 →
'동치미 먹고'는 기타공법

암기법2 디프/웰에서 // 샌드/팩으로/ 페니 // 프리하게/
압/사하고 // 굴에서/ 미끄러져/ 폭발(굴미폭)

비계의 점검·보수(작업 시작 전 점검사항)

[점검·보수 시기]
① 비, 눈 그 밖의 기상 상태의 악화로 작업을 중지시킨 후 그 비계에서 작업할 경우
② 비계를 조립, 해체하거나 변경한 후에 그 비계에서 작업을 하는 경우

[작업 시작 전 점검사항]
① **발판재료**의 손상여부 및 부착 또는 **걸림** 상태
② 당해 비계의 **연결부** 또는 접속부의 **풀림** 상태
③ 연결재료 및 **연결철물**의 손상 또는 **부식** 상태
④ **손잡이**의 **탈락** 여부
⑤ **기둥**의 침하·변형·변위 또는 **흔들림** 상태
⑥ **로프**의 부착상태 및 매단장치의 **흔들림** 상태

암기법1 연결철물이 부식한 곳에/ 발이 걸려 / 연결부가 풀리니/ 로프가 흔들리고/ 기둥이 흔들려/ 손잡이가 탈락

① **발판**재료의 손상여부 및 부착 또는 걸림 상태
② 당해 비계의 **연결**부 또는 접속부의 풀림 상태
③ 연결재료 및 연결**철**물의 손상 또는 **부식** 상태
④ **손잡이**의 탈락 여부
⑤ **기둥**의 침하·변형·변위 또는 흔들림 상태
⑥ **로프**의 부착상태 및 매단장치의 흔들림 상태

암기법2 손/발/로/ 연/기하는/ 철부지

방진 마스크의 구비조건

① **여**과 효율이 좋을 것
② **흡**배기 저항이 낮을 것
③ **사용**적이 적을 것
④ **중량**이 가벼울 것
⑤ **시야**가 넓을 것
⑥ **안면** 밀착성이 좋을 것
⑦ **피**부 접촉 부위의 고무질이 좋을 것

암기법 시/중/피/흡/안/사/여(시중에서 피흡입한 건 안사여).

타워 크레인 작업계획서 작성(설치·조립·해체 작업)

① 타워크레인의 **종류** 및 형식
② **설치**·조립 및 해체순서
③ 작업도구·장비·가설설비 및 **방호** 설비
④ 작업인원의 구성 및 작업근로자의 **역할** 범위
⑤ 타워크레인의 지지 규정에 의한 **지지방법**

암기법1 지/역/ 종/방/설

① 타워크레인의 종류 및 **형식**
② **설치**·조립 및 **해체**순서
③ 작업**도구**·장비·가설설비 및 **방**호 설비

④ 작업인원의 **구성** 및 작업근로자의 역할 범위
⑤ 타워크레인의 **지지** 규정에 의한 **지지방법**

암기법2 종형의/ 구역을/ 지지할 테니/ 도방을/ 설치해.

지보공 조립 및 설치 시 점검사항(붕괴 등의 방지를 위한 점검사항)

흙막이 지보공	① 부재의 손상·변형·부식·변위 및 **탈락**의 유무와 상태 ② 버팀대의 **긴압**의 정도 ③ 부재의 **접속**부·부착부 및 교차부의 상태 ④ **침하**의 정도
터널 지보공	① 부재의 손상·변형·부식·변위 **탈락**의 유무 및 상태 ② 부재의 **긴압** 정도 ③ 부재의 **접속**부 및 교차부의 상태 ④ 기둥**침하**의 유무 및 상태

암기법 접속에/ 탈락하니/ 긴급히/ 침하하더라(접속 탈락 긴급 침하).

중량물 취급 시 작업지휘자 준수사항

차량계 하역 운반기계 등에 단위화물의 무게가 100킬로그램 이상인 화물을 싣는 작업 또는 내리는 작업을 하는 경우에 해당 작업의 지휘자가 준수하여야 하는 사항
① 작업순서 및 그 순서마다의 **작업방법**을 정하고 작업을 지휘할 것
② 기구와 공구를 점검하고 **불량품**을 제거할 것
③ 해당 작업을 하는 장소에 관계 근로자가 아닌 사람이 **출입**하는 것을 **금지**시킬 것
④ 로프 **풀기** 작업 또는 덮개 **벗기**기 작업은 적재함의 화물이 떨어질 위험이 없음을 확인한 후에 하도록 할 것

암기법 풀고 벗기는/ 작업방법이/ 불량하면/ 출입금지

PART 02

7개년 공개기출 및 CBT 기출복원문제
(2018년~2024년)

2018년 3월 4일 | 기출문제

1과목　산업재해 예방 및 안전보건교육

01 ★

기업 내 정형교육 중 TWI(Training Within Industry)의 교육내용이 아닌 것은?

① Job Method Training
② Job Relation Training
③ Job Instruction Training
④ Job Standardization Training

> **TWI(관리감독자 교육) 교육과정**
> ① Job Method Training(J. M. T) : 작업방법훈련
> ② Job Instruction Training(J. I. T) : 작업지도훈련
> ③ Job Relations Training(J. R. T) : 인간관계훈련
> ④ Job Safety Training(J. S. T) : 작업안전훈련

02

재해사례연구의 진행단계 중 다음 (　) 안에 알맞은 것은?

> 재해 상황의 파악 → (㉠) → (㉡) → 근본적 문제점의 결정 → (㉢)

① ㉠ 사실의 확인, ㉡ 문제점의 발견, ㉢ 대책수립
② ㉠ 문제점의 발견, ㉡ 사실의 확인, ㉢ 대책수립
③ ㉠ 사실의 확인, ㉡ 대책수립, ㉢ 문제점의 발견
④ ㉠ 문제점의 발견, ㉡ 대책수립, ㉢ 사실의 확인

> **재해사례연구(재해조사)의 순서**
> 전제조건 재해 상황의 파악 → 제1단계 사실의 확인 → 제2단계 문제점의 발견 → 제3단계 근본적 문제점의 결정 → 제4단계 대책 수립

03

교육심리학의 학습이론에 관한 설명 중 옳은 것은?

① 파블로프(Pavlov)의 조건반사설은 맹목적 시행을 반복하는 가운데 자극과 반응이 결합하여 행동하는 것이다.
② 레빈(Lewin)의 장설은 후천적으로 얻게 되는 반사작용으로 행동을 발생시킨다는 것이다.
③ 톨만(Tolman)의 기호형태설은 학습자의 머리속에 인지적 지도 같은 인지구조를 바탕으로 학습하려는 것이다.
④ 손다이크(Thorndike)의 시행착오설은 내적, 외적의 전체 구조를 새로운 시점에서 파악하여 행동하는 것이다.

> **학습이론**
> ① 손다이크의 시행착오설 : 추리나 사고에 의하지 않고 맹목적으로 탐색하는 과정에서 잘못된 행동이 반복되면서 우연히 문제가 해결
> ② 쾰러의 통찰설 : 생활체가 자기를 둘러싼 내적·외적 전체 구조를 새로운 시점에서 파악하여 행동
> ③ 파블로프의 조건반사설 : 동물이 환경에 적응하기 위하여 후천적으로 얻게 되는 반사작용
> ④ 톨만의 기호형태설 : 학습자가 수단 – 목표와의 의미관계를 파악하고 인지구조를 형성하는 것

04 ★

레빈(Lewin)의 법칙 $B = f(P \cdot E)$ 중 B가 의미하는 것은?

① 인간관계　　　　② 행동
③ 환경　　　　　　④ 함수

> **레빈(K. Lewin)의 행동법칙**
> B : Behavior(인간의 행동)
> f : function(함수관계 : P·E에 영향을 줄 수 있는 조건)
> P : Person(개체 : 연령, 경험, 심신상태, 성격, 지능 등)
> E : Environment(심리적 환경-인간관계, 작업환경, 설비적 결함 등)

정답　01 ④　02 ①　03 ③　04 ②

05

학습지도의 형태 중 몇 사람의 전문가에 의해 과정에 관한 견해를 발표하고 참가자로 하여금 의견이나 질문을 하게 하는 토의방식은?

① 포럼(Forum)
② 심포지엄(Symposium)
③ 버즈세션(Buzz session)
④ 자유토의법(Free Discussion Method)

토의법의 유형

① symposium : 발제자 없이 몇 사람의 전문가가 과제에 대한 견해를 발표한 뒤 참석자들로부터 질문이나 의견을 제시토록 하는 방법
② forum(공개 토론회) : 사회자의 진행으로 몇 사람이 주제에 대하여 발표한 후 참석자가 질문을 하고 토론해 나가는 방법으로 새로운 자료나 주제를 내보이거나 발표한 후 참석자로 하여금 문제나 의견을 제시하게 하고 다시 깊이 있게 토론해 나가는 방법

06

산업안전보건법령상 지방고용노동관서의 장이 사업주에게 안전관리자·보건관리자 또는 안전보건관리담당자를 정수 이상으로 증원하게 하거나 교체하여 임명할 것을 명할 수 있는 경우의 기준 중 다음 (   ) 안에 알맞은 것은?

- 중대재해가 연간 (㉠)건 이상 발생한 경우
- 해당 사업장의 연간재해율이 같은 업종의 평균재해율의 (㉡)배 이상인 경우

① ㉠ 3, ㉡ 2
② ㉠ 2, ㉡ 3
③ ㉠ 2, ㉡ 2
④ ㉠ 3, ㉡ 3

안전관리자 증원·교체임명 대상사업장

① 해당 사업장의 연간재해율이 같은 업종의 평균재해율의 2배 이상인 경우
② 중대재해가 연간 2건 이상 발생한 경우(해당 사업장의 전년도 사망만인율이 같은 업종의 평균 사망만인율 이하인 경우는 제외)
③ 관리자가 질병이나 그 밖의 사유로 3개월 이상 직무를 수행할 수 없게 된 경우
④ 화학적 인자로 인한 직업성질병자가 연간 3명 이상 발생한 경우

tip
2020년 시행. 관련법령 전부개정으로 변경된 내용이며, 해설은 개정된 내용에 맞게 적용했으니 착오 없으시기 바랍니다.

07

하인리히(Heinrich)의 재해구성비율에 따른 58건의 경상이 발생한 경우 무상해 사고는 몇 건이 발생하겠는가?

① 58건
② 116건
③ 600건
④ 900건

하인리히의 1(중상 또는 사망) : 29(경상) : 300(무상해사고)의 법칙
∴ 경상 = $\frac{300 \times 58}{29}$ = 600건

08

상해 정도별 분류 중 의사의 진단으로 일정기간 정규 노동에 종사할 수 없는 상해에 해당하는 것은?

① 영구 일부노동 불능상해
② 일시 전노동 불능상해
③ 영구 전노동 불능상해
④ 구급처치 상해

국제노동기구에 의한 분류(ILO)

구분	내용
영구 전노동 불능상해	부상결과 근로자로서의 근로기능을 완전히 잃은 경우
영구 일부노동 불능상해	부상결과 신체의 일부, 즉, 근로기능의 일부를 상실한 경우
일시 전노동 불능상해	의사의 진단에 따라 일정기간 근로를 할 수 없는 경우 (신체장해가 남지 않는 일반적 휴업재해)
일시 일부노동 불능상해	의사의 진단에 따라 부상 다음날 혹은 그 이후에 정규근로에 종사할 수 없는 휴업재해 이외의 경우
구급처치 상해	응급처치 혹은 의료조치를 받아 부상당한 다음 날 정규 근로에 종사할 수 있는 경우

09

데이비스(Davis)의 동기부여이론 중 동기유발의 식으로 옳은 것은?

① 지식 × 기능
② 지식 × 태도
③ 상황 × 기능
④ 상황 × 태도

데이비스의 동기부여 이론

인간의 성과 × 물적인 성과 = 경영의 성과
① 지식(knowledge) × 기능(skill) = 능력(ability)
② 상황(situation) × 태도(attitude) = 동기유발(motivation)
③ 능력(ability) × 동기유발(motivation) = 인간의 성과(human performance)

정답 05 ② 06 ③ 07 ③ 08 ② 09 ④

10 ★빈출

안전보건관리조직의 유형 중 스탭형(Staff) 조직의 특징이 아닌 것은?

① 생산부분은 안전에 대한 책임과 권한이 없다.
② 권한 다툼이나 조정 때문에 통제수속이 복잡해지며 시간과 노력이 소모된다.
③ 생산부분에 협력하여 안전명령을 전달, 실시하므로 안전지시가 용이하지 않으며 안전과 생산을 별개로 취급하기 쉽다.
④ 명령계통과 조언, 권고적 참여가 혼동되기 쉽다.

> **라인 스탭형의 특징**
> ① 라인과 스탭 간에 협조가 안 될 경우 업무의 원활한 추진 불가
> ② 스탭의 기능이 너무 강하면 권한의 남용으로 라인에 간섭
>   → 라인의 권한 약화 → 라인의 유명무실
> ③ 명령계통과 조언, 권고적 참여가 혼돈될 가능성

11

자율검사프로그램을 인정받기 위해 보유하여야 할 검사장비의 이력카드 작성, 교정주기와 방법 설정 및 관리 등의 관리주체는 누구인가?

① 사업주
② 제조자
③ 안전관리전문기관
④ 안전보건관리책임자

> **자율검사 프로그램에 따른 안전검사(유효기간 : 2년)**
> 사업주가 근로자 대표와 협의 → 검사방법, 주기 등을 충족하는 검사프로그램 → 안전에 관한 성능검사 → 안전검사 받은 것으로 인정

12

다음의 방진마스크 형태로 옳은 것은?

① 직결식 전면형
② 직결식 반면형
③ 격리식 전면형
④ 격리식 반면형

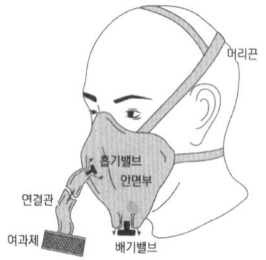

방진마스크의 형태

격리식 전면형 / 직결식 전면형
격리식 반면형 / 직결식 반면형
안면부 여과식

13

작업자 적성의 요인이 아닌 것은?

① 성격(인간성)
② 지능
③ 인간의 연령
④ 흥미

> **작업자의 적성요인**
> 지능, 성격, 직업흥미, 인성, 학력, 신체조건 등

정답 10 ④ 11 ① 12 ④ 13 ③

14

산업안전보건법령상 안전보건교육 기준 중 관리감독자 정기교육의 교육내용으로 옳지 않은 것은?

① 유해·위험 작업환경 관리에 관한 사항
② 위험성 평가에 관한 사항
③ 건강증진 및 질병 예방에 관한 사항
④ 산업보건 및 직업병 예방에 관한 사항

> **관리감독자 정기교육**
> ① 산업안전 및 산업재해 예방에 관한 사항(화재·폭발 사고 발생 시 대피에 관한 사항을 포함)
> ② 산업보건 및 건강장해 예방에 관한 사항(폭염·한파작업으로 인한 건강장해 발생 시 응급조치에 관한 사항을 포함)
> ③ 위험성 평가에 관한 사항
> ④ 유해·위험 작업환경 관리에 관한 사항
> ⑤ 산업안전보건법령 및 산업재해보상보험 제도에 관한 사항
> ⑥ 직무스트레스 예방 및 관리에 관한 사항
> ⑦ 직장 내 괴롭힘, 고객의 폭언 등으로 인한 건강장해 예방 및 관리에 관한 사항
> ⑧ 작업공정의 유해·위험과 재해 예방대책에 관한 사항
> ⑨ 사업장 내 안전보건관리체제 및 안전·보건조치 현황에 관한 사항
> ⑩ 표준안전 작업방법 결정 및 지도·감독 요령에 관한 사항
> ⑪ 현장근로자와의 의사소통능력 및 강의능력 등 안전보건교육 능력 배양에 관한 사항
> ⑫ 비상시 또는 재해 발생 시 긴급조치에 관한 사항
> ⑬ 그 밖의 관리감독자의 직무에 관한 사항

tip
2025년 법령개정. 문제와 해설은 개정된 내용 적용

15

산업안전보건법령상 안전·보건표지의 색채와 색도기준의 연결이 틀린 것은? (단, 색도기준은 한국산업표준(KS)에 따른 색의 3속성에 의한 표시방법에 따른다.)

① 빨간색 - 7.5R 4/14
② 노란색 - 5Y 8.5/12
③ 파란색 - 2.5PB 4/10
④ 흰색 - N0.5

안전표지의 색채 및 색도기준

색채	색도기준	용도	사용례
빨간색	7.5R 4/14	금지	정지신호, 소화설비 및 그 장소, 유해행위의 금지
		경고	화학물질 취급장소에서의 유해위험 경고
노란색	5Y 8.5/12	경고	화학물질 취급장소에서의 유해위험 경고 이외의 위험경고, 주의표지 또는 기계 방호물
파란색	2.5PB 4/10	지시	특정행위의 지시 및 사실의 고지
녹색	2.5G 4/10	안내	비상구 및 피난소, 사람 또는 차량의 통행표지
흰색	N9.5		파란색 또는 녹색에 대한 보조색
검은색	N0.5		문자 및 빨간색 또는 노란색에 대한 보조색

16

강도율에 관한 설명 중 틀린 것은?

① 사망 및 영구 전노동 불능(신체장해등급 1~3급)의 손실일수는 7,500일로 환산한다.
② 신체장해 등급 중 제14급은 근로손실일수를 50일로 환산한다.
③ 영구 일부노동 불능은 신체 장해등급에 따른 근로손실일수에 $\frac{300}{365}$을 곱하여 환산한다.
④ 일시 전노동 불능은 휴업일수에 $\frac{300}{365}$을 곱하여 근로손실일수를 환산한다.

> **강도율**
> ① 강도율은 근로시간 1,000시간당 재해에 의해 잃어버린 근로손실일수
> ② 장해등급에 따른 손실일수는 근로손실일수에 해당되므로 그대로 적용
> ③ 일시 전노동 불능은 년간 365일을 기준으로 한 것이므로 환산하여 적용
> ④ 영구 일부노동 불능은 신체장해등급 4급~14급에 해당

정답 14③ 15④ 16③

17
산업안전보건법령상 안전 · 보건표지의 종류 중 경고표지의 기본모형(형태)이 다른 것은?

① 폭발성 물질 경고
② 방사성 물질 경고
③ 매달린 물체 경고
④ 고압전기 경고

경고표지
① 경고표지 중 인화성 물질 경고 · 산화성 물질 경고 · 폭발성 물질 경고 · 급성 독성 물질 경고 · 부식성 물질 경고 및 발암성 · 변이원성 · 생식독성 · 전신독성 · 호흡기과민성 물질 경고는 기본모형이 마름모 형태이고 바탕은 무색, 기본모형은 빨간색(검은색도 가능)
② 그 외의 경고표지는 기본모형이 삼각형이고 검은색이며 바탕은 노란색 관련부호 및 그림은 검은색

18
석면 취급장소에서 사용하는 방진마스크의 등급으로 옳은 것은?

① 특급
② 1급
③ 2급
④ 3급

방진마스크의 등급 및 사용장소
① 특급
 • 베릴륨 등과 같이 독성이 강한 물질들을 함유한 분진 등 발생 장소
 • 석면 취급장소
② 1급
 • 특급 마스크 착용 장소를 제외한 분진 등 발생장소
 • 금속흄 등과 같이 열적으로 생기는 분진 등 발생장소
 • 기계적으로 생기는 분진 등 발생장소(규소 등과 같이 2급 마스크를 착용하여도 무방한 경우 제외)
③ 2급 : 특급 및 1급 마스크 착용장소를 제외한 분진 등 발생장소

19
적응기제 중 도피기제의 유형이 아닌 것은?

① 합리화
② 고립
③ 퇴행
④ 억압

적응기제의 기본유형

공격적 행동	책임전가, 폭행, 폭언 등
도피적 행동	퇴행, 억압, 고립, 백일몽 등
방어적 행동	승화, 보상, 합리화, 동일시, 반동형성, 투사 등

20
생체리듬(Bio Rhythm) 중 일반적으로 33일을 주기로 반복되며, 상상력, 사고력, 기억력 또는 의지, 판단 및 비판력 등과 깊은 관련성을 갖는 리듬은?

① 육체적 리듬
② 지성적 리듬
③ 감성적 리듬
④ 생활 리듬

생체리듬의 종류 및 특징

육체적(신체적) 리듬 (Physical cycle)	몸의 물리적인 상태를 나타내는 리듬으로 질병에 저항하는 면역력, 각종 체내 기관의 기능, 외부환경에 대한 신체의 반사작용 등을 알아 볼 수 있는 척도로서 23일의 주기
감성적 리듬 (Sensitivity cycle)	기분이나 신경 계통의 상태를 나타내는 리듬으로 창조력, 대인관계, 감정의 기복 등을 알아 볼 수 있으며 28일의 주기
지성적 리듬 (Intellectual cycle)	집중력, 기억력, 논리적인 사고력, 분석력 등의 기복을 나타내는 리듬으로 주로 두뇌활동과 관련되며 33일의 주기

2과목 인간공학 및 위험성 평가 · 관리

21
에너지 대사율(RMR)에 대한 설명으로 틀린 것은?

① $RMR = \dfrac{운동대사량}{기초대사량}$
② 보통 작업 시 RMR은 4~7임
③ 가벼운 작업 시 RMR은 0~2임
④ $RMR = \dfrac{운동 시 \ 산소소모량 - 안정 시 \ 산소소모량}{기초대사량(산소소비량)}$

RMR에 의한 작업강도단계
① 0~2 : 경작업
② 2~4 : 중작업(中)
③ 4~7 : 중작업(重), 강작업
④ 7 이상 : 초중작업

tip
RMR 7 이상은 되도록 기계화하고, RMR 10 이상은 반드시 기계화

정답 17① 18① 19① 20② 21②

22
FMEA의 특징에 대한 설명으로 틀린 것은?

① 서브시스템 분석 시 FTA보다 효과적이다.
② 시스템 해석기법은 정성적·귀납적 분석법 등에 사용된다.
③ 각 요소 간 영향 해석이 어려워 2가지 이상 동시 고장은 해석이 곤란하다.
④ 양식이 비교적 간단하고 적은 노력으로 특별한 훈련 없이 해석이 가능하다.

> **FMEA의 특징**
> ① CA(criticality analysis)와 병행하는 일이 많다.
> ② FTA보다 서식이 간단하고 적은 노력으로 특별한 훈련 없이 분석이 가능하다.
> ③ 논리성이 부족하고 각 요소 간의 영향 분석이 어려워 동시에 두 가지 이상의 요소가 고장 날 경우 분석이 곤란하다.
> ④ 요소가 통상 물체로 한정되어 있어 인적원인의 규명이 어렵다.
> ⑤ 시스템 안전 해석 시에는 시스템에서 단계나 평가의 필요성 등에 의해 FTA 등을 병용해 가는 것이 실재적인 방법이다.

23
A사의 안전관리자는 자사 화학 설비의 안전성 평가를 위해 제2단계인 정성적 평가를 진행하기 위하여 평가 항목 대상을 분류하였다. 주요 평가 항목 중에서 설계관계 항목이 아닌 것은?

① 건조물
② 공장 내 배치
③ 입지조건
④ 원재료, 중간제품

> **정성적 평가(제 2단계)**
> ① 설계관계 : 입지조건, 공장 내의 배치, 건조물, 소방용 설비 등
> ② 운전관계 : 원재료, 중간제품 등의 위험성, 프로세스의 운전조건, 수송, 저장 등에 대한 안전대책, 프로세스기기의 선정요건

24
기계설비 고장 유형 중 기계의 초기결함을 찾아내 고장률을 안정시키는 기간은?

① 마모고장 기간
② 우발고장 기간
③ 에이징(aging) 기간
④ 디버깅(debugging) 기간

> **기계 고장율의 기본모형**
> | 초기 고장 | 감소형(DFR : Decreasing Failure Rate) 디버깅 기간, 번인 기간 |
> | 우발 고장 | 일정형(CFR : Constant Failure Rate) 내용 수명 |
> | 마모 고장 | 증가형(IFR : Increasing Failure Rate) 정기진단(검사) |

25
들기 작업 시 요통재해예방을 위하여 고려할 요소와 가장 거리가 먼 것은?

① 들기 빈도
② 작업자 신장
③ 손잡이 형상
④ 허리 비대칭 각도

> **들기 작업 시 권장 무게 한계(RWL) 평가요소**
> | 기호 | HM | VM | DM | AM | FM | CM |
> |---|---|---|---|---|---|---|
> | 정의 | 수평계수 | 수직계수 | 거리계수 | 비대칭계수 | 빈도계수 | 커플링계수 |

26
일반적으로 작업장에서 구성요소를 배치할 때 공간의 배치 원칙에 속하지 않는 것은?

① 사용빈도의 원칙
② 중요도의 원칙
③ 공정개선의 원칙
④ 기능성의 원칙

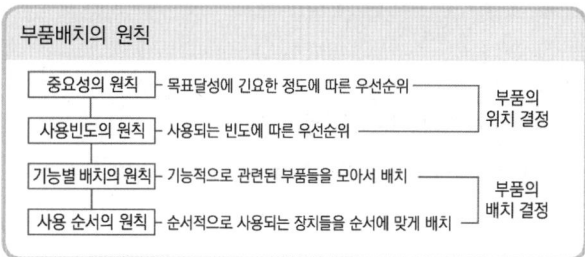

정답 22① 23④ 24④ 25② 26③

27

반사율이 60%인 작업 대상물에 대하여 근로자가 검사작업을 수행할 때 휘도(luminance)가 90fL이라면 이 작업에서의 소요조명(fc)은 얼마인가?

① 75　　　② 150
③ 200　　 ④ 300

> 소요조명
> 소요조명(fc) = $\dfrac{\text{소요광도(fL)}}{\text{반사율(\%)}} \times 100 = \dfrac{90}{60} \times 100 = 150$

28 ★빈출

산업안전보건법령상 유해하거나 위험한 장소에서 사용하는 기계·기구 및 설비를 설치·이전하는 경우 유해·위험방지계획서를 작성, 제출하여야 하는 대상이 아닌 것은?

① 화학설비　　　② 금속 용해로
③ 건조설비　　　④ 전기용접장치

> 유해·위험방지계획서 제출 대상 기계기구 설비
> ① 금속이나 그 밖의 광물의 용해로
> ② 화학설비
> ③ 건조설비
> ④ 가스집합 용접장치
> ⑤ 근로자의 건강에 상당한 장해를 일으킬 우려가 있는 물질로서 고용노동부령으로 정하는 물질의 밀폐·환기·배기를 위한 설비

29

동작경제의 원칙에 해당하지 않는 것은?

① 공구의 기능을 각각 분리하여 사용하도록 한다.
② 두 팔의 동작은 동시에 서로 반대방향으로 대칭적으로 움직이도록 한다.
③ 공구나 재료는 작업동작이 원활하게 수행되도록 그 위치를 정해준다.
④ 가능하다면 쉽고도 자연스러운 리듬이 작업동작에 생기도록 작업을 배치한다.

> 공구의 기능은 결합하여서 사용하도록 한다.

30

휴먼 에러 예방 대책 중 인적 요인에 대한 대책이 아닌 것은?

① 설비 및 환경 개선
② 소집단 활동의 활성화
③ 작업에 대한 교육 및 훈련
④ 전문인력의 적재적소 배치

> 설비 및 환경 개선은 관리적인 대책이다.

31

다음 시스템에 대하여 톱사상(top event)에 도달할 수 있는 최소 컷셋(Minimal cut sets)을 구할 때 올바른 집합은? (단, X_1, X_2, X_3, X_4는 각 부품의 고장확률을 의미하며 집합 $\{X_1, X_2\}$는 X_1 부품과 X_2 부품이 동시에 고장 나는 경우를 의미한다.)

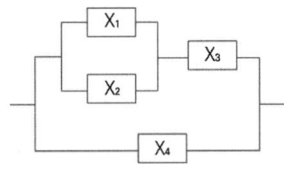

① $\{X_1, X_2\}$, $\{X_3, X_4\}$
② $\{X_1, X_3\}$, $\{X_2, X_4\}$
③ $\{X_1, X_2, X_4\}$, $\{X_3, X_4\}$
④ $\{X_1, X_3, X_4\}$, $\{X_2, X_3, X_4\}$

> 최소 컷셋(Minimal cut sets)
> $T \to P_1 X_4 \to \begin{matrix} P_2 X_4 \\ X_3 X_4 \end{matrix} \to \begin{matrix} X_1 X_2 X_4 \\ X_3 X_4 \end{matrix}$
> 그러므로, 최소 컷셋은 $\{X_1, X_2, X_4\}$, $\{X_3, X_4\}$

정답　27 ②　28 ④　29 ①　30 ①　31 ③

32

운동관계의 양립성을 고려하여 동목(Moving scale)형 표시장치를 바람직하게 설계한 것은?

① 눈금과 손잡이가 같은 방향으로 회전하도록 설계한다.
② 눈금의 숫자는 우측으로 감소하도록 설계한다.
③ 꼭지의 시계 방향 회전이 지시치를 감소시키도록 설계한다.
④ 위의 세 가지 요건을 동시에 만족시키도록 설계한다.

양립성(compatibility)의 종류	
공간적(spatial) 양립성	표시장치나 조정장치에서 물리적 형태 및 공간적 배치
운동(movement) 양립성	표시장치의 움직이는 방향과 조정장치의 방향이 사용자의 기대와 일치
개념적(conceptual) 양립성	이미 사람들이 학습을 통해 알고있는 개념적 연상

33

신뢰성과 보전성 개선을 목적으로 한 효과적인 보전기록자료에 해당하는 것은?

① 자재관리표
② 주유지시서
③ 재고관리표
④ MTBF 분석표

MTBF 분석표, 설비이력카드, 고장원인 대책표 등이 있다.

34

[보기]의 실내 면에서 빛의 반사율이 낮은 곳에서부터 높은 순서대로 나열한 것은?

[보기]
A : 바닥   B : 천장   C : 가구   D : 벽

① A < B < C < D
② A < C < B < D
③ A < C < D < B
④ A < D < C < B

추천반사율			
바닥	가구, 사무용 기기, 책상	창문 발(blind), 벽	천장
20 ~ 40%	25 ~ 45%	40 ~ 60%	80 ~ 90%

35

다음 시스템의 신뢰도는 얼마인가? (단, 각 요소의 신뢰도는 a, b가 각 0.8, c, d가 각 0.6이다.)

① 0.2245
② 0.3754
③ 0.4416
④ 0.5756

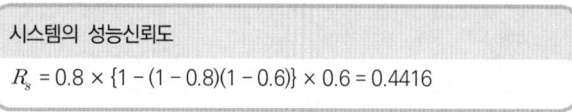

시스템의 성능신뢰도
$R_s = 0.8 \times \{1 - (1 - 0.8)(1 - 0.6)\} \times 0.6 = 0.4416$

36

FTA(Fault Tree Analysis)에 사용되는 논리기호와 명칭이 올바르게 연결된 것은?

① ◇ : 전이기호
② ▭ : 기본사상
③ ⌂ : 통상사상
④ ○ : 결함사상

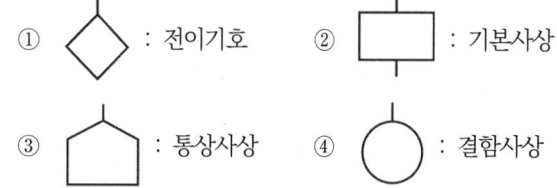

정답: 32 ① 33 ④ 34 ③ 35 ③ 36 ③

37

HAZOP 기법에서 사용하는 가이드워드와 그 의미가 잘못 연결된 것은?

① Other than : 기타 환경적인 요인
② No/Not : 디자인 의도의 완전한 부정
③ Reverse : 디자인 의도의 논리적 반대
④ More/Less : 정량적인 증가 또는 감소

유인어의 의미	
GUIDE WORD	의미
NO 혹은 NOT	설계의도의 완전한 부정
REVERSE	설계의도의 논리적인 역(설계의도와 반대 현상)
OTHER THAN	완전한 대체의 필요
More/Less	정량적인 증가 또는 감소

38

경계 및 경보신호의 설계지침으로 틀린 것은?

① 주의를 환기시키기 위하여 변조된 신호를 사용한다.
② 배경소음의 진동수와 다른 진동수의 신호를 사용한다.
③ 귀는 중음역에 민감하므로 500~3,000Hz의 진동수를 사용한다.
④ 300m 이상의 장거리용으로는 1,000Hz를 초과하는 진동수를 사용한다.

> 경계 및 경보신호 선택 시 지침
> ① 고음은 멀리가지 못하므로 300m 이상 장거리용으로는 1,000Hz 이하의 진동수 사용
> ② 신호가 장애물을 돌아가거나 칸막이를 통과해야 할 때는 500Hz 이하의 진동수 사용
> ③ 배경소음의 진동수와 다른 신호를 사용하고 신호는 최소한 0.5~1초 동안 지속

39

동작의 합리화를 위한 물리적 조건으로 적절하지 않은 것은?

① 고유 진동을 이용한다.
② 접촉 면적을 크게 한다.
③ 대체로 마찰력을 감소시킨다.
④ 인체표면에 가해지는 힘을 적게 한다.

> 동작의 합리화를 위해서는 접촉 면적을 작게 한다.

40

정량적 표시장치에 관한 설명으로 맞는 것은?

① 정확한 값을 읽어야 하는 경우 일반적으로 디지털보다 아날로그 표시장치가 유리하다.
② 동목(moving scale)형 아날로그 표시장치는 표시장치의 면적을 최소화할 수 있는 장점이 있다.
③ 연속적으로 변화하는 양을 나타내는 데에는 일반적으로 아날로그보다 디지털 표시장치가 유리하다.
④ 동침(moving pointer)형 아날로그 표시장치는 바늘의 진행 방향과 증감 속도에 대한 인식적인 암시 신호를 얻는 것이 불가능한 단점이 있다.

동적 표시장치의 기본형		
아날로그 (Analog)	정목동침형 (지침이동형)	정량적인 눈금이 정성적으로 사용되어 원하는 값으로부터의 대략적인 편차나, 고도를 읽을 때 그 변화방향과 변화율 등을 알고자 할 때
	정침동목형 (지침고정형)	나타내고자 하는 값의 범위가 클 때, 비교적 작은 눈금판에 모두 나타내고자 할 때

정답 37 ① 38 ④ 39 ② 40 ②

3과목 기계·기구 및 설비 안전 관리

41
로봇의 작동범위 내에서 그 로봇에 관하여 교시 등(로봇의 동력원을 차단하고 행하는 것을 제외한다.)의 작업을 행하는 때 작업 시작 전 점검 사항으로 옳은 것은?

① 과부하방지장치의 이상 유무
② 압력제한 스위치 등의 기능의 이상 유무
③ 외부전선의 피복 또는 외장의 손상 유무
④ 권과방지장치의 이상 유무

교시 등의 작업을 하는 경우 작업 시작 전 점검사항
① 외부전선의 피복 또는 외장의 손상 유무 ② 매니퓰레이터(manipulator)작동의 이상 유무 ③ 제동장치 및 비상정지장치의 기능

42
방사선 투과검사에서 투과사진에 영향을 미치는 인자는 크게 콘트라스트(명암도)와 명료도로 나누어 검토할 수 있다. 다음 중 투과사진의 콘트라스트(명암도)에 영향을 미치는 인자에 속하지 않는 것은?

① 방사선의 선질
② 필름의 종류
③ 현상액의 강도
④ 초점 - 필름 간 거리

명암도에 영향을 주는 인자
① 시험체의 두께 차 ② 방사선의 선질 ③ 산란방사선 ④ 필름의 종류 ⑤ 현상시간 ⑥ 농도 ⑦ 현상액의 강도 등

tip
초점 - 필름 간 거리는 명료도에 영향을 주는 인자

43
[보기]와 같은 기계요소가 단독으로 발생시키는 위험점은?

―――[보기]―――
밀링커터, 둥근톱날

① 협착점
② 끼임점
③ 절단점
④ 물림점

절단점
회전운동부분 자체와 운동하는 기계 자체에 의해 형성

44
프레스 및 전단기에서 위험한계 내에서 작업하는 작업자의 안전을 위하여 안전블록의 사용 등 필요한 조치를 취해야 한다. 다음 중 안전블록을 사용해야 하는 작업으로 가장 거리가 먼 것은?

① 금형 가공작업
② 금형 해체작업
③ 금형 부착작업
④ 금형 조정작업

안전블록
프레스 등의 금형을 부착, 해체, 조정작업 시 슬라이드의 불시하강 방지를 위해 설치

45
아세틸렌 용접장치를 사용하여 금속의 용접·용단 또는 가열작업을 하는 경우 아세틸렌을 발생시키는 게이지 압력은 최대 몇 kPa 이하이어야 하는가?

① 17
② 88
③ 127
④ 210

용접장치에 관한 안전기준
① 금속의 용접·용단 또는 가열작업을 할 때에는 게이지 압력이 127 킬로파스칼 초과 사용금지 ② 발생기에서 5미터 이내 또는 발생기실에서 3미터 이내의 장소에는 흡연, 화기의 사용 또는 불꽃이 발생할 위험한 행위를 금지시킬 것

정답 41③ 42④ 43③ 44① 45③

46
산업안전보건법령상 프레스 작업시작 전 점검해야 할 사항에 해당하는 것은?

① 언로드 밸브의 기능
② 하역장치 및 유압장치 기능
③ 권과방지장치 및 그 밖의 경보장치의 기능
④ 1행정 1정지기구·급정지장치 및 비상정지장치의 기능

> **프레스 작업시작 전 점검사항**
> ① 클러치 및 브레이크의 기능
> ② 크랭크축·플라이휠·슬라이드·연결봉 및 연결나사의 풀림 유무
> ③ 1행정 1정지기구·급정지장치 및 비상정지장치의 기능
> ④ 슬라이드 또는 칼날에 의한 위험방지 기구의 기능
> ⑤ 프레스의 금형 및 고정볼트 상태
> ⑥ 방호장치의 기능
> ⑦ 전단기의 칼날 및 테이블의 상태

47
화물중량이 200kgf, 지게차의 중량이 400kgf, 앞바퀴에서 화물의 무게중심까지의 최단거리가 1m일 때 지게차가 안정되기 위하여 앞바퀴에서 지게차의 무게중심까지 최단거리는 최소 몇 m를 초과해야 하는가?

① 0.2m
② 0.5m
③ 1m
④ 2m

> **지게차의 안정성**
> 지게차의 안정성을 유지하기 위해서는
> $W \cdot a < G \cdot b$
> 여기서, W : 화물의 중량, G : 지게차의 중량
> a : 앞바퀴부터 하물의 중심까지의 거리
> b : 앞바퀴부터 차의 중심까지의 거리
> ∴ $200 \times 1 < 400 \times b$, $b > 0.5(m)$

48
다음 중 셰이퍼에서 근로자의 보호를 위한 방호장치가 아닌 것은?

① 방책
② 칩받이
③ 칸막이
④ 급속귀환장치

> **셰이퍼(Shaper)의 안전장치**
> ① 칩받이
> ② 칸막이
> ③ 울타리(방책, 방호울)
> ④ 가드

49
지게차 및 구내 운반차의 작업시작 전 점검사항이 아닌 것은?

① 버킷, 디퍼 등의 이상 유무
② 제동장치 및 조종장치 기능의 이상 유무
③ 하역장치 및 유압장치 기능의 이상 유무
④ 전조등, 후미등, 경보장치 기능의 이상 유무

> **지게차 및 구내 운반차의 작업시작 전 점검사항**
> ① 제동장치 및 조종장치 기능의 이상 유무
> ② 하역장치 및 유압장치 기능의 이상 유무
> ③ 바퀴의 이상 유무
> ④ 전조등·후미등·방향지시기 및 경보장치 기능의 이상 유무

50
다음 중 선반에서 절삭가공 시 발생하는 칩을 짧게 끊어지도록 공구에 설치되어 있는 방호장치의 일종인 칩 제거기구를 무엇이라 하는가?

① 칩 브레이커
② 칩 받침
③ 칩 쉴드
④ 칩 커터

> **칩 브레이커**
> 선반작업에서 길게 형성되는 절삭 칩을 바이트를 사용하여 절단해주는 장치

51
아세틸렌 용접장치에 사용하는 역화방지기에서 요구되는 일반적인 구조로 옳지 않은 것은?

① 재사용 시 안전에 우려가 있으므로 역화방지 후 바로 폐기하도록 해야 한다.
② 다듬질 면이 매끈하고 사용상 지장이 없는 부식, 흠, 균열 등이 없어야 한다.
③ 가스의 흐름방향은 지워지지 않도록 돌출 또는 각인하여 표시하여야 한다.
④ 소염소자는 금망, 소결금속, 스틸울(steel wool), 다공성 금속물 또는 이와 동등 이상의 소염성능을 갖는 것이어야 한다.

> 역화방지기는 역화를 방지한 후 복원이 되어 계속 사용할 수 있는 구조이어야 한다.

52
초음파 탐상법의 종류에 해당하지 않는 것은?

① 반사식　　② 투과식
③ 공진식　　④ 침투식

> 초음파 탐상 시험 방법의 종류
> ① 반사법　② 투과법　③ 공진법

53
다음 목재가공용 기계에 사용되는 방호장치의 연결이 옳지 않은 것은?

① 둥근톱기계 : 톱날접촉 예방장치
② 띠톱기계 : 날접촉 예방장치
③ 모떼기기계 : 날접촉 예방장치
④ 동력식 수동대패기계 : 반발 예방장치

> 동력식 수동대패기계의 방호장치 : 칼날접촉 방지장치

54
급정지 기구가 부착되어 있지 않아도 유효한 프레스의 방호장치로 옳지 않은 것은?

① 양수기동식　　② 가드식
③ 손쳐내기식　　④ 양수조작식

> 급정지 기구에 따른 방호장치
>
> | 급정지 기구가 부착되어 있어야만 유효한 방호장치 | ① 양수조작식 방호장치
② 광전자식 방호장치 |
> |---|---|
> | 급정지 기구가 부착되어 있지 않아도 유효한 방호장치 | ① 양수기동식 방호장치
② 가드식 방호장치
③ 수인식 방호장치
④ 손쳐내기식 방호장치 |

55
인장강도가 350MPa인 강판의 안전율이 4라면 허용응력은 몇 N/mm²인가?

① 76.4　　② 87.5
③ 98.7　　④ 102.3

> 허용응력
>
> 안전계수 = $\dfrac{인장강도}{허용응력}$
>
> 허용응력 = $\dfrac{350 \times 10^6}{4} \times 10^{-6} = 87.5 \text{N/mm}^2$

정답　51 ①　52 ④　53 ④　54 ④　55 ②

56

그림과 같이 50kN의 중량물을 와이어로프를 이용하여 상부에 60°의 각도가 되도록 들어 올릴 때, 로프 하나에 걸리는 하중(T)은 약 몇 kN인가?

① 16.8
② 24.5
③ 28.9
④ 37.9

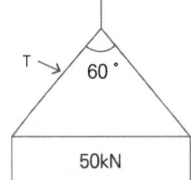

> **슬링 와이어로프의 한 가닥에 걸리는 하중**
>
> 하중 = $\dfrac{\text{화물의 무게}(W_1)}{2} \div \cos\dfrac{\theta}{2}$
>
> $= \dfrac{50}{2} \div \cos\dfrac{60}{2} = 28.868\text{kN}$

57

다음 중 휴대용 동력 드릴 작업 시 안전사항에 관한 설명으로 틀린 것은?

① 드릴의 손잡이를 견고하게 잡고 작업하여 드릴손잡이 부위가 회전하지 않고 확실하게 제어 가능하도록 한다.
② 절삭하기 위하여 구멍에 드릴날을 넣거나 뺄 때 반발에 의하여 손잡이 부분이 튀거나 회전하여 위험을 초래하지 않도록 팔을 드릴과 직선으로 유지한다.
③ 드릴이나 리머를 고정시키거나 제거하고자 할 때 금속성 망치 등을 사용하여 확실히 고정 또는 제거한다.
④ 드릴을 구멍에 맞추거나 스핀들의 속도를 낮추기 위해서 드릴날을 손으로 잡아서는 안 된다.

> **드릴이나 리머의 고정 및 제거**
>
> 드릴이나 리머를 고정시키거나 제거하고자 할 때는 금속성 물질로 두드리면 변형 및 파손될 우려가 있으므로 고무망치 등을 사용하거나 나무블록 등을 사이에 두고 두드려야 한다.

58

보일러에서 폭발사고를 미연에 방지하기 위해 화염 상태를 검출할 수 있는 장치가 필요하다. 이 중 바이메탈을 이용하여 화염을 검출하는 것은?

① 프레임 아이
② 스택 스위치
③ 전자 개폐기
④ 프레임 로드

> **스택 스위치**
>
> 화염의 열을 이용한 바이메탈식 온도 스위치로 열적 화염 검출기에 해당되며, 소형 또는 가정용 보일러에 사용된다.

59

밀링작업 시 안전수칙에 관한 설명으로 옳지 않은 것은?

① 칩은 기계를 정지시킨 다음에 브러시 등으로 제거한다.
② 일감 또는 부속장치 등을 설치하거나 제거할 때는 반드시 기계를 정지시키고 작업한다.
③ 커터는 될 수 있는 한 컬럼에서 멀게 설치한다.
④ 강력 절삭을 할 때는 일감을 바이스에 깊게 물린다.

> 밀링의 커터는 될 수 있는 한 컬럼에 가깝게 설치해야 한다.

60

다음 중 방호장치의 기본목적과 가장 관계가 먼 것은?

① 작업자의 보호
② 기계기능의 향상
③ 인적·물적 손실의 방지
④ 기계위험 부위의 접촉방지

> 방호장치는 기계의 위험부위를 방호하여 작업자를 보호하기 위한 것으로 기계의 기능을 향상시키는 것과는 직접적인 관련이 없다.

정답 56 ③　57 ③　58 ②　59 ③　60 ②

4과목 전기설비 안전 관리

61
화재·폭발 위험분위기의 생성방지 방법으로 옳지 않은 것은?

① 폭발성 가스의 누설 방지
② 가연성 가스의 방출 방지
③ 폭발성 가스의 체류 방지
④ 폭발성 가스의 옥내 체류

> **화재·폭발 위험분위기의 생성방지**
> ① 가연성 물질의 누설 및 방출 방지
> ② 가연성 물질의 체류 방지

62 ★빈출
우리나라에서 사용하고 있는 전압(교류와 직류)을 크기에 따라 구분한 것으로 알맞은 것은?

① 저압 : 직류는 2,000V 이하
② 저압 : 교류는 1,500V 이하
③ 고압 : 직류는 2,000V를 초과하고, 7,000V 이하
④ 고압 : 교류는 1,500V를 초과하고, 6,000V 이하

> **전압의 구분**
>
> | 전원의 종류 | 저압 | 고압 | 특고압 |
> |---|---|---|---|
> | 교류[AC] | 1,000V 이하 | 1,000V 초과 7,000V 이하 | 7,000V 초과 |
> | 직류[DC] | 1,500V 이하 | 1,500V 초과 7,000V 이하 | |

63
내압방폭구조의 주요 시험 항목이 아닌 것은?

① 폭발강도　　② 인화시험
③ 절연시험　　④ 기계적 강도시험

> 내압방폭구조의 성능시험은 충격시험을 실시한 시료 중 하나를 사용해서 다음의 순서에 따라 실시한다.
> ① 폭발압력(기준압력) 측정
> ② 폭발강도(정적 및 동적)시험
> ③ 폭발인화시험

64 ★빈출
교류아크 용접기의 접점방식의 전격방지기에서 지동시간과 용접기 출력측 무부하전압(V)을 바르게 표현한 것은?

① 0.05초 이내, 25V 이하
② 1.0초 이내, 25V 이하
③ 1.5초 이내, 50V 이하
④ 1.0초 이내, 50V 이하

> **자동전격방지기**
> ① 용접기의 주회로를 제어하는 장치를 가지고 있어, 용접봉의 조작에 따라 용접할 때에만 용접기의 주회로를 형성하고, 그 외에는 용접기의 출력측의 무부하전압을 25볼트 이하로 저하시키도록 동작하는 장치를 말한다.
> ② 지동시간이란 용접봉 홀더에 용접기 출력측의 무부하전압이 발생한 후 주접점이 개방될 때까지의 시간을 말하며, 1.0초 이내이어야 한다.

65
누전차단기의 시설방법 중 옳지 않은 것은?

① 시설장소는 배전반 또는 분전반 내에 설치한다.
② 정격전류용량은 해당 전로의 부하전류 값 이상이어야 한다.
③ 정격감도전류는 정상의 사용상태에서 불필요하게 동작하지 않도록 한다.
④ 인체감전보호형은 0.05초 이내에 동작하는 고감도고속형이어야 한다.

> 고속형 누전차단기는 정격감도전류에서 0.1초 이내, 감전보호용은 0.03초 이내이다.

정답　61 ④　62 ②　63 ③　64 ②　65 ④

66

방폭전기기기의 온도등급에서 기호 T2의 의미로 맞는 것은?

① 최고표면온도의 허용치가 135℃ 이하인 것
② 최고표면온도의 허용치가 200℃ 이하인 것
③ 최고표면온도의 허용치가 300℃ 이하인 것
④ 최고표면온도의 허용치가 450℃ 이하인 것

전기기기의 최고표면온도의 분류

온도등급	T_1	T_2	T_3	T_4	T_5	T_6
최고표면온도(℃)	450	300	200	135	100	85

67

사업장에서 많이 사용되고 있는 이동식 전기기계·기구의 안전대책으로 가장 거리가 먼 것은?

① 충전부 전체를 절연한다.
② 절연이 불량인 경우 접지저항을 측정한다.
③ 금속제 외함이 있는 경우 접지를 한다.
④ 습기가 많은 장소는 누전차단기를 설치한다.

이동식 전기기계·기구의 감전방지를 위해 외함의 접지, 누전차단기 설치, 충전부 절연조치, 안전전압 이하의 기계사용 등의 조치를 해야 한다.

68

감전사고를 방지하기 위해 허용보폭전압에 대한 수식으로 맞는 것은?

E : 허용보폭전압 R_b : 인체의 저항
ρ_s : 지표상층 저항률 I_k : 심실세동전류

① $E = (R_b + 3\rho_s) \times I_k$
② $E = (R_b + 4\rho_s) \times I_k$
③ $E = (R_b + 5\rho_s) \times I_k$
④ $E = (R_b + 6\rho_s) \times I_k$

허용접촉전압과 허용보폭전압

① 허용접촉전압
변전소 등 고장 전류 유입 시 구조물과 지표상의 전위차 허용값
$E = (R_b + \frac{3\rho_s}{2}) \times I_k$

② 허용보폭전압
변전소 등 지락전류 발생 시 지표면상 두 점의 전위차 허용값
$E = (R_b + 6\rho_s) \times I_k$

69

인체저항이 5,000Ω이고, 전류가 3mA가 흘렀다. 인체의 정전용량이 0.1μF라면 인체에 대전된 정전하는 몇 μC인가?

① 0.5 ② 1.0
③ 1.5 ④ 2.0

대전된 정전하

① 공식 : $\frac{1}{2}QV = \frac{1}{2}CV^2$
[C : 도체의 정전용량(F), V : 대전 전위(V), Q : 대전전하량(C)]

② 위의 식을 유도하면
$Q[\mu C] = CV = 0.1 \times 10^{-6} \times 15 \times 10^6 = 1.5[\mu C]$

70

저압전로의 절연성능 시험에서 전로의 사용전압이 380V인 경우 전로의 전선 상호간 및 전로와 대지 사이의 절연저항은 최소 몇 MΩ 이상이어야 하는가?

① 0.5MΩ ② 1.0MΩ
③ 1.5MΩ ④ 2.0MΩ

저압전로의 절연성능

전로의 사용전압(V)	DC 시험전압(V)	절연저항(MΩ 이상)
SELV 및 PELV	250	0.5
FELV, 500V 이하	500	1.0
500V 초과	1,000	1.0

[주] 특별저압(Extra Low Voltage : 2차 전압이 AC 50V, DC 120V 이하)으로 SELV(비접지회로구성) 및 PELV(접지회로구성)은 1차와 2차가 전기적으로 절연된 회로, FELV는 1차와 2차가 전기적으로 절연되지 않은 회로

정답 66 ③ 67 ② 68 ④ 69 ③ 70 ②

71
방폭전기기기의 등급에서 위험장소의 등급분류에 해당되지 않는 것은?

① 3종 장소
② 2종 장소
③ 1종 장소
④ 0종 장소

위험장소의 분류	
분류	적요
0종 장소	인화성 액체의 증기 또는 가연성 가스에 의한 폭발위험이 지속적으로 또는 장기간 존재하는 장소
1종 장소	정상 작동상태에서 인화성 액체의 증기 또는 가연성 가스에 의한 폭발 위험분위기가 존재하기 쉬운 장소
2종 장소	정상 작동상태에서 인화성 액체의 증기 또는 가연성 가스에 의한 폭발 위험분위기가 존재할 우려가 없으나, 존재할 경우 그 빈도가 아주 적고 단기간만 존재할 수 있는 장소

72
다음은 무슨 현상을 설명한 것인가?

> 전위차가 있는 2개의 대전체가 특정거리에 접근하게 되면 등전위가 되기 위하여 전하가 절연공간을 깨고 순간적으로 빛과 열을 발생하며 이동하는 현상

① 대전
② 충전
③ 방전
④ 열전

> 방전이란 대전된 물체에서 전하가 방출되는 현상을 말하며, 충전의 반대 개념이다.

73
다음 그림은 심장맥동주기를 나타낸 것이다. T파는 어떤 경우인가?

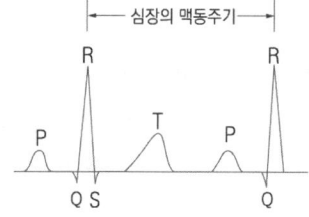

① 심방의 수축에 따른 파형
② 심실의 수축에 따른 파형
③ 심실이 휴식 시 발생하는 파형
④ 심방의 휴식 시 발생하는 파형

> T파는 심실 수축말기(종료 후)에 일어나는 재분극에 의해 형성되며, 전격에 의한 심실세동 확률이 가장 높다.

74
교류 아크 용접기의 자동전격장치는 전격의 위험을 방지하기 위하여 아크 발생이 중단된 후 약 1초 이내에 출력 측 무부하 전압을 자동적으로 몇 V 이하로 저하시켜야 하는가?

① 85
② 70
③ 50
④ 25

> **자동전격방지기**
> 교류 아크 용접기의 자동전격방지기는 아크 발생을 중지하였을 때 지동시간이 1.0초 이내에 2차 무부하 전압을 25V 이하로 감압시켜 안전을 유지할 수 있어야 한다.

75
인체의 대부분이 수중에 있는 상태에서 허용접촉전압은 몇 V 이하인가?

① 2.5V
② 25V
③ 30V
④ 50V

허용접촉전압		
종별	접촉 상태	허용접촉전압
제1종	• 인체의 대부분이 수중에 있는 경우	2.5V 이하
제2종	• 인체가 현저하게 젖어있는 경우 • 금속성의 전기기계장치나 구조물에 인체의 일부가 상시 접촉되어 있는 경우	25V 이하
제3종	• 제1종, 제2종 이외의 경우로 통상의 인체상태에 있어서 접촉전압이 가해지면 위험성이 높은 경우	50V 이하
제4종	• 제1종, 제2종 이외의 경우로 통상의 인체상태에 있어서 접촉전압이 가해지더라도 위험성이 낮은 경우 • 접촉전압이 가해질 우려가 없는 경우	제한 없음

정답 71 ① 72 ③ 73 ③ 74 ④ 75 ①

76
우리나라의 안전전압으로 볼 수 있는 것은 약 몇 V인가?

① 30V ② 50V
③ 60V ④ 70V

> 안전전압이란 인체에 위험을 주지 않을 정도의 낮은 전압을 말하며, 우리나라는 30V로 규정하고 있다.

77
22.9KV 충전전로에 대해 필수적으로 작업자와 이격시켜야 하는 접근한계거리는?

① 45cm ② 60cm
③ 90cm ④ 110cm

충전전로에서의 전기작업

충전전로의 선간전압 (단위 : 킬로볼트)	충전전로에 대한 접근한계거리 (단위 : 센티미터)
0.3 이하	접촉금지
0.3 초과 0.75 이하	30
0.75 초과 2 이하	45
2 초과 15 이하	60
15 초과 37 이하	90
37 초과 88 이하	110
88 초과 121 이하	130
이하 생략	이하 생략

78 ⭐
개폐조작 시 안전절차에 따른 차단순서와 투입순서로 가장 올바른 것은?

인입 —○— □ —○— 부하
　　　① DS　② VCB　③ DS

① 차단 ② → ① → ③, 투입 ① → ② → ③
② 차단 ② → ③ → ①, 투입 ① → ② → ③
③ 차단 ② → ① → ③, 투입 ③ → ② → ①
④ 차단 ② → ③ → ①, 투입 ③ → ① → ②

> **단로기 사용방법**
> ① 단로기를 끊을 경우 : 차단기를 개로한 후에 끊는다.
> ② 단로기를 넣을 경우 : 차단기를 폐로하기 전에 넣는다.

79
정전기에 대한 설명으로 가장 옳은 것은?

① 전하의 공간적 이동이 크고, 자계의 효과가 전계의 효과에 비해 매우 큰 전기
② 전하의 공간적 이동이 크고, 자계의 효과와 전계의 효과를 서로 비교할 수 없는 전기
③ 전하의 공간적 이동이 적고, 전계의 효과와 자계의 효과가 서로 비슷한 전기
④ 전하의 공간적 이동이 적고, 자계의 효과가 전계에 비해 무시할 정도의 적은 전기

> 정전기란 전하의 공간적 이동이 적고, 전계의 영향은 크나 자계의 영향이 상대적으로 미미한 전기전하를 말한다.

80
인체저항을 500Ω이라 한다면, 심실세동을 일으키는 위험 한계 에너지는 약 몇 J인가? (단, 심실세동전류값 $I = \dfrac{165}{\sqrt{T}}$ mA의 Dalziel의 식을 이용하며, 통전시간은 1초로 한다.)

① 11.5 ② 13.6
③ 15.3 ④ 16.2

> **위험 한계에너지**
> $$Q = \left(\dfrac{165}{\sqrt{T}} \times 10^{-3}\right)^2 \times 500 \times 1 = 13.612(\text{J})$$

5과목　화학설비 안전 관리

81
다음 물질 중 물에 가장 잘 용해되는 것은?

① 아세톤 ② 벤젠
③ 톨루엔 ④ 휘발유

> 아세톤은 제4류 위험물 중에서 제1석유류로 분류되며 물에 잘 녹는 무색투명하고 독특한 냄새가 나는 휘발성 액체

정답　76 ①　77 ③　78 ④　79 ④　80 ②　81 ①

82
다음 중 최소발화에너지가 가장 작은 가연성 가스는?
① 수소
② 메탄
③ 에탄
④ 프로판

최소발화에너지

가연성 가스	공기 중 최소발화에너지	가연성 가스	공기 중 최소발화에너지
수소	0.019	메탄	0.28
에탄	0.31	프로판	0.31
아세틸렌	0.02	프로필렌	0.282

83
안전설계의 기초에 있어 기상폭발대책을 예방대책, 긴급대책, 방호대책으로 나눌 때 다음 중 방호대책과 가장 관계가 깊은 것은?
① 경보
② 발화의 저지
③ 방폭벽과 안전거리
④ 가연조건의 성립 저지

방호대책
방호대책은 사고가 발생한 경우의 피해감소를 위한 것으로 압력상승의 억제, 방폭벽과 안전거리 등이 있다.

84
공정안전보고서 중 공정안전자료에 포함하여야 할 세부내용에 해당하는 것은?
① 비상조치계획에 따른 교육계획
② 안전운전지침서
③ 각종 건물·설비의 배치도
④ 도급업체 안전관리계획

공정안전자료의 세부내용
① 취급·저장하고 있거나 취급·저장하고자 하는 유해·위험물질의 종류 및 수량
② 유해·위험물질에 대한 물질안전보건자료
③ 유해하거나 위험한 설비의 목록 및 사양
④ 유해하거나 위험한 설비의 운전방법을 알 수 있는 공정도면
⑤ 각종 건물·설비의 배치도
⑥ 폭발위험장소 구분도 및 전기단선도
⑦ 위험설비의 안전설계·제작 및 설치관련 지침서

85
다음 중 물질에 대한 저장방법으로 잘못된 것은?
① 나트륨 - 유동 파라핀 속에 저장
② 니트로글리세린 - 강산화제 속에 저장
③ 적린 - 냉암소에 격리 저장
④ 칼륨 - 등유 속에 저장

니트로글리세린
(1) 니트로글리세린은 무색투명한 기름 형태의 액체로 연소가 폭발적으로 발생하여 소화가 극히 어려운 5류 위험물(자기반응성 물질)에 해당된다.
(2) 저장 및 취급방법
① 점화원 및 분해를 촉진하는 물질로부터 격리할 것
② 화재발생 시 소화가 곤란하므로 작게 나누어 저장할 것
③ 포장외부에 화기엄금, 충격주의 등 주의사항을 반드시 표시할 것

86
화학설비 가운데 분체화학물질 분리장치에 해당하지 않는 것은?
① 건조기
② 분쇄기
③ 유동탑
④ 결정조

분체화학물질 분리장치
① 결정조 ② 유동탑 ③ 탈습기 ④ 건조기

87
특수화학설비를 설치할 때 내부의 이상상태를 조기에 파악하기 위하여 필요한 계측장치로 가장 거리가 먼 것은?
① 압력계
② 유량계
③ 온도계
④ 비중계

내부 이상상태의 조기파악
① 계측장치의 설치 : 온도계, 유량계, 압력계 등
② 자동경보장치의 설치

정답 82 ① 83 ③ 84 ③ 85 ② 86 ② 87 ④

88

위험물 또는 위험물이 발생하는 물질을 가열·건조하는 경우 내용적이 몇 세제곱미터 이상인 건조설비인 경우 건조실을 설치하는 건축물의 구조를 독립된 단층 건물로 하여야 하는가? (단, 건조실을 건축물의 최상층에 설치하거나 건축물이 내화구조인 경우는 제외한다.)

① 1
② 10
③ 100
④ 1,000

> **독립된 단층 건물로 해야 하는 건조설비**
> ① 위험물 또는 위험물이 발생하는 물질을 가열·건조하는 경우 내용적이 1세제곱미터 이상인 건조설비
> ② 위험물이 아닌 물질을 가열·건조하는 경우로서 다음에 해당하는 건조설비
> ㉠ 고체 또는 액체연료의 최대사용량이 시간당 10킬로그램 이상
> ㉡ 기체연료의 최대사용량이 시간당 1세제곱미터 이상
> ㉢ 전기사용 정격용량이 10킬로와트 이상

89 ★빈출

공기 중에서 폭발범위가 12.5~74vol%인 일산화탄소의 위험도는 얼마인가?

① 4.92
② 5.26
③ 6.26
④ 7.05

> 위험도 $H = \dfrac{UFL - LFL}{LFL} = \dfrac{74 - 12.5}{12.5} = 4.92$

90 ★빈출

숯, 코크스, 목탄의 대표적인 연소 형태는?

① 혼합연소
② 증발연소
③ 표면연소
④ 비혼합연소

> **표면연소**
> 연소물 표면에서 산소와 급격한 산화반응으로 열과 빛을 발생하는 현상으로 가연성 가스 발생이나 열분해 반응이 없어 불꽃이 없는 것이 특징(코크스, 금속분, 목탄 등)

91 ★빈출

다음 중 자연발화가 가장 쉽게 일어나기 위한 조건에 해당하는 것은?

① 큰 열전도율
② 고온, 다습한 환경
③ 표면적이 작은 물질
④ 공기의 이동이 많은 장소

> **자연발화 방지법**
> ① 통풍이 잘되게 할 것
> ② 저장실 온도를 낮출 것
> ③ 열이 축적되지 않는 퇴적방법을 선택할 것
> ④ 습도가 높지 않도록 할 것

92

위험물에 관한 설명으로 틀린 것은?

① 이황화탄소의 인화점은 0℃보다 낮다.
② 과염소산은 쉽게 연소되는 가연성 물질이다.
③ 황린은 물속에 저장한다.
④ 알킬알루미늄은 물과 격렬하게 반응한다.

> 과염소산은 산화성 액체에 해당하는 위험물로 조연성 물질에 해당된다.

93

물과 반응하여 가연성 기체를 발생하는 것은?

① 피크린산
② 이황화탄소
③ 칼륨
④ 과산화칼륨

> 물과 반응하여 가연성 가스를 발생하는 제3류 위험물에는 칼륨, 나트륨, 알킬알루미늄 등이 있다.

정답 88 ① 89 ① 90 ③ 91 ② 92 ② 93 ③

94

프로판(C_3H_8)의 연소하한계가 2.2vol%일 때 연소를 위한 최소산소농도(MOC)는 몇 vol%인가?

① 5.0   ② 7.0
③ 9.0   ④ 11.0

> **최소산소농도(MOC)**
> $C_3H_8 + 5O_2 \rightarrow 3CO_2 + 4H_2O$ 이므로
> MOC = LFL × 산소의 양론계수 = 2.2 × 5 = 11.0vol%

95

다음 중 유기과산화물로 분류되는 것은?

① 메틸에틸케톤   ② 과망가니즈산칼륨
③ 과산화마그네슘   ④ 과산화벤조일

> **유기과산화물**
> ① 과산화벤조일(Benzoyl Peroxide)
> ② 과산화메틸에틸케톤(Methyl Ethyl Ketone Peroxide)

96 ★빈출

연소이론에 대한 설명으로 틀린 것은?

① 착화온도가 낮을수록 연소위험이 크다.
② 인화점이 낮은 물질은 반드시 착화점도 낮다.
③ 인화점이 낮을수록 일반적으로 연소위험이 크다.
④ 연소범위가 넓을수록 연소위험이 크다.

> 인화점이 낮을수록 위험한 물질이지만, 인화점이 낮은 물질이 반드시 착화점도 낮은 것은 아니다.

97

디에틸에테르의 연소범위에 가장 가까운 값은?

① 2 ~ 10.4%   ② 1.9 ~ 48%
③ 2.5 ~ 15%   ④ 1.5 ~ 7.8%

> **디에틸에테르**
> ① 인화점 −45℃   ② 발화점 160℃   ③ 연소범위 1.9~48%

98

송풍기의 회전차 속도가 1,300rpm일 때 송풍량이 분당 300m³였다. 송풍량을 분당 400m³으로 증가시키고자 한다면 송풍기의 회전차 속도는 약 몇 rpm으로 하여야 하는가?

① 1,533   ② 1,733
③ 1,967   ④ 2,167

> **회전차 속도**
> $N' = \dfrac{400 \times 1,300}{300} = 1,733.3$

99

다음 중 물과 반응하였을 때 흡열반응을 나타내는 것은?

① 질산암모늄   ② 탄화칼슘
③ 나트륨   ④ 과산화칼륨

> **질산암모늄(NH_4NO_3)**
> ① 무색, 무취의 결정으로 조해성이 크고, 물, 알코올에 잘 녹는다.(물에 녹을 경우 흡열반응)
> ② 단독으로도 급격한 가열, 충격으로 분해 폭발한다.

100

다음 중 노출기준(TWA)이 가장 낮은 물질은?

① 염소   ② 암모니아
③ 에탄올   ④ 메탄올

> **노출기준(TWA)**
> ① 염소 : 0.5ppm   ② 암모니아 : 25ppm
> ③ 에탄올 : 1,000ppm   ④ 메탄올 : 200ppm

정답   94 ④   95 ④   96 ②   97 ②   98 ②   99 ①   100 ①

6과목　건설공사 안전 관리

101

보통 흙의 건지를 다음 그림과 같이 굴착하고자 한다. 굴착면의 기울기를 1 : 0.5로 하고자 할 경우 L의 길이로 옳은 것은?

① 2m
② 2.5m
③ 5m
④ 10m

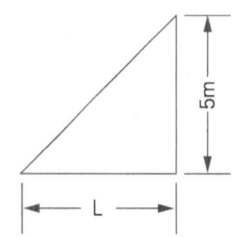

> 기울기가 1 : 0.5이므로, 연직높이가 5m이면
> ∴ 수평길이 = 5 × 0.5 = 2.5m

102

흙막이 지보공을 조립하는 경우 미리 조립도를 작성하여야 하는데 이 조립도에 명시되어야 할 사항과 가장 거리가 먼 것은?

① 부재의 배치
② 부재의 치수
③ 부재의 긴압정도
④ 설치방법과 순서

> 흙막이 지보공의 조립도 명시사항
> 흙막이판·말뚝·버팀대 및 띠장 등 부재의 배치·치수·재질 및 설치방법과 순서

103

미리 작업장소의 지형 및 지반상태 등에 적합한 제한속도를 정하지 않아도 되는 차량계 건설기계의 속도 기준은?

① 최대 제한속도가 10km/h 이하
② 최대 제한속도가 20km/h 이하
③ 최대 제한속도가 30km/h 이하
④ 최대 제한속도가 40km/h 이하

> 제한속도의 지정
> 차량계 건설기계(최고속도가 시속 10킬로미터 이하인 것을 제외한다)를 사용하여 작업을 하는 때에는 미리 작업장소의 지형 및 지반상태 등에 적합한 제한속도를 정하고 운전자로 하여금 이를 준수하도록 하여야 한다.

104

터널공사에서 발파작업 시 안전대책으로 옳지 않은 것은?

① 발파 전 도화선 연결상태, 저항치 조사 등의 목적으로 도통시험 실시 및 발파기의 작동상태에 대한 사전점검 실시
② 모든 동력선은 발원점으로부터 최소한 15m 이상 후방으로 옮길 것
③ 지질, 암의 절리 등에 따라 화약량에 대한 검토 및 시방기준과 대비하여 안전조치 실시
④ 발파용 점화회선은 타동력선 및 조명회선과 한곳으로 통합하여 관리

> 발파용 점화회선은 타동력선 및 조명회선으로부터 분리되어야 한다.

105 ★빈출

작업의자형 달비계를 설치하는 경우 준수해야 할 사항으로 옳지 않은 것은?

① 작업대의 4개 모서리에 로프를 매달아 작업대가 뒤집히거나 떨어지지 않도록 연결할 것
② 작업용 섬유로프는 콘크리트에 매립된 고리, 건축물의 콘크리트 또는 철재 구조물 등 2개 이상의 견고한 고정점에 풀리지 않도록 결속할 것
③ 작업용 섬유로프와 구명줄은 같은 고정점에 견고하게 결속되도록 할 것
④ 작업하는 근로자의 하중을 견딜 수 있을 정도의 강도를 가진 작업용 섬유로프, 구명줄 및 고정점을 사용할 것

> 작업용 섬유로프와 구명줄은 다른 고정점에 결속되도록 할 것

정답　101 ②　102 ③　103 ①　104 ④　105 ③

106

다음의 ( ) 안에 알맞은 내용은?

> 동바리로 사용하는 파이프 서포트의 높이가 ( )m를 초과하는 경우에는 높이 2m 이내마다 수평 연결재를 2개 방향으로 만들고 수평 연결재의 변위를 방지할 것

① 3
② 3.5
③ 4
④ 4.5

> **동바리로 사용하는 파이프 서포트의 준수사항**
> ① 파이프 서포트를 3개 이상 이어서 사용하지 아니하도록 할 것
> ② 파이프 서포트를 이어서 사용할 때에는 4개 이상의 볼트 또는 전용 철물을 사용하여 이을 것
> ③ 높이가 3.5미터를 초과할 때에는 높이 2미터 이내마다 수평 연결재를 2개 방향으로 만들고 수평 연결재의 변위를 방지할 것

107

건립 중 강풍에 의한 풍압 등 외압에 대한 내력이 설계에 고려되었는지 확인하여야 하는 철골 구조물이 아닌 것은?

① 단면이 일정한 구조물
② 기둥이 타이 플레이트형인 구조물
③ 이음부가 현장용접인 구조물
④ 구조물의 폭과 높이의 비가 1 : 4 이상인 구조물

> **외압에 대한 내력설계 확인 구조물**
> ① 높이 20m 이상 구조물
> ② 구조물 폭과 높이의 비가 1 : 4 이상인 구조물
> ③ 연면적당 철골량이 50kg/m² 이하인 구조물
> ④ 단면 구조에 현저한 차이가 있는 구조물
> ⑤ 기둥이 타이 플레이트형인 구조물
> ⑥ 이음부가 현장용접인 구조물

108

건설업의 산업안전보건관리비 사용기준에 해당되지 않는 것은?

① 안전시설비
② 안전관리자·보건관리자의 임금
③ 환경보전비
④ 안전보건교육비

> **산업안전보건관리비의 사용기준**
> ① 안전관리자·보건관리자의 임금 등
> ② 안전시설비 등
> ③ 보호구 등
> ④ 안전보건진단비 등
> ⑤ 안전보건교육비 등
> ⑥ 근로자 건강장해예방비 등
> ⑦ 건설재해예방전문지도기관의 지도에 대한 대가로 지급하는 비용 등

109

터널 등의 건설작업을 하는 경우에 낙반 등에 의하여 근로자가 위험해질 우려가 있는 경우에 필요한 조치와 가장 거리가 먼 것은?

① 터널 지보공을 설치한다.
② 록 볼트를 설치한다.
③ 환기, 조명시설을 설치한다.
④ 부석을 제거한다.

> **갱내에서의 낙반 방지**
> ① 터널 지보공 설치
> ② 부석 제거
> ③ 록 볼트 설치

110

강관을 사용하여 비계를 구성하는 경우 준수해야 할 사항으로 옳지 않은 것은?

① 비계기둥의 간격은 장선 방향에서는 1.5m 이하로 할 것
② 띠장 간격은 2.0m 이하로 설치할 것
③ 비계기둥의 제일 윗부분으로부터 31m되는 지점 밑부분의 비계기둥은 3개의 강관으로 묶어 세울 것
④ 비계기둥 간의 적재하중은 400kg을 초과하지 않도록 할 것

> 비계기둥의 제일 윗부분으로부터 31m 되는 지점 밑부분의 비계기둥은 2개의 강관으로 묶어 세울 것

tip 1

구분		내용(준수사항)
비계기둥	띠장 방향	1.85m 이하
	장선 방향	1.5m 이하
띠장 간격		2.0m 이하로 설치할 것

tip 2
2020년 시행. 관련법령 전부개정으로 변경된 내용이며, 문제와 해설 및 tip의 내용은 변경된 내용으로 작성하였으니 착오 없으시기 바랍니다.

정답 106 ② 107 ① 108 ③ 109 ③ 110 ③

111
이동식비계 조립 및 사용 시 준수사항으로 옳지 않은 것은?

① 비계의 최상부에서 작업을 하는 경우에는 안전난간을 설치할 것
② 승강용사다리는 견고하게 설치할 것
③ 작업발판은 항상 수평을 유지하고 작업발판 위에서 작업을 위한 거리가 부족할 경우에는 받침대 또는 사다리를 사용할 것
④ 작업발판의 최대적재하중은 250kg을 초과하지 않도록 할 것

> 작업발판은 항상 수평을 유지하고 작업발판 위에서 안전난간을 딛고 작업을 하거나 받침대 또는 사다리를 사용하여 작업하지 않도록 할 것

112 ★빈출
유해·위험 방지를 위한 방호조치를 하지 아니하고는 양도, 대여, 설치 또는 사용에 제공하거나, 양도·대여를 목적으로 진열해서는 아니 되는 기계·기구에 해당하지 않는 것은?

① 지게차 ② 공기압축기
③ 원심기 ④ 덤프트럭

> 유해·위험방지를 위하여 방호조치가 필요한 기계기구 등
> ① 예초기 ② 원심기
> ③ 공기압축기 ④ 금속절단기
> ⑤ 지게차 ⑥ 포장기계(진공포장기, 래핑기로 한정)

113
화물운반하역 작업 중 걸이작업에 관한 설명으로 옳지 않은 것은?

① 와이어로프 등은 크레인의 후크 중심에 걸어야 한다.
② 인양 물체의 안정을 위하여 2줄 걸이 이상을 사용하여야 한다.
③ 매다는 각도는 60° 이상으로 하여야 한다.
④ 근로자를 매달린 물체 위에 탑승시키지 않아야 한다.

> 운반하역 작업 시 걸이작업 준수사항
> ① 와이어로프 등은 크레인의 후크 중심에 걸어야 한다.
> ② 인양 물체의 안정을 위하여 2줄 걸이 이상을 사용하여야 한다.
> ③ 밑에 있는 물체를 걸고자 할 때에는 위의 물체를 제거한 후에 행하여야 한다.
> ④ 매다는 각도는 60도 이내로 하여야 한다.
> ⑤ 근로자를 매달린 물체 위에 탑승시키지 않아야 한다.

114
거푸집 및 동바리 등을 조립하는 경우에 준수하여야 할 사항으로 옳지 않은 것은?

① 깔목의 사용, 콘크리트 타설, 말뚝박기 등 동바리의 침하를 방지하기 위한 조치를 할 것
② 개구부 상부에 동바리를 설치하는 경우에는 상부하중을 견딜 수 있는 견고한 받침대를 설치할 것
③ 거푸집이 곡면인 경우에는 버팀대의 부착 등 그 거푸집의 부상(浮上)을 방지하기 위한 조치를 할 것
④ 동바리의 이음은 서로 다른 품질의 재료를 사용할 것

> 거푸집 및 동바리 조립 시 안전조치
> ① 동바리의 이음은 같은 품질의 재료를 사용할 것
> ② 강재와 강재와의 접속부 및 교차부는 볼트·클램프 등 전용철물을 사용하여 단단히 연결할 것 등

tip
2023년 법령개정. 문제와 해설은 개정된 내용 적용

115
사업의 종류가 건설업이고, 공사금액이 850억원일 경우 산업안전보건법령에 따른 안전관리자를 최소 몇 명 이상 두어야 하는가? (단, 상시근로자는 600명으로 가정)

① 1명 이상 ② 2명 이상
③ 3명 이상 ④ 4명 이상

> 건설업 안전관리자 선임
> 800억 이상 ~ 1,500억원 미만일 경우 2명

tip
2020년 시행. 법령 전부개정으로 내용이 수정되었으니 자세한 사항은 해설 및 본문내용을 참고하세요.

정답 111 ③ 112 ④ 113 ③ 114 ④ 115 ②

116 ⭐빈출

선박에서 하역작업 시 근로자들이 안전하게 오르내릴 수 있는 현문 사다리 및 안전망을 설치하여야 하는 것은 선박이 최소 몇 톤급 이상일 경우인가?

① 500톤급
② 300톤급
③ 200톤급
④ 100톤급

> 300톤급 이상의 선박에서 하역작업 시 승강설비(현문 사다리 및 안전망) 설치

117

타워크레인을 와이어로프로 지지하는 경우에 준수해야 할 사항으로 옳지 않은 것은?

① 와이어로프를 고정하기 위한 전용 지지프레임을 사용할 것
② 와이어로프 설치각도는 수평면에서 60° 이상으로 하되, 지지점은 4개소 미만으로 할 것
③ 와이어로프와 그 고정부위는 충분한 강도와 장력을 갖도록 설치할 것
④ 와이어로프가 가공전선에 근접하지 않도록 할 것

> 와이어로프 설치각도는 수평면에서 60도 이내로 하되, 지지점은 4개소 이상으로 하고, 같은 각도로 설치할 것

118 ⭐빈출

터널붕괴를 방지하기 위한 지보공에 대한 점검사항과 가장 거리가 먼 것은?

① 부재의 긴압 정도
② 부재의 손상·변형·부식·변위 탈락의 유무 및 상태
③ 기둥침하의 유무 및 상태
④ 경보장치의 작동상태

> 터널 지보공 조립 및 설치 시 점검사항
> ① 부재의 손상·변형·부식·변위 탈락의 유무 및 상태
> ② 부재의 긴압 정도
> ③ 부재의 접속부 및 교차부의 상태
> ④ 기둥침하의 유무 및 상태

119

작업 중이던 미장공이 상부에서 떨어지는 공구에 의해 상해를 입었다면 어느 부분에 대한 결함이 있었겠는가?

① 작업대 설치
② 작업방법
③ 낙하물 방지시설 설치
④ 비계설치

> 고소작업으로 인한 낙하물의 위험을 예방하기 위해 낙하물 방지망, 방호선반 등을 설치하여야 한다.

120

이동식 크레인을 사용하여 작업을 할 때 작업시작 전 점검사항이 아닌 것은?

① 주행로의 상측 및 트롤리(trolley)가 횡행하는 레일의 상태
② 권과방지장치 그 밖의 경보장치의 기능
③ 브레이크·클러치 및 조정장치의 기능
④ 와이어로프가 통하고 있는 곳 및 작업장소의 지반상태

> 이동식 크레인을 사용하여 작업할 때 작업시작 전 점검사항
> ① 권과방지장치나 그 밖의 경보장치의 기능
> ② 브레이크·클러치 및 조정장치의 기능
> ③ 와이어로프가 통하고 있는 곳 및 작업장소의 지반상태

정답 116 ② 117 ② 118 ④ 119 ③ 120 ①

2018년 4월 28일 | 기출문제

1과목 산업재해 예방 및 안전보건교육

01
6~12명의 구성원으로 타인의 비판 없이 자유로운 토론을 통하여 다량의 독창적인 아이디어를 이끌어내고, 대안적 해결안을 찾기 위한 집단적 사고기법은?

① Role playing
② Brain storming
③ Action playing
④ Fish Bowl playing

> 브레인스토밍(Brain-storming)
> (1) 자유분방하게 진행하는 토의식 아이디어 창출법
> (2) B · S 4원칙
>   ① 비판금지 ② 자유분방 ③ 대량발언 ④ 수정발언

02
재해의 발생 형태 중 다음 그림이 나타내는 것은?

① 1단순연쇄형
② 2복합연쇄형
③ 단순자극형
④ 복합형

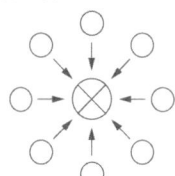

> 재해의 발생형태(등치성 이론)
>
> | 구분 | 내용 |
> |---|---|
> | 단순자극형 | 상호 자극에 의하여 순간적으로 재해가 발생하는 유형으로 재해가 일어난 장소와 그 시기에 일시적으로 요인이 집중(집중형이라고도 함) |
> | 연쇄형 | 하나의 사고 요인이 또 다른 사고 요인을 일으키면서 재해를 발생시키는 유형(단순연쇄형과 복합연쇄형) |
> | 복합형 | 단순자극형과 연쇄형의 복합적인 발생유형 |

03
산업안전보건법령상 근로자에 대한 일반건강진단의 실시 시기 기준으로 옳은 것은?

① 사무직에 종사하는 근로자 : 1년에 1회 이상
② 사무직에 종사하는 근로자 : 2년에 1회 이상
③ 사무직 외의 업무에 종사하는 근로자 : 6월에 1회 이상
④ 사무직 외의 업무에 종사하는 근로자 : 2년에 1회 이상

> 일반건강진단
> 사무직에 종사하는 근로자에 대하여는 2년에 1회 이상, 그 밖에 근로자에 대하여는 1년에 1회 이상

04 ★빈출
재해통계에 있어 강도율이 2.0인 경우에 대한 설명으로 옳은 것은?

① 한 건의 재해로 인해 전체 작업비용의 2.0%에 해당하는 손실이 발생하였다.
② 근로자 1,000명당 2.0건의 재해가 발생하였다.
③ 근로시간 1,000시간당 2.0건의 재해가 발생하였다.
④ 근로시간 1,000시간당 2.0일의 근로손실이 발생하였다.

> 강도율(Severity Rate of Injury : SR)
> ① 재해의 경중(강도)의 정도를 손실일수로 나타내는 통계
> ② 근로시간 1,000시간당 재해에 의해 잃어버린 근로손실일수
> ③ 구하는 식 : 강도율(SR) = $\dfrac{\text{근로손실일수}}{\text{연간총근로시간수}} \times 1{,}000$

정답 01② 02③ 03② 04④

05 ⭐

산업안전보건법령상 교육대상별 교육내용 중 관리감독자의 정기교육 내용이 아닌 것은?

① 건강증진 및 질병 예방에 관한 사항
② 위험성평가에 관한 사항
③ 유해·위험 작업환경 관리에 관한 사항
④ 표준안전작업방법 결정 및 지도·감독 요령에 관한 사항

> **관리감독자 정기교육**
> ① 산업안전 및 산업재해 예방에 관한 사항(화재·폭발 사고 발생 시 대피에 관한 사항을 포함)
> ② 산업보건 및 건강장해 예방에 관한 사항(폭염·한파작업으로 인한 건강장해 발생 시 응급조치에 관한 사항을 포함)
> ③ 위험성평가에 관한 사항
> ④ 유해·위험 작업환경 관리에 관한 사항
> ⑤ 산업안전보건법령 및 산업재해보상보험제도에 관한 사항
> ⑥ 직무스트레스 예방 및 관리에 관한 사항
> ⑦ 직장 내 괴롭힘, 고객의 폭언 등으로 인한 건강장해 예방 및 관리에 관한 사항
> ⑧ 작업공정의 유해·위험과 재해 예방대책에 관한 사항
> ⑨ 사업장 내 안전보건관리체제 및 안전·보건조치 현황에 관한 사항
> ⑩ 표준안전작업방법 결정 및 지도·감독 요령에 관한 사항
> ⑪ 현장근로자와의 의사소통능력 및 강의능력 등 안전보건교육 능력 배양에 관한 사항
> ⑫ 비상시 또는 재해 발생 시 긴급조치에 관한 사항
> ⑬ 그 밖의 관리감독자의 직무에 관한 사항

tip
2025년 법령개정. 문제와 해설은 개정된 내용 적용

06 ⭐

Off JT(Off the Job Training)의 특징으로 옳은 것은?

① 훈련에만 전념할 수 있다.
② 상호신뢰 및 이해도가 높아진다.
③ 개개인에게 적절한 지도훈련이 가능하다.
④ 직장의 실정에 맞게 실제적 훈련이 가능하다.

> **Off JT의 특징**
> ① 한번에 다수의 대상자를 일괄적, 조직적으로 교육할 수 있다.
> ② 전문분야의 우수한 강사진을 초빙할 수 있다.
> ③ 교육기자재 및 특별교재 또는 시설을 유효하게 활용할 수 있다.
> ④ 다른 분야 및 타 직장의 사람들과 지식이나 경험의 교환이 가능하다.
> ⑤ 업무와 분리되어 면학에 전념하는 것이 가능하다.
> ⑥ 법규, 원리, 원칙, 개념, 이론 등의 교육에 적합하다.

07 ⭐

산업안전보건법령상 안전·보건표지의 종류 중 다음 안전·보건표지의 명칭은?

① 화물적재금지
② 차량통행금지
③ 물체이동금지
④ 화물출입금지

> **금지표지의 종류**
>
> | 101 출입금지 | 102 보행금지 | 103 차량통행금지 | 104 사용금지 |
> |---|---|---|---|
> | 105 탑승금지 | 106 금연 | 107 화기금지 | 108 물체이동금지 |

08

AE형 안전모에 있어 내전압성이란 최대 몇 V 이하의 전압에 견디는 것을 말하는가?

① 750
② 1,000
③ 3,000
④ 7,000

> 내전압성이란 7,000볼트 이하의 전압에 견디는 것을 말한다.

정답 05 ① 06 ① 07 ③ 08 ④

09

안전점검의 종류 중 태풍, 폭우 등에 의한 침수, 지진 등의 천재지변이 발생한 경우나 이상사태 발생 시 관리자나 감독자가 기계·기구, 설비 등의 기능상 이상 유무에 대하여 점검하는 것은?

① 일상점검　　② 정기점검
③ 특별점검　　④ 수시점검

> **특별점검**
> ① 기계, 기구, 설비의 신설변경 또는 고장, 수리 등을 할 경우
> ② 정기점검기간을 초과하여 사용하지 않던 기계설비를 다시 사용하고자 할 경우
> ③ 강풍(순간풍속 30m/s 초과) 또는 지진(중진 이상 지진) 등의 천재지변 후

10

재해발생의 직접원인 중 불안전한 상태가 아닌 것은?

① 불안전한 인양　　② 부적절한 보호구
③ 결함 있는 기계설비　　④ 불안전한 방호장치

> 불안전한 속도조작이나 불안전한 자세동작 등은 불안전한 행동에 해당된다.

11 ★빈출

매슬로(Maslow)의 욕구단계 이론 중 제2단계 욕구에 해당하는 것은?

① 자아실현의 욕구　　② 안전에 대한 욕구
③ 사회적 욕구　　④ 생리적 욕구

> **매슬로(Maslow)의 욕구단계 이론**
> 생리적 욕구 → 안전의 욕구 → 사회적 욕구 → 존경의 욕구 → 자아실현의 욕구

12

대뇌의 Human error로 인한 착오요인이 아닌 것은?

① 인지과정 착오　　② 조치과정 착오
③ 판단과정 착오　　④ 행동과정 착오

> **착오요인**
> ① 인지과정 착오　② 판단과정 착오　③ 조작(조치)과정 착오

13 ★빈출

주의의 수준이 'Phase 0'인 상태에서의 의식 상태로 옳은 것은?

① 무의식 상태　　② 의식의 이완 상태
③ 명료한 상태　　④ 과긴장 상태

의식수준의 단계

단계 (phase)	의식 상태	생리적 상태
제0단계	무의식, 실신	수면, 뇌발작
제I단계	의식 흐림(subnormal), 의식 몽롱함	단조로움, 피로, 졸음, 술취함
제II단계	이완상태(relaxed) 정상(normal), 느긋한 기분	안정 기거, 휴식 시, 정례 작업시(정상작업 시) 일반적으로 일을 시작할 때 안정된 행동
제III단계	상쾌한 상태(clear) 정상(normal), 분명한 의식	판단을 동반한 행동, 적극활동 시 가장 좋은 의식수준상태, 긴급 이상 사태를 의식할 때
제IV단계	과긴장 상태 (hypernormal, excited)	긴급방위반응, 당황해서 panic (감정흥분 시 당황한 상태)

정답 09 ③　10 ①　11 ②　12 ④　13 ①

14
생체리듬의 변화에 대한 설명으로 틀린 것은?

① 야간에는 체중이 감소한다.
② 야간에는 말초운동 기능이 저하된다.
③ 체온, 혈압, 맥박수는 주간에 상승하고 야간에 감소한다.
④ 혈액의 수분과 염분량은 주간에 증가하고 야간에 감소한다.

> **바이오리듬(생체리듬)의 변화**
> ① 주간 감소, 야간 증가 : 혈액의 수분, 염분량
> ② 주간 상승, 야간 감소 : 체온, 혈압, 체중, 맥박수
> ③ 특히 야간에는 체중 감소, 소화불량, 말초신경기능 저하, 피로의 자각증상 증대 등의 현상

15 ★빈출
어떤 사업장의 상시근로자 1,000명이 작업 중 2명 사망자와 의사진단에 의한 휴업일수 90일 손실을 가져온 경우의 강도율은? (단, 1일 8시간, 연 300일 근무)

① 7.32   ② 6.28
③ 8.12   ④ 5.92

> **강도율**
>
> 강도율(SR) = $\dfrac{\text{근로손실일수}}{\text{연간총근로시간수}} \times 1,000$
>
> = $\dfrac{(7,500 \times 2) + (90 \times \frac{300}{365})}{1,000 \times 8 \times 300} \times 1,000 = 6.281$

16
교육심리학의 기본이론 중 학습지도의 원리가 아닌 것은?

① 직관의 원리   ② 개별화의 원리
③ 계속성의 원리   ④ 사회화의 원리

> **학습지도의 원리**
> ① 자발성의 원리   ② 개별화의 원리   ③ 사회화의 원리
> ④ 통합의 원리   ⑤ 직관의 원리   ⑥ 목적의 원리
> ⑦ 생활화의 원리   ⑧ 과학성의 원리   ⑨ 자연화의 원리

17
안전보건교육 계획에 포함하여야 할 사항이 아닌 것은?

① 교육의 종류 및 대상   ② 교육의 과목 및 내용
③ 교육장소 및 방법   ④ 교육지도안

> **안전보건교육 계획 수립 시 포함사항**
> ① 교육목표   ② 교육의 종류 및 교육대상
> ③ 교육과목 및 교육내용   ④ 교육장소 및 교육방법
> ⑤ 교육기간 및 시간   ⑥ 교육담당자 및 강사

18
인간관계의 메커니즘 중 다른 사람의 행동양식이나 태도를 투입시키거나 다른 사람 가운데서 자기와 비슷한 것을 발견하는 것은?

① 동일화   ② 일체화
③ 투사   ④ 공감

> **동일화**
> 무의식적으로 다른 사람을 닮아가는 현상으로 특히 자신에게 위협적인 대상이나 자신의 이상향과 자신을 동일시함으로 열등감을 이겨내고 만족감을 느낌

19
유기화합물용 방독마스크 시험가스의 종류가 아닌 것은?

① 염소가스 또는 증기   ② 시클로헥산
③ 디메틸에테르   ④ 이소부탄

> **유기화합물용 방독마스크 시험가스의 종류**
> ① 시클로헥산(C_6H_{12})   ② 디메틸에테르(CH_3OCH_3)
> ③ 이소부탄(C_4H_{10})

tip
염소가스 또는 증기는 할로겐용 방독마스크의 시험가스

정답   14 ④   15 ②   16 ③   17 ④   18 ①   19 ①

20
Line - Staff형 안전보건관리조직에 관한 특징이 아닌 것은?

① 조직원 전원을 자율적으로 안전활동에 참여시킬 수 있다.
② 스탭이 월권행위 할 경우가 있으며 라인스탭에 의존 또는 활용치 않는 경우가 있다.
③ 생산부문은 안전에 대한 책임과 권한이 없다.
④ 명령계통과 조언의 권고적 참여가 혼동되기 쉽다.

> **Staff형의 단점**
> ① 생산계통의 기능과 상반된 견해 차이 등으로 안전활동을 위한 협력이 부족
> ② 안전지시의 이원화로 명령계통의 혼란 초래(응급조치 곤란, 통제수단 복잡)
> ③ 안전에 대한 이해가 부족할 경우 안전대책의 현장 침투 불가
> ④ 안전과 생산을 별개로 취급(생산부문은 안전에 대한 책임과 권한 없음)

2과목 인간공학 및 위험성 평가·관리

21
사업장에서 인간공학의 적용분야로 가장 거리가 먼 것은?

① 제품설계
② 설비의 고장률
③ 재해·질병 예방
④ 장비·공구·설비의 배치

> **사업장에서의 인간공학 적용분야**
> ① 장비·공구·설비의 배치 ② 제품설계 ③ 재해·질병 예방

22
결함수 분석법(FTA)의 특징으로 볼 수 없는 것은?

① Top Down 형식
② 특정사상에 대한 해석
③ 정성적 해석의 불가능
④ 논리기호를 사용한 해석

> **FTA의 특징**
> ① 분석에는 게이트, 이벤트, 부호 등의 그래픽 기호를 사용하여 결함단계를 표현하며, 각각의 단계에 확률을 부여하여 어떤 상황의 실패확률계산 가능
> ② 연역적이고 정량적인 해석방법
> ③ 상황에 따라 정성적 해석뿐만 아니라 재해의 직접원인 해석도 가능하며 복잡한 시스템의 상세해석 등 융통성이 풍부

23
음향기기 부품 생산공장에서 안전업무를 담당하는 OOO 대리는 공장 내부에 경보등을 설치하는 과정에서 도움이 될 만한 몇 가지 지식을 적용하고자 한다. 적용 지식 중 맞는 것은?

① 신호 대 배경의 휘도대비가 작을 때는 백색신호가 효과적이다.
② 광원의 노출시간이 1초보다 작으면 광속발산도는 작아야 한다.
③ 표적의 크기가 커짐에 따라 광도의 역치가 안정되는 노출시간은 증가한다.
④ 배경광 중 점멸 잡음광의 비율이 10% 이상이면 점멸등은 사용하지 않는 것이 좋다.

> 배경 불빛이 신호등과 비슷하면 신호광의 식별이 힘들어진다. 그러므로 점멸 잡음광의 비율이 10% 이상이면, 상점등을 신호로 사용하는 것이 효과적일 수 있다.

24
인간이 기계와 비교하여 정보처리 및 결정의 측면에서 상대적으로 우수한 것은? (단, 인공지능은 제외한다.)

① 연역적 추리
② 정량적 정보처리
③ 관찰을 통한 일반화
④ 정보의 신속한 보관

> **인간과 기계의 기능비교(상대적 재능)**
>
> | 구분 | 인간이 기계보다 우수한 기능 | 기계가 인간보다 우수한 기능 |
> | --- | --- | --- |
> | 정보 저장 | • 많은 양의 정보를 장시간 보관 | • 암호화된 정보를 신속하게 대량보관 |
> | 정보처리 및 결심 | • 관찰을 통해 일반화
• 귀납적 추리
• 원칙적용
• 다양한 문제해결(정성적) | • 연역적 추리
• 정량적 정보처리 |

정답 20 ③ 21 ② 22 ③ 23 ④ 24 ③

25

제한된 실내 공간에서 소음문제의 음원에 관한 대책이 아닌 것은?

① 저소음 기계로 대체한다.
② 소음 발생원을 밀폐한다.
③ 방음 보호구를 착용한다.
④ 소음 발생원을 제거한다.

> **소음관리(소음통제 방법)**
> ① 소음원의 제거 – 가장 적극적인 대책
> ② 소음원의 통제 – 안전설계, 정비 및 주유, 고무 받침대 부착, 소음기 사용 등
> ③ 소음의 격리 – 씌우개(enclosure), 방이나 장벽을 이용
> ④ 차음 장치 및 흡음재 사용 등

26

인간실수확률에 대한 추정기법으로 가장 적절하지 않은 것은?

① CIT(Critical Incident Technique) : 위급사건기법
② FMEA(Failure Mode and Effect Analysis) : 고장형태 영향분석
③ TCRAM(Task Criticality Rating Analysis Method) : 직무위급도 분석법
④ THERP(Technique for Human Error Rate Prediction) : 인간 실수율 예측기법

> **인간실수확률에 대한 추정기법**
> ① 위급사건기법(Critical Incident Technique : CIT)
> ② 직무위급도 분석(Pickerel, et al.의 실수효과 심각성의 4등급)
> ③ THERP(Technique for Human Error Rate Prediction)
> ④ 조작자 행동나무(Operator Action Tree : OAT)
> ⑤ 간헐적 사건의 결함나무 분석(Fault Tree Analysis : FTA)
> ⑥ 인간신뢰도 예측을 위한 컴퓨터 모의실험

27

음성통신에 있어 소음환경과 관련하여 성격이 다른 지수는?

① AI(Articulation Index) : 명료도 지수
② MAA(Minimum Audible Angle) : 최소 가청각도
③ PSIL(Preferred-Octave Speech Interference Level) : 음성간섭수준
④ PNC(Preferred Noise Criteria Curves) : 선호 소음판단 기준곡선

> **음성통신에 관한 소음환경**
> ① AI(Articulation Index) : 명료도 지수라고 하며, 대화가 상대방에게 얼마나 정확하게 전해졌는지를 나타내는 지수로 통화 이해도를 추정할 수 있는 근거로 사용한다.
> ② NC(Noise Criteria) : 실내 암소음 평가 방법의 기준으로 실내에서 회화의 양호한 전달을 위하여 중고음성 암소음 성분을 충분히 작게 보정한 허용기준이다. 저음성과 고음성 성분을 다소 강화시킨 PNC 곡선도 많이 활용되고 있다.
> ③ PSIL(Preferred-Octave Speech Interference Level) : 회화방해레벨로 정상소음에 대한 회화의 방해정도를 나타내는 척도이다.

28

A 회사에서는 새로운 기계를 설계하면서 레버를 위로 올리면 압력이 올라가도록 하고, 오른쪽 스위치를 눌렀을 때 오른쪽 전등이 켜지도록 하였다면, 이것은 각각 어떤 유형의 양립성을 고려한 것인가?

① 레버 – 공간양립성, 스위치 – 개념양립성
② 레버 – 운동양립성, 스위치 – 개념양립성
③ 레버 – 개념양립성, 스위치 – 운동양립성
④ 레버 – 운동양립성, 스위치 – 공간양립성

> **양립성의 종류**
>
> | | |
> |---|---|
> | 공간적(spatial) 양립성 | 표시장치나 조정장치에서 물리적 형태 및 공간적 배치 |
> | 운동(movement) 양립성 | 표시장치의 움직이는 방향과 조정장치의 방향이 사용자의 기대와 일치 |
> | 개념적(conceptual) 양립성 | 이미 사람들이 학습을 통해 알고 있는 개념적 연상 |
> | 양식(modality) 양립성 | 직무에 알맞은 자극과 응답의 양식의 존재에 대한 양립성 |

정답 25 ③ 26 ② 27 ② 28 ④

29

입력 B_1과 B_2의 어느 한 쪽이 일어나면 출력 A가 생기는 경우를 논리합의 관계라 한다. 이때 입력과 출력 사이에는 무슨 게이트로 연결되는가?

① OR 게이트
② 억제 게이트
③ AND 게이트
④ 부정 게이트

> AND 게이트는 모든 입력사상이 공존할 때만이 출력사상이 발생하며, OR 게이트는 입력사상 중 어느 것이나 존재할 때 출력사상이 발생한다.

30

다음의 FT도에서 사상 A의 발생 확률값은?

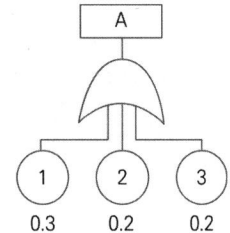

① 게이트 기호가 OR이므로 0.012
② 게이트 기호가 AND이므로 0.012
③ 게이트 기호가 OR이므로 0.552
④ 게이트 기호가 AND이므로 0.552

> **발생 확률**
> $T = 1 - (1 - 0.3)(1 - 0.2)(1 - 0.2) = 0.552$

31

작업공간의 포락면(包絡面)에 대한 설명으로 맞는 것은?

① 개인이 그 안에서 일하는 일차원 공간이다.
② 작업복 등은 포락면에 영향을 미치지 않는다.
③ 가장 작은 포락면은 몸통을 움직이는 공간이다.
④ 작업의 성질에 따라 포락면의 경계가 달라진다.

> **앉은 사람의 작업공간**
> ① 작업공간 포락면 : 한 장소에 앉아서 수행하는 작업활동에서 작업하는 데 사용하는 공간
> ② 파악한계 : 앉은 작업자가 특정한 수작업 기능을 편히 수행할 수 있는 공간의 외곽한계

32

안전교육을 받지 못한 신입직원이 작업 중 전극을 반대로 끼우려고 시도했으나, 플러그의 모양이 반대로 끼울 수 없도록 설계되어 있어서 사고를 예방할 수 있었다. 작업자가 범한 오류와 이와 같은 사고 예방을 위해 적용된 안전설계 원칙으로 가장 적합한 것은?

① 누락(omission)오류, fail safe 설계원칙
② 누락(omission)오류, fool proof 설계원칙
③ 작위(commission)오류, fail safe 설계원칙
④ 작위(commission)오류, fool proof 설계원칙

> **작위실수와 fool proof**
> ① 부작위 실수(omission error) : 직무의 한 단계 또는 전체직무를 누락시킬 때 발생
> ② 작위 실수(commission error) : 직무를 수행하지만 잘못 수행할 때 발생(넓은 의미로 선택착오, 순서착오, 시간착오, 정성적 착오 포함)
> ③ fail safe : 기계 또는 설비에 이상이나 오동작이 발생하여도 안전사고를 발생시키지 않도록 2중 또는 3중으로 통제를 가하도록 한 체계
> ④ fool proof : 사용자가 비록 잘못된 조작을 하더라도 이로 인해 전체의 고장이 발생되지 아니하도록 하는 설계방법

33

FMEA에서 고장 평점을 결정하는 5가지 평가요소에 해당하지 않는 것은?

① 생산능력의 범위
② 고장 발생의 빈도
③ 고장 방지의 가능성
④ 영향을 미치는 시스템의 범위

> **고장등급의 결정방법(평가요소)**
> 다음의 평가요소 중 선택하여 고장 평점을 계산하고 등급을 결정
> C_1 : 기능적 고장의 영향의 중요도
> C_2 : 영향을 미치는 시스템의 범위
> C_3 : 고장 발생의 빈도
> C_4 : 고장 방지의 가능성
> C_5 : 신규 설계의 정도

정답 29 ① 30 ③ 31 ④ 32 ④ 33 ①

34

어떤 소리가 1,000Hz, 60dB인 음과 같은 높이임에도 4배 더 크게 들린다면, 이 소리의 음압수준은 얼마인가?

① 70dB
② 80dB
③ 90dB
④ 100dB

> **Phon과 Sone의 음량**
> ① 어떤 음의 Phon 값으로 표시한 음량 수준은 이 음과 같은 크기로 들리는 1,000Hz 순음의 음압 수준(dB)
> ② Sone의 음량 : 다른 음의 상대적인 주관적 크기 비교
> ③ 음량 수준이 10Phon 증가하면 음량(Sone)은 2배로 증가하며, 20Phon 증가하면 음량(Sone)은 4배로 증가

35

작업장 배치 시 유의사항으로 적절하지 않은 것은?

① 작업의 흐름에 따라 기계를 배치한다.
② 생산효율 증대를 위해 기계설비 주위에 재료나 반제품을 충분히 놓아둔다.
③ 공장 내외에는 안전한 통로를 두어야 하며, 통로는 선을 그어 작업장과 명확히 구별하도록 한다.
④ 비상시에 쉽게 대비할 수 있는 통로를 마련하고 사고 진압을 위한 활동통로가 반드시 마련되어야 한다.

> **기계설비의 배치(layout)(문제의 보기 외에)**
> ① 원재료, 제품 등의 적재 장소를 충분히 확보
> ② 기계설비 주위에 충분한 운전공간, 보수점검 공간 확보
> ③ 기계설비를 통로 측에 설치할 수 없을 경우에는 작업자가 통로 쪽으로 등을 향하여 일하지 않도록 배치
> ④ 기계설비의 설치에 있어서 기계설비의 사용 중 필요한 보수, 점검이 용이하도록 배치

36

시스템의 수명 및 신뢰성에 관한 설명으로 틀린 것은?

① 병렬설계 및 디레이팅 기술로 시스템의 신뢰성을 증가시킬 수 있다.
② 직렬시스템에서는 부품들 중 최소 수명을 갖는 부품에 의해 시스템 수명이 정해진다.
③ 수리가 가능한 시스템의 평균 수명(MTBF)은 평균 고장률(λ)과 정비례 관계가 성립한다.
④ 수리가 불가능한 구성요소로 병렬구조를 갖는 설비는 중복도가 늘어날수록 시스템 수명이 길어진다.

> 평균 수명(MTBF)은 평균 고장률과 반비례 관계 : MTBF $= \frac{1}{\lambda}$

37

스트레스에 반응하는 신체의 변화로 맞는 것은?

① 혈소판이나 혈액응고인자가 증가한다.
② 더 많은 산소를 얻기 위해 호흡이 느려진다.
③ 중요한 장기인 뇌·심장·근육으로 가는 혈류가 감소한다.
④ 상황 판단과 빠른 행동 대응을 위해 감각기관은 매우 둔감해진다.

> **스트레스에 반응하는 신체의 변화**
> ① 외상을 입었을 때 출혈을 방지하기 위해 혈소판이나 혈액응고인자가 증가한다.
> ② 더 많은 산소를 얻기 위해 호흡이 빨라진다.
> ③ 위험을 대비한 중요한 장기인 뇌·심장·근육으로 가는 혈류가 증가한다.
> ④ 상황 판단과 빠른 행동을 위해 정신이 더 명료해지고 감각기관이 더 예민해진다.

정답 34 ② 35 ② 36 ③ 37 ①

38

산업안전보건법령에 따라 제조업 등 유해·위험 방지계획서를 작성하고자 할 때 관련 규정에 따라 1명 이상 포함시켜야 하는 사람의 자격으로 적합하지 않은 것은?

① 한국산업안전보건공단이 실시하는 관련교육을 8시간 이수한 사람
② 기계, 재료, 화학, 전기, 전자, 안전관리 또는 환경분야 기술사 자격을 취득한 사람
③ 관련분야 기사 자격을 취득한 사람으로서 해당 분야에서 3년 이상 근무한 경력이 있는 사람
④ 기계안전, 전기안전, 화공안전분야의 산업안전지도사 또는 산업보건지도사 자격을 취득한 사람

> 계획서를 작성할 때에 다음의 어느 하나에 해당하는 자격을 갖춘 사람 또는 공단이 실시하는 관련교육을 20시간 이상 이수한 사람 중 1명 이상 포함시켜야 한다.
> ① 기계, 금속, 화공, 전기, 안전관리, 산업보건관리, 산업위생 또는 환경분야 기술사 자격을 취득한 사람
> ② 기계안전·전기안전·화공안전분야의 산업안전지도사 또는 산업위생지도사 자격을 취득한 사람
> ③ ①의 관련분야 기사 자격을 취득한 사람으로서 해당 분야에서 3년 이상 근무한 경력이 있는 사람
> ④ ①의 관련분야 산업기사 자격을 취득한 사람으로서 해당 분야에서 5년 이상 근무한 경력이 있는 사람 등

39

다음 그림과 같은 직·병렬 시스템의 신뢰도는? (단, 병렬 각 구성요소의 신뢰도는 R이고, 직렬 구성요소의 신뢰도는 M이다.)

① MR^3
② $R^2(1-MR)$
③ $M(R^2+R)-1$
④ $M(2R-R^2)$

> 신뢰도
> 시스템의 신뢰도 = 1 - (1 - R)(1 - R) × M = M(2R - R²)

40

현재 시험문제와 같이 4지택일형 문제의 정보량은 얼마인가?

① 2bit
② 4bit
③ 2byte
④ 4byte

> 정보의 측정단위
> ① 정보량 : 실현 가능성이 같은 n개의 대안이 있을 때 총 정보량 H는
> ② $H = \log_2 n$ ∴ $H = \log 4 = 2\text{bit}$

3과목 기계·기구 및 설비 안전 관리

41 빈출

연삭숫돌의 상부를 사용하는 것을 목적으로 하는 탁상용 연삭기에서 안전덮개의 노출부위 각도는 몇 ° 이내이어야 하는가?

① 90° 이내
② 75° 이내
③ 60° 이내
④ 105° 이내

> 연삭기 덮개의 설치방법
> ① 탁상용 연삭기의 노출각도는 80° 이내, 원주 각도는 65° 이상이 되지 않도록 한다.
> ② 연삭숫돌의 상부를 사용하는 것을 목적으로 하는 연삭기는 60° 이내이어야 한다.
> ③ 휴대용 연삭기는 180° 이내이어야 한다.
> ④ 원통형 연삭기는 180° 이내, 원주각도는 65° 이상이 되지 않도록 한다.
> ⑤ 절단 및 평면 연삭기는 150° 이내, 숫돌의 주축에서 수평면 밑으로 이루는 덮개의 각도는 15° 이상이 되도록 한다.

정답 38 ① 39 ④ 40 ① 41 ③

42 ⭐빈출

다음 중 산업안전보건법령상 아세틸렌 가스용접장치에 관한 기준으로 틀린 것은?

① 전용의 발생기실은 건물의 최상층에 위치하여야 하며, 화기를 사용하는 설비로부터 1m를 초과하는 장소에 설치하여야 한다.
② 전용의 발생기실을 옥외에 설치한 경우에는 그 개구부를 다른 건축물로부터 1.5m 이상 떨어지도록 하여야 한다.
③ 아세틸렌 용접장치를 사용하여 금속의 용접·용단 또는 가열작업을 하는 경우에는 게이지 압력이 127kPa을 초과하는 압력의 아세틸렌을 발생시켜 사용해서는 아니 된다.
④ 전용의 발생기실을 설치하는 경우 벽은 불연성 재료로 하고 철근 콘크리트 또는 그 밖에 이와 동등하거나 그 이상의 강도를 가진 구조로 하여야 한다.

> **발생기실의 설치장소**
> ① 전용의 발생기 실내에 설치
> ② 건물의 최상층에 위치, 화기를 사용하는 설비로부터 3m를 초과하는 장소에 설치
> ③ 옥외에 설치할 경우 그 개구부를 다른 건축물로부터 1.5m 이상 떨어지도록 할 것

43

다음 중 포터블 벨트 컨베이어(Potable Belt Conveyor)의 안전사항과 관련한 설명으로 옳지 않은 것은?

① 포터블 벨트 컨베이어 차륜 간의 거리는 전도 위험이 최소가 되도록 하여야 한다.
② 기복장치는 포터블 벨트 컨베이어의 옆면에서만 조작하도록 한다.
③ 포터블 벨트 컨베이어를 사용하는 경우는 차륜을 고정하여야 한다.
④ 전동식 포터블 벨트 컨베이어를 이동하는 경우는 먼저 전원을 내린 후 컨베이어를 이동시킨 다음 컨베이어를 최저의 위치로 내린다.

> **포터블 벨트 컨베이어 준수사항**
> 포터블 벨트 컨베이어를 이동하는 경우는 먼저 컨베이어를 최저의 위치로 내리고 전동식의 경우 전원을 차단한 후에 이동한다.

44 ⭐빈출

사람이 작업하는 기계장치에서 작업자가 실수를 하거나 오조작을 하여도 안전하게 유지되게 하는 안전설계방법은?

① Fail Safe ② 다중계화
③ Fool proof ④ Back up

> **Fool proof**
> 사용자가 비록 잘못된 조작을 하더라도 이로 인해 전체의 고장이 발생되지 아니하도록 하는 설계방법

45

질량 100kg인 화물이 와이어로프에 매달려 2m/s²의 가속도로 권상되고 있다. 이때 와이어로프에 작용하는 장력의 크기는 몇 N인가? (단, 여기서 중력가속도는 10m/s²로 한다.)

① 200N ② 300N
③ 1,200N ④ 2,000N

> **와이어로프에 걸리는 총하중 계산**
> ① 동하중(W_2) = $\frac{W_1}{g} \times a = \frac{100}{10} \times 2 = 20$
> ② 총하중(W) = 정하중(W_1) + 동하중(W_2) = 100 + 20 = 120
> ③ 단위환산 : 120kgf × 10 = 1,200N

46 ⭐빈출

광전자식 방호장치의 광선에 신체의 일부가 감지된 후로부터 급정지기구가 작동 개시하기까지의 시간이 40ms이고, 광축의 최소 설치거리(안전거리)가 200mm일 때 급정지 기구가 작동 개시한 때로부터 프레스기의 슬라이드가 정지될 때까지의 시간은 약 몇 ms인가?

① 60ms ② 85ms
③ 105ms ④ 130ms

> **슬라이드 정지시간**
> 설치거리(mm) = 1.6($T_L + T_S$)
> 200 = 1.6(40 + T_S)
> ∴ 시간 T_S = 85ms

정답 42 ① 43 ④ 44 ③ 45 ③ 46 ②

47

방사선 투과검사에서 투과사진의 상질을 점검할 때 확인해야 할 항목으로 거리가 먼 것은?

① 투과도계의 식별도
② 시험부의 사진농도 범위
③ 계조계의 값
④ 주파수의 크기

투과사진의 상질점검 시 확인 항목
① 투과도계의 식별도 ② 시험부의 사진농도 범위
③ 계조계의 값 ④ 상질의 종류 등

48

양중기의 과부하장치에서 요구하는 일반적인 성능기준으로 틀린 것은?

① 과부하방지장치 작동 시 경보음과 경보램프가 작동되어야 하며 양중기는 작동이 되지 않아야 한다.
② 외함의 전선 접촉 부분은 고무 등으로 밀폐되어 물과 먼지 등이 들어가지 않도록 한다.
③ 과부하방지장치와 타 방호장치는 기능에 서로 장애를 주지 않도록 부착할 수 있는 구조이어야 한다.
④ 방호장치의 기능을 제거하더라도 양중기는 원활하게 작동시킬 수 있는 구조이어야 한다.

방호장치의 기능을 제거 또는 정지할 때 양중기의 기능도 동시에 정지할 수 있는 구조이어야 한다.

49

프레스 작업에서 제품 및 스크랩을 자동적으로 위험한계 밖으로 배출하기 위한 장치로 볼 수 없는 것은?

① 피더
② 키커
③ 이젝터
④ 공기 분사 장치

프레스의 송급장치
① 1차 가공용 송급장치(로울피더 등 사용)
② 2차 가공용 송급장치(슈트, 다이얼피더, 푸셔피더, 트랜스퍼피더 등)

50

용접장치에서 안전기의 설치 기준에 관한 설명으로 옳지 않은 것은?

① 아세틸렌 용접장치에 대하여는 일반적으로 각 취관마다 안전기를 설치하여야 한다.
② 아세틸렌 용접장치의 안전기는 가스용기와 발생기가 분리되어 있는 경우 발생기와 가스용기 사이에 설치한다.
③ 가스집합 용접장치에서는 주관 및 분기관에 안전기를 설치하며, 이 경우 하나의 취관에 2개 이상의 안전기를 설치한다.
④ 가스집합 용접장치의 안전기 설치는 화기사용설비로부터 3m 이상 떨어진 곳에 설치한다.

가스집합장치로부터 5미터 이내의 장소에서는 흡연, 화기의 사용 또는 불꽃을 발생할 우려가 있는 행위를 금지할 것

51

산업안전보건법상 보일러의 안전한 가동을 위하여 보일러 규격에 맞는 압력방출장치가 2개 이상 설치된 경우에 최고사용압력 이하에서 1개가 작동되고, 다른 압력방출장치는 최고 사용압력의 몇 배 이하에서 작동되도록 부착하여야 하는가?

① 1.03배
② 1.05배
③ 1.2배
④ 1.5배

보일러의 압력방출장치
① 보일러 규격에 맞는 압력방출장치를 최고사용압력 이하에서 작동되도록 1개 또는 2개 이상 설치
② 2개 이상 설치된 경우 최고사용압력 이하에서 1개가 작동되고, 다른 압력방출장치는 최고사용압력 1.05배 이하에서 작동되도록 부착

정답 47 ④ 48 ④ 49 ① 50 ④ 51 ②

52
밀링작업에서 주의해야 할 사항으로 옳지 않은 것은?
① 보안경을 쓴다.
② 일감 절삭 중 치수를 측정한다.
③ 커터에 옷이 감기지 않게 한다.
④ 커터는 될 수 있는 한 컬럼에 가깝게 설치한다.

> **밀링 작업 시 안전대책**
> ① 상하이송장치의 핸들은 사용 후 반드시 빼둘 것
> ② 가공물 측정 및 설치 시에는 반드시 기계정지 후 실시
> ③ 가공 중 손으로 가공면 점검금지 및 장갑 착용금지
> ④ 밀링작업의 칩은 가장 가늘고 예리하므로 보안경 착용 및 기계정지 후 브러시로 제거

53 빈출
작업자의 신체부위가 위험한계 내로 접근하였을 때 기계적인 작용에 의하여 접근을 못하도록 하는 방호장치는?
① 위치제한형 방호장치
② 접근거부형 방호장치
③ 접근반응형 방호장치
④ 감지형 방호장치

> **접근거부형 방호장치**
> ① 위험 범위 내로 신체가 접근할 경우 방호장치가 신체부위를 밀거나 당겨서 위험 범위 밖으로 이동시키는 방법
> ② 프레스의 수인식 및 손쳐내기식 방호장치

54 빈출
사업주가 보일러의 폭발사고예방을 위하여 기능이 정상적으로 작동될 수 있도록 유지·관리할 대상이 아닌 것은?
① 과부하방지장치
② 압력방출장치
③ 압력제한스위치
④ 고저수위 조절장치

> **보일러 안전장치**
> ① 고저수위 조절장치
> ② 압력방출장치
> ③ 압력제한스위치
> ④ 화염검출기

55
산업안전보건법령에 따라 프레스 등을 사용하여 작업을 하는 경우 작업시작 전 점검사항과 거리가 먼 것은?
① 전단기의 칼날 및 테이블의 상태
② 프레스의 금형 및 고정볼트 상태
③ 슬라이드 또는 칼날에 의한 위험방지 기구의 기능
④ 전자밸브, 압력조정밸브 기타 공압 계통의 이상 유무

> **프레스 작업시작 전 점검사항**
> ① 클러치 및 브레이크의 기능
> ② 크랭크축·플라이휠·슬라이드·연결봉 및 연결나사의 풀림 유무
> ③ 1행정 1정지기구·급정지장치 및 비상정지장치의 기능
> ④ 슬라이드 또는 칼날에 의한 위험방지 기구의 기능
> ⑤ 프레스의 금형 및 고정볼트 상태
> ⑥ 방호장치의 기능
> ⑦ 전단기의 칼날 및 테이블의 상태

56 빈출
숫돌 바깥지름이 150mm일 경우 평형 플랜지의 지름은 최소 몇 mm 이상이어야 하는가?
① 25mm
② 50mm
③ 75mm
④ 100mm

> **연삭기의 안전대책**
> ① 플랜지의 직경은 숫돌직경의 1/3 이상인 것을 사용하며 양쪽을 모두 같은 크기로 할 것
> ② 그러므로, 150 × 1/3 = 50mm

정답 52 ② 53 ② 54 ① 55 ④ 56 ②

57

다음 중 아세틸렌 용접장치에서 역화의 원인으로 가장 거리가 먼 것은?

① 아세틸렌의 공급 과다
② 토치 성능의 부실
③ 압력조정기의 고장
④ 토치 팁에 이물질이 묻은 경우

아세틸렌 용접장치의 역화원인
① 압력조정기의 고장
② 산소공급이 과다할 경우
③ 토치 팁에 이물질이 묻은 경우
④ 과열되었을 경우
⑤ 토치의 성능이 불량할 경우

58

설비의 고장형태를 크게 초기고장, 우발고장, 마모고장으로 구분할 때 다음 중 마모고장과 가장 거리가 먼 것은?

① 부품, 부재의 마모
② 열화에 생기는 고장
③ 부품, 부재의 반복피로
④ 순간적 외력에 의한 파손

기계의 고장률(욕조 곡선)

초기고장	품질관리의 미비로 발생할 수 있는 고장으로 작업시작 전 점검, 시운전 등으로 사전예방이 가능한 고장
우발고장	예측할 수 없을 경우 발생하는 고장으로 시운전이나 점검으로 예방불가(낮은 안전계수, 사용자의 과오 등)
마모고장	장치의 일부분이 수명을 다하여 발생하는 고장(부식 또는 마모, 불충분한 정비 등)

59

와이어로프 호칭이 '6×19'라고 할 때 숫자 '6'이 의미하는 것은?

① 소선의 지름(mm)
② 소선의 수량(wire 수)
③ 꼬임의 수량(strand 수)
④ 로프의 최대 인장강도(MPa)

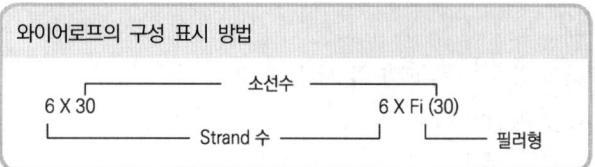

와이어로프의 구성 표시 방법

60

목재가공용 둥근톱에서 안전을 위해 요구되는 구조로 옳지 않은 것은?

① 톱날은 어떤 경우에도 외부에 노출되지 않고 덮개가 덮여있어야 한다.
② 작업 중 근로자의 부주의에도 신체의 일부가 날에 접촉할 염려가 없도록 설계되어야 한다.
③ 덮개 및 지지부는 경량이면서 충분한 강도를 가져야 하며, 외부에서 힘을 가했을 때 쉽게 회전될 수 있는 구조로 설계되어야 한다.
④ 덮개의 가동부는 원활하게 상하로 움직일 수 있고 좌우로 움직일 수 없는 구조로 설계되어야 한다.

덮개 및 지지부는 경량이면서 충분한 강도를 가져야 하며, 외부에서 힘을 가했을 때 지지부는 회전되지 않는 구조로 설계되어야 한다.

4과목 전기설비 안전 관리

61

전기기기의 충격 전압시험 시 사용하는 표준충격파형(T_f, T_t)은?

① $1.2 \times 50 \mu s$
② $1.2 \times 100 \mu s$
③ $2.4 \times 50 \mu s$
④ $2.4 \times 100 \mu s$

표준충격파형
우리나라에서는 파두장(T_f)을 $1.2 \mu s$, 파미장(T_t)을 $50 \mu s$를 표준으로 하고, $1.2 \times 50 \mu s$로 표시

정답 57 ① 58 ④ 59 ③ 60 ③ 61 ①

62

심실세동 전류란?

① 최소 감지전류　② 치사적 전류
③ 고통 한계전류　④ 마비 한계전류

> **심실세동전류**
> ① 심장의 맥동에 영향을 주어 심장마비 상태를 유발하는 전류
> ② $I = \dfrac{165}{\sqrt{T}} \text{mA}$

63 ⭐

인체의 전기저항을 0.5kΩ이라고 하면 심실세동을 일으키는 위험 한계 에너지는 몇 J인가? (단, 심실세동 전류값 $I = \dfrac{165}{\sqrt{T}} \text{mA}$의 Dalziel의 식을 이용하며, 통전시간은 1초로 한다.)

① 13.6　② 12.6
③ 11.6　④ 10.6

> **심실세동 전류**
> $Q = I^2 RT [J/S] = (\dfrac{165}{\sqrt{T}} \times 10^{-3})^2 \times (0.5 \times 10^3) \times 1 = 13.6$

64

지구를 고립한 지구도체라 생각하고 1[C]의 전하가 대전되었다면 지구 표면의 전위는 대략 몇 [V]인가? (단, 지구의 반경은 6,367km이다.)

① 1,414V　② 2,828V
③ 9×10⁴V　④ 9×10⁹V

> **지구 표면의 전위**
> 전위(V) = $\dfrac{9 \times 10^9}{6,367 \times 10^3}$ = 1,413.54[V]

65

감전사고로 인한 전격사의 메커니즘으로 가장 거리가 먼 것은?

① 흉부수축에 의한 질식
② 심실세동에 의한 혈액순환기능의 상실
③ 내장파열에 의한 소화기계통의 기능 상실
④ 호흡중추신경 마비에 따른 호흡기능 상실

> **감전에 의해 사망에 이르는 주요 현상**
> ① 전류가 심장부위로 흘러 심장마비에 의한 혈액순환기능 장애 발생
> ② 전류가 뇌의 호흡 중추부로 흘러 호흡기능장애 발생
> ③ 전류가 가슴부위에 흘러 흉부수축으로 인한 질식

66

조명기구를 사용함에 따라 작업면의 조도가 점차적으로 감소되어 가는 원인으로 가장 거리가 먼 것은?

① 점등 광원의 노화로 인한 광속의 감소
② 조명기구에 붙은 먼지, 오물, 반사면의 변질에 의한 광속 흡수율 감소
③ 실내 반사면에 붙은 먼지, 오물, 반사면의 화학적 변질에 의한 광속 반사율 감소
④ 공급전압과 광원의 정격전압의 차이에서 오는 광속의 감소

> **조도 감소 원인**
> ① 광원의 사용연한에 따른 광속의 감소(Filament 증발, 흑화 등)
> ② 조명기구에 붙은 먼지, 오물, 반사면의 화학변화에 따른 광속의 흡수율 증가
> ③ 실내 반사면(천장, 벽, 바닥)에 붙은 먼지, 오물, 반사면의 화학변화에 따른 광속의 흡수율 증가
> ④ 공급전압과 광원의 정격전압 차로 생기는 광속의 감소

67

정전작업 시 정전시킨 전로에 잔류전하를 방전할 필요가 있다. 전원차단 이후에도 잔류전하가 남아 있을 가능성이 가장 낮은 것은?

① 방전코일　② 전력 케이블
③ 전력용 콘덴서　④ 용량이 큰 부하기기

> 방전코일은 콘덴서를 회로로부터 개로하였을 때 잔류전하를 단시간에 방전시킬 목적으로 사용하는 것

정답　62 ②　63 ①　64 ①　65 ③　66 ②　67 ①

68

이동식 전기기기의 감전사고를 방지하기 위한 가장 적정한 시설은?

① 접지설비
② 폭발방지설비
③ 시건장치
④ 피뢰기설비

> 이동식 전기기계기구의 감전방지를 위해 외함의 접지, 누전차단기 설치, 충전부 절연조치, 안전전압 이하의 기계사용 등의 조치를 해야 한다.

69

인체의 피부 전기저항은 여러 가지의 제반조건에 의해서 변화를 일으키는데 제반조건으로서 가장 가까운 것은?

① 피부의 청결
② 피부의 노화
③ 인가전압의 크기
④ 통전경로

> **인체 저항값의 변화요인**
> ① 전압의 크기
> ② 전원의 종별
> ③ 접촉점의 상황
> ④ 접촉시간

70

자동차가 통행하는 도로에서 고압의 지중전선로를 직접 매설식으로 시설할 때 사용되는 전선으로 가장 적합한 것은?

① 비닐 외장 케이블
② 폴리에틸렌 외장 케이블
③ 클로로프렌 외장 케이블
④ 콤바인 덕트 케이블(combine duct cable)

> 저압 또는 고압의 지중전선에 콤바인 덕트 케이블을 사용하여 시설하는 경우에는 견고한 트라프 기타 방호물에 넣지 아니하여도 된다.

71

산업안전보건법에는 보호구를 사용 시 안전인증을 받은 제품을 사용토록 하고 있다. 다음 중 안전인증 대상이 아닌 것은?

① 안전화
② 고무장화
③ 안전장갑
④ 감전위험방지용 안전모

> **안전인증 대상 보호구**
> ① 추락 및 감전 위험방지용 안전모
> ② 안전화
> ③ 안전장갑
> ④ 방진마스크
> ⑤ 방독마스크
> ⑥ 송기마스크
> ⑦ 전동식 호흡보호구
> ⑧ 보호복
> ⑨ 안전대
> ⑩ 차광 및 비산물 위험방지용 보안경
> ⑪ 용접용 보안면
> ⑫ 방음용 귀마개 또는 귀덮개

72

감전사고로 인한 호흡 정지 시 구강대 구강법에 의한 인공호흡의 매분 회수와 시간은 어느 정도 하는 것이 가장 바람직한가?

① 매분 5~10회, 30분 이하
② 매분 12~15회, 30분 이상
③ 매분 20~30회, 30분 이하
④ 매분 30회 이상, 20분~30분 정도

> **구강대 구강법**
> ① 구급자는 환자의 머리 측에 위치하고, 베개 같은 것으로 등 아래쪽을 받쳐서 머리를 뒤로 구부린다.
> ② 왼손의 엄지손가락을 환자의 치아 사이에 넣어 턱을 위로 들어올리듯이 한다.
> ③ 오른손으로 환자의 코를 잡아 공기가 빠지지 않도록 한다.
> ④ 공기를 깊이 마시고 환자의 가슴이 부풀어 오를 때까지 입안에 세게 불어넣어 가슴이 부풀어 오르면 입을 뗀다.
> ⑤ 매분 12~15회, 30분 이상 실시한다.

73

누전차단기의 구성요소가 아닌 것은?

① 누전검출부
② 영상변류기
③ 차단장치
④ 전력퓨즈

> **누전차단기 구성요소**
> 누전검출부, 영상변류기(ZCT), 차단장치 및 시험용 버튼으로 구성된다.

정답 68 ① 69 ③ 70 ④ 71 ② 72 ② 73 ④

74

1[C]을 갖는 2개의 전하가 공기 중에서 1[m]의 거리에 있을 때 이들 사이에 작용하는 정전력은?

① 8.854×10^{-12}[N]
② 1.0[N]
③ 3×10^3[N]
④ 9×10^9[N]

> 2개의 전하 간에 작용하는 정전력 $F(N)$는 각각의 전하량 $q_1, q_2(C)$에 비례하고 양전하 간의 거리 $r(m)$의 제곱에 반비례한다.
> $F(N) = K(q_1 \times q_2/r^2)$ 여기서, K : 비례상수$(9 \times 10^9 Nm^2/C^2)$
> ∴ 전하량이 1C 이고 거리가 1m이므로,
>   정전력 $F(N) = 9 \times 10^9$(N)

75 빈출

고장전류와 같은 대전류를 차단할 수 있는 것은?

① 차단기(CB)
② 유입 개폐기(OS)
③ 단로기(DS)
④ 선로 개폐기(LS)

> 고장전류와 같은 대전류 차단은 차단기를 사용해야 한다.

76

금속제 외함을 가지는 기계기구에 전기를 공급하는 전로에 지락이 발생했을 때에 자동적으로 전로를 차단하는 누전차단기 등을 설치하여야 한다. 누전차단기를 설치해야 되는 경우로 옳은 것은?

① 기계기구가 고무, 합성수지 기타 절연물로 피복된 것일 경우
② 기계기구가 유도전동기의 2차 측 전로에 접속된 저항기일 경우
③ 대지전압이 150V를 초과하는 전동기계·기구를 시설하는 경우
④ 전기용품안전관리법의 적용을 받는 2중절연구조의 기계기구를 시설하는 경우

> 누전차단기 설치제외 장소
> ① 이중절연구조의 전동기계기구
> ② 절연대 위에서 사용하는 전동기계기구
> ③ 비접지방식의 전로에 접속된 전동기계기구
> ④ 유도전동기의 2차 측 전로에 접속된 저항기
> ⑤ 기계기구를 발·변전소, 개폐소 등에 시설하는 경우
> ⑥ 고무, 합성수지의 절연물로 피복된 기기 등

77

전기화재의 경로별 원인으로 거리가 먼 것은?

① 단락
② 누전
③ 저전압
④ 접촉부의 과열

> 화재의 경과(원인 또는 경로별)
> ① 단락   ② 스파크   ③ 누전   ④ 접촉부 과열

78 빈출

내압 방폭구조는 다음 중 어느 경우에 가장 가까운가?

① 점화능력의 본질적 억제
② 점화원의 방폭적 격리
③ 전기설비의 안전도 증강
④ 전기설비의 밀폐화

> 전기설비의 방폭의 기본
>
> | | | |
> |---|---|---|
> | 점화원의 방폭적 격리 | 압력·유입 방폭구조 | 점화원을 가연성 물질과 격리 |
> | | 내압 방폭구조 | 설비 내부 폭발이 주변 가연성 물질로 파급되지 않도록 격리 |
> | 전기설비의 안전도 증강 | 안전증 방폭구조 | 안전도를 증가시켜 고장발생확률을 zero에 접근 |
> | 점화능력의 본질적 억제 | 본질안전 방폭구조 | 본질적으로 점화능력이 없는 상태로서 사고가 발생하여도 착화위험이 없어야 함 |

79

인입개폐기를 개방하지 않고 전등용 변압기 1차 측 COS만 개방 후 전등용 변압기 접속용 볼트 작업 중 동력용 COS에 접촉, 사망한 사고에 대한 원인으로 가장 거리가 먼 것은?

① 안전장구 미사용
② 동력용 변압기 COS 미개방
③ 전등용 변압기 2차 측 COS 미개방
④ 인입구 개폐기 미개방한 상태에서 작업

> 전등용 변압기 1차 측 COS가 개방된 상태이므로 2차 측 COS와는 관련이 없다.

정답 74 ④ 75 ① 76 ③ 77 ③ 78 ② 79 ③

80

인체통전으로 인한 전격(electric shock)의 정도를 정함에 있어 그 인자로서 가장 거리가 먼 것은?

① 전압의 크기
② 통전시간
③ 전류의 크기
④ 통전경로

감전위험 인자
(1) 1차적 감전위험요소
　① 통전전류의 크기　② 통전시간
　③ 통전경로　④ 전원의 종류
(2) 2차적 감전위험요소
　① 인체의 조건　② 통전전압　③ 계절

5과목 화학설비 안전 관리

81

다음 중 가연성 물질과 산화성 고체가 혼합하고 있을 때 연소에 미치는 현상으로 옳은 것은?

① 착화온도(발화점)가 높아진다.
② 최소점화에너지가 감소하며, 폭발의 위험성이 증가한다.
③ 가스나 가연성 증기의 경우 공기혼합보다 연소범위가 축소된다.
④ 공기 중에서보다 산화작용이 약하게 발생하여 화염온도가 감소하며 연소속도가 늦어진다.

산화성 고체는 일반적으로 불연성이지만 다른 물질을 산화시킬 수 있는 산소를 많이 함유하고 있어, 열, 타격, 충격, 마찰 등에 의해 많은 산소를 방출하게 되며, 가연물과 혼합하고 있을 경우 심하게 연소하며 폭발의 위험성이 증가하게 된다.

82

다음 중 전기화재의 종류에 해당하는 것은?

① A급
② B급
③ C급
④ D급

화재의 종류
① A급 화재 : 일반화재
② B급 화재 : 유류화재
③ C급 화재 : 전기화재
④ D급 화재 : 금속화재

83

사업주는 산업안전보건법령에서 정한 설비에 대해서는 과압에 따른 폭발을 방지하기 위하여 안전밸브 등을 설치하여야 한다. 다음 중 이에 해당하는 설비가 아닌 것은?

① 원심펌프
② 정변위 압축기
③ 정변위 펌프(토출 측에 차단밸브가 설치된 것만 해당한다.)
④ 배관(2개 이상의 밸브에 의하여 차단되어 대기온도에서 액체의 열팽창에 의하여 파열될 우려가 있는 것으로 한정한다.)

과압으로 인한 폭발을 방지하기 위하여 압력용기, 정변위 압축기, 정변위 펌프, 2개 이상의 밸브에 의하여 차단되어 대기온도에서 액체의 열팽창에 의하여 파열될 우려가 있는 배관 등에는 안전밸브를 설치하여야 한다.

84

니트로셀룰로오스의 취급 및 저장방법에 관한 설명으로 틀린 것은?

① 저장 중 충격과 마찰 등을 방지하여야 한다.
② 물과 격렬히 반응하여 폭발하므로 습기를 제거하고, 건조 상태를 유지한다.
③ 자연발화 방지를 위하여 안전용제를 사용한다.
④ 화재 시 질식소화는 적응성이 없으므로 냉각소화를 한다.

니트로셀룰로오스(질화면)는 건조한 상태에서는 불에 잘 타며 또한 대전하여 정전기의 방전에 의해서도 발화, 폭발한다. 따라서 저장·취급의 경우는 약질화면이라 하더라도 물 또는 알코올로 축일 필요가 있다.

정답 80 ① 81 ② 82 ③ 83 ① 84 ②

85 ⭐

위험물을 산업안전보건법령에서 정한 기준량 이상으로 제조하거나 취급하는 설비로서 특수화학설비에 해당되는 것은?

① 가열시켜 주는 물질의 온도가 가열되는 위험물질의 분해온도보다 높은 상태에서 운전되는 설비
② 상온에서 게이지 압력으로 200kPa의 압력으로 운전되는 설비
③ 대기압하에서 섭씨 300℃로 운전되는 설비
④ 흡열반응이 행하여지는 반응설비

> **계측장치 설치 대상 특수화학설비**
> ① 발열반응이 일어나는 반응장치
> ② 증류·정류·증발·추출 등 분리를 행하는 장치
> ③ 가열시켜 주는 물질의 온도가 가열되는 위험물질의 분해온도 또는 발화점보다 높은 상태에서 운전되는 설비
> ④ 반응폭주 등 이상화학반응에 의하여 위험물질이 발생할 우려가 있는 설비
> ⑤ 온도가 섭씨 350° 이상이거나 게이지압력이 980킬로파스칼 이상인 상태에서 운전되는 설비
> ⑥ 가열로 또는 가열기

86 ⭐

폭발에 관한 용어 중 "BLEVE"가 의미하는 것은?

① 고농도의 분진 폭발
② 저농도의 분해 폭발
③ 개방계 증기운 폭발
④ 비등액 팽창증기 폭발

> **BLEVE(Boiling Liquid Expanding Vapor Explosion)**
> 비등점이 낮은 인화성 액체 저장탱크가 화재로 인한 화염에 장시간 노출되어 탱크 내 액체가 급격히 증발하여 비등하고 증기가 팽창하면서 탱크 내 압력이 설계압력을 초과하여 폭발을 일으키는 현상

87

다음 중 인화점이 가장 낮은 물질은?

① CS_2
② C_2H_5OH
③ CH_3COCH_3
④ $CH_3COOC_2H_5$

> **인화점**
> ① CS_2(이황화탄소) : -30℃
> ② C_2H_5OH(에틸알코올) : 13℃
> ③ CH_3COCH_3(아세톤) : -18℃
> ④ $CH_3COOC_2H_5$(아세트산에틸) : -4℃

88

아세틸렌 압축 시 사용되는 희석제로 적당하지 않은 것은?

① 메탄
② 질소
③ 산소
④ 에틸렌

> **아세틸렌 압축 시 희석제**
> ① 일산화탄소
> ② 메탄
> ③ 질소
> ④ 에틸렌

89

수분을 함유하는 에탄올에서 순수한 에탄올을 얻기 위해 벤젠과 같은 물질을 첨가하여 수분을 제거하는 증류 방법은?

① 공비증류
② 추출증류
③ 가압증류
④ 감압증류

> **공비증류**
> ① 일반적인 증류로 순수한 성분을 분리시킬 수 없는 혼합물의 경우
> ② 제3의 성분을 첨가하여 별개의 공비 혼합물을 만들어 끓는점이 원용액의 끓는점보다 충분히 낮아지도록 하여 증류함으로 증류잔류물이 순수한 성분이 되게 하는 증류 방법

90

다음 중 벤젠(C_6H_6)의 공기 중 폭발하한계값(vol%)에 가장 가까운 것은?

① 1.0
② 1.5
③ 2.0
④ 2.5

> **벤젠의 폭발하한계**
> 폭발한계는 실험장치의 크기나 모양 그리고 화염전파방향에 따라 달라질 수 있으며, 일반적으로 벤젠의 폭발하한계는 1.4vol%, 상한계는 7.1vol%를 많이 인용하여 사용한다.

정답 85 ① 86 ④ 87 ① 88 ③ 89 ① 90 ②

91

다음 중 퍼지의 종류에 해당하지 않는 것은?

① 압력퍼지
② 진공퍼지
③ 스위프퍼지
④ 가열퍼지

> **퍼지의 종류**
> ① 압력퍼지 ② 진공퍼지 ③ 사이폰퍼지 ④ 스위프퍼지

92 ⭐빈출

공업용 용기의 몸체 도색으로 가스명과 도색명의 연결이 옳은 것은?

① 산소 - 청색
② 질소 - 백색
③ 수소 - 주황색
④ 아세틸렌 - 회색

> **용기의 도색 및 표시**
> ① 산소 - 녹색 ② 질소 - 회색 ③ 아세틸렌 - 황색

93

다음 중 분말 소화약제로 가장 적절한 것은?

① 사염화탄소
② 브로민화메탄
③ 수산화암모늄
④ 제1인산암모늄

> **분말 소화약제의 종별 주성분**
> ① 제1종 분말 : 탄산수소나트륨을 주성분으로 한 분말
> ② 제2종 분말 : 탄산수소칼륨을 주성분으로 한 분말
> ③ 제3종 분말 : 인산염을 주성분으로 한 분말
> ④ 제4종 분말 : 탄산수소칼륨과 요소가 복합된 분말

94

비중이 1.5이고, 직경이 74㎛인 분체가 종말속도 0.2m/s로 직경 6m인 사일로(silo)에서 질량유속 400kg/h로 흐를 때 평균농도는 약 얼마인가?

① 10.8mg/L
② 14.8mg/L
③ 19.8mg/L
④ 25.8mg/L

$$\text{평균농도} = \frac{400(\text{kg/hr}) \times \frac{1\text{hr}}{3,600\text{sec}} \times \frac{10^6 \text{mg}}{1\text{kg}}}{\frac{\pi}{4} \times 6^2 (\text{m}^2) \times 0.2(\text{m/s}) \times \frac{1,000\text{L}}{1\text{m}^3}}$$
$$= 19.66(\text{mg/L})$$

95 ⭐빈출

다음 중 분진폭발이 발생하기 쉬운 조건으로 적절하지 않은 것은?

① 발열량이 클 때
② 입자의 표면적이 작을 때
③ 입자의 형상이 복잡할 때
④ 분진의 초기 온도가 높을 때

> **분진폭발의 영향인자**
>
> | 분진의 화학적 성질과 조성 | 예를 들어 발열량이 클수록 폭발성이 크다. |
> |---|---|
> | 입도와 입도분포 | ① 평균 입자의 직경이 작고 밀도가 작은 것일수록 비표면적은 크게 되고 표면에너지도 크게 된다.
② 보다 작은 입경의 입자를 함유하는 분진이 폭발성이 높다. |
> | 입자의 형상과 표면의 상태 | 산소에 의한 신선한 표면을 갖고 폭로시간이 짧은 경우 폭발성은 높게 된다. |
> | 수분 | ① 수분은 분진의 부유성을 억제한다.
② 마그네슘, 알루미늄 등은 물과 반응하여 수소기체를 발생한다. |

96

다음 중 폭발 또는 화재가 발생할 우려가 있는 건조설비의 구조로 적절하지 않은 것은?

① 건조설비의 바깥 면은 불연성 재료로 만들 것
② 위험물 건조설비의 열원으로서 직화를 사용하지 아니할 것
③ 위험물 건조설비의 측벽이나 바닥은 견고한 구조로 할 것
④ 위험물 건조설비는 상부를 무거운 재료로 만들고 폭발구를 설치할 것

> 상부는 가벼운 재료로 만들고 주위상황을 고려하여 폭발구를 설치할 것

정답 91 ④ 92 ③ 93 ④ 94 ③ 95 ② 96 ④

97
위험물안전관리법령에 의한 위험물의 분류 중 제1류 위험물에 속하는 것은?

① 염소산염류 ② 황린
③ 금속칼륨 ④ 질산에스테르

> **제1류 위험물(산화성 고체)**
> 아염소산염류, 염소산염류, 과염소산염류, 무기과산화물, 브로민산염류, 질산염류, 아이오딘산염류, 과망가니즈산염류, 다이크로뮴산염류

98 빈출
산업안전보건법령상 위험물질의 종류에서 "폭발성 물질 및 유기과산화물"에 해당하는 것은?

① 리튬 ② 아조화합물
③ 아세틸렌 ④ 셀룰로이드류

> **폭발성 물질 및 유기과산화물**
> ① 질산에스테르류 ② 니트로화합물
> ③ 니트로소화합물 ④ 아조화합물
> ⑤ 디아조화합물 ⑥ 하이드라진 유도체
> ⑦ 유기과산화물

99
다음 중 축류식 압축기에 대한 설명으로 옳은 것은?

① Casing 내에 1개 또는 수 개의 회전체를 설치하여 이것을 회전시킬 때 Casing과 피스톤 사이의 체적이 감소해서 기체를 압축하는 방식이다.
② 실린더 내에서 피스톤을 왕복시켜 이것에 따라 개폐하는 흡입밸브 및 배기밸브의 작용에 의해 기체를 압축하는 방식이다.
③ Casing 내에 넣어진 날개바퀴를 회전시켜 기체에 작용하는 원심력에 의해서 기체를 압송하는 방식이다.
④ 프로펠러의 회전에 의한 추진력에 의해 기체를 압송하는 방식이다.

> **축류식 압축기**
> ① 동익(가동익)식인 경우 날개의 각도조절에 의해 축동력을 일정하게 한다.
> ② 압축비가 작아 공기조화 설비용으로 사용된다.

100 빈출
메탄 50vol%, 에탄 30vol%, 프로판 20vol% 혼합가스의 폭발하한계값(vol%)은 약 얼마인가? (단, 메탄, 에탄, 프로판의 폭발하한계값은 각각 5.0, 3.0, 2.1vol%이다.)

① 1.6 ② 2.1
③ 3.4 ④ 4.8

> **르샤틀리에의 법칙(혼합가스의 폭발범위 계산)**
> $$\frac{100}{L} = \frac{V_1}{L_1} + \frac{V_2}{L_2} + \frac{V_3}{L_3} = \frac{50}{5.0} + \frac{30}{3.0} + \frac{20}{2.1} = 29.524$$
> 그러므로 $L = 3.39$

6과목 건설공사 안전 관리

101 빈출
차량계 건설기계를 사용하여 작업할 때에 그 기계가 넘어지거나 굴러떨어짐으로써 근로자가 위험해질 우려가 있는 경우에 조치하여야 할 사항과 거리가 먼 것은?

① 갓길의 붕괴 방지
② 작업반경 유지
③ 지반의 부동침하 방지
④ 도로 폭의 유지

> **차량계 건설기계 전도 등의 방지 조치**
> ① 유도하는 사람 배치 ② 지반의 부동침하 방지
> ③ 갓길의 붕괴 방지 ④ 도로 폭의 유지

정답 97 ① 98 ② 99 ④ 100 ③ 101 ②

102 빈출

유해위험 방지계획서 제출 대상 공사로 볼 수 없는 것은?

① 지상 높이가 31m 이상인 건축물의 건설공사
② 터널건설공사
③ 깊이 10m 이상인 굴착공사
④ 교량의 전체 길이가 40m 이상인 교량공사

> **유해위험 방지계획서를 제출해야 될 대상 건설업**
> ① 다음의 어느 하나에 해당하는 건축물 또는 시설 등의 건설, 개조 또는 해체공사
>   ㉠ 지상 높이가 31미터 이상인 건축물 또는 인공구조물
>   ㉡ 연면적 3만 제곱미터 이상인 건축물
>   ㉢ 연면적 5천 제곱미터 이상인 시설로서 다음의 어느 하나에 해당하는 시설
>   ㉮ 문화 및 집회시설   ㉯ 판매시설, 운수시설
>   ㉰ 종교시설   ㉱ 의료시설 중 종합병원
>   ㉲ 숙박시설 중 관광숙박시설   ㉳ 지하도 상가
>   ㉴ 냉동, 냉장 창고시설
> ② 최대 지간 길이가 50미터 이상인 다리의 건설 등 공사
> ③ 연면적 5천 제곱미터 이상인 냉동, 냉장창고 시설의 설비공사 및 단열공사
> ④ 다목적댐, 발전용댐, 저수용량 2천만톤 이상의 용수전용댐 및 지방상수도 전용댐의 건설 등 공사
> ⑤ 터널의 건설 등 공사
> ⑥ 깊이 10미터 이상인 굴착공사

103

건설업의 산업안전보건관리비 사용기준에 해당되지 않는 것은?

① 안전보건교육비
② 기계기구의 운송비
③ 근로자 건강장해예방비
④ 안전보건진단비

> **산업안전보건관리비의 사용기준**
> ① 안전관리자·보건관리자의 임금 등
> ② 안전시설비 등
> ③ 보호구 등
> ④ 안전보건진단비 등
> ⑤ 안전보건교육비 등
> ⑥ 근로자 건강장해예방비 등
> ⑦ 건설재해예방전문지도기관의 지도에 대한 대가로 지급하는 비용

104 빈출

지반에서 나타나는 보일링(boiling) 현상의 직접적인 원인으로 볼 수 있는 것은?

① 굴착부와 배면부의 지하수위의 수두차
② 굴착부와 배면부의 흙의 중량차
③ 굴착부와 배면부의 흙의 함수비차
④ 굴착부와 배면부의 흙의 토압차

> **보일링(Boiling) 현상**
> 투수성이 좋은 사질지반의 흙막이 저면에서 수두차로 인해 상향의 침투압이 발생하면 유효응력이 감소하여 전단강도가 상실되는 현상으로 지하수가 모래와 같이 솟아오르는 현상

105 빈출

강풍이 불어올 때 타워크레인의 운전작업을 중지하여야 하는 순간풍속의 기준으로 옳은 것은?

① 순간풍속이 초당 10m 초과
② 순간풍속이 초당 15m 초과
③ 순간풍속이 초당 25m 초과
④ 순간풍속이 초당 30m 초과

> **강풍 시 타워크레인의 작업제한**
> ① 순간풍속이 매 초당 10미터 초과 : 타워크레인의 설치·수리·점검 또는 해체작업 중지
> ② 순간풍속이 매 초당 15미터 초과 : 타워크레인의 운전작업 중지

106 빈출

말비계를 조립하여 사용하는 경우에 지주부재와 수평면의 기울기는 최대 몇 도 이하로 하여야 하는가?

① 30°   ② 45°
③ 60°   ④ 75°

> **말비계의 조립 시 준수사항**
> ① 지주부재의 하단에는 미끄럼 방지장치를 하고, 양측 끝부분에 올라서서 작업하지 아니하도록 할 것
> ② 지주부재와 수평면과의 기울기를 75도 이하로 하고, 지주부재와 지주부재 사이를 고정시키는 보조부재를 설치할 것
> ③ 말비계의 높이가 2미터를 초과할 경우에는 작업발판의 폭을 40cm 이상으로 할 것

정답 102 ④ 103 ② 104 ① 105 ② 106 ④

107 ⭐

추락의 위험이 있는 개구부에 대한 방호조치와 거리가 먼 것은?

① 안전난간, 울타리, 수직형 추락방망 등으로 방호조치를 한다.
② 충분한 강도를 가진 구조의 덮개를 뒤집히거나 떨어지지 않도록 설치한다.
③ 어두운 장소에서도 식별이 가능한 개구부 주의 표지를 부착한다.
④ 폭 30cm 이상의 발판을 설치한다.

> 높이가 2m 이상인 개구부 등 작업발판 끝부분의 조치사항
> ① 안전난간 설치   ② 울 및 손잡이 설치
> ③ 덮개 설치   ④ 개구부 표시
> ⑤ 안전방망 설치   ⑥ 안전대 착용

108

로프길이 2m인 안전대를 착용한 근로자가 추락으로 인한 부상을 당하지 않기 위한 지면으로부터 안전대 고정점까지의 높이(H)의 기준으로 옳은 것은? (단, 로프의 신장율 30%, 근로자의 신장 180cm)

① H > 1.5m   ② H > 2.5m
③ H > 3.5m   ④ H > 4.5m

> 최하 사점
> ① H > h = 로프길이(l) + 로프의 길이 × 신장율($1 \times \alpha$)
>   + 작업자의 키 × $\frac{1}{2}$
> ② H > h = $2 + (2 \times 0.3) + (1.8 \times \frac{1}{2}) = 3.5$

109 ⭐

가설통로의 설치 기준으로 옳지 않은 것은?

① 추락할 위험이 있는 장소에는 안전난간을 설치할 것
② 경사가 10°를 초과하는 경우에는 미끄러지지 아니하는 구조로 할 것
③ 경사는 30° 이하로 할 것
④ 건설공사에 사용하는 높이 8m 이상인 비계다리에는 7m 이내마다 계단참을 설치할 것

> 경사는 30도 이하로 하고, 경사가 15도를 초과하는 때에는 미끄러지지 아니하는 구조로 할 것

110

터널 지보공을 조립하거나 변경하는 경우에 조치하여야 하는 사항으로 옳지 않은 것은?

① 목재의 터널 지보공은 그 터널 지보공의 각 부재에 작용하는 긴압 정도를 체크하여 그 정도가 최대한 차이나도록 한다.
② 강(鋼)아치 지보공의 조립은 연결볼트 및 띠장 등을 사용하여 주재 상호 간을 튼튼하게 연결할 것
③ 기둥에는 침하를 방지하기 위하여 받침목을 사용하는 등의 조치를 할 것
④ 주재(主材)를 구성하는 1세트의 부재는 동일 평면 내에 배치할 것

> 터널 지보공 조립, 변경 시 조치사항
> ① 주재를 구성하는 1세트의 부재는 동일 평면 내에 배치할 것
> ② 목재의 터널 지보공은 그 터널 지보공의 각 부재의 긴압 정도가 균등하게 되도록 할 것
> ③ 기둥에는 침하를 방지하기 위하여 받침목을 사용하는 등의 조치를 할 것

111

콘크리트 타설작업 시 안전에 대한 유의사항으로 옳지 않은 것은?

① 콘크리트를 치는 도중에는 지보공·거푸집 등의 이상 유무를 확인한다.
② 높은 곳으로부터 콘크리트를 타설할 때는 호퍼로 받아 거푸집 내에 꽂아 넣는 슈트를 통해서 부어 넣어야 한다.
③ 진동기를 가능한 한 많이 사용할수록 거푸집에 작용하는 측압상 안전하다.
④ 콘크리트를 한 곳에만 치우쳐서 타설하지 않도록 주의한다.

> 지나친 진동기 사용은 재료분리를 일으킬 수 있으므로 금해야 한다.

정답 107 ④ 108 ③ 109 ② 110 ① 111 ③

112
개착식 흙막이벽의 계측 내용에 해당되지 않는 것은?

① 경사 측정 ② 지하수위 측정
③ 변형률 측정 ④ 내공변위 측정

> 내공변위 측정, 천단침하 측정 등은 터널굴착작업에 해당하는 계측기기이다.

113 ⭐빈출
다음은 산업안전보건법령에 따른 달비계를 설치하는 경우에 준수해야 할 사항이다. ( )에 들어갈 내용으로 옳은 것은?

> 작업발판은 폭을 ( ) 이상으로 하고 틈새가 없도록 할 것

① 15cm ② 20cm
③ 40cm ④ 60cm

> 달비계의 작업발판은 폭을 40cm 이상으로 하고 틈새가 없도록 해야 한다.

114 ⭐빈출
강관 틀비계를 조립하여 사용하는 경우 준수해야 하는 사항으로 옳지 않은 것은?

① 길이가 띠장 방향으로 4m 이하이고 높이가 10m를 초과하는 경우에는 10m 이내마다 띠장 방향으로 버팀기둥을 설치할 것
② 높이가 20m를 초과하거나 중량물의 적재를 수반하는 작업을 할 경우에는 주틀 간의 간격을 1.8m 이하로 할 것
③ 주틀 간에 교차가새를 설치하고 최상층 및 10층 이내마다 수평재를 설치할 것
④ 수직 방향으로 6m, 수평 방향으로 8m 이내마다 벽이음을 할 것

> 강관 틀비계를 조립하여 사용하는 경우에는 주틀 간 교차가새를 설치하고 최상층 및 5층 이내마다 수평재를 설치하여야 한다.

115
철골기둥, 빔 및 트러스 등의 철골구조물을 일체화 또는 지상에서 조립하는 이유로 가장 타당한 것은?

① 고소작업의 감소 ② 화기사용의 감소
③ 구조체 강성 증가 ④ 운반물량의 감소

> 철골구조물을 일체화하거나 지상에서 조립하는 것은 고소작업을 감소시키기 위해서이다.

116
압쇄기를 사용하여 건물해체 시 그 순서로 가장 타당한 것은?

> A : 보   B : 기둥   C : 슬래브   D : 벽체

① A - B - C - D ② A - C - B - D
③ C - A - D - B ④ D - C - B - A

> 압쇄기에 의한 파쇄작업순서는 슬래브, 보, 벽체, 기둥의 순서로 해체한다.

117
흙의 간극비를 나타낸 식으로 옳은 것은?

① $\dfrac{공기 + 물의\ 체적}{흙 + 물의\ 체적}$ ② $\dfrac{공기 + 물의\ 체적}{흙의\ 체적}$

③ $\dfrac{물의\ 체적}{물 + 흙의\ 체적}$ ④ $\dfrac{공기 + 물의\ 체적}{공기 + 흙 + 물의\ 체적}$

> **간극비**
> 흙 속에서 공기와 물에 의해 차지되고 있는 입자 간의 간극(흙 입자의 체적에 대한 간극의 체적의 비)

정답 112 ④ 113 ③ 114 ③ 115 ① 116 ③ 117 ②

118

부두·안벽 등 하역작업을 하는 장소에서 부두 또는 안벽의 선을 따라 통로를 설치하는 경우에는 그 폭을 최소 얼마 이상으로 하여야 하는가?

① 80cm
② 90cm
③ 100cm
④ 120cm

> **부두 등 하역작업장 조치사항**
> ① 부두 또는 안벽의 선을 따라 통로를 설치하는 때에는 폭을 90cm 이상으로 할 것
> ② 바닥으로부터 높이 2m 이상 하적단(포대, 가마니 등)은 인접 하적단과 간격을 하적단 밑부분에서 10cm 이상 유지 등

119 ⭐빈출

취급·운반의 원칙으로 옳지 않은 것은?

① 곡선 운반을 할 것
② 운반 작업을 집중화할 것
③ 생산을 최고로 하는 운반을 생각할 것
④ 연속 운반을 할 것

> **취급·운반의 5원칙(문제의 보기 외에)**
> ① 운반은 직선으로 할 것
> ② 최대한 수작업을 생략하여 힘들이지 않는 방법을 고려할 것

120

사면보호공법 중 구조물에 의한 보호공법에 해당되지 않는 것은?

① 식생구멍공
② 블럭공
③ 돌쌓기공
④ 현장타설 콘크리트 격자공

> **비탈면 보호공법**
>
> | 식생 공법 | 떼붙임공, 식생공, 식수공, 파종공 |
> |---|---|
> | 구조물 보호공 | 블록(돌)붙임공, 블록(돌)쌓기공, 콘크리트블록격자공, 뿜어붙이기공 |

정답 118 ② 119 ① 120 ①

2018년 8월 19일 | 기출문제

1과목 산업재해 예방 및 안전보건교육

01 ⭐빈출

집단에서의 인간관계 메커니즘(Mechanism)과 가장 거리가 먼 것은?

① 모방, 암시
② 분열, 강박
③ 동일화, 일체화
④ 커뮤니케이션, 공감

인간관계의 메커니즘	
동일화	다른 사람의 행동양식이나 태도를 투입하거나 다른 사람 가운데서 자기와 비슷한 것을 발견하게 되는 것(자녀가 부모의 행동양식을 자연스럽게 배우는 것 등)
투사	자기 마음속의 억압된 것을 다른 사람의 것으로 생각하게 되는 것(대부분 증오, 비난 같은 정서나 감정이 표현되는 경우가 많다)
커뮤니케이션	여러 가지 행동 양식이 기호를 매개로 하여 한 사람으로부터 다른 사람에게 전달되는 과정으로 언어, 손짓, 몸짓, 표정 등(형태는 하향식, 상향식, 수평적, 대각적인 방향)
모방	다른 사람의 행동이나 판단을 표본으로 하여 그것과 같거나 비슷한 행위로 재현하거나 실행하려는 것(어린아이가 부모의 행동을 흉내내는 것 등)
암시	다른 사람으로부터의 판단이나 행동을 무비판적으로 논리적, 사실적 근거 없이 받아들이는 것(다수 의견이나 전문가, 권위자, 존경하는 자 등의 행동이나 판단 등)

02

산업안전보건법령에 따른 안전보건관리규정에 포함되어야 할 세부 내용이 아닌 것은?

① 위험성 감소대책 수립 및 시행에 관한 사항
② 하도급 사업장에 대한 안전보건관리에 관한 사항
③ 질병자의 근로 금지 및 취업 제한 등에 관한 사항
④ 물질안전보건자료에 관한 사항

안전보건관리규정에 포함되어야 할 내용
① 안전 및 보건관리조직과 그 직무에 관한 사항
② 안전보건교육에 관한 사항
③ 작업장의 안전 및 보건관리에 관한 사항
④ 사고조사 및 대책수립에 관한 사항
⑤ 그 밖에 안전 및 보건에 관한 사항

03

안전교육 중 프로그램 학습법의 장점이 아닌 것은?

① 학습자의 학습과정을 쉽게 알 수 있다.
② 여러 가지 수업 매체를 동시에 다양하게 활용할 수 있다.
③ 지능, 학습속도 등 개인차를 충분히 고려할 수 있다.
④ 매 반응마다 피드백이 주어지기 때문에 학습자가 흥미를 가질 수 있다.

프로그램 학습법
수강자의 학습진행 정도에 맞도록 프로그램 자료를 작성하여 스스로 학습하도록 하는 방법으로 항상 새로운 프로그램의 개발에 노력해야 하므로 개발비가 많이 든다.

정답 01 ② 02 ④ 03 ②

04 ⭐빈출

산업안전보건법령에 따른 안전보건교육 중 근로자 정기교육의 내용에 해당하지 않는 것은?

① 건강증진 및 질병 예방에 관한 사항
② 위험성 평가에 관한 사항
③ 유해·위험 작업환경 관리에 관한 사항
④ 작업공정의 유해·위험과 재해 예방대책에 관한 사항

> **근로자 정기안전보건교육 내용**
> ① 건강증진 및 질병 예방에 관한 사항
> ② 유해·위험 작업환경 관리에 관한 사항
> ③ 산업안전 및 산업재해 예방에 관한 사항(화재·폭발 사고 발생 시 대피에 관한 사항을 포함)
> ④ 산업보건 및 건강장해 예방에 관한 사항(폭염·한파작업으로 인한 건강장해 발생 시 응급조치에 관한 사항을 포함)
> ⑤ 직무스트레스 예방 및 관리에 관한 사항
> ⑥ 산업안전보건법령 및 산업재해보상보험 제도에 관한 사항
> ⑦ 직장내 괴롭힘, 고객의 폭언 등으로 인한 건강장해 예방 및 관리에 관한 사항
> ⑧ 위험성 평가에 관한 사항

tip
2025년 법령개정. 문제와 해설은 개정된 내용 적용

05

최대사용전압이 교류(실효값) 500V 또는 직류 750V인 내전압용 절연장갑의 등급은?

① 00   ② 0
③ 1   ④ 2

내전압용 절연장갑의 등급 및 표시

등급	최대사용전압		등급별 색상
	교류(V, 실효값)	직류(V)	
00	500	750	갈색
0	1,000	1,500	빨강색
1	7,500	11,250	흰색
2	17,000	25,500	노랑색
3	26,500	39,750	녹색
4	36,000	54,000	등색

06

산업재해 기록·분류에 관한 지침에 따른 분류기준 중 다음의 ( ) 안에 들어갈 내용으로 알맞은 것은?

> 재해자가 넘어짐으로 인하여 기계의 동력 전달부위 등에 끼이는 사고가 발생하여 신체부위가 절단되는 경우는 (   )으로 분류한다

① 넘어짐   ② 끼임
③ 깔림   ④ 절단

> **끼임(기계설비에 끼이거나 감김)**
> 두 물체 사이의 움직임에 의하여 일어난 것으로 직선 운동하는 물체 사이의 끼임, 회전부와 고정체 사이의 끼임, 롤러 등 회전체 사이에 물리거나 또는 회전체·돌기부 등에 감긴 경우를 말한다.

tip
두 가지 이상의 발생형태가 연쇄적으로 발생된 사고의 경우는 상해결과 또는 피해를 크게 유발한 형태로 분류한다.

07

산업안전보건법령에 따라 사업주가 사업장에서 중대재해가 발생한 사실을 알게 된 경우 관할지방고용노동관서의 장에게 보고하여야 하는 시기로 옳은 것은? (단, 천재지변 등 부득이한 사유가 발생한 경우는 제외한다.)

① 지체 없이   ② 12시간 이내
③ 24시간 이내   ④ 48시간 이내

> **중대재해 발생 시 보고**
> 중대재해 발생 사실을 알게 된 때에는 지체 없이 관할지방고용노동관서의 장에게 전화·팩스 또는 그 밖에 기타 적절한 방법으로 보고

정답 04 ④ 05 ① 06 ② 07 ①

08

유기화합물용 방독마스크의 시험가스가 아닌 것은?

① 증기(Cl₂)
② 디메틸에테르(CH₃OCH₃)
③ 시클로헥산(C₆H₁₂)
④ 이소부탄(C₄H₁₀)

방독마스크 종류		
종류	시험가스	정화통 외부 측면 표시색
유기화합물용	시클로헥산(C₆H₁₂)	갈색
	디메틸에테르(CH₃OCH₃)	
	이소부탄(C₄H₁₀)	
할로겐용	염소가스 또는 증기(Cl₂)	회색
황화수소용	황화수소가스(H₂S)	회색
시안화수소용	시안화수소가스(HCN)	회색
아황산용	아황산가스(SO₂)	노란색
암모니아용	암모니아가스(NH₃)	녹색

09 ★빈출

안전교육의 학습경험 선정 원리에 해당되지 않는 것은?

① 계속성의 원리
② 가능성의 원리
③ 동기유발의 원리
④ 다목적 달성의 원리

학습경험 선정의 원리
① 동기유발의 원리 ② 만족의 원리 ③ 가능성의 원리 ④ 다활동의 원리 ⑤ 다목적 달성의 원리

tip
계속성의 원리는 pavlov의 조건반사설에 해당하는 학습의 원리이다.

10 ★빈출

재해사례연구의 진행순서로 옳은 것은?

① 재해 상황 파악 → 사실의 확인 → 문제점 발견 → 근본적 문제점 결정 → 대책 수립
② 사실의 확인 → 재해 상황 파악 → 문제점 발견 → 근본적 문제점 결정 → 대책 수립
③ 재해 상황 파악 → 사실의 확인 → 근본적 문제점 결정 → 문제점 발견 → 대책 수립
④ 사실의 확인 → 재해 상황 파악 → 근본적 문제점 결정 → 문제점 발견 → 대책 수립

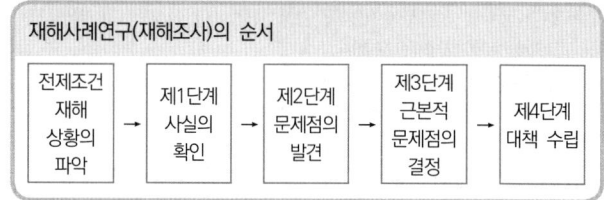

11 ★빈출

산업안전보건법령에 따른 특정행위의 지시 및 사실의 고지에 사용되는 안전·보건표지의 색도기준으로 옳은 것은?

① 2.5G 4/10
② 2.5PB 4/10
③ 5Y 8.5/12
④ 7.5R 4/14

안전표지의 색채 및 색도기준			
색채	색도기준	용도	사용례
빨간색	7.5R 4/14	금지	정지신호, 소화설비 및 그 장소, 유해행위의 금지
		경고	화학물질 취급장소에서의 유해위험 경고
노란색	5Y 8.5/12	경고	화학물질 취급장소에서의 유해위험 경고 이외의 위험경고, 주의표지 또는 기계 방호물
파란색	2.5PB 4/10	지시	특정행위의 지시 및 사실의 고지
녹색	2.5G 4/10	안내	비상구 및 피난소, 사람 또는 차량의 통행표지
흰색	N9.5		파란색 또는 녹색에 대한 보조색
검은색	N0.5		문자 및 빨간색 또는 노란색에 대한 보조색

정답 08 ① 09 ① 10 ① 11 ②

12

부주의에 대한 사고방지대책 중 기능 및 작업 측면의 대책이 아닌 것은?

① 작업표준의 습관화   ② 적성 배치
③ 안전의식의 제고   ④ 작업조건의 개선

> 안전의식의 제고는 근로자에 대한 개인적인 측면에 해당하는 대책이다.

13

버드(Bird)의 신연쇄성 이론 중 재해발생의 근원적 원인에 해당하는 것은?

① 상해 발생   ② 징후 발생
③ 접촉 발생   ④ 관리의 부족

> **버드(Bird)의 최신의 도미노(domino) 이론**
> ① 제어의 부족(관리) → ② 기본원인(기원) → ③ 직접원인(징후) → ④ 사고(접촉) → ⑤ 상해(손실)

14

브레인스토밍(Brain-storming) 기법의 4원칙에 관한 설명으로 옳은 것은?

① 주제와 관련이 없는 내용은 발표할 수 없다.
② 동료의 의견에 대하여 좋고 나쁨을 평가한다.
③ 발표 순서를 정하고, 동일한 발표기회를 부여한다.
④ 타인의 의견에 대하여는 수정하여 발표할 수 있다.

> **브레인스토밍(Brain Storming) 기법의 4원칙**
> ① 비판금지 : 「좋다」 또는 「나쁘다」라고 비판하지 않는다.
> ② 자유분방 : 자유로운 분위기에서 편안한 마음으로 발표한다.
> ③ 대량발언 : 내용의 질적인 수준보다 양적으로 많이 발언하는 것에 치중한다.
> ④ 수정발언 : 타인의 발표내용을 수정하거나 개조하여 관련된 내용을 추가 발표하여도 좋다.

15

주의의 특성에 해당되지 않는 것은?

① 선택성   ② 변동성
③ 가능성   ④ 방향성

> **주의의 특성**
>
> | | |
> |---|---|
> | 선택성 | 동시에 두 개 이상의 방향에 집중하지 못하고 소수의 특정한 것에 한하여 선택한다. |
> | 변동성 | 고도의 주의는 장시간 지속할 수 없고 주기적으로 부주의 리듬이 존재한다. |
> | 방향성 | 한 지점에 주의를 집중하면 주변 다른 곳의 주의는 약해진다. |

16

OJT(On Job Training)의 특징에 대한 설명으로 옳은 것은?

① 특별한 교재·교구·설비 등을 이용하는 것이 가능하다.
② 외부의 전문가를 위촉하여 전문교육을 실시할 수 있다.
③ 직장의 실정에 맞는 구체적이고 실제적인 지도 교육이 가능하다.
④ 다수의 근로자들에게 조직적 훈련이 가능하다.

> **OJT의 특징**
> ① 직장의 현장실정에 맞는 구체적이고 실질적인 교육이 가능하다.
> ② 교육의 효과가 업무에 신속하게 반영된다.
> ③ 교육의 이해도가 빠르고 동기부여가 쉽다.
> ④ 교육으로 인해 업무가 중단되는 업무손실이 적다.

17

연간 근로자 수가 1,000명인 공장의 도수율이 10인 경우 이 공장에서 연간 발생한 재해건수는 몇 건인가?

① 20건   ② 22건
③ 24건   ④ 26건

> **도수율 계산**
> ① 도수율$(F \cdot R) = \dfrac{재해건수}{연간총근로시간수} \times 1{,}000{,}000$
>
> ② 재해건수 $= \dfrac{도수율 \times 연간총근로시간수}{1{,}000{,}000}$
>
> $= \dfrac{10 \times (1{,}000 \times 8 \times 300)}{1{,}000{,}000} = 24$건

정답 12 ③ 13 ④ 14 ④ 15 ③ 16 ③ 17 ③

18

산업안전보건법령상 안전검사 대상 유해·위험 기계 등에 해당하는 것은?

① 정격 하중이 2톤 미만인 크레인
② 이동식 국소 배기장치
③ 밀폐형 구조 롤러기
④ 산업용 원심기

> 안전검사 대상 유해·위험 기계
> ① 프레스   ② 전단기
> ③ 크레인(정격하중 2톤 미만 제외) ④ 리프트
> ⑤ 압력용기   ⑥ 곤돌라
> ⑦ 국소배기장치(이동식 제외) ⑧ 원심기(산업용에 한정)
> ⑨ 롤러기(밀폐형 구조 제외)
> ⑩ 사출성형기[형 체결력 294킬로뉴튼(kN) 미만 제외]
> ⑪ 고소작업대(화물자동차 또는 특수자동차에 탑재한 것으로 한정)
> ⑫ 컨베이어   ⑬ 산업용 로봇
> ⑭ 혼합기   ⑮ 파쇄기 또는 분쇄기

tip
법령개정으로 ⑭, ⑮ 내용이 추가되었으며, 2026년 6월 26일부터 시행

19

안전교육 방법의 4단계의 순서로 옳은 것은?

① 도입 → 확인 → 적용 → 제시
② 도입 → 제시 → 적용 → 확인
③ 제시 → 도입 → 적용 → 확인
④ 제시 → 확인 → 도입 → 적용

> 안전교육의 4단계
> 1단계 도입(준비) → 2단계 제시(설명) → 3단계 적용(응용) → 4단계 확인(평가)

20

관리 그리드 이론에서 인간관계 유지에는 낮은 관심을 보이지만 과업에 대해서는 높은 관심을 가지는 리더십의 유형은?

① (1,1)형   ② (1,9)형
③ (9,1)형   ④ (9,9)형

> 관리 그리드 이론
> (9,1)형(생산지향형) : 과업형이라고도 하며, 과업경영자형으로 인간에 대한 관심은 적고 생산(과업)에 대해 최대의 관심을 갖는 행동유형

2과목 인간공학 및 위험성 평가·관리

21

고용노동부 고시의 근골격계 부담작업의 범위에서 근골격계 부담작업에 대한 설명으로 틀린 것은?

① 하루에 10회 이상 25kg 이상의 물체를 드는 작업
② 하루에 총 2시간 이상 쪼그리고 앉거나 무릎을 굽힌 자세에서 이루어지는 작업
③ 하루에 총 2시간 이상 집중적으로 자료입력 등을 위해 키보드 또는 마우스를 조작하는 작업
④ 하루에 총 2시간 이상 지지되지 않은 상태에서 4.5kg 이상의 물건을 한 손으로 들거나 동일한 힘으로 쥐는 작업

> 근골격계 부담작업(다만, 단기간작업 또는 간헐적인 작업은 제외)
> 하루에 4시간 이상 집중적으로 자료입력 등을 위해 키보드 또는 마우스를 조작하는 작업

22

양립성(compatibility)에 대한 설명 중 틀린 것은?

① 개념양립성, 운동양립성, 공간양립성 등이 있다.
② 인간의 기대에 맞는 자극과 반응의 관계를 의미한다.
③ 양립성의 효과가 크면 클수록, 코딩의 시간이나 반응의 시간은 길어진다.
④ 양립성이란 제어장치와 표시장치의 연관성이 인간의 예상과 어느 정도 일치하는 것을 의미한다.

> ① 양립성이란, 인간의 기대와 모순되지 않는 것으로 기계의 작동이나 표시가 작업자가 예상하는 바와 일치하는 관계를 말한다.
> ② 양립성의 효과가 크면 클수록, 코딩의 시간이나 반응의 시간은 짧아진다.

정답 18 ④ 19 ② 20 ③ 21 ③ 22 ③

23

정보처리과정에서 부적절한 분석이나 의사결정의 오류에 의하여 발생하는 행동은?

① 규칙에 기초한 행동(rule-based behavior)
② 기능에 기초한 행동(skill-based behavior)
③ 지식에 기초한 행동(knowledge-based behavior)
④ 무의식에 기초한 행동(unconsciousness-based behavior)

> **지식에 기초한 행동(knowledge-based behavior)**
> 관련 지식이 없거나 규정이나 절차가 없을 경우 상황에 따라 높은 수준의 의사결정을 해야만 한다. 이러한 과정에서 정보에 대한 잘못된 분석을 하거나 결정에 있어 오류를 발생시키는 행동을 지식기반행동이라 한다.

24 ★

욕조곡선의 설명으로 맞는 것은?

① 마모고장 기간의 고장 형태는 감소형이다.
② 디버깅(Debugging) 기간은 마모고장에 나타난다.
③ 부식 또는 산화로 인하여 초기고장이 일어난다.
④ 우발고장기간에는 고장률이 비교적 낮고 일정한 현상이 나타난다.

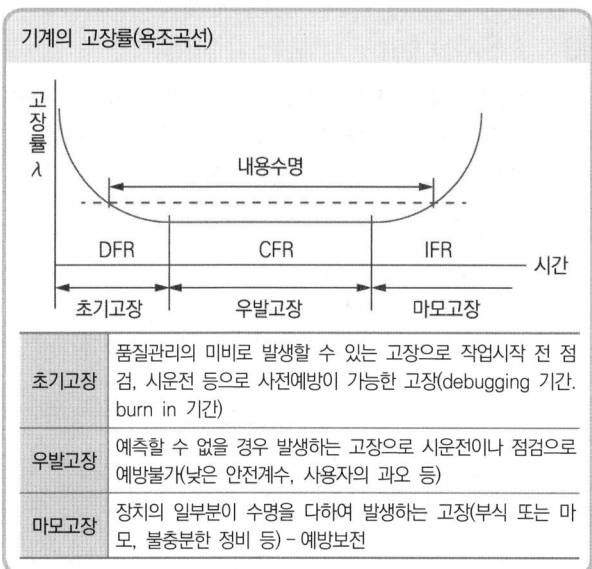

초기고장	품질관리의 미비로 발생할 수 있는 고장으로 작업시작 전 점검, 시운전 등으로 사전예방이 가능한 고장(debugging 기간, burn in 기간)
우발고장	예측할 수 없을 경우 발생하는 고장으로 시운전이나 점검으로 예방불가(낮은 안전계수, 사용자의 과오 등)
마모고장	장치의 일부분이 수명을 다하여 발생하는 고장(부식 또는 마모, 불충분한 정비 등) - 예방보전

25

시력에 대한 설명으로 맞는 것은?

① 배열시력(vernier acuity) - 배경과 구별하여 탐지할 수 있는 최소의 점
② 동적시력(dynamic visual acuity) - 비슷한 두 물체가 다른 거리에 있다고 느껴지는 시차각의 최소차로 측정되는 시력
③ 입체시력(stereoscopic acuity) - 거리가 있는 한 물체에 대한 약간 다른 상이 두 눈의 망막에 맺힐 때 이것을 구별하는 능력
④ 최소지각시력(minimum perceptible acuity) - 하나의 수직선이 중간에서 끊겨 아래 부분이 옆으로 옮겨진 경우에 탐지할 수 있는 최소 측변방위

> **입체시력(stereoscopic acuity)**
> 거리가 있는 한 물체를 양눈은 조금씩 다른 각도로 보게 되는데 이로 인하여 조금씩 다른 상이 망막에 맺힐 때 이를 구별하는 능력

26

인간의 귀의 구조에 대한 설명으로 틀린 것은?

① 외이는 귓바퀴와 외이도로 구성된다.
② 고막은 중이와 내이의 경계부위에 위치해 있으며 음파를 진동으로 바꾼다.
③ 중이에는 인두와 교통하여 고실 내압을 조절하는 유스타키오관이 존재한다.
④ 내이는 신체의 평형감각수용기인 반규관과 전정기관 및 청각을 담당하는 와우로 구성되어 있다.

> 고막(tympanic membrane)은 외이도와 중이의 경계부위에 위치해 있으며 음파를 진동으로 바꾼다.

정답 23 ③ 24 ④ 25 ③ 26 ②

27

FTA를 수행함에 있어 기본사상들의 발생이 서로 독립인가 아닌 가의 여부를 파악하기 위해서는 어느 값을 계산해 보는 것이 가장 적합한가?

① 공분산
② 분산
③ 고장률
④ 발생확률

> 분산이 평균에 대한 분포를 나타내는 것이라면, 공분산은 2개의 확률 변수의 상관정도를 나타내는 값이므로 FTA의 기본사상들의 발생이 독립적인지 아닌지를 파악하는 좋은 방법이 된다.

28

산업안전보건법령에 따라 제출된 유해·위험방지계획서의 심사결과에 따른 구분·판정결과에 해당하지 않는 것은?

① 적정
② 일부 적정
③ 부적정
④ 조건부 적정

> **심사결과 구분·단점결과**
> ① 적정 : 근로자의 안전과 보건을 위하여 필요한 조치가 구체적으로 확보되었다고 인정되는 경우
> ② 조건부 적정 : 근로자의 안전과 보건을 확보하기 위하여 일부 개선이 필요하다고 인정되는 경우
> ③ 부적정 : 기계·설비 또는 건설물이 심사기준에 위반되어 공사착공 시 중대한 위험발생의 우려가 있거나 계획에 근본적 결함이 있다고 인정되는 경우

29 ★빈출

일반적으로 기계가 인간보다 우월한 기능에 해당되는 것은? (단, 인공지능은 제외한다.)

① 귀납적으로 추리한다.
② 원칙을 적용하여 다양한 문제를 해결한다.
③ 다양한 경험을 토대로 하여 의사결정을 한다.
④ 명시된 절차에 따라 신속하고, 정량적인 정보처리를 한다.

인간과 기계의 기능비교(상대적 재능)		
구분	인간이 기계보다 우수한 기능	기계가 인간보다 우수한 기능
감지기능	• 저에너지 자극감지 • 복잡 다양한 자극형태 식별 • 예기치 못한 사건 감지	• 인간의 정상적 감지 범위 밖의 자극감지 • 인간 및 기계에 대한 모니터 기능 • 드물게 발생하는 사상 감지
정보처리 및 결심	• 관찰을 통해 일반화 • 귀납적 추리 • 원칙적용 • 다양한 문제해결(정성적)	• 연역적 추리 • 정량적 정보처리
행동기능	• 과부하 상태에서는 중요한 일에만 전념	• 과부하 상태에서도 효율적 작동 • 장시간 중량 작업 • 반복 작업, 동시에 여러 가지 작업가능

30

섬유유연제 생산 공정이 복잡하게 연결되어 있어 작업자의 불안전한 행동을 유발하는 상황이 발생하고 있다. 이것을 해결하기 위한 위험처리 기술에 해당하지 않는 것은?

① Transfer(위험 전가)
② Retention(위험 보류)
③ Reduction(위험 감축)
④ Rearrange(작업순서의 변경 및 재배열)

> **위험의 처리기술**
> ① 회피(Avoidance) ② 감축(Reduction)
> ③ 보류(Retention) ④ 전가(Transfer)

정답 27 ① 28 ② 29 ④ 30 ④

31 ⭐

다음 그림의 결함수에서 최소 패스셋(minimal path sets)과 그 신뢰도 R(t)는? (단, 각각의 부품 신뢰도는 0.9이다.)

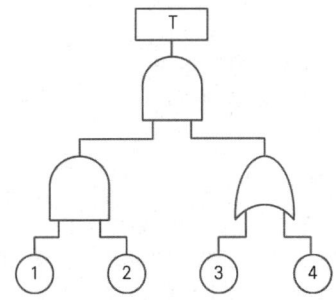

① 최소 패스셋 : {1}, {2}, {3, 4}, R(t) = 0.9081
② 최소 패스셋 : {1}, {2}, {3, 4}, R(t) = 0.9981
③ 최소 패스셋 : {1, 2, 3}, {1, 2, 4}, R(t) = 0.9081
④ 최소 패스셋 : {1, 2, 3}, {1, 2, 4}, R(t) = 0.9981

> (1) 최소 패스셋(minimal path sets)
> $T \to \begin{matrix} T_1 \\ T_2 \end{matrix} \to \begin{matrix} ① \\ ② \\ T_2 \end{matrix} \to \begin{matrix} ① \\ ② \\ ③④ \end{matrix}$
> 최소 패스셋 : {1}, {2}, {3, 4}
> (2) 고장확률 = 0.1 × 0.1 × {1 − (1 − 0.1) × (1 − 0.1)} = 0.0019
> (3) R(t) = 1 − 고장확률 = 1 − 0.0019 = 0.9981

32

3개 공정의 소음수준 측정 결과 1공정은 100dB에서 1시간, 2공정은 95dB에서 1시간, 3공정은 90dB에서 1시간이 소요될 때 총소음량(TND)과 소음설계의 적합성을 맞게 나열한 것은? (단, 90dB에 8시간 노출될 때를 허용기준으로 하며, 5dB 증가할 때 허용시간은 1/2로 감소되는 법칙을 적용한다.)

① TND = 0.785, 적합
② TND = 0.875, 적합
③ TND = 0.985, 적합
④ TND = 1.085, 부적합

> 소음 투여량(noise dose)
> ① 부분투여(%) = $\frac{실제노출시간}{최대허용시간} \times 100$
> ② 총 소음 투여량은 부분투여의 합
> ③ TND = $(\frac{1}{2} + \frac{1}{4} + \frac{1}{8})$ = 0.875, 적합성은 1 미만이므로 적합

33

인간공학에 있어 기본적인 가정에 관한 설명으로 틀린 것은?

① 인간 기능의 효율은 인간 - 기계 시스템의 효율과 연계된다.
② 인간에게 적절한 동기부여가 된다면 좀 더 나은 성과를 얻게 된다.
③ 개인이 시스템에서 효과적으로 기능을 하지 못하여도 시스템의 수행도는 변함없다.
④ 장비, 물건, 환경 특성이 인간의 수행도와 인간 - 기계 시스템의 성과에 영향을 준다.

> 개인이 시스템에서 효과적으로 기능을 하지 못할 경우 시스템의 수행도에 영향을 미친다.

34 ⭐

안전성 평가의 기본원칙 6단계에 해당되지 않는 것은?

① 안전대책
② 정성적 평가
③ 작업환경 평가
④ 관계 자료의 정비검토

> 안전성 평가의 기본원칙(6단계)
> ① 제1단계 : 관계자료의 정비검토
> ② 제2단계 : 정성적 평가
> ③ 제3단계 : 정량적 평가
> ④ 제4단계 : 안전대책
> ⑤ 제5단계 : 재해 정보에 의한 재평가
> ⑥ 제6단계 : FTA에 의한 재평가

정답 31 ② 32 ② 33 ③ 34 ③

35

다음 내용의 ( ) 안에 들어갈 내용을 순서대로 정리한 것은?

> 근섬유의 수축단위는 (A)(이)라 하는데, 이것은 두 가지 기본형의 단백질 필라멘트로 구성되어 있으며, (B)이 (C) 사이로 미끄러져 들어가는 현상으로 근육의 수축을 설명하기도 한다.

① A : 근막, B : 마이오신, C : 액틴
② A : 근막, B : 액틴, C : 마이오신
③ A : 근원섬유, B : 근막, C : 근섬유
④ A : 근원섬유, B : 액틴, C : 마이오신

근섬유
① 근육을 이루는 근섬유는 다량의 근원섬유로 이루어져 있으며, 근원섬유에는 마이오신 단백질로 구성된 마이오신 필라멘트와 둥근 공 모양의 액틴 단백질로 구성된 액틴 필라멘트구조로 이루어져 있다.
② 근수축은 액틴 필라멘트가 마이오신으로 이루어진 굵은 필라멘트 사이로 미끄러져 들어가 근육 원섬유 마디가 짧아지는 것으로, 두 필라멘트가 겹치는 부분이 늘어나는 것이다.

36

소음 발생에 있어 음원에 대한 대책으로 볼 수 없는 것은?

① 설비의 격리
② 적절한 재배치
③ 저소음 설비 사용
④ 귀마개 및 귀덮개 사용

소음관리(소음통제 방법)
① 소음원의 제거 - 가장 적극적인 대책
② 소음원의 통제 - 안전설계, 정비 및 주유, 고무 받침대 부착, 소음기 사용 등
③ 소음의 격리 - 씌우개(enclosure), 방이나 장벽을 이용(창문을 닫으면 10dB 감음효과)
④ 차음 장치 및 흡음재 사용
⑤ 음향 처리제 사용
⑥ 적절한 배치(lay out)

37

인간공학적 의자 설계의 원리로 가장 적합하지 않은 것은?

① 자세고정을 줄인다.
② 요부측만을 촉진한다.
③ 디스크 압력을 줄인다.
④ 등근육의 정적 부하를 줄인다.

의자 설계 시 고려해야 할 사항
① 등받이의 굴곡은 요추의 굴곡(전만곡)과 일치해야 한다.
② 좌면의 높이는 사람의 신장에 따라 조절 가능해야 한다.
③ 정적인 부하와 고정된 작업 자세를 피해야 한다.
④ 의자의 높이는 오금의 높이보다 같거나 낮아야 한다.

38 빈출

FTA에서 사용되는 논리게이트 중 입력과 반대되는 현상으로 출력되는 것은?

① 부정 게이트
② 억제 게이트
③ 배타적 OR 게이트
④ 우선적 AND 게이트

게이트 기호

  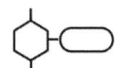

(a) AND 게이트 (b) OR 게이트 (c) 억제 게이트 (d) 부정 게이트

① AND 게이트에는 「·」를, OR 게이트에는 「+」를 표기하는 경우도 있다.
② 억제 게이트 : 수정기호를 병용해서 게이트 역할
③ 부정 게이트 : 입력사상의 반대사상이 출력

정답 35 ④ 36 ④ 37 ② 38 ①

39

다음 그림에서 시스템 위험분석 기법 중 PHA(예비위험분석)가 실행되는 사이클의 영역으로 맞는 것은?

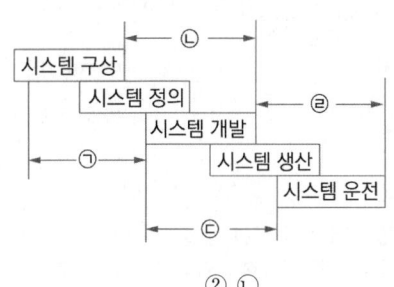

① ㉠
② ㉡
③ ㉢
④ ㉣

> **시스템 수명주기**
> ① 시스템 수명주기 제1단계인 구상단계에서 PHA(예비위험분석)기법이 최초로 사용된다.
> ② PHA는 시스템 안전 프로그램에 있어서 최초단계(구상단계)의 분석으로, 시스템 내의 위험한 요소가 얼마나 위험한 상태에 있는가를 정성적으로 평가하는 방법이다.

40 ★빈출

인간과 기계의 신뢰도가 인간 0.40, 기계 0.95인 경우, 병렬작업 시 전체 신뢰도는?

① 0.89
② 0.92
③ 0.95
④ 0.97

> **시스템의 신뢰도**
> $R_s = 1 - (1 - 0.40)(1 - 0.95) = 0.97$

3과목 기계·기구 및 설비 안전 관리

41

어떤 양중기에서 3,000kg의 질량을 가진 물체를 한쪽이 45°인 각도로 그림과 같이 2개의 와이어로프로 직접 들어올릴 때, 안전율이 고려된 가장 적절한 와이어로프 지름을 표에서 구하면? (단, 안전율은 산업안전보건법령을 따르고, 두 와이어로프의 지름은 동일하며, 기준을 만족하는 가장 작은 지름을 선정한다.)

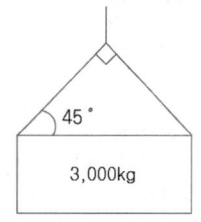

와이프로프 지름 및 절단강도

와이어로프 지름[mm]	절단강도[kN]
10	56kN
12	88kN
14	110kN
16	144kN

① 10mm
② 12mm
③ 14mm
④ 16mm

> **슬링 와이어로프의 한 가닥에 걸리는 하중**
> ① 하중 = $\dfrac{화물의\ 무게(W_1)}{2} \div \cos\dfrac{\theta}{2}$
>
> $= \dfrac{29.4}{2} \div \cos\dfrac{90}{2} = 20.79$kN
>
> ② 화물의 하중을 직접 지지하는 경우 안전율은 5이므로 절단강도 = 5 × 20.79 = 103.96kN
> ③ 그러므로, 103.96kN 이상의 절단강도를 가진 와이어로프의 지름은 14mm이다.

정답 39 ① 40 ④ 41 ③

42

다음 중 금형 설치·해체작업의 일반적인 안전사항으로 틀린 것은?

① 금형을 설치하는 프레스의 T홈 안길이는 설치 볼트 직경 이하로 한다.
② 금형의 설치용구는 프레스의 구조에 적합한 형태로 한다.
③ 고정볼트는 고정 후 가능하면 나사산을 3~4개 정도 짧게 남겨 슬라이드 면과의 사이에 협착이 발생하지 않도록 해야 한다.
④ 금형 고정용 브래킷(물림판)을 고정할 때 고정용 브래킷은 수평이 되게 하고, 고정볼트는 수직이 되게 고정하여야 한다.

> **탈락 및 운반에 따른 위험방지방법**
> (1) 프레스기계에 설치하기 위해 금형에 설치하는 홈은 다음에 의할 것
>   ① 설치하는 프레스기계의 T홈에 적합한 형상의 것일 것
>   ② 안길이는 설치 볼트 직경의 2배 이상일 것
> (2) 금형의 운반에 있어서 형의 어긋남을 방지하기 위해 대판, 안전핀 등을 사용할 것

43

휴대용 동력드릴의 사용 시 주의해야 할 사항에 대한 설명으로 옳지 않은 것은?

① 드릴 작업 시 과도한 진동을 일으키면 즉시 작업을 중단한다.
② 드릴이나 리머를 고정하거나 제거할 때는 금속성 망치 등을 사용한다.
③ 절삭하기 위하여 구멍에 드릴날을 넣거나 뺄 때는 팔을 드릴과 직선이 되도록 한다.
④ 작업 중에는 드릴을 구멍에 맞추거나 하기 위해서 드릴날을 손으로 잡아서는 안 된다.

> **드릴이나 리머의 고정 및 제거**
> 드릴이나 리머를 고정시키거나 제거하고자 할 때는 금속성 물질로 두드리면 변형 및 파손될 우려가 있으므로 고무망치 등을 사용하거나 나무블록 등을 사이에 두고 두드려야 한다.

44

방호장치를 분류할 때는 크게 위험장소에 대한 방호장치와 위험원에 대한 방호장치로 구분할 수 있는데, 다음 중 위험장소에 대한 방호장치가 아닌 것은?

① 격리형 방호장치
② 접근거부형 방호장치
③ 접근반응형 방호장치
④ 포집형 방호장치

> **포집형 방호장치**
> 위험원에 대한 방호장치로서 연삭숫돌이나 목재가공기계의 칩이 비산할 경우 이를 방지하고 안전하게 칩을 포집하는 방법

45

다음 A와 B에 들어갈 내용을 옳게 나타낸 것은?

> 아세틸렌 용접장치의 관리상 발생기에서 (A)미터 이내 또는 발생기실에서 (B)미터 이내의 장소에서는 흡연, 화기의 사용 또는 불꽃이 발생할 위험한 행위를 금지해야 한다.

① A : 7, B : 5
② A : 3, B : 1
③ A : 5, B : 5
④ A : 5, B : 3

> **용접장치에 관한 안전기준(화기와의 거리)**
> ① 아세틸렌 발생기에서 5미터 이내 또는 발생기실에서 3미터 이내의 장소에서는 흡연, 화기의 사용 또는 불꽃이 발생할 위험한 행위를 금지시킬 것
> ② 가스집합장치로부터 5미터 내의 장소에서는 흡연, 화기의 사용 또는 불꽃을 발할 우려가 있는 행위를 금지시킬 것

정답 42 ① 43 ② 44 ④ 45 ④

46

크레인의 로프에 질량 100kg인 물체를 5m/s²의 가속도로 감아 올릴 때, 로프에 걸리는 하중은 약 몇 N인가?

① 500N ② 1,480N
③ 2,540N ④ 4,900N

와이어로프에 걸리는 총하중 계산

① 동하중(W_2) = $\dfrac{W_1}{g} \times a = \dfrac{100}{9.8} \times 5 = 51.02$kg

② 총하중(W) = 정하중(W_1) + 동하중(W_2)
     = 100 + 51.02 = 151.02kg

③ 단위 환산 : 151.02kg × 9.8 = 1,479.99N

47

침투탐상검사에서 일반적인 작업순서로 옳은 것은?

① 전처리 → 침투처리 → 세척처리 → 현상처리 → 관찰 → 후처리
② 전처리 → 세척처리 → 침투처리 → 현상처리 → 관찰 → 후처리
③ 전처리 → 현상처리 → 침투처리 → 세척처리 → 관찰 → 후처리
④ 전처리 → 침투처리 → 현상처리 → 세척처리 → 관찰 → 후처리

사용방법

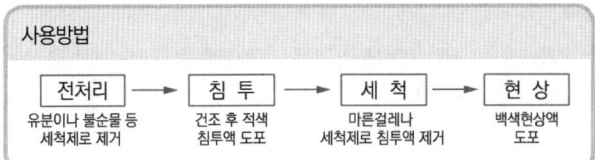

48

연삭기 덮개의 개구부 각도가 그림과 같이 150° 이하여야 하는 연삭기의 종류로 옳은 것은?

① 센터리스 연삭기
② 탁상용 연삭기
③ 내면 연삭기
④ 평면 연삭기

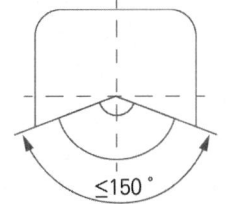

연삭기 덮개의 설치방법

① 탁상용 연삭기의 노출각도는 80° 이내로 하되, 숫돌의 주축에서 수평면 위로 이루는 원주 각도는 65° 이상이 되지 않도록 하여야 한다.
② 연삭숫돌의 상부를 사용하는 것을 목적으로 하는 연삭기는 60° 이내로 한다.
③ 휴대용 연삭기는 180° 이내로 한다.
④ 원통형 연삭기는 180° 이내로 하되, 숫돌의 주축에서 수평면 위로 이루는 원주각도는 65° 이상이 되지 않도록 하여야 한다.
⑤ 절단 및 평면 연삭기는 150° 이내로 하되, 숫돌의 주축에서 수평면 밑으로 이루는 덮개의 각도는 15° 이상이 되도록 하여야 한다.

49 ★빈출

다음 중 선반에서 사용하는 바이트와 관련된 방호장치는?

① 심압대 ② 터릿
③ 칩 브레이커 ④ 주축대

칩 브레이커

선반의 방호장치로 길게 형성되는 절삭 칩을 바이트를 사용하여 절단해 주는 장치

50

프레스기를 사용하여 작업을 할 때 작업시작 전 점검사항으로 틀린 것은?

① 클러치 및 브레이크의 기능
② 압력방출장치의 기능
③ 크랭크축·플라이휠·슬라이드·연결봉 및 연결나사의 풀림 유무
④ 금형 및 고정볼트의 상태

프레스의 작업시작 전 점검사항

① 클러치 및 브레이크의 기능
② 크랭크축·플라이휠·슬라이드·연결봉 및 연결나사의 풀림 유무
③ 1행정 1정지기구·급정지장치 및 비상정지장치의 기능
④ 슬라이드 또는 칼날에 의한 위험방지 기구의 기능
⑤ 프레스의 금형 및 고정볼트 상태
⑥ 방호장치의 기능
⑦ 전단기의 칼날 및 테이블의 상태

정답 46 ② 47 ① 48 ④ 49 ③ 50 ②

51

다음 중 기계 설비에서 재료 내부의 균열결함을 확인할 수 있는 가장 적절한 검사 방법은?

① 육안검사 ② 초음파 탐상검사
③ 피로검사 ④ 액체침투 탐상검사

결함위치에 따른 분류	
표면 결함 검출을 위한 비파괴 시험	내부 결함 검출을 위한 비파괴 시험
① 육안검사 ② 자분 탐상시험 ③ 액체침투 탐상시험 ④ 와전류 탐상시험	① 방사선 투과시험 ② 음향 방출시험 ③ 초음파 탐상시험

52 ★빈출

다음은 프레스 제작 및 안전기준에 따라 높이 2m 이상인 작업용 발판의 설치 기준을 설명한 것이다. ( ) 안에 들어갈 내용으로 알맞은 것은?

[안전난간 설치기준]
- 상부 난간대는 바닥면으로부터 (가) 이상, 120cm 이하에 설치하고, 중간 난간대는 상부 난간대와 바닥면 등의 중간에 설치할 것
- 발끝막이판은 바닥면 등으로부터 (나) 이상의 높이를 유지할 것

① 가 : 90cm, 나 : 10cm
② 가 : 60cm, 나 : 10cm
③ 가 : 90cm, 나 : 20cm
④ 가 : 60cm, 나 : 20cm

안전난간의 설치기준	
상부 난간대	바닥면·발판 또는 경사로의 표면으로부터 90센티미터 이상 120센티미터 이하에 설치하는 경우에는 중간 난간대는 상부 난간대와 바닥면 등의 중간에 설치하여야 하며, 120센티미터 이상 지점에 설치하는 경우에는 중간 난간대를 2단 이상으로 균등하게 설치하고 난간의 상하 간격은 60센티미터 이하가 되도록 할 것
발끝 막이판	바닥면 등으로부터 10센티미터 이상의 높이를 유지할 것

53

다음 중 산업안전보건법령상 보일러 및 압력용기에 관한 사항으로 틀린 것은?

① 공정안전보고서 제출 대상으로서 이행상태 평가결과가 우수한 사업장의 경우 보일러의 압력방출장치에 대하여 8년에 1회 이상으로 설정압력에서 압력방출장치가 적정하게 작동하는지를 검사할 수 있다.
② 보일러의 안전한 가동을 위하여 보일러 규격에 맞는 압력방출장치를 1개 이상 설치하고 최고 사용압력 이하에서 작동되도록 하여야 한다.
③ 보일러의 과열을 방지하기 위하여 최고 사용압력과 상용압력 사이에서 보일러의 버너 연소를 차단할 수 있도록 압력제한스위치를 부착하여 사용하여야 한다.
④ 압력용기에서는 이를 식별할 수 있도록 하기 위하여 그 압력용기의 최고 사용압력, 제조연월일, 제조회사명이 지워지지 않도록 각인(刻印) 표시된 것을 사용하여야 한다.

압력방출장치
① 매년 1회 이상 교정을 받은 압력계를 이용하여 설정압력에서 압력방출장치가 적정하게 작동하는지 검사 후 납으로 봉인
② 공정안전보고서 이행상태 평가결과가 우수한 사업장은 4년마다 1회 이상 설정압력에서 압력방출장치가 적정하게 작동하는지 검사할 수 있다.

54

목재가공용 둥근톱 기계에서 가동식 접촉예방장치에 대한 요건으로 옳지 않은 것은?

① 덮개의 하단이 송급되는 가공재의 상면에 항상 접하는 방식의 것이고 절단작업을 하고 있지 않을 때에는 톱날에 접촉되는 것을 방지할 수 있어야 한다.
② 절단작업 중 가공재의 절단에 필요한 날 이외의 부분을 항상 자동적으로 덮을 수 있는 구조여야 한다.
③ 지지부는 덮개의 위치를 조정할 수 있고 체결볼트에는 이완방지조치를 해야 한다.
④ 톱날이 보이지 않게 완전히 가려진 구조이어야 한다.

가동식 접촉예방장치는 가공재를 절단하고 있지 않을 때는 덮개가 테이블면까지 내려가 어떠한 경우에도 근로자의 손 등이 톱날에 접촉하는 것을 방지하도록 된 구조이다.

정답 51 ② 52 ① 53 ① 54 ④

55

다음 중 기계설비에서 반대로 회전하는 두 개의 회전체가 맞닿는 사이에 발생하는 위험점을 무엇이라 하는가?

① 물림점(Nip point)
② 협착점(Squeeze pint)
③ 접선물림점(Tangential point)
④ 회전말림점(Trapping point)

> **물림점(Nip-point)**
> 회전하는 두 개의 회전축에 의해 형성(회전체가 서로 반대방향으로 회전하는 경우)

56

롤러의 가드 설치방법 중 안전한 작업공간에서 사고를 일으키는 공간함정(Trap)을 막기 위해 확보해야 할 신체 부위별 최소 틈새가 바르게 짝지어진 것은?

① 다리 : 240mm
② 발 : 180mm
③ 손목 : 150mm
④ 손가락 : 25mm

> **공간함정(Trap) 방지를 위한 신체 부위별 최소 틈새**
>
> | 신체부위 | 몸 | 다리 | 발과 팔 | 손목 | 손가락 |
> |---|---|---|---|---|---|
> | 트랩 방지 위한 최소 틈새 | 500mm | 180mm | 120mm | 100mm | 25mm |

57

지게차가 부하상태에서 수평거리가 12m이고, 수직높이가 1.5m인 오르막길을 주행할 때 이 지게차의 전후 안정도와 지게차 안정도 기준의 만족 여부로 옳은 것은?

① 지게차 전후 안정도는 12.5%이고 안정도 기준을 만족하지 못한다.
② 지게차 전후 안정도는 12.5%이고 안정도 기준을 만족한다.
③ 지게차 전후 안정도는 25%이고 안정도 기준을 만족하지 못한다.
④ 지게차 전후 안정도는 25%이고 안정도 기준을 만족한다.

> **지게차의 안정도**
> ① 안정도 = $\frac{h}{l} \times 100(\%) = \frac{1.5}{12} \times 100 = 12.5\%$
> ② 지게차 주행 시의 전후 안정도는 18% 이내이므로 기준을 만족한다.

58

사출성형기에서 동력작동 시 금형고정장치의 안전사항에 대한 설명으로 옳지 않은 것은?

① 금형 또는 부품의 낙하를 방지하기 위해 기계적 억제장치를 추가하거나 자체 고정장치(Self Retain Clamping Unit) 등을 설치해야 한다.
② 자석식 금형고정장치는 상·하(좌·우) 금형의 정확한 위치가 자동적으로 모니터(Monitor)되어야 한다.
③ 상·하(좌·우)의 두 금형 중 어느 하나가 위치를 이탈하는 경우 플레이트를 작동시켜야 한다.
④ 전자석 금형고정장치를 사용하는 경우에는 전자기파에 의한 영향을 받지 않도록 전자파 내성대책을 고려해야 한다.

> **동력작동식 금형고정장치**
> 자석식 금형고정장치는 상·하(좌·우) 금형의 정확한 위치가 자동적으로 모니터(Monitor)되어야 하며, 두 금형 중 어느 하나가 위치를 이탈하는 경우 플레이트를 더 이상 움직이지 않아야 한다.

59

인장강도 250N/mm²인 강판의 안전율이 4라면 이 강판의 허용응력(N/mm²)은 얼마인가?

① 42.5
② 62.5
③ 82.5
④ 102.5

> **허용응력**
> 안전계수 = $\frac{인장강도}{허용응력}$
> ∴ 최대허용응력 = $\frac{250}{4} = 62.5 N/mm^2$

정답 55 ① 56 ④ 57 ② 58 ③ 59 ②

60 ⭐빈출

다음 설명 중 ( ) 안에 들어갈 내용으로 알맞은 것은?

> 롤러기의 급정지장치는 롤러를 무부하로 회전시킨 상태에서 앞면 롤러의 표면속도가 30m/min 미만일 때에는 급정지거리가 앞면 롤러 원주의 ( ) 이내에서 롤러를 정지시킬 수 있는 성능을 보유하여야 한다.

① 1/2   ② 1/4
③ 1/3   ④ 1/2.5

급정지장치의 성능조건

앞면 롤러의 표면 속도(m/분)	급정지거리
30 미만	앞면 롤러 원주의 1/3 이내
30 이상	앞면 롤러 원주의 1/2.5 이내

4과목 전기설비 안전 관리

61

심장의 맥동주기 중 어느 때에 전격이 인가되면 심실세동을 일으킬 확률이 크고, 위험한가?

① 심방의 수축이 있을 때
② 심실의 수축이 있을 때
③ 심실의 수축 종료 후 심실의 휴식이 있을 때
④ 심실의 수축이 있고 심방의 휴식이 있을 때

> 심장의 맥동주기에서 T파에 해당하는 심실 수축말기(종료 후)에 재분극과 함께 이완을 시작할 때 전격에 의한 심실세동 확률이 가장 높다.

62

교류 아크 용접기의 전격방지장치에서 시동감도를 바르게 정의한 것은?

① 용접봉을 모재에 접촉시켜 아크를 발생시킬 때 전격방지장치가 동작할 수 있는 용접기의 2차 측 최대 저항을 말한다.
② 안전전압(24V 이하)이 2차 측 전압(85~95V)으로 얼마나 빨리 전환되는가 하는 것을 말한다.
③ 용접봉을 모재로부터 분리시킨 후 주접점이 개로되어 용접기의 2차 측 전압이 무부하 전압(25V 이하)으로 될 때까지의 시간을 말한다.
④ 용접봉에서 아크를 발생시키고 있을 때 누설전류가 발생하면 전격방지장치를 작동시켜야 할지 운전을 계속해야 할지를 결정해야 하는 민감도를 말한다.

> **시동감도**
> 용접봉을 모재에 접촉시켜 아크를 시동시킬 때 전격방지기가 작동할 수 있는 용접기의 2차 측 최대저항

63

다음 ( ) 안에 들어갈 내용으로 옳은 것은?

> A. 감전 시 인체에 흐르는 전류는 인가전압에 (㉠)하고 인체저항에 (㉡)한다.
> B. 인체는 전류의 열작용이 (㉢)×(㉣)이 어느 정도 이상이 되면 발생한다.

① ㉠ 비례, ㉡ 반비례, ㉢ 전류의 세기, ㉣ 시간
② ㉠ 반비례, ㉡ 비례, ㉢ 전류의 세기, ㉣ 시간
③ ㉠ 비례, ㉡ 반비례, ㉢ 전압, ㉣ 시간
④ ㉠ 반비례, ㉡ 비례, ㉢ 전압, ㉣ 시간

> ① 옴의 법칙 $I = \dfrac{E}{R}$ (전류는 전압에 비례하고 저항에 반비례)
> ② Joule의 법칙 $Q = I^2RT$ (열량은 전류의 제곱, 저항, 시간에 비례)

정답 60 ③ 61 ③ 62 ① 63 ①

64

폭발 위험장소 분류 시 분진폭발 위험장소의 종류에 해당하지 않는 것은?

① 20종 장소
② 21종 장소
③ 22종 장소
④ 23종 장소

분진폭발 위험장소	
분류	적요
20종 장소	분진운 형태의 가연성 분진이 폭발농도를 형성할 정도로 충분한 양이 정상작동 중에 연속적으로 또는 자주 존재하거나, 제어할 수 없을 정도의 양 및 두께의 분진층이 형성될 수 있는 장소
21종 장소	20종 장소 외의 장소로서, 분진운 형태의 가연성 분진이 폭발농도를 형성할 정도의 충분한 양이 정상작동 중에 존재할 수 있는 장소
22종 장소	21종 장소 외의 장소로서, 가연성 분진운 형태가 드물게 발생 또는 단기간 존재할 우려가 있거나, 이상작동 상태하에서 가연성 분진층이 형성될 수 있는 장소

65

분진폭발 방지대책으로 가장 거리가 먼 것은?

① 작업장 등은 분진이 퇴적하지 않는 형상으로 한다.
② 분진 취급 장치에는 유효한 집진 장치를 설치한다.
③ 분체 프로세스 장치는 밀폐화하고 누설이 없도록 한다.
④ 분진폭발의 우려가 있는 작업장에는 감독자를 상주시킨다.

> 감독자를 상주시키는 것으로 분진폭발을 방지할 수는 없다.

66

정전유도를 받고 있는 접지되어 있지 않는 도전성 물체에 접촉한 경우 전격을 당하게 되는데 이때 물체에 유도된 전압(V)을 옳게 나타낸 것은? (단, E는 송전선의 대지전압, C_1은 송전선과 물체 사이의 정전용량, C_2는 물체와 대지 사이의 정전용량이며, 물체와 대지 사이의 저항은 무시한다.)

① $V = \dfrac{C_1}{C_1 + C_2} \cdot E$
② $V = \dfrac{C_1 + C_2}{C_1} \cdot E$
③ $V = \dfrac{C_1}{C_1 \times C_2} \cdot E$
④ $V = \dfrac{C_1 \times C_2}{C_1} \cdot E$

> 특고압 송전선로 부근 정전유도
> 정전유도를 받고 있는 물체에 접촉한 경우의 전격에서 물체에 유도된 전압은 $V = \dfrac{C_1}{C_1 + C_2} \cdot E$

67

화염일주한계에 대해 가장 잘 설명한 것은?

① 화염이 발화온도로 전파될 가능성의 한계값이다.
② 화염이 전파되는 것을 저지할 수 있는 틈새의 최대 간격치이다.
③ 폭발성 가스와 공기가 혼합되어 폭발한계 내에 있는 상태를 유지하는 한계값이다.
④ 폭발성 분위기가 전기 불꽃에 의하여 화염을 일으킬 수 있는 최소의 전류값이다.

> 안전간격(화염일주한계)
> 폭발성 분위기에 있는 용기의 접합면 틈새를 통해 화염이 내부에서 외부로 전파되는 것을 저지할 수 있는 틈새의 최대 간격치

68

정전기 발생의 일반적인 종류가 아닌 것은?

① 마찰
② 중화
③ 박리
④ 유동

> 대전의 종류
> ① 마찰대전 ② 박리대전 ③ 유동대전 ④ 분출대전
> ⑤ 충돌대전 ⑥ 교반대전 ⑦ 파괴대전

정답 64 ④ 65 ④ 66 ① 67 ② 68 ②

69

전기기계 · 기구의 조작 시 안전조치로서 사업주는 근로자가 안전하게 작업할 수 있도록 전기기계 · 기구로부터 폭 얼마 이상의 작업공간을 확보하여야 하는가?

① 30cm
② 50cm
③ 70cm
④ 100cm

> **전기기계 · 기구의 조작 시 등의 안전조치**
> 사업주는 전기기계 · 기구의 조작부분을 점검하거나 보수하는 경우에는 근로자가 안전하게 작업할 수 있도록 전기기계 · 기구로부터 폭 70센티미터 이상의 작업공간을 확보하여야 한다.

70

가수전류(Let-go Current)에 대한 설명으로 옳은 것은?

① 마이크 사용 중 전격으로 사망에 이른 전류
② 전격을 일으킨 전류가 교류인지 직류인지 구별할 수 없는 전류
③ 충전부로부터 인체가 자력으로 이탈할 수 있는 전류
④ 몸이 물에 젖어 전압이 낮은데도 전격을 일으킨 전류

> **가수전류와 불수전류**
> 가수전류는 인체가 자력으로 이탈할 수 있는 전류를 말하며, 불수전류는 자력으로 이탈할 수 없는 전류를 말한다.

71 빈출

정전작업 시 작업 전 안전조치사항으로 가장 거리가 먼 것은?

① 단락 접지
② 잔류 전하 방전
③ 절연 보호구 수리
④ 검전기에 의한 정전 확인

> **정전전로에서의 전로차단**
> ① 전기기기 등에 공급되는 모든 전원을 관련 도면, 배선도 등으로 확인할 것
> ② 전원을 차단한 후 각 단로기 등을 개방하고 확인할 것
> ③ 차단장치나 단로기 등에 잠금장치 및 꼬리표를 부착할 것
> ④ 개로된 전로에서 유도전압 또는 전기에너지가 축적되어 근로자에게 전기위험을 끼칠 수 있는 전기기기 등은 접촉하기 전에 잔류전하를 완전히 방전시킬 것
> ⑤ 검전기를 이용하여 작업 대상 기기가 충전되었는지를 확인할 것
> ⑥ 전기기기 등이 다른 노출 충전부와의 접촉, 유도 또는 예비동력원의 역송전 등으로 전압이 발생할 우려가 있는 경우에는 충분한 용량을 가진 단락 접지기구를 이용하여 접지할 것

72

감전사고의 방지대책으로 가장 거리가 먼 것은?

① 전기 위험부의 위험 표시
② 충전부가 노출된 부분에 절연방호구 사용
③ 충전부에 접근하여 작업하는 작업자 보호구 착용
④ 사고발생 시 처리프로세스 작성 및 조치

> 사고가 발생한 후에 하게 되는 처리프로세스는 사고를 방지하기 위한 대책이 될 수 없다.

73

위험방지를 위한 전기기계 · 기구의 설치 시 고려할 사항으로 거리가 먼 것은?

① 전기기계 · 기구의 충분한 전기적 용량 및 기계적 강도
② 전기기계 · 기구의 안전효율을 높이기 위한 시간 가동율
③ 습기 · 분진 등 사용장소의 주위 환경
④ 전기적 · 기계적 방호수단의 적정성

> **전기기계 · 기구 설치 시 고려해야 할 사항**
> ① 전기기계 · 기구의 충분한 전기적 용량 및 기계적 강도
> ② 습기 · 분진 등 사용장소의 주위 환경
> ③ 전기적 · 기계적 방호수단의 적정성

74 빈출

200A의 전류가 흐르는 단상 전로의 한 선에서 누전되는 최소 전류(mA)의 기준은?

① 100
② 200
③ 10
④ 20

> **허용누설전류**
> 허용누설전류 ≤ 최대공급전류/2,000이므로
> $200 \times \dfrac{1}{2,000} = 0.1A = 100mA$

정답 69 ③ 70 ③ 71 ③ 72 ④ 73 ② 74 ①

75
정전기 방전에 의한 폭발로 추정되는 사고를 조사함에 있어서 필요한 조치로서 가장 거리가 먼 것은?

① 가연성 분위기 규명
② 사고현장의 방전흔적 조사
③ 방전에 따른 점화 가능성 평가
④ 전하발생 부위 및 축적기구 규명

> **정전기 방전에 의한 폭발사고 조사 시 조치사항**
> ① 사고의 성격 및 특성 규명
> ② 가연성 분위기 규명
> ③ 전하발생 부위 및 축적기구 규명
> ④ 방전에 따른 점화 가능성 평가
> ⑤ 사고재발 방지를 위한 대책 강구

76
감전쇼크에 의해 호흡이 정지되었을 경우 일반적으로 약 몇 분 이내에 응급처치를 개시하면 95% 정도를 소생시킬 수 있는가?

① 1분 이내
② 3분 이내
③ 5분 이내
④ 7분 이내

> **인공호흡 소생률**
>
> | 호흡정지에서 인공호흡 개시까지의 시간(분) | 소생률 (100명당) | 사망률 (100명당) |
> |---|---|---|
> | 1 | 95 | 5 |
> | 2 | 90 | 10 |
> | 3 | 75 | 25 |
> | 4 | 50 | 50 |
> | 5 | 25 | 75 |

77 빈출
다음 중 방폭구조의 종류가 아닌 것은?

① 본질안전 방폭구조
② 고압 방폭구조
③ 압력 방폭구조
④ 내압 방폭구조

> **방폭구조의 종류와 기호**
>
> | 내압 방폭구조 | 압력 방폭구조 | 유입 방폭구조 | 안전증 방폭구조 | 특수 방폭구조 | 본질 안전 방폭구조 | 몰드 방폭구조 | 충전 방폭구조 | 비점화 방폭구조 |
> |---|---|---|---|---|---|---|---|---|
> | d | p | o | e | s | ia 또는 ib | m | q | n |

78
전선의 절연 피복이 손상되어 동선이 서로 직접 접촉한 경우를 무엇이라 하는가?

① 절연
② 누전
③ 접지
④ 단락

> **단락**
> 전기기기 내부나 배선 회로상에서 절연체가 전기 또는 기계적 원인으로 노화 또는 파괴되어 동선이 서로 접촉한 경우

79 빈출
이상적인 피뢰기가 가져야 할 성능으로 틀린 것은?

① 제한전압이 낮을 것
② 방전개시전압이 낮을 것
③ 뇌전류 방전능력이 작을 것
④ 속류차단을 확실하게 할 수 있을 것

> **피뢰기의 구비성능**
> ① 충격방전 개시전압과 제한전압이 낮을 것
> ② 반복동작이 가능할 것
> ③ 뇌전류의 방전능력이 크고 속류차단이 확실할 것
> ④ 점검, 보수가 간단할 것
> ⑤ 구조가 견고하며 특성이 변화하지 않을 것

80 빈출
인체의 전기저항이 5,000Ω이고, 세동전류와 통전시간과의 관계를 $I = \dfrac{165}{\sqrt{T}}$ mA라 할 경우, 심실세동을 일으키는 위험에너지는 약 몇 J인가? (단, 통전시간은 1초로 한다.)

① 5
② 30
③ 136
④ 825

> **위험에너지의 계산**
> $Q = (\dfrac{165}{\sqrt{T}} \times 10^{-3})^2 \times 5,000 \times 1 = 136.125(J)$

정답 75 ② 76 ① 77 ② 78 ④ 79 ③ 80 ③

5과목 화학설비 안전 관리

81

사업주는 인화성 액체 및 인화성 가스를 저장 취급하는 화학설비에서 증기나 가스를 대기로 방출하는 경우에는 외부로부터의 화염을 방지하기 위하여 화염방지기를 설치하여야 한다. 다음 중 화염방지기의 설치 위치로 옳은 것은?

① 설비의 상단
② 설비의 하단
③ 설비의 측면
④ 설비의 조작부

인화성 물질의 저장·취급 및 통기설비의 안전조치

① 대기압 탱크에는 통기설비(통기관 또는 통기밸브 등) 설치
② 인화성 액체 및 가연성 가스를 저장 취급하는 화학설비로부터 증기 또는 가스를 대기로 방출 시 그 설비 상단에 화염방지기 설치

---

82 ★빈출

다음 중 자연발화가 쉽게 일어나는 조건으로 틀린 것은?

① 주위온도가 높을수록
② 열 축적이 클수록
③ 적당량의 수분이 존재할 때
④ 표면적이 작을수록

자연발화

자연발화의 조건	① 표면적이 넓을 것 ② 열전도율이 작을 것 ③ 발열량이 클 것 ④ 주위의 온도가 높을 것(분자운동 활발)
자연발화의 인자	① 열의 축적 ② 발열량 ③ 열전도율 ④ 수분 ⑤ 퇴적방법 ⑥ 공기의 유동
자연발화 방지법	① 통풍이 잘되게 할 것 ② 저장실 온도를 낮출 것 ③ 열이 축적되지 않는 퇴적방법을 선택할 것 ④ 습도가 높지 않도록 할 것

83

8% NaOH 수용액과 5% NaOH 수용액을 반응기에 혼합하여 6% 100kg의 NaOH 수용액을 만들려면 각각 약 몇 kg의 NaOH 수용액이 필요한가?

① 5% NaOH 수용액 : 33.3kg, 8% NaOH 수용액 : 66.7kg
② 5% NaOH 수용액 : 56.8kg, 8% NaOH 수용액 : 43.2kg
③ 5% NaOH 수용액 : 66.7kg, 8% NaOH 수용액 : 33.3kg
④ 5% NaOH 수용액 : 43.2kg, 8% NaOH 수용액 : 56.8kg

혼합 수용액의 양

① $0.08X + 0.05Y = 0.06 \times 100$
② $0.08(100 - Y) + 0.05Y = 6$
③ $Y = 66.7$, $X = 33.3$

84

사업주는 산업안전보건기준에 관한 규칙에서 정한 위험물을 기준량 이상으로 제조하거나 취급하는 특수화학설비를 설치하는 경우에는 내부의 이상 상태를 조기에 파악하기 위하여 필요한 온도계·유량계·압력계 등의 계측장치를 설치하여야 한다. 이때 위험물질별 기준량으로 옳은 것은?

① 부탄 : 25m³
② 부탄 : 150m³
③ 시안화수소 : 5kg
④ 시안화수소 : 200kg

위험 물질별 기준량

① 부탄 : 50m³   ② 시안화수소 : 5kg

85

폭발의 위험성을 고려하기 위해 정전에너지 값을 구하고자 한다. 다음 중 정전에너지를 구하는 식은? (단, E는 정전에너지, C는 정전용량, V는 전압을 의미한다.)

① $E = \frac{1}{2}CV^2$
② $E = \frac{1}{2}VC^2$
③ $E = VC^2$
④ $E = \frac{1}{4}VC$

정전에너지 $E = \frac{1}{2}CV^2$

정답 81 ① 82 ④ 83 ③ 84 ③ 85 ①

86

다음 중 유류화재에 해당하는 화재의 급수는?

① A급 ② B급
③ C급 ④ D급

화재의 종류
① A급 화재 : 일반화재 ② B급 화재 : 유류화재
③ C급 화재 : 전기화재 ④ D급 화재 : 금속화재

87

할론 소화약제 중 Halon 2402의 화학식으로 옳은 것은?

① $C_2F_4Br_2$ ② $C_2H_4Br_2$
③ $C_2Br_4H_2$ ④ $C_2Br_4F_2$

할론(Halon) 넘버 : C, F, Cl, Br의 개수로 표시

88

위험물의 저장방법으로 적절하지 않은 것은?

① 탄화칼슘은 물속에 저장한다.
② 벤젠은 산화성 물질과 격리시킨다.
③ 금속나트륨은 석유 속에 저장한다.
④ 질산은 갈색병에 넣어 냉암소에 보관한다.

탄화칼슘(CaC_2)
① 탄화칼슘(CaC_2)은 칼슘카바이드라고도 불리며, 물과 반응하여 아세틸렌 기체를 생성한다.
② $CaC_2 + 2H_2O \rightarrow Ca(OH)_2 + C_2H_2$

89

다음 중 산업안전보건법령상 공정안전 보고서의 안전운전 계획에 포함되지 않는 항목은?

① 안전작업허가
② 안전운전지침서
③ 가동 전 점검지침
④ 비상조치계획에 따른 교육계획

안전운전 계획
① 안전운전지침서
② 설비점검·검사 및 보수계획, 유지계획 및 지침서
③ 안전작업허가 ④ 도급업체 안전관리계획
⑤ 근로자 등 교육계획 ⑥ 가동 전 점검지침
⑦ 변경요소 관리계획 ⑧ 자체감사 및 사고조사계획
⑨ 기타 안전운전에 필요한 사항

90

마그네슘의 저장 및 취급에 관한 설명으로 틀린 것은?

① 화기를 엄금하고, 가열, 충격, 마찰을 피한다.
② 분말이 비산하지 않도록 밀봉하여 저장한다.
③ 제6류 위험물과 같은 산화제와 혼합되지 않도록 격리, 저장한다.
④ 일단 연소하면 소화가 곤란하지만 초기 소화 또는 소규모 화재 시 물, CO_2 소화설비를 이용하여 소화한다.

금속화재(D급 화재)
① 금속화재는 금속의 열전도에 따른 화재나 금속분에 의한 분진의 폭발 등
② 철분, 마그네슘, 칼륨, 금속분류에 의한 화재로 일반적으로 건조사(피복에 의한 질식효과)에 의한 소화방법 사용

91

다음 중 분진이 발화 폭발하기 위한 조건으로 거리가 먼 것은?

① 불연성질
② 미분상태
③ 점화원의 존재
④ 지연성 가스 중에서의 교반과 운동

분진 폭발
① 금속분진(알루미늄, 마그네슘 등) 소맥분, 황분말 등 100미크론 이하의 가연성 고체를 미분으로 공기 중에 부유시켜 연소 폭발하는 현상
② 불휘발성 액체 또는 고체가 미립자 상태로 공기 중에서 폭발 범위 내로 존재할 경우 착화에너지에 의해 일어나는 현상
③ 불연성질은 분진폭발이 일어나지 않음

정답 86 ② 87 ① 88 ① 89 ④ 90 ④ 91 ①

92
다음 중 산업안전보건법령상 산화성 액체 또는 산화성 고체에 해당하지 않는 것은?

① 질산
② 다이크로뮴
③ 과산화수소
④ 질산에스테르

> 질산에스테르류, 니트로화합물, 아조화합물, 유기과산화물 등은 폭발성 물질 및 유기과산화물에 해당된다.

93
열교환기의 열교환 능률을 향상시키기 위한 방법이 아닌 것은?

① 유체의 유속을 적절하게 조절한다.
② 유체가 흐르는 방향을 병류로 한다.
③ 열교환하는 유체의 온도차를 크게 한다.
④ 열전도율이 높은 재료를 사용한다.

> 유체의 흐르는 방향을 병류로 하는 것보다 향류로 하는 것이 능률을 향상시킬 수 있다.

94 ★빈출
다음 중 고체의 연소방식에 관한 설명으로 옳은 것은?

① 분해연소란 고체가 표면의 고온을 유지하며 타는 것을 말한다.
② 표면연소란 고체가 가열되어 열분해가 일어나고 가연성 가스가 공기 중의 산소와 타는 것을 말한다.
③ 자기연소란 공기 중 산소를 필요로 하지 않고 자신이 분해되며 타는 것을 말한다.
④ 분무연소란 고체가 가열되어 가연성 가스를 발생시키며 타는 것을 말한다.

고체연소

표면연소	연소물 표면에서 산소와 급격한 산화반응으로 열과 빛을 발생하는 현상으로 가연성 가스 발생이나 열분해 반응이 없어 불꽃이 없는 것이 특징(코크스, 금속분, 목탄 등)
분해연소	고체 가연물이 점화원에 의해 복잡한 경로의 열분해 반응으로 가연성 증기가 발생하여 공기와 연소범위를 형성하게 되어 연소하는 형태(목재, 종이, 플라스틱, 석탄 등)
증발연소	고체 가연물이 점화원에 의해 상태변화(융해)를 일으켜 액체가 되고 일정 온도에서 가연성 증기가 발생, 공기와 혼합하여 연소하는 형태(나프탈렌, 황, 파라핀 등)
자기연소	분자 내에 산소를 함유하고 있는 고체 가연물이 외부의 산소 공급원 없이 점화원에 의해 연소하는 형태(제5류 위험물, 니트로글리세린, 니트로셀룰로우스, 트리니트로톨루엔, 질산에틸 등)

95
사업주는 안전밸브 등의 전단·후단에 차단밸브를 설치해서는 아니 된다. 다만, 별도로 정한 경우에 해당할 때는 자물쇠형 또는 이에 준하는 형식의 차단밸브를 설치할 수 있다. 이에 해당하는 경우가 아닌 것은?

① 화학설비 및 그 부속설비에 안전밸브 등이 복수방식으로 설치되어 있는 경우
② 예비용 설비를 설치하고 각각의 설비에 안전밸브 등이 설치되어 있는 경우
③ 파열판과 안전밸브를 직렬로 설치한 경우
④ 열팽창에 의하여 상승된 압력을 낮추기 위한 목적으로 안전밸브가 설치된 경우

차단밸브 설치금지
① 안전밸브의 전·후단에는 차단밸브 설치 금지
② 다음의 경우 자물쇠형 또는 이에 준하는 차단밸브 설치
 ㉠ 인접한 화학설비 및 그 부속설비에 안전밸브 등이 각각 설치되어 있고 당해 화학설비 및 그 부속설비의 연결배관에 차단밸브가 없는 경우
 ㉡ 안전밸브 등의 배출용량의 2분의 1 이상에 해당하는 용량의 자동압력조절밸브와 안전밸브 등이 병렬로 연결된 경우
 ㉢ 화학설비 및 그 부속설비에 안전밸브 등이 복수방식으로 설치되어 있는 경우
 ㉣ 예비용 설비를 설치하고 각각의 설비에 안전밸브 등이 설치되어 있는 경우
 ㉤ 열팽창에 의하여 상승된 압력을 낮추기 위한 목적으로 안전밸브가 설치된 경우
 ㉥ 하나의 플레어스택(flare stack)에 2 이상의 단위공정의 플레어헤더(flare header)를 연결하여 사용하는 경우로서 각각의 단위공정의 플레어헤더에 설치된 차단밸브의 열림·닫힘상태를 중앙제어실에서 알 수 있도록 조치한 경우

정답 92 ④ 93 ② 94 ③ 95 ③

96

위험물안전관리법령에서 정한 제3류 위험물에 해당하지 않는 것은?

① 나트륨
② 알킬알루미늄
③ 황린
④ 니트로글리세린

위험물의 종류
① 제3류 위험물(자연발화성 물질 및 금수성 물질) : 칼륨, 나트륨, 알킬알루미늄, 알킬리튬, 황린 등
② 니트로글리세린은 무색투명한 기름형태의 액체로 연소가 폭발적으로 발생하여 소화가 극히 어려운 제5류 위험물(자기반응성 물질)에 해당된다.

97 ★

다음 표를 참조하여 메탄 70vol%, 프로판 21vol%, 부탄 9vol%인 혼합가스의 폭발범위를 구하면 약 몇 vol%인가?

가스	폭발하한계(vol%)	폭발상한계(vol%)
C_4H_{10}	1.8	8.4
C_3H_8	2.1	9.5
C_2H_6	3.0	12.4
CH_4	5.0	15.0

① 3.45 ~ 9.11
② 3.45 ~ 12.58
③ 3.85 ~ 9.11
④ 3.85 ~ 12.58

르샤틀리에의 법칙(혼합가스의 폭발범위 계산)

$$L = \frac{100}{\frac{V_1}{L_1} + \frac{V_2}{L_2} + \cdots + \frac{V_n}{L_n}}$$

① 폭발하한계 = $\frac{100}{\frac{70}{5} + \frac{21}{2.1} + \frac{9}{1.8}} = 3.45$

② 폭발상한계 = $\frac{100}{\frac{70}{15} + \frac{21}{9.5} + \frac{9}{8.4}} = 12.58$

98

ABC급 분말 소화약제의 주성분에 해당하는 것은?

① $NH_4H_2PO_4$
② Na_2CO_3
③ Na_2SO_3
④ K_2CO_3

분말 소화약제의 종류
① 탄산수소나트륨($NaHCO_3$)
② 탄산수소칼륨($KHCO_3$)
③ 제1인산암모늄($NH_4H_2PO_4$)
④ 요소 + 탄산수소칼륨($[NH_2]_2CO + KHCO_3$)

tip
인산암모늄은 ABC소화제라 하며 부착성이 좋은 메타인산을 만들어 다른 소화 분말보다 30% 이상 소화능력이 향상

99

공기 중 아세톤의 농도가 200ppm(TLV 500ppm), 메틸에틸케톤(MEK)의 농도가 100ppm(TLV 200ppm)일 때 혼합물질의 허용농도는 약 몇 ppm인가? (단, 두 물질은 서로 상가작용을 하는 것으로 가정한다.)

① 150
② 200
③ 270
④ 333

혼합물의 노출기준 및 허용농도
① 노출기준(허용기준) 계산 : $\frac{C_1}{T_1} + \frac{C_2}{T_2} = \frac{200}{500} + \frac{100}{200} = 0.9$
② 1을 초과하지 않았으므로 허용기준 이내이며, 혼합물의 허용농도는 $\frac{300}{0.9} = 333.33$ppm

정답 96 ④ 97 ② 98 ① 99 ④

100
다음의 설명에 해당하는 안전장치는?

> 대형의 반응기, 탑, 탱크 등에서 이상상태가 발생할 때 밸브를 정지시켜 원료공급을 차단하기 위한 안전장치로, 공기압식, 유압식, 전기식 등이 있다.

① 파열판 ② 안전밸브
③ 스팀트랩 ④ 긴급차단장치

긴급차단장치

개념	대형의 반응기, 탱크 등에서 원료의 누출 등으로, 화재 등의 이상사태가 발생한 경우 그 피해 확대를 방지하기 위해 기기에서의 원재료 출입을 긴급히 차단시키는 안전장치
종류	① 공기압식 ② 유압식 ③ 전기식
운전 및 보수	① 외관 검사 ② 작동 상황검사 ③ 누설·기밀검사

6과목 건설공사 안전 관리

101 빈출
단관비계의 도괴 또는 전도를 방지하기 위하여 사용하는 벽이음의 간격기준으로 옳은 것은?

① 수직 방향 5m 이하, 수평 방향 5m 이하
② 수직 방향 6m 이하, 수평 방향 6m 이하
③ 수직 방향 7m 이하, 수평 방향 7m 이하
④ 수직 방향 8m 이하, 수평 방향 8m 이하

단관비계의 조립간격(벽이음)

강관비계의 종류	조립간격(단위 : m)	
	수직방향	수평방향
단관비계	5	5
틀비계(높이가 5m 미만의 것 제외)	6	8

102
건설업의 산업안전보건관리비 사용기준에 해당되지 않는 것은?

① 근로자 건강장해예방비
② 안전관리자·보건관리자의 임금
③ 도서인쇄비
④ 안전보건진단비

산업안전보건관리비의 사용기준

① 안전관리자·보건관리자의 임금 등
② 안전시설비 등
③ 보호구 등
④ 안전보건진단비 등
⑤ 안전보건교육비 등
⑥ 근로자 건강장해예방비 등
⑦ 건설재해예방전문지도기관의 지도에 대한 대가로 지급하는 비용 등

103 빈출
다음은 산업안전보건법령에 따른 동바리로 사용하는 파이프 서포트에 관한 사항이다. ( ) 안에 들어갈 내용을 순서대로 옳게 나타낸 것은?

> 가. 파이프 서포트를 (A) 이상 이어서 사용하지 않도록 할 것
> 나. 파이프 서포트를 이어서 사용하는 경우에는 (B) 이상의 볼트 또는 전용철물을 사용하여 이을 것

① A : 2개, B : 2개 ② A : 3개, B : 4개
③ A : 4개, B : 3개 ④ A : 4개, B : 4개

파이프 서포트의 준수사항

① 파이프 서포트를 3개 이상 이어서 사용하지 아니하도록 할 것
② 파이프 서포트를 이어서 사용할 때에는 4개 이상의 볼트 또는 전용 철물을 사용하여 이을 것
③ 높이가 3.5미터를 초과할 때에는 높이 2미터 이내마다 수평 연결재를 2개 방향으로 만들고 수평 연결재의 변위를 방지할 것

정답 100 ④ 101 ① 102 ③ 103 ②

104

화물 취급 작업 시 준수사항으로 옳지 않은 것은?

① 꼬임이 끊어지거나 심하게 부식된 섬유로프는 화물운반용으로 사용해서는 아니 된다.
② 섬유로프 등을 사용하여 화물 취급 작업을 하는 경우에 해당 섬유로프 등을 점검하고 이상을 발견한 섬유로프 등을 즉시 교체하여야 한다.
③ 차량 등에서 화물을 내리는 작업을 하는 경우에 해당 작업에 종사하는 근로자에게 쌓여 있는 화물의 중간에서 필요한 화물을 빼낼 수 있도록 허용한다.
④ 하역작업을 하는 장소에서 작업장 및 통로의 위험한 부분에는 안전하게 작업할 수 있는 조명을 유지한다.

> 화물자동차에서 화물을 내리는 작업을 하는 경우에는 그 작업을 하는 근로자에게 쌓여 있는 화물의 중간에서 화물을 빼내도록 해서는 아니 된다.

105

시스템 비계를 사용하여 비계를 구성하는 경우의 준수사항으로 옳지 않은 것은?

① 수직재·수평재·가새재를 견고하게 연결하는 구조가 되도록 할 것
② 수평재는 수직재와 직각으로 설치하여야 하며, 체결 후 흔들림이 없도록 견고하게 설치할 것
③ 비계 밑단의 수직재와 받침철물은 밀착되도록 설치하고, 수직재와 받침철물의 연결부의 겹침길이는 받침철물 전체길이의 3분의 1 이상이 되도록 할 것
④ 벽 연결재의 설치간격은 시공자가 안전을 고려하여 임의대로 결정한 후 설치할 것

> 시스템 비계의 구조
> ① 수직재·수평재·가새재를 견고하게 연결하는 구조가 되도록 할 것
> ② 비계 밑단의 수직재와 받침철물은 밀착되도록 설치하고, 수직재와 받침철물의 연결부의 겹침길이는 받침철물 전체길이의 3분의 1 이상이 되도록 할 것
> ③ 수평재는 수직재와 직각으로 설치하여야 하며, 체결 후 흔들림이 없도록 견고하게 설치할 것
> ④ 수직재와 수직재의 연결철물은 이탈되지 않도록 견고한 구조로 할 것
> ⑤ 벽 연결재의 설치간격은 제조사가 정한 기준에 따라 설치할 것

106

건설공사 위험성평가에 관한 내용으로 옳지 않은 것은?

① 건설물, 기계·기구, 설비 등에 의한 유해·위험요인을 찾아내어 위험성을 결정하고 그 결과에 따른 조치를 하는 것을 말한다.
② 사업주는 위험성평가의 실시내용 및 결과를 기록·보존하여야 한다.
③ 위험성평가 기록물의 보존기간은 2년이다.
④ 위험성평가 기록물에는 평가대상의 유해·위험요인, 위험성결정의 내용 등이 포함된다.

> 위험성평가의 실시내용 및 결과를 기록·보존하여야 하는 자료는 3년간 보존하여야 한다.

107

철골작업에서의 승강로 설치기준 중 ( ) 안에 들어갈 내용으로 알맞은 것은?

> 사업주는 근로자가 수직 방향으로 이동하는 철골부재에는 답단간격이 ( ) 이내인 고정된 승강로를 설치하여야 한다.

① 20cm ② 30cm
③ 40cm ④ 50cm

> 철골작업 안전기준(승강로 설치)
> ① 수직 방향으로 이동하는 철골부재 : 답단간격이 30cm 이내인 고정된 승강로 설치
> ② 수평 방향 철골과 수직 방향 철골 연결 부분 : 연결작업을 위한 작업발판 설치

정답 104 ③ 105 ④ 106 ③ 107 ②

108

사다리식 통로 등을 설치하는 경우 폭은 최소 얼마 이상으로 하여야 하는가?

① 30cm ② 40cm
③ 50cm ④ 60cm

> **사다리식 통로의 구조(주요 내용)**
> ① 발판과 벽과의 사이는 15센티미터 이상의 간격을 유지할 것
> ② 폭은 30센티미터 이상으로 할 것
> ③ 사다리의 상단은 걸쳐 놓은 지점으로부터 60센티미터 이상 올라가도록 할 것
> ④ 사다리식 통로의 길이가 10미터 이상인 경우에는 5미터 이내마다 계단참을 설치할 것
> ⑤ 사다리식 통로의 기울기는 75도 이하로 할 것

109

추락재해에 대한 예방차원에서 고소작업의 감소를 위한 근본적인 대책으로 옳은 것은?

① 방망 설치
② 지붕트러스의 일체화 또는 지상에서 조립
③ 안전대 사용
④ 비계 등에 의한 작업대 설치

> 지붕트러스의 일체화 또는 지상에서 조립하는 경우 추락재해의 근본적인 원인이 되는 고소작업을 최소화할 수 있게 된다.

110

다음 중 건설공사 유해·위험 방지계획서 제출대상 공사가 아닌 것은?

① 지상 높이가 50m인 건축물 또는 인공구조물 건설공사
② 연면적이 3,000m²인 냉동·냉장창고시설의 설비공사
③ 최대 지간 길이가 60m인 교량건설공사
④ 터널건설공사

> **유해·위험 방지계획서를 제출해야 될 대상 건설업**
> ① 다음의 어느 하나에 해당하는 건축물 또는 시설 등의 건설, 개조 또는 해체공사
>   ㉠ 지상 높이가 31미터 이상인 건축물 또는 인공구조물
>   ㉡ 연면적 3만 제곱미터 이상인 건축물
>   ㉢ 연면적 5천 제곱미터 이상인 시설로서 다음의 어느 하나에 해당하는 시설
>   ㉮ 문화 및 집회시설   ㉯ 판매시설, 운수시설
>   ㉰ 종교시설   ㉱ 의료시설 중 종합병원
>   ㉲ 숙박시설 중 관광숙박시설 ㉳ 지하도 상가
>   ㉴ 냉동, 냉장 창고시설
> ② 최대 지간 길이가 50미터 이상인 다리의 건설 등 공사
> ③ 연면적 5천 제곱미터 이상인 냉동, 냉장창고 시설의 설비공사 및 단열공사
> ④ 다목적댐, 발전용댐, 저수용량 2천만톤 이상의 용수전용댐 및 지방상수도 전용댐의 건설 등 공사
> ⑤ 터널의 건설 등 공사
> ⑥ 깊이 10미터 이상인 굴착공사

111

겨울철 공사 중인 건축물의 벽체 콘크리트 타설 시 거푸집이 터져서 콘크리트가 쏟아지는 사고가 발생하였다. 이 사고의 발생 원인으로 추정 가능한 사안 중 가장 타당한 것은?

① 콘크리트의 타설 속도가 빨랐다.
② 진동기를 사용하지 않았다.
③ 철근 사용량이 많았다.
④ 콘크리트의 슬럼프가 작았다.

> **측압이 커지는 조건**
> ① 타설 속도가 빠를수록
> ② 콘크리트 슬럼프치가 클수록
> ③ 다짐이 충분할수록
> ④ 철골, 철근량이 적을수록
> ⑤ 콘크리트 시공연도가 좋을수록
> ⑥ 외기의 온도가 낮을수록

정답 108 ① 109 ② 110 ② 111 ①

112

다음 중 운반작업 시 주의사항으로 옳지 않은 것은?

① 운반 시의 시선은 진행 방향을 향하고 뒷걸음 운반을 하여서는 안 된다.
② 무거운 물건을 운반할 때 무게 중심이 높은 화물은 인력으로 운반하지 않는다.
③ 어깨높이보다 높은 위치에서 화물을 들고 운반하여서는 안 된다.
④ 단독으로 긴 물건을 어깨에 메고 운반할 때에는 뒤쪽을 위로 올린 상태로 운반한다.

> 길이가 긴 장척물 운반 시 단독으로 어깨에 메고 운반할 경우 화물 앞부분 끝을 근로자 신장보다 약간 높게 하여 모서리, 곡선 등에 충돌하지 않도록 주의해야 한다.

113

다음 중 직접기초의 터파기 공법이 아닌 것은?

① 개착 공법
② 시트 파일 공법
③ 트렌치 컷 공법
④ 아일랜드 컷 공법

> 터파기 공법
> ① 개착 공법
> ② 아일랜드 컷(cut) 공법
> ③ 트랜치 컷(cut) 공법
> ④ 탑다운 공법

114

건설재해대책의 사면보호공법 중 식물을 생육시켜 그 뿌리로 사면의 표층토를 고정하여 빗물에 의한 침식, 동상, 이완 등을 방지하고, 녹화에 의한 경관조성을 목적으로 시공하는 것은?

① 식생공
② 실드공
③ 뿜어 붙이기공
④ 블록공

> 비탈면 보호공법(사면보호공법)
>
> | 식생공법 | ① 떼붙임공 | ② 식생공 |
> | | ③ 식수공 | ④ 파종공 |
> | 구조물 보호공 | ① 블럭(돌)붙임공 | ② 블록(돌)쌓기공 |
> | | ③ 콘크리트블럭 | ④ 격자공 |
> | | ⑤ 뿜어붙이기공 | |

115

훅걸이용 와이어로프 등이 훅으로부터 벗겨지는 것을 방지하기 위한 장치는?

① 해지장치
② 권과방지장치
③ 과부하방지장치
④ 턴버클

> 해지장치
> 훅걸이용 와이어로프 등이 훅으로부터 벗겨지는 것을 방지하기 위한 장치이다.

116 ★

장비가 위치한 지면보다 낮은 장소를 굴착하는 데 적합한 장비는?

① 트럭크레인
② 파워쇼벨
③ 백호우
④ 진폴

> 백호우(Back Hoe)
> ① 기계가 위치한 지반보다 낮은 굴착에 사용
> ② power shovel의 몸체에 앞을 긁어낼 수 있는 arm과 bucket을 달고 굴착
> ③ 기초 굴착 수중굴착 좁은 도랑 및 비탈면 절취 등의 작업

117 ★

추락방지용 방망 중 그물코의 크기가 5cm인 매듭 방망 신품의 인장강도는 최소 몇 kg 이상이어야 하는가?

① 60
② 110
③ 150
④ 200

> 방망의 인장강도
>
> | 그물코의 크기 (단위 : 센티미터) | 방망의 종류(단위 : 킬로그램) | | | |
> | | 매듭 없는 방망 | | 매듭 방망 | |
> | | 신품 | 폐기 시 | 신품 | 폐기 시 |
> | 10 | 240 | 150 | 200 | 135 |
> | 5 | | | 110 | 60 |

정답 112 ④ 113 ② 114 ① 115 ① 116 ③ 117 ②

118 ⭐

잠함 또는 우물통의 내부에서 굴착작업을 할 때의 준수사항으로 옳지 않은 것은?

① 굴착 깊이가 10m를 초과하는 경우에는 해당 작업장소와 외부와의 연락을 위한 통신설비 등을 설치하여야 한다.
② 산소결핍의 우려가 있는 경우에는 산소의 농도를 측정하는 자를 지명하여 측정하도록 한다.
③ 근로자가 안전하게 승강하기 위한 설비를 설치한다.
④ 측정 결과 산소의 결핍이 인정될 경우에는 송기를 위한 설비를 설치하여 필요한 양의 공기를 공급하여야 한다.

> **잠함 내 굴착작업 준수사항**
> ① 산소결핍의 우려가 있는 때에는 산소의 농도를 측정하는 자를 지명하여 측정하도록 할 것
> ② 근로자가 안전하게 승강하기 위한 설비를 설치할 것
> ③ 굴착 깊이가 20미터를 초과하는 때에는 당해 작업장소와 외부와의 연락을 위한 통신설비 등을 설치할 것

tip
산소결핍이 인정되거나 굴착 깊이가 20미터를 초과하는 경우 송기설비 설치(공기송급)

119

이동식 비계를 조립하여 작업을 하는 경우의 준수사항으로 옳지 않은 것은?

① 비계의 최상부에서 작업을 하는 경우에는 안전난간을 설치할 것
② 작업발판은 항상 수평을 유지하고 작업발판 위에서 안전난간을 딛고 작업을 하거나 받침대 또는 사다리를 사용하여 작업하지 않도록 할 것
③ 작업발판의 최대적재하중은 150kg을 초과하지 않도록 할 것
④ 이동식 비계의 바퀴에는 뜻밖의 갑작스러운 이동 또는 전도를 방지하기 위하여 브레이크·쐐기 등으로 바퀴를 고정한 다음 비계의 일부를 견고한 시설물에 고정하거나 아웃트리거(outrigger)를 설치하는 등 필요한 조치를 할 것

> **이동식 비계 조립 시 준수사항(문제의 보기 외에)**
> ① 작업발판의 최대적재하중은 250킬로그램을 초과하지 않도록 할 것
> ② 승강용 사다리는 견고하게 설치할 것

120

항타기 또는 항발기의 권상장치 드럼축과 권상장치로부터 첫 번째 도르래의 축 간의 거리는 권상장치 드럼폭의 몇 배 이상으로 하여야 하는가?

① 5배 ② 8배
③ 10배 ④ 15배

> **항타기 또는 항발기의 도르래의 위치**
> ① 권상장치의 드럼축과 권상장치로부터 첫 번째 도르래의 축과의 거리를 권상장치의 드럼폭의 15배 이상으로 하여야 한다.
> ② 도르래는 권상장치의 드럼의 중심을 지나야 하며 축과 수직면상에 있어야 한다.

정답 118 ① 119 ③ 120 ④

2019년 3월 3일 | 기출문제

1과목　산업재해 예방 및 안전보건교육

01
안전교육방법 중 학습자가 이미 설명을 듣거나 시범을 보고 알게 된 지식이나 기능을 강사의 감독 아래 직접적으로 연습하여 적용할 수 있도록 하는 교육방법은?

① 모의법　　　　　② 토의법
③ 실연법　　　　　④ 반복법

교육훈련기법	
강의법	안전지식의 전달방법으로 특히 초보적인 단계에 대해서는 효과가 큰 방법
시범	기능이나 작업과정을 학습시키기 위해 필요로 하는 분명한 동작을 제시하는 방법
반복법	이미 학습한 내용이나 기능을 반복해서 말하거나 실연토록 하는 방법
토의법	10~20인 정도로 초보가 아닌 안전지식과 관리에 대한 유경험자에게 적합한 방법
실연법	이미 설명을 듣고 시범을 보아서 알게 된 지식이나 기능을 교사의 지도 아래 직접 연습을 통해 적용해 보는 방법(수업의 중간이나 마지막 단계에 효과적)

02 ★빈출
제일선의 감독자를 교육대상으로 하고, 작업을 지도하는 방법, 작업개선방법 등의 주요 내용을 다루는 기업 내 교육방법은?

① TWI　　　　　② MTP
③ ATT　　　　　④ CCS

TWI(Training with industry)
(1) 교육 대상자 : 관리감독자
(2) 교육과정
① Job Method Training(J. M. T) : 작업방법훈련(작업개선법)
② Job Instruction Training(J. I. T) : 작업지도훈련(작업지도법)
③ Job Relations Training(J. R. T) : 인간관계훈련(부하통솔법)
④ Job Safety Training(J. S. T) : 작업안전훈련(안전관리법)

03
사고의 원인분석방법에 해당하지 않는 것은?

① 통계적 원인분석　　② 종합적 원인분석
③ 클로즈(close)분석　　④ 관리도

재해 통계 도표(통계적 원인분석)
① 파레토(Pareto diagram) : 관리 대상이 많은 경우 최소의 노력으로 최대의 효과를 얻을 수 있는 방법(분류항목을 큰 값에서 작은 값의 순서로 도표화하는 데 편리)
② 특성요인도 : 특성과 요인관계를 어골상으로 세분하여 연쇄관계를 나타내는 방법(원인요소와의 관계를 상호의 인과관계만으로 결부)
③ 크로스(Cross)분석 : 두 가지 또는 그 이상의 요인이 서로 밀접한 상호관계를 유지할 때 사용되는 방법
④ 관리도 : 재해 발생건수 등의 추이 파악 → 목표관리를 행하는 데 필요한 월별재해 발생 수의 그래프화 → 관리 구역 설정 → 관리하는 방법

04
국제노동기구(ILO)의 산업재해 정도 구분에서 부상 결과 근로자가 신체장해등급 제12급 판정을 받았다면 이는 어느 정도의 부상을 의미하는가?

① 영구 전노동 불능　　② 영구 일부노동 불능
③ 일시 전노동 불능　　④ 일시 일부노동 불능

국제노동기구(ILO)에 의한 분류
① 사망 : 안전사고로 사망하거나 혹은 부상의 결과로서 사망한 경우
② 영구 전노동 불능 상해 : 신체장해등급 제1급~제3급
③ 영구 일부노동 불능 상해 : 신체장해등급 제4급~제14급
④ 일시 전노동 불능 상해 : 신체장해가 남지 않는 일반적 휴업재해
⑤ 일시 일부노동 불능 상해 : 작업시간 중에 일시적으로 업무를 떠나 치료를 받는 정도의 상해
⑥ 구급처치 상해 : 응급처치 또는 의료조치를 받아 부상당한 다음 날 정상으로 작업을 할 수 있는 정도의 상해

정답　　01 ③　02 ①　03 ②　04 ②

05

다음의 재해사례에서 기인물에 해당하는 것은?

> 기계작업에 배치된 작업자가 반장의 지시를 받기 전에 정지된 선반을 운전시키면서 변속치차의 덮개를 벗겨 내고 치차를 저속으로 운전하면서 급유하려고 할 때 오른손이 변속치차에 맞물려 손가락이 절단되었다.

① 덮개
② 급유
③ 선반
④ 변속치차

기인물과 가해물
① 기인물 : 재해발생의 주원인이며 재해를 가져오게 한 근원이 되는 기계, 장치, 물(物) 또는 환경 등(불안전상태)
② 가해물 : 직접 사람에게 접촉하여 피해를 주는 기계, 장치, 물(物) 또는 환경 등

06

하인리히의 재해 코스트 평가방식 중 직접비에 해당하지 않는 것은?

① 산재보상비
② 치료비
③ 간호비
④ 생산손실

직접비와 간접비

직접비 (법적으로 지급되는 산재보상비)	간접비 (직접비 제외한 모든 비용)
요양급여, 휴업급여, 장해급여, 간병급여, 유족급여, 직업재활급여, 장례비 등	인적손실, 물적손실, 생산손실, 임금손실, 시간손실, 신규채용비용, 기타손실 등

07 ★빈출

한 사람, 한 사람의 위험에 대한 감수성 향상을 도모하기 위하여 삼각 및 원 포인트 위험예지훈련을 통합한 활용기법은?

① 1인 위험예지훈련
② TBM 위험예지훈련
③ 자문자답 위험예지훈련
④ 시나리오 역할연기훈련

1인 위험예지훈련
① 위험요인에 대한 감수성을 향상시키기 위해 원포인트 및 삼각 위험예지훈련을 통합한 활용기법
② 한 사람 한 사람이 같은 도해로 4라운드까지 1인 위험예지훈련을 실시한 후 리더의 사회로 결과에 대하여 서로 발표하고 토론함으로 위험요소를 발견·파악한 후 해결능력을 향상시키는 훈련

08

보호구 안전인증 고시에 따른 분리식 방진마스크의 성능기준에서 포집효율이 특급인 경우, 염화나트륨(NaCl) 및 파라핀오일(Paraffin oil) 시험에서의 포집효율은?

① 99.95% 이상
② 99.9% 이상
③ 99.5% 이상
④ 99.0% 이상

방진마스크의 성능기준(포집효율)

종류	등급	염화나트륨(NaCl) 및 파라핀오일(Paraffin oil) 시험(%)
분리식	특급	99.95% 이상
	1급	94.0% 이상
	2급	80.0% 이상
안면부 여과식	특급	99.0% 이상
	1급	94.0% 이상
	2급	80.0% 이상

09

안전검사기관 및 자율검사프로그램 인정기관은 고용노동부장관에게 그 실적을 보고하도록 관련법에 명시되어 있는데 그 주기로 옳은 것은?

① 매월
② 격월
③ 분기
④ 반기

안전검사 실적보고
안전검사기관은 분기마다 다음 달 10일까지 분기별 실적과 매년 1월 20일까지 전년도 실적을 고용노동부장관에게 제출하여야 한다.

10 ★빈출

사고예방대책의 기본원리 5단계 중 틀린 것은?

① 1단계 : 안전관리계획
② 2단계 : 현상파악
③ 3단계 : 분석평가
④ 4단계 : 대책의 선정

사고예방대책의 5단계(사고예방의 기본원리)
① 제1단계 : 안전관리 조직
② 제2단계 : 사실의 발견
③ 제3단계 : 평가 및 분석
④ 제4단계 : 시정책의 선정
⑤ 제5단계 : 시정책의 적용

정답 05 ③ 06 ④ 07 ① 08 ① 09 ③ 10 ①

11

산업안전보건법상의 안전·보건표지 종류 중 관계자 외 출입금지 표지에 해당되는 것은?

① 안전모 착용
② 폭발성물질 경고
③ 방사성물질 경고
④ 석면취급 및 해제·제거

관계자 외 출입금지표지			
관계자 외 출입금지	501 허가대상물질 작업장 관계자 외 출입금지 (허가물질 명칭) 제조/사용/보관 중 보호구/보호복 착용 흡연 및 음식물 섭취 금지	502 석면취급/해체 작업장 관계자 외 출입금지 석면취급/해체 중 보호구/보호복 착용 흡연 및 음식물 섭취 금지	503 금지대상물질의 취급 실험실 등 관계자 외 출입금지 발암물질 취급 중 보호구/보호복 착용 흡연 및 음식물 섭취 금지

12 ★빈출

재해예방의 4원칙에 관한 설명으로 틀린 것은?

① 재해의 발생에는 반드시 원인이 존재한다.
② 재해의 발생과 손실의 발생은 우연적이다.
③ 재해를 예방할 수 있는 안전대책은 반드시 존재한다.
④ 재해는 원인 제거가 불가능하므로 예방만이 최선이다.

재해예방의 4원칙	
① 손실우연의 원칙	② 예방가능의 원칙
③ 원인계기의 원칙	④ 대책선정의 원칙

13 ★빈출

적응기제(適應機制, Adjustment Mechanism)의 종류 중 도피적 기제(행동)에 해당하지 않는 것은?

① 고립
② 퇴행
③ 억압
④ 합리화

적응기제의 기본유형	
공격적 행동	책임전가, 폭행, 폭언 등
도피적 행동	퇴행, 억압, 고립, 백일몽 등
방어적 행동	승화, 보상, 합리화, 동일시, 반동형성, 투사 등

14

안전관리조직의 참모식(staff형)에 대한 장점이 아닌 것은?

① 경영자의 조언과 자문역할을 한다.
② 안전정보 수집이 용이하고 빠르다.
③ 안전에 관한 명령과 지시는 생산라인을 통해 신속하게 전달한다.
④ 안전전문가가 안전계획을 세워 문제해결 방안을 모색하고 조치한다.

안전보건관리업무 및 안전에 관한 명령과 지시를 생산라인을 통하여 이루어지도록 편성된 조직은 라인형 조직이다.

15

주의의 수준이 Phase 0인 상태에서의 의식 상태는?

① 무의식 상태
② 의식의 이완 상태
③ 명료한 상태
④ 과긴장 상태

의식수준의 단계		
단계 (phase)	의식 상태	생리적 상태
제0단계	무의식, 실신	수면, 뇌발작
제I단계	의식 흐림(subnormal), 의식 몽롱함	단조로움, 피로, 졸음, 술취함
제II단계	이완상태(relaxed) 정상(normal), 느긋한 기분	안정 기거, 휴식 시, 정례 작업 시(정상작업 시) 일반적으로 일을 시작할 때 안정된 행동
제III단계	상쾌한 상태(clear) 정상(normal), 분명한 의식	판단을 동반한 행동, 적극활동 시 가장 좋은 의식수준상태, 긴급 이상 사태를 의식할 때
제IV단계	과긴장 상태 (hypernormal, excited)	긴급방위반응, 당황해서 panic (감정흥분 시 당황한 상태)

정답   11 ④   12 ④   13 ④   14 ③   15 ①

16

인간오류에 관한 분류 중 독립행동에 의한 분류가 아닌 것은?

① 생략오류
② 실행오류
③ 명령오류
④ 시간오류

스웨인(A.D.Swain)의 휴먼에러 분류(독립행동에 의한 분류)	
Omission error	필요한 직무나 단계를 수행하지 않은(생략) 에러
Commission error	직무나 순서 등을 착각하여 잘못 수행(불확실한 수행)한 에러
Sequential error	직무 수행과정에서 순서를 잘못 지켜(순서 착오) 발생한 에러
Time error	정해진 시간 내 직무를 수행하지 못하여(수행 지연) 발생한 에러
Extraneous error	불필요한 직무 또는 절차를 수행하여 발생한 에러

tip
명령오류는 원인의 레벨적 분류에 해당되는 내용으로 작업자가 움직이려 해도 필요한 물건, 정보, 에너지 등이 공급되지 않아서 작업자가 움직일 수 없는 상황에서 발생한 에러를 말한다.

17

산업안전보건법상 특별안전보건교육에서 방사선 업무에 관계되는 작업을 할 때의 교육내용으로 거리가 먼 것은?

① 방사선의 유해·위험 및 인체에 미치는 영향
② 방사선 측정기기 기능의 점검에 관한 사항
③ 비상시 응급처리 및 보호구 착용에 관한 사항
④ 산소농도측정 및 작업환경에 관한 사항

방사선 업무에 관계되는 작업 시 교육내용(의료 및 실험용은 제외)
① 방사선의 유해·위험 및 인체에 미치는 영향
② 방사선의 측정기기 기능의 점검에 관한 사항
③ 방호거리·방호벽 및 방사선 물질의 취급요령에 관한 사항
④ 응급처치 및 보호구 착용에 관한 사항
⑤ 그 밖에 안전·보건 관리에 필요한 사항

tip
산소농도측정 및 작업환경에 관한 사항은 맨홀 작업 및 밀폐공간에서의 작업 시 교육내용에 해당되는 내용

18

특정과업에서 에너지 소비수준에 영향을 미치는 인자가 아닌 것은?

① 작업방법
② 작업속도
③ 작업관리
④ 도구

에너지 소비량에 영향을 미치는 인자			
① 작업자세	② 작업속도	③ 도구설계	④ 작업방법

19

산업안전보건법령상 안전인증대상 기계·기구 및 설비가 아닌 것은?

① 연삭기
② 롤러기
③ 압력용기
④ 고소(高所) 작업대

안전인증을 받아야 하는 기계·기구		
① 프레스	② 전단기 및 절곡기	③ 크레인
④ 리프트	⑤ 압력용기	⑥ 롤러기
⑦ 사출성형기	⑧ 고소 작업대	⑨ 곤돌라

20

다음 중 안전보건교육 계획을 수립할 때 고려할 사항으로 가장 거리가 먼 것은?

① 현장의 의견을 충분히 반영한다.
② 대상자의 필요한 정보를 수집한다.
③ 안전교육시행체계와의 연관성을 고려한다.
④ 정부 규정에 의한 교육에 한정하여 실시한다.

안전보건교육 계획 수립
정부 규정에 의한 교육에만 한정하여 실시하지 않고 현장의 의견을 충분히 반영하여 분야별로 다양한 교육과 각종 위험에 대한 전문적인 대책들이 필요하다.

정답 16③ 17④ 18③ 19① 20④

2과목　인간공학 및 위험성 평가·관리

21 ⭐

의도는 올바른 것이었지만 행동이 의도한 것과는 다르게 나타나는 오류를 무엇이라 하는가?

① Slip　　　　　　② Mistake
③ Lapse　　　　　 ④ Violation

인간의 오류(error) 유형
① Mistake : 상황 해석을 잘못하거나 목표를 잘못 이해하고 착각하여 행하는 경우
② Slip : 상황이나 목표의 해석은 제대로 하였으나 의도와 다른 행동을 하는 경우
③ Lapse : 여러 과정이 연계적으로 일어나는 행동에서 일부를 잊어버리고 안 하는 경우
④ Violation : 정해져 있는 규칙을 알고 있으면서 고의로 따르지 않거나 무시하는 경우

22

음압 수준이 70dB인 경우 1,000Hz에서 순음의 Phon치는?

① 50Phon　　　　 ② 70Phon
③ 90Phon　　　　 ④ 100Phon

Phon의 음량 수준
① 정량적 평가를 위한 음량 수준 척도
② 어떤 음의 Phon 값으로 표시한 음량 수준은 이 음과 같은 크기로 들리는 1,000Hz 순음의 음압 수준(dB)

23

쾌적환경에서 추운환경으로 변화 시 신체의 조절작용이 아닌 것은?

① 피부온도가 내려간다.
② 직장온도가 약간 내려간다.
③ 몸이 떨리고 소름이 돋는다.
④ 피부를 경유하는 혈액 순환량이 감소한다.

온도변화에 대한 신체의 조절작용

적정온도에서 고온환경으로 변화	① 많은 양의 혈액이 피부를 경유하여 온도가 상승한다. ② 직장온도가 내려간다. ③ 발한이 시작된다.
적정온도에서 한랭환경으로 변화	① 피부를 경유하는 혈액의 순환량이 감소하고 많은 양의 혈액이 몸의 중심부를 순환한다. ② 피부온도는 내려간다. ③ 직장온도가 약간 올라간다. ④ 소름이 돋고 몸이 떨리는 오한을 느낀다.

24

다음의 각 단계를 결함수분석법(FTA)에 의한 재해사례의 연구 순서대로 나열한 것은?

㉠ 정상사상의 선정　　㉡ FT도 작성 및 분석
㉢ 개선 계획의 작성　　㉣ 각 사상의 재해 원인 규명

① ㉠ → ㉡ → ㉢ → ㉣
② ㉠ → ㉣ → ㉢ → ㉡
③ ㉠ → ㉢ → ㉡ → ㉣
④ ㉠ → ㉣ → ㉡ → ㉢

FTA에 의한 재해사례 연구 순서
1단계 : 톱사상의 선정 → 2단계 : 사상의 재해 원인의 규명 → 3단계 : FT도의 작성 → 4단계 : 개선 계획의 작성

25 ⭐

점광원으로부터 0.3m 떨어진 구면에 비추는 광량이 5Lumen일 때, 조도는 약 몇 럭스인가?

① 0.06　　　　　 ② 16.7
③ 55.6　　　　　 ④ 83.4

조도(럭스)
광속(Lumen) = 조도(Lux) × 거리(m)²

$$조도 = \frac{광속}{거리^2} = \frac{5}{0.3^2} = 55.5556$$

정답　21 ①　22 ②　23 ②　24 ④　25 ③

26
생명 유지에 필요한 단위시간당 에너지량을 무엇이라 하는가?
① 기초대사량
② 산소 소비율
③ 작업대사량
④ 에너지 소비율

> **기초대사량(basal metabolic rate)**
> ① 생명을 유지하는 데 필요로 하는 최소한의 에너지량을 기초대사량이라 한다.
> ② 운동이나 활동하지 않는 안정된 상태에서 신체 기능을 유지하는 데 필요한 대사량이다.

27
FT도에 사용되는 다음 게이트의 명칭은?

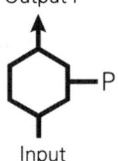

① 부정 게이트
② 억제 게이트
③ 배타적 OR 게이트
④ 우선적 AND 게이트

> **제약(억제) 게이트**
> 입력사상 중 어느 것이나 이 게이트로 나타내는 조건이 만족하는 경우에만 출력사상이 발생한다는 조건부확률
>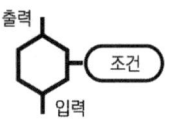

28 ⭐빈출
인간 - 기계 시스템의 설계를 6단계로 구분할 때 첫 번째 단계에서 시행하는 것은?
① 기본설계
② 시스템의 정의
③ 인터페이스 설계
④ 시스템의 목표와 성능 명세 결정

> **체계설계 과정의 주요단계**
> 제1단계 : 목표 및 성능 명세의 결정
> 제2단계 : 체계의 정의
> 제3단계 : 기본설계
> 제4단계 : 계면(인터페이스)설계
> 제5단계 : 촉진물 설계
> 제6단계 : 시험 및 평가

29
음량 수준을 측정할 수 있는 3가지 척도에 해당되지 않는 것은?
① sone
② 럭스
③ Phon
④ 인식소음 수준

> **음량수준의 척도**
> | | |
> |---|---|
> | Phon의 음량 수준 | 어떤 음의 Phon 값으로 표시한 음량 수준은 이 음과 같은 크기로 들리는 1,000Hz 순음의 음압 수준(dB) |
> | Sone에 의한 음량 | ① 40dB의 1,000Hz 순음의 크기(= 40Phon)를 1Sone ② 기준음보다 10배 크게 들리는 음은 10Sone의 음량 |
> | 인식소음 수준 (perceived magnitude) | PLdB(perceived level of noise)인식소음 수준 척도 : 3,150Hz에 중심을 둔 1/3 옥타브대 음을 기준으로 사용 |

30
수리가 가능한 어떤 기계의 가용도(availability)는 0.90이고, 평균수리시간(MTTR)이 2시간일 때, 이 기계의 평균수명(MTBF)은?
① 15시간
② 16시간
③ 17시간
④ 18시간

> **가용도(availability)**
> 가용도 = $\dfrac{MTBF}{MTBF + MTTR}$
> MTBF = $\dfrac{1.8}{0.1}$ = 18시간

31 ⭐빈출
동작경제 원칙에 해당되지 않는 것은?
① 신체사용에 관한 원칙
② 작업장 배치에 관한 원칙
③ 사용자 요구 조건에 관한 원칙
④ 공구 및 설비 디자인에 관한 원칙

> **동작경제의 원칙**
> ① 신체의 사용에 관한 원칙(Use of the human body)
> ② 작업장의 배치에 관한 원칙(Arrangement of the workplace)
> ③ 공구 및 설비 디자인에 관한 원칙(Design of tools and equipments)

정답 26 ① 27 ② 28 ④ 29 ② 30 ④ 31 ③

32
인간-기계 시스템의 연구 목적으로 가장 적절한 것은?

① 정보 저장의 극대화
② 운전 시 피로의 평준화
③ 시스템의 신뢰성 극대화
④ 안전의 극대화 및 생산능률의 향상

> **인간 - 기계 시스템의 정의**
> 주어진 입력으로부터 원하는 출력을 생성하기 위한 인간과 기계 및 부품의 상호작용으로 주목적은 안전의 최대화와 능률의 극대화 및 재해예방

33
산업안전보건법령에 따라 제조업 중 유해·위험방지계획서 제출 대상 사업의 사업주가 유해·위험방지계획서를 제출하고자 할 때 첨부하여야 하는 서류에 해당하지 않는 것은? (단, 기타 고용노동부장관이 정하는 도면 및 서류 등은 제외한다.)

① 공사개요서
② 기계·설비의 배치도면
③ 기계·설비의 개요를 나타내는 서류
④ 원재료 및 제품의 취급, 제조 등의 작업방법의 개요

> **제출서류(제조업 등 유해·위험방지계획서)**
> ① 건축물 각 층의 평면도
> ② 기계·설비의 개요를 나타내는 서류
> ③ 기계·설비의 배치도면
> ④ 원재료 및 제품의 취급, 제조 등의 작업방법의 개요
> ⑤ 그 밖에 고용노동부장관이 정하는 도면 및 서류

34
인체계측자료의 응용원칙 중 조절 범위에서 수용하는 통상의 범위는 얼마인가?

① 5 ~ 95%tile
② 20 ~ 80%tile
③ 30 ~ 70%tile
④ 40 ~ 60%tile

> **인체계측자료의 응용원칙**
> (1) 극단적인 사람을 위한 설계
>   ① 극단치 설계(인체 측정 특성의 극단에 속하는 사람을 대상으로 설계하면 거의 모든 사람을 수용 가능) : 최대 집단치와 최소집단치로 구분
>   ② 효과와 비용을 고려 : 흔히 95%나 5%치를 사용
> (2) 조절 범위
>   ① 장비나 설비의 설계에 있어 때로는 여러 사람이 사용 가능하도록 조절식으로 하는 것이 바람직한 경우도 있음
>   ② 사무실 의자의 높낮이 조절, 자동차 좌석의 전후조절 등
>   ③ 통상 5%치에서 95%치까지의 90% 범위를 수용대상으로 설계
> (3) 평균치를 기준으로 한 설계
>   ① 특정 장비나 설비의 경우, 최대 집단치나 최소 집단치 또는 조절식으로 설계하기가 부적절하거나 불가능할 때
>   ② 가게나 은행의 계산대 등

35
FTA에서 시스템의 기능을 살리는 데 필요한 최소 요인의 집합을 무엇이라 하는가?

① critical set
② minimal gate
③ minimal path set
④ boolean indicated cut set

> **minimal path set**
> 그 안에 포함되는 모든 기본사상이 일어나지 않을 때 처음으로 정상사상이 일어나지 않는 기본사상의 집합인 패스셋에서 필요한 최소한의 것을 미니멀 패스셋이라 한다(시스템의 기능을 살리는 신뢰성을 나타낸다).

36
시스템 수명주기 단계 중 마지막 단계인 것은?

① 구상단계
② 개발단계
③ 운전단계
④ 생산단계

> **시스템 안전 프로그램의 수명주기**
> ① 제1단계 : 구상단계
> ② 제2단계 : 정의단계
> ③ 제3단계 : 개발단계
> ④ 제4단계 : 생산단계
> ⑤ 제5단계 : 배치 및 운용단계

정답 32 ④ 33 ① 34 ① 35 ③ 36 ③

37

염산을 취급하는 A업체에서는 신설 설비에 관한 안전성 평가를 실시해야 한다. 정성적 평가단계의 주요 진단 항목에 해당하는 것은?

① 공장 내의 배치
② 제조공정의 개요
③ 재평가 방법 및 계획
④ 안전보건교육 훈련계획

> **정성적 평가(제2단계)**
> ① 설계관계 : 입지조건, 공장 내의 배치, 건조물, 소방용 설비 등
> ② 운전관계 : 원재료, 중간체, 제품 등의 위험성, 프로세스의 운전조건 수송, 저장 등에 대한 안전대책, 프로세스기기의 선정요건

38

실린더 블록에 사용하는 가스켓의 수명은 평균 10,000시간이며, 표준편차는 200시간으로 정규분포를 따른다. 사용 시간이 9,600시간일 경우에 신뢰도는 약 얼마인가? (단, 표준정규분포표에서 $u_{0.8413} = 1$, $u_{0.9772} = 2$이다.)

① 84.13%
② 88.73%
③ 92.72%
④ 97.72%

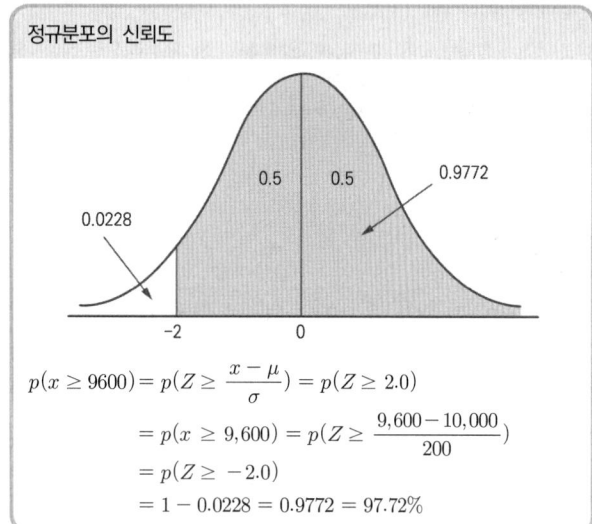

> **정규분포의 신뢰도**
>
> $p(x \geq 9600) = p(Z \geq \frac{x-\mu}{\sigma}) = p(Z \geq 2.0)$
> $\quad = p(x \geq 9,600) = p(Z \geq \frac{9,600-10,000}{200})$
> $\quad = p(Z \geq -2.0)$
> $\quad = 1 - 0.0228 = 0.9772 = 97.72\%$

39

정신적 작업부하에 관한 생리적 척도에 해당하지 않는 것은?

① 부정맥 지수
② 근전도
③ 점멸융합주파수
④ 뇌파도

> **정신적 작업부하에 관한 생리적 측정치**
> ① 부정맥지수
> ② 점멸융합주파수
> ③ 기타 정신부하에 관한 생리적 측정치(눈꺼풀의 깜박임률, 동공지름, 뇌파도 등)

40

FMEA의 장점이라 할 수 있는 것은?

① 분석방법에 대한 논리적 배경이 강하다.
② 물적, 인적요소 모두가 분석대상이 된다.
③ 서식이 간단하고 비교적 적은 노력으로 분석이 가능하다.
④ 두 가지 이상의 요소가 동시에 고장 나는 경우에도 분석이 용이하다.

> **FMEA의 특징**
> ① CA(criticality analysis)와 병행하는 일이 많다.
> ② FTA보다 서식이 간단하고 적은 노력으로 특별한 훈련 없이 분석이 가능하다.
> ③ 논리성이 부족하고 각 요소 간의 영향 분석이 어려워 동시에 두 가지 이상의 요소가 고장 날 경우 분석이 곤란하다.
> ④ 요소가 통상 물체로 한정되어 있어 인적원인의 규명이 어렵다.
> ⑤ 시스템 안전 해석 시에는 시스템에서 단계나 평가의 필요성 등에 의해 FTA 등을 병용해 가는 것이 실재적인 방법이다.

정답 37 ① 38 ④ 39 ② 40 ③

3과목 기계·기구 및 설비 안전 관리

41
다음 중 용접 결함의 종류에 해당하지 않는 것은?

① 비드(bead)
② 기공(blow hole)
③ 언더컷(under cut)
④ 용입 불량(incomplete penetration)

용접부의 결함	
종류	원인
슬래그(slag) 감싸들기	운봉방법 불량, 용접전류 및 속도의 부적당, 피복제조성 불량
언더컷 (under cut)	과대전류, 운봉속도가 빠를 때, 부당한 용접봉 사용
오버랩 (over lap)	운봉속도가 느릴 때, 낮은 전류
블로홀 (blow hole)	아크분위기의 수소 또는 일산화탄소가 너무 많을 때, 모재에 불순물(유황성분)이 많을 때, 용착부 급냉, 이음부에 유지 페인트 등 부착
피트(pit)	부식 또는 모재의 화학성분
용입 부족	운봉속도 과다, 낮은 전류

tip
비드(bead) : 용접 작업에서 모재와 용접봉이 녹아서 생긴 띠 모양의 길쭉한 파형의 용착 자국을 말한다.

42
와이어로프의 꼬임은 일반적으로 특수로프를 제외하고는 보통꼬임(Ordinary Lay)과 랭꼬임(Lang's Lay)으로 분류할 수 있다. 다음 중 랭꼬임과 비교하여 보통꼬임의 특징에 관한 설명으로 틀린 것은?

① 킹크가 잘 생기지 않는다.
② 내마모성, 유연성, 저항성이 우수하다.
③ 로프의 변형이나 하중을 걸었을 때 저항성이 크다.
④ 스트랜드의 꼬임 방향과 로프의 꼬임 방향이 반대이다.

와이어로프의 꼬임		
구분	보통꼬임(Ordinary lay)	랭꼬임(Lang's lay)
개념	스트랜드의 꼬임 방향과 로프의 꼬임 방향이 반대로 된 것	스트랜드의 꼬임 방향과 로프의 꼬임 방향이 동일한 것
특성	① 소선의 외부길이가 짧아 쉽게 마모 ② 킹크가 잘 생기지 않으며 로프 자체변형이 적음 ③ 하중에 대한 큰 저항성 ④ 선박, 육상 등에 많이 사용되며, 취급이 용이	① 소선과 외부의 접촉 길이가 보통꼬임에 비해 김 ② 꼬임이 풀리기 쉽고, 킹크가 생기기 쉬움 ③ 내마모성, 유연성, 내피로성이 우수

43 빈출
다음 중 산업안전보건법령상 연삭숫돌을 사용하는 작업의 안전수칙으로 틀린 것은?

① 연삭숫돌을 사용하는 경우 작업시작 전과 연삭숫돌을 교체한 후에는 1분 정도 시운전을 통해 이상 유무를 확인한다.
② 회전 중인 연삭숫돌이 근로자에게 위험을 미칠 우려가 있는 경우에 그 부위에 덮개를 설치하여야 한다.
③ 연삭숫돌의 최고 사용회전속도를 초과하여 사용하여서는 안 된다.
④ 측면을 사용하는 목적으로 하는 연삭숫돌 이외에는 측면을 사용해서는 안 된다.

연삭숫돌의 안전기준
① 덮개의 설치 기준 : 직경이 50mm 이상인 연삭숫돌 ② 작업 시작하기 전 1분 이상, 연삭숫돌을 교체한 후 3분 이상 시운전(숫돌파열이 가장 많이 발생하는 경우는 스위치를 넣는 순간)

정답 41 ① 42 ② 43 ①

44

기능의 안전화 방안을 소극적 대책과 적극적 대책으로 구분할 때 다음 중 적극적 대책에 해당하는 것은?

① 기계의 이상을 확인하고 급정지시켰다.
② 원활한 작동을 위해 급유를 하였다.
③ 회로를 개선하여 오동작을 방지하도록 하였다.
④ 기계의 볼트 및 너트가 이완되지 않도록 다시 조립하였다.

기능의 안전화 검토사항(자동화된 기계설비)
① 적절한 조치가 필요한 이상상태 : 전압의 강하, 정전 시 오동작, 단락스위치나 릴레이 고장 시 오동작, 상용압력 고장 시 오동작, 밸브 계통의 고장에 의한 오동작 등
② 소극적 대책 : 이상시 기계 급정지, 안전장치 작동
③ 적극적 대책 : 전기회로 개선 오동작 방지, 정상기능을 찾도록 완전한 회로설계, fail safe화

45

다음 중 공장 소음에 대한 방지계획에 있어 소음원에 대한 대책에 해당하지 않는 것은?

① 해당 설비의 밀폐
② 설비실의 차음벽 시공
③ 작업자의 보호구 착용
④ 소음기 및 흡음장치 설치

소음관리(소음통제 방법)
① 소음원의 제거 – 가장 적극적인 대책
② 소음원의 통제 – 안전설계, 정비 및 주유, 고무 받침대 부착, 소음기 사용 등
③ 소음의 격리 – 씌우개(enclosure), 방이나 장벽을 이용(창문을 닫으면 10dB 감음효과)
④ 차음 장치 및 흡음재 사용
⑤ 적절한 배치(lay out) 등

46

재료의 강도시험 중 항복점을 알 수 있는 시험의 종류는?

① 비파괴시험　　② 충격시험
③ 인장시험　　　④ 피로시험

인장시험으로 알 수 있는 내용
① 탄성 한도　② 비례 한도　③ 항복점
④ 신장　⑤ 인장강도 등

47

프레스 및 전단기에 사용되는 손쳐내기식 방호장치의 성능기준에 대한 설명 중 옳지 않은 것은?

① 진동각도·진폭시험 : 행정길이가 최소일 때 진동각도는 60°~90°이다.
② 진동각도·진폭시험 : 행정길이가 최대일 때 진동각도는 30°~60°이다.
③ 완충시험 : 손쳐내기봉에 의한 과도한 충격이 없어야 한다.
④ 무부하 동작시험 : 1회의 오동작도 없어야 한다.

손쳐내기식 방호장치의 성능기준	
진동각도·진폭시험	행정길이가 최소일 때 : (60~90)° 진동각도 최대일 때 : (45~90)° 진동각도
완충시험	손쳐내기봉에 의한 과도한 충격이 없어야 한다.
무부하 동작시험	1회의 오동작도 없어야 한다.

48

다음 중 프레스를 제외한 사출성형기·주형조형기 및 형단조기 등에 관한 안전조치 사항으로 틀린 것은?

① 근로자의 신체 일부가 말려들어갈 우려가 있는 경우에는 양수조작식 방호장치를 설치하여 사용한다.
② 게이트 가드식 방호장치를 설치할 경우에는 연동구조를 적용하여 문을 닫지 않아도 동작할 수 있도록 한다.
③ 사출성형기의 전면에 작업용 발판을 설치할 경우 근로자가 쉽게 미끄러지지 않는 구조여야 한다.
④ 기계의 히터 등의 가열 부위, 감전우려가 있는 부위에는 방호덮개를 설치하여 사용한다.

사출성형기, 주형조형기 및 형단조기
① 게이트 가드 또는 양수조작식의 방호장치(신체의 일부가 말려드는 것 방지)
② 게이트 가드는 반드시 연동구조로 할 것
③ 히터 등의 가열 부위 또는 감전의 우려가 있는 부위에는 방호덮개 설치

tip
게이트 가드식 방호장치를 설치할 경우에는 인터록(연동)장치를 사용하여 문을 닫지 않으면 동작되지 않는 구조로 한다.

정답　44 ③　45 ③　46 ③　47 ②　48 ②

49
보일러 등에 사용하는 압력방출장치의 봉인은 무엇으로 실시해야 하는가?

① 구리 테이프   ② 납
③ 봉인용 철사   ④ 알루미늄 실(seal)

> **보일러의 압력방출장치**
> ① 2개 이상 설치된 경우 최고사용압력 이하에서 1개가 작동되고, 다른 압력방출장치는 최고사용압력 1.05배 이하에서 작동되도록 부착
> ② 1년에 1회 이상 토출 압력 시험 후 납으로 봉인(공정 안전관리 이행수준 평가결과가 우수한 사업장은 4년에 1회 이상 토출 압력 시험 실시)

50
유해 · 위험기계 · 기구 중에서 진동과 소음을 동시에 수반하는 기계설비로 가장 거리가 먼 것은?

① 컨베이어   ② 사출 성형기
③ 가스 용접기   ④ 공기 압축기

> 아세틸렌 용접장치는 진동과 소음보다 유해가스 및 유해한 광선이 발생할 수 있다.

51 ⭐
압력용기 등에 설치하는 안전밸브에 관련한 설명으로 옳지 않은 것은?

① 안지름이 150mm를 초과하는 압력용기에 대해서는 과압에 따른 폭발을 방지하기 위하여 규정에 맞는 안전밸브를 설치해야 한다.
② 급성 독성물질이 지속적으로 외부에 유출될 수 있는 화학설비 및 그 부속설비에는 파열판과 안전밸브를 병렬로 설치한다.
③ 안전밸브는 보호하려는 설비의 최고사용압력 이하에서 작동되도록 하여야 한다.
④ 안전밸브의 배출용량은 그 작동원인에 따라 각각의 소요분출량을 계산하여 가장 큰 수치를 해당 안전밸브의 배출용량으로 하여야 한다.

> **안전밸브의 설치방법**
> | 파열판 및 안전밸브의 직렬 설치 | ① 대량의 독성물질이 지속적으로 외부에 유출 될 수 있는 화학설비 및 부속설비 ② 압력 지시계 또는 자동경보장치 설치 |
> |---|---|
> | 파열판과 안전밸브를 병렬로 반응기 상부에 설치 | 반응폭주 현상이 발생했을 때 반응기 내부 과압을 분출하고자 할 경우 |

52
다음 중 소성가공을 열간가공과 냉간가공으로 분류하는 가공온도의 기준은?

① 융해점 온도   ② 공석점 온도
③ 공정점 온도   ④ 재결정 온도

> **소성가공의 분류**
> | 구분 | 냉간가공(cold working) | 열간가공(hot working) |
> |---|---|---|
> | 정의 | 재결정 온도 이하의 온도에서 하는 가공 | 고온가공, 재결정 온도 이상의 온도에서 하는 가공 |
> | 특징 | ① 가공면이 아름답고 정밀한 형상의 가공면 ② 가공경화로 강도가 증가되며 연신율은 감소 ③ 냉간가공의 일종으로 상온보다 약간 높은 온도에서 소성가공하는 것을 온간가공이라 하여 구분 | ① 거친 가공에 적당 ② 재결정 온도 이상으로 가열하므로 가공이 쉬움 ③ 산화로 인하여 정밀한 가공은 곤란 |

53
컨베이어(conveyor) 역전방지장치의 형식을 기계식과 전기식으로 구분할 때 기계식에 해당하지 않는 것은?

① 라쳇식   ② 밴드식
③ 스러스트식   ④ 롤러식

> **역전방지장치**
> | 역전방지장치 및 브레이크 | 기계적인 것 : 라쳇식, 롤러식, 밴드식, 웜기어 등 |
> |---|---|
> | | 전기적인 것 : 전기브레이크, 슬러스트브레이크 등 |

정답 49 ② 50 ③ 51 ② 52 ④ 53 ③

54

프레스 작업 시작 전 점검해야 할 사항으로 거리가 먼 것은?

① 매니퓰레이터 작동의 이상 유무
② 클러치 및 브레이크 기능
③ 슬라이드, 연결봉 및 연결 나사의 풀림 여부
④ 프레스 금형 및 고정 볼트 상태

> **프레스 작업 시작 전 점검사항**
> ① 클러치 및 브레이크의 기능
> ② 크랭크축 · 플라이휠 · 슬라이드 · 연결봉 및 연결 나사의 풀림 유무
> ③ 1행정 1정지기구 · 급정지장치 및 비상정지장치의 기능
> ④ 슬라이드 또는 칼날에 의한 위험방지 기구의 기능
> ⑤ 프레스의 금형 및 고정 볼트 상태
> ⑥ 방호장치의 기능
> ⑦ 전단기의 칼날 및 테이블의 상태

tip
매니퓰레이터 작동의 이상 유무는 산업용 로봇의 작업 시작 전 점검사항에 해당되는 내용

55 ★빈출

다음 중 산업용 로봇에 의한 작업 시 안전조치 사항으로 적절하지 않은 것은?

① 로봇의 운전으로 인해 근로자가 로봇에 부딪칠 위험이 있을 때에는 1.8m 이상의 울타리를 설치하여야 한다.
② 작업을 하고 있는 동안 로봇의 기동스위치 등은 작업에 종사하고 있는 근로자가 아닌 사람이 그 스위치 등을 조작할 수 없도록 필요한 조치를 한다.
③ 로봇의 조작방법 및 순서, 작업 중의 매니퓰레이터의 속도 등에 관한 지침에 따라 작업을 하여야 한다.
④ 작업에 종사하는 근로자가 이상을 발견하면, 관리 감독자에게 우선 보고하고, 지시에 따라 로봇의 운전을 정지시킨다.

> **교시 등의 작업 시 위험 방지를 위한 지침사항**
> ① 다음의 사항에 관한 지침을 정하고 그 지침에 따라 작업을 시킬 것
>   ㉠ 로봇의 조작방법 및 순서
>   ㉡ 작업 중의 매니퓰레이터의 속도
>   ㉢ 2인 이상의 근로자에게 작업을 시킬 때의 신호방법
>   ㉣ 이상을 발견한 때의 조치
>   ㉤ 이상을 발견하여 로봇의 운전을 정지시킨 후 이를 재가동시킬 때의 조치
>   ㉥ 기타 로봇의 불의의 작동 또는 오조작에 의한 위험을 방지하기 위하여 필요한 조치
> ② 작업에 종사하고 있는 근로자 또는 당해 근로자를 감시하는 자가 이상을 발견한 때에는 즉시 로봇의 운전을 정지시키기 위한 조치를 할 것
> ③ 작업을 하고 있는 동안 로봇의 기동스위치 등에 작업 중이라는 표시를 하는 등 작업에 종사하고 있는 근로자 외의 자가 당해 스위치 등을 조작할 수 없도록 필요한 조치를 할 것

56

프레스기의 비상정지스위치 작동 후 슬라이드가 하사점까지 도달 시간이 0.15초 걸렸다면 양수기동식 방호장치의 안전거리는 최소 몇 cm 이상이어야 하는가?

① 24　　② 240
③ 15　　④ 150

> **양수기동식의 안전거리**
> $D_m = 1,600 \times T_m$
> D_m : 안전거리(mm)
> T_m : 양손으로 누름단추를 누르기 시작할 때부터 슬라이드가 하사점에 도달하기까지의 소요시간(초)
> ∴ $D_m = 1,600 \times 0.15 = 240mm = 24cm$

정답 54 ① 55 ④ 56 ①

57

컨베이어 설치 시 주의사항에 관한 설명으로 옳지 않은 것은?

① 컨베이어에 설치된 보도 및 운전실 상면은 가능한 한 수평이어야 한다.
② 근로자가 컨베이어를 횡단하는 곳에는 바닥면 등으로부터 90cm 이상 120cm 이하에 상부 난간대를 설치하고, 바닥면과의 중간에 중간난간대가 설치된 건널다리를 설치한다.
③ 폭발의 위험이 있는 가연성 분진 등을 운반하는 컨베이어 또는 폭발의 위험이 있는 장소에 사용되는 컨베이어의 전기기계 및 기구는 방폭구조이어야 한다.
④ 보도, 난간, 계단, 사다리의 설치 시 컨베이어를 가동시킨 후에 설치하면서 설치상황을 확인한다.

컨베이어 설치 시 주의사항
① 컨베이어에는 연속한 비상정지스위치를 설치하거나 적절한 장소에 비상정지스위치를 설치하여야 한다. ② 컨베이어에는 기동을 예고하는 경보장치를 설치하여야 한다. ③ 보도, 난간, 계단, 사다리 등은 컨베이어의 가동 개시 전에 설치하여야 한다.

58 ★빈출

휴대용 연삭기 덮개의 개방부 각도는 몇 도(°) 이내이어야 하는가?

① 60° ② 90°
③ 125° ④ 180°

연삭기 덮개의 설치방법
① 탁상용 연삭기의 노출각도는 80° 이내, 원주 각도는 65° 이상이 되지 않도록 한다. ② 연삭숫돌의 상부를 사용하는 것을 목적으로 하는 연삭기는 60° 이내이어야 한다. ③ 휴대용 연삭기는 180° 이내이어야 한다. ④ 원통형 연삭기는 180° 이내, 원주각도는 65° 이상이 되지 않도록 한다. ⑤ 절단 및 평면 연삭기는 150° 이내, 숫돌의 주축에서 수평면 밑으로 이루는 덮개의 각도는 15° 이상이 되도록 한다.

59

롤러기 급정지장치 조작부에 사용하는 로프의 성능 기준으로 적합한 것은? (단, 로프의 재질은 관련 규정에 적합한 것으로 본다.)

① 지름 1mm 이상의 와이어로프
② 지름 2mm 이상의 합성섬유로프
③ 지름 3mm 이상의 합성섬유로프
④ 지름 4mm 이상의 와이어로프

롤러기 방호장치의 설치방법	
손으로 조작하는 로프식	① 수직접선에서 5cm 이내 위치 ② 직경 4mm 이상의 와이어로프 또는 직경이 6mm 이상이고 절단하중이 2.94kN 이상의 합성섬유로프 사용
복부조작식	조작부는 로프보다 강철봉 또는 막대에 의해 복부의 압력을 정확하게 브레이크 계통에 전달할 수 있을 것
무릎 조작식	정해진 범위 내의 어느 부분에 닿아도 급정지 장치가 작동할 수 있도록 직사각형의 판조작부 사용

60

자분탐상검사에서 사용하는 자화방법이 아닌 것은?

① 축통전법 ② 전류 관통법
③ 극간법 ④ 임피던스법

자분탐상 방법	
직각 통전법	시험품의 축에 대해 직각인 방향에 직접 전류를 흘려서 전류 주위에 생기는 자장을 이용하여 자화시키는 방법
극간법	시험품의 일부분 또는 전체를 전자석 또는 영구자석의 자극간에 놓고 자화시키는 방법
축통 전법	시험품의 축 방향의 끝단에 전류를 흘려, 전류 둘레에 생기는 원형 자장을 이용하여 자화시키는 방법
자속 관통법	시험품의 구멍 등에 철심을 놓고 교류 자속을 흘림으로써 시험품 구멍 주변에 유도 전류를 발생시켜, 그 전류가 만드는 자장에 의해서 시험품을 자화시키는 방법

정답 57 ④ 58 ④ 59 ④ 60 ④

4과목 전기설비 안전 관리

61

대전물체의 표면전위를 검출전극에 의한 용량 분할을 통해 측정할 수 있다. 대전물체의 표면전위 V_s는? (단, 대전물체와 검출전극 간의 정전용량을 C_1, 검출전극과 대지 간의 정전용량을 C_2, 검출전극의 전위를 V_e라 한다.)

① $V_s = (\frac{C_1 + C_2}{C_1} + 1) V_e$

② $V_s = \frac{C_1 + C_2}{C_1} V_e$

③ $V_s = \frac{C_2}{C_1 + C_2} V_e$

④ $V_s = (\frac{C_1}{C_1 + C_2} + 1) V_e$

> 검출전극의 전위 $V_e = \frac{C_1}{C_1 + C_2} \times V_s$
>
> 그러므로 $V_s = \frac{C_1 + C_2}{C_1} \times V_e$

62

방폭 기기-일반요구사항(KS C IEC 60079-0) 규정에서 제시하고 있는 방폭기기 설치 시 표준환경조건이 아닌 것은?

① 압력 : 80~110kpa
② 상대습도 : 40~80%
③ 주위온도 : -20~40℃
④ 산소 함유율 21%v/v의 공기

> **방폭기기 설치 시 표준환경조건**
> ① 주위온도 : -20~+40℃
> ② 압력 : 80~110kPa(0.8~1.1bar)
> ③ 산소 함유율 21%v/v의 공기

63

피뢰기의 구성요소로 옳은 것은?

① 직렬 갭, 특성요소
② 병렬 갭, 특성요소
③ 직렬 갭, 충격요소
④ 병렬 갭, 충격요소

> **피뢰기의 구성요소**
> ① 특성요소 : 산화아연(ZnO)을 주성분으로 한 소결체로 우수한 비직선 전압전류 특성이 있고 방전 내량도 우수하다.
> ② 직렬 갭 : 상시 (정상 시) 특성요소에 흐르는 누설전류를 방지하고 이상전압 발생 시에 대지로 방전에 의하여 회로를 만들어 속류차단 작용을 한다.

64 ★

전기기기 방폭의 기본 개념이 아닌 것은?

① 점화원의 방폭적 격리
② 전기기기의 안전도 증강
③ 점화능력의 본질적 억제
④ 전기설비 주위 공기의 절연능력 향상

> **전기설비의 방폭의 기본**
>
> | | |
> |---|---|
> | 점화원의 방폭적 격리 | 압력·유입 방폭구조 |
> | | 내압 방폭구조 |
> | 전기설비의 안전도 증강 | 안전증 방폭구조 |
> | 점화능력의 본질적 억제 | 본질안전 방폭구조 |

65

감전사고를 방지하기 위한 방법으로 틀린 것은?

① 전기기기 및 설비의 위험부에 위험표지
② 전기설비에 대한 누전차단기 설치
③ 전기기기에 대한 정격표시
④ 무자격자는 전기기계 및 기구에 전기적인 접촉 금지

> **감전사고 방지대책**
>
> | | |
> |---|---|
> | 직접 접촉 | ① 폐쇄형 외함이 있는 구조
② 절연효과가 있는 방호망 또는 절연덮개 설치
③ 절연물로 완전히 덮어 감쌀 것 |
> | 간접 접촉 | ① 보호절연 ② 안전 전압 이하의 기기 사용
③ 접지 ④ 누전차단기의 설치
⑤ 비접지식 전로의 채용 ⑥ 이중절연구조 |

정답 61 ② 62 ② 63 ① 64 ④ 65 ③

66

인체의 저항을 500Ω이라 할 때 단상 440V의 회로에서 누전으로 인한 감전재해를 방지할 목적으로 설치하는 누전차단기의 규격은?

① 30mA, 0.1초
② 30mA, 0.03초
③ 50mA, 0.1초
④ 50mA, 0.3초

누전차단기 접속 시 준수사항
① 전기기계·기구에 접속되어 있는 누전차단기는 정격감도전류가 30밀리암페어 이하이고 작동시간은 0.03초 이내일 것
② 다만, 정격 전부하전류가 50암페어 이상인 전기기계·기구에 접속되는 누전차단기는 오작동을 방지하기 위하여 정격감도전류는 200밀리암페어 이하로, 작동시간은 0.1초 이내로 할 수 있다.

67

접지 시스템에 관한 사항으로 틀린 것은?

① 접지 시스템은 계통접지, 보호접지, 피뢰시스템 접지로 구분한다.
② 접지 시스템의 시설 종류에는 단독접지, 공통접지, 통합접지가 있다.
③ 계통접지에는 TN, TT, IN 계통이 있다.
④ 접지 시스템을 구성하는 요소에는 접지극, 접지도체, 보호도체 및 기타설비가 있다.

접지 시스템

구분	① 계통접지(TN, TT, IT 계통) ② 보호접지 ③ 피뢰시스템 접지
종류	① 단독접지 ② 공통접지 ③ 통합접지
구성요소	① 접지극 ② 접지도체 ③ 보호도체 및 기타 설비
연결방법	접지극은 접지도체를 사용하여 주 접지단자에 연결

68

방폭지역 구분 중 폭발성 가스 분위기가 정상상태에서 조성되지 않거나 조성된다 하더라도 짧은 기간에만 존재할 수 있는 장소는?

① 0종 장소
② 1종 장소
③ 2종 장소
④ 비방폭지역

위험장소의 분류

분류	적요
0종 장소	인화성 액체의 증기 또는 가연성 가스에 의한 폭발위험이 지속적으로 또는 장기간 존재하는 장소
1종 장소	정상 작동상태에서 인화성 액체의 증기 또는 가연성 가스에 의한 폭발위험분위기가 존재하기 쉬운 장소
2종 장소	정상 작동상태에서 인화성 액체의 증기 또는 가연성 가스에 의한 폭발위험분위기가 존재할 우려가 없으나, 존재할 경우 그 빈도가 아주 적고 단기간만 존재할 수 있는 장소

69

다음 그림과 같이 완전 누전되고 있는 전기기기의 외함에 사람이 접촉하였을 경우 인체에 흐르는 전류(I_m)는? (단, E(V)는 전원의 대지전압, $R_2(\Omega)$는 변압기 1선 접지, $R_3(\Omega)$는 전기기기 외함 접지, $R_m(\Omega)$는 인체저항이다.)

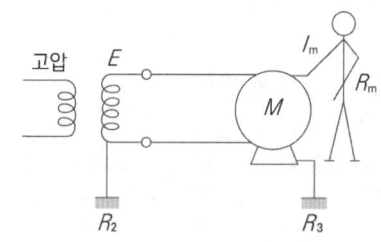

① $\dfrac{E}{R_2+\left(\dfrac{R_3 \times R_m}{R_3+R_m}\right)} \times \dfrac{R_3}{R_3+R_m}$

② $\dfrac{E}{R_2+\left(\dfrac{R_3+R_m}{R_3 \times R_m}\right)} \times \dfrac{R_3}{R_3+R_m}$

③ $\dfrac{E}{R_2+\left(\dfrac{R_3 \times R_m}{R_3+R_m}\right)} \times \dfrac{R_m}{R_3+R_m}$

④ $\dfrac{E}{R_3+\left(\dfrac{R_2 \times R_m}{R_2+R_m}\right)} \times \dfrac{R_3}{R_3+R_m}$

정답 66 ② 67 ③ 68 ③ 69 ①

70

내압 방폭구조의 필요충분조건에 대한 사항으로 틀린 것은?

① 폭발화염이 외부로 유출되지 않을 것
② 습기침투에 대한 보호를 충분히 할 것
③ 내부에서 폭발한 경우 그 압력에 견딜 것
④ 외함의 표면온도가 외부의 폭발성 가스를 점화하지 않을 것

> **내압 방폭구조(d)**
> ① 용기 내부에서 폭발성 가스 또는 증기가 폭발하였을 때 용기가 그 압력에 견디며 또한 접합면, 개구부 등을 통하여 외부의 폭발성 가스 증기에 인화되지 않도록 한 구조
> ② 전폐형으로 내부에서의 가스 등의 폭발압력에 견디고 그 주위의 폭발 분위기하의 가스 등에 점화되지 않도록 하는 방폭구조
> ③ 폭발 후에는 크레아런스가 있어 고온의 가스를 서서히 방출시킴으로 냉각

71

역률개선용 커패시터(capacitor)가 접속되어 있는 전로에서 정전작업을 할 경우 다른 정전작업과는 달리 주의 깊게 취해야 할 조치사항으로 옳은 것은?

① 안전표지 부착
② 개폐기 전원투입 금지
③ 잔류전하 방전
④ 활선 근접작업에 대한 방호

> 개로된 전로에서 유도전압 또는 전기에너지가 축적되어 근로자에게 전기위험을 끼칠 수 있는 전기기기 등은 접촉하기 전에 잔류전하를 완전히 방전시킬 것(전력용 콘덴서, 전력용 케이블 등)

72

전기화재가 발생하는 비중이 가장 큰 발화원은?

① 주방기기
② 이동식 전열기
③ 회전체 전기기계 및 기구
④ 전기배선 및 배선기구

> **전기화재의 원인**
> ① 전기화재의 발화형태별 원인 중 가장 큰 비율을 차지하는 것은 전기배선의 단락이다.
> ② 단락된 순간의 전류는 정격전류보다 크다.
> ③ 전류에 의해 발생되는 열은 전류의 제곱에 비례하고, 저항에 비례한다.

73

다음 중 불꽃(spark)방전의 발생 시 공기 중에 생성되는 물질은?

① O_2
② O_3
③ H_2
④ C

> **불꽃(spark)방전**
> ① 대전 물체와 접지도체의 형태가 비교적 평활하고 간격이 좁은 경우 강한 발광과 파괴음을 동반하여 발생하는 방전현상(오존 생성)
> ② 접지불량으로 절연된 대전물체 또는 인체에서 발생하는 불꽃방전은 방전 에너지밀도가 높아 장해 및 재해의 원인이 되기 쉽다.

74

전압을 크기에 따라 구분한 내용 중 틀린 것은?

① 교류 저압 : 1,000V 이하
② 직류 저압 : 1,500V 이하
③ 직류 고압 : 1,500V 초과 7,000V 이하
④ 특고압 : 7,000V 이상

> **전압의 구분**
>
> | 전원의 종류 | 저압 | 고압 | 특고압 |
> | --- | --- | --- | --- |
> | 교류[AC] | 1,000V 이하 | 1,000V 초과 7,000V 이하 | 7,000V 초과 |
> | 직류[DC] | 1,500V 이하 | 1,500V 초과 7,000V 이하 | |

정답 70 ② 71 ③ 72 ④ 73 ② 74 ④

75

자동전격방지장치에 대한 설명으로 틀린 것은?

① 무부하 시 전력손실을 줄인다.
② 무부하전압을 안전전압 이하로 저하시킨다.
③ 용접을 할 때에만 용접기의 주회로를 개로(OFF)시킨다.
④ 교류 아크용접기의 안전장치로서 용접기의 1차 또는 2차 측에 부착한다.

자동전격방지기
교류 아크용접기의 방호장치로 용접기의 주회로를 제어하는 장치를 가지고 있어 용접봉의 조작에 따라 용접할 때에만 용접기의 주회로를 형성하고, 그 외에는 용접기의 출력 측의 무부하전압을 25V 이하로 저하시키도록 동작하는 장치이다.

76

샤워시설이 있는 욕실에 콘센트를 시설하고자 한다. 이때 설치되는 인체감전보호용 누전차단기의 정격감도전류는 몇 mA 이하인가?

① 5
② 15
③ 30
④ 60

욕조나 샤워시설이 있는 욕실 또는 화장실 등 인체가 물에 젖어 있는 상태에서 전기를 사용하는 장소에 콘센트를 시설하는 경우
① 인체감전보호용 누전차단기(정격감도전류 15mA 이하, 동작시간 0.03초 이하의 전류동작형의 것) 또는 절연변압기(정격용량 3kVA 이하인 것)로 보호된 전로에 접속하거나 인체감전보호용 누전차단기가 부착된 콘센트를 시설하여야 한다.
② 콘센트는 접지극이 있는 방적형 콘센트를 사용하여 접지하여야한다.

77

정격감도전류에서 동작시간이 가장 짧은 누전차단기는?

① 시연형 누전차단기
② 반한시형 누전차단기
③ 고속형 누전차단기
④ 감전보호용 누전차단기

누전차단기의 종류

구분	동작시간
고속형	정격감도전류에서 0.1초 이내(감전보호용은 0.03초 이내)
반한시형	• 정격감도전류에서 0.2~1초 • 정격감도전류의 1.4배에서 0.1~0.5초 • 정격감도전류의 4.4배에서 0.05초 이내
시연형	정격감도전류에서 0.1초~2초

78

인체의 전기저항 R을 1,000Ω이라고 할 때 위험 한계 에너지의 최저는 약 몇 J인가? (단, 통전 시간은 1초이고, 심실세동전류 $I = \dfrac{165}{\sqrt{T}}$ mA이다.)

① 17.23
② 27.23
③ 37.23
④ 47.23

위험 한계 에너지

$Q = I^2 RT(\text{J/S}) = \left(\dfrac{165}{\sqrt{T}} \times 10^{-3}\right)^2 \times 1,000 \times 1 = 27.225$

79

감전사고가 발생했을 때 피해자를 구출하는 방법으로 틀린 것은?

① 피해자가 계속하여 전기설비에 접촉되어 있다면 우선 그 설비의 전원을 신속히 차단한다.
② 감전 상황을 빠르게 판단하고 피해자의 몸과 충전부가 접촉되어 있는지를 확인한다.
③ 충전부에 감전되어 있으면 몸이나 손을 잡고 피해자를 곧바로 이탈시켜야 한다.
④ 절연 고무장갑, 고무장화 등을 착용한 후에 구원해 준다.

감전사고 피해자 구조
① 충전부에 감전된 경우 몸이나 손을 잡고 피해자를 구출하면 구조자도 감전되므로 위험하다.
② 반드시 기기의 전원을 차단하고 구조자는 절연용 보호구를 착용한 후 구조작업을 해야 한다.

정답 75 ③　76 ②　77 ④　78 ②　79 ③

80
정전작업 시 작업 중의 조치사항으로 옳은 것은?

① 검전기에 의한 정전확인
② 개폐기의 관리
③ 잔류전하의 방전
④ 단락접지 실시

> **정전작업 중 조치사항**
> ① 작업지휘는 작업지휘자가 담당한다.
> ② 개폐기에 대한 관리를 철저히 한다.
> ③ 단락접지 상태를 수시로 확인한다.
> ④ 근접활선에 대한 방호상태를 유지한다.

5과목 화학설비 안전 관리

81
메탄이 공기 중에서 연소될 때의 이론혼합비(화학양론 조성)는 약 몇 vol%인가?

① 2.21
② 4.03
③ 5.76
④ 9.50

> **완전연소조성농도(화학양론 농도)**
> $$Cst = \frac{100}{1 + 4.773(n + \frac{m - f - 2\lambda}{4})} = \frac{100}{1 + 4.773(1 + \frac{4}{4})}$$
> $$= 9.48$$

82
분진폭발을 방지하기 위하여 첨가하는 불활성 첨가물로 적합하지 않은 것은?

① 탄산칼슘
② 모래
③ 석분
④ 마그네슘

> **마그네슘**
> 마그네슘은 알루미늄 등과 같은 가연성 고체에 해당하는 금속분진으로 분진폭발을 발생시키는 물질이다.

83
산업안전보건기준에 관한 규칙 중 급성 독성물질에 관한 기준 중 일부이다. (A)와 (B)에 알맞은 수치를 옳게 나타낸 것은?

> • 쥐에 대한 경구투입실험에 의하여 실험동물의 50퍼센트를 사망시킬 수 있는 물질의 양, 즉 LD50(경구, 쥐)이 킬로그램당 (A) 밀리그램 - (체중) 이하인 화학물질
> • 쥐 또는 토끼에 대한 경피 흡수실험에 의하여 실험 동물의 50퍼센트를 사망시킬 수 있는 물질의 양, 즉 LD50(경피, 토끼 또는 쥐)이 킬로그램당 (B) 밀리그램 - (체중) 이하인 화학물질

① A : 1,000, B : 300
② A : 1,000, B : 1,000
③ A : 300, B : 300
④ A : 300, B : 1,000

> **급성 독성물질**
> ① 쥐에 대한 경구투입실험에 의하여 실험동물의 50퍼센트를 사망시킬 수 있는 물질의 양, 즉 LD50(경구, 쥐)이 킬로그램당 300밀리그램(체중) 이하인 화학물질
> ② 쥐 또는 토끼에 대한 경피 흡수실험에 의하여 실험동물의 50퍼센트를 사망시킬 수 있는 물질의 양, 즉 LD50(경피, 토끼 또는 쥐)이 킬로그램당 1,000밀리그램(체중) 이하인 화학물질
> ③ 쥐에 대한 4시간동안의 흡입실험에 의하여 실험동물의 50퍼센트를 사망시킬 수 있는 물질의 농도, 즉 가스 LC50(쥐, 4시간 흡입)이 2,500ppm 이하인 화학물질, 증기 LC50(쥐, 4시간 흡입)이 10mg/L 이하인 화학물질, 분진 또는 미스트 1mg/L 이하인 화학물질

정답 80 ② 81 ④ 82 ④ 83 ④

84

인화성 가스가 발생할 우려가 있는 지하작업장에서 작업을 할 경우 폭발이나 화재를 방지하기 위한 조치사항 중 가스의 농도를 측정하는 기준으로 적절하지 않은 것은?

① 매일 작업을 시작하기 전에 측정한다.
② 가스의 누출이 의심되는 경우 측정한다.
③ 장시간 작업할 때에는 매 8시간마다 측정한다.
④ 가스가 발생하거나 정체할 위험이 있는 장소에 대하여 측정한다.

> **가연성 가스에 의한 폭발·화재 방지 조치**
> ① 장시간 작업을 계속하는 때(이 경우 4시간마다 가스 농도 측정)
> ② 가스의 농도가 폭발하한계 값의 25퍼센트 이상으로 밝혀진 때에는 즉시 근로자를 안전한 장소에 대피시키고 화기 기타 점화원이 될 우려가 있는 기계·기구 등의 사용을 중지하며 통풍·환기 등을 할 것

85

공기 중에서 A 가스의 폭발하한계는 2.2vol%이다. 이 폭발하한계 값을 기준으로 하여 표준상태에서 A 가스와 공기의 혼합기체 1m³에 함유되어 있는 A 가스의 질량을 구하면 약 몇 g인가? (단, A 가스의 분자량은 26이다.)

① 19.02
② 25.54
③ 29.02
④ 35.54

> **폭발하한계에 의한 가스의 질량**
> ① A 가스와 공기의 혼합기체 1m³ 중 A 가스의 부피
> $1,000L \times \frac{2.2}{100} = 22L$
> ② 표준상태에서 A 가스의 분자량은 26g이므로
> $22L \times \frac{26g}{22.4L} = 25.536g$

86

다음 중 물과 반응하여 수소가스를 발생할 위험이 가장 낮은 물질은?

① Mg
② Zn
③ Cu
④ Na

> **물과의 반응**
> 이온화 경향이 낮은 구리와 금 등은 물과 반응하지 않기 때문에 수소가스를 발생하지 않는다.

87

고압의 환경에서 장시간 작업하는 경우에 발생할 수 있는 잠함병(潛函病) 또는 잠수병(潛數病)은 다음 중 어떤 물질에 의하여 중독현상이 일어나는가?

① 질소
② 황화수소
③ 일산화탄소
④ 이산화탄소

> **잠수병(잠함병)**
> 깊은 바다에서는 호흡을 통해 몸속으로 들어간 질소기체가 높은 수압으로 인해 체외로 잘 빠져나가지 못하고 혈액 속에 녹게 된다. 그러다 수면 위로 빠르게 올라오면 체내의 질소기체가 기포를 만들면서 몸에 통증을 유발하게 되는데 이러한 병을 잠수병이라 한다.

88

다음 중 열교환기의 보수에 있어 일상점검항목과 정기적 개방점검항목으로 구분할 때 일상점검항목으로 가장 거리가 먼 것은?

① 도장의 노후 상황
② 부착물에 의한 오염의 상황
③ 보온재, 보냉재의 파손 여부
④ 기초 볼트의 체결 정도

> **열교환기의 일상점검항목**
> ① 보온재 및 보냉재의 파손 상황
> ② 도장의 노후 상황
> ③ Flange부, 용접부 등의 누설 여부
> ④ 기초 볼트의 조임 상태

정답 84 ③ 85 ② 86 ③ 87 ① 88 ②

89
다음 중 가연성 가스이며 독성 가스에 해당하는 것은?

① 수소
② 프로판
③ 산소
④ 일산화탄소

> **일산화탄소**
> ① 공기보다 약간 가벼운 무색, 무취의 기체로 독성이 강하다.
> ② 폭발범위가 12.5% ~ 74%로 공기 중에서 잘 연소한다.

90
위험물 또는 가스에 의한 화재를 경보하는 기구에 필요한 설비가 아닌 것은?

① 간이 완강기
② 자동화재감지기
③ 축전지설비
④ 자동화재수신기

> **화재경보설비**
> 화재 발생 사실을 통보하는 기계·기구 또는 설비로서 비상방송설비, 자동화재탐지설비 및 시각경보기 등

> **tip**
> 완강기는 피난설비에 해당된다.

91 빈출
다음 중 가연성 물질이 연소하기 쉬운 조건으로 옳지 않은 것은?

① 연소 발열량이 클 것
② 점화에너지가 작을 것
③ 산소와 친화력이 클 것
④ 입자의 표면적이 작을 것

> **가연물의 구비조건**
> ① 산소와 친화력이 좋고 표면적이 넓을 것
> ② 반응열(발열량)이 클 것
> ③ 열전도율이 작을 것
> ④ 활성화 에너지가 작을 것

92 빈출
이산화탄소소화약제의 특징으로 가장 거리가 먼 것은?

① 전기절연성이 우수하다.
② 액체로 저장할 경우 자체 압력으로 방사할 수 있다.
③ 기화상태에서 부식성이 매우 강하다.
④ 저장에 의한 변질이 없어 장기간 저장이 용이한 편이다.

> 이산화탄소는 불활성 기체이고 대상물에 부식성이 없으며 전기절연체이다.

93 빈출
헥산 1vol%, 메탄 2vol%, 에틸렌 2vol%, 공기 95vol%로 된 혼합가스의 폭발하계 값(vol%)은 약 얼마인가? (단, 헥산, 메탄, 에틸렌의 폭발하계 값은 각각 1.1, 5.0, 2.7vol%이다.)

① 2.44
② 12.89
③ 21.78
④ 48.78

> **르샤틀리에의 법칙(혼합가스의 폭발범위 계산)**
> $$\frac{100}{L} = \frac{V_1}{L_1} + \frac{V_2}{L_2} + \frac{V_3}{L_3} = \frac{20}{1.1} + \frac{40}{5.0} + \frac{40}{2.7} = 41$$
> 그러므로 $L = 2.44$

94
위험물질을 저장하는 방법으로 틀린 것은?

① 황린은 물속에 저장
② 나트륨은 석유 속에 저장
③ 칼륨은 석유 속에 저장
④ 리튬은 물속에 저장

> **리튬**
> ① 물 반응성 물질 및 인화성 고체에 해당되는 위험물로 건조한 실온의 공기 중에서는 반응하지 않지만 가열하면 연소한다.
> ② 물과 상온에서는 서서히, 고온에서는 격렬하게 반응하여 수소를 발생한다.

정답 89 ④ 90 ① 91 ④ 92 ③ 93 ① 94 ④

95
다음 중 반응기를 조작방식에 따라 분류할 때 이에 해당하지 않는 것은?

① 회분식 반응기   ② 반회분식 반응기
③ 연속식 반응기   ④ 관형식 반응기

반응기의 분류		
조작방법에 의한 분류	① 회분식 반응기 ③ 연속식 반응기	② 반회분식 반응기
구조방식에 의한 분류	① 교반조형 반응기 ③ 탑형 반응기	② 관형 반응기 ④ 유동층형 반응기

96 빈출
다음 중 자연발화의 방지법으로 가장 거리가 먼 것은?

① 직접 인화할 수 있는 불꽃과 같은 점화원만 제거하면 된다.
② 저장소 등의 주위 온도를 낮게 한다.
③ 습기가 많은 곳에는 저장하지 않는다.
④ 통풍이나 저장법을 고려하여 열의 축적을 방지한다.

자연발화 방지법
① 통풍이 잘 되게 할 것
② 저장실 온도를 낮출 것
③ 열이 축적되지 않는 퇴적방법을 선택할 것
④ 습도가 높지 않도록 할 것

tip
자연발화는 점화원 없이 축적된 열에 의해 발화하는 것이므로 점화원을 제거하는 것은 방지법이 될 수 없다.

97
산업안전보건기준에 관한 규칙에서 지정한 '화학설비 및 그 부속설비의 종류' 중 화학설비의 부속설비에 해당하는 것은?

① 응축기·냉각기·가열기 등의 열교환기류
② 반응기·혼합조 등의 화학물질 반응 또는 혼합장치
③ 펌프류·압축기 등의 화학물질 이송 또는 압축 설비
④ 온도·압력·유량 등을 지시·기록하는 자동제어 관련 설비

화학설비의 부속설비
① 배관·밸브관·부속류 등 화학물질 이송 관련 설비
② 온도·압력·유량 등을 지시기록하는 자동제어 관련 설비
③ 안전밸브·안전판·긴급 차단 또는 방출밸브 등 비상조치 관련 설비
④ 가스 누출 감지 및 경보 관련 설비 등

98 빈출
다음 중 인화성 가스가 아닌 것은?

① 부탄   ② 메탄
③ 수소   ④ 산소

위험물의 종류(인화성 가스)
① 수소 ② 아세틸렌 ③ 에틸렌
④ 메탄 ⑤ 에탄   ⑥ 프로판
⑦ 부탄 ⑧ 유해·위험물질 규정량에 따른 인화성 가스

99
다음 중 가연성 가스가 밀폐된 용기 안에서 폭발할 때 최대 폭발압력에 영향을 주는 인자로 가장 거리가 먼 것은?

① 가연성 가스의 농도(몰수)
② 가연성 가스의 초기온도
③ 가연성 가스의 유속
④ 가연성 가스의 초기압력

최대 폭발압력
① 온도가 고온일수록 최대 폭발압력은 감소하고 폭발압력 상승속도는 증가한다.
② 최대 폭발압력은 초기압력에 비례하여 증가한다.
③ 최대 폭발압력은 부피와 형태에 큰 영향을 받지 않는다.

정답 95 ④ 96 ① 97 ④ 98 ④ 99 ③

100

물이 관 속을 흐를 때 유동하는 물속의 어느 부분의 정압이 그때의 물의 증기압보다 낮을 경우 물이 증발하여 부분적으로 증기가 발생되어 배관의 부식을 초래하는 경우가 있다. 이러한 현상을 무엇이라 하는가?

① 서어징(surging)
② 공동현상(cavitation)
③ 비말동반(entrainment)
④ 수격작용(water hammering)

펌프의 현상
① 캐비테이션(공동현상) : 물이 관 속을 유동하고 있을 때 물속의 어느 부분의 정압이 그때 물의 온도에 해당하는 증기압 이하로 되면서 증기가 발생하는 현상
② 서어징(맥동현상) : 송출압력과 송출유량 사이에 주기적인 변동으로 입구와 출구의 진공계, 압력계의 침이 흔들리고 동시에 송출유량이 변화하는 현상

6과목 건설공사 안전 관리

101

강관비계 조립 시의 준수사항으로 옳지 않은 것은?

① 비계기둥에는 미끄러지거나 침하하는 것을 방지하기 위하여 밑받침 철물을 사용한다.
② 지상높이 4층 이하 또는 12m 이하인 건축물의 해체 및 조립 등의 작업에서만 사용한다.
③ 교차가새로 보강한다.
④ 외줄비계·쌍줄비계 또는 돌출비계에 대해서는 벽 이음 및 버팀을 설치한다.

지상높이 4층 이하 또는 12m 이하인 건축물, 공작물 등의 건조, 해체 및 조립작업에서만 사용하는 것은 통나무 비계의 사용기준에 해당된다.

102

승강기 강선의 과다감기를 방지하는 장치는?

① 비상정지장치 ② 권과 방지장치
③ 해지장치 ④ 과부하 방지장치

권과 방지장치
와이어로프를 감아서 물건을 들어 올리는 기계장치(호이스트, 리프트, 크레인 등)에서 로프가 과도하게 감기는 것을 방지하는 장치

103

다음 중 방망에 표시해야 할 사항이 아닌 것은?

① 방망의 신축성 ② 제조자명
③ 제조년월 ④ 재봉 치수

추락방지용 방망의 표시사항
① 제조자명 ② 제조년월
③ 재봉치 수 ④ 그물코
⑤ 신품인 때의 방망의 강도

104

부두·안벽 등 하역작업을 하는 장소에서 부두 또는 안벽의 선을 따라 통로를 설치하는 경우에는 폭을 최소 얼마 이상으로 해야 하는가?

① 70cm ② 80cm
③ 90cm ④ 100cm

부두 등 하역작업장 조치사항
① 작업장 및 통로의 위험한 부분에는 안전하게 작업할 수 있는 조명을 유지할 것
② 부두 또는 안벽의 선을 따라 통로를 설치하는 때에는 폭을 90cm 이상으로 할 것
③ 육상에서의 통로 및 작업장소로서 다리 또는 선거의 갑문을 넘는 보도 등의 위험한 부분에는 안전 난간 또는 울타리 등을 설치할 것

정답 100 ② 101 ② 102 ② 103 ① 104 ③

105
중량물을 운반할 때의 바른 자세로 옳은 것은?

① 허리를 구부리고 양손으로 들어올린다.
② 중량은 보통 체중의 60%가 적당하다.
③ 물건은 최대한 몸에서 멀리 떼어서 들어올린다.
④ 길이가 긴 물건은 앞쪽을 높게 하여 운반한다.

> **인력 운반 작업 준수사항(인양)**
> ① 등은 항상 직립 유지(등을 굽히지 말 것), 가능한 한 지면과 수직이 되도록 할 것
> ② 운반의 일반적 하중 기준은 체중의 40(%)의 중량을 유지할 것
> ③ 무릎은 직각 자세를 취하고 몸은 가능한 한 인양물에 근접하여 정면에서 인양할 것
> ④ 길이가 긴 물건을 단독으로 어깨에 메고 운반할 때에는 화물 앞부분 끝을 근로자 신장보다 약간 높게 하여 모서리, 곡선 등에 충돌하지 않도록 주의할 것

106 ★빈출
건설 작업장에서 근로자가 상시 작업하는 장소의 작업면 조도기준으로 옳지 않은 것은? (단, 갱 내 작업장과 감광재료를 취급하는 작업장의 경우는 제외)

① 초정밀 작업 : 600럭스(lux) 이상
② 정밀작업 : 300럭스(lux) 이상
③ 보통작업 : 150럭스(lux) 이상
④ 초정밀, 정밀, 보통작업을 제외한 기타 작업 : 75럭스(lux) 이상

> **작업장의 조도기준**
> ① 초정밀 작업 : 750lux 이상
> ② 정밀작업 : 300lux 이상
> ③ 보통작업 : 150lux 이상
> ④ 그 밖의 작업 : 75lux 이상

107
산업안전보건법령에 따른 거푸집 및 동바리를 조립하는 경우의 준수사항으로 옳지 않은 것은?

① 개구부 상부에 동바리를 설치하는 경우에는 상부하중을 견딜 수 있는 견고한 받침대를 설치할 것
② 동바리의 이음은 같은 품질의 제품을 사용할 것
③ 강재와 강재의 접속부 및 교차부는 철선을 사용하여 단단히 연결할 것
④ 거푸집이 곡면인 경우에는 버팀대에 부착 등 그 거푸집의 부상(浮上)을 방지하기 위한 조치를 할 것

> **거푸집 및 동바리 조립 시 안전조치**
> ① 동바리의 이음은 같은 품질의 재료를 사용할 것
> ② 강재와 강재와의 접속부 및 교차부는 볼트·클램프 등 전용철물을 사용하여 단단히 연결할 것 등

tip
2023년 법령개정. 문제와 해설은 개정된 내용 적용

108 ★빈출
추락 방지용 방망의 그물코의 크기가 10cm인 신품 매듭 방망사의 인장강도는 몇 킬로그램 이상이어야 하는가?

① 80
② 110
③ 150
④ 200

안전망 인장강도

그물코의 크기 (단위 : 센티미터)	방망의 종류(단위 : 킬로그램)			
	매듭 없는 방망		매듭 방망	
	신품	폐기 시	신품	폐기 시
10	240	150	200	135
5			110	60

정답 105 ④ 106 ① 107 ③ 108 ④

109

구축물이 풍압·지진 등에 의하여 붕괴 또는 전도하는 위험을 예방하기 위한 조치와 가장 거리가 먼 것은?

① 설계도서에 따라 시공했는지 확인
② 건설공사 시방서에 따라 시공했는지 확인
③ 「건축물의 구조기준 등에 관한 규칙」에 따른 구조기준을 준수했는지 확인
④ 보호구 및 방호장치의 성능검정 합격품을 사용했는지 확인

> **구축물 또는 이와 유사한 시설물 등의 안전 유지**
> 구축물 또는 이와 유사한 시설물에 대하여 자중, 적재하중, 적설, 풍압, 지진이나 진동 및 충격 등에 의하여 전도·폭발하거나 무너지는 등의 위험을 예방하기 위한 조치
> ① 설계도서에 따라 시공했는지 확인
> ② 건설공사 시방서에 따라 시공했는지 확인
> ③ 「건축물의 구조기준 등에 관한 규칙」에 따른 구조기준을 준수했는지 확인

110

흙막이 지보공을 설치하였을 때 정기적으로 점검하여야 할 사항과 거리가 먼 것은?

① 경보장치의 작동상태
② 부재의 손상·변형·부식·변위 및 탈락의 유무와 상태
③ 버팀대의 긴압(緊壓)의 정도
④ 부재의 접속부·부착부 및 교차부의 상태

> **흙막이 지보공 설치 시 점검사항**
> ① 부재의 손상·변형·부식·변위 및 탈락의 유무와 상태
> ② 버팀대의 긴압의 정도
> ③ 침하의 정도
> ④ 부재의 접속부·부착부 및 교차부의 상태

111 ★빈출

사다리식 통로 등을 설치하는 경우 고정식 사다리식 통로의 기울기는 최대 몇 도 이하로 하여야 하는가?

① 60도
② 75도
③ 80도
④ 90도

> 사다리식 통로의 기울기는 75도 이하로 할 것. 다만, 고정식 사다리식 통로의 기울기는 90도 이하로 하고, 그 높이가 7미터 이상인 경우에는 다음의 구분에 따른 조치를 할 것
> ① 등받이울이 있어도 근로자 이동에 지장이 없는 경우 : 바닥으로부터 높이가 2.5미터 되는 지점부터 등받이울을 설치할 것
> ② 등받이울이 있으면 근로자가 이동이 곤란한 경우 : 한국산업표준에서 정하는 기준에 적합한 개인용 추락 방지 시스템을 설치하고 근로자로 하여금 한국산업표준에서 정하는 기준에 적합한 전신안전대를 사용하도록 할 것

tip
2024년 개정된 법령 적용

112 ★빈출

달비계의 구조에서 달비계 작업발판의 폭은 최소 얼마 이상이어야 하는가?

① 30cm
② 40cm
③ 50cm
④ 60cm

> 달비계의 작업발판은 폭을 40cm 이상으로 하고 틈새가 없도록 할 것

113

작업의자형 달비계에 사용하는 작업용 섬유로프 또는 안전대의 섬유벨트에 관한 사항으로 옳지 않은 것은?

① 작업용 섬유로프는 필요할 경우 2개 이상 연결하여 사용해야 한다.
② 작업높이보다 길이가 긴 것을 사용해야 한다.
③ 꼬임이 끊어진 것을 사용해서는 아니 된다.
④ 심하게 손상되거나 부식된 것을 사용해서는 아니 된다.

> **작업용 섬유로프 또는 안전대의 섬유벨트를 사용하지 않아야 할 경우**
> ① 꼬임이 끊어진 것
> ② 심하게 손상되거나 부식된 것
> ③ 2개 이상의 작업용 섬유로프 또는 섬유벨트를 연결한 것
> ④ 작업높이보다 길이가 짧은 것

정답 109 ④ 110 ① 111 ④ 112 ② 113 ①

114 ⭐

사질지반 굴착 시 굴착부와 지하수위차가 있을 때 수두차에 의하여 삼투압이 생겨 흙막이벽 근입 부분을 침식하는 동시에 모래가 액상화되어 솟아오르는 현상은?

① 동상현상
② 연화현상
③ 보일링현상
④ 히빙현상

> **보일링(Boiling)현상**
> 투수성이 좋은 사질지반의 흙막이 저면에서 수두차로 인한 상향의 침투압이 발생 유효응력이 감소하여 전단강도가 상실되는 현상으로 지하수가 모래와 같이 솟아오르는 현상

115

건축공사로서 대상액이 5억원 이상 50억원 미만인 경우에 산업안전보건관리비의 비율(가) 및 기초액(나)으로 옳은 것은?

① (가) 2.28%, (나) 4,325,000원
② (가) 2.53%, (나) 3,300,000원
③ (가) 3.05%, (나) 2,975,000원
④ (가) 1.64%, (나) 2,450,000원

공사종류 및 규모별 산업안전보건관리비 계상기준표

공사 종류	대상액 5억원 미만 적용비율(%)	대상액 5억원 이상 50억원 미만 적용비율(%)	대상액 5억원 이상 50억원 미만 기초액	대상액 50억원 이상 적용비율(%)	보건관리자 선임대상 건설공사 적용비율(%)
건축공사	3.11%	2.28%	4,325,000원	2.37%	2.64%
토목공사	3.15%	2.53%	3,300,000원	2.60%	2.73%
중건설공사	3.64%	3.05%	2,975,000원	3.11%	3.39%
특수건설공사	2.07%	1.59%	2,450,000원	1.64%	1.78%

tip
2025년 법령개정. 문제와 해설은 개정된 내용 적용

116 ⭐

건설업 중 교량건설 공사의 경우 유해위험방지계획서를 제출하여야 하는 기준으로 옳은 것은?

① 최대 지간 길이가 40m 이상인 교량건설 등 공사
② 최대 지간 길이가 50m 이상인 교량건설 등 공사
③ 최대 지간 길이가 60m 이상인 교량건설 등 공사
④ 최대 지간 길이가 70m 이상인 교량건설 등 공사

> **유해위험방지계획서를 제출해야 될 대상 건설업**
> ① 다음의 어느 하나에 해당하는 건축물 또는 시설 등의 건설, 개조 또는 해체공사
>   ㉠ 지상 높이가 31미터 이상인 건축물 또는 인공구조물
>   ㉡ 연면적 3만 제곱미터 이상인 건축물
>   ㉢ 연면적 5천 제곱미터 이상인 시설로서 다음의 어느 하나에 해당하는 시설
>   ㉮ 문화 및 집회시설   ㉯ 판매시설, 운수시설
>   ㉰ 종교시설   ㉱ 의료시설 중 종합병원
>   ㉲ 숙박시설 중 관광숙박시설 ㉳ 지하도 상가
>   ㉴ 냉동, 냉장 창고시설
> ② 최대 지간 길이가 50미터 이상인 다리의 건설 등 공사
> ③ 연면적 5천 제곱미터 이상인 냉동, 냉장창고 시설의 설비공사 및 단열공사
> ④ 다목적댐, 발전용댐, 저수용량 2천만톤 이상의 용수전용댐 및 지방상수도 전용댐의 건설 등 공사
> ⑤ 터널의 건설 등 공사
> ⑥ 깊이 10미터 이상인 굴착공사

117

철골 건립준비를 할 때 준수하여야 할 사항과 가장 거리가 먼 것은?

① 지상 작업장에서 건립준비 및 기계기구를 배치할 경우에는 낙하물의 위험이 없는 평탄한 장소를 선정하여 정비하고 경사지에는 작업대나 임시발판 등을 설치하는 등 안전조치를 한 후 작업하여야 한다.
② 건립작업에 다소 지장이 있다 하더라도 수목은 제거하여서는 안 된다.
③ 사용 전에 기계기구에 대한 정비 및 보수를 철저히 실시하여야 한다.
④ 기계에 부착된 앵커 등 고정장치와 기초구조 등을 확인하여야 한다.

> **철골 건립준비 시 준수사항**
> ① 지상 작업장에서 건립준비 및 기계기구를 배치할 경우에는 낙하물의 위험이 없는 평탄한 장소를 선정하여 정비하고 경사지에서는 작업대나 임시발판 등을 설치하는 등 안전하게 한 후 작업하여야 한다.
> ② 건립작업에 지장이 되는 수목은 제거하거나 이설하여야 한다.
> ③ 인근에 건축물 또는 고압선 등이 있는 경우에는 이에 대한 방호조치 및 안전조치를 하여야 한다.
> ④ 사용 전에 기계기구에 대한 정비 및 보수를 철저히 실시하여야 한다.
> ⑤ 기계가 계획대로 배치되어 있는가, 윈치는 작업구역을 확인할 수 있는 곳에 위치하였는가, 기계에 부착된 앵카 등 고정장치와 기초구조 등을 확인하여야 한다.

정답 114 ③ 115 ① 116 ② 117 ②

118

건설현장에서 근로자의 추락재해를 예방하기 위한 안전 난간을 설치하는 경우 그 구성요소와 거리가 먼 것은?

① 상부난간대 ② 중간난간대
③ 사다리 ④ 발끝막이판

> 안전 난간의 구성요소는 상부난간대·중간난간대·발끝막이판 및 난간기둥으로 구성

119

타워 크레인(Tower Crane)을 선정하기 위한 사전 검토사항으로서 가장 거리가 먼 것은?

① 붐의 모양 ② 인양능력
③ 작업반경 ④ 붐의 높이

> 타워 크레인의 성능에 해당하는 능력, 속도, 작업반경, 높이 등을 검토하여 선정하여야 한다.

120

건설현장에서 높이 5m 이상인 콘크리트 교량의 설치작업을 하는 경우 재해예방을 위해 준수해야 할 사항으로 옳지 않은 것은?

① 작업을 하는 구역에는 관계 근로자가 아닌 사람의 출입을 금지할 것
② 재료, 기구 또는 공구 등을 올리거나 내릴 경우에는 근로자로 하여금 크레인을 이용하도록 하고 달줄, 달포대 등의 사용을 금하도록 할 것
③ 중량물 부재를 크레인 등으로 인양하는 경우에는 부재에 인양용 고리를 견고하게 설치하고, 인양용 로프는 부재에 두 군데 이상 결속하여 인양하여야 하며, 중량물이 안전하게 거치되기 전까지는 걸이로프를 해제시키지 아니할 것
④ 자재나 부재의 낙하·전도 또는 붕괴 등에 의하여 근로자에게 위험을 미칠 우려가 있을 경우에는 출입금지구역의 설정, 자재 또는 가설시설의 좌굴(挫屈) 또는 변형 방지를 위한 보강재 부착 등의 조치를 할 것

> **비계 조립 해체 및 변경(달비계 또는 높이 5m 이상 비계) 시 안전조치**
> ① 비계재료의 연결·해체작업을 하는 때에는 폭 20cm 이상의 발판을 설치하고 근로자로 하여금 안전대를 사용하도록 하는 등 근로자의 추락방지를 위한 조치를 할 것
> ② 재료·기구 또는 공구 등을 올리거나 내리는 때에는 근로자로 하여금 달줄 또는 달포대 등을 사용하도록 할 것 등

정답 118 ③ 119 ① 120 ②

2019년 4월 27일 | 기출문제

1과목　산업재해 예방 및 안전보건교육

01
연천인율 45인 사업장의 도수율은 얼마인가?

① 10.8　　② 18.75
③ 108　　④ 187.5

도수율과 연천인율

$$도수율 = \frac{연천인율}{2.4} = \frac{45}{2.4} = 18.75$$

02
다음 중 산업안전보건법상 안전인증 대상기계·기구 등의 안전인증 표시로 옳은 것은?

① 　　②

③ 　　④

안전인증의 표시

안전인증 대상기계·기구 등의 안전인증 및 자율안전 확인	KCs
안전인증 대상기계·기구 등이 아닌 유해·위험한 기계·기구·설비 등의 안전인증	S

03
불안전 상태와 불안전 행동을 제거하는 안전관리의 시책에는 적극적인 대책과 소극적인 대책이 있다. 다음 중 소극적인 대책에 해당하는 것은?

① 보호구의 사용
② 위험공정의 배제
③ 위험물질의 격리 및 대체
④ 위험성평가를 통한 작업환경 개선

보호구의 정의

① 보다 적극적인 방호원칙을 실시하기 어려울 경우, 근로자가 에너지의 영향을 받더라도 산업재해로 이어지지 않도록 하기 위해 개인 보호구를 사용한다.
② 보호구는 상해를 방지하는 것이 아니라 상해의 정도를 최소화시키기 위해 인간 측에 조치하는 소극적인 안전대책이다.

---

04 ★ 빈출
안전조직 중에서 라인-스탭(Line-Staff) 조직의 특징으로 옳지 않은 것은?

① 라인형과 스탭형의 장점을 취한 절충식 조직형태이다.
② 중규모 사업장(100명 이상 ~ 500명 미만)에 적합하다.
③ 라인의 관리, 감독자에게도 안전에 관한 책임과 권한이 부여된다.
④ 안전활동과 생산업무가 분리될 가능성이 낮기 때문에 균형을 유지할 수 있다.

안전관리 조직

라인형	스탭형	라인스탭형
100명 미만의 소규모 사업장	100~1,000명 정도의 중규모 사업장	1,000명 이상의 대규모 사업장

정답　01 ②　02 ①　03 ①　04 ②

05

다음 중 브레인스토밍(Brain Storming)의 4원칙을 올바르게 나열한 것은?

① 자유분방, 비판금지, 대량발언, 수정발언
② 비판자유, 소량발언, 자유분방, 수정발언
③ 대량발언, 비판자유, 자유분방, 수정발언
④ 소량발언, 자유분방, 비판금지, 수정발언

> **브레인스토밍(Brain Storming)의 4원칙**
> ① 비판금지 : 「좋다」 또는 「나쁘다」라고 비판하지 않는다.
> ② 자유분방 : 자유로운 분위기에서 편안한 마음으로 발표한다.
> ③ 대량발언 : 내용의 질적인 수준보다 양적으로 많이 발언하는 것에 치중한다.
> ④ 수정발언 : 타인의 발표내용을 수정하거나 개조하여 관련된 내용을 추가 발표하여도 좋다.

06

매슬로우의 욕구단계이론 중 자기의 잠재력을 최대한 살리고 자기가 하고 싶었던 일을 실현하려는 인간의 욕구에 해당하는 것은?

① 생리적 욕구
② 사회적 욕구
③ 자아실현의 욕구
④ 안전에 대한 욕구

> **매슬로우(Maslow)의 욕구 5단계**
> ① 1단계 : 생리적 욕구
> ② 2단계 : 안전의 욕구
> ③ 3단계 : 사회적 욕구
> ④ 4단계 : 인정받으려는 욕구
> ⑤ 5단계 : 자아실현의 욕구

07

수업매체별 장·단점 중 '컴퓨터 수업(computer assisted instruction)'의 장점으로 옳지 않은 것은?

① 개인차를 최대한 고려할 수 있다.
② 학습자가 능동적으로 참여하고, 실패율이 낮다.
③ 교사와 학습자가 시간을 효과적으로 이용할 수 없다.
④ 학생의 학습과 과정의 평가를 과학적으로 할 수 있다.

> 컴퓨터 학습은 교사와 학생 간의 양방향 의사소통이 가능하며, 교사와 학습자가 시간을 효과적으로 이용할 수 있는 것이 장점이다.

08

산업안전보건법령상 산업안전보건위원회의 구성에서 사용자위원이 아닌 것은? (단, 해당 위원이 사업장에 선임되어 있는 경우에 한한다.)

① 안전관리자
② 보건관리자
③ 산업보건의
④ 명예산업안전감독관

> **산업안전보건위원회 구성위원**
>
> | 구분 | 산업안전보건위원회 구성위원 |
> |---|---|
> | 사용자 위원 | ① 당해 사업의 대표자
② 안전관리자 1명
③ 보건관리자 1명
④ 산업보건의(선임되어 있는 경우)
⑤ 해당 사업의 대표자가 지명하는 9명 이내의 해당 사업장 부서의 장 |
> | 근로자 위원 | ① 근로자대표
② 근로자대표가 지명하는 1명 이상의 명예산업안전감독관
③ 근로자대표가 지명하는 9명 이내의 해당 사업장의 근로자(명예감독관이 근로자위원으로 지명되어 있는 경우 그 수를 제외) |

09

다음 중 상황성 누발자의 재해유발원인으로 옳지 않은 것은?

① 작업의 난이성
② 기계설비의 결함
③ 도덕성의 결여
④ 심신의 근심

> **상황성 누발자**
> ① 작업자체가 어렵기 때문
> ② 기계설비의 결함 존재
> ③ 주위 환경상 주의력 집중 곤란
> ④ 심신에 근심 걱정이 있기 때문

정답 05 ① 06 ③ 07 ③ 08 ④ 09 ③

10 ⭐빈출
다음 중 안전보건교육의 단계별 교육과정 순서로 옳은 것은?

① 안전 태도교육 → 안전 지식교육 → 안전 기능교육
② 안전 지식교육 → 안전 기능교육 → 안전 태도교육
③ 안전 기능교육 → 안전 지식교육 → 안전 태도교육
④ 안전 자세교육 → 안전 지식교육 → 안전 기능교육

> **안전보건교육의 단계별 교육과정**
> ① 제1단계 : 지식교육
> ② 제2단계 : 기능교육
> ③ 제3단계 : 태도교육

11 ⭐빈출
산업안전보건법령상 안전모의 시험성능기준 항목으로 옳지 않은 것은?

① 내열성　　　　② 턱 끈 풀림
③ 내관통성　　　④ 충격흡수성

> **안전모의 시험 성능 기준항목**
> ① 내관통성　② 충격흡수성　③ 내전압성
> ④ 내수성　　⑤ 난연성　　　⑥ 턱 끈 풀림

12
재해통계에 있어 강도율이 2.0인 경우에 대한 설명으로 옳은 것은?

① 재해로 인해 전체 작업비용의 2.0%에 해당하는 손실이 발생하였다.
② 근로자 1,000명당 2.0건의 재해가 발생하였다.
③ 근로시간 1,000시간당 2.0건의 재해가 발생하였다.
④ 근로시간 1,000시간당 2.0일의 근로손실일수가 발생하였다.

> **강도율(Severity Rate of Injury : SR)**
> ① 재해의 경중(강도)의 정도를 손실일수로 나타내는 통계
> ② 근로시간 1,000시간당 재해에 의해 잃어버린 근로손실일수
> ③ 구하는 식 : 강도율(SR) = $\frac{\text{근로손실일수}}{\text{연간총근로시간수}} \times 1,000$

13
다음 중 산업안전심리의 5대 요소에 포함되지 않는 것은?

① 습관　　② 동기
③ 감정　　④ 지능

> 산업안전심리의 5대 요소 : 기질, 동기, 습관, 습성, 감정

14 ⭐빈출
교육훈련 방법 중 OJT(On the Job Training)의 특징으로 옳지 않은 것은?

① 동시에 다수의 근로자들을 조직적으로 훈련이 가능하다.
② 개개인에게 적절한 지도 훈련이 가능하다.
③ 훈련 효과에 의해 상호 신뢰 및 이해도가 높아진다.
④ 직장의 실정에 맞게 실제적 훈련이 가능하다.

> **OJT의 특징**
> ① 직장의 현장실정에 맞는 구체적이고 실질적인 교육이 가능하다.
> ② 교육의 효과가 업무에 신속하게 반영된다.
> ③ 교육의 이해도가 빠르고 동기부여가 쉽다.
> ④ 교육으로 인해 업무가 중단되는 업무손실이 적다.

> **tip**
> Off JT(Off the Job Training)의 특징
> ① 한 번에 다수의 대상자를 일괄적, 조직적으로 교육할 수 있다.
> ② 전문분야의 우수한 강사진을 초빙할 수 있다.
> ③ 업무와 분리되어 면학에 전념하는 것이 가능하다.
> ④ 다른 분야 및 타 직장의 사람들과 지식이나 경험의 교환이 가능하다.

15
기술교육의 형태 중 존 듀이(John Dewey)의 사고과정 5단계에 해당하지 않는 것은?

① 추론한다.　　　　② 시사를 받는다.
③ 가설을 설정한다.　④ 가슴으로 생각한다.

> **존 듀이의 사고과정**
> ① 시사를 받는다.
> ② 문제를 설정한다(지성적 정리).
> ③ 문제해결을 위한 가설을 설정한다.
> ④ 가설에 대해 추론한다.
> ⑤ 실험과 관찰에 의해 가설을 검증한다.

정답　10 ②　11 ①　12 ④　13 ④　14 ①　15 ④

16

허츠버그(Herzberg)의 일을 통한 동기부여 원칙으로 틀린 것은?

① 새롭고 어려운 업무의 부여
② 교육을 통한 간접적 정보제공
③ 자기과업을 위한 작업자의 책임감 증대
④ 작업자에게 불필요한 통제를 배제

허츠버그의 두 요인이론	
위생요인 (직무환경, 저차적 욕구)	동기유발요인 (직무내용, 고차적 욕구)
① 조직의 정책과 방침 ② 작업조건 ③ 대인관계 ④ 임금, 신분, 지위 ⑤ 감독 ⑥ 직무환경 (생산능력의 향상 불가)	① 직무상의 성취 ② 인정 ③ 성장 또는 발전 ④ 책임의 증대 ⑤ 도전 ⑥ 직무내용 자체(보람된 직무) (생산능력 향상 가능)

tip
교육을 통한 간접적 정보제공은 직무의 외재적인 측면이라 볼 수 있으므로 위생요인에 해당된다.

17

산업안전보건법상 환기가 극히 불량한 좁고 밀폐된 장소에서 용접작업을 하는 근로자 대상의 특별안전보건교육의 내용에 해당하지 않는 것은? (단, 기타 안전·보건관리에 필요한 사항은 제외한다.)

① 환기설비에 관한 사항
② 작업환경 점검에 관한 사항
③ 질식 시 응급조치에 관한 사항
④ 화재예방 및 초기대응에 관한 사항

밀폐된 장소에서 하는 용접작업의 특별안전보건교육 내용
① 작업순서·안전작업 방법 및 수칙에 관한 사항 ② 환기설비에 관한 사항 ③ 전격방지 및 보호구 착용에 관한 사항 ④ 질식 시 응급조치에 관한 사항 ⑤ 작업환경 점검에 관한 사항 ⑥ 그 밖에 안전보건 관리에 필요한 사항

tip
화재예방 및 초기대응에 관한 사항은 아세틸렌 용접장치 또는 가스집합용접장치를 사용하는 금속의 용접·용단 또는 가열작업 시 교육내용에 해당된다.

18

다음의 무재해운동의 이념 중 "선취의 원칙"에 대한 설명으로 가장 적절한 것은?

① 사고의 잠재요인을 사후에 파악하는 것
② 근로자 전원이 일체감을 조성하여 참여하는 것
③ 위험요소를 사전에 발견, 파악하여 재해를 예방 또는 방지하는 것
④ 관리감독자 또는 경영층에서의 자발적 참여로 안전 활동을 촉진하는 것

무재해운동의 3대 원칙	
무의 원칙	모든 잠재위험요인을 적극적으로 사전에 발견하고 파악·해결함으로써 산업재해의 근원적인 요소들을 없앤다는 것을 의미한다.
선취의 원칙	사업장 내에서 행동하기 전에 잠재위험요인을 발견하고 파악·해결하여 재해를 예방하는 것을 의미한다.
참가의 원칙	잠재위험요인을 발견하고 파악·해결하기 위하여 전원이 일치협력하여 각자의 위치에서 적극적으로 문제해결을 하겠다는 것을 의미한다.

19

산업안전보건법령상 유기화합물용 방독마스크의 시험가스로 옳지 않은 것은?

① 이소부탄
② 시클로헥산
③ 디메틸에테르
④ 염소가스 또는 증기

유기화합물용 방독마스크 시험가스의 종류
① 시클로헥산(C_6H_{12}) ② 디메틸에테르(CH_3OCH_3) ③ 이소부탄(C_4H_{10})

tip
염소가스 또는 증기는 할로겐용 방독마스크의 시험가스

정답 16 ② 17 ④ 18 ③ 19 ④

20 ⭐

근로자의 작업내용 변경 시 교육에서 일용근로자 및 근로계약기간이 1주일 이하인 기간제근로자를 제외한 그 밖의 근로자의 안전보건 교육시간으로 옳은 것은?

① 1시간 이상
② 2시간 이상
③ 4시간 이상
④ 8시간 이상

> **작업내용 변경 시 교육**
> ① 일용근로자 및 근로계약기간이 1주일 이하인 기간제근로자 : 1시간 이상
> ② 그 밖의 근로자 : 2시간 이상

tip
2023년 법령개정. 문제와 해설은 개정된 내용 적용

2과목 인간공학 및 위험성 평가·관리

21 ⭐

화학설비에 대한 안전성 평가(safety assessment)에서 정량적 평가 항목이 아닌 것은?

① 습도
② 온도
③ 압력
④ 용량

> **정량적 평가 항목**
> ① 각 구성요소의 물질
> ② 화학설비의 용량
> ③ 온도
> ④ 압력
> ⑤ 조작

22

신체 부위의 운동에 대한 설명으로 틀린 것은?

① 굴곡(flexion)은 부위 간의 각도가 증가하는 신체의 움직임을 의미한다.
② 외전(abduction)은 신체 중심선으로부터 이동하는 신체의 움직임을 의미한다.
③ 내전(adduction)은 신체의 외부에서 중심선으로 이동하는 신체의 움직임을 의미한다.
④ 외선(lateral rotation)은 신체의 중심선으로부터 회전하는 신체의 움직임을 의미한다.

> 관절에서의 각도가 감소하는 것은 굴곡이고, 관절에서의 각도가 증가하는 것은 신전이다.

23

n개의 요소를 가진 병렬 시스템에 있어 요소의 수명(MTTF)이 지수분포를 따를 경우 이 시스템의 수명을 구하는 식으로 맞는 것은?

① $MTTF \times n$
② $MTTF \times \dfrac{1}{n}$
③ $MTTF(1 + \dfrac{1}{2} + \cdots\cdots + \dfrac{1}{n})$
④ $MTTF(1 \times \dfrac{1}{2} \times \cdots\cdots \times \dfrac{1}{n})$

> **계의 수명[요소의 수명(MTTF)이 지수분포를 따를 경우]**
> ① 병렬계의 수명 = $MTTF(1 + \dfrac{1}{2} + \cdots\cdots + \dfrac{1}{n})$
> ② 직렬계의 수명 = $\dfrac{MTTF}{n}$

24

인간전달함수(Human Transfer Function)의 결점이 아닌 것은?

① 입력의 협소성
② 시점적 제약성
③ 정신운동의 묘사성
④ 불충분한 직무 묘사

> **인간전달함수(Human Transfer Function)의 결점**
> ① 입력의 협소성
> ② 불충분한 직무 묘사
> ③ 시점적 제약성

정답 20 ② 21 ① 22 ① 23 ③ 24 ③

25

고장형태와 영향분석(FMEA)에서 평가요소로 틀린 것은?

① 고장 발생의 빈도
② 고장의 영향 크기
③ 고장 방지의 가능성
④ 기능적 고장 영향의 중요도

> **고장등급의 결정방법(평가요소)**
> 다음의 평가요소 중 선택하여 고장 평점을 계산하고 등급을 결정
> C_1 : 기능적 고장의 영향의 중요도
> C_2 : 영향을 미치는 시스템의 범위
> C_3 : 고장 발생의 빈도
> C_4 : 고장 방지의 가능성
> C_5 : 신규 설계의 정도

26

결함수분석의 기대효과와 가장 관계가 먼 것은?

① 시스템의 결함 진단
② 시간에 따른 원인 분석
③ 사고원인 규명의 간편화
④ 사고원인 분석의 정량화

> **결함수분석법의 활용 및 기대효과**
> ① 사고원인 규명의 간편화   ② 사고원인 분석의 일반화
> ③ 사고 원인 분석의 정량화   ④ 노력, 시간의 절감
> ⑤ 시스템의 결함 진단   ⑥ 안전점검표 작성

27

인간공학에 대한 설명으로 틀린 것은?

① 인간이 사용하는 물건, 설비, 환경의 설계에 적용된다.
② 인간을 작업과 기계에 맞추는 설계 철학이 바탕이 된다.
③ 인간 - 기계 시스템의 안전성과 편리성, 효율성을 높인다.
④ 인간의 생리적, 심리적인 면에서의 특성이나 한계점을 고려한다.

> **인간공학의 정의**
> 인간이 편리하게 사용할 수 있도록 기계 설비 및 환경을 인간에 맞추어 설계하는 과정을 인간공학이라 한다(인간의 편리성을 위한 설계).

28

빨강, 노랑, 파랑의 3가지 색으로 구성된 교통 신호등이 있다. 신호등은 항상 3가지 색 중 하나가 켜지도록 되어 있다. 1시간 동안 조사한 결과, 파란 등은 총 30분 동안, 빨간 등과 노란 등은 각각 총 15분 동안 켜진 것으로 나타났다. 이 신호등의 총 정보량은 몇 bit인가?

① 0.5   ② 0.75
③ 1.0   ④ 1.5

> 정보량(H) = {0.5 × log$_2$(1/0.5)} + {0.25 × log$_2$(1/0.25)}
>   + {0.25 × log$_2$(1/0.25)}
>   = 1.5bit

29

다음과 같은 실내 표면에서 일반적으로 추천반사율의 크기를 맞게 나열한 것은?

| ㉠ 바닥 | ㉡ 천장 |
| ㉢ 가구 | ㉣ 벽 |

① ㉠ < ㉣ < ㉢ < ㉡
② ㉣ < ㉠ < ㉡ < ㉢
③ ㉠ < ㉢ < ㉣ < ㉡
④ ㉣ < ㉡ < ㉠ < ㉢

> **추천반사율**
>
> | 바닥 | 가구, 책상 | 창문 발(blind), 벽 | 천장 |
> |---|---|---|---|
> | 20~40% | 25~45% | 40~60% | 80~90% |

정답   25 ②   26 ②   27 ②   28 ④   29 ③

30

어떤 결함수를 분석하여 minimal cut set을 구한 결과 다음과 같았다. 각 기본 사상의 발생확률을 q_i, $i = 1, 2, 3$이라 할 때, 정상사상의 발생확률함수로 맞는 것은?

$$k_1 = [1, 2], k_2 = [1, 3], k_3 = [2, 3]$$

① $q_1q_2 + q_1q_2 - q_2q_3$
② $q_1q_2 + q_1q_3 - q_2q_3$
③ $q_1q_2 + q_1q_3 + q_2q_3 - q_1q_2q_3$
④ $q_1q_2 + q_1q_3 + q_2q_3 - 2q_1q_2q_3$

> **정상사상의 발생확률**
> $1 - (1 - q_1q_2)(1 - q_1q_3)(1 - q_2q_3) = q_1q_2 + q_1q_3 + q_2q_3 - 2q_1q_2q_3$

31 ★

산업안전보건법령에 따라 유해위험방지계획서의 제출대상 사업은 해당 사업으로서 전기 계약용량이 얼마 이상인 사업인가?

① 150kW ② 200kW
③ 300kW ④ 500kW

> **유해위험방지계획서 대상 사업장**
> 전기 계약용량이 300킬로와트 이상인 금속가공제품 제조업을 비롯한 13개 사업

32

다음 중 음량 수준을 평가하는 척도와 관계없는 것은?

① HSI ② Phon
③ dB ④ Sone

음량 수준의 척도	
Phon의 음량 수준	어떤 음의 Phon 값으로 표시한 음량 수준은 이 음과 같은 크기로 들리는 1,000Hz 순음의 음압 수준(dB)
Sone에 의한 음량	① 40dB의 1,000Hz 순음의 크기(= 40Phon)를 1Sone ② 기준음보다 10배 크게 들리는 음은 10Sone의 음량
인식소음 수준 (perceived magnitude)	PLdB(perceived level of noise)인식소음수준 척도 : 3,150Hz에 중심을 둔 1/3 옥타브대 음을 기준으로 사용

> **tip**
> HSI(Heat Stress Index) : 열압박 지수

33 ★

인간의 오류모형에서 "알고 있음에도 의도적으로 따르지 않거나 무시한 경우"를 무엇이라 하는가?

① 실수(Slip) ② 착오(Mistake)
③ 건망증(Lapse) ④ 위반(Violation)

> **위반(Violation)**
> 정해져 있는 규칙을 알고 있으면서 고의로 따르지 않거나 무시하는 행위

34

그림과 같이 7개의 부품으로 구성된 시스템의 신뢰도는 약 얼마인가? (단, 네모 안의 숫자는 각 부품의 신뢰도이다.)

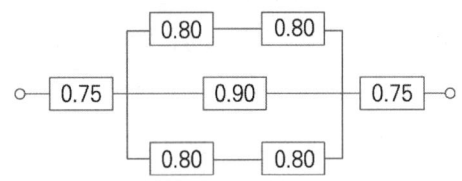

① 0.5552 ② 0.5427
③ 0.6234 ④ 0.9740

> **시스템의 신뢰도**
> $R_s = 0.75 \times \{1 - (1 - 0.8 \times 0.8)(1 - 0.9)(1 - 0.8 \times 0.8)\} \times 0.75$
> $= 0.5552$

35

소음방지 대책에 있어 가장 효과적인 방법은?

① 음원에 대한 대책
② 수음자에 대한 대책
③ 전파경로에 대한 대책
④ 거리 감쇠와 지향성에 대한 대책

> 소음원 제거, 설비의 격리, 적절한 재배치, 저소음설비 사용 등은 음원에 대한 대책으로 가장 효과적인 방법에 해당된다.

정답 30 ④ 31 ③ 32 ① 33 ④ 34 ① 35 ①

36

정성적 표시장치의 설명으로 틀린 것은?

① 정성적 표시장치의 근본 자료 자체는 정량적인 것이다.
② 전력계에서와 같이 기계적 혹은 전자적으로 숫자가 표시된다.
③ 색채 부호가 부적합한 경우에는 계기판 표시 구간을 형상 부호화하여 나타낸다.
④ 연속적으로 변하는 변수의 대략적인 값이나 변화추세, 변화율 등을 알고자 할 때 사용된다.

> **정량적 디지털 표시장치**
> 수치를 정확하게 충분히 읽어야 할 경우 기계적 또는 전자적으로 숫자가 표시되는 계수형을 사용한다.

37 ★빈출

FT도에 사용하는 기호에서 3개의 입력현상 중 임의의 시간에 2개가 발생하면 출력이 생기는 기호의 명칭은?

① 억제 게이트
② 조합 AND 게이트
③ 배타적 OR 게이트
④ 우선적 AND 게이트

> **수정 게이트**
> ① 우선적 AND 게이트 : 입력사상 중 어떤 사상이 다른 사상보다 앞에 일어났을 때 출력사상이 발생한다.
> ② 조합 AND 게이트 : 3개 이상의 입력사상 중 어느 것이나 2개가 일어나면 출력이 발생한다.
> ③ 배타적 OR 게이트 : OR 게이트인데 2개 또는 그 이상의 입력이 존재하는 경우에는 출력이 발생하지 않는다.

38

공정안전관리(process safety management : PSM)의 적용대상 사업장이 아닌 것은?

① 복합비료 제조업
② 농약 원제 제조업
③ 차량 등의 운송 설비업
④ 합성수지 및 기타 플라스틱물질 제조업

> **공정안전보고서 제출 대상**
> ① 원유정제 처리업
> ② 기타 석유정제물 재처리업
> ③ 석유화학계 기초화학물질 제조업 또는 합성수지 및 기타 플라스틱물질 제조업
> ④ 질소 화합물, 질소 인산 및 칼리질 화학비료 제조업 중 질소질 비료 제조
> ⑤ 복합비료 및 기타 화학비료 제조업 중 복합비료 제조(단순혼합 또는 배합에 의한 경우는 제외)
> ⑥ 화학살균 살충제 및 농업용 약제 제조업(농약 원제 제조만 해당)
> ⑦ 화약 및 불꽃제품 제조업

39

아령을 사용하여 30분간 훈련한 후 이두근의 근육 수축작용에 대한 전기적인 신호 데이터를 모았다. 이 데이터들을 이용하여 분석할 수 있는 것은 무엇인가?

① 근육의 질량과 밀도
② 근육의 활성도와 밀도
③ 근육의 피로도와 크기
④ 근육의 피로도와 활성도

> 신체는 근육의 수축을 통하여 움직이므로, 근육 수축작용에 대한 전기적인 신호 데이터를 통하여 근육의 피로도와 활성도를 분석해 볼 수 있다.

40

착석식 작업대의 높이 설계를 할 경우 고려해야 할 사항과 가장 관계가 먼 것은?

① 의자의 높이
② 대퇴 여유
③ 작업의 성격
④ 작업대의 형태

> **착석식 작업대의 높이 설계 시 고려사항**
> ① 의자의 높이
> ② 대퇴 여유
> ③ 작업대 두께
> ④ 작업의 성격

정답 36 ② 37 ② 38 ③ 39 ④ 40 ④

3과목　기계·기구 및 설비 안전 관리

41
컨베이어 방호장치에 대한 설명으로 맞는 것은?

① 역전방지장치에 롤러식, 라쳇식, 권과방지식, 전기브레이크식 등이 있다.
② 작업자가 임의로 작업을 중단할 수 없도록 비상정지장치를 부착하지 않는다.
③ 구동부 측면에 롤러 안내가이드 등의 이탈방지장치를 설치한다.
④ 롤러 컨베이어의 롤 사이에 방호판을 설치할 때 롤과의 최대 간격은 8mm이다.

안전 조치사항		
이탈 등의 방지 (정전, 전압강하 등에 의한 화물 또는 운반구의 이탈 및 역주행 방지장치)	역전방지장치 및 브레이크	기계적인 것 : 라쳇식, 롤러식, 밴드식, 웜기어 등
		전기적인 것 : 전기브레이크, 슬러스트브레이크 등
	화물 또는 운반구의 이탈 방지장치	컨베이어 구동부 측면에 롤러형 안내 가이드 등 설치
	화물 낙하 위험 시	덮개 또는 낙하방지용 울 등 설치
비상정지장치 부착	근로자의 신체의 일부가 말려드는 등 근로자에게 위험을 미칠 우려가 있을 때 및 비상시에 정지할 수 있는 장치	
낙하물에 의한 위험방지	덮개 또는 울 설치	
탑승 및 통행의 제한	건널다리 설치	

42
가스 용접에 이용되는 아세틸렌가스 용기의 색상으로 옳은 것은?

① 녹색　　② 회색
③ 황색　　④ 청색

① 산소 : 녹색　　② 이산화탄소 : 청색
③ 아세틸렌가스 : 황색　　④ 암모니아 : 백색
⑤ 수소 : 주황색　　⑥ 염소 : 갈색
⑦ 그 밖의 경우 : 회색

43
롤러기 맞물림점의 전방에 개구부의 간격을 30mm로 하여 가드를 설치하고자 한다. 가드의 설치 위치는 맞물림점에서 적어도 얼마의 간격을 유지하여야 하는가?

① 154mm　　② 160mm
③ 166mm　　④ 172mm

롤러기 가드의 개구부 간격
ILO 기준(프레스 및 전단기의 작업점이나 롤러기의 맞물림점)
$Y = 6 + 0.15X$　∴　$30 = 6 + (0.15 \times X)$
거리(X) = 160(mm)

44
비파괴시험의 종류가 아닌 것은?

① 자분 탐상시험　　② 침투 탐상시험
③ 와류 탐상시험　　④ 샤르피 충격시험

비파괴시험은 보기 외에 육안검사, 방사선 투과시험, 음향 방출시험, 초음파 탐상시험 등이 있으며, 샤르피 충격시험은 파괴시험에 해당된다.

45
소음에 관한 사항으로 틀린 것은?

① 소음에는 익숙해지기 쉽다.
② 소음계는 소음에 한하여 계측할 수 있다.
③ 소음의 피해는 정신적, 심리적인 것이 주가 된다.
④ 소음이란 귀에 불쾌한 음이나 생활을 방해하는 음을 통틀어 말한다.

소음계는 소음측정 기능을 기본으로 주파수분석기능, 특정소음에 대한 녹음기능, 건축음향 측정, 풍향, 풍속 등의 다양한 측정과 분석이 가능하다.

정답　41 ③　42 ③　43 ②　44 ④　45 ②

46 ★빈출

와이어로프의 꼬임에 관한 설명으로 틀린 것은?

① 보통꼬임에는 S꼬임이나 Z꼬임이 있다.
② 보통꼬임은 스트랜드의 꼬임 방향과 로프의 꼬임 방향이 반대로 된 것을 말한다.
③ 랭꼬임은 로프의 끝이 자유로이 회전하는 경우나 킹크가 생기기 쉬운 곳에 적당하다.
④ 랭꼬임은 보통꼬임에 비하여 마모에 대한 저항성이 우수하다.

와이어로프의 꼬임

구분	보통꼬임(Ordinary lay)	랭꼬임(Lang's lay)
개념	스트랜드의 꼬임 방향과 로프의 꼬임 방향이 반대로 된 것	스트랜드의 꼬임 방향과 로프의 꼬임 방향이 동일한 것
특성	① 소선의 외부길이가 짧아 쉽게 마모 ② 킹크가 잘 생기지 않으며 로프 자체 변형이 적음 ③ 하중에 대한 큰 저항성 ④ 선박, 육상 등에 많이 사용되며, 취급이 용이	① 소선과 외부의 접촉길이가 보통꼬임에 비해 긺 ② 꼬임이 풀리기 쉽고, 킹크가 생기기 쉬움 ③ 내마모성, 유연성, 내피로성이 우수

47

구내운반차를 사용하는 경우 준수해야 할 사항으로 옳지 않은 것은?

① 주행을 제동하거나 정지상태를 유지하기 위하여 유효한 제동장치를 갖출 것
② 경음기를 갖출 것
③ 작업을 안전하게 하기 위하여 필요한 조명이 있는 장소에서 사용하는 구내운반차에는 반드시 전조등과 후미등을 갖출 것
④ 운전석이 차 실내에 있는 것은 좌우에 한 개씩 방향지시기를 갖출 것

구내운반차 사용 시 준수사항

① 주행을 제동하거나 정지상태를 유지하기 위하여 유효한 제동장치를 갖출 것
② 경음기를 갖출 것
③ 운전석이 차 실내에 있는 것은 좌우에 한 개씩 방향지시기를 갖출 것
④ 전조등과 후미등을 갖출 것(다만, 작업을 안전하게 하기 위하여 필요한 조명이 있는 장소에서 사용하는 구내운반차에 대해서는 그러하지 아니하다).
⑤ 구내운반차가 후진 중에 주변의 근로자 또는 차량계하역운반기계 등과 충돌할 위험이 있는 경우에는 구내운반차에 후진경보기와 경광등을 설치할 것

tip
2024년 법령개정 내용 적용

48

프레스의 방호장치 중 광전자식 방호장치에 관한 설명으로 틀린 것은?

① 연속 운전 작업에 사용할 수 있다.
② 핀 클러치 구조의 프레스에 사용할 수 있다.
③ 기계적 고장에 의한 2차 낙하에는 효과가 없다.
④ 시계를 차단하지 않기 때문에 작업에 지장을 주지 않는다.

광전자식(감응식)

① 슬라이드 하강 중 신체의 접근을 검출기구가 감지하여 슬라이드를 정지시키는 방식
② 시계가 차단되지 않아 양호하지만 friction(마찰식) 클러치에만 사용가능하므로 확동식 클러치를 갖는 크랭크 프레스에는 부적합

49

다음 용접 중 불꽃 온도가 가장 높은 것은?

① 산소 - 메탄 용접
② 산소 - 수소 용접
③ 산소 - 프로판 용접
④ 산소 - 아세틸렌 용접

아세틸렌가스는 산소와 적당하게 혼합하여 연소하면 3,000~3,500℃의 높은 열을 낼 수 있다.

정답 46 ③ 47 ③ 48 ② 49 ④

50
다음 중 선반 작업 시 지켜야 할 안전수칙으로 거리가 먼 것은?

① 작업 중 절삭 칩이 눈에 들어가지 않도록 보안경을 착용한다.
② 공작물 세팅에 필요한 공구는 세팅이 끝난 후 바로 제거한다.
③ 상의의 옷자락은 안으로 넣고, 끈을 이용하여 소맷자락을 묶어 작업을 준비한다.
④ 공작물은 전원 스위치를 끄고 바이트를 충분히 멀리 위치시킨 후 고정한다.

> **선반 작업 시 안전기준**
> ① 가공물 조립 시 반드시 스위치 차단 후 바이트를 충분히 멀리 위치시킨 후 고정한다.
> ② 가공물 장착 후에는 척 렌치를 바로 벗겨 놓는다.
> ③ 상의의 옷자락은 안으로 넣고, 소맷자락을 묶을 때는 끈을 사용하지 않는다.
> ④ 절삭 칩이 눈에 들어가지 않도록 보안경을 착용한다.
> ⑤ 돌리개는 적당한 것을 선택하고, 심압대 스핀들은 지나치게 길게 나오지 않도록 한다.

51
기계설비 구조의 안전화 중 가공결함 방지를 위해 고려할 사항이 아닌 것은?

① 안전율
② 열처리
③ 선반작업
④ 전기용접작업

> **구조부분의 안전화 중 가공 시의 안전화**
> ① 재료부품의 적절한 열처리 – 강도와 인성 부여(열처리 불량 시 파괴 현상)
> ② 용접구조물의 미세균열이나 잔류응력에 의한 파괴 방지 – 작업방법 준수 및 철저한 품질 관리
> ③ 기계 가공 시 응력 집중 방지 – 안전한 설계 및 응력 분산 가능한 구조로 제작

52
회전수가 300rpm, 연삭숫돌의 지름이 200mm일 때, 숫돌의 원주 속도는 약 몇 m/min인가?

① 60.0
② 94.2
③ 150.0
④ 188.5

> **숫돌의 원주 속도**
> 원주 속도 = $\dfrac{\pi DN}{1,000} = \dfrac{\pi \times 200 \times 300}{1,000} = 188.49(m/min)$

53
일반적으로 장갑을 착용해야 하는 작업은?

① 드릴작업
② 밀링작업
③ 선반작업
④ 전기용접작업

> 회전하는 기계를 취급할 경우에는 안전을 위해 장갑 착용을 금하고, 용접작업 시에는 안전장갑을 착용해야 한다.

54
산업용 로봇에 사용되는 안전매트의 종류 및 일반구조에 관한 설명으로 틀린 것은?

① 단선 경보장치가 부착되어 있어야 한다.
② 감응시간을 조절하는 장치가 부착되어 있어야 한다.
③ 감응도 조절장치가 있는 경우 봉인되어 있어야 한다.
④ 안전매트의 종류는 연결사용 가능 여부에 따라 단일 감지기와 복합 감지기가 있다.

> **산업용 로봇의 안전매트 및 일반구조**
> ① 단선 경보장치가 부착되어 있어야 한다.
> ② 감응시간을 조절하는 장치는 부착되어 있지 않아야 한다.
> ③ 감응도 조절장치가 있는 경우 봉인되어 있어야 한다.
> ④ 안전매트의 종류는 연결사용 가능 여부에 따라 단일 감지기와 복합 감지기가 있다.

정답 50 ③ 51 ① 52 ④ 53 ④ 54 ②

55
지게차의 방호장치인 헤드가드에 대한 설명으로 맞는 것은?

① 상부 틀의 각 개구의 폭 또는 길이는 16센티미터 미만일 것
② 운전자가 앉아서 조작하는 방식의 지게차의 경우에는 운전자의 좌석 윗면에서 헤드가드의 상부 틀 아랫면까지의 높이는 1.5미터 이상일 것
③ 지게차에는 최대하중의 2배(5톤을 넘는 값에 대해서는 5톤으로 한다)에 해당하는 등분포정하중에 견딜 수 있는 강도의 헤드가드를 설치하여야 한다.
④ 운전자가 서서 조작하는 방식의 지게차의 경우에는 운전석의 바닥면에서 헤드가드의 상부 틀 하면까지의 높이는 1.8미터 이상일 것

> 지게차의 헤드가드
> ① 강도는 지게차의 최대하중의 2배의 값(그 값이 4톤을 넘는 것에 대하여서는 4톤)의 등분포정하중에 견딜 수 있는 것일 것
> ② 상부 틀의 각 개구의 폭 또는 길이가 16cm 미만일 것

56
프레스기에 설치하는 방호장치에 관한 사항으로 틀린 것은?

① 수인식 방호장치의 수인끈 재료는 합성섬유로 직경이 4mm 이상이어야 한다.
② 양수조작식 방호장치는 1행정마다 누름버튼에서 양손을 떼지 않으면 다음 작업의 동작을 할 수 없는 구조이어야 한다.
③ 광전자식 방호장치는 정상동작표시 램프는 적색, 위험표시 램프는 녹색으로 하며, 쉽게 근로자가 볼 수 있는 곳에 설치해야 한다.
④ 손쳐내기식 방호장치는 슬라이드 하행정거리의 3/4위치에서 손을 완전히 밀어내야 한다.

> 광전자식 방호장치의 정상동작표시 램프는 녹색, 위험표시 램프는 붉은색(적색)으로 하며, 쉽게 근로자가 볼 수 있는 곳에 설치해야 한다.

57
프레스 금형부착, 수리 작업 등의 경우 슬라이드의 낙하를 방지하기 위하여 설치하는 것은?

① 슈트 ② 키이록
③ 안전블럭 ④ 스트리퍼

> 금형의 부착 및 해체작업 시 슬라이드의 불시 하강을 방지하기 위하여 반드시 안전블럭을 설치하여야 한다.

58
회전 중인 연삭숫돌이 근로자에게 위험을 미칠 우려가 있을 시 덮개를 설치하여야 할 연삭숫돌의 최소 지름은?

① 지름이 5cm 이상인 것
② 지름이 10cm 이상인 것
③ 지름이 15cm 이상인 것
④ 지름이 20cm 이상인 것

> 연삭숫돌의 안전기준
> ① 덮개의 설치 기준 : 직경이 50mm 이상인 연삭숫돌
> ② 작업 시작하기 전 1분 이상, 연삭숫돌을 교체한 후 3분 이상 시운전(숫돌파열이 가장 많이 발생하는 경우는 스위치를 넣는 순간)

59
다음 중 기계설비의 정비·청소·급유·검사·수리 등의 작업 시 근로자가 위험해질 우려가 있는 경우 필요한 조치와 거리가 먼 것은?

① 근로자의 위험방지를 위하여 해당 기계를 정지시킨다.
② 작업지휘자를 배치하여 갑작스러운 기계 가동에 대비한다.
③ 기계 내부에 압축된 기체나 액체가 불시에 방출될 수 있는 경우에는 사전에 방출조치를 실시한다.
④ 기계 운전을 정지한 경우에는 기동장치에 잠금장치를 하고 다른 작업자가 그 기계를 임의 조작할 수 있도록 열쇠를 찾기 쉬운 곳에 보관한다.

> 기계의 운전을 정지한 경우에 다른 사람이 그 기계를 운전하는 것을 방지하기 위하여 기계의 기동장치에 잠금장치를 하고 그 열쇠를 별도 관리하거나 표지판을 설치하는 등 필요한 방호 조치를 하여야 한다.

정답 55 ① 56 ③ 57 ③ 58 ① 59 ④

60
아세틸렌 용접 시 역류를 방지하기 위하여 설치하여야 하는 것은?

① 안전기 ② 청정기
③ 발생기 ④ 유량기

> **아세틸렌 용접장치 안전기(역화, 역류 방지기) 설치방법**
> ① 취관마다 안전기 설치
> ② 주관 및 취관에 가장 가까운 분기관마다 안전기 부착
> ③ 가스용기가 발생기와 분리되어 있는 아세틸렌 용접장치는 발생기와 가스용기 사이(흡입관)에 안전기 설치

4과목 전기설비 안전 관리

61
교류 아크용접기의 허용사용률(%)은? (단, 정격사용률은 10%, 2차 정격전류는 500A, 교류 아크용접기의 사용전류는 250A이다.)

① 30 ② 40
③ 50 ④ 60

> **교류 아크용접기의 허용사용률**
> 허용사용률(%) = $\dfrac{\text{정격2차전류}^2}{\text{실제용접전류}^2} \times \text{정격사용률(\%)}$
> $= \dfrac{500^2}{250^2} \times 10(\%) = 40(\%)$

62
피뢰기의 여유도가 33%이고, 충격절연강도가 1,000kV라고 할 때 피뢰기의 제한전압은 약 몇 kV인가?

① 852 ② 752
③ 652 ④ 552

> **피뢰기의 보호 여유도**
> 여유도(%) = $\dfrac{\text{충격절연강도} - \text{제한전압}}{\text{제한전압}} \times 100$
> $33\% = \dfrac{100 - x}{x} \times 100$
> ∴ 제한전압 = $\dfrac{100{,}000}{133} = 751.88 \text{kV}$

63
전력용 피뢰기에서 직렬 갭의 주된 사용 목적은?

① 방전내량을 크게 하고 장시간 사용 시 열화를 적게 하기 위하여
② 충격방전 개시전압을 높게 하기 위하여
③ 이상전압 발생 시 신속히 대지로 방류함과 동시에 속류를 즉시 차단하기 위하여
④ 충격파 침입 시에 대지로 흐르는 방전전류를 크게 하여 제한전압을 낮게 하기 위하여

> **피뢰기의 구성요소**
> ① 특성요소 : 산화아연(ZnO)을 주성분으로 한 소결체로 우수한 비직선 전압전류 특성이 있고 방전내량도 우수하다.
> ② 직렬 갭 : 상시 (정상 시) 특성요소에 흐르는 누설전류를 방지하고 이상전압 발생 시에 대지로 방전에 의하여 회로를 만들어 속류차단 작용을 한다.

64
방전전극에 약 7,000V의 전압을 인가하면 공기가 전리되어 코로나 방전을 일으킴으로써 발생한 이온으로 대전체의 전하를 중화시키는 방법을 이용한 제전기는?

① 전압인가식 제전기
② 자기방전식 제전기
③ 이온스프레이식 제전기
④ 이온식 제전기

> **전압인가식 제전기**
> ① 7,000V 정도의 고전압으로 코로나 방전을 일으켜 발생하는 이온으로 대전체 전하를 중화시키는 방법
> ② 제전능력이 크고 적용범위가 넓어서 많이 사용

정답 60 ① 61 ② 62 ② 63 ③ 64 ①

65

전류가 흐르는 상태에서 단로기를 끊었을 때 여러 가지 파괴작용을 일으킨다. 다음 그림에서 유입차단기의 차단순위와 투입순위가 안전수칙에 가장 적합한 것은?

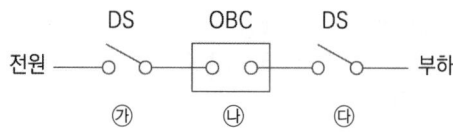

① 차단 : ㉮ → ㉯ → ㉰, 투입 : ㉮ → ㉯ → ㉰
② 차단 : ㉯ → ㉰ → ㉮, 투입 : ㉯ → ㉰ → ㉮
③ 차단 : ㉰ → ㉯ → ㉮, 투입 : ㉯ → ㉮ → ㉰
④ 차단 : ㉯ → ㉰ → ㉮, 투입 : ㉰ → ㉮ → ㉯

단로기 사용방법
① 단로기를 끊을 경우 : 차단기를 개로한 후에 끊는다.
② 단로기를 넣을 경우 : 차단기를 폐로하기 전에 넣는다.

66

내압 방폭구조에서 안전간극(safe gap)을 적게 하는 이유로 옳은 것은?

① 최소점화에너지를 높게 하기 위해
② 폭발화염이 외부로 전파되지 않도록 하기 위해
③ 폭발압력에 견디고 파손되지 않도록 하기 위해
④ 설치류가 전선 등을 훼손하지 않도록 하기 위해

안전간극(화염일주한계)

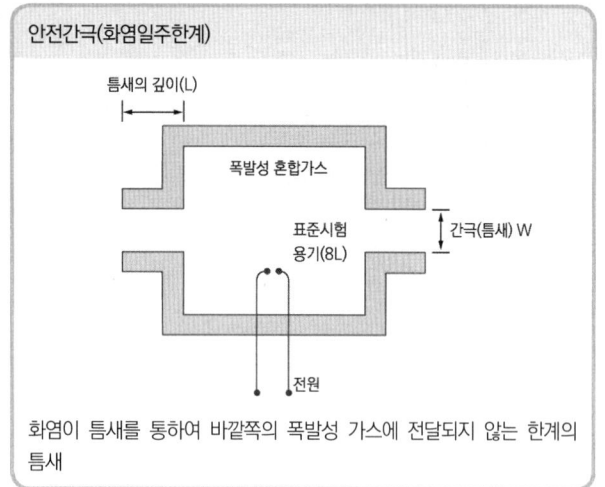

화염이 틈새를 통하여 바깥쪽의 폭발성 가스에 전달되지 않는 한계의 틈새

67

정전작업 시 작업 전 조치하여야 할 실무사항으로 틀린 것은?

① 잔류전하의 방전
② 단락 접지기구의 철거
③ 검전기에 의한 정전 확인
④ 개로개폐기의 잠금 또는 표시

전로 차단 절차(정전작업)
① 전기기기 등에 공급되는 모든 전원을 관련 도면, 배선도 등으로 확인할 것
② 전원을 차단한 후 각 단로기 등을 개방하고 확인할 것
③ 차단장치나 단로기 등에 잠금장치 및 꼬리표를 부착할 것
④ 개로된 전로에서 유도전압 또는 전기에너지가 축적되어 근로자에게 전기위험을 끼칠 수 있는 전기기기 등은 접촉하기 전에 잔류전하를 완전히 방전시킬 것
⑤ 검전기를 이용하여 작업 대상 기기가 충전되었는지를 확인할 것
⑥ 전기기기 등이 다른 노출 충전부와의 접촉, 유도 또는 예비동력원의 역송전 등으로 전압이 발생할 우려가 있는 경우에는 충분한 용량을 가진 단락 접지기구를 이용하여 접지할 것

68

인체감전보호용 누전차단기의 정격감도전류(mA)와 동작시간(초)의 최대값은?

① 10mA, 0.03초
② 20mA, 0.01초
③ 30mA, 0.03초
④ 50mA, 0.1초

감전보호용 누전차단기

전기기계 · 기구에 접속되어 있는 누전차단기는 정격감도전류가 30밀리암페어 이하이고 작동시간은 0.03초 이내일 것(다만, 정격 전부하전류가 50암페어 이상인 전기기계 · 기구에 접속되는 누전차단기는 오작동을 방지하기 위하여 정격감도전류는 200밀리암페어 이하로, 작동시간은 0.1초 이내로 할 수 있다.)

정답 65 ④ 66 ② 67 ② 68 ③

69
방폭전기기기의 온도등급의 기호는?

① E   ② S
③ T   ④ N

전기기기의 최고표면온도의 분류						
온도등급	T_1	T_2	T_3	T_4	T_5	T_6
최고표면온도(℃)	450	300	200	135	100	85

70
산업안전보건기준에 관한 규칙에서 일반 작업장에 전기위험 방지 조치를 취하지 않아도 되는 전압은 몇 V 이하인가?

① 24   ② 30
③ 50   ④ 100

각종 전기 작업과 관련된 안전규정들은 대지전압이 30볼트 이하인 전기기계·기구·배선 또는 이동전선에 대해서는 적용하지 아니한다.

71
폭발위험장소에서의 본질안전 방폭구조에 대한 설명으로 틀린 것은?

① 본질안전 방폭구조의 기본적 개념은 점화능력의 본질적 억제이다.
② 본질안전 방폭구조의 Exib는 fault에 대한 2중 안전보장으로 0종~2종 장소에 사용할 수 있다.
③ 이론적으로는 모든 전기기기를 본질안전 방폭구조를 적용할 수 있으나, 동력을 직접 사용하는 기기는 실제적으로 적용이 곤란하다.
④ 온도, 압력, 액면유량 등의 검출용 측정기는 대표적인 본질안전 방폭구조의 예이다.

방폭구조의 선정 기준에서 0종 장소는 본질안전 방폭구조 중에서 ia만 가능하다.

72
감전사고를 방지하기 위한 대책으로 틀린 것은?

① 전기설비에 대한 보호 접지
② 전기기기에 대한 정격 표시
③ 전기설비에 대한 누전차단기 설치
④ 충전부가 노출된 부분에는 절연 방호구 사용

감전재해 방지조치
① 보호절연   ② 안전전압 이하의 기기 사용
③ 접지   ④ 누전차단기 설치
⑤ 비접지식 전로의 채용   ⑥ 절연열화의 방지
⑦ 충전부와 접촉부의 철저한 이격
⑧ 절연용 보호구 및 절연용 방호구

73
인체 피부의 전기저항에 영향을 주는 주요 인자와 가장 거리가 먼 것은?

① 접촉면적   ② 인가전압의 크기
③ 통전경로   ④ 인가시간

인체 저항값의 변화요인
① 전원의 종별   ② 전압의 크기
③ 접촉점의 상황(땀, 습기, 물 등)   ④ 접촉시간 및 면적

74
다음 중 전동기를 운전하고자 할 때 개폐기의 조작순서로 옳은 것은?

① 메인 스위치 → 분전반 스위치 → 전동기용 개폐기
② 분전반 스위치 → 메인 스위치 → 전동기용 개폐기
③ 전동기용 개폐기 → 분전반 스위치 → 메인 스위치
④ 분전반 스위치 → 전동기용 스위치 → 메인 스위치

전동기운전을 위한 개폐기의 조작 순서
메인 스위치 → 분전반 스위치 → 전동기용 개폐기 순서로 한다.

정답   69 ③   70 ②   71 ②   72 ②   73 ③   74 ①

75 빈출

정전기 발생현상의 분류에 해당되지 않는 것은?

① 유체대전 ② 마찰대전
③ 박리대전 ④ 교반대전

> **대전의 종류**
> ① 마찰대전 ② 박리대전 ③ 유동대전 ④ 분출대전
> ⑤ 충돌대전 ⑥ 교반대전 ⑦ 파괴대전

76

전기기기, 설비 및 전선로 등의 충전 유무 등을 확인하기 위한 장비는?

① 위상검출기 ② 디스콘 스위치
③ COS ④ 저압 및 고압용 검전기

> 정전작업 시 조치사항에서 개로된 전로의 충전 여부는 검전기구로 확인한다.

77

다음 ( ) 안에 들어갈 내용으로 알맞은 것은?

> 과전류차단장치는 반드시 접지선이 아닌 전로에 ( )로 연결하여 과전류 발생 시 전로를 자동으로 차단하도록 설치할 것

① 직렬 ② 병렬
③ 임시 ④ 직병렬

> **과전류차단장치의 설치기준**
> ① 과전류차단장치는 반드시 접지선이 아닌 전로에 직렬로 연결하여 과전류 발생 시 전로를 자동으로 차단하도록 설치할 것
> ② 차단기·퓨즈는 계통에서 발생하는 최대 과전류에 대하여 충분하게 차단할 수 있는 성능을 가질 것
> ③ 과전류차단장치가 전기계통상에서 상호 협조·보완되어 과전류를 효과적으로 차단하도록 할 것

78 빈출

일반 허용 접촉전압과 그 종별을 짝지은 것으로 틀린 것은?

① 제1종 : 0.5V 이하 ② 제2종 : 25V 이하
③ 제3종 : 50V 이하 ④ 제4종 : 제한 없음

허용 접촉전압

종별	접촉 상태	허용 접촉전압
제1종	• 인체의 대부분이 수중에 있는 경우	2.5V 이하
제2종	• 인체가 현저하게 젖어있는 경우 • 금속성의 전기기계장치나 구조물에 인체의 일부가 상시 접촉되어 있는 경우	25V 이하
제3종	• 제1종, 제2종 이외의 경우로 통상의 인체상태에 있어서 접촉전압이 가해지면 위험성이 높은 경우	50V 이하
제4종	• 제1종, 제2종 이외의 경우로 통상의 인체상태에 있어서 접촉전압이 가해지더라도 위험성이 낮은 경우 • 접촉전압이 가해질 우려가 없는 경우	제한 없음

79

누전된 전동기에 인체가 접촉하여 500mA의 누전전류가 흘렀고 정격감도전류 500mA인 누전차단기가 동작하였다. 이때 인체전류를 약 10mA로 제한하기 위해서는 전동기 외함에 설치할 접지저항의 크기는 약 몇 Ω인가? (단, 인체저항은 500Ω이며, 다른 저항은 무시한다.)

① 5 ② 10
③ 50 ④ 100

> 인체에 흐르는 전류를 10mA로 제한하기 위해서는 접지저항 쪽으로 490mA 이상이 흐르도록 해야 한다. 저항값을 구하면 5/0.49 = 10.2Ω이 나오게 되므로, 10Ω이 가장 적당하다.

정답 75① 76④ 77① 78① 79②

80

내부에서 폭발하더라도 틈의 냉각 효과로 인하여 외부의 폭발성 가스에 착화될 우려가 없는 방폭구조는?

① 내압 방폭구조　　② 유입 방폭구조
③ 안전증 방폭구조　④ 본질안전 방폭구조

> **내압 방폭구조(d)**
> ① 용기 내부에서 폭발성 가스 또는 증기가 폭발하였을 때 용기가 그 압력에 견디며 또한 접합면, 개구부 등을 통하여 외부의 폭발성 가스증기에 인화되지 않도록 한 구조
> ② 전폐형으로 내부에서의 가스 등의 폭발압력에 견디고 그 주위의 폭발 분위기하의 가스 등에 점화되지 않도록 하는 방폭구조

5과목　화학설비 안전 관리

81

가연성 가스 혼합물을 구성하는 각 성분의 조성과 연소범위가 다음 [표]와 같을 때 혼합가스의 연소하한값은 약 몇 vol%인가?

성분	조성(vol%)	연소하한값(vol%)	연소상한값(vol%)
헥산	1	1.1	7.4
메탄	2.5	5.0	15.0
에틸렌	0.5	2.7	36.0
공기	96	-	-

① 2.51　　② 7.51
③ 12.07　④ 15.01

> **르샤틀리에의 법칙(혼합가스의 폭발범위 계산)**
> ① 각 성분기체의 체적
> 　헥산 : $\frac{1}{2} \times 100 = 25\%$, 메탄 : $\frac{2.52}{4} \times 100 = 62.5\%$,
> 　에틸렌 : $\frac{0.5}{4} \times 100 = 12.5\%$
> ② 혼합가스의 폭발하한계 값
> 　$\frac{100}{L} = \frac{V_1}{L_1} + \frac{V_2}{L_2} + \frac{V_3}{L_3} = \frac{25}{1.1} + \frac{62.5}{5.0} + \frac{12.5}{2.7} = 39.857$
> 　그러므로 $L = \frac{100}{39.857} = 2.509$

82

다음 중 자연발화의 방지법으로 적절하지 않은 것은?

① 통풍을 잘 시킬 것
② 습도가 높은 곳에 저장할 것
③ 저장실의 온도 상승을 피할 것
④ 공기가 접촉되지 않도록 불활성 물질 중에 저장할 것

> **자연발화 방지법**
> ① 통풍이 잘 되게 할 것
> ② 저장실 온도를 낮출 것
> ③ 열이 축적되지 않는 퇴적방법을 선택할 것
> ④ 습도가 높지 않도록 할 것
> ⑤ 불활성 물질 중에 저장할 것

83

알루미늄분이 고온의 물과 반응하였을 때 생성되는 가스는?

① 산소　② 수소
③ 메탄　④ 에탄

> 마그네슘, 알루미늄 등은 물과 반응하여 수소기체를 발생하므로, 열원 및 습기로부터 보호받을 수 있는 건조한 장소에 보관한다.

84

20℃, 1기압의 공기를 5기압으로 단열압축하면 공기의 온도는 약 몇 ℃가 되겠는가? (단, 공기의 비열비는 1.4이다.)

① 32　　② 191
③ 305　④ 464

> 단열압축이란 외부와 열교환 없이 압력을 높게 하여 온도가 올라가는 현상
> $\frac{T_2}{T_1} = \left(\frac{P_2}{P_1}\right)^{\frac{r-1}{r}} = \frac{T_2}{273+20} = \left(\frac{5}{1}\right)^{\frac{1.4-1}{1.4}}$
> ∴ $T_2 = 464.11(K)$ 절대온도를 섭씨온도로 바꾸면,
> 　$464.11 - 273 = 191.11℃$

정답　80 ①　81 ①　82 ②　83 ②　84 ②

85

가연성 물질을 취급하는 장치를 퍼지하고자 할 때 잘못된 것은?

① 대상 물질의 물성을 파악한다.
② 사용하는 불활성 가스의 물성을 파악한다.
③ 퍼지용 가스를 가능한 한 빠른 속도로 단시간에 다량 송입한다.
④ 장치 내부를 세정한 후 퍼지용 가스를 송입한다.

> 산소농도를 연속적으로 감시하여 최소산소농도 이상인 경우 불활성 가스를 주입하여 산소농도를 최소산소농도 이하가 되도록 하여야 한다.

86

다음 물질이 물과 접촉하였을 때 위험성이 가장 낮은 것은?

① 산화칼륨
② 나트륨
③ 메틸리튬
④ 이황화탄소

> **이황화탄소**
> ① 매우 강한 독성을 가진 화합물 중 하나이며, 인화점이 매우 낮고, 발화 범위가 매우 넓다.
> ② 다량일 경우 물속에 보관하는 것이 안전하다.

87

폭발원인물질의 물리적 상태에 따라 구분할 때 기상폭발에 해당되지 않는 것은?

① 분진폭발
② 응상폭발
③ 분무폭발
④ 가스폭발

> **폭발의 분류(물리적 상태)**
> ① 기상폭발 : 가스폭발, 분무폭발, 분진폭발, 가스분해폭발
> ② 응상폭발 : 수증기폭발, 증기폭발 등

88

화염방지기의 설치에 관한 사항으로 ( )에 알맞은 것은?

> 사업주는 인화성 액체 및 인화성 가스를 저장·취급하는 화학설비에서 증기나 가스를 대기로 방출하는 경우에는 외부로부터의 화염을 방지하기 위하여 화염방지기를 그 설비 ( )에 설치하여야 한다.

① 상단
② 하단
③ 중앙
④ 무게중심

> **통기설비 및 화염방지기 설치**
> ① 인화성 액체를 저장·취급하는 대기압 탱크에는 통기관 또는 통기밸브(breather valve) 설치
> ② 인화성 액체 및 인화성 가스를 저장·취급하는 화학설비에서 증기나 가스를 대기로 방출하는 경우에는 외부로부터의 화염을 방지하기 위하여 그 설비 상단에 화염방지기 설치

89

공정안전보고서에 포함하여야 할 세부 내용 중 공정안전자료의 세부내용이 아닌 것은?

① 유해·위험설비의 목록 및 사양
② 폭발위험장소 구분도 및 전기단선도
③ 유해·위험물질에 대한 물질안전보건자료
④ 설비점검·검사 및 보수 계획, 유지계획 및 지침서

> **공정안전자료의 내용**
> ① 취급·저장하고 있거나 취급·저장하고자 하는 유해·위험물질의 종류 및 수량
> ② 유해·위험물질에 대한 물질안전보건자료
> ③ 유해하거나 위험한 설비의 목록 및 사양
> ④ 유해하거나 위험한 운전방법을 알 수 있는 공정도면
> ⑤ 각종 건물·설비의 배치도
> ⑥ 폭발위험장소 구분도 및 전기단선도
> ⑦ 위험설비의 안전설계·제작 및 설치관련 지침서

정답 85 ③ 86 ④ 87 ② 88 ① 89 ④

90

산업안전보건법령상 화학설비와 화학설비의 부속설비를 구분할 때 화학설비에 해당하는 것은?

① 응축기·냉각기·가열기·증발기 등 열교환기류
② 사이클론·백필터·전기집진기 등 분진처리설비
③ 온도·압력·유량 등을 지시·기록 등을 하는 자동제어 관련 설비
④ 안전밸브·안전판·긴급 차단 또는 방출밸브 등 비상조치 관련 설비

> **화학설비의 종류**
> ① 반응기·혼합조 등 화학물질 반응 또는 혼합장치
> ② 증류탑·흡수탑·추출탑·감압탑 등 화학물질 분리장치
> ③ 저장탱크·계량탱크·호퍼·사일로 등 화학물질 저장설비 또는 계량설비
> ④ 응축기·냉각기·가열기·증발기 등 열교환기류
> ⑤ 고로 등 점화기를 직접 사용하는 열교환기류
> ⑥ 캘린더·혼합기·발포기·인쇄기·압출기 등 화학제품 가공설비
> ⑦ 분쇄기·분체분리기·용융기 등 분체화학물질 분리장치
> ⑧ 결정조·유동탑·탈습기·건조기 등 분체화학물질 분리장치
> ⑨ 펌프류·압축기·이젝터 등 화학물질 이송 또는 압축설비

91 ★빈출

산업안전보건법령에 따라 사업주가 특수화학설비를 설치하는 때에 그 내부의 이상상태를 조기에 파악하기 위하여 설치하여야 하는 장치는?

① 자동경보장치
② 긴급차단장치
③ 자동문개폐장치
④ 스크러버 개방장치

> **내부 이상상태의 조기파악**
> ① 계측장치의 설치 : 온도계, 유량계, 압력계 등
> ② 자동경보장치의 설치

92

다음 중 위험물과 그 소화방법이 잘못 연결된 것은?

① 염소산칼륨 - 다량의 물로 냉각소화
② 마그네슘 - 건조사 등에 의한 질식소화
③ 칼륨 - 이산화탄소에 의한 질식소화
④ 아세트알데히드 - 다량의 물에 의한 희석소화

> **금속화재(D급 화재)**
> ① 금속화재는 금속의 열전도에 따른 화재나 금속분에 의한 분진의 폭발 등
> ② 철분, 마그네슘, 칼륨, 금속분류에 의한 화재로 일반적으로 건조사(피복에 의한 질식효과)에 의한 소화방법 사용

93

부탄(C_4H_{10})의 연소에 필요한 최소산소농도(MOC)를 추정하여 계산하면 약 몇 vol%인가? (단, 부탄의 폭발하한계는 공기 중에서 1.6vol%이다.)

① 5.6
② 7.8
③ 10.4
④ 14.1

> **MOC(최소산소농도)**
> ① 실험 데이터가 불충분할 경우(대부분의 탄화수소)
>   LFL × 산소의 양론계수(연소반응식)
> ② 부탄의 MOC(탄화수소이므로)
> $C_4H_{10} + 6.5O_2 \rightarrow 4CO_2 + 5H_2O$
> ∴ 1.6 × 6.5 = 10.4vol%

94

다음 중 산화성 물질이 아닌 것은?

① KNO_3
② NH_4ClO_3
③ HNO_3
④ P_4S_3

> 황화린은 제2류 위험물인 가연성 고체에 해당되며, P_4S_3(삼황화린)은 황색의 결정성 덩어리로 공기 중 약 100℃에서 발화하고 마찰에 의해서도 쉽게 연소하며 자연발화 가능성도 있다.

정답 90 ① 91 ① 92 ③ 93 ③ 94 ④

95

위험물안전관리법령상 제4류 위험물 중 제2석유류로 분류되는 물질은?

① 실린더유
② 휘발유
③ 등유
④ 중유

> ① 실린더유 : 제4석유류 ② 휘발유 : 제1석유류
> ③ 등유 : 제2석유류 ④ 중유 : 제3석유류

96

산업안전보건법령상 사업주가 인화성 액체 위험물을 액체 상태로 저장하는 저장탱크를 설치하는 경우에는 위험물질이 누출되어 확산되는 것을 방지하기 위하여 무엇을 설치하여야 하는가?

① Flame arrester
② Ventstack
③ 긴급방출장치
④ 방유제

> **위험물 저장 취급 화학설비**
> 위험물질을 액체 상태로 저장하는 저장탱크 설치 시 누출확산방지를 위한 방유제 설치

97 ★빈출

다음 가스 중 가장 독성이 큰 것은?

① CO
② $COCl_2$
③ NH_3
④ H_2

> **독성가스의 노출기준**
> ① $COCl_2$: 0.1ppm ② NH_3 : 25ppm ③ CO : 30ppm

98

건조설비를 사용하여 작업을 하는 경우에 폭발이나 화재를 예방하기 위하여 준수하여야 하는 사항으로 틀린 것은?

① 위험물 건조설비를 사용하는 경우에는 미리 내부를 청소하거나 환기할 것
② 위험물 건조설비를 사용하여 가열 건조하는 건조물은 쉽게 이탈되도록 할 것
③ 고온으로 가열 건조한 인화성 액체는 발화의 위험이 없는 온도로 냉각한 후에 격납시킬 것
④ 바깥 면이 현저히 고온이 되는 건조설비에 가까운 장소에는 인화성 액체를 두지 않도록 할 것

> **위험물 건조설비 사용 시 준수사항**
> ① 미리 내부를 청소하거나 환기할 것
> ② 건조로 인하여 발생하는 가스·증기 또는 분진에 의하여 폭발·화재의 위험이 있는 물질을 안전한 장소로 배출시킬 것
> ③ 위험물 건조설비를 사용하여 가열 건조하는 건조물은 쉽게 이탈되지 않도록 할 것
> ④ 고온으로 가열 건조한 가연성 물질은 발화의 위험이 없는 온도로 냉각한 후에 격납시킬 것
> ⑤ 건조설비에 근접한 장소에는 가연성 물질을 두지 아니하도록 할 것

99

가솔린(휘발유)의 일반적인 연소범위에 가장 가까운 값은?

① 2.7 ~ 27.8vol%
② 3.4 ~ 11.8vol%
③ 1.4 ~ 7.6vol%
④ 5.1 ~ 18.2vol%

> 가솔린의 인화점은 -43℃, 발화점은 300℃, 연소범위는 1.4 ~ 7.6vol% 이다.

정답 95 ③ 96 ④ 97 ② 98 ② 99 ③

100 빈출

가스 또는 분진폭발 위험장소에 설치되는 건축물의 내화구조를 설명한 것으로 틀린 것은?

① 건축물 기둥 및 보는 지상 1층까지 내화구조로 한다.
② 위험물 저장·취급용기의 지지대는 지상으로부터 지지대의 끝부분까지 내화구조로 한다.
③ 건축물 주변에 자동소화설비를 설치한 경우 건축물 화재 시 1시간 이상 그 안전성을 유지한 경우는 내화구조로 하지 아니할 수 있다.
④ 배관·전선관 등의 지지대는 지상으로부터 1단까지 내화구조로 한다.

> **가스 또는 분진폭발 위험장소의 건축물**
> (1) 다음에 해당하는 부분은 내화구조로 한다
>   ① 건축물의 기둥 및 보는 지상 1층(지상 1층의 높이가 6미터를 초과하는 경우에는 6미터)까지
>   ② 위험물 저장·취급용기의 지지대(높이가 30센티미터 이하인 것 제외)는 지상으로부터 지지대의 끝부분까지
>   ③ 배관·전선관 등의 지지대는 지상으로부터 1단(1단의 높이가 6미터를 초과하는 경우에는 6미터)까지
> (2) 물 분무시설 또는 폼헤드 설비 등의 자동소화설비를 설치하여 화재 시 2시간 이상 안전성을 유지할 경우 내화구조로 하지 아니할 수 있다.

6과목 건설공사 안전 관리

101 빈출

그물코의 크기가 5cm인 매듭 방망사의 폐기 시 인장강도 기준으로 옳은 것은?

① 200kg ② 100kg
③ 60kg   ④ 30kg

안전망 인장강도

그물코의 크기 (단위:센티미터)	방망의 종류(단위:킬로그램)			
	매듭 없는 방망		매듭 방망	
	신품	폐기 시	신품	폐기 시
10	240	150	200	135
5			110	60

102

크레인 또는 데릭에서 붐 각도 및 작업반경별로 작용시킬 수 있는 최대 하중에서 후크(Hook), 와이어로프 등 달기구의 중량을 공제한 하중은?

① 작업하중   ② 정격하중
③ 이동하중   ④ 적재하중

> **정격하중**
> 크레인의 권상하중에서 훅, 크래브 또는 버킷 등 달기구의 중량에 상당하는 하중을 뺀 하중. 다만, 지브가 있는 크레인 등으로서 경사각의 위치에 따라 권상능력이 달라지는 것은 그 위치에서의 권상하중으로부터 달기구의 중량을 뺀 하중을 말한다.

103 빈출

차량계 하역운반기계를 사용하는 작업을 할 때 그 기계가 넘어지거나 굴러 떨어짐으로써 근로자에게 위험을 미칠 우려가 있는 경우에 우선적으로 조치하여야 할 사항과 가장 거리가 먼 것은?

① 해당 기계에 대한 유도자 배치
② 지반의 부동침하 방지 조치
③ 갓길 붕괴 방지 조치
④ 경보장치 설치

> **차량계 하역운반기계 전도 등의 방지조치**
> ① 유도자 배치 ② 부동침하 방지 ③ 갓길의 붕괴 방지

104 빈출

모래 지반을 흙막이지 보공 없이 굴착하려 할 때 적합한 굴착면의 기울기 기준으로 옳은 것은?

① 1:1 ~ 1:1.5   ② 1:1.8
③ 1:1.2   ④ 1:2

굴착면 기울기 기준

지반의 종류	모래	연암 및 풍화암	경암	그 밖의 흙
굴착면의 기울기	1:1.8	1:1.0	1:0.5	1:1.2

tip
2023년 법령개정. 문제와 해설은 개정된 내용 적용

정답 100 ③ 101 ③ 102 ② 103 ④ 104 ②

105

차량계 하역운반기계 등에 화물을 적재하는 경우에 준수하여야 할 사항으로 옳지 않은 것은?

① 하중이 한쪽으로 치우쳐서 효율적으로 적재되도록 할 것
② 구내운반차 또는 화물자동차의 경우 화물의 붕괴 또는 낙하에 의한 위험을 방지하기 위하여 화물에 로프를 거는 등 필요한 조치를 할 것
③ 운전자의 시야를 가리지 않도록 화물을 적재할 것
④ 최대적재량을 초과하지 않도록 할 것

> 하중이 한쪽으로 치우치지 않도록 적재할 것

106 ★빈출

강관비계의 설치 기준으로 옳은 것은?

① 비계기둥의 간격은 띠장 방향에서는 1.5m 이상 1.8m 이하로 하고, 장선 방향에서는 2.0m 이하로 한다.
② 띠장 간격은 1.8m 이하로 설치하되 첫 번째 띠장은 지상으로부터 2m 이하의 위치에 설치한다.
③ 비계기둥 간의 적재하중은 400kg을 초과하지 않도록 한다.
④ 비계기둥의 제일 윗부분으로부터 21m 되는 지점 밑 부분의 비계기둥은 2개의 강관으로 묶어 세운다.

강관(단관)비계의 구조

구분		내용(준수사항)
비계기둥	띠장 방향	1.85m 이하
	장선 방향	1.5m 이하
띠장 간격		2.0m 이하로 설치할 것
높이 제한		비계기둥 최고부로부터 (아래 방향으로) 31m 되는 지점 밑부분의 비계기둥은 2본의 강관으로 묶어 세울 것
가새		기둥간격 10m마다 45° 각도. 처마방향 가새
적재하중		비계기둥 간 적재하중은 400kg을 초과하지 아니하도록 할 것

tip
2020년 시행되는 법령개정으로 수정된 내용이니 해설 및 본문내용을 참고하세요.

107 ★빈출

다음 중 유해·위험 방지계획서를 작성 및 제출하여야 하는 공사에 해당되지 않는 것은?

① 지상 높이가 31m인 건축물의 건설·개조 또는 해체
② 최대 지간 길이가 50m인 교량건설 등 공사
③ 깊이가 9m인 굴착공사
④ 터널 건설 등의 공사

유해·위험 방지계획서를 제출해야 될 대상 건설업

① 다음의 어느 하나에 해당하는 건축물 또는 시설 등의 건설, 개조 또는 해체공사
  ㉠ 지상 높이가 31미터 이상인 건축물 또는 인공구조물
  ㉡ 연면적 3만 제곱미터 이상인 건축물
  ㉢ 연면적 5천 제곱미터 이상인 시설로서 다음의 어느 하나에 해당하는 시설
    ㉮ 문화 및 집회시설   ㉯ 판매시설, 운수시설
    ㉰ 종교시설   ㉱ 의료시설 중 종합병원
    ㉲ 숙박시설 중 관광숙박시설 ㉳ 지하도 상가
    ㉴ 냉동, 냉장 창고시설
② 최대 지간 길이가 50미터 이상인 다리의 건설 등 공사
③ 연면적 5천 제곱미터 이상인 냉동, 냉장창고 시설의 설비공사 및 단열공사
④ 다목적댐, 발전용댐, 저수용량 2천만톤 이상의 용수전용댐 및 지방상수도 전용댐의 건설 등 공사
⑤ 터널의 건설 등 공사
⑥ 깊이 10미터 이상인 굴착공사

108

건립 중 강풍에 의한 풍압 등 외압에 대한 내력이 설계에 고려되었는지 확인하여야 하는 철골구조물의 기준으로 옳지 않은 것은?

① 높이 20m 이상의 구조물
② 구조물의 폭과 높이의 비가 1 : 4 이상인 구조물
③ 이음부가 공장 제작인 구조물
④ 연면적당 철골량이 50kg/m² 이하인 구조물

외압(강풍에 의한 풍압)에 대한 내력 설계 확인 구조물

① 높이 20m 이상 구조물
② 구조물 폭과 높이의 비가 1 : 4 이상인 구조물
③ 연면적당 철골량이 50kg/m² 이하인 구조물
④ 단면 구조에 현저한 차이가 있는 구조물
⑤ 기둥이 타이 플레이트형인 구조물
⑥ 이음부가 현장 용접인 구조물

정답 105 ① 106 ③ 107 ③ 108 ③

109
흙막이 가시설 공사 시 사용되는 각 계측기 설치 목적으로 옳지 않은 것은?

① 지표침하계 - 지표면 침하량 측정
② 수위계 - 지반 내 지하수위의 변화 측정
③ 하중계 - 상부 적재하중 변화 측정
④ 지중경사계 - 지중의 수평 변위량 측정

> 하중계는 흙막이 버팀대에 작용하는 토압, 어스 앵커의 인장력 등을 측정하는 기기이다.

110 ★빈출
건설현장의 가설계단 및 계단참을 설치하는 경우 얼마 이상의 하중에 견딜 수 있는 강도를 가진 구조로 설치하여야 하는가?

① 200kg/m²
② 300kg/m²
③ 400kg/m²
④ 500kg/m²

> 계단의 안전
> ① 매 제곱미터당 500킬로그램 이상의 하중에 견딜 수 있는 강도를 가진 구조로 설치
> ② 안전율(재료의 파괴응력도와 허용응력도의 비율을 말한다)은 4 이상 등

111
터널굴착작업을 하는 때 미리 작성하여야 하는 작업계획서에 포함되어야 할 사항이 아닌 것은?

① 굴착의 방법
② 암석의 분할방법
③ 환기 또는 조명시설을 설치할 때에는 그 방법
④ 터널 지보공 및 복공의 시공방법과 용수의 처리방법

> 터널굴착 공사 작업계획서 포함사항
> ① 굴착의 방법
> ② 터널 지보공 및 복공의 시공방법과 용수의 처리방법
> ③ 환기 또는 조명시설을 설치할 때에는 그 방법

112
근로자에게 작업 중 또는 통행 시 전락(轉落)으로 인하여 근로자가 화상·질식 등의 위험에 처할 우려가 있는 케틀(kettle), 호퍼(hopper), 피트(pit) 등이 있는 경우에 그 위험을 방지하기 위하여 최소 높이 얼마 이상의 울타리를 설치하여야 하는가?

① 80cm 이상
② 85cm 이상
③ 90cm 이상
④ 95cm 이상

> 울타리의 설치
> ① 대상 : 작업 중 또는 통행 시 굴러 떨어짐(전락)으로 인한 화상, 질식 등의 위험에 처할 우려가 있는 케틀, 호퍼, 피트 등
> ② 조치 사항 : 높이 90cm 이상의 울타리 설치

113
거푸집 해체작업 시 유의사항으로 옳지 않은 것은?

① 일반적으로 수평부재의 거푸집은 연직부재의 거푸집보다 빨리 떼어낸다.
② 해체된 거푸집이나 각목 등에 박혀있는 못 또는 날카로운 돌출물은 즉시 제거하여야 한다.
③ 상하 동시 작업은 원칙적으로 금지하며 부득이한 경우에는 긴밀히 연락을 하며 작업을 하여야 한다.
④ 거푸집 해체작업장 주위에는 관계자를 제외하고는 출입을 금지시켜야 한다.

> 거푸집 해체작업 시 안전수칙
> ① 관계자를 제외하고는 출입금지 조치
> ② 재료·기구 또는 공구 등을 올리거나 내릴 때에는 근로자로 하여금 달줄·달포대 등을 사용하도록 할 것
> ③ 상하 동시 작업은 원칙적으로 금지하며 부득이한 경우에는 긴밀히 연락
> ④ 거푸집 해체 때 구조체에 무리한 충격이나 큰 힘에 의한 지렛대 사용은 금지
> ⑤ 보 또는 슬래브 거푸집을 제거할 때에는 거푸집의 낙하 충격으로 인한 작업자의 돌발적 재해를 방지
> ⑥ 못 또는 날카로운 돌출물은 즉시 제거
> ⑦ 기둥, 벽 등의 연직부재의 거푸집은 보 등의 수평부재의 거푸집보다도 일찍 떼어내는 것이 원칙

정답 109 ③ 110 ④ 111 ② 112 ③ 113 ①

114

비계(달비계, 달대비계 및 말비계는 제외한다)의 높이가 2m 이상인 작업 장소에 설치하여야 하는 작업발판의 기준으로 옳지 않은 것은?

① 작업발판의 폭은 40cm 이상으로 하고, 발판재료 간의 틈은 3cm 이하로 할 것
② 추락의 위험이 있는 장소에는 안전난간을 설치할 것
③ 작업발판의 지지물은 하중에 의하여 파괴될 우려가 없는 것을 사용할 것
④ 작업발판재료는 뒤집히거나 떨어지지 않도록 1개 이상의 지지물에 연결하거나 고정시킬 것

> 비계 높이 2m 이상 장소의 작업발판(보기 외에)
> ① 발판재료는 작업할 때의 하중을 견딜 수 있도록 견고한 것으로 할 것
> ② 작업발판을 작업에 따라 이동시킬 경우에는 위험방지에 필요한 조치를 한다.
> ③ 작업발판재료는 뒤집히거나 떨어지지 않도록 둘 이상의 지지물에 연결하거나 고정시킬 것

115

안전대의 종류는 사용구분에 따라 벨트식과 안전그네식으로 구분되는데 이 중 안전그네식에만 적용하는 것은?

① 추락방지대, 안전블록
② 1개 걸이용, U자 걸이용
③ 1개 걸이용, 추락방지대
④ U자 걸이용, 안전블록

> 안전대의 종류 및 등급
>
> | 사용구분 | 종류 |
> |---|---|
> | 벨트식
안전그네식 | 1개 걸이용 |
> | | U자 걸이용 |
> | | 추락방지대(안전그네식에만 적용) |
> | | 안전블록(안전그네식에만 적용) |

116

다음은 달비계 또는 높이 5m 이상의 비계를 조립·해체하거나 변경하는 작업을 하는 경우에 대한 내용이다. ( )에 알맞은 숫자는?

> 비계재료의 연결·해체작업을 하는 경우에는 폭 ( )cm 이상의 발판을 설치하고 근로자로 하여금 안전대를 사용하도록 하는 등 추락을 방지하기 위한 조치를 할 것

① 15
② 20
③ 25
④ 30

> 비계재료의 연결·해체작업을 하는 때에는 폭 20cm 이상의 발판을 설치하고 근로자로 하여금 안전대를 사용하도록 하는 등 근로자의 추락방지를 위한 조치를 할 것

117

다음은 사다리식 통로 등을 설치하는 경우의 준수사항이다. ( ) 안에 들어갈 숫자로 옳은 것은?

> 사다리의 상단은 걸쳐놓은 지점으로부터 ( )cm 이상 올라가도록 할 것

① 30
② 40
③ 50
④ 60

> 사다리식 통로의 구조
> ① 발판과 벽과의 사이는 15센티미터 이상의 간격을 유지할 것
> ② 폭은 30센티미터 이상으로 할 것
> ③ 사다리의 상단은 걸쳐놓은 지점으로부터 60센티미터 이상 올라가도록 할 것
> ④ 사다리식 통로의 길이가 10미터 이상인 경우에는 5미터 이내마다 계단참을 설치할 것
> ⑤ 사다리식 통로의 기울기는 75도 이하로 할 것

정답 114 ④ 115 ① 116 ② 117 ④

118 ⭐

다음은 가설통로를 설치하는 경우의 준수사항이다. ( ) 안에 알맞은 숫자를 고르면?

> 건설공사에 사용하는 높이 8m 이상인 비계다리에는 ( )m 이내마다 계단참을 설치할

① 7
② 6
③ 5
④ 4

> **가설통로의 구조**
> ① 경사는 30도 이하로 할 것
> ② 경사가 15도를 초과하는 때에는 미끄러지지 아니하는 구조로 할 것
> ③ 수직갱에 가설된 통로의 길이가 15m 이상인 때에는 10m 이내마다 계단참을 설치할 것
> ④ 건설공사에 사용하는 높이 8m 이상인 비계다리에는 7m 이내마다 계단참을 설치할 것

119

건설업 산업안전보건관리비의 사용내역에 대하여 수급인 또는 자기공사자는 공사 시작 후 몇 개월마다 1회 이상 발주자 또는 감리원의 확인을 받아야 하는가?

① 3개월
② 4개월
③ 5개월
④ 6개월

> 수급인 또는 자기공사자는 안전관리비 사용내역에 대하여 공사 시작 후 6개월마다 1회 이상 발주자 또는 감리원의 확인을 받아야 한다. 다만, 6개월 이내에 공사가 종료되는 경우에는 종료 시 확인을 받아야 한다.

120 ⭐

터널 지보공을 설치한 경우에 수시로 점검하여 이상을 발견 시 즉시 보강하거나 보수해야 할 사항이 아닌 것은?

① 부재의 손상·변형·부식·변위·탈락의 유무 및 상태
② 부재의 긴압의 정도
③ 부재의 접속부 및 교차부의 상태
④ 계측기 설치 상태

> **터널 지보공 점검사항**
> ① 부재의 손상·변형·부식·변위 탈락의 유무 및 상태
> ② 부재의 긴압 정도
> ③ 부재의 접속부 및 교차부의 상태
> ④ 기둥침하의 유무 및 상태

정답 118 ① 119 ④ 120 ④

2019년 8월 4일 | 기출문제

1과목   산업재해 예방 및 안전보건교육

01
적성요인에 있어 직업적성을 검사하는 항목이 아닌 것은?

① 지능
② 촉각 적응력
③ 형태식별능력
④ 운동속도

> **적성 검사의 주요 요소**
> ① 지능
> ② 형태식별능력
> ③ 운동속도
> ④ 시각과 수동작의 적응력
> ⑤ 손작업 능력

02 ★빈출
라인(Line)형 안전관리조직에 대한 설명으로 옳은 것은?

① 명령계통과 조언이나 권고적 참여가 혼동되기 쉽다.
② 생산부서와의 마찰이 일어나기 쉽다.
③ 명령계통이 간단명료하다.
④ 생산부분에는 안전에 대한 책임과 권한이 없다.

> **라인형의 특징**
> ① 안전보건관리와 생산을 동시에 수행
> ② 명령과 보고가 상하관계뿐이므로 간단 명료(모든 권한이 포괄적이고 직선적으로 행사)
> ③ 명령이나 지시가 신속정확하게 전달되어 개선조치가 빠르게 진행
> ④ 안전보건에 관한 전문지식이나 기술이 결여되어 안전보건관리가 원만하게 이루어지지 못함
> ⑤ 생산라인의 업무에 중점을 두어 안전보건관리가 소홀해질 수 있음
> ⑥ 안전에 관한 전문지식이나 정보 불충분

03
서로 손을 얹고 팀의 행동구호를 외치는 무재해 운동 추진 기법의 하나로, 스킨십(Skinship)에 바탕을 두고 팀 전원의 일체감, 연대감을 느끼게 하며, 대뇌피질에 안전태도 형성에 좋은 이미지를 심어주는 기법은?

① Touch and call
② Brain Storming
③ Error cause removal
④ Safety training observation program

> **터치 앤 콜(Touch and Call)**
> ① 필요성 : 스킨십(SkinShip)을 통한 팀 구성원 간의 일체감 및 연대감을 조성하고 위험요소에 대한 강한 인식과 더불어 사고예방에 도움이 되며 서로 피부를 맞대고 구호를 제창함으로써 진한 동료애를 느끼고 안전에 동참하는 참여 정신을 높일 수 있다.
> ② 터치 앤 콜의 형태 : 고리형, 포개기형, 어깨동무형

04
안전점검의 종류 중 태풍이나 폭우 등의 천재지변이 발생한 후에 실시하는 기계, 기구 및 설비 등에 대한 점검의 명칭은?

① 정기점검
② 수시점검
③ 특별점검
④ 임시점검

> **특별점검**
> ① 기계, 기구, 설비의 신설변경 또는 고장, 수리 등을 할 경우
> ② 정기점검기간을 초과하여 사용하지 않던 기계 설비를 다시 사용하고자 할 경우
> ③ 강풍(순간풍속 30m/s 초과) 또는 지진(중진 이상 지진) 등의 천재지변 후

정답 01 ②   02 ③   03 ①   04 ③

05

하인리히 안전론에서 ( )에 들어갈 단어로 적합한 것은?

- 안전은 사고의 예방이다.
- 사고예방은 ( )와(과) 인간 및 기계의 관계를 통제하는 과학이자 기술이다.

① 물리적 환경 ② 화학적 요소
③ 위험요인   ④ 사고 및 재해

하인리히(H.W.Heinrich)의 안전론
"안전은 사고의 예방"이며 과학과 기술의 체계를 안전에 도입하여 "사고예방은 물리적 환경과 인간 및 기계의 관계를 통제하는 과학인 동시에 기술"이다.

06

1년간 80건의 재해가 발생한 A 사업장은 1,000명의 근로자가 1주일당 48시간, 1년간 52주를 근무하고 있다. A 사업장의 도수율은? (단, 근로자들은 재해와 관련 없는 사유로 연간 노동시간의 3%를 결근하였다.)

① 31.06   ② 32.05
③ 33.04   ④ 34.03

도수율(빈도율)

$$도수율(F \cdot R) = \frac{재해건수}{연간총근로시간수} \times 1,000,000$$

$$= \frac{80}{(1,000 \times 48 \times 52) \times 0.97} \times 1,000,000 = 33.04$$

07

안전보건교육의 단계에 해당하지 않는 것은?

① 지식교육   ② 기초교육
③ 태도교육   ④ 기능교육

안전보건교육의 단계별 교육과정
① 제1단계 : 지식교육
② 제2단계 : 기능교육
③ 제3단계 : 태도교육

08

위험예지훈련의 문제해결 4라운드에 속하지 않는 것은?

① 현상파악   ② 본질추구
③ 원인결정   ④ 대책수립

위험예지훈련의 4라운드 진행법
① 1라운드 : 현상파악 ② 2라운드 : 본질추구
③ 3라운드 : 대책수립 ④ 4라운드 : 목표설정

09

산소결핍이 예상되는 맨홀 내에서 작업을 실시할 때의 사고 방지 대책으로 적절하지 않은 것은?

① 작업 시작 전 및 작업 중 충분한 환기 실시
② 작업 장소의 입장 및 퇴장 시 인원점검
③ 방진마스크의 보급과 착용 철저
④ 작업장과 외부와의 상시 연락을 위한 설비 설치

호흡용 보호구의 사용기준
방진마스크는 산소농도가 18% 이상인 장소에서 사용하여야 하며, 산소결핍장소에서는 송기마스크를 착용해야 한다.

정답 05 ① 06 ③ 07 ② 08 ③ 09 ③

10

안전교육방법 중 강의법에 대한 설명으로 옳지 않은 것은?

① 단기간의 교육 시간 내에 비교적 많은 내용을 전달할 수 있다.
② 다수의 수강자를 대상으로 동시에 교육할 수 있다.
③ 다른 교육방법에 비해 수강자의 참여가 제약된다.
④ 수강자 개개인의 학습 진도를 조절할 수 있다.

강의식의 장·단점		
장점	① 가장 오래된 전통 교수방법이며, 안전지식의 전달방법으로 유용하다. ② 집단적 지도법으로 많은 인원을 단시간에 교육할 수 있으며, 교육내용이 많을 경우에 효율적인 방법이다. ③ 적절한 학습자자재의 활용은 동기유발 및 교과과정의 이해력을 높일 수 있다. ④ 새로운 지식에 대한 체계적인 교육과 개념정리에 유리하다.	
단점	① 교육대상자가 어느 정도 지식을 갖고 있는 경우 효과를 기대하기 힘들다. ② 교사 중심으로 진행되어 수강자는 완전히 수동적인 입장이며 참여가 제약된다. ③ 수강자의 학습 진척 상황이나 성취정도를 점검하기 곤란하다. ④ 교재 위주의 교육으로 현실과 무관한 지식의 암기에 그치기 쉽다.	

11 빈출

적응기제(適應機制)의 형태 중 방어적 기제에 해당하지 않는 것은?

① 고립   ② 보상
③ 승화   ④ 합리화

적응기제의 기본유형	
공격적 행동	책임전가, 폭행, 폭언 등
도피적 행동	퇴행, 억압, 고립, 백일몽 등
방어적 행동	승화, 보상, 합리화, 동일시, 반동형성, 투사 등

12 빈출

부주의의 발생 원인에 포함되지 않는 것은?

① 의식의 단절   ② 의식의 우회
③ 의식수준의 저하   ④ 의식의 지배

부주의 현상	
의식의 단절(중단)	의식수준 제0단계(phase 0)의 상태(특수한 질병의 경우)
의식의 우회	의식수준 제0단계(phase 0)의 상태(걱정, 고뇌, 욕구불만 등)
의식수준의 저하	의식수준 제1단계(phase I) 이하의 상태(심신 피로 또는 단조로운 작업 시)
의식의 혼란	외적조건의 문제로 의식이 혼란되고 분산되어 작업에 잠재된 위험요인에 대응할 수 없는 상태(자극이 애매모호하거나, 너무 강하거나 약할 때)
의식의 과잉	의식수준 제4단계(phase IV)의 상태(돌발사태 및 긴급이상사태로 주의의 일점 집중현상 발생)

13

안전교육 훈련에 있어 동기부여방법에 대한 설명으로 가장 거리가 먼 것은?

① 안전 목표를 명확히 설정한다.
② 안전활동의 결과를 평가, 검토하도록 한다.
③ 경쟁과 협동을 유발시킨다.
④ 동기유발 수준을 과도하게 높인다.

동기부여방법
① 안전 목표를 명확히 설정한다. ② 결과를 평가, 검토하도록 한다. ③ 경쟁과 협동을 유발시킨다. ④ 안전의 근본이념을 인식시킨다. ⑤ 상과 벌을 준다. ⑥ 동기유발의 최적 수준을 유지하도록 한다.

정답   10 ④   11 ①   12 ④   13 ④

14

산업안전보건법령상 유해위험 방지계획서 제출 대상 공사에 해당하는 것은?

① 깊이가 5m 이상인 굴착공사
② 최대 지간거리 30m 이상인 교량건설 공사
③ 지상 높이 21m 이상인 건축물 공사
④ 터널 건설 공사

유해위험 방지계획서를 제출해야 될 대상 건설업

① 다음의 어느 하나에 해당하는 건축물 또는 시설 등의 건설, 개조 또는 해체공사
  ㉠ 지상 높이가 31미터 이상인 건축물 또는 인공구조물
  ㉡ 연면적 3만 제곱미터 이상인 건축물
  ㉢ 연면적 5천 제곱미터 이상인 시설로서 다음의 어느 하나에 해당하는 시설
    ㉮ 문화 및 집회시설
    ㉯ 판매시설, 운수시설
    ㉰ 종교시설
    ㉱ 의료시설 중 종합병원
    ㉲ 숙박시설 중 관광숙박시설
    ㉳ 지하도 상가
    ㉴ 냉동, 냉장 창고시설
② 최대 지간 길이가 50미터 이상인 다리의 건설 등 공사
③ 연면적 5천 제곱미터 이상인 냉동, 냉장창고 시설의 설비공사 및 단열공사
④ 다목적댐, 발전용댐, 저수용량 2천만톤 이상의 용수전용댐 및 지방상수도 전용댐의 건설 등 공사
⑤ 터널의 건설 등 공사
⑥ 깊이 10미터 이상인 굴착공사

15

스트레스의 요인 중 외부적 자극 요인에 해당하지 않는 것은?

① 자존심의 손상
② 대인관계 갈등
③ 가족의 죽음, 질병
④ 경제적 어려움

스트레스의 발생요인

자극요인 (외부)	환경적 요인	경제적, 정치적, 사회적, 기술적 요인 등
	조직적 요인	조직구조, 인간관계, 대인관계, 작업 조건
	개인적 요인	직무, 가족문제 등
반응요인 (내부)	욕구불만	행동과 목표 사이에 발생하는 방해요인(자존심의 손상 등)
	걱정	상황에 대처하는 준비가 안 될 때 발생하는 감정
상호작용 요인	자극과 반응의 상호작용	복잡한 상호작용에 의해 발생

16

하인리히 방식의 재해코스트 산정에서 직접비에 해당되지 않는 것은?

① 휴업보상비
② 병상위문금
③ 장해특별보상비
④ 상병보상연금

직접비와 간접비

직접비 (법적으로 지급되는 산재보상비)	간접비 (직접비 제외한 모든 비용)
요양급여, 휴업급여, 장해급여, 간병급여, 유족급여, 직업재활급여, 장례비 등	인적손실, 물적손실, 생산손실, 임금손실, 시간손실, 신규채용비용, 기타손실 등

17

산업안전보건법령상 관리감독자 정기교육의 내용으로 옳은 것은?

① 작업 개시 전 점검에 관한 사항
② 정리정돈 및 청소에 관한 사항
③ 작업공정의 유해·위험과 재해 예방대책에 관한 사항
④ 기계·기구의 위험성과 작업의 순서 및 동선에 관한 사항

관리감독자 정기교육의 내용

① 산업안전 및 산업재해 예방에 관한 사항(화재·폭발 사고 발생 시 대피에 관한 사항을 포함)
② 산업보건 및 건강장해 예방에 관한 사항(폭염·한파작업으로 인한 건강장해 발생 시 응급조치에 관한 사항을 포함)
③ 위험성평가에 관한 사항
④ 유해·위험 작업환경 관리에 관한 사항
⑤ 산업안전보건법령 및 산업재해보상보험 제도에 관한 사항
⑥ 직무스트레스 예방 및 관리에 관한 사항
⑦ 직장 내 괴롭힘, 고객의 폭언 등으로 인한 건강장해 예방 및 관리에 관한 사항
⑧ 작업공정의 유해·위험과 재해 예방대책에 관한 사항
⑨ 사업장 내 안전보건관리체제 및 안전·보건조치 현황에 관한 사항
⑩ 표준안전 작업방법 결정 및 지도·감독 요령에 관한 사항
⑪ 현장근로자와의 의사소통능력 및 강의능력 등 안전보건교육 능력 배양에 관한 사항
⑫ 비상시 또는 재해 발생 시 긴급조치에 관한 사항
⑬ 그 밖의 관리감독자의 직무에 관한 사항

tip
2025년 법령개정. 문제와 해설은 개정된 내용 적용

정답 14 ④ 15 ① 16 ② 17 ③

18

산업안전보건법령상 ( )에 알맞은 기준은?

> 안전·보건표지의 제작에 있어 안전·보건표지 속의 그림 또는 부호의 크기는 안전·보건표지의 크기와 비례하여야 하며, 안전·보건표지 전체 규격의 ( ) 이상이 되어야 한다.

① 20% ② 30%
③ 40% ④ 50%

안전보건표지의 제작 기준
① 종류별로 기본모형에 의하여 용도, 형태 및 색채 등의 구분에 따라 제작하여야 한다.
② 표시내용을 근로자가 빠르고 쉽게 알아볼 수 있는 크기로 제작하여야 한다.
③ 안전보건표지 속의 그림 또는 부호의 크기는 안전보건표지의 크기와 비례하여야 하며, 안전보건표지 전체 규격의 30퍼센트 이상이 되어야 한다.
④ 쉽게 파손되거나 변형되지 아니하는 재료로 제작하여야 한다.
⑤ 야간에 필요한 안전보건표지는 야광물질을 사용하는 등 쉽게 알아볼 수 있도록 제작하여야 한다.

19

산업안전보건법령상 주로 고음을 차음하고, 저음은 차음하지 않는 방음보호구의 기호로 옳은 것은?

① NRR ② EM
③ EP-1 ④ EP-2

방음보호구의 종류 및 등급

종류	등급	기호	성능
귀마개	1종	EP-1	저음부터 고음까지 차음하는 것
	2종	EP-2	주로 고음을 차음하고 회화음 영역인 저음은 차음하지 않는 것
귀덮개	-	EM	

20

산업재해의 기본원인 중 "작업정보, 작업방법 및 작업환경" 등이 분류되는 항목은?

① Man ② Machine
③ Media ④ Management

산업재해의 기본원인(4M)

인간관계요인 (Man)	인간관계 불량으로 작업의욕침체, 능률저하, 안전의식 저하 등을 초래
설비적(물적) 요인 (Machine)	기계설비 등의 물적 조건, 인간공학적 배려 및 작업성, 보전성, 신뢰성 등을 고려
작업적 요인 (Media)	① 작업의 내용, 방법, 정보 등의 작업방법적 요인 ② 작업을 실시하는 장소에 관한 작업환경적 요인
관리적 요인 (Management)	안전법규의 철저, 안전기준, 지휘감독 등의 안전관리 ① 교육훈련 부족 ② 감독지도 불충분 ③ 적성배치 불충분

2과목 인간공학 및 위험성 평가·관리

21

작업의 강도는 에너지 대사율(RMR)에 따라 분류된다. 분류 기준 중, 중(中)작업(보통작업)의 에너지 대사율은?

① RMR 0~1 ② RMR 2~4
③ RMR 4~7 ④ RMR 7~9

RMR에 의한 작업 강도 단계
① 0~2 : 경작업
② 2~4 : 중작업(中)
③ 4~7 : 중작업(重), 강작업
④ 7 이상 : 초중작업

tip
RMR 7 이상은 되도록 기계화하고, RMR 10 이상은 반드시 기계화

정답 18② 19④ 20③ 21②

22

산업안전보건법령상 유해·위험방지계획서의 제출 시 첨부하는 서류에 포함되지 않는 것은?

① 설비 점검 및 유지계획
② 기계·설비의 배치도면
③ 건축물 각 층의 평면도
④ 원재료 및 제품의 취급, 제조 등의 작업방법의 개요

> 제출서류(제조업 등 유해·위험방지계획서)
> ① 건축물 각 층의 평면도
> ② 기계·설비의 개요를 나타내는 서류
> ③ 기계·설비의 배치도면
> ④ 원재료 및 제품의 취급, 제조 등의 작업방법의 개요
> ⑤ 그 밖에 고용노동부장관이 정하는 도면 및 서류

23

인간의 실수 중 수행해야 할 작업 및 단계를 생략하여 발생하는 오류는?

① Omission error
② Commission error
③ Sequence error
④ Timing error

> 스웨인(A. D. Swain)의 독립행동에 의한 휴먼에러 분류
>
> | 누락에러 (Omission error) | 필요한 직무나 단계를 수행하지 않은(생략) 에러 |
> |---|---|
> | 작위에러 (Commission error) | 직무나 순서 등을 착각하여 잘못 수행(불확실한 수행)한 에러 |
> | 순서에러 (Sequential error) | 직무 수행과정에서 순서를 잘못 지켜(순서 착오) 발생한 에러 |
> | 지연에러 (Time error) | 정해진 시간 내 직무를 수행하지 못하여(수행 지연) 발생한 에러 |
> | 불필요한 수행에러 (Extraneous error) | 불필요한 직무 또는 절차를 수행하여 발생한 에러 |

24

초기고장과 마모고장 각각의 고장형태와 그 예방대책에 관한 연결로 틀린 것은?

① 초기고장 - 감소형 - 번인(Burn in)
② 마모고장 - 증가형 - 예방보전(PM)
③ 초기고장 - 감소형 - 디버깅(debugging)
④ 마모고장 - 증가형 - 스크리닝(screening)

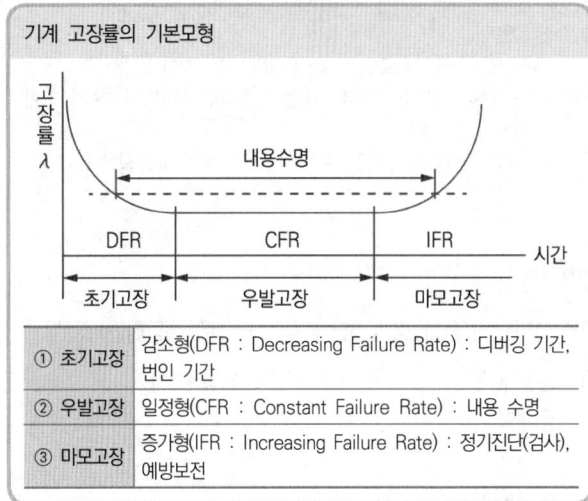

기계 고장률의 기본모형

① 초기고장	감소형(DFR : Decreasing Failure Rate) : 디버깅 기간, 번인 기간
② 우발고장	일정형(CFR : Constant Failure Rate) : 내용 수명
③ 마모고장	증가형(IFR : Increasing Failure Rate) : 정기진단(검사), 예방보전

25

작업개선을 위하여 도입되는 원리인 ECRS에 포함되지 않는 것은?

① Combine
② Standard
③ Eliminate
④ Rearrange

> 작업방법의 개선원칙 ECRS
> ① Eliminate(제거)
> ② Combine(결합)
> ③ Rearrange(재조정)
> ④ Simplify(단순화)

26

온도와 습도 및 공기 유동이 인체에 미치는 열효과를 하나의 수치로 통합한 경험적 감각지수로, 상대습도 100%일 때의 건구온도에서 느끼는 것과 동일한 온감을 의미하는 온열조건의 용어는?

① Oxford 지수
② 발한율
③ 실효온도
④ 열압박지수

실효온도[체감온도, 감각온도(Effective Temperature)]
① 영향인자
  ㉠ 온도 ㉡ 습도 ㉢ 공기의 유동(기류)
② ET는 영향인자들이 인체에 미치는 열효과를 하나의 수치로 통합한 경험적 감각지수
③ 상대습도 100%일 때 건구온도에서 느끼는 것과 동일한 온감

27

화학설비의 안전성 평가 5단계 중 4단계에 해당하는 것은?

① 안전대책
② 정성적 평가
③ 정량적 평가
④ 재평가

안전성 평가의 기본원칙(5단계)
① 제1단계 : 관계자료의 작성준비
② 제2단계 : 정성적 평가
③ 제3단계 : 정량적 평가
④ 제4단계 : 안전대책
⑤ 제5단계 : 재평가

28 ★빈출

양립성의 종류에 포함되지 않는 것은?

① 공간 양립성
② 형태 양립성
③ 개념 양립성
④ 운동 양립성

양립성의 종류

공간적(spatial) 양립성	표시장치나 조정장치에서 물리적 형태 및 공간적 배치
운동(movement) 양립성	표시장치의 움직이는 방향과 조정장치의 방향이 사용자의 기대와 일치
개념적(conceptual) 양립성	이미 사람들이 학습을 통해 알고 있는 개념적 연상
양식(modality) 양립성	직무에 알맞은 자극과 응답의 양식의 존재에 대한 양립성

29

다음 설명에 해당하는 설비보전방식의 유형은?

> 설비보전 정보와 신기술을 기초로 신뢰성, 조작성, 보전성, 안전성, 경제성 등이 우수한 설비의 선정, 조달, 또는 설계를 통하여 궁극적으로 설비의 설계, 제작 단계에서 보전활동이 불필요한 체제를 목표로 한 설비보전 방법을 말한다.

① 개량보전
② 보전예방
③ 사후보전
④ 일상보전

보전예방(Maintenance Prevention : MP)

정의	설비의 계획·설계 단계에서 보전에 관한 정보와 신기술을 활용하여 신뢰성, 안전성, 조작성, 보전성, 경제성 등이 우수한 설비를 설계하고, 정상가동 중 발생하는 열화 손실 등을 사전에 방지하기 위한 활동
목표	사용 중 불량을 발생시키지 않는 설비를 설계하기 위해 설비의 설계, 제작 단계에서 연구하고 검토하여 궁극적으로 보전활동이 불필요한 설비를 설계하는 것을 목표로 한다.

30

원자력 산업과 같이 상당한 안전이 확보되어 있는 장소에서 추가적인 고도의 안전 달성을 목적으로 하고 있으며, 관리, 설계, 생산, 보전 등 광범위한 안전을 도모하기 위하여 개발된 분석기법은?

① DT
② FTA
③ THERP
④ MORT

MORT
① 1970년 이래 미국 에너지연구개발청(ERDA)의 Johnson에 의해 개발 방법
② MORT란 이름을 붙인 해석 트리를 중심으로 하여 FTA와 동일한 논리기법 사용
③ 관리, 설계, 생산, 보전 등의 광범위하게 안전을 도모하는 것
④ 목적 : 원자력 산업과 같은 대부분 상당히 높은 안전을 요하는 곳에서 보다 고도의 안전을 달성하는 것

정답 26 ③ 27 ① 28 ② 29 ② 30 ④

31

결함수분석(FTA)에 관한 설명으로 틀린 것은?

① 연역적 방법이다.
② 버텀 - 업(Bottom - Up) 방식이다.
③ 기능적 결함의 원인을 분석하는 데 용이하다.
④ 정량적 분석이 가능하다.

FTA의 특징
① 분석에는 게이트, 이벤트, 부호 등의 그래픽 기호를 사용하여 결함 단계를 표현하며, 각각의 단계에 확률을 부여하여 어떤 상황의 실패확률계산 가능
② 연역적이고 정량적인 해석방법이며 Top - Down 방식
③ 상황에 따라 정성적 해석뿐만 아니라 재해의 직접원인 해석도 가능하며 복잡한 시스템의 상세해석 등 융통성이 풍부

tip
귀납적인 방법은 Bottom - Up 방식에 해당되며, 연역적인 방법(FTA)은 Top - Down 방식에 해당된다.

32

조종 – 반응비(Control - Response Ratio, C/R비)에 대한 설명 중 틀린 것은?

① 조종장치와 표시장치의 이동 거리 비율을 의미한다.
② C/R비가 클수록 조종장치는 민감하다.
③ 최적 C/R비는 조정시간과 이동시간의 교점이다.
④ 이동시간과 조정시간을 감안하여 최적 C/R비를 구할 수 있다.

조종 – 반응 비율(통제비)
① 조종 - 표시장치 이동비율(control display ratio)로 C/D비 또는 C/R비
② 조종장치의 움직인 거리(회전수)와 표시장치상의 지침이 움직인 거리의 비
③ 최적치는 두 곡선의 교점 부근
④ C/D비가 작을수록 이동시간은 짧고, 조종은 어려워서 민감한 조종장치이다.

33

다음 FT도에서 최소 컷셋(Minimal cutset)으로만 올바르게 나열한 것은?

① $[X_1]$
② $[X_1], [X_2]$
③ $[X_1, X_2, X_3]$
④ $[X_1, X_2], [X_1, X_3]$

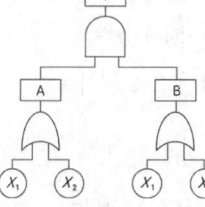

최소 컷셋(Minimal cutset)
① 먼저, cutset을 구하면

$$T \to AB \to \begin{matrix} X_1B \\ X_2B \end{matrix} \to \begin{matrix} X_1X_1 \\ X_1X_3 \\ X_2X_1 \\ X_2X_3 \end{matrix}$$

② 그러므로, 최소 컷셋은 $[X_1], [X_2, X_3]$

34

인간의 정보처리 과정 3단계에 포함되지 않는 것은?

① 인지 및 정보처리단계   ② 반응단계
③ 행동단계   ④ 인식 및 감지단계

인간의 정보처리 과정
① 인식 및 감지단계   ② 인지 및 정보처리단계   ③ 행동단계

35

시각 표시장치보다 청각 표시장치의 사용이 바람직한 경우는?

① 전언이 복잡한 경우
② 전언이 재참조되는 경우
③ 전언이 즉각적인 행동을 요구하는 경우
④ 직무상 수신자가 한 곳에 머무는 경우

청각 장치와 시각 장치의 비교

청각 장치 사용	시각 장치 사용
① 전언이 간단하다.	① 전언이 복잡하다.
② 전언이 짧다.	② 전언이 길다.
③ 전언이 후에 재참조되지 않는다.	③ 전언이 후에 재참조된다.
④ 전언이 시간적 사상을 다룬다.	④ 전언이 공간적인 위치를 다룬다.
⑤ 전언이 즉각적인 행동을 요구한다(긴급할 때).	⑤ 전언이 즉각적인 행동을 요구하지 않는다.

정답 31 ② 32 ② 33 ① 34 ② 35 ③

36

FTA에서 사용하는 수정게이트의 종류 중 3개의 입력현상 중 2개가 발생한 경우에 출력이 생기는 것은?

① 위험지속기호
② 조합 AND 게이트
③ 배타적 OR 게이트
④ 억제 게이트

> **수정게이트**
> ① 우선적 AND 게이트 : 입력사상 중 어떤 사상이 다른 사상보다 앞에 일어났을 때 출력사상이 발생한다.
> ② 조합 AND 게이트 : 3개 이상의 입력사상 중 어느 것이나 2개가 일어나면 출력이 발생한다.
> ③ 배타적 OR 게이트 : OR 게이트인데 2개 또는 그 이상의 입력이 존재하는 경우에는 출력이 발생하지 않는다.
> ④ 위험지속기호 : 입력사상이 생겨 어떤 일정한 시간이 지속했을 때 출력이 발생한다. 만약 지속되지 않으면 출력은 발생하지 않는다.

37

인간의 신뢰도가 0.6, 기계의 신뢰도가 0.9이다. 인간과 기계가 직렬체제로 작업할 때의 신뢰도는?

① 0.32
② 0.54
③ 0.75
④ 0.96

> **시스템의 신뢰도**
> $RS = 0.6 \times 0.9 = 0.54$

38

8시간 근무를 기준으로 남성작업자 A의 대사량을 측정한 결과, 산소소비량이 1.3L/min으로 측정되었다. Murrell 방법으로 계산 시, 8시간의 총 근로시간에 포함되어야 할 휴식시간은?

① 124분
② 134분
③ 144분
④ 154분

> **휴식시간**
> ① 작업 시 평균 에너지 소비량
>   = 5kcal/L × 1.3L/min = 6.5kcal/min
> ② 휴식시간(R) = $\dfrac{480(E-5)}{E-1.5} = \dfrac{480(6.5-5)}{6.5-1.5} = 144(분)$

39

국소진동에 지속적으로 노출된 근로자에게 발생할 수 있으며, 말초혈관 장해로 손가락이 창백해지고 동통을 느끼는 질환의 명칭은?

① 레이노 병(Raynaud's phenomenon)
② 파킨슨 병(Parkinson's disease)
③ 규폐증
④ C5-dip 현상

> **레이노 병(Raynaud's Phenomenon)**
> 혈관신경계 이상으로 혈액순환이 안 되어 Raynaud 현상(손가락의 말초혈관 운동장해)을 유발하는 질환으로, 손가락이 창백해지고 동통, 추위 노출 시 더욱 악화되어 Dead Finger 또는 White Finger(백납병)라는 병이 된다.

40

암호체계의 사용상에 있어서, 일반적인 지침에 포함되지 않는 것은?

① 암호의 검출성
② 부호의 양립성
③ 암호의 표준화
④ 암호의 단일 차원화

> **암호체계 사용상 일반적 지침**
> ① 암호의 검출성(감지장치로 검출)
> ② 암호의 변별성(인접자극의 상이도 영향)
> ③ 부호의 양립성(인간의 기대와 모순되지 않을 것)
> ④ 부호의 의미
> ⑤ 암호의 표준화
> ⑥ 다차원 암호의 사용(정보전달 촉진)

정답 36② 37② 38③ 39① 40④

3과목　기계·기구 및 설비 안전 관리

41 ★빈출
연삭기에서 숫돌의 바깥지름이 180mm일 경우 숫돌 고정용 평형 플랜지의 지름으로 적합한 것은?

① 30mm 이상　　② 40mm 이상
③ 50mm 이상　　④ 60mm 이상

> **플랜지의 직경**
> ① 플랜지의 직경은 숫돌직경의 1/3 이상인 것을 사용하며, 양쪽을 모두 같은 크기로 할 것
> ② $180 \times \dfrac{1}{3} = 60(mm)$

42
산업안전보건법령에 따라 산업용 로봇의 작동범위에서 교시 등의 작업을 하는 경우에 로봇에 의한 위험을 방지하기 위한 조치사항으로 틀린 것은?

① 2명 이상의 근로자에게 작업을 시킬 경우의 신호방법을 정한다.
② 작업 중의 매니퓰레이터 속도에 관한 지침을 정하고 그 지침에 따라 작업한다.
③ 작업을 하는 동안 다른 작업자가 작동시킬 수 없도록 기동스위치에 작업 중 표시를 한다.
④ 작업에 종사하고 있는 근로자가 이상을 발견하면 즉시 안전담당자에게 보고하고 계속해서 로봇을 운전한다.

> **교시 등의 작업 시 위험 방지를 위한 지침사항**
> ① 다음의 사항에 관한 지침을 정하고 그 지침에 따라 작업을 시킬 것
> 　㉠ 로봇의 조작방법 및 순서
> 　㉡ 작업 중의 매니퓰레이터의 속도
> 　㉢ 2인 이상의 근로자에게 작업을 시킬 때의 신호방법
> 　㉣ 이상을 발견한 때의 조치
> 　㉤ 이상을 발견하여 로봇의 운전을 정지시킨 후 이를 재가동시킬 때의 조치
> 　㉥ 기타 로봇의 불의의 작동 또는 오조작에 의한 위험을 방지하기 위하여 필요한 조치
> ② 작업에 종사하고 있는 근로자 또는 당해 근로자를 감시하는 자가 이상을 발견한 때에는 즉시 로봇의 운전을 정지시키기 위한 조치를 할 것
> ③ 작업을 하고 있는 동안 로봇의 기동스위치 등에 작업 중이라는 표시를 하는 등 작업에 종사하고 있는 근로자 외의 자가 당해 스위치 등을 조작할 수 없도록 필요한 조치를 할 것

43
기준무부하 상태에서 지게차 주행 시의 좌우안정도 기준은? (단, V는 구내최고속도(km/h)이다.)

① (15 + 1.1 × V)% 이내　　② (15 + 1.5 × V)% 이내
③ (20 + 1.1 × V)% 이내　　④ (20 + 1.5 × V)% 이내

> **지게차의 주행 시 안정도**
> ① 주행 시 전후안정도 : 18% 이내
> ② 주행 시 좌우안정도 : (15 + 1.1V)% 이내

44 ★빈출
산업안전보건법령에 따라 사다리식 통로를 설치하는 경우 준수해야 할 기준으로 틀린 것은?

① 사다리식 통로의 기울기는 60° 이하로 할 것
② 발판과 벽과의 사이는 15cm 이상의 간격을 유지할 것
③ 사다리의 상단은 걸쳐놓은 지점으로부터 60cm 이상 올라가도록 할 것
④ 사다리식 통로의 길이가 10m 이상인 경우에는 5m 이내마다 계단참을 설치할 것

> **사다리식 통로의 구조**
> ① 견고한 구조로 할 것
> ② 심한 손상·부식 등이 없는 재료를 사용할 것
> ③ 발판의 간격은 일정하게 할 것
> ④ 발판과 벽과의 사이는 15센티미터 이상의 간격을 유지할 것
> ⑤ 폭은 30센티미터 이상으로 할 것
> ⑥ 사다리가 넘어지거나 미끄러지는 것을 방지하기 위한 조치를 할 것
> ⑦ 사다리의 상단은 걸쳐놓은 지점으로부터 60센티미터 이상 올라가도록 할 것
> ⑧ 사다리식 통로의 길이가 10미터 이상인 경우에는 5미터 이내마다 계단참을 설치할 것
> ⑨ 사다리식 통로의 기울기는 75도 이하로 할 것. 다만, 고정식 사다리식 통로의 기울기는 90도 이하로 하고, 그 높이가 7미터 이상인 경우에는 다음의 구분에 따른 조치를 할 것
> 　㉠ 등받이울이 있어도 근로자 이동에 지장이 없는 경우 : 바닥으로부터 높이가 2.5미터 되는 지점부터 등받이울을 설치할 것
> 　㉡ 등받이울이 있으면 근로자가 이동이 곤란한 경우 : 한국산업표준에서 정하는 기준에 적합한 개인용 추락 방지 시스템을 설치하고 근로자로 하여금 한국산업표준에서 정하는 기준에 적합한 전신안전대를 사용하도록 할 것

tip
2024년 개정된 법령 적용

정답　41 ④　42 ④　43 ①　44 ①

45
산업안전보건법령에 따른 승강기의 종류에 해당하지 않는 것은?

① 리프트
② 화물용 엘레베이터
③ 에스컬레이터
④ 승객용 엘레베이터

> **승강기의 종류**
> ① 승객용 엘리베이터
> ② 승객화물용 엘리베이터
> ③ 화물용 엘리베이터
> ④ 소형화물용 엘리베이터
> ⑤ 에스컬레이터

46
재료가 변형 시에 외부응력이나 내부의 변형과정에서 방출되는 낮은 응력파(stress wave)를 감지하여 측정하는 비파괴시험은?

① 와류탐상 시험
② 침투탐상 시험
③ 음향탐상 시험
④ 방사선투과 시험

> **음향탐상 검사**
> 재료가 변형될 때에 외부응력이나 내부의 변형과정에서 방출하게 되는 낮은 응력파를 감지하여 공학적인 방법으로 재료 또는 구조물의 균열 등 결함을 탐지하는 기술방법

47
산업안전보건법령에 따라 다음 괄호 안에 들어갈 내용으로 옳은 것은?

> 사업주는 바닥으로부터 짐 윗면까지의 높이가 ( )미터 이상인 화물자동차에 짐을 싣는 작업 또는 내리는 작업을 하는 경우에는 근로자의 추가 위험을 방지하기 위하여 해당 작업에 종사하는 근로자가 바닥과 적재함의 짐 윗면 간을 안전하게 오르내리기 위한 설비를 설치하여야 한다.

① 1.5
② 2
③ 2.5
④ 3

> **승강설비의 설치**
> 바닥으로부터 짐 윗면까지의 높이가 2미터 이상인 화물자동차에 짐을 싣는 작업 또는 내리는 작업을 하는 경우 근로자의 추가 위험을 방지하기 위해 근로자가 바닥과 적재함의 짐 윗면 간을 오르내리기 위한 설비 설치

48
진동에 의한 1차 설비진단법 중 정상, 비정상, 악화의 정도를 판단하기 위한 방법에 해당하지 않는 것은?

① 상호 판단
② 비교 판단
③ 절대 판단
④ 평균 판단

> **진동법에 의한 설비진단의 종류**
>
> | 정상, 비정상, 악화 정도의 판단 | 상호 판단 | 같은 종류의 기계가 다수 있을 때 그 기계들 상호 간에 비교, 판단 |
> |---|---|---|
> | | 비교 판단 | 초기치가 증가되는 정도가 주의 또는 위험의 판단으로 사용 |
> | | 절대 판단 | 측정치가 직접적으로 양호, 주의, 위험 수준으로 판단 |

49
둥근톱 기계의 방호장치에서 분할날과 톱날 원주면과의 거리는 몇 mm 이내로 조정, 유지할 수 있어야 하는가?

① 12
② 14
③ 16
④ 18

> **분할날의 설치기준**
> ① 분할날의 두께는 둥근톱 두께의 1.1배 이상이어야 한다.
> $1.1t_1 \leq t_2 < b$ (t_1 : 톱 두께, t_2 : 분할날 두께, b : 치진폭)
> ② 견고히 고정할 수 있으며 분할날과 톱날 원주면과의 거리는 12mm 이내로 조정, 유지할 수 있어야 하고 표준 테이블면 상의 톱 뒷날의 2/3 이상을 덮도록 하여야 한다.

50
산업안전보건법령에 따라 사업주가 보일러의 폭발 사고를 예방하기 위하여 유지·관리하여야 할 안전장치가 아닌 것은?

① 압력방호판
② 화염 검출기
③ 압력방출장치
④ 고저수위 조절장치

> **보일러 안전장치의 종류**
> ① 고저수위 조절장치
> ② 압력방출장치
> ③ 압력제한스위치
> ④ 화염 검출기

정답 45 ① 46 ③ 47 ② 48 ④ 49 ① 50 ①

51

질량이 100kg인 물체를 그림과 같이 길이가 같은 2개의 와이어 로프로 매달아 옮기고자 할 때 와이어로프 T_a에 걸리는 장력은 약 몇 N인가?

① 200
② 400
③ 490
④ 980

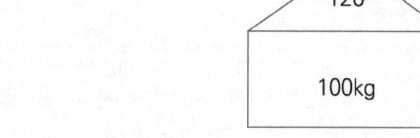

> **슬링 와이어로프의 한 가닥에 걸리는 하중**
> ① 하중 = $\dfrac{\text{화물의 무게}(W_1)}{2} \div \cos\dfrac{\theta}{2}$
> $= \dfrac{100}{2} \div \cos\dfrac{120}{2} = 100\text{kg}$
> ② $100\text{kg} \times 9.8 = 980\text{N}$

52

다음 중 드릴 작업의 안전수칙으로 가장 적합한 것은?

① 손을 보호하기 위하여 장갑을 착용한다.
② 작은 일감은 양손으로 견고히 잡고 작업한다.
③ 정확한 작업을 위하여 구멍에 손을 넣어 확인한다.
④ 작업시작 전 척 렌치(chuck wrench)를 반드시 제거하고 작업한다.

> **드릴 작업 시 안전대책**
> ① 일감은 견고히 고정, 손으로 잡고 하는 작업 금지
> ② 드릴 끼운 후 척 렌치는 반드시 빼둘 것
> ③ 장갑 착용 금지 및 칩은 브러시로 제거
> ④ 구멍 뚫기 작업 시 손으로 관통 확인 금지
> ⑤ 구멍이 관통된 후에는 기계 정지 후 손으로 돌려서 드릴을 뺄 것
> ⑥ 일감설치, 테이블 고정 및 조정은 기계 정지 후 실시
> ⑦ 보안경 착용 및 안전 덮개(shield) 설치

53

산업안전보건법령에 따라 레버풀러(lever puller) 또는 체인블록(chain block)을 사용하는 경우 훅의 입구(hook mouth) 간격이 제조자가 제공하는 제품사양서 기준으로 몇 % 이상 벌어진 것은 폐기하여야 하는가?

① 3
② 5
③ 7
④ 10

> **레버풀러(lever puller) 또는 체인블록(chain block) 사용 시 준수사항**
> ① 정격하중을 초과하여 사용하지 말 것
> ② 레버풀러 작업 중 훅이 빠져 튕길 우려가 있을 경우에는 훅을 대상물에 직접 걸지 말고 피벗클램프(pivot clamp)나 러그(lug)를 연결하여 사용할 것
> ③ 레버풀러의 레버에 파이프 등을 끼워서 사용하지 말 것
> ④ 체인블록의 상부 훅(top hook)은 인양하중에 충분히 견디는 강도를 갖고, 정확히 지탱될 수 있는 곳에 걸어서 사용할 것
> ⑤ 훅의 입구(hook mouth) 간격이 제조자가 제공하는 제품사양서 기준으로 10퍼센트 이상 벌어진 것은 폐기할 것
> ⑥ 체인블록은 체인이 꼬이거나 헝클어지지 않도록 할 것
> ⑦ 체인과 훅은 변형, 파손, 부식, 마모되거나 균열된 것을 사용하지 않도록 조치할 것

54

금형의 설치, 해체, 운반 시 안전사항에 관한 설명으로 틀린 것은?

① 운반을 위하여 관통 아이볼트가 사용될 때는 구멍 틈새가 최소화되도록 한다.
② 금형을 설치하는 프레스의 T홈 안길이는 설치 볼트 지름의 1/2배 이하로 한다.
③ 고정 볼트는 고정 후 가능하면 나사산을 3~4개 정도 짧게 남겨 설치 또는 해체 시 슬라이드 면과의 사이에 협착이 발생하지 않도록 해야 한다.
④ 운반 시 상부금형과 하부금형이 닿을 위험이 있을 때는 고정 패드를 이용한 스트랩, 금속재질이나 우레탄 고무의 블록 등을 사용한다.

> **금형 설치 해체작업의 일반적인 안전**
> ① 금형의 설치용구는 프레스의 구조에 적합한 형태로 한다.
> ② 금형을 설치하는 프레스의 T홈 안길이는 설치 볼트 직경의 2배 이상으로 한다.
> ③ 고정 볼트는 고정 후 가능하면 나사산을 3~4개 정도 짧게 남겨 슬라이드 면과의 사이에 협착이 발생하지 않도록 해야 한다.
> ④ 금형 고정용 브래킷(물림판)을 고정시킬 때 고정용 브래킷은 수평이 되게 하고 고정 볼트는 수직이 되게 고정하여야 한다.

정답 51 ④ 52 ④ 53 ④ 54 ②

55

밀링작업의 안전조치에 대한 설명으로 적절하지 않은 것은?

① 절삭 중의 칩 제거는 칩 브레이커로 한다.
② 공작물을 고정할 때에는 기계를 정지시킨 후 작업한다.
③ 강력 절삭을 할 경우에는 공작물을 바이스에 깊게 물려 작업한다.
④ 가공 중 공작물의 치수를 측정할 때에는 기계를 정지시킨 후 측정한다.

밀링작업 시 안전대책
① 상하이송장치의 핸들은 사용 후 반드시 빼둘 것
② 가공물 측정 및 설치 시에는 반드시 기계정지 후 실시
③ 가공 중 손으로 가공면 점검 금지 및 장갑 착용 금지
④ 밀링작업의 칩은 가장 가늘고 예리하므로 보안경 착용 및 기계정지 후 브러시로 제거
⑤ 급속 이송은 백래시(backlash) 제거장치가 작동하지 않음을 확인한 후 실시

56

산업안전보건법령에 따라 아세틸렌 용접장치의 아세틸렌 발생기를 설치하는 경우, 발생기실의 설치장소에 대한 설명 중 A, B에 들어갈 내용으로 옳은 것은?

- 발생기실은 건물의 최상층에 위치하여야 하며, 화기를 사용하는 설비로부터 (A)를 초과하는 장소에 설치하여야 한다.
- 발생기실을 옥외에 설치한 경우에는 그 개구부를 다른 건축물로부터 (B) 이상 떨어지도록 하여야 한다.

① A : 1.5m, B : 3m   ② A : 2m, B : 4m
③ A : 3m, B : 1.5m   ④ A : 4m, B : 2m

발생기실의 설치장소
① 전용의 발생기실 내에 설치
② 건물의 최상층에 위치, 화기를 사용하는 설비로부터 3m를 초과하는 장소에 설치
③ 옥외에 설치할 경우 그 개구부를 다른 건축물로부터 1.5m 이상 떨어지도록 할 것

57

프레스기의 방호장치 중 위치제한형 방호장치에 해당되는 것은?

① 수인식 방호장치   ② 광전자식 방호장치
③ 손쳐내기식 방호장치   ④ 양수조작식 방호장치

작업점의 방호

위치제한형 방호장치	기계의 조작장치를 일정 거리 이상 떨어지게 설치하여 작업자의 신체 부위가 위험 범위 밖에 있도록 하는 방법(양수조작식)
접근거부형 방호장치	위험 범위 내로 신체가 접근할 경우 방호장치가 신체부위를 밀거나 당겨서 위험한 범위 밖으로 이동시키는 방법(수인식 및 손쳐내기식)
접근반응형 방호장치	위험 범위 내로 신체가 접근할 경우 이를 감지하여 즉시 기계의 작동을 정지시키거나 전원이 차단되도록 하는 방법(광전자식)

58

프레스 방호장치 중 수인식 방호장치의 일반 구조에 대한 사항으로 틀린 것은?

① 수인끈의 재료는 합성섬유로 지름이 4mm 이상이어야 한다.
② 수인끈의 길이는 작업자에 따라 임의로 조정할 수 없도록 해야 한다.
③ 수인끈의 안내통은 끈의 마모와 손상을 방지할 수 있는 조치를 해야 한다.
④ 손목밴드(wrist band)의 재료는 유연한 내유성 피혁 또는 이와 동등한 재료를 사용해야 한다.

수인식 방호장치의 일반 구조
① 손목밴드(wrist band)의 재료는 유연한 내유성 피혁 또는 이와 동등한 재료를 사용해야 한다.
② 손목밴드는 착용감이 좋으며 쉽게 착용할 수 있는 구조이어야 한다.
③ 수인끈의 재료는 합성섬유로 직경이 4mm 이상이어야 한다.
④ 수인끈은 작업자와 작업공정에 따라 그 길이를 조정할 수 있어야 한다.

정답 55 ① 56 ③ 57 ④ 58 ②

59

산업안전보건법령에 따라 원동기·회전축 등의 위험 방지를 위한 설명 중 괄호 안에 들어갈 내용은?

> 사업주는 회전축·기어·풀리 및 플라이휠 등에 부속되는 키·핀 등의 기계요소는 (   )으로 하거나 해당 부위에 덮개를 설치하여야 한다.

① 개방형 ② 돌출형
③ 묻힘형 ④ 고정형

원동기·회전축 등의 위험 방지		
기계의 원동기·회전축·기어·풀리플라이휠·벨트 및 체인 등의 위험부위	① 덮개 ③ 슬리이브	② 울 ④ 건널다리
회전축·기어·풀리 등에 부속하는 키·핀 등의 기계요소	① 묻힘형	② 해당 부위 덮개

60

공기압축기의 방호장치가 아닌 것은?

① 언로드 밸브 ② 압력방출장치
③ 수봉식 안전기 ④ 회전부의 덮개

> 공기압축기의 방호장치는 회전부의 덮개, 압력방출장치, 언로드 밸브 등이 있으며, 수봉식 안전기는 아세틸렌 용접장치의 안전장치에 해당된다.

4과목 전기설비 안전 관리

61

아래 그림과 같이 인체가 전기설비의 외함에 접촉하였을 때 누전 사고가 발생하였다. 인체통과전류(mA)는 약 얼마인가?

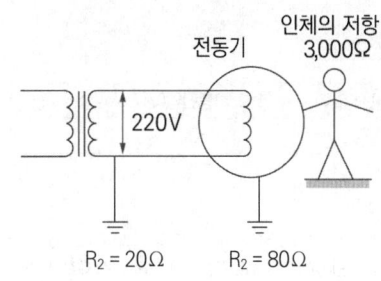

① 35 ② 47
③ 58 ④ 66

> 인체 전류
> ① 인체저항 3,000[Ω]과 접지저항 80[Ω]의 저항값이 약 77.92[Ω]
>   전체저항 = 77.92 + 20 = 97.92[Ω]
> ② 전체전류(I) = $\frac{V}{R} = \frac{220}{97.92}$ = 2.247[A]
> ③ 인체전류(I) = $\frac{V}{R} = \frac{175.065}{3,000}$ = 0.058355[A] = 58.36[mA]

62

전기화재 발생원인으로 틀린 것은?

① 발화원 ② 내화물
③ 착화물 ④ 출화의 경과

> 전기화재 발생원인의 3요건
> (1) 발화원(기기별)
>   ① 전열기   ② 전등 등의 배선(코드)
>   ③ 전기기기   ④ 전기장치
>   ⑤ 기타(누전, 정전기, 충격마찰, 단열압축, 낙뢰 등)
> (2) 출화의 경과(원인 또는 경로별)
>   ① 단락   ② 스파크
>   ③ 누전   ④ 접촉부 과열 등
> (3) 착화물(연소물질)

정답 59 ③ 60 ③ 61 ③ 62 ②

63 ⭐빈출

사용전압이 380V인 전동기 전로에서 절연저항은 몇 MΩ 이상이어야 하는가?

① 0.1MΩ
② 0.5MΩ
③ 1.0MΩ
④ 1.5MΩ

저압전로의 절연성능

전로의 사용전압(V)	DC 시험전압(V)	절연저항(MΩ 이상)
SELV 및 PELV	250	0.5
FELV, 500V 이하	500	1.0
500V 초과	1,000	1.0

[주] 특별저압(Extra Low Voltage : 2차 전압이 AC 50V, DC 120V 이하)으로 SELV(비접지회로구성) 및 PELV(접지회로 구성)은 1차와 2차가 전기적으로 절연된 회로, FELV는 1차와 2차가 전기적으로 절연되지 않은 회로

64

정전에너지를 나타내는 식으로 알맞은 것은? (단, Q는 대전 전하량, C는 정전용량이다.)

① $\dfrac{Q}{2C}$
② $\dfrac{Q}{2C^2}$
③ $\dfrac{Q^2}{2C}$
④ $\dfrac{Q^2}{2C^2}$

방전에너지

$$W = \dfrac{1}{2}QV = \dfrac{1}{2}CV^2 = \dfrac{1}{2}\dfrac{Q^2}{C}\,(\text{J})$$

65 ⭐빈출

누전차단기의 설치가 필요한 것은?

① 이중절연 구조의 전기기계·기구
② 비접지식 전로의 전기기계·기구
③ 절연대 위에서 사용하는 전기기계·기구
④ 도전성이 높은 장소의 전기기계·기구

누전차단기 적용 제외

① 「전기용품 및 생활용품 안전관리법」이 적용되는 이중절연 또는 이와 같은 수준 이상으로 보호되는 구조로 된 전기기계·기구
② 절연대 위 등과 같이 감전 위험이 없는 장소에서 사용하는 전기기계·기구
③ 비접지방식의 전로

66

동작 시 아크를 발생하는 고압용 개폐기·차단기·피뢰기 등은 목재의 벽 또는 천장, 기타의 가연성 물체로부터 몇 m 이상 떼어놓아야 하는가?

① 0.3
② 0.5
③ 1.0
④ 1.5

개폐기, 차단기, 피뢰기 등 아크를 발생하는 기구의 시설

① 고압용 : 목재의 벽 또는 천장 기타 가연성 물체로부터 1m 이상 격리
② 특고압용 : 목재의 벽 또는 천장 기타 가연성 물체로부터 2m 이상 격리

67

6,600/100V, 15kVA의 변압기에서 공급하는 저압 전선로의 허용 누설전류는 몇 A를 넘지 않아야 하는가?

① 0.025
② 0.045
③ 0.075
④ 0.085

누설전류

① 허용누설전류 ≤ 최대공급전류/2,000
② 누설전류 = $\dfrac{P}{V} \times \dfrac{1}{2,000}$

∴ $\dfrac{15,000}{100} \times \dfrac{1}{2,000} = 0.075(\text{A})$

정답 63 ③ 64 ③ 65 ④ 66 ③ 67 ③

68

저압전로의 보호도체 및 중성선의 접속방식에 따라 분류하는 접지계통에 해당하지 않는 것은?

① TN 계통
② TT 계통
③ IT 계통
④ IN 계통

> 저압전로의 보호도체 및 중성선의 접속 방식에 따라 분류하는 접지계통
> ① TN 계통   ② TT 계통   ③ IT 계통

69

정전기 발생에 대한 방지대책의 설명으로 틀린 것은?

① 가스용기, 탱크 등의 도체부는 전부 접지한다.
② 배관 내 액체의 유속을 제한한다.
③ 화학섬유의 작업복을 착용한다.
④ 대전 방지제 또는 제전기를 사용한다.

> 정전기에 의한 재해 방지대책
> ① 접지 : 접지에 의한 정전기 완화가 가능한 표면저항은 $10^4 \sim 10^8(\Omega)$
> ② 유속의 제한 : 액체의 비산 방지 및 초기 배관 내 유속 제한
> ③ 보호구 착용 : 대전 방지 작업화(정전화), 정전작업복 착용, 손목띠 착용 등
> ④ 대전방지제 : 섬유 등에 흡습성과 이온성을 부여하여 도전성을 증가하여 대전방지
> ⑤ 가습 : 공기 중의 상대습도를 60~70% 정도 유지하기 위해 가습방법을 사용
> ⑥ 제전기의 사용 등

70

정전기의 유동대전에 가장 크게 영향을 미치는 요인은?

① 액체의 밀도
② 액체의 유동속도
③ 액체의 접촉면적
④ 액체의 분출온도

> 정전기 발생현상(유동대전)
> ① 액체류를 파이프 등으로 수송할 때 액체류가 파이프 등과 접촉하여 두 물질의 경계에 전기 2중층이 형성되어 정전기가 발생
> ② 액체류의 유동속도가 정전기 발생에 큰 영향을 준다.

71

과전류에 의해 전선의 허용전류보다 큰 전류가 흐르는 경우 절연물이 화구가 없더라도 자연히 발화하고 심선이 용단되는 발화단계의 전선 전류밀도(A/mm²)는?

① 10 ~ 20
② 30 ~ 50
③ 60 ~ 120
④ 130 ~ 200

> 전선의 발화단계(전류밀도)
>
> | 단계 | 인화단계 | 착화단계 | 발화단계 | | 순시용단단계 |
> |---|---|---|---|---|---|
> | 상태 | 허용전류의 정도 | 큰전류, 점화원 없이 착화연소 | 심선용단 | | 심선용단 및 도선폭발 |
> | 전류밀도 (A/mm²) | 40 ~ 43 | 43 ~ 60 | 발화 후 용단 | 용단과 동시발화 | 120 이상 |
> | | | | 60 ~ 70 | 75 ~ 120 | |

72

방폭구조와 관계있는 위험 특성이 아닌 것은?

① 발화온도
② 증기밀도
③ 화염일주한계
④ 최소점화전류

> 방폭구조와 관련되는 위험 특성
> ① 최대안전틈새(화염일주한계)
> ② 최소점화전류비
> ③ 발화온도에 대응하는 온도등급(최고표면온도)

73

금속관의 방폭형 부속품에 대한 설명으로 틀린 것은?

① 재료는 아연도금을 하거나 녹이 스는 것을 방지하도록 한 강 또는 가단주철일 것
② 안쪽 면 및 끝부분은 전선의 피복을 손상하지 않도록 매끈한 것일 것
③ 전선관과의 접속부분의 나사는 5턱 이상 완전히 나사결합이 될 수 있는 길이일 것
④ 완성품은 유입 방폭구조의 폭발압력시험에 적합할 것

> 완성품은 내압 방폭구조(d)의 폭발압력(기준압력) 측정 및 압력시험에 적합한 것일 것

정답 68 ④ 69 ③ 70 ② 71 ③ 72 ② 73 ④

74 빈출

접지의 목적과 효과로 볼 수 없는 것은?

① 낙뢰에 의한 피해방지
② 송배전선에서 지락사고의 발생 시 보호계전기를 신속하게 작동시킴
③ 설비의 절연물이 손상되었을 때 흐르는 누설전류에 의한 감전방지
④ 송배전선로의 지락사고 시 대지전위의 상승을 억제하고 절연강도를 상승시킴

> **접지의 목적**
> ① 설비의 절연물이 열화, 손상되었을 경우 발생할 수 있는 누설전류에 의한 감전방지
> ② 고압 및 저압의 혼촉 사고 발생 시 인간에 위험을 줄 수 있는 전류를 대지로 흘려보냄으로 감전방지
> ③ 낙뢰에 의한 감전 및 피해방지
> ④ 송배전선, 고전압모선 등에서 지락사고의 발생 시 보호계전기를 신속하게 동작
> ⑤ 송배전선로의 지락사고 발생 시 대지전위의 상승억제 및 절연강도 경감

75 빈출

방폭전기설비의 용기 내부에 보호가스를 압입하여 내부압력을 외부 대기 이상의 압력으로 유지함으로써 용기 내부에 폭발성 가스 분위기가 형성되는 것을 방지하는 방폭구조는?

① 내압 방폭구조
② 압력 방폭구조
③ 안전증 방폭구조
④ 유입 방폭구조

> **압력 방폭구조(p)**
> 용기 내부에 보호가스(신선한 공기 또는 질소, 탄산가스 등의 불연성 가스)를 압입하여 내부압력을 외부 환경보다 높게 유지함으로써 폭발성 가스 또는 증기가 용기 내부로 유입되지 않도록 한 구조(전폐형의 구조)

76

1종 위험장소로 분류되지 않는 것은?

① 탱크류의 벤트(Vent) 개구부 부근
② 인화성 액체 탱크 내의 액면 상부의 공간부
③ 점검수리 작업에서 가연성 가스 또는 증기를 방출하는 경우의 밸브 부근
④ 탱크롤리, 드럼관 등이 인화성 액체를 충전하고 있는 경우의 개구부 부근

> 용기·장치·배관 등의 내부 등은 0종 장소(Zone 0)에 해당된다.

77

기중차단기의 기호로 옳은 것은?

① VCB
② MCCB
③ OCB
④ ACB

> **과전류차단기의 정의**
> ① 배선용차단기, 퓨즈, 기중차단기와 같은 과부하전류 및 단락전류를 자동차단하는 기능을 갖춘 차단기
> ② ACB(Air Circuit Breaker) : 기중차단기

78

누전사고가 발생될 수 있는 취약 개소가 아닌 것은?

① 나선으로 접속된 분기회로의 접속점
② 전선의 열화가 발생한 곳
③ 부도체를 사용하여 이중절연이 되어 있는 곳
④ 리드선과 단자와의 접속이 불량한 곳

> **누전차단기 적용 제외**
> ① 「전기용품 및 생활용품 안전관리법」이 적용되는 이중절연 또는 이와 같은 수준 이상으로 보호되는 구조로 된 전기기계·기구
> ② 절연대 위 등과 같이 감전 위험이 없는 장소에서 사용하는 전기기계·기구
> ③ 비접지방식의 전로

정답 74 ④ 75 ② 76 ② 77 ④ 78 ③

79
지락전류가 거의 0에 가까워서 안정도가 양호하고 무정전의 송전이 가능한 접지방식은?

① 직접접지방식
② 리액터접지방식
③ 저항접지방식
④ 소호 리액터접지방식

> **소호 리액터접지**
> 송전선의 1선 지락전류로 인한 사고를 예방하기 위해 계통의 중성점과 대지 간에 접속하는 접지방식으로 지락전류가 거의 제로에 가까워 무정전 송전이 가능하다.

80
피뢰기가 갖추어야 할 특성으로 알맞은 것은?

① 충격방전 개시전압이 높을 것
② 제한전압이 높을 것
③ 뇌전류의 방전능력이 클 것
④ 속류를 차단하지 않을 것

> **피뢰기의 구비성능**
> ① 충격방전 개시전압과 제한전압이 낮을 것
> ② 반복동작이 가능할 것
> ③ 뇌전류의 방전능력이 크고 속류차단이 확실할 것
> ④ 점검, 보수가 간단할 것
> ⑤ 구조가 견고하며 특성이 변화하지 않을 것

5과목 화학설비 안전 관리

81
고체의 연소형태 중 증발연소에 속하는 것은?

① 나프탈렌
② 목재
③ TNT
④ 목탄

> **고체 연소**
>
> | | |
> |---|---|
> | 표면 연소 | 연소물 표면에서 산소와 급격한 산화반응으로 열과 빛을 발생하는 현상으로 가연성 가스 발생이나 열분해 반응이 없어 불꽃이 없는 것이 특징(코크스, 금속분, 목탄 등) |
> | 분해 연소 | 고체 가연물이 점화원에 의해 복잡한 경로의 열분해 반응으로 가연성 증기가 발생하여 공기와 연소범위를 형성하게 되어 연소하는 형태(목재, 종이, 플라스틱, 석탄 등) |
> | 증발 연소 | 고체 가연물이 점화원에 의해 상태변화(융해)를 일으켜 액체가 되고 일정 온도에서 가연성 증기가 발생, 공기와 혼합하여 연소하는 형태(나프탈렌, 황, 파라핀 등) |
> | 자기 연소 | 분자 내에 산소를 함유하고 있는 고체 가연물이 외부의 산소 공급원 없이 점화원에 의해 연소하는 형태(제5류 위험물, 니트로글리세린, 니트로셀룰로오스, 트리니트로톨루엔, 질산에틸 등) |

82
산업안전보건법령상 "부식성 산류"에 해당하지 않는 것은?

① 농도 20%인 염산
② 농도 40%인 인산
③ 농도 50%인 질산
④ 농도 60%인 아세트산

> **부식성 물질**
> ① 부식성 산류
>   ㉠ 농도가 20퍼센트 이상인 염산, 황산, 질산, 기타 이와 동등 이상의 부식성을 가지는 물질
>   ㉡ 농도가 60퍼센트 이상인 인산, 아세트산, 불산, 기타 이와 동등 이상의 부식성을 가지는 물질
> ② 부식성 염기류 : 농도가 40퍼센트 이상인 수산화나트륨, 수산화칼륨, 기타 이와 동등 이상의 부식성을 가지는 염기류

정답 79 ④ 80 ③ 81 ① 82 ②

83

뜨거운 금속에 물이 닿으면 튀는 현상과 같이 핵비등(nucleate boiling) 상태에서 막비등(film boiling)으로 이행하는 온도를 무엇이라 하는가?

① Burn-out point
② Leidenfrost point
③ Entrainment point
④ Sub-cooling boiling point

> **Leidenfrost Point**
> 핵비등에서 막비등으로 넘어가는 온도(물은 200℃ 부근)를 Leidenfrost Point라 하며, 처음으로 이 현상을 연구한 사람의 이름을 붙였다.

84

위험물의 취급에 관한 설명으로 틀린 것은?

① 모든 폭발성 물질은 석유류에 침지시켜 보관해야 한다.
② 산화성 물질의 경우 가연물과의 접촉을 피해야 한다.
③ 가스 누설의 우려가 있는 장소에서는 점화원의 철저한 관리가 필요하다.
④ 도전성이 나쁜 액체는 정전기 발생을 방지하기 위한 조치를 취한다.

> **위험물의 취급방법**
> ① 물과의 접촉 금지(금수성 물질) : 발화성 물질 중 물과 접촉하여 쉽게 발화되고 가연성 가스를 발생할 수 있는 물질
> ② 석유(등유) 속에 저장 : 금속나트륨(Na), 금속칼륨(K)

85

이상반응 또는 폭발로 인하여 발생되는 압력의 방출장치가 아닌 것은?

① 파열판
② 폭압방산구
③ 화염방지기
④ 가용합금안전밸브

> **통기설비 및 화염방지기 설치**
> ① 인화성 액체를 저장·취급하는 대기압 탱크에는 통기관 또는 통기밸브(breather valve) 설치
> ② 인화성 액체 및 인화성 가스를 저장 취급하는 화학설비에서 증기나 가스를 대기로 방출하는 경우에는 외부로부터의 화염을 방지하기 위하여 그 설비 상단에 화염방지기 설치

86 빈출

분진폭발의 특징으로 옳은 것은?

① 연소속도가 가스폭발보다 크다.
② 완전연소로 가스중독의 위험이 작다.
③ 화염의 파급속도보다 압력의 파급속도가 크다.
④ 가스폭발보다 연소시간은 짧고 발생에너지는 작다.

분진폭발의 특징	
연소속도 및 폭발압력	가스폭발과 비교하여 작지만 연소시간이 길고, 발생에너지가 크기 때문에 파괴력과 타는 정도가 크며, 발화에너지도 상대적으로 크다.
화염의 파급속도	폭발압력 후 1/10~2/10초 후에 화염이 전파되고 속도는 초기에 2~3m/s 정도이며, 압력상승으로 가속도적으로 빨라진다.
압력의 속도	압력속도는 300m/s 정도이며, 화염속도보다는 압력속도가 훨씬 빠르다.
화상의 위험	가연물의 탄화로 인하여 인체에 닿을 경우 심한 화상을 입는다.
입자의 직경	평균 입자의 직경이 작고 밀도가 작은 것일수록 비표면적은 크게 되고 표면에너지도 크게 되어 위험성이 크다.
불완전연소	가스에 비해 불완전연소의 가능성이 커서 일산화탄소의 존재로 인한 가스중독의 위험이 있다.

87

독성가스에 속하지 않는 것은?

① 암모니아
② 황화수소
③ 포스겐
④ 질소

> 질소는 불연성 가스에 해당되며, 독성가스와는 무관하다.

정답 83 ② 84 ① 85 ③ 86 ③ 87 ④

88

Burgess-Wheeler의 법칙에 따르면 서로 유사한 탄화수소계의 가스에서 폭발하한계의 농도(vol%)와 연소열(kcal/mol)의 곱의 값은 약 얼마 정도인가?

① 1,100
② 2,800
③ 3,200
④ 3,800

> **Burgess-Wheeler의 법칙**
> ① 탄화수소계에서의 적용
> $x \cdot Q / 100 ≒ 11,000$ cal
> (하한계의 폭발성 혼합가스 22.4L의 연소열)
> 그러므로, $x \cdot Q = 1,100$ kcal

89

위험물안전관리법령상 제3류 위험물 중 금수성 물질에 대하여 적응성이 있는 소화기는?

① 포소화기
② 이산화탄소 소화기
③ 할로겐화합물 소화기
④ 탄산수소염류 분말소화기

> **금수성 물질의 소화**
> 금수성 물질의 소화에는 탄산수소염류 등을 이용한 분말소화약제 등 금수성 위험물에 적응성이 있는 분말소화약제를 사용한다.

90

공기 중에서 이황화탄소(CS_2)의 폭발한계는 하한값이 1.25vol%, 상한값이 44vol%이다. 이를 20℃ 대기압 하에서 mg/L의 단위로 환산하면 하한값과 상한값은 각각 약 얼마인가? (단, 이황화탄소의 분자량은 76.1이다.)

① 하한값 : 61, 상한값 : 640
② 하한값 : 39.6, 상한값 : 1,393
③ 하한값 : 146, 상한값 : 860
④ 하한값 : 55.4, 상한값 : 1,642

> **단위환산**
> $$mg/L = \frac{ppm \times 분자량}{22.4 \times (\frac{273+℃}{273})} \times \frac{1}{1,000} = \frac{\% \times 10 \times 분자량}{22.4 \times (\frac{273+℃}{273})}$$

91

일산화탄소에 대한 설명으로 틀린 것은?

① 무색·무취의 기체이다.
② 염소와 촉매 존재 하에 반응하여 포스겐이 된다.
③ 인체 내의 헤모글로빈과 결합하여 산소운반기능을 저하시킨다.
④ 불연성 가스로서 허용농도가 10ppm이다.

> **일산화탄소**
> ① 공기보다 약간 가벼운 무색, 무취의 기체로 독성이 강하다.
> ② 폭발범위가 12.5%~74%로 공기 중에서 잘 연소한다.

92

금속의 용접·용단 또는 가열에 사용되는 가스 등의 용기를 취급할 때의 준수사항으로 틀린 것은?

① 전도의 위험이 없도록 한다.
② 밸브를 서서히 개폐한다.
③ 용해아세틸렌의 용기는 세워서 보관한다.
④ 용기의 온도를 섭씨 65도 이하로 유지한다.

> 용기의 온도를 섭씨 40도 이하로 유지할 것

정답: 88 ① 89 ④ 90 ② 91 ④ 92 ④

93

산업안전보건법령상 건조설비를 사용하여 작업을 하는 경우 폭발 또는 화재를 예방하기 위하여 준수하여야 하는 사항으로 적절하지 않은 것은?

① 위험물 건조설비를 사용하는 때에는 미리 내부를 청소하거나 환기할 것
② 위험물 건조설비를 사용하는 때에는 건조로 인하여 발생하는 가스·증기 또는 분진에 의하여 폭발·화재의 위험이 있는 물질을 안전한 장소로 배출시킬 것
③ 위험물 건조설비를 사용하여 가열 건조하는 건조물은 쉽게 이탈되도록 할 것
④ 고온으로 가열 건조한 가연성 물질은 발화의 위험이 없는 온도로 냉각한 후에 격납시킬 것

위험물 건조설비 사용 시 준수사항
① 미리 내부를 청소하거나 환기할 것
② 건조로 인하여 발생하는 가스·증기 또는 분진에 의하여 폭발·화재의 위험이 있는 물질을 안전한 장소로 배출시킬 것
③ 위험물 건조설비를 사용하여 가열 건조하는 건조물은 쉽게 이탈되지 않도록 할 것
④ 고온으로 가열 건조한 가연성 물질은 발화의 위험이 없는 온도로 냉각한 후에 격납시킬 것
⑤ 건조설비에 근접한 장소에는 가연성 물질을 두지 아니하도록 할 것

94

유류저장탱크에서 화염의 차단을 목적으로 외부에 증기를 방출하기도 하고 탱크 내 외기를 흡입하기도 하는 부분에 설치하는 안전장치는?

① vent stack ② safety valve
③ gate valve ④ flame arrester

플레임 어레스터(flame arrester)
가연성 증기가 발생하는 유류저장탱크에서 증기를 방출하거나 외기를 흡입하는 부분에 설치하는 안전장치로서 화염차단을 목적으로 하며, 40mesh 이상의 가는 눈금의 금망이 여러 개 겹쳐져 있다.

95

다음 중 공기와 혼합 시 최소착화에너지 값이 가장 작은 것은?

① CH_4 ② C_3H_8
③ C_6H_6 ④ H_2

최소발화에너지

가연성 가스	공기 중 최소 발화에너지	가연성 가스	공기 중 최소 발화에너지
이황화탄소	0.015	벤젠	0.20
수소	0.019	메탄	0.28
아세틸렌	0.02	에탄	0.31
에틸렌	0.096	프로판	0.31

96

펌프의 사용 시 공동현상(cavitation)을 방지하고자 할 때의 조치사항으로 틀린 것은?

① 펌프의 회전수를 높인다.
② 흡입비 속도를 작게 한다.
③ 펌프의 흡입관의 두(head) 손실을 줄인다.
④ 펌프의 설치높이를 낮추어 흡입양정을 짧게 한다.

캐비테이션(공동현상) 방지법
① 펌프의 설치높이를 낮추어 흡입양정을 짧게 한다.
② 펌프의 임펠러를 수중에 완전히 잠기게 한다.
③ 흡입배관의 관 지름을 굵게 하거나 굽힘을 적게 한다.
④ 펌프회전수를 낮추어 속도를 느리게 한다.
⑤ 양 흡입 펌프사용 또는 두 대 이상의 펌프를 사용한다.
⑥ 펌프 흡입관의 마찰손실 및 저항을 작게 한다.

97

다음 중 연소속도에 영향을 주는 요인으로 가장 거리가 먼 것은?

① 가연물의 색상 ② 촉매
③ 산소와의 혼합비 ④ 반응계의 온도

연소속도에 영향을 미치는 요인
① 가연물의 온도 ② 산소와의 혼합비 ③ 반응계의 온도
④ 촉매 ⑤ 압력 등

정답 93 ③ 94 ④ 95 ④ 96 ① 97 ①

98
기체의 자연발화온도 측정법에 해당하는 것은?

① 중량법 ② 접촉법
③ 예열법 ④ 발열법

> **자연발화온도 측정법**
> ① 기체측정법 : 도입법, 유통법, 단열압축법, 예열법 등
> ② 액체, 고체의 측정법 : 유적점, 발열법, 중량법, 접촉법 등

99 빈출
디에틸에테르와 에틸알코올이 3:1로 혼합증기의 몰비가 각각 0.75, 0.25이고, 디에틸에테르와 에틸알코올의 폭발하한값이 각각 1.9vol%, 4.3vol%일 때 혼합가스의 폭발하한값은 약 몇 vol%인가?

① 2.2 ② 3.5
③ 22.0 ④ 34.7

> **르샤틀리에의 법칙(혼합가스의 폭발범위)**
> $$\frac{100}{L} = \frac{V_1}{L_1} + \frac{V_2}{L_2} = \frac{75}{1.9} + \frac{25}{4.3} = 45.288$$
> $$\therefore L = 2.208$$

100
프로판가스 $1m^3$을 완전 연소시키는 데 필요한 이론 공기량은 몇 m^3인가? (단, 공기 중의 산소농도는 20vol%이다.)

① 20 ② 25
③ 30 ④ 35

> **프로판가스의 연소반응식**
> $C_3H_8 + 5O_2 \rightarrow 3CO_2 + 4H_2O$
> 그러므로 이론 공기량 = $\frac{100}{20} \times 5 = 25m^3$

6과목 건설공사 안전 관리

101 빈출
다음은 동바리로 사용하는 파이프 서포트의 설치기준이다. ( ) 안에 들어갈 내용으로 옳은 것은?

| 파이프 서포트를 ( ) 이상 이어서 사용하지 않도록 할 것 |

① 2개 ② 3개
③ 4개 ④ 5개

> **파이프 서포트의 준수사항**
> ① 파이프 서포트를 3개 이상 이어서 사용하지 아니하도록 할 것
> ② 파이프 서포트를 이어서 사용할 때에는 4개 이상의 볼트 또는 전용 철물을 사용하여 이을 것
> ③ 높이가 3.5미터를 초과할 때에는 높이 2미터 이내마다 수평연결재를 2개 방향으로 만들고 수평연결재의 변위를 방지할 것

102 빈출
콘크리트 타설 시 거푸집 측압에 관한 설명으로 옳지 않은 것은?

① 타설 속도가 빠를수록 측압이 커진다.
② 거푸집의 투수성이 낮을수록 측압은 커진다.
③ 타설 높이가 높을수록 측압이 커진다.
④ 콘크리트의 온도가 높을수록 측압이 커진다.

> **측압이 커지는 조건**
> ① 타설 속도가 빠를수록
> ② 콘크리트 슬럼프치가 클수록
> ③ 다짐이 충분할수록
> ④ 철골, 철근량이 적을수록
> ⑤ 콘크리트 시공연도가 좋을수록
> ⑥ 외기의 온도가 낮을수록 등

정답 98 ③ 99 ① 100 ② 101 ② 102 ④

103

권상용 와이어로프의 절단하중이 200ton일 때 와이어로프에 걸리는 최대하중은? (단, 안전계수는 5임)

① 1,000ton ② 400ton
③ 100ton ④ 40ton

권상용 와이어로프의 안전계수
① 안전계수 = $\dfrac{절단하중}{최대하중}$ ② 최대하중 = $\dfrac{200}{5}$ = 40[ton]

104 ★빈출

터널 지보공을 설치한 경우에 수시로 점검하고, 이상을 발견한 경우에는 즉시 보강하거나 보수해야 할 사항이 아닌 것은?

① 부재의 긴압 정도
② 기둥침하의 유무 및 상태
③ 부재의 접속부 및 교차부 상태
④ 부재를 구성하는 재질의 종류 확인

터널 지보공의 설치 시 점검사항
① 부재의 손상·변형·부식·변위 탈락의 유무 및 상태   ② 부재의 긴압의 정도   ③ 기둥침하의 유무 및 상태   ④ 부재의 접속부 및 교차부의 상태

105

선창의 내부에서 화물취급작업을 하는 근로자가 안전하게 통행할 수 있는 설비를 설치하여야 하는 기준은 갑판의 윗면에서 선창(船倉) 밑바닥까지의 깊이가 최소 얼마를 초과할 때인가?

① 1.3m ② 1.5m
③ 1.8m ④ 2.0m

항만하역작업 시 안전수칙		
통행설비 설치	갑판의 윗면에서 선창 밑바닥까지 깊이가 1.5m 초과하는 선창내부에서 화물취급작업을 할 경우	
선박의 승강설비 설치	300톤급 이상의 선박에서 하역작업 시	현문사다리(승강설비) 설치 및 안전망 설치
	현문사다리 구조	견고한 재료로서 너비 55cm 이상 양측에 82cm 이상의 높이로 울타리(방책) 설치 및 바닥은 미끄러지지 아니하는 재료로 처리

106

굴착기계의 운행 시 안전대책으로 옳지 않은 것은?

① 버킷에 사람의 탑승을 허용해서는 안 된다.
② 운전반경 내에 사람이 있을 때 회전은 10rpm 정도의 느린 속도로 하여야 한다.
③ 장비의 주차 시 경사지나 굴착작업장으로부터 충분히 이격시켜 주차한다.
④ 전선이나 구조물 등에 인접하여 붐을 선회해야 할 작업에는 사전에 회전반경, 높이제한 등 방호조치를 강구한다.

굴착기계의 운행 시 운전반경 내에 사람이 있을 때는 절대로 회전하여서는 안 된다.

107

폭우 시 옹벽배면의 배수시설이 취약하면 옹벽 저면을 통하여 침투수(seepage)의 수위가 올라간다. 이 침투수가 옹벽의 안정에 미치는 영향으로 옳지 않은 것은?

① 옹벽 배면토의 단위수량 감소로 인한 수직 저항력 증가
② 옹벽 바닥면에서의 양압력 증가
③ 수평 저항력(수동토압)의 감소
④ 포화 또는 부분 포화에 따른 뒷채움용 흙 게의 증가

침투수가 옹벽에 미치는 영향
① 옹벽배면 지하수위가 상승하여 주동토압이 증가함에 따라 지지력이 감소하여 옹벽이 전도된다.   ② 바닥면에서 양압력이 증가하고 수평 저항력이 감소하며 뒷채움용 흙 무게의 증가로 지지력이 감소한다.   ③ 침투수로 보강토 옹벽에 세굴이 발생하게 되면 주동토압의 증가로 옹벽이 전도하거나, 지지력 부족현상이 발생할 수 있다.

정답 103 ④ 104 ④ 105 ② 106 ② 107 ①

108

그물코의 크기가 5cm인 매듭 방망일 경우 방망사의 인장강도는 최소 얼마 이상이어야 하는가? (단, 방망사는 신품인 경우이다.)

① 50kg ② 100kg
③ 110kg ④ 150kg

안전망 인장강도

그물코의 크기 (단위 : 센티미터)	방망의 종류(단위 : 킬로그램)			
	매듭 없는 방망		매듭 방망	
	신품	폐기 시	신품	폐기 시
10	240	150	200	135
5			110	60

109

부두 등의 하역작업장에서 부두 또는 안벽의 선에 따라 통로를 설치하는 경우, 최소 폭 기준은?

① 90cm 이상 ② 75cm 이상
③ 60cm 이상 ④ 45cm 이상

부두 등 하역작업장 조치사항
① 작업장 및 통로의 위험한 부분에는 안전하게 작업할 수 있는 조명을 유지할 것
② 부두 또는 안벽의 선을 따라 통로를 설치하는 때에는 폭을 90cm 이상으로 할 것

110

건설업 산업안전보건관리비 계상 및 사용기준(고용노동부 고시)은 산업재해보상보험법의 적용을 받는 공사 중 총공사금액이 얼마 이상인 공사에 적용하는가?

① 4천만원 ② 3천만원
③ 2천만원 ④ 1천만원

산업안전보건법에서 규정하는 건설공사 중 총공사금액 2천만원 이상인 공사에 적용한다.

111

가설통로를 설치하는 경우 준수하여야 할 기준으로 옳지 않은 것은?

① 경사는 30° 이하로 할 것
② 경사가 15°를 초과하는 경우에는 미끄러지지 아니하는 구조로 할 것
③ 수직갱에 가설된 통로의 길이가 15m 이상인 때에는 15m 이내마다 계단참을 설치할 것
④ 건설공사에 사용하는 높이 8m 이상의 비계다리에는 7m 이내마다 계단참을 설치할 것

가설통로 계단참 설치기준
① 수직갱에 가설된 통로의 길이가 15미터 이상인 경우에는 10미터 이내마다 계단참을 설치할 것
② 건설공사에 사용하는 높이 8미터 이상인 비계다리에는 7미터 이내마다 계단참을 설치할 것

112

온도가 하강함에 따라 토중수가 얼어 부피가 약 9% 정도 증대하게 됨으로써 지표면이 부풀어오르는 현상은?

① 동상현상 ② 연화현상
③ 리칭현상 ④ 액상화현상

동상현상
(1) 정의 : 흙 속의 공극수가 동결되어 부피가 약 9% 팽창되기 때문에 지표면이 부풀어 오르는 현상
(2) 주된 원인
① 모관상승고가 크다.
② 투수성이 크다.
③ 지하수위가 높아 동결선 위쪽에 있다.
④ 영하의 온도 지속기간이 길 때(동결지수가 크다)

정답 108 ③ 109 ① 110 ③ 111 ③ 112 ①

113

강관틀비계를 조립하여 사용하는 경우 준수해야 할 기준으로 옳지 않은 것은?

① 높이가 20m를 초과하거나 중량물의 적재를 수반하는 작업을 할 경우에는 주틀 간의 간격을 2.4m 이하로 할 것
② 수직방향으로 6m, 수평방향으로 8m 이내마다 벽이음을 할 것
③ 길이가 띠장 방향으로 4m 이하이고 높이가 10m를 초과하는 경우에는 10m 이내마다 띠장 방향으로 버팀기둥을 설치할 것
④ 주틀 간에 교차 가새를 설치하고 최상층 및 5층 이내마다 수평재를 설치할 것

> **강관틀비계 조립 시 준수사항**
> ① 높이 20m를 초과하거나 중량물의 적재를 수반하는 작업의 경우 주틀 간의 간격 1.8m 이하
> ② 길이가 띠장 방향으로 4m 이하이고 높이가 10m를 초과하는 경우 10m 이내마다 띠장 방향으로 버팀기둥 설치
> ③ 전체 높이는 40m를 초과할 수 없으며, 벽이음은 수직방향 6m, 수평방향 8m 이내마다

114

근로자의 추락 등의 위험을 방지하기 위한 안전난간의 구조 및 설치요건에 관한 기준으로 옳지 않은 것은?

① 상부 난간대는 바닥면·발판 또는 경사로의 표면으로부터 90cm 이상 지점에 설치할 것
② 발끝막이판은 바닥면 등으로부터 10cm 이상의 높이를 유지할 것
③ 난간대는 지름 1.5cm 이상의 금속제파이프나 그 이상의 강도를 가진 재료일 것
④ 안전난간은 구조적으로 가장 취약한 지점에서 가장 취약한 방향으로 작용하는 100kg 이상의 하중에 견딜 수 있는 튼튼한 구조일 것

> 난간대는 지름 2.7센티미터 이상의 금속제파이프나 그 이상의 강도가 있는 재료일 것

115

건설공사 유해·위험방지계획서를 제출해야 할 대상공사에 해당하지 않는 것은?

① 깊이 10m인 굴착공사
② 다목적댐 건설공사
③ 최대 지간 길이가 40m인 교량건설 공사
④ 연면적 5,000m²인 냉동·냉장창고시설의 설비공사

> **유해·위험 방지계획서를 제출해야 될 대상 건설업**
> ① 다음의 어느 하나에 해당하는 건축물 또는 시설 등의 건설, 개조 또는 해체공사
>   ㉠ 지상 높이가 31미터 이상인 건축물 또는 인공구조물
>   ㉡ 연면적 3만 제곱미터 이상인 건축물
>   ㉢ 연면적 5천 제곱미터 이상인 시설로서 다음의 어느 하나에 해당하는 시설
>   ㉮ 문화 및 집회시설   ㉯ 판매시설, 운수시설
>   ㉰ 종교시설   ㉱ 의료시설 중 종합병원
>   ㉲ 숙박시설 중 관광숙박시설 ㉳ 지하도 상가
>   ㉴ 냉동, 냉장 창고시설
> ② 최대 지간 길이가 50미터 이상인 다리의 건설 등 공사
> ③ 연면적 5천 제곱미터 이상인 냉동, 냉장창고 시설의 설비공사 및 단열공사
> ④ 다목적댐, 발전용댐, 저수용량 2천만톤 이상의 용수전용댐 및 지방상수도 전용댐의 건설 등 공사
> ⑤ 터널의 건설 등 공사
> ⑥ 깊이 10미터 이상인 굴착공사

정답 113 ① 114 ③ 115 ③

116

건설현장에 달비계를 설치하여 작업 시 달비계에 사용가능한 와이어로프로 볼 수 있는 것은?

① 이음매가 있는 것
② 와이어로프의 한 꼬임에서 끊어진 소선의 수가 5%인 것
③ 지름의 감소가 공칭지름의 10%인 것
④ 열과 전기충격에 의해 손상된 것

와이어로프의 사용제한 조건
① 와이어로프의 한 꼬임(스트랜드)에서 끊어진 소선의 수가 10% 이상인 것
② 지름의 감소가 공칭지름의 7%를 초과하는 것
③ 꼬인 것
④ 심하게 변형되거나 부식된 것

tip
2021년 법령개정으로 달비계는 곤돌라형 달비계와 작업의자형 달비계로 구분하여 정리해야 하니 본문내용을 참고하시기 바랍니다.

117

토질시험(soil test)방법 중 전단시험에 해당하지 않는 것은?

① 1면 전단시험
② 베인 테스트
③ 일축 압축시험
④ 투수시험

전단시험

실내시험	① 직접 전단시험(direct shear test) ② 일축 압축시험(unconfined compression test) ③ 삼축 압축시험(triaxial compression test)
현장시험	① 베인 전단시험(vane shear test) ② 콘 관입시험(cone penetration test) ③ 표준 관입시험(standard penetration test)

118

철골 건립기계 선정 시 사전 검토사항과 가장 거리가 먼 것은?

① 건립기계의 소음 영향
② 건립기계로 인한 일조권 침해
③ 건물형태
④ 작업반경

철골 건립기계 선정 시 검토사항
① 건립기계의 출입로, 설치장소, 면적, 주행통로의 유무, 기초구조물 설치공간과 면적 등
② 기계의 소음 영향
③ 건물의 길이 또는 높이 등 건물의 형태
④ 기계의 작업반경이 건물 전체를 수용할 수 있는지의 여부 등

119

감전재해의 직접적인 요인으로 가장 거리가 먼 것은?

① 통전전압의 크기
② 통전전류의 크기
③ 통전시간
④ 통전경로

감전위험 인자

1차적(직접) 위험요소	① 통전전류의 크기 ② 통전시간 ③ 통전경로 ④ 전원의 종류
2차적(간접) 위험요소	① 인체의 조건 ② 통전전압 ③ 계절

120

클램쉘(Clam shell)의 용도로 옳지 않은 것은?

① 잠함 안의 굴착에 사용된다.
② 수면 아래의 자갈, 모래를 굴착하고 준설선에 많이 사용된다.
③ 건축구조물의 기초 등 정해진 범위의 깊은 굴착에 적합하다.
④ 단단한 지반의 작업도 가능하며 작업속도가 빠르고 특히 암반굴착에 적합하다.

클램쉘(Clam Shell)
① 지반 아래 협소하고 깊은 수직굴착에 주로 사용(수중굴착 및 구조물 기초바닥, 우물통 기초의 내부 굴착 등)
② Bucket이 양쪽으로 개폐되며 Bucket을 열어서 굴삭
③ 모래, 자갈 등을 채취하여 트럭에 적재(단단한 지반 작업 불가)

정답 116② 117④ 118② 119① 120④

2020년 6월 6일 | 기출문제

1과목 산업재해 예방 및 안전보건교육

01
산업안전보건법령상 안전보건표지의 종류 중 경고표지에 해당하지 않는 것은?

① 레이저광선 경고
② 급성독성물질 경고
③ 매달린 물체 경고
④ 차량통행 경고

> 차량통행금지는 금지표지의 종류에 해당된다.

02
몇 사람의 전문가에 의하여 과제에 관한 견해를 발표한 뒤에 참가자로 하여금 의견이나 질문을 하게 하여 토의하는 방법을 무엇이라 하는가?

① 심포지움(symposium)
② 버즈 세션(buzz session)
③ 케이스 메소드(case method)
④ 패널 디스커션(panel discussion)

> **토의법의 유형**
> ① symposium : 발제자 없이 몇 사람의 전문가가 과제에 대한 견해를 발표한 뒤 참석자들로부터 질문이나 의견을 제시토록 하는 방법
> ② forum(공개 토론회) : 사회자의 진행으로 몇 사람이 주제에 대하여 발표한 후 참석자가 질문을 하고 토론해 나가는 방법(새로운 자료나 주제를 내보이거나 발표한 후 참석자로 하여금 문제나 의견을 제시하게 하고 다시 깊이 있게 토론해 나가는 방법)
> ③ panel discussion(workshop) : 과제에 관한 결론의 도출보다 참가자의 다양한 의견이나 사고방식을 이해하고 그것들을 과제에 적용하여 보다 구체적이고 체계적인 결론을 유도해 내기 위한 방법
>
> 1~2명의 발제자가 주제에 대한 발표 → 4~5명의 패널이 참석자 앞에서 자유로운 논의 → 사회자에 의해 참가자의 의견을 들으면서 상호 토의

03
작업을 하고 있을 때 긴급 이상상태 또는 돌발사태가 되면 순간적으로 긴장하게 되어 판단능력의 둔화 또는 정지상태가 되는 것은?

① 의식의 우회
② 의식의 과잉
③ 의식의 단절
④ 의식의 수준저하

> **부주의 현상**
>
> | | |
> |---|---|
> | 의식의 단절 (중단) | 의식수준 제0단계(phase 0)의 상태(특수한 질병의 경우) |
> | 의식의 우회 | 의식수준 제0단계(phase 0)의 상태(걱정, 고뇌, 욕구불만 등) |
> | 의식수준의 저하 | 의식수준 제1단계(phaseⅠ) 이하의 상태(심신 피로 또는 단조로운 작업 시) |
> | 의식의 혼란 | 외적조건의 문제로 의식이 혼란되고 분산되어 작업에 잠재된 위험요인에 대응할 수 없는 상태(자극이 애매모호하거나, 너무 강하거나 약할 때) |
> | 의식의 과잉 | 의식수준 제4단계(phase Ⅳ)의 상태(돌발사태 및 긴급이상사태로 주의의 일점 집중현상 발생) |

04
A 사업장의 2019년 도수율이 10이라 할 때 연천인율은 얼마인가?

① 2.4
② 5
③ 12
④ 24

> **도수율과 연천인율의 상관관계**
> 연천인율 = 도수율 × 2.4 = 10 × 2.4 = 24

정답 01 ④ 02 ① 03 ② 04 ④

05

산업안전보건법령상 산업안전보건위원회의 사용자위원에 해당되지 않는 사람은? (단, 각 사업장은 해당하는 사람을 선임하여야 하는 대상 사업장으로 한다.)

① 안전관리자
② 산업보건의
③ 명예산업안전감독관
④ 해당 사업장 부서의 장

산업안전보건위원회 구성위원	
구분	산업안전보건위원회 구성위원
사용자 위원	① 당해 사업의 대표자 ② 안전관리자 1명 ③ 보건관리자 1명 ④ 산업보건의(선임되어 있는 경우) ⑤ 해당 사업의 대표자가 지명하는 9명 이내의 해당 사업장 부서의 장
근로자 위원	① 근로자대표 ② 근로자대표가 지명하는 1명 이상의 명예산업안전감독관 ③ 근로자대표가 지명하는 9명 이내의 해당 사업장의 근로자 (명예감독관이 근로자위원으로 지명되어 있는 경우 그 수를 제외)

06

산업안전보건법상 안전관리자의 업무는?

① 직업성 질환 발생의 원인조사 및 대책수립
② 해당 사업장 안전교육계획의 수립 및 안전교육 실시에 관한 보좌 및 조언·지도
③ 근로자의 건강장해의 원인조사와 재발방지를 위한 의학적 조치
④ 당해 작업에서 발생한 산업재해에 관한 보고 및 이에 대한 응급조치

안전관리자의 업무
① 산업안전보건위원회 또는 안전·보건에 관한 노사협의체에서 심의·의결한 업무와 해당 사업장의 안전보건관리규정 및 취업규칙에서 정한 업무 ② 안전인증대상 기계 등과 자율안전확인대상 기계 등 구입 시 적격품의 선정에 관한 보좌 및 지도·조언 ③ 위험성평가에 관한 보좌 및 지도·조언 ④ 해당 사업장 안전교육계획의 수립 및 안전교육 실시에 관한 보좌 및 지도·조언 ⑤ 사업장 순회점검·지도 및 조치의 건의 ⑥ 산업재해 발생의 원인 조사·분석 및 재발 방지를 위한 기술적 보좌 및 지도·조언 ⑦ 산업재해에 관한 통계의 유지·관리·분석을 위한 보좌 및 지도·조언 ⑧ 법 또는 법에 따른 명령으로 정한 안전에 관한 사항의 이행에 관한 보좌 및 지도·조언 ⑨ 업무수행 내용의 기록·유지 ⑩ 그 밖에 안전에 관한 사항으로서 고용노동부장관이 정하는 사항

07

어느 사업장에서 물적손실이 수반된 무상해사고가 180건 발생하였다면 중상은 몇 건이나 발생할 수 있는가? (단, 버드의 재해구성 비율법칙에 따른다.)

① 6건
② 18건
③ 20건
④ 29건

재해발생에 관한 이론
① 버드의 법칙 : 1[중상 또는 폐질] : 10[경상(물적, 인적상해)] : 30[무상해사고(물적손실)] : 600[무상해, 무사고고장(위험순간)] ② 중상 = $\frac{180}{30} \times 1$ = 6건

08

안전보건교육 계획에 포함해야 할 사항이 아닌 것은?

① 교육지도안
② 교육장소 및 교육방법
③ 교육의 종류 및 대상
④ 교육의 과목 및 교육내용

안전보건교육 계획 수립 시 포함사항	
① 교육목표	② 교육의 종류 및 교육대상
③ 교육과목 및 교육내용	④ 교육장소 및 교육방법
⑤ 교육기간 및 시간	⑥ 교육담당자 및 강사

09

Y·G 성격검사에서 "안전, 적응, 적극형"에 해당하는 형의 종류는?

① A형
② B형
③ C형
④ D형

Y-G(矢田部-Guilford) 성격검사
① A형(평균형) : 조화적, 적응적 ② B형(우편형) : 정서 불안정, 활동적, 외향적(불안전, 적극형, 부적응) ③ C형(좌편형) : 안정, 소극형(온순, 소극적, 안정, 내향적, 비활동) ④ D형(우하형) : 안정, 적응, 적극형(정서 안정, 활동적, 사회 적응, 대인 관계 양호) ⑤ E형(좌하형) : 불안정, 부적응, 수동형(D형과 반대)

정답 05 ③ 06 ② 07 ① 08 ① 09 ④

10

안전교육에 대한 설명으로 옳은 것은?

① 사례중심과 실연을 통하여 기능적 이해를 돕는다.
② 사무직과 기능직은 그 업무가 판이하게 다르므로 분리하여 교육한다.
③ 현장 작업자는 이해력이 낮으므로 단순반복 및 암기를 시킨다.
④ 안전교육에 건성으로 참여하는 것을 방지하기 위하여 인사고과에 필히 반영한다.

> 기능적인 이해(Functional understanding)란 「왜 그렇게 하지 않으면 안 되는가」에 대한 충분한 이해가 필요(암기식, 주입식 탈피)한 것으로 기억의 흔적이 강하게 인식될 뿐 아니라 이상발생 시 긴급조치 및 응용동작을 취할 수 있는 등 안전교육에 있어 꼭 필요한 지도원칙에 해당된다.

11

산업안전보건법령에 따라 환기가 극히 불량한 좁은 밀폐된 장소에서 용접작업을 하는 근로자를 대상으로 한 특별안전보건교육 내용에 포함되지 않는 것은? (단, 일반적인 안전보건에 필요한 사항은 제외한다.)

① 환기설비에 관한 사항
② 질식 시 응급조치에 관한 사항
③ 작업순서, 안전작업방법 및 수칙에 관한 사항
④ 폭발 한계점, 발화점 및 인화점 등에 관한 사항

> 밀폐된 장소에서 용접작업, 습한 장소에서 전기용접작업하는 경우(문제의 보기 외에)
> ① 전격방지 및 보호구 착용에 관한 사항
> ② 작업환경점검에 관한 사항

tip
폭발 한계점, 발화점 및 인화점 등에 관한 사항은 폭발성·물반응성·자기반응성·자기발열성 물질, 자연발화성 액체·고체 및 인화성 액체의 제조 또는 취급작업에 해당되는 내용

12 ★빈출

크레인, 리프트 및 곤돌라는 사업장에 설치가 끝난 날부터 몇 년 이내에 최초의 안전검사를 실시해야 하는가? (단, 이동식 크레인, 이삿짐운반용 리프트는 제외한다.)

① 1년　　② 2년
③ 3년　　④ 4년

> 안전검사의 주기
>
> | | |
> |---|---|
> | 크레인, 리프트 및 곤돌라 | 사업장에 설치가 끝난 날부터 3년 이내에 최초 안전검사 실시, 그 이후부터 매 2년마다(건설현장에서 사용하는 것은 최초로 설치한 날부터 매 6개월마다) |
> | 그 밖의 유해·위험기계 등 | 사업장에 설치가 끝난 날부터 3년 이내에 최초 안전검사 실시, 그 이후부터 매 2년마다(공정안전보고서를 제출하여 확인을 받은 압력용기는 4년마다) |

13 ★빈출

재해 코스트 산정에 있어 시몬즈(R.H. Simonds) 방식에 의한 재해 코스트 산정법으로 옳은 것은?

① 직접비 + 간접비
② 간접비 + 비보험 코스트
③ 보험 코스트 + 비보험 코스트
④ 보험 코스트 + 사업부보상금 지급액

> 시몬즈 그리말디(Simonds and Grimaldi) 방식
> ① 총 재해 산출방식 = 보험 코스트 + 비보험 코스트
> ② 사망과 영구 전노동 불능상해는 재해범주에서 제외됨

14

다음 중 맥그리거(McGregor)의 Y이론과 가장 거리가 먼 것은?

① 성선설　　② 상호신뢰
③ 선진국형　　④ 권위주의적 리더십

> 맥그리거(McGregor)의 Y이론
> 민주적 리더십, 인간은 본래 부지런하고 근면, 적극적, 스스로 일을 자기 책임하에 자주적으로 하며, 목표통합과 자기통제에 의한 관리를 한다.

tip
권위주의적 리더십은 X이론에 해당된다.

정답　10 ①　11 ④　12 ③　13 ③　14 ④

15

생체리듬(Bio Rhythm) 중 일반적으로 28일을 주기로 반복되며, 주의력·창조력·예감 및 통찰력 등을 좌우하는 리듬은?

① 육체적 리듬 ② 지성적 리듬
③ 감성적 리듬 ④ 정신적 리듬

생체리듬의 종류 및 특징	
육체적(신체적) 리듬 (Physical cycle)	몸의 물리적인 상태를 나타내는 리듬으로 질병에 저항하는 면역력, 각종 체내 기관의 기능, 외부환경에 대한 신체의 반사작용 등을 알아 볼 수 있는 척도로서 23일의 주기
감성적 리듬 (Sensitivity cycle)	기분이나 신경 계통의 상태를 나타내는 리듬으로 창조력, 대인관계, 감정의 기복 등을 알아 볼 수 있는 28일의 주기
지성적 리듬 (Intellectual cycle)	집중력, 기억력, 논리적인 사고력, 분석력 등의 기복을 나타내는 리듬으로 주로 두뇌활동과 관련되며 33일의 주기

16 ★빈출

재해예방의 4원칙에 해당하지 않는 것은?

① 예방가능의 원칙 ② 손실가능의 원칙
③ 원인연계의 원칙 ④ 대책선정의 원칙

하인리히의 재해예방의 4원칙	
손실우연의 원칙	사고에 의해서 생기는 상해의 종류 및 정도는 우연적이라는 원칙
예방가능의 원칙	재해는 원칙적으로 예방이 가능하다는 원칙
원인계기의 원칙	재해의 발생은 직접원인으로만 일어나는 것이 아니라 간접원인이 연계되어 일어난다는 원칙
대책선정의 원칙	원인의 정확한 분석에 의해 가장 타당한 재해예방 대책이 선정되어야 한다는 원칙

17 ★빈출

관리감독자를 대상으로 교육하는 TWI의 교육내용이 아닌 것은?

① 문제해결훈련 ② 작업지도훈련
③ 인간관계훈련 ④ 작업방법훈련

TWI(Training with industry)의 교육내용
① Job Method Training(J. M. T) : 작업방법훈련(작업개선법) ② Job Instruction Training(J. I. T) : 작업지도훈련(작업지도법) ③ Job Relations Training(J. R. T) : 인간관계훈련(부하통솔법) ④ Job Safety Training(J. S. T) : 작업안전훈련(안전관리법)

18

위험예지훈련 4R(라운드) 기법의 진행방법에서 3R에 해당하는 것은?

① 목표설정 ② 대책수립
③ 본질추구 ④ 현상파악

위험예지훈련 4라운드 진행방법	
1라운드	현상파악 〈어떤 위험이 잠재하고 있는가?〉
2라운드	본질추구 〈이것이 위험의 포인트이다!〉
3라운드	대책수립 〈당신이라면 어떻게 하겠는가?〉
4라운드	목표설정 〈우리들은 이렇게 하자!〉

19 ★빈출

무재해운동의 기본이념 3원칙 중 다음에서 설명하는 것은?

직장 내의 모든 잠재위험요인을 적극적으로 사전에 발견, 파악, 해결함으로써 뿌리에서부터 산업재해를 제거하는 것

① 무의 원칙 ② 선취의 원칙
③ 참가의 원칙 ④ 확인의 원칙

무재해운동의 3대 원칙	
무의 원칙	모든 잠재위험요인을 적극적으로 사전에 발견하고 파악·해결함으로써 산업재해의 근원적인 요소들을 없앤다는 것을 의미한다.
선취의 원칙	사업장 내에서 행동하기 전에 잠재위험요인을 발견하고 파악·해결하여 재해를 예방하는 것을 의미한다.
참가의 원칙	잠재위험요인을 발견하고 파악·해결하기 위하여 전원이 일치 협력하여 각자의 위치에서 적극적으로 문제해결을 하겠다는 것을 의미한다.

정답 15 ③ 16 ② 17 ① 18 ② 19 ①

20
방진마스크의 사용 조건 중 산소농도의 최소기준으로 옳은 것은?

① 16% ② 18%
③ 21% ④ 23.5%

> 산소농도 18% 미만인 상태를 산소결핍이라 하며 반드시 송기마스크 등의 보호구를 착용해야 한다. 방진마스크와 방독마스크는 반드시 산소농도 18% 이상에서만 착용 가능하다.

2과목 인간공학 및 위험성 평가·관리

21 ⭐빈출
인체 계측 자료의 응용원칙이 아닌 것은?

① 기존 동일 제품을 기준으로 한 설계
② 최대치수와 최소치수를 기준으로 한 설계
③ 조절범위를 기준으로 한 설계
④ 평균치를 기준으로 한 설계

> **인체 계측 자료의 응용원칙**
> ① 극단적인 사람을 위한 설계(극단치 설계) : 최대집단치, 최소집단치
> ② 조절식 설계 : 사무실 의자의 높낮이 조절, 자동차 좌석의 전후조절 등 여러 사람이 사용 가능하도록 조절해야 하는 경우
> ③ 평균치를 기준으로 한 설계 : 가게나 은행의 계산대 등 최대집단치나 최소집단치 또는 조절식으로 설계하기가 부적절하거나 불가능할 경우

22
인체에서 뼈의 주요 기능이 아닌 것은?

① 인체의 지주   ② 장기의 보호
③ 골수의 조혈   ④ 근육의 대사

> **신체 골격구조(뼈의 주요 기능)**
> ① 신체 중요 부분의 보호
> ② 신체의 지지 및 형상 유지
> ③ 신체활동 수행
> ④ 골수에서 혈구세포를 만드는 조혈기능
> ⑤ 칼슘, 인 등의 무기질 저장 및 공급기능

23 ⭐빈출
각 부품의 신뢰도가 다음과 같을 때 시스템의 전체 신뢰도는 약 얼마인가?

① 0.8123
② 0.9453
③ 0.9553
④ 0.9953

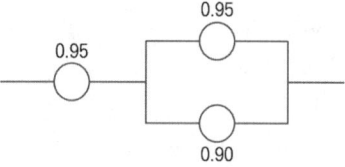

> 신뢰도 계산 : $R_s = 0.95 \times \{1 - (1 - 0.95)(1 - 0.9)\} = 0.94525$

24 ⭐빈출
손이나 특정 신체부위에 발생하는 누적손상장애(CTD)의 발생 인자와 가장 거리가 먼 것은?

① 무리한 힘   ② 다습한 환경
③ 장시간의 진동   ④ 반복도가 높은 작업

> **누적 외상병(cumulative trauma disorders : CTD)**
> ① 외부의 스트레스에 의해 장기간 동안 반복적인 작업이 누적되어 발생하는 부상 또는 질병
> ② 발생 원인
>   ㉠ 부적절한 자세   ㉡ 무리한 힘의 사용
>   ㉢ 과도한 반복작업 ㉣ 연속작업(비휴식)
>   ㉤ 장시간 진동

25
인간공학 연구조사에 사용되는 기준의 구비조건과 가장 거리가 먼 것은?

① 다양성   ② 적절성
③ 무오염성   ④ 기준척도의 신뢰성

> **기준의 요건**
> ① 적절성 : 기준이 의도된 목적에 적합하다고 판단되는 정도
> ② 무오염성 : 측정하고자 하는 변수 외의 영향이 없도록
> ③ 기준척도의 신뢰성 : 척도의 신뢰성, 즉 반복성
> ④ 민감도 : 피실험자 사이에서 볼 수 있는 예상 차이점에 비례하는 단위로 측정 가능

정답 20 ② 21 ① 22 ④ 23 ② 24 ② 25 ①

26
의자 설계 시 고려해야 할 일반적인 원리와 가장 거리가 먼 것은?

① 자세고정을 줄인다.
② 조정이 용이해야 한다.
③ 디스크가 받는 압력을 줄인다.
④ 요추 부위의 후만곡선을 유지한다.

> **의자 설계 시 고려해야 할 사항**
> ① 등받이의 굴곡은 요추의 굴곡(전만곡)과 일치해야 한다.
> ② 좌면의 높이는 사람의 신장에 따라 조절 가능해야 한다.
> ③ 정적인 부하와 고정된 작업자세를 피해야 한다.
> ④ 추간판의 압력을 줄일 수 있어야 한다.

27 빈출
다음 FT도에서 시스템에 고장이 발생할 확률은 약 얼마인가? (단, X_1과 X_2의 발생확률은 각각 0.05, 0.03이다.)

① 0.0015
② 0.0785
③ 0.9215
④ 0.9985

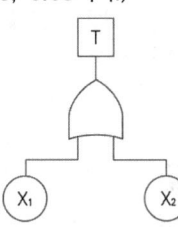

> **FT도의 발생확률**
> $T = 1 - (1 - X_1)(1 - X_2)$
> $= 1 - (1 - 0.05)(1 - 0.03) = 0.0785$

28
반사율이 85%, 글자의 밝기가 400cd/m²인 VDT 화면에 350lux의 조명이 있다면 대비는 약 얼마인가?

① -6.0   ② -5.0
③ -4.2   ④ -2.8

> **대비에 관한 계산문제**
> 반사율(%) = $\dfrac{광도}{조명} = \dfrac{fL}{fc} = \dfrac{cd/m^2 \times \pi}{lux}$
> ① $\dfrac{350 \times 0.85}{3.14} = 94.75 cd/m^2$
> ② $400 + 94.75 = 494.75 cd/m^2$
> 대비 = $\dfrac{Lb - Lt}{Lb} = \dfrac{94.75 - 494.75}{94.75} = -4.22$

29
화학설비에 대한 안전성 평가 중 정량적 평가항목에 해당되지 않는 것은?

① 공정   ② 취급물질
③ 압력   ④ 화학설비용량

> **정량적 평가항목**
> ① 각 구성요소의 물질   ② 화학설비의 용량
> ③ 온도   ④ 압력
> ⑤ 조작

30 빈출
시각 장치와 비교하여 청각 장치 사용이 유리한 경우는?

① 메시지가 길 때
② 메시지가 복잡할 때
③ 정보 전달 장소가 너무 소란할 때
④ 메시지에 대한 즉각적인 반응이 필요할 때

> **청각 장치와 시각 장치의 비교**
>
> | 청각 장치 사용 | 시각 장치 사용 |
> | --- | --- |
> | ① 전언이 간단하다. | ① 전언이 복잡하다. |
> | ② 전언이 짧다. | ② 전언이 길다. |
> | ③ 전언이 후에 재참조되지 않는다. | ③ 전언이 후에 재참조된다. |
> | ④ 전언이 시간적 사상을 다룬다. | ④ 전언이 공간적인 위치를 다룬다. |
> | ⑤ 전언이 즉각적인 행동을 요구한다(긴급할 때). | ⑤ 전언이 즉각적인 행동을 요구하지 않는다. |
> | ⑥ 수신장소가 너무 밝거나 암조응 유지가 필요시 | ⑥ 수신장소가 너무 시끄러울 때 |
> | ⑦ 직무상 수신자가 자주 움직일 때 | ⑦ 직무상 수신자가 한 곳에 머물 때 |
> | ⑧ 수신자의 시각계통이 과부하 상태일 때 | ⑧ 수신자의 청각 계통이 과부하 상태일 때 |

정답 26 ④ 27 ② 28 ③ 29 ① 30 ④

31

산업안전보건법령상 사업주가 유해위험방지 계획서를 제출할 때에는 사업장 별로 관련 서류를 첨부하여 해당 작업 시작 며칠 전까지 해당 기관에 제출하여야 하는가?

① 7일 ② 15일
③ 30일 ④ 60일

> 제출서류는 작업시작 15일 전까지 공단에 2부를 제출하여야 하며, 건설업에 해당하는 대상 사업장일 경우 공사착공 전날까지 공단에 2부를 제출한다.

32

인간 – 기계 시스템을 설계할 때에는 특정기능을 기계에 할당하거나 인간에게 할당하게 된다. 이러한 기능할당과 관련된 사항으로 옳지 않은 것은? (단, 인공지능과 관련된 사항은 제외한다.)

① 인간은 원칙을 적용하여 다양한 문제를 해결하는 능력이 기계에 비해 우월하다.
② 일반적으로 기계는 장시간 일관성이 있는 작업을 수행하는 능력이 인간에 비해 우월하다.
③ 인간은 소음, 이상온도 등의 환경에서 작업을 수행하는 능력이 기계에 비해 우월하다.
④ 일반적으로 인간은 주위가 이상하거나 예기치 못한 사건을 감지하여 대처하는 능력이 기계에 비해 우월하다.

> 기계가 인간보다 우수한 기능
> ① 여러 개의 프로그램된 활동 동시 수행
> ② 과부하 상태에서도 효율적으로 작동
> ③ 주위가 소란해도 효율적으로 작동

33

모든 시스템 안전분석에서 제일 첫 번째 단계의 분석으로, 실행되고 있는 시스템을 포함한 모든 것의 상태를 인식하고 시스템의 개발단계에서 시스템 고유의 위험 상태를 식별하여 예상되고 있는 재해의 위험 수준을 결정하는 것을 목적으로 하는 위험분석기법은?

① 결함위험분석(FHA : Fault Hazard Analysis)
② 시스템위험분석(SHA : System Hazard Analysis)
③ 예비위험분석(PHA : Preliminary Hazard Analysis)
④ 운용위험분석(OHA : Operating Hazard Analysis)

> PHA(예비위험분석)
> 시스템 안전 프로그램에 있어서 최초단계의 분석으로, 시스템 내의 위험한 요소가 얼마나 위험한 상태에 있는가를 정성적으로 평가하는 방법

34

컷셋(cut set)과 패스셋(pass set)에 관한 설명으로 옳은 것은?

① 동일한 시스템에서 패스셋의 개수와 컷셋의 개수는 같다.
② 패스셋은 동시에 발생했을 때 정상사상을 유발하는 사상들의 집합이다.
③ 일반적으로 시스템에서 최소 컷셋의 개수가 늘어나면 위험 수준이 높아진다.
④ 최소 컷셋은 어떤 고장이나 실수를 일으키지 않으면 재해는 일어나지 않는다고 하는 것이다.

> 기본사상들의 집합이 동시에 발생했을 때 정상사상을 유발하는 것은 컷셋이며, 어떤 고장이나 실수를 일으키지 않을 경우 재해가 발생하지 않는 것은 패스셋에 해당된다.

35

조종장치를 촉각적으로 식별하기 위하여 사용되는 촉각적 코드화의 방법으로 옳지 않은 것은?

① 색감을 활용한 코드화
② 크기를 이용한 코드화
③ 조종장치의 형상 코드화
④ 표면 촉감을 이용한 코드화

> 조종장치의 촉각적 암호화의 종류
> ① 형상 암호화된 조종장치
> ② 표면 촉감을 이용한 조종장치
> ③ 크기를 이용한 조종장치

정답 31 ② 32 ③ 33 ③ 34 ③ 35 ①

36

FT도에서 사용하는 기호 중 다음 그림과 같이 OR 게이트이지만 2개 또는 그 이상의 입력이 동시에 존재할 때 출력이 생기지 않는 경우 사용하는 것은?

① 부정 OR 게이트
② 배타적 OR 게이트
③ 억제 게이트
④ 조합 OR 게이트

> **수정 게이트**
> ① 우선적 AND 게이트 : 입력사상 중 어떤 사상이 다른 사상보다 앞에 일어났을 때 출력사상이 발생한다.
> ② 조합 AND 게이트 : 3개 이상의 입력사상 중 어느 것이나 2개가 일어나면 출력이 발생한다.
> ③ 배타적 OR 게이트 : OR 게이트인데 2개 또는 그 이상의 입력이 존재하는 경우에는 출력이 발생하지 않는다.
>
>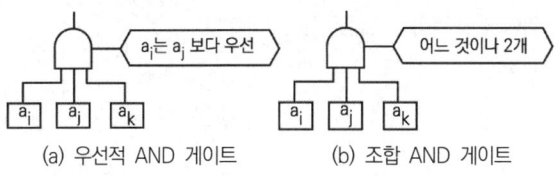
> (a) 우선적 AND 게이트   (b) 조합 AND 게이트

37

휴먼 에러(Human Error)의 요인을 심리적 요인과 물리적 요인으로 구분할 때, 심리적 요인에 해당하는 것은?

① 일이 너무 복잡한 경우
② 일의 생산성이 너무 강조될 경우
③ 동일 형상의 것이 나란히 있을 경우
④ 서두르거나 절박한 상황에 놓여 있을 경우

> 심리적 요인은 서두르거나 절박한 상황에 놓여 있을 경우처럼, 정서불안정, 불안, 공포 등으로 인하여 발생하는 것을 말한다.

38

적절한 온도의 작업환경에서 추운 환경으로 온도가 변할 때 우리의 신체가 수행하는 조절작용이 아닌 것은?

① 발한(發汗)이 시작된다.
② 피부의 온도가 내려간다.
③ 직장(直腸)온도가 약간 올라간다.
④ 혈액의 많은 양이 몸의 중심부를 위주로 순환한다.

온도변화에 대한 신체의 조절작용	
적정온도에서 고온환경으로 변화	① 많은 양의 혈액이 피부를 경유하여 온도가 상승한다. ② 직장온도가 내려간다. ③ 발한이 시작된다.
적정온도에서 한랭환경으로 변화	① 피부를 경유하는 혈액의 순환량이 감소하고 많은 양의 혈액이 몸의 중심부를 순환한다. ② 피부온도는 내려간다. ③ 직장온도가 약간 올라간다. ④ 소름이 돋고 몸이 떨리는 오한을 느낀다.

39

시스템안전 MIL-STD-882B 분류기준의 위험성 평가 매트릭스에서 발생빈도에 속하지 않는 것은?

① 거의 발생하지 않는(remote)
② 전혀 발생하지 않는(impossible)
③ 보통 발생하는(reasonably probable)
④ 극히 발생하지 않을 것 같은(extremely improbable)

> **MIL-STD-882B 분류기준(문제의 보기 외에)**
> ① 자주 발생(frequent)
> ② 가끔 발생(occasional)

40

FTA에 의한 재해사례 연구순서 중 2단계에 해당하는 것은?

① FT도의 작성
② 톱 사상의 선정
③ 개선계획의 작성
④ 사상의 재해원인을 규명

> **FTA에 의한 재해사례 연구순서**
> 1단계 : 톱 사상의 선정 → 2단계 : 사상의 재해원인을 규명 → 3단계 : FT도의 작성 → 4단계 : 개선계획의 작성

정답   36 ②   37 ④   38 ①   39 ②   40 ④

3과목 기계·기구 및 설비 안전 관리

41
산업안전보건법령상 로봇에 설치되는 제어장치의 조건에 적합하지 않은 것은?

① 누름버튼은 오작동 방지를 위한 가드를 설치하는 등 불시 기동을 방지할 수 있는 구조로 제작·설치되어야 한다.
② 로봇에는 외부 보호 장치와 연결하기 위해 하나 이상의 보호정지회로를 구비해야 한다.
③ 전원공급램프, 자동운전, 결함검출 등 작동제어의 상태를 확인할 수 있는 표시장치를 설치해야 한다.
④ 조작버튼 및 선택스위치 등 제어장치에는 해당 기능을 명확하게 구분할 수 있도록 표시해야 한다.

> 로봇에는 외부 보호 장치와 연결하기 위해 하나 이상의 보호정지회로를 구비해야 한다는 내용은 보호정지에 관련된 사항이며 제어장치의 조건에는 해당되지 않는다.

42
컨베이어의 제작 및 안전기준상 작업구역 및 통행구역에 덮개, 울 등을 설치해야 하는 부위에 해당하지 않는 것은?

① 컨베이어의 동력전달 부분
② 컨베이어의 제동장치 부분
③ 호퍼, 슈트의 개구부 및 장력 유지장치
④ 컨베이어 벨트, 풀리, 롤러, 체인, 스프라켓, 스크류 등

> 작업구역 및 통행구역에서 다음의 부위에는 덮개, 울, 물림보호물(nip guard), 감응형 방호장치(광전자식, 안전매트 등) 등을 설치해야 한다.
> ① 컨베이어의 동력전달 부분
> ② 컨베이어 벨트, 풀리, 롤러, 체인, 스프라켓, 스크류 등
> ③ 호퍼, 슈트의 개구부 및 장력 유지장치
> ④ 기타 가동부분과 정지부분 또는 다른 물건 사이 틈 등 작업자에게 위험을 미칠 우려가 있는 부분. 다만, 그 틈이 5mm 이내인 경우에는 예외로 할 수 있다.
> ⑤ 운반되는 재료 또는 컨베이어가 화상 등을 일으킬 수 있는 구간. 다만, 이 경우 덮개나 울을 설치해야 한다.

43 빈출
산업안전보건법령상 탁상용 연삭기의 덮개에는 작업 받침대와 연삭숫돌과의 간격을 몇 mm 이하로 조정할 수 있어야 하는가?

① 3   ② 4
③ 5   ④ 10

> 연삭기 덮개의 성능
> ① 덮개는 인체의 접촉으로 인한 손상이 없어야 한다.
> ② 덮개에는 그 강도를 저하시키는 균열 및 기포 등이 없어야 한다.
> ③ 탁상용 연삭기의 덮개에는 워크레스트 및 조정편을 구비해야 하며 워크레스트는 연삭숫돌과의 간격을 3mm 이하로 조정할 수 있는 구조이어야 한다.

44 빈출
다음 중 회전축, 커플링 등 회전하는 물체에 작업복 등이 말려드는 위험을 초래하는 위험점은?

① 협착점   ② 접선물림점
③ 절단점   ④ 회전말림점

> 회전말림점
> 회전체의 불규칙 부위와 돌기 회전 부위에 의해 형성되는 것으로 회전축, 드릴축, 커플링 등

45
가공기계에 쓰이는 주된 풀 푸르프(Fool Proof)에서 가드(Guard)의 형식으로 틀린 것은?

① 인터록 가드(Interlock Guard)
② 안내 가드(Guide Guard)
③ 조정 가드(Adjustable Guard)
④ 고정 가드(Fixed Guard)

> 풀 푸르프(Fool Proof)에서 가드(Guard) 형식
>
> | | |
> |---|---|
> | 고정 가드 (Fixed Guard) | 개구부로부터 가공물과 공구 등을 넣어도 손은 위험영역에 머무르지 않는 형태 |
> | 조정 가드 (Adjustable Guard) | 가공물과 공구에 맞도록 형상과 크기를 조절하는 형태 |
> | 경고 가드 (Warning Guard) | 손이 위험영역에 들어가기 전에 경고를 하는 형태 |
> | 인터록 가드 (Interlock Guard) | 기계가 작동 중에 개폐되는 경우 정지하는 형태 |

정답 41 ② 42 ② 43 ① 44 ④ 45 ②

46
밀링작업 시 안전수칙으로 틀린 것은?

① 보안경을 착용한다.
② 칩은 기계를 정지시킨 다음에 브러시로 제거한다.
③ 가공 중에는 손으로 가공면을 점검하지 않는다.
④ 면장갑을 착용하여 작업한다.

> **밀링작업 시 안전수칙**
> ① 가공물 측정 및 설치 시에는 반드시 기계 정지 후 실시
> ② 가공 중 손으로 가공면 점검금지 및 장갑(면장갑 등) 착용금지
> ③ 밀링작업의 칩은 가장 가늘고 예리하므로 보안경 착용 및 기계정지 후 브러시로 제거

47 빈출
크레인의 방호장치에 해당되지 않는 것은?

① 권과방지장치　② 과부하방지장치
③ 비상정지장치　④ 자동보수장치

> **양중기의 방호장치의 종류**
> ① 과부하방지장치
> ② 권과방지장치
> ③ 비상정지장치 및 제동장치
> ④ 그 밖의 방호장치(승강기의 파이널 리미트 스위치, 속도조절기, 출입문 인터록 등)

48
무부하 상태에서 지게차로 20km/h의 속도로 주행할 때, 좌우 안정도는 몇 % 이내이어야 하는가?

① 37%　② 39%
③ 41%　④ 43%

> **지게차의 주행 시 안정도**
> ① 주행 시 전후안정도 : 18% 이내
> ② 주행 시 좌우안정도 : (15 + 1.1V) = 15 + (1.1 × 20) = 37(%) 이내

49 빈출
선반가공 시 연속적으로 발생되는 칩으로 인해 작업자가 다치는 것을 방지하기 위하여 칩을 짧게 절단시켜 주는 안전장치는?

① 커버　② 브레이크
③ 보안경　④ 칩 브레이커

> **칩 브레이커**
> 길게 형성되는 절삭 칩을 바이트를 사용하여 절단해주는 선반의 방호장치

50 빈출
아세틸렌 용접장치에 관한 설명 중 틀린 것은?

① 아세틸렌 발생기로부터 5m 이내, 발생기실로부터 3m 이내에는 흡연 및 화기사용을 금지한다.
② 발생기실에는 관계 근로자가 아닌 사람이 출입하는 것을 금지한다.
③ 아세틸렌 용기는 뉘어서 사용한다.
④ 건식안전기의 형식으로 소결금속식과 우회로식이 있다.

> 가스 용기 취급 시 준수사항에서 용기의 온도를 섭씨 40도 이하로 유지해야 하며, 용해아세틸렌의 용기는 세워서 사용해야 한다.

51
산업안전보건법령상 프레스의 작업시작 전 점검사항이 아닌 것은?

① 금형 및 고정볼트 상태
② 방호장치의 기능
③ 전단기 칼날 및 테이블의 상태
④ 트롤리(trolley)가 횡행하는 레일의 상태

> **프레스 작업시작 전 점검사항**
> ① 클러치 및 브레이크의 기능
> ② 크랭크축·플라이휠·슬라이드·연결봉 및 연결나사의 풀림 유무
> ③ 1행정 1정지기구·급정지장치 및 비상정지장치의 기능
> ④ 슬라이드 또는 칼날에 의한 위험방지 기구의 기능
> ⑤ 프레스의 금형 및 고정볼트 상태
> ⑥ 방호장치의 기능
> ⑦ 전단기의 칼날 및 테이블의 상태

정답　46 ④　47 ④　48 ①　49 ④　50 ③　51 ④

52
프레스 양수조작식 방호장치 누름버튼의 상호 간 내측거리는 몇 mm 이상인가?

① 50
② 100
③ 200
④ 300

> 양수조작식 방호장치의 각 누름버튼 상호 간 내측거리는 300mm 이상이어야 한다.

53
산업안전보건법령상 승강기의 종류에 해당하지 않는 것은?

① 리프트
② 에스컬레이터
③ 화물용 엘리베이터
④ 승객용 엘리베이터

승강기의 종류
① 승객용 엘리베이터
② 승객화물용 엘리베이터
③ 화물용 엘리베이터
④ 소형화물용 엘리베이터
⑤ 에스컬레이터

54
롤러기의 앞면 롤의 지름이 300mm, 분당회전수가 30회일 경우 허용되는 급정지장치의 급정지거리는 약 몇 mm 이내이어야 하는가?

① 37.7
② 31.4
③ 377
④ 314

롤러의 급정지거리
① 표면속도(V) = $\frac{\pi \times 300 \times 30}{1,000}$ = 28.27m/분

따라서 30m/분 미만이므로 급정지거리는 앞면 롤러 원주의 $\frac{1}{3}$ 이내에 해당된다.

② 앞면 롤러 원주 : $300 \times \pi$ = 942.48mm
③ 급정지거리 : $942.48 \times \frac{1}{3}$ = 314.16mm

55
어떤 로프의 최대하중이 700N이고, 정격하중은 100N이다. 이때 안전계수는 얼마인가?

① 5
② 6
③ 7
④ 8

플랜지의 직경
안전율 = $\frac{최대하중}{정격하중}$ = $\frac{700}{100}$ = 7

56
다음 중 설비의 진단방법에 있어 비파괴시험이나 검사에 해당하지 않는 것은?

① 피로시험
② 음향 탐상검사
③ 방사선 투과시험
④ 초음파 탐상검사

비파괴시험
① 육안검사
② 방사선 투과시험
③ 초음파 탐상검사
④ 액체침투 탐상시험
⑤ 자분 탐상시험

> **tip**
> 피로시험은 재료의 피로에 대한 저항력을 시험하는 일로 파괴시험에 해당된다.

57
지름 5cm 이상을 갖는 회전 중인 연삭숫돌이 근로자들에게 위험을 미칠 우려가 있는 경우에 필요한 방호장치는?

① 받침대
② 과부하 방지장치
③ 덮개
④ 프레임

연삭숫돌의 안전기준
① 덮개의 설치 기준 : 직경이 5cm 이상인 연삭숫돌
② 작업 시작하기 전 1분 이상, 연삭숫돌을 교체한 후 3분 이상 시운전
③ 연삭숫돌의 최고 사용회전속도 초과 사용금지

정답 52 ④ 53 ① 54 ④ 55 ③ 56 ① 57 ③

58
프레스 금형의 파손에 의한 위험방지방법이 아닌 것은?

① 금형에 사용하는 스프링은 반드시 인장형으로 할 것
② 작업 중 진동 및 충격에 의해 볼트 및 너트의 헐거워짐이 없도록 할 것
③ 금형의 하중 중심은 원칙적으로 프레스 기계의 하중 중심과 일치하도록 할 것
④ 캠, 기타 충격이 반복해서 가해지는 부분에는 완충장치를 설치할 것

금형의 파손에 따른 위험방지방법
① 금형의 조립에 이용하는 볼트 및 너트는 스프링워셔, 조립너트 등에 의해 이완방지를 할 것
② 금형은 그 하중 중심이 원칙적으로 프레스 기계의 하중 중심에 맞는 것으로 할 것
③ 캠, 기타 충격이 반복해서 가해지는 부품에는 완충장치를 할 것
④ 금형에서 사용하는 스프링은 압축형으로 할 것
⑤ 스프링의 파손에 의해 부품이 튀어나올 우려가 있는 장소에는 덮개 등을 설치할 것

59
기계설비의 작업능률과 안전을 위해 공장의 설비 배치 3단계를 올바른 순서대로 나열한 것은?

① 지역배치 → 건물배치 → 기계배치
② 건물배치 → 지역배치 → 기계배치
③ 기계배치 → 건물배치 → 지역배치
④ 지역배치 → 기계배치 → 건물배치

공장배치의 3단계(배치의 3단계)

1단계	지역배치	제품의 원료 확보에서 제품의 판매까지 최적의 배치를 한다.
2단계	건물배치	공장, 사무실 창고 부대시설의 위치배치를 한다.
3단계	공간배치	직능 분야별 기계배치를 한다.

60
다음 중 연삭숫돌의 파괴원인으로 거리가 먼 것은?

① 플랜지가 현저히 클 때
② 숫돌의 균열이 있을 때
③ 숫돌의 측면을 사용할 때
④ 숫돌의 치수 특히 내경의 크기가 적당하지 않을 때

연삭숫돌의 파괴원인
① 숫돌의 회전 속도가 너무 빠를 때
② 숫돌 자체에 균열이 있을 때
③ 숫돌에 과대한 충격을 가할 때
④ 숫돌의 측면을 사용하여 작업할 때
⑤ 숫돌의 불균형이나 베어링 마모에 의한 진동이 있을 때
⑥ 숫돌 반경 방향의 온도 변화가 심할 때
⑦ 플랜지가 현저히 작을 때
⑧ 작업에 부적당한 숫돌을 사용할 때
⑨ 숫돌의 치수가 부적당할 때

4과목 전기설비 안전 관리

61
충격전압시험시의 표준충격파형을 1.2×50㎲로 나타내는 경우 1.2와 50이 뜻하는 것은?

① 파두장 – 파미장
② 최초섬락시간 – 최종섬락시간
③ 라이징타임 – 스테이블타임
④ 라이징타임 – 충격전압인가시간

표준충격파형
우리나라에서는 파두장(T_f)을 1.2㎲, 파미장(T_t)을 50㎲를 표준으로 하고, 1.2 × 50㎲로 표시한다.

정답 58 ① 59 ① 60 ① 61 ①

62 ⭐빈출

폭발위험장소의 분류 중 인화성 액체의 증기 또는 가연성 가스에 의한 폭발위험이 지속적으로 또는 장기간 존재하는 장소는 몇 종 장소로 분류되는가?

① 0종 장소 ② 1종 장소
③ 2종 장소 ④ 3종 장소

위험장소의 분류	
분류	적요
0종 장소	인화성 액체의 증기 또는 가연성 가스에 의한 폭발위험이 지속적으로 또는 장기간 존재하는 장소
1종 장소	정상 작동상태에서 인화성 액체의 증기 또는 가연성 가스에 의한 폭발위험분위기가 존재하기 쉬운 장소
2종 장소	정상 작동상태에서 인화성 액체의 증기 또는 가연성 가스에 의한 폭발위험분위기가 존재할 우려가 없으나, 존재할 경우 그 빈도가 아주 적고 단기간만 존재할 수 있는 장소

63

활선 작업 시 사용할 수 없는 전기작업용 안전장구는?

① 전기안전모 ② 절연장갑
③ 검전기 ④ 승주용 가제

활선작업 시에는 절연안전모, 절연장갑, 절연안전화 등을 착용하고 검전기로 충전 여부를 확인하는 자세가 필요하다.

64

인체의 전기저항을 500Ω이라 한다면 심실세동을 일으키는 위험 에너지(J)는? (단, 심실세동전류 $I = \dfrac{165}{\sqrt{T}}$ mA, 통전시간은 1초이다.)

① 13.61 ② 23.21
③ 33.42 ④ 44.63

심실세동전류

$Q = I^2 RT (\text{J/S}) = \left(\dfrac{165}{\sqrt{T}} \times 10^{-3}\right)^2 \times 500 \times T = 13.61$

65 ⭐빈출

피뢰침의 제한전압이 800kV, 충격절연강도가 1,000kV라 할 때, 보호여유도는 몇 %인가?

① 25 ② 33
③ 47 ④ 63

피뢰침의 보호여유도

여유도(%) = $\dfrac{\text{충격절연강도} - \text{제한전압}}{\text{제한전압}} \times 100$

= $\dfrac{1,000 - 800}{800} \times 100 = 25(\%)$

66

감전사고를 일으키는 주된 형태가 아닌 것은?

① 충전전로에 인체가 접촉되는 경우
② 이중절연구조로 된 전기기계·기구를 사용하는 경우
③ 고전압의 전선로에 인체가 근접하여 섬락이 발생된 경우
④ 충전 전기회로에 인체가 단락회로의 일부를 형성하는 경우

이중절연구조는 접지 및 누전차단기를 설치하지 않아도 되는 안전한 구조로 감전사고를 일으킬 위험이 없다.

tip
접지를 하지 않아도 되는 경우
① 이중절연구조
② 절연대 위 등과 같이 감전 위험이 없는 장소
③ 비접지방식의 전로

67

화재가 발생하였을 때 조사해야 하는 내용으로 가장 관계가 먼 것은?

① 발화원 ② 착화물
③ 출화의 경과 ④ 응고물

전기화재 발생원인의 3요건
(1) 발화원(기기별)
　① 전열기 ② 전등 등의 배선(코드)
　③ 전기기기 ④ 전기장치
(2) 출화의 경과(원인 또는 경로별)
　① 단락 ② 스파크
　③ 누전 ④ 접촉부 과열
(3) 착화물(연소물질)

정답　62 ①　63 ④　64 ①　65 ①　66 ②　67 ④

68
정전기에 관한 설명으로 옳은 것은?

① 정전기는 발생에서부터 억제 - 축적방지 - 안전한 방전이 재해를 방지할 수 있다.
② 정전기 발생은 고체의 분쇄공정에서 가장 많이 발생한다.
③ 액체의 이송 시는 그 속도(유속)를 7(m/s) 이상 빠르게 하여 정전기의 발생을 억제한다.
④ 접지 값은 10(Ω) 이하로 하되 플라스틱 같은 절연도가 높은 부도체를 사용한다.

> **정전기 발생 방지**
> ① 접지(도체의 대전방지)
> ② 가습(공기 중의 상대습도를 60~70% 정도 유지)
> ③ 대전방지제 사용
> ④ 배관 내에 액체의 유속제한 및 정체시간 확보
> ⑤ 제전장치(제전기) 사용
> ⑥ 도전성 재료 사용
> ⑦ 보호구 착용

69 ★빈출
접지시스템의 시설 종류에 해당하지 않는 것은?

① 단독접지   ② 보호접지
③ 공통접지   ④ 통합접지

> 접지시스템의 시설 종류에는 단독접지, 공통접지, 통합접지가 있다.

70
교류아크 용접기에 전격방지기를 설치하는 요령 중 틀린 것은?

① 이완 방지 조치를 한다.
② 직각으로만 부착해야 한다.
③ 동작 상태를 알기 쉬운 곳에 설치한다.
④ 테스트 스위치는 조작이 용이한 곳에 위치시킨다.

> **자동전격방지기의 설치방법**
> ① 직각으로 부착할 것(부득이할 경우 직각에서 20°를 넘지 않을 것)
> ② 용접기의 이동·진동·충격으로 이완되지 않도록 이완 방지 조치를 취할 것
> ③ 전방 장치의 작동 상태를 알기 위한 표시등은 보기 쉬운 곳에 설치할 것
> ④ 전방 장치의 작동 상태를 실험하기 위한 테스트 스위치는 조작하기 쉬운 곳에 설치할 것

71
전기기기의 Y종 절연물의 최고 허용온도는?

① 80℃   ② 85℃
③ 90℃   ④ 105℃

> **절연계급**
> ① Y종 : 90℃ 이내   ② A종 : 105℃ 이내
> ③ E종 : 120℃ 이내   ④ B종 : 130℃ 이내

72
내압 방폭구조의 기본적 성능에 관한 사항으로 틀린 것은?

① 내부에서 폭발할 경우 그 압력에 견딜 것
② 폭발화염이 외부로 유출되지 않을 것
③ 습기침투에 대한 보호가 될 것
④ 외함 표면온도가 주위의 가연성 가스에 점화하지 않을 것

> **내압 방폭구조(d)**
> ① 용기 내부에서 폭발성 가스 또는 증기가 폭발하였을 때 용기가 그 압력에 견디며 또한 접합면, 개구부 등을 통하여 외부의 폭발성 가스증기에 인화되지 않도록 한 구조
> ② 전폐형으로 내부에서의 가스 등의 폭발압력에 견디고 그 주위의 폭발 분위기하의 가스 등에 점화되지 않도록 하는 방폭구조
> ③ 폭발 후에는 크레아런스가 있어 고온의 가스를 서서히 방출시킴으로 냉각

정답 68 ① 69 ② 70 ② 71 ③ 72 ③

73

온도조절용 바이메탈과 온도퓨즈가 회로에 조합되어 있는 다리미를 사용한 가정에서 화재가 발생했다. 다리미에 부착되어 있던 바이메탈과 온도퓨즈를 대상으로 화재사고를 분석하려 하는데 논리기호를 사용하여 표현하고자 한다. 어느 기호가 적당한가? (단, 바이메탈의 작동과 온도퓨즈가 끊어졌을 경우를 0, 그렇지 않을 경우를 1이라 한다.)

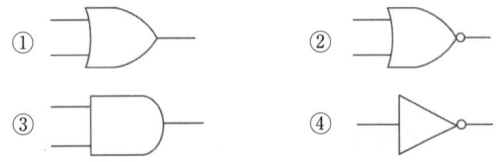

바이메탈과 온도퓨즈 모두가 만족할 때 출력이 발생하므로 AND 게이트이다.		
바이메탈	온도퓨즈	화재 유무
0	0	0
0	1	0
1	0	0
1	1	1

74 ★

화염일주한계에 대한 설명으로 옳은 것은?

① 폭발성 가스와 공기의 혼합기에 온도를 높인 경우 화염이 발생할 때까지의 시간 한계치
② 폭발성 분위기에 있는 용기의 접합면 틈새를 통해 화염이 내부에서 외부로 전파되는 것을 저지할 수 있는 틈새의 최대간격치
③ 폭발성 분위기 속에서 전기불꽃에 의하여 폭발을 일으킬 수 있는 화염을 발생시키기에 충분한 교류파형의 1주기치
④ 방폭설비에서 이상이 발생하여 불꽃이 생성된 경우에 그것이 점화원으로 작용하지 않도록 화염의 에너지를 억제하여 폭발하한계로 되도록 화염 크기를 조정하는 한계치

안전간격(화염일주한계)
화염이 틈새를 통하여 바깥쪽의 폭발성 가스에 전달되지 않도록 하는 한계의 틈새로 최소점화에너지 이하로 열을 식혀 안전을 유지하기 위함

75

폭발위험이 있는 장소의 설정 및 관리와 가장 관계가 먼 것은?

① 인화성 액체의 증기 사용
② 가연성 가스의 제조
③ 가연성 분진 제조
④ 종이 등 가연성 물질 취급

위험장소의 분류	
분류	적요
0종 장소	인화성 액체의 증기 또는 가연성 가스에 의한 폭발위험이 지속적으로 또는 장기간 존재하는 장소
1종 장소	정상 작동상태에서 인화성 액체의 증기 또는 가연성 가스에 의한 폭발위험분위기가 존재하기 쉬운 장소
2종 장소	정상 작동상태에서 인화성 액체의 증기 또는 가연성 가스에 의한 폭발위험분위기가 존재할 우려가 없으나, 존재할 경우 그 빈도가 아주 적고 단기간만 존재할 수 있는 장소

76

인체의 표면적이 0.5m²이고 정전용량은 0.02pF/cm²이다. 3,300V의 전압이 인가되어 있는 전선에 접근하여 작업을 할 때 인체에 축적되는 정전기 에너지(J)는?

① 5.445×10^{-2}
② 5.445×10^{-4}
③ 2.723×10^{-2}
④ 2.723×10^{-4}

정전기 에너지
$W = \frac{1}{2}QV = \frac{1}{2}CV^2$ (J)이므로
$W = \frac{1}{2} \times (0.02 \times 10^{-12}) \times 0.5 \times 10^4 \times 3,300^2 = 5.445 \times 10^{-4}$

정답 73 ③ 74 ② 75 ④ 76 ②

77

계통 전체에 대해 별도의 중성선 또는 PE 도체를 사용하고, 배전계통에서 PE 도체를 추가로 접지할 수 있는 TN 계통은?

① TN-C
② TN-T
③ TN-S
④ TN-C-S

TN 계통의 분류	
TN-S 계통	• 계통 전체에 대해 별도의 중성선 또는 PE 도체를 사용 • 배전계통에서 PE 도체를 추가로 접지할 수 있음
TN-C 계통	• 계통 전체에 대해 중성선과 보호도체의 기능을 동일 도체로 겸용한 PEN 도체를 사용 • 배전계통에서 PEN 도체를 추가로 접지할 수 있음
TN-C-S계통	• 계통의 일부분에서 PEN 도체를 사용하거나, 중성선과 별도의 PE 도체를 사용하는 방식 • 배전계통에서 PEN 도체와 PE 도체를 추가로 접지할 수 있음

78

전자파 중에서 광량자 에너지가 가장 큰 것은?

① 극저주파
② 마이크로파
③ 가시광선
④ 적외선

광량자설
빛을 연속적인 파동의 흐름으로 보아서는 광전 효과를 합리적으로 설명할 수 없어 아인슈타인은 빛이 불연속적인 에너지의 입자라는 광량자설을 주장하였다. 광량자의 에너지는 빛의 진동수에 비례한다.

79

다음 중 폭발위험장소에 전기설비를 설치할 때 전기적인 방호조치로 적절하지 않은 것은?

① 다상 전기기기는 결상운전으로 인한 과열방지조치를 한다.
② 배선은 단락·지락 사고 시의 영향과 과부하로부터 보호한다.
③ 자동차단이 점화의 위험보다 클 때는 경보장치를 사용한다.
④ 단락보호장치는 고장상태에서 자동복구되도록 한다.

폭발위험장소에서의 전기설비에 대한 전기적인 방호 재해를 방지하기 위해 저압 측에 접지하는 것
① 배선은 단락·지락 사고 시의 위해한 영향과 과부하로부터 보호하여야 한다.
② 단락보호 및 지락보호장치는 고장상태에서 자동재폐로 되지 않아야 한다.
③ 전기기기의 자동차단이 점화위험 그 자체보다 더 큰 위험을 가져올 수 있는 경우에는 신속한 응급조치를 취할 수 있도록 자동차단장치 대신 경보장치를 사용할 수 있다.
④ 다상 전기기기에서는 한상 또는 그 이상의 상의 결상운전으로 과열을 방지할 수 있는 조치를 취하여야 한다.

80

감전사고 방지대책으로 틀린 것은?

① 설비의 필요한 부분에 보호접지 실시
② 노출된 충전부에 통전망 설치
③ 안전전압 이하의 전기기기 사용
④ 전기기기 및 설비의 정비

충전부는 노출되지 아니하도록 폐쇄형 외함이 있는 구조로 하거나, 충분한 절연효과가 있는 방호망 또는 절연덮개 설치 및 내구성이 있는 절연물로 완전히 덮어 감싸야 한다.

5과목 화학설비 안전 관리

81

다음 관(pipe) 부속품 중 관로의 방향을 변경하기 위하여 사용하는 부속품은?

① 니플(nipple)
② 유니온(union)
③ 플랜지(flange)
④ 엘보우(elbow)

피팅류(Fittings)의 종류	
두 개의 관을 연결할 때	플랜지(flange), 유니온(union), 카플링(coupling), 니플(nipple), 소켓(socket)
관로의 방향을 바꿀 때	엘보우(elbow), Y지관(Y-branch), 티(tee), 십자(cross)
관로의 크기를 바꿀 때	축소관(reducer), 부싱(bushing)

정답   77 ③   78 ③   79 ④   80 ②   81 ④

82

산업안전보건기준에 관한 규칙상 국소배기장치의 후드 설치 기준이 아닌 것은?

① 유해물질이 발생하는 곳마다 설치할 것
② 후드의 개구부 면적은 가능한 한 크게 할 것
③ 외부식 또는 리시버식 후드는 해당 분진 등의 발산원에 가장 가까운 위치에 설치할 것
④ 후드 형식은 가능하면 포위식 또는 부스식 후드를 설치할 것

> **후드의 설치요령**
> ① 유해물질이 발생하는 곳마다 설치할 것
> ② 유해인자의 발생형태와 비중, 작업방법 등을 고려하여 당해 분진 등의 발산원을 제어할 수 있는 구조로 설치할 것
> ③ 후드 형식은 가능하면 포위식 또는 부스식 후드를 설치할 것
> ④ 외부식 또는 리시버식 후드는 해당 분진 등의 발산원에 가장 가까운 위치에 설치할 것

83

산업안전보건기준에 관한 규칙에 따르면 쥐에 대한 경구투입실험에 의하여 실험동물의 50퍼센트를 사망시킬 수 있는 물질의 양, 즉 LD50(경구, 쥐)이 킬로그램당 몇 밀리그램-(체중) 이하인 화학물질이 급성 독성물질에 해당하는가?

① 25
② 100
③ 300
④ 500

> **급성 독성물질**
> ① 쥐에 대한 경구투입실험에 의하여 실험동물의 50퍼센트를 사망시킬 수 있는 물질의 양, 즉 LD50(경구, 쥐)이 킬로그램당 300밀리그램(체중) 이하인 화학물질
> ② 쥐 또는 토끼에 대한 경피흡수실험에 의하여 실험동물의 50퍼센트를 사망시킬 수 있는 물질의 양, 즉 LD50(경피, 토끼 또는 쥐)이 킬로그램당 1,000밀리그램(체중) 이하인 화학물질

84

반응성 화학물질의 위험성은 실험에 의한 평가 대신 문헌조사 등을 통해 계산에 의해 평가하는 방법을 사용할 수 있다. 이에 관한 설명으로 옳지 않은 것은?

① 위험성이 너무 커서 물성을 측정할 수 없는 경우 계산에 의한 평가 방법을 사용할 수도 있다.
② 연소열, 분해열, 폭발열 등의 크기에 의해 그 물질의 폭발 또는 발화의 위험예측이 가능하다.
③ 계산에 의한 평가를 하기 위해서는 폭발 또는 분해에 따른 생성물의 예측이 이루어져야 한다.
④ 계산에 의한 위험성 예측은 모든 물질에 대해 정확성이 있으므로 더 이상의 실험을 필요로 하지 않는다.

> 계산에 의한 위험성 예측은 물질에 따라 차이가 날 수 있으므로 실험을 통해 좀더 정확한 값을 구해야 한다.

85

압축기와 송풍의 관로에 심한 공기의 맥동과 진동을 발생하면서 불안정한 운전이 되는 서징(surging) 현상의 방지법으로 옳지 않은 것은?

① 풍량을 감소시킨다.
② 배관의 경사를 완만하게 한다.
③ 교축밸브를 기계에서 멀리 설치한다.
④ 토출가스를 흡입 측에 바이패스 시키거나 방출밸브에 의해 대기로 방출시킨다.

> **맥동현상(surging)**
> ① 원인 : 송출압력과 송출유량 사이에 주기적인 변동으로 입구와 출구의 진공계, 압력계의 침이 흔들리고 동시에 송출유량이 변화하는 현상을 말한다.
> ② 방지대책 : 배관 중에 불필요한 수조를 없애고, 배관 내의 기체를 제거하며, 풍량 또는 토출량을 줄이고, 유량조절밸브를 배관 중 수조의 전방에 설치하는 등의 조치를 한다.

정답 82 ② 83 ③ 84 ④ 85 ③

86
다음 중 독성이 가장 강한 가스는?

① NH₃
② COCl₂
③ C₆H₅CH₃
④ H₂S

> **독성가스의 노출기준**
> ① NH₃ : 25ppm   ② COCl₂ : 0.1ppm
> ③ C₆H₅CH₃ : 50ppm   ④ H₂S : 10ppm

87 빈출
다음 중 분해폭발의 위험성이 있는 아세틸렌의 용제로 가장 적절한 것은?

① 에테르
② 에틸알코올
③ 아세톤
④ 아세트알데히드

> **아세틸렌 가스**
> ① 압축하면 폭발하는 성질이 있어 용해가 잘 되는 아세톤에 용해시켜 보관한다.
> ② 석유(2배), 아세톤(25배) 등에 잘 용해된다.

88 빈출
분진폭발의 발생 순서로 옳은 것은?

① 비산 → 분산 → 퇴적분진 → 발화원 → 2차폭발 → 전면폭발
② 비산 → 퇴적분진 → 분산 → 발화원 → 2차폭발 → 전면폭발
③ 퇴적분진 → 발화원 → 분산 → 비산 → 전면폭발 → 2차폭발
④ 퇴적분진 → 비산 → 분산 → 발화원 → 전면폭발 → 2차폭발

> **분진폭발의 과정**
> 분진의 퇴적 → 비산하여 분진운 생성 → 분산 → 발화원 → 폭발 → 2차폭발

89
폭발방호대책 중 이상 또는 과잉압력에 대한 안전장치로 볼 수 없는 것은?

① 안전 밸브(safety valve)
② 릴리프 밸브(relief valve)
③ 파열판(bursting disk)
④ 플레임 어레스터(flame arrester)

> **플레임 어레스터(flame arrester)**
> 가연성 증기가 발생하는 유류저장탱크에서 증기를 방출하거나 외기를 흡입하는 부분에 설치하는 안전장치로서, 화염의 차단을 목적으로 하며 40mesh 이상의 가는 눈금의 금망이 여러 개 겹쳐져 있다.

90
다음 인화성 가스 중 가장 가벼운 물질은?

① 아세틸렌
② 수소
③ 부탄
④ 에틸렌

> 수소(Hydrogen)는 주기율표의 가장 첫 번째에 위치하는 화학 원소이다(원자번호 1). 표준 원자량은 1.008로 알려진 원소 중에 가장 가볍고 전 우주를 통틀어서 가장 많은 양을 차지하고 있는 것으로 알려져 있다.

91 빈출
가연성 가스 및 증기의 위험도에 따른 방폭전기기기의 분류로 폭발등급을 사용하는데, 이러한 폭발등급을 결정하는 것은?

① 발화도
② 화염일주한계
③ 폭발한계
④ 최소발화에너지

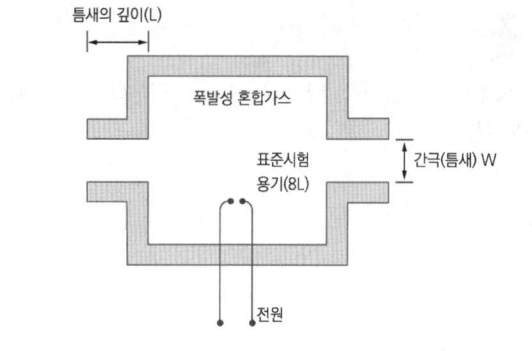

정답 86 ② 87 ③ 88 ④ 89 ④ 90 ② 91 ②

92

다음 중 메타인산(HPO_3)에 의한 소화효과를 가진 분말소화약제의 종류는?

① 제1종 분말소화약제 ② 제2종 분말소화약제
③ 제3종 분말소화약제 ④ 제4종 분말소화약제

> **제3종 분말소화약제**
> ① 인산암모늄은 ABC소화제라 하며 부착성이 좋은 메타인산(HPO_3)을 만들어 다른 소화분말보다 30% 이상 소화능력이 향상
> ② 제3종 분말은 메타인산(HPO_3)이 발생하여 부착력이 매우 우수해 일반가연물에 달라붙어 열분해를 막기 때문에 A급 화재에도 가능

93

다음 중 파열판에 관한 설명으로 틀린 것은?

① 압력 방출속도가 빠르다.
② 한번 파열되면 재사용할 수 없다.
③ 한번 부착한 후에는 교환할 필요가 없다.
④ 높은 점성의 슬러리나 부식성 유체에 적용할 수 있다.

> **파열판**
> ① 용기 내의 압력이 급격히 상승할 경우 용기 내의 가스 배출(한번 작동 후 교체)
> ② 스프링식보다 토출 용량이 많아 압력상승이 급격히 변하는 곳에 적당

94 ★빈출

공기 중에서 폭발범위가 12.5~74vol%인 일산화탄소의 위험도는 얼마인가?

① 4.92   ② 5.26
③ 6.26   ④ 7.05

> **위험도**
> $$H = \frac{UFL - LFL}{LFL} = \frac{74 - 12.5}{12.5} = 4.92$$

95

산업안전보건법령에 따라 유해하거나 위험한 설비의 설치·이전 또는 주요 구조부분의 변경공사 시 공정안전보고서의 제출시기는 착공일 며칠 전까지 관련기관에 제출하여야 하는가?

① 15일   ② 30일
③ 60일   ④ 90일

> 유해·위험설비의 설치·이전 및 주요 구조부분 변경 시 공사의 착공 30일 전까지 공정안전보고서를 작성하여 2부를 공단에 제출

96

소화약제 IG-100의 구성성분은?

① 질소   ② 산소
③ 이산화탄소 ④ 수소

> **불활성 가스 소화약제**
> ① 불활성 가스 소화약제는 헬륨, 네온, 아르곤 또는 질소 가스 중 한 가지 이상을 주성분으로 하는 소화약제를 말한다.
> ② IG-100은 질소, IG-01은 아르곤, IG-55는 질소(50%)와 아르곤(50%)을 주성분으로 한다.

97

프로판(C_3H_8)의 연소에 필요한 최소산소농도의 값은 약 얼마인가? (단, 프로판의 폭발하한은 Jone식에 의해 추산한다.)

① 8.1%v/v   ② 11.1%v/v
③ 15.1%v/v   ④ 20.1%v/v

> **최소산소농도(MOC)**
> $C_3H_8 + 5O_2 \rightarrow 3CO_2 + 4H_2O$이므로
> MOC = LFL × 산소의 화학양론계수(연소반응식)
>   = 2.212 × 5 = 11.06(%)

tip
필요한 관련식
① 화학양론농도 공식(C_{st}) = $\dfrac{100}{1 + 4.773\left(n + \dfrac{m - f - 2\lambda}{4}\right)}$
② 연소하한계(Jone식) = $C_{st} \times 0.55$

정답 92 ③ 93 ③ 94 ① 95 ② 96 ① 97 ②

98

다음 중 물과 반응하여 아세틸렌을 발생시키는 물질은?

① Zn
② Mg
③ Al
④ CaC₂

> **아세틸렌 가스의 발생원리**
> $CaC_2 + 2H_2O \rightarrow C_2H_2 + Ca(OH)_2 + 31,872cal$
> ① 카바이드는 석회석과 석탄 또는 코크스를 원료로 혼합하여 가열하면 칼슘과 탄소의 화합물 생성
> ② 카바이드에 물을 작용하면 아세틸렌 가스가 발생하고 소석회가 남음

99 ★빈출

메탄 1vol%, 헥산 2vol%, 에틸렌 2vol%, 공기 95vol%로 된 혼합가스의 폭발하한계 값(vol%)은 약 얼마인가? (단, 메탄, 헥산, 에틸렌의 폭발하한계 값은 각각 5.0, 1.1, 2.7%이다.)

① 1.8
② 3.5
③ 12.8
④ 21.7

> **르샤틀리에의 법칙**
> ① 각 성분기체의 체적
> 메탄 : $\frac{1}{5} \times 100 = 20\%$, 헥산 : $\frac{2}{5} \times 100 = 40\%$
> 에틸렌 : $\frac{2}{5} \times 100 = 40\%$
> ② 혼합가스의 폭발하한계 값
> $\frac{100}{L} = \frac{V_1}{L_1} + \frac{V_2}{L_2} + \frac{V_3}{L_3} = \frac{20}{5.0} + \frac{40}{1.1} + \frac{40}{2.7} = 55.178$
> 그러므로 $L = \frac{100}{55.178} = 1.812$

100

가열·마찰·충격 또는 다른 화학물질과의 접촉 등으로 인하여 산소나 산화제의 공급이 없더라도 폭발 등 격렬한 반응을 일으킬 수 있는 물질은?

① 에틸알코올
② 인화성 고체
③ 니트로화합물
④ 테레핀유

> **폭발성 물질 및 유기과산화물**
> ① 질산에스테르류
> ② 니트로화합물
> ③ 니트로소화합물
> ④ 아조화합물
> ⑤ 디아조화합물
> ⑥ 하이드라진 유도체
> ⑦ 유기과산화물

6과목 건설공사 안전 관리

101

사업주가 유해위험방지 계획서 제출 후 건설공사 중 6개월 이내마다 안전보건공단의 확인을 받아야 할 내용이 아닌 것은?

① 유해위험방지 계획서의 내용과 실제공사내용이 부합하는지 여부
② 유해위험방지 계획서 변경 내용의 적정성
③ 자율안전관리 업체 유해·위험방지 계획서 제출·심사 면제
④ 추가적인 유해·위험요인의 존재 여부

> **공단의 확인사항(6개월 이내마다)**
> ① 유해위험방지 계획서의 내용과 실제공사내용이 부합하는지 여부
> ② 유해위험방지 계획서 변경 내용의 적정성
> ③ 추가적인 유해위험요인의 존재 여부

정답 98 ④ 99 ① 100 ③ 101 ③

102
철골공사 시 안전작업방법 및 준수사항으로 옳지 않은 것은?

① 강풍, 폭우 등과 같은 악천우 시에는 작업을 중지하여야 하며 특히 강풍 시에는 높은 곳에 있는 부재나 공구류가 낙하비래하지 않도록 조치하여야 한다.
② 철골부재 반입 시 시공순서가 빠른 부재는 상단부에 위치하도록 한다.
③ 구명줄 설치 시 마닐라 로프 직경 10mm를 기준하여 설치하고 작업방법을 충분히 검토하여야 한다.
④ 철골보의 두 곳을 매어 인양시킬 때 와이어로프의 내각은 60° 이하이어야 한다.

구명줄 설치
① 1가닥에 여러 명 동시사용 금지
② 마닐라 로프 직경 16mm를 기준

103
지면보다 낮은 땅을 파는 데 적합하고 수중굴착도 가능한 굴착기계는?

① 백호우   ② 파워쇼벨
③ 가이데릭   ④ 파일드라이버

백호우(Back Hoe)
① 기계가 위치한 지반보다 낮은 굴착에 사용
② power shovel의 몸체에 앞을 긁어낼 수 있는 arm과 bucket을 달고 굴착
③ 기초 굴착, 수중굴착, 좁은 도랑 및 비탈면 절취 등의 작업

104
산업안전보건법령에 따른 지반의 종류별 굴착면의 기울기 기준으로 옳은 것은?

① 모래 - 1:1.8   ② 그 밖의 흙 - 1:1.0
③ 풍화암 - 1:0.8   ④ 연암 - 1:0.5

굴착면 기울기 기준

지반의 종류	모래	연암 및 풍화암	경암	그 밖의 흙
굴착면의 기울기	1:1.8	1:1.0	1:0.5	1:1.2

tip
2023년 법령개정. 문제와 해설은 개정된 내용 적용

105
콘크리트 타설 시 거푸집 측압에 관한 설명으로 옳지 않은 것은?

① 기온이 높을수록 측압은 크다.
② 타설속도가 클수록 측압은 크다.
③ 슬럼프가 클수록 측압은 크다.
④ 다짐이 과할수록 측압은 크다.

측압이 커지는 조건(보기 ②, ③, ④ 외에)
① 거푸집 수평단면이 클수록
② 외기의 온도가 낮을수록
③ 거푸집 표면이 평탄할수록
④ 철골, 철근량이 적을수록
⑤ 콘크리트 시공연도가 좋을수록

106
강관비계의 수직방향 벽이음 조립간격(m)으로 옳은 것은? (단, 틀비계이며 높이가 5m 이상일 경우)

① 2m   ② 4m
③ 6m   ④ 9m

강관비계의 조립 간격

종류	수직방향	수평방향
단관비계	5m	5m
틀비계(높이 5m 미만 제외)	6m	8m

107
굴착과 싣기를 동시에 할 수 있는 토공기계가 아닌 것은?

① Power shovel   ② Tractor shovel
③ Back hoe   ④ Motor grader

모터 그레이더(자주식 그레이더)
끝마무리 작업, 정지 작업에 유효 : 전륜을 기울게 할 수 있어 비탈면 고르기 작업도 가능

정답 102 ③ 103 ① 104 ① 105 ① 106 ③ 107 ④

108

구축물에 안전진단 등 안전성 평가를 실시하여 근로자에게 미칠 위험성을 미리 제거하여야 하는 경우가 아닌 것은?

① 구축물 또는 이와 유사한 시설물의 인근에서 굴착·항타 작업 등으로 침하·균열 등이 발생하여 붕괴의 위험이 예상될 경우
② 구조물, 건축물, 그 밖의 시설물이 그 자체의 무게·적설·풍압 또는 그 밖에 부가되는 하중 등으로 붕괴 등의 위험이 있을 경우
③ 화재 등으로 구축물 또는 이와 유사한 시설물의 내력(耐力)이 심하게 저하되었을 경우
④ 구축물의 구조체가 안전측으로 과도하게 설계가 되었을 경우

구조물의 안전성 평가(안전진단 등)(보기 ①, ②, ③ 외에)

① 구축물 또는 이와 유사한 시설물에 지진, 동해, 부동침하 등으로 균열·비틀림 등이 발생하였을 경우
② 오랜 기간 사용하지 아니하던 구축물 또는 이와 유사한 시설물을 재사용하게 되어 안전성을 검토하여야 하는 경우
③ 그 밖의 잠재위험이 예상될 경우

---

109 ★빈출

다음 중 방망사의 폐기 시 인장강도에 해당하는 것은? (단, 그물코의 크기는 10cm이며 매듭 없는 방망의 경우임)

① 50kg
② 100kg
③ 150kg
④ 200kg

안전망 인장강도

그물코의 크기 (단위 : 센티미터)	방망의 종류(단위 : 킬로그램)			
	매듭 없는 방망		매듭 방망	
	신품	폐기 시	신품	폐기 시
10	240	150	200	135
5			110	60

---

110 ★빈출

작업장에 계단 및 계단참을 설치하는 경우 매 제곱미터당 최소 몇 킬로그램 이상의 하중에 견딜 수 있는 강도를 가진 구조를 설치하여야 하는가?

① 300kg
② 400kg
③ 500kg
④ 600kg

계단의 안전

계단 및 계단참의 강도	① 매 제곱미터당 500킬로그램 이상의 하중에 견딜 수 있는 강도를 가진 구조로 설치 ② 안전율은 4 이상
계단의 폭	폭은 1미터 이상이며 손잡이 외 다른 물건 설치, 적재금지
계단참의 높이	높이가 3미터를 초과하는 계단에 높이 3미터 이내마다 진행방향으로 길이 1.2미터 이상의 계단참 설치
천장의 높이	바닥면으로부터 높이 2미터 이내의 공간에 장애물 없을 것
계단의 난간	높이 1미터 이상인 계단의 개방된 측면에 안전난간 설치

tip
2023년 법령개정. 문제와 해설은 개정된 내용 적용

111

굴착공사에서 비탈면 또는 비탈면 하단을 성토하여 붕괴를 방지하는 공법은?

① 배수공
② 배토공
③ 공작물에 의한 방지공
④ 압성토공

비탈면 보호공법

① 식생공법, 구조물 보호공, 응급대책(배수공법, 배토공법, 압성토공법), 항구대책(옹벽공법) 등이 있다.
② 압성토공법은 비탈면의 붕괴를 방지하기 위해 비탈면 하단에 일정한 폭과 높이로 성토하여 비탈면을 보호하는 공법을 말한다.

---

112 ★빈출

공정율이 65%인 건설현장의 경우 공사 진척에 따른 산업안전보건관리비의 최소 사용기준으로 옳은 것은? (단, 공정율은 기성공정율을 기준으로 함)

① 40% 이상
② 50% 이상
③ 60% 이상
④ 70% 이상

공사 진척에 따른 안전관리비 사용기준

공정율	50% 이상 70% 미만	70% 이상 90% 미만	90% 이상
사용기준	50% 이상	70% 이상	90% 이상

정답 108 ④ 109 ③ 110 ③ 111 ④ 112 ②

113

해체공사 시 작업용 기계기구의 취급안전기준에 관한 설명으로 옳지 않은 것은?

① 철제햄머와 와이어로프의 결속은 경험이 많은 사람으로서 선임된 자에 한하여 실시하도록 하여야 한다.
② 팽창제 천공간격은 콘크리트 강도에 의하여 결정되나 70~120cm 정도를 유지하도록 한다.
③ 쐐기타입으로 해체 시 천공구멍은 타입기 삽입부분의 직경과 거의 같아야 한다.
④ 화염방사기로 해체작업 시 용기 내 압력은 온도에 의해 상승하기 때문에 항상 40℃ 이하로 보존해야 한다.

팽창제에 의한 해체작업
① 천공직경이 너무 작거나 크면 팽창력이 작아 비효율적이므로, 천공직경은 30 내지 50mm 정도를 유지하여야 한다.
② 천공간격은 콘크리트 강도에 의하여 결정되나 30 내지 70cm 정도를 유지하도록 한다.

114 ⭐빈출

가설통로의 설치에 관한 기준으로 옳지 않은 것은?

① 경사는 30° 이하로 한다.
② 건설공사에 사용하는 높이 8m 이상인 비계다리에는 7m 이내마다 계단참을 설치한다.
③ 작업상 부득이한 경우에는 필요한 부분에 한하여 안전난간을 임시로 해체할 수 있다.
④ 수직갱에 가설된 통로의 길이가 10m 이상인 경우에는 5m 이내마다 계단참을 설치한다.

가설통로의 구조
① 견고한 구조로 할 것
② 경사는 30도 이하로 할 것
③ 경사가 15도를 초과하는 경우에는 미끄러지지 아니하는 구조로 할 것
④ 추락할 위험이 있는 장소에는 안전난간을 설치할 것(작업상 부득이한 경우에는 필요한 부분만 임시로 해체할 수 있다)
⑤ 수직갱에 가설된 통로의 길이가 15미터 이상인 경우에는 10미터 이내마다 계단참을 설치할 것
⑥ 건설공사에 사용하는 높이 8미터 이상인 비계다리에는 7미터 이내마다 계단참을 설치할 것

115

작업으로 인하여 물체가 떨어지거나 날아올 위험이 있는 경우 필요한 조치와 가장 거리가 먼 것은?

① 투하설비 설치
② 낙하물 방지망 설치
③ 수직보호망 설치
④ 출입금지구역 설정

물체낙하에 의한 위험방지
① 대상 : 높이 3m 이상인 장소에서 물체 투하 시
② 조치사항
  ㉠ 투하설비 설치
  ㉡ 감시인 배치

116

다음은 안전대와 관련된 설명이다. 아래 내용에 해당되는 용어로 옳은 것은?

> 로프 또는 레일 등과 같은 유연하거나 단단한 고정줄로서 추락발생 시 추락을 저지시키는 추락방지대를 지탱해 주는 줄모양의 부품

① 안전블록
② 수직구명줄
③ 죔줄
④ 보조죔줄

안전대의 부품
① "안전블록"이란 안전그네와 연결하여 추락발생 시 추락을 억제할 수 있는 자동잠김장치가 갖추어져 있고 죔줄이 자동적으로 수축되는 장치
② "수직구명줄"이란 로프 또는 레일 등과 같은 유연하거나 단단한 고정줄로서 추락발생 시 추락을 저지시키는 추락방지대를 지탱해 주는 줄모양의 부품
③ "보조죔줄"이란 안전대를 U자걸이로 사용할 때 U자걸이를 위해 훅 또는 카라비너를 지탱벨트의 D링에 걸거나 떼어낼 때 잘못하여 추락하는 것을 방지하기 위한 링과 걸이설비연결에 사용하는 훅 또는 카라비너를 갖춘 줄모양의 부품

정답 113 ② 114 ④ 115 ① 116 ②

117

크레인의 운전실 또는 운전대를 통하는 통로의 끝과 건설물 등의 벽체의 간격은 최대 얼마 이하로 하여야 하는가?

① 0.2m
② 0.3m
③ 0.4m
④ 0.5m

> **건설물 등의 벽체와 통로의 간격**
> 다음의 간격을 0.3미터 이하로 하여야 한다(다만, 근로자가 추락할 위험이 없는 경우에는 그 간격을 0.3미터 이하로 유지하지 아니할 수 있다).
> ① 크레인의 운전실 또는 운전대를 통하는 통로의 끝과 건설물 등의 벽체의 간격
> ② 크레인 거더(girder)의 통로 끝과 크레인 거더의 간격
> ③ 크레인 거더의 통로로 통하는 통로의 끝과 건설물 등의 벽체의 간격

118

작업의자형 달비계를 설치하는 경우 근로자 추락위험을 방지하기 위한 조치사항에 해당하는 것은?

① 달비계에 안전난간을 설치할 것
② 근로자에게 안전대를 착용하도록 하고 근로자가 착용한 안전줄을 달비계의 구명줄에 체결하도록 할 것
③ 근로자의 추락을 방지하기 위한 수직보호망을 설치할 것
④ 달비계에 추락방지를 위한 방호선반을 설치할 것

> **작업의자형 달비계의 추락위험을 방지하기 위한 조치**
> ① 달비계에 구명줄을 설치할 것
> ② 근로자에게 안전대를 착용하도록 하고 근로자가 착용한 안전줄을 달비계의 구명줄에 체결하도록 할 것

119

달비계에 사용이 불가한 와이어로프의 기준으로 옳지 않은 것은?

① 이음매가 있는 것
② 와이어로프의 한 꼬임에서 끊어진 소선의 수가 7% 이상인 것
③ 지름의 감소가 공칭지름의 7%를 초과하는 것
④ 심하게 변형되거나 부식된 것

> **와이어로프의 사용금지 기준**
> ① 이음매가 있는 것
> ② 와이어로프의 한 꼬임에서 끊어진 소선의 수가 10% 이상인 것
> ③ 지름의 감소가 공칭지름의 7%를 초과하는 것
> ④ 꼬인 것
> ⑤ 심하게 변형되거나 부식된 것
> ⑥ 열과 전기충격에 의해 손상된 것

tip
2021년 법령개정으로 달비계는 곤돌라형 달비계와 작업의자형 달비계로 구분하여 정리해야 하니 본문내용을 참고하시기 바랍니다.

120

흙막이 지보공을 설치하였을 때 정기적으로 점검하여 이상 발견 시 즉시 보수하여야 할 사항이 아닌 것은?

① 굴착 깊이의 정도
② 버팀대의 긴압의 정도
③ 부재의 접속부·부착부 및 교차부의 상태
④ 부재의 손상·변형·부식·변위 및 탈락의 유무와 상태

> **흙막이 지보공 설치 시 점검사항**
> ① 부재의 손상·변형·부식·변위 및 탈락의 유무와 상태
> ② 버팀대의 긴압의 정도
> ③ 침하의 정도
> ④ 부재의 접속부·부착부 및 교차부의 상태

정답 117 ② 118 ② 119 ② 120 ①

2020년 8월 22일 | 기출문제

1과목 산업재해 예방 및 안전보건교육

01 ★
레빈(Lewin)은 인간의 행동 특성을 다음과 같이 표현하였다. 변수 "E"가 의미하는 것은?

$$B = f(P \cdot E)$$

① 연령
② 성격
③ 환경
④ 지능

레빈(K. Lewin)의 행동법칙
B : Behavior(인간의 행동)
f : function(함수관계 : $P \cdot E$에 영향을 줄 수 있는 조건)
P : Person(개체 : 연령, 경험, 심신상태, 성격, 지능 등)
E : Environment(심리적 환경 - 인간관계, 작업환경, 설비적 결함 등)

02 ★
다음 중 안전교육의 형태 중 OJT(On the Job of Training) 교육에 대한 설명과 가장 거리가 먼 것은?

① 다수의 근로자에게 조직적 훈련이 가능하다.
② 직장의 실정에 맞게 실제적인 훈련이 가능하다.
③ 훈련에 필요한 업무의 지속성이 유지된다.
④ 직장의 직속상사에 의한 교육이 가능하다.

OJT의 특징
① 직장의 현장실정에 맞는 구체적이고 실질적인 교육이 가능하다.
② 교육의 효과가 업무에 신속하게 반영된다.
③ 교육의 이해도가 빠르고 동기부여가 쉽다.
④ 개인의 능력과 적성에 알맞은 맞춤교육이 가능하다.
⑤ 교육으로 인해 업무가 중단되는 업무손실이 적다.

tip
다수의 근로자에게 조직적 훈련을 행하는 것은 현장을 떠난 집체교육(Off JT)의 장점이다.

03
다음 중 안전교육의 기본 방향과 가장 거리가 먼 것은?

① 생산성 향상을 위한 교육
② 사고사례 중심의 안전교육
③ 안전작업을 위한 교육
④ 안전의식 향상을 위한 교육

안전교육의 3가지 기본 방향
① 사고사례 중심의 안전교육
② 표준작업(안전작업)을 위한 안전교육
③ 안전의식 향상을 위한 안전교육

04
다음 설명의 학습지도 형태는 어떤 토의법 유형인가?

6-6회의라고도 하며, 6명씩 소집단으로 구분하고, 집단별로 각각의 사회자를 선발하여 6분간씩 자유토의를 행하여 의견을 종합하는 방법

① 포럼(Forum)
② 버즈세션(Buzz session)
③ 케이스 메소드(Case method)
④ 패널 디스커션(Panel discussion)

Buzz session(버즈세션)
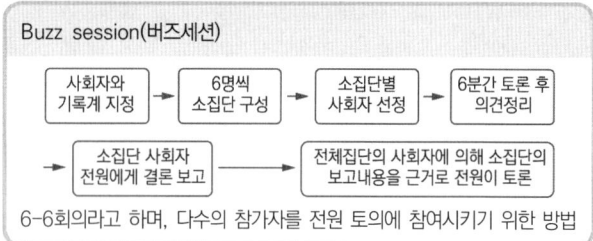
6-6회의라고 하며, 다수의 참가자를 전원 토의에 참여시키기 위한 방법

정답   01 ③   02 ①   03 ①   04 ②

05

안전점검의 종류 중 태풍, 폭우 등에 의한 침수, 지진 등의 천재지변이 발생한 경우나 이상사태 발생 시 관리자나 감독자가 기계·기구, 설비 등의 기능상 이상 유무에 대하여 점검하는 것은?

① 일상점검 ② 정기점검
③ 특별점검 ④ 수시점검

안전점검의 종류	
일상점검	• 작업 시작 전이나 사용 전 또는 작업 중에 일상적으로 실시하는 점검 • 작업담당자, 감독자가 실시하고 결과를 담당책임자가 확인
정기점검 (계획점검)	1개월, 6개월, 1년 단위로 일정기간마다 정기적으로 점검(외관, 구조, 기능의 점검 및 분해검사)
임시점검	정기점검 실시 후 다음 점검시기 이전에 임시로 실시하는 점검(기계, 기구, 설비의 갑작스런 이상 발생 시)
특별점검	• 기계, 기구, 설비의 신설변경 또는 고장, 수리 등을 할 경우 • 정기점검기간을 초과하여 사용하지 않던 기계설비를 다시 사용하고자 할 경우 • 강풍(순간풍속 30m/s 초과) 또는 지진(중진 이상 지진) 등의 천재지변 후

06

재해원인을 직접원인과 간접원인으로 분류할 때 직접원인에 해당하는 것은?

① 기술적 원인 ② 물적 원인
③ 관리적 원인 ④ 교육적 원인

간접원인(관리적 원인)
① 기술적 원인 ② 교육적 원인 ③ 관리적 원인

tip
직접원인에는 불안전한 행동(인적 원인)과 불안전한 상태(물적 원인)가 해당된다.

07

산업안전보건법령상 안전보건관리책임자 등에 대한 교육시간 기준으로 틀린 것은?

① 보건관리자, 보건관리전문기관의 종사자 보수교육 : 24시간 이상
② 안전관리자, 안전관리전문기관의 종사자 신규교육 : 34시간 이상
③ 안전보건관리책임자 보수교육 : 6시간 이상
④ 건설재해예방전문지도기관의 종사자 신규교육 : 24시간 이상

안전보건관리책임자 등에 대한 교육		
교육대상	교육시간	
	신규	보수
안전보건관리책임자	6시간 이상	6시간 이상
안전관리자, 안전관리전문기관의 종사자	34시간 이상	24시간 이상
보건관리자, 보건관리전문기관의 종사자	34시간 이상	24시간 이상
재해예방전문지도기관의 종사자	34시간 이상	24시간 이상
석면조사기관의 종사자	34시간 이상	24시간 이상
안전보건관리담당자	—	8시간 이상
안전검사기관, 자율안전검사기관의 종사자	34시간 이상	24시간 이상

08

매슬로우(Maslow)의 욕구단계 이론 중 제2단계 욕구에 해당하는 것은?

① 자아실현의 욕구 ② 안전에 대한 욕구
③ 사회적 욕구 ④ 생리적 욕구

매슬로우(Maslow)의 욕구 5단계
생리적 욕구 → 안전의 욕구 → 사회적 욕구 → 인정받으려는 욕구 → 자아실현의 욕구

정답 05 ③ 06 ② 07 ④ 08 ②

09

다음 중 재해예방의 4원칙과 관련이 가장 적은 것은?

① 모든 재해의 발생원인은 우연적인 상황에서 발생한다.
② 재해손실은 사고가 발생할 때 사고 대상의 조건에 따라 달라진다.
③ 재해예방을 위한 가능한 안전대책은 반드시 존재한다.
④ 재해는 원칙적으로 원인만 제거되면 예방이 가능하다.

하인리히의 재해예방의 4원칙
① 손실우연의 원칙　② 예방가능의 원칙
③ 원인계기의 원칙　④ 대책선정의 원칙

tip
재해로 인하여 발생하는 손실은 우연적이지만 재해를 발생시키는 원인은 필연적이라 할 수 있다.

10

파블로프(Pavlov)의 조건반사설에 의한 학습이론의 원리가 아닌 것은?

① 일관성의 원리　② 계속성의 원리
③ 준비성의 원리　④ 강도의 원리

학습이론(S-R이론)

종류	학습의 원리 및 법칙
조건반사(반응)설 (pavlov)	① 일관성의 원리　② 강도의 원리 ③ 시간의 원리　④ 계속성의 원리
시행 착오설 (Thorndike)	① 효과의 법칙　② 연습의 법칙　③ 준비성의 법칙

11

인간의 동작특성 중 판단과정의 착오요인이 아닌 것은?

① 합리화　② 정서불안정
③ 작업조건불량　④ 정보부족

착오요인

종류	내용	
인지과정 착오	① 생리적, 심리적 능력의 한계 (정보수용능력의 한계)	착시현상 등
	② 정보량 저장의 한계	처리가능한 정보량 : 6bits/sec
	③ 감각차단 현상(감성 차단)	정보량 부족으로 유사한 자극 반복(계기비행, 단독 비행 등)
	④ 심리적 요인	정서불안정, 불안, 공포 등
판단과정 착오	① 합리화　② 능력부족　③ 정보부족　④ 환경조건불비	
조작과정 착오	작업자의 기술능력이 미숙하거나 경험 부족에서 발생	

tip
정서불안정은 인지과정의 착오요인에 해당된다.

12

산업안전보건법령상 안전·보건표지의 색채와 사용사례의 연결로 틀린 것은?

① 노란색 - 정지신호, 소화설비 및 그 장소, 유해행위의 금지
② 파란색 - 특정 행위의 지시 및 사실의 고지
③ 빨간색 - 화학물질 취급장소에서의 유해·위험 경고
④ 녹색 - 비상구 및 피난소, 사람 또는 차량의 통행표지

안전·보건표지의 색도기준 및 사용례

색채	색도기준	용도	사용례
빨간색	7.5R 4/14	금지	정지신호, 소화설비 및 그 장소, 유해행위의 금지
		경고	화학물질 취급장소에서의 유해·위험 경고
노란색	5Y 8.5/12	경고	화학물질 취급장소에서의 유해·위험 경고 이외의 위험경고, 주의표지 또는 기계 방호물
파란색	2.5PB 4/10	지시	특정 행위의 지시 및 사실의 고지
녹색	2.5G 4/10	안내	비상구 및 피난소, 사람 또는 차량의 통행표지

정답　09 ①　10 ③　11 ②　12 ①

13 ★빈출

산업안전보건법령상 안전 · 보건표지의 종류 중 다음 표지의 명칭은? (단, 마름모 테두리는 빨간색이며, 안의 내용은 검은색이다.)

① 폭발성 물질 경고
② 산화성 물질 경고
③ 부식성 물질 경고
④ 급성 독성 물질 경고

경고표지(기본모형이 마름모 형태)

201 인화성 물질 경고	202 산화성 물질 경고	203 폭발성 물질 경고
204 급성 독성 물질 경고	205 부식성 물질 경고	214 발암성 · 변이원성 · 생식독성 · 전신독성 · 호흡기과민성 물질 경고

tip
나머지 경고표지는 기본모형이 삼각형이고 검은색이며, 바탕은 노란색, 관련 부호 및 그림은 검은색

14

하인리히의 재해발생이론이 다음과 같이 표현될 때, α가 의미하는 것으로 옳은 것은?

재해의 발생 = 설비적 결함 + 관리적 결함 + α

① 노출된 위험의 상태
② 재해의 직접원인
③ 물적 불안전 상태
④ 잠재된 위험의 상태

하인리히의 재해발생이론
재해의 발생 = 물적불안전상태 + 인적불안전상태 + α
         = 설비적 결함 + 관리적 결함 + α
  α : 잠재된 위험의 상태(potential) = 재해

15

허즈버그(Herzberg)의 위생 – 동기이론에서 동기요인에 해당하는 것은?

① 감독   ② 안전
③ 책임감   ④ 작업조건

허즈버그의 위생 – 동기이론
① 위생요인 : 조직의 정책과 방침, 작업조건, 대인관계, 임금, 신분, 감독 등
② 동기요인 : 직무상의 성취, 인정, 성장 또는 발전, 책임감, 도전, 직무내용자체 등

16 ★빈출

재해분석도구 중 재해발생의 유형을 어골상(魚骨像)으로 분류하여 분석하는 것은?

① 파레토도   ② 특성요인도
③ 관리도   ④ 클로즈분석

재해 통계 도표
① 파레토도(Pareto diagram) : 관리 대상이 많은 경우 최소의 노력으로 최대의 효과를 얻을 수 있는 방법(분류항목을 큰 값에서 작은 값의 순서로 도표화하는 데 편리)
② 특성요인도 : 특성과 요인관계를 어골상으로 세분하여 연쇄관계를 나타내는 방법(원인요소와의 관계를 상호의 인과관계만으로 결부)
③ 크로스(Cross)분석 : 두 가지 또는 그 이상의 요인이 서로 밀접한 상호관계를 유지할 때 사용되는 방법
④ 관리도 : 재해발생건수 등의 추이 파악 → 목표관리 행하는 데 필요한 월별 재해발생 수의 그래프화 → 관리구역 설정 → 관리하는 방법

정답 13 ④ 14 ④ 15 ③ 16 ②

17

다음 중 안전모의 성능시험에 있어서 AE, ABE종에만 한하여 실시하는 시험은?

① 내관통성시험, 충격흡수성시험
② 난연성시험, 내수성시험
③ 난연성시험, 내전압성시험
④ 내전압성시험, 내수성시험

안전모의 성능기준

항목	시험성능기준
내관통성	AE, ABE종 안전모는 관통거리가 9.5mm 이하이고, AB종 안전모는 관통거리가 11.1mm 이하이어야 한다.
충격흡수성	최고전달충격력이 4,450N을 초과해서는 안 되며, 모체와 착장체의 기능이 상실되지 않아야 한다.
내전압성	AE, ABE종 안전모는 교류 20kW에서 1분간 절연파괴 없이 견뎌야 하고, 이때 누설되는 충전전류는 10mA 이하이어야 한다.
내수성	AE, ABE종 안전모는 질량증가율이 1% 미만이어야 한다.
난연성	모체가 불꽃을 내며 5초 이상 연소되지 않아야 한다.
턱끈풀림	150N 이상 250N 이하에서 턱끈이 풀려야 한다.

18

플리커 검사(flicker test)의 목적으로 가장 적절한 것은?

① 혈중 알코올농도 측정
② 체내 산소량 측정
③ 작업강도 측정
④ 피로의 정도 측정

플리커법(융합한계빈도)

사이가 벌어진 회전하는 원판으로 들어오는 광원의 빛을 단속시켜 연속광으로 보이는지 단속광으로 보이는지 경계에서의 빛의 단속주기를 플리커치라고 하여 피로도검사에 이용

19

강도율에 관한 설명 중 틀린 것은?

① 사망 및 영구 전노동 불능(신체장해등급 1~3급)의 근로손실일수는 7,500일로 환산한다.
② 신체장해등급 중 제14급은 근로손실일수를 50일로 환산한다.
③ 영구 일부노동 불능은 신체장해등급에 따른 근로손실일수에 $\frac{300}{365}$을 곱하여 환산한다.
④ 일시 전노동 불능은 휴업일수에 $\frac{300}{365}$을 곱하여 근로손실일수를 환산한다.

영구 일부노동 불능

부상결과 신체의 일부, 즉 근로기능의 일부를 상실한 경우(신체장해등급 제4급~제14급)

20

다음 중 브레인스토밍의 4원칙과 가장 거리가 먼 것은?

① 자유로운 비평
② 자유분방한 발언
③ 대량적인 발언
④ 타인 의견의 수정 발언

브레인스토밍(Brain-storming)

① 비판금지 : 「좋다」 또는 「나쁘다」라고 비판하지 않는다.
② 자유분방 : 자유로운 분위기에서 편안한 마음으로 발표한다.
③ 대량발언 : 내용의 질적인 수준보다 양적으로 많이 발언하는 것에 치중한다.
④ 수정발언 : 타인의 발표내용을 수정하거나 개조하여 관련된 내용을 추가 발표하여도 좋다.

정답　17 ④　18 ④　19 ③　20 ①

2과목 인간공학 및 위험성 평가·관리

21
화학설비의 안정성 평가에서 정량적 평가의 항목에 해당되지 않는 것은?
① 훈련 ② 조작
③ 취급물질 ④ 화학설비용량

> 안전성 평가에서 정량적 평가항목
> ① 각 구성요소의 물질 ② 화학설비의 용량
> ③ 온도 ④ 압력
> ⑤ 조작

22
인간 에러(human error)에 관한 설명으로 틀린 것은?
① Omission error : 필요한 작업 또는 절차를 수행하지 않는 데 기인한 에러
② Commission error : 필요한 작업 또는 절차의 수행지연으로 인한 에러
③ Extraneous error : 불필요한 작업 또는 절차를 수행함으로써 기인한 에러
④ Sequential error : 필요한 작업 또는 절차의 순서 착오로 인한 에러

> 스웨인(A. D. Swain)의 휴먼에러의 분류
>
> | 생략에러 (Omission error) | 필요한 직무나 단계를 수행하지 않은(생략) 에러 |
> |---|---|
> | 착각수행에러 (Commission error) | 직무나 순서 등을 착각하여 잘못 수행(불확실한 수행)한 에러 |
> | 순서에러 (Sequential error) | 직무 수행과정에서 순서를 잘못 지켜(순서착오) 발생한 에러 |
> | 시간적 에러 (Time error) | 정해진 시간 내 직무를 수행하지 못하여(수행지연) 발생한 에러 |
> | 불필요한 수행에러 (Extraneous error) | 불필요한 직무 또는 절차를 수행하여 발생한 에러 (과잉행동에러) |

23
다음은 유해위험방지계획서의 제출에 관한 설명이다. ( ) 안에 들어갈 내용으로 옳은 것은?

> 산업안전보건법령상 "대통령령으로 정하는 사업의 종류 및 규모에 해당하는 사업으로서 해당 제품의 생산 공정과 직접적으로 관련된 건설물·기계·기구 및 설비 등 일체를 설치·이전하거나 그 주요 구조부분을 변경하려는 경우"에 해당하는 사업주는 유해위험방지계획서에 관련 서류를 첨부하여 해당 작업 시작 (㉠)까지 공단에 (㉡)부를 제출하여야 한다.

① ㉠ : 7일 전, ㉡ : 2 ② ㉠ : 7일 전, ㉡ : 4
③ ㉠ : 15일 전, ㉡ : 2 ④ ㉠ : 15일 전, ㉡ : 4

> 유해위험방지계획서
> 제조업의 경우 제출서류는 작업시작 15일 전까지 공단에 2부를 제출하고, 건설업에 해당하는 대상 사업장일 경우 공사착공 전날까지 공단에 2부를 제출한다.

24
그림과 같이 FTA로 분석된 시스템에서 현재 모든 기본사상에 대한 부품이 고장 난 상태이다. 부품 X_1부터 부품 X_5까지 순서대로 복구한다면 어느 부품을 수리 완료하는 시점에서 시스템이 정상 가동되는가?

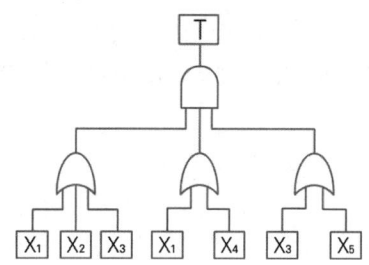

① 부품 X_2 ② 부품 X_3
③ 부품 X_4 ④ 부품 X_5

> ① AND 게이트는 모든 입력사상이 공존할 때만이 출력사상이 발생하며, OR 게이트는 입력사상 중 어느 것이나 존재할 때 출력사상이 발생한다.
> ② 주어진 FTA에서는 X_3까지 수리를 완료하여 복구해야 AND 게이트의 출력을 방지하므로 정상가동이 가능하다.

정답 21 ① 22 ② 23 ③ 24 ②

25

눈과 물체의 거리가 23cm, 시선과 직각으로 측정한 물체의 크기가 0.03cm일 때 시각(분)은 얼마인가? (단, 시각은 600 이하이며, radian 단위를 분으로 환산하기 위한 상수값은 57.3과 60을 모두 적용하여 계산하도록 한다.)

① 0.001 ② 0.007
③ 4.48   ④ 24.55

> 최소분간시력(minimum separable acuity)
> ① 시각 = L/D(rad) = L × 57.3 × 60/D(분)
> ② 시각 = $\frac{0.03 \times 57.3 \times 60}{23}$ = 4.484

26

Sanders와 McCormick의 의자 설계의 일반적인 원칙으로 옳지 않은 것은?

① 요부 후만을 유지한다.
② 조정이 용이해야 한다.
③ 등근육의 정적부하를 줄인다.
④ 디스크가 받는 압력을 줄인다.

> 요부 전만을 유지해야 하며, 자세 고정을 줄인다.

27

후각적 표시장치(olfactory display)와 관련된 내용으로 옳지 않은 것은?

① 냄새의 확산을 제어할 수 없다.
② 시각적 표시장치에 비해 널리 사용되지 않는다.
③ 냄새에 대한 민감도의 개별적 차이가 존재한다.
④ 경보장치로서 실용성이 없기 때문에 사용되지 않는다.

> 후각적 표시장치
> 사람의 감각기관 중 가장 예민하고 빨리 피로해지기 쉬운 기관으로 표시장치로서의 활용은 저조하나 가스 누출탐지 및 광산의 탈출 신호용 등 경보장치로는 활용되고 있다.

28

그림과 같은 FT도에서 F_1 = 0.015, F_2 = 0.02, F_3 = 0.05이면, 정상사상 T가 발생할 확률은 약 얼마인가?

① 0.0002
② 0.0283
③ 0.0503
④ 0.9500

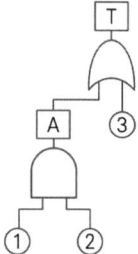

> 정상사상 발생확률
> 확률(T) = 1 − (1 − A)(1 − 0.05)
>   = 1 − (1 − 0.015 × 0.02)(1 − 0.05) = 0.05028 ≒ 0.0503

29

NIOSH lifting guideline에서 권장무게한계(RWL) 산출에 사용되는 계수가 아닌 것은?

① 휴식 계수   ② 수평 계수
③ 수직 계수   ④ 비대칭 계수

> 들기작업 시 권장무게한계(RWL) 평가요소
>
> | 기호 | HM | VM | DM | AM | FM | CM |
> |---|---|---|---|---|---|---|
> | 정의 | 수평 계수 | 수직 계수 | 거리 계수 | 비대칭 계수 | 빈도 계수 | 커플링 계수 |

30

인간공학을 기업에 적용할 때의 기대효과로 볼 수 없는 것은?

① 노사 간의 신뢰 저하
② 작업손실시간의 감소
③ 제품과 작업의 질 향상
④ 작업자의 건강 및 안전 향상

> 건강 및 안전이 향상되고 이직률이 감소하는 등의 효과로 노사 간의 신뢰가 향상될 수 있다.

31

THERP(Technique for Human Error Rate Prediction)의 특징에 대한 설명으로 옳은 것을 모두 고른 것은?

> ㉠ 인간-기계 계(system)에서 여러 가지의 인간의 에러와 이에 의해 발생할 수 있는 위험성의 예측과 개선을 위한 기법
> ㉡ 인간의 과오를 정성적으로 평가하기 위하여 개발된 기법
> ㉢ 가지처럼 갈라지는 형태의 논리구조와 나무 형태의 그래프를 이용

① ㉠, ㉡
② ㉠, ㉢
③ ㉡, ㉢
④ ㉠, ㉡, ㉢

THERP(Technique For Human Error Rate Prediction)
① 시스템에 있어서 인간의 과오를 정량적으로 평가하기 위해 개발된 기법(Swain 등에 의해 개발된 인간실수 예측기법)
② 기본적으로 ETA의 변형으로 루프, 바이패스를 가질 수 있고 맨머신 시스템의 국부적인 상세한 분석에 적합

32

차폐효과에 대한 설명으로 옳지 않은 것은?

① 차폐음과 배음의 주파수가 가까울 때 차폐효과가 크다.
② 헤어드라이어 소음 때문에 전화 음을 듣지 못한 것과 관련이 있다.
③ 유의적 신호와 배경 소음의 차이를 신호/소음(S/N) 비로 나타낸다.
④ 차폐효과는 어느 한 음 때문에 다른 음에 대한 감도가 증가되는 현상이다.

차폐효과(Masking Effect)
신호음의 최소가청치가 방해하는 다른 음으로 인해 상승하거나 신호음의 크기가 작게 느껴지는 현상

33

산업안전보건기준에 관한 규칙상 "강렬한 소음작업"에 해당하는 기준은?

① 85데시벨 이상의 소음이 1일 4시간 이상 발생하는 작업
② 85데시벨 이상의 소음이 1일 8시간 이상 발생하는 작업
③ 90데시벨 이상의 소음이 1일 4시간 이상 발생하는 작업
④ 90데시벨 이상의 소음이 1일 8시간 이상 발생하는 작업

소음작업의 기준

소음작업	1일 8시간 작업을 기준으로 85데시벨 이상의 소음이 발생하는 작업
강렬한 소음작업	① 90데시벨 이상의 소음이 1일 8시간 이상 발생되는 작업 ② 95데시벨 이상의 소음이 1일 4시간 이상 발생되는 작업 ③ 100데시벨 이상의 소음이 1일 2시간 이상 발생되는 작업 ④ 105데시벨 이상의 소음이 1일 1시간 이상 발생되는 작업 ⑤ 110데시벨 이상의 소음이 1일 30분 이상 발생되는 작업 ⑥ 115데시벨 이상의 소음이 1일 15분 이상 발생되는 작업

34

HAZOP 기법에서 사용하는 가이드 워드와 의미가 잘못 연결된 것은?

① No/Not – 설계의도의 완전한 부정
② More/Less – 정량적인 증가 또는 감소
③ Part of – 성질상의 감소
④ Other than – 기타 환경적인 요인

HAZOP에서 유인어의 의미

GUIDE WORD	의미	GUIDE WORD	의미
NO 혹은 NOT	설계의도의 완전한 부정	PART OF	성질상의 감소 (정성적 감소)
MORE LESS	양의 증가 혹은 감소 (정량적)	REVERSE	설계의도의 논리적인 역 (설계의도와 반대 현상)
AS WELL AS	성질상의 증가 (정성적 증가)	OTHER THAN	완전한 대체의 필요

정답 31 ② 32 ④ 33 ④ 34 ④

35

그림과 같이 신뢰도 95%인 펌프 A가 각각 신뢰도 90%인 밸브 B와 밸브 C의 병렬밸브계와 직렬계를 이룬 시스템의 실패확률은 약 얼마인가?

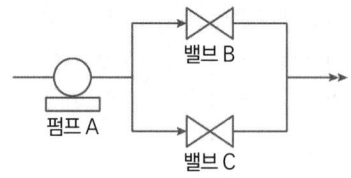

① 0.0091
② 0.0595
③ 0.9405
④ 0.9811

실패확률 계산
① 신뢰도(R_s) = 0.95 × {1 − (1 − 0.9)(1 − 0.9)} = 0.9405
② 실패확률 = 1 − 0.9405 = 0.0595

36 빈출

인간이 기계보다 우수한 기능으로 옳지 않은 것은? (단, 인공지능은 제외한다.)

① 암호화된 정보를 신속하게 대량으로 보관할 수 있다.
② 관찰을 통해서 일반화하여 귀납적으로 추리한다.
③ 항공사진의 피사체나 말소리처럼 상황에 따라 변화하는 복잡한 자극의 형태를 식별할 수 있다.
④ 수신 상태가 나쁜 음극선관에 나타나는 영상과 같이 배경 잡음이 심한 경우에도 신호를 인지할 수 있다.

암호화된 정보를 신속하게 대량으로 보관할 수 있는 것은 기계가 인간보다 우수한 기능이며, 많은 양의 정보를 장시간 보관하는 것은 인간이 기계보다 우수한 기능에 해당된다.

37 빈출

FTA에서 사용되는 최소 컷셋에 관한 설명으로 옳지 않은 것은?

① 일반적으로 Fussell Algorithm을 이용한다.
② 정상사상(Top event)을 일으키는 최소한의 집합이다.
③ 반복되는 사건이 많은 경우 Limnios와 Ziani Algorithm을 이용하는 것이 유리하다.
④ 시스템에 고장이 발생하지 않도록 하는 모든 사상의 집합이다.

미니멀 컷셋(최소 컷셋)
① 컷셋의 집합 중에서 정상사상을 일으키기 위하여 필요한 최소한의 컷셋으로 정상사상인 결함사상을 발생시키므로 시스템이 고장 나는 상황을 나타낸다.
② 미니멀 컷셋은 시스템의 기능을 마비시키는 사고요인의 최소집합이다.

tip
미니멀 패스셋은 그 안에 포함되는 모든 기본사상이 일어나지 않을 때 처음으로 정상사상이 일어나지 않는 기본사상의 집합으로 시스템이 고장 나지 않도록 하는 집합이다.

38 빈출

직무에 대하여 청각적 자극 제시에 대한 음성 응답을 하도록 할 때 가장 관련 있는 양립성은?

① 공간적 양립성
② 양식 양립성
③ 운동 양립성
④ 개념적 양립성

양립성의 종류

양립성	설명
공간적(spatial) 양립성	표시장치나 조정장치에서 물리적 형태 및 공간적 배치
운동(movement) 양립성	표시장치의 움직이는 방향과 조정장치의 방향이 사용자의 기대와 일치
개념적(conceptual) 양립성	이미 사람들이 학습을 통해 알고있는 개념적 연상
양식(modality) 양립성	직무에 알맞은 자극과 응답의 양식의 존재에 대한 양립성

39

컴퓨터 스크린상에 있는 버튼을 선택하기 위해 커서를 이동시키는 데 걸리는 시간을 예측하는 데 가장 적합한 법칙은?

① Fitts의 법칙
② Lewin의 법칙
③ Hick의 법칙
④ Weber의 법칙

Fitts의 법칙
목표물의 크기가 작고 움직이는 거리가 증가할수록 운동시간이 증가한다는 이론으로 목표물까지 움직이는 데 필요한 시간은 목표물의 크기와 목표까지의 거리의 함수이다.

정답 35 ② 36 ① 37 ④ 38 ② 39 ①

40

설비의 고장과 같이 발생확률이 낮은 사건의 특정시간 또는 구간에서의 발생횟수를 측정하는데 가장 적합한 확률분포는?

① 이항분포(Binomial distribution)
② 푸아송분포(Poisson distribution)
③ 와이블분포(Weibull distribution)
④ 지수분포(Exponential distribution)

> **지수분포와 푸아송분포**
> 지수분포는 연속확률분포의 일종으로 어떤 사건이 일어나는 시간 간격의 분포와 관계가 있다. 사건이 서로 독립적일 때, 일정 시간 동안 발생하는 사건의 횟수가 푸아송분포를 따른다면, 다음 사건이 일어날 때까지 대기시간은 지수분포를 따른다.

3과목 기계·기구 및 설비 안전 관리

41

산업안전보건법령상 양중기를 사용하여 작업하는 운전자 또는 작업자가 보기 쉬운 곳에 해당 양중기에 대해 표시하여야 할 내용으로 가장 거리가 먼 것은? (단, 승강기는 제외한다.)

① 정격하중
② 운전속도
③ 경고표시
④ 최대 인양높이

> **양중기 안전수칙**
> 보기 쉬운 곳에 당해 기계의 정격하중, 운전속도, 경고표시 등을 부착한다.

42

롤러기의 급정지장치에 관한 설명으로 가장 적절하지 않은 것은?

① 복부 조작식은 조작부 중심점을 기준으로 밑면으로부터 1.2~1.4m 이내의 높이로 설치한다.
② 손 조작식은 조작부 중심점을 기준으로 밑면으로부터 1.8m 이내의 높이로 설치한다.
③ 급정지장치의 조작부에 사용하는 줄은 사용 중에 늘어져서는 안 된다.
④ 급정지장치의 조작부에 사용하는 줄은 충분한 인장강도를 가져야 한다.

복부 조작식은 밑면에서 0.8m 이상 1.1m 이내의 높이로 설치한다.

43

연삭기의 안전작업수칙에 대한 설명 중 가장 거리가 먼 것은?

① 숫돌의 정면에 서서 숫돌 원주면을 사용한다.
② 숫돌 교체 시 3분 이상 시운전을 한다.
③ 숫돌의 회전은 최고 사용 원주속도를 초과하여 사용하지 않는다.
④ 연삭숫돌에 충격을 가하지 않는다.

> 연삭작업은 숫돌의 정면에서 작업해서는 안 되며 측면에서 작업해야 한다.

44

롤러기의 가드와 위험점 간의 거리가 100mm일 경우 ILO 규정에 의한 가드 개구부의 안전간격은?

① 11mm
② 21mm
③ 26mm
④ 31mm

> **롤러기 가드의 개구부 간격**
> $Y = 6 + 0.15X = 6 + (0.15 \times 100) = 21mm$

45

지게차의 포크에 적재된 화물이 마스트 후방으로 낙하함으로써 근로자에게 미치는 위험을 방지하기 위하여 설치하는 것은?

① 헤드가드
② 백레스트
③ 낙하방지장치
④ 과부하방지장치

> **백레스트**
> 마스트의 후방에서 화물이 낙하할 위험이 없는 경우를 제외하고는 백레스트를 갖추지 아니한 지게차 사용금지

정답 40 ② 41 ④ 42 ① 43 ① 44 ② 45 ②

46

산업안전보건법령상 프레스 및 전단기에서 안전블록을 사용해야 하는 작업으로 가장 거리가 먼 것은?

① 금형 가공작업
② 금형 해체작업
③ 금형 부착작업
④ 금형 조정작업

> 안전블록은 금형의 부착, 해체 및 조정작업 시 슬라이드의 불시하강을 방지하기 위해 사용한다.

47 ★빈출

다음 중 기계설비의 안전조건에서 안전화의 종류로 가장 거리가 먼 것은?

① 재질의 안전화
② 작업의 안전화
③ 기능의 안전화
④ 외형의 안전화

> **기계설비의 안전조건**
> ① 외관상의 안전화
> ② 작업의 안전화
> ③ 작업점의 안전화
> ④ 기능상의 안전화
> ⑤ 구조부분의 안전화
> ⑥ 보전작업의 안전화

48

다음 중 비파괴검사법으로 틀린 것은?

① 인장검사
② 자기탐상검사
③ 초음파탐상검사
④ 침투탐상검사

> **비파괴시험**
> ① 육안검사
> ② 방사선 투과시험
> ③ 초음파 탐상검사
> ④ 액체침투 탐상시험
> ⑤ 자분 탐상시험 등

tip
인장시험은 재료에 인장력을 가해 항복점, 인장강도 등의 기계적 성질을 조사하는 파괴시험에 해당된다.

49

산업안전보건법령상 아세틸렌 용접장치를 사용하여 금속의 용접·용단 또는 가열작업을 하는 경우 게이지 압력은 얼마를 초과하는 압력의 아세틸렌을 발생시켜 사용하면 안 되는가?

① 98kPa
② 127kPa
③ 147kPa
④ 196kPa

> 아세틸렌 용접장치를 사용하여 금속의 용접·용단 또는 가열작업을 하는 경우에는 게이지 압력이 127kPa을 초과하는 압력의 아세틸렌을 발생시켜 사용해서는 아니 된다.

50 ★빈출

산업안전보건법령상 산업용 로봇으로 인하여 근로자에게 발생할 수 있는 부상 등의 위험이 있는 경우 위험을 방지하기 위하여 울타리를 설치할 때 높이는 최소 몇 m 이상으로 해야 하는가? (단, 산업표준화법 및 국제적으로 통용되는 안전기준은 제외한다.)

① 1.8
② 2.1
③ 2.4
④ 1.2

> **산업용 로봇 운전 중 위험 방지 조치**
> ① 높이 1.8m 이상의 울타리 설치
> ② 컨베이어 시스템의 설치 등으로 울타리를 설치할 수 없는 일부 구간은 안전매트 또는 광전자식 방호장치 등 감응형 방호장치 설치

51

크레인의 사용 중 하중이 정격을 초과하였을 때 자동적으로 상승이 정지되는 장치는?

① 해지장치
② 이탈방지장치
③ 아우트리거
④ 과부하방지장치

> **크레인의 방호장치**
>
> | 권과방지장치 | 와이어로프를 감아서 물건을 들어올리는 기계장치에서 로프가 과도하게 감기는 것을 방지하는 장치 |
> |---|---|
> | 과부하방지장치 | 정격하중 이상의 하중 부하 시 자동으로 상승이 정지되면서 경보음이나 경보등 발생 |
> | 비상정지장치 | 돌발사태 발생 시 안전유지 위한 전원차단 및 크레인을 급정지시키는 장치 |
> | 해지장치 | 훅 걸이용 와이어로프 등이 훅으로부터 벗겨지는 것을 방지하기 위한 장치 |

정답 46 ① 47 ① 48 ① 49 ② 50 ① 51 ④

52

인간이 기계 등의 취급을 잘못해도 그것이 바로 사고나 재해와 연결되는 일이 없는 기능을 의미하는 것은?

① fail safe
② fail active
③ fail operational
④ fool proof

> **풀 프루프(fool proof)**
> 바보 같은 행동을 방지한다는 뜻으로 사용자가 비록 잘못된 조작을 하더라도 이로 인해 전체의 고장이 발생되지 아니하도록 하는 설계방법

> **tip**
> 페일 세이프(fail safe) : 조작상의 과오로 기기의 일부에 고장이 발생해도 다른 부분의 고장이 발생하는 것을 방지하거나 또는 어떤 사고를 사전에 방지하고 안전측으로 작동하도록 설계하는 방법

53

산업안전보건법령상 컨베이어를 사용하여 작업을 할 때 작업시작 전 점검사항으로 가장 거리가 먼 것은?

① 원동기 및 풀리(pulley) 기능의 이상 유무
② 이탈 등의 방지장치 기능의 이상 유무
③ 유압장치의 기능의 이상 유무
④ 비상정지장치 기능의 이상 유무

> **컨베이어의 작업시작 전 점검사항**
> ① 원동기 및 풀리 기능의 이상 유무
> ② 이탈 등의 방지장치 기능의 이상 유무
> ③ 비상정지장치 기능의 이상 유무
> ④ 원동기·회전축·기어 및 풀리 등의 덮개 또는 울 등의 이상 유무

54

다음 중 기계설비에서 반대로 회전하는 두 개의 회전체가 맞닿는 사이에 발생하는 위험점으로 가장 적절한 것은?

① 물림점
② 협착점
③ 끼임점
④ 절단점

> **물림점**
> 회전하는 두 개의 회전축에 의해 형성(회전체가 서로 반대방향으로 회전하는 경우)

55

선반작업 시 안전수칙으로 가장 적절하지 않은 것은?

① 기계에 주유 및 청소 시 반드시 기계를 정지시키고 한다.
② 칩 제거 시 브러시를 사용한다.
③ 바이트에는 칩 브레이커를 설치한다.
④ 선반의 바이트는 끝을 길게 장치한다.

> 선반의 바이트는 짧게 장치하고 일감의 길이가 직경의 12배 이상일 때 방진구 사용

56

산업안전보건법령상 산업용 로봇의 작업시작 전 점검사항으로 가장 거리가 먼 것은?

① 외부 전선의 피복 또는 외장의 손상 유무
② 압력방출장치의 이상 유무
③ 매니퓰레이터 작동 이상 유무
④ 제동장치 및 비상정지장치의 기능

> **교시 등의 작업을 하는 경우 작업시작 전 점검사항**
> ① 외부 전선의 피복 또는 외장의 손상 유무
> ② 매니퓰레이터(manipulator) 작동의 이상 유무
> ③ 제동장치 및 비상정지장치의 기능

57

산업안전보건법령상 보일러의 과열을 방지하기 위하여 최고사용압력과 상용압력 사이에서 보일러의 버너 연소를 차단하여 정상압력으로 유도하는 방호장치로 가장 적절한 것은?

① 압력방출장치
② 고저수위 조절장치
③ 언로우드밸브
④ 압력제한스위치

> **압력제한스위치**
> 보일러의 과열방지를 위해 최고사용압력과 상용압력 사이에서 버너연소를 차단할 수 있도록 압력제한스위치 부착 사용

> **tip**
> 보일러 안전장치
> ① 고저수위 조절장치
> ② 압력방출장치
> ③ 압력제한스위치
> ④ 화염검출기

정답 52 ④ 53 ③ 54 ① 55 ④ 56 ② 57 ④

58

프레스 작동 후 슬라이드가 하사점에 도달할 때까지의 소요시간이 0.5s일 때 양수기동식 방호장치의 안전거리는 최소 얼마인가?

① 200mm   ② 400mm
③ 600mm   ④ 800mm

> **양수기동식의 안전거리**
> D_m(mm) = 1,600 × T_m(s) = 1,600 × 0.5 = 800mm

59

둥근톱기계의 방호장치 중 반발예방장치의 종류로 틀린 것은?

① 분할날   ② 반발방지기구(finger)
③ 보조안내판   ④ 안전덮개

> **목재가공용 둥근톱기계의 방호장치**
> (1) 날접촉예방장치
> (2) 반발예방장치
>   ① 분할날   ② 반발방지기구(finger)
>   ③ 반발방지롤(roll)   ④ 보조안내판

60

산업안전보건법령상 형삭기(slotter, shaper)의 주요 구조부로 가장 거리가 먼 것은? (단, 수치제어식은 제외)

① 공구대   ② 공작물 테이블
③ 램   ④ 아버

> **형삭기**
> 공작물을 테이블 위에 고정시키고 램(ram)에 의하여 절삭공구가 상하 운동하면서 공작물의 수직면을 절삭하는 공작기계

4과목 전기설비 안전 관리

61 ⭐빈출

피뢰기가 구비하여야 할 조건으로 틀린 것은?

① 제한전압이 낮아야 한다.
② 상용 주파 방전 개시 전압이 높아야 한다.
③ 충격방전 개시전압이 높아야 한다.
④ 속류차단능력이 충분하여야 한다.

> **피뢰기의 구비성능**
> ① 충격방전 개시전압과 제한전압이 낮을 것
> ② 반복동작이 가능할 것
> ③ 뇌전류의 방전능력이 크고 속류차단이 확실할 것
> ④ 점검, 보수가 간단할 것
> ⑤ 구조가 견고하며 특성이 변화하지 않을 것

62

다음 중 정전기의 발생 현상에 포함되지 않는 것은?

① 파괴에 의한 발생   ② 분출에 의한 발생
③ 전도대전   ④ 유동에 의한 대전

> **대전의 종류**
> ① 마찰대전   ② 박리대전   ③ 유동대전   ④ 분출대전
> ⑤ 충돌대전   ⑥ 교반대전   ⑦ 파괴대전

63

방폭기기에 별도의 주위온도 표시가 없을 때 방폭기기의 주위온도 범위는? (단, 기호 "X"의 표시가 없는 기기이다.)

① 20℃~40℃   ② -20℃~40℃
③ 10℃~50℃   ④ -10℃~50℃

> **방폭기기 설치 시 표준환경조건**
> ① 주위온도 : -20 ~ +40℃
> ② 압력 : 80 ~ 110kPa(0.8 ~ 1.1bar)
> ③ 산소 함유율 21%v/v의 공기

정답 58 ④ 59 ④ 60 ④ 61 ③ 62 ③ 63 ②

64

정전기로 인한 화재 및 폭발을 방지하기 위하여 조치가 필요한 설비가 아닌 것은?

① 드라이클리닝 설비　② 위험물 건조설비
③ 화약류 제조설비　④ 위험기구의 제전설비

> **정전기로 인한 화재 폭발 등 방지**
> ① 위험물을 탱크로리·탱크차 및 드럼 등에 주입하는 설비
> ② 탱크로리·탱크차 및 드럼 등 위험물 저장설비
> ③ 인화성 액체를 함유하는 도료 및 접착제 등을 제조·저장·취급 또는 도포하는 설비
> ④ 위험물 건조설비 또는 그 부속설비
> ⑤ 인화성 고체를 저장하거나 취급하는 설비
> ⑥ 드라이클리닝 설비, 염색가공 설비 또는 모피류 등을 씻는 설비 등 인화성 유기용제를 사용하는 설비

65

300A의 전류가 흐르는 저압 가공전선로의 1선에서 허용 가능한 누설전류(mA)는?

① 600　② 450
③ 300　④ 150

> **허용누설전류**
> ① 허용누설전류 ≤ 최대공급전류/2,000이므로
> ② $300 \times \dfrac{1}{2,000} = 0.15A = 150mA$

66

산업안전보건기준에 관한 규칙 제319조에 따라 감전될 우려가 있는 장소에서 작업을 하기 위해서는 전로를 차단하여야 한다. 전로 차단을 위한 시행 절차 중 틀린 것은?

① 전기기기 등에 공급되는 모든 전원을 관련 도면, 배선도 등으로 확인
② 각 단로기를 개방한 후 전원 차단
③ 단로기 개방 후 차단장치나 단로기 등에 잠금장치 및 꼬리표를 부착
④ 잔류전하 방전 후 검전기를 이용하여 작업 대상 기기가 충전되어 있는지 확인

> **정전전로에서의 전로차단(문제의 보기 외에)**
> ① 전원을 차단한 후 각 단로기 등을 개방하고 확인할 것
> ② 개로된 전로에서 유도전압 또는 전기에너지가 축적되어 근로자에게 전기위험을 끼칠 수 있는 전기기기 등은 접촉하기 전에 잔류전하를 완전히 방전시킬 것
> ③ 전기기기 등이 다른 노출 충전부와의 접촉, 유도 또는 예비동력원의 역송전 등으로 전압이 발생할 우려가 있는 경우에는 충분한 용량을 가진 단락 접지기구를 이용하여 접지할 것

67

유자격자가 아닌 근로자가 방호되지 않은 충전전로 인근의 높은 곳에서 작업할 때에 근로자의 몸은 충전전로에서 몇 cm 이내로 접근할 수 없도록 하여야 하는가? (단, 대지전압이 50kV이다.)

① 50　② 100
③ 200　④ 300

> **충전전로에서의 전기작업**
> 유자격자가 아닌 근로자가 충전전로 인근의 높은 곳에서 작업할 때에 근로자의 몸 또는 긴 도전성 물체가 방호되지 않은 충전전로에서 대지전압이 50kV 이하인 경우에는 300cm 이내로, 대지전압이 50kV를 넘는 경우에는 10kV당 10cm씩 더한 거리 이내로 각각 접근할 수 없도록 할 것

68

다음 중 정전기의 재해방지 대책으로 틀린 것은?

① 설비의 도체 부분을 접지
② 작업자는 정전화를 착용
③ 작업장의 습도를 30% 이하로 유지
④ 배관 내 액체의 유속제한

> **정전기에 의한 재해 방지대책**
> ① 접지
> ② 유속의 제한
> ③ 보호구 착용(정전화, 정전작업복 등)
> ④ 대전방지제
> ⑤ 가습(상대습도를 60~70% 정도)
> ⑥ 제전기의 사용

정답　64 ④　65 ④　66 ②　67 ④　68 ③

69

가스(발화온도 120℃)가 존재하는 지역에 방폭기기를 설치하고자 한다. 설치가 가능한 기기의 온도 등급은?

① T2 ② T3
③ T4 ④ T5

전기기기의 최고표면온도의 분류

온도등급	T1	T2	T3	T4	T5	T6
최고표면온도(℃)	450	300	200	135	100	85

tip
발화온도가 120℃이므로 온도등급은 T5에 해당된다.

70 ★빈출

접지시스템의 구분에 해당하지 않는 것은?

① 보호접지 ② 계통접지
③ 공통접지 ④ 피뢰시스템접지

접지시스템은 계통접지, 보호접지, 피뢰시스템 접지 등으로 구분한다.

71

제전기의 종류가 아닌 것은?

① 전압인가식 제전기 ② 정전식 제전기
③ 방사선식 제전기 ④ 자기방전식 제전기

제전기의 종류
① 전압인가식 제전기 : 7,000V 정도의 고전압으로 코로나 방전을 일으켜 발생하는 이온으로 대전체 전하를 중화시키는 방법이다.
② 자기방전식 제전기 : 제전 대상물체의 정전 에너지를 이용하여 제전에 필요한 이온을 발생시키는 장치로 50kV 정도의 높은 대전을 제거할 수 있으나 2kV 정도의 대전이 남는 단점이 있다. 전원이 필요하지 않아 구조와 취급이 간단하며 점화원이 될 염려가 없어 안전성이 높은 장점이 있다.
③ 방사선식 제전기 : 방사선 동위원소의 전리작용을 이용하여 제전에 필요한 이온을 만드는 장치로서 방사선 장해로 인한 사용상의 주의가 요구되며 제전능력이 작아 제전 시간이 오래 걸리고 움직이는 물체의 제전에는 적합하지 못하다는 단점이 있다.

72 ★빈출

정전기 방전현상에 해당되지 않는 것은?

① 연면방전 ② 코로나방전
③ 낙뢰방전 ④ 스팀방전

방전의 형태
① 코로나방전 ② 스트리머방전
③ 불꽃방전 ④ 연면방전
⑤ 브러쉬방전 ⑥ 낙뢰방전

73

전로에 지락이 생겼을 때에 자동적으로 전로를 차단하는 장치를 시설해야 하는 전기기계의 사용전압 기준은? (단, 금속제 외함을 가지는 저압의 기계기구로서 사람이 쉽게 접촉할 우려가 있는 곳에 시설되어 있다.)

① 30V 초과 ② 50V 초과
③ 90V 초과 ④ 150V 초과

지락차단 장치 설치대상
금속제 외함을 가지는 사용전압 50볼트를 초과하는 저압의 기계기구로 접촉할 우려가 있는 전로에는 지락이 생겼을 때 자동으로 전로를 차단하는 장치를 설치하여야 한다.

74

정전용량 $C = 20\mu F$, 방전 시 전압 $V = 2\text{kV}$일 때 정전에너지 (J)는?

① 40 ② 80
③ 400 ④ 800

정전에너지
$$E = \frac{1}{2}CV^2 = \frac{1}{2} \times 20 \times 10^{-6} \times 2{,}000^2 = 40(\text{J})$$

정답 69 ④ 70 ③ 71 ② 72 ④ 73 ② 74 ①

75

전로에 시설하는 기계기구의 금속제 외함에 접지공사를 하지 않아도 되는 경우로 틀린 것은?

① 저압용의 기계기구를 건조한 목재의 마루 위에서 취급하도록 시설한 경우
② 외함 주위에 적당한 절연대를 설치한 경우
③ 교류 대지 전압이 300V 이하인 기계기구를 건조한 곳에 시설한 경우
④ 전기용품 및 생활용품 안전관리법의 적용을 받는 2중 절연구조로 되어 있는 기계기구를 시설하는 경우

> **접지를 하지 않아도 되는 안전한 부분**
> ① 「전기용품 및 생활용품 안전관리법」이 적용되는 이중절연 또는 이와 같은 수준 이상으로 보호되는 구조로 된 전기기계·기구
> ② 절연대 위 등과 같이 감전 위험이 없는 장소에서 사용하는 전기기계·기구
> ③ 비접지방식의 전로에 접속하여 사용되는 전기기계·기구

76

Dalziel에 의하여 동물실험을 통해 얻어진 전류값을 인체에 적용했을 때 심실세동을 일으키는 전기에너지(J)는? (단, 인체 전기저항은 500Ω으로 보며, 흐르는 전류 $I = \frac{165}{\sqrt{T}}$ mA로 한다.)

① 9.8 ② 13.6
③ 19.6 ④ 27

> **심실세동전류**
> $Q = I^2 RT [J/S] = \left(\frac{165}{\sqrt{T}} \times 10^{-3}\right)^2 \times 500 \times 1 = 13.6$

77 ⭐

전기설비의 방폭구조의 종류가 아닌 것은?

① 근본 방폭구조 ② 압력 방폭구조
③ 안전증 방폭구조 ④ 본질안전 방폭구조

> **방폭구조의 기호**
>
> | 종류 | 내압 | 압력 | 유입 | 안전증 | 몰드 | 충전 | 비점화 | 본질안전 | 특수 |
> |------|------|------|------|--------|------|------|--------|----------|------|
> | 기호 | d | p | o | e | m | q | n | i | s |

78

작업자가 교류전압 7,000V 이하의 전로에 활선 근접작업 시 감전사고 방지를 위한 절연용 보호구는?

① 고무절연관 ② 절연시트
③ 절연커버 ④ 절연안전모

> **활선 근접작업**
> ① 활선 근접작업 시에는 절연용 보호구를 착용하여야 한다.
> ② 절연용 보호구 : 절연용안전모, 절연용안전장갑, 절연용안전화 등

79

방폭전기기기에 "Ex ia IIC T4 Ga"라고 표시되어 있다. 해당 기기에 대한 설명으로 틀린 것은?

① 정상 작동, 예상된 오작동 또는 드문 오작동 중에 점화원이 될 수 없는 "매우 높은" 보호등급의 기기이다.
② 온도등급이 T4이므로 최고표면온도가 150℃를 초과해서는 안 된다.
③ 본질안전 방폭구조로 0종 장소에서 사용이 가능하다.
④ 수소 및 아세틸렌 등의 가스가 존재하는 곳에 사용이 가능하다.

> 온도등급 T4는 135℃를 초과해서는 안 된다.

80

전기기계·기구의 기능 설명으로 옳은 것은?

① CB는 부하전류를 개폐시킬 수 있다.
② ACB는 진공 중에서 차단동작을 한다.
③ DS는 회로의 개폐 및 대용량부하를 개폐시킨다.
④ 피뢰침은 뇌나 계통의 개폐에 의해 발생하는 이상전압을 대지로 방전시킨다.

> **전기기계·기구 기능**
> ① ACB(Air Circuit Breaker) : 기중차단기
> ② DS(Disconnecting Switch) : 단로기(무부하개폐)
> ③ 피뢰침 : 낙뢰로 인한 이상전압을 대지로 방전

정답 75 ③ 76 ② 77 ① 78 ④ 79 ② 80 ①

5과목 화학설비 안전 관리

81
다음 중 압축기 운전 시 토출압력이 갑자기 증가하는 이유로 가장 적절한 것은?

① 윤활유의 과다
② 피스톤 링의 가스 누설
③ 토출관 내에 저항 발생
④ 저장소 내 가스압의 감소

> 토출관 내에 발생하는 저항은 토출압력을 갑자기 증가시키는 원인이 된다.

82
진한 질산이 공기 중에서 햇빛에 의해 분해되었을 때 발생하는 갈색증기는?

① N_2
② NO_2
③ NH_3
④ NH_2

> **질산(HNO_3)**
> 심한 자극성 냄새가 나는 무색의 액체로 자외선을 쪼이면 서서히 분해되어 황갈색의 이산화질소(NO_2)가 발생하므로, 햇빛이 잘 스며들지 않는 갈색 용기에 넣어 보관한다.

83
고온에서 완전열분해하였을 때 산소를 발생하는 물질은?

① 황화수소
② 과염소산칼륨
③ 메틸리튬
④ 적린

> **과염소산칼륨의 열분해**
> $KClO_4 \rightarrow KCl + 2O_2$

84
다음 중 분진폭발에 관한 설명으로 틀린 것은?

① 폭발한계 내에서 분진의 휘발성분이 많으면 폭발 위험성이 높다.
② 분진이 발화 폭발하기 위한 조건은 가연성, 미분상태, 공기 중에서의 교반과 유동 및 점화원의 존재이다.
③ 가스폭발과 비교하여 연소의 속도나 폭발의 압력이 크고, 연소시간이 짧으며, 발생에너지가 작다.
④ 폭발한계는 입자의 크기, 입도분포, 산소농도, 함유수분, 가연성 가스의 혼입 등에 의해 같은 물질의 분진에서도 달라진다.

> **분진폭발의 특징**
> ① 연소속도 및 폭발압력은 가스폭발과 비교하여 작지만, 연소시간이 길고, 발생에너지가 크기 때문에 파괴력과 타는 정도가 크며, 발화에너지도 상대적으로 크다.
> ② 압력속도는 300m/s 정도이며, 화염속도보다는 압력속도가 훨씬 빠르다.
> ③ 가스에 비해 불완전연소의 가능성이 커서 일산화탄소의 존재로 인한 가스중독의 위험이 있다.

85
다음 중 유류화재의 화재급수에 해당하는 것은?

① A급
② B급
③ C급
④ D급

> **화재의 분류**
> ① A급 화재 : 일반화재
> ② B급 화재 : 유류화재
> ③ C급 화재 : 전기화재
> ④ D급 화재 : 금속화재

정답 81 ③ 82 ② 83 ② 84 ③ 85 ②

86

증기 배관 내에 생성하는 응축수를 제거할 때 증기가 배출되지 않도록 하면서 응축수를 자동적으로 배출하기 위한 장치를 무엇이라 하는가?

① Vent stack
② Steam trap
③ Blow down
④ Relief valve

Steam trap
증기 배관 내에 발생하는 응축수는 송기상 지장을 주므로 제거할 필요가 있다. Steam trap은 증기가 빠져나가지 않도록 하면서 응축수를 자동으로 배출하기 위한 장치이다.

87

다음 중 수분(H_2O)과 반응하여 유독성 가스인 포스핀이 발생되는 물질은?

① 금속나트륨
② 알루미늄 분말
③ 인화칼슘
④ 수소화리튬

인화칼슘(Ca_3P_2)
① 적갈색 괴상의 고체이며 융점은 1,600℃, 비중 2.51
② 물 또는 약산과 반응하여 유독한 포스핀(PH_3) 가스 발생
③ 마른 모래로 피복 후 자연진화

88

대기압에서 사용하나 증발에 의한 액체의 손실을 방지함과 동시에 액면 위의 공간에 폭발성 위험가스를 형성할 위험이 적은 구조의 저장탱크는?

① 유동형 지붕 탱크
② 원추형 지붕 탱크
③ 원통형 저장 탱크
④ 구형 저장 탱크

유동형 지붕 탱크(Floating Roof Tank)
가솔린과 같은 휘발성이 강한 위험물을 저장할 때 사용되며, 탱크 천장이 탱크 Shell에 고정되어 있지 않고 액면과 같이 상하로 움직이게 되어 있어 유동형이라 한다. 증발로 인한 손실 방지 및 폭발의 위험성을 감소하기 위한 목적으로 이용된다.

89

자동화재탐지설비의 감지기 종류 중 열감지기가 아닌 것은?

① 차동식
② 정온식
③ 보상식
④ 광전식

자동화재탐지설비(감지기)
① 열감지기 : 차동식, 정온식, 보상식
② 연기감지기 : 광전식, 이온화식

90

산업안전보건법령에서 규정하고 있는 위험물질의 종류 중 부식성 염기류로 분류하기 위하여 농도가 40% 이상이어야 하는 물질은?

① 염산
② 아세트산
③ 불산
④ 수산화칼륨

부식성 물질

산류	① 농도가 20퍼센트 이상인 염산, 황산, 질산, 기타 이와 동등 이상의 부식성을 가지는 물질 ② 농도가 60퍼센트 이상인 인산, 아세트산, 불산, 기타 이와 동등 이상의 부식성을 가지는 물질
염기류	농도가 40퍼센트 이상인 수산화나트륨, 수산화칼륨, 기타 이와 동등 이상의 부식성을 가지는 염기류

91

인화점이 각 온도 범위에 포함되지 않는 물질은?

① -30℃ 미만 : 디에틸에테르
② -30℃ 이상 0℃ 미만 : 아세톤
③ 0℃ 이상 30℃ 미만 : 벤젠
④ 30℃ 이상 65℃ 이하 : 아세트산

인화점
① 디에틸에테르 : -45℃
② 아세톤 : -18℃
③ 벤젠 : -11℃
④ 아세트산 : 41.7℃

정답 86 ② 87 ③ 88 ① 89 ④ 90 ④ 91 ③

92

다음 중 아세틸렌을 용해가스로 만들 때 사용되는 용제로 가장 적합한 것은?

① 아세톤 ② 메탄
③ 부탄   ④ 프로판

아세틸렌가스의 성질
① 탄소와 수소의 화합물로 불안정한 가스이며, 공기보다 가볍다.
② 석유(2배), 아세톤(25배) 등에 잘 용해된다.

tip
아세틸렌가스는 압축하면 폭발하는 성질이 있어 용해가 잘되는 아세톤에 용해시켜 보관한다.

93

다음 중 산업안전보건법령상 화학설비의 부속설비로만 이루어진 것은?

① 사이클론, 백필터, 전기집진기 등 분진처리 설비
② 응축기, 냉각기, 가열기, 증발기 등 열교환기류
③ 고로 등 점화기를 직접 사용하는 열교환기류
④ 혼합기, 발포기, 압출기 등 화학제품 가공설비

화학설비의 부속설비
① 배관·밸브·관·부속류 등 화학물질 이송관련 설비
② 온도·압력·유량 등을 지시·기록 등을 하는 자동제어 관련설비
③ 안전밸브·안전판·긴급차단 또는 방출밸브 등 비상조치 관련설비
④ 가스누출감지 및 경보관련 설비
⑤ 세정기·응축기·벤트스택·플레어스택 등 폐가스처리설비
⑥ 사이클론·백필터·전기집진기 등 분진처리 설비
⑦ ①부터 ⑥까지의 설비를 운전하기 위하여 부속된 전기관련설비
⑧ 정전기 제거장치, 긴급 샤워설비 등 안전관련 설비

94

다음 중 밀폐공간 내 작업 시의 조치사항으로 가장 거리가 먼 것은?

① 산소결핍이나 유해가스로 인한 질식의 우려가 있으면 진행 중인 작업에 방해되지 않도록 주의하면서 환기를 강화하여야 한다.
② 해당 작업장을 적정한 공기상태로 유지되도록 환기하여야 한다.
③ 그 장소에 근로자를 입장시킬 때와 퇴장시킬 때마다 인원을 점검하여야 한다.
④ 그 작업장과 외부의 감시인 간에 항상 연락을 취할 수 있는 설비를 설치하여야 한다.

밀폐공간 작업 시 조치사항(보기 외에)
① 밀폐공간 작업 프로그램 수립·시행
② 당해 근로자 외 출입금지
③ 사고 시 즉시 대피
④ 감시인의 배치
⑤ 잠재위험요인 파악(산소농도 측정 등)
⑥ 대피용 기구(송기마스크, 사다리, 섬유로프 등)의 비치

tip
폭발이나 산화 등의 위험으로 인하여 환기할 수 없거나 작업의 성질상 환기하기가 매우 곤란한 경우에는 근로자에게 공기호흡기 또는 송기마스크를 지급하여 착용하도록 하고 환기하지 아니할 수 있다.

95

산업안전보건법령상 폭발성 물질을 취급하는 화학설비를 설치하는 경우에 단위공정설비로부터 다른 단위공정설비 사이의 안전거리는 설비 바깥 면으로부터 몇 m 이상이어야 하는가?

① 10   ② 15
③ 20   ④ 30

위험물 저장 취급 화학설비(안전거리)

구분	안전거리
단위공정시설 및 설비로부터 다른 단위공정시설 및 설비의 사이	설비의 외면으로부터 10미터 이상
플레어스택으로부터 단위공정시설 및 설비, 위험물질 저장탱크 또는 위험물질 하역설비의 사이	플레어스택으로부터 반경 20미터 이상
위험물질 저장탱크로부터 단위공정시설 및 설비, 보일러 또는 가열로의 사이	저장탱크의 외면으로부터 20미터 이상
사무실·연구실·실험실·정비실 또는 식당으로부터 단위공정시설 및 설비, 위험물질 저장탱크, 위험물질 하역설비, 보일러 또는 가열로의 사이	사무실 등의 외면으로부터 20미터 이상

정답 92 ① 93 ① 94 ① 95 ①

96

탄화수소 증기의 연소하한값 추정식은 연료의 양론농도(Cst)의 0.55배이다. 프로판 1몰의 연소반응식이 다음과 같을 때 연소하한값은 약 몇 vol%인가?

$$C_3H_8 + 5O_2 \rightarrow 3CO_2 + 4H_2O$$

① 2.22
② 4.03
③ 4.44
④ 8.06

연소하한값 계산

① 완전연소 조성농도(화학양론농도)

$$Cst = \frac{100}{1 + 4.773(3 + \frac{8}{4})} = 4.022$$

② 폭발 하한계 계산방법

$L ≒ 0.55x$

∴ 연소하한값 = $0.55 \times 4.022 = 2.21 vol\%$

97

에틸알코올(C_2H_5OH) 1몰이 완전연소할 때 생성되는 CO_2의 몰 수로 옳은 것은?

① 1
② 2
③ 3
④ 4

에틸알코올(C_2H_5OH)의 연소반응식

$C_2H_5OH + 3O_2 \rightarrow 2CO_2 + 3H_2O$

98

프로판과 메탄의 폭발하한계가 각각 2.5, 5.0vol%이라고 할 때 프로판과 메탄이 3 : 1의 체적비로 혼합되어 있다면 이 혼합가스의 폭발하한계는 약 몇 vol%인가? (단, 상온, 상압 상태이다.)

① 2.9
② 3.3
③ 3.8
④ 4.0

르샤틀리에의 법칙(혼합가스의 폭발범위 계산)

$$\frac{100}{L} = \frac{V_1}{L_1} + \frac{V_2}{L_2} = \frac{75}{2.5} + \frac{25}{5.0} = 35$$

∴ $L = 2.857$

99

다음 중 소화약제로 사용되는 이산화탄소에 관한 설명으로 틀린 것은?

① 사용 후에 오염의 영향이 거의 없다.
② 장시간 저장하여도 변화가 없다.
③ 주된 소화효과는 억제소화이다.
④ 자체 압력으로 방사가 가능하다.

이산화탄소의 주된 소화효과는 공기 중의 산소농도(21%)를 15% 이하로 낮추어 연소를 중단시키는 질식소화이다.

100

다음 중 물질의 자연발화를 촉진시키는 요인으로 가장 거리가 먼 것은?

① 표면적이 넓고, 발열량이 클 것
② 열전도율이 클 것
③ 주위 온도가 높을 것
④ 적당한 수분을 보유할 것

열전도율이 작을수록 자연발화를 촉진시키는 요인이 된다.

정답 96 ① 97 ② 98 ① 99 ③ 100 ②

6과목 건설공사 안전 관리

101
콘크리트 타설을 위한 거푸집 및 동바리의 구조검토 시 가장 선행되어야 할 작업은?

① 각 부재에 생기는 응력에 대하여 안전한 단면을 산정한다.
② 가설물에 작용하는 하중 및 외력의 종류, 크기를 산정한다.
③ 하중 및 외력에 의하여 각 부재에 생기는 응력을 구한다.
④ 사용할 거푸집 동바리의 설치간격을 결정한다.

> **거푸집 및 동바리 구조검토 순서**
> ① 거푸집 및 동바리에 작용하는 하중 및 외력의 종류, 크기를 산정한다.
> ② 하중·외력에 의하여 각 부재에 발생되는 응력을 구한다.
> ③ 각 부재에 발생되는 응력에 대하여 안전한 단면 및 배치간격을 결정한다.

102
다음 중 해체작업용 기계 기구로 가장 거리가 먼 것은?

① 압쇄기   ② 핸드 브레이커
③ 철제햄머   ④ 진동롤러

> **해체작업용 기계기구**
> ① 압쇄기   ② 대형 브레이크   ③ 철제햄머
> ④ 핸드브레이크   ⑤ 팽창제   ⑥ 절단기(톱)
> ⑦ 쐐기타입기   ⑧ 화염방사기   ⑨ 절단줄톱

103
동바리 유형에 따른 동바리 조립 시의 안전조치 사항에서 동바리로 사용하는 파이프 서포트의 경우에 해당하지 않는 것은?

① 파이프 서포트를 3개 이상 이어서 사용하지 않도록 할 것
② 파이프 서포트를 이어서 사용하는 경우에는 4개 이상의 볼트 또는 전용철물을 사용하여 이을 것
③ 높이가 3.5미터를 초과하는 경우에는 높이 2미터 이내마다 수평연결재를 2개 방향으로 만들고 수평연결재의 변위를 방지할 것
④ 강관틀과 강관틀 사이에 교차가새를 설치할 것

> 강관틀과 강관틀 사이에 교차가새를 설치하는 것은 동바리로 사용하는 강관틀의 경우에 해당한다.

104
다음은 말비계를 조립하여 사용하는 경우에 관한 준수사항이다. ( ) 안에 들어갈 내용으로 옳은 것은?

> • 지주부재와 수평면의 기울기를 (A)° 이하로 하고 지주부재와 지주부재 사이를 고정시키는 보조부재를 설치할 것
> • 말비계의 높이가 2m를 초과하는 경우에는 작업발판의 폭을 (B)cm 이상으로 할 것

① A : 75, B : 30
② A : 75, B : 40
③ A : 85, B : 30
④ A : 85, B : 40

> **말비계의 조립 시 준수사항**
> ① 지주부재의 하단에는 미끄럼 방지장치를 하고, 양측 끝부분에 올라서서 작업하지 아니하도록 할 것
> ② 지주부재와 수평면과의 기울기를 75도 이하로 하고, 지주부재와 지주부재 사이를 고정시키는 보조부재를 설치할 것
> ③ 말비계의 높이가 2미터를 초과할 경우에는 작업발판의 폭을 40cm 이상으로 할 것

정답 101 ② 102 ④ 103 ④ 104 ②

105

산업안전보건관리비 계상기준에 따른 건축공사, 대상액 「5억원 이상~50억원 미만」의 안전관리비 비율(가) 및 기초액(나)으로 옳은 것은?

① (가) 2.28%, (나) 4,325,000원
② (가) 2.53%, (나) 3,300,000원
③ (가) 3.05%, (나) 2,975,000원
④ (가) 1.78%, (나) 2,450,000원

공사종류 및 규모별 산업안전보건관리비 계상기준표

공사 종류 \ 구분	대상액 5억원 미만 적용비율(%)	대상액 5억원 이상 50억원 미만		대상액 50억원 이상 적용비율(%)	보건관리자 선임대상 건설공사 적용비율(%)
		적용 비율(%)	기초액		
건축공사	3.11%	2.28%	4,325,000원	2.37%	2.64%
토목공사	3.15%	2.53%	3,300,000원	2.60%	2.73%
중건설공사	3.64%	3.05%	2,975,000원	3.11%	3.39%
특수건설공사	2.07%	1.59%	2,450,000원	1.64%	1.78%

tip
2025년 법령개정. 문제와 해설은 개정된 내용 적용

106

터널작업 시 자동경보장치에 대하여 당일의 작업시작 전 점검하여야 할 사항으로 옳지 않은 것은?

① 검지부의 이상 유무
② 조명시설의 이상 유무
③ 경보장치의 작동 상태
④ 계기의 이상 유무

자동경보장치의 작업시작 전 점검사항
① 계기의 이상 유무
② 검지부의 이상 유무
③ 경보장치의 작동 상태

107

다음은 강관틀비계를 조립하여 사용하는 경우 준수해야 할 기준이다. ( ) 안에 알맞은 숫자를 나열한 것은?

길이가 띠장 방향으로 (A)미터 이하이고 높이가 (B)미터를 초과하는 경우에는 (C)미터 이내마다 띠장 방향으로 버팀기둥을 설치할 것

① A : 4   B : 10   C : 5
② A : 4   B : 10   C : 10
③ A : 5   B : 10   C : 5
④ A : 5   B : 10   C : 10

강관틀비계
① 전체높이 40m 초과 금지 및 주틀 간 교차가새. 최상층 및 5층 이내마다 수평재 설치
② 높이 20m 초과하거나 중량물의 적재를 수반하는 작업의 경우 주틀 간의 간격 1.8m 이하
③ 길이가 띠장 방향으로 4m 이하이고 높이가 10m를 초과하는 경우 10m 이내마다 띠장 방향으로 버팀기둥 설치

108

지반의 종류가 다음과 같을 때 굴착면의 기울기 기준으로 옳은 것은?

그 밖의 흙

① 1 : 0.5 ~ 1 : 1
② 1 : 1.2
③ 1 : 1.0
④ 1 : 0.5

굴착면 기울기 기준

지반의 종류	모래	연암 및 풍화암	경암	그 밖의 흙
굴착면의 기울기	1 : 1.8	1 : 1.0	1 : 0.5	1 : 1.2

tip
2023년 법령개정. 문제와 해설은 개정된 내용 적용

정답 105 ① 106 ② 107 ② 108 ②

109

동력을 사용하는 항타기 또는 항발기에 대하여 무너짐을 방지하기 위하여 준수하여야 할 기준으로 옳지 않은 것은?

① 연약한 지반에 설치하는 경우에는 각부(脚部)나 가대(架臺)의 침하를 방지하기 위하여 깔판·받침목 등을 사용할 것
② 각부나 가대가 미끄러질 우려가 있는 경우에는 말뚝 또는 쐐기 등을 사용하여 각부나 가대를 고정시킬 것
③ 버팀대만으로 상단 부분을 안정시키는 경우에는 버팀대는 3개 이상으로 하고 그 하단 부분은 견고한 버팀·말뚝 또는 철골 등으로 고정시킬 것
④ 버팀줄만으로 상단 부분을 안정시키는 경우에는 버팀줄을 2개 이상으로 하고 같은 간격으로 배치할 것

> **무너짐 방지 준수사항**
> ① 연약한 지반에 설치하는 경우에는 아웃트리거·받침 등 지지구조물의 침하를 방지하기 위하여 깔판·받침목 등을 사용할 것
> ② 시설 또는 가설물 등에 설치하는 경우에는 그 내력을 확인하고 내력이 부족하면 그 내력을 보강할 것
> ③ 아웃트리거·받침 등 지지구조물이 미끄러질 우려가 있는 경우에는 말뚝 또는 쐐기 등을 사용하여 해당 지지구조물을 고정시킬 것
> ④ 궤도 또는 차로 이동하는 항타기 또는 항발기에 대해서는 불시에 이동하는 것을 방지하기 위하여 레일 클램프(rail clamp) 및 쐐기 등으로 고정시킬 것
> ⑤ 상단 부분은 버팀대·버팀줄로 고정하여 안정시키고, 그 하단 부분은 견고한 버팀·말뚝 또는 철골 등으로 고정시킬 것

110

운반작업을 인력운반작업과 기계운반작업으로 분류할 때 기계운반작업으로 실시하기에 부적당한 대상은?

① 단순하고 반복적인 작업
② 표준화되어 있어 지속적이고 운반량이 많은 작업
③ 취급물의 형상, 성질, 크기 등이 다양한 작업
④ 취급물이 중량인 작업

> **인력운반작업**
> ① 두뇌작업이 필요한 작업(분류, 판독, 검사 등)
> ② 단속적이고 소량취급 작업
> ③ 취급물의 형상, 성질, 크기 등이 일정하지 않은 작업
> ④ 취급물이 경량인 작업

111

터널 등의 건설작업을 하는 경우에 낙반 등에 의하여 근로자가 위험해질 우려가 있는 경우에 필요한 직접적인 조치사항과 거리가 먼 것은?

① 터널지보공 설치
② 부석의 제거
③ 울 설치
④ 록볼트 설치

> **갱내에서의 낙반 방지**
> ① 터널지보공 설치 ② 부석 제거 ③ 록볼트 설치

112 빈출

장비자체보다 높은 장소의 땅을 굴착하는 데 적합한 장비는?

① 파워셔블(Power Shovel)
② 불도저(Bulldozer)
③ 드래그라인(Drag line)
④ 클램쉘(Clam Shell)

> **파워셔블(Power shovel)**
> ① 굴착공사와 싣기에 많이 사용
> ② 기계가 위치한 지반보다 높은 굴착에 유리
> ③ 작업대가 견고하여 굳은 토질의 굴착에도 용이

113 빈출

사다리식 통로의 길이가 10m 이상일 때 얼마 이내마다 계단참을 설치하여야 하는가?

① 3m 이내마다
② 4m 이내마다
③ 5m 이내마다
④ 6m 이내마다

> **사다리식 통로의 구조**
> ① 발판과 벽과의 사이는 15센티미터 이상의 간격을 유지할 것
> ② 폭은 30센티미터 이상으로 할 것
> ③ 사다리의 상단은 걸쳐놓은 지점으로부터 60센티미터 이상 올라가도록 할 것
> ④ 사다리식 통로의 길이가 10미터 이상인 경우에는 5미터 이내마다 계단참을 설치할 것
> ⑤ 사다리식 통로의 기울기는 75도 이하로 할 것

정답 109 ④ 110 ③ 111 ③ 112 ① 113 ③

114 ⭐

추락방지망 설치 시 그물코의 크기가 10cm인 매듭 있는 방망의 신품에 대한 인장강도 기준으로 옳은 것은?

① 100kgf 이상 ② 200kgf 이상
③ 300kgf 이상 ④ 400kgf 이상

안전망 인장강도				
그물코의 크기 (단위 : 센티미터)	방망의 종류(단위 : 킬로그램)			
	매듭 없는 방망		매듭 방망	
	신품	폐기 시	신품	폐기 시
10	240	150	200	135
5			110	60

115

타워크레인을 자립고(自立高) 이상의 높이로 설치할 때 지지벽체가 없어 와이어로프로 지지하는 경우의 준수사항으로 옳지 않은 것은?

① 와이어로프를 고정하기 위한 전용 지지프레임을 사용할 것
② 와이어로프 설치각도는 수평면에서 60° 이내로 하되, 지지점은 4개소 이상으로 하고, 같은 각도로 설치할 것
③ 와이어로프와 그 고정부위는 충분한 강도와 장력을 갖도록 설치하되, 와이어로프를 클립·샤클(shackle) 등의 기구를 사용하여 고정하지 않도록 유의할 것
④ 와이어로프가 가공전선(架空電線)에 근접하지 않도록 할 것

> 와이어로프와 그 고정부위는 충분한 강도와 장력을 갖도록 설치하고, 와이어로프를 클립·샤클 등의 고정기구를 사용하여 견고하게 고정시켜 풀리지 아니하도록 하며, 사용 중에는 충분한 강도와 장력을 유지하도록 할 것

116

토질시험 중 연약한 점토 지반의 점착력을 판별하기 위하여 실시하는 현장시험은?

① 베인테스트(Vane Test) ② 표준관입시험(SPT)
③ 하중재하시험 ④ 삼축압축시험

> 베인테스트(Vane test)
> ① 연약점토 지반에 십자형 날개 달린 rod를 흙 속에 관입
> ② rod에 회전 moment 측정하여 점토 지반의 점착력 판별

117

비계의 부재 중 기둥과 기둥을 연결시키는 부재가 아닌 것은?

① 띠장 ② 장선
③ 가새 ④ 작업발판

> 비계를 조립하는 등의 방법으로 작업발판을 설치하며, 비계의 기둥과 기둥은 띠장, 장선, 가새 등으로 연결한다.

118

항만하역작업에서의 선박 승강설비 설치기준으로 옳지 않은 것은?

① 200톤급 이상의 선박에서 하역작업을 하는 경우에 근로자들이 안전하게 오르내릴 수 있는 현문(舷門) 사다리를 설치하여야 하며, 이 사다리 밑에 안전망을 설치하여야 한다.
② 현문 사다리는 견고한 재료로 제작된 것으로 너비는 55cm 이상이어야 한다.
③ 현문 사다리의 양측에서 82cm 이상의 높이로 울타리를 설치하여야 한다.
④ 현문 사다리는 근로자의 통행에만 사용하여야 하며, 화물용 발판 또는 화물용 보판으로 사용하도록 해서는 아니 된다.

> 항만하역작업 시 선박 승강설비
> ① 300톤급 이상의 선박에서 하역작업 시 현문 사다리(승강설비) 설치 및 안전망 설치
> ② 현문 사다리 구조는 견고한 재료로서 너비 55cm 이상 양측에 82cm 이상의 높이로 방책 설치 및 바닥은 미끄러지지 아니하는 재료로 처리

정답 114 ② 115 ③ 116 ① 117 ④ 118 ①

119 ⭐ 빈출

다음 중 유해위험방지계획서 제출 대상공사가 아닌 것은?

① 지상 높이가 30m인 건축물 건설공사
② 최대 지간 길이가 50m인 교량건설공사
③ 터널 건설공사
④ 깊이가 11m인 굴착공사

유해위험 방지계획서를 제출해야 될 대상 건설업

① 다음의 어느 하나에 해당하는 건축물 또는 시설 등의 건설, 개조 또는 해체공사
  ㉠ 지상 높이가 31미터 이상인 건축물 또는 인공구조물
  ㉡ 연면적 3만 제곱미터 이상인 건축물
  ㉢ 연면적 5천 제곱미터 이상인 시설로서 다음의 어느 하나에 해당하는 시설
    ㉮ 문화 및 집회시설   ㉯ 판매시설, 운수시설
    ㉰ 종교시설   ㉱ 의료시설 중 종합병원
    ㉲ 숙박시설 중 관광숙박시설 ㉳ 지하도 상가
    ㉴ 냉동, 냉장 창고시설
② 최대 지간 길이가 50미터 이상인 다리의 건설 등 공사
③ 연면적 5천 제곱미터 이상인 냉동, 냉장창고 시설의 설비공사 및 단열공사
④ 다목적댐, 발전용댐, 저수용량 2천만톤 이상의 용수전용댐 및 지방상수도 전용댐의 건설 등 공사
⑤ 터널의 건설 등 공사
⑥ 깊이 10미터 이상인 굴착공사

120

본 터널(main tunnel)을 시공하기 전에 터널에서 약간 떨어진 곳에 지질조사, 환기, 배수, 운반 등의 상태를 알아보기 위하여 설치하는 터널은?

① 프리패브(prefab) 터널   ② 사이드(side) 터널
③ 쉴드(shield) 터널   ④ 파일럿(pilot) 터널

파일럿(pilot) 터널

본 터널 굴착 전에 여러 가지 다양한 조사를 목적으로 Pilot 터널을 선시공(선진도갱공법)

---

tip
터널 굴착 공법

구분	개념	특징
NATM 공법	터널 굴착 시 재래의 지보공 대신 rock bolt, shotcrete, wire mesh 등의 지보재를 사용, 암반 자체의 강도를 이용하여 이완 방지, 지반과 지보재가 평형을 이루도록 하는 공법	① 암반이완을 최소로 억제 ② 지반 자체가 터널의 주지보재 ③ 지보재 조기폐합으로 지표면 침하억제 ④ 지반을 평형상태로 응력 재분배
TBM 공법	종래의 발파공법과 달리 자동화된 TBM으로 전단면을 동시에 굴착하고 뒤따라 가면서 shotcrete를 하여 원지반의 변형을 최소화하는 기계굴착방식	① 굴착속도가 빠르고 안정성이 높음 ② 여굴이 작고 복공작업량 감소 ③ 지질에 따라 적용범위가 제한적이며 초기투자비가 큼
Shield 공법	터널 외형보다 약간 큰 Shield라는 강재통을 추진시켜 선단부 지반의 붕괴를 막으면서 굴착하고 후방에서 조립된 아치를 1차 라이닝으로 하는 터널굴진방법	① 용수를 동반하는 연약지반에 적합 ② 도시터널에 많이 사용 ③ 초기투자비 크고, 전문기능공 필요 ④ 굴착단면 변경이 곤란
Pilot 터널 공법	본 터널 굴착 전에 여러 가지 다양한 조사를 목적으로 Pilot 터널을 선시공(선진도갱공법)	① 연속인인 지질 및 성상에 관한 조사 ② 지하수 배출을 위한 수로 및 환기구 역할

정답 119 ① 120 ④

2020년 9월 20일 | 기출문제

1과목 산업재해 예방 및 안전보건교육

01 빈출
라인(Line)형 안전관리 조직의 특징으로 옳은 것은?

① 안전에 관한 기술의 축적이 용이하다.
② 안전에 관한 지시나 조치가 신속하다.
③ 조직원 전원을 자율적으로 안전활동에 참여시킬 수 있다.
④ 권한 다툼이나 조정 때문에 통제수속이 복잡해지며, 시간과 노력이 소모된다.

라인형의 특징
① 안전보건관리와 생산을 동시에 수행
② 명령과 보고가 상하관계뿐이므로 간단명료(모든 권한이 포괄적이고 직선적으로 행사)
③ 명령이나 지시가 신속정확하게 전달되어 개선조치가 빠르게 진행
④ 안전보건에 관한 전문지식이나 기술이 결여되어 안전보건관리가 원만하게 이루어지지 못함

02 빈출
레빈(Lewin)은 인간의 행동 특성을 다음과 같이 표현하였다. 변수 'P'가 의미하는 것은?

$$B = f(P \cdot E)$$

① 행동   ② 소질
③ 환경   ④ 함수

레빈(K. Lewin)의 행동법칙
$B = f(P \cdot E)$
B : Behavior(인간의 행동)
f : function(함수관계 : $P \cdot E$에 영향을 줄 수 있는 조건)
P : Person(개체 : 연령, 경험, 심신상태, 성격, 지능 등)
E : Environment(심리적 환경 - 인간관계, 작업환경, 설비적 결함 등)

03
Y - K(Yutaka - Kohate) 성격검사에 관한 사항으로 옳은 것은?

① C, C'형은 적응이 빠르다.
② M, M'형은 내구성, 집념이 부족하다.
③ S, S'형은 담력, 자신감이 강하다.
④ P, P'형은 운동, 결단이 빠르다.

Y-K(Yutaka-Kohata) 성격검사

작업 성격 유형	작업 성격 인자
① C, C'형 : 담즙질 (진공성형)	1. 운동, 결단, 기민 빠름 2. 적응 빠름 3. 세심하지 않음 4. 내구, 집념 부족 5. 진공(進功) 자신감 강함
② M, M'형 : 흑담즙질 (신경질형)	1. 운동성 느리고 지속성 풍부 2. 적응 느림 3. 세심, 억제, 정확함 4. 내구성, 집념, 지속성 5. 담력, 자신감 강함
③ S, S'형 : 다형질 (운동성형)	1. 2. 3. 4 : C, C'형과 동일 5. 담력, 자신감 약함
④ P, P'형 : 점액질 (평범수동성형)	1. 2. 3. 4 : M, M'형과 동일 5. 약함
⑤ Am형 : (이상질)	1. 극도로 나쁨 2. 극도로 느림 3. 극도로 나쁨 4. 극도로 결핍 5. 극도로 강하거나 약함

04 빈출
재해예방의 4원칙이 아닌 것은?

① 손실우연의 원칙   ② 사전준비의 원칙
③ 원인계기의 원칙   ④ 대책선정의 원칙

재해예방의 4원칙
① 손실우연의 원칙   ② 예방가능의 원칙
③ 원인계기의 원칙   ④ 대책선정의 원칙

정답   01 ② 02 ② 03 ① 04 ②

05

재해의 발생확률은 개인적 특성이 아니라 그 사람이 종사하는 작업의 위험성에 기초한다는 이론은?

① 암시설
② 경향설
③ 미숙설
④ 기회설

> **기회설**
> 개인의 문제가 아니라 작업자체에 위험성이 많기 때문이라는 이론으로 교육훈련 실시 및 작업환경 개선대책이 필요하다.

06

타인의 비판 없이 자유로운 토론을 통하여 다량의 독창적인 아이디어를 이끌어내고, 대안적 해결안을 찾기 위한 집단적 사고기법은?

① Role playing
② Brain Storming
③ Actian playing
④ Fish Bowl playing

> **브레인스토밍(Brain Storming)의 4원칙**
> ① 비판금지 : 「좋다」또는 「나쁘다」라고 비판하지 않는다.
> ② 자유분방 : 자유로운 분위기에서 편안한 마음으로 발표한다.
> ③ 대량발언 : 내용의 질적인 수준보다 양적으로 많이 발언하는 것에 치중한다.
> ④ 수정발언 : 타인의 발표내용을 수정하거나 개조하여 관련된 내용을 추가 발표하여도 좋다.

07

강도율 7인 사업장에서 한 작업자가 평생동안 작업을 한다면 산업재해로 인한 근로손실일수는 며칠로 예상되는가? (단, 이 사업장의 연근로시간과 한 작업자의 평생근로시간은 100,000시간으로 가정한다.)

① 500
② 600
③ 700
④ 800

> **환산 강도율**
> 환산 강도율 = $7 \times \dfrac{100,000}{1,000}$ = 700(일)

08

산업안전보건법령상 유해·위험 방지를 위한 방호조치가 필요한 기계·기구가 아닌 것은?

① 예초기
② 지게차
③ 금속절단기
④ 금속탐지기

> **유해·위험방지를 위하여 방호조치가 필요한 기계·기구 등**
> ① 예초기 ② 원심기 ③ 공기압축기 ④ 금속절단기
> ⑤ 지게차 ⑥ 포장기계(진공포장기, 래핑기로 한정)

09

산업안전보건법령상 안전보건표지의 색채와 사용사례의 연결로 틀린 것은?

① 노란색 – 화학물질 취급장소에서의 유해·위험 경고 이외의 위험경고
② 파란색 – 특정 행위의 지시 및 사실의 고지
③ 빨간색 – 화학물질 취급장소에서의 유해·위험 경고
④ 녹색 – 정지신호, 소화설비 및 그 장소, 유해행위의 금지

> **안전보건표지의 사용사례**
>
> | 색채 | 용도 | 사용례 |
> |---|---|---|
> | 빨간색 | 금지 | 정지신호, 소화설비 및 그 장소, 유해행위의 금지 |
> | | 경고 | 화학물질 취급장소에서의 유해·위험 경고 |
> | 노란색 | 경고 | 화학물질 취급장소에서의 유해·위험 경고 이외의 위험경고, 주의표지 또는 기계 방호물 |
> | 파란색 | 지시 | 특정 행위의 지시 및 사실의 고지 |
> | 녹색 | 안내 | 비상구 및 피난소, 사람 또는 차량의 통행표지 |

정답 05 ④ 06 ② 07 ③ 08 ④ 09 ④

10
재해의 발생형태 중 다음 그림이 나타내는 것은?

① 단순연쇄형
② 복합연쇄형
③ 단순자극형
④ 복합형

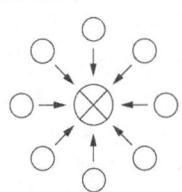

> **재해의 발생형태(등치성 이론)**
> ① 단순자극형은 상호 자극에 의하여 순간적으로 재해가 발생하는 유형으로 재해가 일어난 장소와 그 시기에 일시적으로 요인이 집중된다고 하여 집중형이라고도 한다.
> ② 그 밖에 연쇄형과 복합형이 있다.

11
생체리듬의 변화에 대한 설명으로 틀린 것은?

① 야간에는 체중이 감소한다.
② 야간에는 말초운동 기능이 증가된다.
③ 체온, 혈압, 맥박수는 주간에 상승하고 야간에 감소한다.
④ 혈액의 수분과 염분량은 주간에 감소하고, 야간에 상승한다.

> **바이오리듬(생체리듬)의 변화**
> ① 주간 감소, 야간 증가 : 혈액의 수분, 염분량
> ② 주간 상승, 야간 감소 : 체온, 혈압, 체중, 맥박수
> ③ 특히 야간에는 체중 감소, 소화불량, 말초신경기능 저하, 피로의 자각증상 증대 등의 현상

12
무재해운동을 추진하기 위한 조직의 세 기둥으로 볼 수 없는 것은?

① 최고경영자의 경영자세
② 소집단 자주활동의 활성화
③ 전 종업원의 안전요원화
④ 라인관리자에 의한 안전보건의 추진

> **무재해운동의 3요소(3기둥)**
> ① 경영자의 엄격한 경영자세
> ② 안전활동 라인화의 철저(관리감독자)
> ③ 직장 자주활동의 활발화

13
안전인증 절연장갑에 안전인증 표시 외에 추가로 표시하여야 하는 등급별 색상의 연결로 옳은 것은? (단, 고용노동부 고시를 기준으로 한다.)

① 00등급 : 갈색
② 0등급 : 흰색
③ 1등급 : 노랑색
④ 2등급 : 빨강색

> **내전압용 절연장갑의 등급별 색상**
>
> | 등급 | 00 | 0 | 1 | 2 | 3 | 4 |
> |---|---|---|---|---|---|---|
> | 색상 | 갈색 | 빨강색 | 흰색 | 노랑색 | 녹색 | 등색 |

14
안전교육방법 중 구안법(Project Method)의 4단계의 순서로 옳은 것은?

① 계획수립 → 목표결정 → 활동 → 평가
② 평가 → 계획수립 → 목적결정 → 활동
③ 목적결정 → 계획수립 → 활동 → 평가
④ 활동 → 계획수립 → 목적결정 → 평가

> **구안법(project method)**
> ① 구안법은 참가자 스스로가 계획을 수립하고 행동하는 실천적인 학습활동에 해당하는 교육훈련기법
> ② 학습목표결정(목적결정) → 계획수립 → 실행(활동) → 평가

15
산업안전보건법령상 안전보건교육 중 관리감독자 정기교육의 내용이 아닌 것은?

① 유해·위험 작업환경 관리에 관한 사항
② 표준안전작업방법 및 지도 요령에 관한 사항
③ 작업공정의 유해·위험과 재해 예방대책에 관한 사항
④ 기계·기구의 위험성과 작업의 순서 및 동선에 관한 사항

> 기계·기구의 위험성과 작업의 순서 및 동선에 관한 사항은 채용 시의 교육 및 작업내용 변경시의 교육내용에 해당된다.

정답 10 ③ 11 ② 12 ③ 13 ① 14 ③ 15 ④

16
다음 재해원인 중 간접원인에 해당하지 않는 것은?

① 기술적 원인
② 교육적 원인
③ 관리적 원인
④ 인적 원인

> 불안전한 행동(인적 원인)과 불안전한 상태(물적 원인)는 직접원인에 해당된다.

17 빈출
재해원인 분석방법의 통계적 원인분석 중 사고의 유형, 기인물 등 분류항목을 큰 순서대로 도표화한 것은?

① 파레토도
② 특성요인도
③ 크로스도
④ 관리도

재해 통계 도표

파레토도	관리 대상이 많은 경우 최소의 노력으로 최대의 효과를 얻을 수 있는 방법(분류항목을 큰 값에서 작은 값 순서로 도표화하는 데 편리)
특성요인도	특성과 요인관계를 어골상으로 세분하여 연쇄관계를 나타내는 방법(원인요소와의 관계를 상호 인과관계만으로 결부)
크로스분석	두 가지 또는 그 이상의 요인이 서로 밀접한 상호관계를 유지할 때 사용되는 방법
관리도	재해발생 건수 등의 추이 파악 → 목표관리 행하는 데 필요한 월별 재해발생 수의 그래프화 → 관리 구역 설정 → 관리하는 방법

18 빈출
다음 중 헤드십(headship)에 관한 설명과 가장 거리가 먼 것은?

① 권한의 근거는 공식적이다.
② 지휘의 형태는 민주주의적이다.
③ 상사와 부하와의 사회적 간격은 넓다.
④ 상사와 부하와의 관계는 지배적이다.

헤드십과 리더십의 구분

구분	권한부여 및 행사	권한 근거	상관과 부하와의 관계 및 책임귀속	부하와의 사회적 간격	지휘 형태
헤드십	• 위에서 위임하여 임명 • 임명된 헤드	법적 또는 공식적	지배적 상사	넓음	권위주의적
리더십	• 아래로부터 동의에 의한 선출 • 선출된 리더	개인 능력	개인적인 영향 상사와 부하	좁음	민주주의적

19
다음 설명에 해당하는 학습지도의 원리는?

> 학습자가 지니고 있는 각자의 요구와 능력 등에 알맞은 학습활동의 기회를 마련해주어야 한다는 원리

① 직관의 원리
② 자기활동의 원리
③ 개별화의 원리
④ 사회화의 원리

> **학습지도의 원리**
> ① 개별화의 원리 : 학습자의 요구 및 능력 등의 개인차에 맞도록 지도해야 한다는 원리
> ② 그 밖에 자발성의 원리, 사회화의 원리, 통합의 원리, 직관의 원리, 목적의 원리 등

20
안전교육의 단계에 있어 교육대상자가 스스로 행함으로써 습득하게 하는 교육은?

① 의식교육
② 기능교육
③ 지식교육
④ 태도교육

> 기능교육은 교육대상자가 스스로 행하는 반복적 시행착오에 의해서만 얻어진다.

2과목 인간공학 및 위험성 평가·관리

21
결함수분석의 기호 중 입력사상이 어느 하나라도 발생할 경우 출력사상이 발생하는 것은?

① NOR GATE
② AND GATE
③ OR GATE
④ NAND GATE

> AND 게이트는 모든 입력사상이 공존할 때만이 출력사상이 발생하며, OR 게이트는 입력사상 중 어느 하나라도 발생할 경우 출력사상이 발생한다.

정답 16 ④ 17 ① 18 ② 19 ③ 20 ② 21 ③

22 ⭐빈출

가스밸브를 잠그는 것을 잊어 사고가 발생했다면 작업자는 어떤 인적오류를 범한 것인가?

① 생략 오류(Omission error)
② 시간지연 오류(Time error)
③ 순서 오류(Sequential error)
④ 작위적 오류(Commission error)

스웨인(A. D. Swain)의 휴먼에러 분류(독립행동에 의한 분류)	
Omission error	필요한 직무나 단계를 수행하지 않은(생략) 에러
Commission error	직무나 순서 등을 착각하여 잘못 수행(불확실한 수행)한 에러
Sequential error	직무 수행과정에서 순서를 잘못 지켜(순서 착오) 발생한 에러
Time error	정해진 시간 내 직무를 수행하지 못하여(수행 지연)발생한 에러
Extraneous error	불필요한 직무 또는 절차를 수행하여 발생한 에러

23

어떤 소리가 1,000Hz, 60dB인 음과 같은 높이임에도 4배 더 크게 들린다면, 이 소리의 음압수준은 얼마인가?

① 70dB
② 80dB
③ 90dB
④ 100dB

Phon과 Sone의 관계
Sone치 = $2^{(Phon치 - 40)/10}$
Sone치 = $2^{(60-40)/10}$ = 4Sone 이 음의 4배이므로 16Sone
16Sone치 = $2^{(x-40)/10}$
log16 = $(x-40)/10$ log2
$\dfrac{x-40}{10} = \dfrac{\log 16}{\log 2}$
$\dfrac{x-40}{10} = 4$ 그러므로, $x = 80$dB

24

시스템 안전분석 방법 중 예비위험분석(PHA) 단계에서 식별하는 4가지 범주에 속하지 않는 것은?

① 위기상태
② 무시가능상태
③ 파국적상태
④ 예비조처상태

식별된 사고의 4가지 범주(카테고리)	
파국적	인원의 사망 또는 중상, 또는 완전한 시스템 손실
중대 (위기)	인원의 상해 또는 중대한 시스템의 손상으로 인원이나 시스템 생존을 위해 즉시 시정조치 필요
한계적	인원의 상해 또는 중대한 시스템의 손상 없이 배제 또는 제어 가능
무시가능	인원의 손상이나 시스템의 손상은 초래하지 않음

25

다음은 불꽃놀이용 화학물질취급설비에 대한 정량적 평가이다. 해당 항목에 대한 위험등급이 올바르게 연결된 것은?

항목	A(10점)	B(5점)	C(2점)	D(0점)
취급물질	○	○	○	
조작		○		○
화학설비의 용량	○		○	
온도	○	○		
압력		○	○	○

① 취급물질 - Ⅰ등급, 화학설비의 용량 - Ⅰ등급
② 온도 - Ⅰ등급, 화학설비의 용량 - Ⅱ등급
③ 취급물질 - Ⅰ등급, 조작 - Ⅳ등급
④ 온도 - Ⅱ등급, 압력 - Ⅲ등급

정량적 평가
(1) 항목
① 각 구성요소의 물질 ② 화학설비의 용량
③ 온도 ④ 압력 ⑤ 조작
(2) 평점 : A(10점), B(5점), C(2점), D(0점)
(3) 등급 구분

위험등급	Ⅰ등급	Ⅱ등급	Ⅲ 등급
점수	16점 이상	11~15점	0~10점

정답 22 ① 23 ② 24 ④ 25 ④

26
산업안전보건법령상 유해위험방지계획서의 제출 대상 제조업은 전기 계약 용량이 얼마 이상인 경우에 해당되는가? (단, 기타 예외사항은 제외한다.)

① 50kW　　　　② 100kW
③ 200kW　　　④ 300kW

> **유해위험방지계획서 대상 사업장**
> 전기 계약 용량이 300킬로와트 이상인 금속가공제품 제조업을 비롯한 13개 사업

27
인간-기계 시스템에서 시스템의 설계를 다음과 같이 구분할 때 제3단계인 기본설계에 해당되지 않는 것은?

```
1단계 : 시스템의 목표와 성능 명세 결정
2단계 : 시스템의 정의
3단계 : 기본설계
4단계 : 인터페이스 설계
5단계 : 보조물 설계
6단계 : 시험 및 평가
```

① 화면설계　　　② 작업설계
③ 직무분석　　　④ 기능할당

> **기본설계(주요 인간공학활동)**
> ① 기능할당(인간, 하드웨어, 소프트웨어)
> ② 인간성능 요건 명세
> ③ 직무분석(job analysis)
> ④ 작업설계(인간의 가치기준)

28 ★빈출
결함수분석법에서 path set에 관한 설명으로 옳은 것은?

① 시스템의 약점을 표현한 것이다.
② Top사상을 발생시키는 조합이다.
③ 시스템이 고장 나지 않도록 하는 사상의 조합이다.
④ 시스템고장을 유발시키는 필요불가결한 기본사상들의 집합이다.

> **미니멀 패스셋과 미니멀 컷셋**
> ① 미니멀 패스셋은 그 안에 포함되는 모든 기본사상이 일어나지 않을 때 처음으로 정상사상이 일어나지 않는 기본사상의 집합으로 시스템이 고장 나지 않도록 하는 집합이다.
> ② 미니멀 컷셋은 정상사상을 일으키기 위하여 필요한 최소한의 컷셋으로 정상사상을 발생시키므로 시스템이 고장 나는 상황이며, 시스템의 기능을 마비시키는 사고요인의 최소집합이다.

29
연구 기준의 요건과 내용이 옳은 것은?

① 무오염성 : 실제로 의도하는 바와 부합해야 한다.
② 적절성 : 반복 실험 시 재현성이 있어야 한다.
③ 신뢰성 : 측정하고자 하는 변수 이외의 다른 변수의 영향을 받아서는 안 된다.
④ 민감도 : 피실험자 사이에서 볼 수 있는 예상 차이점에 비례하는 단위로 측정해야 한다.

> **연구 기준의 요건**
> ① 적절성 : 기준이 실제로 의도된 목적에 적합하다고 판단되는 정도
> ② 무오염성 : 측정하고자 하는 변수 외의 영향이 없도록
> ③ 신뢰성 : 척도의 신뢰성, 즉 반복 실험 시의 재현성
> ④ 민감도 : 피실험자 사이에서 볼 수 있는 예상 차이점에 비례하는 단위로 측정 가능

30
FTA 결과 다음과 같은 패스셋을 구하였다. 최소 패스셋(minimal path sets)으로 옳은 것은?

```
{X₂, X₃, X₄}
{X₁, X₃, X₄}
{X₃, X₄}
```

① {X₃, X₄}　　　　② {X₁, X₃, X₄}
③ {X₂, X₃, X₄}　　④ {X₂, X₃, X₄}와 {X₃, X₄}

> **최소 패스셋**
> ① Fussell의 알고리즘에 의해 구한 BICS(Boolean Indicated Cut Sets)는 진정한 미니멀 패스라 할 수 없으며 이들 컷속의 중복사상이나 컷을 제거해야 진정한 미니멀 패스가 된다.
> ② 보기에서 {X₃, X₄}가 중복되어 있어 중복된 컷을 제거하면 진정한 미니멀 패스셋은 {X₃, X₄}가 된다.

정답 26 ④　27 ①　28 ③　29 ④　30 ①

31

인체측정에 대한 설명으로 옳은 것은?

① 인체측정은 동적측정과 정적측정이 있다.
② 인체측정학은 인체의 생화학적 특징을 다룬다.
③ 자세에 따른 인체치수의 변화는 없다고 가정한다.
④ 측정항목에 무게, 둘레, 두께, 길이는 포함되지 않는다.

> 인체측정학에서 다루는 인체치수는 신체 움직임이 없는 상태에서 측정하는 정적치수와 신체 움직임이 고려된 동적치수로 구분되며, 무게, 둘레, 두께, 길이, 부피 등 물리적 특성을 다룬다.

32

실린더 블록에 사용하는 가스켓의 수명 분포는 $X \sim N(10,000, 200)$인 정규분포를 따른다. $t = 9,600$시간일 경우에 신뢰도 ($R(t)$)는? (단, $P(Z \leq 1) = 0.8413$, $P(Z \leq 1.5) = 0.9332$, $P(Z \leq 2) = 0.9772$, $P(Z \leq 3) = 0.9987$이다.)

① 84.13%   ② 93.32%
③ 97.72%   ④ 99.87%

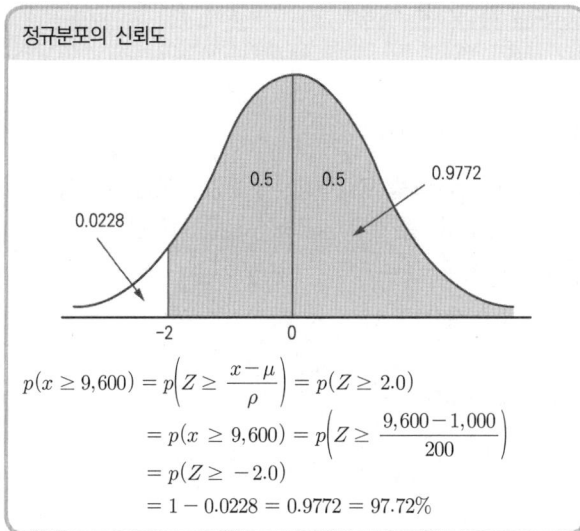

정규분포의 신뢰도

$p(x \geq 9,600) = p\left(Z \geq \dfrac{x-\mu}{\rho}\right) = p(Z \geq 2.0)$
$= p(x \geq 9,600) = p\left(Z \geq \dfrac{9,600-1,000}{200}\right)$
$= p(Z \geq -2.0)$
$= 1 - 0.0228 = 0.9772 = 97.72\%$

33

다음 중 열 중독증(heat illness)의 강도를 올바르게 나열한 것은?

ⓐ 열소모(heat exhaustion)
ⓑ 열발진(heat rash)
ⓒ 열경련(heat cramp)
ⓓ 열사병(heat stroke)

① ⓒ < ⓑ < ⓐ < ⓓ
② ⓒ < ⓑ < ⓓ < ⓐ
③ ⓑ < ⓒ < ⓐ < ⓓ
④ ⓑ < ⓓ < ⓐ < ⓒ

열에 의한 손상

열경련 (Heat Cramp)	고온 환경에서 심한 육체적 노동이나 운동을 함으로써 과다한 땀의 배출로 전해질이 고갈되어 발생하는 근육의 경련현상을 말한다.
열소모 (Heat Exhaustion)	고온에서 장시간 힘든 일을 하거나, 심한 운동으로 땀을 다량 흘렸을 때 흔히 나타나는 현상으로 땀을 통해 손실하는 염분을 충분히 보충하지 못했을 때 주로 발생한다(열피로).
열사병 (Heat Stroke)	고온, 다습한 환경에 노출될 때 갑자기 발생해 심각한 체온조절장애를 일으키며, 땀이 배출되지 않음으로 인해 체온상승(직장온도 40도 이상) 등이 나타나 심할 경우 혼수상태에 빠지거나 때로는 생명을 앗아간다.
열발진 (Heat Rash)	• 땀샘이 막히는 경우에 발생하는 발진으로 작고 붉은색을 띠고 있어 적색땀띠라고도 한다. • 고열이나 과도한 땀분비 등으로 인해 발생하며, 가렵고 찌르는듯한 통증을 느끼기도 한다.

34 ★

사무실 의자나 책상에 적용할 인체 측정 자료의 설계 원칙으로 가장 적합한 것은?

① 평균치 설계   ② 조절식 설계
③ 최대치 설계   ④ 최소치 설계

> 사무실 의자나 책상은 여러 사람이 사용할 수 있으므로 각자의 신체에 맞도록 조절 가능한 조절식으로 하는 것이 가장 바람직하다.

정답 31 ① 32 ③ 33 ③ 34 ②

35
암호체계의 사용 시 고려해야 될 사항과 거리가 먼 것은?
① 정보를 암호화한 자극은 검출이 가능하여야 한다.
② 다차원의 암호보다 단일 차원화된 암호가 정보 전달이 촉진된다.
③ 암호를 사용할 때는 사용자가 그 뜻을 분명히 알 수 있어야 한다.
④ 모든 암호 표시는 감지장치에 의해 검출될 수 있고, 다른 암호 표시와 구별될 수 있어야 한다.

> **암호체계 사용상의 일반적 지침**
> ① 암호의 검출성 ② 암호의 변별성 ③ 부호의 양립성
> ④ 부호의 의미   ⑤ 암호의 표준화 ⑥ 다차원 암호의 사용

36
신호검출이론(SDT)의 판정결과 중 신호가 없었는데도 있었다고 말하는 경우는?
① 긍정(hit)
② 누락(miss)
③ 허위(false alarm)
④ 부정(correct rejection)

> **신호 유무의 판정 반응 및 오류**
>
> | 자극\판정 | 신호 유(S) | 신호 무(N) |
> |---|---|---|
> | 소음(N) + 신호(S) | Hit 적중(긍정) P{S\|S} | Miss 탈루(누락) P{N\|S} |
> | 소음(N) | False Alam 오경보(허위) P{S\|N} | Correct Rejection 정기각(부정) P{N\|N} |

37
촉감의 일반적인 척도의 하나인 2점 문턱값(two-point threshold)이 감소하는 순서대로 나열된 것은?
① 손가락 → 손바닥 → 손가락 끝
② 손바닥 → 손가락 → 손가락 끝
③ 손가락 끝 → 손가락 → 손바닥
④ 손가락 끝 → 손바닥 → 손가락

> **2점 문턱값**
> ① 피부에 두 개의 촉각점을 자극했을 때 서로 다른 지점의 감각을 식별할 수 있는 능력을 2점 문턱값이라 하며, 피부감각의 민감도를 나타내는 것으로 신체부위에 따라 상당한 차이가 있다.
> ② 손등 → 손바닥 → 손가락 → 손가락 끝

38 ★빈출
시스템 안전분석 방법 중 HAZOP에서 "완전 대체"를 의미하는 것은?
① NOT
② REVERSE
③ PART OF
④ OTHER THAN

> **HAZOP에서 유인어의 의미**
>
> | GUIDE WORD | 의미 | GUIDE WORD | 의미 |
> |---|---|---|---|
> | NO 혹은 NOT | 설계의도의 완전한 부정 | PART OF | 성질상의 감소 (정성적 감소) |
> | MORE LESS | 양의 증가 혹은 감소 (정량적) | REVERSE | 설계의도의 논리적인 역 (설계의도와 반대 현상) |
> | AS WELL AS | 성질상의 증가 (정성적 증가) | OTHER THAN | 완전 대체의 필요 |

39
어느 부품 1,000개를 100,000시간 동안 가동하였을 때 5개의 불량품이 발생하였을 경우 평균동작시간(MTTF)은?
① 1×10^6 시간
② 2×10^7 시간
③ 1×10^8 시간
④ 2×10^9 시간

> **평균동작시간(MTTF)**
> ① 고장률(λ) = $\dfrac{\text{고장건수}(r)}{\text{총가동시간}(T)}$ = $\dfrac{5}{1,000 \times 100,000}$ = $\dfrac{5}{10^8}$
>   = $5 \times 10^{-8}/h$
> ② MTTF = $\dfrac{1}{\lambda}$ = $\dfrac{1}{5 \times 10^{-8}/h}$ = $2 \times 10^7 h$

정답 35 ② 36 ③ 37 ② 38 ④ 39 ②

40
신체활동의 생리학적 측정법 중 전신의 육체적인 활동을 측정하는 데 가장 적합한 방법은?

① Flicker 측정
② 산소 소비량 측정
③ 근전도(EMG) 측정
④ 피부전기반사(GSR) 측정

> **생리학적 측정법**
> ① 작업자에게 주어지는 작업량에 따른 작업부하를 산소 소비량, 심박수 등과 같은 생리적 반응을 측정하여 평가하는 방법
> ② 산소 소비량은 국소 근육의 부하를 평가하는 상황에는 적합하지 않지만, 전신 작업을 평가하기에는 매우 유용한 방법

3과목 기계·기구 및 설비 안전 관리

41
산업안전보건법령상 롤러기의 방호장치 중 롤러의 앞면 표면속도가 30m/min 이상일 때 무부하 동작에서 급정지거리는?

① 앞면 롤러 원주의 1/2.5 이내
② 앞면 롤러 원주의 1/3 이내
③ 앞면 롤러 원주의 1/3.5 이내
④ 앞면 롤러 원주의 1/5.5 이내

> **표면속도에 따른 급정지거리**
> ① 30m/분 미만 : 앞면 롤러 원주의 1/3 이내
> ② 30m/분 이상 : 앞면 롤러 원주의 1/2.5 이내

42
극한하중이 600N인 체인에 안전계수가 4일 때 체인의 정격하중(N)은?

① 130
② 140
③ 150
④ 160

> **안전계수**
> ① 안전계수 = $\dfrac{극한하중}{정격하중}$
> ② 최대하중 = $\dfrac{600}{4}$ = 150(N)

43
연삭작업에서 숫돌의 파괴원인으로 가장 적절하지 않은 것은?

① 숫돌의 회전속도가 너무 빠를 때
② 연삭작업 시 숫돌의 정면을 사용할 때
③ 숫돌에 큰 충격을 줬을 때
④ 숫돌의 회전중심이 제대로 잡히지 않았을 때

> 숫돌의 측면을 사용하여 작업할 경우 파괴의 원인이 된다.

44
산업안전보건법령상 용접장치의 안전에 관한 준수사항으로 옳은 것은?

① 아세틸렌 용접장치의 발생기실을 옥외에 설치한 경우에는 그 개구부를 다른 건축물로부터 1m 이상 떨어지도록 하여야 한다.
② 가스집합장치로부터 7m 이내의 장소에서는 화기의 사용을 금지시킨다.
③ 아세틸렌 발생기에서 10m 이내 또는 발생기실에서 4m 이내의 장소에서는 화기의 사용을 금지시킨다.
④ 아세틸렌 용접장치를 사용하여 용접작업을 할 경우 게이지 압력이 127kPa을 초과하는 압력의 아세틸렌을 발생시켜 사용해서는 아니 된다.

> **용접장치의 안전**
> ① 아세틸렌 발생기실을 옥외에 설치할 경우 그 개구부를 다른 건축물로부터 1.5m 이상 떨어지도록 할 것
> ② 가스집합장치로부터 5미터 이내의 장소에서는 흡연, 화기의 사용 또는 불꽃을 발생할 우려가 있는 행위를 금지할 것
> ③ 아세틸렌 발생기에서 5미터 이내 또는 발생기실에서 3미터 이내의 장소에는 흡연, 화기의 사용 또는 불꽃이 발생할 위험한 행위를 금지시킬 것

정답 40 ② 41 ① 42 ③ 43 ② 44 ④

45

500rpm으로 회전하는 연삭숫돌의 지름이 300mm일 때 원주속도(m/min)는?

① 약 748
② 약 650
③ 약 532
④ 약 471

> **숫돌의 원주속도**
> 원주속도 = $\dfrac{\pi DN}{1,000}$ = $\dfrac{\pi \times 300 \times 500}{1,000}$ = 471.24(m/min)

46 ★빈출

산업안전보건법령상 로봇을 운전하는 경우 근로자가 로봇에 부딪칠 위험이 있을 때 높이는 최소 얼마 이상의 울타리를 설치하여야 하는가? (단, 로봇의 가동범위 등을 고려하여 높이로 인한 위험성이 없는 경우는 제외)

① 0.9m
② 1.2m
③ 1.5m
④ 1.8m

> 높이 1.8m 이상의 울타리 설치(울타리를 설치할 수 없는 일부 구간 - 안전매트 또는 광전자식 방호장치 등 감응형 방호장치 설치)

47

일반적으로 전류가 과대하고, 용접속도가 너무 빠르며, 아크를 짧게 유지하기 어려운 경우 모재 및 용접부의 일부가 녹아서 홈 또는 오목한 부분이 생기는 용접부 결함은?

① 잔류응력
② 융합불량
③ 기공
④ 언더컷

> **언더컷(under cut)**
> 과대전류, 운봉속도가 빠를 때, 부당한 용접봉 사용 등으로 용착금속이 채워지지 않고 홈 또는 오목한 부분으로 남게 된 부분

48

산업안전보건법령상 승강기의 종류로 옳지 않은 것은?

① 승객용 엘리베이터
② 리프트
③ 화물용 엘리베이터
④ 승객화물용 엘리베이터

> **승강기의 종류**
> ① 승객용 엘리베이터
> ② 승객화물용 엘리베이터
> ③ 화물용 엘리베이터
> ④ 소형화물용 엘리베이터
> ⑤ 에스컬레이터

49

다음 중 선반의 방호장치로 가장 거리가 먼 것은?

① 실드(shield)
② 슬라이딩
③ 척 커버
④ 칩 브레이커

> **선반의 방호장치**
>
> | | |
> |---|---|
> | 실드 (Shield) | 공작물의 칩이 비산되어 발생하는 위험을 방지하는 덮개 |
> | 척 커버 (Chuck Cover) | 척에 고정시킨 가공물의 돌출부에 작업자가 접촉하여 발생하는 위험을 방지하기 위하여 설치 |
> | 칩 브레이커 | 길게 형성되는 절삭 칩을 바이트를 사용하여 절단해 주는 장치 |
> | 브레이크 | 작업 중인 선반에 위험 발생 시 급정지시키는 장치 |

50 ★빈출

산업안전보건법령상 목재가공용 둥근톱 작업에서 분할날과 톱날 원주면과의 간격은 최대 얼마 이내가 되도록 조정하는가?

① 10mm
② 12mm
③ 14mm
④ 16mm

> **분할날의 설치기준**
> ① 분할날의 두께는 둥근톱 두께의 1.1배 이상이어야 한다.
> ② 견고히 고정할 수 있으며 분할날과 톱날 원주면과의 거리는 12mm 이내로 조정, 유지할 수 있어야 하고 표준 테이블면 상의 톱 뒷날의 2/3 이상을 덮도록 하여야 한다.

정답 45 ④ 46 ④ 47 ④ 48 ② 49 ② 50 ②

51
기계설비에서 기계 고장률의 기본 모형으로 옳지 않은 것은?

① 조립고장　② 초기고장
③ 우발고장　④ 마모고장

> **기계의 고장률(욕조 곡선)**
> ① 초기고장 : 감소형
> ② 우발고장 : 일정형
> ③ 마모고장 : 증가형

52 ★빈출
산업안전보건법령상 화물의 낙하에 의해 운전자에게 위험을 미칠 경우 지게차의 헤드가드(head guard)는 지게차 최대하중의 몇 배가 되는 등분포정하중에 견디는 강도를 가져야 하는가? (단, 4톤을 넘는 값은 제외)

① 1배　② 1.5배
③ 2배　④ 3배

> **헤드가드**
> ① 강도는 지게차의 최대하중의 2배의 값(4톤을 넘는 값에 대해서는 4톤으로 한다)의 등분포정하중에 견딜 수 있는 것일 것
> ② 상부틀의 각 개구의 폭 또는 길이가 16cm 미만일 것
> ③ 운전자가 앉아서 조작하거나 서서 조작하는 지게차의 헤드가드는 한국산업표준에서 정하는 높이 기준 이상일 것

53
다음 중 컨베이어의 안전장치로 옳지 않은 것은?

① 비상정지장치　② 반발예방장치
③ 역회전방지장치　④ 이탈방지장치

> **컨베이어의 안전장치**
> ① 비상정지장치　② 역주행방지장치
> ③ 브레이크　　　④ 이탈방지장치
> ⑤ 덮개 또는 낙하방지용 울　⑥ 건널다리 등

tip
반발예방장치는 목재가공용 둥근톱의 방호장치이다.

54
크레인에 돌발상황이 발생할 경우 안전을 유지하기 위하여 모든 전원을 차단하여 크레인을 급정지시키는 방호장치는?

① 호이스트　② 이탈방지장치
③ 비상정지장치　④ 아우트리거

> **비상정지장치**
> 크레인에는 운전자가 비상시 조작이 가능한 위치에 비상정지스위치를 설치하여 돌발적인 사태가 발생했을 때 안전을 유지하기 위하여 모든 전원을 차단하여 크레인을 급정지시키는 장치

55
산업안전보건법령상 프레스 등을 사용하여 작업을 할 때에 작업시작 전 점검사항으로 가장 거리가 먼 것은?

① 압력방출장치의 기능
② 클러치 및 브레이크의 기능
③ 프레스의 금형 및 고정볼트 상태
④ 1행정 1정지기구·급정지장치 및 비상정지장치의 기능

> 압력방출장치의 기능은 공기압축기의 작업시작 전 점검사항에 해당된다.

56
다음 중 프레스 방호장치에서 게이트 가드식 방호장치의 종류를 작동방식에 따라 분류할 때 가장 거리가 먼 것은?

① 경사식　② 하강식
③ 도립식　④ 횡 슬라이드식

> **프레스의 게이트 가드(gate guard)식 방호장치**
> ① 슬라이드 하강 중에 손이 들어가지 못하도록 해야 하며, 가드를 닫지 않으면 슬라이드를 작동시킬 수 없는 구조
> ② 작동방식에 따라 하강식, 상승식, 도립식, 횡 슬라이드식 등

정답　51 ①　52 ③　53 ②　54 ③　55 ①　56 ①

57 빈출

선반작업의 안전수칙으로 가장 거리가 먼 것은?

① 기계에 주유 및 청소를 할 때에는 저속회전에서 한다.
② 일반적으로 가공물의 길이가 지름의 12배 이상일 때는 방진구를 사용하여 선반작업을 한다.
③ 바이트는 가급적 짧게 설치한다.
④ 면장갑을 사용하지 않는다.

> 기계에 주유 및 청소를 할 때에는 반드시 기계를 정지시키고 해야 한다.

58

다음 중 보일러 운전 시 안전수칙으로 가장 적절하지 않은 것은?

① 가동 중인 보일러에는 작업자가 항상 정위치를 떠나지 아니할 것
② 보일러의 각종 부속장치의 누설상태를 점검할 것
③ 압력방출장치는 매 7년마다 정기적으로 작동시험을 할 것
④ 노 내의 환기 및 통풍장치를 점검할 것

> 보일러의 압력방출장치는 1년에 1회 이상 토출압력 시험 후 납으로 봉인(공정 안전관리 이행수준 평가결과가 우수한 사업장은 4년에 1회 이상 토출압력 시험 실시)

59

산업안전보건법령상 크레인에서 권과방지장치의 달기구 윗면이 권상장치의 아랫면과 접촉할 우려가 있는 경우 최소 몇 m 이상 간격이 되도록 조정하여야 하는가? (단, 직동식 권과방지장치의 경우는 제외)

① 0.1
② 0.15
③ 0.25
④ 0.3

> 권과방지장치는 훅·버킷 등 달기구의 윗면(그 달기구에 권상용 도르래가 설치된 경우에는 권상용 도르래의 윗면)이 드럼·상부도르래·트롤리프레임 등 권상장치의 아랫면과 접촉할 우려가 있는 때에는 그 간격이 0.25미터 이상(직동식 권과방지장치는 0.05미터 이상)이 되도록 조정하여야 한다.

60

슬라이드가 내려옴에 따라 손을 쳐내는 막대가 좌우로 왕복하면서 위험한계에 있는 손을 보호하는 프레스 방호장치는?

① 수인식
② 게이트 가드식
③ 반발예방장치
④ 손쳐내기식

> **손쳐내기식(push away, sweep guard)**
> ① 슬라이드에 캠 등으로 연결된 손쳐내기식 봉에 의해 위험한계 내의 손을 쳐내는 방식
> ② SPM 100 이하, 슬라이드 행정길이 약 40mm 이상의 프레스에 사용가능

4과목 전기설비 안전 관리

61

KS C IEC 60079-0에 따른 방폭기기에 대한 설명이다. 다음 빈칸에 들어갈 알맞은 용어는?

> (ⓐ)은 EPL로 표현되며 점화원이 될 수 있는 가능성에 기초하여 기기에 부여된 보호등급이다. EPL의 등급 중 (ⓑ)는 정상 작동, 예상된 오작동, 드문 오작동 중에 점화원이 될 수 없는 "매우 높은" 보호등급의 기기이다.

① ⓐ Explosion Protection Level, ⓑ EPL Ga
② ⓐ Explosion Protection Level, ⓑ EPL Gc
③ ⓐ Equipment Protection Level, ⓑ EPL Ga
④ ⓐ Equipment Protection Level, ⓑ EPL Gc

기기보호등급(EPL, Equipment Protection Level)	
EPL Ga	폭발성 가스 분위기에 설치되는 기기로 정상 작동, 예상된 오작동 또는 드문 오작동 중에 점화원이 될 수 없는 "매우 높은" 보호등급의 기기
EPL Gb	폭발성 가스 분위기에 설치되는 기기로 정상 작동 또는 예상된 오작동 중에 점화원이 될 수 없는 "높은" 보호등급의 기기
EPL Gc	폭발성 가스 분위기에 설치되는 기기로 정상 작동 중에 점화원이 될 수 없고 정기적인 고장 발생 시 점화원으로서 비활성 상태의 유지를 보장하기 위하여 추가적인 보호장치가 있을 수 있는 "강화된" 보호등급의 기기

정답 57 ① 58 ③ 59 ③ 60 ④ 61 ③

62 빈출

접지계통 분류에서 TN 접지방식이 아닌 것은?

① TN-S 방식
② TN-C 방식
③ TN-T 방식
④ TN-C-S 방식

TN 계통의 분류	
TN-S 계통	• 계통 전체에 대해 별도의 중성선 또는 PE 도체를 사용 • 배전계통에서 PE 도체를 추가로 접지할 수 있음
TN-C 계통	• 계통 전체에 대해 중성선과 보호도체의 기능을 동일 도체로 겸용한 PEN 도체를 사용 • 배전계통에서 PEN 도체를 추가로 접지할 수 있음
TN-C-S계통	• 계통의 일부분에서 PEN 도체를 사용하거나, 중성선과 별도의 PE 도체를 사용하는 방식 • 배전계통에서 PEN 도체와 PE 도체를 추가로 접지할 수 있음

63 빈출

외부피뢰시스템에서 접지극은 지표면에서 몇 m 이상 깊이로 매설하여야 하는가? (단, 동결심도는 고려하지 않는 경우이다.)

① 0.1
② 0.5
③ 0.75
④ 1.2

접지극 매설방법
① 접지극은 매설하는 토양을 오염시키지 않아야 하며, 가능한 다습한 부분에 설치한다.
② 접지극은 지표면으로부터 지하 0.75m 이상으로 하되 동결 깊이를 감안하여 매설 깊이를 정해야 한다.
③ 접지도체를 철주 기타의 금속체를 따라서 시설하는 경우에는 접지극을 철주의 밑면으로부터 0.3m 이상의 깊이에 매설하는 경우 이외에는 접지극을 지중에서 그 금속체로부터 1m 이상 떼어 매설하여야 한다.

64

최소착화에너지가 0.26mJ인 가스에 정전용량이 100pF인 대전물체로부터 정전기 방전에 의하여 착화할 수 있는 전압은 약 몇 V인가?

① 2,240
② 2,260
③ 2,280
④ 2,300

최소착화에너지(E)
① $E = \frac{1}{2}CV^2$
② $V = \sqrt{\frac{2E}{C}} = \sqrt{\frac{2 \times 0.26 \times 10^{-3}}{100 \times 10^{-12}}} = 2,280.35(V)$

65

누전차단기의 구성요소가 아닌 것은?

① 누전검출부
② 영상변류기
③ 차단장치
④ 전력퓨즈

누전차단기 구성요소
누전차단기는 누전검출부, 영상변류기(ZCT), 차단장치 및 시험용 버튼으로 구성된다.

66

우리나라의 안전전압으로 볼 수 있는 것은 약 몇 V인가?

① 30
② 50
③ 60
④ 70

각종 전기작업과 관련된 안전규정들은 대지전압이 30볼트 이하인 전기기계·기구·배선 또는 이동전선에 대해서는 적용하지 아니하므로 안전한 전압이다.

정답 62 ③ 63 ③ 64 ③ 65 ④ 66 ①

67

산업안전보건기준에 관한 규칙에 따라 누전에 의한 감전의 위험을 방지하기 위하여 접지를 하여야 하는 대상의 기준으로 틀린 것은? (단, 예외조건은 고려하지 않는다.)

① 전기기계·기구의 금속제 외함
② 고압 이상의 전기를 사용하는 전기기계·기구 주변의 금속제 칸막이
③ 고정배선에 접속된 전기기계·기구 중 사용전압이 대지전압 100V를 넘는 비충전 금속제
④ 코드와 플러그를 접속하여 사용하는 전기기계·기구 중 휴대형 전동기계·기구의 노출된 비충전 금속제

> 고정 설치되거나 고정배선에 접속된 전기기계·기구의 노출된 비충전 금속체 중 사용전압이 대지전압 150V를 넘는 비충전 금속체

68

정전유도를 받고 있는 접지되어 있지 않은 도전성 물체에 접촉한 경우 전격을 당하게 되는데 이때 물체에 유도된 전압 V(V)을 옳게 나타낸 것은? (단, E는 송전선의 대지전압, C_1은 송전선과 물체 사이의 정전용량, C_2는 물체와 대지 사이의 정전용량이며, 물체와 대지 사이의 저항은 무시한다.)

① $V = \dfrac{C_1}{C_1 + C_2} \times E$
② $V = \dfrac{C_1 + C_2}{C_1} \times E$
③ $V = \dfrac{C_1}{C_1 \times C_2} \times E$
④ $V = \dfrac{C_1 \times C_2}{C_1} \times E$

> **특고압 송전선로 부근 정전유도**
> 정전유도를 받고 있는 물체에 접촉한 경우의 전격에서 물체에 유도된 전압은 $V = \dfrac{C_1}{C_1 + C_2} \cdot E$

69

교류 아크 용접기의 자동전격방지장치는 전격의 위험을 방지하기 위하여 아크 발생이 중단된 후 약 1초 이내에 출력 측 무부하 전압을 자동적으로 몇 V 이하로 저하시켜야 하는가?

① 85   ② 70
③ 50   ④ 25

> **교류 아크 용접기**
> 교류 아크용 접기의 자동전격방지기는 아크 발생을 중지하였을 때 지동시간이 1.0초 이내에 2차 무부하 전압을 25V 이하로 감압시켜 안전을 유지할 수 있어야 한다.

70

정전기 발생에 영향을 주는 요인으로 가장 적절하지 않은 것은?

① 분리속도   ② 물체의 질량
③ 접촉면적 및 압력 ④ 물체의 표면상태

> **정전기 발생의 영향 요인**
> ① 물체의 특성   ② 물체의 표면상태
> ③ 물체의 이력   ④ 접촉면적 및 압력
> ⑤ 분리속도

71

다음에서 설명하고 있는 방폭구조는?

> 전기기기의 정상 사용 조건 및 특정 비정상 상태에서 과도한 온도 상승, 아크 또는 스파크의 발생위험을 방지하기 위해 추가적인 안전 조치를 취한 것으로 Ex e라고 표시한다.

① 유입 방폭구조   ② 압력 방폭구조
③ 내압 방폭구조   ④ 안전증 방폭구조

> **안전증 방폭구조(e)**
> ① 정상 운전 중에 폭발성 가스 또는 증기에 점화원이 될 전기불꽃, 아크 또는 고온 부분 등의 발생을 방지하기 위하여 기계적, 전기적 구조상 또는 온도 상승에 대해서 특히 안전도를 증가시킨 구조
> ② 코일의 절연성능 강화 및 표면온도 상승을 더욱 낮게 설계하거나 공극 및 연면거리를 크게 하여 안전도 증가

정답 67 ③   68 ①   69 ④   70 ②   71 ④

72
KS C IEC 60079-6에 따른 유입 방폭구조 "o" 방폭장비의 최소 IP 등급은?

① IP44 ② IP54
③ IP55 ④ IP66

> 밀봉되지 않은 기기의 통기장치의 배출구 및 밀봉된 기기의 압력방출장치의 배출구는 아래를 향해야 하며 KSCIEC에 따른 IP66 이상의 보호등급을 가져야 한다.

73
20Ω의 저항 중에 5A의 전류를 3분간 흘렸을 때 발열량(cal)은?

① 4,320 ② 90,000
③ 21,600 ④ 376,560

> **전기에너지에 의한 발열**
> $Q = I^2 RT = 5^2 \times 20 \times 180 = 90,000J = 21,600(cal)$

74
다음은 어떤 방전에 대한 설명인가?

> 정전기가 대전되어 있는 부도체에 접지체가 접근한 경우 대전물체와 접지체 사이에 발생하는 방전과 거의 동시에 부도체의 표면을 따라서 발생하는 나뭇가지 형태의 발광을 수반하는 방전

① 코로나 방전 ② 뇌상 방전
③ 연면 방전 ④ 불꽃 방전

> **연면 방전**
> 정전기가 대전된 부도체에 접지도체가 접근할 경우 대전물체와 접지도체 사이에서 발생하는 방전과 동시에 부도체의 표면을 따라 수지상의 발광을 동반하여 발생하는 방전현상(star-check mark)

75
가연성 가스가 있는 곳에 저압 옥내전기설비를 금속관 공사에 의해 시설하고자 한다. 관 상호 간 또는 관과 전기기계기구와는 몇 턱 이상 나사조임으로 접속하여야 하는가?

① 2턱 ② 3턱
③ 4턱 ④ 5턱

> **가연성 가스 등이 있는 곳의 저압의 시설**
> ① 관 상호 간 및 관과 박스 기타의 부속품·풀박스 또는 전기기계기구와는 5턱 이상 나사 조임으로 접속하는 방법 기타 이와 동등 이상의 효력이 있는 방법에 의하여 견고하게 접속할 것
> ② 전동기에 접속하는 부분으로 가요성을 필요로 하는 부분의 배선에는 방폭형의 부속품 중 내압의 방폭형 또는 안전증가 방폭형의 플렉시블 피팅을 사용할 것

76
전기시설의 직접 접촉에 의한 감전방지 방법으로 적절하지 않은 것은?

① 충전부는 내구성이 있는 절연물로 완전히 덮어 감쌀 것
② 충전부가 노출되지 않도록 폐쇄형 외함이 있는 구조로 할 것
③ 충전부에 충분한 절연효과가 있는 방호망 또는 절연 덮개를 설치할 것
④ 충전부는 출입이 용이한 전개된 장소에 설치하고 위험표시 등의 방법으로 방호를 강화할 것

> **직접 접촉에 의한 방지대책(보기 외에)**
> ① 발전소·변전소 및 개폐소등 구획되어 있는 장소로서 관계근로자 외의 자의 출입이 금지되는 장소에 충전부를 설치하고, 위험표시 등의 방법으로 방호를 강화할 것
> ② 전주 위 및 철탑 위 등 격리되어 있는 장소로서 관계근로자 외의 자가 접근할 우려가 없는 장소에 충전부를 설치할 것

정답 72 ④ 73 ③ 74 ③ 75 ④ 76 ④

77

심실세동을 일으키는 위험한계 에너지는 약 몇 J인가? (단, 심실세동전류 $I = \dfrac{165}{\sqrt{T}}$ mA, 인체의 전기저항 $R = 800\,\Omega$, 통전시간 $T = 1$초이다.)

① 12
② 22
③ 32
④ 42

심실세동전류

$$Q = I^2 RT[\text{J/S}] = \left(\dfrac{165}{\sqrt{T}} \times 10^{-3}\right)^2 \times 800 \times T = 21.78$$

78 ★빈출

전기기계·기구에 설치되어 있는 감전방지용 누전차단기의 정격감도전류 및 작동시간으로 옳은 것은? (단, 정격전부하전류가 50A 미만이다.)

① 15mA 이하, 0.1초 이내
② 30mA 이하, 0.03초 이내
③ 50mA 이하, 0.5초 이내
④ 100mA 이하, 0.05초 이내

누전차단기 접속 시 준수사항

① 전기기계·기구에 접속되어 있는 누전차단기는 정격감도전류가 30밀리암페어 이하이고 작동시간은 0.03초 이내일 것
② 다만, 정격전부하전류가 50암페어 이상인 전기기계·기구에 접속되는 누전차단기는 오작동을 방지하기 위하여 정격감도전류는 200밀리암페어 이하로, 작동시간은 0.1초 이내로 할 수 있다.

79

피뢰레벨에 따른 회전구체 반경이 틀린 것은?

① 피뢰레벨Ⅰ : 20m
② 피뢰레벨Ⅱ : 30m
③ 피뢰레벨Ⅲ : 50m
④ 피뢰레벨Ⅳ : 60m

피뢰시스템의 레벨별 회전구체 반경

피뢰시스템의 레벨	Ⅰ	Ⅱ	Ⅲ	Ⅳ
회전구체 반경	20	30	45	60

80

지락사고 시 1초를 초과하고 2초 이내에 고압전로를 자동차단하는 장치가 설치되어 있는 고압전로에 변압기 중성점 접지공사를 하였다. 접지저항은 몇 이하로 유지해야 하는가? (단, 변압기의 고압측 전로의 1선 지락전류는 10A이다.)

① 10
② 20
③ 30
④ 40

변압기 중성점 접지 저항값

① 접지저항(Ω) = 300/10A = 30Ω
② 일반적으로 변압기의 고압·특고압 측 전로 1선 지락전류로 150을 나눈 값과 같은 저항값 이하
③ 변압기의 고압·특고압 측 전로 또는 사용전압이 35kV 이하의 특고압전로가 저압 측 전로와 혼촉하고 저압전로의 대지전압이 150V를 초과하는 경우 : 1초 초과 2초 이내에 고압·특고압 전로를 자동으로 차단하는 정치를 설치할 때는 1선 지락전류로 300을 나눈 값 이하

정답 77 ② 78 ② 79 ③ 80 ③

5과목 화학설비 안전 관리

81

사업주는 가스폭발 위험장소 또는 분진폭발 위험장소에 설치되는 건축물 등에 대해서는 규정에서 정한 부분을 내화구조로 하여야 한다. 다음 중 내화구조로 하여야 하는 부분에 대한 기준이 틀린 것은?

① 건축물의 기둥 : 지상 1층(지상 1층의 높이가 6미터를 초과하는 경우에는 6미터)까지
② 위험물 저장·취급용기의 지지대(높이가 30센티미터 이하인 것은 제외) : 지상으로부터 지지대의 끝부분까지
③ 건축물의 보 : 지상 2층(지상 2층의 높이가 10미터를 초과하는 경우에는 10미터)까지
④ 배관·전선관 등의 지지대 : 지상으로부터 1단(1단의 높이가 6미터를 초과하는 경우에는 6미터)까지

> **가스 또는 분진폭발 위험장소의 건축물(내화구조)**
> ① 건축물의 기둥 및 보는 지상 1층(지상 1층의 높이가 6미터를 초과하는 경우에는 6미터)까지
> ② 위험물 저장·취급용기의 지지대(높이가 30센티미터 이하인 것 제외)는 지상으로부터 지지대의 끝부분까지
> ③ 배관·전선관 등의 지지대는 지상으로부터 1단(1단의 높이가 6미터를 초과하는 경우에는 6미터)까지

82

다음 물질 중 인화점이 가장 낮은 물질은?

① 이황화탄소   ② 아세톤
③ 크실렌   ④ 경유

> **인화점**
> ① 이황화탄소 : -30℃   ② 아세톤 : -18℃
> ③ 크실렌 : 17~23℃   ④ 경유 : 50~70℃

83

물의 소화력을 높이기 위하여 물에 탄산칼륨(K_2CO_3)과 같은 염류를 첨가한 소화약제를 일반적으로 무엇이라 하는가?

① 포 소화약제   ② 분말 소화약제
③ 강화액 소화약제   ④ 산알칼리 소화약제

> **강화액 소화기**
> ① 물에 탄산칼륨을 보강시킨 소화기
> ② 탄산칼륨으로 빙점을 -30 ~ -25℃까지 낮추어 한랭지 또는 겨울철에 사용하는 소화기

84 빈출

다음 중 분진의 폭발위험성을 증대시키는 조건에 해당하는 것은?

① 분진의 온도가 낮을수록
② 분위기 중 산소농도가 작을수록
③ 분진 내의 수분농도가 작을수록
④ 분진의 표면적이 입자체적에 비교하여 작을수록

> 수분은 분진의 부유성을 억제하므로 수분농도가 클수록 폭발위험성을 감소시키고 작을수록 증대시킨다.

85

다음 중 관의 지름을 변경하는 데 사용되는 관의 부속품으로 가장 적절한 것은?

① 엘보우(Elbow)   ② 커플링(Coupling)
③ 유니온(Union)   ④ 리듀서(Reducer)

> 리듀서(축소관), 부싱(bushing)은 관의 지름 즉, 관로의 크기를 바꿀 때 사용되는 부속품이다.

86

가연성 물질의 저장 시 산소농도를 일정한 값 이하로 낮추어 연소를 방지할 수 있는데 이때 첨가하는 물질로 적합하지 않은 것은?

① 질소   ② 이산화탄소
③ 헬륨   ④ 일산화탄소

> **연소방지를 위한 불활성화**
> ① 가연성 혼합가스에 불활성 가스를 주입, 산소의 농도를 최소산소농도 이하로 하여 연소를 방지하는 공정
> ② 불활성 가스
>   ㉠ 질소 ㉡ 이산화탄소 ㉢ 헬륨

tip
일산화탄소는 가연성이면서 독성가스에 해당된다.

정답 81 ③ 82 ① 83 ③ 84 ③ 85 ④ 86 ④

87
다음 중 물과의 반응성이 가장 큰 물질은?

① 니트로글리세린   ② 이황화탄소
③ 금속나트륨   ④ 석유

> **물반응성 물질 및 인화성 고체**
> ① 리튬   ② 칼륨·나트륨
> ③ 황   ④ 황린
> ⑤ 알킬알루미늄·알킬리튬   ⑥ 마그네슘 분말

88 ★빈출
산업안전보건법령상 위험물질의 종류에서 폭발성 물질에 해당하는 것은?

① 니트로화합물   ② 등유
③ 황   ④ 질산

> **폭발성 물질 및 유기과산화물**
> ① 질산에스테르류   ② 니트로화합물
> ③ 니트로소화합물   ④ 아조화합물
> ⑤ 디아조화합물   ⑥ 하이드라진 유도체
> ⑦ 유기과산화물

89
어떤 습한 고체재료 10kg을 완전 건조 후 무게를 측정하였더니 6.8kg이었다. 이 재료의 건량 기준 함수율은 몇 kg·H₂O/kg인가?

① 0.25   ② 0.36
③ 0.47   ④ 0.58

> **함수율**
> $$\text{함수율} = \frac{\text{건조 전 질량} - \text{건조 후 질량}}{\text{건조 후 질량}} = \frac{10 - 6.8}{6.8}$$
> $$= 0.47 [kg \cdot H_2O/kg]$$

90
대기압하에서 인화점이 0℃ 이하인 물질이 아닌 것은?

① 메탄올   ② 이황화탄소
③ 산화프로필렌 ④ 디에틸에테르

> **인화점**
> ① 메탄올 : 16℃
> ② 이황화탄소 : -30℃
> ③ 산화프로필렌 : -28.9℃(개방계)
> ④ 디에틸에테르 : -45℃

91 ★빈출
가연성 가스의 폭발범위에 관한 설명으로 틀린 것은?

① 압력 증가에 따라 폭발상한계와 하한계가 모두 현저히 증가한다.
② 불활성 가스를 주입하면 폭발범위는 좁아진다.
③ 온도의 상승과 함께 폭발범위는 넓어진다.
④ 산소 중에서 폭발범위는 공기 중에서보다 넓어진다.

> **가스폭발 범위의 영향 요소(보기 외에)**
> ① 압력이 높아지면 하한값은 큰 변화가 없으나 상한값은 높아진다.
> ② 일산화탄소는 압력이 높을수록 폭발범위가 좁아진다.

92
열교환기의 정기적 점검을 일상점검과 개방점검으로 구분할 때 개방점검 항목에 해당하는 것은?

① 보냉재의 파손 상황
② 플랜지부나 용접부에서의 누출 여부
③ 기초 볼트의 체결 상태
④ 생성물, 부착물에 의한 오염 상황

> **열교환기의 일상점검 항목**
> ① 보온재 및 보냉재의 파손 상황
> ② 도장의 노후 상황
> ③ Flange부, 용접부 등의 누출 여부
> ④ 기초 볼트의 체결 상태

tip
생성물, 부착물에 의한 오염 상황은 개방점검 항목에 해당된다.

정답 87 ③ 88 ① 89 ③ 90 ① 91 ① 92 ④

93
다음 중 분진폭발을 일으킬 위험이 가장 높은 물질은?

① 염소　　　　　　② 마그네슘
③ 산화칼슘　　　　④ 에틸렌

> **분진폭발**
> ① 금속분진(알루미늄, 마그네슘 등) 소맥분, 황분말 등 100미크론 이하의 가연성 고체를 미분으로 공기 중에 부유시켜 연소폭발하는 현상
> ② 불휘발성 액체 또는 고체가 미립자 상태로 공기 중에서 폭발범위 내로 존재할 경우 착화에너지에 의해 일어나는 현상

94
산업안전보건법령에서 인화성 액체를 정의할 때 기준이 되는 표준압력은 몇 kPa인가?

① 1　　　　　　　② 100
③ 101.3　　　　　④ 273.15

> 인화성 액체란 표준압력(101.3kPa)하에서 인화점이 60℃ 이하이거나 고온·고압의 공정운전조건으로 인하여 화재·폭발위험이 있는 상태에서 취급되는 가연성 물질을 말한다.

95 ★빈출
다음 중 C급 화재에 해당하는 것은?

① 금속화재　　　　② 전기화재
③ 일반화재　　　　④ 유류화재

> **화재의 종류**
> ① A급 화재 : 일반화재　　② B급 화재 : 유류화재
> ③ C급 화재 : 전기화재　　④ D급 화재 : 금속화재

96
액화 프로판 310kg을 내용적 50L 용기에 충전할 때 필요한 소요 용기의 수는 몇 개인가? (단, 액화 프로판의 가스정수는 2.35이다.)

① 15　　　　　　　② 17
③ 19　　　　　　　④ 21

> **저장능력의 산정식(용기일 경우)**
> ① $G = \dfrac{V}{C}$ (G : 질량(kg), V : 부피(l), C : 가스의 정수)
> ② $G = \dfrac{50}{2.35} = 21.28$
> 따라서 $\dfrac{310}{21.28} = 14.57$이므로,
> 용기는 15개가 필요하다.

97 ★빈출
다음 중 가연성 가스의 연소 형태에 해당하는 것은?

① 분해연소　　　　② 증발연소
③ 표면연소　　　　④ 확산연소

> **기체의 연소**
> ① 확산연소 : 가연성 가스와 공기가 확산에 의해 혼합되어 연소범위 농도에 이르러 연소하는 현상
> ② 예혼합연소 : 기체연료에 연소에 필요한 공기 또는 산소를 미리 혼합하여 연소하는 현상

98
다음 중 산업안전보건법령상 위험물질의 종류에 있어 인화성 가스에 해당하지 않는 것은?

① 수소　　　　　　② 부탄
③ 에틸렌　　　　　④ 과산화수소

> **인화성 가스**
> ① 수소　　② 아세틸렌　　③ 에틸렌
> ④ 메탄　　⑤ 에탄　　　　⑥ 프로판
> ⑦ 부탄　　⑧ 유해·위험물질 규정량에 따른 인화성 가스

> **tip**
> 과산화수소는 산화성 액체에 해당된다.

정답 93 ②　94 ③　95 ②　96 ①　97 ④　98 ④

99

반응폭주 등 급격한 압력상승의 우려가 있는 경우에 설치하여야 하는 것은?

① 파열판
② 통기밸브
③ 체크밸브
④ Flame arrester

파열판을 설치해야 하는 경우
① 반응폭주 등 급격한 압력상승의 우려가 있는 경우
② 급성 독성물질의 누출로 인하여 주위의 작업환경을 오염시킬 우려가 있는 경우
③ 운전 중 안전밸브에 이상물질이 누적되어 안전밸브가 작동되지 아니할 우려가 있는 경우

100

다음 중 응상폭발이 아닌 것은?

① 분해폭발
② 수증기폭발
③ 전선폭발
④ 고상간의 전이에 의한 폭발

분해폭발은 기상폭발에 해당된다.

6과목 건설공사 안전 관리

101

건설재해대책의 사면보호공법 중 식물을 생육시켜 그 뿌리로 사면의 표층토를 고정하여 빗물에 의한 침식, 동상, 이완 등을 방지하고, 녹화에 의한 경관조성을 목적으로 시공하는 것은?

① 식생공
② 쉴드공
③ 뿜어 붙이기공
④ 블럭공

식생공
비탈면 보호를 위해 씨앗뿜어붙이기공, 식생 매트공 등의 방법으로 식물을 생육시켜 침식, 동상, 이완 등을 방지하고, 녹화에 의한 경관조성을 목적으로 시공하는 공법

102

산업안전보건법령에 따른 양중기의 종류에 해당하지 않는 것은?

① 곤돌라
② 리프트
③ 클램쉘
④ 크레인

양중기의 종류
① 크레인(호이스트 포함)
② 이동식 크레인
③ 리프트(건설용 리프트, 산업용 리프트, 자동차정비용 리프트, 이삿짐운반용 리프트)
④ 곤돌라
⑤ 승강기

103

화물취급작업과 관련한 위험방지를 위해 조치하여야 할 사항으로 옳지 않은 것은?

① 하역작업을 하는 장소에서 작업장 및 통로의 위험한 부분에는 안전하게 작업할 수 있는 조명을 유지할 것
② 하역작업을 하는 장소에서 부두 또는 안벽의 선을 따라 통로를 설치하는 경우에는 폭을 50cm 이상으로 할 것
③ 차량 등에서 화물을 내리는 작업을 하는 경우에 해당 작업에 종사하는 근로자에게 쌓여 있는 화물 중간에서 화물을 빼내도록 하지 말 것
④ 꼬임이 끊어진 섬유로프 등을 화물운반용 또는 고정용으로 사용하지 말 것

부두 등 하역작업장 조치사항(보기 외에)
① 부두 또는 안벽의 선을 따라 통로를 설치하는 때에는 폭을 90cm 이상으로 할 것
② 바닥으로부터 높이 2m 이상 하적단(포대, 가마니 등)은 인접 하적단과 간격을 하적단 밑부분에서 10cm 이상 유지
③ 육상에서의 통로 및 작업장으로서 다리 또는 선거 갑문을 넘는 보도 등의 위험한 부분에는 안전난간 또는 울타리 등을 설치할 것

정답 99 ① 100 ① 101 ① 102 ③ 103 ②

104

표준관입시험에 관한 설명으로 옳지 않은 것은?

① N치(N-value)는 지반을 30cm 굴진하는 데 필요한 타격 횟수를 의미한다.
② N치가 4~10일 경우 모래의 상대밀도는 매우 단단한 편이다.
③ 63.5kg 무게의 추를 76cm 높이에서 자유낙하하여 타격하는 시험이다.
④ 사질지반에 적용하며, 점토지반에서는 편차가 커서 신뢰성이 떨어진다.

표준관입시험(S.P.T)
① 질량 63.5 ± 0.5kg의 드라이브 해머를 760 ± 10mm 자유낙하시키고 보링로드 머리부에 부착한 노킹블록을 타격하여 보링로드 앞끝에 부착한 표준관입시험용 샘플러를 지반에 300mm 박아 넣는 데 필요한 타격횟수 N값을 측정
② N값이 4~10이면 상대밀도가 느슨한 상태이며, 상대밀도가 매우 단단한 정도는 50을 초과하는 경우이다.

105

근로자의 추락 등의 위험을 방지하기 위한 안전난간의 설치요건에서 상부 난간대를 120cm 이상 지점에 설치하는 경우 중간난간대를 최소 몇 단 이상 균등하게 설치하여야 하는가?

① 2단
② 3단
③ 4단
④ 5단

상부 난간대
① 바닥면 · 발판 또는 경사로의 표면으로부터 90센티미터 이상 지점에 설치하고, 상부 난간대를 120센티미터 이하에 설치하는 경우에는 중간 난간대는 상부 난간대와 바닥면 등의 중간에 설치
② 120센티미터 이상 지점에 설치하는 경우에는 중간 난간대를 2단 이상으로 균등하게 설치하고 난간의 상하 간격은 60센티미터 이하가 되도록 할 것

106 빈출

건설현장에 설치하는 사다리식 통로의 설치기준으로 옳지 않은 것은?

① 발판과 벽과의 사이는 15cm 이상의 간격을 유지할 것
② 발판의 간격은 일정하게 할 것
③ 사다리의 상단은 걸쳐놓은 지점으로부터 60cm 이상 올라가도록 할 것
④ 사다리식 통로의 길이가 10m 이상인 경우에는 3m 이내마다 계단참을 설치할 것

사다리식 통로의 구조(보기 외 주요사항)
① 폭은 30센티미터 이상으로 할 것
② 사다리가 넘어지거나 미끄러지는 것을 방지하기 위한 조치를 할 것
③ 사다리식 통로의 길이가 10미터 이상인 경우에는 5미터 이내마다 계단참을 설치할 것
④ 사다리식 통로의 기울기는 75도 이하로 할 것. 다만, 고정식 사다리식 통로의 기울기는 90도 이하로 하고, 그 높이가 7미터 이상인 경우에는 다음의 구분에 따른 조치를 할 것
  ㉠ 등받이울이 있어도 근로자 이동에 지장이 없는 경우 : 바닥으로부터 높이가 2.5미터 되는 지점부터 등받이울을 설치할 것
  ㉡ 등받이울이 있으면 근로자가 이동이 곤란한 경우 : 한국산업표준에서 정하는 기준에 적합한 개인용 추락 방지 시스템을 설치하고 근로자로 하여금 한국산업표준에서 정하는 기준에 적합한 전신안전대를 사용하도록 할 것

tip
2024년 개정된 법령 적용

107

불도저를 이용한 작업 중 안전조치사항으로 옳지 않은 것은?

① 작업종료와 동시에 삽날을 지면에서 띄우고 주차 제동장치를 건다.
② 모든 조종간은 엔진 시동 전에 중립 위치에 놓는다.
③ 장비의 승차 및 하차 시 뛰어내리거나 오르지 말고 안전하게 잡고 오르내린다.
④ 야간작업 시 자주 장비에서 내려와 장비 주위를 살피며 점검하여야 한다.

작업종료 및 엔진이 정지 중에는 불시에 움직이지 않도록 삽날을 지면에 내려놓아야 한다.

정답 104 ② 105 ① 106 ④ 107 ①

108

건설공사의 산업안전보건관리비 계상 시 대상액이 구분되어 있지 않은 공사는 도급계약 또는 자체사업계획상의 총 공사금액 중 얼마를 대상액으로 하는가?

① 50%   ② 60%
③ 70%   ④ 80%

> **대상액이 구분되어 있지 아니한 공사**
> 도급계약 또는 자체사업계획상의 총 공사금액의 70%를 대상액으로 안전관리비 계상

109

도심지 폭파해체공법에 관한 설명으로 옳지 않은 것은?

① 장기간 발생하는 진동, 소음이 적다.
② 해체 속도가 빠르다.
③ 주위의 구조물에 끼치는 영향이 적다.
④ 많은 분진 발생으로 민원을 발생시킬 우려가 있다.

> 기계식 해체공법은 폭풍압에 대한 피해가 없지만, 발파해체공법은 폭파 시의 폭풍압 및 진동에 의한 비석 발생뿐만 아니라 주변건물의 파손이나 균열 발생 등의 위험이 있다.

110

NATM공법 터널공사의 경우 록 볼트 작업과 관련된 계측결과에 해당되지 않는 것은?

① 내공변위 측정 결과
② 천단침하 측정 결과
③ 인발시험 결과
④ 진동 측정 결과

> 록 볼트 작업의 표준시공방식으로 시스템 볼팅을 실시하여야 하며, 인발시험, 내공변위 측정, 천단침하 측정, 지중변위 측정 등의 계측결과로부터 필요한 경우 록 볼트의 추가시공을 하여야 한다.

111

거푸집 및 동바리 등을 조립하는 경우에 준수하여야 할 사항으로 옳지 않은 것은?

① 깔목의 사용, 콘크리트 타설, 말뚝박기 등 동바리의 침하를 방지하기 위한 조치를 할 것
② 개구부 상부에 동바리를 설치하는 경우에는 상부하중을 견딜 수 있는 견고한 받침대를 설치할 것
③ 거푸집이 곡면인 경우에는 버팀대의 부착 등 그 거푸집의 부상(浮上)을 방지하기 위한 조치를 할 것
④ 동바리의 이음은 맞댄이음이나 장부이음을 피할 것

> **거푸집 및 동바리 조립 시 안전조치**
> ① 동바리의 이음은 같은 품질의 재료를 사용할 것
> ② 강재와 강재와의 접속부 및 교차부는 볼트·클램프 등 전용철물을 사용하여 단단히 연결할 것 등

tip
2023년 법령개정. 문제는 개정 전 내용이며, 해설은 개정된 내용 적용

112 ★빈출

비계의 높이가 2m 이상인 작업장소에 설치하는 작업발판의 설치 기준으로 옳지 않은 것은? (단, 달비계, 달대비계 및 말비계는 제외)

① 작업발판의 폭은 40cm 이상으로 한다.
② 작업발판재료는 뒤집히거나 떨어지지 않도록 하나 이상의 지지물에 연결하거나 고정시킨다.
③ 발판재료 간의 틈은 3cm 이하로 한다.
④ 작업발판의 지지물은 하중에 의하여 파괴될 우려가 없는 것을 사용한다.

> **비계 높이 2m 이상 장소의 작업발판(보기 외에)**
> ① 작업발판재료는 뒤집히거나 떨어지지 않도록 둘 이상의 지지물에 연결하거나 고정시킬 것
> ② 추락의 위험성이 있는 장소에는 안전난간을 설치할 것

정답 108 ③   109 ③   110 ④   111 ④   112 ②

113 ⭐

흙막이 지보공을 설치하였을 경우 정기적으로 점검하고 이상을 발견하면 즉시 보수하여야 하는 사항과 가장 거리가 먼 것은?

① 부재의 접속부·부착부 및 교차부의 상태
② 버팀대의 긴압(緊壓)의 정도
③ 부재의 손상·변형·부식·변위 및 탈락의 유무와 상태
④ 지표수의 흐름 상태

> 지표수의 흐름 상태가 아니라 침하의 정도가 포함된다.

114 ⭐

말비계를 조립하여 사용하는 경우 지주부재와 수평면의 기울기는 얼마 이하로 하여야 하는가?

① 65°　② 70°
③ 75°　④ 80°

> **말비계의 조립 시 준수사항**
> ① 지주부재의 하단에는 미끄럼 방지장치를 하고, 양측 끝부분에 올라서서 작업하지 아니하도록 할 것
> ② 지주부재와 수평면과의 기울기를 75도 이하로 하고, 지주부재와 지주부재 사이를 고정시키는 보조부재를 설치할 것
> ③ 말비계의 높이가 2미터를 초과할 경우에는 작업발판의 폭을 40cm 이상으로 할 것

115 ⭐

지반 등의 굴착 시 위험을 방지하기 위한 경암 지반 굴착면의 기울기 기준으로 옳은 것은?

① 1 : 0.3　② 1 : 0.4
③ 1 : 0.5　④ 1 : 1.0

> **굴착면 기울기 기준**
>
> | 지반의 종류 | 모래 | 연암 및 풍화암 | 경암 | 그 밖의 흙 |
> | --- | --- | --- | --- | --- |
> | 굴착면의 기울기 | 1 : 1.8 | 1 : 1.0 | 1 : 0.5 | 1 : 1.2 |

tip
2023년 법령개정. 문제와 해설은 개정된 내용 적용

116

작업발판 및 통로의 끝이나 개구부로서 근로자가 추락할 위험이 있는 장소에서 난간 등의 설치가 매우 곤란하거나 작업의 필요상 임시로 난간 등을 해체하여야 하는 경우에 설치하여야 하는 것은?

① 구명구　② 수직보호망
③ 석면포　④ 추락방호망

> **개구부 등의 방호조치**
> ① 안전난간, 울타리, 수직형 추락방망 또는 덮개 등의 방호조치를 충분한 강도를 가진 구조로 튼튼하게 설치하고, 덮개 설치 시 뒤집히거나 떨어지지 않도록 설치
> ② 안전난간 등의 설치가 매우 곤란하거나 작업의 필요상 임시로 난간 등을 해체하는 경우 추락방호망 설치(추락방호망 설치가 곤란한 경우 안전대 착용 등의 추락위험 방지조치)

117

공법을 흙막이 지지방식에 의한 분류와 구조방식에 의한 분류로 나눌 때 다음 중 지지방식에 의한 분류에 해당하는 것은?

① 수평 버팀대식 흙막이 공법
② H-Pile 공법
③ 지하연속벽 공법
④ Top down method 공법

> 지지방식에 의한 흙막이 공법은 자립식, 타이로드앵커식, 버팀대식 등이 있다.

118

철골용접부의 결함을 검사하는 방법으로 가장 거리가 먼 것은?

① 알칼리 반응시험　② 방사선 투과시험
③ 자기분말 탐상시험　④ 침투 탐상시험

> **용접부 결함 검사방법**
> ① 내부결함 : 초음파 탐상검사, 방사선 투과검사
> ② 표면결함 : 육안검사, 자기분말 탐상검사, 침투 탐상검사

정답 113 ④　114 ③　115 ③　116 ④　117 ①　118 ①

119

유해위험방지계획서를 제출하려고 할 때 그 첨부서류와 가장 거리가 먼 것은?

① 공사개요서
② 산업안전보건관리비 작성요령
③ 전체 공정표
④ 재해 발생 위험 시 연락 및 대피방법

> **유해위험방지계획서 제출 시 첨부서류(보기 외에)**
> ① 공사현장의 주변 현황 및 주변과의 관계를 나타내는 도면(매설물 현황 포함)
> ② 산업안전보건관리비 사용계획서
> ③ 안전관리 조직표

120 빈출

콘크리트 타설작업과 관련하여 준수하여야 할 사항으로 가장 거리가 먼 것은?

① 당일의 작업을 시작하기 전에 해당 작업에 관한 거푸집 및 동바리 등의 변형·변위 및 지반의 침하 유무 등을 점검하고 이상이 있으면 보수할 것
② 콘크리트를 타설하는 경우에는 편심이 발생하지 않도록 골고루 분산하여 타설할 것
③ 진동기의 사용은 많이 할수록 균일한 콘크리트를 얻을 수 있으므로 가급적 많이 사용할 것
④ 설계도서상의 콘크리트 양생기간을 준수하여 거푸집동바리 등을 해체할 것

> **콘크리트 타설작업 시 준수사항**
> ① 당일의 작업을 시작하기 전에 해당 작업에 관한 거푸집 및 동바리의 변형·변위 및 지반의 침하 유무 등을 점검하고 이상이 있으면 보수할 것
> ② 작업 중에는 감시자를 배치하는 등의 방법으로 거푸집 및 동바리의 변형·변위 및 침하 유무 등을 확인해야 하며, 이상이 있으면 작업을 중지하고 근로자를 대피시킬 것
> ③ 콘크리트 타설작업 시 거푸집 붕괴의 위험이 발생할 우려가 있으면 충분한 보강조치를 할 것
> ④ 설계도서상의 콘크리트 양생기간을 준수하여 거푸집 및 동바리를 해체할 것
> ⑤ 콘크리트를 타설하는 경우에는 편심이 발생하지 않도록 골고루 분산하여 타설할 것

tip
2023년 법령개정. 문제는 개정 전 내용이며, 해설은 개정된 내용 적용

정답 119 ② 120 ③

2021년 3월 7일 | 기출문제

1과목 산업재해 예방 및 안전보건교육

01 ⭐

산업안전보건법령상 중대재해의 범위에 해당하지 않는 것은?

① 1명의 사망자가 발생한 재해
② 1개월의 요양을 요하는 부상자가 동시에 5명 발생한 재해
③ 3개월의 요양을 요하는 부상자가 동시에 3명 발생한 재해
④ 10명의 직업성 질병자가 동시에 발생한 재해

중대재해
① 사망자가 1명 이상 발생한 재해
② 3개월 이상의 요양이 필요한 부상자가 동시에 2명 이상 발생한 재해
③ 부상자 또는 직업성 질병자가 동시에 10명 이상 발생한 재해

02

Thorndike의 시행착오설에 의한 학습의 원칙이 아닌 것은?

① 연습의 원칙 ② 효과의 원칙
③ 동일성의 원칙 ④ 준비성의 원칙

시행착오설에 의한 학습법칙
① 연습의 법칙 ② 효과의 법칙 ③ 준비성의 법칙

03

재해의 빈도와 상해의 강약도를 혼합하여 집계하는 지표로 옳은 것은?

① 강도율 ② 종합재해지수
③ 안전활동율 ④ Safe-T-Score

종합재해지수(FSI)
① 재해 빈도의 다소와 상해 정도의 강약을 종합하여 나타내는 방식으로 직장과 기업의 성적지표로 사용
② FSI = $\sqrt{도수율(FR) \times 강도율(SR)}$

04

집단에서의 인간관계 메커니즘(Mechanism)과 가장 거리가 먼 것은?

① 분열, 강박 ② 모방, 암시
③ 동일화, 일체화 ④ 커뮤니케이션, 공감

집단에서의 인간관계 메커니즘
① 동일화 ② 투사 ③ 커뮤니케니션
④ 모방 ⑤ 암시

05

재해조사의 목적과 가장 거리가 먼 것은?

① 재해예방 자료수집
② 재해관련 책임자 문책
③ 동종 및 유사재해 재발방지
④ 재해발생 원인 및 결함 규명

재해조사의 목적
재해의 원인을 분석하여 결함을 규명하고 동종 및 유사재해의 재발방지 및 재해예방 자료수집

정답 01 ② 02 ③ 03 ② 04 ① 05 ②

06

무재해 운동의 3원칙에 해당되지 않는 것은?

① 무의 원칙
② 참가의 원칙
③ 선취의 원칙
④ 대책선정의 원칙

무재해 운동의 3대 원칙	
무의 원칙	모든 잠재위험요인을 적극적으로 사전에 발견하고 파악·해결함으로써 산업재해의 근원적인 요소들을 없앤다는 것을 의미한다.
선취의 원칙	사업장 내에서 행동하기 전에 잠재위험요인을 발견하고 파악·해결하여 재해를 예방하는 것을 의미한다.
참가의 원칙	잠재위험요인을 발견하고 파악·해결하기 위하여 전원이 일치 협력하여 각자의 위치에서 적극적으로 문제해결을 하겠다는 것을 의미한다.

07

산업안전보건법령상 보안경 착용을 포함하는 안전보건표지의 종류는?

① 지시표지
② 안내표지
③ 금지표지
④ 경고표지

지시표시는 보호구 착용에 관한 특정 행위의 지시 및 사실의 고지를 나타내며, 원형모양에 바탕은 파란색, 관련그림은 흰색이다.

08

안전보건관리조직의 형태 중 라인-스태프(Line-Staff)형에 관한 설명으로 틀린 것은?

① 조직원 전원을 자율적으로 안전 활동에 참여시킬 수 있다.
② 라인의 관리, 감독자에게도 안전에 관한 책임과 권한이 부여된다.
③ 중규모 사업장(100명 이상 ~ 500명 미만)에 적합하다.
④ 안전 활동과 생산업무가 유리될 우려가 없기 때문에 균형을 유지할 수 있어 이상적인 조직형태이다.

안전관리 조직
① 근로자 100 ~ 1,000명 정도의 중규모 사업장에 적합한 조직은 참모식(Staff) 조직
② 근로자 1,000명 이상의 대규모 사업장에 적합한 조직은 라인스태프형(Line-Staff) 조직

09

교육훈련기법 중 Off. J. T(Off the Job Training)의 장점이 아닌 것은?

① 업무의 계속성이 유지된다.
② 외부의 전문가를 강사로 활용할 수 있다.
③ 특별교재, 시설을 유효하게 사용할 수 있다.
④ 다수의 대상자에게 조직적 훈련이 가능하다.

O. J. T와 Off. J. T
① 업무의 계속성이 유지되는 것은 현장교육인 O. J. T에 해당된다.
② 현장 이외의 장소에서 집합교육으로 진행되는 Off. J. T는 업무와 분리되어 면학에 전념하는 것이 가능하다.

10

안전교육 중 같은 것을 반복하여 개인의 시행착오에 의해서만 점차 그 사람에게 형성되는 것은?

① 안전기술의 교육
② 안전지식의 교육
③ 안전기능의 교육
④ 안전태도의 교육

기능교육
교육대상자가 스스로 행하는 반복적인 시행착오에 의해서만 형성되는 교육

11

산업안전보건법령상 안전인증 대상기계 등에 포함되는 기계, 설비, 방호장치에 해당하지 않는 것은?

① 롤러기
② 크레인
③ 동력식 수동대패용 칼날 접촉 방지장치
④ 방폭구조(防爆構造) 전기기계·기구 및 부품

동력식 수동대패용 칼날 접촉 방지장치는 자율안전확인 대상 방호장치에 해당된다.

정답 06 ④ 07 ① 08 ③ 09 ① 10 ③ 11 ③

12

재해로 인한 직접비용으로 8,000만원의 산재보상비가 지급되었을 때, 하인리히 방식에 따른 총 손실비용은?

① 16,000만원　　② 24,000만원
③ 32,000만원　　④ 40,000만원

> **하인리히(H. W. Heinrich) 방식(1 : 4원칙)**
> ① 직접손실비용 : 간접손실비용 = 1 : 4 (1대4의 경험법칙)
> ② 총재해손실비용 = 직접비 + 간접비 = 직접비 × 5
> ③ 총재해손실비용 = 8,000만원 × 5 = 40,000만원

13

일반적으로 시간의 변화에 따라 야간에 상승하는 생체리듬은?

① 혈압　　② 맥박수
③ 체중　　④ 혈액의 수분

> **바이오리듬(생체리듬)의 변화**
> ① 주간 감소, 야간 증가 : 혈액의 수분, 염분량
> ② 주간 상승, 야간 감소 : 체온, 혈압, 체중, 맥박수
> ③ 특히 야간에는 체중 감소, 소화불량, 말초신경기능 저하, 피로의 자각증상 증대 등의 현상이 나타난다.

14

상황성 누발자의 재해 유발원인과 가장 거리가 먼 것은?

① 작업이 어렵기 때문이다.
② 심신에 근심이 있기 때문이다.
③ 기계설비의 결함이 있기 때문이다.
④ 도덕성이 결여되어 있기 때문이다.

> **상황성 누발자 유형**
> ① 작업 자체가 어렵기 때문
> ② 기계설비의 결함 존재
> ③ 주위 환경상 주의력 집중 곤란
> ④ 심신에 근심 걱정이 있기 때문

15

작업자 적성의 요인이 아닌 것은?

① 지능　　② 인간성
③ 흥미　　④ 연령

> 작업자의 적성요인 : 지능, 성격, 직업흥미, 인성, 학력, 신체조건 등

16

보호구에 관한 설명으로 옳은 것은?

① 유해물질이 발생하는 산소결핍지역에서는 필히 방독마스크를 착용하여야 한다.
② 차광용 보안경의 사용구분에 따른 종류에는 자외선용, 적외선용, 복합용, 용접용이 있다.
③ 선반작업과 같이 손에 재해가 많이 발생하는 작업장에서는 장갑 착용을 의무화한다.
④ 귀마개는 처음에는 저음만을 차단하는 제품부터 사용하며, 일정 기간이 지난 후 고음까지 모두 차단할 수 있는 제품을 사용한다.

> **보호구 관련**
> ① 유해물질이 발생하는 산소결핍지역에서는 송기마스크를 착용하여야 한다.
> ② 차광용 보안경의 사용구분에 따른 종류에는 자외선용, 적외선용, 복합용, 용접용이 있다.
> ③ 선반작업에서는 절삭 중 일감에 손을 대서는 안 되며 장갑 착용을 금한다.
> ④ 2종 귀마개는 주로 고음을 차음하고 저음은 차음하지 않는 것으로 작업장에 따라 사용된다.

17 ⭐

참가자에게 일정한 역할을 주어 실제적으로 연기를 시켜봄으로써 자기의 역할을 보다 확실히 인식할 수 있도록 체험학습을 시키는 교육방법은?

① Symposium　　② Brain Storming
③ Role Playing　　④ Fish Bowl Playing

> **Role Playing(역할 연기법)**
> ① 참석자가 정해진 역할을 직접 연기해 본 후 함께 토론해보는 방법
> ② 흥미유발, 태도변용에 도움

정답　12 ④　13 ④　14 ④　15 ④　16 ②　17 ③

18 ⭐빈출

브레인스토밍 기법에 관한 설명으로 옳은 것은?

① 타인의 의견을 수정하지 않는다.
② 지정된 표현방식에서 벗어나 자유롭게 의견을 제시한다.
③ 참여자에게는 동일한 횟수의 의견제시 기회가 부여된다.
④ 주제와 내용이 다르거나 잘못된 의견은 지적하여 조정한다.

> 브레인스토밍(Brain-storming)
> (1) 자유분방하게 진행하는 토의식 아이디어 창출법
> (2) B·S 4원칙
>   ① 비판금지 ② 자유분방 ③ 대량발언 ④ 수정발언

19

하인리히의 재해구성비율 "1 : 29 : 300"에서 "29"에 해당되는 사고발생비율은?

① 8.8%
② 9.8%
③ 10.8%
④ 11.8%

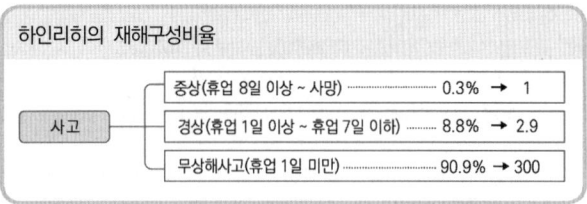

> 하인리히의 재해구성비율
> 사고 ─ 중상(휴업 8일 이상 ~ 사망) ········ 0.3% → 1
>   ─ 경상(휴업 1일 이상 ~ 휴업 7일 이하) ···· 8.8% → 2.9
>   ─ 무상해사고(휴업 1일 미만) ············ 90.9% → 300

20 ⭐빈출

산업안전보건법령상 근로자 안전보건교육의 교육시간에 관한 설명으로 옳은 것은?

① 사무직에 종사하는 근로자의 정기교육은 매 반기 12시간 이상이다.
② 판매업무에 직접 종사하는 근로자의 정기교육은 매 반기 6시간 이상이다.
③ 건설일용근로자의 건설업기초 안전·보건교육은 2시간 이상이다.
④ 근로계약기간이 1주일 초과 1개월 이하인 기간제 근로자의 채용 시 교육은 8시간 이상이다.

근로자 안전보건교육

교육과정	교육대상		교육시간
가. 정기교육	사무직 종사 근로자		매 반기 6시간 이상
	그 밖의 근로자	판매업무에 직접 종사하는 근로자	매 반기 6시간 이상
		판매업무에 직접 종사하는 근로자 외의 근로자	매 반기 12시간 이상
나. 채용 시 교육	일용근로자 및 근로계약기간이 1주일 이하인 기간제근로자		1시간 이상
	근로계약기간이 1주일 초과 1개월 이하인 기간제근로자		4시간 이상
	그 밖의 근로자		8시간 이상
다. 작업내용 변경 시 교육	일용근로자 및 근로계약기간이 1주일 이하인 기간제근로자		1시간 이상
	그 밖의 근로자		2시간 이상
라. 특별 교육	일용근로자 및 근로계약기간이 1주일 이하인 기간제근로자 : 특별교육 대상 작업별 교육에 해당하는 작업 종사 근로자	타워크레인 작업 시 신호 업무 작업에 종사하는 근로자 제외	2시간 이상
		타워크레인 작업 시 신호업무 작업에 종사하는 근로자에 한정	8시간 이상
	일용근로자 및 근로계약기간이 1주일 이하인 기간제근로자를 제외한 근로자 : 특별교육 대상 작업별 교육에 해당하는 작업 종사 근로자에 한정		• 16시간 이상 (최초 작업에 종사하기 전 4시간 이상 실시하고 12시간은 3개월 이내에서 분할하여 실시 가능) • 단기간 작업 또는 간헐적 작업인 경우에는 2시간 이상
마. 건설업 기초 안전·보건 교육	건설 일용근로자		4시간 이상

tip
2023년 법령개정. 문제와 해설은 개정된 내용 적용

정답 18 ② 19 ① 20 ②

2과목 인간공학 및 위험성 평가·관리

21
자동차를 생산하는 공장의 어떤 근로자가 95dB(A)의 소음수준에서 하루 8시간 작업하며 매 시간 조용한 휴게실에서 20분씩 휴식을 취한다고 가정하였을 때, 8시간 시간가중평균(TWA)은? (단, 소음은 누적소음노출량측정기로 측정하였으며, OSHA에서 정한 95dB(A)의 허용시간은 4시간이라 가정한다.)

① 약 91dB(A) ② 약 92dB(A)
③ 약 93dB(A) ④ 약 94dB(A)

> **시간가중평균(TWA)**
> ① 노출소음량 : $\dfrac{5.33}{4} \times 100 = 133.333\%$
> ② TWA[dB(A)] = $90 + 16.61 \log\left(\dfrac{133.33}{100}\right) = 92.07342$

22
정신작업 부하를 측정하는 척도를 크게 4가지로 분류할 때 심박수의 변동, 뇌 전위, 동공 반응 등 정보처리에 중추신경계 활동이 관여하고 그 활동이나 징후를 측정하는 것은?

① 주관적(subjective) 척도
② 생리적(physiological) 척도
③ 주 임무(primary task) 척도
④ 부 임무(secondary task) 척도

> **정신적 작업부하에 관한 생리적 측정치**
> ① 부정맥지수
> ② 점멸융합주파수
> ③ 기타 정신부하에 관한 생리적 측정치(눈꺼풀의 깜박임율, 동공지름, 뇌파도 등)

> **tip**
> 정신작업 부하의 측정
> ① 주(主) 임무 측정   ② 부(副) 임무 측정
> ③ 생리적 척도   ④ 주관적 척도

23
Chapanis가 정의한 위험의 확률수준과 그에 따른 위험발생률로 옳은 것은?

① 전혀 발생하지 않는(impossible) 발생빈도 : 10^{-8}/day
② 극히 발생할 것 같지 않는(extremely unlikely) 발생빈도 : 10^{-7}/day
③ 거의 발생하지 않은(remote) 발생빈도 : 10^{-6}/day
④ 가끔 발생하는(occasional) 발생빈도 : 10^{-5}/day

> 발생이 불가능하거나 전혀 발생하지 않는(impossible) : 10^{-8}/day

24
인간의 위치 동작에 있어 눈으로 보지 않고 손을 수평면상에서 움직이는 경우 짧은 거리는 지나치고, 긴 거리는 못 미치는 경향이 있는데 이를 무엇이라고 하는가?

① 사정효과(range effect)
② 반응효과(reaction effect)
③ 간격효과(distance effect)
④ 손동작효과(hand action effect)

> **사정효과(range effect)**
> ① 보지 않고 손을 움직일 경우 짧은 거리는 지나치고 긴 거리는 못미치는 경향
> ② 작은 오차에는 과잉반응하고 큰 오차에는 과소반응

25
불(Boole) 대수의 정리를 나타낸 관계식으로 틀린 것은?

① $A \cdot A = A$ ② $A + \bar{A} = 0$
③ $A + AB = A$ ④ $A + A = A$

> $A + \bar{A} = 1$

26

그림과 같은 FT도에서 정상사상 T의 발생확률은? (단, X_1, X_2, X_3의 발생 확률은 각각 0.1, 0.15, 0.1이다.)

① 0.3115
② 0.35
③ 0.496
④ 0.9985

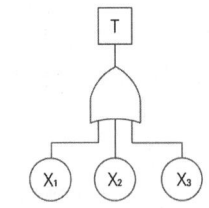

정상사상 발생확률
P(T) = 1 − (1 − 0.1) × (1 − 0.15) × (1 − 0.1) = 0.3115

27

서브시스템, 구성요소, 기능 등의 잠재적 고장 형태에 따른 시스템의 위험을 파악하는 위험 분석 기법으로 옳은 것은?

① ETA(Event Tree Analysis)
② HEA(Human Error Analysis)
③ PHA(Preliminary Hazard Analysis)
④ FMEA(Failure Mode and Effect Analysis)

고장형과 영향 분석(Failure Mode and Effect Analysis)
시스템 안전 분석에 이용되는 전형적인 정성적 귀납적 분석방법으로 시스템에 영향을 미치는 전체요소의 고장을 형별로 분석하여 그 영향을 검토하는 것(각 요소의 1형식 고장이 시스템의 1영향에 대응)

28

불필요한 작업을 수행함으로써 발생하는 오류로 옳은 것은?

① Command error
② Extraneous error
③ Secondary error
④ Commission error

스웨인(A. D. Swain)의 휴먼에러 분류

누락에러 (Omission error)	필요한 직무나 단계를 수행하지 않은(생략) 에러
작위에러 (Commission error)	직무나 순서 등을 착각하여 잘못 수행(불확실한 수행)한 에러
순서에러 (Sequential error)	직무 수행과정에서 순서를 잘못 지켜(순서착오) 발생한 에러
지연에러 (Time error)	정해진 시간 내 직무를 수행하지 못하여(수행지연) 발생한 에러
불필요한 수행에러 (Extraneous error)	불필요한 직무 또는 절차를 수행하여 발생한 에러 (과잉행동에러)

29

작업공간의 배치에 있어 구성요소 배치의 원칙에 해당하지 않는 것은?

① 기능성의 원칙
② 사용빈도의 원칙
③ 사용순서의 원칙
④ 사용방법의 원칙

부품배치의 원칙
① 중요성의 원칙
② 사용빈도의 원칙
③ 기능별 배치의 원칙
④ 사용순서의 원칙

30

인간이 기계보다 우수한 기능이라 할 수 있는 것은? (단, 인공지능은 제외한다.)

① 일반화 및 귀납적 추리
② 신뢰성 있는 반복 작업
③ 신속하고 일관성 있는 반응
④ 대량의 암호화된 정보의 신속한 보관

인간과 기계의 기능 비교

구분	인간이 기계보다 우수한 기능	기계가 인간보다 우수한 기능
정보저장	• 많은 양의 정보를 장시간 보관	• 암호화된 정보를 신속하게 대량 보관
정보처리 및 결심	• 관찰을 통해 일반화 • 귀납적 추리 • 원칙적용 • 다양한 문제해결(정성적)	• 연역적 추리 • 정량적 정보처리

31

다음 시스템의 신뢰도 값은?

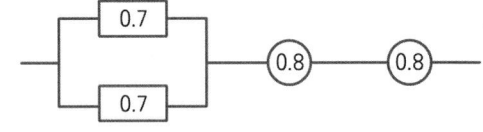

① 0.5824
② 0.6682
③ 0.7855
④ 0.8642

시스템의 신뢰도 계산
$R_s = \{1 − (1 − 0.7)(1 − 0.7)\} \times 0.8 \times 0.8 = 0.5824$

정답 26 ① 27 ④ 28 ② 29 ④ 30 ① 31 ①

32

인체측정 자료를 장비, 설비 등의 설계에 적용하기 위한 응용원칙에 해당하지 않는 것은?

① 조절식 설계
② 극단치를 이용한 설계
③ 구조적 치수 기준의 설계
④ 평균치를 기준으로 한 설계

> **인체계측자료의 응용원칙**
> ① 극단적인 사람을 위한 설계 : 최대집단치, 최소집단치
> ② 조절식 설계 : 사무실 의자의 높낮이, 자동차 좌석의 전후조절 등
> ③ 평균치를 기준으로 한 설계 : 가게나 은행의 계산대 등

33

시각적 표시장치보다 청각적 표시장치를 사용하는 것이 더 유리한 경우는?

① 정보의 내용이 복잡하고 긴 경우
② 정보가 공간적인 위치를 다룬 경우
③ 직무상 수신자가 한 곳에 머무르는 경우
④ 수신 장소가 너무 밝거나 암순응이 요구될 경우

> **청각 장치와 시각 장치의 비교**
>
> | 청각 장치 사용 | 시각 장치 사용 |
> |---|---|
> | ① 전언이 간단하다. | ① 전언이 복잡하다. |
> | ② 전언이 짧다. | ② 전언이 길다. |
> | ③ 전언이 후에 재참조되지 않는다. | ③ 전언이 후에 재참조된다. |
> | ④ 전언이 시간적 사상을 다룬다. | ④ 전언이 공간적인 위치를 다룬다. |
> | ⑤ 전언이 즉각적인 행동을 요구한다(긴급할 때). | ⑤ 전언이 즉각적인 행동을 요구하지 않는다. |
> | ⑥ 수신장소가 너무 밝거나 암조응 유지가 필요시 | ⑥ 수신장소가 너무 시끄러울 때 |
> | ⑦ 직무상 수신자가 자주 움직일 때 | ⑦ 직무상 수신자가 한 곳에 머물 때 |

34

시스템의 수명 및 신뢰성에 관한 설명으로 틀린 것은?

① 병렬설계 및 디레이팅 기술로 시스템의 신뢰성을 증가시킬 수 있다.
② 직렬시스템에서는 부품들 중 최소 수명을 갖는 부품에 의해 시스템 수명이 정해진다.
③ 수리가 가능한 시스템의 평균 수명(MTBF)은 평균 고장률(λ)과 정비례 관계가 성립한다.
④ 수리가 불가능한 구성요소로 병렬구조를 갖는 설비는 중복도가 늘어날수록 시스템 수명이 길어진다.

> 평균 수명(MTBF)은 평균 고장률과 반비례 관계이다.
> $$MTBF = \frac{1}{\lambda}$$

35

컷셋(Cut Sets)과 최소 패스셋(Minimal Path Sets)의 정의로 옳은 것은?

① 컷셋은 시스템 고장을 유발시키는 필요 최소한의 고장들의 집합이며, 최소 패스셋은 시스템의 신뢰성을 표시한다.
② 컷셋은 시스템 고장을 유발시키는 기본고장들의 집합이며, 최소 패스셋은 시스템의 불신뢰도를 표시한다.
③ 컷셋은 그 속에 포함되어 있는 모든 기본사상이 일어났을 때 정상사상을 일으키는 기본사상의 집합이며, 최소 패스셋은 시스템의 신뢰성을 표시한다.
④ 컷셋은 그 속에 포함되어 있는 모든 기본사상이 일어났을 때 정상사상을 일으키는 기본사상의 집합이며, 최소 패스셋은 시스템의 성공을 유발하는 기본사상의 집합이다.

> **미니멀 컷셋(최소 컷셋)과 미니멀 패스셋(최소 패스셋)**
> ① 미니멀 컷셋 : 정상사상을 발생시키는 기본사상의 집합으로 그 안에 포함되는 모든 기본사상이 발생할 때 정상사상을 발생시킬 수 있는 기본사상의 집합을 컷셋이라 하며, 컷셋의 집합 중에서 정상사상을 일으키기 위하여 필요한 최소한의 컷셋을 미니멀 컷셋이라 한다(시스템의 위험성 또는 안전성을 나타냄).
> ② 미니멀 패스셋 : 그 안에 포함되는 모든 기본사상이 일어나지 않을 때 처음으로 정상사상이 일어나지 않는 기본사상의 집합인 패스셋에서 필요 최소한의 것을 미니멀 패스셋이라 한다(시스템의 신뢰성을 나타냄).

정답 32 ③ 33 ④ 34 ③ 35 ③

36
동작경제의 원칙에 해당하지 않는 것은?

① 공구의 기능을 각각 분리하여 사용하도록 한다.
② 두 팔의 동작은 동시에 서로 반대방향으로 대칭적으로 움직이도록 한다.
③ 공구나 재료는 작업동작이 원활하게 수행되도록 그 위치를 정해준다.
④ 가능하다면 쉽고도 자연스러운 리듬이 작업동작에 생기도록 작업을 배치한다.

> 공구의 기능을 결합하여 사용하도록 한다.

37
화학설비에 대한 안전성 평가 중 정성적 평가방법의 주요 진단 항목으로 볼 수 없는 것은?

① 건조물
② 취급물질
③ 입지조건
④ 공장 내 배치

> **정성적 평가**
> ① 설계관계 : 입지조건, 공장 내의 배치, 건조물, 소방용 설비 등
> ② 운전관계 : 원재료, 중간제품 등의 위험성, 프로세스의 운전조건 수송, 저장 등에 대한 안전대책, 프로세스기기의 선정요건

tip
정량적 평가항목
① 각 구성요소의 물질 ② 화학설비의 용량 ③ 온도
④ 압력   ⑤ 조작

38
산업안전보건법령상 해당 사업주가 유해위험방지계획서를 작성하여 제출해야 하는 대상은?

① 시 · 도지사
② 관할 구청장
③ 고용노동부장관
④ 행정안전부장관

> 사업주는 유해·위험방지에 관한 사항을 적은 계획서를 작성하여 고용노동부령으로 정하는 바에 따라 고용노동부장관에게 제출하고 심사를 받아야 한다.

39
작업면상의 필요한 장소만 높은 조도를 취하는 조명은?

① 완화조명
② 전반조명
③ 투명조명
④ 국소조명

> **국소조명**
> ① 작업면상의 필요한 장소만 높은 조도를 취하는 방법
> ② 밝고 어둠의 차가 심해 눈부심 현상이 나타나고 눈의 피로 가중

40
다음 현상을 설명한 이론은?

> 인간이 감지할 수 있는 외부의 물리적 자극 변화의 최소범위는 표준 자극의 크기에 비례한다.

① 피츠(Fitts) 법칙
② 웨버(Weber) 법칙
③ 신호검출이론(SDT)
④ 힉-하이만(Hick-Hyman) 법칙

> **웨버의 법칙**
> ① 감각기관의 기준자극과 변화감지역의 연관관계
> ② Weber비 = $\dfrac{\text{변화감지역}}{\text{기준자극크기}}$

정답 36 ① 37 ② 38 ③ 39 ④ 40 ②

3과목　기계·기구 및 설비 안전 관리

41
비파괴 검사 방법으로 틀린 것은?

① 인장시험
② 음향 탐상시험
③ 와류 탐상시험
④ 초음파 탐상시험

비파괴 시험
① 육안검사　② 방사선 투과시험　③ 초음파 탐상검사
④ 액체침투 탐상시험　⑤ 자분 탐상시험

tip
인장시험은 재료에 인장력을 가해 항복점, 인장강도 등의 기계적 성질을 조사하는 파괴 시험에 해당된다.

42 ★빈출
기계설비의 위험점 중 연삭숫돌과 작업받침대, 교반기의 날개와 하우스 등 고정 부분과 회전하는 동작 부분 사이에서 형성되는 위험점은?

① 끼임점
② 물림점
③ 협착점
④ 절단점

끼임점(Shear-point)
고정 부분과 회전 또는 직선 운동 부분에 의해 형성
① 연삭숫돌과 작업대
② 반복 동작되는 링크기구
③ 교반기의 교반날개와 몸체 사이

43
다음 중 금형을 설치 및 조정할 때 안전수칙으로 가장 적절하지 않은 것은?

① 금형을 체결할 때에는 적합한 공구를 사용한다.
② 금형의 설치 및 조정은 전원을 끄고 실시한다.
③ 금형을 부착하기 전에 하사점을 확인하고 설치한다.
④ 금형을 체결할 때에는 안전블록을 잠시 제거하고 실시한다.

안전블록
프레스 등의 금형을 부착, 해체, 조정작업 시 슬라이드의 불시하강 방지를 위해 설치

44
선반작업에 대한 안전수칙으로 가장 적절하지 않은 것은?

① 선반의 바이트는 끝을 짧게 장치한다.
② 작업 중에는 면장갑을 착용하지 않도록 한다.
③ 작업이 끝난 후 절삭 칩의 제거는 반드시 브러시 등의 도구를 사용한다.
④ 작업 중 일감의 치수 측정 시 기계 운전 상태를 저속으로 하고 측정한다.

일감의 치수 측정, 주유 및 청소 시에는 반드시 기계를 정지시켜야 한다.

45 ★빈출
프레스의 손쳐내기식 방호장치 설치기준으로 틀린 것은?

① 방호판의 폭이 금형 폭의 1/2 이상이어야 한다.
② 슬라이드 행정수가 300SPM 이상의 것에 사용한다.
③ 손쳐내기봉의 행정(Stroke) 길이를 금형의 높이에 따라 조정할 수 있고 진동 폭은 금형 폭 이상이어야 한다.
④ 슬라이드 하행정거리의 3/4 위치에서 손을 완전히 밀어내야 한다.

손쳐내기식(push away, sweep guard)
① 슬라이드에 캠 등으로 연결된 손쳐내기식 봉에 의해 위험한계 내의 손을 쳐내는 방식
② SPM 100 이하, 슬라이드 행정길이 약 40mm 이상의 프레스에 사용 가능

정답　41 ①　42 ①　43 ④　44 ④　45 ②

46

산업안전보건법령상 정상적으로 작동될 수 있도록 미리 조정해 두어야 할 이동식 크레인의 방호장치로 가장 적절하지 않은 것은?

① 제동장치
② 권과방지장치
③ 과부하방지장치
④ 파이널 리미트 스위치

양중기의 방호장치의 종류
① 과부하방지장치 ② 권과방지장치 ③ 비상정지장치 및 제동장치 ④ 그 밖의 방호장치(승강기의 파이널 리미트 스위치, 조속기, 출입문 인터록 등)

47

산업안전보건법령상 고속회전체의 회전시험을 하는 경우 미리 회전축의 재질 및 형상 등에 상응하는 종류의 비파괴검사를 해서 결함 유무를 확인해야 한다. 이때 검사 대상이 되는 고속회전체의 기준은?

① 회전축의 중량이 0.5톤을 초과하고, 원주속도가 100m/s 이내인 것
② 회전축의 중량이 0.5톤을 초과하고, 원주속도가 120m/s 이상인 것
③ 회전축의 중량이 1톤을 초과하고, 원주속도가 100m/s 이내인 것
④ 회전축의 중량이 1톤을 초과하고, 원주속도가 120m/s 이상인 것

고속회전체의 비파괴검사를 실시하는 대상
회전시험을 하는 경우 회전축의 중량이 1톤을 초과하고, 원주속도가 매초당 120m 이상인 것

48 ★빈출

보일러 부하의 급변, 수위의 과상승 등에 의해 수분이 증기와 분리되지 않아 보일러 수면이 심하게 솟아올라 올바른 수위를 판단하지 못하는 현상은?

① 프라이밍
② 모세관
③ 워터해머
④ 역화

프라이밍
보일러의 과부하로 보일러수가 극심하게 끓어서 수면에서 계속하여 물방울이 비산하고 증기부가 물방울로 충만하여 수위가 불안정하게 되는 현상

49

다음 중 절삭가공으로 틀린 것은?

① 선반
② 밀링
③ 프레스
④ 보링

소성가공의 종류
단조가공(forging), 압인가공(coining), 인발가공(drawing), 압연가공(rolling), 압출가공(extruding), 프레스가공(press working), 전조가공(form rolling) 등은 비절삭가공에 해당된다.

50

500rpm으로 회전하는 연삭숫돌의 지름이 300mm일 때 회전속도(m/min)는?

① 471
② 551
③ 751
④ 1,025

숫돌의 원주속도
원주속도 = $\dfrac{\pi DN}{1,000} = \dfrac{\pi \times 300 \times 500}{1,000}$ = 471(m/min)

51

산업안전보건법령상 금속의 용접, 용단에 사용하는 가스 용기를 취급할 때 유의사항으로 틀린 것은?

① 밸브의 개폐는 서서히 할 것
② 운반하는 경우에는 캡을 벗길 것
③ 용기의 온도는 40℃ 이하로 유지할 것
④ 통풍이나 환기가 불충분한 장소에는 설치하지 말 것

운반하는 경우에는 캡을 씌울 것

정답 46 ④ 47 ④ 48 ① 49 ③ 50 ① 51 ②

52

크레인 로프에 질량 2,000kg의 물건을 10m/s²의 가속도로 감아올릴 때, 로프에 걸리는 총 하중(kN)은? (단, 중력가속도는 9.8m/s²)

① 9.6
② 19.6
③ 29.6
④ 39.6

총하중 계산

① 동하중(W_2) = $\dfrac{W_1}{g} \times a = \dfrac{2,000}{9.8} \times 10 = 2,040.82$
② 총하중(W) = 정하중(W_1) + 동하중(W_2)
     = 2,000 + 2,040.82
     = 4,040.82kgf
③ 4,040.82kgf × 9.8 = 39,600N = 39.6kN

53 빈출

산업안전보건법령상 숫돌지름이 60cm인 경우 숫돌 고정 장치인 평형 플랜지의 지름은 최소 몇 cm 이상인가?

① 10
② 20
③ 30
④ 60

플랜지의 직경

① 플랜지의 직경은 숫돌직경의 1/3 이상인 것을 사용하며 양쪽을 모두 같은 크기로 할 것
② $60 \times \dfrac{1}{3} = 20$(cm)

54 빈출

산업안전보건법령상 롤러기의 방호장치 설치 시 유의해야 할 사항으로 가장 적절하지 않은 것은?

① 손으로 조작하는 급정지장치의 조작부는 롤러기의 전면 및 후면에 각각 1개씩 수평으로 설치하여야 한다.
② 앞면 롤러의 표면속도가 30m/min 미만인 경우 급정지거리는 앞면 롤러 원주의 1/2.5 이하로 한다.
③ 급정지장치의 조작부에 사용하는 줄은 사용 중 늘어져서는 안 된다.
④ 급정지장치의 조작부에 사용하는 줄은 충분한 인장강도를 가져야 한다.

롤러의 급정지거리

앞면 롤러의 표면속도(m/분)	급정지거리
30 미만	앞면 롤러 원주의 1/3 이내
30 이상	앞면 롤러 원주의 1/2.5 이내

55 빈출

산업안전보건법령상 컨베이어에 설치하는 방호장치로 거리가 가장 먼 것은?

① 건널다리
② 반발예방장치
③ 비상정지장치
④ 역주행방지장치

날접촉예방장치와 반발예방장치는 목재가공용 둥근톱기계의 방호장치에 해당된다.

56

자동화 설비를 사용하고자 할 때 기능의 안전화를 위하여 검토할 사항으로 거리가 가장 먼 것은?

① 재료 및 가공 결함에 의한 오동작
② 사용압력 변동 시의 오동작
③ 전압강하 및 정전에 따른 오동작
④ 단락 또는 스위치 고장 시의 오동작

기능상의 안전화

(1) 적절한 조치가 필요한 이상상태 : 전압의 강하, 정전 시 오동작, 단락스위치나 릴레이 고장 시 오동작, 사용압력 변동 시 오동작, 밸브계통의 고장에 의한 오동작 등
(2) 소극적 대책
  ① 이상 시 기계 급정지
  ② 안전 장치 작동
(3) 적극적 대책
  ① 전기회로 개선 오동작 방지
  ② 정상기능 찾도록 완전한 회로 설계
  ③ 페일 세이프

정답: 52 ④　53 ②　54 ②　55 ②　56 ①

57
프레스 작동 후 작업점까지의 도달시간이 0.3초인 경우 위험한계로부터 양수조작식 방호장치의 최단 설치거리는?

① 48cm 이상 ② 58cm 이상
③ 68cm 이상 ④ 78cm 이상

> **양수조작식**
> D[mm] = 1,600t [(t : 급정지소요시간(초))]
>   = 1,600 × 0.3(초)
>   = 480[mm] = 48[cm]

58
휴대형 연삭기 사용 시 안전사항에 대한 설명으로 가장 적절하지 않은 것은?

① 잘 안 맞는 장갑이나 옷은 착용하지 말 것
② 긴 머리는 묶고 모자를 착용하고 작업할 것
③ 연삭숫돌을 설치하거나 교체하기 전에 전선과 압축공기 호스를 설치할 것
④ 연삭작업 시 클램핑 장치를 사용하여 공작물을 확실히 고정할 것

> 연삭숫돌을 설치하거나 교체하기 전에 전선이나 압축공기 호스는 뽑아 놓을 것

59 [빈출]
산업안전보건법령상 보일러에 설치해야 하는 안전장치로 거리가 가장 먼 것은?

① 해지장치 ② 압력방출장치
③ 압력제한스위치 ④ 고·저수위 조절장치

> **보일러 방호장치**
> ① 고저수위 조절장치 ② 압력방출장치
> ③ 압력제한스위치 ④ 화염검출기

60 [빈출]
지게차의 방호장치에 해당하는 것은?

① 버킷 ② 포크
③ 마스트 ④ 헤드가드

> **지게차의 방호장치**
> ① 헤드가드 ② 백레스트 ③ 전조등
> ④ 후미등 ⑤ 안전벨트

4과목 전기설비 안전 관리

61 [빈출]
전기설비에 접지를 하는 목적으로 틀린 것은?

① 누설전류에 의한 감전방지
② 낙뢰에 의한 피해방지
③ 지락사고 시 대지전위 상승유도 및 절연강도 증가
④ 지락사고 시 보호계전기 신속동작

> **접지의 목적**
> ① 설비의 절연물이 열화, 손상되었을 경우 발생할 수 있는 누설전류에 의한 감전방지
> ② 고압 및 저압의 혼촉사고 발생 시 인간에 위험을 줄 수 있는 전류를 대지로 흘려보냄으로 감전방지
> ③ 낙뢰에 의한 감전 및 피해방지
> ④ 송배전선, 고전압모선 등에서 지락사고의 발생 시 보호계전기를 신속하게 동작
> ⑤ 송배전선로의 지락사고 발생 시 대지전위의 상승억제 및 절연강도 경감

정답 57 ① 58 ③ 59 ① 60 ④ 61 ③

62

전로에 시설하는 기계기구의 철대 및 금속제 외함에 접지공사를 생략할 수 없는 경우는?

① 30V 이하의 기계기구를 건조한 곳에 시설하는 경우
② 물기 없는 장소에 설치하는 저압용 기계기구를 위한 전로에 정격감도전류 40mA 이하, 동작시간 2초 이하의 전류동작형 누전차단기를 시설하는 경우
③ 철대 또는 외함의 주위에 적당한 절연대를 설치하는 경우
④ 「전기용품 및 생활용품 안전관리법」의 적용을 받는 이중 절연구조로 되어 있는 기계기구를 시설하는 경우

> 접지를 하지 않아도 되는 안전한 부분
> ① 「전기용품 및 생활용품 안전관리법」이 적용되는 이중절연 또는 이와 같은 수준 이상으로 보호되는 구조로 된 전기기계·기구
> ② 절연대 위 등과 같이 감전 위험이 없는 장소에서 사용하는 전기기계·기구
> ③ 비접지방식의 전로(그 전기기계·기구의 전원측의 전로에 설치한 절연변압기의 2차 전압이 300볼트 이하, 정격용량이 3킬로볼트암페어 이하이고 그 절연변압기의 부하측의 전로가 접지되어 있지 아니한 것)에 접속하여 사용되는 전기기계·기구

63 ★

한국전기설비규정에 따라 욕조나 샤워시설이 있는 욕실 등 인체가 물에 젖어 있는 상태에서 전기를 사용하는 장소에 인체감전보호용 누전차단기가 부착된 콘센트를 시설하는 경우 누전차단기의 정격감도전류 및 동작시간은?

① 15mA 이하, 0.01초 이하
② 15mA 이하, 0.03초 이하
③ 30mA 이하, 0.01초 이하
④ 30mA 이하, 0.03초 이하

> 욕조나 샤워시설이 있는 욕실 또는 화장실 등 인체가 물에 젖어 있는 상태에서 전기를 사용하는 장소에 콘센트를 시설하는 경우에는 인체감전보호용 누전차단기(정격감도전류 15mA 이하, 동작시간 0.03초 이하의 전류동작형의 것) 또는 절연변압기(정격용량 3kVA 이하인 것)로 보호된 전로에 접속하거나, 인체감전보호용 누전차단기가 부착된 콘센트를 시설하여야 한다.

64

개폐기로 인한 발화는 스파크에 의한 가연물의 착화화재가 많이 발생한다. 이를 방지하기 위한 대책으로 틀린 것은?

① 가연성 증기, 분진 등이 있는 곳은 방폭형을 사용한다.
② 개폐기를 불연성 상자 안에 수납한다.
③ 비포장 퓨즈를 사용한다.
④ 접속부분의 나사풀림이 없도록 한다.

> 개폐기를 불연성의 외함 내에 내장하거나 통형퓨즈 등을 사용해야 한다.

65

인체의 전기저항을 500Ω으로 하는 경우 심실세동을 일으킬 수 있는 에너지는 약 얼마인가? (단, 심실세동전류 $I = \dfrac{165}{\sqrt{T}}$ mA이다.)

① 13.6J
② 19.0J
③ 13.6mJ
④ 19.0mJ

> 심실세동전류
> $Q = I^2 RT(\text{J/S}) = \left(\dfrac{165}{\sqrt{T}} \times 10^{-3}\right)^2 \times 500 \times 1 = 13.6$

66

방폭인증서에서 방폭부품을 나타내는 데 사용되는 인증번호의 접미사는?

① "G"
② "X"
③ "D"
④ "U"

> 인증번호의 접미사는 "U"를 표시하며, "X"기호는 사용될 수 없다.

67

개폐기, 차단기, 유도전압조정기의 최대 사용 전압이 7kV 이하인 전로의 경우 절연내력 시험은 최대 사용 전압의 1.5배의 전압을 몇 분간 가하는가?

① 10
② 15
③ 20
④ 25

> **절연내력 시험**
> 개폐기·차단기·전력용 커패시터·유도전압조정기·계기용변성기 기타의 기구의 전로 및 발전소·변전소·개폐소 또는 이에 준하는 곳에 시설하는 기계기구의 접속선 및 모선은 규정된 시험전압을 충전 부분과 대지 사이에 연속하여 10분간 가하여 절연내력을 시험하였을 때에 이에 견디어야 한다.

68

다른 두 물체가 접촉할 때 접촉전위차가 발생하는 원인으로 옳은 것은?

① 두 물체의 온도 차
② 두 물체의 습도 차
③ 두 물체의 밀도 차
④ 두 물체의 일함수 차

> **일함수 차**
> ① 서로 다른 두 물질을 접촉하였을 때 그 접촉면에 나타나는 전위차를 접촉전위차라 하며, 금속의 경우, 접촉전위차는 두 금속의 일함수의 차와 같다.
> ② 물질 내에 있는 전자 하나를 밖으로 끌어내는 데 필요한 최소의 일 또는 에너지를 일함수라 한다.

69 ★

방폭전기설비의 용기내부에서 폭발성 가스 또는 증기가 폭발하였을 때 용기가 그 압력에 견디고 접합면이나 개구부를 통해서 외부의 폭발성 가스나 증기에 인화되지 않도록 한 방폭구조는?

① 내압 방폭구조
② 압력 방폭구조
③ 유입 방폭구조
④ 본질안전 방폭구조

> **내압 방폭구조(d)**
> ① 용기내부에서 폭발성 가스 또는 증기가 폭발하였을 때 용기가 그 압력에 견디며 또한 접합면, 개구부 등을 통하여 외부의 폭발성 가스증기에 인화되지 않도록 한 구조
> ② 폭발 후에는 크레아런스가 있어 고온의 가스를 서서히 방출시킴으로 냉각

70

불활성화할 수 없는 탱크, 탱크롤리 등에 위험물을 주입하는 배관은 정전기 재해방지를 위하여 배관 내 액체의 유속제한을 한다. 배관 내 유속제한에 대한 설명으로 틀린 것은?

① 물이나 기체를 혼합하는 비수용성 위험물의 배관 내 유속은 1m/s 이하로 할 것
② 저항률이 $10^{10}\Omega \cdot cm$ 미만의 도전성 위험물의 배관 내 유속은 7m/s 이하로 할 것
③ 저항률이 $10^{10}\Omega \cdot cm$ 이상인 위험물의 배관 내 유속은 관내경이 0.05m이면 3.5m/s 이하로 할 것
④ 이황화탄소 등과 같이 유동대전이 심하고 폭발위험성이 높은 것은 배관 내 유속을 3m/s 이하로 할 것

> **초기 배관 내 유속제한**
> ① 도전성 위험물로서 저항률이 $10^{10}(\Omega \cdot cm)$ 미만의 배관유속을 7(m/s) 이하
> ② 이황화탄소, 에테르 등과 같이 폭발위험성이 높고 유동대전이 심한 액체는 1(m/s) 이하
> ③ 비수용성이면서 물기가 기체를 혼합한 위험물은 1m/s 이하

71 ★

고압 및 특고압 전로에 시설하는 피뢰기의 설치장소로 잘못된 곳은?

① 가공전선로와 지중전선로가 접속되는 곳
② 발전소, 변전소의 가공전선 인입구 및 인출구
③ 고압 가공전선로에 접속하는 배전용 변압기의 저압측
④ 고압 가공전선로로부터 공급을 받는 수용장소의 인입구

> 가공전선로에 접속하는 배전용 변압기의 고압측 및 특별고압측

정답 67① 68④ 69① 70④ 71③

72

속류를 차단할 수 있는 최고의 교류전압을 피뢰기의 정격전압이라고 하는데 이 값은 통상적으로 어떤 값으로 나타내고 있는가?

① 최대값　　　　② 평균값
③ 실효값　　　　④ 파고값

> 전압이 시간에 따라 변하는 교류의 경우 평균전력을 사용하는데 이때 평균전력과 같은 값을 내는 직류의 값을 실효값이라 하며, 피뢰기의 정격전압은 실효값으로 나타낸다.

73

감전 등의 재해를 예방하기 위하여 특고압용 기계·기구 주위에 관계자 외 출입을 금하도록 울타리를 설치할 때, 울타리의 높이와 울타리로부터 충전부분까지의 거리의 합이 최소 몇 m 이상이 되어야 하는가? (단, 사용전압이 35kV 이하인 특고압용 기계기구이다.)

① 5m　　　　② 6m
③ 7m　　　　④ 9m

> 울타리·담 등과 고압 및 특고압의 충전부분이 접근하는 경우에는 울타리·담 등의 높이와 울타리·담 등으로부터 충전부분까지 거리의 합계는 35kV 이하일 경우 5m 이상, 35kV 초과할 경우 6m 이상으로 하되, 전압의 크기에 따라 정해진 거리가 증가한다.

74

산업안전보건기준에 관한 규칙 제319조에 의한 정전전로에서의 정전 작업을 마친 후 전원을 공급하는 경우에 사업주가 작업에 종사하는 근로자 및 전기기기와 접촉할 우려가 있는 근로자에게 감전의 위험이 없도록 준수해야 할 사항이 아닌 것은?

① 단락 접지기구 및 작업기구를 제거하고 전기기기 등이 안전하게 통전될 수 있는지 확인한다.
② 모든 작업자가 작업이 완료된 전기기기에서 떨어져 있는지 확인한다.
③ 잠금장치와 꼬리표를 근로자가 직접 설치한다.
④ 모든 이상 유무를 확인한 후 전기기기 등의 전원을 투입한다.

> 잠금장치와 꼬리표는 설치한 근로자가 직접 철거할 것

75

한국전기설비규정에 따라 과전류차단기로 저압전로에 사용하는 범용 퓨즈(gG)의 용단전류는 정격전류의 몇 배인가? (단, 정격전류가 4A 이하인 경우이다.)

① 1.5배　　　　② 1.6배
③ 1.9배　　　　④ 2.1배

> 정격전류가 4A 이하인 경우 불용단전류는 정격전류의 1.5배, 용단전류는 정격전류의 2.1배이다.

76

정전기가 대전된 물체를 제전시키려고 한다. 다음 중 대전된 물체의 절연저항이 증가되어 제전의 효과를 감소시키는 것은?

① 접지한다.
② 건조시킨다.
③ 도전성 재료를 첨가한다.
④ 주위를 가습한다.

> 정전기를 방지하기 위해서는 공기 중의 상대습도를 60~70% 정도 유지하기 위해 가습해야 한다.

77

변압기의 최소 IP등급은? (단, 유입 방폭구조의 변압기이다.)

① IP55　　　　② IP56
③ IP65　　　　④ IP66

> 유입 방폭구조 방폭장비의 최소 IP등급은 KSCIEC에 따른 IP66 이상의 보호등급을 가져야 한다.

정답　72 ③　73 ①　74 ③　75 ④　76 ②　77 ④

78
절연물의 절연계급을 최고허용온도가 낮은 온도에서 높은 온도 순으로 배치한 것은?

① Y종 → A종 → E종 → B종
② A종 → B종 → E종 → Y종
③ Y종 → E종 → B종 → A종
④ B종 → Y종 → A종 → E종

절연계급	
① Y종 : 90℃ 이내	② A종 : 105℃ 이내
③ E종 : 120℃ 이내	④ B종 : 130℃ 이내
⑤ F종 : 155℃ 이내	⑥ H종 : 180℃ 이내
⑦ C종 : 180℃ 이상	

79
가스그룹이 ⅡB인 지역에 내압 방폭구조 "d"의 방폭기기가 설치되어 있다. 기기의 플랜지 개구부에서 장애물까지의 최소 거리(mm)는?

① 10　　② 20
③ 30　　④ 40

최소 이격거리
① ⅡA : 10mm　　② ⅡB : 30mm
③ ⅡC : 40mm

80
극간 정전용량이 1,000pF이고, 착화에너지가 0.019mJ인 가스에서 폭발한계 전압(V)은 약 얼마인가? (단, 소수점 이하는 반올림한다.)

① 3900　　② 1950
③ 390　　④ 195

착화에너지
$W = \frac{1}{2} CV^2$ 이므로 $V = \sqrt{\dfrac{0.019 \times 10^{-3} \times 2}{1,000 \times 10^{-12}}} = \sqrt{\dfrac{4.0 \times 10^{-5}}{1 \times 10^{-9}}} = 194.94(V)$

5과목 화학설비 안전 관리

81 반출
산업안전보건법령상 대상 설비에 설치된 안전밸브에 대해서는 경우에 따라 구분된 검사주기마다 안전밸브가 적정하게 작동하는지 검사하여야 한다. 화학공정 유체와 안전밸브의 디스크 또는 시트가 직접 접촉될 수 있도록 설치된 경우의 검사주기로 옳은 것은?

① 매년 1회 이상
② 2년마다 1회 이상
③ 3년마다 1회 이상
④ 4년마다 1회 이상

안전밸브의 검사주기
① 화학공정 유체와 안전밸브의 디스크 또는 시트가 직접 접촉이 가능하도록 설치된 경우 : 2년마다 1회 이상
② 안전밸브 전단에 파열판이 설치된 경우 : 3년마다 1회 이상
③ 공정안전보고서 이행상태 평가결과가 우수한 사업장의 안전밸브의 경우 : 4년마다 1회 이상

tip
2024년 개정된 법령 적용

82
위험물안전관리법령상 제1류 위험물에 해당하는 것은?

① 과염소산나트륨　　② 과염소산
③ 과산화수소　　④ 과산화벤조일

위험물의 종류
① 과염소산, 과산화수소 : 산화성 액체(제6류 위험물)
② 과산화벤조일 : 자기반응성물질(제5류 위험물)

정답　78 ①　79 ③　80 ④　81 ②　82 ①

83

산업안전보건법령상 다음 내용에 해당하는 폭발위험장소는?

> 20종 장소 밖으로서 분진운 형태의 가연성 분진이 폭발농도를 형성할 정도의 충분한 양이 정상작동 중에 존재할 수 있는 장소를 말한다.

① 21종 장소 ② 22종 장소
③ 0종 장소   ④ 1종 장소

분진폭발 위험장소

분류	적요
20종 장소	분진운 형태의 가연성 분진이 폭발농도를 형성할 정도로 충분한 양이 정상작동 중에 연속적으로 또는 자주 존재하거나, 제어할 수 없을 정도의 양 및 두께의 분진층이 형성될 수 있는 장소
21종 장소	20종 장소 외의 장소로서, 분진운 형태의 가연성 분진이 폭발농도를 형성할 정도의 충분한 양이 정상작동 중에 존재할 수 있는 장소
22종 장소	21종 장소 외의 장소로서, 가연성 분진운 형태가 드물게 발생 또는 단기간 존재할 우려가 있거나, 이상작동 상태하에서 가연성 분진층이 형성될 수 있는 장소

84

다음 중 질식소화에 해당하는 것은?

① 가연성 기체의 분출화재 시 주 밸브를 닫는다.
② 가연성 기체의 연쇄반응을 차단하여 소화한다.
③ 연료 탱크를 냉각하여 가연성 가스의 발생속도를 작게 한다.
④ 연소하고 있는 가연물이 존재하는 장소를 기계적으로 폐쇄하여 공기의 공급을 차단한다.

질식소화
가연물이 있는 용기 또는 장소를 기계적으로 밀폐하여 공기의 공급을 차단하거나 타고 있는 액체나 고체의 표면을 거품 또는 불연성 액체로 피복하여 연소에 필요한 공기의 공급을 차단시키는 소화방법

85

포스겐가스 누설검지의 시험지로 사용되는 것은?

① 연당지   ② 염화파라듐지
③ 하리슨시험지 ④ 초산벤젠지

가스누설검지법
① 황화수소 : 연당지
② 일산화탄소 : 염화파라듐지
③ 포스겐 : 하리슨시험지
④ 시안화수소 : 초산벤젠지
⑤ 암모니아 : 적색리트머스지
⑥ 염소 : KI 전분지

86

공기 중 아세톤의 농도가 200ppm(TLV 500ppm), 메틸에틸케톤(MEK)의 농도가 100ppm(TLV 200ppm)일 때 혼합물질의 허용농도(ppm)는? (단, 두 물질은 서로 상가작용을 하는 것으로 가정한다.)

① 150   ② 200
③ 270   ④ 333

혼합물의 노출기준 및 허용농도
① 노출기준(허용기준) 계산
$$\frac{C_1}{T_1} + \frac{C_2}{T_2} = \frac{200}{500} + \frac{100}{200} = 0.9$$
② 1을 초과하지 않았으므로 허용기준 이내이며, 혼합물의 허용농도는
$$\frac{300}{0.9} = 333.33 ppm$$

87

Li과 Na에 관한 설명으로 틀린 것은?

① 두 금속 모두 실온에서 자연발화의 위험성이 있으므로 알코올 속에 저장해야 한다.
② 두 금속은 물과 반응하여 수소기체를 발생한다.
③ Li은 비중 값이 물보다 작다.
④ Na는 은백색의 무른 금속이다.

> 칼륨(K), 나트륨(Na), 리튬(Li) 등은 금수성 물질로서 물과 반응하여 수소기체를 발생하는 물질로 석유(등유) 속에 저장하거나 파라핀으로 밀봉하여 보관한다.

정답 83 ① 84 ④ 85 ③ 86 ④ 87 ①

88
분진폭발의 특징에 관한 설명으로 옳은 것은?

① 가스폭발보다 발생에너지가 작다.
② 폭발압력과 연소속도는 가스폭발보다 크다.
③ 입자의 크기, 부유성 등이 분진폭발에 영향을 준다.
④ 불완전연소로 인한 가스중독의 위험성은 작다.

> **분진폭발의 특징**
> ① 연소속도 및 폭발압력은 가스폭발과 비교하여 작지만, 연소시간이 길고, 발생에너지가 크기 때문에 파괴력과 타는 정도가 크며, 발화에너지도 상대적으로 크다.
> ② 가스에 비해 불완전연소의 가능성이 커서 일산화탄소의 존재로 인한 가스중독의 위험이 있다.

89
다음 중 누설발화형 폭발재해의 예방 대책으로 가장 거리가 먼 것은?

① 발화원 관리
② 밸브의 오동작 방지
③ 가연성 가스의 연소
④ 누설물질의 검지 경보

> 누설발화형 폭발은 용기에서 가연물이 누출되어 착화하여 일어나는 폭발의 형태로, 발화원 관리, 누설에 대한 검지 경보, 밸브의 오조작 방지, 누설 방지 등의 대책이 필요하다.

90
다음 중 폭발한계(vol%)의 범위가 가장 넓은 것은?

① 메탄
② 부탄
③ 톨루엔
④ 아세틸렌

> **폭발한계(vol%)**
> ① 메탄 : 5~15
> ② 부탄 : 1.8~8.4
> ③ 톨루엔 : 1.4~6.7
> ④ 아세틸렌 : 2.5~81

91
다음 중 관의 지름을 변경하고자 할 때 필요한 관 부속품은?

① elbow
② reducer
③ plug
④ valve

> **관로의 크기를 바꿀 때**
> ① 축소관(reducer)
> ② 부싱(bushing)

92
안전밸브 전단·후단에 자물쇠형 또는 이에 준하는 형식의 차단밸브 설치를 할 수 있는 경우에 해당하지 않는 것은?

① 자동압력조절밸브와 안전밸브 등이 직렬로 연결된 경우
② 화학설비 및 그 부속설비에 안전밸브 등이 복수방식으로 설치되어 있는 경우
③ 열팽창에 의하여 상승된 압력을 낮추기 위한 목적으로 안전밸브가 설치된 경우
④ 인접한 화학설비 및 그 부속설비에 안전밸브 등이 각각 설치되어 있고, 해당 화학설비 및 그 부속설비의 연결배관에 차단밸브가 없는 경우

> **자물쇠형 또는 이에 준하는 차단밸브를 설치할 수 있는 경우(보기 외에)**
> ① 안전밸브 등의 배출용량의 2분의 1 이상에 해당하는 용량의 자동압력조절밸브와 안전밸브 등이 병렬로 연결된 경우
> ② 하나의 플레어스택(flare stack)에 둘 이상의 단위공정의 플레어헤더(flare header)를 연결하여 사용하는 경우로서 각각의 단위공정의 플레어헤더에 설치된 차단밸브의 열림·닫힘상태를 중앙제어실에서 알 수 있도록 조치한 경우

정답 88 ③ 89 ③ 90 ④ 91 ② 92 ①

93 빈출

산업안전보건기준에 관한 규칙에서 정한 위험물질의 종류에서 "물 반응성 물질 및 인화성 고체"에 해당하는 것은?

① 질산에스테르류　② 니트로화합물
③ 칼륨·나트륨　　④ 니트로소화합물

> **폭발성 물질 및 유기과산화물**
> ① 질산에스테르류
> ② 니트로화합물
> ③ 니트로소화합물
> ④ 아조화합물
> ⑤ 디아조화합물
> ⑥ 하이드라진 유도체
> ⑦ 유기과산화물

94

다음 중 인화점에 관한 설명으로 옳은 것은?

① 액체의 표면에서 발생한 증기농도가 공기 중에서 연소하한 농도가 될 수 있는 가장 높은 액체온도
② 액체의 표면에서 발생한 증기농도가 공기 중에서 연소상한 농도가 될 수 있는 가장 낮은 액체온도
③ 액체의 표면에서 발생한 증기농도가 공기 중에서 연소하한 농도가 될 수 있는 가장 낮은 액체온도
④ 액체의 표면에서 발생한 증기농도가 공기 중에서 연소상한 농도가 될 수 있는 가장 높은 액체온도

> **인화점의 정의**
> ① 점화원에 의하여 인화될 수 있는 최저온도
> ② 연소 가능한 가연성 증기를 발생시켜 연소한 농도가 될 수 있는 최저온도

95

수분을 함유하는 에탄올에서 순수한 에탄올을 얻기 위해 벤젠과 같은 물질을 첨가하여 수분을 제거하는 증류 방법은?

① 공비증류　　② 추출증류
③ 가압증류　　④ 감압증류

> **공비증류**
> ① 일반적인 증류로 순수한 성분을 분리시킬 수 없는 혼합물의 경우
> ② 제3의 성분을 첨가하여 별개의 공비 혼합물을 만들어 끓는점이 원 용액의 끓는점보다 충분히 낮아지도록 하여 증류함으로 증류잔류물이 순수한 성분이 되게 하는 증류

96 빈출

위험물을 산업안전보건법령에서 정한 기준량 이상으로 제조하거나 취급하는 설비로서 특수화학설비에 해당되는 것은?

① 가열시켜 주는 물질의 온도가 가열되는 위험물질의 분해 온도보다 높은 상태에서 운전되는 설비
② 상온에서 게이지 압력으로 200kPa의 압력으로 운전되는 설비
③ 대기압 하에서 300℃로 운전되는 설비
④ 흡열반응이 행하여지는 반응설비

> **특수화학설비**
> ① 발열반응이 일어나는 반응장치
> ② 증류·정류·증발·추출 등 분리를 행하는 장치
> ③ 가열시켜 주는 물질의 온도가 가열되는 위험물질의 분해온도 또는 발화점보다 높은 상태에서 운전되는 설비
> ④ 반응폭주 등 이상화학반응에 의하여 위험물질이 발생할 우려가 있는 설비
> ⑤ 온도가 섭씨 350도 이상이거나 게이지 압력이 980킬로파스칼 이상인 상태에서 운전되는 설비
> ⑥ 가열로 또는 가열기

97 빈출

공기 중에서 A 물질의 폭발하한계가 4vol%, 상한계가 75vol%라면 이 물질의 위험도는?

① 16.75　　② 17.75
③ 18.75　　④ 19.75

> **위험도**
> 위험도$(H) = \dfrac{UFL - LFL}{LFL} = \dfrac{75.0 - 4.0}{4.0} = 17.75$

정답　93 ③　94 ③　95 ①　96 ①　97 ②

98

다음 중 최소발화에너지([J])를 구하는 식으로 옳은 것은? (단, I는 전류[A], R은 저항[Ω], V는 전압[V], C는 콘덴서용량[F], T는 시간[초]이라 한다.)

① $E = IRT$
② $E = 0.24I^2\sqrt{R}$
③ $E = \dfrac{1}{2}CV^2$
④ $E = \dfrac{1}{2}\sqrt{C^2V}$

> **최소착화에너지**
> $E = \dfrac{1}{2}QV = \dfrac{1}{2}CV^2 = \dfrac{1}{2}\dfrac{Q^2}{C}$ (J)

99

다음 중 분진이 발화 폭발하기 위한 조건으로 거리가 먼 것은?

① 불연성질
② 미분상태
③ 점화원의 존재
④ 산소 공급

> **분진폭발**
> ① 금속분진(알루미늄, 마그네슘 등), 소맥분, 황탄말 등 100미크론 이하의 가연성 고체를 미분으로 공기 중에 부유시켜 연소 폭발하는 현상
> ② 불휘발성 액체 또는 고체가 미립자 상태로 공기 중에서 폭발범위 내로 존재할 경우 착화에너지에 의해 일어나는 현상

100 ★빈출

압축하면 폭발할 위험성이 높아 아세톤 등에 용해시켜 다공성 물질과 함께 저장하는 물질은?

① 염소
② 아세틸렌
③ 에탄
④ 수소

> **용해 아세틸렌(C_2H_2)의 특징**
> ① 아세틸렌 가스는 매우 불안정한 탄소와 수소의 화합물이므로 열을 가하거나 압축하여 압력을 올리면 곧 분해하여 폭발한다.
> ② 아세틸렌은 일반적으로 봄베에 저장되는데, 그 이유는 아세톤(Acetone)에 잘 용해(부피의 약 25배 정도)되는 성질이 있기 때문이며, 고압 용기 속에 다공질의 물질을 넣어 아세톤을 흡수시켜 아세틸렌을 충전시킨다.

6과목 건설공사 안전 관리

101

거푸집 및 동바리의 조립 시 안전조치 사항으로 옳지 않은 것은?

① 동바리의 상하 고정 및 미끄러짐 방지 조치를 할 것
② 상부·하부의 동바리가 동일 수직선상에 위치하도록 하여 깔판·받침목에 고정시킬 것
③ 강재의 접속부 및 교차부는 볼트·클램프 등 전용철물을 사용하여 단단히 연결할 것
④ 동바리의 이음은 서로 다른 품질의 재료를 사용할 것

> 동바리의 이음은 같은 품질의 재료를 사용할 것

102

사면 보호 공법 중 구조물에 의한 보호 공법에 해당되지 않는 것은?

① 블록공
② 식생구멍공
③ 돌쌓기공
④ 현장타설 콘크리트 격자공

> **비탈면 보호 공법**
>
> | 식생 공법 | 떼붙임공, 식생공, 식수공, 파종공 |
> |---|---|
> | 구조물 보호공 | 블록(돌)붙임공, 블록(돌)쌓기공, 콘크리트블럭격자공, 뿜어붙이기공 |

103 ★빈출

산업안전보건법령에서 규정하는 철골작업을 중지하여야 하는 기후조건에 해당하지 않는 것은?

① 풍속이 초당 10m 이상인 경우
② 강우량이 시간당 1mm 이상인 경우
③ 강설량이 시간당 1cm 이상인 경우
④ 기온이 영하 5℃ 이하인 경우

> **철골작업 시 작업의 제한**
> ① 풍속 : 초당 10m 이상인 경우
> ② 강우량 : 시간당 1mm 이상인 경우
> ③ 강설량 : 시간당 1cm 이상인 경우

정답 98 ③ 99 ① 100 ② 101 ④ 102 ② 103 ③

104 ⭐

강관을 사용하여 비계를 구성하는 경우 준수하여야 할 기준으로 옳지 않은 것은?

① 비계기둥의 간격은 띠장 방향에서는 1.85m 이하, 장선(長線) 방향에서는 1.5m 이하로 할 것
② 띠장 간격은 2.0m 이하로 할 것
③ 비계기둥의 제일 윗부분으로부터 31m 되는 지점 밑부분의 비계기둥은 3개의 강관으로 묶어 세울 것
④ 비계기둥 간의 적재하중은 400kg을 초과하지 않도록 할 것

> 비계기둥 최고부로부터(아랫 방향으로) 31m 되는 지점 밑부분의 비계기둥은 2본의 강관으로 묶어 세울 것

105

다음 중 지하수위 측정에 사용되는 계측기는?

① Load Cell
② Inclinometer
③ Extensometer
④ Water Level Meter

> 계측기
> ① Load Cell : 하중계
> ② Inclinometer : 경사계
> ③ Extensometer : 지중침하계
> ④ Water Level Meter : 지하수위계

106

터널 지보공을 조립하거나 변경하는 경우에 조치하여야 하는 사항으로 옳지 않은 것은?

① 목재의 터널 지보공은 그 터널 지보공의 각 부재에 작용하는 긴압 정도를 체크하여 그 정도가 최대한 차이나도록 할 것
② 강(鋼)아치 지보공의 조립은 연결볼트 및 띠장 등을 사용하여 주재 상호 간을 튼튼하게 연결할 것
③ 기둥에는 침하를 방지하기 위하여 받침목을 사용하는 등의 조치를 할 것
④ 주재(主材)를 구성하는 1세트의 부재는 동일 평면 내에 배치할 것

> 터널 지보공 조립, 변경 시 조치사항
> ① 주재를 구성하는 1세트의 부재는 동일 평면 내에 배치할 것
> ② 목재의 터널 지보공은 그 터널 지보공의 각 부재의 긴압 정도가 균등하게 되도록 할 것
> ③ 기둥에는 침하를 방지하기 위하여 받침목을 사용하는 등의 조치를 할 것

107

미리 작업장소의 지형 및 지반상태 등에 적합한 제한속도를 정하지 않아도 되는 차량계 건설기계의 속도 기준은?

① 최대 제한속도가 10km/h 이하
② 최대 제한속도가 20km/h 이하
③ 최대 제한속도가 30km/h 이하
④ 최대 제한속도가 40km/h 이하

> 차량계 하역운반기계, 차량계 건설기계(최대 제한속도가 시속 10킬로미터 이하인 것은 제외)를 사용하여 작업을 하는 경우 미리 작업장소의 지형 및 지반 상태 등에 적합한 제한속도를 정하고, 운전자로 하여금 준수하도록 하여야 한다.

108

차량계 건설기계를 사용하여 작업을 하는 경우 작업계획서 내용에 포함되지 않는 사항은?

① 사용하는 차량계 건설기계의 종류 및 성능
② 차량계 건설기계의 운행경로
③ 차량계 건설기계에 의한 작업방법
④ 차량계 건설기계 사용 시 유도자 배치 위치

> 차량계 건설기계의 작업계획서 내용
> ① 사용하는 차량계 건설기계의 종류 및 성능
> ② 차량계 건설기계의 운행경로
> ③ 차량계 건설기계에 의한 작업방법

정답 104 ③ 105 ④ 106 ① 107 ① 108 ④

109 ⭐

이동식 비계를 조립하여 작업을 하는 경우에 준수하여야 할 기준으로 옳지 않은 것은?

① 승강용 사다리는 견고하게 설치할 것
② 비계의 최상부에서 작업을 하는 경우에는 안전난간을 설치할 것
③ 작업발판의 최대적재하중은 400kg을 초과하지 않도록 할 것
④ 작업발판은 항상 수평을 유지하고 작업발판 위에서 안전난간을 딛고 작업을 하거나 받침대 또는 사다리를 사용하여 작업하지 않도록 할 것

> 작업발판의 최대적재하중은 250킬로그램을 초과하지 않도록 할 것

110

화물을 적재하는 경우의 준수사항으로 옳지 않은 것은?

① 침하 우려가 없는 튼튼한 기반 위에 적재할 것
② 건물의 칸막이나 벽 등이 화물의 압력에 견딜 만큼의 강도를 지니지 아니한 경우에는 칸막이나 벽에 기대어 적재하지 않도록 할 것
③ 불안정할 정도로 높이 쌓아 올리지 말 것
④ 하중을 한쪽으로 치우치더라도 화물을 최대한 효율적으로 적재할 것

> **화물 적재 시 준수사항**
> ① 침하의 우려가 없는 튼튼한 기반 위에 적재할 것
> ② 건물의 칸막이나 벽 등이 화물의 압력에 견딜 만큼의 강도를 지니지 아니한 때에는 칸막이나 벽에 기대어 적재하지 아니하도록 할 것
> ③ 불안정할 정도로 높이 쌓아 올리지 말 것
> ④ 편하중이 생기지 아니하도록 적재할 것

111 ⭐

유해위험방지계획서를 고용노동부장관에게 제출하고 심사를 받아야 하는 대상 건설공사 기준으로 옳지 않은 것은?

① 최대 지간 길이가 50m 이상인 다리의 건설 등 공사
② 지상 높이 25m 이상인 건축물 또는 인공구조물의 건설 등 공사
③ 깊이 10m 이상인 굴착공사
④ 다목적댐, 발전용댐, 저수용량 2천만톤 이상의 용수 전용 댐 및 지방상수도 전용 댐의 건설 등 공사

> 지상 높이가 31미터 이상인 건축물 또는 인공구조물 등의 건설·개조 또는 해체공사

112 ⭐

가설통로를 설치하는 경우 준수하여야 할 기준으로 옳지 않은 것은?

① 경사는 30° 이하로 할 것
② 경사가 15°를 초과하는 경우에는 미끄러지지 아니하는 구조로 할 것
③ 추락할 위험이 있는 장소에는 안전난간을 설치할 것
④ 수직갱에 가설된 통로의 길이가 15m 이상인 경우에는 7m 이내마다 계단참을 설치할 것

> **가설통로 설치 시 준수사항(계단참 설치)**
> ① 수직갱에 가설된 통로의 길이가 15m 이상인 때에는 10m 이내마다 계단참을 설치할 것
> ② 건설공사에 사용하는 높이 8m 이상인 비계다리에는 7m 이내마다 계단참을 설치할 것

113

작업의자형 달비계를 설치하는 경우 달비계에 작업용 섬유로프 또는 안전대의 섬유벨트를 사용해서는 안 되는 기준으로 틀린 것은?

① 작업높이보다 길이가 긴 것
② 심하게 손상되거나 부식된 것
③ 2개 이상의 작업용 섬유로프 또는 섬유벨트를 연결한 것
④ 꼬임이 끊어진 것

> 작업높이보다 길이가 짧은 것을 사용해서는 안 된다.

정답 109 ③ 110 ④ 111 ② 112 ④ 113 ①

114

안전계수가 4이고 2,000Mpa의 인장강도를 갖는 강선의 최대허용응력은?

① 500Mpa ② 1,000Mpa
③ 1,500Mpa ④ 2,000Mpa

> 안전계수
>
> 안전계수 = $\dfrac{인장강도}{최대허용응력}$
>
> ∴ 최대허용응력 = $\dfrac{2,000}{4}$ = 500

115

지하수위 상승으로 포화된 사질토 지반의 액상화 현상을 방지하기 위한 가장 직접적이고 효과적인 대책은?

① well point 공법 적용
② 동다짐 공법 적용
③ 입도가 불량한 재료를 입도가 양호한 재료로 치환
④ 밀도를 증가시켜 한계간극비 이하로 상대밀도를 유지하는 방법 강구

> 지하수위 상승으로 포화된 사질토이므로 well point 공법을 적용한 배수공법이 가장 효과적이다.

116

공사진척에 따른 공정율이 다음과 같을 때 안전관리비 사용기준으로 옳은 것은? (단, 공정율은 기성공정율을 기준으로 함)

> 공정율 : 70퍼센트 이상, 90퍼센트 미만

① 50퍼센트 이상 ② 60퍼센트 이상
③ 70퍼센트 이상 ④ 80퍼센트 이상

공사진척에 따른 안전관리비 사용기준

공정율	50% 이상 70% 미만	70% 이상 90% 미만	90% 이상
사용기준	50% 이상	70% 이상	90% 이상

117

크레인 등 건설장비의 가공전선로 접근 시 안전대책으로 옳지 않은 것은?

① 안전 이격거리를 유지하고 작업한다.
② 장비를 가공전선로 밑에 보관한다.
③ 장비의 조립, 준비 시부터 가공전선로에 대한 감전 방지 수단을 강구한다.
④ 장비 사용 현장의 장애물, 위험물 등을 점검 후 작업계획을 수립한다.

> 안전 이격거리를 확보할 수 없는 설비, 장비, 수공구 등은 전선로 아래로 가져가면 안 된다.

118

거푸집 및 동바리 등을 조립 또는 해체하는 작업을 하는 경우의 준수사항으로 옳지 않은 것은?

① 재료, 기구 또는 공구 등을 올리거나 내리는 경우에는 근로자로 하여금 달줄·달포대 등의 사용을 금하도록 할 것
② 낙하·충격에 의한 돌발적 재해를 방지하기 위하여 버팀목을 설치하고 거푸집 및 동바리 등을 인양장비에 매단 후에 작업을 하도록 하는 등 필요한 조치를 할 것
③ 비, 눈, 그 밖의 기상상태의 불안정으로 날씨가 몹시 나쁜 경우에는 그 작업을 중지할 것
④ 해당 작업을 하는 구역에는 관계 근로자가 아닌 사람의 출입을 금지할 것

> 재료·기구 또는 공구 등을 올리거나 내릴 때에는 근로자로 하여금 달줄·달포대 등을 사용하여 안전하게 작업해야 한다.

정답 114 ① 115 ① 116 ③ 117 ② 118 ①

119

흙의 투수계수에 영향을 주는 인자에 관한 설명으로 옳지 않은 것은?

① 포화도 : 포화도가 클수록 투수계수도 크다.
② 공극비 : 공극비가 클수록 투수계수는 작다.
③ 유체의 점성계수 : 점성계수가 클수록 투수계수는 작다.
④ 유체의 밀도 : 유체의 밀도가 클수록 투수계수는 크다.

> **투수계수**
> ① 이 값이 작을수록 물이 토양층을 통과하기 어렵다는 것을 나타낸다.
> ② 토양의 투수계수는 토양입자의 크기, 공극률, 입자크기 분포 등과 같이 토양 자체의 영향과 액체의 점성계수, 비중량과 같은 액체의 성질에 영향을 받는다.
> ③ 공극비가 클수록 투수계수는 크다.

120

터널공사의 전기발파작업에 관한 설명으로 옳지 않은 것은?

① 전선은 점화하기 전에 화약류를 충진한 장소로부터 30m 이상 떨어진 안전한 장소에서 도통시험 및 저항시험을 하여야 한다.
② 점화는 충분한 허용량을 갖는 발파기를 사용하고 규정된 스위치를 반드시 사용하여야 한다.
③ 발파 후 발파기와 발파모선의 연결을 유지한 채 그 단부를 절연시킨 후 재점화가 되지 않도록 한다.
④ 점화는 선임된 발파책임자가 행하고 발파기의 핸들을 점화할 때 이외는 시건장치를 하거나 모선을 분리하여야 하며 발파책임자의 엄중한 관리하에 두어야 한다.

> 발파 후 즉시 발파모선을 발파기로부터 분리하고 그 단부를 절연시킨 후 재점화가 되지 않도록 하여야 한다.

정답 119 ② 120 ③

2021년 5월 15일 | 기출문제

1과목 산업재해 예방 및 안전보건교육

01
학습자가 자신의 학습속도에 적합하도록 프로그램 자료를 가지고 단독으로 학습하도록 하는 안전교육 방법은?

① 실연법 ② 모의법
③ 토의법 ④ 프로그램 학습법

> **프로그램 학습법**
> 수강자의 학습진행 정도에 맞도록 프로그램 자료를 작성하여 스스로 학습하도록 하는 방법으로, 항상 새로운 프로그램의 개발에 노력해야 하므로 개발비가 많이 든다.

02 ★빈출
헤드십의 특성이 아닌 것은?

① 지휘형태는 권위주의적이다.
② 권한행사는 임명된 헤드이다.
③ 구성원과의 사회적 간격은 넓다.
④ 상관과 부하와의 관계는 개인적인 영향이다.

> **헤드십과 리더십의 구분**
>
> | 구분 | 권한부여 및 행사 | 권한 근거 | 상관과 부하와의 관계 및 책임귀속 | 부하와의 사회적 간격 | 지휘 형태 |
> |---|---|---|---|---|---|
> | 헤드십 | • 위에서 위임하여 임명
• 임명된 헤드 | 법적 또는 공식적 | 지배적 상사 | 넓음 | 권위 주의적 |
> | 리더십 | • 아래로부터의 동의에 의한 선출
• 선출된 리더 | 개인 능력 | 개인적인 영향 상사와 부하 | 좁음 | 민주 주의적 |

03 ★빈출
산업안전보건법령상 특정행위의 지시 및 사실의 고지에 사용되는 안전·보건표지의 색도기준으로 옳은 것은?

① 2.5G 4/10 ② 5Y 8.5/12
③ 2.5PB 4/10 ④ 7.5R 4/14

> **안전표지의 색채 및 색도기준**
>
> | 색채 | 색도기준 | 용도 |
> |---|---|---|
> | 빨간색 | 7.5R 4/14 | 금지 |
> | | | 경고 |
> | 노란색 | 5Y 8.5/12 | 경고 |
> | 파란색 | 2.5PB 4/10 | 지시 |
> | 녹색 | 2.5G 4/10 | 안내 |

04 ★빈출
인간관계의 메커니즘 중 다른 사람의 행동 양식이나 태도를 투입시키거나 다른 사람 가운데서 자기와 비슷한 것을 발견하는 것은?

① 공감 ② 모방
③ 동일화 ④ 일체화

> **동일화(동일시)**
> 다른 사람의 행동 양식이나 태도를 투입하거나 다른 사람 가운데서 자기와 비슷한 것을 발견하는 것

정답 01 ④ 02 ④ 03 ③ 04 ③

05

다음의 교육 내용과 관련 있는 교육은?

- 작업동작 및 표준작업방법의 습관화
- 공구·보호구 등의 관리 및 취급태도의 확립
- 작업 전후의 점검, 검사요령의 정확화 및 습관화

① 지식교육 ② 기능교육
③ 태도교육 ④ 문제해결교육

태도교육의 특징
① 생활지도, 작업동작지도, 안전의 습관화 및 일체감
② 자아실현욕구의 충족기회 제공
③ 올바른 행동의 습관화 및 가치관을 형성
④ 보호구 등의 관리 및 취급태도의 확립

06

데이비스(K. Davis)의 동기부여 이론에 관한 등식에서 그 관계가 틀린 것은?

① 지식 × 기능 = 능력
② 상황 × 능력 = 동기유발
③ 능력 × 동기유발 = 인간의 성과
④ 인간의 성과 × 물질의 성과 = 경영의 성과

데이비스의 동기부여 이론
① 인간의 성과 × 물적인 성과 = 경영의 성과
② 지식(knowledge) × 기능(skill) = 능력(ability)
③ 상황(situation) × 태도(attitude) = 동기유발(motivation)
④ 능력(ability) × 동기유발(motivation) = 인간의 성과(human performance)

07

산업안전보건법령상 보호구 안전인증 대상 방독마스크의 유기화합물용 정화통 외부 측면 표시색으로 옳은 것은?

① 갈색 ② 녹색
③ 회색 ④ 노랑색

방독마스크 종류

종류	시험가스	정화통 외부 측면 표시색
유기화합물용	시클로헥산(C_6H_{12})	갈색
	디메틸에테르(CH_3OCH_3)	
	이소부탄(C_4H_{10})	
할로겐용	염소가스 또는 증기(Cl_2)	회색
황화수소용	황화수소가스(H_2S)	회색
시안화수소용	시안화수소가스(HCN)	회색
아황산용	아황산가스(SO_2)	노란색
암모니아용	암모니아가스(NH_3)	녹색

08

재해원인 분석기법의 하나인 특성요인도의 작성 방법에 대한 설명으로 틀린 것은?

① 큰뼈는 특성이 일어나는 요인이라고 생각되는 것을 크게 분류하여 기입한다.
② 등뼈는 원칙적으로 우측에서 좌측으로 향하여 가는 화살표를 기입한다.
③ 특성의 결정은 무엇에 대한 특성요인도를 작성할 것인가를 결정하고 기입한다.
④ 중뼈는 특성이 일어나는 큰뼈의 요인마다 다시 미세하게 원인을 결정하여 기입한다.

특성요인도
① 특성과 요인관계를 어골상으로 세분하여 연쇄관계를 나타내는 방법 (원인요소와의 관계를 상호의 인과관계만으로 결부)
② 특성을 오른쪽에 적고 왼쪽에서 오른쪽으로 굵은 화살표(등뼈)를 기입한다.

정답 05 ③ 06 ② 07 ① 08 ②

09

TWI의 교육 내용 중 인간관계 관리방법 즉 부하통솔법을 주로 다루는 것은?

① JST(Job Safety Training)
② JMT(Job Method Training)
③ JRT(Job Relation Training)
④ JIT(Job Instruction Training)

> **TWI(Training with industry) 교육과정**
> ① Job Method Training(J. M. T): 작업방법훈련(작업개선법)
> ② Job Instruction Training(J. I. T): 작업지도훈련(작업지도법)
> ③ Job Relations Training(J. R. T): 인간관계훈련(부하통솔법)
> ④ Job Safety Training(J. S. T): 작업안전훈련(안전관리법)

10

산업안전보건법령상 안전보건관리규정에 반드시 포함되어야 할 사항이 아닌 것은? (단, 그 밖에 안전 및 보건에 관한 사항은 제외한다.)

① 재해코스트 분석 방법
② 사고조사 및 대책수립
③ 작업장 안전 및 보건관리
④ 안전 및 보건 관리조직과 그 직무

> **안전보건관리규정에 포함되어야 할 내용**
> ① 안전 및 보건에 관한 관리조직과 그 직무에 관한 사항
> ② 안전보건교육에 관한 사항
> ③ 작업장의 안전 및 보건관리에 관한 사항
> ④ 사고조사 및 대책수립에 관한 사항
> ⑤ 그 밖에 안전 및 보건에 관한 사항

11

재해조사에 관한 설명으로 틀린 것은?

① 조사목적에 무관한 조사는 피한다.
② 조사는 현장을 정리한 후에 실시한다.
③ 목격자나 현장 책임자의 진술을 듣는다.
④ 조사자는 객관적이고 공정한 입장을 취해야 한다.

> **재해조사 시 유의사항**
> ① 가급적 재해 현장이 변형되지 않은 상태에서 실시한다.
> ② 목격자가 발언하는 사실 이외의 추측의 말은 참고로 한다.
> ③ 조사는 신속히 행하고 2차 재해의 방지를 도모한다.
> ④ 사람, 설비, 환경의 측면에서 재해요인을 도출한다.
> ⑤ 제3자의 입장에서 공정하게 조사하며, 그러기 위해 조사는 2인 이상이 한다.
> ⑥ 책임추궁보다 재발방지를 우선하는 기본태도를 견지한다.

12

산업안전보건법령상 안전보건표지의 종류 중 경고표지의 기본모형(형태)이 다른 것은?

① 고압전기 경고
② 방사성 물질 경고
③ 폭발성 물질 경고
④ 매달린 물체 경고

> **경고표지**
> ① 경고표지 중 인화성 물질 경고·산화성 물질 경고·폭발성 물질 경고·급성 독성 물질 경고·부식성 물질 경고 및 발암성·변이원성·생식독성·전신독성·호흡기과민성 물질 경고는 기본모형이 마름모 형태이고 바탕은 무색, 기본모형은 빨간색(검은색도 가능)
> ② 그 외의 경고표지는 기본모형이 삼각형이고 검은색이며 바탕은 노란색 관련부호 및 그림은 검은색

정답 09 ③ 10 ① 11 ② 12 ③

13

무재해운동 추진의 3요소에 관한 설명이 아닌 것은?

① 안전보건은 최고경영자의 무재해 및 무질병에 대한 확고한 경영자세로 시작된다.
② 안전보건을 추진하는 데에는 관리감독자들의 생산 활동 속에 안전보건을 실천하는 것이 중요하다.
③ 모든 재해는 잠재요인을 사전에 발견·파악·해결함으로써 근원적으로 산업재해를 없애야 한다.
④ 안전보건은 각자 자신의 문제이며, 동시에 동료의 문제로서 직장의 팀 멤버와 협동 노력하여 자주적으로 추진하는 것이 필요하다.

> 무재해운동 추진의 3요소(기둥)
> ① 최고경영자의 엄격한 경영자세
> ② 라인(관리감독자)화의 철저
> ③ 직장(소집단)의 자주활동의 활발화

tip
"잠재요인을 사전에 발견, 파악, 해결함으로써 근원적으로 산업재해를 없애야 한다."는 내용은 무재해 운동의 3원칙으로 '무의 원칙'에 해당된다.

14

헤링(Hering)의 착시현상에 해당하는 것은?

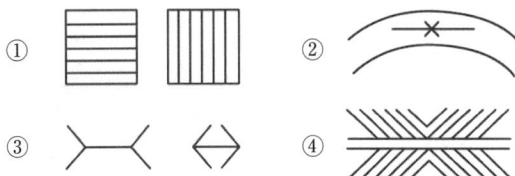

착시현상		
뮐러-라이어 (Müller-Lyer)의 착시	헤링(Hering)의 착시	포겐도르프 (Poggendorf)의 착시
가 나	가 나	가 나 다
Köhler의 착시	헬름홀츠(Helmhotz)의 착시	

15

도수율이 24.5이고, 강도율이 1.15인 사업장에서 한 근로자가 입사하여 퇴직할 때까지 근로손실일수는?

① 2.45일   ② 115일
③ 215일   ④ 245일

> 환산 강도율 계산
> 환산 강도율(S) = 강도율 × 100 = 1.15 × 100 = 115(일)

16

학습을 자극(Stimulus)에 의한 반응(Response)으로 보는 이론에 해당하는 것은?

① 장설(Field Theory)
② 통찰설(Insight Theory)
③ 기호형태설(Sign-gestalt Theory)
④ 시행착오설(Trial and Error Theory)

> S-R이론은 학습을 자극에 대한 반응관계로 보려는 학설로, pavlov의 조건반사설, thorndike의 시행착오설, skinner의 조작적 조건형성이론 등이 있다.

17

하인리히의 사고방지 기본원리 5단계 중 시정 방법의 선정 단계에 있어서 필요한 조치가 아닌 것은?

① 인사조정   ② 안전행정의 개선
③ 교육 및 훈련의 개선   ④ 안전점검 및 사고조사

> 사고방지 기본원리(4단계 시정책의 선정)
> ① 인사 및 배치조정
> ② 기술적인 개선
> ③ 교육 및 훈련의 개선
> ④ 안전행정의 개선
> ⑤ 규정 및 수칙의 개선
> ⑥ 이행독려의 체제 강화

tip
안전점검 및 사고조사는 2단계 사실의 발견에 해당되는 내용

정답 13 ③ 14 ④ 15 ② 16 ④ 17 ④

18 ⭐빈출

산업안전보건법령상 안전보건교육 교육대상별 교육내용 중 관리감독자 정기교육의 내용으로 틀린 것은?

① 정리정돈 및 청소에 관한 사항
② 유해·위험 작업환경 관리에 관한 사항
③ 위험성평가에 관한 사항
④ 작업공정의 유해·위험과 재해 예방대책에 관한 사항

관리감독자 정기교육
① 산업안전 및 산업재해 예방에 관한 사항(화재·폭발 사고 발생 시 대피에 관한 사항을 포함)
② 산업보건 및 건강장해 예방에 관한 사항(폭염·한파작업으로 인한 건강장해 발생 시 응급조치에 관한 사항을 포함)
③ 위험성평가에 관한 사항
④ 유해·위험 작업환경 관리에 관한 사항
⑤ 산업안전보건법령 및 산업재해보상보험 제도에 관한 사항
⑥ 직무스트레스 예방 및 관리에 관한 사항
⑦ 직장 내 괴롭힘, 고객의 폭언 등으로 인한 건강장해 예방 및 관리에 관한 사항
⑧ 작업공정의 유해·위험과 재해 예방대책에 관한 사항
⑨ 사업장 내 안전보건관리체제 및 안전·보건조치 현황에 관한 사항
⑩ 표준안전 작업방법 결정 및 지도·감독 요령에 관한 사항
⑪ 현장근로자와의 의사소통능력 및 강의능력 등 안전보건교육 능력 배양에 관한 사항
⑫ 비상시 또는 재해 발생 시 긴급조치에 관한 사항
⑬ 그 밖의 관리감독자의 직무에 관한 사항

tip
2025년 법령개정. 문제와 해설은 개정된 내용 적용

19

산업안전보건법령상 협의체 구성 및 운영에 관한 사항으로 ( )에 알맞은 내용은?

> 도급인은 관계수급인 근로자가 도급인의 사업장에서 작업을 하는 경우 도급인과 수급인을 구성원으로 하는 안전 및 보건에 관한 협의체를 구성 및 운영하여야 한다. 이 협의체는 ( ) 정기적으로 회의를 개최하고 그 결과를 기록·보존해야 한다.

① 매월 1회 이상   ② 2개월마다 1회
③ 3개월마다 1회   ④ 6개월마다 1회

안전·보건에 관한 협의체의 구성 및 운영
① 도급인 및 그의 수급인 전원으로 구성
② 매월 1회 이상 정기적으로 회의 개최(결과 기록·보존)

20

산업안전보건법령상 프레스를 사용하여 작업을 할 때 작업시작 전 점검사항으로 틀린 것은?

① 방호장치의 기능
② 언로드밸브의 기능
③ 금형 및 고정볼트 상태
④ 클러치 및 브레이크의 기능

프레스 작업시작 전 점검사항(보기 외에)
① 크랭크축·플라이휠·슬라이드·연결봉 및 연결나사의 풀림 유무
② 1행정 1정지기구·급정지장치 및 비상정지장치의 기능
③ 슬라이드 또는 칼날에 의한 위험방지 기구의 기능
④ 전단기의 칼날 및 테이블의 상태

tip
언로드밸브의 기능은 공기압축기의 작업시작 전 점검사항

2과목 인간공학 및 위험성 평가·관리

21 ⭐빈출

일반적으로 은행의 접수대 높이나 공원의 벤치를 설계할 때 가장 적합한 인체 측정 자료의 응용원칙은?

① 조절식 설계   ② 평균치를 이용한 설계
③ 최대치수를 이용한 설계   ④ 최소치수를 이용한 설계

인체계측자료의 응용원칙
① 극단적인 사람을 위한 설계(극단치 설계) : 최대집단치, 최소집단치
② 조절식 설계 : 사무실 의자의 높낮이 조절, 자동차 좌석의 전후조절 등 여러 사람이 사용 가능하도록 조절해야 하는 경우
③ 평균치를 기준으로 한 설계 : 가게나 은행의 계산대 등 최대집단치나 최소집단치 또는 조절식으로 설계하기가 부적절하거나 불가능할 경우

정답 18① 19① 20② 21②

22

위험분석기법 중 고장이 시스템의 손실과 인명의 사상에 연결되는 높은 위험도를 가진 요소나 고장의 형태에 따른 분석법은?

① CA
② ETA
③ FHA
④ FTA

> CA(Criticality Analysis) : 치명도 해석
> ① 위험성이 높은 요소 특히 고장이 직접 시스템의 손해나 인원의 사상에 연결되는 요소에 대해서는 특별한 주의와 해석이 필요하다.
> ② FMEA를 실시한 결과 고장등급이 높은 고장모드가 시스템이나 기기의 고장에 어느 정도로 기여하는가를 정량적으로 계산하고, 고장모드가 시스템이나 기기에 미치는 영향을 정량적으로 평가하는 방법(FMEA에 치명도 해석을 포함시킨 것을 FMECA라고 한다)

23

작업장의 설비 3대에서 각각 80dB, 86dB, 78dB의 소음이 발생되고 있을 때 작업장의 음압수준은?

① 약 81.3dB
② 약 85.5dB
③ 약 87.5dB
④ 약 90.3dB

> 음압수준(SPL)
> $$SPL = 10\log(10^{L_1/10} + 10^{L_2/10} + \cdots + 10^{L_n/10})dB$$
> $$= 10\log(10^8 + 10^{8.6} + 10^{7.8}) = 87.49dB$$

24

일반적인 화학설비에 대한 안전성 평가(safety assessment) 절차에 있어 안전대책 단계에 해당되지 않는 것은?

① 보전
② 위험도 평가
③ 설비적 대책
④ 관리적 대책

> 안전성 평가
> ① 잠재적인 위험성을 평가하는 것은 2단계에서 이루어지며 3단계에서 위험의 등급을 구분한다.
> ② 안전대책단계에서는 설비 및 관리적인 대책이 이루어지며, 관리적인 대책에는 보전도 포함된다.

25

욕조곡선에서의 고장 형태에서 일정한 형태의 고장률이 나타나는 구간은?

① 초기고장 구간
② 마모고장 구간
③ 피로고장 구간
④ 우발고장 구간

> 기계 고장률의 기본모형
>
> | | |
> |---|---|
> | 초기고장 | 감소형(DFR : Decreasing Failure Rate) 디버깅 기간, 번인 기간 |
> | 우발고장 | 일정형(CFR : Constant Failure Rate) 내용 수명 |
> | 마모고장 | 증가형(IFR : Increasing Failure Rate) 정기진단(검사) |

26

음량수준을 평가하는 척도와 관계없는 것은?

① dB
② HSI
③ Phon
④ Sone

> 음량수준의 척도
>
> | | |
> |---|---|
> | Phon의 음량 수준 | 어떤 음의 Phon 값으로 표시한 음량수준은 이 음과 같은 크기로 들리는 1,000Hz 순음의 음압수준(dB) |
> | Sone에 의한 음량 | ① 40dB의 1,000Hz 순음의 크기(= 40Phon)를 1Sone ② 기준음보다 10배 크게 들리는 음은 10Sone의 음량 |
> | dB(데시벨) | 음의 크기를 음압수준(SPL)이라 하며, 단위로 dB을 사용 |

> **tip**
> HSI(Heat Stress Index) : 열압박 지수

27

실효온도(effective temperature)에 영향을 주는 요인이 아닌 것은?

① 온도
② 습도
③ 복사열
④ 공기 유동

> 실효온도[체감온도, 감각온도(Effective Temperature)]
> ① 영향인자
>   ㉠ 온도 ㉡ 습도 ㉢ 공기의 유동(기류)
> ② ET는 영향인자들이 인체에 미치는 열효과를 하나의 수치로 통합한 경험적 감각지수

정답 22 ① 23 ③ 24 ② 25 ④ 26 ② 27 ③

28
FT도에서 시스템의 신뢰도는 얼마인가? (단, 모든 부품의 발생확률은 0.1이다.)

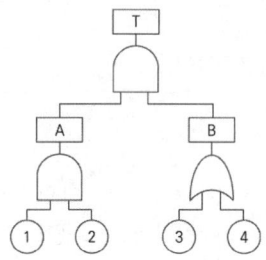

① 0.0033
② 0.0062
③ 0.9981
④ 0.9936

> **시스템의 신뢰도**
> ① 고장확률 = 0.1 × 0.1 × {1 − (1 − 0.1) × (1 − 0.1)} = 0.0019
> ② $R(t)$ = 1 − 고장확률 = 1 − 0.0019 = 0.9981

29
인간공학 연구방법 중 실제의 제품이나 시스템이 추구하는 특성 및 수준이 달성되는지를 비교하고 분석하는 연구는?

① 조사연구
② 실험연구
③ 분석연구
④ 평가연구

> **인간공학 연구방법**
> ① 조사연구 : 집단의 속성에 관한 특성을 연구
> ② 실험연구 : 어떤 변수가 행동에 미치는 영향을 시험하는 것으로 특정 현상을 보다 정확히 이해하고 예측하기 위한 연구
> ③ 평가연구 : 시스템이나 제품의 영향을 평가하여 추구하는 수준이 달성되는지를 비교 분석하는 연구

30
어떤 설비의 시간당 고장률이 일정하다고 할 때 이 설비의 고장 간격은 다음 중 어떤 확률분포를 따르는가?

① 분포
② 와이블분포
③ 지수분포
④ 아이링(Eyring)분포

> **지수분포**
> 지수분포는 연속 확률분포의 일종으로 어떤 사건이 일어나는 시간 간격의 분포와 관계가 있으며, 고장율이 일정한 우발고장구간에 해당하는 분포이다.

31
시스템 수명주기에 있어서 예비위험분석(PHA)이 이루어지는 단계에 해당하는 것은?

① 구상단계
② 점검단계
③ 운전단계
④ 생산단계

> **PHA(예비위험분석)**
> ① 시스템 안전 프로그램에 있어서 최초단계(구상단계)의 분석으로, 시스템 내의 위험한 요소가 얼마나 위험한 상태에 있는가를 정성적으로 평가하는 방법
> ② 시스템 수명주기에서 첫 번째 단계는 구상단계이다.

32 [빈출]
FTA에서 사용하는 다음 사상기호에 대한 설명으로 맞는 것은?

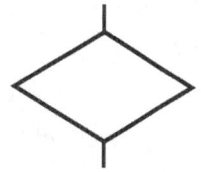

① 시스템 분석에서 좀 더 발전시켜야 하는 사상
② 시스템의 정상적인 가동상태에서 일어날 것이 기대되는 사상
③ 불충분한 자료로 결론을 내릴 수 없어 더 이상 전개할 수 없는 사상
④ 주어진 시스템의 기본사상으로 고장원인이 분석되었기 때문에 더 이상 분석할 필요가 없는 사상

> **생략사상**
> 정보부족, 해석기술의 불충분 등으로 더 이상 전개할 수 없는 사상으로, 작업진행에 따라 해석이 가능할 때는 다시 속행한다.

정답 28 ③ 29 ④ 30 ③ 31 ① 32 ③

33

정보를 전송하기 위해 청각적 표시장치보다 시각적 표시장치를 사용하는 것이 더 효과적인 경우는?

① 정보의 내용이 간단한 경우
② 정보가 후에 재참조되는 경우
③ 정보가 즉각적인 행동을 요구하는 경우
④ 정보의 내용이 시간적인 사건을 다루는 경우

시각적 표시장치와 청각적 표시장치의 비교

시각장치 사용	청각장치 사용
① 메시지가 복잡하다.	① 메시지가 간단하다.
② 메시지가 길다.	② 메시지가 짧다.
③ 메시지가 후에 재참조된다.	③ 메시지가 후에 재참조되지 않는다.
④ 메시지가 공간적인 위치를 다룬다.	④ 메시지가 시간적인 사상을 다룬다.
⑤ 메시지가 즉각적인 행동을 요구하지 않는다.	⑤ 메시지가 즉각적인 행동을 요구한다.
⑥ 수신자의 청각 계통이 과부하 상태일 때	⑥ 수신자의 시각 계통이 과부하 상태일 때
⑦ 직무상 수신자가 한 곳에 머무르는 경우	⑦ 직무상 수신자가 자주 움직이는 경우

34

감각저장으로부터 정보를 작업기억으로 전달하기 위한 코드화 분류에 해당되지 않는 것은?

① 시각코드
② 촉각코드
③ 음성코드
④ 의미코드

작업기억

① 현재 주의를 기울여 의식하고 있는 기억으로 감각기관을 통해 입력된 정보를 단기적으로 기억하며 능동적으로 이해하고 조작하는 과정을 말한다.
② 작업기억의 정보는 일반적으로 시각, 음성, 의미코드의 3가지로 코드화된다.

35

인간-기계 시스템 설계과정 중 직무분석을 하는 단계는?

① 제1단계 : 시스템의 목표와 성능명세 결정
② 제2단계 : 시스템의 정의
③ 제3단계 : 기본 설계
④ 제4단계 : 인터페이스 설계

기본 설계(주요 인간공학 활동)

① 기능할당(인간, 하드웨어, 소프트웨어) : 인간과 기계의 기능비교(상대적 재능)
② 인간 성능 요건 명세
③ 직무분석(job analysis)
④ 작업설계(인간의 가치기준)

36

중량물 들기 작업 시 5분간의 산소소비량을 측정한 결과 90L의 배기량 중에 산소가 16%, 이산화탄소가 4%로 분석되었다. 해당 작업에 대한 산소소비량(L/min)은 약 얼마인가? (단, 공기 중 질소는 79vol%, 산소는 21vol%이다.)

① 0.948
② 1.948
③ 4.74
④ 5.74

작업 시 평균에너지 소비량

$$V_1 = \frac{(100 - 16\% - 4\%)}{79} \times 18 = 18.23$$

산소소비량 = $(21\% \times 18.23) - (16\% \times 18) = 0.948$

37

의도는 올바른 것이었지만, 행동이 의도한 것과는 다르게 나타나는 오류는?

① Slip
② Mistake
③ Lapse
④ Violation

인간의 오류 유형

착오(Mistake)	상황에 대한 해석을 잘못하거나 목표에 대한 잘못된 이해로 착각하여 행하는 경우(주어진 정보가 불완전하거나 오해하는 경우에 발생하며 틀린 줄 모르고 행하는 오류)
실수(Slip)	상황이나 목표에 대한 해석은 제대로 하였으나 의도와는 다른 행동을 하는 경우(주의 산만이나 주의력 결핍에 의해 발생)
건망증(Lapse)	여러 과정이 연계적으로 계속하여 일어나는 행동 중에서 일부를 잊어버리고 하지 않거나 또는 기억의 실패에 의해 발생
위반(Violation)	정해져 있는 규칙을 알고 있으면서 고의로 따르지 않거나 무시하는 행위

정답 33 ② 34 ② 35 ③ 36 ① 37 ①

38
동작경제의 원칙과 가장 거리가 먼 것은?

① 급작스런 방향의 전환은 피하도록 할 것
② 가능한 한 관성을 이용하여 작업하도록 할 것
③ 두 손의 동작은 같이 시작하고 같이 끝나도록 할 것
④ 두 팔의 동작은 동시에 같은 방향으로 움직일 것

> 두 팔의 동작은 동시에 서로 반대 방향으로 대칭적으로 움직이도록 한다.

39
두 가지 상태 중 하나가 고장 또는 결함으로 나타나는 비정상적인 사건은?

① 톱사상
② 결함사상
③ 정상적인 사상
④ 기본적인 사상

> 결함사상은 개별적인 결함사상으로 비정상적인 사건을 말한다.

40
설비보전 방법 중 설비의 열화를 방지하고 그 진행을 지연시켜 수명을 연장하기 위한 점검, 청소, 주유 및 교체 등의 활동은?

① 사후 보전
② 개량 보전
③ 일상 보전
④ 보전 예방

> **일상 보전**
> 주로 고장과 열화의 발견 예방에 목적이 있으며, 청소, 급유, 조임, 일상점검 등에 대하여 구체적인 체크리스트 등의 표준화가 필요

3과목 기계·기구 및 설비 안전 관리

41 빈출
산업안전보건법령상 보일러 수위가 이상 현상으로 인해 위험수위로 변하면 작업자가 쉽게 감지할 수 있도록 경보등, 경보음을 발하고 자동적으로 급수 또는 단수되어 수위를 조절하는 방호장치는?

① 압력방출장치
② 고저수위 조절장치
③ 압력제한스위치
④ 과부하방지장치

> **보일러 안전장치의 종류**
> ① 고저수위 조절장치 : 고저수위 지점을 알리는 경보등·경보음 장치 등을 설치
> ② 압력방출장치 : 보일러 규격에 맞는 압력방출장치를 최고사용압력 이하에서 작동되도록 1개 또는 2개 이상 설치
> ③ 압력제한스위치 : 보일러의 과열방지를 위해 최고사용압력과 상용압력 사이에서 버너연소를 차단할 수 있는 장치

42
프레스 작업에서 제품 및 스크랩을 자동적으로 위험한계 밖으로 배출하기 위한 장치로 틀린 것은?

① 피더
② 키커
③ 이젝터
④ 공기분사장치

> 배출장치로는 키커, 이젝터, 공기분사장치 등이 있으며, 피더는 송급장치에 해당된다.

43 빈출
산업안전보건법령상 로봇의 작동범위 내에서 그 로봇에 관하여 교시 등 작업을 행하는 때 작업시작 전 점검사항으로 옳은 것은? (단, 로봇의 동력원을 차단하고 행하는 것은 제외)

① 과부하방지장치의 이상 유무
② 압력제한스위치의 이상 유무
③ 외부 전선의 피복 또는 외장의 손상 유무
④ 권과방지장치의 이상 유무

> **산업용 로봇의 작업시작 전 점검사항**
> ① 외부 전선의 피복 또는 외장의 손상 유무
> ② 매니퓰레이터(manipulator) 작동의 이상 유무
> ③ 제동장치 및 비상정지장치의 기능

정답 38 ④ 39 ② 40 ③ 41 ② 42 ① 43 ③

44

산업안전보건법령상 지게차 작업시작 전 점검사항으로 거리가 가장 먼 것은?

① 제동장치 및 조종장치 기능의 이상 유무
② 압력방출장치의 작동 이상 유무
③ 바퀴의 이상 유무
④ 전조등 · 후미등 · 방향지시기 및 경보장치 기능의 이상 유무

지게차의 작업시작 전 점검사항

① 제동장치 및 조종장치 기능의 이상 유무
② 하역장치 및 유압장치 기능의 이상 유무
③ 바퀴의 이상 유무
④ 전조등 · 후미등 · 방향지시기 및 경보장치 기능의 이상 유무

45

다음 중 가공재료의 칩이나 절삭유 등이 비산되어 나오는 위험으로부터 보호하기 위한 선반의 방호장치는?

① 바이트
② 권과방지장치
③ 압력제한스위치
④ 실드(shield)

선반의 방호장치

실드 (Shield)	공작물의 칩이 비산되어 발생하는 위험을 방지하기 위해 사용하는 덮개
척 커버 (Chuck Cover)	척에 고정시킨 가공물의 돌출부에 작업자가 접촉하여 발생하는 위험을 방지하기 위하여 설치하는 것으로 인터록 시스템으로 연결
칩 브레이커	길게 형성되는 절삭 칩을 바이트를 사용하여 절단해주는 장치
브레이크	작업 중인 선반에 위험 발생 시 급정지시키는 장치

46

산업안전보건법령상 보일러의 압력방출장치가 2개 설치된 경우 그중 1개는 최고사용압력 이하에서 작동된다고 할 때 다른 압력방출장치는 최고사용압력의 최대 몇 배 이하에서 작동되도록 하여야 하는가?

① 0.5
② 1
③ 1.05
④ 2

압력방출장치

① 보일러 규격에 맞는 압력방출장치를 최고사용압력 이하에서 작동되도록 1개 또는 2개 이상 설치
② 2개 이상 설치된 경우 최고사용압력 이하에서 1개가 작동되고, 다른 압력방출장치는 최고사용압력 1.05배 이하에서 작동되도록 부착
③ 매년 1회 이상 교정을 받은 압력계를 이용하여 설정압력에서 압력방출장치가 적정하게 작동하는지를 검사한 후 납으로 봉인(공정안전보고서 이행상태 평가결과가 우수한 사업장은 4년마다 1회 이상)

47 ★빈출

상용운전압력 이상으로 압력이 상승할 경우 보일러의 파열을 방지하기 위하여 버너의 연소를 차단하여 정상압력으로 유도하는 장치는?

① 압력방출장치
② 고저수위 조절장치
③ 압력제한스위치
④ 통풍제어스위치

보일러의 압력제한스위치

보일러의 과열방지를 위해 최고사용압력과 상용압력 사이에서 버너연소를 차단할 수 있도록 압력제한스위치 부착 사용

48

용접부 결함에서 전류가 과대하고, 용접속도가 너무 빨라 용접부의 일부가 홈 또는 오목하게 생기는 결함은?

① 언더컷
② 기공
③ 균열
④ 융합불량

언더컷(under cut)

과대전류, 운봉속도가 빠를 때, 부당한 용접봉 사용 등으로 용착금속이 채워지지 않고 홈 또는 오목한 부분으로 남게 된 부분

정답 44 ② 45 ④ 46 ③ 47 ③ 48 ①

49

물체의 표면에 침투력이 강한 적색 또는 형광성의 침투액을 표면 개구 결함에 침투시켜 직접 또는 자외선 등으로 관찰하여 결함장소와 크기를 판별하는 비파괴시험은?

① 피로시험
② 음향탐상시험
③ 와류탐상시험
④ 침투탐상시험

> **침투탐상검사**
> ① 침투탐상검사는 부품 등의 표면 결함을 아주 간단하게 검사하는 방법으로 침투액, 현상액, 세척액 3종류의 약품을 사용하여 결함의 위치, 크기 및 지시모양을 관찰하는 검사 방법
> ② 염색침투에 의해서 어느 정도의 결함까지 발견할 수 있는가는 검사물의 재질, 표면상태, 결함의 종류, 탐상조건 등에 따라 다르다.

50

연삭숫돌의 파괴원인으로 거리가 가장 먼 것은?

① 숫돌이 외부의 큰 충격을 받았을 때
② 숫돌의 회전속도가 너무 빠를 때
③ 숫돌 자체에 이미 균열이 있을 때
④ 플랜지 직경이 숫돌 직경의 1/3 이상일 때

> 플랜지의 직경은 숫돌 직경의 1/3 이상인 것을 사용해야 하는 것이 원칙이므로 숫돌의 파괴원인이 될 수 없다.

51 ★빈출

산업안전보건법령상 프레스 등 금형을 부착·해체 또는 조정하는 작업을 할 때, 슬라이드가 갑자기 작동함으로써 근로자에게 발생할 우려가 있는 위험을 방지하기 위해 사용해야 하는 것은? (단, 해당 작업에 종사하는 근로자의 신체가 위험한계 내에 있는 경우)

① 방진구
② 안전블록
③ 시건장치
④ 날접촉예방장치

> 안전블록은 금형의 부착, 해체 및 조정작업 시 슬라이드의 불시하강을 방지하기 위한 조치에 해당한다.

52 ★빈출

페일 세이프(Fail safe)의 기능적인 면에서 분류할 때 거리가 가장 먼 것은?

① Fool proof
② Fail passive
③ Fail active
④ Fail operational

Fail safe의 기능면에서의 분류	
Fail passive	부품이 고장 났을 경우 통상기계는 정지하는 방향으로 이동(일반적인 산업기계)
Fail active	부품이 고장 났을 경우 기계는 경보를 울리는 가운데 짧은 시간 동안 운전 가능
Fail operational	부품의 고장이 있더라도 기계는 추후 보수가 이루어질 때까지 안전한 기능 유지(병렬구조 등으로 되어 있으며 운전상 가장 선호하는 방법)

53

산업안전보건법령상 크레인에서 정격하중에 대한 정의는? (단, 지브가 있는 크레인은 제외)

① 부하할 수 있는 최대하중
② 부하할 수 있는 최대하중에서 달기기구의 중량에 상당하는 하중을 뺀 하중
③ 짐을 싣고 상승할 수 있는 최대하중
④ 가장 위험한 상태에서 부하할 수 있는 최대하중

> **정격하중**
> 크레인의 권상하중에서 훅, 크래브 또는 버킷 등 달기기구의 중량에 상당하는 하중을 뺀 하중. 다만, 지브가 있는 크레인 등으로서 경사각의 위치에 따라 권상능력이 달라지는 것은 그 위치에서의 권상하중으로부터 달기기구의 중량을 뺀 하중을 말한다.

정답 49 ④ 50 ④ 51 ② 52 ① 53 ②

54
기계설비의 안전조건인 구조의 안전화와 거리가 가장 먼 것은?

① 전압강하에 따른 오동작 방지
② 재료의 결함 방지
③ 설계상의 결함 방지
④ 가공 결함 방지

> **구조부분의 안전화**
> ① 설계상의 안전화   ② 재료선정의 안전화   ③ 가공 시의 안전화

> **tip**
> 전압강하에 따른 오동작 방지는 기능상의 안전화에 해당되는 내용

55
공기압축기의 작업안전수칙으로 가장 적절하지 않은 것은?

① 공기압축기의 점검 및 청소는 반드시 전원을 차단한 후에 실시한다.
② 운전 중에 어떠한 부품도 건드려서는 안 된다.
③ 공기압축기 분해 시 내부의 압축공기를 이용하여 분해한다.
④ 최대공기압력을 초과한 공기압력으로는 절대로 운전하여서는 안 된다.

> 분해 시에는 공기압축기, 공기탱크 및 관로 안의 압축공기를 완전히 배출한 뒤에 실시한다.

56
산업안전보건법령상 컨베이어, 이송용 롤러 등을 사용하는 경우 정전·전압강하 등에 의한 위험을 방지하기 위하여 설치하는 안전장치는?

① 권과방지장치
② 동력전달장치
③ 과부하방지장치
④ 화물의 이탈 및 역주행 방지장치

> **컨베이어의 방호장치**
> ① 이탈 등의 방지(정전, 전압강하 등에 의한 화물 또는 운반구의 이탈 및 역주행 방지장치)
> ② 낙하물에 의한 위험방지(덮개 또는 울 설치)
> ③ 비상정지장치 부착
> ④ 탑승 및 통행의 제한(건널다리 설치)

57 ★
회전하는 동작부분과 고정부분이 함께 만드는 위험점으로 주로 연삭숫돌과 작업대, 교반기의 교반날개와 몸체 사이에서 형성되는 위험점은?

① 협착점   ② 절단점
③ 물림점   ④ 끼임점

> **끼임점(Shear-point)**
> 고정부분과 회전 또는 직선운동부분에 의해 형성되는 위험점
> ① 연삭숫돌과 작업대
> ② 반복동작되는 링크기구
> ③ 교반기의 교반날개와 몸체 사이

58
다음 중 드릴작업의 안전사항으로 틀린 것은?

① 옷소매가 길거나 찢어진 옷은 입지 않는다.
② 작고, 길이가 긴 물건은 손으로 잡고 뚫는다.
③ 회전하는 드릴에 걸레 등을 가까이 하지 않는다.
④ 스핀들에서 드릴을 뽑아낼 때에는 드릴 아래에 손을 내밀지 않는다.

> **드릴 작업 시 안전대책**
> ① 일감은 견고히 고정, 손으로 잡고 하는 작업 금지
> ② 드릴 끼운 후 척 렌치는 반드시 빼둘 것
> ③ 장갑 착용 금지 및 칩은 브러시로 제거
> ④ 구멍 뚫기 작업 시 손으로 관통 확인 금지
> ⑤ 구멍이 관통된 후에는 기계 정지 후 손으로 돌려서 드릴을 뺄 것

정답 54 ① 55 ③ 56 ④ 57 ④ 58 ②

59

산업안전보건법령상 양중기의 과부하방지장치에서 요구하는 일반적인 성능기준으로 가장 적절하지 않은 것은?

① 과부하방지장치 작동 시 경보음과 경보램프가 작동되어야 하며 양중기는 작동이 되지 않아야 한다.
② 외함의 전선 접촉 부분은 고무 등으로 밀폐되어 물과 먼지 등이 들어가지 않도록 한다.
③ 과부하방지장치와 타 방호장치는 기능에 서로 장애를 주지 않도록 부착할 수 있는 구조이어야 한다.
④ 방호장치의 기능을 정지 및 제거할 때 양중기의 기능이 동시에 원활하게 작동하는 구조이며 정지해서는 안 된다.

> 방호장치의 기능을 제거 또는 정지할 때 양중기의 기능도 동시에 정지할 수 있는 구조이어야 한다.

60

프레스기의 SPM(stroke per minute)이 200이고, 클러치의 맞물림 개소수가 6인 경우 양수기동식 방호장치의 안전거리는?

① 120mm
② 200mm
③ 320mm
④ 400mm

> 안전거리
> $D_m = 1.6 T_m$
> $T_m = \left(\dfrac{1}{\text{클러치 맞물림 개소수}} + \dfrac{1}{2}\right) \times \dfrac{60{,}000}{\text{매분행정수}}$ ms
> $= \left(\dfrac{1}{6} + \dfrac{1}{2}\right) \times \dfrac{60{,}000}{200} = 200$[ms]
> $D_m = 1.6 \times 200 = 320$[mm]

4과목 전기설비 안전 관리

61

폭발한계에 도달한 메탄가스가 공기에 혼합되었을 경우 착화한계 전압(V)은 약 얼마인가? (단, 메탄의 착화최소에너지는 0.2mJ, 극간용량은 10pF으로 한다.)

① 6,325
② 5,225
③ 4,135
④ 3,035

> 착화최소에너지
> $W = \dfrac{1}{2} QV = \dfrac{1}{2} CV^2 = \dfrac{1}{2} \dfrac{Q^2}{C}$ [J]
> $\therefore V = \sqrt{\dfrac{2 \times 10^{-4} \times 2}{10 \times 10^{-12}}} = 6{,}324.56$[V]

62

$Q = 2 \times 10^{-7}$C으로 대전하고 있는 반경 25cm 도체구의 전위(kV)는 약 얼마인가?

① 7.2
② 12.5
③ 14.4
④ 25

> 도체구의 전위
> 전위(V) = $\dfrac{8.99 \times 10^9 \times (2 \times 10^{-7})}{0.25} = 7{,}192$[V] = 7.2[kV]

정답   59 ④   60 ③   61 ①   62 ①

63

다음 중 누전차단기를 시설하지 않아도 되는 전로가 아닌 것은? (단, 전로는 금속제 외함을 가지는 사용전압이 50V를 초과하는 저압의 기계기구에 전기를 공급하는 전로이며 기계기구에는 사람이 쉽게 접촉할 우려가 있다.)

① 기계기구를 건조한 장소에 시설하는 경우
② 기계기구가 고무, 합성수지, 기타 절연물로 피복된 경우
③ 대지전압 200V 이하인 기계기구를 물기가 있는 곳 이외의 곳에 시설하는 경우
④ 「전기용품 및 생활용품 안전관리법」의 적용을 받는 이중절연구조의 기계기구를 시설하는 경우

누전차단기 설치제외 장소(문제의 보기 외에)
① 기계기구를 발전소 · 변전소 · 개폐소 또는 이에 준하는 곳에 시설하는 경우
② 대지전압이 150V 이하인 기계기구를 물기가 있는 곳 이외의 곳에 시설하는 경우
③ 그 전로의 전원 측에 절연변압기(2차 전압이 300V 이하인 경우)를 시설하고 또한 그 절연변압기의 부하 측의 전로에 접지하지 아니하는 경우
④ 기계기구가 유도전동기의 2차 측 전로에 접속되는 것일 경우
⑤ 기계기구 내에 「전기용품 및 생활용품 안전관리법」의 적용을 받는 누전차단기를 설치하고 또한 기계기구의 전원 연결선이 손상을 받을 우려가 없도록 시설하는 경우

64

고압전로에 설치된 전동기용 고압전류 제한퓨즈의 불용단전류의 조건은?

① 정격전류 1.3배의 전류로 1시간 이내에 용단되지 않을 것
② 정격전류 1.3배의 전류로 2시간 이내에 용단되지 않을 것
③ 정격전류 2배의 전류로 1시간 이내에 용단되지 않을 것
④ 정격전류 2배의 전류로 2시간 이내에 용단되지 않을 것

용단특성
전동기용 불용단전류는 정격정류의 1.3배 전류로 2시간 이내에 용단되지 않을 것

65

누전차단기의 시설방법 중 옳지 않은 것은?

① 시설장소는 배전반 또는 분전반 내에 설치한다.
② 정격전류용량은 해당 전로의 부하전류 값 이상이어야 한다.
③ 정격감도전류는 정상의 사용상태에서 불필요하게 동작하지 않도록 한다.
④ 인체감전보호형은 0.05초 이내에 동작하는 고감도고속형이어야 한다.

감전보호용 누전차단기
전기기계 · 기구에 접속되어 있는 누전차단기는 정격감도전류가 30밀리암페어 이하이고 작동시간은 0.03초 이내일 것(다만, 정격전부하전류가 50암페어 이상인 전기기계 · 기구에 접속되는 누전차단기는 오작동을 방지하기 위하여 정격감도전류는 200밀리암페어 이하로, 작동시간은 0.1초 이내로 할 수 있다)

66

정전기 방지대책 중 적합하지 않은 것은?

① 대전서열이 가급적 먼 것으로 구성한다.
② 카본 블랙을 도포하여 도전성을 부여한다.
③ 유속을 저감시킨다.
④ 도전성 재료를 도포하여 대전을 감소시킨다.

대전서열
① 물체를 마찰시킬 때 전자를 잃기 쉬운 순서대로 나열한 것
② 대전서열에서 멀리 있는 두 물체를 마찰할수록 대전이 잘 됨

67

다음 중 방폭전기기기의 구조별 표시방법으로 틀린 것은?

① 내압 방폭구조 : p
② 본질안전 방폭구조 : ia, ib
③ 유입 방폭구조 : o
④ 안전증 방폭구조 : e

방폭구조의 기호

종류	내압	압력	유입	안전증	몰드	충전	비점화	본질안전	특수
기호	d	p	o	e	m	q	n	i	s

정답 63 ③ 64 ② 65 ④ 66 ① 67 ①

68

내전압용 절연장갑의 등급에 따른 최대사용전압이 틀린 것은? (단, 교류 전압은 실효값이다.)

① 등급 00 : 교류 500V
② 등급 1 : 교류 7,500V
③ 등급 2 : 직류 17,000V
④ 등급 3 : 직류 39,750V

내전압용 절연장갑의 등급 및 표시

등급	최대사용전압		등급별 색상
	교류(V, 실효값)	직류(V)	
00	500	750	갈색
0	1,000	1,500	빨강색
1	7,500	11,250	흰색
2	17,000	25,500	노랑색
3	26,500	39,750	녹색
4	36,000	54,000	등색

69 빈출

저압전로의 절연성능에 관한 설명으로 적합하지 않은 것은?

① 전로의 사용전압이 SELV 및 PELV일 때 절연저항은 0.5MΩ 이상이어야 한다.
② 전로의 사용전압이 FELV일 때 절연저항은 1.0MΩ 이상이어야 한다.
③ 전로의 사용전압이 FELV일 때 DC 시험전압은 500V이다.
④ 전로의 사용전압이 600V일 때 절연저항은 1.5MΩ 이상이어야 한다.

저압전로의 절연성능

전로의 사용전압(V)	DC 시험전압(V)	절연저항(MΩ 이상)
SELV 및 PELV	250	0.5
FELV, 500V 이하	500	1.0
500V 초과	1,000	1.0

[주] 특별저압(Extra Low Voltage : 2차 전압이 AC 50V, DC 120V 이하)으로 SELV(비접지회로 구성) 및 PELV(접지회로 구성)은 1차와 2차가 전기적으로 절연된 회로, FELV는 1차와 2차가 전기적으로 절연되지 않은 회로

70 빈출

다음 중 0종 장소에 사용될 수 있는 방폭구조의 기호는?

① Ex ia
② Ex ib
③ Ex d
④ Ex e

가스폭발 위험장소의 방폭구조

0종 장소	본질안전 방폭구조(ia)
1종 장소	• 내압 방폭구조(d) • 압력 방폭구조(p) • 충전 방폭구조(q) • 유입 방폭구조(o) • 안전증 방폭구조(e) • 본질안전 방폭구조(ia, ib) • 몰드 방폭구조(m)
2종 장소	• 0종 장소 및 1종 장소에 사용가능한 방폭구조 • 비점화 방폭구조(n)

71

다음 중 전기화재의 주요 원인이라고 할 수 없는 것은?

① 절연전선의 열화
② 정전기 발생
③ 과전류 발생
④ 절연저항값의 증가

전기화재의 원인

① 단락 ② 스파크 ③ 누전
④ 과전류 ⑤ 접촉부 과열 ⑥ 절연열화

72

배전선로에 정전작업 중 단락 접지기구를 사용하는 목적으로 가장 적합한 것은?

① 통신선 유도장해 방지
② 배전용 기계 기구의 보호
③ 배전선 통전 시 전위경도 저감
④ 혼촉 또는 오동작에 의한 감전방지

정전 전로에서의 전기작업(전로차단)

전기기기 등이 다른 노출 충전부와의 접촉, 유도 또는 예비동력원의 역송전 등으로 전압이 발생할 우려가 있는 경우에는 충분한 용량을 가진 단락 접지기구를 이용하여 접지할 것

정답 68 ③ 69 ④ 70 ① 71 ④ 72 ④

73

어느 변전소에서 고장전류가 유입되었을 때 도전성 구조물과 그 부근 지표상의 점과의 사이(약 1m)의 허용접촉전압은 약 몇 V인가? (단, 심실세동전류 : $I_k = \dfrac{0.165}{\sqrt{t}}$ A, 인체의 저항 : $1,000\,\Omega$, 지표면의 저항률 : $150\,\Omega \cdot m$, 통전시간을 1초로 한다.)

① 164 ② 186
③ 202 ④ 228

허용접촉전압
허용접촉전압$(E) = \left(1,000 + \dfrac{3 \times 150}{2}\right) \times \dfrac{0.165}{\sqrt{1}} = 202.13(V)$

74

방폭 기기 그룹에 관한 설명으로 틀린 것은?

① 그룹 I, 그룹 II, 그룹 III가 있다.
② 그룹 I의 기기는 폭발성 갱내 가스에 취약한 광산에서의 사용을 목적으로 한다.
③ 그룹 II의 세부 분류로 IIA, IIB, IIC가 있다.
④ IIA로 표시된 기기는 그룹 IIB기기를 필요로 하는 지역에 사용할 수 있다.

IIB등급에 사용할 수 있는 장비는 IIA에서도 사용할 수 있다.

75

한국전기설비규정에 따라 피뢰설비에서 외부피뢰시스템의 수뢰부 시스템으로 적합하지 않은 것은?

① 돌침 ② 수평도체
③ 메시도체 ④ 환상도체

수뢰부 시스템
① 돌침 ② 수평도체 ③ 메시도체

76

정전기 재해의 방지를 위하여 배관 내 액체의 유속 제한이 필요하다. 배관의 내경과 유속제한 값으로 적절하지 않은 것은?

① 관내경(mm) : 25, 제한유속(m/s) : 6.5
② 관내경(mm) : 50, 제한유속(m/s) : 3.5
③ 관내경(mm) : 100, 제한유속(m/s) : 2.5
④ 관내경(mm) : 200, 제한유속(m/s) : 1.8

관경과 유속제한 값

관내경(mm)	10	25	50	100	200	400	600
제한유속(m/s)	8	4.9	3.5	2.5	1.8	1.3	1.0

77

지락이 생긴 경우 접촉상태에 따라 접촉전압을 제한할 필요가 있다. 인체의 접촉상태에 따른 허용접촉전압을 나타낸 것으로 다음 중 옳지 않은 것은?

① 제1종 : 2.5V 이하 ② 제2종 : 25V 이하
③ 제3종 : 35V 이하 ④ 제4종 : 제한 없음

허용접촉전압
① 제1종 : 2.5V 이하 ② 제2종 : 25V 이하
③ 제3종 : 50V 이하 ④ 제4종 : 제한 없음

78

계통접지로 적합하지 않은 것은?

① TN계통 ② TT계통
③ IN계통 ④ IT계통

접지 시스템

구분	① 계통접지(TN, TT, IT계통) ② 보호접지 ③ 피뢰시스템 접지
종류	① 단독접지 ② 공통접지 ③ 통합접지
구성요소	① 접지극 ② 접지도체 ③ 보호도체 및 기타 설비
연결방법	접지극은 접지도체를 사용하여 주 접지단자에 연결

정답 73 ③ 74 ④ 75 ④ 76 ① 77 ③ 78 ③

79
정전기 발생에 영향을 주는 요인이 아닌 것은?

① 물체의 분리속도
② 물체의 특성
③ 물체의 접촉시간
④ 물체의 표면상태

> **정전기 발생의 영향 요인**
> ① 물체의 특성
> ② 물체의 표면상태
> ③ 물체의 이력
> ④ 접촉면적 및 압력
> ⑤ 분리속도
> ⑥ 완화시간

80
정전기재해의 방지대책에 대한 설명으로 적합하지 않은 것은?

① 접지의 접속은 납땜, 용접 또는 멈춤나사로 실시한다.
② 회전부품의 유막저항이 높으면 도전성의 윤활제를 사용한다.
③ 이동식의 용기는 절연성 고무제 바퀴를 달아서 폭발위험을 제거한다.
④ 폭발의 위험이 있는 구역은 도전성 고무류로 바닥 처리를 한다.

> **정전기 발생 방지책**
> ① 접지(도체의 대전방지)
> ② 가습(공기 중의 상대습도를 60~70% 정도 유지)
> ③ 대전방지제 사용
> ④ 배관 내에 액체의 유속제한 및 정체시간 확보
> ⑤ 제전장치(제전기) 사용
> ⑥ 도전성 재료 사용
> ⑦ 보호구 착용

5과목 화학설비 안전 관리

81
산업안전보건법령상 특수화학설비를 설치할 때 내부의 이상상태를 조기에 파악하기 위하여 필요한 계측장치를 설치하여야 한다. 이러한 계측장치로 거리가 먼 것은?

① 압력계
② 유량계
③ 온도계
④ 비중계

> **내부 이상상태의 조기파악**
> ① 계측장치의 설치: 온도계, 유량계, 압력계 등
> ② 자동경보장치의 설치

82
불연성이지만 다른 물질의 연소를 돕는 산화성 액체물질에 해당하는 것은?

① 히드라진
② 과염소산
③ 벤젠
④ 암모니아

> **산화성 액체(제6류 위험물)**
> ① 부식성 및 유독성이 강한 강산화제로서 산소를 많이 함유하고 있는 조연성 물질
> ② 과염소산, 과산화수소, 질산 등

83
아세톤에 대한 설명으로 틀린 것은?

① 증기는 유독하므로 흡입하지 않도록 주의해야 한다.
② 무색이고 휘발성이 강한 액체이다.
③ 비중이 0.79이므로 물보다 가볍다.
④ 인화점이 20℃이므로 여름철에 인화 위험이 더 높다.

> 아세톤의 인화점은 약 -18℃이다.

정답 79 ③ 80 ③ 81 ④ 82 ② 83 ④

84

화학물질 및 물리적 인자의 노출기준에서 정한 유해인자에 대한 노출기준의 표시단위가 잘못 연결된 것은?

① 에어로졸 : ppm
② 증기 : ppm
③ 가스 : ppm
④ 고온 : 습구흑구온도지수(WBGT)

노출기준의 표시단위	
가스 및 증기	ppm
분진 및 미스트 등 에어로졸	mg/m^3 (다만, 석면 및 내화성 세라믹섬유는 개/cm^3)
고온	습구흑구온도지수(WBGT) • 옥외(태양광선이 내리쬐는 장소) : WBGT(℃) = 0.7 × 자연습구온도 + 0.2 × 흑구온도 + 0.1 × 건구온도 • 옥내 또는 옥외(태양광선이 내리쬐지 않는 장소) : WBGT(℃) = 0.7 × 자연습구온도 + 0.3 × 흑구온도

85 빈출

다음 [표]를 참조하여 메탄 70vol%, 프로판 21vol%, 부탄 9vol%인 혼합가스의 폭발범위를 구하면 약 몇 vol%인가?

가스	폭발하한계(vol%)	폭발상한계(vol%)
C_4H_{10}	1.8	8.4
C_3H_8	2.1	9.5
C_2H_6	3.0	12.4
CH_4	5.0	15.0

① 3.45~9.11
② 3.45~12.58
③ 3.85~9.11
④ 3.95~12.58

르샤틀리에의 법칙

$$\frac{100}{L} = \frac{V_1}{L_1} + \frac{V_2}{L_2} + \frac{V_3}{L_3} + \cdots$$

① 폭발하한계 = $\dfrac{100}{\frac{70}{5.0} + \frac{21}{2.1} + \frac{9}{1.8}}$ = 3.448

② 폭발상한계 = $\dfrac{100}{\frac{70}{15.0} + \frac{21}{9.5} + \frac{9}{8.4}}$ = 12.581

86

산업안전보건법령상 위험물질의 종류를 구분할 때 다음 물질들이 해당하는 것은?

> 리튬, 칼륨·나트륨, 황, 황린, 황화인·적린

① 폭발성 물질 및 유기과산화물
② 산화성 액체 및 산화성 고체
③ 물반응성 물질 및 인화성 고체
④ 급성 독성 물질

물반응성 물질 및 인화성 고체		
① 리튬	② 칼륨·나트륨	③ 황
④ 황린	⑤ 알킬알루미늄·알킬리튬	

87

제1종 분말소화약제의 주성분에 해당하는 것은?

① 사염화탄소
② 브로민화메탄
③ 수산화암모늄
④ 탄산수소나트륨

분말소화약제의 종별 주성분
① 제1종 분말 : 탄산수소나트륨을 주성분으로 한 분말
② 제2종 분말 : 탄산수소칼륨을 주성분으로 한 분말
③ 제3종 분말 : 인산염을 주성분으로 한 분말
④ 제4종 분말 : 탄산수소칼륨과 요소가 복합된 분말

88

탄화칼슘이 물과 반응하였을 때 생성물을 옳게 나타낸 것은?

① 수산화칼슘 + 아세틸렌
② 수산화칼슘 + 수소
③ 염화칼슘 + 아세틸렌
④ 염화칼슘 + 수소

> 탄화칼슘(CaC_2)은 물과 반응하여 아세틸렌 기체를 생성한다.
> $CaC_2 + 2H_2O \rightarrow Ca(OH)_2 + C_2H_2$

정답 84 ① 85 ② 86 ③ 87 ④ 88 ①

89

다음 중 분진폭발의 특징으로 옳은 것은?

① 가스폭발보다 연소시간이 짧고, 발생에너지가 작다.
② 압력의 파급속도보다 화염의 파급속도가 빠르다.
③ 가스폭발에 비하여 불완전연소의 발생이 없다.
④ 주위의 분진에 의해 2차, 3차의 폭발로 파급될 수 있다.

분진폭발의 특징	
연소속도 및 폭발압력	가스폭발과 비교하여 작지만 연소시간이 길고, 발생에너지가 크기 때문에 파괴력과 타는 정도가 크며, 발화에너지도 상대적으로 크다.
압력의 속도	압력속도는 300m/s 정도이며, 화염속도보다는 압력속도가 훨씬 빠르다.
화상의 위험	가연물의 탄화로 인하여 인체에 닿을 경우 심한 화상을 입는다.
연속폭발	폭발에 의한 폭풍이 주위분진을 날려 2차, 3차 폭발로 인한 피해가 확산된다.
불완전연소	가스에 비해 불완전연소의 가능성이 커서 일산화탄소의 존재로 인한 가스중독의 위험이 있다.

90

가연성 가스 A의 연소범위를 2.2 ~ 9.5vol%라 할 때 가스 A의 위험도는 얼마인가?

① 2.52 ② 3.32
③ 4.91 ④ 5.64

위험도
위험도(H) = $\dfrac{UFL(연소상한값) - LFL(연소하한값)}{LFL(연소하한값)}$ = $\dfrac{9.5 - 2.2}{2.2}$ = 3.318

91

다음 중 증기배관 내에 생성된 증기의 누설을 막고 응축수를 자동적으로 배출하기 위한 안전장치는?

① Steam trap   ② Vent stack
③ Blow down   ④ Flame arrester

Steam trap
증기배관 내에 발생하는 응축수는 송기상 지장을 주므로 제거할 필요가 있다. Steam trap은 증기가 빠져나가지 않도록 응축수를 자동으로 배출하기 위한 장치이다.

92

CF_3Br 소화약제의 하론 번호를 옳게 나타낸 것은?

① 하론 1031   ② 하론 1311
③ 하론 1301   ④ 하론 1310

하론(Halon) 넘버 : C, F, Cl, Br의 개수로 표시
① 일염화 일취화 메탄 : 1011
② 일취화 일염화 이불화 메탄 : 1211
③ 이취화 사불화 에탄 : 2402
④ 일취화 삼불화 메탄 : 1301

93

산업안전보건법령에 따라 공정안전보고서에 포함해야 할 세부내용 중 공정안전자료에 해당하지 않는 것은?

① 안전운전지침서
② 각종 건물·설비의 배치도
③ 유해하거나 위험한 설비의 목록 및 사양
④ 위험설비의 안전설계·제작 및 설치관련 지침서

공정안전자료의 세부내용
① 취급·저장하고 있거나 취급·저장하고자 하는 유해·위험물질의 종류 및 수량
② 유해·위험물질에 대한 물질안전보건자료
③ 유해하거나 위험한 설비의 목록 및 사양
④ 유해하거나 위험한 설비의 운전방법을 알 수 있는 공정도면
⑤ 각종 건물·설비의 배치도
⑥ 폭발위험장소 구분도 및 전기단선도
⑦ 위험설비의 안전설계·제작 및 설치관련 지침서

정답 89 ④ 90 ② 91 ① 92 ③ 93 ①

94

산업안전보건법령상 단위공정시설 및 설비로부터 다른 단위공정시설 및 설비 사이의 안전거리는 설비의 바깥 면부터 얼마 이상이 되어야 하는가?

① 5m
② 10m
③ 15m
④ 20m

위험물 저장 취급 화학설비(안전거리)

구분	안전거리
단위공정시설 및 설비로부터 다른 단위공정시설 및 설비의 사이	설비의 외면으로부터 10미터 이상
플레어스택으로부터 단위공정시설 및 설비, 위험물질 저장탱크 또는 위험물질 하역설비의 사이	플레어스택으로부터 반경 20미터 이상
위험물질 저장탱크로부터 단위공정시설 및 설비, 보일러 또는 가열로의 사이	저장탱크의 외면으로부터 20미터 이상
사무실·연구실·실험실·정비실 또는 식당으로부터 단위공정시설 및 설비, 위험물질 저장탱크, 위험물질 하역설비, 보일러 또는 가열로의 사이	사무실 등의 외면으로부터 20미터 이상

95

자연발화 성질을 갖는 물질이 아닌 것은?

① 질화면
② 목탄분말
③ 아마인유
④ 과염소산

자연발화

물질이 서서히 산화되면서 축적된 열로 인하여 온도가 상승하고 발화온도에 도달하여 점화원 없이 발화하는 현상
① 산화열에 의한 발열(석탄, 건성유)
② 분해열에 의한 발열(셀룰로이드, 니트로셀룰로오스)
③ 흡착열에 의한 발열(활성탄, 목탄분말)
④ 미생물에 의한 발열(퇴비, 먼지)

96

다음 중 왕복펌프에 속하지 않는 것은?

① 피스톤 펌프
② 플런저 펌프
③ 기어 펌프
④ 격막 펌프

용적형 펌프의 종류

용적형 펌프	
왕복식	회전식
피스톤 펌프, 플런저 펌프, 다이어프램 펌프 등	기어 펌프, 베인 펌프, 나사 펌프, 스크류 펌프 등

97

두 물질을 혼합하면 위험성이 커지는 경우가 아닌 것은?

① 이황화탄소 + 물
② 나트륨 + 물
③ 과산화나트륨 + 염산
④ 염소산칼륨 + 적린

이황화탄소

인화점이 낮고 발화의 위험성이 커서 통풍이 잘 되는 냉암소에 밀폐보관하고 다량일 경우 물속에 보관한다.

98

5% NaOH 수용액과 10% NaOH 수용액을 반응기에 혼합하여 6% 100kg의 NaOH 수용액을 만들려면 각각 몇 kg의 NaOH 수용액이 필요한가?

① 5% NaOH 수용액 : 33.3, 10% NaOH 수용액 : 66.7
② 5% NaOH 수용액 : 50, 10% NaOH 수용액 : 50
③ 5% NaOH 수용액 : 66.7, 10% NaOH 수용액 : 33.3
④ 5% NaOH 수용액 : 80, 10% NaOH 수용액 : 20

혼합 수용액의 양

① $0.05X + 0.1Y = 0.06 \times 100$
② $0.05X + 0.1(100 - X) = 6$
③ $X = 80,\ Y = 20$

정답 94 ② 95 ④ 96 ③ 97 ① 98 ④

99
다음 중 노출기준(TWA, ppm) 값이 가장 작은 물질은?

① 염소
② 암모니아
③ 에탄올
④ 메탄올

> 노출기준(TWA)
> ① 염소 : 0.5ppm
> ② 암모니아 : 25ppm
> ③ 에탄올 : 1,000ppm
> ④ 메탄올 : 200ppm

100 빈출
산업안전보건법령에 따라 위험물 건조설비 중 건조실을 설치하는 건축물의 구조를 독립된 단층 건물로 하여야 하는 건조설비가 아닌 것은?

① 위험물 또는 위험물이 발생하는 물질을 가열·건조하는 경우 내용적이 2m³인 건조설비
② 위험물이 아닌 물질을 가열·건조하는 경우 액체연료의 최대사용량이 5kg/h인 건조설비
③ 위험물이 아닌 물질을 가열·건조하는 경우 기체연료의 최대사용량이 2m³/h인 건조설비
④ 위험물이 아닌 물질을 가열·건조하는 경우 전기사용 정격용량이 20kW인 건조설비

> 독립된 단층 건물로 해야 하는 건조설비
> ① 위험물을 가열·건조하는 경우 내용적이 1세제곱미터 이상인 건조설비
> ② 위험물이 아닌 물질을 가열·건조하는 경우로서 다음에 해당하는 건조설비
> ㉠ 고체 또는 액체연료의 최대사용량이 시간당 10킬로그램 이상
> ㉡ 기체연료의 최대사용량이 시간당 1세제곱미터 이상
> ㉢ 전기사용 정격용량이 10킬로와트 이상

6과목 건설공사 안전 관리

101 빈출
부두·안벽 등 하역작업을 하는 장소에서 부두 또는 안벽의 선을 따라 통로를 설치하는 경우에는 폭을 최소 얼마 이상으로 하여야 하는가?

① 85cm
② 90cm
③ 100cm
④ 120cm

> 부두 등 하역작업장 조치사항
> ① 작업장 및 통로의 위험한 부분에는 안전하게 작업할 수 있는 조명을 유지할 것
> ② 부두 또는 안벽의 선을 따라 통로를 설치하는 때에는 폭을 90cm 이상으로 할 것
> ③ 육상에서의 통로 및 작업장소로서 다리 또는 선거의 갑문을 넘는 보도 등의 위험한 부분에는 안전난간 또는 울타리 등을 설치할 것

102
다음은 산업안전보건법령에 따른 산업안전보건관리비의 사용에 관한 규정이다. (   ) 안에 들어갈 내용을 순서대로 옳게 작성한 것은?

> 건설공사도급인은 고용노동부장관이 정하는 바에 따라 해당 건설공사를 위하여 계상된 산업안전보건관리비를 그가 사용하는 근로자와 그의 관계수급인이 사용하는 근로자의 산업재해 및 건강장해 예방에 사용하고, 그 사용명세서를 (   ) 작성하고 건설공사 종료 후 (   )간 보존해야 한다.

① 매월, 6개월
② 매월, 1년
③ 2개월마다, 6개월
④ 2개월마다, 1년

> 건설공사도급인은 산업안전보건관리비를 사용하는 해당 건설공사의 금액이 4천만원 이상인 때에는 고용노동부장관이 정하는 바에 따라 매월 사용명세서를 작성하고, 건설공사 종료 후 1년 동안 보존해야 한다.

정답 99 ① 100 ② 101 ② 102 ②

103

지반의 굴착작업에 있어서 비가 올 경우를 대비한 직접적인 대책으로 옳은 것은?

① 측구 설치
② 낙하물 방지망 설치
③ 추락 방호망 설치
④ 매설물 등의 유무 또는 상태 확인

> 지반 굴착작업 시 우천에 의한 지반붕괴 또는 토석낙하 위험방지를 위해 측구를 설치하고 굴착사면의 비닐덮기 등 빗물 침투 방지 조치를 한다.

104

강관틀비계(높이 5m 이상)의 넘어짐을 방지하기 위하여 사용하는 벽이음 및 버팀의 설치간격 기준으로 옳은 것은?

① 수직방향 5m, 수평방향 5m
② 수직방향 6m, 수평방향 7m
③ 수직방향 6m, 수평방향 8m
④ 수직방향 7m, 수평방향 8m

강관비계의 조립간격

강관비계의 종류	조립간격(단위 : m)	
	수직방향	수평방향
단관비계	5	5
틀비계(높이가 5m 미만의 것 제외)	6	8

105

굴착공사에 있어서 비탈면붕괴를 방지하기 위하여 실시하는 대책으로 옳지 않은 것은?

① 지표수의 침투를 막기 위해 표면배수공을 한다.
② 지하수위를 내리기 위해 수평배수공을 한다.
③ 비탈면 하단을 성토한다.
④ 비탈면 상부에 토사를 적재한다.

> **붕괴 예방대책**
> ① 적절한 경사면 기울기 계획
> ② 지표수 또는 지하수위의 관리를 위한 표면배수공 및 수평배수공 설치
> ③ 비탈면 상부의 토사(활동성 토석)의 제거 및 하단 성토
> ④ 경사면 하단부 : 압성토 등 보강공법으로 활동에 대한 저항대책 강구 등

106

강관을 사용하여 비계를 구성하는 경우 준수해야 할 사항으로 옳지 않은 것은?

① 비계기둥의 간격은 띠장 방향에서는 1.85m 이하, 장선(長線) 방향에서는 1.5m 이하로 할 것
② 띠장 간격은 2.0m 이하로 할 것
③ 비계기둥의 제일 윗부분으로부터 31m 되는 지점 밑부분의 비계기둥은 3개의 강관으로 묶어 세울 것
④ 비계기둥 간의 적재하중은 400kg을 초과하지 않도록 할 것

> 비계기둥의 제일 윗부분으로부터 31m 되는 지점 밑부분의 비계기둥은 2개의 강관으로 묶어 세울 것

107

다음은 산업안전보건법령에 따른 시스템 비계의 구조에 관한 사항이다. ( ) 안에 들어갈 내용으로 옳은 것은?

> 비계 밑단의 수직재와 받침철물은 밀착되도록 설치하고, 수직재와 받침철물의 연결부의 겹침길이는 받침철물 전체길이의 ( ) 이상이 되도록 할 것

① 2분의 1
② 3분의 1
③ 4분의 1
④ 5분의 1

> 비계 밑단의 수직재와 받침철물은 밀착되도록 설치하고, 수직재와 받침철물의 연결부의 겹침길이는 받침철물 전체길이의 3분의 1 이상이 되도록 할 것

정답 103① 104③ 105④ 106③ 107②

108 빈출

건설현장에서 작업으로 인하여 물체가 떨어지거나 날아올 위험이 있는 경우에 대한 안전조치에 해당하지 않는 것은?

① 수직보호망 설치   ② 방호선반 설치
③ 울타리 설치   ④ 낙하물 방지망 설치

> **물체가 떨어지거나 날아올 위험이 있을시 조치사항**
> ① 낙하물 방지망 설치 ② 수직보호망 설치 ③ 방호선반 설치
> ④ 출입금지구역 설정   ⑤ 보호구 착용

109 빈출

흙막이 가시설 공사 중 발생할 수 있는 보일링(Boiling) 현상에 관한 설명으로 옳지 않은 것은?

① 이 현상이 발생하면 흙막이벽의 지지력이 상실된다.
② 지하수위가 높은 지반을 굴착할 때 주로 발생한다.
③ 흙막이벽의 근입장 깊이가 부족할 경우 발생한다.
④ 연약한 점토지반에서 굴착면의 융기로 발생한다.

> **히빙(Heaving)과 보일링(Boiling)**
> ① 히빙(Heaving) 현상 : 연약성 점토지반 굴착 시 굴착외측 흙의 중량에 의해 굴착저면의 흙이 활동 전단 파괴되어 굴착내측으로 부풀어 오르는 현상
> ② 보일링(Boiling) 현상 : 투수성이 좋은 사질지반의 흙막이 저면에서 수두차로 인한 상향의 침투압이 발생 유효응력이 감소하여 전단강도가 상실되는 현상으로 지하수가 모래와 같이 솟아오르는 현상

110 빈출

동바리 유형에 따른 동바리 조립 시의 안전조치 사항에서 동바리로 사용하는 파이프 서포트의 경우에 해당하지 않는 것은?

① 파이프 서포트를 3개 이상 이어서 사용하지 않도록 할 것
② 파이프 서포트를 이어서 사용하는 경우에는 4개 이상의 볼트 또는 전용철물을 사용하여 이을 것
③ 높이가 3.5미터를 초과하는 경우에는 높이 2미터 이내마다 수평연결재를 2개 방향으로 만들고 수평연결재의 변위를 방지할 것
④ 강관틀과 강관틀 사이에 교차가새를 설치할 것

> 강관틀과 강관틀 사이에 교차가새를 설치하는 것은 동바리로 사용하는 강관틀의 경우에 해당한다.

111 빈출

장비가 위치한 지면보다 낮은 장소를 굴착하는 데 적합한 장비는?

① 트럭크레인   ② 파워셔블
③ 백호   ④ 진폴

> **백호(Back Hoe)**
> ① 기계가 위치한 지반보다 낮은 굴착에 사용
> ② power shovel의 몸체에 앞을 긁어낼 수 있는 arm과 bucket을 달고 굴착
> ③ 기초 굴착, 수중굴착, 좁은 도랑 및 비탈면 절취 등의 작업

112

건설공사도급인은 건설공사 중에 가설구조물의 붕괴 등 산업재해가 발생할 위험이 있다고 판단되면 건축·토목 분야의 전문가의 의견을 들어 건설공사 발주자에게 해당 건설공사의 설계변경을 요청할 수 있는데, 이러한 가설구조물의 기준으로 옳지 않은 것은?

① 높이 20m 이상인 비계
② 작업발판 일체형 거푸집 또는 높이 6m 이상인 거푸집 동바리
③ 터널의 지보공 또는 높이 2m 이상인 흙막이 지보공
④ 동력을 이용하여 움직이는 가설구조물

> 설계변경 요청 대상은 높이 31미터 이상인 비계이다.

정답 108 ③   109 ④   110 ④   111 ③   112 ①

113

콘크리트 타설 시 안전수칙으로 옳지 않은 것은?

① 타설순서는 계획에 의하여 실시하여야 한다.
② 진동기는 최대한 많이 사용하여야 한다.
③ 콘크리트를 치는 도중에는 거푸집, 지보공 등의 이상 유무를 확인하여야 한다.
④ 손수레로 콘크리트를 운반할 때에는 손수레를 타설하는 위치까지 천천히 운반하여 거푸집에 충격을 주지 아니하도록 타설하여야 한다.

> 진동기는 적당하게 사용하여야 하며 지나친 진동기 사용은 측압 증가 및 재료 분리에 의한 거푸집의 붕괴를 일으킬 수 있으므로 주의해야 한다.

114

산업안전보건법령에 따른 작업발판 일체형 거푸집에 해당되지 않는 것은?

① 갱 폼(Gang Form)
② 슬립 폼(Slip Form)
③ 유로 폼(Euro Form)
④ 클라이밍 폼(Climbing Form)

> 작업발판 일체형 거푸집
> ① 갱 폼(gang form)
> ② 슬립 폼(slip form)
> ③ 클라이밍 폼(climbing form)
> ④ 터널 라이닝 폼(tunnel lining form)
> ⑤ 그 밖에 거푸집과 작업발판이 일체로 제작된 거푸집 등

115

터널 지보공을 조립하는 경우에는 미리 그 구조를 검토한 후 조립도를 작성하고, 그 조립도에 따라 조립하도록 하여야 하는데 이 조립도에 명시하여야 할 사항과 가장 거리가 먼 것은?

① 이음방법
② 단면규격
③ 재료의 재질
④ 재료의 구입처

> 조립도에 명시해야 할 사항
> 재료의 재질 · 단면규격 · 설치간격 및 이음방법 등

116

산업안전보건법령에 따른 건설공사 중 다리 건설공사의 경우 유해위험방지계획서를 제출하여야 하는 기준으로 옳은 것은?

① 최대 지간 길이가 40m 이상인 다리의 건설 등 공사
② 최대 지간 길이가 50m 이상인 다리의 건설 등 공사
③ 최대 지간 길이가 60m 이상인 다리의 건설 등 공사
④ 최대 지간 길이가 70m 이상인 다리의 건설 등 공사

> 최대 지간 길이가 50미터 이상인 다리의 건설 등 공사

117

가설통로 설치에 있어 경사가 최소 얼마를 초과하는 경우에는 미끄러지지 아니하는 구조로 하여야 하는가?

① 15도
② 20도
③ 30도
④ 40도

> 가설통로의 구조
> ① 경사는 30도 이하로 할 것
> ② 경사가 15도를 초과하는 경우에는 미끄러지지 아니하는 구조로 할 것
> ③ 수직갱에 가설된 통로의 길이가 15m 이상인 경우에는 10m 이내마다 계단참을 설치할 것
> ④ 건설공사에 사용하는 높이 8m 이상인 비계다리에는 7m 이내마다 계단참을 설치할 것

118

굴착과 싣기를 동시에 할 수 있는 토공기계가 아닌 것은?

① 트랙터 셔블(tractor shovel)
② 백호(back hoe)
③ 파워 셔블(power shovel)
④ 모터 그레이더(motor grader)

> 모터 그레이더(자주식 그레이더)
> 끝마무리 작업, 정지작업에 유효 : 전륜을 기울게 할 수 있어 비탈면 고르기 작업도 가능

정답 113 ② 114 ③ 115 ④ 116 ② 117 ① 118 ④

119
강관틀 비계를 조립하여 사용하는 경우 준수하여야 할 사항으로 옳지 않은 것은?

① 비계기둥의 밑둥에는 밑받침 철물을 사용할 것
② 높이가 20m를 초과하거나 중량물의 적재를 수반하는 작업을 할 경우에는 주틀 간의 간격을 1.8m 이하로 할 것
③ 주틀 간에 교차가새를 설치하고 최하층 및 3층 이내마다 수평재를 설치할 것
④ 길이가 띠장 방향으로 4m 이하이고 높이가 10m를 초과하는 경우에는 10m 이내마다 띠장 방향으로 버팀기둥을 설치할 것

> 전체높이 40m 초과 금지 및 주틀 간 교차가새. 최상층 및 5층 이내마다 수평재 설치

120 빈출
산업안전보건법령에 따른 양중기의 종류에 해당하지 않는 것은?

① 고소작업차 ② 이동식 크레인
③ 승강기   ④ 리프트(Lift)

> 고소작업대는 차량계 하역운반기계의 종류에 해당된다.

정답 119 ③ 120 ①

2021년 8월 14일 | 기출문제

1과목 산업재해 예방 및 안전보건교육

01
안전점검표(체크리스트)항목 작성 시 유의사항으로 틀린 것은?

① 정기적으로 검토하여 설비나 작업방법이 타당성 있게 개조된 내용일 것
② 사업장에 적합한 독자적 내용을 가지고 작성할 것
③ 위험성이 낮은 순서 또는 긴급을 요하는 순서대로 작성할 것
④ 점검항목을 이해하기 쉽게 구체적으로 표현할 것

> 안전점검표(체크리스트) 작성 시 유의사항
> ① 사업장에 적합하고 쉽게 이해되도록 작성
> ② 위험성이 높고, 긴급을 요하는 순으로 작성
> ③ 내용은 구체적으로 표현하고 위험도가 높은 것부터 순차적으로 작성
> ④ 주관적 판단을 배제하기 위해 점검 방법과 결과에 대한 판단기준을 정하여 결과를 평가

02
안전교육에 있어서 동기부여방법으로 가장 거리가 먼 것은?

① 책임감을 느끼게 한다.
② 관리감독을 철저히 한다.
③ 자기 보존본능을 자극한다.
④ 물질적 이해관계에 관심을 두도록 한다.

> 관리감독을 철저히 하는 것보다 자율적인 경쟁과 협동을 유발한다.

03 ★반출
교육과정 중 학습경험조직의 원리에 해당하지 않는 것은?

① 기회의 원리   ② 계속성의 원리
③ 계열성의 원리   ④ 통합성의 원리

> 학습경험조직의 원리
> ① 계속성 : 중요한 교육과정을 반복적으로 연습할 수 있도록 기회를 주는 것
> ② 계열성 : 학습내용에 대하여 단계적으로 수준을 높여 가도록 조직하는 것
> ③ 통합성 : 교육과정의 요소들을 횡적으로 연결되도록 하는 것

tip
기회의 원리는 학습경험선정의 원리에 해당된다.

04
근로자 1000명 이상의 대규모 사업장에 적합한 안전관리 조직의 유형은?

① 직계식 조직   ② 참모식 조직
③ 병렬식 조직   ④ 직계참모식 조직

> 조직별 근로자 수
> ① 직계식 조직 : 100명 미만
> ② 참모식 조직 : 100 ~ 1000명
> ③ 직계참모식 조직 : 1,000명 이상

정답 01 ③ 02 ② 03 ① 04 ④

05

산업안전보건법령상 안전보건표지의 종류와 형태 중 관계자 외 출입금지에 해당하지 않는 것은?

① 관리대상물질 작업장
② 허가대상물질 작업장
③ 석면취급·해체 작업장
④ 금지대상물질의 취급 실험실

관계자 외 출입금지표지			
관계자 외 출입금지	501 허가대상물질 작업장	502 석면취급/해체 작업장	503 금지대상물질의 취급 실험실 등
	관계자 외 출입금지 (허가물질 명칭) 제조/사용/보관 중 보호구/ 보호복 착용 흡연 및 음식물 섭취 금지	관계자 외 출입금지 석면취급/해체 중 보호구/보호복 착용 흡연 및 음식물 섭취 금지	관계자 외 출입금지 발암물질 취급 중 보호구/보호복 착용 흡연 및 음식물 섭취 금지

06

산업안전보건법령상 명시된 타워크레인을 사용하는 작업에서 신호업무를 하는 작업 시 특별교육 대상 작업별 교육 내용이 아닌 것은? (단, 그 밖에 안전보건관리에 필요한 사항은 제외한다.)

① 신호방법 및 요령에 관한 사항
② 걸고리·와이어로프 점검에 관한 사항
③ 화물의 취급 및 안전작업방법에 관한 사항
④ 인양물이 적재될 지반의 조건, 인양하중, 풍압 등이 인양물과 타워크레인에 미치는 영향

> 타워크레인을 사용하는 작업 시 신호업무를 하는 작업
> ① 타워크레인의 기계적 특성 및 방호장치 등에 관한 사항
> ② 화물의 취급 및 안전작업방법에 관한 사항
> ③ 신호방법 및 요령에 관한 사항
> ④ 인양 물건의 위험성 및 낙하·비래·충돌재해 예방에 관한 사항
> ⑤ 인양물이 적재될 지반의 조건, 인양하중, 풍압 등이 인양물과 타워크레인에 미치는 영향
> ⑥ 그 밖에 안전보건관리에 필요한 사항

07

보호구 안전인증 고시상 추락방지대가 부착된 안전대 일반구조에 관한 내용 중 틀린 것은?

① 죔줄은 합성섬유로프를 사용해서는 안 된다.
② 고정된 추락방지대의 수직구명줄은 와이어로프 등으로 하며 최소지름이 8mm 이상이어야 한다.
③ 수직구명줄에서 걸이설비와의 연결부위는 훅 또는 카라비너 등이 장착되어 걸이설비와 확실히 연결되어야 한다.
④ 추락방지대를 부착하여 사용하는 안전대는 신체지지의 방법으로 안전그네만을 사용하여야 하며 수직구명줄이 포함되어야 한다.

> 추락방지대가 부착된 안전대의 구조(보기의 내용 외에)
> ① 유연한 수직구명줄은 합성섬유로프 또는 와이어로프 등이어야 하며 구명줄이 고정되지 않아 흔들림에 의한 추락방지대의 오작동을 막기 위하여 적절한 긴장수단을 이용, 팽팽히 당겨질 것
> ② 죔줄은 합성섬유로프, 웨빙, 와이어로프 등일 것
> ③ 고정 와이어로프에는 하단부에 무게추가 부착되어 있을 것

08

하인리히의 재해구성비율 중 무상해사고가 600건이라면 사망 또는 중상 발생 건수는?

① 1   ② 2
③ 29   ④ 58

> 하인리히의 재해구성비율(1 : 29 : 300의 법칙)
> ① 1명의 중상(사망)자가 발생하면 동일한 원인으로 29명의 경상자가 생기고 부상을 입지 않은 무상해사고가 300번 발생한다는 것으로 이론의 핵심은 사고 발생 자체(무상해사고)를 근원적으로 예방해야 한다는 원리를 강조하고 있다.
> ② 무상해사고가 600건이므로, 사망 또는 중상 = $\frac{600}{300}$ = 2

정답 05 ① 06 ② 07 ① 08 ②

09
재해사례연구 순서로 옳은 것은?

재해 상황의 파악 → (㉠) → (㉡) → 근본적 문제점의 결정 → (㉢)

① ㉠ 문제점의 발견, ㉡ 대책수립, ㉢ 사실의 확인
② ㉠ 문제점의 발견, ㉡ 사실의 확인, ㉢ 대책수립
③ ㉠ 사실의 확인, ㉡ 대책수립, ㉢ 문제점의 발견
④ ㉠ 사실의 확인, ㉡ 문제점의 발견, ㉢ 대책수립

재해사례연구 순서

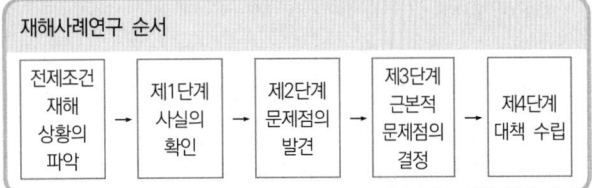

10
강의식 교육지도에서 가장 많은 시간을 소비하는 단계는?

① 도입　　② 제시
③ 적용　　④ 확인

지도의 단위시간을 1시간으로 할 경우
① 강의식 : 도입(5분) → 제시(40분) → 적용(10분) → 확인(평가)(5분)
② 토의식 : 도입(5분) → 제시(10분) → 적용(40분) → 확인(평가)(5분)

11
위험예지훈련 4단계의 진행 순서를 바르게 나열한 것은?

① 목표설정 → 현상파악 → 대책수립 → 본질추구
② 목표설정 → 현상파악 → 본질추구 → 대책수립
③ 현상파악 → 본질추구 → 대책수립 → 목표설정
④ 현상파악 → 본질추구 → 목표설정 → 대책수립

위험예지훈련의 4라운드 진행법
① 1라운드 : 현상파악　② 2라운드 : 본질추구
③ 3라운드 : 대책수립　④ 4라운드 : 목표설정

12
레빈(Lewin.K)에 의하여 제시된 인간의 행동에 관한 식을 올바르게 표현한 것은? (단, B는 인간의 행동, P는 개체, E는 환경, f는 함수관계를 의미한다.)

① $B=f(P \cdot E)$　　② $B=f(P+1)^E$
③ $P=E \cdot f(B)$　　④ $E=f(P \cdot B)$

레빈(K. Lewin)의 행동법칙
① $B=f(P \cdot E)$
② 인간의 행동(B)은 인간이 가진 능력과 자질 즉, 개체(P)와 주변의 심리적 환경(E)과의 상호함수관계에 있다.

13
산업안전보건법령상 근로자에 대한 일반 건강진단의 실시 시기 기준으로 옳은 것은?

① 사무직에 종사하는 근로자 : 1년에 1회 이상
② 사무직에 종사하는 근로자 : 2년에 1회 이상
③ 사무직 외의 업무에 종사하는 근로자 : 6월에 1회 이상
④ 사무직 외의 업무에 종사하는 근로자 : 2년에 1회 이상

일반 건강진단
사무직에 종사하는 근로자에 대하여는 2년에 1회 이상, 그 밖에 근로자에 대하여는 1년에 1회 이상

14
매슬로우(Maslow)의 욕구 5단계 이론 중 안전욕구의 단계는?

① 제1단계　　② 제2단계
③ 제3단계　　④ 제4단계

매슬로우(Abraham Maslow)의 욕구(위계이론)
① 생리적 욕구　② 안전의 욕구
③ 사회적 욕구　④ 인정받으려는 욕구
⑤ 자아실현의 욕구

정답　09 ④　10 ②　11 ③　12 ①　13 ②　14 ②

15

교육계획 수립 시 가장 먼저 실시하여야 하는 것은?

① 교육내용의 결정
② 실행교육계획서 작성
③ 교육의 요구사항 파악
④ 교육실행을 위한 순서, 방법, 자료의 검토

> 교육계획을 수립할 경우에는 가장 먼저 교육의 필요성 및 요구사항부터 파악해야 한다.

16

상황성 누발자의 재해유발원인이 아닌 것은?

① 심신의 근심
② 작업의 어려움
③ 도덕성의 결여
④ 기계설비의 결함

> 상황성 누발자
> ① 작업자체가 어렵기 때문
> ② 기계설비의 결함 존재
> ③ 주위 환경상 주의력 집중 곤란
> ④ 심신에 근심 걱정이 있기 때문

17 ★빈출

인간의 의식수준을 5단계로 구분할 때 의식이 몽롱한 상태의 단계는?

① Phase Ⅰ
② Phase Ⅱ
③ Phase Ⅲ
④ Phase Ⅳ

> 의식수준의 단계
>
> | 단계(phase) | 의식 상태 | 생리적 상태 |
> |---|---|---|
> | 제0단계 | 무의식, 실신 | 수면, 뇌발작 |
> | 제Ⅰ단계 | 의식 흐림(subnormal), 의식 몽롱함 | 단조로움, 피로, 졸음, 술취함 |
> | 제Ⅱ단계 | 이완 상태(relaxed) 정상(normal), 느긋한 기분 | 안정 기거, 휴식 시, 정례 작업시 (정상작업 시) 일반적으로 일을 시작할 때 안정된 행동 |
> | 제Ⅲ단계 | 상쾌한 상태(clear) 정상(normal), 분명한 의식 | 판단을 동반한 행동, 적극활동시 가장 좋은 의식수준상태, 긴급 이상 사태를 의식할 때 |
> | 제Ⅳ단계 | 과긴장 상태 (hypernormal, excited) | 긴급방위반응, 당황해서 panic(감정흥분 시 당황한 상태) |

18

사업장에서 산업재해 발생 시 사업주가 기록·보존하여야 하는 사항을 모두 고른 것은? (단, 산업재해조사표와 요양신청서의 사본은 보존하지 않았다.)

ㄱ. 사업장의 개요 및 근로자의 인적사항
ㄴ. 재해 발생의 일시 및 장소
ㄷ. 재해 발생의 원인 및 과정
ㄹ. 재해 재발방지 계획

① ㄱ, ㄹ
② ㄴ, ㄷ, ㄹ
③ ㄱ, ㄴ, ㄷ
④ ㄱ, ㄴ, ㄷ, ㄹ

> 산업재해 발생 시 사업주는 산업재해의 기록 등에 관한 사항을 기록·보존해야 한다. 다만, 산업재해조사표의 사본을 보존하거나 요양신청서의 사본에 재해 재발방지 계획을 첨부하여 보존한 경우에는 그렇지 않다.

19

A사업장의 조건이 다음과 같을 때 A사업장에서 연간재해발생으로 인한 근로손실일수는?

- 강도율 : 0.4
- 근로자 수 : 1,000명
- 연근로시간수 : 2,400시간

① 480
② 720
③ 960
④ 1,440

> 강도율 계산
>
> ① 강도율(SR) = $\dfrac{근로손실일수}{연간총근로시간수} \times 1,000$
>
> ② 근로손실일수 = $\dfrac{강도율 \times 연간총근로시간수}{1,000}$
>
> $= \dfrac{0.4(1,000 \times 8 \times 300)}{1,000} = 960$

정답 15 ③ 16 ③ 17 ① 18 ④ 19 ③

20
무재해운동의 이념 중 선취의 원칙에 대한 설명으로 옳은 것은?

① 사고의 잠재요인을 사후에 파악하는 것
② 근로자 전원이 일체감을 조성하여 참여하는 것
③ 위험요소를 사전에 발견, 파악하여 재해를 예방 또는 방지하는 것
④ 관리감독자 또는 경영층에서의 자발적 참여로 안전 활동을 촉진하는 것

> **선취의 원칙**
> 사업장 내에서 행동하기 전에 잠재위험요인을 발견하고 파악·해결하여 재해를 예방하는 것을 의미한다.

2과목 인간공학 및 위험성 평가·관리

21
다음 상황은 인간실수의 분류 중 어느 것에 해당하는가?

> 전자기기 수리공이 어떤 제품의 분해·조립 과정을 거쳐서 수리를 마친 후 부품 하나가 남았다.

① time error
② omission error
③ command error
④ extraneous error

> **스웨인(A. D. Swain)의 휴먼에러(독립행동에 의한 분류)**
>
> | | |
> |---|---|
> | Omission error | 필요한 직무나 단계를 수행하지 않은(생략) 에러 |
> | Commission error | 직무나 순서 등을 착각하여 잘못 수행(불확실한 수행)한 에러 |
> | Sequential error | 직무 수행과정에서 순서를 잘못 지켜(순서착오) 발생한 에러 |
> | Time error | 정해진 시간 내 직무를 수행하지 못하여(수행지연) 발생한 에러 |
> | Extraneous error | 불필요한 직무 또는 절차를 수행하여 발생한 에러 |

tip
수리를 마친 후 부품 하나가 남았다는 것은 필요한 과정에서 조립을 하지 않고 누락(생략)한 에러에 해당된다.

22
스트레스의 영향으로 발생된 신체 반응의 결과인 스트레인(Strain)을 측정하는 척도가 잘못 연결된 것은?

① 인지적 활동 – EEG
② 육체적 동적 활동 – GSR
③ 정신 운동적 활동 – EOG
④ 국부적 근육 활동 – EMG

> 육체적 활동에 관한 스트레인 측정방법에는 심박수, 산소소비량 등이 있으며, 피부전기저항(GSR)은 정신부하로 인한 피로감을 측정하는 방법으로 피부의 전기저항의 변화를 측정한다.

23
일반적인 시스템의 수명곡선(욕조곡선)에서 고장형태 중 증가형 고장률을 나타내는 기간으로 옳은 것은?

① 우발고장기간
② 마모고장기간
③ 초기고장기간
④ Burn-in 고장기간

> **기계의 고장률(욕조곡선)**
>
> | | |
> |---|---|
> | 초기고장 (감소형) | 품질관리의 미비로 발생할 수 있는 고장으로 작업시작 전 점검, 시운전 등으로 사전예방이 가능한 고장
① debugging 기간 : 초기고장의 결함을 찾아서 고장률을 안정시키는 기간
② burn in 기간 : 제품을 실제로 장시간 사용해보고 결함의 원인을 찾아내는 방법 |
> | 우발고장 (일정형) | 예측할 수 없을 경우 발생하는 고장으로 시운전이나 점검으로 예방 불가(낮은 안전계수, 사용자의 과오 등) |
> | 마모고장 (증가형) | 장치의 일부분이 수명을 다하여 발생하는 고장(부식 또는 마모, 불충분한 정비 등) – 예방보전 |

정답 20 ③ 21 ② 22 ② 23 ②

24
청각적 표시장치의 설계 시 적용하는 일반 원리에 대한 설명으로 틀린 것은?

① 양립성이란 긴급용 신호일 때는 낮은 주파수를 사용하는 것을 의미한다.
② 검약성이란 조작자에 대한 입력신호는 꼭 필요한 정보만을 제공하는 것이다.
③ 근사성이란 복잡한 정보를 나타내고자 할 때 2단계의 신호를 고려하는 것이다.
④ 분리성이란 두 가지 이상의 채널을 듣고 있다면 각 채널의 주파수가 분리되어 있어야 한다는 의미이다.

청각적 표시장치의 일반원리
① 양립성　　② 근사성(주의신호, 지정신호) ③ 분리성　　④ 검약성　　⑤ 불변성

tip
양립성이란 인간의 기대와 모순되지 않는 것으로 기계의 작동이나 표시가 작업자가 예상하는 바와 일치하는 관계를 말한다.

25 ★빈출
FTA에 대한 설명으로 가장 거리가 먼 것은?

① 정성적 분석만 가능
② 하향식(top-down) 방법
③ 복잡하고 대형화된 시스템에 활용
④ 논리게이트를 이용하여 도해적으로 표현하여 분석하는 방법

FTA의 특징
① 분석에는 게이트, 이벤트, 부호 등의 그래픽 기호를 사용하여 결함단계를 표현하며, 각각의 단계에 확률을 부여하여 어떤 상황의 실패확률계산 가능 ② 연역적이고 정량적인 해석방법 ③ 상황에 따라 정성적 해석분만 아니라 재해의 직접원인 해석도 가능하며 복잡한 시스템의 상세해석 등 융통성이 풍부

26
발생 확률이 동일한 64가지의 대안이 있을 때 얻을 수 있는 총 정보량은?

① 6bit　　　　　② 16bit
③ 32bit　　　　④ 64bit

정보의 측정단위
① bit : 실현가능성이 같은 2개의 대안 중 하나가 명시되었을 때 얻을 수 있는 정보량 ② 정보량 : 실현가능성이 같은 n개의 대안이 있을 때 총 정보량 H는 $\log_2 n$ ③ 64가지의 대안 : $\log_2 64 = 6(bit)$

27
인간-기계 시스템의 설계 과정을 [보기]와 같이 분류할 때 다음 중 인간, 기계의 기능을 할당하는 단계는?

[보기]
1단계 : 시스템의 목표와 성능명세 결정
2단계 : 시스템의 정의
3단계 : 기본 설계
4단계 : 인터페이스 설계
5단계 : 보조물 설계 혹은 편의수단 설계
6단계 : 평가

① 기본 설계
② 인터페이스 설계
③ 시스템의 목표와 성능명세 결정
④ 보조물 설계 혹은 편의수단 설계

기본 설계
(1) 체계의 형태가 갖추어지는 단계 (2) 주요 인간공학 활동 　① 기능할당(인간, 하드웨어, 소프트웨어) 　② 인간 성능 요건 명세 　③ 직무분석(job analysis) 　④ 작업설계(인간의 가치기준) 시 고려할 사항

정답　24 ①　25 ①　26 ①　27 ①

28
FT도에서 최소 컷셋을 올바르게 구한 것은?

① (X₁, X₂)
② (X₁, X₃)
③ (X₂, X₃)
④ (X₁, X₂, X₃)

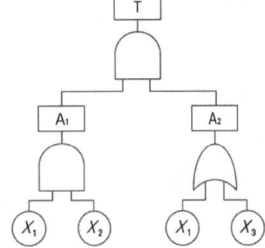

최소 컷셋

$T \to A_1 A_2 \to X_1 X_2 A_2 \to \begin{matrix} X_1 X_2 X_1 \\ X_1 X_2 X_3 \end{matrix}$

$(X_1, X_2), (X_1, X_2, X_3)$이므로,
중복된 컷을 제거하면 진정한 미니멀 컷은 (X_1, X_2)

29
일반적으로 인체측정치의 최대집단치를 기준으로 설계하는 것은?

① 선반의 높이
② 공구의 크기
③ 출입문의 크기
④ 안내 데스크의 높이

극단적인 사람을 위한 설계

구분	최대집단치	최소집단치
개념	대상 집단에 대한 인체 측정 변수의 상위 백분위수(percentile)를 기준으로 90, 95, 99%치가 사용	관련 인체 측정 변수 분포의 하위 백분위수를 기준으로 1, 5, 10%치가 사용
사용 예	① 출입문, 통로, 의자 사이의 간격 등의 공간 여유의 결정 ② 줄사다리, 그네 등의 지지물의 최소 지지중량(강도)	선반의 높이 또는 조정장치까지의 거리, 버스나 전철의 손잡이 등의 결정

30
인간공학의 궁극적인 목적과 가장 관계가 깊은 것은?

① 경제성 향상
② 인간 능력의 극대화
③ 설비의 가동률 향상
④ 안전성 및 효율성 향상

인간공학의 목적
① 안전성 향상 및 사고예방
② 효율성 및 편리성 향상
③ 작업능률(에러감소) 및 생산성 증대
④ 작업환경의 쾌적성

31
'화재발생'이라는 시작(초기)사상에 대하여, 화재감지기, 화재 경보, 스프링클러 등의 성공 또는 실패 작동 여부와 그 확률에 따른 피해 결과를 분석하는 데 가장 적합한 위험 분석 기법은?

① FTA
② ETA
③ FHA
④ THERP

ETA(Event Tree Analysis)
① 사고의 발단이 되는 초기사상이 발생할 경우 그 영향이 시스템에서 어떤 결과(정상 또는 고장)로 진전해 가는지를 나뭇가지가 갈라지는 형태로 분석하는 방법
② 사상의 안전도를 사용한 시스템의 안전도를 나타내는 시스템 모델의 하나로 귀납적이기는 하나 정량적인 해석 기법
③ 각 요소를 나타내는 시점에 있어서 통상 성공사상은 상방에, 실패 사상은 하방에 분기하여 그 발생 확률을 표시

32
여러 사람이 사용하는 의자의 좌판 높이 설계 기준으로 옳은 것은?

① 5% 오금높이
② 50% 오금높이
③ 75% 오금높이
④ 95% 오금높이

의자의 설계원칙(좌판의 높이)
① 대퇴부의 압박 방지를 위해 좌판 앞부분은 오금높이보다 높지 않게 설계(치수는 5%치 사용)
② 좌판의 높이는 개인별로 조절할 수 있도록 하는 것이 바람직

정답 28 ① 29 ③ 30 ④ 31 ② 32 ①

33

FTA에서 사용되는 사상기호 중 결함사상을 나타낸 기호로 옳은 것은?

① 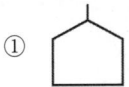   ②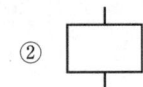

③ 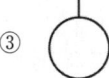   ④ ◇

논리기호와 명칭

결함사상	기본사상	생략사상	통상사상
▭	○	◇	⌂

34

기술개발과정에서 효율성과 위험성을 종합적으로 분석·판단할 수 있는 평가방법으로 가장 적절한 것은?

① Risk Assessment
② Risk Management
③ Safety Assessment
④ Technology Assessment

Technology Assessment
기술개발과정에서 효율성과 위험성을 종합적으로 분석·판단함과 아울러 대체수단의 이해득실을 평가하여 의사결정에 필요한 포괄적인 자료를 체계화한 조직적인 계획과 예측의 과정이며, 기술개발의 종합평가라고 할 수 있다.

35

자동차를 타이어가 4개인 하나의 시스템으로 볼 때, 타이어 1개가 파열될 확률이 0.01이라면, 이 자동차의 신뢰도는 약 얼마인가?

① 0.91   ② 0.93
③ 0.96   ④ 0.99

성능 신뢰도 계산
$r = 1 - 0.01 = 0.99$
$\therefore R_s = 0.99^4 = 0.9605$

36

다음 그림에서 명료도 지수는?

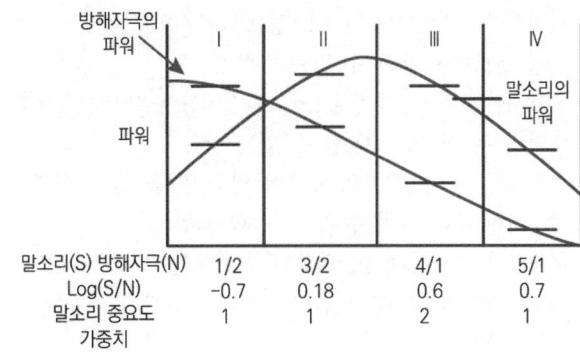

① 0.38   ② 0.68
③ 1.38   ④ 5.68

명료도 지수
① 통화이해도를 추정할 수 있는 근거로 명료도 지수(AI)를 사용하는데, 명료도 지수는 각 옥타브대의 음성과 잡음의 dB값에 가중치를 곱하여 합계를 구한다
② 명료도 지수 = $(-0.7 \times 1) + (0.18 \times 1) + (0.6 \times 2) + (0.7 \times 1)$ = 1.38

정답 33 ② 34 ④ 35 ③ 36 ③

37

정보수용을 위한 작업자의 시각 영역에 대한 설명으로 옳은 것은?

① 판별시야 – 안구운동만으로 정보를 주시하고 순간적으로 특정 정보를 수용할 수 있는 범위
② 유효시야 – 시력, 색판별 등의 시각 기능이 뛰어나며 정밀도가 높은 정보를 수용할 수 있는 범위
③ 보조시야 – 머리부분의 운동이 안구운동을 돕는 형태로 발생하며 무리 없이 주시가 가능한 범위
④ 유도시야 – 제시된 정보의 존재를 판별할 수 있는 정도의 식별능력밖에 없지만 인간의 공간좌표 감각에 영향을 미치는 범위

시각 영역

① 판별시야 – 시력, 색판별 등의 시각 기능이 뛰어나며 정밀도가 높은 정보를 수용할 수 있는 범위
② 유효시야 – 안구운동만으로 정보를 주시하고 순간적으로 특정 정보를 수용할 수 있는 범위
③ 보조시야 – 식별이 거의 불가능하며, 고개를 움직여야 식별이 가능한 범위
④ 유도시야 – 제시된 정보의 존재를 판별할 수 있는 정도의 식별능력밖에 없지만 인간의 공간좌표 감각에 영향을 미치는 범위

38

FMEA 분석 시 고장평점법의 5가지 평가요소에 해당하지 않는 것은?

① 고장 발생의 빈도
② 신규 설계의 가능성
③ 기능적 고장 영향의 중요도
④ 영향을 미치는 시스템의 범위

고장등급의 결정방법(평가요소)

다음의 평가요소 중 선택하여 고장평점을 계산하고 등급을 결정
C_1 : 기능적 고장 영향의 중요도
C_2 : 영향을 미치는 시스템의 범위
C_3 : 고장 발생의 빈도
C_4 : 고장 방지의 가능성
C_5 : 신규 설계의 정도

39

건구온도 30°C, 습구온도 35°C일 때의 옥스퍼드(Oxford) 지수는?

① 20.75
② 24.58
③ 30.75
④ 34.25

옥스퍼드(Oxford) 지수

① 습건(WD) 지수라고도 부르며, 습구온도(W)와 건구온도(D)의 가중평균치로 정의
② WD = 0.85W + 0.15D
　　= (0.85 × 35) + (0.15 × 30) = 34.25°C

40

설비보전에서 평균수리시간을 나타내는 것은?

① MTBF
② MTTR
③ MTTF
④ MTBP

평균수리시간(mean time to repair : MTTR)

① 기기 또는 시스템의 장애가 발생한 시점부터 수리가 마무리되어 가동이 가능하게 된 시점까지의 평균시간

② $MTTR = \dfrac{1}{평균수리율(\mu)}$

③ $MTTR = \dfrac{\sum_{i=1}^{n} t_i}{n}$

정답　37 ④　38 ②　39 ④　40 ②

3과목　기계·기구 및 설비 안전 관리

41 ⭐
산업안전보건법령상 사업장 내 근로자 작업환경 중 '강렬한 소음 작업'에 해당하지 않는 것은?

① 85데시벨 이상의 소음이 1일 10시간 이상 발생하는 작업
② 90데시벨 이상의 소음이 1일 8시간 이상 발생하는 작업
③ 95데시벨 이상의 소음이 1일 4시간 이상 발생하는 작업
④ 100데시벨 이상의 소음이 1일 2시간 이상 발생하는 작업

소음작업의 기준	
소음 작업	1일 8시간 작업을 기준으로 85데시벨 이상의 소음이 발생하는 작업
강렬한 소음작업	① 90데시벨 이상의 소음이 1일 8시간 이상 발생되는 작업 ② 95데시벨 이상의 소음이 1일 4시간 이상 발생되는 작업 ③ 100데시벨 이상의 소음이 1일 2시간 이상 발생되는 작업 ④ 105데시벨 이상의 소음이 1일 1시간 이상 발생되는 작업 ⑤ 110데시벨 이상의 소음이 1일 30분 이상 발생되는 작업 ⑥ 115데시벨 이상의 소음이 1일 15분 이상 발생되는 작업

42
산업안전보건법령상 프레스의 작업시작 전 점검사항이 아닌 것은?

① 슬라이드 또는 칼날에 의한 위험방지 기구의 기능
② 프레스의 금형 및 고정볼트 상태
③ 전단기의 칼날 및 테이블의 상태
④ 권과방지장치 및 그 밖의 경보장치의 기능

프레스의 작업시작 전 점검사항
① 클러치 및 브레이크의 기능 ② 크랭크축·플라이휠·슬라이드·연결봉 및 연결나사의 풀림 유무 ③ 1행정 1정지기구·급정지장치 및 비상정지장치의 기능 ④ 슬라이드 또는 칼날에 의한 위험방지 기구의 기능 ⑤ 프레스의 금형 및 고정볼트 상태 ⑥ 방호장치의 기능 ⑦ 전단기의 칼날 및 테이블의 상태

43 ⭐
동력전달부분의 전방 35cm 위치에 일반 평형보호망을 설치하고자 한다. 보호망의 최대 구멍의 크기는 몇 mm인가?

① 41　　② 45
③ 51　　④ 55

가드의 개구부 간격(동력전달부분)
① $Y = \dfrac{X}{10} + 6mm$ ($X < 760mm$에서 유효)이므로, ② $Y = \dfrac{350}{10} + 6 = 41(mm)$

44
다음 연삭숫돌의 파괴원인 중 가장 적절하지 않은 것은?

① 숫돌의 회전속도가 너무 빠른 경우
② 플랜지의 직경이 숫돌직경의 1/3 이상으로 고정된 경우
③ 숫돌 자체에 균열 및 파손이 있는 경우
④ 숫돌에 과대한 충격을 준 경우

플랜지의 직경은 숫돌직경의 1/3 이상인 것을 사용해야 하는 것이 원칙이므로 숫돌의 파괴원인이 될 수 없다.

45
화물중량이 200kgf, 지게차의 중량이 400kgf, 앞바퀴에서 화물의 무게중심까지의 최단거리가 1m일 때 지게차가 안정되기 위하여 앞바퀴에서 지게차의 무게중심까지 최단거리는 최소 몇 m를 초과해야 하는가?

① 0.2m　　② 0.5m
③ 1m　　④ 2m

지게차의 안전성
① 지게차의 안정성을 유지하기 위해서는, $W \cdot a < G \cdot b$ ② W : 화물의 중량, G : 지게차의 중량, 　a : 앞바퀴부터 화물의 중심까지의 거리 　b : 앞바퀴부터 차의 중심까지의 거리 ③ $200 \times 1 < 400 \times b$, $b > 0.5(m)$

정답　41 ①　42 ④　43 ①　44 ②　45 ②

46
산업안전보건법령상 압력용기에서 안전인증된 파열판에 안전인증 표시 외에 추가로 나타내어야 하는 사항이 아닌 것은?

① 분출차(%)
② 호칭지름
③ 용도(요구성능)
④ 유체의 흐름방향 지시

> 분출차(%)는 안전밸브의 추가표시 사항에 해당된다.

47
선반에서 일감의 길이가 지름에 비하여 상당히 길 때 사용하는 부속품으로 절삭 시 절삭저항에 의한 일감의 진동을 방지하는 장치는?

① 칩 브레이커
② 척 커버
③ 방진구
④ 실드

> **방진구**
> 공작물이 단면의 지름에 비해 길이가 너무 길 경우 자중 또는 절삭저항에 의해 굽어지거나 가공 중 발생하는 진동을 방지하기 위해 사용하는 지지구(고정식, 이동식)

48
산업안전보건법령상 프레스를 제외한 사출성형기·주형조형기 및 형단조기 등에 관한 안전조치 사항으로 틀린 것은?

① 근로자의 신체 일부가 말려들어갈 우려가 있는 경우에는 양수조작식 방호장치를 설치하여 사용한다.
② 게이트 가드식 방호장치를 설치할 경우에는 연동구조를 적용하여 문을 닫지 않아도 동작할 수 있도록 한다.
③ 사출성형기의 전면에 작업용 발판을 설치할 경우 근로자가 쉽게 미끄러지지 않는 구조여야 한다.
④ 기계의 히터 등의 가열 부위, 감전 우려가 있는 부위에는 방호덮개를 설치하여 사용한다.

> **사출성형기, 주형조형기 및 형단조기**
> ① 게이트 가드 또는 양수조작식의 방호장치(신체의 일부가 말려드는 것 방지)
> ② 게이트 가드는 반드시 연동구조로 할 것
> ③ 히터 등의 가열 부위 또는 감전의 우려가 있는 부위에는 방호덮개 설치

> **tip**
> 게이트 가드식 방호장치를 설치할 경우에는 인터록(연동)장치를 사용하여 문을 닫지 않으면 동작되지 않는 구조로 한다.

49
연강의 인장강도가 420MPa이고, 허용응력이 140MPa이라면 안전율은?

① 1
② 2
③ 3
④ 4

> **안전율**
> 안전율 = $\dfrac{\text{인장강도}}{\text{허용응력}} = \dfrac{420}{140} = 3$

50
밀링작업 시 안전수칙에 관한 설명으로 틀린 것은?

① 칩은 기계를 정지시킨 다음에 브러시 등으로 제거한다.
② 일감 또는 부속장치 등을 설치하거나 제거할 때는 반드시 기계를 정지시키고 작업한다.
③ 면장갑을 반드시 끼고 작업한다.
④ 강력 절삭을 할 때는 일감을 바이스에 깊게 물린다.

> **밀링작업 시 안전대책**
> ① 가공물 측정 및 설치 시에는 반드시 기계정지 후 실시
> ② 가공 중 손으로 가공면 점검금지 및 장갑(면장갑 등) 착용금지
> ③ 밀링작업의 칩은 가장 가늘고 예리하므로 보안경 착용 및 기계정지 후 브러시로 제거

정답 46 ① 47 ③ 48 ② 49 ③ 50 ③

51

다음 중 프레스기에 사용되는 방호장치에 있어 원칙적으로 급정지 기구가 부착되어야만 사용할 수 있는 방식은?

① 양수조작식
② 손쳐내기식
③ 가드식
④ 수인식

급정지 기구에 따른 방호장치	
급정지 기구가 부착되어 있어야만 유효한 방호장치	① 양수조작식 방호장치 ② 광전자식 방호장치
급정지 기구가 부착되어 있지 않아도 유효한 방호장치	① 양수기동식 방호장치 ② 가드식 방호장치 ③ 수인식 방호장치 ④ 손쳐내기식 방호장치

52

산업안전보건법령상 지게차의 최대하중의 2배 값이 6톤일 경우 헤드가드의 강도는 몇 톤의 등분포정하중에 견딜 수 있어야 하는가?

① 4
② 6
③ 8
④ 10

헤드가드
강도는 지게차의 최대하중의 2배의 값(4톤을 넘는 값에 대해서는 4톤으로 한다)의 등분포정하중에 견딜 수 있는 것일 것

53

강자성체를 자화하여 표면의 누설자속을 검출하는 비파괴검사 방법은?

① 방사선 투과시험
② 인장시험
③ 초음파 탐상시험
④ 자분 탐상시험

자분 탐상시험
① 결함을 가지고 있는 시험에 적절한 자장을 가해 자속을 흐르게 하여, 결함부에 의해 누설된 누설자속에 의해 생긴 자장에 자분을 흡착시켜 큰 자분 모양으로 나타내어 육안으로 결함을 검출하는 방법
② 시험물체가 강자성체가 아니면 적용할 수 없지만 시험물체의 표면에 존재하는 균열과 같은 결함의 검출에 가장 우수한 비파괴 시험 방법

54

산업안전보건법령상 보일러 방호장치로 거리가 가장 먼 것은?

① 고저수위 조절장치
② 아우트리거
③ 압력방출장치
④ 압력제한스위치

보일러 방호장치
① 고저수위 조절장치
② 압력방출장치
③ 압력제한스위치
④ 화염검출기

55

산업안전보건법령상 아세틸렌 용접장치에 관한 설명이다. ( ) 안에 공통으로 들어갈 내용으로 옳은 것은?

- 사업주는 아세틸렌 용접장치의 취관마다 ( )를 설치하여야 한다.
- 사업주는 가스용기가 발생기와 분리되어 있는 아세틸렌 용접장치에 대하여 발생기와 가스용기 사이에 ( )를 설치하여야 한다.

① 분기장치
② 자동발생 확인장치
③ 유수 분리장치
④ 안전기

아세틸렌 용접장치의 안전기 설치방법
① 취관마다 안전기 설치
② 주관 및 취관에 가장 가까운 분기관마다 안전기 부착
③ 가스용기가 발생기와 분리되어 있는 아세틸렌 용접장치는 발생기와 가스용기 사이(흡입관)에 안전기 설치

정답 51 ① 52 ① 53 ④ 54 ② 55 ④

56
프레스기의 안전대책 중 손을 금형 사이에 집어넣을 수 없도록 하는 본질적 안전화를 위한 방식(no-hand in die)에 해당하는 것은?

① 수인식
② 광전자식
③ 방호울식
④ 손쳐내기식

프레스 방호장치의 분류	
금형 안에 손이 들어가지 않는 구조 (No-Hand-in-Die Type)	금형 안에 손이 들어가는 구조 (Hand-in-Die Type)
① 안전울(방호울)이 부착된 프레스 ② 안전 금형을 부착한 프레스 ③ 전용 프레스 ④ 자동 송급, 배출구가 있는 프레스 ⑤ 자동 송급, 배출장치를 부착한 프레스	① 프레스기의 종류, 압력능력, SPM, 행정길이, 작업방법에 상응하는 방호 장치 ㉠ 가드식 ㉡ 수인식 ㉢ 손쳐내기식 ② 정지 성능에 상응하는 방호장치 ㉠ 양수조작식 ㉡ 감응식, 광전자식

57 빈출
회전하는 부분의 접선방향으로 물려 들어갈 위험이 존재하는 점으로 주로 체인, 풀리, 벨트, 기어와 랙 등에서 형성되는 위험점은?

① 끼임점
② 협착점
③ 절단점
④ 접선물림점

접선물림점(Tangential Nip-point)
① 회전하는 부분이 접선방향으로 물려 들어가면서 형성 ② V벨트와 풀리, 기어와 랙, 롤러와 평벨트 등

58
산업안전보건법령상 양중기에 해당하지 않는 것은?

① 적재용량 500킬로그램의 화물용 엘리베이터
② 이동식 크레인
③ 적재하중 0.05톤의 이삿짐운반용 리프트
④ 곤돌라

양중기의 종류
① 크레인(호이스트 포함) ② 이동식 크레인 ③ 리프트[이삿짐운반용 리프트(적재하중이 0.1톤 이상인 것으로 한정)] ④ 곤돌라 ⑤ 승강기[화물용 엘리베이터(적재용량이 300킬로그램 미만인 것은 제외)]

59 빈출
다음 설명 중 ( ) 안에 알맞은 내용은?

산업안전보건법령상 롤러기의 급정지장치는 롤러를 무부하로 회전시킨 상태에서 앞면 롤러의 표면속도가 30m/min 미만일 때에는 급정지거리가 앞면 롤러 원주의 ( ) 이내에서 롤러를 정지시킬 수 있는 성능을 보유해야 한다.

① $\frac{1}{4}$
② $\frac{1}{3}$
③ $\frac{1}{2.5}$
④ $\frac{1}{2}$

롤러의 급정지거리	
앞면 롤러의 표면속도(m/분)	급정지거리
30 미만	앞면 롤러 원주의 1/3 이내
30 이상	앞면 롤러 원주의 1/2.5 이내

60
산업안전보건법령상 지게차에서 통상적으로 갖추고 있어야 하나, 마스트의 후방에서 화물이 낙하함으로써 근로자에게 위험을 미칠 우려가 없는 때에는 반드시 갖추지 않아도 되는 것은?

① 전조등
② 헤드가드
③ 백레스트
④ 포크

백레스트
마스트의 후방에서 화물이 낙하할 위험이 없는 경우를 제외하고는 백레스트를 갖추지 아니한 지게차 사용금지

정답 56 ③ 57 ④ 58 ③ 59 ② 60 ③

4과목 전기설비 안전 관리

61 ★
피뢰시스템의 등급에 따른 회전구체의 반지름으로 틀린 것은?

① Ⅰ등급 : 20m ② Ⅱ등급 : 30m
③ Ⅲ등급 : 40m ④ Ⅳ등급 : 60m

피뢰시스템의 레벨별 회전구체 반경

피뢰시스템의 레벨	Ⅰ	Ⅱ	Ⅲ	Ⅳ
회전구체 반경(m)	20	30	45	60

62 ★
전류가 흐르는 상태에서 단로기를 끊었을 때 여러 가지 파괴작용을 일으킨다. 다음 그림에서 유입차단기의 차단순서와 투입순서가 안전수칙에 가장 적합한 것은?

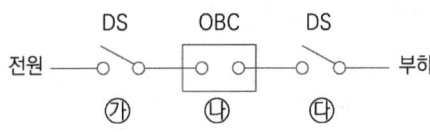

① 차단 : ㉮ → ㉯ → ㉰, 투입 : ㉮ → ㉯ → ㉰
② 차단 : ㉯ → ㉰ → ㉮, 투입 : ㉯ → ㉰ → ㉮
③ 차단 : ㉰ → ㉯ → ㉮, 투입 : ㉰ → ㉮ → ㉯
④ 차단 : ㉯ → ㉰ → ㉮, 투입 : ㉰ → ㉮ → ㉯

단로기
① 고압 또는 특별고압 회로로부터 기기를 분리하거나 변경할 때 사용하는 개폐장치로서 단지 충전된 전로(무부하)를 개폐하기 위해 사용하며, 부하전류의 개폐는 원칙적으로 할 수 없는 개폐장치
② 단로기 차단 : 차단기를 개로한 후 차단한다.
③ 단로기 투입 : 차단기를 폐로하기 전 투입한다.

63
다음은 무슨 현상을 설명한 것인가?

> 전위차가 있는 2개의 대전체가 특정거리에 접근하게 되면 등전위가 되기 위하여 전하가 절연공간을 깨고 순간적으로 빛과 열을 발생하며 이동하는 현상

① 대전 ② 충전
③ 방전 ④ 열전

방전이란 대전된 물체에서 전하가 방출되는 현상을 말하며, 대전체가 전기를 잃어 중성이 되는 현상을 의미한다. 대전체가 전하를 얻는 충전의 반대과정에 해당된다.

64
정전기 재해를 예방하기 위해 설치하는 제전기의 제전효율은 설치 시에 얼마 이상이 되어야 하는가?

① 40% 이상 ② 50% 이상
③ 70% 이상 ④ 90% 이상

제전기의 제전효율
제전기의 설치 전후에 전위를 측정하여 제전의 목표치를 만족하는 위치 또는 제전효율이 90% 이상 되는 위치에 설치한다.

65
정전기 화재폭발 원인으로 인체대전에 대한 예방대책으로 옳지 않은 것은?

① Wrist Strap을 사용하여 접지선과 연결한다.
② 대전방지제를 넣은 제전복을 착용한다.
③ 대전방지 성능이 있는 안전화를 착용한다.
④ 바닥 재료는 고유저항이 큰 물질로 사용한다.

인체대전에 대한 예방대책
정전기 대전방지용 안전화 착용, 제전복 착용, 정전기 제전용구 사용, 작업장 바닥에 도전성을 갖추도록 하는 등의 조치가 필요하다.

66
정격사용률이 30%, 정격2차전류가 300A인 교류 아크 용접기를 200A로 사용하는 경우의 허용사용률(%)은?

① 13.3 ② 67.5
③ 110.3 ④ 157.5

교류 아크용접기의 허용사용률

$$허용사용률(\%) = \frac{정격2차전류^2}{실제용접전류^2} \times 정격사용률(\%)$$

$$= \frac{300^2}{200^2} \times 30(\%) = 67.5(\%)$$

정답 61 ③ 62 ④ 63 ③ 64 ④ 65 ④ 66 ②

67

피뢰기의 제한전압이 752kV이고 변압기의 기준충격 절연강도가 1,050kV이라면, 보호 여유도(%)는 약 얼마인가?

① 18
② 28
③ 40
④ 43

> 피뢰침의 보호 여유도
> ① 여유도(%) = $\frac{충격절연강도 - 제한전압}{제한전압} \times 100$
> ② 여유도(%) = $\frac{1,050 - 752}{752} \times 100 = 39.63$(%)

68

절연물의 절연불량 주요원인으로 거리가 먼 것은?

① 진동, 충격 등에 의한 기계적 요인
② 산화 등에 의한 화학적 요인
③ 온도상승에 의한 열적 요인
④ 정격전압에 의한 전기적 요인

> 절연불량의 주요원인
> ① 진동, 충격 등에 의한 기계적 요인
> ② 산화 등에 의한 화학적 요인
> ③ 온도상승에 의한 열적 요인
> ④ 높은 이상전압 등에 의한 전기적 요인

69

고장전류를 차단할 수 있는 것은?

① 차단기(CB)
② 유입 개폐기(OS)
③ 단로기(DS)
④ 선로 개폐기(LS)

> 고장전류와 같은 대전류 차단은 차단기를 사용해야 한다.

70

주택용 배선차단기 B타입의 경우 순시 동작범위는? (단, I_n는 차단기 정격전류이다.)

① $3I_n$ 초과 ~ $5I_n$ 이하
② $5I_n$ 초과 ~ $10I_n$ 이하
③ $10I_n$ 초과 ~ $15I_n$ 이하
④ $10I_n$ 초과 ~ $20I_n$ 이하

> 순시트립에 따른 구분(주택용 배선차단기)
>
> | 형 | 순시트립범위 |
> |---|---|
> | B | $3I_n$ 초과 ~ $5I_n$ 이하 |
> | C | $5I_n$ 초과 ~ $10I_n$ 이하 |
> | D | $10I_n$ 초과 ~ $20I_n$ 이하 |

71

다음 중 방폭 구조의 종류가 아닌 것은?

① 유압 방폭구조(k)
② 내압 방폭구조(d)
③ 본질안전 방폭구조(i)
④ 압력 방폭구조(p)

> 방폭구조의 종류와 기호
>
> | 내압 방폭구조 | 압력 방폭구조 | 유입 방폭구조 | 안전증 방폭구조 | 특수 방폭구조 |
> |---|---|---|---|---|
> | d | p | o | e | s |
>
> | 본질안전 방폭구조 | 몰드 방폭구조 | 충전 방폭구조 | 비점화 방폭구조 |
> |---|---|---|---|
> | ia 또는 ib | m | q | n |

정답 67 ③ 68 ④ 69 ① 70 ① 71 ①

72

동작 시 아크가 발생하는 고압 및 특고압용 개폐기·차단기의 이격거리(목재의 벽 또는 천장, 기타 가연성 물체로부터의 거리)의 기준으로 옳은 것은? (단, 사용전압이 35kV 이하의 특고압용의 기구 등으로서 동작할 때에 생기는 아크의 방향과 길이를 화재가 발생할 우려가 없도록 제한하는 경우가 아니다.)

① 고압용 : 0.8m 이상, 특고압용 : 1.0m 이상
② 고압용 : 1.0m 이상, 특고압용 : 2.0m 이상
③ 고압용 : 2.0m 이상, 특고압용 : 3.0m 이상
④ 고압용 : 3.5m 이상, 특고압용 : 4.0m 이상

> **개폐기, 차단기, 피뢰기 등 아크를 발생하는 기구의 시설**
> ① 고압용 : 목재의 벽 또는 천장 기타 가연성 물체로부터 1m 이상 격리
> ② 특고압용 : 목재의 벽 또는 천정 기타 가연성 물체로부터 2m 이상 격리

73

3,300/220V, 20kVA인 3상 변압기로부터 공급받고 있는 저압 전선로의 절연 부분의 전선과 대지 간의 절연저항의 최소값은 약 몇 Ω인가? (단, 변압기의 저압 측 중성점에 접지가 되어 있다.)

① 1,240　　② 2,794
③ 4,840　　④ 8,383

> ① 저압선로의 최대공급전류 = $\dfrac{20{,}000\,\text{VA}}{200\times\sqrt{3}\,\text{V}}$ = 52.486A
> ② 누설전류 = $52.486\times\dfrac{1}{2{,}000}$ = 0.026243A
> ③ $R = \dfrac{V}{I} = \dfrac{220}{0.026243}$ = 8,383.18Ω

74

감전사고로 인한 전격사의 메커니즘으로 가장 거리가 먼 것은?

① 흉부수축에 의한 질식
② 심실세동에 의한 혈액순환기능의 상실
③ 내장파열에 의한 소화기계통의 기능 상실
④ 호흡중추신경 마비에 따른 호흡기능 상실

> **감전에 의해 사망에 이르는 주요 현상**
> ① 전류가 심장부위로 흘러 심장마비에 의한 혈액순환기능 장애 발생
> ② 전류가 뇌의 호흡중추로 흘러 호흡기능 장애 발생
> ③ 전류가 가슴부위에 흘러 흉부수축으로 인한 질식
>
> **tip**
> 감전에 의한 부상에는 전류가 인체 내부로 흘러 인체 내부조직의 저항에 의한 줄(Joule's heat)열에 의한 화상 및 전도, 추락에 의한 2차재해 발생 등이 있다.

75

욕조나 샤워시설이 있는 욕실 또는 화장실에 콘센트가 시설되어 있다. 해당 전로에 설치된 누전차단기의 정격감도전류와 동작시간은?

① 정격감도전류 15mA 이하, 동작시간 0.01초 이하
② 정격감도전류 15mA 이하, 동작시간 0.03초 이하
③ 정격감도전류 30mA 이하, 동작시간 0.01초 이하
④ 정격감도전류 30mA 이하, 동작시간 0.03초 이하

> 욕조나 샤워시설이 있는 욕실 또는 화장실 등 인체가 물에 젖어 있는 상태에서 전기를 사용하는 장소에 콘센트를 시설하는 경우
> ① 인체감전보호용 누전차단기(정격감도전류 15mA 이하, 동작시간 0.03초 이하의 전류동작형의 것) 또는 절연변압기(정격용량 3kVA 이하인 것)로 보호된 전로에 접속하거나, 인체감전보호용 누전차단기가 부착된 콘센트를 시설하여야 한다.
> ② 콘센트는 접지극이 있는 방적형 콘센트를 사용하여 접지하여야 한다.

76

50kW, 60Hz 3상 유도전동기가 380V 전원에 접속된 경우 흐르는 전류는 약 몇 A인가? (단, 역률은 80%이다.)

① 82.24　　② 94.96
③ 116.30　　④ 164.47

> 전류(I) = $\dfrac{50{,}000}{1.732\times 380\times 0.8}$ = 94.962(A)

정답 72 ② 73 ④ 74 ③ 75 ② 76 ②

77 ⭐

인체저항을 500Ω이라 한다면, 심실세동을 일으키는 위험 한계 에너지는 약 몇 J인가? (단, 심실세동전류값 $I = \dfrac{165}{\sqrt{T}}$ mA의 Dalziel의 식을 이용하며, 통전시간은 1초로 한다.)

① 11.5
② 13.6
③ 15.3
④ 16.2

> **위험 한계에너지**
> $$Q = \left(\dfrac{165}{\sqrt{T}} \times 10^{-3}\right)^2 \times 500 \times 1 = 13.612(J)$$

78

내압방폭용기 "d"에 대한 설명으로 틀린 것은?

① 원통형 나사 접합부의 체결 나사산 수는 5산 이상이어야 한다.
② 가스/증기 그룹이 ⅡB일 때 내압 접합면과 장애물과의 최소 이격거리는 20mm이다.
③ 용기 내부의 폭발이 용기 주위의 폭발성 가스 분위기로 화염이 전파되지 않도록 방지하는 부분은 내압 방폭 접합부이다.
④ 가스/증기 그룹이 ⅡC일 때 내압 접합면과 장애물과의 최소 이격거리는 40mm이다.

> **내압 방폭구조 접합부와 장애물과의 최소 이격거리**
>
> | 가스그룹 | 최소 이격거리(mm) |
> |---|---|
> | ⅡA | 10 |
> | ⅡB | 30 |
> | ⅡC | 40 |

79

KS C IEC 60079-0의 정의에 따라 '두 도전부 사이의 고체 절연물 표면을 따른 최단거리'를 나타내는 명칭은?

① 전기적 간격
② 절연공간거리
③ 연면거리
④ 충전물 통과거리

> 두 도체 사이에서 절연물의 표면을 따르는 최단 거리인 연면거리와 공기 중에서 두 도체 사이의 최단 거리인 공간거리는 절연종류 및 전압에 따라 기준 거리 이상이어야 한다.

80

접지 목적에 따른 분류에서 병원설비의 의료용 전기전자(M.E)기기와 모든 금속부분 또는 도전바닥에도 접지하여 전위를 동일하게 하기 위한 접지를 무엇이라 하는가?

① 계통 접지
② 등전위 접지
③ 노이즈방지용 접지
④ 정전기 장해방지 이용 접지

> **등전위 접지**
> 병원에 설치하는 접지계통의 대표적인 사례로 환자가 사용하는 침대 등 접촉할 수 있는 모든 금속기기에 전위차가 발생하는 것을 막기 위하여 금속부분을 모두 결합시켜 접지하는 것을 말한다.

5과목 화학설비 안전 관리

81 ⭐

다음 중 고체연소의 종류에 해당하지 않는 것은?

① 표면연소
② 증발연소
③ 분해연소
④ 예혼합연소

> **고체연소의 종류**
> ① 표면연소 ② 분해연소 ③ 증발연소 ④ 자기연소

> **tip**
> 예혼합연소 : 기체연료에 연소에 필요한 공기 또는 산소를 미리 혼합하여 연소하는 현상

정답 77 ② 78 ② 79 ③ 80 ② 81 ④

82

가연성 물질을 취급하는 장치를 퍼지하고자 할 때 잘못된 것은?

① 대상 물질의 물성을 파악한다.
② 사용하는 불활성 가스의 물성을 파악한다.
③ 퍼지용 가스를 가능한 한 빠른 속도로 단시간에 다량 송입한다.
④ 장치 내부를 세정한 후 퍼지용 가스를 송입한다.

> 산소농도를 연속적으로 감시하여 최소산소농도 이상인 경우 불활성가스를 서서히 주입하여 산소농도를 최소산소농도 이하가 되도록 하여야 한다.

83

위험물질에 대한 설명 중 틀린 것은?

① 과산화나트륨에 물이 접촉하는 것은 위험하다.
② 황린은 물속에 저장한다.
③ 염소산나트륨은 물과 반응하여 폭발성의 수소기체를 발생한다.
④ 아세트알데히드는 0°C 이하의 온도에서도 인화할 수 있다.

> 염소산나트륨은 조해성이 있으며, 물에 잘 녹는 물질로 산화성 고체에 해당된다.

84

공정안전보고서 중 공정안전자료에 포함하여야 할 세부내용에 해당하는 것은?

① 비상조치계획에 따른 교육계획
② 안전운전지침서
③ 각종 건물·설비의 배치도
④ 도급업체 안전관리계획

> 공정안전자료 세부내용
> ① 취급·저장하고 있거나 취급·저장하고자 하는 유해·위험물질의 종류 및 수량
> ② 유해·위험물질에 대한 물질안전보건자료
> ③ 유해하거나 위험한 설비의 목록 및 사양
> ④ 유해하거나 위험한 설비의 운전방법을 알 수 있는 공정도면
> ⑤ 각종 건물·설비의 배치도
> ⑥ 폭발위험장소 구분도 및 전기단선도
> ⑦ 위험설비의 안전설계·제작 및 설치관련 지침서

85

디에틸에테르의 연소범위에 가장 가까운 값은?

① 2~10.4%   ② 1.9~48%
③ 2.5~15%   ④ 1.5~7.8%

> 디에틸에테르
> 제4류 위험물 중 특수인화물에 해당되며, 연소범위 1.9~48%, 인화점 -45°C로 인화성과 휘발성을 가진 무색의 액체이다.

86

공기 중에서 A 가스의 폭발하한계는 2.2vol%이다. 이 폭발하한계 값을 기준으로 하여 표준상태에서 A 가스와 공기의 혼합기체 1m³에 함유되어 있는 A 가스의 질량을 구하면 약 몇 g인가? (단, A 가스의 분자량은 26이다.)

① 19.02   ② 25.54
③ 29.02   ④ 35.54

> 폭발하한계에 의한 가스의 질량
> ① A 가스와 공기의 혼합기체 1m³ 중 A 가스의 부피
> $1000L \times \dfrac{2.2}{100} = 22L$
> ② 표준상태에서 A 가스의 분자량은 26g이므로
> $22L \times \dfrac{26g}{22.4L} = 25.536g$

87 ⭐

다음 물질 중 물에 가장 잘 용해되는 것은?

① 아세톤   ② 벤젠
③ 톨루엔   ④ 휘발유

> 아세톤은 제4류 위험물 중에서 제1석유류로 분류되며 물에 잘 녹는 무색투명한 휘발성 액체이다.

정답 82 ③ 83 ③ 84 ③ 85 ② 86 ② 87 ①

88

가스 누출감지경보기 설치에 관한 기술상의 지침으로 틀린 것은?

① 암모니아를 제외한 가연성 가스 누출감지경보기는 방폭성능을 갖는 것이어야 한다.
② 독성 가스 누출감지경보기는 해당 독성 가스 허용농도의 25% 이하에서 경보가 울리도록 설정하여야 한다.
③ 하나의 감지대상 가스가 가연성이면서 독성인 경우에는 독성 가스를 기준하여 가스 누출감지경보기를 선정하여야 한다.
④ 건축물 안에 설치되는 경우, 감지대상 가스의 비중이 공기보다 무거운 경우에는 건축물 내의 하부에 설치하여야 한다.

> 가연성 가스 누출감지경보기는 감지대상 가스의 폭발하한계 25% 이하, 독성 가스 누출감지경보기는 해당 독성 가스의 허용농도 이하에서 경보가 울리도록 설정한다.

89 ★빈출

폭발을 기상폭발과 응상폭발로 분류할 때 기상폭발에 해당되지 않는 것은?

① 분진폭발 ② 혼합가스폭발
③ 분무폭발 ④ 수증기폭발

> 기상폭발과 응상폭발
> ① 기상폭발 : 가스폭발, 분무폭발, 분진폭발, 가스분해폭발 등
> ② 응상폭발 : 수증기폭발, 증기폭발 등

90 ★빈출

다음 가스 중 가장 독성이 큰 것은?

① CO ② $COCl_2$
③ NH_3 ④ H_2

> 독성 가스의 노출기준
> ① $COCl_2$: 0.1ppm   ② NH_3 : 25ppm
> ③ CO : 30ppm   ④ H_2 : 독성이 없는 가연성 가스

91

처음 온도가 20℃인 공기를 절대압력 1기압에서 3기압으로 단열압축하면 최종온도는 약 몇 도인가? (단, 공기의 비열비 1.40이다.)

① 68℃ ② 75℃
③ 128℃ ④ 164℃

> 단열압축
> 외부와 열교환 없이 압력을 높게 하여 온도가 올라가는 현상
> $$\frac{T_2}{293} = \left(\frac{3}{1}\right)^{\frac{1.4-1}{1.4}}$$
> 그러므로, $T_2 = 401.04 - 273 = 128.04$℃

92

물질의 누출방지용으로써 접합면을 상호 밀착시키기 위하여 사용하는 것은?

① 개스킷 ② 체크밸브
③ 플러그 ④ 콕크

> 덮개 또는 밸브 등의 조치사항
> ① 접합부에서의 위험물 누출로 인한 폭발·화재 방지를 위한 개스킷(gasket) 사용 및 접합면 상호밀착 조치
> ② 밸브 등의 스위치, 누름 버튼 등에 대한 오조작 방지를 위한 개폐방향의 표시(색채 등)
> ③ 밸브 등은 개폐의 빈도, 위험물질의 종류, 온도, 농도 등에 따라 내구성 재료사용

93

건조설비의 구조를 구조부분, 가열장치, 부속설비로 구분할 때 다음 중 "부속설비"에 속하는 것은?

① 보온판 ② 열원장치
③ 소화장치 ④ 철골부

> 건조설비의 구조
>
> | 구조부분 | 몸체(철골부, 보온판, shell부 등), 내부구조, 내부에 있는 구동장치 등 |
> |---|---|
> | 가열장치 | 열원장치, 순환용 송풍기 등 |
> | 부속설비 | 환기장치, 온도조절장치, 안전장치, 소화장치, 전기설비 등 |

정답 88 ② 89 ④ 90 ② 91 ③ 92 ① 93 ③

94

에틸렌(C_2H_4)이 완전연소하는 경우 다음의 Jones식을 이용하여 계산할 경우 연소하한계는 약 몇 vol%인가?

> Jones식 : LFL = 0.55 × Cst

① 0.55
② 3.6
③ 6.3
④ 8.5

연소하한값 계산

① 완전연소 조성농도(화학양론농도)

$$Cst = \frac{100}{1 + 4.773\left(2 + \frac{4}{4}\right)} = 6.527$$

② 폭발 하한계 계산방법(Jones식) : LFL = 0.55 × Cst
③ 연소하한값 = 0.55 × 6.527 = 3.589vol%

95

[보기]의 물질을 폭발범위가 넓은 것부터 좁은 순으로 옳게 배열한 것은?

> [보기]
> H_2 C_3H_8 CH_4 CO

① CO > H_2 > C_3H_8 > CH_4
② H_2 > CO > CH_4 > C_3H_8
③ C_3H_8 > CO > CH_4 > H_2
④ CH_4 > H_2 > CO > C_3H_8

가연성 가스의 폭발범위

가연성 가스	폭발하한 값(%)	폭발상한 값(%)
메탄(CH_4)	5	15
수소(H_2)	4	75
일산화탄소(CO)	12.5	74
프로판(C_3H_8)	2.1	9.5

96

산업안전보건법령상 위험물질의 종류에서 "폭발성 물질 및 유기과산화물"에 해당하는 것은?

① 디아조화합물
② 황린
③ 알킬알루미늄
④ 마그네슘 분말

폭발성 물질 및 유기과산화물

① 질산에스테르류
② 니트로화합물
③ 니트로소화합물
④ 아조화합물
⑤ 디아조화합물
⑥ 하이드라진 유도체
⑦ 유기과산화물

97

화염방지기의 설치에 관한 사항으로 (   )에 알맞은 것은?

> 사업주는 인화성 액체 및 인화성 가스를 저장·취급하는 화학설비에서 증기나 가스를 대기로 방출하는 경우에는 외부로부터의 화염을 방지하기 위하여 화염방지기를 그 설비 (   )에 설치하여야 한다.

① 상단
② 하단
③ 중앙
④ 무게중심

통기설비 및 화염방지기 설치

① 인화성 액체를 저장·취급하는 대기압 탱크에는 통기관 또는 통기밸브(breather valve) 설치
② 인화성 액체 및 인화성 가스를 저장·취급하는 화학설비에서 증기나 가스를 대기로 방출하는 경우에는 외부로부터의 화염을 방지하기 위하여 그 설비 상단에 화염방지기 설치

98

다음 중 인화성 가스가 아닌 것은?

① 부탄
② 메탄
③ 수소
④ 산소

위험물의 종류(인화성 가스)

① 인화성 가스 : 수소, 아세틸렌, 에틸렌, 메탄, 에탄, 프로판, 부탄, 유해·위험물질 규정량에 따른 인화성 가스
② 산소는 조연성(지연성) 가스

정답 94 ② 95 ② 96 ① 97 ① 98 ④

99
반응기를 조작방식에 따라 분류할 때 해당되지 않는 것은?

① 회분식 반응기
② 반회분식 반응기
③ 연속식 반응기
④ 관형식 반응기

반응기의 분류		
조작방법에 의한 분류	① 회분식 반응기 ③ 연속식 반응기	② 반회분식 반응기
구조 방식에 의한 분류	① 교반조형 반응기 ③ 탑형 반응기	② 관형 반응기 ④ 유동층형 반응기

100
다음 중 가연성 물질과 산화성 고체가 혼합하고 있을 때 연소에 미치는 영향으로 옳은 것은?

① 착화온도(발화점)가 높아진다.
② 최소점화에너지가 감소하며, 폭발의 위험성이 증가한다.
③ 가스나 가연성 증기의 경우 공기혼합보다 연소범위가 축소된다.
④ 공기중에서보다 산화작용이 약하게 발생하여 화염온도가 감소하며 연소속도가 늦어진다.

> 산화성 고체는 일반적으로 불연성이지만 다른 물질을 산화시킬 수 있는 산소를 많이 함유하고 있어, 열, 타격, 충격, 마찰 등에 의해 많은 산소를 방출하게 되며, 가연물이 혼합하고 있을 경우 심하게 연소하며 폭발의 위험성이 증가하게 된다.

6과목 건설공사 안전 관리

101 ★빈출
건설현장에서 사용되는 작업발판 일체형 거푸집의 종류에 해당되지 않는 것은?

① 갱 폼(gang form)
② 슬립 폼(slip form)
③ 클라이밍 폼(climbing form)
④ 유로 폼(euro form)

> 작업발판 일체형 거푸집
> ① 갱 폼(gang form)
> ② 슬립 폼(slip form)
> ③ 클라이밍 폼(climbing form)
> ④ 터널 라이닝 폼(tunnel lining form)
> ⑤ 그 밖에 거푸집과 작업발판이 일체로 제작된 거푸집 등

102
콘크리트 타설작업을 하는 경우 준수하여야 할 사항으로 옳지 않은 것은?

① 당일의 작업을 시작하기 전에 해당 작업에 관한 거푸집 및 동바리 등의 변형·변위 및 지반의 침하 유무 등을 점검하고 이상이 있으면 보수할 것
② 콘크리트를 타설하는 경우에는 편심이 발생하지 않도록 골고루 분산하여 타설할 것
③ 설계도서상의 콘크리트 양생기간을 준수하여 거푸집 동바리 등을 해체할 것
④ 작업 중에는 거푸집 및 동바리 등의 변형·변위 및 침하 유무 등을 감시할 수 있는 감시자를 배치하여 이상이 있으면 작업을 중지하지 아니하고, 즉시 충분한 보강조치를 실시할 것

> 콘크리트 타설작업 시 준수사항
> ① 당일의 작업을 시작하기 전에 해당 작업에 관한 거푸집 및 동바리의 변형·변위 및 지반의 침하 유무 등을 점검하고 이상이 있으면 보수할 것
> ② 작업 중에는 감시자를 배치하는 등의 방법으로 거푸집 및 동바리의 변형·변위 및 침하 유무 등을 확인해야 하며, 이상이 있으면 작업을 중지하고 근로자를 대피시킬 것
> ③ 콘크리트 타설작업 시 거푸집 붕괴의 위험이 발생할 우려가 있으면 충분한 보강조치를 할 것
> ④ 설계도서상의 콘크리트 양생기간을 준수하여 거푸집 및 동바리를 해체할 것
> ⑤ 콘크리트를 타설하는 경우에는 편심이 발생하지 않도록 골고루 분산하여 타설할 것

tip
2023년 법령개정. 문제는 개정 전 내용이며, 해설은 개정된 내용 적용

정답 99 ④ 100 ② 101 ④ 102 ④

103
버팀보, 앵커 등의 축하중 변화상태를 측정하여 이들 부재의 지지효과 및 그 변화 추이를 파악하는 데 사용되는 계측기기는?

① water level meter
② load cell
③ piezo meter
④ strain gauge

계측장치	
변형계 (strain gauge)	흙막이 버팀대의 변형 정도를 파악하는 기기
하중계 (load cell)	흙막이 버팀대에 작용하는 토압, 어스 앵커의 인장력 등을 측정하는 기기
간극수압계 (piezo meter)	굴착으로 인한 지하의 간극수압을 측정하는 기기
지하수위계 (water level meter)	지하수의 수위변화를 측정하는 기기

104
차량계 건설기계를 사용하여 작업을 하는 경우 작업계획서 내용에 포함되지 않는 것은?

① 사용하는 차량계 건설기계의 종류 및 성능
② 차량계 건설기계의 운행경로
③ 차량계 건설기계에 의한 작업방법
④ 차량계 건설기계의 유지보수방법

작업계획서 내용
① 사용하는 차량계 건설기계의 종류 및 성능
② 차량계 건설기계의 운행경로
③ 차량계 건설기계에 의한 작업방법

105
근로자의 추락 등의 위험을 방지하기 위한 안전난간의 설치기준으로 옳지 않은 것은?

① 상부 난간대와 중간 난간대는 난간 길이 전체에 걸쳐 바닥면 등과 평행을 유지할 것
② 발끝막이판은 바닥면 등으로부터 20cm 이상의 높이를 유지할 것
③ 난간대는 지름 2.7cm 이상의 금속제 파이프나 그 이상의 강도가 있는 재료일 것
④ 안전난간은 구조적으로 가장 취약한 지점에서 가장 취약한 방향으로 작용하는 100kg 이상의 하중에 견딜 수 있는 튼튼한 구조일 것

발끝막이판은 바닥면 등으로부터 10센티미터 이상의 높이를 유지할 것 (물체가 떨어지거나 날아올 위험이 없거나 그 위험을 방지할 수 있는 망을 설치하는 등 필요한 예방조치를 한 장소 제외)

106
흙 속의 전단응력을 증대시키는 원인에 해당하지 않는 것은?

① 자연 또는 인공에 의한 지하공동의 형성
② 함수비의 감소에 따른 흙의 단위체적 중량의 감소
③ 지진, 폭파에 의한 진동 발생
④ 균열 내에 작용하는 수압 증가

함수비 증가로 단위 중량이 증가할 경우 전단응력이 증가하는 요인이 된다.

107
다음은 산업안전보건법령에 따른 항타기 또는 항발기에 권상용 와이어로프를 사용하는 경우에 준수하여야 할 사항이다. ( ) 안에 알맞은 내용으로 옳은 것은?

권상용 와이어로프는 추 또는 해머가 최저의 위치에 있을 때 또는 널말뚝을 빼내기 시작할 때를 기준으로 권상장치의 드럼에 적어도 ( ) 감기고 남을 수 있는 충분한 길이일 것

① 1회
② 2회
③ 4회
④ 6회

항타기 또는 항발기 사용 시 준수사항
① 권상용 와이어로프는 추 또는 해머가 최저의 위치에 있을 때 또는 널말뚝을 빼내기 시작할 때를 기준으로 권상장치의 드럼에 적어도 2회 감기고 남을 수 있는 충분한 길이일 것
② 권상용 와이어로프는 권상장치의 드럼에 클램프·클립 등을 사용하여 견고하게 고정할 것
③ 권상용 와이어로프에서 추·해머 등과의 연결은 클램프·클립 등을 사용하여 견고하게 할 것
④ ② 및 ③의 클램프·클립 등은 한국산업표준 제품이거나 한국산업표준이 없는 제품의 경우에는 이에 준하는 규격을 갖춘 제품을 사용할 것

정답 103 ② 104 ④ 105 ② 106 ② 107 ②

108 ⭐

산업안전보건법령에 따른 유해위험방지계획서 제출 대상 공사로 볼 수 없는 것은?

① 지상 높이가 31m 이상인 건축물의 건설공사
② 터널 건설공사
③ 깊이 10m 이상인 굴착공사
④ 다리의 전체 길이가 40m 이상인 건설공사

> 최대 지간 길이가 50미터 이상인 다리의 건설 등 공사

109 ⭐

사다리식 통로 등을 설치하는 경우 고정식 사다리식 통로의 기울기는 최대 몇 도 이하로 하여야 하는가?

① 60도
② 75도
③ 80도
④ 90도

> 사다리식 통로의 기울기는 75도 이하로 할 것. 다만, 고정식 사다리식 통로의 기울기는 90도 이하로 하고, 그 높이가 7미터 이상인 경우에는 다음의 구분에 따른 조치를 할 것
> ① 등받이울이 있어도 근로자 이동에 지장이 없는 경우 : 바닥으로부터 높이가 2.5미터 되는 지점부터 등받이울을 설치할 것
> ② 등받이울이 있으면 근로자가 이동이 곤란한 경우 : 한국산업표준에서 정하는 기준에 적합한 개인용 추락 방지 시스템을 설치하고 근로자로 하여금 한국산업표준에서 정하는 기준에 적합한 전신안전대를 사용하도록 할 것

tip
2024년 개정된 법령 적용

110

거푸집 및 동바리 구조에서 높이가 $l=3.5$m인 파이프 서포트의 좌굴하중은? (단, 상부받이판과 하부받이판은 힌지로 가정하고, 단면2차모멘트 $I=8.31$cm^4, 탄성계수 $E=2.1\times10^5$MPa)

① 14,060N
② 15,060N
③ 16,060N
④ 17,060N

> **좌굴하중(오일러 공식)**
> ① $P(좌굴하중) = \dfrac{\pi^2 EI}{(Kl)^2}$
> ② 양단이 힌지이므로 K(유효길이계수) $= 1$
> ③ $P = \dfrac{\pi^2 \times 2.1 \times 10^5 \times 83{,}100}{(1 \times 3{,}500)^2} = 14{,}059.956$N

111

하역작업 등에 의한 위험을 방지하기 위하여 준수하여야 할 사항으로 옳지 않은 것은?

① 꼬임이 끊어진 섬유로프를 화물운반용으로 사용해서는 안 된다.
② 심하게 부식된 섬유로프를 고정용으로 사용해서는 안 된다.
③ 차량 등에서 화물을 내리는 작업 시 해당 작업에 종사하는 근로자에게 쌓여 있는 화물 중간에서 화물을 빼내도록 할 경우에는 사전 교육을 철저히 한다.
④ 부두 또는 안벽의 선을 따라 통로를 설치하는 경우에는 폭을 90cm 이상으로 한다.

> 차량 등에서 화물을 내리는 작업을 하는 경우 해당 작업에 종사하는 근로자에게 쌓여 있는 화물 중간에서 화물을 빼내도록 하지 말 것

112 ⭐

추락방지용 방망 중 그물코의 크기가 5cm인 매듭 방망 신품의 인장강도는 최소 몇 kg 이상이어야 하는가?

① 60
② 110
③ 150
④ 200

방망의 인장강도

그물코의 크기 (단위 : 센티미터)	방망의 종류(단위 : 킬로그램)			
	매듭 없는 방망		매듭 방망	
	신품	폐기 시	신품	폐기 시
10	240	150	200	135
5			110	60

정답 108 ④ 109 ④ 110 ① 111 ③ 112 ②

113 ⭐

단관비계의 도괴 또는 전도를 방지하기 위하여 사용하는 벽이음의 간격기준으로 옳은 것은?

① 수직방향 5m 이하, 수평방향 5m 이하
② 수직방향 6m 이하, 수평방향 6m 이하
③ 수직방향 7m 이하, 수평방향 7m 이하
④ 수직방향 8m 이하, 수평방향 8m 이하

강관비계의 조립 간격

종류	수직방향	수평방향
단관비계	5m	5m
틀비계(높이 5m 미만 제외)	6m	8m

114

인력으로 화물을 인양할 때의 몸의 자세와 관련하여 준수하여야 할 사항으로 옳지 않은 것은?

① 한쪽 발은 들어올리는 물체를 향하여 안전하게 고정시키고 다른 발은 그 뒤에 안전하게 고정시킬 것
② 등은 항상 직립한 상태와 90도 각도를 유지하여 가능한 한 지면과 수평이 되도록 할 것
③ 팔은 몸에 밀착시키고 끌어당기는 자세를 취하며 가능한 한 수평거리를 짧게 할 것
④ 손가락으로만 인양물을 잡아서는 아니 되며 손바닥으로 인양물 전체를 잡을 것

등은 항상 직립 유지(등 또는 허리를 굽히지 말 것), 가능한 한 지면과 수직이 되도록 할 것

115

건설업의 산업안전보건관리비 사용기준에 해당되지 않는 것은?

① 안전시설비
② 안전관리자·보건관리자의 임금
③ 환경보전비
④ 안전보건교육비

산업안전보건관리비의 사용기준
① 안전관리자·보건관리자의 임금 등
② 안전시설비 등
③ 보호구 등
④ 안전보건진단비 등
⑤ 안전보건교육비 등
⑥ 근로자 건강장해예방비 등
⑦ 건설재해예방전문지도기관의 지도에 대한 대가로 지급하는 비용 등

116

유한사면에서 원형활동면에 의해 발생하는 일반적인 사면 파괴의 종류에 해당하지 않는 것은?

① 사면내파괴(Slope failure)
② 사면선단파괴(Toe failure)
③ 사면인장파괴(Tension failure)
④ 사면저부파괴(Base failure)

유한사면의 원호활동의 종류

사면선(선단)파괴	경사가 급하고 비점착성 토질
사면저부(바닥면)파괴	경사가 완만하고 점착성인 경우, 사면의 하부에 암반 또는 굳은 지층이 있을 경우
사면내파괴	견고한 지층이 얕게 있는 경우

117 ⭐

강관비계를 사용하여 비계를 구성하는 경우 준수해야 할 기준으로 옳지 않은 것은?

① 비계기둥의 간격은 띠장 방향에서는 1.85m 이하, 장선(長線) 방향에서는 1.5m 이하로 할 것
② 띠장 간격은 2.0m 이하로 할 것
③ 비계기둥의 제일 윗부분으로부터 31m 되는 지점 밑부분의 비계기둥은 2개의 강관으로 묶어 세울 것
④ 비계기둥 간의 적재하중은 600kg을 초과하지 않도록 할 것

비계기둥 간의 적재하중은 400kg을 초과하지 않도록 한다.

정답 113 ① 114 ② 115 ③ 116 ③ 117 ④

118

다음은 산업안전보건법령에 따른 화물자동차의 승강설비에 관한 사항이다. ( ) 안에 알맞은 내용으로 알맞은 것은?

> 사업주는 바닥으로부터 짐 윗면까지의 높이가 ( ) 이상인 화물자동차에 짐을 싣는 작업 또는 내리는 작업을 하는 경우에는 근로자의 추가 위험을 방지하기 위하여 해당 작업에 종사하는 근로자가 바닥과 적재함의 짐 윗면 간을 안전하게 오르내리기 위한 설비를 설치하여야 한다.

① 2m
② 4m
③ 6m
④ 8m

승강설비의 설치
바닥으로부터 짐 윗면까지의 높이가 2미터 이상인 화물자동차에 짐을 싣는 작업 또는 내리는 작업을 하는 경우 근로자의 추가 위험을 방지하기 위해 근로자가 바닥과 적재함의 짐 윗면 간을 오르내리기 위한 설비 설치

119 ⭐빈출

곤돌라형 달비계를 설치하는 경우 준수해야 할 사항으로 옳지 않은 것은?

① 지름의 감소가 공칭지름의 7퍼센트를 초과하는 와이어로프를 사용해서는 아니 된다.
② 달기 체인의 길이가 달기 체인이 제조된 때의 길이의 5퍼센트를 초과한 것을 사용해서는 아니 된다.
③ 작업발판의 재료는 뒤집히거나 떨어지지 않도록 비계의 보 등에 연결하거나 고정시켜야 한다.
④ 작업발판은 폭을 30센티미터 이상으로 하고 틈새가 없도록 하여야 한다.

> 작업발판은 폭을 40센티미터 이상으로 하고 틈새가 없도록 할 것

120

발파작업 시 암질변화 구간 및 이상암질의 출현 시 반드시 암질판별을 실시하여야 하는데, 이와 관련된 암질판별기준과 가장 거리가 먼 것은?

① R. Q. D(%)
② 탄성파 속도(m/sec)
③ 전단강도(kg/cm²)
④ R.M.R

암질판별기준
① R. Q. D(%)
② 탄성파 속도(m/sec)
③ R. M. R
④ 일축압축강도(kg/cm²)
⑤ 진동치속도(cm/sec = Kine)

정답 118 ① 119 ④ 120 ③

2022년 3월 5일 | 기출문제

1과목 산업재해 예방 및 안전보건교육

01
산업안전보건법령상 산업안전보건위원회의 구성·운영에 관한 설명 중 틀린 것은?

① 정기회의는 분기마다 소집한다.
② 위원장은 위원 중에서 호선(互選)한다.
③ 근로자대표가 지명하는 명예산업안전감독관은 근로자위원에 속한다.
④ 공사금액 100억원 이상의 건설업의 경우 산업안전보건위원회를 구성·운영해야 한다.

> 산업안전보건위원회를 구성·운영하여야 할 건설업은 공사금액 120억원 이상(토목공사업에 해당하는 공사의 경우에는 150억원 이상)이다.

02
산업안전보건법령상 잠함(潛函) 또는 잠수작업 등 높은 기압에서 작업하는 근로자의 근로시간 기준은?

① 1일 6시간, 1주 32시간 초과금지
② 1일 6시간, 1주 34시간 초과금지
③ 1일 8시간, 1주 32시간 초과금지
④ 1일 8시간, 1주 34시간 초과금지

> 높은 기압에서의 근로시간
> 유해하거나 위험한 작업으로서 근로시간이 제한되는 작업은 잠함 또는 잠수작업 등 높은 기압에서 하는 작업으로, 1일 6시간, 1주 34시간을 초과하여 근로하게 하여서는 아니 된다.

03
산업현장에서 재해발생 시 조치 순서로 옳은 것은?

① 긴급처리 → 재해조사 → 원인분석 → 대책수립
② 긴급처리 → 원인분석 → 대책수립 → 재해조사
③ 재해조사 → 원인분석 → 대책수립 → 긴급처리
④ 재해조사 → 대책수립 → 원인분석 → 긴급처리

> 재해발생 시 조치 순서
> 산업재해 발생 → 긴급처리 → 재해조사 → 원인강구 → 대책수립 → 대책실시계획 → 실시 → 평가

04
산업재해보험적용근로자 1,000명인 플라스틱 제조 사업장에서 작업 중 재해 5건이 발생하였고, 1명이 사망하였을 때 이 사업장의 사망만인율은?

① 2
② 5
③ 10
④ 20

> 사망만인율
> $$사망만인율 = \frac{사망자수}{산재보험적용근로자수} \times 10,000$$
> $$= \frac{1}{1,000} \times 10,000 = 10$$

정답 01 ④ 02 ② 03 ① 04 ③

05
안전보건교육계획 수립 시 고려사항 중 틀린 것은?

① 필요한 정보를 수집한다.
② 현장의 의견은 고려하지 않는다.
③ 지도안은 교육대상을 고려하여 작성한다.
④ 법령에 의한 교육에만 그치지 않아야 한다.

> **안전보건교육계획 수립**
> 정부 규정에 의한 교육에만 한정하여 실시하지 않고 현장의 의견을 충분히 반영하여 분야별로 다양한 교육과 각종 위험에 대한 전문적인 대책들이 필요하다.

06 ★빈출
학습지도의 형태 중 몇 사람의 전문가가 주제에 대한 견해를 발표하고 참가자로 하여금 의견을 내거나 질문을 하게 하는 토의방식은?

① 포럼(Forum)
② 심포지엄(Symposium)
③ 버즈세션(Buzz session)
④ 자유토의법(Free discussion method)

> **심포지엄(Symposium)**
> 발제자 없이 몇 사람의 전문가가 과제에 대한 견해를 발표한 뒤 참석자들로부터 질문이나 의견을 제시토록 하는 방법

07 ★빈출
산업안전보건법령상 근로자 안전보건교육 대상에 따른 교육시간 기준 중 틀린 것은?

① 사무직 종사 근로자의 정기교육 - 매 반기 6시간 이상
② 근로계약기간이 1주일 초과 1개월 이하인 기간제근로자의 채용 시 교육 - 4시간 이상
③ 건설 일용근로자의 건설업 기초안전보건교육 - 4시간 이상
④ 일용근로자 및 근로계약기간이 1주일 이하인 기간제근로자의 작업내용 변경 시 교육 - 2시간 이상

> 일용근로자 및 근로계약기간이 1주일 이하인 기간제근로자의 작업내용 변경 시 교육은 1시간 이상

> **tip**
> 2023년 법령개정. 문제 및 해설은 개정된 내용 적용

08
버드(Bird)의 신 도미노이론 5단계에 해당하지 않는 것은?

① 제어부족(관리)
② 직접원인(징후)
③ 간접원인(평가)
④ 기본원인(기원)

> **버드(Bird)의 최신의 도미노(domino) 이론**
> ① 제어의 부족(관리) → ② 기본원인(기원) → ③ 직접원인(징후) → ④ 사고(접촉) → ⑤ 상해(손실)

09 ★빈출
재해예방의 4원칙에 해당하지 않는 것은?

① 예방가능의 원칙
② 손실우연의 원칙
③ 원인연계의 원칙
④ 재해 연쇄성의 원칙

> **재해예방의 4원칙**
> ① 손실우연의 원칙
> ② 예방가능의 원칙
> ③ 원인계기의 원칙
> ④ 대책선정의 원칙

10
안전점검을 점검시기에 따라 구분할 때 다음에서 설명하는 안전점검은?

> 작업담당자 또는 해당 관리감독자가 맡고 있는 공정의 설비, 기계, 공구 등을 매일 작업 전 또는 작업 중에 일상적으로 실시하는 안전점검

① 정기점검
② 수시점검
③ 특별점검
④ 임시점검

> **수시점검(일상점검)**
> 작업 시작 전이나 사용 전 또는 작업 중에 일상적으로 실시하는 점검으로 작업담당자, 감독자가 실시하고 결과를 담당책임자가 확인

정답 05 ② 06 ② 07 ④ 08 ③ 09 ④ 10 ②

11

타일러(Tyler)의 교육과정 중 학습경험 선정의 원리에 해당하는 것은?

① 기회의 원리
② 계속성의 원리
③ 계열성의 원리
④ 통합성의 원리

학습경험 선정의 원리
① 기회의 원리 ② 만족의 원리 ③ 가능성의 원리 ④ 다활동의 원리 ⑤ 다목적 달성의 원리

tip
계속성, 계열성, 통합성의 원리는 학습경험 조직에 관련된 사항

12

주의(Attention)의 특성에 관한 설명 중 틀린 것은?

① 고도의 주의는 장시간 지속하기 어렵다.
② 한 지점에 주의를 집중하면 다른 곳의 주의는 약해진다.
③ 최고의 주의 집중은 의식의 과잉 상태에서 가능하다.
④ 여러 자극을 지각할 때 소수의 현란한 자극에 선택적 주의를 기울이는 경향이 있다.

주의의 특성	
선택성	동시에 두 개 이상의 방향에 집중하지 못하고 소수의 특정한 것에 한하여 선택한다.
변동성	고도의 주의는 장시간 지속할 수 없고 주기적으로 부주의 리듬이 존재한다.
방향성	한 지점에 주의를 집중하면 주변 다른 곳의 주의는 약해진다

13

산업재해보상보험법령상 보험급여의 종류가 아닌 것은?

① 장례비
② 간병급여
③ 직업재활급여
④ 생산손실비용

직접비와 간접비	
직접비 (법적으로 지급되는 산재보상비)	간접비 (직접비 제외한 모든 비용)
요양급여, 휴업급여, 장해급여, 간병급여, 유족급여, 직업재활급여, 장례비 등	인적손실, 물적손실, 생산손실, 임금손실, 시간손실, 신규채용비용, 기타손실 등

14

산업안전보건법령상 그림과 같은 기본 모형이 나타내는 안전·보건표지의 표시사항으로 옳은 것은? (단, L은 안전·보건표지를 인식할 수 있거나 인식해야 할 안전거리를 말한다.)

① 금지
② 경고
③ 지시
④ 안내

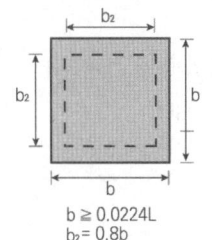

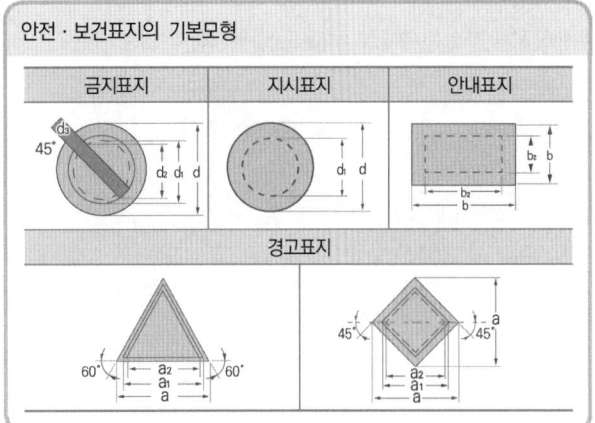

15

기업 내의 계층별 교육훈련 중 주로 관리감독자를 교육대상자로 하며 작업을 가르치는 능력, 작업방법을 개선하는 기능 등을 교육 내용으로 하는 기업 내 정형교육은?

① TWI(Training Within Industry)
② ATT(American Telephone Telegram)
③ MTP(Management Training Program)
④ ATP(Administration Training Program)

TWI(Training with industry) 교육과정
① Job Method Training(J. M. T) : 작업방법훈련(작업개선법) ② Job Instruction Training(J. I. T) : 작업지도훈련(작업지도법) ③ Job Relations Training(J. R. T) : 인간관계훈련(부하통솔법) ④ Job Safety Training(J. S. T) : 작업안전훈련(안전관리법)

정답 11 ① 12 ③ 13 ④ 14 ④ 15 ①

16

사회행동의 기본 형태가 아닌 것은?

① 모방 ② 대립
③ 도피 ④ 협력

사회행동의 기본 형태
① 협력 ② 대립 ③ 도피 ④ 융합

17 빈출

위험예지훈련의 문제해결 4라운드에 해당하지 않는 것은?

① 현상파악 ② 본질추구
③ 대책수립 ④ 원인결정

위험예지훈련의 4라운드 진행법
① 1라운드 : 현상파악 ② 2라운드 : 본질추구 ③ 3라운드 : 대책수립 ④ 4라운드 : 목표설정

18

바이오리듬(생체리듬)에 관한 설명 중 틀린 것은?

① 안정기(+)와 불안정기(-)의 교차점을 위험일이라 한다.
② 감성적 리듬은 33일을 주기로 반복하며, 주의력, 예감 등과 관련되어 있다.
③ 지성적 리듬은 "I"로 표시하며 사고력과 관련이 있다.
④ 육체적 리듬은 신체적 컨디션의 율동적 발현, 즉 식욕·활동력 등과 밀접한 관계를 갖는다.

바이오리듬(생체리듬)의 종류 및 특징	
육체적(신체적) 리듬 (Physical cycle)	몸의 물리적인 상태를 나타내는 리듬으로 질병에 저항하는 면역력, 각종 체내 기관의 기능, 외부환경에 대한 신체의 반사작용 등을 알아 볼 수 있는 척도로서 23일의 주기
감성적 리듬 (Sensitivity cycle)	기분이나 신경 계통의 상태를 나타내는 리듬으로 창조력, 대인관계, 감정의 기복 등을 알아 볼 수 있으며 28일의 주기
지성적 리듬 (Intellectual cycle)	집중력, 기억력, 논리적인 사고력, 분석력 등의 기복을 나타내는 리듬으로 주로 두뇌활동과 관련되며 33일의 주기

19

운동의 시지각(착각현상) 중 자동운동이 발생하기 쉬운 조건에 해당하지 않는 것은?

① 광점이 작은 것
② 대상이 단순한 것
③ 광의 강도가 큰 것
④ 시야의 다른 부분이 어두운 것

자동운동
① 암실 내에 정지된 작은 광점이나 밤하늘의 별들을 응시하면 움직이는 것처럼 보이는 현상 ② 발생하기 쉬운 조건 　㉠ 광점이 작을수록 　㉡ 시야의 다른 부분이 어두울수록 　㉢ 광의 강도가 작을수록 　㉣ 대상이 단순할수록

20 빈출

보호구 안전인증 고시상 안전인증 방독마스크의 정화통 종류와 외부 측면의 표시색이 잘못 연결된 것은?

① 할로겐용 – 회색
② 황화수소용 – 회색
③ 암모니아용 – 회색
④ 시안화수소용 – 회색

방독마스크 정화통 외부 측면의 표시색					
유기 화합물용	할로겐용	황화 수소용	시안화 수소용	아황 산용	암모 니아용
갈색	회색	회색	회색	노란색	녹색

정답 16 ① 17 ④ 18 ② 19 ③ 20 ③

2과목　인간공학 및 위험성 평가·관리

21 ⭐

인간공학적 연구에 사용되는 기준척도의 요건 중 다음 설명에 해당하는 것은?

> 기준척도는 측정하고자 하는 변수 외의 다른 변수들의 영향을 받아서는 안 된다.

① 신뢰성　　　② 적절성
③ 검출성　　　④ 무오염성

> **기준척도의 요건**
> ① 적절성 : 기준이 의도된 목적에 적합하다고 판단되는 정도
> ② 무오염성 : 측정하고자 하는 변수 외의 영향이 없도록
> ③ 신뢰성 : 척도의 신뢰성, 즉 반복성
> ④ 민감도 : 피실험자 사이에서 볼 수 있는 예상 차이점에 비례하는 단위로 측정 가능

22

그림과 같은 시스템에서 부품 A, B, C, D의 신뢰도가 모두 r로 동일할 때 이 시스템의 신뢰도는?

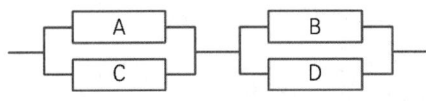

① $r(2-r^2)$　　　② $r^2(2-r)^2$
③ $r^2(2-r^2)$　　　④ $r^2(2-r)$

> **시스템의 성능 신뢰도 계산**
> $R_s = \{1-(1-r)(1-r)\} \times \{1-(1-r)(1-r)\}$
> $\quad = r^2(2-r)^2$

23

서브 시스템 분석에 사용되는 분석방법으로 시스템 수명주기에서 ㉠에 들어갈 위험분석기법은?

① PHA
② FHA
③ FTA
④ ETA

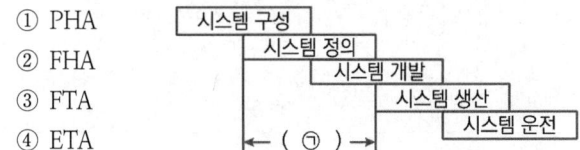

> **Fault Hazard Analysis(FHA)의 정의**
> 복잡한 시스템에서는 몇 개의 공동 계약자가 서브 시스템을 분담하고 통합 계약업자가 그것을 통합하는 경우가 있는데 FHA는 이런 경우의 서브 시스템의 분석에 사용되는 분석법으로 시스템 정의단계에 실시한다.

24

정신적 작업부하에 관한 생리적 척도에 해당하지 않는 것은?

① 근전도　　　② 뇌파도
③ 부정맥지수　　　④ 점멸융합주파수

> **정신적 작업부하에 관한 생리적 측정치**
> ① 부정맥지수
> ② 점멸융합주파수
> ③ 기타 정신부하에 관한 생리적 측정치(눈꺼풀의 깜박임율, 동공지름, 뇌파도 등)

25

A사의 안전관리자는 자사 화학설비의 안전성 평가를 실시하고 있다. 그중 제2단계인 정성적 평가를 진행하기 위하여 평가항목을 설계관계 대상과 운전관계 대상으로 분류하였을 때 설계관계 항목이 아닌 것은?

① 건조물　　　② 공장 내 배치
③ 입지조건　　　④ 원재료, 중간제품

> **정성적 평가**
> ① 설계관계 : 입지조건, 공장 내의 배치, 건조물, 소방용 설비 등
> ② 운전관계 : 원재료, 중간제품 등의 위험성, 프로세스의 운전조건 수송, 저장 등에 대한 안전대책, 프로세스기기의 선정요건

정답　　21 ④　22 ②　23 ②　24 ①　25 ④

26
불(Boole) 대수의 관계식으로 틀린 것은?

① $A + \bar{A} = 1$ ② $A + AB = A$
③ $A(A + B) = A + B$ ④ $A + \bar{A}B = A + B$

불 대수의 대수법칙	
동정법칙	$A + A = A$, $AA = A$
교환법칙	$AB = BA$, $A + B = B + A$
흡수법칙	$A(AB) = (AA)B = AB$ $A + AB = A \cup (A \cap B) = (A \cup A) \cap (A \cup B)$ $= A \cap (A \cup B) = A$ $A(A + B) = AA + AB = A + AB = A$
분배법칙	$A(B + C) = AB + AC$, $A + BC = (A + B) \cdot (A + C)$
결합법칙	$A(BC) = (AB)C$, $A + (B + C) = (A + B) + C$

27
인간공학의 목표와 거리가 가장 먼 것은?

① 사고 감소 ② 생산성 증대
③ 안전성 향상 ④ 근골격계질환 증가

인간공학의 목표
① 안전성 향상 및 사고예방 ② 작업능률(에러 감소) 및 생산성 증대 ③ 작업환경의 쾌적성

28
통화이해도 척도로서 통화이해도에 영향을 주는 잡음의 영향을 추정하는 지수는?

① 명료도 지수 ② 통화 간섭 수준
③ 이해도 점수 ④ 통화 공진 수준

통화이해도 측정 방법
① 송화자료를 수화자에게 전송하는 실험 ② 명료도 지수의 사용 : 옥타브대의 음성과 잡음의 dB값에 가중치를 곱하여 합계를 구하는 방법 ③ 이해도 점수 : 송화 내용 중에서 알아듣고 인식한 비율(%) ④ 통화 간섭 수준(SIL) : 통화이해도에 끼치는 잡음의 영향을 추정하는 지수

29
예비위험분석(PHA)에서 식별된 사고의 범주가 아닌 것은?

① 중대(critical) ② 한계적(marginal)
③ 파국적(catastrophic) ④ 수용가능(acceptable)

식별된 사고의 4가지 범주(카테고리)	
파국적	인원의 사망 또는 중상, 또는 완전한 시스템 손실
중대(위기)	인원의 상해 또는 중대한 시스템의 손상으로 인원이나 시스템 생존을 위해 즉시 시정조치 필요
한계적	인원의 상해 또는 중대한 시스템의 손상 없이 배제 또는 제어 가능
무시가능	인원의 손상이나 시스템의 손상은 초래하지 않음

30
어떤 결함수를 분석하여 minimal cut set을 구한 결과 다음과 같았다. 각 기본사상의 발생확률을 q_i i, θ = 1, 2, 3이라 할 때 정상사상의 발생확률함수로 옳은 것은?

$$k_1 = [1, 2], \ k_2 = [1, 3], \ k_3 = [2, 3]$$

① $q_1 q_2 + q_1 q_2 - q_2 q_3$
② $q_1 q_2 + q_1 q_3 - q_2 q_3$
③ $q_1 q_2 + q_1 q_3 + q_2 q_3 - q_1 q_2 q_3$
④ $q_1 q_2 + q_1 q_3 + q_2 q_3 - 2 q_1 q_2 q_3$

정상사상의 발생확률
$1 - (1 - q_1 q_2)(1 - q_1 q_3)(1 - q_2 q_3) = q_1 q_2 + q_1 q_3 + q_2 q_3 - 2 q_1 q_2 q_3$

31
반사경 없이 모든 방향으로 빛을 발하는 점광원에서 3m 떨어진 곳의 조도가 300lux라면 2m 떨어진 곳에서 조도(lux)는?

① 375 ② 675
③ 875 ④ 975

조도
조도 = $\dfrac{광도}{거리^2}$ ① 광도 = $300 \times 9 = 2,700$(cd) ② 조도 = $\dfrac{2,700}{2^2} = 676$(lux)

정답 26 ③ 27 ④ 28 ② 29 ④ 30 ④ 31 ②

32

근골격계부담작업의 범위 및 유해요인조사 방법에 관한 고시상 근골격계부담작업에 해당하지 않는 것은? (단, 상시작업을 기준으로 한다.)

① 하루에 10회 이상 25kg 이상의 물체를 드는 작업
② 하루에 총 2시간 이상 쪼그리고 앉거나 무릎을 굽힌 자세에서 이루어지는 작업
③ 하루에 총 2시간 이상 시간당 5회 이상 손 또는 무릎을 사용하여 반복적으로 충격을 가하는 작업
④ 하루에 4시간 이상 집중적으로 자료입력 등을 위해 키보드 또는 마우스를 조작하는 작업

> 하루에 총 2시간 이상 시간당 10회 이상 손 또는 무릎을 사용하여 반복적으로 충격을 가하는 작업

33

시각적 식별에 영향을 주는 각 요소에 대한 설명 중 틀린 것은?

① 조도는 광원의 세기를 말한다.
② 휘도는 단위면적당 표면에 반사 또는 방출되는 광량을 말한다.
③ 반사율은 물체의 표면에 도달하는 조도와 광도의 비를 말한다.
④ 광도 대비란 표적의 광도와 배경의 광도의 차이를 배경 광도로 나눈 값을 말한다.

> **조도**
> ① 물체의 표면에 도달하는 빛의 밀도로 단위는 lux를 사용하며, 거리가 멀수록 역자승 법칙에 의해 감소한다.
> ② 조도는 거리의 제곱에 반비례하고, 광도에 비례한다.

34 빈출

부품배치의 원칙 중 기능적으로 관련된 부품들을 모아서 배치한다는 원칙은?

① 중요성의 원칙
② 사용빈도의 원칙
③ 사용순서의 원칙
④ 기능별 배치의 원칙

> **부품배치의 원칙**
>
> | | |
> |---|---|
> | 중요성의 원칙 | 목표달성에 긴요한 정도에 따른 우선순위 |
> | 사용빈도의 원칙 | 사용되는 빈도에 따른 우선순위 |
> | 기능별 배치의 원칙 | 기능적으로 관련된 부품들을 모아서 배치 |
> | 사용순서의 원칙 | 순서적으로 사용되는 장치들을 순서에 맞게 배치 |

35

HAZOP 분석기법의 장점이 아닌 것은?

① 학습 및 적용이 쉽다.
② 기법 적용에 큰 전문성을 요구하지 않는다.
③ 짧은 시간에 저렴한 비용으로 분석이 가능하다.
④ 다양한 관점을 가진 팀 단위 수행이 가능하다.

> HAZOP는 많은 인력과 시간이 소요되며 다수의 전문가 참여가 요구된다는 단점이 있다.

36 빈출

태양광이 내리쬐지 않는 옥내의 습구흑구 온도지수(WBGT) 산출식은?

① 0.6 × 자연습구온도 + 0.3 × 흑구온도
② 0.7 × 자연습구온도 + 0.3 × 흑구온도
③ 0.6 × 자연습구온도 + 0.4 × 흑구온도
④ 0.7 × 자연습구온도 + 0.4 × 흑구온도

> **습구흑구 온도지수 (WBGT)**
> ① 옥외(태양광선이 내리쬐는 장소) : WBGT(℃) = 0.7 × 자연습구온도 + 0.2 × 흑구온도 + 0.1 × 건구온도
> ② 옥내 또는 옥외(태양광선이 내리쬐지 않는 장소) : WBGT(℃) = 0.7 × 자연습구온도 + 0.3 × 흑구온도

정답 32 ③ 33 ① 34 ④ 35 ③ 36 ②

37
FTA에서 사용되는 논리게이트 중 입력과 반대되는 현상으로 출력되는 것은?

① 부정 게이트
② 억제 게이트
③ 배타적 OR 게이트
④ 우선적 AND 게이트

게이트 기호

  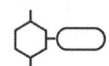

(a) AND 게이트 (b) OR 게이트 (c) 억제 게이트 (d) 부정 게이트

① AND 게이트에는 「·」를, OR 게이트에는 「+」를 표기하는 경우도 있음
② 억제(제어) 게이트 : 수정기호를 병용해서 게이트 역할
③ 부정 게이트 : 입력사상의 반대사상이 출력

38
부품고장이 발생하여도 기계가 추후 보수될 때까지 안전한 기능을 유지할 수 있도록 하는 기능은?

① fail - soft
② fail - active
③ fail - operational
④ fail - passive

---
fail safe의 기능면에서의 분류

fail - passive	부품이 고장 났을 경우 통상기계는 정지하는 방향으로 이동(일반적인 산업기계)
fail - active	부품이 고장 났을 경우 기계는 경보를 울리는 가운데 짧은 시간 동안 운전 가능
fail - operational	부품의 고장이 있더라도 기계는 추후 보수가 이루어질 때까지 안전한 기능 유지(병렬구조 등으로 되어 있으며 운전상 가장 선호하는 방법)

39
양립성의 종류가 아닌 것은?

① 개념의 양립성
② 감성의 양립성
③ 운동의 양립성
④ 공간의 양립성

양립성의 종류

공간적(spatial) 양립성	표시장치나 조정장치에서 물리적 형태 및 공간적 배치
운동(movement) 양립성	표시장치의 움직이는 방향과 조정장치의 방향이 사용자의 기대와 일치
개념적(conceptual) 양립성	이미 사람들이 학습을 통해 알고 있는 개념적 연상
양식(modality) 양립성	직무에 알맞은 자극과 응답의 양식의 존재에 대한 양립성

40
James Reason의 원인적 휴먼에러 종류 중 다음 설명의 휴먼에러 종류는?

> 자동차가 우측 운행하는 한국의 도로에 익숙해진 운전자가 좌측 운행을 해야 하는 일본에서 우측 운행을 하다가 교통사고를 냈다.

① 고의사고(Violation)
② 숙련 기반 에러(Skill based error)
③ 규칙 기반 착오(Rule based mistake)
④ 지식 기반 착오(Knowledge based mistake)

규칙 기반 착오

사전에 정해진 규칙이나 절차에 따라 행동하는 것을 규칙 기반 행동이라 하는데, 규칙을 잘못 기억하고 있거나 주어진 상황에 맞지 않게 적용하여 발생하는 에러를 규칙 기반 착오라고 한다.

정답 37 ① 38 ③ 39 ② 40 ③

3과목 기계·기구 및 설비 안전 관리

41
산업안전보건법령상 사업주가 진동작업을 하는 근로자에게 충분히 알려야 할 사항과 거리가 가장 먼 것은?

① 인체에 미치는 영향과 증상
② 진동기계·기구 관리 및 사용방법
③ 보호구 선정과 착용방법
④ 진동재해 시 비상연락체계

> 진동작업 유해성 등의 주지
> ① 인체에 미치는 영향과 증상
> ② 보호구의 선정과 착용방법
> ③ 진동기계·기구 관리 및 사용방법
> ④ 진동장해 예방방법

42
산업안전보건법령상 크레인에 전용탑승설비를 설치하고 근로자를 달아 올린 상태에서 작업에 종사시킬 경우 근로자의 추락 위험을 방지하기 위하여 실시해야 할 조치사항으로 적합하지 않은 것은?

① 승차석 외의 탑승 제한
② 안전대나 구명줄의 설치
③ 탑승설비의 하강 시 동력하강방법을 사용
④ 탑승설비가 뒤집히거나 떨어지지 않도록 필요한 조치

> 전용탑승설비 설치 시 추락 위험 방지
> ① 탑승설비가 뒤집히거나 떨어지지 않도록 필요한 조치를 할 것
> ② 안전대나 구명줄을 설치하고, 안전난간을 설치할 수 있는 구조이면 안전난간을 설치할 것
> ③ 탑승설비를 하강시킬 때에는 동력하강방법으로 할 것

43 ★
연삭기에서 숫돌의 바깥지름이 150mm일 경우 평형플랜지 지름은 몇 mm 이상이어야 하는가?

① 30   ② 50
③ 60   ④ 90

> 플랜지의 직경
> ① 숫돌직경의 1/3 이상인 것을 사용하며 양쪽을 모두 같은 크기로 할 것
> ② $150 \times \dfrac{1}{3} = 50(\text{mm})$

44
플레이너 작업 시의 안전대책이 아닌 것은?

① 베드 위에 다른 물건을 올려놓지 않는다.
② 바이트는 되도록 짧게 나오도록 설치한다.
③ 프레임 내의 피트(pit)에는 뚜껑을 설치한다.
④ 칩 브레이커를 사용하여 칩이 길게 되도록 한다.

> 칩 브레이커 선반에서 절삭가공 시 발생하는 칩을 짧게 끊어지도록 공구에 설치되어 있는 방호장치

45
양중기 과부하방지장치의 일반적인 공통사항에 대한 설명 중 부적합한 것은?

① 과부하방지장치와 타 방호장치는 기능에 서로 장애를 주지 않도록 부착할 수 있는 구조이어야 한다.
② 방호장치의 기능을 변형 또는 보수할 때 양중기의 기능도 동시에 정지할 수 있는 구조이어야 한다.
③ 과부하방지장치에는 정상동작상태의 녹색램프와 과부하 시 경고 표시를 할 수 있는 붉은색램프와 경보음을 발하는 장치 등을 갖추어야 하며, 양중기 운전자가 확인할 수 있는 위치에 설치해야 한다.
④ 과부하방지장치 작동 시 경보음과 경보램프가 작동되어야 하며 양중기는 작동이 되지 않아야 한다. 다만, 크레인은 과부하 상태 해지를 위하여 권상된 만큼 권하시킬 수 있다.

> 방호장치의 기능을 제거 또는 정지할 때 양중기의 기능도 동시에 정지할 수 있는 구조이어야 한다.

> 정답 41 ④ 42 ① 43 ② 44 ④ 45 ②

46

산업안전보건법령상 프레스 작업시작 전 점검해야 할 사항에 해당하는 것은?

① 와이어로프가 통하고 있는 곳 및 작업장소의 지반상태
② 하역장치 및 유압장치 기능
③ 권과방지장치 및 그 밖의 경보장치의 기능
④ 1행정 1정지기구·급정지장치 및 비상정지장치의 기능

> **프레스 작업시작 전 점검사항**
> ① 클러치 및 브레이크의 기능
> ② 크랭크축·플라이휠·슬라이드·연결봉 및 연결나사의 풀림 유무
> ③ 1행정 1정지기구·급정지장치 및 비상정지장치의 기능
> ④ 슬라이드 또는 칼날에 의한 위험방지 기구의 기능
> ⑤ 프레스의 금형 및 고정볼트 상태
> ⑥ 방호장치의 기능
> ⑦ 전단기의 칼날 및 테이블의 상태

47 ★빈출

방호장치를 분류할 때는 크게 위험장소에 대한 방호장치와 위험원에 대한 방호장치로 구분할 수 있는데, 다음 중 위험장소에 대한 방호장치가 아닌 것은?

① 격리형 방호장치
② 접근거부형 방호장치
③ 접근반응형 방호장치
④ 포집형 방호장치

> **포집형 방호장치**
> 위험원에 대한 방호장치로서 연삭숫돌이나 목재가공기계의 칩이 비산할 경우 이를 방지하고 안전하게 칩을 포집하는 방법

48

산업안전보건법령상 목재가공용 기계에 사용되는 방호장치의 연결이 옳지 않은 것은?

① 둥근톱기계 : 톱날접촉예방장치
② 띠톱기계 : 날접촉예방장치
③ 모떼기기계 : 날접촉예방장치
④ 동력식 수동대패기계 : 반발예방장치

> 동력식 수동대패기계의 방호장치는 날접촉방지장치이다.

49

다음 중 금속 등의 도체에 교류를 통한 코일을 접근시켰을 때, 결함이 존재하면 코일에 유기되는 전압이나 전류가 변하는 것을 이용한 검사방법은?

① 자분 탐상검사
② 초음파 탐상검사
③ 와류 탐상검사
④ 침투형광 탐상검사

> **와류 탐상검사**
> 교류가 흐르는 코일을 전도체인 시험체에 가까이 하여 시험체 내에 와전류를 유도시키고 불연속부에 의한 와전류의 변화를 관찰함으로써 시험체에 존재하는 결함의 유무, 재질의 변화 등을 검출하는 방법

50 ★빈출

산업안전보건법령상에서 정한 양중기의 종류에 해당하지 않는 것은?

① 크레인[호이스트(hoist)를 포함한다]
② 도르래
③ 곤돌라
④ 승강기

> **양중기의 종류**
> ① 크레인(호이스트 포함)
> ② 이동식 크레인
> ③ 리프트[이삿짐운반용 리프트(적재하중이 0.1톤 이상인 것으로 한정)]
> ④ 곤돌라
> ⑤ 승강기[화물용 엘리베이터(적재용량이 300킬로그램 미만인 것은 제외)]

51

롤러의 급정지를 위한 방호장치를 설치하고자 한다. 앞면 롤러 직경이 36cm이고, 분당회전속도가 50rpm이라면 급정지거리는 약 얼마 이내이어야 하는가? (단, 무부하동작에 해당한다.)

① 45cm
② 50cm
③ 55cm
④ 60cm

> **롤러의 급정지거리**
> ① 표면속도분(V) = $\dfrac{\pi \times 360 \times 50}{1,000}$ = 56.52m/분
> ② 성능조건 : 30m/분 이상이므로 앞면 롤러 원주의 1/2.5 이내
> ③ 앞면 롤러 원주 : 36 × 3.14 = 113.04mm
> ④ 급정지거리 : 113.04 × $\dfrac{1}{2.5}$ = 45.216mm

정답 46 ④ 47 ④ 48 ④ 49 ③ 50 ② 51 ①

52
다음 중 금형 설치·해체작업의 일반적인 안전사항으로 틀린 것은?

① 고정볼트는 고정 후 가능하면 나사산을 3~4개 정도 짧게 남겨 슬라이드 면과의 사이에 협착이 발생하지 않도록 해야 한다.
② 금형 고정용 브래킷(물림판)을 고정시킬 때 고정용 브래킷은 수평이 되게 하고, 고정볼트는 수직이 되게 고정하여야 한다.
③ 금형을 설치하는 프레스의 T홈 안길이는 설치 볼트 직경 이하로 한다.
④ 금형의 설치용구는 프레스의 구조에 적합한 형태로 한다.

> **금형 설치·해체작업의 일반적인 안전사항**
> ① 금형의 설치용구는 프레스의 구조에 적합한 형태로 한다.
> ② 금형을 설치하는 프레스의 T홈 안길이는 설치 볼트 직경의 2배 이상으로 한다.
> ③ 고정볼트는 고정 후 가능하면 나사산을 3~4개 정도 짧게 남겨 슬라이드 면과의 사이에 협착이 발생하지 않도록 해야 한다.
> ④ 금형 고정용 브래킷(물림판)을 고정시킬 때 고정용 브래킷은 수평이 되게 하고 고정볼트는 수직이 되게 고정하여야 한다.

53
산업안전보건법령상 보일러에 설치하는 압력방출장치에 대하여 검사 후 봉인에 사용되는 재료로 가장 적합한 것은?

① 납 ② 주석
③ 구리 ④ 알루미늄

> **압력방출장치**
> 매년 1회 이상 교정을 받은 압력계를 이용하여 설정압력에서 압력방출장치가 적정하게 작동하는지를 검사한 후 납으로 봉인

54 빈출
슬라이드가 내려옴에 따라 손을 쳐내는 막대가 좌우로 왕복하면서 위험점으로부터 손을 보호하여 주는 프레스의 안전장치는?

① 수인식 방호장치
② 양손조작식 방호장치
③ 손쳐내기식 방호장치
④ 게이트 가드식 방호장치

> **손쳐내기식(push away, sweep guard)**
> ① 슬라이드에 캠 등으로 연결된 손쳐내기식 봉에 의해 위험한계 내의 손을 쳐내는 방식
> ② SPM 100 이하, 슬라이드 행정길이 약 40mm 이상의 프레스에 사용 가능

55
산업안전보건법령에 따라 사업주는 근로자가 안전하게 통행할 수 있도록 통로에 얼마 이상의 채광 또는 조명시설을 하여야 하는가?

① 50럭스 ② 75럭스
③ 90럭스 ④ 100럭스

> **통로의 안전기준**
> ① 통로의 주요한 부분에는 통로 표시를 할 것
> ② 통로의 조명 : 75럭스 이상의 채광 또는 조명시설

56 빈출
산업안전보건법령상 다음 중 보일러의 방호장치와 가장 거리가 먼 것은?

① 언로드밸브 ② 압력방출장치
③ 압력제한스위치 ④ 고저수위 조절장치

> **보일러 방호장치**
> ① 고저수위 조절장치 ② 압력방출장치
> ③ 압력제한스위치 ④ 화염검출기

57 빈출
다음 중 롤러기 급정지장치의 종류가 아닌 것은?

① 어깨조작식 ② 손조작식
③ 복부조작식 ④ 무릎조작식

> **급정지장치의 종류와 설치위치**
> ① 손조작식 : 밑면에서 1.8m 이내
> ② 복부조작식 : 밑면에서 0.8~1.1m 이내
> ③ 무릎조작식 : 밑면에서 0.4~0.6m 이내

정답 52 ③ 53 ① 54 ③ 55 ② 56 ① 57 ①

58

산업안전보건법령에 따라 레버풀러(lever puller) 또는 체인블록(chain block)을 사용하는 경우 훅의 입구(hook mouth) 간격이 제조자가 제공하는 제품사양서 기준으로 몇 % 이상 벌어진 것은 폐기하여야 하는가?

① 3
② 5
③ 7
④ 10

> **레버풀러(lever puller) 또는 체인블록(chain block) 사용 시 준수사항**
> ① 레버풀러 작업 중 훅이 빠져 튕길 우려가 있을 경우에는 훅을 대상물에 직접 걸지 말고 피벗클램프(pivot clamp)나 러그(lug)를 연결하여 사용할 것
> ② 레버풀러의 레버에 파이프 등을 끼워서 사용하지 말 것
> ③ 체인블록의 상부 훅(top hook)은 인양하중에 충분히 견디는 강도를 갖고, 정확히 지탱될 수 있는 곳에 걸어서 사용할 것
> ④ 훅의 입구(hook mouth) 간격이 제조자가 제공하는 제품사양서 기준으로 10퍼센트 이상 벌어진 것은 폐기할 것

59

컨베이어(conveyor) 역전방지장치의 형식을 기계식과 전기식으로 구분할 때 기계식에 해당하지 않는 것은?

① 라쳇식
② 밴드식
③ 슬러스트식
④ 롤러식

> **역전방지장치의 형식**
> ① 기계적인 것 : 라쳇식, 롤러식, 밴드식, 웜기어 등
> ② 전기적인 것 : 전기브레이크, 슬러스트브레이크 등

60

다음 중 연삭숫돌의 3요소가 아닌 것은?

① 결합제
② 입자
③ 저항
④ 기공

> **연삭숫돌의 구성요소**
> ① 숫돌입자 ② 결합제 ③ 기공

4과목 전기설비 안전 관리

61

다음 ( ) 안의 알맞은 내용을 나타낸 것은?

> 폭발성 가스의 폭발등급 측정에 사용되는 표준용기는 내용적이 (㉮)cm³, 반구상의 플렌지 접합면의 안길이 (㉯)mm의 구상용기의 틈새를 통과시켜 화염일주한계를 측정하는 장치이다.

① ㉮ 600 ㉯ 0.4
② ㉮ 1,800 ㉯ 0.6
③ ㉮ 4,500 ㉯ 8
④ ㉮ 8,000 ㉯ 25

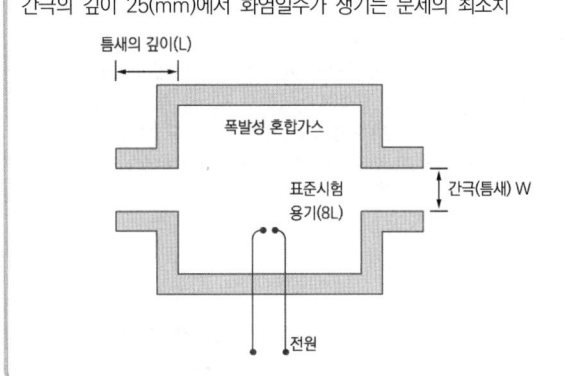

62

다음 차단기는 개폐기구가 절연물의 용기 내에 일체로 조립한 것으로 과부하 및 단락사고 시에 자동적으로 전로를 차단하는 장치는?

① OS
② VCB
③ MCCB
④ ACB

> **배선용차단기(MCCB)**
> 과전류에 대하여 자동차단하는 브레이크를 내장한 것으로 과부하 및 단락 등의 이상상태 시 자동으로 전류를 차단하는 기구(몰드된 절연함 속에 넣어 소형화)

정답 58 ④ 59 ③ 60 ③ 61 ④ 62 ③

63

한국전기설비규정에 따라 보호등전위본딩 도체로서 주접지단자에 접속하기 위한 등전위본딩 도체(구리 도체)의 단면적은 몇 mm² 이상이어야 하는가? (단, 등전위본딩 도체는 설비 내에 있는 가장 큰 보호접지 도체 단면적의 1/2 이상의 단면적을 가지고 있다.)

① 2.5
② 6
③ 16
④ 50

보호등전위본딩 도체

주접지단자에 접속하기 위한 등전위본딩 도체는 설비 내에 있는 가장 큰 보호접지 도체 단면적의 1/2 이상의 단면적을 가져야 하고 다음의 단면적 이상이어야 한다.
① 구리 도체 6mm²
② 알루미늄 도체 16mm²
③ 강철 도체 50mm²

64 빈출

저압전로의 절연성능 시험에서 전로의 사용전압이 380V인 경우 전로의 전선 상호 간 및 전로와 대지 사이의 절연저항은 최소 몇 MΩ 이상이어야 하는가?

① 0.1
② 0.3
③ 0.5
④ 1.0

저압전로의 절연성능

전로의 사용전압(V)	DC 시험전압(V)	절연저항(MΩ 이상)
SELV 및 PELV	250	0.5
FELV, 500V 이하	500	1.0
500V 초과	1,000	1.0

[주] 특별저압(Extra Low Voltage : 2차 전압이 AC 50V, DC 120V 이하)으로 SELV(비접지회로구성) 및 PELV(접지회로 구성)은 1차와 2차가 전기적으로 절연된 회로, FELV는 1차와 2차가 전기적으로 절연되지 않은 회로

65 빈출

전격의 위험을 결정하는 주된 인자로 가장 거리가 먼 것은?

① 통전전류
② 통전시간
③ 통전경로
④ 접촉전압

전격위험 인자

1차적 위험요소	① 통전전류의 크기 ② 통전시간 ③ 통전경로 ④ 전원의 종류
2차적 위험요소	① 인체의 조건 ② 접촉전압 ③ 계절

66

교류 아크 용접기의 허용사용률(%)은? (단, 정격사용률은 10%, 2차 정격전류는 500A, 교류 아크 용접기의 사용전류는 250A이다.)

① 30
② 40
③ 50
④ 60

교류 아크용접기의 허용사용률

$$허용사용률(\%) = \frac{정격2차전류^2}{실제용접전류^2} \times 정격사용률(\%)$$
$$= \frac{500^2}{250^2} \times 10(\%) = 40(\%)$$

67

내압 방폭구조의 필요충분조건에 대한 사항으로 틀린 것은?

① 폭발화염이 외부로 유출되지 않을 것
② 습기침투에 대한 보호를 충분히 할 것
③ 내부에서 폭발한 경우 그 압력에 견딜 것
④ 외함의 표면온도가 외부의 폭발성 가스를 점화하지 않을 것

내압 방폭구조(d)

① 용기내부에서 폭발성 가스 또는 증기가 폭발하였을 때 용기가 그 압력에 견디며 또한 접합면, 개구부 등을 통하여 외부의 폭발성 가스증기에 인화되지 않도록 한 구조
② 전폐형으로 내부에서의 가스 등의 폭발압력에 견디고 그 주위의 폭발 분위기하의 가스 등에 점화되지 않도록 하는 방폭구조
③ 폭발 후에는 크레아런스가 있어 고온의 가스를 서서히 방출시킴으로 냉각

정답 63 ② 64 ④ 65 ④ 66 ② 67 ②

68

다음 중 전동기를 운전하고자 할 때 개폐기의 조작 순서로 옳은 것은?

① 메인 스위치 → 분전반 스위치 → 전동기용 개폐기
② 분전반 스위치 → 메인 스위치 → 전동기용 개폐기
③ 전동기용 개폐기 → 분전반 스위치 → 메인 스위치
④ 분전반 스위치 → 전동기용 스위치 → 메인 스위치

> 전동기 운전을 위한 개폐기의 조작 순서는 '메인 스위치 → 분전반 스위치 → 전동기용 개폐기' 순서로 한다.

69

다음 빈칸에 들어갈 내용으로 알맞은 것은?

> 교류 특고압 가공전선로에서 발생하는 극저주파 전자계는 지표상 1m에서 전계가 (ⓐ), 자계가 (ⓑ)가 되도록 시설하는 등 상시 정전유도 및 전자유도 작용에 의하여 사람에게 위험을 줄 우려가 없도록 시설하여야 한다.

① ⓐ 0.35kV/m 이하   ⓑ 0.833μT 이하
② ⓐ 3.5kV/m 이하   ⓑ 8.33μT 이하
③ ⓐ 3.5kV/m 이하   ⓑ 83.3μT 이하
④ ⓐ 35kV/m 이하   ⓑ 833μT 이하

> **유도장해 방지**
> 특고압 가공전선로는 지표상 1m에서 전계강도가 3.5kV/m 이하, 자계강도가 83.3μT 이하가 되도록 시설하는 등 상시 정전유도 및 전자유도 작용에 의하여 사람에게 위험을 줄 우려가 없도록 시설하여야 한다.

70

감전사고를 방지하기 위한 방법으로 틀린 것은?

① 전기기기 및 설비의 위험부에 위험표지
② 전기설비에 대한 누전차단기 설치
③ 전기기기에 대한 정격표시
④ 무자격자는 전기기계 및 기구에 전기적인 접촉 금지

> **감전재해 방지조치**
> ① 보호절연
> ② 안전전압 이하의 기기 사용
> ③ 접지
> ④ 누전차단기 설치
> ⑤ 비접지식 전로의 채용
> ⑥ 절연열화의 방지
> ⑦ 충전부와 접촉부의 철저한 이격
> ⑧ 절연용보호구 및 절연용방호구

71

외부피뢰시스템에서 접지극은 지표면에서 몇 m 이상 깊이로 매설하여야 하는가? (단, 동결심도는 고려하지 않는 경우이다.)

① 0.5   ② 0.75
③ 1   ④ 1.25

> **접지극 매설방법**
> ① 접지극은 매설하는 토양을 오염시키지 않아야 하며, 가능한 한 다습한 부분에 설치한다.
> ② 접지극은 지표면으로부터 지하 0.75m 이상으로 하되 동결 깊이를 감안하여 매설 깊이를 정해야 한다.
> ③ 접지도체를 철주 기타의 금속체를 따라서 시설하는 경우에는 접지극을 철주의 밑면으로부터 0.3m 이상의 깊이에 매설하는 경우 이외에는 접지극을 지중에서 그 금속체로부터 1m 이상 떼어 매설하여야 한다.

정답 68 ① 69 ③ 70 ③ 71 ②

72

정전기의 재해방지 대책이 아닌 것은?

① 부도체에는 도전성을 향상 또는 제전기를 설치 운영한다.
② 접촉 및 분리를 일으키는 기계적 작용으로 인한 정전기 발생을 적게 하기 위해서는 가능한 한 접촉 면적을 크게 하여야 한다.
③ 저항률이 $10^{10} \Omega \cdot cm$ 미만의 도전성 위험물의 배관유속은 7m/s 이하로 한다.
④ 생산공정에 별다른 문제가 없다면, 습도를 70(%) 정도 유지하는 것도 무방하다.

> 접촉 면적과 압력이 클수록 정전기 발생량이 증가하는 경향이 있으므로 접촉 면적을 작게 해야 정전기를 방지할 수 있다

73

어떤 부도체에서 정전용량이 10pF이고, 전압이 5kV일 때 전하량(C)은?

① 9×10^{-12}
② 6×10^{-10}
③ 5×10^{-8}
④ 2×10^{-6}

> 정전기 에너지
> $W = \frac{1}{2}QV = \frac{1}{2}CV^2 = \frac{1}{2}\frac{Q^2}{C}$ (J)
> ① 위의 공식에서 $\frac{1}{2}QV = \frac{1}{2}CV^2$의 공식을 활용하여 계산식을 세우면
> ② 전하량(Q) = $\frac{10 \times 10^{-12} \times 5,000^2}{5,000}$ = 5×10^{-8}(C)

74

KS C IEC 60079-0에 따른 방폭에 대한 설명으로 틀린 것은?

① 기호 "X"는 방폭기기의 특정사용조건을 나타내는 데 사용되는 인증번호의 접미사이다.
② 인화하한(LFL)과 인화상한(UFL) 사이의 범위가 클수록 폭발성 가스 분위기 형성 가능성이 크다.
③ 기기그룹에 따라 폭발성 가스를 분류할 때 IIA의 대표 가스로 에틸렌이 있다.
④ 연면거리는 두 도전부 사이의 고체 절연물 표면을 따른 최단거리를 말한다.

> 그룹별 폭발성 가스
> ① IIA : 메탄, 암모니아, 프로판, 가솔린, 벤젠 등
> ② IIB : 에틸렌, 석탄가스
> ③ IIC : 수소, 아세틸렌, 이황화탄소

75

다음 중 충전전로에서의 전기작업에 대한 안전조치로 적절하지 않은 것은?

① 근로자가 절연용 방호구의 설치·해체작업을 하는 경우에는 절연용 보호구를 착용하거나 활선작업용 기구 및 장치를 사용하도록 하여야 한다.
② 저압인 경우에는 해당 전기작업자가 절연용 보호구를 착용하되, 충전전로에 접촉할 우려가 없는 경우에는 절연용 방호구를 설치하지 아니할 수 있다.
③ 유자격자가 아닌 근로자가 근로자의 몸 또는 긴 도전성 물체가 방호되지 않은 충전전로에서 대지전압이 50kV 이하인 경우에는 400cm 이내로 접근할 수 없도록 하여야 한다.
④ 고압 및 특별고압의 전로에서 전기작업을 하는 근로자에게 활선작업용 기구 및 장치를 사용하여야 한다.

> 충전전로에서의 전기작업
> 유자격자가 아닌 근로자가 충전전로 인근의 높은 곳에서 작업할 때에 근로자의 몸 또는 긴 도전성 물체가 방호되지 않은 충전전로에서 대지전압이 50kV 이하인 경우에는 300cm 이내로, 대지전압이 50kV를 넘는 경우에는 10kV당 10cm씩 더한 거리 이내로 각각 접근할 수 없도록 할 것

76

밸브저항형 피뢰기의 구성요소로 옳은 것은?

① 직렬갭, 특성요소
② 병렬갭, 특성요소
③ 직렬갭, 충격요소
④ 병렬갭, 충격요소

> 밸브저항형 피뢰기의 구성요소
> ① 특성요소 : 산화아연(ZnO)을 주성분으로 한 소결체로 우수한 비직선 전압전류 특성이 있고 방전 내량도 우수하다.
> ② 직렬 갭 : 상시(정상 시) 특성요소에 흐르는 누설전류를 방지하고 이상전압 발생 시에 대지로 방전에 의하여 회로를 만들어 속류차단 작용을 한다.

정답 72 ② 73 ③ 74 ③ 75 ③ 76 ①

77
정전기 제거 방법으로 가장 거리가 먼 것은?

① 작업장 바닥을 도전처리한다.
② 설비의 도체 부분은 접지시킨다.
③ 작업자는 대전방지화를 신는다.
④ 작업장을 항온으로 유지한다.

> **정전기에 의한 재해 방지대책**
> ① 접지 : 설비의 도체 부분
> ② 유속의 제한 : 액체의 비산 방지 및 초기 배관 내 유속 제한
> ③ 보호구 착용 : 대전방지 작업화(정전화), 정전작업복 착용, 손목띠 착용 등
> ④ 대전방지제 : 섬유 등에 흡습성과 이온성을 부여하여 도전성을 증가하여 대전방지
> ⑤ 가습 : 공기 중의 상대습도를 60~70% 정도 유지하기 위해 가습방법을 사용
> ⑥ 제전기의 사용

78 ★빈출
인체의 전기저항을 0.5kΩ이라고 하면 심실세동을 일으키는 위험한계 에너지는 몇 J인가? (단, 심실세동전류값 $I = \dfrac{165}{\sqrt{T}}$ mA의 Dalziel의 식을 이용하며, 통전시간은 1초로 한다.)

① 13.6　　② 12.6
③ 11.6　　④ 10.6

> **심실세동전류**
> $Q = I^2RT(\text{J/S}) = \left(\dfrac{165}{\sqrt{T}} \times 10^{-3}\right)^2 \times (0.5 \times 10^3) \times 1 = 13.6$

79 ★빈출
다음 중 전기설비기술기준에 따른 전압의 구분으로 틀린 것은?

① 저압 : 직류 1kV 이하
② 고압 : 교류 1kV를 초과, 7kV 이하
③ 특고압 : 직류 7kV 초과
④ 특고압 : 교류 7kV 초과

> **전압의 구분**
>
> | 전원의 종류 | 저압 | 고압 | 특고압 |
> |---|---|---|---|
> | 교류[AC] | 1,000V 이하 | 1,000V 초과 7,000V 이하 | 7,000V 초과 |
> | 직류[DC] | 1,500V 이하 | 1,500V 초과 7,000V 이하 | |

80
가스 그룹 IIB 지역에 설치된 내압 방폭구조 "d" 장비의 플랜지 개구부에서 장애물까지의 최소 거리(mm)는?

① 10　　② 20
③ 30　　④ 40

> **최소 이격거리**
> ① IIA : 10mm　② IIB : 30mm　③ IIC : 40mm

5과목　화학설비 안전 관리

81
다음 설명이 의미하는 것은?

> 온도, 압력 등 제어상태가 규정의 조건을 벗어나는 것에 의해 반응속도가 지수함수적으로 증대되고, 반응용기 내의 온도, 압력이 급격히 이상 상승되어 규정 조건을 벗어나고, 반응이 과격화되는 현상

① 비등　　② 과열·과압
③ 폭발　　④ 반응폭주

> **반응폭주**
> ① 문제의 설명은 반응폭주에 대한 정의에 해당되며, 이러한 반응폭주에 대한 파열판 설치 등의 안전조치가 반드시 이루어져야 한다.
> ② 냉각수의 공급이 원활하지 못할 경우 냉각기능이 상실되어 온도와 압력이 상승하면서 반응폭주현상이 발생할 수 있다.

정답　77 ④　78 ①　79 ①　80 ③　81 ④

82

다음 중 전기화재의 종류에 해당하는 것은?

① A급
② B급
③ C급
④ D급

> **화재의 분류**
> ① A급 : 일반화재
> ② B급 : 유류화재
> ③ C급 : 전기화재
> ④ D급 : 금속화재

83

다음 중 폭발범위에 관한 설명으로 틀린 것은?

① 상한값과 하한값이 존재한다.
② 온도에는 비례하지만 압력과는 무관하다.
③ 가연성 가스의 종류에 따라 각각 다른 값을 갖는다.
④ 공기와 혼합된 가연성 가스의 체적 농도로 나타낸다.

> **가스 폭발범위의 영향 요소**
> ① 가스의 온도가 높을수록 폭발범위도 일반적으로 넓어진다.
> ② 가스의 압력이 높아지면 하한값은 큰 변화가 없으나 상한값은 높아진다.

84

다음 [표]와 같은 혼합가스의 폭발범위(vol%)로 옳은 것은?

가스	용적비율(vol%)	폭발하한계(vol%)	폭발상한계(vol%)
CH_4	70	5	15
C_2H_6	15	3	12.5
C_3H_8	5	2.1	9.5
C_4H_{10}	10	1.9	8.5

① 3.75~13.21
② 4.33~13.21
③ 4.33~15.22
④ 3.75~15.22

> **르샤틀리에의 법칙**
> ① 폭발하한계 = $\dfrac{100}{\dfrac{70}{5} + \dfrac{15}{3} + \dfrac{5}{2.1} + \dfrac{10}{1.9}}$ = 3.753
> ② 폭발상한계 = $\dfrac{100}{\dfrac{70}{15} + \dfrac{15}{12.5} + \dfrac{5}{9.5} + \dfrac{10}{8.5}}$ = 13.211

85

위험물을 저장·취급하는 화학설비 및 그 부속설비를 설치할 때 '단위공정시설 및 설비로부터 다른 단위공정시설 및 설비의 사이'의 안전거리는 설비의 바깥 면으로부터 몇 m 이상이 되어야 하는가?

① 5
② 10
③ 15
④ 20

> **위험물 저장·취급 화학설비(안전거리)**
>
> | 구분 | 안전거리 |
> | --- | --- |
> | 단위공정시설 및 설비로부터 다른 단위공정시설 및 설비의 사이 | 설비의 외면으로부터 10미터 이상 |
> | 플레어스택으로부터 단위공정시설 및 설비, 위험물질 저장탱크 또는 위험물질 하역설비의 사이 | 플레어스택으로부터 반경 20미터 이상 |
> | 위험물질 저장탱크로부터 단위공정시설 및 설비, 보일러 또는 가열로의 사이 | 저장탱크의 외면으로부터 20미터 이상 |
> | 사무실·연구실·실험실·정비실 또는 식당으로부터 단위공정시설 및 설비, 위험물질 저장탱크, 위험물질 하역설비, 보일러 또는 가열로의 사이 | 사무실 등의 외면으로부터 20미터 이상 |

86

열교환기의 열교환 능률을 향상시키기 위한 방법으로 거리가 먼 것은?

① 유체의 유속을 적절하게 조절한다.
② 유체의 흐르는 방향을 병류로 한다.
③ 열교환기 입구와 출구의 온도차를 크게 한다.
④ 열전도율이 좋은 재료를 사용한다.

> 유체의 흐르는 방향을 향류로 하여야 한다.

정답 82 ③ 83 ② 84 ① 85 ② 86 ②

87

다음 중 인화성 물질이 아닌 것은?

① 디에틸에테르　② 아세톤
③ 에틸알코올　④ 과염소산칼륨

> 과염소산 및 그 염류는 산화성 액체 및 산화성 고체에 해당하는 위험물이다.

88 ★빈출

산업안전보건법령상 위험물질의 종류에서 "폭발성 물질 및 유기과산화물"에 해당하는 것은?

① 리튬　② 아조화합물
③ 아세틸렌　④ 셀룰로이드류

> 폭발성 물질 및 유기과산화물
> ① 질산에스테르류
> ② 니트로화합물
> ③ 니트로소화합물
> ④ 아조화합물
> ⑤ 디아조화합물
> ⑥ 하이드라진 유도체
> ⑦ 유기과산화물

89

건축물 공사에 사용되고 있으나, 불에 타는 성질이 있어서 화재 시 유독한 시안화수소가스가 발생되는 물질은?

① 염화비닐　② 염화에틸렌
③ 메타크릴산메틸　④ 우레탄

> 우레탄은 단열 효과가 뛰어나고 작업하기도 편리해 건축 단열재로 많이 사용된다. 그러나 연소점이 낮아 쉽게 연소되고 연소할 때는 독성이 강한 시안화수소를 방출하는 위험한 물질이다.

90

반응기를 설계할 때 고려하여야 할 요인으로 가장 거리가 먼 것은?

① 부식성　② 상의 형태
③ 온도 범위　④ 중간생성물의 유무

> 반응기 설계 시 고려요인
> ① 상의 형태　② 온도 범위
> ③ 운전압력　④ 부식성
> ⑤ 조작방법

91

에틸알코올 1몰이 완전연소 시 생성되는 CO_2와 H_2O의 몰수로 옳은 것은?

① CO_2 : 1, H_2O : 4　② CO_2 : 2, H_2O : 3
③ CO_2 : 3, H_2O : 2　④ CO_2 : 4, H_2O : 1

> 에틸알코올(C_2H_5OH)의 연소반응식
> $C_2H_5OH + 3O_2 \rightarrow 2CO_2 + 3H_2O$

92

산업안전보건법령상 각 물질이 해당하는 위험물질의 종류를 옳게 연결한 것은?

① 아세트산(농도 90%) - 부식성 산류
② 아세톤(농도 90%) - 부식성 염기류
③ 이황화탄소 - 인화성 가스
④ 수산화칼륨 - 인화성 가스

> 위험물의 종류(부식성 산류)
> ① 농도가 20% 이상인 염산, 황산, 질산, 그 밖에 이와 같은 정도 이상의 부식성을 가지는 물질
> ② 농도가 60% 이상인 인산, 아세트산, 불산, 그 밖에 이와 같은 정도 이상의 부식성을 가지는 물질

93

물과의 반응으로 유독한 포스핀가스를 발생하는 것은?

① HCl　② NaCl
③ Ca_3P_2　④ $Al(OH)_3$

> 인화칼슘(Ca_3P_2)
> ① 적갈색 괴상의 고체이며 융점은 1,600℃, 비중 2.51
> ② 물 또는 약산과 반응하여 유독한 포스핀(PH_3) 가스 발생

정답 87 ④　88 ②　89 ④　90 ④　91 ②　92 ①　93 ③

94

분진폭발의 요인을 물리적 인자와 화학적 인자로 분류할 때 화학적 인자에 해당하는 것은?

① 연소열
② 입도분포
③ 열전도율
④ 입자의 형상

> 연소열은 물질이 연소할 때 발생하는 열량이나 발열량으로 화학적인 반응에 해당하므로 화학적 인자에 해당된다.

95

메탄올에 관한 설명으로 틀린 것은?

① 무색투명한 액체이다.
② 비중은 1보다 크고, 증기는 공기보다 가볍다.
③ 금속나트륨과 반응하여 수소를 발생한다.
④ 물에 잘 녹는다.

메탄올
① 물에 잘 녹으며 무색투명한 휘발성 액체로 독성을 지닌다.
② 비중은 0.79로 물보다 가벼우며 증기는 공기보다 무겁다.
③ 나트륨과 반응하여 수소를 발생시킨다.

96 ★

다음 중 자연발화가 쉽게 일어나는 조건으로 틀린 것은?

① 주위온도가 높을수록
② 열 축적이 클수록
③ 적당량의 수분이 존재할 때
④ 표면적이 작을수록

자연발화	
자연발화의 조건	① 표면적이 넓을 것 ② 열전도율이 작을 것 ③ 발열량이 클 것 ④ 주위의 온도가 높을 것(분자운동 활발)
자연발화의 인자	① 열의 축적 ② 발열량 ③ 열전도율 ④ 수분 ⑤ 퇴적방법 ⑥ 공기의 유동
자연발화 방지법	① 통풍이 잘되게 할 것 ② 저장실 온도를 낮출 것 ③ 열이 축적되지 않는 퇴적방법을 선택할 것 ④ 습도가 높지 않도록 할 것

97

다음 중 인화점이 가장 낮은 것은?

① 벤젠
② 메탄올
③ 이황화탄소
④ 경유

인화점			
액체	인화점	액체	인화점
벤젠	-11℃	이황화탄소	-30℃
메탄올	12℃	경유	50℃

98

자연발화성을 가진 물질이 자연발화를 일으키는 원인으로 거리가 먼 것은?

① 분해열
② 증발열
③ 산화열
④ 중합열

> 자연발화 원인으로는 분해열, 산화열, 흡착열, 중합열 등이 있다.

99

비점이 낮은 가연성 액체 저장탱크 주위에 화재가 발생했을 때 저장탱크 내부의 비등현상으로 인한 압력 상승으로 탱크가 파열되어 그 내용물이 증발, 팽창하면서 발생되는 폭발현상은?

① Back Draft
② BLEVE
③ Flash Over
④ UVCE

BLEVE(Boiling Liquid Expanding Vapor Explosion)
비등점이 낮은 인화성 액체 저장탱크가 화재로 인한 화염에 장시간 노출되어 탱크 내 액체가 급격히 증발하여 비등하고 증기가 팽창하면서 탱크 내 압력이 설계압력을 초과하여 폭발을 일으키는 현상

정답 94 ① 95 ② 96 ④ 97 ③ 98 ② 99 ②

100 빈출

사업주는 산업안전보건법령에서 정한 설비에 대해서는 과압에 따른 폭발을 방지하기 위하여 안전밸브 등을 설치하여야 한다. 다음 중 이에 해당하는 설비가 아닌 것은?

① 원심펌프
② 정변위 압축기
③ 정변위 펌프(토출측에 차단밸브가 설치된 것만 해당한다)
④ 배관(2개 이상의 밸브에 의하여 차단되어 대기온도에서 액체의 열팽창에 의하여 파열될 우려가 있는 것으로 한정한다)

> **안전밸브 설치대상 설비**
> ① 압력용기(안지름이 150밀리미터 이하인 압력용기는 제외, 관형 열교환기는 관의 파열로 인하여 상승한 압력이 압력용기의 최고사용압력을 초과할 우려가 있는 경우)
> ② 정변위 압축기
> ③ 정변위 펌프(토출측에 차단밸브가 설치된 것)
> ④ 배관(2개 이상의 밸브에 의하여 차단되어 대기온도에서 액체의 열팽창에 의하여 파열될 것이 우려되는 것)
> ⑤ 그밖의 화학설비 및 그 부속설비로서 해당 설비의 최고사용압력을 초과할 우려가 있는 것

6과목 건설공사 안전 관리

101 빈출

유해·위험방지계획서 제출 시 첨부서류로 옳지 않은 것은?

① 공사현장의 주변 현황 및 주변과의 관계를 나타내는 도면
② 공사개요서
③ 전체공정표
④ 작업인부의 배치를 나타내는 도면 및 서류

> **첨부서류**
> ① 공사개요서
> ② 공사현장의 주변 현황 및 주변과의 관계를 나타내는 도면(매설물 현황 포함)
> ③ 전체공정표
> ④ 산업안전보건관리비 사용계획서
> ⑤ 안전관리 조직표
> ⑥ 재해 발생 위험 시 연락 및 대피방법

102

거푸집 해체작업 시 유의사항으로 옳지 않은 것은?

① 일반적으로 수평부재의 거푸집은 연직부재의 거푸집보다 빨리 떼어낸다.
② 해체된 거푸집이나 각목 등에 박혀있는 못 또는 날카로운 돌출물은 즉시 제거하여야 한다.
③ 상하 동시 작업은 원칙적으로 금지하여 부득이한 경우에는 긴밀히 연락을 취하며 작업을 하여야 한다.
④ 거푸집 해체작업장 주위에는 관계자를 제외하고는 출입을 금지시켜야 한다.

> 기둥, 벽 등의 연직부재의 거푸집은 보 등의 수평부재의 거푸집보다도 빨리 떼어내는 것이 원칙이다.

103 빈출

사다리식 통로 등을 설치하는 경우 통로 구조로서 옳지 않은 것은?

① 발판의 간격은 일정하게 한다.
② 발판과 벽과의 사이는 15cm 이상의 간격을 유지한다.
③ 사다리의 상단은 걸쳐놓은 지점으로부터 60cm 이상 올라가도록 한다.
④ 폭은 40cm 이상으로 한다.

> 폭은 30센티미터 이상으로 하고, 발판과 벽과의 사이는 15센티미터 이상의 간격을 유지할 것

104

추락재해방지 설비 중 근로자의 추락재해를 방지할 수 있는 설비로 작업발판 설치가 곤란한 경우에 필요한 설비는?

① 경사로
② 추락방호망
③ 고정사다리
④ 달비계

> **추락의 방지**
> ① 비계를 조립하는 등의 방법으로 작업발판 설치
> ② 발판설치가 곤란한 경우 추락방호망 설치
> ③ 추락방호망 설치가 곤란한 경우 안전대착용 등 추락위험방지 조치
> ④ 작업발판 및 추락방호망 설치가 곤란한 경우 3개 이상의 버팀대를 가지고 지면으로부터 안정적으로 세울 수 있는 구조를 갖춘 이동식 사다리를 사용하여 작업

tip
2024년 법령개정으로 이동식 사다리 사용이 추가됨

정답 100 ① 101 ④ 102 ① 103 ④ 104 ②

105

콘크리트 타설작업을 하는 경우에 준수해야 할 사항으로 옳지 않은 것은?

① 당일의 작업을 시작하기 전에 해당 작업에 관한 거푸집 및 동바리 등의 변형·변위 및 지반의 침하 유무 등을 점검하고 이상이 있으면 보수한다.
② 작업 중에는 거푸집 및 동바리 등의 변형·변위 및 침하 유무 등을 감시할 수 있는 감시자를 배치하여 이상이 있으면 작업을 빠른 시간 내 우선 완료하고 근로자를 대피시킨다.
③ 콘크리트 타설작업 시 거푸집 붕괴의 위험이 발생할 우려가 있으면 충분한 보강조치를 한다.
④ 콘크리트를 타설하는 경우에는 편심이 발생하지 않도록 골고루 분산하여 타설한다.

콘크리트 타설작업 시 준수사항
① 당일의 작업을 시작하기 전에 해당 작업에 관한 거푸집 및 동바리의 변형·변위 및 지반의 침하 유무 등을 점검하고 이상이 있으면 보수할 것
② 작업 중에는 감시자를 배치하는 등의 방법으로 거푸집 및 동바리의 변형·변위 및 침하 유무 등을 확인해야 하며, 이상이 있으면 작업을 중지하고 근로자를 대피시킬 것
③ 콘크리트 타설작업 시 거푸집 붕괴의 위험이 발생할 우려가 있으면 충분한 보강조치를 할 것
④ 설계도서상의 콘크리트 양생기간을 준수하여 거푸집 및 동바리를 해체할 것
⑤ 콘크리트를 타설하는 경우에는 편심이 발생하지 않도록 골고루 분산하여 타설할 것

tip
2023년 법령개정. 문제는 개정 전 내용이며, 해설은 개정된 내용 적용

106

작업장 출입구 설치 시 준수해야 할 사항으로 옳지 않은 것은?

① 출입구의 위치·수 및 크기가 작업장의 용도와 특성에 맞도록 한다.
② 출입구에 문을 설치하는 경우에는 근로자가 쉽게 열고 닫을 수 있도록 한다.
③ 주된 목적이 하역운반기계용인 출입구에는 보행자용 출입구를 따로 설치하지 않는다.
④ 계단이 출입구와 바로 연결된 경우에는 작업자의 안전한 통행을 위하여 그 사이에 1.2m 이상 거리를 두거나 안내표지 또는 비상벨 등을 설치한다.

작업장의 출입구설치 시 준수사항(문제의 보기 외에)
① 주된 목적이 하역운반기계용인 출입구에는 인접하여 보행자용 출입구를 따로 설치할 것
② 하역운반기계의 통로와 인접하여 있는 출입구에서 접촉에 의하여 근로자에게 위험을 미칠 우려가 있는 경우에는 비상등·비상벨 등 경보장치를 할 것

107

건설작업장에서 근로자가 상시 작업하는 장소의 작업면 조도기준으로 옳지 않은 것은? (단, 갱내 작업장과 감광재료를 취급하는 작업장의 경우는 제외)

① 초정밀작업 : 600럭스(lux) 이상
② 정밀작업 : 300럭스(lux) 이상
③ 보통작업 : 150럭스(lux) 이상
④ 초정밀, 정밀, 보통작업을 제외한 기타 작업 : 75럭스(lux) 이상

작업장의 조도기준
① 초정밀작업 : 750lux 이상
② 정밀작업 : 300lux 이상
③ 보통작업 : 150lux 이상
④ 그 밖의 작업 : 75lux 이상

108

건설업의 산업안전보건관리비 사용기준에 해당되지 않는 것은?

① 안전시설비
② 안전관리자·보건관리자의 임금
③ 환경보전비
④ 안전보건진단비

산업안전보건관리비의 사용기준
① 안전관리자·보건관리자의 임금 등
② 안전시설비 등
③ 보호구 등
④ 안전보건진단비 등
⑤ 안전보건교육비 등
⑥ 근로자 건강장해예방비 등
⑦ 건설재해예방전문지도기관의 지도에 대한 대가로 지급하는 비용 등

정답 105 ② 106 ③ 107 ① 108 ③

109
옥외에 설치되어 있는 주행크레인에 대하여 이탈방지장치를 작동시키는 등 그 이탈을 방지하기 위한 조치를 하여야 하는 순간풍속에 대한 기준으로 옳은 것은?

① 순간풍속이 초당 10m를 초과하는 바람이 불어올 우려가 있는 경우
② 순간풍속이 초당 20m를 초과하는 바람이 불어올 우려가 있는 경우
③ 순간풍속이 초당 30m를 초과하는 바람이 불어올 우려가 있는 경우
④ 순간풍속이 초당 40m를 초과하는 바람이 불어올 우려가 있는 경우

폭풍 등에 의한 안전조치사항	
풍속의 기준	조치사항
순간풍속이 매 초당 30미터 초과	주행크레인의 이탈방지장치 작동
	작업 전 크레인 및 건설용 리프트의 이상 유무 점검
순간풍속이 매 초당 35미터 초과	건설용 리프트의 받침의 수 증가 등 붕괴방지조치
	옥외용 승강기의 받침의 수 증가 등 무너짐 방지조치

110
지반 등의 굴착작업 시 연암의 굴착면 기울기로 옳은 것은?

① 1 : 0.3
② 1 : 0.5
③ 1 : 0.8
④ 1 : 1.0

굴착면 기울기 기준				
지반의 종류	모래	연암 및 풍화암	경암	그 밖의 흙
굴착면의 기울기	1 : 1.8	1 : 1.0	1 : 0.5	1 : 1.2

tip
2023년 법령개정. 문제와 해설은 개정된 내용 적용

111
철골작업 시 철골부재에서 근로자가 수직 방향으로 이동하는 경우에 설치하여야 하는 고정된 승강로의 최대 답단 간격은 얼마 이내인가?

① 20cm
② 25cm
③ 30cm
④ 40cm

철골작업 안전기준(승강로 설치)
① 수직 방향으로 이동하는 철골부재 : 답단 간격이 30cm 이내인 고정된 승강로 설치
② 수평 방향 철골과 수직 방향 철골 연결 부분 : 연결작업을 위한 작업발판 설치

112
흙막이벽의 근입깊이를 깊게 하고, 전면의 굴착부분을 남겨두어 흙의 중량으로 대항하게 하거나, 굴착예정부분의 일부를 미리 굴착하여 기초콘크리트를 타설하는 등의 대책과 가장 관계 깊은 것은?

① 파이핑현상이 있을 때
② 히빙현상이 있을 때
③ 지하수위가 높을 때
④ 굴착깊이가 깊을 때

히빙 방지대책	
① 흙막이 근입깊이를 깊게	② 표토제거(굴착주변) 하중 감소
③ 지반개량	④ 굴착저면 하중 증가
⑤ 어스앵커 설치	

113
재해사고를 방지하기 위하여 크레인에 설치된 방호장치로 옳지 않은 것은?

① 공기정화장치
② 비상정지장치
③ 제동장치
④ 권과방지장치

크레인의 방호장치	
① 권과방지장치	② 과부하방지장치
③ 비상정지장치	④ 제동(브레이크)장치
⑤ 기타 방호장치	

정답 109 ③ 110 ④ 111 ③ 112 ② 113 ①

114
가설구조물의 문제점으로 옳지 않은 것은?

① 도괴재해의 가능성이 크다.
② 추락재해 가능성이 크다.
③ 부재의 결합이 간단하나 연결부가 견고하다.
④ 구조물이라는 통상의 개념이 확고하지 않으며 조립의 정밀도가 낮다.

> 부재의 결합이 간략하여 불완전 결합이 되기 쉽다.

115 ★빈출
강관틀비계를 조립하여 사용하는 경우 준수해야 할 기준으로 옳지 않은 것은?

① 수직 방향으로 6m, 수평 방향으로 8m 이내마다 벽이음을 할 것
② 높이가 20m를 초과하거나 중량물의 적재를 수반하는 작업을 할 경우에는 주틀 간의 간격을 2.4m 이하로 할 것
③ 길이가 띠장 방향으로 4m 이하이고 높이가 10m를 초과하는 경우에는 10m 이내마다 띠장 방향으로 버팀기둥을 설치할 것
④ 주틀 간에 교차가새를 설치하고 최상층 및 5층 이내마다 수평재를 설치할 것

> 높이가 20m를 초과하거나 중량물의 적재를 수반하는 작업을 할 경우에는 주틀 간의 간격을 1.8m 이하로 할 것

116
비계의 높이가 2m 이상인 작업장소에 작업발판을 설치할 경우 준수하여야 할 기준으로 옳지 않은 것은?

① 작업발판의 폭은 30cm 이상으로 한다.
② 발판재료 간의 틈은 3cm 이하로 한다.
③ 추락의 위험성이 있는 장소에는 안전난간을 설치한다.
④ 발판재료는 뒤집히거나 떨어지지 않도록 2개 이상의 지지물에 연결하거나 고정시킨다.

> **비계높이 2m 이상 장소의 작업발판 설치기준**
> ① 발판재료는 작업할 때의 하중을 견딜 수 있도록 견고한 것으로 할 것
> ② 작업발판의 폭은 40센티미터 이상으로 하고, 발판재료 간의 틈은 3센티미터 이하로 할 것
> ③ 추락의 위험성이 있는 장소에는 안전난간을 설치할 것
> ④ 작업발판재료는 뒤집히거나 떨어지지 않도록 둘 이상의 지지물에 연결하거나 고정시킬 것

117
사면지반 개량공법으로 옳지 않은 것은?

① 전기 화학적 공법   ② 석회 안정처리 공법
③ 이온 교환 공법   ④ 옹벽 공법

> **사면지반 개량공법**
> ① 주입 공법   ② 전기 화학적 공법
> ③ 석회 안정처리 공법   ④ 이온 교환 공법
> ⑤ 소결 공법   ⑥ 시멘트 안정처리 공법

118
법면 붕괴에 의한 재해 예방조치로서 옳은 것은?

① 지표수와 지하수의 침투를 방지한다.
② 법면의 경사를 증가한다.
③ 절토 및 성토높이를 증가한다.
④ 토질의 상태에 관계없이 구배조건을 일정하게 한다.

> 지표수와 지하수의 침투는 토사중량을 증가하여 토석이 붕괴되는 원인이 되므로 측구를 설치하거나 굴착경사면에 비닐을 덮는 등 붕괴재해를 예방하기 위한 조치를 하여야 한다.

정답 114 ③ 115 ② 116 ① 117 ④ 118 ①

119
취급 · 운반의 원칙으로 옳지 않은 것은?

① 운반 작업을 집중하여 시킬 것
② 생산을 최고로 하는 운반을 생각할 것
③ 곡선 운반을 할 것
④ 연속 운반을 할 것

> 취급 · 운반의 원칙(문제의 보기 외에)
> ① 운반은 직선으로 할 것
> ② 최대한 수작업을 생략하여 힘들이지 않는 방법을 고려할 것

120 빈출
가설통로의 설치기준으로 옳지 않은 것은?

① 경사가 15°를 초과하는 때에는 미끄러지지 않는 구조로 한다.
② 건설공사에 사용하는 높이 8m 이상인 비계다리에는 7m 이내마다 계단참을 설치한다.
③ 수직갱에 가설된 통로의 길이가 15m 이상일 경우에는 15m 이내마다 계단참을 설치한다.
④ 추락의 위험이 있는 장소에는 안전난간을 설치한다.

> 수직갱에 가설된 통로의 길이가 15m 이상인 때에는 10m 이내마다 계단참을 설치할 것

정답 119 ③ 120 ③

14 2022년 4월 24일 | 기출문제

1과목 산업재해 예방 및 안전보건교육

01 ⭐빈출
매슬로우(Maslow)의 인간의 욕구단계 중 5번째 단계에 속하는 것은?

① 안전 욕구 ② 존경의 욕구
③ 사회적 욕구 ④ 자아실현의 욕구

> **매슬로우(Abraham Maslow)의 욕구(위계이론)**
> ① 생리적 욕구 ② 안전의 욕구
> ③ 사회적 욕구 ④ 인정받으려는 욕구
> ⑤ 자아실현의 욕구

02 ⭐빈출
A사업장의 현황이 다음과 같을 때 이 사업장의 강도율은?

> - 근로자수 : 500명
> - 연근로시간수 : 2,400시간
> - 신체장해등급 : (2급 : 3명, 10급 : 5명)
> - 의사진단에 의한 휴업일수 : 1,500일

① 0.22 ② 2.22
③ 22.28 ④ 222.88

> **강도율**
> ① 강도율(SR) = $\dfrac{\text{근로손실일수}}{\text{연간총근로시간수}} \times 1{,}000$
>
> ② $\dfrac{(7{,}500 \times 3)+(600 \times 5)+(1{,}500 \times \frac{300}{365})}{500 \times 2{,}400} \times 1{,}000$
>
> $= 22.277 = 22.28$

03
보호구 자율안전확인 고시상 자율안전확인 보호구에 표시하여야 하는 사항을 모두 고른 것은?

> ㄱ. 모델명 ㄴ. 제조번호
> ㄷ. 사용기한 ㄹ. 자율안전확인 번호

① ㄱ, ㄴ, ㄷ ② ㄱ, ㄴ, ㄹ
③ ㄱ, ㄷ, ㄹ ④ ㄴ, ㄷ, ㄹ

> **안전인증 및 자율안전확인 제품의 표시**
>
> | 안전인증 제품 | 자율안전확인 제품 |
> | --- | --- |
> | ① 형식 또는 모델명 | ① 형식 또는 모델명 |
> | ② 규격 또는 등급 | ② 규격 또는 등급 |
> | ③ 제조자명 | ③ 제조자명 |
> | ④ 제조번호 및 제조연월 | ④ 제조번호 및 제조연월 |
> | ⑤ 안전인증 번호 | ⑤ 자율안전확인 번호 |

04
학습지도의 형태 중 참가자에게 일정한 역할을 주어 실제적으로 연기를 시켜봄으로써 자기의 역할을 보다 확실히 인식시키는 방법은?

① 포럼(Forum)
② 심포지엄(Symposium)
③ 롤 플레잉(Role playing)
④ 사례연구법(Case study method)

> **Role playing(역할 연기법)**
> ① 참석자가 정해진 역할을 직접 연기해 본 후 함께 토론해보는 방법
> ② 흥미유발, 태도변용에 도움

정답 01 ④ 02 ③ 03 ② 04 ③

05

보호구 안전인증 고시상 전로 또는 평로 등의 작업 시 사용하는 방열두건의 차광도 번호는?

① #2 ~ #3
② #3 ~ #5
③ #6 ~ #8
④ #9 ~ #11

방열두건의 사용구분	
차광도 번호	사용구분
#2 ~ #3	고로강판 가열로, 조괴(造塊) 등의 작업
#3 ~ #5	전로 또는 평로 등의 작업
#6 ~ #8	전기로의 작업

06 빈출

산업재해의 분석 및 평가를 위하여 재해발생 건수 등의 추이에 대해 한계선을 설정하여 목표관리를 수행하는 재해통계 분석기법은?

① 관리도
② 안전 T점수
③ 파레토도
④ 특성 요인도

관리도
재해발생 건수 등의 추이 파악 → 목표관리를 행하는 데 필요한 월별 재해발생 수의 그래프화 → 관리 구역 설정 → 관리하는 방법

07

산업안전보건법령상 안전보건관리규정 작성 시 포함되어야 하는 사항을 모두 고른 것은? (단, 그 밖에 안전 및 보건에 관한 사항은 제외한다.)

ㄱ. 안전보건교육에 관한 사항
ㄴ. 재해사례 연구·토의결과에 관한 사항
ㄷ. 사고조사 및 대책 수립에 관한 사항
ㄹ. 작업장의 안전 및 보건 관리에 관한 사항
ㅁ. 안전 및 보건에 관한 관리조직과 그 직무에 관한 사항

① ㄱ, ㄴ, ㄷ, ㄹ
② ㄱ, ㄴ, ㄹ, ㅁ
③ ㄱ, ㄷ, ㄹ, ㅁ
④ ㄴ, ㄷ, ㄹ, ㅁ

안전보건관리규정에 포함되어야 할 내용
① 안전 및 보건에 관한 관리조직과 그 직무에 관한 사항
② 안전보건교육에 관한 사항
③ 작업장의 안전 및 보건 관리에 관한 사항
④ 사고조사 및 대책 수립에 관한 사항
⑤ 그 밖에 안전 및 보건에 관한 사항

08

억측판단이 발생하는 배경으로 볼 수 없는 것은?

① 정보가 불확실할 때
② 타인의 의견에 동조할 때
③ 희망적인 관측이 있을 때
④ 과거에 성공한 경험이 있을 때

억측판단이 발생하는 배경
① 희망적인 관측이 있을 경우
② 어떤 행위가 과거에 성공한 경험이 있을 경우
③ 정보나 지식이 불확실한 경우
④ 일을 빨리 끝내고 싶은 초조한 마음이 있는 경우

09

하인리히의 사고예방원리 5단계 중 교육 및 훈련의 개선, 인사조정, 안전관리규정 및 수칙의 개선 등을 행하는 단계는?

① 사실의 발견
② 분석 평가
③ 시정방법의 선정
④ 시정책의 적용

시정방법의 선정
① 인사 및 배치조정
② 기술적인 개선
③ 교육 및 훈련의 개선
④ 안전행정의 개선
⑤ 규정 및 수칙의 개선
⑥ 이행독려의 체제 강화

정답 05 ② 06 ① 07 ③ 08 ② 09 ③

10

재해예방의 4원칙에 대한 설명으로 틀린 것은?

① 재해발생은 반드시 원인이 있다.
② 손실과 사고와의 관계는 필연적이다.
③ 재해는 원인을 제거하면 예방이 가능하다.
④ 재해를 예방하기 위한 대책은 반드시 존재한다.

하인리히의 재해예방의 4원칙	
손실우연의 원칙	사고에 의해서 생기는 상해의 종류 및 정도는 우연적이라는 원칙
예방가능의 원칙	재해는 원칙적으로 예방이 가능하다는 원칙
원인계기의 원칙	재해의 발생은 직접원인으로만 일어나는 것이 아니라 간접원인이 연계되어 일어난다는 원칙
대책선정의 원칙	원인의 정확한 분석에 의해 가장 타당한 재해예방 대책이 선정되어야 한다는 원칙

11

산업안전보건법령상 안전보건진단을 받아 안전보건개선계획의 수립 및 명령을 할 수 있는 대상이 아닌 것은?

① 유해인자의 노출기준을 초과한 사업장
② 산업재해율이 같은 업종 평균 산업재해율의 2배 이상인 사업장
③ 사업주가 필요한 안전조치 또는 보건조치를 이행하지 아니하여 중대재해가 발생한 사업장
④ 상시근로자 1천명 이상인 사업장에서 직업성 질병자가 연간 2명 이상 발생한 사업장

안전보건진단을 받아 개선계획을 수립해야 하는 사업장
① 산업재해율이 같은 업종 평균 산업재해율의 2배 이상인 사업장
② 사업주가 필요한 안전조치 또는 보건조치를 이행하지 아니하여 중대재해가 발생한 사업장
③ 직업성 질병자가 연간 2명 이상(상시근로자 1천명 이상 사업장의 경우 3명 이상) 발생한 사업장
④ 그 밖에 작업환경 불량, 화재·폭발 또는 누출사고 등으로 사업장 주변까지 피해가 확산된 사업장으로서 고용노동부령으로 정하는 사업장

12

버드(Bird)의 재해분포에 따르면 20건의 경상(물적, 인적상해)사고가 발생했을 때 무상해·무사고(위험순간) 고장 발생 건수는?

① 200   ② 600
③ 1,200   ④ 12,000

재해발생에 관한 이론
① 버드의 법칙 1[중상 또는 폐질] : 10[경상(물적, 인적상해)] : 30[무상해사고(물적손실)] : 600[무상해, 무사고고장(위험순간)]
② 무상해·무사고(위험순간) = $\frac{20}{10} \times 600 = 1,200$

13

산업안전보건법령상 거푸집 및 동바리의 조립 또는 해체작업 시 특별교육 내용이 아닌 것은? (단, 그 밖에 안전보건관리에 필요한 사항은 제외한다.)

① 비계의 조립순서 및 방법에 관한 사항
② 조립 해체 시의 사고 예방에 관한 사항
③ 동바리의 조립방법 및 작업 절차에 관한 사항
④ 조립재료의 취급방법 및 설치기준에 관한 사항

거푸집 및 동바리의 조립 또는 해체작업 시 특별교육 내용
① 동바리의 조립방법 및 작업 절차에 관한 사항
② 조립재료의 취급방법 및 설치기준에 관한 사항
③ 조립 해체 시의 사고 예방에 관한 사항
④ 보호구 착용 및 점검에 관한 사항
⑤ 그 밖에 안전보건관리에 필요한 사항

14

산업안전보건법령상 다음의 안전보건표지 중 기본모형이 다른 것은?

① 위험장소 경고   ② 레이저광선 경고
③ 방사성 물질 경고   ④ 부식성 물질 경고

경고표지			
방사성 물질 경고	위험장소 경고	레이저광선 경고	부식성 물질 경고

정답 10 ② 11 ④ 12 ③ 13 ① 14 ④

15
학습정도(Level of learning)의 4단계를 순서대로 나열한 것은?

① 인지 → 이해 → 지각 → 적용
② 인지 → 지각 → 이해 → 적용
③ 지각 → 이해 → 인지 → 적용
④ 지각 → 인지 → 이해 → 적용

> **학습의 목적**
>
> | 구성 3요소 | ① 목표(학습목적의 핵심, 달성하려는 지표)
② 주제(목표달성을 위한 테마)
③ 학습정도(주제를 학습시킬 범위와 내용의 정도) |
> |---|---|
> | 진행 4단계 | ① 인지 → ② 지각 → ③ 이해 → ④ 적용 |

16 빈출
기업 내 정형교육 중 TWI(Training Within Industry)의 교육내용이 아닌 것은?

① Job Method Training
② Job Relation Training
③ Job Instruction Training
④ Job Standardization Training

> **TWI(Training within industry) 교육과정**
> ① Job Method Training(J. M. T) : 작업방법훈련(작업개선법)
> ② Job Instruction Training(J. I. T) : 작업지도훈련(작업지도법)
> ③ Job Relations Training(J. R. T) : 인간관계훈련(부하통솔법)
> ④ Job Safety Training(J. S. T) : 작업안전훈련(안전관리법)

17 빈출
레빈(Lewin)의 법칙 $B = f(P \cdot E)$ 중 B가 의미하는 것은?

① 행동
② 경험
③ 환경
④ 인간관계

> **레빈(K. Lewin)의 행동법칙**
> ① $B = f(P \cdot E)$
> ② 인간의 행동(B)은 인간이 가진 능력과 자질 즉, 개체(P)와 주변의 심리적 환경(E)과의 상호함수관계에 있다.

18 빈출
재해원인을 직접원인과 간접원인으로 분류할 때 직접원인에 해당하는 것은?

① 물적 원인
② 교육적 원인
③ 정신적 원인
④ 관리적 원인

> 불안전한 행동(인적 원인)과 불안전한 상태(물적 원인)는 직접원인에 해당된다.

19
산업안전보건법령상 안전관리자의 업무가 아닌 것은? (단, 그 밖에 고용노동부장관이 정하는 사항은 제외한다.)

① 업무수행 내용의 기록
② 산업재해에 관한 통계의 유지·관리·분석을 위한 보좌 및 지도·조언
③ 안전교육계획의 수립 및 안전교육 실시에 관한 보좌 및 지도·조언
④ 작업장 내에서 사용되는 전체 환기장치 및 국소 배기장치 등에 관한 설비의 점검

> **안전관리자의 업무내용**
> ① 산업안전보건위원회 또는 안전·보건에 관한 노사협의체에서 심의·의결한 업무와 해당 사업장의 안전보건관리규정 및 취업규칙에서 정한 업무
> ② 안전인증 대상 기계 등과 자율안전확인 대상 기계 등 구입 시 적격품의 선정에 관한 보좌 및 지도·조언
> ③ 위험성평가에 관한 보좌 및 지도·조언
> ④ 해당 사업장 안전교육계획의 수립 및 안전교육 실시에 관한 보좌 및 지도·조언
> ⑤ 사업장 순회점검·지도 및 조치의 건의
> ⑥ 산업재해 발생의 원인 조사·분석 및 재발 방지를 위한 기술적 보좌 및 지도·조언
> ⑦ 산업재해에 관한 통계의 유지·관리·분석을 위한 보좌 및 지도·조언
> ⑧ 법 또는 법에 따른 명령으로 정한 안전에 관한 사항의 이행에 관한 보좌 및 지도·조언
> ⑨ 업무수행 내용의 기록·유지
> ⑩ 그 밖에 안전에 관한 사항으로서 고용노동부장관이 정하는 사항

정답 15 ② 16 ④ 17 ① 18 ① 19 ④

20

헤드십(headship)의 특성에 관한 설명으로 틀린 것은?

① 지휘형태는 권위주의적이다.
② 상사의 권한 근거는 비공식적이다.
③ 상사와 부하의 관계는 지배적이다.
④ 상사와 부하의 사회적 간격은 넓다.

헤드십과 리더십의 구분					
구분	권한부여 및 행사	권한 근거	상관과 부하와의 관계 및 책임귀속	부하와의 사회적 간격	지휘 형태
헤드십	• 위에서 위임하여 임명 • 임명된 헤드	법적 또는 공식적	지배적 상사	넓음	권위 주의적
리더십	• 아래로부터의 동의에 의한 선출 • 선출된 리더	개인 능력	개인적인 영향 상사와 부하	좁음	민주 주의적

2과목 인간공학 및 위험성 평가·관리

21

위험 분석 기법 중 시스템 수명주기 관점에서 적용 시점이 가장 빠른 것은?

① PHA
② FHA
③ OHA
④ SHA

PHA(예비 위험 분석)
① 시스템 안전 프로그램에 있어서 최초단계(구상단계)의 분석으로, 시스템 내의 위험한 요소가 얼마나 위험한 상태에 있는가를 정성적으로 평가하는 방법이다.
② 시스템 수명주기에서 첫 번째 단계는 구상단계이다.

22

상황해석을 잘못하거나 목표를 잘못 설정하여 발생하는 인간의 오류 유형은?

① 실수(Slip)
② 착오(Mistake)
③ 위반(Violation)
④ 건망증(Lapse)

인간의 오류 유형	
착오 (Mistake)	상황에 대한 해석을 잘못하거나 목표에 대한 잘못된 이해로 착각하여 행하는 경우(주어진 정보가 불완전하거나 오해하는 경우에 발생하며 틀린 줄 모르고 행하는 오류)
실수 (Slip)	상황이나 목표에 대한 해석은 제대로 하였으나 의도와는 다른 행동을 하는 경우(주의 산만이나 주의력 결핍에 의해 발생)
건망증 (Lapse)	여러 과정이 연계적으로 계속하여 일어나는 행동 중에서 일부를 잊어버리고 하지 않거나 또는 기억의 실패에 의해 발생
위반 (Violation)	정해져 있는 규칙을 알고 있으면서 고의로 따르지 않거나 무시하는 행위

23

A작업의 평균 에너지소비량이 다음과 같을 때, 60분간의 총 작업시간 내에 포함되어야 하는 휴식시간(분)은?

• 휴식 중 에너지소비량: 1.5kcal/min
• A작업 시 평균 에너지소비량: 6kcal/min
• 기초대사를 포함한 작업에 대한 평균 에너지소비량 상한: 5kcal/min

① 10.3
② 11.3
③ 12.3
④ 13.3

휴식시간

작업의 평균 에너지값이 Ekcal/분일 경우 60분간의 총 작업시간 내에 포함되어야 할 휴식시간 R(분)

$$R(분) = \frac{60(E-4)}{E-1.5} = \frac{60(6-5)}{6-1.5} = 13.3(분)$$

정답 20② 21① 22② 23④

24

시스템의 수명곡선(욕조곡선)에 있어서 디버깅(Debugging)에 관한 설명으로 옳은 것은?

① 초기고장의 결함을 찾아 고장률을 안정시키는 과정이다.
② 우발고장의 결함을 찾아 고장률을 안정시키는 과정이다.
③ 마모고장의 결함을 찾아 고장률을 안정시키는 과정이다.
④ 기계결함을 발견하기 위해 동작시험을 하는 기간이다.

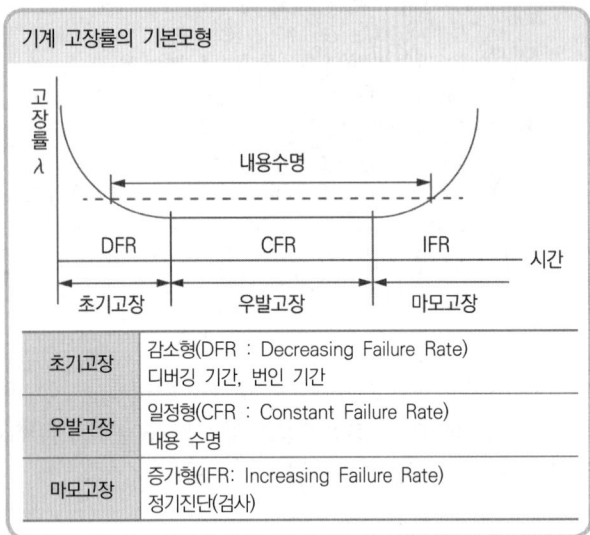

25

밝은 곳에서 어두운 곳으로 갈 때 망막에 시홍이 형성되는 생리적 과정인 암조응이 발생하는데 완전 암조응(Dark adaptation)이 발생하는 데 소요되는 시간은?

① 약 3~5분
② 약 10~15분
③ 약 30~40분
④ 약 60~90분

암조응(Dark Adaptation)
① 밝은 곳에서 어두운 곳으로 갈 때 → 원추세포의 감수성 상실, 간상세포에 의해 물체 식별
② 완전 암조응 : 보통 30~40분 소요(명조응은 수초 내지 1~2분)

26

인간공학에 대한 설명으로 틀린 것은?

① 인간 - 기계 시스템의 안전성, 편리성, 효율성을 높인다.
② 인간을 작업과 기계에 맞추는 설계 철학이 바탕이 된다.
③ 인간이 사용하는 물건, 설비, 환경의 설계에 적용된다.
④ 인간의 생리적, 심리적인 면에서의 특성이나 한계점을 고려한다.

인간공학의 정의
인간이 편리하게 사용할 수 있도록 기계, 설비 및 환경을 인간에 맞추어 설계하는 과정을 인간공학이라 한다(인간의 편리성을 위한 설계).

27

HAZOP 기법에서 사용하는 가이드워드와 그 의미가 잘못 연결된 것은?

① Part of : 성질상의 감소
② As well as : 성질상의 증가
③ Other than : 기타 환경적인 요인
④ More/Less : 정량적인 증가 또는 감소

HAZOP에서 유인어의 의미

GUIDE WORD	의미	GUIDE WORD	의미
NO 혹은 NOT	설계의도의 완전한 부정	PART OF	성질상의 감소 (정성적 감소)
MORE LESS	양의 증가 혹은 감소 (정량적)	REVERSE	설계의도의 논리적인 역 (설계의도와 반대 현상)
AS WELL AS	성질상의 증가 (정성적 증가)	OTHER THAN	완전한 대체의 필요

정답 24① 25③ 26② 27③

28

그림과 같은 FT도에 대한 최소 컷셋(minimal cut sets)으로 옳은 것은? (단, Fussell의 알고리즘을 따른다.)

① {1, 2}
② {1, 3}
③ {2, 3}
④ {1, 2, 3}

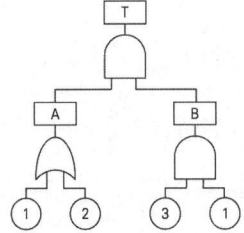

최소 컷셋

T → AB → ①B → ①③①
          ②B   ②③①

{①, ③, ①}, {②, ③, ①}이므로, 중복된 컷을 제거하면 진정한 미니멀 컷은 {①, ③}

29

경계 및 경보신호의 설계지침으로 틀린 것은?

① 주의를 환기시키기 위하여 변조된 신호를 사용한다.
② 배경소음의 진동수와 다른 진동수의 신호를 사용한다.
③ 귀는 중음역에 민감하므로 500~3,000Hz의 진동수를 사용한다.
④ 300m 이상의 장거리용으로는 1,000Hz를 초과하는 진동수를 사용한다.

경계 및 경보신호 선택 시 지침

① 귀는 중음역에 가장 민감하므로 500~3,000Hz의 진동수를 사용
② 고음은 멀리가지 못하므로 300m 이상 장거리용으로는 1,000Hz 이하의 진동수 사용
③ 신호가 장애물을 돌아가거나 칸막이를 통과해야 할 때는 500Hz 이하의 진동수 사용
④ 주의를 끌기 위해서는 변조된 신호를 사용
⑤ 배경소음의 진동수와 다른 신호를 사용하고 신호는 최소한 0.5~1초 동안 지속

30

FTA(Fault Tree Analysis)에서 사용되는 사상기호 중 통상의 작업이나 기계의 상태에서 재해의 발생원인이 되는 요소가 있는 것은?

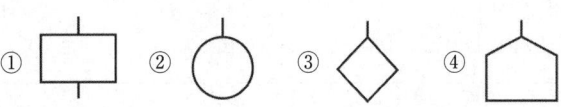

FTA 사상기호

기호	명칭	설명
▭	결함사상 (사상기호)	기본 고장의 결함으로 이루어진 고장상태를 나타내는 사상(개별적인 결함사상)
◯	기본사상 (사상기호)	더 이상 전개되지 않는 기본인 사상 또는 발생 확률이 단독으로 얻어지는 낮은 레벨의 기본적인 사상
◇	생략사상 (최후사상)	정보부족, 해석기술의 불충분 등으로 더 이상 전개할 수 없는 사상으로, 작업 진행에 따라 해석이 가능할 때는 다시 속행함
⌂	통상사상 (사상기호)	통상의 작업이나 기계의 상태에서 재해의 발생원인이 되는 사상(통상발생이 예상되는 사상)

31

불(Bool) 대수의 정리를 나타낸 관계식 중 틀린 것은?

① $A \cdot 0 = 0$
② $A + 1 = 1$
③ $A \cdot \bar{A} = 1$
④ $A(A + B) = A$

불 대수의 대수법칙

① $A + 0 = A$ ② $A + 1 = 1$ ③ $A \cdot 0 = 0$
④ $A \cdot 1 = A$ ⑤ $A + A = A$ ⑥ $A + \bar{A} = 1$
⑦ $A \cdot A = A$ ⑧ $A \cdot \bar{A} = 0$
⑨ $A(A + B) = AA + AB = A + AB = A$

정답 28 ② 29 ④ 30 ④ 31 ③

32
근골격계질환 작업분석 및 평가방법인 OWAS의 평가요소를 모두 고른 것은?

| ㄱ. 상지 | ㄴ. 무게(하중) |
| ㄷ. 하지 | ㄹ. 허리 |

① ㄱ, ㄴ
② ㄱ, ㄷ, ㄹ
③ ㄴ, ㄷ, ㄹ
④ ㄱ, ㄴ, ㄷ, ㄹ

대표적인 작업자세 평가기법
① OWAS : 작업자의 부적절한 작업자세를 정의하고 평가하기 위해 개발한 방법으로 현장에 적용하기 쉬우나 팔목 등에 대한 정보가 미반영(허리, 팔, 다리, 하중 및 힘)
② RULA : 어깨, 팔목, 손목 등의 상지에 초점을 두고 작업자세로 인한 작업부하를 쉽고 빠르게 평가

33
다음 중 좌식작업이 가장 적합한 작업은?

① 정밀 조립 작업
② 4.5kg 이상의 중량물을 다루는 작업
③ 작업장이 서로 떨어져 있으며 작업장 간 이동이 잦은 작업
④ 작업자의 정면에서 매우 높거나 낮은 곳으로 손을 자주 뻗어야 하는 작업

입식작업 및 좌식작업의 종류

앉아서 하는 작업이 최적인 경우	① 확인, 검사 등의 정밀한 작업이 필요한 경우 ② 큰 힘을 필요로 하지 않는 경우(5kg 이하의 물품 취급) ③ 사용하는 자재, 부품들을 작업공간 안에서 쉽게 공급 및 취급할 수 있는 경우
서서 하는 작업이 최적인 경우	① 앉아서 작업할 경우 무릎이나 발 부위에 여유공간이 없는 경우 ② 5kg 이상의 중량물을 취급하는 경우 ③ 몸을 높거나 낮게 또는 팔을 빈번하게 뻗쳐야 하는 경우 ④ 작업 중 이동이 많은 경우 ⑤ 바닥에 놓인 박스에 물품을 넣는 것과 같이 반드시 아래 방향으로 힘을 사용해야 하는 경우

34
n개의 요소를 가진 병렬 시스템에 있어 요소의 수명(MTTF)이 지수 분포를 따를 경우, 이 시스템의 수명으로 옳은 것은?

① $\text{MTTF} \times n$
② $\text{MTTF} \times \dfrac{1}{n}$
③ $\text{MTTF} \times \left(1 + \dfrac{1}{2} + \cdots + \dfrac{1}{n}\right)$
④ $\text{MTTF} \times \left(1 \times \dfrac{1}{2} \times \cdots \times \dfrac{1}{n}\right)$

계의 수명[요소의 수명(MTTF)이 지수분포를 따를 경우]
① 병렬계의 수명 = $\text{MTTF}\left(1 + \dfrac{1}{2} + \cdots + \dfrac{1}{n}\right)$
② 직렬계의 수명 = $\dfrac{\text{MTTF}}{n}$

35 ★빈출
인간 - 기계 시스템에 관한 설명으로 틀린 것은?

① 자동 시스템에서는 인간요소를 고려하여야 한다.
② 자동차 운전이나 전기 드릴 작업은 반자동 시스템의 예시이다.
③ 자동 시스템에서 인간은 감시, 정비유지, 프로그램 등의 작업을 담당한다.
④ 수동 시스템에서 기계는 동력원을 제공하고 인간의 통제 하에서 제품을 생산한다.

인간 - 기계 시스템의 유형

수동 시스템	인간의 신체적인 힘을 동력원으로 사용하여 작업통제(동력원 및 제어 : 인간, 수공구나 기타 보조물로 구성) : 다양성 있는 체계로 역할을 수행할 수 있는 능력을 최대한 활용하는 시스템
기계 시스템	① 반자동 시스템, 변화가 적은 기능들을 수행하도록 설계(고도로 통합된 부품들로 구성되며 융통성이 없는 체계) ② 동력은 기계가 제공, 조정장치를 사용한 통제는 인간이 담당
자동 시스템	① 감지, 정보처리 및 의사결정 행동을 포함한 모든 임무 수행 (완전하게 프로그램되어야 함) ② 대부분 폐회로 체계이며, 신뢰성이 완전하지 못하여 감시, 프로그램 작성 및 수정 정비유지 등은 인간이 담당

정답 32 ④ 33 ① 34 ③ 35 ④

36
양식 양립성의 예시로 가장 적절한 것은?

① 자동차 설계 시 고도계 높낮이 표시
② 방사능 사업장에 방사능 폐기물 표시
③ 청각적 자극 제시와 이에 대한 음성 응답
④ 자동차 설계 시 제어장치와 표시장치의 배열

양립성의 종류

공간적(spatial) 양립성	표시장치나 조정장치에서 물리적 형태 및 공간적 배치
운동(movement) 양립성	표시장치의 움직이는 방향과 조정장치의 방향이 사용자의 기대와 일치
개념적(conceptual) 양립성	이미 사람들이 학습을 통해 알고 있는 개념적 연상
양식(modality) 양립성	직무에 알맞은 자극과 응답의 양식의 존재에 대한 양립성

37
다음에서 설명하는 용어는?

> 사업주가 스스로 유해·위험요인을 파악하고 해당 유해·위험요인의 위험성 수준을 결정하여, 위험성을 낮추기 위한 적절한 조치를 마련하고 실행하는 과정을 말한다.

① 위험성 결정
② 위험성 평가
③ 위험빈도 추정
④ 유해·위험요인

용어의 정의
① "유해·위험요인"이란 유해·위험을 일으킬 잠재적 가능성이 있는 것의 고유한 특징이나 속성을 말한다.
② "위험성"이란 유해·위험요인이 사망, 부상 또는 질병으로 이어질 수 있는 가능성과 중대성 등을 고려한 위험의 정도를 말한다.
③ "위험성 평가"란 사업주가 스스로 유해·위험요인을 파악하고 해당 유해·위험요인의 위험성 수준을 결정하여, 위험성을 낮추기 위한 적절한 조치를 마련하고 실행하는 과정을 말한다.

38
태양광선이 내리쬐는 옥외장소의 자연습구온도 20℃, 흑구온도 18℃, 건구온도 30℃일 때 습구흑구온도지수(WBGT)는?

① 20.6℃
② 22.5℃
③ 25.0℃
④ 28.5℃

습구흑구온도지수(옥외)
WBGT(℃) = 0.7 × 자연습구온도 + 0.2 × 흑구온도 + 0.1 × 건구온도
= 0.7 × 20 + 0.2 × 18 + 0.1 × 30
= 20.6

39
FTA(Fault Tree Analysis)에 관한 설명으로 옳은 것은?

① 정성적 분석만 가능하다.
② 복잡하고 대형화된 시스템의 신뢰성 분석 및 안정성 분석에 이용되는 기법이다.
③ FT에 동일한 사건이 중복되어 나타나는 경우 상향식(Bottom-up)으로 정상사건 T의 발생확률을 계산할 수 있다.
④ 기초사건과 생략사건의 확률값이 주어지게 되더라도 정상사건의 최종적인 발생확률을 계산할 수 없다.

FTA의 특징
① 연역적이고 정량적인 해석방법이다.
② 기초사건에 동일한 사건이 중복되어 있는 경우 상향식이 아닌 하향식으로 계산해야만 한다.
③ 기초사건과 생략사건의 확률값이 주어지면 정상사건의 최종적인 발생확률을 계산할 수 있다.

40
1Sone에 관한 설명으로 ( )에 알맞은 수치는?

> 1Sone : (ㄱ)Hz, (ㄴ)dB의 음압수준을 가진 순음의 크기

① ㄱ : 1,000, ㄴ : 1
② ㄱ : 4,000, ㄴ : 1
③ ㄱ : 1,000, ㄴ : 40
④ ㄱ : 4,000, ㄴ : 40

Sone에 의한 음량
① 1,000Hz, 40dB의 음압수준을 가진 순음의 크기(= 40Phon)
② 기준음보다 10배 크게 들리는 음은 10Sone의 음량

정답 36 ③ 37 ② 38 ① 39 ② 40 ③

3과목　기계·기구 및 설비 안전 관리

41
다음 중 와이어로프의 구성요소가 아닌 것은?

① 클립　　　　　　② 소선
③ 스트랜드　　　　④ 심강

> **와이어로프의 구성요소**
> ① 소선(wire)　② 가닥(strand)　③ 심(core) 또는 심강

42 빈출
산업안전보건법령상 산업용 로봇에 의한 작업 시 안전조치 사항으로 적절하지 않은 것은?

① 로봇의 운전으로 인해 근로자가 로봇에 부딪힐 위험이 있을 때에는 높이 1.8m 이상의 울타리를 설치하여야 한다.
② 작업을 하고 있는 동안 로봇의 기동스위치 등은 작업에 종사하고 있는 근로자가 아닌 사람이 그 스위치 등을 조작할 수 없도록 필요한 조치를 한다.
③ 로봇의 조작방법 및 순서, 작업 중의 매니퓰레이터의 속도 등에 관한 지침에 따라 작업을 하여야 한다.
④ 작업에 종사하는 근로자가 이상을 발견하면, 관리 감독자에게 우선 보고하고, 지시가 나올 때까지 작업을 진행한다.

> **교시 등의 작업 시 위험 방지를 위한 지침사항**
> ① 다음의 사항에 관한 지침을 정하고 그 지침에 따라 작업을 시킬 것
> 　㉠ 로봇의 조작방법 및 순서
> 　㉡ 작업 중의 매니퓰레이터의 속도
> 　㉢ 2인 이상의 근로자에게 작업을 시킬 때의 신호 방법
> 　㉣ 이상을 발견한 때의 조치
> 　㉤ 이상을 발견하여 로봇의 운전을 정지시킨 후 이를 재가동시킬 때의 조치
> 　㉥ 기타 로봇의 불의의 작동 또는 오조작에 의한 위험을 방지하기 위하여 필요한 조치
> ② 작업에 종사하고 있는 근로자 또는 당해 근로자를 감시하는 자가 이상을 발견한 때에는 즉시 로봇의 운전을 정지시키기 위한 조치를 할 것
> ③ 작업을 하고 있는 동안 로봇의 기동스위치 등에 작업 중이라는 표시를 하는 등 작업에 종사하고 있는 근로자 외의 자가 당해 스위치 등을 조작할 수 없도록 필요한 조치를 할 것

43
밀링작업 시 안전수칙으로 옳지 않은 것은?

① 테이블 위에 공구나 기타 물건 등을 올려놓지 않는다.
② 제품 치수를 측정할 때는 절삭 공구의 회전을 정지한다.
③ 강력절삭을 할 때는 일감을 바이스에 짧게 물린다.
④ 상·하, 좌·우 이송장치의 핸들은 사용 후 풀어 둔다.

> **밀링작업 시 안전대책**
> ① 강력절삭을 할 때는 일감을 바이스에 깊게 물려야 안전함
> ② 가공물 측정 및 설치 시에는 반드시 기계정지 후 실시
> ③ 가공 중 손으로 가공면 점검금지 및 장갑 착용금지
> ④ 밀링작업의 칩은 가장 가늘고 예리하므로 보안경 착용 및 기계정지 후 브러시로 제거
> ⑤ 급속이송은 백래시(backlash) 제거장치가 작동하지 않음을 확인한 후 실시

44 빈출
다음 중 지게차의 작업 상태별 안정도에 관한 설명으로 틀린 것은? (단, V는 최고속도(km/h)이다.)

① 기준 부하상태의 하역작업 시의 전후 안정도는 20% 이내이다.
② 기준 부하상태의 하역작업 시의 좌우 안정도는 6% 이내이다.
③ 기준 무부하상태에서 주행 시의 전후 안정도는 18% 이내이다.
④ 기준 무부하상태의 주행 시의 좌우 안정도는 (15 + 1.1V)% 이내이다.

> **지게차의 안정도**
> ① 하역작업 시 전후 안정도 4%(5톤 이상은 3.5%) 이내
> ② 주행 시의 전후 안정도 18% 이내
> ③ 하역작업 시의 좌우 안정도 6% 이내
> ④ 주행 시의 좌우 안정도(15 + 1.1V)% 이내
> 　[여기서, V : 최고속도(km/hr)]

정답　41 ①　42 ④　43 ③　44 ①

45

산업안전보건법령상 보일러의 안전한 가동을 위하여 보일러 규격에 맞는 압력방출장치가 2개 이상 설치된 경우에 최고사용압력 이하에서 1개가 작동되고, 다른 압력방출장치는 최고사용압력의 몇 배 이하에서 작동되도록 부착하여야 하는가?

① 1.03배
② 1.05배
③ 1.2배
④ 1.5배

> **압력방출장치(보일러의 안전장치)**
> ① 보일러 규격에 맞는 압력방출장치를 1개 또는 2개 이상 설치하고 최고사용압력(설계압력 또는 최고허용압력) 이하에서 작동되도록 한다.
> ② 압력방출장치가 2개 이상 설치된 경우 최고사용압력 이하에서 1개가 작동되고, 다른 압력방출장치는 최고사용압력 1.05배 이하에서 작동되도록 부착하여야 한다.

46

금형의 설치, 해체, 운반 시 안전사항에 관한 설명으로 틀린 것은?

① 운반을 통하여 관통 아이볼트가 사용될 때는 구멍 틈새가 최소화되도록 한다.
② 금형을 설치하는 프레스의 T홈 안길이는 설치 볼트 지름의 1/2 이하로 한다.
③ 고정볼트는 고정 후 가능하면 나사산을 3~4개 정도 짧게 남겨 설치 또는 해체 시 슬라이드 면과의 사이에 협착이 발생하지 않도록 해야 한다.
④ 운반 시 상부금형과 하부금형이 닿을 위험이 있을 때는 고정 패드를 이용한 스트랩, 금속재질이나 우레탄 고무 블록 등을 사용한다.

> 금형을 설치하는 프레스의 T홈 안길이는 설치 볼트 직경의 2배 이상으로 한다.

47 빈출

선반에서 절삭 가공 시 발생하는 칩을 짧게 끊어지도록 공구에 설치되어 있는 방호장치의 일종인 칩 제거 기구를 무엇이라 하는가?

① 칩 브레이커
② 칩 받침
③ 칩 쉴드
④ 칩 커터

> **칩 브레이커**
> 길게 형성되는 절삭 칩을 바이트를 사용하여 절단해주는 선반의 방호장치

48

다음 중 산업안전보건법령상 안전인증 대상 방호장치에 해당하지 않는 것은?

① 연삭기 덮개
② 압력용기 압력방출용 파열판
③ 압력용기 압력방출용 안전밸브
④ 방폭구조(防爆構造) 전기기계·기구 및 부품

> **안전인증 대상 방호장치**
> ① 프레스 및 전단기 방호장치
> ② 양중기용 과부하방지장치
> ③ 보일러 압력방출용 안전밸브
> ④ 압력용기 압력방출용 안전밸브
> ⑤ 압력용기 압력방출용 파열판
> ⑥ 절연용 방호구 및 활선작업용 기구
> ⑦ 방폭구조 전기기계·기구 및 부품
> ⑧ 추락·낙하 및 붕괴 등의 위험 방지 및 보호에 필요한 가설기자재로서 고용노동부장관이 정하여 고시하는 것
> ⑨ 충돌·협착 등의 위험 방지에 필요한 산업용 로봇 방호장치로서 고용노동부장관이 정하여 고시하는 것

49 빈출

인장강도가 250N/mm²인 강판에서 안전율이 4라면 이 강판의 허용응력(N/mm²)은 얼마인가?

① 42.5
② 62.5
③ 82.5
④ 102.5

> **허용응력**
> 안전계수 = $\dfrac{인장강도}{허용응력}$
> 허용응력 = $\dfrac{250}{4}$ = 62.5N/mm²

정답 45 ② 46 ② 47 ① 48 ① 49 ②

50

산업안전보건법령상 강렬한 소음작업에서 데시벨에 따른 노출시간으로 적합하지 않은 것은?

① 100데시벨 이상의 소음이 1일 2시간 이상 발생하는 직업
② 110데시벨 이상의 소음이 1일 30분 이상 발생하는 직업
③ 115데시벨 이상의 소음이 1일 15분 이상 발생하는 직업
④ 120데시벨 이상의 소음이 1일 7분 이상 발생하는 직업

> **강렬한 소음작업**
> ① 90데시벨 이상의 소음이 1일 8시간 이상 발생되는 작업
> ② 95데시벨 이상의 소음이 1일 4시간 이상 발생되는 작업
> ③ 100데시벨 이상의 소음이 1일 2시간 이상 발생되는 작업
> ④ 105데시벨 이상의 소음이 1일 1시간 이상 발생되는 작업
> ⑤ 110데시벨 이상의 소음이 1일 30분 이상 발생되는 작업
> ⑥ 115데시벨 이상의 소음이 1일 15분 이상 발생되는 작업

51

방호장치 안전인증 고시에 따라 프레스 및 전단기에 사용되는 광전자식 방호장치의 일반구조에 대한 설명으로 가장 적절하지 않은 것은?

① 정상동작표시램프는 녹색, 위험표시램프는 붉은색으로 하며, 근로자가 쉽게 볼 수 있는 곳에 설치해야 한다.
② 슬라이드 하강 중 정전 또는 방호장치의 이상 시에 정지할 수 있는 구조이어야 한다.
③ 방호장치는 릴레이, 리미트 스위치 등의 전기부품의 고장, 전원전압의 변동 및 정전에 의해 슬라이드가 불시에 동작하지 않아야 하며, 사용전원전압의 ±(100분의 10)의 변동에 대하여 정상으로 작동되어야 한다.
④ 방호장치의 감지기능은 규정한 검출영역 전체에 걸쳐 유효하여야 한다(다만, 블랭킹 기능이 있는 경우 그렇지 않다).

> 방호장치는 릴레이, 리미트 스위치 등의 전기부품의 고장, 전원전압의 변동 및 정전에 의해 슬라이드가 불시에 동작하지 않아야 하며, 사용전원전압의 ±(100분의 20)의 변동에 대하여 정상으로 작동되어야 한다.

52

산업안전보건법령상 연삭기 작업 시 작업자가 안심하고 작업을 할 수 있는 상태는?

① 탁상용 연삭기에서 숫돌과 작업 받침대의 간격이 5mm이다.
② 덮개 재료의 인장강도는 224MPa이다.
③ 숫돌 교체 후 2분 정도 시험운전을 실시하여 해당 기계의 이상 여부를 확인하였다.
④ 작업 시작 전 1분 정도 시험운전을 실시하여 해당 기계의 이상여부를 확인하였다.

> **연삭기의 안전대책**
> ① 구조 규격에 적당한 덮개를 설치할 것(설치 기준 : 직경이 50mm 이상)
> ② 플랜지의 직경은 숫돌직경의 1/3 이상인 것을 사용하며 양쪽을 모두 같은 크기로 할 것
> ③ 탁상용 연삭기는 워크레스트와 조정편을 설치할 것(워크레스트와 숫돌과의 간격 : 3mm 이하)
> ④ 작업 시작 전 1분 이상, 연삭숫돌을 교체한 후 3분 이상 시운전
> ⑤ 덮개 재료는 인장강도 274.5메가파스칼(MPa) 이상일 것

53

[보기]와 같은 기계요소가 단독으로 발생시키는 위험점은?

―[보기]―
밀링커터, 둥근톱날

① 협착점   ② 끼임점
③ 절단점   ④ 물림점

기계설비에 의해 형성되는 위험점	
협착점	왕복 운동하는 운동부와 고정부 사이에 형성(작업점)
끼임점	고정부분과 회전 또는 직선운동부분에 의해 형성
절단점	회전운동부분 자체와 운동하는 기계 자체에 의해 형성
물림점	회전하는 두 개의 회전축에 의해 형성(회전체가 서로 반대방향으로 회전하는 경우)
접선 물림점	회전하는 부분이 접선방향으로 물려 들어가면서 형성
회전 말림점	회전체의 불규칙 부위와 돌기 회전 부위에 의해 형성

정답 50 ④ 51 ③ 52 ④ 53 ③

54

다음 중 크레인의 방호장치로 가장 거리가 먼 것은?

① 권과방지장치 ② 과부하방지장치
③ 비상정지장치 ④ 자동보수장치

> **양중기의 방호장치의 종류**
> ① 과부하방지장치
> ② 권과방지장치
> ③ 비상정지장치 및 제동장치
> ④ 그 밖의 방호장치(승강기의 파이널 리미트 스위치, 속도조절기, 출입문 인터록 등)

55

산업안전보건법령상 프레스기를 사용하여 작업을 할 때 작업시작 전 점검사항으로 틀린 것은?

① 클러치 및 브레이크의 기능
② 압력방출장치의 기능
③ 크랭크축·플라이휠·슬라이드·연결봉 및 연결나사의 풀림 유무
④ 프레스의 금형 및 고정볼트의 상태

> **프레스의 작업시작 전 점검사항**
> ① 클러치 및 브레이크의 기능
> ② 크랭크축·플라이휠·슬라이드·연결봉 및 연결나사의 풀림 유무
> ③ 1행정 1정지기구·급정지장치 및 비상정지장치의 기능
> ④ 슬라이드 또는 칼날에 의한 위험방지 기구의 기능
> ⑤ 프레스의 금형 및 고정볼트 상태
> ⑥ 방호장치의 기능
> ⑦ 전단기의 칼날 및 테이블의 상태

56

설비보전은 예방보전과 사후보전으로 대별된다. 다음 중 예방보전의 종류가 아닌 것은?

① 시간계획보전 ② 개량보전
③ 상태기준보전 ④ 적응보전

> **예방보전**
>
> | 예방보전(PM): 상시 또는 정기적으로 감시하여 고장 및 결함을 사전에 검출 | 시간기준보전 (TBM) | 돌발적인 고장이나 프로세스의 에러 등을 예방하기 위하여 보전주기에 의해 실시 |
> |---|---|---|
> | | 상태기준보전 (CBM) | 고장이나 예상되는 부분에 계측장비 등을 설치하여 이상현상을 미리 검출하여 설비의 상태에 따라 보전주기나 방법을 결정 |
> | | 적응보전 (AM) | 설비의 노후나 생산환경 등 주변의 여건도 고려하여 설비 상태를 파악, 보전하는 경우 |

57

천장크레인에 중량 3kN의 화물을 2줄로 매달았을 때 매달기용 와이어(sling wire)에 걸리는 장력은 약 몇 kN인가? (단, 매달기용 와이어(sling wire) 2줄 사이의 각도는 55°이다.)

① 1.3 ② 1.7
③ 2.0 ④ 2.3

> **슬링 와이어로프의 한 가닥에 걸리는 하중**
>
> $$하중 = \frac{화물의\ 무게(W_1)}{2} \div \cos\frac{\theta}{2}$$
>
> $$= \frac{3}{2} \div \cos\frac{55}{2} = 1.69 = 1.7\text{kN}$$

58

다음 중 롤러의 급정지 성능으로 적합하지 않은 것은?

① 앞면 롤러 표면 원주속도가 25m/min, 앞면 롤러의 원주가 5m일 때 급정지거리 1.6m 이내
② 앞면 롤러 표면 원주속도가 35m/min, 앞면 롤러의 원주가 7m일 때 급정지거리 2.8m 이내
③ 앞면 롤러 표면 원주속도가 30m/min, 앞면 롤러의 원주가 6m일 때 급정지거리 2.6m 이내
④ 앞면 롤러 표면 원주속도가 20m/min, 앞면 롤러의 원주가 8m일 때 급정지거리 2.6m 이내

> **앞면 롤러의 표면속도에 따른 급정지거리**
> ① 30m/분 미만 : 앞면 롤러 원주의 1/3 이내
> ② 30m/분 이상 : 앞면 롤러 원주의 1/2.5 이내

59

조작자의 신체 부위가 위험한계 밖에 위치하도록 기계의 조작장치를 위험구역에서 일정 거리 이상 떨어지게 하는 방호장치는?

① 덮개형 방호장치
② 차단형 방호장치
③ 위치제한형 방호장치
④ 접근반응형 방호장치

> **위치제한형 방호장치**
> ① 기계의 조작장치를 일정 거리 이상 떨어지게 설치하여 작업자의 신체 부위가 위험범위 밖에 있도록 하는 방법
> ② 프레스의 양수조작식 방호장치

60 빈출

산업안전보건법령상 아세틸렌 용접장치의 아세틸렌 발생기실을 설치하는 경우 준수하여야 하는 사항으로 옳은 것은?

① 벽은 가연성 재료로 하고 철근콘크리트 또는 그 밖에 이와 동등하거나 그 이상의 강도를 가진 구조로 할 것
② 바닥면적의 16분의 1 이상의 단면적을 가진 배기통을 옥상으로 돌출시키고 그 개구부를 창이나 출입구로부터 1.5미터 이상 떨어지도록 할 것
③ 출입구의 문은 불연성 재료로 하고 두께 1.0밀리미터 이하의 철판이나 그 밖에 그 이상의 강도를 가진 구조로 할 것
④ 발생기실을 옥외에 설치한 경우에는 그 개구부를 다른 건축물로부터 1.0미터 이내 떨어지도록 할 것

> **발생기실의 구조**
> ① 벽은 불연성의 재료로 하고 철근콘크리트 기타 이와 동등 이상의 강도를 가진 구조로 할 것
> ② 지붕 및 천장에는 얇은 철판이나 가벼운 불연성 재료를 사용할 것
> ③ 바닥면적의 16분의 1 이상의 단면적을 가진 배기통을 옥상으로 돌출시키고 그 개구부를 창 또는 출입구로부터 1.5m 이상 떨어지도록 할 것
> ④ 출입구의 문은 불연성 재료로 하고 두께 1.5mm 이상의 철판 기타 이와 동등 이상의 강도를 가진 구조로 할 것
> ⑤ 벽과 발생기 사이에는 발생기의 조정 또는 카바이드 공급 등의 작업을 방해하지 아니하도록 간격을 확보할 것

4과목 전기설비 안전 관리

61

대지에서 용접작업을 하고 있는 작업자가 용접봉에 접촉한 경우 통전전류는? (단, 용접기의 출력 측 무부하전압 : 90V, 접촉저항(손, 용접봉 등 포함) : 10kΩ, 인체의 내부저항 : 1kΩ, 발과 대지의 접촉저항 : 20kΩ이다.)

① 약 0.19mA   ② 약 0.29mA
③ 약 1.96mA   ④ 약 2.90mA

> **옴의 법칙**
> $$I = \frac{E}{R} = \frac{90V}{31,000\Omega} = 0.002903A = 2.903mA$$

62

KS C IEC 60079-10-2에 따라 공기 중에 분진운의 형태로 폭발성 분진 분위기가 지속적으로 또는 장기간 또는 빈번히 존재하는 장소는?

① 0종 장소   ② 1종 장소
③ 20종 장소   ④ 21종 장소

> **분진폭발 위험장소**
>
> | 분류 | 적요 |
> |---|---|
> | 20종 장소 | 분진운 형태의 가연성 분진이 폭발농도를 형성할 정도로 충분한 양이 정상작동 중에 연속적으로 또는 자주 존재하거나, 제어할 수 없을 정도의 양 및 두께의 분진층이 형성될 수 있는 장소 |
> | 21종 장소 | 20종 장소 외의 장소로서, 분진운 형태의 가연성 분진이 폭발농도를 형성할 정도의 충분한 양이 정상작동 중에 존재할 수 있는 장소 |
> | 22종 장소 | 21종 장소 외의 장소로서, 가연성 분진운 형태가 드물게 발생 또는 단기간 존재할 우려가 있거나, 이상작동 상태하에서 가연성 분진층이 형성될 수 있는 장소 |

63

설비의 이상현상에 나타나는 아크(Arc)의 종류가 아닌 것은?

① 단락에 의한 아크   ② 지락에 의한 아크
③ 차단기에서의 아크   ④ 전선저항에 의한 아크

> 아크는 단락, 지락, 전선절단, 또는 개폐기, 차단기 등의 동작 시 발생할 수 있으며, 화재의 우려가 있으므로 아크차단기 등을 이용하여 사전에 방지해야 한다.

정답 59 ③ 60 ② 61 ④ 62 ③ 63 ④

64

정전기 재해방지에 관한 설명 중 틀린 것은?

① 이황화탄소의 수송 과정에서 배관 내의 유속을 2.5m/s 이상으로 한다.
② 포장 과정에서 용기를 도전성 재료에 접지한다.
③ 인쇄 과정에서 도포량을 소량으로 하고 접지한다.
④ 작업장의 습도를 높여 전하가 제거되기 쉽게 한다.

> **초기 배관 내 유속 제한**
> ① 도전성 위험물로서 저항률이 $10^{10}(\Omega \cdot cm)$ 미만의 배관 유속은 7(m/s) 이하
> ② 이황화탄소, 에테르 등과 같이 폭발위험성이 높고 유동대전이 심한 액체는 1(m/s) 이하
> ③ 비수용성이면서 물기가 기체를 혼합한 위험물은 1(m/s) 이하

65

한국전기설비규정에 따라 사람이 쉽게 접촉할 우려가 있는 곳에 금속제 외함을 가지는 저압의 기계기구가 시설되어 있다. 이 기계기구의 사용전압이 몇 V를 초과할 때 전기를 공급하는 전로에 누전차단기를 시설해야 하는가? (단, 누전차단기를 시설하지 않아도 되는 조건은 제외한다.)

① 30V ② 40V
③ 50V ④ 60V

> 금속제 외함을 가지는 사용전압이 50V를 초과하는 저압의 기계기구로서 사람이 쉽게 접촉할 우려가 있는 곳에 시설하는 것에 전기를 공급하는 전로에는 누전차단기를 시설해야 한다.

66

다음 중 방폭설비의 보호등급(IP)에 대한 설명으로 옳은 것은?

① 제1특성숫자가 "1"인 경우 지름 50mm 이상의 외부 분진에 대한 보호
② 제1특성숫자가 "2"인 경우 지름 10mm 이상의 외부 분진에 대한 보호
③ 제2특성숫자가 "1"인 경우 지름 50mm 이상의 외부 분진에 대한 보호
④ 제2특성숫자가 "2"인 경우 지름 10mm 이상의 외부 분진에 대한 보호

> **방폭설비의 보호등급(IP)**
> ① IP코드 : 위험 부분으로의 접근, 외부 분진의 침투 또는 물의 침투에 대한 외함의 방진 및 방수보호 등급을 표시하는 정보
> ② 코드문자(IP) : 제1특성숫자(0~6의 수 또는 문자X) - 제2특성숫자(0~9의 수 또는 문자X)
> ③ 특성숫자의 의미
>
> | 특성숫자 | 1특성숫자 | 2특성숫자 |
> |---|---|---|
> | 0 | 비보호 | 비보호 |
> | 1 | 지름 50mm 이상의 외부 분진 | 수직으로 떨어지는 물방울 |
> | 2 | 지름 12.5mm 이상의 외부 분진 | 15도 이하로 기울어져 있을 경우, 수직으로 떨어지는 물방울 |
> | 3 | 지름 2.5mm 이상의 외부 분진 | 물 분무 |
> | 4 | 지름 1.0mm 이상의 외부 분진 | 물 튀김 |
> | 5 | 먼지보호 | 물 분사 |
> | 6 | 방진 | 강한 물 분사 |
> | 7 | | 일시적인 침수의 영향 |
> | 8 | | 연속 침수의 영향 |
> | 9 | | 고압 및 고온 물 분사 |

67

정전기 발생에 영향을 주는 요인에 대한 설명으로 틀린 것은?

① 물체의 분리속도가 빠를수록 발생량은 적어진다.
② 접촉면적이 크고 접촉압력이 높을수록 발생량이 많아진다.
③ 물체 표면이 수분이나 기름으로 오염되면 산화 및 부식에 의해 발생량이 많아진다.
④ 정전기의 발생은 처음 접촉, 분리할 때가 최대로 되고 접촉, 분리가 반복됨에 따라 발생량은 감소한다.

> **정전기 발생의 영향 요인**
> ① 표면이 매끄러운 것보다 거칠수록 정전기가 크게 발생한다.
> ② 물체가 이미 대전된 이력이 있을 경우 정전기 발생이 작아지는 경향이 있다(처음 접촉, 분리 때가 최고이며 반복될수록 감소)
> ③ 접촉면적과 압력이 클수록 정전기 발생량이 증가하는 경향이 있다.
> ④ 분리속도가 빠를수록 주어지는 에너지가 크게 되므로 정전기 발생량도 증가하는 경향이 있다.

정답 64 ① 65 ③ 66 ① 67 ①

68

전기기기, 설비 및 전선로 등의 충전 유무 등을 확인하기 위한 장비는?

① 위상검출기
② 디스콘 스위치
③ COS
④ 저압 및 고압용 검전기

> 개로된 전로의 충전 여부는 검전기로 확인한다.

69

피뢰기로서 갖추어야 할 성능 중 틀린 것은?

① 충격방전 개시전압이 낮을 것
② 뇌전류 방전능력이 클 것
③ 제한전압이 높을 것
④ 속류차단을 확실하게 할 수 있을 것

> **피뢰기의 구비성능**
> ① 충격방전 개시전압과 제한전압이 낮을 것
> ② 반복동작이 가능할 것
> ③ 뇌전류의 방전능력이 크고 속류차단이 확실할 것
> ④ 점검, 보수가 간단할 것
> ⑤ 구조가 견고하며 특성이 변화하지 않을 것

70

접지저항 저감 방법으로 틀린 것은?

① 접지극의 병렬 접지를 실시한다.
② 접지극의 매설 깊이를 증가시킨다.
③ 접지극의 크기를 최대한 작게 한다.
④ 접지극 주변의 토양을 개량하여 대지 저항률을 떨어뜨린다.

> **접지저항을 감소시키는 방법**
> ① 약품법 : 도전성 물질을 접지극 주변 토양에 주입
> ② 병렬법 : 접지 수를 증가하여 병렬접속
> ③ 접지전극을 대지에 깊이 박는 방법(75cm 이상 깊이)

71

교류 아크 용접기의 사용에서 무부하 전압이 80V, 아크 전압 25V, 아크 전류 300A일 경우 효율은 약 몇 % 인가? (단, 내부 손실은 4kW이다.)

① 65.2
② 70.5
③ 75.3
④ 80.6

> **교류 아크 용접기의 효율**
> $$효율(\%) = \frac{아크\ 전압 \times 전류}{아크\ 전압 \times 전류 + 내부손실} \times 100$$
> $$= \frac{25 \times 300}{25 \times 300 + 4,000} \times 100 = 65.2\%$$

72

아크방전의 전압전류 특성으로 가장 옳은 것은?

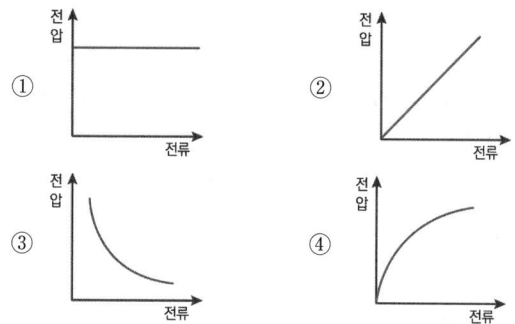

> 아크방전은 부저항특성에 의해 전류가 증가하면 저항이 감소하여 전압도 낮아진다.

73

다음 중 기기 보호등급(EPL)에 해당하지 않는 것은?

① EPL Ga
② EPL Ma
③ EPL Dc
④ EPL Mc

> **EPL(기기 보호등급)**
> ① 기기에 점화원이 될 수 있는 가능성에 따라 부여하는 보호성능 등급
> ② 등급 분류
>
> | 폭발성 가스 | 폭발성 분진 | 광산 폭발성 분위기 | 보호수준 |
> | --- | --- | --- | --- |
> | Ga | Da | Ma | 매우 높은 보호수준 |
> | Gb | Db | Mb | 높은 보호수준 |
> | Gc | Dc | – | 개선한 보호수준 |

정답 68 ④ 69 ③ 70 ③ 71 ① 72 ③ 73 ④

74 ★빈출

다음 중 산업안전보건기준에 관한 규칙에 따라 누전차단기를 설치하지 않아도 되는 곳은?

① 철판·철골 위 등 도전성이 높은 장소에서 사용하는 이동형 전기기계·기구
② 대지전압이 220V인 휴대형 전기기계·기구
③ 임시배선의 전로가 설치되는 장소에서 사용하는 이동형 전기기계·기구
④ 절연대 위에서 사용하는 전기기계·기구

> **누전차단기의 적용범위**
> ① 대지전압이 150볼트를 초과하는 이동형 또는 휴대형 전기기계·기구
> ② 물 등 도전성이 높은 액체가 있는 습윤장소에서 사용하는 저압(1.5천볼트 이하 직류전압이나 1천볼트 이하의 교류전압)용 전기기계·기구
> ③ 철판·철골 위 등 도전성이 높은 장소에서 사용하는 이동형 또는 휴대형 전기기계·기구
> ④ 임시배선의 전로가 설치되는 장소에서 사용하는 이동형 또는 휴대형 전기기계·기구

75

다음 설명이 나타내는 현상은?

> 전압이 인가된 이극 도체 간의 고체 절연물 표면에 이물질이 부착되면 미소방전이 일어난다. 이 미소방전이 반복되면서 절연물 표면에 도전성 통로가 형성되는 현상이다.

① 흑연화 현상
② 트래킹 현상
③ 반단선 현상
④ 절연 이동 현상

> ① 흑연화 현상 : 스파크 또는 고열에 의해 무정형탄소가 흑연으로 변화하는 현상으로 도전성을 갖게 되어 발화의 원인이 된다.
> ② 트래킹 현상 : 전압이 인가된 이극 도체 간의 고체 절연물 표면에 이물질로 인해 발생한 미소방전이 반복되면서 절연물 표면에 도전성 통로가 형성되는 현상이다.
> ③ 반단선 현상 : 전선이 오랜시간 반복적인 굴절 등에 의해 절연피복 내에서 소선 일부가 단선되어 아크가 발생하는 현상이다.

76 ★빈출

다음 중 방폭구조의 종류가 아닌 것은?

① 본질안전 방폭구조
② 고압 방폭구조
③ 압력 방폭구조
④ 내압 방폭구조

방폭구조의 종류와 기호

내압 방폭구조	압력 방폭구조	유입 방폭구조	안전증 방폭구조	특수 방폭구조
d	p	o	e	s
본질안전 방폭구조		몰드 방폭구조	충전 방폭구조	비점화 방폭구조
ia 또는 ib		m	q	n

77 ★빈출

심실세동전류 $I = \dfrac{165}{\sqrt{T}}$ (mA)라면 심실세동 시 인체에 직접 받는 전기에너지(cal)는 약 얼마인가? (단, T는 통전시간으로 1초이며, 인체의 저항은 500Ω으로 한다.)

① 0.52
② 1.35
③ 2.14
④ 3.27

> **전기에너지에 의한 발열(Joule의 법칙)**
> $Q = I^2 RT = \left(\dfrac{165}{\sqrt{T}} \times 10^{-3}\right)^2 \times 500 \times 1$
> $= 13.612 \times 0.24 = 3.27 \text{cal}$

78

산업안전보건기준에 관한 규칙에 따른 전기기계·기구에 설치 시 고려할 사항으로 거리가 먼 것은?

① 전기기계·기구의 충분한 전기적 용량 및 기계적 강도
② 전기기계·기구의 안전효율을 높이기 위한 시간 가동율
③ 습기·분진 등 사용장소의 주위 환경
④ 전기적·기계적 방호수단의 적정성

> **전기기계·기구 설치 시 고려해야 할 사항**
> ① 전기기계·기구의 충분한 전기적 용량 및 기계적 강도
> ② 습기·분진 등 사용장소의 주위 환경
> ③ 전기적·기계적 방호수단의 적정성

정답 74 ④ 75 ② 76 ② 77 ④ 78 ②

79

정전작업 시 조치사항으로 틀린 것은?

① 작업 전 전기설비의 잔류전하를 확실히 방전한다.
② 개로된 전로의 충전 여부를 검전기구에 의하여 확인한다.
③ 개폐기에 잠금장치를 하고 통전금지에 관한 표지판은 제거한다.
④ 예비동력원의 역송전에 의한 감전의 위험을 방지하기 위해 단락 접지기구를 사용하여 단락 접지를 한다.

정전 전로에서의 전기작업(전로차단)

① 전기기기 등에 공급되는 모든 전원을 관련 도면, 배선도 등으로 확인할 것
② 전원을 차단한 후 각 단로기 등을 개방하고 확인할 것
③ 차단장치나 단로기 등에 잠금장치 및 꼬리표를 부착할 것
④ 개로된 전로에서 유도전압 또는 전기에너지가 축적되어 근로자에게 전기위험을 끼칠 수 있는 전기기기 등은 접촉하기 전에 잔류전하를 완전히 방전시킬 것
⑤ 검전기를 이용하여 작업 대상 기기가 충전되었는지를 확인할 것
⑥ 전기기기 등이 다른 노출 충전부와의 접촉, 유도 또는 예비동력원의 역송전 등으로 전압이 발생할 우려가 있는 경우에는 충분한 용량을 가진 단락 접지기구를 이용하여 접지할 것

80

정전기로 인한 화재 폭발의 위험이 가장 높은 것은?

① 드라이클리닝설비
② 농작물 건조기
③ 가습기
④ 전동기

드라이클리닝설비, 염색가공설비 또는 모피류 등을 씻는 설비 등 인화성 유기용제를 사용하는 설비는 정전기에 의한 화재 또는 폭발 등의 위험방지를 위하여 필요한 조치를 하여야 한다.

5과목 화학설비 안전 관리

81

산업안전보건법에서 정한 위험물질을 기준량 이상 제조하거나 취급하는 화학설비로서 내부의 이상상태를 조기에 파악하기 위하여 필요한 온도계·유량계·압력계 등의 계측장치를 설치하여야 하는 대상이 아닌 것은?

① 가열로 또는 가열기
② 증류·정류·증발·추출 등 분리를 하는 장치
③ 반응폭주 등 이상화학반응에 의하여 위험물질이 발생할 우려가 있는 설비
④ 흡열반응이 일어나는 반응장치

계측장치 설치대상(특수화학설비)

① 발열반응이 일어나는 반응장치
② 증류·정류·증발·추출 등 분리를 행하는 장치
③ 가열시켜 주는 물질의 온도가 가열되는 위험물질의 분해온도 또는 발화점보다 높은 상태에서 운전되는 설비
④ 반응폭주 등 이상화학반응에 의하여 위험물질이 발생할 우려가 있는 설비
⑤ 온도가 섭씨 350° 이상이거나 게이지압력이 980킬로파스칼 이상인 상태에서 운전되는 설비
⑥ 가열로 또는 가열기

82

다음 중 퍼지(purge)의 종류에 해당하지 않는 것은?

① 압력퍼지 ② 진공퍼지
③ 스위프퍼지 ④ 가열퍼지

퍼지의 종류

① 압력퍼지 ② 진공퍼지
③ 사이폰퍼지 ④ 스위프퍼지 등

정답 79 ③ 80 ① 81 ④ 82 ④

83

폭발한계와 완전연소 조성 관계인 Jones식을 이용하여 부탄(C_4H_{10})의 폭발하한계를 구하면 몇 vol%인가?

① 1.4
② 1.7
③ 2.0
④ 2.3

연소하한값 계산

① 완전연소 조성농도(화학양론농도)

$$Cst = \frac{100}{1 + 4.773\left(4 + \frac{10}{4}\right)} = 3.1226$$

② 폭발하한계 계산방법

화학양론농도 $x(\%)$를 이용하여 폭발하한계의 농도 $L(\%)$을 근사적으로 계산하는 방법

$L ≒ 0.55x \times 3.1226 = 1.72 \text{vol}\%$

84

가스를 분류할 때 독성가스에 해당하지 않는 것은?

① 황화수소
② 시안화수소
③ 이산화탄소
④ 산화에틸렌

이산화탄소는 불연성이며, 불활성 기체에 해당하는 독성이 없는 가스이다.

85

다음 중 폭발 방호대책과 가장 거리가 먼 것은?

① 불활성화
② 억제
③ 방산
④ 봉쇄

폭발 방호대책

① 폭발봉쇄
② 폭발억제
③ 폭발방산
④ 폭발차단 등

86

질화면(Nitrocellulose)은 저장·취급 중에는 에틸알코올 등으로 습면상태를 유지해야 한다. 그 이유를 옳게 설명한 것은?

① 질화면은 건조 상태에서는 자연적으로 분해하면서 발화할 위험이 있기 때문이다.
② 질화면은 알코올과 반응하여 안정한 물질을 만들기 때문이다.
③ 질화면은 건조 상태에서 공기 중의 산소와 환원반응을 하기 때문이다.
④ 질화면은 건조 상태에서 유독한 중합물을 형성하기 때문이다.

질화면(Nitrocellulose)

니트로셀룰로오스는 건조한 상태에서는 불에 잘 타며 또한 대전하여 정전기의 방전에 의해서도 발화, 폭발한다. 따라서 저장·취급의 경우는 약질화면이라 하더라도 물 또는 알코올로 축여 습면상태를 유지해야 한다.

87

분진폭발의 특징으로 옳은 것은?

① 연소속도가 가스폭발보다 크다.
② 완전연소로 가스중독의 위험이 작다.
③ 화염의 파급속도보다 압력의 파급속도가 빠르다.
④ 가스폭발보다 연소시간은 짧고 발생에너지는 작다.

분진폭발의 특징

연소속도 및 폭발압력	가스폭발과 비교하여 작지만 연소시간이 길고, 발생에너지가 크기 때문에 파괴력과 타는 정도가 크며, 발화에너지도 상대적으로 크다.
화염의 파급속도	폭발압력 후 1/10 ~ 2/10초 후에 화염이 전파되며 속도는 초기에 2~3m/s 정도이며, 압력상승으로 가속도적으로 빨라진다.
압력의 속도	압력속도는 300m/s 정도이며, 화염속도보다는 압력속도가 훨씬 빠르다.
연속폭발	폭발에 의한 폭풍이 주위분진을 날려 2차, 3차 폭발로 인한 피해가 확산된다.
불완전연소	가스에 비해 불완전연소의 가능성이 커서 일산화탄소의 존재로 인한 가스중독의 위험이 있다.

정답 83 ② 84 ③ 85 ① 86 ① 87 ③

88

크롬에 대한 설명으로 옳은 것은?

① 은백색 광택이 있는 금속이다.
② 중독 시 미나마타병이 발병한다.
③ 비중이 물보다 작은 값을 나타낸다.
④ 3가 크롬이 인체에 가장 유해하다.

> **크롬(크로뮴)**
> ① 은백색 광택이 있는 금속이다.
> ② 크롬 3가는 신체에서 당, 단백질, 지방의 대사를 돕는 필수영양소이다.
> ③ 크롬 6가 이온의 흡입은 코를 자극하여 콧물, 코피, 궤양 또는 비강에 구멍이 생기게 한다.
> ④ 비중은 물보다 크다.

89

사업주는 인화성 액체 및 인화성 가스를 저장 취급하는 화학설비에서 증기나 가스를 대기로 방출하는 경우에는 외부로부터의 화염을 방지하기 위하여 화염방지기를 설치하여야 한다. 다음 중 화염방지기의 설치 위치로 옳은 것은?

① 설비의 상단　② 설비의 하단
③ 설비의 측면　④ 설비의 조작부

> **인화성 물질의 저장·취급 및 통기설비의 안전 조치**
> ① 대기압 탱크에는 통기설비(통기관 또는 통기밸브 등) 설치
> ② 인화성 액체 및 가연성 가스를 저장 취급하는 화학설비로부터 증기 또는 가스를 대기로 방출 시 그 설비 상단에 화염방지기 설치(다만, 통기관에 화염방지기능이 있는 통기밸브가 설치되어 있거나 인화점이 섭씨 38도 이상 60도 이하인 인화성 액체를 저장·취급할 때에 화염방지 기능을 가지는 인화방지망을 설치한 경우에는 그렇지 않다)

90

열교환탱크 외부를 두께 0.2m의 단열재(열전도율 k = 0.037 kcal/m·h·℃)로 보온하였더니 단열재 내면은 40℃, 외면은 20℃이었다. 면적 1m²당 1시간에 손실되는 열량(kcal)은?

① 0.0037　② 0.037
③ 1.37　④ 3.7

> **손실되는 열량**
> $$\frac{0.037 \text{kcal/mhr℃} \times 20℃}{0.2\text{m}} = 3.7(\text{kcal/m}^2\text{hr})$$

91

산업안전보건법령상 다음 인화성 가스의 정의에서 ( ) 안에 알맞은 값은?

> "인화성 가스"란 인화한계 농도의 최저한도가 (㉠)% 이하 또는 최고한도와 최저한도의 차가 (㉡)% 이상인 것으로서 표준압력(101.3kPa), 20℃에서 가스 상태인 물질을 말한다.

① ㉠ 13, ㉡ 12　② ㉠ 13, ㉡ 15
③ ㉠ 12, ㉡ 13　④ ㉠ 12, ㉡ 15

> **인화성 가스의 정의**
> 인화한계 농도의 최저한도가 13% 이하 또는 최고한도와 최저한도의 차가 12% 이상인 것으로서 표준압력(101.3kPa) 하의 20℃에서 가스 상태인 물질

92 ★빈출

액체 표면에서 발생한 증기농도가 공기 중에서 연소하한농도가 될 수 있는 가장 낮은 액체온도를 무엇이라 하는가?

① 인화점　② 비등점
③ 연소점　④ 발화온도

> **인화점의 정의**
> ① 점화원에 의하여 인화될 수 있는 최저온도
> ② 연소 가능한 가연성 증기를 발생시켜 연소하한농도가 될 수 있는 최저온도

정답 88 ①　89 ①　90 ④　91 ①　92 ①

93
위험물의 저장방법으로 적절하지 않은 것은?

① 탄화칼슘은 물속에 저장한다.
② 벤젠은 산화성 물질과 격리시킨다.
③ 금속나트륨은 석유 속에 저장한다.
④ 질산은 갈색병에 넣어 냉암소에 보관한다.

> **탄화칼슘(CaC_2)**
> ① 탄화칼슘(CaC_2)은 물과 반응하면 아세틸렌 기체를 생성하여 폭발의 위험이 있으므로 물속에 보관해서는 안 된다.
> ② $CaC_2 + 2H_2O \rightarrow Ca(OH)_2 + C_2H_2$

94
다음 중 열교환기의 보수에 있어 일상점검항목과 정기적 개방점검항목으로 구분할 때 일상점검항목으로 거리가 먼 것은?

① 도장의 노후 상황
② 부착물에 의한 오염의 상황
③ 보온재, 보냉재의 파손 여부
④ 기초볼트의 체결 정도

> **열교환기의 일상점검항목**
> ① 보온재 및 보냉재의 파손 상황
> ② 도장의 노후 상황
> ③ Flange부, 용접부 등의 누출 여부
> ④ 기초볼트의 체결 상태

95
다음 중 반응기의 구조 방식에 의한 분류에 해당하는 것은?

① 탑형 반응기
② 연속식 반응기
③ 반회분식 반응기
④ 회분식 균일상반응기

> **반응기의 분류**
>
> | 조작방법에 의한 분류 | ① 회분식 반응기 ② 반회분식 반응기 ③ 연속식 반응기 |
> |---|---|
> | 구조 방식에 의한 분류 | ① 교반조형 반응기 ② 관형 반응기 ③ 탑형 반응기 ④ 유동층형 반응기 |

96
다음 중 공기 중 최소 발화에너지값이 가장 작은 물질은?

① 에틸렌
② 아세트알데히드
③ 메탄
④ 에탄

> **최소 발화에너지**
>
> | 가연성 가스 | 최소 발화에너지 | 가연성 가스 | 최소 발화에너지 |
> |---|---|---|---|
> | 에틸렌 | 0.096 | 아세트알데히드 | 0.37 |
> | 메탄 | 0.28 | 에탄 | 0.25 |

97
다음 표의 가스(A ~ D)를 위험도가 큰 것부터 작은 순으로 나열한 것은?

구분	폭발하한값	폭발상한값
A	4.0vol%	75.0vol%
B	3.0vol%	80.0vol%
C	1.25vol%	44.0vol%
D	2.5vol%	81.0vol%

① D - B - C - A
② D - B - A - C
③ C - D - A - B
④ C - D - B - A

> **위험도(H)**
>
> 위험도 $H = \dfrac{UFL - LFL}{LFL}$
>
> ① A : $\dfrac{75 - 4}{4} = 17.75$
> ② B : $\dfrac{80 - 3}{3} = 25.67$
> ③ C : $\dfrac{44 - 1.25}{1.25} = 34.2$
> ④ D : $\dfrac{81 - 2.5}{2.5} = 31.4$

98
알루미늄분이 고온의 물과 반응하였을 때 생성되는 가스는?

① 이산화탄소
② 수소
③ 메탄
④ 에탄

> 마그네슘, 알루미늄 등은 물과 반응하여 수소기체를 발생하므로, 열원 및 습기로부터 보호받을 수 있는 건조한 장소에 보관한다.

정답 93 ① 94 ② 95 ① 96 ① 97 ④ 98 ②

99 빈출

메탄, 에탄, 프로판의 폭발하한계가 각각 5vol%, 3vol%, 2.1vol%일 때 다음 중 폭발하한계가 가장 낮은 것은? (단, Le Chatelier의 법칙을 이용한다.)

① 메탄 20vol%, 에탄 30vol%, 프로판 50vol%의 혼합가스
② 메탄 30vol%, 에탄 30vol%, 프로판 40vol%의 혼합가스
③ 메탄 40vol%, 에탄 30vol%, 프로판 30vol%의 혼합가스
④ 메탄 50vol%, 에탄 30vol%, 프로판 20vol%의 혼합가스

> 르샤틀리에의 법칙(혼합가스의 폭발범위 계산)
>
> ① $LEL = \dfrac{100}{\frac{20}{5}+\frac{30}{3}+\frac{50}{2.1}} = 2.645 vol\%$
>
> ② $LEL = \dfrac{100}{\frac{30}{5}+\frac{30}{3}+\frac{40}{2.1}} = 2.853 vol\%$
>
> ③ $LEL = \dfrac{100}{\frac{40}{5}+\frac{30}{3}+\frac{30}{2.1}} = 3.097 vol\%$
>
> ④ $LEL = \dfrac{100}{\frac{50}{5}+\frac{30}{3}+\frac{30}{2.1}} = 3.387 vol\%$

100

고압가스 용기 파열사고의 주요 원인 중 하나는 용기의 내압력(耐壓力, capacity to resist pressure) 부족이다. 다음 중 내압력 부족의 원인으로 거리가 먼 것은?

① 용기 내벽의 부식
② 강재의 피로
③ 과잉충전
④ 용접불량

> 고압가스 용기 파열사고의 주요 원인
> ① 용기의 내압력 부족 : 강재의 피로, 용기 내벽의 부식, 용접불량, 용기 자체에 결함이 있는 경우 등
> ② 용기내압의 이상 상승 : 과잉충전의 경우, 가열, 내용물의 중합반응 또는 분해반응 등
> ③ 용기 내에서의 폭발성 혼합가스의 발화 : 가스의 혼합충전 등

6과목 건설공사 안전 관리

101

동바리 유형에 따른 동바리 조립 시의 안전조치 사항으로 옳지 않은 것은?

① 동바리로 사용하는 강관틀의 경우 강관틀과 강관틀 사이에 교차가새를 설치할 것
② 동바리로 사용하는 파이프 서포트를 이어서 사용하는 경우에는 3개 이상의 볼트 또는 전용철물을 사용하여 이을 것
③ 시스템 동바리의 경우 수평재는 수직재와 직각으로 설치해야 하며, 흔들리지 않도록 견고하게 설치할 것
④ 동바리로 사용하는 조립강주의 경우 높이가 4미터를 초과하는 경우에는 높이 4미터 이내마다 수평연결재를 2개 방향으로 설치하고 수평연결재의 변위를 방지할 것

> 동바리로 사용하는 파이프 서포트를 이어서 사용하는 경우에는 4개 이상의 볼트 또는 전용철물을 사용하여 이을 것

102

고소작업대를 설치 및 이동하는 경우에 준수하여야 할 사항으로 옳지 않은 것은?

① 와이어로프 또는 체인의 안전율은 3 이상일 것
② 붐의 최대 지면경사각을 초과 운전하여 전도되지 않도록 할 것
③ 고소작업대를 이동하는 경우 작업대를 가장 낮게 내릴 것
④ 작업대에 끼임·충돌 등 재해를 예방하기 위한 가드 또는 과상승방지장치를 설치할 것

> 작업대를 와이어로프 또는 체인으로 올리거나 내릴 경우에는 와이어로프 또는 체인이 끊어져 작업대가 떨어지지 아니하는 구조여야 하며, 와이어로프 또는 체인의 안전율은 5 이상일 것

정답 99 ① 100 ③ 101 ② 102 ①

103

건설공사의 유해위험방지계획서 제출 기준일로 옳은 것은?

① 당해 공사착공 1개월 전까지
② 당해 공사착공 15일 전까지
③ 당해 공사착공 전날까지
④ 당해 공사착공 15일 후까지

> 유해위험방지계획서 제출 기준일
> ① 제조업의 경우 작업시작 15일 전까지 공단에 2부 제출
> ② 건설업의 경우 공사착공 전날까지 공단에 2부 제출

104

철골건립준비를 할 때 준수하여야 할 사항으로 옳지 않은 것은?

① 지상 작업장에서 건립준비 및 기계기구를 배치할 경우에는 낙하물의 위험이 없는 평탄한 장소를 선정하여 정비하여야 한다.
② 건립작업에 다소 지장이 있다하더라도 수목은 제거하거나 이설하여서는 안 된다.
③ 사용 전에 기계기구에 대한 정비 및 보수를 철저히 실시하여야 한다.
④ 기계에 부착된 앵카 등 고정장치와 기초구조 등을 확인하여야 한다.

> 건립작업에 지장이 되는 수목은 제거하거나 이설하여야 한다.

105

가설공사 표준안전 작업지침에 따른 통로발판을 설치하여 사용함에 있어 준수사항으로 옳지 않은 것은?

① 추락의 위험이 있는 곳에는 안전난간이나 철책을 설치하여야 한다.
② 작업발판의 최대 폭은 1.6m 이내이어야 한다.
③ 비계발판의 구조에 따라 최대 적재하중을 정하고 이를 초과하지 않도록 하여야 한다.
④ 발판을 겹쳐 이음하는 경우 장선 위에서 이음을 하고 겹침길이는 10cm 이상으로 하여야 한다.

> 작업발판 설치 시 준수사항
> ① 근로자가 작업 및 이동하기에 충분한 넓이가 확보되어야 한다.
> ② 추락의 위험이 있는 곳에는 안전난간이나 철책을 설치하여야 한다.
> ③ 발판을 겹쳐 이음하는 경우 장선 위에서 이음을 하고 겹침길이는 20센티미터 이상으로 하여야 한다.
> ④ 발판 1개에 대한 지지물은 2개 이상이어야 한다.
> ⑤ 작업발판의 최대 폭은 1.6미터 이내이어야 한다.
> ⑥ 작업발판 위에는 돌출된 못, 옹이, 철선 등이 없어야 한다.
> ⑦ 비계발판의 구조에 따라 최대 적재하중을 정하고 이를 초과하지 않도록 한다.

106

항타기 또는 항발기의 사용 시 준수사항으로 옳지 않은 것은?

① 증기나 공기를 차단하는 장치를 작업관리자가 쉽게 조작할 수 있는 위치에 설치한다.
② 해머의 운동에 의하여 증기호스 또는 공기호스와 해머의 접속부가 파손되거나 벗겨지는 것을 방지하기 위하여 그 접속부가 아닌 부위를 선정하여 증기호스 또는 공기호스를 해머에 고정시킨다.
③ 항타기나 항발기의 권상장치의 드럼에 권상용 와이어로프가 꼬인 경우에는 와이어로프에 하중을 걸어서는 안 된다.
④ 항타기나 항발기의 권상장치에 하중을 건 상태로 정지하여 두는 경우에는 쐐기장치 또는 역회전방지용 브레이크를 사용하여 제동하는 등 확실하게 정지시켜 두어야 한다.

> 공기를 차단하는 장치를 해머의 운전자가 쉽게 조작할 수 있는 위치에 설치할 것

정답 103 ③ 104 ② 105 ④ 106 ①

107

건설업 중 유해위험방지계획서 제출 대상 사업장으로 옳지 않은 것은?

① 지상 높이가 31m 이상인 건축물 또는 인공구조물, 연면적 30,000m² 이상인 건축물 또는 연면적 5,000m² 이상의 문화 및 집회시설의 건설공사
② 연면적 3,000m² 이상의 냉동·냉장 창고시설의 설비공사 및 단열공사
③ 깊이 10m 이상인 굴착공사
④ 최대 지간 길이가 50m 이상인 다리의 건설공사

> **유해위험방지계획서를 제출해야 될 대상 건설업**
> ① 다음의 어느 하나에 해당하는 건축물 또는 시설 등의 건설, 개조 또는 해체공사
>   ㉠ 지상 높이가 31미터 이상인 건축물 또는 인공구조물
>   ㉡ 연면적 3만 제곱미터 이상인 건축물
>   ㉢ 연면적 5천 제곱미터 이상인 시설로서 다음의 어느 하나에 해당하는 시설
>   ㉮ 문화 및 집회시설   ㉯ 판매시설, 운수시설
>   ㉰ 종교시설   ㉱ 의료시설 중 종합병원
>   ㉲ 숙박시설 중 관광숙박시설   ㉳ 지하도 상가
>   ㉴ 냉동, 냉장 창고시설
> ② 최대 지간 길이가 50미터 이상인 다리의 건설 등 공사
> ③ 연면적 5천 제곱미터 이상인 냉동, 냉장창고 시설의 설비공사 및 단열공사
> ④ 다목적댐, 발전용댐, 저수용량 2천만톤 이상의 용수전용댐 및 지방 상수도 전용댐의 건설 등 공사
> ⑤ 터널의 건설 등 공사
> ⑥ 깊이 10미터 이상인 굴착공사

108

건설작업용 타워크레인의 안전장치로 옳지 않은 것은?

① 권과방지장치   ② 과부하방지장치
③ 비상정지장치   ④ 호이스트 스위치

> **타워 크레인의 방호장치**
> ① 권과방지장치 ② 과부하방지장치 ③ 비상정지장치
> ④ 제동장치   ⑤ 기타 방호장치

109

이동식 비계를 조립하여 작업을 하는 경우의 준수기준으로 옳지 않은 것은?

① 비계의 최상부에서 작업을 할 때에는 안전난간을 설치하여야 한다.
② 작업발판의 최대적재하중은 400kg을 초과하지 않도록 한다.
③ 승강용 사다리는 견고하게 설치하여야 한다.
④ 작업발판은 항상 수평을 유지하고 작업발판 위에서 안전난간을 딛고 작업을 하거나 받침대 또는 사다리를 사용하여 작업하지 않도록 한다.

> **이동식 비계 조립 시 준수사항**
> ① 이동식 비계의 바퀴에는 뜻밖의 갑작스러운 이동 또는 전도를 방지하기 위하여 브레이크·쐐기 등으로 바퀴를 고정시킨 다음 비계의 일부를 견고한 시설물에 고정하거나 아웃트리거를 설치하는 등 필요한 조치를 할 것
> ② 승강용 사다리는 견고하게 설치할 것
> ③ 비계의 최상부에서 작업을 하는 경우에는 안전난간을 설치할 것
> ④ 작업발판은 항상 수평을 유지하고 작업발판 위에서 안전난간을 딛고 작업을 하거나 받침대 또는 사다리를 사용하여 작업하지 않도록 할 것
> ⑤ 작업발판의 최대적재하중은 250킬로그램을 초과하지 않도록 할 것

110

토사붕괴 원인으로 옳지 않은 것은?

① 경사 및 기울기 증가
② 성토높이의 증가
③ 건설기계 등 하중작용
④ 토사중량의 감소

> **토석붕괴의 원인**
>
> | 외적요인 | 내적요인 |
> | --- | --- |
> | ① 사면·법면의 경사 및 기울기의 증가 | ① 절토사면의 토질·암질 |
> | ② 절토 및 성토 높이의 증가 | ② 성토사면의 토질 |
> | ③ 진동 및 반복하중의 증가 | ③ 토석의 강도 저하 |
> | ④ 지하수 침투에 의한 토사중량의 증가 | |
> | ⑤ 구조물의 하중 증가 | |

정답 107 ② 108 ④ 109 ② 110 ④

111 빈출

건설용 리프트의 붕괴 등을 방지하기 위해 받침의 수를 증가시키는 등 안전조치를 하여야 하는 순간풍속 기준은?

① 초당 15미터 초과
② 초당 25미터 초과
③ 초당 35미터 초과
④ 초당 45미터 초과

폭풍 등에 의한 안전조치사항	
풍속의 기준	조치사항
순간풍속이 매 초당 30미터 초과	주행크레인의 이탈방지 장치 작동
	작업 전 크레인 및 건설용 리프트의 이상 유무 점검
순간풍속이 매 초당 35미터 초과	건설용 리프트의 받침의 수 증가 등 붕괴방지조치
	옥외용 승강기의 받침의 수 증가 등 무너짐 방지 조치

112

토사붕괴에 따른 재해를 방지하기 위한 흙막이 지보공 부재로 옳지 않은 것은?

① 흙막이판
② 말뚝
③ 턴버클
④ 띠장

턴버클이란 콘크리트 타설 시 거푸집의 흔들림을 방지하기 위해 지지용 로프 등을 잡아당겨 죄는 데 사용하는 기구

113

가설구조물의 특징으로 옳지 않은 것은?

① 연결재가 적은 구조로 되기 쉽다.
② 부재 결합이 간략하여 불완전 결합이다.
③ 구조물이라는 개념이 확고하여 조립의 정밀도가 높다.
④ 사용부재는 과소단면이거나 결함재가 되기 쉽다.

가설구조물의 특징	
구조물개념 (정밀도)	구조물에 대한 개념이 확고하지 않아 조립의 정밀도가 낮다.
연결재	연결재가 적은 구조가 되기 쉽다.
부재의 결합	부재의 결합이 간략하여 불완전 결합이 되기 쉽다.
부재의 상태	부재가 과소단면이거나 결함이 있는 재료를 사용하기 쉽다.
구조계산 기준	구조계산의 기준이 부족하여 구조적인 문제점이 많다.

114 빈출

사다리식 통로 등의 구조에 대한 설치기준으로 옳지 않은 것은?

① 발판의 간격은 일정하게 할 것
② 발판과 벽과의 사이는 15cm 이상의 간격을 유지할 것
③ 사다리식 통로의 길이가 10m 이상인 때에는 7m 이내마다 계단참을 설치할 것
④ 사다리의 상단은 걸쳐놓은 지점으로부터 60cm 이상 올라가도록 할 것

사다리식 통로의 구조(주요 내용)
① 발판과 벽과의 사이는 15센티미터 이상의 간격을 유지할 것
② 폭은 30센티미터 이상으로 할 것
③ 사다리의 상단은 걸쳐놓은 지점으로부터 60센티미터 이상 올라가도록 할 것
④ 사다리식 통로의 길이가 10미터 이상인 경우에는 5미터 이내마다 계단참을 설치할 것
⑤ 사다리식 통로의 기울기는 75도 이하로 할 것

115 빈출

가설통로를 설치하는 경우 준수해야 할 기준으로 옳지 않은 것은?

① 경사는 30° 이하로 할 것
② 경사가 25°를 초과하는 경우에는 미끄러지지 아니하는 구조로 할 것
③ 건설공사에 사용하는 높이 8m 이상인 비계다리에는 7m 이내마다 계단참을 설치할 것
④ 수직갱에 가설된 통로의 길이가 15m 이상인 때에는 10m 이내마다 계단참을 설치할 것

경사는 30도 이하로 하며, 경사가 15도를 초과하는 경우에는 미끄러지지 아니하는 구조로 할 것

정답 111 ③ 112 ③ 113 ③ 114 ③ 115 ②

116

터널공사에서 발파작업 시 안전대책으로 옳지 않은 것은?

① 발파전 도화선 연결상태, 저항치 조사 등의 목적으로 도통시험 실시 및 발파기의 작동상태에 대한 사전점검 실시
② 모든 동력선은 발원점으로부터 최소한 15m 이상 후방으로 옮길 것
③ 지질, 암의 절리 등에 따라 화약량에 대한 검토 및 시방기준과 대비하여 안전조치 실시
④ 발파용 점화회선은 타동력선 및 조명회선과 한 곳으로 통합하여 관리

발파작업 시 준수사항
① 발파용 점화회선은 타동력선 및 조명회선으로부터 분리되어야 한다.
② 지질, 암의 절리 등에 따라 화약량을 충분히 검토하여야 하며 시방기준과 대비하여 안전조치를 하여야 한다.
③ 화약류를 장전하기 전에 모든 동력선 및 활선은 장전기로부터 분리시키고 조명회선을 포함한 모든 동력선은 발원점으로부터 최소한 15m 이상 후방으로 옮겨 놓도록 하여야 한다.
④ 발파 전 도화선 연결상태, 저항치 조사 등의 목적으로 도통시험을 실시하여야 하며 발파기 작동상태를 사전 점검하여야 한다.
⑤ 발파 시 안전한 거리 및 위치에서의 대피가 어려울 때에는 전면과 상부를 견고하게 방호한 임시대피장소를 설치하여야 한다.
⑥ 발파책임자는 모든 근로자의 대피를 확인하고 지보공 및 복공에 대하여 필요한 조치의 방호를 한 후 발파하도록 하여야 한다.

117

건설업 산업안전보건관리비 계상 및 사용기준은 산업안전보건법에서 규정하는 건설공사 중 총공사금액이 얼마 이상인 공사에 적용하는가?

① 4천만원　② 3천만원
③ 2천만원　④ 1천만원

건설업 산업안전보건관리비 계상 및 사용기준은 산업안전보건법에서 규정하는 건설공사 중 총공사금액 2천만 원 이상인 공사에 적용한다.

118

건설업의 공사금액이 850억원일 경우 산업안전보건법령에 따른 안전관리자의 수로 옳은 것은? (단, 전체 공사기간을 100으로 할 때 공사 전·후 15에 해당하는 경우는 고려하지 않는다.)

① 1명 이상　② 2명 이상
③ 3명 이상　④ 4명 이상

건설업 안전관리자의 수

공사금액	안전관리자 수
50억원 이상(관계수급인은 100억원 이상) ~ 120억원 미만(토목공사업은 150억원 미만)	1명 이상
120억원 이상(토목공사업은 150억 이상) ~ 800억원 미만	1명 이상
800억 이상 1,500억원 미만	2명 이상
1,500억원 이상 2,200억원 미만	3명 이상
이하생략	

119

거푸집 및 동바리의 침하를 방지하기 위한 직접적인 조치로 옳지 않은 것은?

① 수평연결재 사용　② 깔목의 사용
③ 콘크리트의 타설　④ 말뚝박기

거푸집 및 동바리 조립 시 받침목의 사용, 콘크리트 타설, 말뚝박기 등 동바리의 침하를 방지하기 위한 조치를 할 것

120 ⭐

달비계에 사용하는 와이어로프의 사용금지 기준으로 옳지 않은 것은?

① 이음매가 있는 것
② 열과 전기충격에 의해 손상된 것
③ 지름의 감소가 공칭지름의 7%를 초과하는 것
④ 와이어로프의 한 꼬임에서 끊어진 소선의 수가 7% 이상인 것

와이어로프의 사용제한 조건
① 이음매가 있는 것
② 와이어로프의 한 꼬임(스트랜드)에서 끊어진 소선의 수가 10% 이상인 것
③ 지름의 감소가 공칭지름의 7%를 초과하는 것
④ 꼬인 것
⑤ 심하게 변형되거나 부식된 것
⑥ 열과 전기충격에 의해 손상된 것

정답　116 ④　117 ③　118 ②　119 ①　120 ④

2022년 7월 2일~7월 22일 | CBT 기출복원문제

1과목 산업재해 예방 및 안전보건교육

01 ⭐

산업안전보건법령상 근로자 안전보건교육 중 채용 시 및 작업내용 변경 시 교육 내용에 포함되지 않는 것은?

① 물질안전보건자료에 관한 사항
② 작업 개시 전 점검에 관한 사항
③ 유해·위험 작업환경 관리에 관한 사항
④ 기계·기구의 위험성과 작업의 순서 및 동선에 관한 사항

> **채용 시 교육 및 작업내용 변경 시 교육 내용**
> ① 물질안전보건자료에 관한 사항
> ② 기계·기구의 위험성과 작업의 순서 및 동선에 관한 사항
> ③ 정리정돈 및 청소에 관한 사항
> ④ 작업 개시 전 점검에 관한 사항
> ⑤ 사고발생 시 긴급조치에 관한 사항
> ⑥ 산업보건 및 직업병 예방에 관한 사항
> ⑦ 직무스트레스 예방 및 관리에 관한 사항
> ⑧ 산업안전보건법령 및 산업재해보상보험 제도에 관한 사항
> ⑨ 산업안전 및 사고 예방에 관한 사항
> ⑩ 직장내 괴롭힘, 고객의 폭언 등으로 인한 건강장해 예방 및 관리에 관한 사항
> ⑪ 위험성 평가에 관한 사항

tip
2023년 법령개정. 문제와 해설은 개정된 내용 적용

02 ⭐

매슬로우(Maslow)의 욕구단계 이론 중 2단계에 해당되는 것은?

① 생리적 욕구
② 안전에 대한 욕구
③ 자아실현의 욕구
④ 존경과 긍지에 대한 욕구

> **매슬로우의 욕구단계 이론**
> 생리적 욕구 → 안전의 욕구 → 사회적 욕구 → 존경의 욕구 → 자아실현의 욕구

03

플리커 검사(flicker test)의 목적으로 가장 적절한 것은?

① 혈중 알코올농도 측정
② 체내 산소량 측정
③ 작업강도 측정
④ 피로의 정도 측정

> **플리커법(융합한계빈도)**
> 사이가 벌어진 회전하는 원판으로 들어오는 광원의 빛을 단속시켜 연속광으로 보이는지 단속광으로 보이는지 경계에서의 빛의 단속주기를 플리커치라고 하여 피로도검사에 이용

04

라인(Line)형 안전관리 조직의 특징으로 옳은 것은?

① 안전에 관한 기술의 축적이 용이하다.
② 안전에 관한 지시나 조치가 신속하다.
③ 조직원 전원을 자율적으로 안전활동에 참여시킬 수 있다.
④ 권한 다툼이나 조정 때문에 통제수속이 복잡해지며, 시간과 노력이 소모된다.

> **라인형 안전조직**
> ① 명령과 보고가 상하관계뿐이므로 간단명료(모든 권한이 포괄적이고 직선적으로 행사)
> ② 명령이나 지시가 신속정확하게 전달되어 개선조치가 빠르게 진행

정답 01 ③ 02 ② 03 ④ 04 ②

05

학습지도의 형태 중 몇 사람의 전문가에 의해 과정에 관한 견해를 발표하고 참가자로 하여금 의견이나 질문을 하게 하는 토의방식은?

① 포럼(Forum)
② 심포지엄(Symposium)
③ 버즈세션(Buzz session)
④ 자유토의법(Free Discussion Method)

토의법의 유형
① Symposium : 발제자 없이 몇 사람의 전문가가 과제에 대한 견해를 발표한 뒤 참석자들로부터 질문이나 의견을 제시토록 하는 방법
② Forum(공개 토론회) : 사회자의 진행으로 몇 사람이 주제에 대하여 발표한 후 참석자가 질문을 하고 토론해 나가는 방법으로 새로운 자료나 주제를 내보이거나 발표한 후 참석자로 하여금 문제나 의견을 제시하게 하고 다시 깊이 있게 토론해 나가는 방법

06

산업안전보건법령상 지방고용노동관서의 장이 사업주에게 안전관리자·보건관리자 또는 안전보건관리담당자를 정수 이상으로 증원하게 하거나 교체하여 임명할 것을 명할 수 있는 경우의 기준 중 다음 ( ) 안에 알맞은 것은?

- 중대재해가 연간 (㉠)건 이상 발생한 경우
- 해당 사업장의 연간재해율이 같은 업종의 평균재해율의 (㉡)배 이상인 경우

① ㉠ 3, ㉡ 2
② ㉠ 2, ㉡ 3
③ ㉠ 2, ㉡ 2
④ ㉠ 3, ㉡ 3

안전관리자 증원·교체임명 대상 사업장
① 해당 사업장의 연간재해율이 같은 업종의 평균재해율의 2배 이상인 경우
② 중대재해가 연간 2건 이상 발생한 경우(해당 사업장의 전년도 사망만인율이 같은 업종의 평균 사망만인율 이하인 경우는 제외)
③ 관리자가 질병이나 그 밖의 사유로 3개월 이상 직무를 수행할 수 없게 된 경우
④ 화학적 인자로 인한 직업성 질병자가 연간 3명 이상 발생한 경우

07

하인리히(Heinrich)의 재해구성비율에 따른 58건의 경상이 발생한 경우 무상해사고는 몇 건이 발생하겠는가?

① 58건
② 116건
③ 600건
④ 900건

하인리히의 1(중상 또는 사망) : 29(경상) : 300(무상해사고)의 법칙

∴ 경상 = $\frac{300 \times 58}{29}$ = 600건

08

상해 정도별 분류 중 의사의 진단으로 일정기간 정규 노동에 종사할 수 없는 상해에 해당하는 것은?

① 영구 일부노동 불능상해
② 일시 전노동 불능상해
③ 영구 전노동 불능상해
④ 구급처치 상해

국제노동기구에 의한 분류(ILO)

영구 전노동 불능상해	부상결과 근로자로서의 근로기능을 완전히 잃은 경우
영구 일부노동 불능상해	부상결과 신체의 일부, 즉, 근로기능의 일부를 상실한 경우
일시 전노동 불능상해	의사의 진단에 따라 일정기간 근로를 할 수 없는 경우(신체장해가 남지 않는 일반적 휴업재해)
일시 일부노동 불능상해	의사의 진단에 따라 부상 다음날 혹은 그 이후에 정규 근로에 종사할 수 없는 휴업재해 이외의 경우
구급처치 상해	응급처치 혹은 의료조치를 받아 부상당한 다음 날 정규 근로에 종사할 수 있는 경우

09

다음 중 상황성 누발자의 재해유발원인으로 옳지 않은 것은?

① 작업의 난이성
② 기계설비의 결함
③ 도덕성의 결여
④ 심신의 근심

상황성 누발자
① 작업 자체가 어렵기 때문
② 기계설비의 결함 존재
③ 주위 환경상 주의력 집중 곤란
④ 심신에 근심 걱정이 있기 때문

정답 05 ② 06 ③ 07 ③ 08 ② 09 ③

10

다음 중 안전보건교육의 단계별 교육과정 순서로 옳은 것은?

① 안전 태도교육 → 안전 지식교육 → 안전 기능교육
② 안전 지식교육 → 안전 기능교육 → 안전 태도교육
③ 안전 기능교육 → 안전 지식교육 → 안전 태도교육
④ 안전 자세교육 → 안전 지식교육 → 안전 기능교육

> **안전보건교육의 단계별 교육과정**
> ① 제1단계 : 지식교육
> ② 제2단계 : 기능교육
> ③ 제3단계 : 태도교육

11 빈출

산업안전보건법령상 안전모의 시험성능기준 항목으로 옳지 않은 것은?

① 내열성   ② 턱끈풀림
③ 내관통성   ④ 충격흡수성

> **안전모의 시험 성능 기준항목**
> ① 내관통성   ② 충격흡수성   ③ 내전압성
> ④ 내수성   ⑤ 난연성   ⑥ 턱끈풀림

12

재해통계에 있어 강도율이 2.0인 경우에 대한 설명으로 옳은 것은?

① 재해로 인해 전체 작업비용의 2.0%에 해당하는 손실이 발생하였다.
② 근로자 1,000명당 2.0건의 재해가 발생하였다.
③ 근로시간 1,000시간당 2.0건의 재해가 발생하였다.
④ 근로시간 1,000시간당 2.0일의 근로손실일수가 발생하였다.

> **강도율(Severity Rate of Injury : SR)**
> ① 재해의 경중(강도)의 정도를 손실일수로 나타내는 통계
> ② 근로시간 1,000시간당 재해에 의해 잃어버린 근로손실일수
> ③ 구하는 식 : 강도율(SR) = $\frac{\text{근로손실일수}}{\text{연간총근로시간수}} \times 1,000$

13

재해 코스트 산정에 있어 시몬즈(R. H. Simonds) 방식에 의한 재해 코스트 산정법으로 옳은 것은?

① 직접비 + 간접비
② 간접비 + 비보험 코스트
③ 보험 코스트 + 비보험 코스트
④ 보험 코스트 + 사업부보상금 지급액

> **Simonds and Grimaldi 방식**
> ① 총 재해 코스트 산출방식 = 보험 코스트 + 비보험 코스트
> ② 사망과 영구 전노동 불능상해는 재해범주에서 제외됨

14

다음 중 맥그리거(McGregor)의 Y이론과 가장 거리가 먼 것은?

① 성선설   ② 상호신뢰
③ 선진국형   ④ 권위주의적 리더십

> **맥그리거(McGregor)의 Y이론**
> 민주적 리더십, 인간은 본래 부지런하고 근면, 적극적, 스스로 일을 자기 책임하에 자주적으로 하며, 목표통합과 자기통제에 의한 관리를 한다.

> **tip**
> 권위주의적 리더십은 X이론에 해당된다.

정답 10② 11① 12④ 13③ 14④

15
생체리듬(Bio Rhythm) 중 일반적으로 28일을 주기로 반복되며, 주의력·창조력·예감 및 통찰력 등을 좌우하는 리듬은?

① 육체적 리듬 ② 지성적 리듬
③ 감성적 리듬 ④ 정신적 리듬

생체리듬의 종류 및 특징	
육체적(신체적) 리듬 (Physical cycle)	몸의 물리적인 상태를 나타내는 리듬으로 질병에 저항하는 면역력, 각종 체내 기관의 기능, 외부환경에 대한 신체의 반사작용 등을 알아 볼 수 있는 척도로서 23일의 주기
감성적 리듬 (Sensitivity cycle)	기분이나 신경 계통의 상태를 나타내는 리듬으로 창조력, 대인관계, 감정의 기복 등을 알아 볼 수 있으며 28일의 주기
지성적 리듬 (Intellectual cycle)	집중력, 기억력, 논리적인 사고력, 분석력 등의 기복을 나타내는 리듬으로 주로 두뇌활동과 관련되며 33일의 주기

16 빈출
재해예방의 4원칙에 해당하지 않는 것은?

① 예방가능의 원칙 ② 손실가능의 원칙
③ 원인연계의 원칙 ④ 대책선정의 원칙

하인리히의 재해예방의 4원칙	
손실우연의 원칙	사고에 의해서 생기는 상해의 종류 및 정도는 우연적이라는 원칙
예방가능의 원칙	재해는 원칙적으로 예방이 가능하다는 원칙
원인계기의 원칙	재해의 발생은 직접원인으로만 일어나는 것이 아니라 간접원인이 연계되어 일어난다는 원칙
대책선정의 원칙	원인의 정확한 분석에 의해 가장 타당한 재해예방대책이 선정되어야 한다는 원칙

17
참가자에게 일정한 역할을 주어 실제적으로 연기를 시켜봄으로써 자기의 역할을 보다 확실히 인식할 수 있도록 체험학습을 시키는 교육방법은?

① Symposium ② Brain Storming
③ Role Playing ④ Fish Bowl Playing

Role Playing(역할 연기법)
① 참석자가 정해진 역할을 직접 연기해 본 후 함께 토론해보는 방법 ② 흥미유발, 태도변용에 도움

18 빈출
브레인스토밍 기법에 관한 설명으로 옳은 것은?

① 타인의 의견을 수정하지 않는다.
② 지정된 표현방식에서 벗어나 자유롭게 의견을 제시한다.
③ 참여자에게는 동일한 횟수의 의견제시 기회가 부여된다.
④ 주제와 내용이 다르거나 잘못된 의견은 지적하여 조정한다.

브레인스토밍(Brain-storming)
(1) 자유분방하게 진행하는 토의식 아이디어 창출법 (2) B·S의 4원칙 　① 비판금지 ② 자유분방 ③ 대량발언 ④ 수정발언

19
하인리히의 재해구성비율 "1 : 29 : 300"에서 "29"에 해당되는 사고발생비율은?

① 8.8% ② 9.8%
③ 10.8% ④ 11.8%

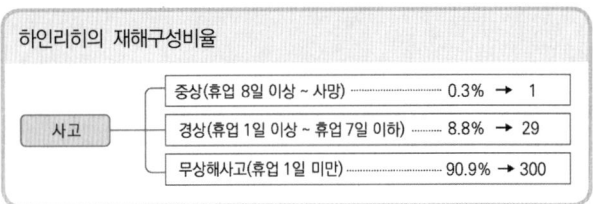

정답 15 ③ 16 ② 17 ③ 18 ② 19 ①

20 ⭐

산업안전보건법령상 근로자 안전보건교육의 교육시간에 관한 설명으로 옳은 것은?

① 사무직에 종사하는 근로자의 정기교육은 매 반기 12시간 이상이다.
② 판매업무에 직접 종사하는 근로자의 정기교육은 매 반기 6시간 이상이다.
③ 건설일용근로자의 건설업기초 안전·보건교육은 2시간 이상이다.
④ 근로계약기간이 1주일 초과 1개월 이하인 기간제 근로자의 채용 시 교육은 8시간 이상이다.

근로자 안전보건교육			
교육과정	교육대상		교육시간
가. 정기교육	사무직 종사 근로자		매 반기 6시간 이상
	그 밖의 근로자	판매업무에 직접 종사하는 근로자	매 반기 6시간 이상
		판매업무에 직접 종사하는 근로자 외의 근로자	매 반기 12시간 이상
나. 채용 시 교육	일용근로자 및 근로계약기간이 1주일 이하인 기간제근로자		1시간 이상
	근로계약기간이 1주일 초과 1개월 이하인 기간제근로자		4시간 이상
	그 밖의 근로자		8시간 이상
다. 작업내용 변경 시 교육	일용근로자 및 근로계약기간이 1주일 이하인 기간제근로자		1시간 이상
	그 밖의 근로자		2시간 이상
라. 특별교육	일용근로자 및 근로계약기간이 1주일 이하인 기간제근로자 : 특별교육 대상 작업별 교육에 해당하는 작업 종사 근로자	타워크레인 작업 시 신호 업무 작업에 종사하는 근로자 제외	2시간 이상
		타워크레인 작업 시 신호업무 작업에 종사하는 근로자 에 한정	8시간 이상
	일용근로자 및 근로계약기간이 1주일 이하인 기간제근로자를 제외한 근로자 : 특별교육 대상 작업별 교육에 해당하는 작업 종사 근로자에 한정		• 16시간 이상 (최초 작업에 종사하기 전 4시간 이상 실시하고 12시간은 3개월 이내에서 분할하여 실시 가능) • 단기간 작업 또는 간헐적 작업인 경우에는 2시간 이상
마. 건설업 기초 안전보건 교육	건설 일용근로자		4시간 이상

tip
2023년 법령개정. 문제와 해설은 개정된 내용 적용

2과목 인간공학 및 위험성 평가·관리

21

조종 장치의 우발작동을 방지하는 방법 중 틀린 것은?

① 오목한 곳에 둔다.
② 조종 장치를 덮거나 방호해서는 안 된다.
③ 작동을 위해서 힘이 요구되는 조종 장치에는 저항을 제공한다.
④ 순서적 작동이 요구되는 작업일 때 순서를 지나치지 않도록 잠김 장치를 설치한다.

우발작동을 방지하기 위해서는 조종 장치를 덮거나 방호하여야 한다.

22

손이나 특정 신체부위에 발생하는 누적손상장애(CTDs)의 발생인자와 가장 거리가 먼 것은?

① 무리한 힘   ② 다습한 환경
③ 장시간의 진동   ④ 반복도가 높은 작업

CTDs(누적 외상병)의 원인
① 부적절한 자세 ② 무리한 힘의 사용 ③ 과도한 반복작업
④ 연속작업(비휴식) ⑤ 장시간 진동 등

23

프레스에 설치된 안전장치의 수명은 지수분포를 따르며 평균수명은 100시간이다. 새로 구입한 안전장치가 50시간 동안 고장 없이 작동할 확률(A)과 이미 100시간을 사용한 안전장치가 앞으로 100시간 이상 견딜 확률(B)은 약 얼마인가?

① A : 0.368, B : 0.368
② A : 0.607, B : 0.368
③ A : 0.368, B : 0.607
④ A : 0.607, B : 0.607

신뢰도 계산
A : $R(t) = e^{-\lambda t} = e^{-0.01 \times 50} = 0.6065$
B : $R(t) = e^{-\lambda t} = e^{-0.01 \times 100} = 0.3678$

정답 20 ② 21 ② 22 ② 23 ②

24 ⭐

화학설비의 안전성 평가의 5단계 중 제2단계에 속하는 것은?

① 작성준비 ② 정량적 평가
③ 안전대책 ④ 정성적 평가

> **안전성 평가의 기본원칙(5단계)**
> ① 제1단계 : 관계자료의 작성준비
> ② 제2단계 : 정성적 평가
> ③ 제3단계 : 정량적 평가
> ④ 제4단계 : 안전대책
> ⑤ 제5단계 : 재평가

tip
재평가를 재해정도에 의한 재평가와 FTA에 의한 재평가로 분류하여 6단계로 구분하는 경우도 있음을 함께 알고 있어야 합니다.

25

들기작업 시 요통재해예방을 위하여 고려할 요소와 가장 거리가 먼 것은?

① 들기 빈도 ② 작업자 신장
③ 손잡이 형상 ④ 허리 비대칭 각도

> **들기작업 시 권장 무게 한계(RWL) 평가요소**
>
> | 기호 | HM | VM | DM | AM | FM | CM |
> |---|---|---|---|---|---|---|
> | 정의 | 수평계수 | 수직계수 | 거리계수 | 비대칭계수 | 빈도계수 | 커플링계수 |

26 ⭐

일반적으로 작업장에서 구성요소를 배치할 때 공간의 배치 원칙에 속하지 않는 것은?

① 사용빈도의 원칙 ② 중요도의 원칙
③ 공정개선의 원칙 ④ 기능성의 원칙

> **부품배치의 원칙**
> ① 중요성의 원칙 ② 사용빈도의 원칙
> ③ 기능별 배치의 원칙 ④ 사용순서의 원칙

27

반사율이 60%인 작업 대상물에 대하여 근로자가 검사작업을 수행할 때 휘도(luminance)가 90fL이라면 이 작업에서의 소요조명(fc)은 얼마인가?

① 75 ② 150
③ 200 ④ 300

> **소요조명**
> $$\text{소요조명(fc)} = \frac{\text{소요광도(fL)}}{\text{반사율(\%)}} \times 100 = \frac{90}{60} \times 100 = 150$$

28 ⭐

산업안전보건법령상 유해하거나 위험한 장소에서 사용하는 기계·기구 및 설비를 설치·이전하는 경우 유해·위험방지계획서를 작성, 제출하여야 하는 대상이 아닌 것은?

① 화학설비 ② 금속 용해로
③ 건조설비 ④ 전기용접장치

> **유해·위험방지계획서 제출 대상 기계기구 설비**
> ① 금속이나 그 밖의 광물의 용해로 ② 화학설비
> ③ 건조설비 ④ 가스집합 용접장치
> ⑤ 근로자의 건강에 상당한 장해를 일으킬 우려가 있는 물질로서 고용노동부령으로 정하는 물질의 밀폐·환기·배기를 위한 설비

29

다음과 같은 실내 표면에서 일반적으로 추천반사율의 크기를 맞게 나열한 것은?

> ㉠ : 바닥 ㉡ : 천장 ㉢ : 가구 ㉣ : 벽

① ㉠-㉣-㉢-㉡ ② ㉣-㉠-㉡-㉢
③ ㉠-㉢-㉣-㉡ ④ ㉣-㉡-㉠-㉢

> **추천반사율**
>
> | 바닥 | 가구, 사무용 기기, 책상 | 창문 발(blind), 벽 | 천장 |
> |---|---|---|---|
> | 20~40% | 25~45% | 40~60% | 80~90% |

정답 24 ④ 25 ② 26 ③ 27 ② 28 ④ 29 ③

30
어떤 결함수를 분석하여 minimal cut set을 구한 결과 다음과 같았다. 각 기본사상의 발생확률을 q_i, $i = 1, 2, 3$이라 할 때, 정상사상의 발생확률함수로 맞는 것은?

$$k_1 = [1, 2], k_2 = [1, 3], k_3 = [2, 3]$$

① $q_1q_2 + q_1q_2 - q_2q_3$
② $q_1q_2 + q_1q_3 - q_2q_3$
③ $q_1q_2 + q_1q_3 + q_2q_3 - q_1q_2q_3$
④ $q_1q_2 + q_1q_3 + q_2q_3 - 2q_1q_2q_3$

> **정상사상의 발생확률**
> $1 - (1 - q_1q_2)(1 - q_1q_3)(1 - q_2q_3) = q_1q_2 + q_1q_3 + q_2q_3 - 2q_1q_2q_3$

31
산업안전보건법령에 따라 유해위험방지계획서의 제출 대상 사업은 해당 사업으로서 전기 계약용량이 얼마 이상인 사업인가?

① 150kW ② 200kW
③ 300kW ④ 500kW

> **유해위험방지계획서 제출 대상 사업장**
> 전기 계약용량이 300킬로와트 이상인 금속가공제품 제조업을 비롯한 13개 사업

32
음량 수준을 평가하는 척도와 관계없는 것은?

① HSI   ② Phon   ③ dB   ④ Sone

> **음량 수준의 척도**
>
> | | |
> |---|---|
> | Phon의 음량 수준 | 어떤 음의 Phon 값으로 표시한 음량 수준은 이 음과 같은 크기로 들리는 1,000Hz 순음의 음압 수준(dB) |
> | Sone에 의한 음량 | ① 40dB의 1,000Hz 순음의 크기(= 40Phon)를 1Sone
② 기준음보다 10배 크게 들리는 음은 10Sone의 음량 |
> | 인식소음 수준 (perceived magnitude) | PLdB(perceived level of noise)인식소음 수준 척도 : 3,150Hz에 중심을 둔 1/3 옥타브대 음을 기준으로 사용 |

> **tip**
> HSI(Heat Stress Index) : 열압박 지수

33
모든 시스템 안전분석에서 제일 첫 번째 단계의 분석으로, 실행되고 있는 시스템을 포함한 모든 것의 상태를 인식하고 시스템의 개발단계에서 시스템 고유의 위험상태를 식별하여 예상되고 있는 재해의 위험수준을 결정하는 것을 목적으로 하는 위험분석기법은?

① 결함위험분석(FHA : Fault Hazard Analysis)
② 시스템위험분석(SHA : System Hazard Analysis)
③ 예비위험분석(PHA : Preliminary Hazard Analysis)
④ 운용위험분석(OHA : Operating Hazard Analysis)

> **PHA(예비위험분석)**
> 시스템 안전 프로그램에 있어서 최초단계의 분석으로, 시스템 내의 위험한 요소가 얼마나 위험한 상태에 있는가를 정성적으로 평가하는 방법

34 빈출
컷셋(cut set)과 패스셋(pass set)에 관한 설명으로 옳은 것은?

① 동일한 시스템에서 패스셋의 개수와 컷셋의 개수는 같다.
② 패스셋은 동시에 발생했을 때 정상사상을 유발하는 사상들의 집합이다.
③ 일반적으로 시스템에서 최소 컷셋의 개수가 늘어나면 위험 수준이 높아진다.
④ 최소 컷셋은 어떤 고장이나 실수를 일으키지 않으면 재해는 일어나지 않는다고 하는 것이다.

> 기본사상들의 집합이 동시에 발생했을 때 정상사상을 유발하는 것은 컷셋이며, 어떤 고장이나 실수를 일으키지 않을 경우 재해가 발생하지 않는 것은 패스셋에 해당된다.

정답 30 ④ 31 ③ 32 ① 33 ③ 34 ③

35

조종장치를 촉각적으로 식별하기 위하여 사용되는 촉각적 코드화의 방법으로 옳지 않은 것은?

① 색감을 활용한 코드화
② 크기를 이용한 코드화
③ 조종장치의 형상 코드화
④ 표면 촉감을 이용한 코드화

조종장치의 촉각적 암호화의 종류
① 형상 암호화된 조종장치
② 표면 촉감을 이용한 조종장치
③ 크기를 이용한 조종장치

36

FT도에서 사용하는 기호 중 다음 그림과 같이 OR 게이트이지만 2개 또는 그 이상의 입력이 동시에 존재할 때 출력이 생기지 않는 경우 사용하는 것은?

① 부정 OR 게이트
② 배타적 OR 게이트
③ 억제 게이트
④ 조합 OR 게이트

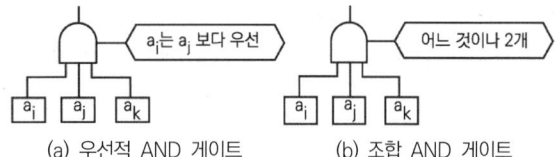

수정 게이트
① 우선적 AND 게이트 : 입력사상 중 어떤 사상이 다른 사상보다 앞에 일어났을 때 출력사상이 발생한다.
② 조합 AND 게이트 : 3개 이상의 입력사상 중 어느 것이나 2개가 일어나면 출력이 발생한다.
③ 배타적 OR 게이트 : OR 게이트인데 2개 또는 그 이상의 입력이 존재하는 경우에는 출력이 발생하지 않는다.

(a) 우선적 AND 게이트   (b) 조합 AND 게이트

37

화학설비에 대한 안전성 평가 중 정성적 평가방법의 주요 진단 항목으로 볼 수 없는 것은?

① 건조물
② 취급물질
③ 입지조건
④ 공장 내 배치

정성적 평가
① 설계관계 : 입지조건, 공장 내의 배치, 건조물, 소방용 설비 등
② 운전관계 : 원재료, 중간제품 등의 위험성, 프로세스의 운전조건 수송, 저장 등에 대한 안전대책, 프로세스기기의 선정요건

tip
정량적 평가항목
① 각 구성요소의 물질 ② 화학설비의 용량 ③ 온도
④ 압력 ⑤ 조작

38

산업안전보건법령상 해당 사업주가 유해위험방지계획서를 작성하여 제출해야 하는 대상은?

① 시·도지사
② 관할 구청장
③ 고용노동부장관
④ 행정안전부장관

사업주는 유해·위험방지에 관한 사항을 적은 계획서를 작성하여 고용노동부령으로 정하는 바에 따라 고용노동부장관에게 제출하고 심사를 받아야 한다.

39

작업면상의 필요한 장소만 높은 조도를 취하는 조명은?

① 완화조명
② 전반조명
③ 투명조명
④ 국소조명

국소조명
① 작업면상의 필요한 장소만 높은 조도를 취하는 방법
② 밝고 어둠의 차가 심해 눈부심 현상이 나타나고 눈의 피로 가중

40 빈출
다음 현상을 설명한 이론은?

> 인간이 감지할 수 있는 외부의 물리적 자극 변화의 최소 범위는 표준 자극의 크기에 비례한다.

① 피츠(Fitts) 법칙
② 웨버(Weber) 법칙
③ 신호검출이론(SDT)
④ 힉-하이만(Hick-Hyman) 법칙

> 웨버의 법칙
> ① 감각기관의 기준자극과 변화감지역의 연관관계
> ② Weber비 = $\dfrac{\text{변화감지역}}{\text{기준자극크기}}$

3과목 기계·기구 및 설비 안전 관리

41
다음 중 드릴작업의 안전사항이 아닌 것은?

① 옷소매가 길거나 찢어진 옷은 입지 않는다.
② 작고, 길이가 긴 물건은 플라이어로 잡고 뚫는다.
③ 회전하는 드릴에 걸레 등을 가까이 하지 않는다.
④ 스핀들에서 드릴을 뽑아낼 때에는 드릴 아래에 손을 내밀지 않는다.

> 일감 고정 방법
> ① 바이스 : 일감이 작을 때
> ② 볼트와 고정구 : 일감이 크고 복잡할 때
> ③ 지그(jig) : 대량생산과 정밀도를 요구할 때

42 빈출
슬라이드가 내려옴에 따라 손을 쳐내는 막대가 좌우로 왕복하면서 위험점으로부터 손을 보호해 주는 프레스의 안전장치는?

① 손쳐내기식 방호장치
② 수인식 방호장치
③ 게이트 가드식 방호장치
④ 양손조작식 방호장치

> 손쳐내기식(push away, sweep guard)
> ① 슬라이드에 캠 등으로 연결된 손쳐내기식 봉에 의해 위험한계 내의 손을 쳐내는 방식
> ② SPM 100 이하, 슬라이드 행정길이 약 40mm 이상의 프레스에 사용 가능
> ③ 양수조작식 방호장치 병용 가능

43
양중기(승강기를 제외한다.)를 사용하여 작업하는 운전자 또는 작업자가 보기 쉬운 곳에 해당 양중기에 대해 표시하여야 할 내용이 아닌 것은?

① 정격하중
② 운전 속도
③ 경고표시
④ 최대 인양 높이

> 양중기 안전수칙
> 보기 쉬운 곳에 당해 기계의 정격하중, 운전 속도, 경고표시 등을 부착한다.

44 빈출
연삭기의 연삭숫돌을 교체했을 경우 시운전은 최소 몇 분 이상 실시해야 하는가?

① 1분
② 3분
③ 5분
④ 7분

> 작업 시작하기 전 1분 이상, 연삭숫돌을 교체한 후 3분 이상 시운전

정답 40 ② 41 ② 42 ① 43 ④ 44 ②

45

아세틸렌 용접장치를 사용하여 금속의 용접·용단 또는 가열작업을 하는 경우 아세틸렌을 발생시키는 게이지 압력은 최대 몇 kPa 이하이어야 하는가?

① 17
② 88
③ 127
④ 210

> **용접장치에 관한 안전기준**
> ① 금속의 용접·용단 또는 가열작업을 할 때에는 게이지 압력이 127 킬로파스칼 초과 사용금지
> ② 발생기에서 5미터 이내 또는 발생기실에서 3미터 이내의 장소에는 흡연, 화기의 사용 또는 불꽃이 발생할 위험한 행위를 금지시킬 것

46

산업안전보건법령상 프레스 작업시작 전 점검해야 할 사항에 해당하는 것은?

① 언로드 밸브의 기능
② 하역장치 및 유압장치 기능
③ 권과방지장치 및 그 밖의 경보장치의 기능
④ 1행정 1정지기구·급정지장치 및 비상정지장치의 기능

> **프레스 작업시작 전 점검사항**
> ① 클러치 및 브레이크의 기능
> ② 크랭크축·플라이휠·슬라이드·연결봉 및 연결나사의 풀림 유무
> ③ 1행정 1정지기구·급정지장치 및 비상정지장치의 기능
> ④ 슬라이드 또는 칼날에 의한 위험방지 기구의 기능
> ⑤ 프레스의 금형 및 고정볼트 상태
> ⑥ 방호장치의 기능
> ⑦ 전단기의 칼날 및 테이블의 상태

47

화물중량이 200kgf, 지게차의 중량이 400kgf, 앞바퀴에서 화물의 무게중심까지의 최단거리가 1m일 때 지게차가 안정되기 위하여 앞바퀴에서 지게차의 무게중심까지 최단거리는 최소 몇 m를 초과해야 하는가?

① 0.2m
② 0.5m
③ 1m
④ 2m

> **지게차의 안전성**
> 지게차의 안정성을 유지하기 위해서는
> $W \cdot a < G \cdot b$
> 여기서, W : 화물의 중량, G : 지게차의 중량
> a : 앞바퀴부터 화물의 중심까지의 거리
> b : 앞바퀴부터 차의 중심까지의 거리
> ∴ $200 \times 1 < 400 \times b$, $b > 0.5$(m)

48

다음 중 셰이퍼에서 근로자의 보호를 위한 방호장치가 아닌 것은?

① 방책
② 칩받이
③ 칸막이
④ 급속귀환장치

> **셰이퍼(Shaper)의 안전장치**
> ① 칩받이
> ② 칸막이
> ③ 울타리(방책, 방호울)
> ④ 가드

49

다음 용접 중 불꽃 온도가 가장 높은 것은?

① 산소 - 메탄 용접
② 산소 - 수소 용접
③ 산소 - 프로판 용접
④ 산소 - 아세틸렌 용접

> 아세틸렌가스는 산소와 적당하게 혼합하여 연소하면 3,000~3,500℃의 높은 열을 낼 수 있다.

정답 45 ③ 46 ④ 47 ② 48 ④ 49 ④

50

다음 중 선반작업 시 지켜야 할 안전수칙으로 거리가 먼 것은?

① 작업 중 절삭 칩이 눈에 들어가지 않도록 보안경을 착용한다.
② 공작물 세팅에 필요한 공구는 세팅이 끝난 후 바로 제거한다.
③ 상의의 옷자락은 안으로 넣고, 끈을 이용하여 소맷자락을 묶어 작업을 준비한다.
④ 공작물은 전원 스위치를 끄고 바이트를 충분히 멀리 위치시킨 후 고정한다.

> **선반작업 시 안전기준**
> ① 가공물 조립 시 반드시 스위치 차단 후 바이트를 충분히 멀리 한 후 고정한다.
> ② 가공물 장착 후에는 척 렌치를 바로 벗겨 놓는다.
> ③ 상의의 옷자락은 안으로 넣고, 소맷자락을 묶을 때는 끈을 사용하지 않는다.
> ④ 절삭 칩이 눈에 들어가지 않도록 보안경을 착용한다.
> ⑤ 돌리개는 적당한 것을 선택하고, 심압대 스핀들은 지나치게 길게 나오지 않도록 한다.

51

기계설비 구조의 안전화 중 가공결함 방지를 위해 고려할 사항이 아닌 것은?

① 안전율
② 열처리
③ 선반작업
④ 전기용접작업

> **구조부분의 안전화 중 가공 시의 안전화**
> ① 재료부품의 적절한 열처리 : 강도와 인성 부여(열처리 불량 시 파괴현상)
> ② 용접구조물의 미세균열이나 잔류응력에 의한 파괴 방지 : 작업방법 준수 및 철저한 품질 관리
> ③ 기계 가공 시 응력 집중 방지 : 안전한 설계 및 응력 분산이 가능한 구조로 제작

52

회전수가 300rpm, 연삭숫돌의 지름이 200mm일 때, 숫돌의 원주 속도는 약 몇 m/min인가?

① 60.0
② 94.2
③ 150.0
④ 188.5

> **숫돌의 원주 속도**
> 원주 속도 $= \dfrac{\pi DN}{1,000} = \dfrac{\pi \times 200 \times 300}{1,000} = 188.49(\text{m/min})$

53 빈출

산업안전보건법령상 승강기의 종류에 해당하지 않는 것은?

① 리프트
② 에스컬레이터
③ 화물용 엘리베이터
④ 승객용 엘리베이터

> **승강기의 종류**
> ① 승객용 엘리베이터
> ② 승객화물용 엘리베이터
> ③ 화물용 엘리베이터
> ④ 소형화물용 엘리베이터
> ⑤ 에스컬레이터

54

롤러기의 앞면 롤의 지름이 300mm, 분당회전수가 30회일 경우 허용되는 급정지장치의 급정지거리는 약 몇 mm 이내이어야 하는가?

① 37.7
② 31.4
③ 377
④ 314

> **롤러의 급정지거리**
> ① 표면속도$(V) = \dfrac{\pi \times 300 \times 30}{1,000} = 28.27\text{m/분}$
> 따라서 30m/분 미만이므로 급정지거리는 앞면 롤러 원주의 1/3 이내에 해당된다.
> ② 앞면 롤러 원주 : $300 \times \pi = 942.48\text{mm}$
> ③ 급정지거리 : $942.48 \times \dfrac{1}{3} = 314.16\text{mm}$

정답 50 ③ 51 ① 52 ④ 53 ① 54 ④

55
어떤 로프의 최대하중이 700N이고, 정격하중은 100N이다. 이때 안전계수는 얼마인가?

① 5 ② 6
③ 7 ④ 8

> 안전율 = $\dfrac{\text{최대하중}}{\text{정격하중}} = \dfrac{700}{100} = 7$

56
다음 중 설비의 진단방법에 있어 비파괴시험이나 검사에 해당하지 않는 것은?

① 피로시험 ② 음향 탐상검사
③ 방사선 투과시험 ④ 초음파 탐상검사

> **비파괴 시험**
> ① 육안검사 ② 방사선 투과 시험
> ③ 초음파 탐상검사 ④ 액체침투 탐상시험
> ⑤ 자분 탐상시험 등

tip
피로시험은 재료의 피로에 대한 저항력을 시험하는 일로 파괴시험에 해당된다.

57
프레스 작동 후 작업점까지의 도달시간이 0.3초인 경우 위험한계로부터 양수조작식 방호장치의 최단 설치거리는?

① 48cm 이상 ② 58cm 이상
③ 68cm 이상 ④ 78cm 이상

> **양수조작식**
> $D[\text{mm}] = 1{,}600\,t\ [t : \text{급정지소요시간(초)}]$
> $= 1{,}600 \times 0.3(\text{초}) = 480[\text{mm}] = 48[\text{cm}]$

58
휴대형 연삭기 사용 시 안전사항에 대한 설명으로 가장 적절하지 않은 것은?

① 잘 안 맞는 장갑이나 옷은 착용하지 말 것
② 긴 머리는 묶고 모자를 착용하고 작업할 것
③ 연삭숫돌을 설치하거나 교체하기 전에 전선과 압축공기 호스를 설치할 것
④ 연삭작업 시 클램핑 장치를 사용하여 공작물을 확실히 고정할 것

> 연삭숫돌을 설치하거나 교체하기 전에 전선이나 압축공기 호스는 뽑아 놓을 것

59
산업안전보건법령상 보일러에 설치해야 하는 안전장치로 거리가 가장 먼 것은?

① 해지장치 ② 압력방출장치
③ 압력제한스위치 ④ 고·저수위 조절장치

> **보일러 방호장치**
> ① 고저수위 조절장치 ② 압력방출장치
> ③ 압력제한스위치 ④ 화염검출기

60
지게차의 방호장치에 해당하는 것은?

① 버킷 ② 포크
③ 마스트 ④ 헤드가드

> **지게차의 방호장치**
> ① 헤드가드 ② 백레스트
> ③ 전조등 ④ 후미등
> ⑤ 안전벨트

정답 55 ③ 56 ① 57 ① 58 ③ 59 ① 60 ④

4과목　전기설비 안전 관리

61 ★
정전기 발생에 영향을 주는 요인이 아닌 것은?

① 분리속도
② 물체의 질량
③ 접촉면적 및 압력
④ 물체의 표면상태

> 정전기 발생의 영향 요인
> ① 물체의 특성　② 물체의 표면상태　③ 물체의 이력
> ④ 접촉면적 및 압력　⑤ 분리속도

62
입욕자에게 전기적 자극을 주기 위한 전기욕기의 전원장치에 내장되어 있는 전원 변압기의 2차측 전로의 사용전압은 몇 V 이하로 하여야 하는가?

① 10
② 15
③ 30
④ 60

> 전기욕기의 시설
> ① 전기욕기에 전기를 공급하기 위한 전기욕기용 전원장치는 내장되어 있는 전원 변압기의 2차측 전로의 사용전압이 10V 이하일 것
> ② 전기욕기용 전원장치로부터 욕탕 안의 전극까지의 전선 상호 간 및 전선과 대지 사이의 절연저항 값은 0.1MΩ 이상일 것

63 ★
피뢰기의 설치장소가 아닌 것은? (단, 직접 접속하는 전선이 짧은 경우 및 피보호기기가 보호범위 내에 위치하는 경우가 아니다.)

① 저압을 공급받는 수용장소의 인입구
② 지중전선로와 가공전선로가 접속되는 곳
③ 가공전선로에 접속하는 배전용 변압기의 고압측
④ 발전소 또는 변전소의 가공전선 인입구 및 인출구

> 피뢰기의 설치장소(고압 및 특별고압의 전로 중)
> ① 발전소, 변전소 또는 이에 준하는 장소의 가공전선 인입구 및 인출구
> ② 가공전선로에 접속하는 배전용 변압기의 고압측 및 특별고압측
> ③ 고압 또는 특별고압의 가공전선로로부터 공급을 받는 수용장소의 인입구
> ④ 가공전선로와 지중전선로가 접속되는 곳

64
저압 방폭구조 배선 중 노출 도전성 부분의 보호 접지선으로 알맞은 항목은?

① 전선관이 충분한 지락전류를 흐르게 할 시에도 결합부에 본딩(bonding)을 해야 한다.
② 전선관이 최대지락전류를 안전하게 흐르게 할 시 접지선으로 이용가능하다.
③ 접지선의 전선 또는 심선은 그 절연피복을 흰색 또는 검정색을 사용한다.
④ 접지선은 1,000V 비닐절연전선 이상 성능을 갖는 전선을 사용한다.

> ① 접지선으로 사용하는 전선 또는 심선은 그 절연피복이 녹색과 황색의 줄무늬 모양을 사용하여야 한다. 이것이 곤란한 경우에는 녹색의 전선 또는 그 접속부분에 같은 색의 테이프를 감아서 사용한다.
> ② 접지선은 전선관 내를 통과하여 단자함 내의 내부접속단자에 접속하여야 한다. 단 전선관이 예상 최대지락전류를 안전하게 흐르게 할 경우에는 전선관을 접지선으로 이용할 수 있다. 이 경우 나사 결합부에는 원칙적으로 본딩을 할 필요가 없다.

65
누전차단기의 시설방법 중 옳지 않은 것은?

① 시설장소는 배전반 또는 분전반 내에 설치한다.
② 정격전류용량은 해당 전로의 부하전류 값 이상이어야 한다.
③ 정격감도전류는 정상의 사용상태에서 불필요하게 동작하지 않도록 한다.
④ 인체감전보호형은 0.05초 이내에 동작하는 고감도고속형이어야 한다.

> 고속형 누전차단기는 정격감도전류에서 0.1초 이내, 감전보호용은 0.03초 이내

정답　61 ②　62 ①　63 ①　64 ②　65 ④

66
방폭전기기기의 온도등급에서 기호 T_2의 의미로 맞는 것은?

① 최고표면온도의 허용치가 135℃ 이하인 것
② 최고표면온도의 허용치가 200℃ 이하인 것
③ 최고표면온도의 허용치가 300℃ 이하인 것
④ 최고표면온도의 허용치가 450℃ 이하인 것

전기기기의 최고표면온도의 분류						
온도등급	T_1	T_2	T_3	T_4	T_5	T_6
최고표면온도(℃)	450	300	200	135	100	85

67
사업장에서 많이 사용되고 있는 이동식 전기기계·기구의 안전대책으로 가장 거리가 먼 것은?

① 충전부 전체를 절연한다.
② 절연이 불량인 경우 접지저항을 측정한다.
③ 금속제 외함이 있는 경우 접지를 한다.
④ 습기가 많은 장소는 누전차단기를 설치한다.

> 이동식 전기기계·기구의 감전방지를 위해 외함의 접지, 누전차단기 설치, 충전부 절연조치, 안전전압 이하의 기계사용 등의 조치를 해야 한다.

68
감전사고를 방지하기 위해 허용보폭전압에 대한 수식으로 맞는 것은?

E : 허용보폭전압 R_b : 인체의 저항
ρ_s : 지표상층 저항률 I_k : 심실세동전류

① $E = (R_b + 3\rho_s) \times I_k$
② $E = (R_b + 4\rho_s) \times I_k$
③ $E = (R_b + 5\rho_s) \times I_k$
④ $E = (R_b + 6\rho_s) \times I_k$

> 허용접촉전압
> ① 변전소 등 고장전류 유입 시 구조물과 지표상의 전위차 허용값
> $E = (R_b + \frac{3\rho_s}{2}) \times I_k$
> ② 허용보폭전압
> (변전소 등 지락전류 발생 시 지표면상 두 점의 전위차 허용값)
> $E = (R_b + 6\rho_s) \times I_k$

69
방폭전기기기의 온도등급의 기호는?

① E ② S
③ T ④ N

전기기기의 최고표면온도의 분류						
온도등급	T_1	T_2	T_3	T_4	T_5	T_6
최고표면온도(℃)	450	300	200	135	100	85

70
산업안전보건기준에 관한 규칙에서 일반 작업장에 전기위험 방지 조치를 취하지 않아도 되는 전압은 몇 V 이하인가?

① 24 ② 30
③ 50 ④ 100

> 각종 전기작업과 관련된 안전규정들은 대지전압이 30볼트 이하인 전기기계·기구·배선 또는 이동전선에 대해서는 적용하지 아니한다.

71
폭발위험장소에서의 본질안전 방폭구조에 대한 설명으로 틀린 것은?

① 본질안전 방폭구조의 기본적 개념은 점화능력의 본질적 억제이다.
② 본질안전 방폭구조의 Exib는 fault에 대한 2중 안전보장으로 0종~2종 장소에 사용할 수 있다.
③ 이론적으로는 모든 전기기기를 본질안전 방폭구조를 적용할 수 있으나, 동력을 직접 사용하는 기기는 실제적으로 적용이 곤란하다.
④ 온도, 압력, 액면유량 등의 검출용 측정기는 대표적인 본질안전 방폭구조의 예이다.

> 방폭구조의 선정 기준에서 0종 장소는 본질안전 방폭구조 중에서 ia만 가능하다.

정답 66 ③ 67 ② 68 ④ 69 ③ 70 ② 71 ②

72

감전사고를 방지하기 위한 대책으로 틀린 것은?

① 전기설비에 대한 보호 접지
② 전기기기에 대한 정격 표시
③ 전기설비에 대한 누전차단기 설치
④ 충전부가 노출된 부분에는 절연 방호구 사용

감전재해 방지조치
① 보호절연 ② 안전전압 이하의 기기 사용 ③ 접지 ④ 누전차단기 설치 ⑤ 비접지식 전로의 채용 ⑥ 절연열화의 방지 ⑦ 충전부와 접촉부의 철저한 이격 ⑧ 절연용 보호구 및 절연용 방호구

73

온도조절용 바이메탈과 온도 퓨즈가 회로에 조합되어 있는 다리미를 사용한 가정에서 화재가 발생했다. 다리미에 부착되어 있던 바이메탈과 온도 퓨즈를 대상으로 화재사고를 분석하려 하는데 논리기호를 사용하여 표현하고자 한다. 어느 기호가 적당한가? (단, 바이메탈의 작동과 온도 퓨즈가 끊어졌을 경우를 0, 그렇지 않을 경우를 1이라 한다.)

① 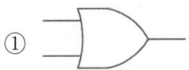 ②

③ 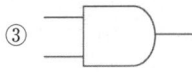 ④

바이메탈과 온도 퓨즈 모두가 만족할 때 출력이 발생하므로 AND 게이트이다.		
바이메탈	온도 퓨즈	화재 유무
0	0	0
0	1	0
1	0	0
1	1	1

74

화염일주한계에 대한 설명으로 옳은 것은?

① 폭발성 가스와 공기의 혼합기에 온도를 높인 경우 화염이 발생할 때까지의 시간 한계치
② 폭발성 분위기에 있는 용기의 접합면 틈새를 통해 화염이 내부에서 외부로 전파되는 것을 저지할 수 있는 틈새의 최대간격치
③ 폭발성 분위기 속에서 전기불꽃에 의하여 폭발을 일으킬 수 있는 화염을 발생시키기에 충분한 교류파형의 1주기치
④ 방폭설비에서 이상이 발생하여 불꽃이 생성된 경우에 그것이 점화원으로 작용하지 않도록 화염의 에너지를 억제하여 폭발 하한계로 되도록 화염 크기를 조정하는 한계치

안전간격(화염일주한계)
화염이 틈새를 통하여 바깥쪽의 폭발성 가스에 전달되지 않도록 하는 한계의 틈새로 최소점화에너지 이하로 열을 식혀 안전을 유지하기 위함

75

폭발위험이 있는 장소의 설정 및 관리와 가장 관계가 먼 것은?

① 인화성 액체의 증기 사용
② 가연성 가스의 제조
③ 가연성 분진 제조
④ 종이 등 가연성 물질 취급

위험장소의 분류	
분류	적요
0종 장소	인화성 액체의 증기 또는 가연성 가스에 의한 폭발위험이 지속적으로 또는 장기간 존재하는 장소
1종 장소	정상 작동상태에서 인화성 액체의 증기 또는 가연성 가스에 의한 폭발위험분위기가 존재하기 쉬운 장소
2종 장소	정상 작동상태에서 인화성 액체의 증기 또는 가연성 가스에 의한 폭발위험분위기가 존재할 우려가 없으나, 존재할 경우 그 빈도가 아주 적고 단기간만 존재할 수 있는 장소

정답 72 ② 73 ③ 74 ② 75 ④

76

인체의 표면적이 0.5m²이고 정전용량은 0.02pF/cm²이다. 3,300V의 전압이 인가되어 있는 전선에 접근하여 작업을 할 때 인체에 축적되는 정전기 에너지(J)는?

① 5.445×10^{-2}
② 5.445×10^{-4}
③ 2.723×10^{-2}
④ 2.723×10^{-4}

> **정전기 에너지**
>
> $W = \frac{1}{2}QV = \frac{1}{2}CV^2$(J)이므로
>
> $W = \frac{1}{2} \times (0.02 \times 10^{-12}) \times 0.5 \times 10^4 \times 3,300^2 = 5.445 \times 10^{-4}$

77

변압기의 최소 IP 등급은? (단, 유입 방폭구조의 변압기이다.)

① IP55
② IP56
③ IP65
④ IP66

> 유입 방폭구조 방폭장비의 최소 IP등급은 KSCIEC에 따른 IP66 이상의 보호등급을 가져야 한다.

78

절연물의 절연계급을 최고허용온도가 낮은 온도에서 높은 온도 순으로 배치한 것은?

① Y종 → A종 → E종 → B종
② A종 → B종 → E종 → Y종
③ Y종 → E종 → B종 → A종
④ B종 → Y종 → A종 → E종

> **절연계급**
>
> ① Y종 : 90℃ 이내   ② A종 : 105℃ 이내
> ③ E종 : 120℃ 이내   ④ B종 : 130℃ 이내
> ⑤ F종 : 155℃ 이내   ⑥ H종 : 180℃ 이내
> ⑦ C종 : 180℃ 이상

79

가스그룹이 ⅡB인 지역에 내압 방폭구조 "d"의 방폭기기가 설치되어 있다. 기기의 플랜지 개구부에서 장애물까지의 최소 거리(mm)는?

① 10
② 20
③ 30
④ 40

> **최소 이격거리**
>
> ① ⅡA : 10mm   ② ⅡB : 30mm   ③ ⅡC : 40mm

80

극간 정전용량이 1,000pF이고, 착화에너지가 0.019mJ인 가스에서 폭발한계 전압(V)은 약 얼마인가? (단, 소수점 이하는 반올림한다.)

① 3,900
② 1,950
③ 390
④ 195

> **착화에너지**
>
> $W = \frac{1}{2}CV^2$이므로
>
> $V = \sqrt{\dfrac{0.019 \times 10^{-3} \times 2}{1,000 \times 10^{-12}}} = \sqrt{\dfrac{4.0 \times 10^{-5}}{1 \times 10^{-9}}} = 194.94(\text{V})$

5과목 화학설비 안전 관리

81

화재 감지에 있어서 열감지 방식 중 차동식에 해당하지 않는 것은?

① 공기관식
② 열전대식
③ 바이메탈식
④ 열반도체식

> **차동식 감지기**
>
> ① 공기식 spot형   ② 공기관식 분포형
> ③ 열전대식 분포형   ④ 열반도체식

정답 76 ② 77 ④ 78 ① 79 ③ 80 ④ 81 ③

82

각 물질(A ~ D)의 폭발상한계와 하한계가 다음 [표]와 같을 때 다음 중 위험도가 가장 큰 물질은?

구분	A	B	C	D
폭발상한계	9.5	8.4	15.0	13
폭발하한계	2.1	1.8	5.0	2.6

① A
② B
③ C
④ D

> **위험도**
> ① A : $\dfrac{9.5 - 2.1}{2.1} = 3.524$
> ② B : $\dfrac{8.4 - 1.8}{1.8} = 3.67$
> ③ C : $\dfrac{15.0 - 5.0}{5.0} = 2$
> ④ D : $\dfrac{13 - 2.6}{2.6} = 4$

83

NH_4NO_3의 가열, 분해로부터 생성되는 무색의 가스로 일명 웃음 가스라고도 하는 것은?

① N_2O
② NO_2
③ N_2O_4
④ NO

> **N_2O(아산화질소)**
> 무색투명한 기체로 마취성이 있으며 질산암모늄을 열분해할 때 발생하는 가스

84

다음 중 분진폭발의 특징으로 옳은 것은?

① 가스폭발보다 연소시간이 짧고, 발생에너지가 작다.
② 압력의 파급속도보다 화염의 파급속도가 빠르다.
③ 가스폭발에 비하여 불완전연소가 적게 발생한다.
④ 주위의 분진에 의해 2차, 3차의 폭발로 파급될 수 있다.

> **분진폭발의 특징**
> ① 가스폭발과 비교하여 연소시간이 길고, 발생에너지가 크기 때문에 파괴력과 타는 정도가 크며, 발화에너지도 상대적으로 크다
> ② 압력속도는 300m/s 정도이며, 화염속도보다는 압력속도가 훨씬 빠르다.
> ③ 가스에 비해 불완전연소의 가능성이 커서 일산화탄소의 존재로 인한 가스중독의 위험이 있다.

85

다음 중 물질에 대한 저장방법으로 잘못된 것은?

① 나트륨 – 유동 파라핀 속에 저장
② 니트로글리세린 – 강산화제 속에 저장
③ 적린 – 냉암소에 격리 저장
④ 칼륨 – 등유 속에 저장

> **니트로글리세린**
> (1) 니트로글리세린은 무색투명한 기름 형태의 액체로 연소가 폭발적으로 발생하여 소화가 극히 어려운 제5류 위험물(자기반응성 물질)에 해당된다.
> (2) 저장 및 취급방법
>   ① 점화원 및 분해를 촉진하는 물질로부터 격리할 것
>   ② 화재발생 시 소화가 곤란하므로 작게 나누어 저장할 것
>   ③ 포장외부에 화기엄금, 충격주의 등 주의사항을 반드시 표시할 것

86

화학설비 가운데 분체화학물질 분리장치에 해당하지 않는 것은?

① 건조기
② 분쇄기
③ 유동탑
④ 결정조

> **분체화학물질 분리장치**
> ① 결정조 ② 유동탑 ③ 탈습기 ④ 건조기

87

화재 감지기의 종류 중 열감지기의 작동방식에 해당되지 않는 것은?

① 차동식
② 정온식
③ 보상식
④ 광전식

> **화재감지기**
> ① 열감지기 : 차동식, 정온식, 보상식
> ② 연기감지기 : 광전식, 이온화식

정답 82 ④ 83 ① 84 ④ 85 ② 86 ② 87 ④

88 빈출

위험물 또는 위험물이 발생하는 물질을 가열·건조하는 경우 내용적이 몇 세제곱미터 이상인 건조설비인 경우 건조실을 설치하는 건축물의 구조를 독립된 단층 건물로 하여야 하는가? (단, 건조실을 건축물의 최상층에 설치하거나 건축물이 내화구조인 경우는 제외한다.)

① 1
② 10
③ 100
④ 1,000

독립된 단층 건물로 해야하는 건조설비
① 위험물 또는 위험물이 발생하는 물질을 가열·건조하는 경우 내용적이 1세제곱미터 이상인 건조설비
② 위험물이 아닌 물질을 가열·건조하는 경우로서 다음에 해당하는 건조설비
  ㉠ 고체 또는 액체연료의 최대사용량이 시간당 10킬로그램 이상
  ㉡ 기체연료의 최대사용량이 시간당 1세제곱미터 이상
  ㉢ 전기사용 정격용량이 10킬로와트 이상

89

공정안전보고서에 포함하여야 할 세부내용 중 공정안전자료의 세부내용이 아닌 것은?

① 유해·위험설비의 목록 및 사양
② 폭발위험장소 구분도 및 전기단선도
③ 유해·위험물질에 대한 물질안전보건자료
④ 설비점검·검사 및 보수 계획, 유지계획 및 지침서

공정안전자료의 내용
① 취급·저장하고 있거나 취급·저장하고자 하는 유해·위험물질의 종류 및 수량
② 유해·위험물질에 대한 물질안전보건자료
③ 유해하거나 위험한 설비의 목록 및 사양
④ 유해하거나 위험한 운전방법을 알 수 있는 공정도면
⑤ 각종 건물·설비의 배치도
⑥ 폭발위험장소 구분도 및 전기단선도
⑦ 위험설비의 안전설계·제작 및 설치 관련 지침서

90

산업안전보건법령상 화학설비와 화학설비의 부속설비를 구분할 때 화학설비에 해당하는 것은?

① 응축기·냉각기·가열기·증발기 등 열교환기류
② 사이클론·백필터·전기집진기 등 분진처리설비
③ 온도·압력·유량 등을 지시·기록 등을 하는 자동제어 관련설비
④ 안전밸브·안전판·긴급 차단 또는 방출밸브 등 비상조치 관련설비

화학설비의 종류
① 반응기·혼합조 등 화학물질 반응 또는 혼합장치
② 증류탑·흡수탑·추출탑·감압탑 등 화학물질 분리장치
③ 저장탱크·계량탱크·호퍼·사일로 등 화학물질 저장설비 또는 계량설비
④ 응축기·냉각기·가열기·증발기 등 열교환기류
⑤ 고로 등 점화기를 직접 사용하는 열교환기류
⑥ 캘린더·혼합기·발포기·인쇄기·압출기 등 화학제품 가공설비
⑦ 분쇄기·분체분리기·용융기 등 분체화학물질 분리장치
⑧ 결정조·유동탑·탈습기·건조기 등 분체화학물질 분리장치
⑨ 펌프류·압축기·이젝터 등의 화학물질 이송 또는 압축설비

91 빈출

산업안전보건법령에 따라 사업주가 특수화학설비를 설치하는 때에 그 내부의 이상상태를 조기에 파악하기 위하여 설치하여야 하는 장치는?

① 자동경보장치
② 긴급차단장치
③ 자동문개폐장치
④ 스크러버 개방장치

내부 이상상태의 조기파악
① 계측장치의 설치 : 온도계, 유량계, 압력계 등
② 자동경보장치의 설치

정답 88 ① 89 ④ 90 ① 91 ①

92

다음 중 위험물과 그 소화방법이 잘못 연결된 것은?

① 염소산칼륨 - 다량의 물로 냉각소화
② 마그네슘 - 건조사 등에 의한 질식소화
③ 칼륨 - 이산화탄소에 의한 질식소화
④ 아세트알데히드 - 다량의 물에 의한 희석소화

> **금속화재(D급 화재)**
> ① 금속화재는 금속의 열전도에 따른 화재나 금속분에 의한 분진의 폭발 등
> ② 철분, 마그네슘, 칼륨, 금속분류에 의한 화재로 일반적으로 건조사(피복에 의한 질식효과)에 의한 소화방법 사용

93

다음 중 파열판에 관한 설명으로 틀린 것은?

① 압력 방출속도가 빠르다.
② 설정 파열압력 이하에서 파열될 수 있다.
③ 한번 부착한 후에는 교환할 필요가 없다.
④ 높은 점성의 슬러리나 부식성 유체에 적용할 수 있다.

> **파열판**
> ① 용기 내의 압력이 급격히 상승할 경우 용기 내의 가스 배출(한 번 작동 후 교체)
> ② 스프링식보다 토출 용량이 많아 압력상승이 급격히 변하는 곳에 적당

94

화재감시자에 관한 다음 사항 중에서 올바르지 않은 것은?

① 작업반경 10미터 이내에 건물구조 자체나 내부에 가연성 물질이 있는 경우 화재감시자를 배치해야 한다.
② 화재발생 시 사업장 내 근로자의 대피 유도에 관한 업무를 수행한다.
③ 화재감시자에게는 확성기, 휴대용조명기구 및 화재 대피용 마스크 등 대피용 방연장비를 지급해야 한다.
④ 같은 장소에서 상시·반복적으로 용접·용단작업을 할 때 경보용 설비·기구, 소화설비 또는 소화기가 갖추어진 경우에는 화재감시자를 배치하지 않을 수 있다.

> **화재감시자를 지정하여 배치해야 할 용접·용단 작업장소**
> ① 작업반경 11미터 이내에 건물구조 자체나 내부에 가연성 물질이 있는 장소
> ② 작업반경 11미터 이내의 바닥 하부에 가연성 물질이 11미터 떨어져 있지만 불꽃에 의해 쉽게 발화될 우려가 있는 장소
> ③ 가연성 물질이 금속으로 된 칸막이·벽·천장 또는 지붕의 반대쪽 면에 인접해 있어 열전도나 열복사에 의해 발화될 우려가 있는 장소

95

산업안전보건법령에 따라 유해하거나 위험한 설비의 설치·이전 또는 주요 구조부분의 변경공사 시 공정안전보고서의 제출시기는 착공일 며칠 전까지 관련기관에 제출하여야 하는가?

① 15일   ② 30일
③ 60일   ④ 90일

> 유해·위험설비의 설치·이전 및 주요 구조부분 변경 시 공사의 착공 30일 전까지 공정안전보고서를 작성하여 2부를 공단에 제출

96

소화약제 IG-100의 구성성분은?

① 질소   ② 산소
③ 이산화탄소   ④ 수소

> **불활성 가스 소화약제**
> ① 불활성 가스 소화약제는 헬륨, 네온, 아르곤 또는 질소 가스 중 한 가지 이상을 주성분으로 하는 소화약제를 말한다.
> ② IG-100은 질소, IG-01은 아르곤, IG-55는 질소(50%)와 아르곤(50%)을 주성분으로 한다.

97 ★빈출

공기 중에서 A 물질의 폭발하한계가 4vol%, 상한계가 75vol%라면 이 물질의 위험도는?

① 16.75   ② 17.75
③ 18.75   ④ 19.75

> 위험도 $H = \dfrac{UFL - LFL}{LFL} = \dfrac{75.0 - 4.0}{4.0} = 17.75$

정답 92 ③   93 ③   94 ①   95 ②   96 ①   97 ②

98

다음 중 최소발화에너지(E[J])를 구하는 식으로 옳은 것은? (단, I는 전류[A], R은 저항[Ω], V는 전압[V], C는 콘덴서용량 [F], T는 시간[초]이라 한다.)

① $E = IRT$
② $E = 0.24I^2\sqrt{R}$
③ $E = \frac{1}{2}CV^2$
④ $E = \frac{1}{2}\sqrt{C^2V}$

> **최소착화에너지**
> $$E = \frac{1}{2}QV = \frac{1}{2}CV^2 = \frac{1}{2}\frac{Q^2}{C}(\text{J})$$

99

다음 중 분진이 발화 폭발하기 위한 조건으로 거리가 먼 것은?

① 불연성질
② 미분상태
③ 점화원의 존재
④ 산소 공급

> **분진폭발**
> ① 금속분진(알루미늄, 마그네슘 등), 소맥분, 황분말 등 100미크론 이하의 가연성 고체를 미분으로 공기 중에 부유시켜 연소 폭발하는 현상
> ② 불휘발성 액체 또는 고체가 미립자 상태로 공기 중에서 폭발범위 내로 존재할 경우 착화에너지에 의해 일어나는 현상

100

압축하면 폭발할 위험성이 높아 아세톤 등에 용해시켜 다공성 물질과 함께 저장하는 물질은?

① 염소
② 아세틸렌
③ 에탄
④ 수소

> **용해 아세틸렌(C_2H_2)의 특징**
> ① 아세틸렌 가스는 매우 불안정한 탄소와 수소의 화합물이므로 열을 가하거나 압축하여 압력을 올리면 곧 분해하여 폭발한다.
> ② 아세틸렌은 일반적으로 봄베에 저장되는데, 그 이유는 아세톤(Acetone)에 잘 용해(부피의 약 25배 정도)되는 성질이 있기 때문이며, 고압 용기 속에 다공질의 물질을 넣어 아세톤을 흡수시켜 아세틸렌을 충전시킨다.

6과목 건설공사 안전 관리

101

작업발판 및 통로의 끝이나 개구부로서 근로자가 추락할 위험이 있는 장소에서 난간 등의 설치가 매우 곤란하거나 작업의 필요상 임시로 난간 등을 해체하여야 하는 경우에 설치하여야 하는 것은?

① 구명구
② 수직보호망
③ 추락방호망
④ 석면포

> **개구부 등의 방호조치**
> 난간 등을 설치하는 것이 매우 곤란하거나 작업의 필요상 임시로 난간 등을 해체하여야 하는 경우 추락방호망을 설치하여야 한다. 다만, 추락방호망을 설치하기 곤란한 경우에는 근로자에게 안전대를 착용하도록 하는 등 추락할 위험을 방지하기 위하여 필요한 조치를 하여야 한다.

102

지반 조사의 목적에 해당되지 않는 것은?

① 토질의 성질 파악
② 지층의 분포 파악
③ 지하수위 및 피압수 파악
④ 구조물의 편심에 의한 적절한 침하 유도

> **굴착작업 시 지반 조사사항**
>
> | 목적 | 지반붕괴 또는 매설물의 손괴로 위험 예상 시 굴착시기 및 작업순서의 결정을 위하여 실시하는 사전조사 |
> |---|---|
> | 조사사항 | ① 형상·지질 및 지층의 상태
② 균열·함수·용수 및 동결의 유무 또는 상태
③ 매설물 등의 유무 또는 상태
④ 지반의 지하수위 상태 |

정답 98 ③ 99 ① 100 ② 101 ③ 102 ④

103 ⭐

풍화암의 굴착면 붕괴에 따른 재해를 예방하기 위한 굴착면의 적정한 기울기 기준은?

① 1 : 1.0
② 1 : 0.8
③ 1 : 0.5
④ 1 : 0.3

굴착면 기울기 기준				
지반의 종류	모래	연암 및 풍화암	경암	그 밖의 흙
굴착면의 기울기	1 : 1.8	1 : 1.0	1 : 0.5	1 : 1.2

tip
2023년 법령개정. 문제와 해설은 개정된 내용 적용

104 ⭐

히빙(Heaving) 현상 방지 대책으로 틀린 것은?

① 표토를 제거하여 하중을 감소시킨다.
② 흙막이 벽체의 근입깊이를 깊게 한다.
③ 흙막이 벽체 배면의 지반을 개량하여 흙의 전단강도를 높인다.
④ 부풀어 솟아오르는 굴착면의 토사를 제거한다.

> 표토는 제거하고 굴착면은 하중을 증가시켜 흙의 중량 차이를 감소시켜야 한다.

105

곤돌라형 달비계를 설치하는 경우 근로자 추락위험을 방지하기 위한 조치사항으로 옳지 않은 것은?

① 달비계에 구명줄을 설치할 것
② 근로자의 추락을 방지하기 위한 수직보호망을 설치할 것
③ 근로자에게 안전대를 착용하도록 하고 근로자가 착용한 안전줄을 달비계의 구명줄에 체결하도록 할 것
④ 달비계에 안전난간을 설치할 수 있는 구조인 경우에는 달비계에 안전난간을 설치할 것

> 작업으로 인하여 물체가 떨어지거나 날아올 위험이 있는 경우 낙하물 방지망, 수직보호망 또는 방호선반의 설치, 출입금지구역의 설정, 보호구의 착용 등 위험을 방지하기 위하여 필요한 조치를 하여야 한다.

106 ⭐

다음 [보기]의 ( ) 안에 알맞은 내용은?

[보기]
동바리로 사용하는 파이프 서포트의 높이가 ( )m를 초과하는 경우에는 높이 2m 이내마다 수평연결재를 2개 방향으로 만들고 수평연결재의 변위를 방지할 것

① 3
② 3.5
③ 4
④ 4.5

> **동바리로 사용하는 파이프 서포트의 준수사항**
> ① 파이프 서포트를 3개 이상 이어서 사용하지 아니하도록 할 것
> ② 파이프 서포트를 이어서 사용할 때에는 4개 이상의 볼트 또는 전용 철물을 사용하여 이을 것
> ③ 높이가 3.5미터를 초과할 때에는 높이 2미터 이내마다 수평연결재를 2개 방향으로 만들고 수평연결재의 변위를 방지할 것

107

건립 중 강풍에 의한 풍압 등 외압에 대한 내력이 설계에 고려되었는지 확인하여야 하는 철골 구조물이 아닌 것은?

① 단면이 일정한 구조물
② 기둥이 타이 플레이트형인 구조물
③ 이음부가 현장용접인 구조물
④ 구조물의 폭과 높이의 비가 1 : 4 이상인 구조물

> **외압에 대한 내력설계 확인 구조물**
> ① 높이 20m 이상 구조물
> ② 구조물 폭과 높이의 비가 1 : 4 이상인 구조물
> ③ 연면적당 철골량이 50kg/m² 이하인 구조물
> ④ 단면 구조에 현저한 차이가 있는 구조물
> ⑤ 기둥이 타이 플레이트형인 구조물
> ⑥ 이음부가 현장용접인 구조물

정답 103 ① 104 ④ 105 ② 106 ② 107 ①

108
공사진척에 따른 안전보건관리비 사용기준에서 공정율이 80%일 경우 사용기준은?

① 30% 이상
② 50% 이상
③ 70% 이상
④ 90% 이상

공사진척에 따른 안전관리비 사용기준			
공정율	50% 이상 70% 미만	70% 이상 90% 미만	90% 이상
사용기준	50% 이상	70% 이상	90% 이상

109
흙막이 가시설 공사 시 사용되는 각 계측기 설치 목적으로 옳지 않은 것은?

① 지표침하계 - 지표면 침하량 측정
② 수위계 - 지반 내 지하수위의 변화 측정
③ 하중계 - 상부 적재하중 변화 측정
④ 지중경사계 - 지중의 수평 변위량 측정

하중계는 흙막이 버팀대에 작용하는 토압, 어스 앵커의 인장력 등을 측정하는 기기이다.

110
건설현장에 가설계단 및 계단참을 설치하는 경우 얼마 이상의 하중에 견딜 수 있는 강도를 가진 구조로 설치하여야 하는가?

① 200kg/m²
② 300kg/m²
③ 400kg/m²
④ 500kg/m²

계단의 안전
① 매 제곱미터당 500킬로그램 이상의 하중에 견딜 수 있는 강도를 가진 구조로 설치
② 안전율(재료의 파괴응력도와 허용응력도의 비율을 말한다)은 4 이상 등

111
터널 굴착작업을 하는 때 미리 작성하여야 하는 작업계획서에 포함되어야 할 사항이 아닌 것은?

① 굴착의 방법
② 암석의 분할방법
③ 환기 또는 조명시설을 설치할 때에는 그 방법
④ 터널 지보공 및 복공의 시공방법과 용수의 처리방법

터널 굴착 공사 작업계획서 포함사항
① 굴착의 방법
② 터널 지보공 및 복공의 시공방법과 용수의 처리방법
③ 환기 또는 조명시설을 설치할 때에는 그 방법

112
작업 중 또는 통행 시 전락으로 인하여 근로자가 화상·질식 등의 위험에 처할 우려가 있는 케틀(kettle), 호퍼(hopper), 피트(pit) 등이 있는 경우에 그 위험을 방지하기 위하여 최소 높이 얼마 이상의 울타리를 설치하여야 하는가?

① 80cm 이상
② 85cm 이상
③ 90cm 이상
④ 95cm 이상

울타리의 설치
① 대상 : 작업 중 또는 통행 시 굴러 떨어짐(전락)으로 인한 화상, 질식 등의 위험에 처할 우려가 있는 케틀, 호퍼, 피트 등
② 조치 사항 : 높이 90cm 이상의 울타리 설치

정답 108 ③ 109 ③ 110 ④ 111 ② 112 ③

113

해체공사 시 작업용 기계기구의 취급안전기준에 관한 설명으로 옳지 않은 것은?

① 철제햄머와 와이어로프의 결속은 경험이 많은 사람으로서 선임된 자에 한하여 실시하도록 하여야 한다.
② 팽창제 천공간격은 콘크리트 강도에 의하여 결정되나 70~120cm 정도를 유지하도록 한다.
③ 쐐기타입으로 해체 시 천공구멍은 타입기 삽입부분의 직경과 거의 같아야 한다.
④ 화염방사기로 해체작업 시 용기 내 압력은 온도에 의해 상승하기 때문에 항상 40℃ 이하로 보존해야 한다.

> **팽창제에 의한 해체작업**
> ① 천공직경이 너무 작거나 크면 팽창력이 작아 비효율적이므로, 천공직경은 30 내지 50mm 정도를 유지하여야 한다.
> ② 천공간격은 콘크리트 강도에 의하여 결정되나 30 내지 70cm 정도를 유지하도록 한다.

114 ★빈출

가설통로의 설치에 관한 기준으로 옳지 않은 것은?

① 경사는 30° 이하로 한다.
② 건설공사에 사용하는 높이 8m 이상인 비계다리에는 7m 이내마다 계단참을 설치한다.
③ 작업상 부득이한 경우에는 필요한 부분에 한하여 안전난간을 임시로 해체할 수 있다.
④ 수직갱에 가설된 통로의 길이가 10m 이상인 경우에는 5m 이내마다 계단참을 설치한다.

> **가설통로의 구조**
> ① 견고한 구조로 할 것
> ② 경사는 30도 이하로 할 것
> ③ 경사가 15도를 초과하는 경우에는 미끄러지지 아니하는 구조로 할 것
> ④ 추락할 위험이 있는 장소에는 안전난간을 설치할 것(작업상 부득이한 경우에는 필요한 부분만 임시로 해체할 수 있다)
> ⑤ 수직갱에 가설된 통로의 길이가 15미터 이상인 경우에는 10미터 이내마다 계단참을 설치할 것
> ⑥ 건설공사에 사용하는 높이 8미터 이상인 비계다리에는 7미터 이내마다 계단참을 설치할 것

115 ★빈출

작업으로 인하여 물체가 떨어지거나 날아올 위험이 있는 경우 필요한 조치와 가장 거리가 먼 것은?

① 투하설비 설치
② 낙하물 방지망 설치
③ 수직보호망 설치
④ 출입금지구역 설정

> **물체낙하에 의한 위험방지**
> ① 대상 : 높이 3m 이상인 장소에서 물체 투하 시
> ② 조치사항
>   ㉠ 투하설비 설치   ㉡ 감시인 배치

116

다음은 안전대와 관련된 설명이다. 아래 내용에 해당되는 용어로 옳은 것은?

> 로프 또는 레일 등과 같은 유연하거나 단단한 고정줄로서 추락발생 시 추락을 저지시키는 추락방지대를 지탱해 주는 줄모양의 부품

① 안전블록
② 수직구명줄
③ 죔줄
④ 보조죔줄

> **안전대의 부품**
> ① "안전블록"이란 안전그네와 연결하여 추락발생 시 추락을 억제할 수 있는 자동잠김장치가 갖추어져 있고 죔줄이 자동적으로 수축되는 장치
> ② "수직구명줄"이란 로프 또는 레일 등과 같은 유연하거나 단단한 고정줄로서 추락발생 시 추락을 저지시키는 추락방지대를 지탱해 주는 줄모양의 부품
> ③ "보조죔줄"이란 안전대를 U자걸이로 사용할 때 U자걸이를 위해 훅 또는 카라비너를 지탱벨트의 D링에 걸거나 떼어낼 때 잘못하여 추락하는 것을 방지하기 위한 링과 걸이설비연결에 사용하는 훅 또는 카라비너를 갖춘 줄모양의 부품

정답 113 ② 114 ④ 115 ① 116 ②

117

크레인 등 건설장비의 가공전선로 접근 시 안전대책으로 옳지 않은 것은?

① 안전 이격거리를 유지하고 작업한다.
② 장비를 가공전선로 밑에 보관한다.
③ 장비의 조립, 준비 시부터 가공전선로에 대한 감전 방지 수단을 강구한다.
④ 장비 사용 현장의 장애물, 위험물 등을 점검 후 작업계획을 수립한다.

> 안전이격거리를 확보할 수 없는 설비, 장비, 수공구 등은 전선로 아래로 가져가면 안 된다.

118

거푸집 및 동바리 등을 조립 또는 해체하는 작업을 하는 경우의 준수사항으로 옳지 않은 것은?

① 재료, 기구 또는 공구 등을 올리거나 내리는 경우에는 근로자로 하여금 달줄·달포대 등의 사용을 금하도록 할 것
② 낙하·충격에 의한 돌발적 재해를 방지하기 위하여 버팀목을 설치하고 거푸집 및 동바리 등을 인양장비에 매단 후에 작업을 하도록 하는 등 필요한 조치를 할 것
③ 비, 눈, 그 밖의 기상상태의 불안정으로 날씨가 몹시 나쁜 경우에는 그 작업을 중지할 것
④ 해당 작업을 하는 구역에는 관계 근로자가 아닌 사람의 출입을 금지할 것

> 재료·기구 또는 공구 등을 올리거나 내릴 때에는 근로자로 하여금 달줄·달포대 등을 사용하여 안전하게 작업해야 한다.

119

흙의 투수계수에 영향을 주는 인자에 관한 설명으로 옳지 않은 것은?

① 포화도 : 포화도가 클수록 투수계수도 크다.
② 공극비 : 공극비가 클수록 투수계수는 작다.
③ 유체의 점성계수 : 점성계수가 클수록 투수계수는 작다.
④ 유체의 밀도 : 유체의 밀도가 클수록 투수계수는 크다.

> **투수계수**
> ① 이 값이 작을수록 물이 토양층을 통과하기 어렵다는 것을 나타낸다.
> ② 토양의 투수계수는 토양입자의 크기, 공극률, 입자크기 분포 등과 같이 토양 자체의 영향과 액체의 점성계수, 비중량과 같은 액체의 성질에 영향을 받는다.
> ③ 공극비가 클수록 투수계수는 크다.

120

터널공사의 전기발파작업에 관한 설명으로 옳지 않은 것은?

① 전선은 점화하기 전에 화약류를 충진한 장소로부터 30m 이상 떨어진 안전한 장소에서 도통시험 및 저항시험을 하여야 한다.
② 점화는 충분한 허용량을 갖는 발파기를 사용하고 규정된 스위치를 반드시 사용하여야 한다.
③ 발파 후 발파기와 발파모선의 연결을 유지한 채 그 단부를 절연시킨 후 재점화가 되지 않도록 한다.
④ 점화는 선임된 발파책임자가 행하고 발파기의 핸들을 점화할 때 이외는 시건장치를 하거나 모선을 분리하여야 하며 발파책임자의 엄중한 관리하에 두어야 한다.

> 발파 후 즉시 발파모선을 발파기로부터 분리하고 그 단부를 절연시킨 후 재점화가 되지 않도록 하여야 한다.

정답 117 ② 118 ① 119 ② 120 ③

2022년 3월 1일~3월 15일 | CBT 기출복원문제

1과목 산업재해 예방 및 안전보건교육

01 ★

참가자에게 일정한 역할을 주어 실제적으로 연기를 시켜봄으로써 자기의 역할을 보다 확실히 인식할 수 있도록 체험학습을 시키는 교육방법은?

① Role playing
② Brain storming
③ Action playing
④ Fish Bowl playing

> **Role Playing(역할 연기법)**
> 참석자가 정해진 역할을 직접 연기해 본 후 함께 토론해보는 방법(흥미 유발, 태도변용에 도움)

02

인간의 적응기제 중 방어기제로 볼 수 없는 것은?

① 승화
② 고립
③ 합리화
④ 보상

> **적응기제의 기본유형**
>
> | 공격적 행동 | 책임전가, 폭행, 폭언 등 |
> |---|---|
> | 도피적 행동 | 퇴행, 억압, 고립, 백일몽 등 |
> | 방어적 행동 | 승화, 보상, 합리화, 동일시, 반동형성, 투사 등 |

03

부주의 현상에 대한 설명으로 틀린 것은?

① 의식의 우회는 작업 중 걱정거리, 고민거리 등에 의해 다른 데 정신을 빼앗기는 현상이다.
② 의식수준 저하는 심신의 피로 또는 단조로운 작업 시 발생한다.
③ 의식의 혼란은 외적조건의 문제로 의식이 혼란되고 분산되어 작업에 잠재된 위험요인에 대응할 수 없는 상태를 말한다.
④ 의식의 과잉은 의식수준이 제3단계(phaseⅢ)인 상태로 신뢰성이 가장 높은 단계이다.

> 의식의 과잉은 의식수준 제4단계(phaseⅣ)인 상태로 주의의 일점 집중현상이 발생한다.

04

산업안전보건법령상 안전·보건표지의 색채와 사용사례의 연결이 틀린 것은?

① 노란색 – 정지신호, 소화설비 및 그 장소, 유해행위의 금지
② 파란색 – 특정 행위의 지시 및 사실의 고지
③ 빨간색 – 화학물질 취급장소에서의 유해·위험 경고
④ 녹색 – 비상구 및 피난소, 사람 또는 차량의 통행표지

> **안전·보건표지**
>
> | 색채 | 용도 | 사용례 |
> |---|---|---|
> | 빨간색 | 금지 | 정지신호, 소화설비 및 그 장소, 유해행위의 금지 |
> | | 경고 | 화학물질 취급장소에서의 유해·위험 경고 |
> | 노란색 | 경고 | 화학물질 취급장소에서의 유해·위험 경고 이외의 위험경고, 주의표지 또는 기계 방호물 |
> | 파란색 | 지시 | 특정 행위의 지시 및 사실의 고지 |
> | 녹색 | 안내 | 비상구 및 피난소, 사람 또는 차량의 통행표지 |

05 ★

기업 내 정형교육 중 TWI(Training Within Industry)의 교육내용이 아닌 것은?

① Job Method Training
② Job Relation Training
③ Job Instruction Training
④ Job Standardization Training

> **TWI(관리감독자 교육) 교육과정**
> ① Job Method Training(J. M. T): 작업방법훈련(작업개선법)
> ② Job Instruction Training(J. I. T): 작업지도훈련(작업지도법)
> ③ Job Relations Training(J. R. T): 인간관계훈련(부하통솔법)
> ④ Job Safety Training(J. S. T): 작업안전훈련(안전관리법)

정답 01 ① 02 ② 03 ④ 04 ① 05 ④

06

재해사례연구의 진행단계 중 다음 ( ) 안에 알맞은 것은?

> 재해 상황의 파악 → (㉠) → (㉡) → 근본적 문제점의 결정 → (㉢)

① ㉠ 사실의 확인, ㉡ 문제점의 발견, ㉢ 대책수립
② ㉠ 문제점의 발견, ㉡ 사실의 확인, ㉢ 대책수립
③ ㉠ 사실의 확인, ㉡ 대책수립, ㉢ 문제점의 발견
④ ㉠ 문제점의 발견, ㉡ 대책수립, ㉢ 사실의 확인

재해사례연구(재해조사)의 순서

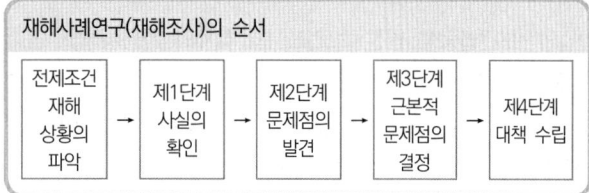

07

교육심리학의 학습이론에 관한 설명 중 옳은 것은?

① 파블로프(Pavlov)의 조건반사설은 맹목적 시행을 반복하는 가운데 자극과 반응이 결합하여 행동하는 것이다.
② 레빈(Lewin)의 장설은 후천적으로 얻게 되는 반사작용으로 행동을 발생시킨다는 것이다.
③ 톨만(Tolman)의 기호형태설은 학습자의 머리속에 인지적 지도 같은 인지구조를 바탕으로 학습하려는 것이다.
④ 손다이크(Thorndike)의 시행착오설은 내적, 외적의 전체 구조를 새로운 시점에서 파악하여 행동하는 것이다.

학습이론
① 손다이크의 시행착오설 : 추리나 사고에 의하지 않고 맹목적으로 탐색하는 과정에서 잘못된 행동이 반복되면서 우연히 문제가 해결
② 쾰러의 통찰설 : 생활체가 자기를 둘러싼 내적·외적 전체 구조를 새로운 시점에서 파악하여 행동
③ 파블로프의 조건반사설 : 동물이 환경에 적응하기 위하여 후천적으로 얻게 되는 반사작용
④ 톨만의 기호형태설 : 학습자가 수단 – 목표와의 의미관계를 파악하고 인지구조를 형성하는 것

08

레빈(Lewin)의 법칙 $B = f(P \cdot E)$ 중 B가 의미하는 것은?
① 인간관계   ② 행동
③ 환경   ④ 함수

레빈(K. Lewin)의 행동법칙
B : Behavior(인간의 행동)
f : function(함수관계 : $P \cdot E$에 영향을 줄 수 있는 조건)
P : Person(개체 : 연령, 경험, 심신상태, 성격, 지능 등)
E : Environment(심리적 환경 – 인간관계, 작업환경, 설비적 결함 등)

09

다음 중 산업안전심리의 5대 요소에 포함되지 않는 것은?
① 습관   ② 동기
③ 감정   ④ 지능

산업안전심리의 5대요소 : 기질, 동기, 습관, 습성, 감정

10

교육훈련 방법 중 OJT(On the Job Training)의 특징으로 옳지 않은 것은?
① 동시에 다수의 근로자들을 조직적으로 훈련이 가능하다.
② 개개인에게 적절한 지도 훈련이 가능하다.
③ 훈련 효과에 의해 상호 신뢰 및 이해도가 높아진다.
④ 직장의 실정에 맞게 실제적 훈련이 가능하다.

OJT의 특징
① 직장의 현장실정에 맞는 구체적이고 실질적인 교육이 가능하다.
② 교육의 효과가 업무에 신속하게 반영된다.
③ 교육으로 인해 업무가 중단되는 업무손실이 적다.
④ 개인의 능력과 적성에 알맞은 맞춤교육이 가능하다.

tip
Off. J. T(Off the Job Training)의 특징
① 한 번에 다수의 대상자를 일괄적, 조직적으로 교육할 수 있다.
② 전문분야의 우수한 강사진을 초빙할 수 있다.
③ 업무와 분리되어 면학에 전념하는 것이 가능하다.
④ 다른 분야 및 타 직장의 사람들과 지식이나 경험의 교환이 가능하다.

정답 06 ① 07 ③ 08 ② 09 ④ 10 ①

11

기술교육의 형태 중 존 듀이(J.Dewey)의 사고과정 5단계에 해당하지 않는 것은?

① 추론한다.
② 시사를 받는다.
③ 가설을 설정한다.
④ 가슴으로 생각한다.

존 듀이의 사고과정
① 시사를 받는다. ② 문제를 설정한다(지성적 정리). ③ 문제해결을 위한 가설을 설정한다. ④ 가설에 대해 추론한다. ⑤ 실험과 관찰에 의해 가설을 검증한다.

12

허츠버그(Herzberg)의 일을 통한 동기부여 원칙으로 틀린 것은?

① 새롭고 어려운 업무의 부여
② 교육을 통한 간접적 정보제공
③ 자기과업을 위한 작업자의 책임감 증대
④ 작업자에게 불필요한 통제를 배제

허츠버그의 두 요인이론	
위생요인 (직무환경, 저차적 욕구)	동기유발요인 (직무내용, 고차적 욕구)
① 조직의 정책과 방침 ② 작업조건 ③ 대인관계 ④ 임금, 신분, 지위 ⑤ 감독 ⑥ 직무환경 등 (생산 능력의 향상 불가)	① 직무상의 성취 ② 인정 ③ 성장 또는 발전 ④ 책임의 증대 ⑤ 도전 ⑥ 직무내용 자체(보람된 직무) (생산 능력의 향상 가능)

tip
교육을 통한 간접적 정보제공은 직무의 외재적인 측면이라 볼 수 있으므로 위생요인에 해당된다.

13

과거에 경험하였던 것과 비슷한 상태에 부딪쳤을 때 떠오르는 것을 무엇이라 하는가?

① 재인
② 재생
③ 기명
④ 파지

재생과 재인
① 재생 : 과거의 경험이 파지된 상태로 존재하다가 어떠한 필요에 위해 의식의 상태로 떠오르는 단계 ② 재인 : 과거에 경험했던 상황과 비슷한 상태에 부딪치거나, 지금 나타난 현상이 과거에 경험한 것과 같다는 것을 알아내는 단계

14 빈출

위험예지훈련 4R(라운드) 기법의 진행방법에서 3R에 해당하는 것은?

① 목표설정
② 대책수립
③ 본질추구
④ 현상파악

위험예지 훈련 4라운드 진행방법	
1라운드	현상파악 〈어떤 위험이 잠재하고 있는가?〉
2라운드	본질추구 〈이것이 위험의 포인트이다!〉
3라운드	대책수립 〈당신이라면 어떻게 하겠는가?〉
4라운드	목표설정 〈우리들은 이렇게 하자!〉

15

무재해운동의 기본이념 3원칙 중 다음에서 설명하는 것은?

> 직장 내의 모든 잠재위험요인을 적극적으로 사전에 발견, 파악, 해결함으로써 뿌리에서부터 산업재해를 제거하는 것

① 무의 원칙
② 선취의 원칙
③ 참가의 원칙
④ 확인의 원칙

무재해운동의 3대 원칙	
무의 원칙	모든 잠재위험요인을 적극적으로 사전에 발견하고 파악·해결함으로써 산업재해의 근원적인 요소들을 없앤다는 것을 의미한다.
선취의 원칙	사업장 내에서 행동하기 전에 잠재위험요인을 발견하고 파악·해결하여 재해를 예방하는 것을 의미한다.
참가의 원칙	잠재위험요인을 발견하고 파악·해결하기 위하여 전원이 일치 협력하여 각자의 위치에서 적극적으로 문제해결을 하겠다는 것을 의미한다.

정답 11 ④ 12 ② 13 ① 14 ② 15 ①

16
방진마스크의 사용 조건 중 산소농도의 최소기준으로 옳은 것은?

① 16% ② 18%
③ 21% ④ 23.5%

> 산소농도 18% 미만인 상태를 산소결핍이라 하며 반드시 송기마스크 등의 보호구를 착용해야 한다. 방진마스크와 방독마스크는 반드시 산소농도 18% 이상에서만 착용가능하다.

17 빈출
교육훈련기법 중 Off. J. T(Off the Job Training)의 장점이 아닌 것은?

① 업무의 계속성이 유지된다.
② 외부의 전문가를 강사로 활용할 수 있다.
③ 특별교재, 시설을 유효하게 사용할 수 있다.
④ 다수의 대상자에게 조직적 훈련이 가능하다.

> O. J. T와 Off. J. T
> ① 업무의 계속성이 유지되는 것은 현장교육인 O. J. T에 해당된다.
> ② 현장 이외의 장소에서 집합교육으로 진행되는 Off. J. T는 업무와 분리되어 면학에 전념하는 것이 가능하다.

18
안전교육 중 같은 것을 반복하여 개인의 시행착오에 의해서만 점차 그 사람에게 형성되는 것은?

① 안전기술의 교육 ② 안전지식의 교육
③ 안전기능의 교육 ④ 안전태도의 교육

> 기능교육
> 교육대상자가 스스로 행하는 반복적인 시행착오에 의해서만 형성되는 교육

19 빈출
산업안전보건법령상 안전인증 대상 기계 등에 포함되는 기계, 설비, 방호장치에 해당하지 않는 것은?

① 롤러기
② 크레인
③ 동력식 수동대패용 칼날접촉 방지장치
④ 방폭구조(防爆構造) 전기기계·기구 및 부품

> 동력식 수동대패용 칼날접촉 방지장치는 자율안전확인 대상 방호장치에 해당된다.

20
재해로 인한 직접비용으로 8,000만원의 산재보상비가 지급되었을 때, 하인리히 방식에 따른 총 손실비용은?

① 16,000만원 ② 24,000만원
③ 32,000만원 ④ 40,000만원

> 하인리히(H. W. Heinrich) 방식(1:4 원칙)
> ① 직접손실비용 : 간접손실비용 = 1:4 (1대4의 경험법칙)
> ② 총재해손실비용 = 직접비 + 간접비 = 직접비 × 5
> ③ 총재해손실비용 = 8,000만원 × 5 = 40,000만원

정답 16② 17① 18③ 19③ 20④

2과목 인간공학 및 위험성 평가·관리

21

그림과 같이 FTA로 분석된 시스템에서 현재 모든 기본사상에 대한 부품이 고장 난 상태이다. 부품 X_1부터 부품 X_5까지 순서대로 복구한다면 어느 부품을 수리 완료하는 순간부터 시스템은 정상 가동이 되겠는가?

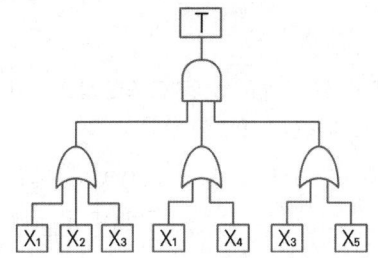

① 부품 X_2 ② 부품 X_3
③ 부품 X_4 ④ 부품 X_5

> **시스템의 정상가동**
> AND 게이트는 모든 입력사상이 공존할 때만이 출력사상이 발생하며, OR 게이트는 입력사상 중 어느 것이나 존재할 때 출력사상이 발생한다.

22

설비보전에서 평균수리시간의 의미로 맞는 것은?

① MTTR ② MTBF
③ MTTF ④ MTBP

> **평균수리시간(mean time to repair : MTTR)**
> 기기 또는 시스템의 장애가 발생한 시점부터 수리가 끝나 가동이 가능하게 된 시점까지의 평균 시간
> $MTTR = \dfrac{1}{평균수리율(\mu)}$

23

통화이해도를 측정하는 지표로서, 각 옥타브(octave)대의 음성과 잡음의 데시벨(dB)값에 가중치를 곱하여 합계를 구하는 것을 무엇이라 하는가?

① 명료도 지수 ② 통화 간섭 수준
③ 이해도 점수 ④ 소음 기준 곡선

> **명료도 지수**
> AI : 통화이해도를 추정하는 근거로 명료도 지수라고 한다.

24

일반적으로 보통 작업자의 정상적인 시선으로 가장 적합한 것은?

① 수평선을 기준으로 위쪽 5°
② 수평선을 기준으로 위쪽 15°
③ 수평선을 기준으로 아래쪽 5°
④ 수평선을 기준으로 아래쪽 15°

> 보통 작업자의 정상적인 시선은 수평선을 기준으로 아래쪽 15°이다.

25

에너지 대사율(RMR)에 대한 설명으로 틀린 것은?

① $RMR = \dfrac{운동대사량}{기초대사량}$

② 보통 작업 시 RMR은 4~7임

③ 가벼운 작업 시 RMR은 0~2임

④ $RMR = \dfrac{운동 시 산소소모량 - 안정 시 산소소모량}{기초대사량(산소소비량)}$

> **RMR에 의한 작업강도단계**
> ① 0~2 : 경작업 ② 2~4 : 중작업(中)
> ③ 4~7 : 중작업(重), 강작업 ④ 7 이상 : 초중작업

> **tip**
> RMR 7 이상은 되도록 기계화하고, RMR 10 이상은 반드시 기계화

정답 21 ② 22 ① 23 ① 24 ④ 25 ②

26
FMEA의 특징에 대한 설명으로 틀린 것은?

① 서브시스템 분석 시 FTA보다 효과적이다.
② 시스템 해석기법은 정성적·귀납적 분석법 등에 사용된다.
③ 각 요소 간 영향 해석이 어려워 2가지 이상 동시 고장은 해석이 곤란하다.
④ 양식이 비교적 간단하고 적은 노력으로 특별한 훈련 없이 해석이 가능하다.

FMEA의 특징
① CA(criticality analysis)와 병행하는 일이 많다.
② FTA보다 서식이 간단하고 적은 노력으로 특별한 훈련 없이 분석이 가능하다.
③ 논리성이 부족하고 각 요소 간의 영향 분석이 어려워 동시에 두 가지 이상의 요소가 고장 날 경우 분석이 곤란하다.
④ 요소가 통상 물체로 한정되어 있어 인적원인의 규명이 어렵다.
⑤ 시스템 안전 해석 시에는 시스템에서 단계나 평가의 필요성 등에 의해 FTA 등을 병용해 가는 것이 실재적인 방법이다.

27
A사의 안전관리자는 자사 화학설비의 안전성 평가를 위해 제2단계인 정성적 평가를 진행하기 위하여 평가 항목 대상을 분류하였다. 주요 평가 항목 중에서 설계관계 항목이 아닌 것은?

① 건조물 ② 공장 내 배치
③ 입지조건 ④ 원재료, 중간제품

정성적 평가(제2단계)
① 설계관계 : 입지조건, 공장 내의 배치, 건조물, 소방용 설비 등
② 운전관계 : 원재료, 중간제품 등의 위험성, 프로세스의 운전조건 수송, 저장 등에 대한 안전대책, 프로세스기기의 선정요건

28 ★빈출
기계설비 고장 유형 중 기계의 초기결함을 찾아내 고장률을 안정시키는 기간은?

① 마모고장 기간
② 우발고장 기간
③ 에이징(aging) 기간
④ 디버깅(debugging) 기간

기계 고장률의 기본모형

초기고장	감소형(DFR : Decreasing Failure Rate) 디버깅 기간, 번인 기간
우발고장	일정형(CFR : Constant Failure Rate) 내용 수명
마모고장	증가형(IFR: Increasing Failure Rate) 정기진단(검사)

29
인간의 오류모형에서 "알고 있음에도 의도적으로 따르지 않거나 무시한 경우"를 무엇이라 하는가?

① 실수(Slip) ② 착오(Mistake)
③ 건망증(Lapse) ④ 위반(Violation)

위반(Violation)
정해져 있는 규칙을 알고 있으면서 고의로 따르지 않거나 무시하는 행위

30
그림과 같이 7개의 부품으로 구성된 시스템의 신뢰도는 약 얼마인가? (단, 네모 안의 숫자는 각 부품의 신뢰도이다.)

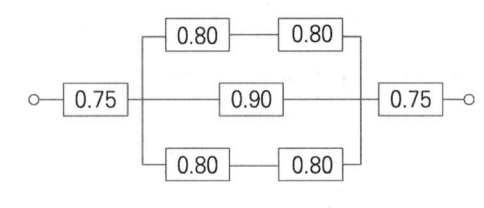

① 0.5552 ② 0.5427
③ 0.6234 ④ 0.9740

시스템의 신뢰도
$R_s = 0.75 \times 1 - (1 - 0.8 \times 0.8)(1 - 0.9)(1 - 0.8 \times 0.8) \times 0.75$
$= 0.5552$

정답 26 ① 27 ④ 28 ④ 29 ④ 30 ①

31

소음방지 대책에 있어 가장 효과적인 방법은?

① 음원에 대한 대책
② 수음자에 대한 대책
③ 전파경로에 대한 대책
④ 거리감쇠와 지향성에 대한 대책

> 소음원 제거, 설비의 격리, 적절한 재배치, 저소음설비 사용 등은 음원에 대한 대책으로 가장 효과적인 방법에 해당된다.

32

정성적 표시장치의 설명으로 틀린 것은?

① 정성적 표시장치의 근본 자료 자체는 정량적인 것이다.
② 전력계에서와 같이 기계적 혹은 전자적으로 숫자가 표시된다.
③ 색채 부호가 부적합한 경우에는 계기판 표시 구간을 형상 부호화하여 나타낸다.
④ 연속적으로 변하는 변수의 대략적인 값이나 변화추세, 변화율 등을 알고자 할 때 사용된다.

> **정량적 디지털 표시장치**
> 수치를 정확하게 충분히 읽어야 할 경우 기계적 또는 전자적으로 숫자가 표시되는 계수형을 사용한다.

33

휴먼 에러(Human Error)의 요인을 심리적 요인과 물리적 요인으로 구분할 때, 심리적 요인에 해당하는 것은?

① 일이 너무 복잡한 경우
② 일의 생산성이 너무 강조될 경우
③ 동일 형상의 것이 나란히 있을 경우
④ 서두르거나 절박한 상황에 놓여 있을 경우

> 심리적 요인은 서두르거나 절박한 상황에 놓여 있을 경우처럼, 정서불안정, 불안, 공포 등으로 인하여 발생하는 것을 말한다.

34 빈출

적절한 온도의 작업환경에서 추운 환경으로 변할 때, 우리의 신체가 수행하는 조절작용이 아닌 것은?

① 발한(發汗)이 시작된다.
② 피부의 온도가 내려간다.
③ 직장(直腸)온도가 약간 올라간다.
④ 혈액의 많은 양이 몸의 중심부를 순환한다.

온도변화에 대한 신체의 조절작용

적정온도에서 고온환경으로 변화	① 많은 양의 혈액이 피부를 경유하여 온도가 상승한다. ② 직장온도가 내려간다. ③ 발한이 시작된다.
적정온도에서 한랭환경으로 변화	① 피부를 경유하는 혈액의 순환량이 감소하고 많은 양의 혈액이 몸의 중심부를 순환한다. ② 피부온도는 내려간다. ③ 직장온도가 약간 올라간다. ④ 소름이 돋고 몸이 떨리는 오한을 느낀다.

35

시스템안전 MIL-STD-882B 분류기준의 위험성 평가 매트릭스에서 발생빈도에 속하지 않는 것은?

① 거의 발생하지 않는(remote)
② 전혀 발생하지 않는(impossible)
③ 보통 발생하는(reasonably probable)
④ 극히 발생하지 않을 것 같은(extremely improbable)

> **MIL-STD-882B 분류기준(문제의 보기 외에)**
> ① 자주 발생(frequent)   ② 가끔 발생(occasional)

정답 31 ① 32 ② 33 ④ 34 ① 35 ②

36
FTA에 의한 재해사례 연구순서 중 2단계에 해당하는 것은?

① FT도의 작성
② 톱사상의 선정
③ 개선계획의 작성
④ 사상의 재해원인을 규명

> FTA에 의한 재해사례 연구순서
> 1단계 : 톱사상의 선정 → 2단계 : 사상의 재해원인의 규명 → 3단계 : FT도의 작성 → 4단계 : 개선계획의 작성

37
작업공간의 배치에 있어 구성요소 배치의 원칙에 해당하지 않는 것은?

① 기능성의 원칙
② 사용빈도의 원칙
③ 사용순서의 원칙
④ 사용방법의 원칙

> 부품배치의 원칙
> ① 중요성의 원칙
> ② 사용빈도의 원칙
> ③ 기능별 배치의 원칙
> ④ 사용순서의 원칙

38
인간이 기계보다 우수한 기능이라 할 수 있는 것은? (단, 인공지능은 제외한다.)

① 일반화 및 귀납적 추리
② 신뢰성 있는 반복 작업
③ 신속하고 일관성 있는 반응
④ 대량의 암호화된 정보의 신속 보관

> 인간과 기계의 기능비교
>
> | 구분 | 인간이 기계보다 우수한 기능 | 기계가 인간보다 우수한 기능 |
> | --- | --- | --- |
> | 정보 저장 | • 많은 양의 정보를 장시간 보관 | • 암호화된 정보를 신속하게 대량보관 |
> | 정보처리 및 결심 | • 관찰을 통해 일반화
• 귀납적 추리
• 원칙적용
• 다양한 문제해결(정성적) | • 연역적 추리
• 정량적 정보처리 |

39
다음 시스템의 신뢰도 값은?

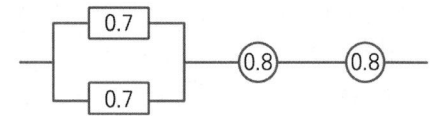

① 0.5824
② 0.6682
③ 0.7855
④ 0.8642

> 시스템의 신뢰도 계산
> $R_s = \{1 - (1 - 0.7)(1 - 0.7)\} \times 0.8 \times 0.8 = 0.5824$

40
인체측정 자료를 장비, 설비 등의 설계에 적용하기 위한 응용원칙에 해당하지 않는 것은?

① 조절식 설계
② 극단치를 이용한 설계
③ 구조적 치수 기준의 설계
④ 평균치를 기준으로 한 설계

> 인체계측자료의 응용원칙
> ① 극단적인 사람을 위한 설계 : 최대집단치, 최소집단치
> ② 조절식 설계 : 사무실 의자의 높낮이, 자동차 좌석의 전후조절 등
> ③ 평균치를 기준으로 한 설계 : 가게나 은행의 계산대 등

3과목 기계·기구 및 설비 안전 관리

41
건설작업용 리프트에 대하여 바람에 의한 붕괴를 방지하는 조치를 할 경우 기준이 되는 최소풍속은?

① 순간풍속 10m/sec 초과
② 순간풍속 35m/sec 초과
③ 순간풍속 30m/sec 초과
④ 순간풍속 15m/sec 초과

> 순간풍속 35m/sec을 초과하는 바람이 불어올 우려가 있는 경우 건설용 리프트의 받침의 수를 증가시키는 등 붕괴방지조치를 하여야 한다.

정답 36 ④ 37 ④ 38 ① 39 ① 40 ③ 41 ②

42

산업안전보건법령에서 정하는 양중기의 종류에 해당하지 않는 것은?

① 호이스트　　　② 건설용 리프트
③ 컨베이어　　　④ 곤돌라

> **양중기의 종류**
> ① 크레인(호이스트 포함)　② 이동식크레인
> ③ 리프트　　　④ 곤돌라　　　⑤ 승강기

43

다음 (　) 안에 들어갈 용어로 알맞은 것은?

> 사업주는 보일러의 과열을 방지하기 위하여 최고 사용압력과 상용압력 사이에서 보일러의 버너연소를 차단 할 수 있도록 (　)을 부착하여 사용하여야 한다.

① 고저수위 조절장치　　② 압력방출장치
③ 압력제한스위치　　　④ 파열판

> **보일러 안전장치**
> ① 고저수위 조절장치　② 압력방출장치
> ③ 압력제한스위치　　④ 화염검출기

44

다음 중 금속 등의 도체에 교류를 통한 코일을 접근시켰을 때, 결함이 존재하면 코일에 유기되는 전압이나 전류가 변하는 것을 이용한 검사방법은?

① 자분 탐상검사　　② 초음파 탐상검사
③ 와류 탐상검사　　④ 침투형광 탐상검사

> **와류 탐상검사**
> 교류가 흐르는 코일을 전도체인 시험체에 가까이 하여 시험체 내에 와전류를 유도시키고 불연속부에 의한 와전류의 변화를 관찰함으로써 시험체에 존재하는 결함의 유무, 재질의 변화 등을 검출하는 방법

45

로봇의 작동범위 내에서 그 로봇에 관하여 교시 등(로봇의 동력원을 차단하고 행하는 것을 제외한다.)의 작업을 행하는 때 작업시작 전 점검사항으로 옳은 것은?

① 과부하방지장치의 이상 유무
② 압력제한스위치 등의 기능의 이상 유무
③ 외부전선의 피복 또는 외장의 손상 유무
④ 권과방지장치의 이상 유무

> **교시 등의 작업을 하는 경우 작업시작 전 점검사항**
> ① 외부전선의 피복 또는 외장의 손상 유무
> ② 매니퓰레이터(manipulator) 작동의 이상 유무
> ③ 제동장치 및 비상정지장치의 기능

46

방사선 투과검사에서 투과사진에 영향을 미치는 인자는 크게 콘트라스트(명암도)와 명료도로 나누어 검토할 수 있다. 다음 중 투과사진의 콘트라스트(명암도)에 영향을 미치는 인자에 속하지 않는 것은?

① 방사선의 선질　　② 필름의 종류
③ 현상액의 강도　　④ 초점 - 필름간 거리

> **명암도에 영향을 주는 인자**
> ① 시험체의 두께 차　② 방사선의 선질　③ 산란방사선
> ④ 필름의 종류　　⑤ 현상시간　　⑥ 농도
> ⑦ 현상액의 강도 등

> **tip**
> 초점-필름 간 거리는 명료도에 영향을 주는 인자

정답　42 ③　43 ③　44 ③　45 ③　46 ④

47
[보기]와 같은 기계요소가 단독으로 발생시키는 위험점은?

―――[보기]―――
밀링커터, 둥근톱날

① 협착점　② 끼임점
③ 절단점　④ 물림점

절단점
회전운동부분 자체와 운동하는 기계 자체에 의해 형성

48
프레스 및 전단기에서 위험한계 내에서 작업하는 작업자의 안전을 위하여 안전블록의 사용 등 필요한 조치를 취해야 한다. 다음 중 안전블록을 사용해야 하는 작업으로 가장 거리가 먼 것은?

① 금형 가공작업　② 금형 해체작업
③ 금형 부착작업　④ 금형 조정작업

안전블록
프레스 등의 금형을 부착, 해체, 조정작업 시 슬라이드의 불시하강 방지를 위해 설치

49
일반적으로 장갑을 착용해야 하는 작업은?

① 드릴작업　② 밀링작업
③ 선반작업　④ 전기용접작업

회전하는 기계를 취급할 경우에는 안전을 위해 장갑 착용을 금하고, 용접작업 시에는 안전장갑을 착용해야 한다.

50
산업용 로봇에 사용되는 안전매트의 종류 및 일반구조에 관한 설명으로 틀린 것은?

① 단선 경보장치가 부착되어 있어야 한다.
② 감응시간을 조절하는 장치가 부착되어 있어야 한다.
③ 감응도 조절장치가 있는 경우 봉인되어 있어야 한다.
④ 안전매트의 종류는 연결사용 가능여부에 따라 단일 감지기와 복합 감지기가 있다.

산업용 로봇의 안전매트 종류 및 일반구조
① 단선 경보장치가 부착되어 있어야 한다.
② 감응시간을 조절하는 장치는 부착되어 있지 않아야 한다.
③ 감응도 조절장치가 있는 경우 봉인되어 있어야 한다.
④ 안전매트의 종류는 연결사용 가능 여부에 따라 단일 감지기와 복합 감지기가 있다.

51
지게차에 대한 설명으로 틀린 것은?

① 상부틀의 각 개구의 폭 또는 길이는 16센티미터 미만일 것
② 하역작업 시 좌우 안정도는 6% 이내로 한다.
③ 지게차에는 최대하중의 2배(5톤을 넘는 값에 대해서는 5톤으로 한다)에 해당하는 등분포정하중에 견딜 수 있는 강도의 헤드가드를 설치하여야 한다.
④ 작업 중 위험을 예방하기 위해 후진 경보기·경광등 또는 후방감지기를 설치하는 등 후방을 확인할 수 있는 조치를 해야 한다.

지게차의 헤드가드
① 강도는 지게차의 최대하중의 2배의 값(4톤을 넘는 값에 대해서는 4톤으로 한다)의 등분포정하중에 견딜 수 있는 것일 것
② 상부틀의 각 개구의 폭 또는 길이가 16cm 미만일 것

정답 47 ③　48 ①　49 ④　50 ②　51 ③

52

프레스기에 설치하는 방호장치에 관한 사항으로 틀린 것은?

① 수인식 방호장치의 수인끈 재료는 합성섬유로 직경이 4mm 이상이어야 한다.
② 양수조작식 방호장치는 1행정마다 누름버튼에서 양손을 떼지 않으면 다음 작업의 동작을 할 수 없는 구조이어야 한다.
③ 광전자식 방호장치는 정상동작표시 램프는 적색, 위험표시 램프는 녹색으로 하며, 쉽게 근로자가 볼 수 있는 곳에 설치해야 한다.
④ 손쳐내기식 방호장치는 슬라이드 하행정거리의 3/4위치에서 손을 완전히 밀어내야 한다.

> 광전자식 방호장치의 정상동작표시 램프는 녹색, 위험표시 램프는 붉은색으로 하며, 쉽게 근로자가 볼 수 있는 곳에 설치해야 한다.

53

지름 5cm 이상을 갖는 회전 중인 연삭숫돌이 근로자들에게 위험을 미칠 우려가 있는 경우에 필요한 방호장치는?

① 받침대　　　　② 과부하방지장치
③ 덮개　　　　　④ 프레임

> **연삭숫돌의 안전기준**
> ① 덮개의 설치 기준 : 직경이 5cm 이상인 연삭숫돌
> ② 작업 시작하기 전 1분 이상, 연삭숫돌을 교체한 후 3분 이상 시운전
> ③ 연삭숫돌의 최고 사용회전속도 초과 사용금지

54

프레스 금형의 파손에 의한 위험방지 방법이 아닌 것은?

① 금형에 사용하는 스프링은 반드시 인장형으로 할 것
② 작업 중 진동 및 충격에 의해 볼트 및 너트의 헐거워짐이 없도록 할 것
③ 금형의 하중 중심은 원칙적으로 프레스 기계의 하중 중심과 일치하도록 할 것
④ 캠, 기타 충격이 반복해서 가해지는 부분에는 완충장치를 설치할 것

> **금형의 파손에 따른 위험방지 방법**
> ① 금형의 조립에 이용하는 볼트 및 너트는 스프링워셔, 조립너트 등에 의해 이완방지를 할 것
> ② 금형은 그 하중 중심이 원칙적으로 프레스 기계의 하중 중심에 맞는 것으로 할 것
> ③ 캠, 기타 충격이 반복해서 가해지는 부품에는 완충장치를 할 것
> ④ 금형에서 사용하는 스프링은 압축형으로 할 것
> ⑤ 스프링의 파손에 의해 부품이 튀어나올 우려가 있는 장소에는 덮개 등을 설치할 것

55

기계설비의 작업능률과 안전을 위해 공장의 설비 배치 3단계를 올바른 순서대로 나열한 것은?

① 지역배치 → 건물배치 → 기계배치
② 건물배치 → 지역배치 → 기계배치
③ 기계배치 → 건물배치 → 지역배치
④ 지역배치 → 기계배치 → 건물배치

> **공장배치의 3단계(배치의 3단계)**
>
> | | | |
> |---|---|---|
> | 1단계 | 지역배치 | 제품의 원료 확보에서 제품의 판매까지 최적의 배치를 한다. |
> | 2단계 | 건물배치 | 공장, 사무실, 창고, 부대시설의 위치배치를 한다. |
> | 3단계 | 공간배치 | 직능 분야별 기계배치를 한다. |

56

다음 중 연삭숫돌의 파괴원인으로 거리가 먼 것은?

① 플랜지가 현저히 클 때
② 숫돌의 균열이 있을 때
③ 숫돌의 측면을 사용할 때
④ 숫돌의 치수 특히 내경의 크기가 적당하지 않을 때

> **연삭숫돌의 파괴원인**
> ① 숫돌의 회전속도가 너무 빠를 때
> ② 숫돌 자체에 균열이 있을 때
> ③ 숫돌에 과대한 충격을 가할 때
> ④ 숫돌의 측면을 사용하여 작업할 때
> ⑤ 숫돌의 불균형이나 베어링 마모에 의한 진동이 있을 때
> ⑥ 숫돌 반경 방향의 온도 변화가 심할 때
> ⑦ 플랜지가 현저히 작을 때
> ⑧ 작업에 부적당한 숫돌을 사용할 때
> ⑨ 숫돌의 치수가 부적당할 때

정답　　52 ③　53 ③　54 ①　55 ①　56 ①

57

다음 중 절삭가공으로 틀린 것은?

① 선반
② 밀링
③ 프레스
④ 보링

> **소성가공의 종류**
> 단조가공(forging), 압인가공(coining), 인발가공(drawing), 압연가공(rolling), 압출가공(extruding), 프레스가공(press working), 전조가공(form rolling) 등은 비절삭가공에 해당된다.

58

500rpm으로 회전하는 연삭숫돌의 지름이 300mm일 때 회전속도(m/min)는?

① 471
② 551
③ 751
④ 1,025

> **숫돌의 원주속도**
> 원주속도 = $\frac{\pi DN}{1,000}$ = $\frac{\pi \times 300 \times 500}{1,000}$ = 471(m/min)

59

산업안전보건법령상 금속의 용접, 용단에 사용하는 가스 용기를 취급할 때 유의사항으로 틀린 것은?

① 밸브의 개폐는 서서히 할 것
② 운반하는 경우에는 캡을 벗길 것
③ 용기의 온도는 40℃ 이하로 유지할 것
④ 통풍이나 환기가 불충분한 장소에는 설치하지 말 것

> 운반하는 경우에는 캡을 씌울 것

60

크레인 로프에 질량 2,000kg의 물건을 10m/s²의 가속도로 감아올릴 때, 로프에 걸리는 총 하중(kN)은? (단, 중력가속도는 9.8m/s²)

① 9.6
② 19.6
③ 29.6
④ 39.6

> **총하중 계산**
> ① 동하중(W_2) = $\frac{W_1}{g} \times a$ = $\frac{2,000}{9.8} \times 10$ = 2,040.82
> ② 총하중(W) = 정하중(W_1) + 동하중(W_2)
>   = 2,000 + 2,040.82
>   = 4,040.82kgf
> ③ 4040.82kgf × 9.8 = 39,600N = 39.6kN

4과목 전기설비 안전 관리

61 빈출

방폭전기설비의 용기 내부에서 폭발성 가스 또는 증기가 폭발하였을 때 용기가 그 압력에 견디고 접합면이나 개구부를 통해서 외부의 폭발성 가스나 증기에 인화되지 않도록 한 방폭구조는?

① 내압 방폭구조
② 압력 방폭구조
③ 유입 방폭구조
④ 본질안전 방폭구조

> **내압 방폭구조(d)**
> ① 용기가 폭발압력에 견디고 외부의 폭발성 분위기에 불꽃의 전파를 방지하도록 한 방폭구조
> ② 기기의 케이스는 전폐구조로 폭발 후 고열가스가 용기의 틈으로부터 누설되어도 틈의 냉각 효과로 외부의 폭발성 가스에 착화될 우려가 없도록 제작

정답 57 ③ 58 ① 59 ② 60 ④ 61 ①

62 ⭐

전기시설의 직접접촉에 의한 감전방지 방법으로 적절하지 않은 것은?

① 충전부는 내구성이 있는 절연물로 완전히 덮어 감쌀 것
② 충전부가 노출되지 않도록 폐쇄형 외함이 있는 구조로 할 것
③ 충전부에 충분한 절연효과가 있는 방호망 또는 절연 덮개를 설치할 것
④ 충전부는 관계자 외 출입이 용이한 전개된 장소에 설치하고 위험표시 등의 방법으로 방호를 강화할 것

> **직접 접촉에 의한 방지대책(보기 외에)**
> ① 발전소·변전소 및 개폐소 등 구획되어 있는 장소로서 관계근로자 외의 자의 출입이 금지되는 장소에 충전부를 설치하고, 위험표시 등의 방법으로 방호를 강화할 것
> ② 전주 위 및 철탑 위 등 격리되어 있는 장소로서 관계근로자 외의 자가 접근할 우려가 없는 장소에 충전부를 설치할 것

63

누전화재가 발생하기 전에 나타나는 현상으로 거리가 가장 먼 것은?

① 인체 감전현상
② 전등 밝기의 변화현상
③ 빈번한 퓨즈 용단현상
④ 전기 사용 기계장치의 오동작 감소

> 누전화재가 발생하기 전에는 전기 사용 기계장치의 오동작이 증가한다.

64

인체에 최소감지전류에 대한 설명으로 알맞은 것은?

① 인체가 고통을 느끼는 전류이다.
② 성인 남자의 경우 상용주파수 60Hz 교류에서 약 1mA이다.
③ 직류를 기준으로 한 값이며, 성인 남자의 경우 약 1mA에서 느낄 수 있는 전류이다.
④ 직류를 기준으로 여자의 경우 성인 남자의 70%인 0.7mA에서 느낄 수 있는 전류의 크기를 말한다.

> 최소감지전류는 전류의 흐름을 느낄 수 있는 최소전류이며, 60Hz 교류에서 성인 남자의 경우 약 1mA이다.

65

화재·폭발 위험분위기의 생성방지 방법으로 옳지 않은 것은?

① 폭발성 가스의 누설 방지
② 가연성 가스의 방출 방지
③ 폭발성 가스의 체류 방지
④ 폭발성 가스의 옥내 체류

> **위험분위기 생성방지 방법**
> ① 가연성 물질의 누설 및 방출 방지
> ② 가연성 물질의 체류 방지

66 ⭐

우리나라에서 사용하고 있는 전압(교류와 직류)을 크기에 따라 구분한 것으로 알맞은 것은?

① 저압: 직류는 1,200V 이하
② 저압: 교류는 1,000V 이하
③ 고압: 직류는 1,000V를 초과하고, 7,000V 이하
④ 고압: 교류는 1,500V를 초과하고, 7,000V 이하

> **전압의 구분**
>
> | 전원의 종류 | 저압 | 고압 | 특고압 |
> |---|---|---|---|
> | 교류[AC] | 1,000V 이하 | 1,000V 초과 7,000V 이하 | 7,000V 초과 |
> | 직류[DC] | 1,500V 이하 | 1,500V 초과 7,000V 이하 | |

67

내압 방폭구조의 주요 시험항목이 아닌 것은?

① 폭발강도
② 인화시험
③ 절연시험
④ 기계적 강도시험

> 내압 방폭구조의 성능시험은 충격시험을 실시한 시료 중 하나를 사용해서 다음의 순서에 따라 실시한다.
> ① 폭발압력(기준압력) 측정
> ② 폭발강도(정적 및 동적)시험
> ③ 폭발인화시험

정답 62 ④ 63 ④ 64 ② 65 ④ 66 ② 67 ③

68 빈출

교류아크 용접기의 접점방식의 전격방지기에서 지동시간과 용접기 출력 측 무부하전압(V)을 바르게 표현한 것은?

① 0.05초 이내, 25V 이하
② 1.0초 이내, 25V 이하
③ 1.5초 이내, 50V 이하
④ 1.0초 이내, 50V 이하

자동전격방지기
① 용접기의 주회로를 제어하는 장치를 가지고 있어, 용접봉의 조작에 따라 용접할 때에만 용접기의 주회로를 형성하고, 그 외에는 용접기의 출력측의 무부하전압을 25볼트 이하로 저하시키도록 동작하는 장치를 말한다.
② 지동시간이란 용접봉 홀더에 용접기 출력 측의 무부하전압이 발생한 후 주접점이 개방될 때까지의 시간을 말하며, 1.0초 이내이어야 한다.

69

인체 피부의 전기저항에 영향을 주는 주요 인자와 가장 거리가 먼 것은?

① 접촉면적
② 인가전압의 크기
③ 통전경로
④ 인가시간

인체 저항값의 변화요인
① 전원의 종별
② 전압의 크기
③ 접촉점의 상황(땀, 습기, 물 등)
④ 접촉시간 및 면적

70

다음 중 전동기를 운전하고자 할 때 개폐기의 조작순서로 옳은 것은?

① 메인 스위치 → 분전반 스위치 → 전동기용 개폐기
② 분전반 스위치 → 메인 스위치 → 전동기용 개폐기
③ 전동기용 개폐기 → 분전반 스위치 → 메인 스위치
④ 분전반 스위치 → 전동기용 스위치 → 메인 스위치

전동기 운전을 위한 개폐기의 조작순서는 '메인 스위치 → 분전반 스위치 → 전동기용 개폐기' 순서로 한다.

71 빈출

정전기 발생현상의 분류에 해당되지 않는 것은?

① 유체대전
② 마찰대전
③ 박리대전
④ 교반대전

대전의 종류
① 마찰대전 ② 박리대전 ③ 유동대전 ④ 분출대전
⑤ 충돌대전 ⑥ 교반대전 ⑦ 파괴대전

72

전기기기, 설비 및 전선로 등의 충전 유무 등을 확인하기 위한 장비는?

① 위상검출기
② 디스콘 스위치
③ COS
④ 저압 및 고압용 검전기

정전작업 시 조치사항에서 개로된 전로의 충전 여부는 검전기구로 확인한다.

73 빈출

계통접지의 종류에 해당하지 않는 것은?

① TN계통
② TT계통
③ IN계통
④ IT계통

계통접지
① TN계통 ② TT계통 ③ IT계통

74

전자파 중에서 광량자 에너지가 가장 큰 것은?

① 극저주파
② 마이크로파
③ 가시광선
④ 적외선

광량자설
빛을 연속적인 파동의 흐름으로 보아서는 광전 효과를 합리적으로 설명할 수 없어 아인슈타인은 빛이 불연속적인 에너지의 입자라는 광량자설을 주장하였다. 광량자의 에너지는 빛의 진동수에 비례한다.

정답 68 ② 69 ③ 70 ① 71 ① 72 ④ 73 ③ 74 ③

75

다음 중 폭발위험장소에 전기설비를 설치할 때 전기적인 방호조치로 적절하지 않은 것은?

① 다상 전기기기는 결상운전으로 인한 과열방지조치를 한다.
② 배선은 단락·지락 사고 시의 영향과 과부하로부터 보호한다.
③ 자동차단이 점화의 위험보다 클 때는 경보장치를 사용한다.
④ 단락보호장치는 고장상태에서 자동복구되도록 한다.

> **폭발위험장소에서의 전기설비에 대한 전기적인 방호**
> ① 배선은 단락·지락 사고 시의 위해한 영향과 과부하로부터 보호하여야 한다.
> ② 단락보호 및 지락보호장치는 고장상태에서 자동재폐로 되지 않아야 한다.
> ③ 전기기기의 자동차단이 점화위험 그 자체보다 더 큰 위험을 가져올 수 있는 경우에는 신속한 응급조치를 취할 수 있도록 자동차단장치 대신 경보장치를 사용할 수 있다.
> ④ 다상 전기기기에서는 한 상 또는 그 이상의 상의 결상운전으로 인한 과열을 방지할 수 있는 조치를 취하여야 한다.

76

감전사고 방지대책으로 틀린 것은?

① 설비의 필요한 부분에 보호접지 실시
② 노출된 충전부에 통전망 설치
③ 안전전압 이하의 전기기기 사용
④ 전기기기 및 설비의 정비

> 충전부는 노출되지 아니하도록 폐쇄형 외함이 있는 구조로 하거나, 충분한 절연효과가 있는 방호망 또는 절연덮개 설치 및 내구성이 있는 절연물로 완전히 덮어 감싸야 한다.

77

방폭구조 전기기계·기구의 선정기준에 있어 가스폭발 위험장소의 제1종 장소에 사용할 수 없는 방폭구조는?

① 비점화 방폭구조
② 내압 방폭구조
③ 유입 방폭구조
④ 본질안전 방폭구조

> 0종 장소에는 본질안전 방폭구조(ia)만 사용가능하며, 비점화 방폭구조(n)는 1종 장소에는 사용할 수 없고 2종 장소에만 사용할 수 있다.

78

불활성화할 수 없는 탱크, 탱크로리 등에 위험물을 주입하는 배관은 정전기 재해방지를 위하여 배관 내 액체의 유속제한을 한다. 배관 내 유속제한에 대한 설명으로 틀린 것은?

① 물이나 기체를 혼합하는 비수용성 위험물의 배관 내 유속은 1m/s 이하로 할 것
② 저항률이 $10^{10}\Omega \cdot cm$ 미만의 도전성 위험물의 배관 내 유속은 7m/s 이하로 할 것
③ 저항률이 $10^{10}\Omega \cdot cm$ 이상인 위험물의 배관 내 유속은 관내경이 0.05m이면 3.5m/s 이하로 할 것
④ 이황화탄소 등과 같이 유동대전이 심하고 폭발위험성이 높은 것은 배관 내 유속을 3m/s 이하로 할 것

> **초기 배관 내 유속제한**
> ① 도전성 위험물로서 저항률이 $10^{10}(\Omega \cdot cm)$ 미만의 배관 유속을 7(m/s) 이하
> ② 이황화탄소, 에테르 등과 같이 폭발위험성이 높고 유동대전이 심한 액체는 1(m/s) 이하
> ③ 비수용성이면서 물기가 기체를 혼합한 위험물은 (1m/s) 이하

79 ⭐

고압 및 특고압 전로에 시설하는 피뢰기의 설치장소로 잘못된 곳은?

① 가공전선로와 지중전선로가 접속되는 곳
② 발전소, 변전소의 가공전선 인입구 및 인출구
③ 고압 가공전선로에 접속하는 배전용 변압기의 저압측
④ 고압 가공전선로로부터 공급을 받는 수용장소의 인입구

> 가공전선로에 접속하는 배전용 변압기의 고압측 및 특별고압측

정답 75 ④ 76 ② 77 ① 78 ④ 79 ③

80

속류를 차단할 수 있는 최고의 교류전압을 피뢰기의 정격전압이라고 하는데 이 값은 통상적으로 어떤 값으로 나타내고 있는가?

① 최대값
② 평균값
③ 실효값
④ 파고값

> 전압이 시간에 따라 변하는 교류의 경우 평균전력을 사용하는데 이때 평균전력과 같은 값을 내는 직류의 값을 실효값이라 하며, 피뢰기의 정격전압은 실효값으로 나타낸다.

5과목 화학설비 안전 관리

81

자연발화성을 가진 물질이 자연발열을 일으키는 원인으로 거리가 먼 것은?

① 분해열
② 증발열
③ 산화열
④ 중합열

> 자연발열 원인으로는 분해열, 산화열, 흡착열, 중합열, 발효열 등이 있다.

82

특수화학설비를 설치할 때 내부의 이상상태를 조기에 파악하기 위한 계측장치로 가장 거리가 먼 것은?

① 압력계
② 유량계
③ 습도계
④ 온도계

> 내부 이상상태의 조기파악
> ① 계측장치의 설치 : 온도계, 유량계, 압력계 등
> ② 자동경보장치의 설치

83

다음 중 최소발화에너지(E[J])를 구하는 식으로 옳은 것은? (단, I는 전류[A], R은 저항[Ω], V는 전압[V], C는 콘덴서용량[F], T는 시간[초]이라 한다.)

① $E = I^2RT$
② $E = 0.24I^2RT$
③ $E = \frac{1}{2}CV^2$
④ $E = \frac{1}{2}\sqrt{CV}$

> 최소착화에너지
> $$E = \frac{1}{2}QV = \frac{1}{2}CV^2 = \frac{1}{2}\frac{Q^2}{C} \text{(J)}$$

84

다음 중 분진폭발을 일으킬 위험이 가장 높은 물질은?

① 염소
② 마그네슘
③ 산화칼슘
④ 에틸렌

> 분진폭발
> ① 금속분진(알루미늄, 마그네슘 등), 소맥분, 황분말 등 100미크론 이하의 가연성 고체를 미분으로 공기 중에 부유시켜 연소 폭발하는 현상
> ② 불휘발성 액체 또는 고체가 미립자 상태로 공기 중에서 폭발범위 내로 존재할 경우 착화에너지에 의해 일어나는 현상

85

다음 물질 중 물에 가장 잘 용해되는 것은?

① 아세톤
② 벤젠
③ 톨루엔
④ 휘발유

> 아세톤은 제4류 위험물 중에서 제1석유류로 분류되며 물에 잘 녹는 무색투명하고 독특한 냄새가 나는 휘발성 액체이다.

정답 80 ③ 81 ② 82 ③ 83 ③ 84 ② 85 ①

86

다음 중 최소발화에너지가 가장 작은 가연성 가스는?

① 수소 ② 메탄
③ 에탄 ④ 프로판

최소발화에너지			
가연성 가스	공기 중 최소 발화에너지	가연성 가스	공기 중 최소 발화에너지
수소	0.019	메탄	0.28
에탄	0.31	프로판	0.31
아세틸렌	0.02	프로필렌	0.282

87

안전설계의 기초에 있어 기상폭발대책을 예방대책, 긴급대책, 방호대책으로 나눌 때 다음 중 방호대책과 가장 관계가 깊은 것은?

① 경보
② 발화의 저지
③ 방폭벽과 안전거리
④ 가연조건의 성립 저지

방호대책
방호대책은 사고가 발생한 경우의 피해감소를 위한 것으로 압력상승의 억제, 방폭벽과 안전거리 등이 있다.

88

공정안전보고서 중 공정안전자료에 포함하여야 할 세부내용에 해당하는 것은?

① 비상조치계획에 따른 교육계획
② 안전운전지침서
③ 각종 건물·설비의 배치도
④ 도급업체 안전관리계획

공정안전자료의 세부내용
① 취급·저장하고 있거나 취급·저장하고자 하는 유해·위험물질의 종류 및 수량
② 유해·위험물질에 대한 물질안전보건자료
③ 유해하거나 위험한 설비의 목록 및 사양
④ 유해하거나 위험한 설비의 운전방법을 알 수 있는 공정도면
⑤ 각종 건물·설비의 배치도
⑥ 폭발위험장소 구분도 및 전기단선도
⑦ 위험설비의 안전설계·제작 및 설치 관련 지침서

89

부탄(C_4H_{10})의 연소에 필요한 최소산소농도(MOC)를 추정하여 계산하면 약 몇 vol%인가? (단, 부탄의 폭발하한계는 공기 중에서 1.6vol%이다.)

① 5.6 ② 7.8
③ 10.4 ④ 14.1

MOC(최소산소농도)
① 실험 데이터가 불충분할 경우(대부분의 탄화수소) LFL × 산소의 양론계수(연소반응식)
② 부탄의 MOC(탄화수소이므로) $C_4H_{10} + 6.5O_2 \rightarrow 4CO_2 + 5H_2O$
∴ 1.6 × 6.5 = 10.4%

90

다음 중 산화성 물질이 아닌 것은?

① KNO_3 ② NH_4ClO_3
③ HNO_3 ④ P_4S_3

황화린은 제2류 위험물인 가연성 고체에 해당되며, P_4S_3(삼황화린)은 황색의 결정성 덩어리로 공기 중 약 100℃에서 발화하고 마찰에 의해서도 쉽게 연소하며 자연발화 가능성도 있다.

정답 86 ① 87 ③ 88 ③ 89 ③ 90 ④

91
위험물안전관리법령상 제4류 위험물 중 제2석유류로 분류되는 물질은?

① 실린더유 ② 휘발유
③ 등유   ④ 중유

- ① 실린더유 : 제4석유류   ② 휘발유 : 제1석유류
- ③ 등유 : 제2석유류   ④ 중유 : 제3석유류

92
산업안전보건법령상 사업주가 인화성 액체 위험물을 액체 상태로 저장하는 저장탱크를 설치하는 경우에는 위험물질이 누출되어 확산되는 것을 방지하기 위하여 무엇을 설치하여야 하는가?

① Flame arrester ② Ventstack
③ 긴급방출장치   ④ 방유제

위험물 저장·취급 화학설비
위험물질을 액체 상태로 저장하는 저장탱크 설치 시 누출확산방지를 위한 방유제 설치

93
프로판(C_3H_8)의 연소에 필요한 최소산소농도의 값은 약 얼마인가? (단, 프로판의 폭발하한은 Jone식에 의해 추산한다.)

① 8.1%v/v   ② 11.1%v/v
③ 15.1%v/v ④ 20.1%v/v

최소산소농도(MOC)
$C_3H_8 + 5O_2 \rightarrow 3CO_2 + 4H_2O$이므로
MOC = LFL × 산소의 양론계수
= 2.212 × 5 = 11.06(%)

tip 필요한 관련식
① 화학양론농도 공식(Cst) = $\dfrac{100}{1 + 4.773\left(n + \dfrac{m-f-2\lambda}{4}\right)}$
② 연소하한계(Jone식) = $Cst \times 0.55$

94
다음 중 물과 반응하여 아세틸렌을 발생시키는 물질은?

① Zn   ② Mg
③ Al   ④ CaC_2

아세틸렌 가스의 발생원리
① 카바이드는 석회석과 석탄 또는 코크스를 원료로 혼합하여 가열하면 칼슘과 탄소의 화합물 생성
② 카바이드에 물을 작용하면 아세틸렌 가스가 발생하고 소석회가 남음

95 빈출
메탄 1vol%, 헥산 2vol%, 에틸렌 2vol%, 공기 95vol%로 된 혼합가스의 폭발하한계 값(vol%)은 약 얼마인가? (단, 메탄, 헥산, 에틸렌의 폭발하한계 값은 각각 5.0, 1.1, 2.7%이다.)

① 1.8   ② 3.5
③ 12.8 ④ 21.7

르샤틀리에의 법칙(혼합가스의 폭발범위 계산)
① 각 성분기체의 체적
헥산 : $\dfrac{1}{5} \times 100 = 20\%$, 헥산 : $\dfrac{2}{5} \times 100 = 40\%$,
에틸렌 : $\dfrac{2}{5} \times 100 = 40\%$
② 혼합가스의 폭발하한계 값
$\dfrac{100}{L} = \dfrac{V_1}{L_1} + \dfrac{V_2}{L_2} + \dfrac{V_3}{L_3} = \dfrac{20}{5.0} + \dfrac{40}{1.1} + \dfrac{40}{2.7} = 55.178$
그러므로 $L = \dfrac{100}{55.178} = 1.812$

정답 91 ③ 92 ④ 93 ② 94 ④ 95 ①

96

가열·마찰·충격 또는 다른 화학물질과의 접촉 등으로 인하여 산소나 산화제의 공급이 없더라도 폭발 등 격렬한 반응을 일으킬 수 있는 물질은?

① 에틸알코올
② 인화성 고체
③ 니트로화합물
④ 테레핀유

폭발성 물질 및 유기과산화물
① 질산에스테르류 ② 니트로화합물
③ 니트로소화합물 ④ 아조화합물
⑤ 디아조화합물 ⑥ 하이드라진 유도체
⑦ 유기과산화물

97

다음 중 누설발화형 폭발재해의 예방대책으로 가장 거리가 먼 것은?

① 발화원 관리
② 밸브의 오동작 방지
③ 가연성 가스의 연소
④ 누설물질의 검지 경보

누설발화형 폭발은 용기에서 가연물이 누출되어 착화하여 일어나는 폭발의 형태로, 발화원 관리, 누설에 대한 검지 경보, 밸브의 오조작 방지, 누설 방지 등의 대책이 필요하다.

98

다음 중 폭발한계(vol%)의 범위가 가장 넓은 것은?

① 메탄
② 부탄
③ 톨루엔
④ 아세틸렌

폭발한계(vol%)
① 메탄 : 5~15 ② 부탄 : 1.8~8.4
③ 톨루엔 : 1.4~6.7 ④ 아세틸렌 : 2.5~81

99

다음 중 관의 지름을 변경하고자 할 때 필요한 관 부속품은?

① elbow
② reducer
③ plug
④ valve

관로의 크기를 바꿀 때
① 축소관(reducer) ② 부싱(bushing)

100

안전밸브 전단·후단에 자물쇠형 또는 이에 준하는 형식의 차단 밸브 설치를 할 수 있는 경우에 해당하지 않는 것은?

① 자동압력조절밸브와 안전밸브 등이 직렬로 연결된 경우
② 화학설비 및 그 부속설비에 안전밸브 등이 복수방식으로 설치되어 있는 경우
③ 열팽창에 의하여 상승된 압력을 낮추기 위한 목적으로 안전밸브가 설치된 경우
④ 인접한 화학설비 및 그 부속설비에 안전밸브 등이 각각 설치되어 있고, 해당 화학설비 및 그 부속설비의 연결배관에 차단밸브가 없는 경우

자물쇠형 또는 이에 준하는 차단밸브를 설치할 수 있는 경우(보기 외에)
① 안전밸브 등의 배출용량의 2분의 1 이상에 해당하는 용량의 자동 압력조절밸브와 안전밸브 등이 병렬로 연결된 경우
② 하나의 플레어스택(flare stack)에 둘 이상의 단위공정의 플레어헤더(flare header)를 연결하여 사용하는 경우로서 각각의 단위공정의 플레어헤더에 설치된 차단밸브의 열림·닫힘상태를 중앙제어실에서 알 수 있도록 조치한 경우

6과목 건설공사 안전 관리

101

다음 중 차량계 건설기계에 속하지 않는 것은?

① 불도저
② 스크레이퍼
③ 타워크레인
④ 항타기

타워크레인은 양중기에 해당된다.

정답 96 ③ 97 ③ 98 ④ 99 ② 100 ① 101 ③

102

산업안전보건관리비 계상 및 사용기준에 따른 공사 종류별 계상기준으로 옳은 것은? (단, 특수건설공사이고 대상액이 5억원 미만인 경우)

① 2.07%
② 3.11%
③ 3.15%
④ 3.64%

공사 종류 및 규모별 산업안전보건관리비 계상기준표

구분 공사 종류	대상액 5억원 미만 적용비율(%)	대상액 5억원 이상 50억원 미만		대상액 50억원 이상 적용비율(%)	보건관리자 선임대상 건설공사 적용비율(%)
		적용비율(%)	기초액		
건축공사	3.11%	2.28%	4,325,000원	2.37%	2.64%
토목공사	3.15%	2.53%	3,300,000원	2.60%	2.73%
중건설공사	3.64%	3.05%	2,975,000원	3.11%	3.39%
특수건설공사	2.07%	1.59%	2,450,000원	1.64%	1.78%

tip
2025년 법령개정. 문제와 해설은 개정된 내용 적용

103

건설공사 시공단계에 있어서 안전관리의 문제점에 해당되는 것은?

① 발주자의 조사, 설계 발주능력 미흡
② 용역자의 조사, 설계 능력 부실
③ 발주자의 감독 소홀
④ 사용자의 시설 운영관리 능력 부족

시공단계에서는 사고예방을 위하여 감독을 철저히 하여야 한다.

104 빈출

유해위험방지계획서를 제출하려고 할 때 그 첨부서류와 가장 거리가 먼 것은?

① 공사개요서
② 산업안전보건관리비 작성요령
③ 전체공정표
④ 재해 발생 위험 시 연락 및 대피 방법

안전보건관리계획에 해당되는 산업안전보건관리비 사용계획서(각 항목별 세부사용계획 내역 작성)가 포함되어야 한다.

105

다음 그림과 같이 굴착하고자 한다. 굴착면의 기울기를 1 : 0.5로 하고자 할 경우 L의 길이로 옳은 것은?

① 2m
② 2.5m
③ 5m
④ 10m

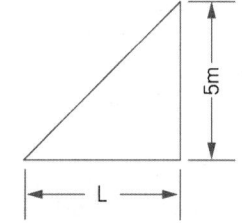

기울기가 1 : 0.5이므로, 연직높이가 5m이면
∴ 수평길이 = 5 × 0.5 = 2.5m

106

흙막이 지보공을 조립하는 경우 미리 조립도를 작성하여야 하는데 이 조립도에 명시되어야 할 사항과 가장 거리가 먼 것은?

① 부재의 배치
② 부재의 치수
③ 부재의 긴압정도
④ 설치방법과 순서

흙막이 지보공의 조립도 명시사항
흙막이판·말뚝·버팀대 및 띠장 등 부재의 배치·치수·재질 및 설치방법과 순서

정답 102 ① 103 ③ 104 ② 105 ② 106 ③

107

미리 작업장소의 지형 및 지반상태 등에 적합한 제한속도를 정하지 않아도 되는 차량계 건설기계의 속도 기준은?

① 최대 제한속도가 10km/h 이하
② 최대 제한속도가 20km/h 이하
③ 최대 제한속도가 30km/h 이하
④ 최대 제한속도가 40km/h 이하

> **제한속도의 지정**
> 차량계 건설기계(최고속도가 시속 10킬로미터 이하인 것을 제외한다)를 사용하여 작업을 하는 때에는 미리 작업장소의 지형 및 지반상태 등에 적합한 제한속도를 정하고 운전자로 하여금 이를 준수하도록 하여야 한다.

108

터널공사에서 발파작업 시 안전대책으로 옳지 않은 것은?

① 발파 전 도화선 연결상태, 저항치 조사 등의 목적으로 도통시험 실시 및 발파기의 작동상태에 대한 사전점검 실시
② 모든 동력선은 발원점으로부터 최소한 15m 이상 후방으로 옮길 것
③ 지질, 암의 절리 등에 따라 화약량에 대한 검토 및 시방기준과 대비하여 안전조치 실시
④ 발파용 점화회선은 타동력선 및 조명회선과 한 곳으로 통합하여 관리

> 발파용 점화회선은 타동력선 및 조명회선으로부터 분리되어야 한다.

109

거푸집 해체작업 시 유의사항으로 옳지 않은 것은?

① 일반적으로 수평부재의 거푸집은 연직부재의 거푸집보다 빨리 떼어낸다.
② 해체된 거푸집이나 각목 등에 박혀있는 못 또는 날카로운 돌출물은 즉시 제거하여야 한다.
③ 상하 동시 작업은 원칙적으로 금지하여 부득이한 경우에는 긴밀히 연락을 하며 작업을 하여야 한다.
④ 거푸집 해체작업장 주위에는 관계자를 제외하고는 출입을 금지시켜야 한다.

> **거푸집 해체작업 시 안전수칙**
> ① 관계자를 제외하고는 출입금지 조치
> ② 재료·기구 또는 공구 등을 올리거나 내릴 때에는 근로자로 하여금 달줄·달포대 등을 사용하도록 할 것
> ③ 상하 동시 작업은 원칙적으로 금지하며 부득이한 경우에는 긴밀히 연락
> ④ 거푸집 해체 때 구조체에 무리한 충격이나 큰 힘에 의한 지렛대 사용은 금지
> ⑤ 보 또는 슬래브 거푸집을 제거할 때에는 거푸집의 낙하 충격으로 인한 작업자의 돌발적 재해를 방지
> ⑥ 못 또는 날카로운 돌출물은 즉시 제거
> ⑦ 기둥, 벽 등의 연직부재의 거푸집은 보 등의 수평부재의 거푸집보다도 일찍 떼어내는 것이 원칙

110

비계(달비계, 달대비계 및 말비계는 제외한다)의 높이가 2m 이상인 작업 장소에 설치하여야 하는 작업발판의 기준으로 옳지 않은 것은?

① 작업발판의 폭은 40cm 이상으로 하고, 발판재료 간의 틈은 3cm 이하로 할 것
② 추락의 위험이 있는 장소에는 안전난간을 설치할 것
③ 작업발판의 지지물은 하중에 의하여 파괴될 우려가 없는 것을 사용할 것
④ 작업발판재료는 뒤집히거나 떨어지지 않도록 1개 이상의 지지물에 연결하거나 고정시킬 것

> **비계높이 2m 이상 장소의 작업발판(보기 외에)**
> ① 발판재료는 작업할 때의 하중을 견딜 수 있도록 견고한 것으로 할 것
> ② 작업발판을 작업에 따라 이동시킬 경우에는 위험방지에 필요한 조치를 할 것
> ③ 작업발판재료는 뒤집히거나 떨어지지 않도록 둘 이상의 지지물에 연결하거나 고정시킬 것

정답 107 ① 108 ④ 109 ① 110 ④

111

안전대의 종류는 사용구분에 따라 벨트식과 안전그네식으로 구분되는데 이 중 안전그네식에만 적용하는 것은?

① 추락방지대, 안전블록
② 1개 걸이용, U자 걸이용
③ 1개 걸이용, 추락방지대
④ U자 걸이용, 안전블록

안전대의 종류 및 등급	
사용구분	종류
벨트식 안전그네식	1개 걸이용
	U자 걸이용
	추락방지대(안전그네식에만 적용)
	안전블록(안전그네식에만 적용)

112 빈출

다음은 달비계 또는 높이 5m 이상의 비계를 조립·해체하거나 변경하는 작업을 하는 경우에 대한 내용이다. ( )에 알맞은 숫자는?

> 비계재료의 연결·해체작업을 하는 경우에는 폭 ( )cm 이상의 발판을 설치하고 근로자로 하여금 안전대를 사용하도록 하는 등 추락을 방지하기 위한 조치를 할 것

① 15 ② 20
③ 25 ④ 30

> 비계재료의 연결·해체작업을 하는 때에는 폭 20cm 이상의 발판을 설치하고 근로자로 하여금 안전대를 사용하도록 하는 등 근로자의 추락방지를 위한 조치를 할 것

113

크레인의 운전실 또는 운전대를 통하는 통로의 끝과 건설물 등의 벽체의 간격은 최대 얼마 이하로 하여야 하는가?

① 0.2m ② 0.3m
③ 0.4m ④ 0.5m

> 건설물 등의 벽체와 통로의 간격
> 다음의 간격을 0.3미터 이하로 하여야 한다(다만, 근로자가 추락할 위험이 없는 경우에는 그 간격을 0.3미터 이하로 유지하지 아니할 수 있다).
> ① 크레인의 운전실 또는 운전대를 통하는 통로의 끝과 건설물 등의 벽체의 간격
> ② 크레인 거더(girder)의 통로 끝과 크레인 거더의 간격
> ③ 크레인 거더의 통로로 통하는 통로의 끝과 건설물 등의 벽체의 간격

114

작업의자형 달비계를 설치하는 경우 준수해야 할 사항으로 옳지 않은 것은?

① 작업대의 4개 모서리에 로프를 매달아 작업대가 뒤집히거나 떨어지지 않도록 연결할 것
② 작업용 섬유로프는 콘크리트에 매립된 고리, 건축물의 콘크리트 또는 철재 구조물 등 2개 이상의 견고한 고정점에 풀리지 않도록 결속할 것
③ 작업용 섬유로프와 구명줄은 같은 고정점에 견고하게 결속되도록 할 것
④ 작업하는 근로자의 하중을 견딜 수 있을 정도의 강도를 가진 작업용 섬유로프, 구명줄 및 고정점을 사용할 것

> 작업용 섬유로프와 구명줄은 다른 고정점에 결속되도록 할 것

115 빈출

달비계에 사용이 불가한 와이어로프의 기준으로 옳지 않은 것은?

① 이음매가 있는 것
② 와이어로프의 한 꼬임에서 끊어진 소선의 수가 7% 이상인 것
③ 지름의 감소가 공칭지름의 7%를 초과하는 것
④ 심하게 변형되거나 부식된 것

> 와이어로프의 사용금지 기준
> ① 이음매가 있는 것
> ② 와이어로프의 한 꼬임(스트랜드)에서 끊어진 소선(필러선 제외)의 수가 10% 이상인 것
> ③ 지름의 감소가 공칭지름의 7%를 초과하는 것
> ④ 꼬인 것
> ⑤ 심하게 변형되거나 부식된 것
> ⑥ 열과 전기충격에 의해 손상된 것

정답 111 ① 112 ② 113 ② 114 ③ 115 ②

116 ⭐

흙막이 지보공을 설치하였을 때 정기적으로 점검하여 이상 발견 시 즉시 보수하여야 할 사항이 아닌 것은?

① 굴착 깊이의 정도
② 버팀대의 긴압의 정도
③ 부재의 접속부·부착부 및 교차부의 상태
④ 부재의 손상·변형·부식·변위 및 탈락의 유무와 상태

> 흙막이 지보공 설치 시 점검사항
> ① 부재의 손상·변형·부식·변위 및 탈락의 유무와 상태
> ② 버팀대의 긴압의 정도
> ③ 침하의 정도
> ④ 부재의 접속부·부착부 및 교차부의 상태

117 ⭐

이동식 비계를 조립하여 작업을 하는 경우에 준수하여야 할 기준으로 옳지 않은 것은?

① 승강용 사다리는 견고하게 설치할 것
② 비계의 최상부에서 작업을 하는 경우에는 안전난간을 설치할 것
③ 작업발판의 최대적재하중은 400kg을 초과하지 않도록 할 것
④ 작업발판은 항상 수평을 유지하고 작업발판 위에서 안전난간을 딛고 작업을 하거나 받침대 또는 사다리를 사용하여 작업하지 않도록 할 것

> 작업발판의 최대적재하중은 250킬로그램을 초과하지 않도록 할 것

118

화물을 적재하는 경우의 준수사항으로 옳지 않은 것은?

① 침하 우려가 없는 튼튼한 기반 위에 적재할 것
② 건물의 칸막이나 벽 등이 화물의 압력에 견딜 만큼의 강도를 지니지 아니한 경우에는 칸막이나 벽에 기대어 적재하지 않도록 할 것
③ 불안정할 정도로 높이 쌓아 올리지 말 것
④ 하중을 한쪽으로 치우치더라도 화물을 최대한 효율적으로 적재할 것

> 화물 적재 시 준수사항
> ① 침하의 우려가 없는 튼튼한 기반위에 적재할 것
> ② 건물의 칸막이나 벽 등이 화물의 압력에 견딜 만큼의 강도를 지니지 아니한 때에는 칸막이나 벽에 기대어 적재하지 아니하도록 할 것
> ③ 불안정할 정도로 높이 쌓아 올리지 말 것
> ④ 편하중이 생기지 아니하도록 적재할 것

119 ⭐

유해위험방지계획서를 고용노동부장관에게 제출하고 심사를 받아야 하는 대상 건설공사 기준으로 옳지 않은 것은?

① 최대 지간 길이가 50m 이상인 다리의 건설 등 공사
② 지상 높이 25m 이상인 건축물 또는 인공구조물의 건설 등 공사
③ 깊이 10m 이상인 굴착공사
④ 다목적댐, 발전용댐, 저수용량 2천만톤 이상의 용수 전용 댐 및 지방상수도 전용 댐의 건설 등 공사

> 지상 높이가 31미터 이상인 건축물 또는 인공구조물 등의 건설·개조 또는 해체공사

120 ⭐

가설통로를 설치하는 경우 준수하여야 할 기준으로 옳지 않은 것은?

① 경사는 30° 이하로 할 것
② 경사가 15°를 초과하는 경우에는 미끄러지지 아니하는 구조로 할 것
③ 추락할 위험이 있는 장소에는 안전난간을 설치할 것
④ 수직갱에 가설된 통로의 길이가 15m 이상인 경우에는 7m 이내마다 계단참을 설치할 것

> 가설통로 설치 시 준수사항(계단참 설치)
> ① 수직갱에 가설된 통로의 길이가 15m 이상인 때에는 10m 이내마다 계단참을 설치할 것
> ② 건설공사에 사용하는 높이 8m 이상인 비계다리에는 7m 이내마다 계단참을 설치할 것

정답 116 ① 117 ③ 118 ④ 119 ② 120 ④

2023년 5월 13일~6월 4일 | CBT 기출복원문제

1과목 산업재해 예방 및 안전보건교육

01
버드(Bird)의 재해발생에 관한 연쇄이론 중 직접적인 원인은 몇 단계에 해당되는가?

① 1단계 ② 2단계
③ 3단계 ④ 4단계

> **버드(Bird)의 최신의 도미노(domino) 이론**
> ① 제어의 부족(관리) → ② 기본원인(기원) → ③ 직접원인(징후) → ④ 사고(접촉) → ⑤ 상해(손실)

02
근로자수 300명, 총 근로시간수 48시간 × 50주이고, 연 재해건수는 200건일 때 이 사업장의 강도율은? (단, 연 근로손실일수는 800일로 한다.)

① 1.11 ② 0.90
③ 0.16 ④ 0.84

> 강도율(SR) = $\dfrac{\text{근로손실일수}}{\text{연간총근로시간수}} \times 1{,}000$
> = $\dfrac{800}{300 \times 48 \times 50} \times 1{,}000 = 1.11$

03
재해예방의 4원칙이 아닌 것은?

① 손실우연의 원칙   ② 사실확인의 원칙
③ 원인계기의 원칙   ④ 대책선정의 원칙

> **재해예방의 4원칙**
> 사실확인의 원칙이 아니라 예방가능의 원칙이 해당된다.

04
안전교육의 3요소에 해당되지 않는 것은?

① 강사   ② 교육방법
③ 수강자 ④ 교재

> **교육의 3대 요소**
> ① 교육의 주체 : 강사
> ② 교육의 객체 : 학습자, 수강자(교육대상)
> ③ 교육의 매개체 : 교재(교육내용)

05
산업안전보건법령상 안전·보건표지의 종류 중 경고표지의 기본모형(형태)이 다른 것은?

① 폭발성 물질 경고   ② 방사성 물질 경고
③ 매달린 물체 경고   ④ 고압전기 경고

> **경고표지**
> ① 경고표지 중 인화성 물질 경고·산화성 물질 경고·폭발성 물질 경고·급성 독성 물질 경고·부식성 물질 경고 및 발암성·변이원성·생식독성·전신독성·호흡기과민성 물질 경고는 기본모형이 마름모 형태이고 바탕은 무색, 기본모형은 빨간색(검은색도 가능)
> ② 그 외의 경고표지는 기본모형이 삼각형이고 검은색이며 바탕은 노란색 관련부호 및 그림은 검은색

정답 01 ③ 02 ① 03 ② 04 ② 05 ①

06

석면 취급장소에서 사용하는 방진마스크의 등급으로 옳은 것은?

① 특급 ② 1급
③ 2급 ④ 3급

방진마스크의 등급 및 사용장소
① 특급
  ㉠ 베릴륨 등과 같이 독성이 강한 물질들을 함유한 분진 등 발생장소
  ㉡ 석면 취급장소
② 1급
  ㉠ 특급 마스크 착용 장소를 제외한 분진 등 발생장소
  ㉡ 금속흄 등과 같이 열적으로 생기는 분진 등 발생장소
  ㉢ 기계적으로 생기는 분진 등 발생장소(규소 등과 같이 2급 마스크를 착용하여도 무방한 경우 제외)
③ 2급 : 특급 및 1급 마스크 착용장소를 제외한 분진 등 발생장소

07 ★

적응기제 중 도피기제의 유형이 아닌 것은?

① 합리화 ② 고립
③ 퇴행 ④ 억압

적응기제의 기본유형

공격적 행동	책임전가, 폭행, 폭언 등
도피적 행동	퇴행, 억압, 고립, 백일몽 등
방어적 행동	승화, 보상, 합리화, 동일시, 반동형성, 투사 등

08

생체리듬(Bio Rhythm) 중 일반적으로 33일을 주기로 반복되며, 상상력, 사고력, 기억력 또는 의지, 판단 및 비판력 등과 깊은 관련성을 갖는 리듬은?

① 육체적 리듬 ② 지성적 리듬
③ 감성적 리듬 ④ 생활 리듬

생체리듬의 종류 및 특징

육체적(신체적) 리듬 (Physical cycle)	몸의 물리적인 상태를 나타내는 리듬으로 질병에 저항하는 면역력, 각종 체내 기관의 기능, 외부환경에 대한 신체의 반사작용 등을 알아볼 수 있는 척도로서 23일의 주기
감성적 리듬 (Sensitivity cycle)	기분이나 신경 계통의 상태를 나타내는 리듬으로 창조력, 대인관계, 감정의 기복 등을 알아볼 수 있으며 28일의 주기
지성적 리듬 (Intellectual cycle)	집중력, 기억력, 논리적인 사고력, 분석력 등의 기복을 나타내는 리듬으로 주로 두뇌활동과 관련되며 33일의 주기

09

연천인율 45인 사업장의 도수율은 얼마인가?

① 10.8 ② 18.75
③ 108 ④ 187.5

도수율과 연천인율

$$\text{도수율} = \frac{\text{연천인율}}{2.4} = \frac{45}{2.4} = 18.75$$

10

다음 중 산업안전보건법상 안전인증대상 기계 · 기구 등의 안전인증 표시로 옳은 것은?

안전인증의 표시

안전인증 대상 · 기계 · 기구 등의 안전인증 및 자율안전 확인	
안전인증 대상 · 기계 · 기구 등이 아닌 유해 · 위험한 기계 · 기구 · 설비 등의 안전인증	

11

불안전 상태와 불안전 행동을 제거하는 안전관리의 시책에는 적극적인 대책과 소극적인 대책이 있다. 다음 중 소극적인 대책에 해당하는 것은?

① 보호구의 사용
② 위험공정의 배제
③ 위험물질의 격리 및 대체
④ 위험성평가를 통한 작업환경 개선

보호구의 정의
① 보다 적극적인 방호원칙을 실시하기 어려울 경우, 근로자가 에너지의 영향을 받더라도 산업재해로 이어지지 않도록 하기 위해 개인보호구를 사용한다.
② 보호구는 상해를 방지하는 것이 아니라 상해의 정도를 최소화시키기 위해 인간 측에 조치하는 소극적인 안전대책이다.

12 ★빈출

안전조직 중에서 라인 – 스탭(Line – Staff) 조직의 특징으로 옳지 않은 것은?

① 라인형과 스탭형의 장점을 취한 절충식 조직형태이다.
② 중규모 사업장(100명 이상 ~ 500명 미만)에 적합하다.
③ 라인의 관리, 감독자에게도 안전에 관한 책임과 권한이 부여된다.
④ 안전활동과 생산업무가 분리될 가능성이 낮기 때문에 균형을 유지할 수 있다.

안전관리 조직

라인형	스탭형	라인스탭형
100명 미만의 소규모 사업장	100 ~ 1,000명 정도의 중규모 사업장	1,000명 이상의 대규모 사업장

13

산업안전보건법상 산업안전보건위원회의 사용자위원에 해당되지 않는 사람은? (단, 각 사업장은 해당하는 사람을 선임하여야 하는 대상 사업장으로 한다.)

① 안전관리자
② 산업보건의
③ 명예산업안전감독관
④ 해당 사업장 부서의 장

산업안전보건위원회 구성위원

구분	산업안전보건위원회 구성위원
사용자 위원	① 당해 사업의 대표자 ② 안전관리자 1명 ③ 보건관리자 1명 ④ 산업보건의(선임되어 있는 경우) ⑤ 해당 사업의 대표자가 지명하는 9명 이내의 해당 사업장 부서의 장
근로자 위원	① 근로자대표 ② 근로자대표가 지명하는 1명 이상의 명예산업안전감독관 ③ 근로자대표가 지명하는 9명 이내의 해당 사업장의 근로자(명예감독관이 근로자위원으로 지명되어 있는 경우 그 수를 제외)

14

산업안전보건법상 안전관리자의 업무는?

① 직업성질환 발생의 원인조사 및 대책수립
② 해당 사업장 안전교육계획의 수립 및 안전교육 실시에 관한 보좌 및 조언·지도
③ 근로자의 건강장해의 원인조사와 재발방지를 위한 의학적 조치
④ 당해 작업에서 발생한 산업재해에 관한 보고 및 이에 대한 응급조치

안전관리자의 업무
① 산업안전보건위원회 또는 안전·보건에 관한 노사협의체에서 심의·의결한 업무와 해당 사업장의 안전보건관리규정 및 취업규칙에서 정한 업무
② 안전인증 대상 기계 등과 자율안전확인 대상 기계 등 구입 시 적격품의 선정에 관한 보좌 및 지도·조언
③ 위험성평가에 관한 보좌 및 지도·조언
④ 해당 사업장 안전교육계획의 수립 및 안전교육 실시에 관한 보좌 및 지도·조언
⑤ 사업장 순회점검·지도 및 조치의 건의
⑥ 산업재해 발생의 원인 조사·분석 및 재발 방지를 위한 기술적 보좌 및 지도·조언
⑦ 산업재해에 관한 통계의 유지·관리·분석을 위한 보좌 및 지도·조언
⑧ 법 또는 법에 따른 명령으로 정한 안전에 관한 사항의 이행에 관한 보좌 및 지도·조언
⑨ 업무수행 내용의 기록·유지
⑩ 그 밖에 안전에 관한 사항으로서 고용노동부장관이 정하는 사항

정답 11 ① 12 ② 13 ③ 14 ②

15

어느 사업장에서 물적손실이 수반된 무상해사고가 180건 발생하였다면 중상은 몇 건이나 발생할 수 있는가? (단, 버드의 재해구성 비율법칙에 따른다.)

① 6건　　　　　② 18건
③ 20건　　　　 ④ 29건

재해발생에 관한 이론

① 버드의 법칙
　1[중상 또는 폐질] : 10[경상(물적, 인적상해)] : 30[무상해사고(물적손실)] : 600[무상해, 무사고고장(위험순간)]

② 중상 = $\frac{180}{30} \times 1 = 6$건

16

안전보건교육 계획에 포함해야 할 사항이 아닌 것은?

① 교육지도안
② 교육장소 및 교육방법
③ 교육의 종류 및 대상
④ 교육의 과목 및 교육내용

안전보건교육 계획 수립 시 포함사항

① 교육목표　　　　　　② 교육의 종류 및 교육대상
③ 교육과목 및 교육내용　④ 교육장소 및 교육방법
⑤ 교육기간 및 시간　　　⑥ 교육담당자 및 강사

17

일반적으로 시간의 변화에 따라 야간에 상승하는 생체리듬은?

① 혈압　　　　　② 맥박수
③ 체중　　　　　④ 혈액의 수분

바이오리듬(생체리듬)의 변화

① 주간 감소, 야간 증가 : 혈액의 수분, 염분량
② 주간 상승, 야간 감소 : 체온, 혈압, 체중, 맥박수
③ 특히 야간에는 체중 감소, 소화불량, 말초신경기능 저하, 피로의 자각증상 증대 등의 현상

18

상황성 누발자의 재해 유발원인과 가장 거리가 먼 것은?

① 작업이 어렵기 때문이다.
② 심신에 근심이 있기 때문이다.
③ 기계설비의 결함이 있기 때문이다.
④ 도덕성이 결여되어 있기 때문이다.

상황성 누발자 유형

① 작업자체가 어렵기 때문
② 기계설비의 결함 존재
③ 주위 환경상 주의력 집중 곤란
④ 심신에 근심 걱정이 있기 때문

19

작업자 적성의 요인이 아닌 것은?

① 지능　　　　　② 인간성
③ 흥미　　　　　④ 연령

작업자의 적성요인은 지능, 성격, 직업흥미, 인성, 학력, 신체조건 등이다.

정답 15① 16① 17④ 18④ 19④

20

보호구에 관한 설명으로 옳은 것은?

① 유해물질이 발생하는 산소결핍지역에서는 필히 방독마스크를 착용하여야 한다.
② 차광용보안경의 사용구분에 따른 종류에는 자외선용, 적외선용, 복합용, 용접용이 있다.
③ 선반작업과 같이 손에 재해가 많이 발생하는 작업장에서는 장갑 착용을 의무화한다.
④ 귀마개는 처음에는 저음만을 차단하는 제품부터 사용하며, 일정 기간이 지난 후 고음까지 모두 차단할 수 있는 제품을 사용한다.

> **보호구 관련**
> ① 유해물질이 발생하는 산소결핍지역에서는 송기마스크를 착용하여야 한다.
> ② 차광용보안경의 사용구분에 따른 종류에는 자외선용, 적외선용, 복합용, 용접용이 있다.
> ③ 선반작업에서는 절삭중 일감에 손을 대서는 안 되며 장갑착용을 금한다.
> ④ 2종 귀마개는 주로 고음을 차음하고 저음은 차음하지 않는 것으로 작업장에 따라 사용된다.

2과목 인간공학 및 위험성 평가·관리

21 ★빈출

FT도에 사용되는 다음 기호의 명칭으로 옳은 것은?

① 억제 게이트
② 조합 AND 게이트
③ 부정 게이트
④ 배타적 OR 게이트

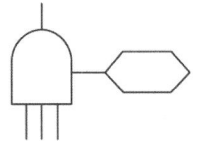

> **수정 게이트**
> ① 우선적 AND 게이트 : 입력사상 중 어떤 사상이 다른 사상보다 앞에 일어났을 때 출력사상이 발생한다.
> ② 조합 AND 게이트 : 3개 이상의 입력사상 중 어느 것이나 2개가 일어나면 출력이 발생한다.
> ③ 배타적 OR 게이트 : OR 게이트인데 2개 또는 그 이상의 입력이 존재하는 경우에는 출력이 발생하지 않는다.

22

일반적으로 위험(Risk)은 3가지 기본요소로 표현되며 3요소(Triplets)로 정의된다. 3요소에 해당되지 않는 것은?

① 사고 시나리오(S_i)
② 사고 발생확률(P_i)
③ 시스템 불이용도(Q_i)
④ 파급효과 또는 손실(X_i)

> **위험의 3요소**
> 리스크는 사고 시나리오, 시나리오 발생확률, 그리고 파급효과의 3요소로 구성된다.

23 ★빈출

다음 FT도에서 최소 컷셋을 올바르게 구한 것은?

① (X_1, X_2)
② (X_1, X_3)
③ (X_2, X_3)
④ (X_1, X_2, X_3)

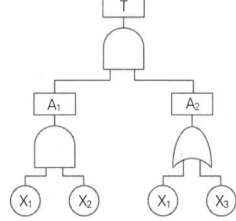

> **최소 컷셋**
> $T \to A_1 A_2 \to X_1 X_2 A_2 \to \begin{matrix} X_1 X_2 X_1 \\ X_1 X_2 X_3 \end{matrix}$
> (X_1, X_2), (X_1, X_2, X_3)이므로, 진정한 미니멀 컷은 (X_1, X_2)

24

시스템이 저장되어 이동되고 실행됨에 따라 발생하는 작동시스템의 기능이나 과업, 활동으로부터 발생되는 위험에 초점을 맞춘 위험분석 차트는?

① 결함수분석(FTA : Fault Tree Analysis)
② 사상수분석(ETA : Event Tree Analysis)
③ 결함위험분석(FHA : Fault Hazard Analysis)
④ 운용위험분석(OHA : Operating Hazard Analysis)

> **운용위험요인분석(OHA)**
> 대상 시스템을 사용하는 도중에 발생할 수 있는 생산, 유지보수, 시험, 운반, 저장, 운전, 구조, 훈련 및 폐기 등에 관련된 인원, 순서, 설비에 관한 유해위험요인을 평가하기 위하여 실시하는 분석 방법을 말한다.

정답 20 ② 21 ② 22 ③ 23 ① 24 ④

25

HAZOP 기법에서 사용하는 가이드워드와 그 의미가 잘못 연결된 것은?

① Other than : 기타 환경적인 요인
② No/Not : 디자인 의도의 완전한 부정
③ Reverse : 디자인 의도의 논리적 반대
④ More/Less : 정량적인 증가 또는 감소

유인어의 의미	
GUIDE WORD	의미
NO 혹은 NOT	설계의도의 완전한 부정
REVERSE	설계의도의 논리적인 역(설계의도와 반대 현상)
OTHER THAN	완전한 대체의 필요
More/Less	정량적인 증가 또는 감소

26

경계 및 경보신호의 설계지침으로 틀린 것은?

① 주의를 환기시키기 위하여 변조된 신호를 사용한다.
② 배경소음의 진동수와 다른 진동수의 신호를 사용한다.
③ 귀는 중음역에 민감하므로 500~3,000Hz의 진동수를 사용한다.
④ 300m 이상의 장거리용으로는 1,000Hz를 초과하는 진동수를 사용한다.

경계 및 경보신호 선택 시 지침
① 고음은 멀리가지 못하므로 300m 이상 장거리용으로는 1,000Hz 이하의 진동수 사용
② 신호가 장애물을 돌아가거나 칸막이를 통과해야 할 때는 500Hz 이하의 진동수 사용
③ 배경소음의 진동수와 다른 신호를 사용하고 신호는 최소한 0.5~1초 동안 지속

27

동작의 합리화를 위한 물리적 조건으로 적절하지 않은 것은?

① 고유 진동을 이용한다.
② 접촉 면적을 크게 한다.
③ 대체로 마찰력을 감소시킨다.
④ 인체표면에 가해지는 힘을 적게 한다.

동작의 합리화를 위해서는 접촉 면적을 작게 한다.

28

정량적 표시장치에 관한 설명으로 맞는 것은?

① 정확한 값을 읽어야 하는 경우 일반적으로 디지털보다 아날로그 표시장치가 유리하다.
② 동목(moving scale)형 아날로그 표시장치는 표시장치의 면적을 최소화할 수 있는 장점이 있다.
③ 연속적으로 변화하는 양을 나타내는 데에는 일반적으로 아날로그보다 디지털 표시장치가 유리하다.
④ 동침(moving pointer)형 아날로그 표시장치는 바늘의 진행 방향과 증감 속도에 대한 인식적인 암시 신호를 얻는 것이 불가능한 단점이 있다.

동적 표시장치의 기본형		
아날로그 (Analog)	정목동침형 (지침이동형)	정량적인 눈금이 정성적으로 사용되어 원하는 값으로부터의 대략적인 편차나, 고도를 읽을 때 그 변화방향과 변화율 등을 알고자 할 때
	정침동목형 (지침고정형)	나타내고자 하는 값의 범위가 클 때, 비교적 작은 눈금판에 모두 나타내고자 할 때

29

화학설비에 대한 안전성 평가(safety assessment)에서 정량적 평가 항목이 아닌 것은?

① 습도　　② 온도
③ 압력　　④ 용량

정량적 평가 항목
① 각 구성요소의 물질　② 화학설비의 용량
③ 온도　　④ 압력　　⑤ 조작

정답　25 ①　26 ④　27 ②　28 ②　29 ①

30

신체 부위의 운동에 대한 설명으로 틀린 것은?

① 굴곡(flexion)은 부위 간의 각도가 증가하는 신체의 움직임을 의미한다.
② 외전(abduction)은 신체 중심선으로부터 이동하는 신체의 움직임을 의미한다.
③ 내전(adduction)은 신체의 외부에서 중심선으로 이동하는 신체의 움직임을 의미한다.
④ 외선(lateral rotation)은 신체의 중심선으로부터 회전하는 신체의 움직임을 의미한다.

> 관절에서의 각도가 감소하는 것은 굴곡이고, 관절에서의 각도가 증가하는 것은 신전이다.

31

n개의 요소를 가진 병렬 시스템에 있어 요소의 수명(MTTF)이 지수분포를 따를 경우 이 시스템의 수명을 구하는 식으로 맞는 것은?

① $\text{MTTF} \times n$
② $\text{MTTF} \times \frac{1}{n}$
③ $\text{MTTF}(1 + \frac{1}{2} + \cdots + \frac{1}{n})$
④ $\text{MTTF}(1 + \frac{1}{2} \times \cdots \times \frac{1}{n})$

> 계의 수명[요소의 수명(MTTF)이 지수분포를 따를 경우]
> ① 병렬계의 수명 = $\text{MTTF}(1 + \frac{1}{2} + \cdots + \frac{1}{n})$
> ② 직렬계의 수명 = $\frac{\text{MTTF}}{n}$

32

인간 전달 함수(Human Transfer Function)의 결점이 아닌 것은?

① 입력의 협소성
② 시점적 제약성
③ 정신운동의 묘사성
④ 불충분한 직무 묘사

> 인간 전달 함수(Human Transfer Function)의 결점
> ① 입력의 협소성
> ② 불충분한 직무 묘사
> ③ 시점적 제약성

33

인간공학 연구조사에 사용되는 기준의 구비조건과 가장 거리가 먼 것은?

① 다양성
② 적절성
③ 무오염성
④ 기준 척도의 신뢰성

> 기준의 요건
> ① 적절성 : 기준이 의도된 목적에 적합하다고 판단되는 정도
> ② 무오염성 : 측정하고자 하는 변수 외의 영향이 없도록
> ③ 기준 척도의 신뢰성 : 척도의 신뢰성, 즉 반복성

34

의자 설계 시 고려해야 할 일반적인 원리와 가장 거리가 먼 것은?

① 자세고정을 줄인다.
② 조정이 용이해야 한다.
③ 디스크가 받는 압력을 줄인다.
④ 요추 부위의 후만곡선을 유지한다.

> 의자 설계 시 고려해야 할 사항
> ① 등받이의 굴곡은 요추의 굴곡(전만곡)과 일치해야 한다.
> ② 좌면의 높이는 사람의 신장에 따라 조절 가능해야 한다.
> ③ 정적인 부하와 고정된 작업자세를 피해야 한다.
> ④ 추간판의 압력을 줄일 수 있어야 한다.

정답 30 ① 31 ③ 32 ③ 33 ① 34 ④

35

다음 FT도에서 시스템에 고장이 발생할 확률은 약 얼마인가? (단, X_1과 X_2의 발생확률은 각각 0.05, 0.03이다.)

① 0.0015
② 0.0785
③ 0.9215
④ 0.9985

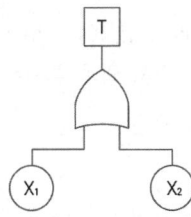

> **FT도의 발생확률**
> $T = 1 - (1 - X_1)(1 - X_2)$
> $T = 1 - (1 - 0.05)(1 - 0.03) = 0.0785$

36

반사율이 85%, 글자의 밝기가 400cd/m²인 VDT 화면에 350lx의 조명이 있다면 대비는 약 얼마인가?

① -6.0　　② -5.0
③ -4.2　　④ -2.0

> **대비에 관한 계산문제**
> 반사율(%) = $\dfrac{광도}{조명} = \dfrac{fL}{fc} = \dfrac{cd/m^2 \times \pi}{lux}$
> ① $\dfrac{350 \times 0.85}{3.14} = 94.75 cd/m^2$
> ② $400 + 94.75 = 494.75 cd/m^2$
> ∴ 대비 = $\dfrac{Lb - Lt}{Lb} = \dfrac{94.75 - 494.75}{94.75} = -4.22$

37 빈출

시각적 표시장치보다 청각적 표시장치를 사용하는 것이 더 유리한 경우는?

① 정보의 내용이 복잡하고 긴 경우
② 정보가 공간적인 위치를 다룬 경우
③ 직무상 수신자가 한 곳에 머무르는 경우
④ 수신장소가 너무 밝거나 암순응이 요구될 경우

> **청각 장치와 시각 장치의 비교**
>
> | 청각 장치 사용 | 시각 장치 사용 |
> | --- | --- |
> | ① 전언이 간단하다. | ① 전언이 복잡하다. |
> | ② 전언이 짧다. | ② 전언이 길다. |
> | ③ 전언이 후에 재참조되지 않는다. | ③ 전언이 후에 재참조된다. |
> | ④ 전언이 시간적 사상을 다룬다. | ④ 전언이 공간적인 위치를 다룬다. |
> | ⑤ 전언이 즉각적인 행동을 요구한다(긴급할 때). | ⑤ 전언이 즉각적인 행동을 요구하지 않는다. |
> | ⑥ 수신장소가 너무 밝거나 암조응 유지가 필요 시 | ⑥ 수신장소가 너무 시끄러울 때 |
> | ⑦ 직무상 수신자가 자주 움직일 때 | ⑦ 직무상 수신자가 한 곳에 머물 때 |

38

시스템의 수명 및 신뢰성에 관한 설명으로 틀린 것은?

① 병렬설계 및 디레이팅 기술로 시스템의 신뢰성을 증가시킬 수 있다.
② 직렬시스템에서는 부품들 중 최소 수명을 갖는 부품에 의해 시스템 수명이 정해진다.
③ 수리가 가능한 시스템의 평균 수명(MTBF)은 평균 고장률(λ)과 정비례 관계가 성립한다.
④ 수리가 불가능한 구성요소로 병렬구조를 갖는 설비는 중복도가 늘어날수록 시스템 수명이 길어진다.

> **평균 수명(MTBF)은 평균 고장률과 반비례 관계**
> $MTBF = \dfrac{1}{\lambda}$

정답 　　35 ②　36 ③　37 ④　38 ③

39

컷셋(Cut Sets)과 최소 패스셋(Minimal Path Sets)의 정의로 옳은 것은?

① 컷셋은 시스템 고장을 유발시키는 필요 최소한의 고장들의 집합이며, 최소 패스셋은 시스템의 신뢰성을 표시한다.
② 컷셋은 시스템 고장을 유발시키는 기본고장들의 집합이며, 최소 패스셋은 시스템의 불신뢰도를 표시한다.
③ 컷셋은 그 속에 포함되어 있는 모든 기본사상이 일어났을 때 정상사상을 일으키는 기본사상의 집합이며, 최소 패스셋은 시스템의 신뢰성을 표시한다.
④ 컷셋은 그 속에 포함되어 있는 모든 기본사상이 일어났을 때 정상사상을 일으키는 기본사상의 집합이며, 최소 패스셋은 시스템의 성공을 유발하는 기본사상의 집합이다.

> **미니멀 컷셋과 미니멀 패스셋**
> ① 미니멀 컷셋 : 정상사상을 발생시키는 기본사상의 집합으로 그 안에 포함되는 모든 기본사상이 발생할 때 정상사상을 발생시킬 수 있는 기본사상의 집합을 컷셋이라 하며, 컷셋의 집합 중에서 정상사상을 일으키기 위하여 필요한 최소한의 컷셋을 미니멀 컷셋이라 한다(시스템의 위험성 또는 안전성을 나타냄).
> ② 미니멀 패스셋 : 그 안에 포함되는 모든 기본사상이 일어나지 않을 때 처음으로 정상사상이 일어나지 않는 기본사상의 집합인 패스셋에서 필요 최소한의 것을 미니멀 패스셋이라 한다(시스템의 신뢰성을 나타냄).

40

동작경제의 원칙에 해당하지 않는 것은?

① 공구의 기능을 각각 분리하여 사용하도록 한다.
② 두 팔의 동작은 동시에 서로 반대방향으로 대칭적으로 움직이도록 한다.
③ 공구나 재료는 작업동작이 원활하게 수행되도록 그 위치를 정해준다.
④ 가능하다면 쉽고도 자연스러운 리듬이 작업동작에 생기도록 작업을 배치한다.

> 공구의 기능은 결합하여 사용하도록 한다.

3과목 기계·기구 및 설비 안전 관리

41

산업안전보건법령에서 정하는 압력용기에서 안전인증된 파열판에 안전인증 표시 외에 추가로 나타내어야 하는 사항이 아닌 것은?

① 분출차(%)
② 호칭지름
③ 용도(요구성능)
④ 유체의 흐름방향 지시

> 분출차(%)는 안전밸브의 추가표시 사항에 해당된다.

42

롤러기의 앞면 롤의 지름이 300mm, 분당회전수가 30회일 경우 허용되는 급정지장치의 급정지거리는 약 몇 mm 이내이어야 하는가?

① 37.7
② 31.4
③ 377
④ 314

> **롤러의 급정지거리**
> ① 표면속도(V) = $\dfrac{\pi \times 300 \times 30}{1,000}$ = 28.26m/분
> 따라서 30m/분 미만이므로 급정지거리는 앞면 롤러 원주의 1/3이에 해당된다.
> ② 앞면 롤러 원주 : 300 × 3.14 = 942mm
> ③ 급정지거리 : 942 × $\dfrac{1}{3}$ = 314mm

43

단면적이 1,800mm²인 알루미늄 봉의 파괴강도는 70MPa이다. 안전율을 2로 하였을 때 봉에 가해질 수 있는 최대하중은 얼마인가?

① 6.3kN
② 126kN
③ 63kN
④ 12.6kN

> **최대사용하중**
> 파괴하중 = 70 × 10⁶N/m² × 0.0018m² = 126,000N = 126kN
> 안전율 = $\dfrac{\text{파괴하중}}{\text{최대사용하중}}$ 이므로, 최대사용하중 = $\dfrac{126\text{kN}}{2.0}$ = 63kN

정답 39 ③ 40 ① 41 ① 42 ④ 43 ③

44 ⭐

원동기, 풀리, 기어 등 근로자에게 위험을 미칠 우려가 있는 부위에 설치하는 위험방지 장치가 아닌 것은?

① 덮개　　　　　② 슬리브
③ 건널다리　　　④ 램

> 기계의 원동기·회전축·기어·풀리·플라이휠·벨트 및 체인 등의 위험부위에 설치하는 위험방지 장치
> ① 덮개　② 울　③ 슬리브　④ 건널다리

45

다음 중 휴대용 동력 드릴 작업 시 안전사항에 관한 설명으로 틀린 것은?

① 드릴의 손잡이를 견고하게 잡고 작업하여 드릴손잡이 부위가 회전하지 않고 확실하게 제어 가능하도록 한다.
② 절삭하기 위하여 구멍에 드릴날을 넣거나 뺄 때 반발에 의하여 손잡이 부분이 튀거나 회전하여 위험을 초래하지 않도록 팔을 드릴과 직선으로 유지한다.
③ 드릴이나 리머를 고정시키거나 제거하고자 할 때 금속성 망치 등을 사용하여 확실히 고정 또는 제거한다.
④ 드릴을 구멍에 맞추거나 스핀들의 속도를 낮추기 위해서 드릴날을 손으로 잡아서는 안 된다.

> 드릴이나 리머의 고정 및 제거
> 드릴이나 리머를 고정시키거나 제거하고자 할 때는 금속성 물질로 두드리면 변형 및 파손될 우려가 있으므로 고무망치 등을 사용하거나 나무블록 등을 사이에 두고 두드려야 한다.

46

보일러에서 폭발사고를 미연에 방지하기 위해 화염 상태를 검출할 수 있는 장치가 필요하다. 이 중 바이메탈을 이용하여 화염을 검출하는 것은?

① 프레임 아이　　② 스택 스위치
③ 전자 개폐기　　④ 프레임 로드

> 스택 스위치
> 화염의 열을 이용한 바이메탈식 온도 스위치로 열적 화염 검출기에 해당되며, 소형 또는 가정용 보일러에 사용된다.

47

밀링작업 시 안전수칙에 관한 설명으로 옳지 않은 것은?

① 칩은 기계를 정지시킨 다음에 브러시 등으로 제거한다.
② 일감 또는 부속장치 등을 설치하거나 제거할 때는 반드시 기계를 정지시키고 작업한다.
③ 커터는 될 수 있는 한 컬럼에서 멀게 설치한다.
④ 강력 절삭을 할 때는 일감을 바이스에 깊게 물린다.

> 밀링의 커터는 될 수 있는 한 컬럼에 가깝게 설치해야 한다.

48

다음 중 방호장치의 기본목적과 가장 관계가 먼 것은?

① 작업자의 보호
② 기계기능의 향상
③ 인적·물적 손실의 방지
④ 기계위험 부위의 접촉 방지

> 방호장치는 기계의 위험부위를 방호하여 작업자를 보호하기 위한 것으로 기계의 기능을 향상시키는 것과는 직접적인 관련이 없다.

정답 44 ④　45 ③　46 ②　47 ③　48 ②

49

컨베이어 방호장치에 대한 설명으로 맞는 것은?

① 역전방지장치에 롤러식, 라쳇식, 권과방지식, 전기브레이크식 등이 있다.
② 작업자가 임의로 작업을 중단할 수 없도록 비상정지장치를 부착하지 않는다.
③ 구동부 측면에 롤러 안내 가이드 등의 이탈방지장치를 설치한다.
④ 롤러 컨베이어의 롤 사이에 방호판을 설치할 때 롤과의 최대 간격은 8mm이다.

안전 조치사항		
이탈 등의 방지 (정전, 전압강하 등에 의한 화물 또는 운반구의 이탈 및 역주행 방지장치)	역전방지장치 및 브레이크	기계적인 것 : 라쳇식, 롤러식, 밴드식, 웜기어 등
		전기적인 것 : 전기브레이크, 슬러스트브레이크 등
	화물 또는 운반구의 이탈 방지장치	컨베이어 구동부 측면에 롤러형 안내 가이드 등 설치
	화물 낙하 위험시	덮개 또는 낙하방지용 울 등 설치
비상정지장치 부착		근로자의 신체의 일부가 말려드는 등 근로자에게 위험을 미칠 우려가 있을 때 및 비상시에 정지할 수 있는 장치
낙하물에 의한 위험방지		덮개 또는 울 설치
탑승 및 통행의 제한		건널다리 설치

50

가스 용접에 이용되는 아세틸렌 가스 용기의 색상으로 옳은 것은?

① 녹색 ② 회색
③ 황색 ④ 청색

① 산소 : 녹색	② 이산화탄소 : 청색
③ 아세틸렌 가스 : 황색	④ 암모니아 : 백색
⑤ 수소 : 주황색	⑥ 염소 : 갈색
⑦ 그 밖의 경우 : 회색	

51

롤러기 맞물림점의 전방에 개구부의 간격을 30mm로 하여 가드를 설치하고자 한다. 가드의 설치 위치는 맞물림점에서 적어도 얼마의 간격을 유지하여야 하는가?

① 154mm ② 160mm
③ 166mm ④ 172mm

롤러기 가드의 개구부 간격(ILO 기준)
① $Y = 6 + 0.15X$ ∴ $30 = 6 + (0.15 \times X)$
② 거리(X) = 160(mm)

52

비파괴시험의 종류가 아닌 것은?

① 자분 탐상시험 ② 침투 탐상시험
③ 와류 탐상시험 ④ 샤르피 충격시험

비파괴시험에는 보기 외에 육안검사, 방사선 투과시험, 음향 방출시험, 초음파 탐상시험 등이 있으며, 샤르피 충격시험은 파괴시험에 해당된다.

53

가공기계에 쓰이는 주된 풀 푸르프(Fool Proof)에서 가드(Guard)의 형식으로 틀린 것은?

① 인터록 가드(Interlock Guard)
② 안내 가드(Guide Guard)
③ 조정 가드(Adjustable Guard)
④ 고정 가드(Fixed Guard)

풀 푸르프(Fool Proof)에서 가드(Guard) 형식	
고정 가드 (Fixed Guard)	개구부로부터 가공물과 공구 등을 넣어도 손은 위험영역에 머무르지 않는 형태
조정 가드 (Adjustable Guard)	가공물과 공구에 맞도록 형상과 크기를 조절하는 형태
경고 가드 (Warning Guard)	손이 위험영역에 들어가기 전에 경고를 하는 형태
인터록 가드 (Interlock Guard)	기계가 작동 중에 개폐되는 경우 정지하는 형태

정답   49 ③   50 ③   51 ②   52 ④   53 ②

54

밀링작업 시 안전수칙으로 틀린 것은?

① 보안경을 착용한다.
② 칩은 기계를 정지시킨 다음에 브러시로 제거한다.
③ 가공 중에는 손으로 가공면을 점검하지 않는다.
④ 면장갑을 착용하여 작업한다.

> **밀링작업 시 안전대책**
> ① 가공물 측정 및 설치 시에는 반드시 기계정지 후 실시
> ② 가공 중 손으로 가공면 점검금지 및 장갑(면장갑 등) 착용금지
> ③ 밀링작업의 칩은 가장 가늘고 예리하므로 보안경 착용 및 기계정지 후 브러시로 제거

55 ★빈출

크레인의 방호장치에 해당되지 않는 것은?

① 권과방지장치
② 과부하방지장치
③ 비상정지장치
④ 자동보수장치

> **양중기의 방호장치의 종류**
> ① 과부하방지장치
> ② 권과방지장치
> ③ 비상정지장치 및 제동장치
> ④ 그 밖의 방호장치(승강기의 파이널 리미트 스위치, 속도조절기, 출입문 인터록 등)

56

무부하 상태에서 지게차로 20km/h의 속도로 주행할 때, 좌우 안정도는 몇 % 이내이어야 하는가?

① 37%
② 39%
③ 41%
④ 43%

> **지게차의 주행 시 안정도**
> ① 주행 시 전후 안정도 : 18% 이내
> ② 주행 시 좌우 안정도 : (15 + 1.1V) = 15 + (1.1 × 20) = 37(%) 이내

57 ★빈출

산업안전보건법령상 숫돌 지름이 60cm인 경우 숫돌 고정장치인 평형 플랜지의 지름은 최소 몇 cm 이상인가?

① 10cm
② 20cm
③ 30cm
④ 60cm

> **플랜지의 직경**
> ① 플랜지의 직경은 숫돌직경의 1/3 이상인 것을 사용하며 양쪽을 모두 같은 크기로 할 것
> ② $60 \times \dfrac{1}{3} = 20cm$

58 ★빈출

산업안전보건법령상 롤러기의 방호장치 설치 시 유의해야 할 사항으로 가장 적절하지 않은 것은?

① 손으로 조작하는 급정지장치의 조작부는 롤러기의 전면 및 후면에 각각 1개씩 수평으로 설치하여야 한다.
② 앞면 롤러의 표면속도가 30m/min 미만인 경우 급정지거리는 앞면 롤러 원주의 1/2.5 이하로 한다.
③ 급정지장치의 조작부에 사용하는 줄은 사용 중 늘어져서는 안 된다.
④ 급정지장치의 조작부에 사용하는 줄은 충분한 인장강도를 가져야 한다.

> **롤러의 급정지거리**
>
> | 앞면 롤러의 표면속도(m/분) | 급정지거리 |
> | --- | --- |
> | 30 미만 | 앞면 롤러 원주의 1/3 이내 |
> | 30 이상 | 앞면 롤러 원주의 1/2.5 이내 |

59 ★빈출

산업안전보건법령상 컨베이어에 설치하는 방호장치로 거리가 가장 먼 것은?

① 건널다리
② 반발예방장치
③ 비상정지장치
④ 역주행방지장치

> 날접촉예방장치와 반발예방장치는 목재가공용 둥근톱기계의 방호장치에 해당된다.

정답 54 ④　55 ④　56 ①　57 ②　58 ②　59 ②

60

자동화 설비를 사용하고자 할 때 기능의 안전화를 위하여 검토할 사항으로 거리가 가장 먼 것은?

① 재료 및 가공 결함에 의한 오동작
② 사용압력 변동 시의 오동작
③ 전압강하 및 정전에 따른 오동작
④ 단락 또는 스위치 고장 시의 오동작

> **기능상의 안전화**
> (1) 적절한 조치가 필요한 이상상태 : 전압의 강하, 정전 시 오동작, 단락스위치나 릴레이 고장 시 오동작, 사용압력 변동 시 오동작, 밸브계통의 고장에 의한 오동작 등
> (2) 소극적 대책
>   ① 이상 시 기계 급정지
>   ② 안전 장치 작동
> (3) 적극적 대책
>   ① 전기회로 개선 오동작 방지
>   ② 정상기능 찾도록 완전한 회로 설계
>   ③ 페일 세이프

4과목 전기설비 안전 관리

61

그림에서 인체의 허용접촉전압은 약 몇 V인가? (단, 심실세동 전류는 $\frac{0.165}{\sqrt{T}}$이며, 인체 저항 $R_k = 1,000\,\Omega$, 발의 저항 $R_f = 300\,\Omega$이고, 접촉시간은 1초로 한다.)

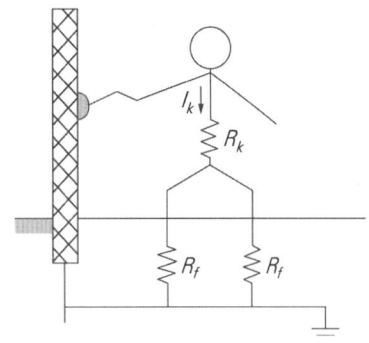

① 107
② 132
③ 190
④ 215

> **허용접촉전압**
> 허용접촉전압$(E) = \left(1,000 + \frac{300}{2}\right) \times \frac{0.165}{\sqrt{T}} = 189.75(\mathrm{V})$

62

교류 아크 용접기에 전격방지기를 설치하는 요령 중 틀린 것은?

① 이완 방지 조치를 한다.
② 직각으로만 부착해야 한다.
③ 동작 상태를 알기 위한 표시 등은 보기 쉬운 곳에 설치한다.
④ 테스트 스위치는 조작이 용이한 곳에 위치시킨다.

> **자동전격방지기의 설치방법**
> ① 직각으로 부착할 것(부득이할 경우 직각에서 20°를 넘지 않을 것)
> ② 용접기의 이동·진동·충격으로 이완되지 않도록 이완 방지 조치를 취할 것
> ③ 전방 장치의 작동 상태를 알기 위한 표시 등은 보기 쉬운 곳에 설치할 것
> ④ 전방 장치의 작동 상태를 실험하기 위한 테스트 스위치는 조작하기 쉬운 곳에 설치할 것

63

피뢰침의 제한전압이 800kV, 충격절연강도가 1,000kV라 할 때, 보호 여유도는 몇 %인가?

① 25
② 33
③ 47
④ 63

> **피뢰침의 보호 여유도**
> 여유도(%) = $\frac{1,000 - 800}{800} \times 100 = 25(\%)$

정답 60 ① 61 ③ 62 ② 63 ①

64

물질의 접촉과 분리에 따른 정전기 발생량의 정도를 나타낸 것으로 틀린 것은?

① 표면이 오염될수록 크다.
② 분리속도가 빠를수록 크다.
③ 대전서열이 서로 멀수록 크다.
④ 접촉과 분리가 반복될수록 크다.

> 정전기 발생의 영향 요인(보기 외에)
> ① 물체의 특성
> ② 표면상태
> ③ 물체의 이력(이력이 있을수록 작아진다)
> ④ 접촉면적과 압력 등

65

22.9KV 충전전로에 대해 필수적으로 작업자와 이격시켜야 하는 접근한계거리는?

① 45cm
② 60cm
③ 90cm
④ 110cm

> 충전전로에서의 전기작업
>
> | 충전전로의 선간전압 (단위 : 킬로볼트) | 충전전로에 대한 접근한계거리 (단위 : 센티미터) |
> |---|---|
> | 0.3 이하 | 접촉금지 |
> | 0.3 초과 0.75 이하 | 30 |
> | 0.75 초과 2 이하 | 45 |
> | 2 초과 15 이하 | 60 |
> | 15 초과 37 이하 | 90 |
> | 37 초과 88 이하 | 110 |
> | 88 초과 121 이하 | 130 |
> | 이하 생략 | 이하 생략 |

66

개폐조작 시 안전절차에 따른 차단순서와 투입순서로 가장 올바른 것은?

인입 —／— □ —／— 부하
　　　① DS　② VCB　③ DS

① 차단 : ② → ① → ③, 투입 : ① → ② → ③
② 차단 : ② → ③ → ①, 투입 : ① → ② → ③
③ 차단 : ② → ① → ③, 투입 : ③ → ② → ①
④ 차단 : ② → ③ → ①, 투입 : ③ → ① → ②

> 단로기 사용방법
> ① 단로기를 차단할 경우 : 차단기를 개로한 후에 끊는다.
> ② 단로기를 투입할 경우 : 차단기를 폐로하기 전에 넣는다.

67

정전기에 대한 설명으로 가장 옳은 것은?

① 전하의 공간적 이동이 크고, 자계의 효과가 전계의 효과에 비해 매우 큰 전기
② 전하의 공간적 이동이 크고, 자계의 효과와 전계의 효과를 서로 비교할 수 없는 전기
③ 전하의 공간적 이동이 적고, 전계의 효과와 자계의 효과가 서로 비슷한 전기
④ 전하의 공간적 이동이 적고, 자계의 효과가 전계에 비해 무시할 정도의 적은 전기

> 정전기란 전하의 공간적 이동이 적고, 전계의 영향은 크나 자계의 영향이 상대적으로 미미한 전기전하를 말한다.

68

인체저항을 $500\,\Omega$이라 한다면, 심실세동을 일으키는 위험한계에너지는 약 몇 J인가? (단, 심실세동전류값 $I = \dfrac{165}{\sqrt{T}}$ mA의 Dalziel의 식을 이용하며, 통전시간은 1초로 한다.)

① 11.5
② 13.6
③ 15.3
④ 16.2

> 위험한계에너지
>
> $Q = (\dfrac{165}{\sqrt{T}} \times 10^{-3})^2 \times 500 \times 1 = 13.612(\text{J})$

69

교류 아크 용접기의 허용사용률(%)은? (단, 정격사용률은 10%, 2차 정격전류는 500A, 교류 아크 용접기의 사용전류는 250A이다.)

① 30
② 40
③ 50
④ 60

교류 아크용접기의 허용사용률

허용사용률(%) = $\dfrac{정격2차전류^2}{실제용접전류^2} \times 정격사용률(\%)$

= $\dfrac{500^2}{250^2} \times 10(\%) = 40(\%)$

70 ★빈출

피뢰기의 여유도가 33%이고, 충격절연강도가 1,000kV라고 할 때 피뢰기의 제한전압은 약 몇 kV인가?

① 852
② 752
③ 652
④ 552

피뢰침의 보호 여유도

여유도(%) = $\dfrac{충격절연강도 - 제한전압}{제한전압} \times 100$

$33\% = \dfrac{100 - x}{x} \times 100$

∴ 제한전압 = $\dfrac{100,000}{133} = 751.88$ kV

71

전력용 피뢰기에서 직렬 갭의 주된 사용 목적은?

① 방전내량을 크게 하고 장시간 사용 시 열화를 적게 하기 위하여
② 충격방전 개시전압을 높게 하기 위하여
③ 이상전압 발생 시 신속히 대지로 방류함과 동시에 속류를 즉시 차단하기 위하여
④ 충격파 침입 시에 대지로 흐르는 방전전류를 크게 하여 제한전압을 낮게 하기 위하여

피뢰기의 구성요소

① 특성요소 : 산화아연(ZnO)을 주성분으로 한 소결체로 우수한 비직선 전압전류 특성이 있고 방전 내량도 우수하다.
② 직렬 갭 : 상시(정상 시) 특성요소에 흐르는 누설전류를 방지하고 이상전압 발생 시에 대지로 방전에 의하여 회로를 만들어 속류차단 작용을 한다.

72

방전전극에 약 7,000V의 전압을 인가하면 공기가 전리되어 코로나 방전을 일으킴으로써 발생한 이온으로 대전체의 전하를 중화시키는 방법을 이용한 제전기는?

① 전압인가식 제전기
② 자기방전식 제전기
③ 이온스프레이식 제전기
④ 이온식 제전기

전압인가식 제전기

① 7,000V 정도의 고전압으로 코로나 방전을 일으켜 발생하는 이온으로 대전체 전하를 중화시키는 방법
② 제전능력이 크고 적용범위가 넓어서 많이 사용

73 ★빈출

접지계통 분류에서 TN 접지방식이 아닌 것은?

① TN-T 방식
② TN-C 방식
③ TN-S 방식
④ TN-C-S 방식

TN 계통의 분류

TN-S 계통	• 계통 전체에 대해 별도의 중성선 또는 PE 도체를 사용 • 배전계통에서 PE 도체를 추가로 접지할 수 있음
TN-C 계통	• 계통 전체에 대해 중성선과 보호도체의 기능을 동일 도체로 겸용한 PEN 도체를 사용 • 배전계통에서 PEN 도체를 추가로 접지할 수 있음
TN-C-S계통	• 계통의 일부분에서 PEN 도체를 사용하거나, 중성선과 별도의 PE 도체를 사용하는 방식 • 배전계통에서 PEN 도체와 PE 도체를 추가로 접지할 수 있음

정답 69② 70② 71③ 72① 73①

74
감전사고를 일으키는 주된 형태가 아닌 것은?

① 충전전로에 인체가 접촉되는 경우
② 이중절연 구조로 된 전기 기계·기구를 사용하는 경우
③ 고전압의 전선로에 인체가 근접하여 섬락이 발생된 경우
④ 충전 전기회로에 인체가 단락회로의 일부를 형성하는 경우

> 이중절연 구조는 접지 및 누전차단기를 설치하지 않아도 되는 안전한 구조로 감전사고를 일으킬 위험이 없다.

tip
접지를 하지 않아도 되는 경우
① 이중절연 구조
② 절연대 위 등과 같이 감전 위험이 없는 장소
③ 비접지방식의 전로

75
화재가 발생하였을 때 조사해야 하는 내용으로 가장 관계가 먼 것은?

① 발화원   ② 착화물
③ 출화의 경과   ④ 응고물

> **전기화재 발생원인의 3요건**
> (1) 발화원(기기별)
>   ① 전열기   ② 전등 등의 배선(코드)
>   ③ 전기기기 ④ 전기장치 등
> (2) 출화의 경과(원인 또는 경로별)
>   ① 단락   ② 스파크
>   ③ 누전   ④ 접촉부 과열 등
> (3) 착화물(연소물질)

76
정전기에 관한 설명으로 옳은 것은?

① 정전기는 발생에서부터 억제 - 축적방지 - 안전한 방전이 재해를 방지할 수 있다.
② 정전기 발생은 고체의 분쇄공정에서 가장 많이 발생한다.
③ 액체의 이송 시는 그 속도(유속)를 7(m/s) 이상 빠르게 하여 정전기의 발생을 억제한다.
④ 접지 값은 10Ω 이하로 하되 플라스틱 같은 절연도가 높은 부도체를 사용한다.

> **정전기 발생 방지**
> ① 접지(도체의 대전방지)
> ② 가습(공기중의 상대습도를 60 ~ 70% 정도 유지)
> ③ 대전방지제 사용
> ④ 배관 내에 액체의 유속제한 및 정체시간 확보
> ⑤ 제전장치(제전기) 사용
> ⑥ 도전성 재료 사용
> ⑦ 보호구 착용

77
감전 등의 재해를 예방하기 위하여 특고압용 기계·기구 주위에 관계자 외 출입을 금하도록 울타리를 설치할 때, 울타리의 높이와 울타리로부터 충전부분까지의 거리의 합이 최소 몇 m 이상이 되어야 하는가? (단, 사용전압이 35kV 이하인 특고압용 기계·기구이다.)

① 5m   ② 6m
③ 7m   ④ 9m

> 울타리·담 등과 고압 및 특고압의 충전부분이 접근하는 경우에는 울타리·담 등의 높이와 울타리·담 등으로부터 충전부분까지 거리의 합계는 35kV 이하일 경우 5m 이상, 35kV 초과 할 경우 6m 이상으로 하되, 전압의 크기에 따라 정해진 거리가 증가한다.

78
산업안전보건기준에 관한 규칙 제319조에 의한 정전전로에서의 정전 작업을 마친 후 전원을 공급하는 경우에 사업주가 작업에 종사하는 근로자 및 전기기기와 접촉할 우려가 있는 근로자에게 감전의 위험이 없도록 준수해야 할 사항이 아닌 것은?

① 단락 접지기구 및 작업기구를 제거하고 전기기기 등이 안전하게 통전될 수 있는지 확인한다.
② 모든 작업자가 작업이 완료된 전기기기에서 떨어져 있는지 확인한다.
③ 잠금장치와 꼬리표를 근로자가 직접 설치한다.
④ 모든 이상 유무를 확인한 후 전기기기 등의 전원을 투입한다.

> 잠금장치와 꼬리표는 설치한 근로자가 직접 철거할 것

정답 74② 75④ 76① 77① 78③

79

한국전기설비규정에 따라 과전류차단기로 저압전로에 사용하는 범용 퓨즈(gG)의 용단전류는 정격전류의 몇 배인가? (단, 정격전류가 4A 이하인 경우이다.)

① 1.5배　　② 1.6배
③ 1.9배　　④ 2.1배

> 정격전류가 4A 이하인 경우 불용단전류는 정격전류의 1.5배, 용단전류는 정격전류의 2.1배이다.

80 빈출

정전기가 대전된 물체를 제전시키려고 한다. 다음 중 대전된 물체의 절연저항이 증가되어 제전의 효과를 감소시키는 것은?

① 접지한다.
② 건조시킨다.
③ 도전성 재료를 첨가한다.
④ 주위를 가습한다.

> 정전기를 방지하기 위해서는 공기 중의 상대습도를 60 ~ 70% 정도 유지하기 위해 가습해야 한다.

5과목　화학설비 안전 관리

81 빈출

사업주는 특수화학설비를 설치할 때 내부의 이상상태를 조기에 파악하기 위하여 필요한 계측장치를 설치하여야 한다. 다음 중 이에 해당하는 특수화학설비가 아닌 것은?

① 발열반응이 일어나는 반응장치
② 증류, 증발 등 분리를 행하는 장치
③ 가열로 또는 가열기
④ 액체의 누설을 방지하는 방유장치

> 계측장치 설치 대상 특수화학설비(보기 외에)
> ① 가열시켜 주는 물질의 온도가 가열되는 위험물질의 분해온도 또는 발화점보다 높은 상태에서 운전되는 설비
> ② 반응폭주등 이상화학반응에 의하여 위험물질이 발생할 우려가 있는 설비
> ③ 온도가 섭씨 350도 이상이거나 게이지 압력이 980킬로파스칼 이상인 상태에서 운전되는 설비

82

가스 또는 분진폭발 위험장소에 설치되는 건축물의 내화구조를 설명한 것으로 틀린 것은?

① 건축물 기둥 및 보는 지상 1층까지 내화구조로 한다.
② 위험물 저장·취급용기의 지지대는 지상으로부터 지지대의 끝부분까지 내화구조로 한다.
③ 건축물 주변에 자동소화설비를 설치한 경우 건축물 화재 시 1시간 이상 그 안전성을 유지한 경우는 내화구조로 하지 아니할 수 있다.
④ 배관·전선관 등의 지지대는 지상으로부터 1단까지 내화구조로 한다.

> 물 분무시설 또는 폼헤드설비 등의 자동소화설비를 설치하여 화재 시 2시간 이상 안전성을 유지할 경우 내화구조로 하지 아니할 수 있다.

83

고압가스의 분류 중 압축가스에 해당되는 것은?

① 질소　　② 프로판
③ 산화에틸렌　　④ 염소

> 고압가스의 분류
> ① 압축가스 : 수소, 산소, 질소, 메탄 등
> ② 액화가스 : 프로판, 염소, 암모니아, 탄산가스, 산화에틸렌 등
> ③ 용해가스 : 아세틸렌

정답　79 ④　80 ②　81 ④　82 ③　83 ①

84 빈출

건조설비를 사용하여 작업을 하는 경우에 폭발이나 화재를 예방하기 위하여 준수하여야 하는 사항으로 틀린 것은?

① 위험물 건조설비를 사용하는 경우에는 미리 내부를 청소하거나 환기할 것
② 위험물 건조설비를 사용하여 가열 건조하는 건조물은 쉽게 이탈되도록 할 것
③ 고온으로 가열 건조한 인화성 액체는 발화의 위험이 없는 온도로 냉각한 후에 격납시킬 것
④ 바깥 면이 현저히 고온이 되는 건조설비에 가까운 장소에는 인화성 액체를 두지 않도록 할 것

> **위험물 건조설비 사용 시 준수사항(보기 외에)**
> ① 건조로 인하여 발생하는 가스 · 증기 또는 분진에 의하여 폭발 · 화재의 위험이 있는 물질을 안전한 장소로 배출시킬 것
> ② 위험물 건조설비를 사용하여 가열 건조하는 건조물은 쉽게 이탈되지 않도록 할 것

85

디에틸에테르의 연소범위에 가장 가까운 값은?

① 2~10.4%
② 1.9~48%
③ 2.5~15%
④ 1.5~7.8%

> **디에틸에테르**
> ① 인화점 : -45℃
> ② 발화점 : 160℃
> ③ 연소범위 : 1.9~48%

86

송풍기의 회전차 속도가 1,300rpm일 때 송풍량이 분당 300m³였다. 송풍량을 분당 400m³으로 증가시키고자 한다면 송풍기의 회전차 속도는 약 몇 rpm으로 하여야 하는가?

① 1,533
② 1,733
③ 1,967
④ 2,167

> **회전차 속도**
> $N' = \dfrac{400 \times 1,300}{300} = 1,733.3$

87

다음 중 물과 반응하였을 때 흡열반응을 나타내는 것은?

① 질산암모늄
② 탄화칼슘
③ 나트륨
④ 과산화칼륨

> **질산암모늄(NH₄NO₃)**
> ① 무색, 무취의 결정으로 조해성이 크고, 물, 알코올에 잘 녹는다(물에 녹을 경우 흡열반응).
> ② 단독으로도 급격한 가열, 충격으로 분해 폭발한다.

88

다음 중 노출기준(TWA)이 가장 낮은 물질은?

① 염소
② 암모니아
③ 에탄올
④ 메탄올

> **노출기준(TWA)**
> ① 염소 : 0.5ppm
> ② 암모니아 : 25ppm
> ③ 에탄올 : 1,000ppm
> ④ 메탄올 : 200ppm

정답 84 ② 85 ② 86 ② 87 ① 88 ①

89

가연성 가스 혼합물을 구성하는 각 성분의 조성과 연소범위가 다음 [표]와 같을 때 혼합가스의 연소하한값은 약 몇 vol%인가?

성분	조성(vol%)	연소하한값(vol%)	연소상한값(vol%)
헥산	1	1.1	7.4
메탄	2.5	5.0	15.0
에틸렌	0.5	2.7	36.0
공기	96	-	-

① 2.51
② 7.51
③ 12.07
④ 15.01

르샤틀리에의 법칙(혼합가스의 폭발범위 계산)

① 각 성분기체의 체적

헥산 : $\frac{1}{2} \times 100 = 25\%$, 메탄 : $\frac{2.52}{4} \times 100 = 62.5\%$,

에틸렌 : $\frac{0.5}{4} \times 100 = 12.5\%$

② 혼합가스의 폭발하한계 값

$\frac{100}{L} = \frac{V_1}{L_1} + \frac{V_2}{L_2} + \frac{V_3}{L_3} = \frac{25}{1.1} + \frac{62.5}{5.0} + \frac{12.5}{2.7} = 39.857$

그러므로 $L = \frac{100}{39.857} = 2.509$

90

다음 중 자연발화의 방지법으로 적절하지 않은 것은?

① 통풍을 잘 시킬 것
② 습도가 높은 곳에 저장할 것
③ 저장실의 온도 상승을 피할 것
④ 공기가 접촉되지 않도록 불활성 물질 중에 저장할 것

자연발화 방지법

① 통풍이 잘 되게 할 것
② 저장실 온도를 낮출 것
③ 열이 축적되지 않는 퇴적방법을 선택할 것
④ 습도가 높지 않도록 할 것
⑤ 불활성 물질 중에 저장할 것

91

알루미늄분이 고온의 물과 반응하였을 때 생성되는 가스는?

① 산소
② 수소
③ 메탄
④ 에탄

마그네슘, 알루미늄 등은 물과 반응하여 수소기체를 발생하므로, 열원 및 습기로부터 보호 받을 수 있는 건조한 장소에 보관한다.

92

20℃, 1기압의 공기를 5기압으로 단열압축하면 공기의 온도는 약 몇 ℃가 되겠는가? (단, 공기의 비열비는 1.4이다.)

① 32
② 191
③ 305
④ 464

단열압축이란 외부와 열교환 없이 압력을 높게 하여 온도가 올라가는 현상

$\frac{T_2}{T_1} = \left(\frac{P_2}{P_1}\right)^{\frac{r-1}{r}} = \frac{T_2}{273+20} = \left(\frac{5}{1}\right)^{\frac{1.4-1}{1.4}}$

∴ $T_2 = 464.11(K)$ 절대온도를 섭씨온도로 바꾸면,
464.11 − 273 = 191.11℃

93

압축기와 송풍의 관로에 심한 공기의 맥동과 진동을 발생하면서 불안정한 운전이 되는 서징(surging) 현상의 방지법으로 옳지 않은 것은?

① 풍량을 감소시킨다.
② 배관의 경사를 완만하게 한다.
③ 교축밸브를 기계에서 멀리 설치한다.
④ 토출가스를 흡입 측에 바이패스 시키거나 방출밸브에 의해 대기로 방출시킨다.

맥동현상(surging)

① 원인 : 송출압력과 송출유량 사이에 주기적인 변동으로 입구와 출구의 진공계, 압력계의 침이 흔들리고 동시에 송출유량이 변화하는 현상을 말한다.
② 방지대책 : 배관 중에 불필요한 수조를 없애고, 배관 내의 기체를제 거하며, 풍량 또는 토출량을 줄이고, 유량조절밸브를 배관 중 수조의 전방에 설치하는 등의 조치를 한다.

정답 89 ① 90 ② 91 ② 92 ② 93 ③

94
다음 중 독성이 가장 강한 가스는?

① NH₃
② COCl₂
③ C₆H₅CH₃
④ H₂S

> **독성가스의 노출기준**
> ① NH_3 : 25ppm
> ② $COCl_2$: 0.1ppm
> ③ $C_6H_5CH_3$: 50ppm
> ④ H_2S : 10ppm

95 ★빈출
다음 중 분해폭발의 위험성이 있는 아세틸렌의 용제로 가장 적절한 것은?

① 에테르
② 에틸알코올
③ 아세톤
④ 아세트알데히드

> **아세틸렌 가스**
> ① 압축하면 폭발하는 성질이 있어 용해가 잘 되는 아세톤에 용해시켜 보관한다.
> ② 석유(2배), 아세톤(25배) 등에 잘 용해된다.

96 빈출
분진폭발의 발생 순서로 옳은 것은?

① 비산 → 분산 → 퇴적분진 → 발화원 → 2차폭발 → 전면폭발
② 비산 → 퇴적분진 → 분산 → 발화원 → 2차폭발 → 전면폭발
③ 퇴적분진 → 발화원 → 분산 → 비산 → 전면폭발 → 2차폭발
④ 퇴적분진 → 비산 → 분산 → 발화원 → 전면폭발 → 2차폭발

> **분진폭발의 과정**
> 분진의 퇴적 → 비산하여 분진운 생성 → 분산 → 점화원 → 폭발 → 2차폭발

97 빈출
산업안전보건기준에 관한 규칙에서 정한 위험물질의 종류에서 "물 반응성 물질 및 인화성 고체"에 해당하는 것은?

① 질산에스테르류
② 니트로화합물
③ 칼륨 · 나트륨
④ 니트로소화합물

> **폭발성 물질 및 유기과산화물**
> ① 질산에스테르류
> ② 니트로화합물
> ③ 니트로소화합물
> ④ 아조화합물
> ⑤ 디아조화합물
> ⑥ 하이드라진 유도체
> ⑦ 유기과산화물

98
다음 중 인화점에 관한 설명으로 옳은 것은?

① 액체의 표면에서 발생한 증기농도가 공기 중에서 연소하한 농도가 될 수 있는 가장 높은 액체온도
② 액체의 표면에서 발생한 증기농도가 공기 중에서 연소상한 농도가 될 수 있는 가장 낮은 액체온도
③ 액체의 표면에서 발생한 증기농도가 공기 중에서 연소하한 농도가 될 수 있는 가장 낮은 액체온도
④ 액체의 표면에서 발생한 증기농도가 공기 중에서 연소상한 농도가 될 수 있는 가장 높은 액체온도

> **인화점의 정의**
> ① 점화원에 의하여 인화될 수 있는 최저온도
> ② 연소 가능한 가연성 증기를 발생시켜 연소하한 농도가 될 수 있는 최저온도

99
수분을 함유하는 에탄올에서 순수한 에탄올을 얻기 위해 벤젠과 같은 물질을 첨가하여 수분을 제거하는 증류 방법은?

① 공비증류
② 추출증류
③ 가압증류
④ 감압증류

> **공비증류**
> ① 일반적인 증류로 순수한 성분을 분리시킬 수 없는 혼합물의 경우
> ② 제3의 성분을 첨가하여 별개의 공비 혼합물을 만들어 끓는점이 원 용액의 끓는점보다 충분히 낮아지도록 하여 증류함으로 증류잔류물이 순수한 성분이 되게 하는 증류

정답 94 ② 95 ③ 96 ④ 97 ③ 98 ③ 99 ①

100
소화에 관한 설명으로 틀린 것은?

① 가연성 가스의 주밸브를 차단하여 가스의 공급을 중단시켜 소화하는 방법은 질식소화이다.
② 가연물을 연소하고 있는 구역에서 제거하거나 공급을 중단시켜 소화하는 방법은 제거소화이다.
③ 물의 기화잠열을 이용하여 인화점 및 발화점 이하로 온도를 낮추어 소화하는 방법은 냉각소화이다.
④ 연소의 연속적인 관계를 억제하는 부촉매 효과를 이용하여 소화하는 방법은 억제소화이다.

> ① 가연성 가스의 주밸브를 차단하여 가스의 공급을 중단시켜 소화하는 방법은 제거소화이다.
> ② 공기 중의 산소농도(21%)를 약 15% 이하로 낮추어 연소를 중단시키는 방법은 질식소화이다.

6과목 건설공사 안전 관리

101
흙막이 지보공을 설치하였을 때 정기적으로 점검하여 이상 발견 시 즉시 보수하여야 할 사항이 아닌 것은?

① 굴착 깊이의 정도
② 버팀대의 긴압의 정도
③ 부재의 접속부·부착부 및 교차부의 상태
④ 부재의 손상·변형·부식·변위 및 탈락의 유무와 상태

> 흙막이 지보공 설치 시 정기점검 사항(보기 외에)
> ① 침하의 정도

102
크레인의 운전실 또는 운전대를 통하는 통로의 끝과 건설물 등의 벽체의 간격은 최대 얼마 이하로 하여야 하는가?

① 0.2m   ② 0.3m
③ 0.4m   ④ 0.5m

> 건설물 등의 벽체와 통로의 간격
> 다음의 간격을 0.3미터 이하로 하여야 한다(다만, 근로자가 추락할 위험이 없는 경우에는 그 간격을 0.3미터 이하로 유지하지 아니할 수 있다).
> ① 크레인의 운전실 또는 운전대를 통하는 통로의 끝과 건설물 등의 벽체의 간격
> ② 크레인 거더(girder)의 통로 끝과 크레인 거더의 간격
> ③ 크레인 거더의 통로로 통하는 통로의 끝과 건설물 등의 벽체의 간격

103
달비계를 설치할 때 작업발판의 폭은 최소 얼마 이상으로 하여야 하는가?

① 30cm   ② 40cm
③ 50cm   ④ 60cm

> 작업발판의 폭은 40센티미터 이상으로 하고, 틈새가 없도록 할 것

104
산소결핍이라 함은 공기 중 산소농도가 몇 퍼센트(%) 미만일 때를 의미하는가?

① 20%   ② 18%
③ 15%   ④ 10%

> 산소결핍
> 산소농도 18% 미만인 상태를 말하며 반드시 송기마스크 등의 보호구를 착용해야 한다.

정답   100 ①   101 ①   102 ②   103 ②   104 ②

105

타워크레인을 와이어로프로 지지하는 경우에 준수해야 할 사항으로 옳지 않은 것은?

① 와이어로프를 고정하기 위한 전용 지지프레임을 사용할 것
② 와이어로프 설치각도는 수평면에서 60° 이상으로 하되, 지지점은 4개소 미만으로 할 것
③ 와이어로프와 그 고정부위는 충분한 강도와 장력을 갖도록 설치할 것
④ 와이어로프가 가공전선에 근접하지 않도록 할 것

> 와이어로프 설치각도는 수평면에서 60도 이내로 하되, 지지점은 4개소 이상으로 하고, 같은 각도로 설치할 것

106 ★빈출

터널붕괴를 방지하기 위한 지보공에 대한 점검사항과 가장 거리가 먼 것은?

① 부재의 긴압 정도
② 부재의 손상·변형·부식·변위 탈락의 유무 및 상태
③ 기둥침하의 유무 및 상태
④ 경보장치의 작동상태

> 터널 지보공 조립 및 설치 시 점검사항
> ① 부재의 손상·변형·부식·변위 탈락의 유무 및 상태
> ② 부재의 긴압 정도
> ③ 부재의 접속부 및 교차부의 상태
> ④ 기둥침하의 유무 및 상태

107

작업 중이던 미장공이 상부에서 떨어지는 공구에 의해 상해를 입었다면 어느 부분에 대한 결함이 있었겠는가?

① 작업대 설치
② 작업방법
③ 낙하물 방지시설 설치
④ 비계 설치

> 고소작업으로 인한 낙하물의 위험을 예방하기 위해 낙하물 방지망, 방호선반 등을 설치하여야 한다.

108

이동식 크레인을 사용하여 작업을 할 때 작업시작 전 점검사항이 아닌 것은?

① 주행로의 상측 및 트롤리(trolley)가 횡행하는 레일의 상태
② 권과방지장치 그 밖의 경보장치의 기능
③ 브레이크·클러치 및 조정장치의 기능
④ 와이어로프가 통하고 있는 곳 및 작업장소의 지반상태

> 이동식크레인을 사용하여 작업할 때 작업시작 전 점검사항
> ① 권과방지장치나 그 밖의 경보장치의 기능
> ② 브레이크·클러치 및 조정장치의 기능
> ③ 와이어로프가 통하고 있는 곳 및 작업장소의 지반상태

109 ★빈출

그물코의 크기가 5cm인 매듭 방망사의 폐기 시 인장강도 기준으로 옳은 것은?

① 200kg   ② 100kg
③ 60kg   ④ 30kg

> 안전망 인장강도

그물코의 크기 (단위 : 센티미터)	방망의 종류(단위 : 킬로그램)			
	매듭 없는 방망		매듭 방망	
	신품	폐기 시	신품	폐기 시
10	240	150	200	135
5			110	60

110

크레인 또는 데릭에서 붐각도 및 작업반경별로 작용시킬 수 있는 최대하중에서 후크(Hook), 와이어로프 등 달기구의 중량을 공제한 하중은?

① 작업하중   ② 정격하중
③ 이동하중   ④ 적재하중

> 정격하중
> 크레인의 권상하중에서 훅, 크래브 또는 버킷 등 달기구의 중량에 상당하는 하중을 뺀 하중. 다만, 지브가 있는 크레인 등으로서 경사각의 위치에 따라 권상능력이 달라지는 것은 그 위치에서의 권상하중으로부터 달기구의 중량을 뺀 하중을 말한다.

정답 105 ② 106 ④ 107 ③ 108 ① 109 ③ 110 ②

111 ⭐빈출

차량계 하역운반기계를 사용하는 작업을 할 때 그 기계가 넘어지거나 굴러 떨어짐으로써 근로자에게 위험을 미칠 우려가 있는 경우에 우선적으로 조치하여야 할 사항과 가장 거리가 먼 것은?

① 해당 기계에 대한 유도자 배치
② 지반의 부동침하 방지 조치
③ 갓길 붕괴 방지 조치
④ 경보장치 설치

> 차량계 하역운반기계 전도 등의 방지조치
> ① 유도자 배치 ② 부동침하 방지 ③ 갓길의 붕괴 방지

112 ⭐빈출

경암 지반을 흙막이 지보공 없이 굴착하려 할 때 적합한 굴착면의 기울기 기준으로 옳은 것은?

① 1 : 1.0
② 1 : 0.5
③ 1 : 1.8
④ 1 : 1.2

> 굴착면 기울기 기준
>
> | 지반의 종류 | 모래 | 연암 및 풍화암 | 경암 | 그 밖의 흙 |
> | --- | --- | --- | --- | --- |
> | 굴착면의 기울기 | 1 : 1.8 | 1 : 1.0 | 1 : 0.5 | 1 : 1.2 |

tip
2023년 법령개정. 문제와 해설은 개정된 내용 적용

113

콘크리트 타설 시 거푸집 측압에 관한 설명으로 옳지 않은 것은?

① 기온이 높을수록 측압은 크다.
② 타설속도가 클수록 측압은 크다.
③ 슬럼프가 클수록 측압은 크다.
④ 다짐이 과할수록 측압은 크다.

> 측압이 커지는 조건(보기 ②, ③, ④ 외에)
> ① 거푸집 수평단면이 클수록
> ② 외기의 온도가 낮을수록
> ③ 거푸집 표면이 평탄할수록
> ④ 철골, 철근량이 적을수록
> ⑤ 콘크리트 시공연도가 좋을수록

114 ⭐빈출

강관비계의 수직방향 벽이음 조립간격(m)으로 옳은 것은? (단, 틀비계이며 높이가 5m 이상일 경우)

① 2m   ② 4m
③ 6m   ④ 9m

> 강관비계의 조립 간격
>
> | 종류 | 수직방향 | 수평방향 |
> | --- | --- | --- |
> | 단관비계 | 5m | 5m |
> | 틀비계(높이 5m 미만 제외) | 6m | 8m |

115

굴착과 싣기를 동시에 할 수 있는 토공기계가 아닌 것은?

① Power shovel   ② tractor shovel
③ Back hoe   ④ Motor grader

> 모터 그레이더(자주식 그레이더)
> 끝마무리 작업, 정지작업에 유효 : 전륜을 기울게 할 수 있어 비탈면 고르기 작업도 가능

116

구축물에 안전진단 등 안전성 평가를 실시하여 근로자에게 미칠 위험성을 미리 제거하여야 하는 경우가 아닌 것은?

① 구축물 또는 이와 유사한 시설물의 인근에서 굴착·항타 작업 등으로 침하·균열 등이 발생하여 붕괴의 위험이 예상될 경우
② 구조물, 건축물, 그 밖의 시설물이 그 자체의 무게·적설·풍압 또는 그 밖에 부가되는 하중 등으로 붕괴 등의 위험이 있을 경우
③ 화재 등으로 구축물 또는 이와 유사한 시설물의 내력(耐力)이 심하게 저하되었을 경우
④ 구축물의 구조체가 과도한 안전 측으로 설계가 되었을 경우

> 구조물의 안전성 평가(안전진단 등)(보기 ①, ②, ③ 외에)
> ① 구축물 또는 이와 유사한 시설물에 지진, 동해, 부동침하 등으로 균열·비틀림 등이 발생하였을 경우
> ② 오랜 기간 사용하지 아니하던 구축물 또는 이와 유사한 시설물을 재사용하게 되어 안전성을 검토하여야 하는 경우
> ③ 그 밖의 잠재위험이 예상될 경우

정답 111 ④ 112 ② 113 ① 114 ③ 115 ④ 116 ④

117

작업의자형 달비계를 설치하는 경우 달비계에 작업용 섬유로프 또는 안전대의 섬유벨트를 사용해서는 안 되는 기준으로 틀린 것은?

① 작업높이보다 길이가 긴 것
② 심하게 손상되거나 부식된 것
③ 2개 이상의 작업용 섬유로프 또는 섬유벨트를 연결한 것
④ 꼬임이 끊어진 것

> 작업높이보다 길이가 짧은 것을 사용해서는 안 된다.

118 빈출

안전계수가 4이고 2,000Mpa의 인장강도를 갖는 강선의 최대허용응력은?

① 500Mpa
② 1,000Mpa
③ 1,500Mpa
④ 2,000Mpa

> 안전계수
>
> 안전계수 = $\dfrac{\text{인장강도}}{\text{허용응력}}$
>
> ∴ 최대허용응력 = $\dfrac{2,000}{4}$ = 500

119

지하수위 상승으로 포화된 사질토 지반의 액상화 현상을 방지하기 위한 가장 직접적이고 효과적인 대책은?

① well point 공법 적용
② 동다짐 공법 적용
③ 입도가 불량한 재료를 입도가 양호한 재료로 치환
④ 밀도를 증가시켜 한계간극비 이하로 상대밀도를 유지하는 방법 강구

> 지하수위 상승으로 포화된 사질토이므로 well point 공법을 적용한 배수공법이 가장 효과적이다.

120 빈출

공사진척에 따른 공정률이 다음과 같을 때 안전관리비 사용기준으로 옳은 것은? (단, 공정율은 기성공정율을 기준으로 함)

| 공정률 : 70퍼센트 이상, 90퍼센트 미만 |

① 50퍼센트 이상
② 60퍼센트 이상
③ 70퍼센트 이상
④ 80퍼센트 이상

공사진척에 따른 안전관리비 사용기준			
공정율	50% 이상 70% 미만	70% 이상 90% 미만	90% 이상
사용기준	50% 이상	70% 이상	90% 이상

정답 117 ① 118 ① 119 ① 120 ③

Chapter 18

2023년 7월 2일~7월 22일 | CBT 기출복원문제

1과목　산업재해 예방 및 안전보건교육

01

산업현장에서 재해 발생 시 조치 순서로 옳은 것은?

① 긴급처리 → 재해조사 → 원인분석 → 대책수립 → 실시계획 → 실시 → 평가
② 긴급처리 → 원인분석 → 재해조사 → 대책수립 → 실시 → 평가
③ 긴급처리 → 재해조사 → 원인분석 → 실시계획 → 실시 → 대책수립 → 평가
④ 긴급처리 → 실시계획 → 재해조사 → 대책수립 → 평가 → 실시

> **재해 발생 시 조치 순서**
> 긴급처리 → 재해조사 → 원인분석 → 대책수립 → 실시계획 → 실시 → 평가

02 ⭐빈출

산업재해의 분석 및 평가를 위하여 재해 발생 건수 등의 추이에 대해 한계선을 설정하여 목표관리를 수행하는 재해통계 분석기법은?

① 폴리건(polygon)
② 관리도(control chart)
③ 파레토도(pareto diagram)
④ 특성요인도(cause & effect diagram)

> **통계에 의한 재해원인 분석방법**
>
> | 파레토도
(Pareto diagram) | 관리 대상이 많은 경우 최소의 노력으로 최대의 효과를 얻을 수 있는 방법(분류항목을 큰 값에서 작은 값의 순서로 도표화하는 데 편리) |
> |---|---|
> | 특성요인도 | 특성과 요인관계를 어골상으로 세분하여 연쇄관계를 나타내는 방법(원인요소와의 관계를 상호의 인과관계만으로 결부) |
> | 크로스(Cross) 분석 | 두 가지 또는 그 이상의 요인이 서로 밀접한 상호관계를 유지할 때 사용되는 방법 |
> | 관리도 | 재해 발생 건수 등의 추이 파악 → 목표관리 행하는데 필요한 월별 재해 발생 수의 그래프화 → 관리 구역 설정 → 관리하는 방법 |

03

ABE종 안전모에 대하여 내수성 시험을 할 때 물에 담그기 전의 질량이 400g이고, 물에 담근 후의 질량이 410g이었다면 질량증가율과 합격 여부로 옳은 것은?

① 질량증가율 : 2.5%, 　합격 여부 : 불합격
② 질량증가율 : 2.5%, 　합격 여부 : 합격
③ 질량증가율 : 102.5%, 합격 여부 : 불합격
④ 질량증가율 : 102.5%, 합격 여부 : 합격

> **질량증가율**
>
> ① 질량증가율(%) = $\dfrac{\text{담근 후의 질량} - \text{담그기 전의 질량}}{\text{담그기 전의 질량}} \times 100$
>
> $= \dfrac{410-400}{400} \times 100 = 2.5\%$
>
> ② AE, ABE종 안전모는 질량증가율이 1% 미만이어야 한다. 그러므로 불합격이다.

정답　01 ①　02 ②　03 ①

04

무재해운동에 관한 설명으로 틀린 것은?

① 제3자의 행위에 의한 업무상 재해는 무재해로 본다.
② 작업 시간 중 천재지변 또는 돌발적인 사고로 인한 구조 행위 또는 긴급피난 중 발생한 사고는 무재해로 본다.
③ 무재해란 무재해운동 시행사업장에서 근로자가 업무에 기인하여 사망 또는 2일 이상의 요양을 요하는 부상 또는 질병에 이환되지 않는 것을 말한다.
④ 작업 시간 외에 천재지변 또는 돌발적인 사고 우려가 많은 장소에서 사회통념상 인정되는 업무수행 중 발생한 사고는 무재해로 본다.

무재해의 정의
무재해라 함은 무재해운동 시행사업장에서 근로자가 업무에 기인하여 사망 또는 4일 이상의 요양을 요하는 부상 또는 질병에 이환되지 않는 것을 말한다.

05

데이비스(Davis)의 동기부여이론 중 동기유발의 식으로 옳은 것은?

① 지식 × 기능
② 지식 × 태도
③ 상황 × 기능
④ 상황 × 태도

데이비스의 동기부여이론
인간의 성과 × 물적인 성과 = 경영의 성과
① 지식(knowledge) × 기능(skill) = 능력(ability)
② 상황(situation) × 태도(attitude) = 동기유발(motivation)
③ 능력(ability) × 동기유발(motivation) = 인간의 성과(human performance)

06

안전보건관리조직의 유형 중 스탭형(Staff) 조직의 특징이 아닌 것은?

① 생산부분은 안전에 대한 책임과 권한이 없다.
② 권한 다툼이나 조정 때문에 통제수속이 복잡해지며 시간과 노력이 소모된다.
③ 생산부분에 협력하여 안전명령을 전달, 실시하므로 안전지시가 용이하지 않으며 안전과 생산을 별개로 취급하기 쉽다.
④ 명령계통과 조언, 권고적 참여가 혼동되기 쉽다.

라인 스탭형의 특징
① 라인과 스탭 간에 협조가 안 될 경우 업무의 원활한 추진 불가
② 스탭의 기능이 너무 강하면 권한의 남용으로 라인에 간섭 → 라인의 권한 약화 → 라인의 유명무실
③ 명령계통과 조언, 권고적 참여가 혼동될 가능성

07

자율검사프로그램을 인정받기 위해 보유하여야 할 검사장비의 이력카드 작성, 교정주기와 방법 설정 및 관리 등의 관리주체는 누구인가?

① 사업주
② 제조자
③ 안전관리전문기관
④ 안전보건관리책임자

자율검사프로그램에 따른 안전검사(유효기간 : 2년)
사업주가 근로자 대표와 협의 → 검사방법, 주기 등을 충족하는 검사프로그램 → 안전에 관한 성능검사 → 안전검사 받은 것으로 인정

08 ⭐빈출

다음의 방진마스크 형태로 옳은 것은?

① 직결식 전면형
② 직결식 반면형
③ 격리식 전면형
④ 격리식 반면형

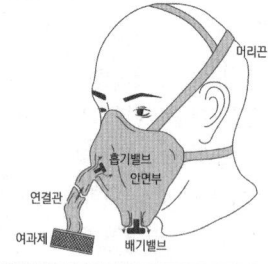

방진마스크의 형태
격리식 전면형 / 직결식 전면형
격리식 반면형 / 직결식 반면형
안면부 여과식

09

산업안전보건법상 환기가 극히 불량한 좁고 밀폐된 장소에서 용접작업을 하는 근로자 대상의 특별안전보건교육 내용에 해당하지 않는 것은? (단, 기타 안전보건관리에 필요한 사항은 제외한다.)

① 환기설비에 관한 사항
② 작업환경 점검에 관한 사항
③ 질식 시 응급조치에 관한 사항
④ 화재예방 및 초기대응에 관한 사항

밀폐된 장소에서 하는 용접작업의 특별안전보건교육 내용
① 작업순서·안전작업 방법 및 수칙에 관한 사항
② 환기설비에 관한 사항
③ 전격방지 및 보호구 착용에 관한 사항
④ 질식 시 응급조치에 관한 사항
⑤ 작업환경 점검에 관한 사항
⑥ 그 밖에 안전보건관리에 필요한 사항

tip
화재예방 및 초기대응에 관한 사항은 아세틸렌 용접장치 또는 가스집합용접장치를 사용하는 금속의 용접·용단 또는 가열작업 시 교육내용에 해당된다.

10

다음의 무재해운동의 이념 중 "선취의 원칙"에 대한 설명으로 가장 적절한 것은?

① 사고의 잠재요인을 사후에 파악하는 것
② 근로자 전원이 일체감을 조성하여 참여하는 것
③ 위험요소를 사전에 발견, 파악하여 재해를 예방 또는 방지하는 것
④ 관리감독자 또는 경영층에서의 자발적 참여로 안전 활동을 촉진하는 것

무재해운동의 3대 원칙	
무의 원칙	모든 잠재위험요인을 적극적으로 사전에 발견하고 파악·해결함으로써 산업재해의 근원적인 요소들을 없앤다는 것을 의미한다.
선취의 원칙	사업장 내에서 행동하기 전에 잠재위험요인을 발견하고 파악·해결하여 재해를 예방하는 것을 의미한다.
참가의 원칙	잠재위험요인을 발견하고 파악·해결하기 위하여 전원이 일치 협력하여 각자의 위치에서 적극적으로 문제해결을 하겠다는 것을 의미한다.

정답 08 ④ 09 ④ 10 ③

11

산업안전보건법령상 유기화합물용 방독마스크의 시험가스로 옳지 않은 것은?

① 이소부탄
② 시클로헥산
③ 디메틸에테르
④ 염소가스 또는 증기

> **유기화합물용 방독마스크 시험가스의 종류**
> ① 시클로헥산(C_6H_{12})
> ② 디메틸에테르(CH_3OCH_3)
> ③ 이소부탄(C_4H_{10})

tip
염소가스 또는 증기는 할로겐용 방독마스크의 시험가스

12

근로자의 작업내용 변경 시 교육에서 일용근로자 및 근로계약기간이 1주일 이하인 기간제근로자를 제외한 그 밖의 근로자의 안전보건 교육시간으로 옳은 것은?

① 1시간 이상
② 2시간 이상
③ 4시간 이상
④ 8시간 이상

> **작업내용 변경 시 교육**
> ① 일용근로자 및 근로계약기간이 1주일 이하인 기간제근로자 : 1시간 이상
> ② 그 밖의 근로자 : 2시간 이상

tip
2023년 법령개정. 문제와 해설은 개정된 내용 적용

13

산업안전보건법령상 안전보건표지의 종류 중 경고표지에 해당하지 않는 것은?

① 레이저광선 경고
② 급성독성물질 경고
③ 매달린 물체 경고
④ 차량통행 경고

> 차량통행금지는 금지표시의 종류에 해당된다.

14

몇 사람의 전문가에 의하여 과제에 관한 견해를 발표한 뒤에 참가자로 하여금 의견이나 질문을 하게 하여 토의하는 방법을 무엇이라 하는가?

① 심포지움(symposium)
② 버즈 세션(buzz session)
③ 케이스 메소드(case method)
④ 패널 디스커션(panel discussion)

> **토의법의 유형**
> ① symposium : 발제자 없이 몇 사람의 전문가가 과제에 대한 견해를 발표한 뒤 참석자들로부터 질문이나 의견을 제시토록 하는 방법
> ② forum(공개 토론회) : 사회자의 진행으로 몇 사람이 주제에 대하여 발표한 후 참석자가 질문을 하고 토론해 나가는 방법(새로운 자료나 주제를 내보이거나 발표한 후 참석자로 하여금 문제나 의견을 제시하게 하고 다시 깊이 있게 토론해 나가는 방법)
> ③ panel discussion(workshop) : 과제에 관한 결론의 도출보다 참가자의 다양한 의견이나 사고방식을 이해하고 그것들을 과제에 적용하여 보다 구체적이고 체계적인 결론을 유도해 내기 위한 방법
>
> 1~2명의 발제자가 주제에 대한 발표 → 4~5명의 패널이 참가자 앞에서 자유로운 논의 → 사회자에 의해 참가자의 의견을 들으면서 상호 토의

15

작업을 하고 있을 때 긴급 이상상태 또는 돌발사태가 되면 순간적으로 긴장하게 되어 판단능력의 둔화 또는 정지상태가 되는 것은?

① 의식의 우회
② 의식의 과잉
③ 의식의 단절
④ 의식의 수준 저하

> **부주의 현상**
>
> | | |
> |---|---|
> | 의식의 단절(중단) | 의식수준 제0단계(phase 0)의 상태(특수한 질병의 경우) |
> | 의식의 우회 | 의식수준 제0단계(phase 0)의 상태(걱정, 고뇌, 욕구불만 등) |
> | 의식수준의 저하 | 의식수준 제1단계(phase Ⅰ) 이하의 상태(심신 피로 또는 단조로운 작업 시) |
> | 의식의 혼란 | 외적조건의 문제로 의식이 혼란되고 분산되어 작업에 잠재된 위험요인에 대응할 수 없는 상태(자극이 애매모호하거나, 너무 강하거나 약할 때) |
> | 의식의 과잉 | 의식수준 제4단계(phaseⅣ)의 상태(돌발사태 및 긴급이상사태로 주의의 일점 집중현상 발생) |

정답 11 ④ 12 ② 13 ④ 14 ① 15 ②

16
A 사업장의 2019년 도수율이 10이라 할 때 연천인율은 얼마인가?

① 2.4
② 5
③ 12
④ 24

> **도수율과 연천인율의 상관관계**
> 연천인율 = 도수율 × 2.4 = 10 × 2.4 = 24

17
재해조사의 목적과 가장 거리가 먼 것은?

① 재해예방 자료수집
② 재해관련 책임자 문책
③ 동종 및 유사재해 재발방지
④ 재해발생 원인 및 결함 규명

> **재해조사의 목적**
> 재해의 원인을 분석하여 결함을 규명하고 동종 및 유사재해의 재발방지 및 재해예방 자료수집

18 ★빈출
무재해운동의 3원칙에 해당되지 않는 것은?

① 무의 원칙
② 참가의 원칙
③ 선취의 원칙
④ 대책선정의 원칙

> **무재해운동의 3대 원칙**
>
> | | |
> |---|---|
> | 무의 원칙 | 모든 잠재위험요인을 적극적으로 사전에 발견하고 파악·해결함으로써 산업재해의 근원적인 요소들을 없앤다는 것을 의미한다. |
> | 선취의 원칙 | 사업장 내에서 행동하기 전에 잠재위험요인을 발견하고 파악·해결하여 재해를 예방하는 것을 의미한다. |
> | 참가의 원칙 | 잠재위험요인을 발견하고 파악·해결하기 위하여 전원이 일치 협력하여 각자의 위치에서 적극적으로 문제해결을 하겠다는 것을 의미한다. |

19
산업안전보건법령상 보안경 착용을 포함하는 안전보건표지의 종류는?

① 지시표지
② 안내표지
③ 금지표지
④ 경고표지

> 지시표지는 보호구 착용에 관한 특정행위의 지시 및 사실의 고지를 나타내며, 원형모양에 바탕은 파란색, 관련그림은 흰색이다.

20 ★빈출
안전보건관리조직의 형태 중 라인 – 스태프(Line – Staff)형에 관한 설명으로 틀린 것은?

① 조직원 전원을 자율적으로 안전 활동에 참여시킬 수 있다.
② 라인의 관리, 감독자에게도 안전에 관한 책임과 권한이 부여된다.
③ 중규모 사업장(100명 이상 ~ 500명 미만)에 적합하다.
④ 안전 활동과 생산업무가 유리될 우려가 없기 때문에 균형을 유지할 수 있어 이상적인 조직형태이다.

> **안전관리조직**
> ① 근로자 100~1,000명 정도의 중규모 사업장에 적합한 조직은 참모식(Staff) 조직
> ② 근로자 1,000명 이상의 대규모 사업장에 적합한 조직은 라인 – 스태프형(Line-Staff) 조직

2과목 인간공학 및 위험성 평가·관리

21
자동화시스템에서 인간의 기능으로 적절하지 않은 것은?

① 설비보전
② 작업계획 수립
③ 조정 장치로 기계를 통제
④ 모니터로 작업 상황 감시

> **자동화시스템**
> ① 감지, 정보처리 및 의사결정 행동을 포함한 모든 임무 수행(완전하게 프로그램되어야 함)
> ② 대부분 폐회로 체계이며, 신뢰성이 완전하지 못하여 감시, 경계, 프로그램 작성 및 수정, 계획수립, 정비유지 등의 보전은 인간이 담당

정답 16 ④ 17 ② 18 ④ 19 ① 20 ③ 21 ③

22

의자 설계에 대한 조건 중 틀린 것은?

① 좌판의 깊이는 작업자의 등이 등받이에 닿을 수 있도록 설계한다.
② 좌판은 엉덩이가 앞으로 미끄러지지 않는 재질과 구조로 설계한다.
③ 좌판의 넓이는 작은 사람에게 적합하도록, 깊이는 큰 사람에게 적합하도록 설계한다.
④ 등받이는 충분한 넓이를 가지고 요추 부위부터 어깨부위까지 편안하게 지지하도록 설계한다.

> 의자 좌판의 깊이와 폭
> ① 폭은 큰 사람에게 맞도록, 깊이는 대퇴를 압박하지 않도록 작은 사람에게 맞도록 설계
> ② 의자가 길거나 옆으로 붙어 있는 경우 팔꿈치 폭 고려 - 95%치 사용(콩나물 효과)

23

시스템 분석 및 설계에 있어서 인간공학의 가치와 가장 거리가 먼 것은?

① 훈련 비용의 절감
② 인력 이용률의 향상
③ 생산 및 보전의 경제성 감소
④ 사고 및 오용으로부터의 손실 감소

> 체계 설계과정에서의 인간공학의 가치(보기 외에)
> ① 성능의 향상
> ② 생산 및 정비유지의 경제성 증대
> ③ 사용자의 수용도 향상

24

산업안전보건법령상 유해·위험방지계획서 제출 대상 사업은 기계 및 가구를 제외한 금속가공제품 제조업으로서 전기 계약용량이 얼마 이상인 사업을 말하는가?

① 50kW
② 100kW
③ 200kW
④ 300kW

> 유해·위험방지계획서 제출 대상 사업장
> 전기 계약용량이 300킬로와트 이상인 금속가공제품 제조업을 비롯한 13개 사업

25

동작경제의 원칙에 해당하지 않는 것은?

① 공구의 기능을 각각 분리하여 사용하도록 한다.
② 두 팔의 동작은 동시에 서로 반대방향으로 대칭적으로 움직이도록 한다.
③ 공구나 재료는 작업동작이 원활하게 수행되도록 그 위치를 정해준다.
④ 가능하다면 쉽고도 자연스러운 리듬이 작업동작에 생기도록 작업을 배치한다.

> 공구의 기능은 결합하여 사용하도록 한다.

26

휴먼 에러 예방 대책 중 인적 요인에 대한 대책이 아닌 것은?

① 설비 및 환경 개선
② 소집단 활동의 활성화
③ 작업에 대한 교육 및 훈련
④ 전문인력의 적재적소 배치

> 설비 및 환경 개선은 관리적인 대책이다.

정답) 22 ③ 23 ③ 24 ④ 25 ① 26 ①

27

다음 시스템에 대하여 톱사상(top event)에 도달할 수 있는 최소 컷셋(Minimal cut sets)을 구할 때 올바른 집합은? (단, X_1, X_2, X_3, X_4는 각 부품의 고장확률을 의미하며 집합 $\{X_1, X_2\}$는 X_1 부품과 X_2 부품이 동시에 고장 나는 경우를 의미한다.)

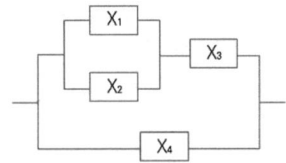

① $\{X_1, X_2\}$, $\{X_3, X_4\}$
② $\{X_1, X_3\}$, $\{X_2, X_4\}$
③ $\{X_1, X_2, X_4\}$, $\{X_3, X_4\}$
④ $\{X_1, X_3, X_4\}$, $\{X_2, X_3, X_4\}$

> **최소 컷셋(Minimal cut sets)**
> $T \rightarrow P_1 X_4 \rightarrow \begin{matrix} P_2 X_4 \\ X_3 X_4 \end{matrix} \rightarrow \begin{matrix} X_1 X_2 X_4 \\ X_3 X_4 \end{matrix}$
> 그러므로, 최소 컷셋은 $\{X_1, X_2, X_4\}$, $\{X_3, X_4\}$

28

운동관계의 양립성을 고려하여 동목(Moving scale)형 표시장치를 바람직하게 설계한 것은?

① 눈금과 손잡이가 같은 방향으로 회전하도록 설계한다.
② 눈금의 숫자는 우측으로 감소하도록 설계한다.
③ 꼭지의 시계 방향 회전이 지시치를 감소시키도록 설계한다.
④ 위의 세 가지 요건을 동시에 만족시키도록 설계한다.

> **양립성(compatibility)의 종류**
>
> | | |
> |---|---|
> | 공간적(spatial) 양립성 | 표시장치나 조정장치에서 물리적 형태 및 공간적 배치 |
> | 운동(movement) 양립성 | 표시장치의 움직이는 방향과 조정장치의 방향이 사용자의 기대와 일치 |
> | 개념적(conceptual) 양립성 | 이미 사람들이 학습을 통해 알고 있는 개념적 연상 |

29

FT도에 사용하는 기호에서 3개의 입력현상 중 임의의 시간에 2개가 발생하면 출력이 생기는 기호의 명칭은?

① 억제 게이트
② 조합 AND 게이트
③ 배타적 OR 게이트
④ 우선적 AND 게이트

> **수정 게이트**
> ① 우선적 AND 게이트 : 입력사상 중 어떤 사상이 다른 사상보다 앞에 일어났을 때 출력사상이 발생한다.
> ② 조합 AND 게이트 : 3개 이상의 입력사상 중 어느 것이나 2개가 일어나면 출력이 발생한다.
> ③ 배타적 OR 게이트 : OR 게이트인데 2개 또는 그 이상의 입력이 존재하는 경우에는 출력이 발생하지 않는다.

30

공정안전관리(process safety management : PSM)의 적용대상 사업장이 아닌 것은?

① 복합비료 제조업
② 농약 원제 제조업
③ 차량 등의 운송설비업
④ 합성수지 및 기타 플라스틱물질 제조업

> **공정안전보고서 제출대상**
> ① 원유정제 처리업
> ② 기타 석유정제물 재처리업
> ③ 석유화학계 기초화학물질 제조업 또는 합성수지 및 기타 플라스틱물질 제조업
> ④ 질소 화합물, 질소 인산 및 칼리질 화학비료 제조업 중 질소질 비료 제조
> ⑤ 복합비료 및 기타 화학비료 제조업 중 복합비료 제조(단순혼합 또는 배합에 의한 경우는 제외)
> ⑥ 화학살균 살충제 및 농업용 약제 제조업(농약 원제 제조만 해당)
> ⑦ 화약 및 불꽃제품 제조업

정답 27 ③ 28 ① 29 ② 30 ③

31

아령을 사용하여 30분간 훈련한 후 이두근의 근육 수축작용에 대한 전기적인 신호 데이터를 모았다. 이 데이터들을 이용하여 분석할 수 있는 것은 무엇인가?

① 근육의 질량과 밀도
② 근육의 활성도와 밀도
③ 근육의 피로도와 크기
④ 근육의 피로도와 활성도

> 신체는 근육의 수축을 통하여 움직이므로, 근육 수축작용에 대한 전기적인 신호 데이터를 통하여 근육의 피로도와 활성도를 분석해 볼 수 있다.

32

착석식 작업대의 높이 설계를 할 경우 고려해야 할 사항과 가장 관계가 먼 것은?

① 의자의 높이
② 대퇴 여유
③ 작업의 성격
④ 작업대의 형태

> 착석식 작업대의 높이 설계 시 고려사항
> ① 의자의 높이
> ② 대퇴 여유
> ③ 작업대 두께
> ④ 작업의 성격

33 ★빈출

인체계측자료의 응용원칙이 아닌 것은?

① 기존 동일 제품을 기준으로 한 설계
② 최대치수와 최소치수를 기준으로 한 설계
③ 조절범위를 기준으로 한 설계
④ 평균치를 기준으로 한 설계

> 인체계측자료의 응용원칙
> ① 극단적인 사람을 위한 설계(극단치 설계) : 최대집단치, 최소집단치
> ② 조절식 설계 : 사무실 의자의 높낮이 조절, 자동차 좌석의 전후조절 등 여러 사람이 사용 가능하도록 조절해야 하는 경우
> ③ 평균치를 기준으로 한 설계 : 가게나 은행의 계산대 등 최대집단치나 최소집단치 또는 조절식으로 설계하기가 부적절하거나 불가능할 경우

34

인체에서 뼈의 주요 기능이 아닌 것은?

① 인체의 지주
② 장기의 보호
③ 골수의 조혈
④ 근육의 대사

> 신체 골격구조(뼈의 주요 기능)
> ① 신체 중요부분의 보호
> ② 신체의 지지 및 형상 유지
> ③ 신체활동 수행
> ④ 골수에서 혈구세포를 만드는 조혈기능
> ⑤ 칼슘, 인 등의 무기질 저장 및 공급기능

35 ★빈출

각 부품의 신뢰도가 다음과 같을 때 시스템의 전체 신뢰도는 약 얼마인가?

① 0.8123
② 0.9453
③ 0.9553
④ 0.9953

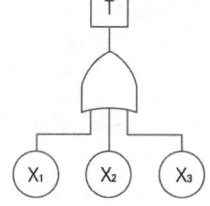

> 신뢰도 계산 : $R_s = 0.95 \times \{1-(1-0.95)(1-0.9)\} = 0.94525$

36 ★빈출

손이나 특정 신체부위에 발생하는 누적손상장애(CTD)의 발생인자와 가장 거리가 먼 것은?

① 무리한 힘
② 다습한 환경
③ 장시간의 진동
④ 반복도가 높은 작업

> 누적외상병(cumulative trauma disorders : CTD)
> ① 외부의 스트레스에 의해 장기간 동안 반복적인 작업이 누적되어 발생하는 부상 또는 질병
> ② 발생 원인
> ㉠ 부적절한 자세
> ㉡ 무리한 힘의 사용
> ㉢ 과도한 반복작업
> ㉣ 연속작업(비휴식)
> ㉤ 장시간 진동

정답 31 ④ 32 ④ 33 ① 34 ④ 35 ② 36 ②

37

불(Boole) 대수의 정리를 나타낸 관계식으로 틀린 것은?

① $A \cdot A = A$
② $A + \bar{A} = 0$
③ $A + AB = A$
④ $A + A = A$

$A + \bar{A} = 1$

38 빈출

그림과 같은 FT도에서 정상사상 T의 발생확률은? (단, X_1, X_2, X_3의 발생 확률은 각각 0.1, 0.15, 0.1이다.)

① 0.3115
② 0.35
③ 0.496
④ 0.9985

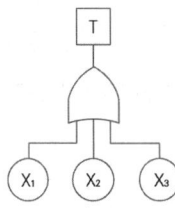

정상사상 발생확률
$P(T) = 1 - (1 - 0.1) \times (1 - 0.15) \times (1 - 0.1) = 0.3115$

39

서브시스템, 구성요소, 기능 등의 잠재적 고장 형태에 따른 시스템의 위험을 파악하는 위험분석기법으로 옳은 것은?

① ETA(Event Tree Analysis)
② HEA(Human Error Analysis)
③ PHA(Preliminary Hazard Analysis)
④ FMEA(Failure Mode and Effect Analysis)

고장형과 영향 분석(Failure Mode and Effect Analysis)
시스템 안전 분석에 이용되는 전형적인 정성적, 귀납적 분석방법으로 시스템에 영향을 미치는 전체요소의 고장을 형별로 분석하여 그 영향을 검토하는 것(각 요소의 1형식 고장이 시스템의 1영향에 대응)

40 빈출

불필요한 작업을 수행함으로써 발생하는 오류로 옳은 것은?

① Command error
② Extraneous error
③ Secondary error
④ Commission error

스웨인(A. D. Swain)의 휴먼에러 분류	
누락에러 (Omission error)	필요한 직무나 단계를 수행하지 않은(생략) 에러
작위에러 (Commission error)	직무나 순서 등을 착각하여 잘못 수행(불확실한 수행)한 에러
순서에러 (Sequential error)	직무 수행과정에서 순서를 잘못 지켜(순서착오) 발생한 에러
지연에러 (Time error)	정해진 시간 내 직무를 수행하지 못하여(수행지연) 발생한 에러
불필요한 수행에러 (Extraneous error)	불필요한 직무 또는 절차를 수행하여 발생한 에러(과잉행동에러)

3과목 기계·기구 및 설비 안전 관리

41 빈출

아세틸렌 용접장치에서 사용하는 발생기실의 구조에 대한 요구사항으로 틀린 것은?

① 벽의 재료는 불연성의 재료를 사용할 것
② 천장과 벽은 견고한 콘크리트 구조로 할 것
③ 출입구의 문은 두께 1.5mm 이상의 철판 또는 이와 동등 이상의 강도를 가진 구조로 할 것
④ 바닥면적의 16분의 1 이상의 단면적을 가진 배기통을 옥상으로 돌출시킬 것

지붕 및 천장에는 얇은 철판이나 가벼운 불연성 재료를 사용할 것

정답 37 ② 38 ① 39 ④ 40 ② 41 ②

42

롤러기의 급정지장치로 사용되는 정지봉 또는 로프의 설치에 관한 설명으로 틀린 것은?

① 복부 조작식은 밑면으로부터 1,200 ~ 1,400mm 이내의 높이로 설치한다.
② 손 조작식은 밑면으로부터 1,800mm 이내의 높이로 설치한다.
③ 손 조작식은 앞면 롤 끝단으로부터 수평거리가 50mm 이내에 설치한다.
④ 무릎 조작식은 밑면으로부터 400 ~ 600mm 이내의 높이로 설치한다.

> 복부 조작식은 800mm ~ 1,100mm 이내의 높이로 설치한다.

43

산업안전보건법령상 용접장치의 안전에 관한 준수사항 설명으로 옳은 것은?

① 아세틸렌 용접장치의 발생기실을 옥외에 설치할 때에는 그 개구부를 다른 건축물로부터 1m 이상 떨어지도록 하여야 한다.
② 가스집합장치로부터 3m 이내의 장소에서는 화기의 사용을 금지시킨다.
③ 아세틸렌 발생기에서 10m 이내 또는 발생기실에서 4m 이내의 장소에서는 흡연행위를 금지시킨다.
④ 아세틸렌 용접장치를 사용하여 용접작업을 할 경우 게이지 압력이 127kPa을 초과하는 아세틸렌을 발생시켜 사용해서는 아니 된다.

> **용접장치의 안전에 관한 준수사항**
> ① 바닥면적의 16분의 1 이상의 단면적을 가진 배기통을 옥상으로 돌출시키고 그 개구부를 창 또는 출입구로부터 1.5m 이상 떨어지도록 할 것
> ② 가스집합장치로부터 5m 이내의 장소에서는 화기의 사용을 금지시킨다.
> ③ 아세틸렌 발생기에서 5m 이내 또는 발생기실에서 3m 이내의 장소에서는 흡연행위를 금지시킨다.

44

다음 중 프레스의 방호장치에 관한 설명으로 틀린 것은?

① 양수조작식 방호장치는 1행정 1정지기구에 사용할 수 있어야 한다.
② 손쳐내기식 방호장치는 슬라이드 하행정거리의 3/4 위치에서 손을 완전히 밀어내야 한다.
③ 광전자식 방호장치의 정상동작표시램프는 붉은색, 위험표시램프는 녹색으로 하며, 쉽게 근로자가 볼 수 있는 곳에 설치해야 한다.
④ 게이트 가드 방호장치는 가드가 열린 상태에서 슬라이드를 동작시킬 수 없고 또한 슬라이드 작동 중에는 게이트 가드를 열 수 없어야 한다.

> 광전자식 방호장치의 정상동작표시램프는 녹색, 위험표시램프는 붉은색으로 하며, 쉽게 근로자가 볼 수 있는 곳에 설치해야 한다.

45

지게차 및 구내운반차의 작업시작 전 점검사항이 아닌 것은?

① 버킷, 디퍼 등의 이상 유무
② 제동장치 및 조종장치 기능의 이상 유무
③ 하역장치 및 유압장치 기능의 이상 유무
④ 전조등, 후미등, 경보장치 기능의 이상 유무

> **지게차 및 구내운반차의 작업시작 전 점검사항**
> ① 제동장치 및 조종장치 기능의 이상 유무
> ② 하역장치 및 유압장치 기능의 이상 유무
> ③ 바퀴의 이상 유무
> ④ 전조등 · 후미등 · 방향지시기 및 경보장치 기능의 이상 유무

46

다음 중 선반에서 절삭가공 시 발생하는 칩을 짧게 끊어지도록 공구에 설치되어 있는 방호장치의 일종인 칩 제거기구를 무엇이라 하는가?

① 칩 브레이커   ② 칩 받침
③ 칩 쉴드   ④ 칩 커터

> **칩 브레이커**
> 선반작업에서 길게 형성되는 절삭 칩을 바이트를 사용하여 절단해주는 장치

정답 42 ① 43 ④ 44 ③ 45 ① 46 ①

47

아세틸렌 용접장치에 사용하는 역화방지기에서 요구되는 일반적인 구조로 옳지 않은 것은?

① 재사용 시 안전에 우려가 있으므로 역화방지 후 바로 폐기하도록 해야 한다.
② 다듬질 면이 매끈하고 사용상 지장이 없는 부식, 흠, 균열 등이 없어야 한다.
③ 가스의 흐름방향은 지워지지 않도록 돌출 또는 각인하여 표시하여야 한다.
④ 소염소자는 금망, 소결금속, 스틸울(steel wool), 다공성 금속물 또는 이와 동등 이상의 소염성능을 갖는 것이어야 한다.

> 역화방지기는 역화를 방지한 후 복원이 되어 계속 사용할 수 있는 구조이어야 한다.

48

초음파 탐상법의 종류에 해당하지 않는 것은?

① 반사식　　　　　② 투과식
③ 공진식　　　　　④ 침투식

> 초음파 탐상시험방법의 종류
> ① 반사법　② 투과법　③ 공진법

49

프레스 금형 부착, 수리작업 등의 경우 슬라이드의 낙하를 방지하기 위하여 설치하는 것은?

① 슈트　　　　　② 키이록
③ 안전블록　　　④ 스트리퍼

> 금형의 부착 및 해체작업 시 슬라이드의 불시 하강을 방지하기 위하여 반드시 안전블록을 설치하여야 한다.

50

회전 중인 연삭숫돌이 근로자에게 위험을 미칠 우려가 있을 시 덮개를 설치하여야 할 연삭숫돌의 최소 지름은?

① 지름이 5cm 이상인 것
② 지름이 10cm 이상인 것
③ 지름이 15cm 이상인 것
④ 지름이 20cm 이상인 것

> 연삭숫돌의 안전기준
> ① 덮개의 설치 기준 : 직경이 50mm 이상인 연삭숫돌
> ② 작업 시작하기 전 1분 이상, 연삭숫돌을 교체한 후 3분 이상 시운전(숫돌파열이 가장 많이 발생하는 경우는 스위치를 넣는 순간)

51

다음 중 기계설비의 정비 · 청소 · 급유 · 검사 · 수리 등의 작업 시 근로자가 위험해질 우려가 있는 경우 필요한 조치와 거리가 먼 것은?

① 근로자의 위험방지를 위하여 해당 기계를 정지시킨다.
② 작업지휘자를 배치하여 갑작스러운 기계 가동에 대비한다.
③ 기계 내부에 압축된 기체나 액체가 불시에 방출될 수 있는 경우에는 사전에 방출조치를 실시한다.
④ 기계 운전을 정지한 경우에는 기동장치에 잠금장치를 하고 다른 작업자가 그 기계를 임의 조작할 수 있도록 열쇠를 찾기 쉬운 곳에 보관한다.

> 기계의 운전을 정지한 경우에 다른 사람이 그 기계를 운전하는 것을 방지하기 위하여 기계의 기동장치에 잠금장치를 하고 그 열쇠를 별도 관리하거나 표지판을 설치하는 등 필요한 방호 조치를 하여야 한다.

정답　47 ①　48 ④　49 ③　50 ①　51 ④

52

아세틸렌 용접 시 역류를 방지하기 위하여 설치하여야 하는 것은?

① 안전기　　② 청정기
③ 발생기　　④ 유량기

아세틸렌 용접장치 안전기(역화, 역류방지기) 설치방법
① 취관마다 안전기 설치
② 주관 및 취관에 가장 가까운 분기관마다 안전기 부착
③ 가스용기가 발생기와 분리되어 있는 아세틸렌 용접장치는 발생기와 가스용기 사이(흡입관)에 안전기 설치

53

산업안전보건법령상 로봇에 설치되는 제어장치의 조건에 적합하지 않은 것은?

① 누름버튼은 오작동 방지를 위한 가드를 설치하는 등 불시기동을 방지할 수 있는 구조로 제작·설치되어야 한다.
② 로봇에는 외부 보호 장치와 연결하기 위해 하나 이상의 보호정지회로를 구비해야 한다.
③ 전원공급램프, 자동운전, 결함검출 등 작동제어의 상태를 확인할 수 있는 표시장치를 설치해야 한다.
④ 조작버튼 및 선택스위치 등 제어장치에는 해당 기능을 명확하게 구분할 수 있도록 표시해야 한다.

로봇에는 외부 보호 장치와 연결하기 위해 하나 이상의 보호정지회로를 구비해야 한다는 내용은 보호정지에 관련된 사항이며 제어장치의 조건에는 해당되지 않는다.

54

컨베이어의 제작 및 안전기준상 작업구역 및 통행구역에 덮개, 울 등을 설치해야 하는 부위에 해당하지 않는 것은?

① 컨베이어의 동력전달 부분
② 컨베이어의 제동장치 부분
③ 호퍼, 슈트의 개구부 및 장력 유지장치
④ 컨베이어 벨트, 풀리, 롤러, 체인, 스프라켓, 스크류 등

작업구역 및 통행구역에서 다음의 부위에는 덮개, 울, 물림보호물(nip guard), 감응형 방호장치(광전자식, 안전매트 등) 등을 설치해야 한다.
① 컨베이어의 동력전달 부분
② 컨베이어 벨트, 풀리, 롤러, 체인, 스프라켓, 스크류 등
③ 호퍼, 슈트의 개구부 및 장력 유지장치
④ 기타 가동부분과 정지부분 또는 다른 물건 사이 틈 등 작업자에게 위험을 미칠 우려가 있는 부분. 다만, 그 틈이 5mm 이내인 경우에는 예외로 할 수 있다.
⑤ 운반되는 재료 또는 컨베이어가 화상 등을 일으킬 수 있는 구간. 다만, 이 경우 덮개나 울을 설치해야 한다.

55

산업안전보건법령상 탁상용 연삭기의 덮개에는 작업 받침대와 연삭숫돌과의 간격을 몇 mm 이하로 조정할 수 있어야 하는가?

① 3　　② 4
③ 5　　④ 10

연삭기 덮개의 성능
① 덮개는 인체의 접촉으로 인한 손상이 없어야 한다.
② 덮개에는 그 강도를 저하시키는 균열 및 기포 등이 없어야 한다.
③ 탁상용 연삭기의 덮개에는 워크레스트 및 조정편을 구비해야 하며 워크레스트는 연삭숫돌과의 간격을 3mm 이하로 조정할 수 있는 구조이어야 한다.

56

다음 중 회전축, 커플링 등 회전하는 물체에 작업복 등이 말려드는 위험을 초래하는 위험점은?

① 협착점　　② 접선물림점
③ 절단점　　④ 회전말림점

회전말림점
회전체의 불규칙 부위와 돌기 회전 부위에 의해 형성되는 것으로 회전축, 드릴축, 커플링 등

정답　52 ①　53 ②　54 ②　55 ①　56 ④

57
프레스의 손쳐내기식 방호장치 설치기준으로 틀린 것은?

① 방호판의 폭이 금형 폭의 1/2 이상이어야 한다.
② 슬라이드 행정수가 300SPM 이상의 것에 사용한다.
③ 손쳐내기봉의 행정(Stroke) 길이를 금형의 높이에 따라 조정할 수 있고 진동 폭은 금형 폭 이상이어야 한다.
④ 슬라이드 하행정거리의 3/4 위치에서 손을 완전히 밀어내야 한다.

> **손쳐내기식(push away, sweep guard)**
> ① 슬라이드에 캠 등으로 연결된 손쳐내기식 봉에 의해 위험한계 내의 손을 쳐내는 방식
> ② SPM 100 이하, 슬라이드 행정길이 약 40mm 이상의 프레스에 사용 가능

58 빈출
산업안전보건법령상 정상적으로 작동될 수 있도록 미리 조정해 두어야 할 이동식 크레인의 방호장치로 가장 적절하지 않은 것은?

① 제동장치
② 권과방지장치
③ 과부하방지장치
④ 파이널 리미트 스위치

> **양중기의 방호장치의 종류**
> ① 과부하방지장치
> ② 권과방지장치
> ③ 비상정지장치 및 제동장치
> ④ 그 밖의 방호장치(승강기의 파이널 리미트 스위치, 조속기, 출입문 인터록 등)

59
산업안전보건법령상 고속회전체의 회전시험을 하는 경우 미리 회전축의 재질 및 형상 등에 상응하는 종류의 비파괴검사를 해서 결함 유무를 확인해야 한다. 이때 검사 대상이 되는 고속회전체의 기준은?

① 회전축의 중량이 0.5톤을 초과하고, 원주속도가 100m/s 이내인 것
② 회전축의 중량이 0.5톤을 초과하고, 원주속도가 120m/s 이상인 것
③ 회전축의 중량이 1톤을 초과하고, 원주속도가 100m/s 이내인 것
④ 회전축의 중량이 1톤을 초과하고, 원주속도가 120m/s 이상인 것

> **고속회전체의 비파괴검사를 실시하는 대상**
> 회전시험을 하는 경우 회전축의 중량이 1톤을 초과하고 원주속도가 매초당 120m 이상인 것

60 빈출
보일러 부하의 급변, 수위의 과상승 등에 의해 수분이 증기와 분리되지 않아 보일러 수면이 심하게 솟아올라 올바른 수위를 판단하지 못하는 현상은?

① 프라이밍 ② 모세관
③ 워터해머 ④ 역화

> **프라이밍**
> 보일러의 과부하로 보일러수가 극심하게 끓어서 수면에서 계속하여 물방울이 비산하고 증기부가 물방울로 충만하여 수위가 불안정하게 되는 현상

정답 57 ② 58 ④ 59 ④ 60 ①

4과목 전기설비 안전 관리

61
감전 재해자가 발생하였을 때 취하여야 할 최우선 조치는? (단, 감전자가 질식상태라 가정함)

① 부상 부위를 치료한다.
② 심폐소생술을 실시한다.
③ 의사의 왕진을 요청한다.
④ 우선 병원으로 이동시킨다.

> **감전사고 시 응급조치**
> 질식으로 인하여 맥박과 호흡이 정지하는 경우 인공호흡과 심장마사지를 병행하는 심폐소생술을 실시하여야 한다.

62
방폭지역 0종 장소로 결정해야 할 곳으로 틀린 것은?

① 인화성 또는 가연성 가스가 장기간 체류하는 곳
② 인화성 또는 가연성 물질을 취급하는 설비의 내부
③ 인화성 또는 가연성 액체가 존재하는 피트 등의 내부
④ 인화성 또는 가연성 증기의 순환통로를 설치한 내부

> **0종 장소**
> 인화성 액체의 증기 또는 가연성 가스에 의한 폭발위험이 지속적으로 또는 장기간 존재하는 장소(용기·장치·배관 등의 내부 등)

63
인체에 미치는 전격 재해의 위험을 결정하는 주된 인자 중 가장 거리가 먼 것은?

① 통전전압의 크기   ② 통전전류의 크기
③ 통전경로   ④ 통전시간

> **감전위험 인자**
> | | | |
> |---|---|---|
> | 1차적 위험요소 | ① 통전전류의 크기 ③ 통전경로 | ② 통전시간 ④ 전원의 종류 |
> | 2차적 위험요소 | ① 인체의 조건 | ② 통전전압 ③ 계절 |

64
방전의 분류에 속하지 않는 것은?

① 연면 방전   ② 불꽃 방전
③ 코로나 방전 ④ 스프레이 방전

> **방전의 형태**
> ① 코로나 방전   ② 스트리머 방전
> ③ 불꽃 방전   ④ 연면 방전
> ⑤ 브러쉬 방전   ⑥ 낙뢰 방전

65
인체저항이 5,000Ω이고, 전류가 3mA가 흘렀다. 인체의 정전용량이 0.1μF라면 인체에 대전된 정전하는 몇 μC인가?

① 0.5   ② 1.0
③ 1.5   ④ 2.0

> **대전된 정전하**
> ① 공식 : $\frac{1}{2}QV = \frac{1}{2}CV^2$
> [C : 도체의 정전용량(F), V : 대전 전위(V), Q : 대전전하량(C)]
> ② 위의 식을 유도하면
> $Q[\mu C] = CV = 0.1 \times 10^{-6} \times 15 \times 10^6 = 1.5[\mu C]$

정답 61 ② 62 ④ 63 ① 64 ④ 65 ③

66 빈출

저압전로의 절연성능 시험에서 전로의 사용전압이 380V인 경우 전로의 전선 상호 간 및 전로와 대지 사이의 절연저항은 최소 몇 MΩ 이상이어야 하는가?

① 0.5MΩ ② 1.0MΩ
③ 1.5MΩ ④ 2.0MΩ

저압전로의 절연성능

전로의 사용전압(V)	DC 시험전압(V)	절연저항(MΩ 이상)
SELV 및 PELV	250	0.5
FELV, 500V 이하	500	1.0
500V 초과	1,000	1.0

[주] 특별저압(Extra Low Voltage : 2차 전압이 AC 50V, DC 120V 이하)으로 SELV(비접지회로 구성) 및 PELV(접지회로 구성)은 1차와 2차가 전기적으로 절연된 회로, FELV는 1차와 2차가 전기적으로 절연되지 않은 회로

67 빈출

피뢰설비에서 수뢰부 시스템의 배치방법에 해당되지 않는 것은?

① 계통법 ② 회전구체법
③ 보호각법 ④ 메시법

수뢰부 시스템의 배치방법

회전구체법	복합모양의 구조물에 적합(회전구체법은 보호각법의 사용이 제외된 구조물의 일부와 영역의 보호공간을 확인하는 데 사용)
보호각법	• 단순한 구조물이나 큰 구조물의 작은 일부분에 적합(간단한 형상의 건물) • 이 방법은 선정된 피뢰시스템의 보호레벨에 따라 회전구체의 반경보다 높은 건축물에는 적합하지 않음
메시법	보호대상 구조물의 표면이 평평한 경우에 적합

68

다음은 무슨 현상을 설명한 것인가?

전위차가 있는 2개의 대전체가 특정거리에 접근하게 되면 등전위가 되기 위하여 전하가 절연공간을 깨고 순간적으로 빛과 열을 발생하며 이동하는 현상

① 대전 ② 충전
③ 방전 ④ 열전

방전이란 대전된 물체에서 전하가 방출되는 현상을 말하며, 충전의 반대 개념이다.

69

다음 (   ) 안에 들어갈 내용으로 알맞은 것은?

과전류차단장치는 반드시 접지선이 아닌 전로에 (   )로 연결하여 과전류 발생 시 전로를 자동으로 차단하도록 설치할 것

① 직렬 ② 병렬
③ 임시 ④ 직병렬

과전류차단장치의 설치기준

① 과전류차단장치는 반드시 접지선이 아닌 전로에 직렬로 연결하여 과전류 발생 시 전로를 자동으로 차단하도록 설치할 것
② 차단기·퓨즈는 계통에서 발생하는 최대 과전류에 대하여 충분하게 차단할 수 있는 성능을 가질 것
③ 과전류차단장치가 전기계통상에서 상호 협조·보완되어 과전류를 효과적으로 차단하도록 할 것

70 빈출

일반 허용접촉전압과 그 종별을 짝지은 것으로 틀린 것은?

① 제1종 : 0.5V 이하 ② 제2종 : 25V 이하
③ 제3종 : 50V 이하 ④ 제4종 : 제한 없음

허용접촉전압

종별	접촉 상태	허용접촉전압
제1종	• 인체의 대부분이 수중에 있는 경우	2.5V 이하
제2종	• 인체가 현저하게 젖어 있는 경우 • 금속성의 전기기계장치나 구조물에 인체의 일부가 상시 접촉되어 있는 경우	25V 이하
제3종	• 제1종, 제2종 이외의 경우로 통상의 인체상태에 있어서 접촉전압이 가해지면 위험성이 높은 경우	50V 이하
제4종	• 제1종, 제2종 이외의 경우로 통상의 인체상태에 있어서 접촉전압이 가해지더라도 위험성이 낮은 경우 • 접촉전압이 가해질 우려가 없는 경우	제한 없음

정답 66 ② 67 ① 68 ③ 69 ① 70 ①

71

누전된 전동기에 인체가 접촉하여 500mA의 누전전류가 흘렀고 정격감도전류 500mA인 누전차단기가 동작하였다. 이때 인체전류를 약 10mA로 제한하기 위해서는 전동기 외함에 설치할 접지저항의 크기는 약 몇 Ω인가? (단, 인체저항은 500Ω이며, 다른 저항은 무시한다.)

① 5
② 10
③ 50
④ 100

> 인체에 흐르는 전류를 10mA로 제한하기 위해서는 접지저항 쪽으로 490mA 이상이 흐르도록 해야 한다. 저항값을 구하면 $\frac{5}{0.49} = 10.2\Omega$ 이 나오게 되므로, 10Ω이 가장 적당하다.

72 빈출

내부에서 폭발하더라도 틈의 냉각 효과로 인하여 외부의 폭발성 가스에 착화될 우려가 없는 방폭구조는?

① 내압 방폭구조
② 유입 방폭구조
③ 안전증 방폭구조
④ 본질안전 방폭구조

> **내압 방폭구조(d)**
> ① 용기 내부에서 폭발성 가스 또는 증기가 폭발하였을 때 용기가 그 압력에 견디며 또한 접합면, 개구부 등을 통하여 외부의 폭발성 가스 증기에 인화되지 않도록 한 구조
> ② 전폐형으로 내부에서의 가스 등의 폭발압력에 견디고 그 주위의 폭발 분위기하의 가스 등에 점화되지 않도록 하는 방폭구조

73

충격전압시험시의 표준충격파형을 1.2 × 50μs로 나타내는 경우 1.2와 50이 뜻하는 것은?

① 파두장 - 파미장
② 최초섬락시간 - 최종섬락시간
③ 라이징타임 - 스테이블타임
④ 라이징타임 - 충격전압인가시간

> **표준충격파형**
> 우리나라에서는 파두장(T_f)을 1.2μs, 파미장(T_t)을 50μs를 표준으로 하고, 1.2 × 50μs로 표시한다.

74 빈출

폭발위험장소의 분류 중 인화성 액체의 증기 또는 가연성 가스에 의한 폭발위험이 지속적으로 또는 장기간 존재하는 장소는 몇 종 장소로 분류되는가?

① 0종 장소
② 1종 장소
③ 2종 장소
④ 3종 장소

> **위험장소의 분류**
>
> | 분류 | 적요 |
> |---|---|
> | 0종 장소 | 인화성 액체의 증기 또는 가연성 가스에 의한 폭발위험이 지속적으로 또는 장기간 존재하는 장소 |
> | 1종 장소 | 정상 작동상태에서 인화성 액체의 증기 또는 가연성 가스에 의한 폭발위험분위기가 존재하기 쉬운 장소 |
> | 2종 장소 | 정상 작동상태에서 인화성 액체의 증기 또는 가연성 가스에 의한 폭발위험분위기가 존재할 우려가 없으나, 존재할 경우 그 빈도가 아주 적고 단기간만 존재할 수 있는 장소 |

75

활선작업 시 사용할 수 없는 전기작업용 안전장구는?

① 전기안전모
② 절연장갑
③ 검전기
④ 승주용 가제

> 활선작업 시에는 절연안전모, 절연장갑, 절연안전화 등을 착용하고 검전기로 충전 여부를 확인하는 자세가 필요하다.

76 빈출

고압 및 특고압의 전로에 시설하는 피뢰기의 접지저항은 몇 Ω이하로 하여야 하는가?

① 5Ω 이하
② 10Ω 이하
③ 15Ω 이하
④ 20Ω 이하

> 고압 및 특고압의 전로에 시설하는 피뢰기 접지저항 값은 10Ω 이하로 하여야 한다.

정답 71 ② 72 ① 73 ① 74 ① 75 ④ 76 ②

77

인체의 전기저항을 500Ω으로 하는 경우 심실세동을 일으킬 수 있는 에너지는 약 얼마인가? (단, 심실세동전류로 $I = \frac{165}{\sqrt{T}}$ mA 한다.)

① 13.6J
② 19.0J
③ 13.6mJ
④ 19.0mJ

심실세동전류

$Q = I^2RT(\text{J/S}) = \left(\frac{165}{\sqrt{T}} \times 10^{-3}\right)^2 \times 500 \times 1 = 13.6$

78

방폭인증서에서 방폭부품을 나타내는 데 사용되는 인증번호의 접미사는?

① "G"
② "X"
③ "D"
④ "U"

인증번호의 접미사는 "U"로 표시하며, "X"기호는 사용될 수 없다.

79

개폐기, 차단기, 유도전압조정기의 최대 사용 전압이 7kV 이하인 전로의 경우 절연내력시험은 최대 사용 전압의 1.5배의 전압을 몇 분간 가하는가?

① 10
② 15
③ 20
④ 25

절연내력시험

개폐기 · 차단기 · 전력용 커패시터 · 유도전압조정기 · 계기용변성기 기타의 기구의 전로 및 발전소 · 변전소 · 개폐소 또는 이에 준하는 곳에 시설하는 기계기구의 접속선 및 모선은 규정된 시험전압을 충전 부분과 대지 사이에 연속하여 10분간 가하여 절연내력을 시험하였을 때에 이에 견디어야 한다.

80

다른 두 물체가 접촉할 때 접촉 전위차가 발생하는 원인으로 옳은 것은?

① 두 물체의 온도 차
② 두 물체의 습도 차
③ 두 물체의 밀도 차
④ 두 물체의 일함수 차

일함수 차

① 서로 다른 두 물질을 접촉하였을 때 그 접촉면에 나타나는 전위차를 접촉 전위차라 하며, 금속의 경우, 접촉 전위차는 두 금속의 일함수의 차와 같다.
② 물질 내에 있는 전자 하나를 밖으로 끌어내는 데 필요한 최소의 일 또는 에너지를 일함수라 한다.

5과목 화학설비 안전 관리

81

트리에틸알루미늄에 화재가 발생하였을 때 다음 중 가장 적합한 소화약제는?

① 팽창질석
② 할로겐화합물
③ 이산화탄소
④ 물

3류 위험물에 해당되며, 마른모래, 팽창질석, 팽창진주암 등으로 소화한다.

정답 77 ① 78 ④ 79 ① 80 ④ 81 ①

82

액화 프로판 310KG을 내용적 50L 용기에 충전할 때 필요한 소요 용기의 수는 몇 개인가? (단, 액화 프로판의 가스정수는 2.35이다.)

① 15　　　　　　　② 17
③ 19　　　　　　　④ 21

> **저장능력의 산정식(용기일 경우)**
>
> ① $G = \dfrac{V}{C}$ (G : 질량(kg), V : 부피(l), C : 가스의 정수)
>
> ② $G = \dfrac{50}{2.35} = 21.28$ 따라서, $\dfrac{310}{21.28} = 14.57$이므로, 용기는 15개가 필요하다.

83

산업안전보건법령상 위험물질의 종류와 해당 물질의 연결이 옳은 것은?

① 폭발성 물질 : 마그네슘 분말
② 인화성 고체 : 다이크로뮴산
③ 산화성 물질 : 니트로소화합물
④ 인화성 가스 : 에탄

> ① 마그네슘 분말 : 발화성 물질
> ② 다이크로뮴산 : 산화성 물질
> ③ 니트로소화합물 : 폭발성 물질

84 ⭐빈출

다음 가스 중 가장 독성이 큰 것은?

① CO　　　　　　② $COCl_2$
③ NH_3　　　　　　④ H_2

> **화학물질의 노출기준**
>
> ① 일산화탄소 : 30ppm　　② 포스겐 : 0.1ppm
> ③ 암모니아 : 25ppm

85 ⭐빈출

공기 중에서 폭발범위가 12.5~74vol%인 일산화탄소의 위험도는 얼마인가?

① 4.92　　　　　　② 5.26
③ 6.26　　　　　　④ 7.05

> 위험도 $H = \dfrac{UFL - LFL}{LFL} = \dfrac{74 - 12.5}{12.5} = 4.92$

86

숯, 코크스, 목탄의 대표적인 연소 형태는?

① 혼합연소　　　　② 증발연소
③ 표면연소　　　　④ 비혼합연소

> **표면연소**
>
> 연소물 표면에서 산소와 급격한 산화반응으로 열과 빛을 발생하는 현상으로 가연성 가스 발생이나 열분해 반응이 없어 불꽃이 없는 것이 특징(코크스, 금속분, 목탄 등)

87 ⭐빈출

다음 중 자연발화가 가장 쉽게 일어나기 위한 조건에 해당하는 것은?

① 큰 열전도율
② 고온, 다습한 환경
③ 표면적이 작은 물질
④ 공기의 이동이 많은 장소

> **자연발화 방지법**
>
> ① 통풍이 잘 되게 할 것
> ② 저장실 온도를 낮출 것
> ③ 열이 축적되지 않는 퇴적방법을 선택할 것
> ④ 습도가 높지 않도록 할 것

정답　82 ①　83 ④　84 ①　85 ①　86 ③　87 ②

88

위험물에 관한 설명으로 틀린 것은?

① 이황화탄소의 인화점은 0℃보다 낮다.
② 과염소산은 쉽게 연소되는 가연성 물질이다.
③ 황린은 물속에 저장한다.
④ 알킬알루미늄은 물과 격렬하게 반응한다.

> 과염소산은 산화성 액체에 해당하는 위험물로 조연성 물질에 해당된다.

89

폭발원인물질의 물리적 상태에 따라 구분할 때 기상폭발에 해당되지 않는 것은?

① 분진폭발 ② 응상폭발
③ 분무폭발 ④ 가스폭발

> 폭발의 물리적 상태에 따른 분류
>
> | 기상폭발 | ① 가스폭발 | ② 분무폭발 |
> |---|---|---|
> | | ③ 분진폭발 | ④ 가스분해폭발 |
> | 응상폭발 | ① 수증기폭발 | ② 증기폭발 |

90

건조설비를 사용하여 작업을 하는 경우에 폭발이나 화재를 예방하기 위하여 준수하여야 하는 사항으로 틀린 것은?

① 위험물 건조설비를 사용하는 경우에는 미리 내부를 청소하거나 환기할 것
② 위험물 건조설비를 사용하여 가열 건조하는 건조물은 쉽게 이탈되도록 할 것
③ 고온으로 가열 건조한 인화성 액체는 발화의 위험이 없는 온도로 냉각한 후에 격납시킬 것
④ 바깥 면이 현저히 고온이 되는 건조설비에 가까운 장소에는 인화성 액체를 두지 않도록 할 것

> 위험물 건조설비 사용 시 준수사항
> ① 미리 내부를 청소하거나 환기할 것
> ② 건조로 인하여 발생하는 가스·증기 또는 분진에 의하여 폭발·화재의 위험이 있는 물질을 안전한 장소로 배출시킬 것
> ③ 위험물건조설비를 사용하여 가열 건조하는 건조물은 쉽게 이탈되지 않도록 할 것
> ④ 고온으로 가열 건조한 가연성 물질은 발화의 위험이 없는 온도로 냉각한 후에 격납시킬 것
> ⑤ 건조설비에 근접한 장소에는 가연성 물질을 두지 아니하도록 할 것

91

가솔린(휘발유)의 일반적인 연소범위에 가장 가까운 값은?

① 2.7~27.8vol%   ② 3.4~11.8vol%
③ 1.4~7.6vol%   ④ 5.1~18.2vol%

> 가솔린의 인화점은 -43℃, 발화점은 300℃, 연소범위는 1.4~7.6vol%이다.

92 빈출

가스 또는 분진 폭발 위험장소에 설치되는 건축물의 내화 구조를 설명한 것으로 틀린 것은?

① 건축물 기둥 및 보는 지상 1층까지 내화구조로 한다.
② 위험물 저장·취급용기의 지지대는 지상으로부터 지지대의 끝부분까지 내화구조로 한다.
③ 건축물 주변에 자동소화설비를 설치한 경우 건축물 화재 시 1시간 이상 그 안전성을 유지한 경우는 내화구조로 하지 아니할 수 있다.
④ 배관·전선관 등의 지지대는 지상으로부터 1단까지 내화구조로 한다.

> 가스 또는 분진 폭발 위험장소의 건축물
> (1) 다음에 해당하는 부분은 내화구조로 한다
>   ① 건축물의 기둥 및 보는 지상 1층(지상 1층의 높이가 6미터를 초과하는 경우에는 6미터)까지
>   ② 위험물 저장·취급용기의 지지대(높이가 30센티미터 이하인 것 제외)는 지상으로부터 지지대의 끝부분까지
>   ③ 배관·전선관 등의 지지대는 지상으로부터 1단(1단의 높이가 6미터를 초과하는 경우에는 6미터)까지
> (2) 물 분무시설 또는 폼헤드 설비 등의 자동소화설비를 설치하여 화재 시 2시간 이상 안전성을 유지할 경우 내화구조로 하지 아니할 수 있다.

정답 88 ② 89 ② 90 ② 91 ③ 92 ③

93

다음 관(pipe) 부속품 중 관로의 방향을 변경하기 위하여 사용하는 부속품은?

① 니플(nipple)
② 유니온(union)
③ 플랜지(flange)
④ 엘보(elbow)

피팅류(Fittings)의 종류	
두 개의 관을 연결할 때	플랜지(flange), 유니온(union), 카플링(coupling), 니플(nipple), 소켓(socket)
관로의 방향을 바꿀 때	엘보(elbow), Y지관(Y-branch), 티(tee), 십자(cross)
관로의 크기를 바꿀 때	축소관(reducer), 부싱(bushing)

94

산업안전보건기준에 관한 규칙상 국소배기장치의 후드 설치 기준이 아닌 것은?

① 유해물질이 발생하는 곳마다 설치할 것
② 후드의 개구부 면적은 가능한 한 크게 할 것
③ 외부식 또는 리시버식 후드는 해당 분진 등의 발산원에 가장 가까운 위치에 설치할 것
④ 후드 형식은 가능하면 포위식 또는 부스식 후드를 설치할 것

후드의 설치요령
① 유해물질이 발생하는 곳마다 설치할 것
② 유해인자의 발생형태와 비중, 작업방법 등을 고려하여 당해 분진 등의 발산원을 제어할 수 있는 구조로 설치할 것
③ 후드형식은 가능하면 포위식 또는 부스식 후드를 설치할 것
④ 외부식 또는 리시버식 후드는 해당 분진 등의 발산원에 가장 가까운 위치에 설치할 것

95

산업안전보건기준에 관한 규칙에 따르면 쥐에 대한 경구투입실험에 의하여 실험동물의 50퍼센트를 사망시킬 수 있는 물질의 양, 즉 LD50(경구, 쥐)이 킬로그램당 몇 밀리그램-(체중) 이하인 화학물질이 급성 독성 물질에 해당하는가?

① 25
② 100
③ 300
④ 500

급성 독성물질
① 쥐에 대한 경구투입실험에 의하여 실험동물의 50퍼센트를 사망시킬 수 있는 물질의 양, 즉 LD50(경구, 쥐)이 킬로그램당 300밀리그램(체중) 이하인 화학물질
② 쥐 또는 토끼에 대한 경피흡수실험에 의하여 실험동물의 50퍼센트를 사망시킬 수 있는 물질의 양, 즉 LD50(경피, 토끼 또는 쥐)이 킬로그램당 1,000밀리그램(체중) 이하인 화학물질

96

반응성 화학물질의 위험성은 실험에 의한 평가 대신 문헌조사 등을 통해 계산에 의해 평가하는 방법을 사용할 수 있다. 이에 관한 설명으로 옳지 않은 것은?

① 위험성이 너무 커서 물성을 측정할 수 없는 경우 계산에 의한 평가 방법을 사용할 수도 있다.
② 연소열, 분해열, 폭발열 등의 크기에 의해 그 물질의 폭발 또는 발화의 위험예측이 가능하다.
③ 계산에 의한 평가를 하기 위해서는 폭발 또는 분해에 따른 생성물의 예측이 이루어져야 한다.
④ 계산에 의한 위험성 예측은 모든 물질에 대해 정확성이 있으므로 더 이상의 실험을 필요로 하지 않는다.

계산에 의한 위험성 예측은 물질에 따라 차이가 날 수 있으므로 실험을 통해 좀 더 정확한 값을 구해야 한다.

97

포스겐가스 누설검지의 시험지로 사용되는 것은?

① 연당지
② 염화파라듐지
③ 하리슨시험지
④ 초산벤젠지

가스누설검지법
① 황화수소 : 연당지
② 일산화탄소 : 염화파라듐지
③ 포스겐 : 하리슨시험지
④ 시안화수소 : 초산벤젠지
⑤ 암모니아 : 적색리트머스지
⑥ 염소 : KI 전분지

정답 93 ④ 94 ② 95 ③ 96 ④ 97 ③

98

공기 중 아세톤의 농도가 200ppm(TLV 500ppm), 메틸에틸케톤(MEK)의 농도가 100ppm(TLV 200ppm)일 때 혼합물질의 허용농도(ppm)는? (단, 두 물질은 서로 상가작용을 하는 것으로 가정한다.)

① 150
② 200
③ 270
④ 333

> **혼합물의 노출기준 및 허용농도**
> ① 노출기준(허용기준) 계산
> $$\frac{C_1}{T_1} + \frac{C_2}{T_2} = \frac{200}{500} + \frac{100}{200} = 0.9$$
> ② 1을 초과하지 않았으므로 허용기준 이내이며, 혼합물의 허용농도는
> $$\frac{300}{0.9} = 333.33 \text{ppm}$$

99

Li과 Na에 관한 설명으로 틀린 것은?

① 두 금속 모두 실온에서 자연발화의 위험성이 있으므로 알코올 속에 저장해야 한다.
② 두 금속은 물과 반응하여 수소기체를 발생한다.
③ Li은 비중 값이 물보다 작다.
④ Na는 은백색의 무른 금속이다

> 칼륨(K), 나트륨(Na), 리튬(Li) 등은 금수성 물질로 물과 반응하여 수소기체를 발생시키며, 석유(등유) 속에 저장하거나 파라핀으로 밀봉하여 보관한다.

100 ★빈출

분진폭발의 특징에 관한 설명으로 옳은 것은?

① 가스폭발보다 발생에너지가 작다.
② 폭발압력과 연소속도는 가스폭발보다 크다.
③ 입자의 크기, 부유성 등이 분진폭발에 영향을 준다.
④ 불완전연소로 인한 가스중독의 위험성은 작다.

> **분진폭발의 특징**
> ① 연소속도 및 폭발압력은 가스폭발과 비교하여 작지만, 연소시간이 길고, 발생에너지가 크기 때문에 파괴력과 타는 정도가 크며, 발화에너지도 상대적으로 크다.
> ② 가스에 비해 불완전연소의 가능성이 커서 일산화탄소의 존재로 인한 가스중독의 위험이 있다.

6과목 건설공사 안전 관리

101

크레인을 사용하여 작업을 할 때 작업시작 전에 점검하여야 하는 사항에 해당하지 않는 것은?

① 권과방지장치 · 브레이크 · 클러치 및 운전장치의 기능
② 주행로의 상측 및 트롤리가 횡행하는 레일의 상태
③ 와이어로프가 통하고 있는 곳의 상태
④ 압력 방출 장치의 기능

> 압력 방출 장치의 기능은 공기압축기를 가동할 때의 작업시작전 점검사항에 해당되는 내용이다.

102

흙막이 공법을 흙막이 지지방식에 의한 분류와 구조 방식에 의한 분류로 나눌 때 다음 중 지지방식에 의한 분류에 해당하는 것은?

① 수평 버팀대식 흙막이 공법
② H-Pile 공법
③ 지하연속벽 공법
④ Top down method 공법

> 지지방식에 의한 흙막이 공법은 자립식, 타이로드앵커식, 버팀대식 등이 있다.

정답 98 ④ 99 ① 100 ③ 101 ④ 102 ①

103 빈출

그물코의 크기가 10cm인 매듭 없는 방망사신품의 인장강도는 최소 얼마 이상이어야 하는가?

① 240kg
② 320kg
③ 400kg
④ 500kg

안전망 인장강도				
그물코의 크기 (단위 : 센티미터)	방망의 종류(단위 : 킬로그램)			
	매듭 없는 방망		매듭 방망	
	신품	폐기 시	신품	폐기 시
10	240	150	200	135
5			110	60

104

항타기 및 항발기에 관한 설명으로 옳지 않은 것은?

① 도괴방지를 위해 시설 또는 가설물 등에 설치하는 때에는 그 내력을 확인하고 내력이 부족하면 그 내력을 보강해야 한다.
② 와이어로프의 한 꼬임에서 끊어진 소선(필러선을 제외한다)의 수가 10% 이상인 것은 권상용 와이어로프로 사용을 금한다.
③ 지름 감소가 공칭지름의 7%를 초과하는 것은 권상용 와이어로프로 사용을 금한다.
④ 권상용 와이어로프의 안전계수가 4 이상이 아니면 이를 사용하여서는 아니 된다.

> 항타기 및 항발기의 권상용 와이어로프 안전계수는 5 이상

105

터널 등의 건설작업을 하는 경우에 낙반 등에 의하여 근로자가 위험해질 우려가 있는 경우에 필요한 조치와 가장 거리가 먼 것은?

① 터널 지보공을 설치한다.
② 록 볼트를 설치한다.
③ 환기, 조명시설을 설치한다.
④ 부석을 제거한다.

> 갱내에서의 낙반 방지
> ① 터널 지보공 설치   ② 부석 제거   ③ 록 볼트 설치

106 빈출

강관을 사용하여 비계를 구성하는 경우 준수해야 할 사항으로 옳지 않은 것은?

① 비계기둥의 간격은 띠장 방향에서는 1.85m 이하, 장선(長線) 방향에서는 1.5m 이하로 할 것
② 띠장 간격은 2.0m 이하로 설치할 것
③ 비계기둥의 제일 윗부분으로부터 31m되는 지점 밑부분의 비계기둥은 3개의 강관으로 묶어 세울 것
④ 비계기둥 간의 적재하중은 400kg을 초과하지 않도록 할 것

> 비계기둥의 제일 윗부분으로부터 31m 되는 지점 밑부분의 비계기둥은 2개의 강관으로 묶어 세울 것

107

이동식비계 조립 및 사용 시 준수사항으로 옳지 않은 것은?

① 비계의 최상부에서 작업을 하는 경우에는 안전난간을 설치할 것
② 승강용사다리는 견고하게 설치할 것
③ 작업발판은 항상 수평을 유지하고 작업발판 위에서 작업을 위한 거리가 부족할 경우에는 받침대 또는 사다리를 사용할 것
④ 작업발판의 최대적재하중은 250kg을 초과하지 않도록 할 것

> 작업발판은 항상 수평을 유지하고 작업발판 위에서 안전난간을 딛고 작업을 하거나 받침대 또는 사다리를 사용하여 작업하지 않도록 할 것

108 빈출

유해·위험 방지를 위한 방호조치를 하지 아니하고는 양도, 대여, 설치 또는 사용에 제공하거나, 양도·대여를 목적으로 진열해서는 아니 되는 기계·기구에 해당하지 않는 것은?

① 지게차
② 공기압축기
③ 원심기
④ 덤프트럭

> 유해위험방지를 위하여 방호조치가 필요한 기계기구 등
> ① 예초기   ② 원심기   ③ 공기압축기   ④ 금속절단기
> ⑤ 지게차   ⑥ 포장기계(진공포장기, 래핑기로 한정)

정답   103 ①   104 ④   105 ③   106 ③   107 ③   108 ④

109

다음은 사다리식 통로 등을 설치하는 경우의 준수사항이다. ( ) 안에 들어갈 숫자로 옳은 것은?

> 사다리의 상단은 걸쳐놓은 지점으로부터 ( )cm 이상 올라가도록 할 것

① 30 ② 40
③ 50 ④ 60

> **사다리식 통로의 구조**
> ① 발판과 벽과의 사이는 15센티미터 이상의 간격을 유지할 것
> ② 폭은 30센티미터 이상으로 할 것
> ③ 사다리의 상단은 걸쳐놓은 지점으로부터 60센티미터 이상 올라가도록 할 것
> ④ 사다리식 통로의 길이가 10미터 이상인 경우에는 5미터 이내마다 계단참을 설치할 것
> ⑤ 사다리식 통로의 기울기는 75도 이하로 할 것

110

다음은 가설통로를 설치하는 경우의 준수사항이다. ( ) 안에 알맞은 숫자를 고르면?

> 건설공사에 사용하는 높이 8m 이상인 비계다리에는 ( )m 이내마다 계단참을 설치할

① 7 ② 6 ③ 5 ④ 4

> **가설 통로의 구조**
> ① 경사는 30도 이하로 할 것
> ② 경사가 15도를 초과하는 때에는 미끄러지지 아니하는 구조로 할 것
> ③ 수직갱에 가설된 통로의 길이가 15m 이상인 때에는 10m 이내마다 계단참을 설치할 것
> ④ 건설공사에 사용하는 높이 8m 이상인 비계다리에는 7m 이내마다 계단참을 설치할 것

111

건설업 산업안전 보건관리비의 사용내역에 대하여 수급인 또는 자기공사자는 공사 시작 후 몇 개월마다 1회 이상 발주자 또는 감리원의 확인을 받아야 하는가?

① 3개월 ② 4개월
③ 5개월 ④ 6개월

> 수급인 또는 자기공사자는 안전관리비 사용내역에 대하여 공사 시작 후 6개월마다 1회 이상 발주자 또는 감리원의 확인을 받아야 한다. 다만, 6개월 이내에 공사가 종료되는 경우에는 종료 시 확인을 받아야 한다.

112

터널 지보공을 설치한 경우에 수시로 점검하여 이상을 발견 시 즉시 보강하거나 보수해야 할 사항이 아닌 것은?

① 부재의 손상·변형·부식·변위·탈락의 유무 및 상태
② 부재의 긴압의 정도
③ 부재의 접속부 및 교차부의 상태
④ 계측기 설치 상태

> **터널 지보공 점검사항**
> ① 부재의 손상·변형·부식·변위 탈락의 유무 및 상태
> ② 부재의 긴압 정도
> ③ 부재의 접속부 및 교차부의 상태
> ④ 기둥침하의 유무 및 상태

113

사업주가 유해·위험방지 계획서 제출 후 건설공사 중 6개월 이내마다 안전보건공단의 확인을 받아야 할 내용이 아닌 것은?

① 유해·위험방지 계획서의 내용과 실제공사내용이 부합하는지 여부
② 유해·위험방지 계획서 변경 내용의 적정성
③ 자율안전관리 업체 유해·위험방지 계획서 제출·심사 면제
④ 추가적인 유해·위험요인의 존재 여부

> **공단의 확인사항(6개월 이내마다)**
> ① 유해·위험방지 계획서의 내용과 실제공사내용이 부합하는지 여부
> ② 유해·위험방지 계획서 변경 내용의 적정성
> ③ 추가적인 유해·위험요인의 존재 여부

정답 109 ④ 110 ① 111 ④ 112 ④ 113 ③

114
철골공사 시 안전작업방법 및 준수사항으로 옳지 않은 것은?

① 강풍, 폭우 등과 같은 악천우 시에는 작업을 중지하여야 하며 특히 강풍 시에는 높은 곳에 있는 부재나 공구류가 낙하비래하지 않도록 조치하여야 한다.
② 철골부재 반입 시 시공순서가 빠른 부재는 상단부에 위치하도록 한다.
③ 구명줄 설치 시 마닐라 로프 직경 10mm를 기준하여 설치하고 작업방법을 충분히 검토하여야 한다.
④ 철골보의 두 곳을 매어 인양시킬 때 와이어로프의 내각은 60° 이하이어야 한다.

> **구명줄 설치**
> ① 1가닥에 여러 명 동시사용 금지
> ② 마닐라 로프 직경 16mm를 기준

115 ⭐빈출
지면보다 낮은 땅을 파는 데 적합하고 수중굴착도 가능한 굴착기계는?

① 백호우
② 파워쇼벨
③ 가이데릭
④ 파일드라이버

> **백호우(Back Hoe)**
> ① 기계가 위치한 지반보다 낮은 굴착에 사용
> ② power shovel의 몸체에 앞을 긁어낼 수 있는 arm과 bucket을 달고 굴착
> ③ 기초 굴착, 수중굴착, 좁은 도랑 및 비탈면 절취 등의 작업

116 ⭐빈출
산업안전보건법령에 따른 지반의 종류별 굴착면의 기울기 기준으로 옳지 않은 것은?

① 모래 - 1 : 1.8
② 연암 - 1 : 0.5
③ 풍화암 - 1 : 1.0
④ 그 밖의 흙 - 1 : 1.2

> **굴착면 기울기 기준**
>
> | 지반의 종류 | 모래 | 연암 및 풍화암 | 경암 | 그 밖의 흙 |
> | --- | --- | --- | --- | --- |
> | 굴착면의 기울기 | 1 : 1.8 | 1 : 1.0 | 1 : 0.5 | 1 : 1.2 |

tip
2023년 법령개정. 문제와 해설은 개정된 내용 적용

117
다음 중 지하수위 측정에 사용되는 계측기는?

① Load Cell
② Inclinometer
③ Extensometer
④ Water Level Meter

> **계측기**
> ① Load Cell : 하중계
> ② Inclinometer : 경사계
> ③ Extensometer : 지중침하계
> ④ Water Level Meter : 지하수위계

118
터널 지보공을 조립하거나 변경하는 경우에 조치하여야 하는 사항으로 옳지 않은 것은?

① 목재의 터널 지보공은 그 터널 지보공의 각 부재에 작용하는 긴압 정도를 체크하여 그 정도가 최대한 차이나도록 할 것
② 강(鋼)아치 지보공의 조립은 연결볼트 및 띠장 등을 사용하여 주재 상호간을 튼튼하게 연결할 것
③ 기둥에는 침하를 방지하기 위하여 받침목을 사용하는 등의 조치를 할 것
④ 주재(主材)를 구성하는 1세트의 부재는 동일 평면 내에 배치할 것

> **터널 지보공 조립, 변경 시 조치사항**
> ① 주재를 구성하는 1세트의 부재는 동일 평면 내에 배치할 것
> ② 목재의 터널지보공은 그 터널지보공의 각 부재의 긴압 정도가 균등하게 되도록 할 것
> ③ 기둥에는 침하를 방지하기 위하여 받침목을 사용하는 등의 조치를 할 것

정답 114 ③ 115 ① 116 ② 117 ④ 118 ①

119

미리 작업장소의 지형 및 지반상태 등에 적합한 제한속도를 정하지 않아도 되는 차량계 건설기계의 속도 기준은?

① 최대 제한 속도가 10km/h 이하
② 최대 제한 속도가 20km/h 이하
③ 최대 제한 속도가 30km/h 이하
④ 최대 제한 속도가 40km/h 이하

> 차량계 하역운반기계, 차량계 건설기계(최대 제한 속도가 시속 10킬로미터 이하인 것은 제외)를 사용하여 작업을 하는 경우 미리 작업장소의 지형 및 지반 상태 등에 적합한 제한속도를 정하고, 운전자로 하여금 준수하도록 하여야 한다.

120 빈출

차량계 건설기계를 사용하여 작업을 하는 경우 작업계획서 내용에 포함되지 않는 사항은?

① 사용하는 차량계 건설기계의 종류 및 성능
② 차량계 건설기계의 운행경로
③ 차량계 건설기계에 의한 작업방법
④ 차량계 건설기계 사용 시 유도자 배치 위치

> **차량계 건설기계의 작업계획서 내용**
> ① 사용하는 차량계 건설기계의 종류 및 성능
> ② 차량계 건설기계의 운행경로
> ③ 차량계 건설기계에 의한 작업방법

정답 119 ① 120 ④

2024년 2월 15일~3월 7일 | CBT 기출복원문제

1과목 산업재해 예방 및 안전보건교육

01 ⭐

다음 중 산업안전보건법령상 안전·보건표지에 있어 금지표지의 종류가 아닌 것은?

① 금연
② 접촉금지
③ 보행금지
④ 차량통행금지

> **금지표지의 종류**
> ① 출입금지 ② 보행금지 ③ 차량통행금지 ④ 사용금지
> ⑤ 탑승금지 ⑥ 금연 ⑦ 화기금지 ⑧ 물체이동금지

02

다음 중 산업안전보건법령상 근로자에 대한 일반건강진단의 실시 시기가 올바르게 연결된 것은?

① 사무직에 종사하는 근로자 : 1년에 1회 이상
② 사무직에 종사하는 근로자 : 2년에 1회 이상
③ 사무직 외의 업무에 종사하는 근로자 : 6월에 1회 이상
④ 사무직 외의 업무에 종사하는 근로자 : 2년에 1회 이상

> **건강진단의 종류 및 실시 시기**
>
> | 종류 | 실시 시기 |
> |---|---|
> | 일반 건강진단 | 사무직에 종사하는 근로자에 대하여는 2년에 1회 이상, 그 밖에 근로자에 대하여는 1년에 1회 이상 |
> | 특수 건강진단 | 특수건강진단대상 유해인자별로 정한 시기 및 주기에 따라 실시 |
> | 배치 전 건강진단 | 특수건강진단대상업무에 해당하는 작업에 배치하기 전 |
> | 수시 건강진단 | 특수건강진단대상 유해인자에 의한 직업성천식·직업성피부염 기타 건강장해를 의심하게 하는 증상을 보이거나 의학적 소견이 있는 경우 |
> | 임시 건강진단 | 필요한 경우 지방노동관서의 장의 명령에 따라 실시 |

03

사고요인이 되는 정신적 요소 중 개성적 결함 요인에 해당하지 않는 것은?

① 방심 및 공상
② 도전적인 마음
③ 과도한 집착력
④ 다혈질 및 인내심 부족

> **개성적 결함 요소**
> ① 과도한 자존심 및 자만심
> ② 다혈질(多血質) 및 인내력 부족
> ③ 약한 마음
> ④ 도전적 성격(挑戰的 性格)
> ⑤ 감정의 장기 지속성
> ⑥ 경솔성
> ⑦ 과도한 집착성
> ⑧ 배타성
> ⑨ 게으름

04 ⭐

재해의 빈도와 상해의 강약도를 혼합하여 집계하는 지표를 무엇이라 하는가?

① 강도율
② 안전활동률
③ safe-T-score
④ 종합재해지수

> **종합재해지수(frequency severity indicator)**
> ① 재해의 빈도의 다소와 상해의 정도의 강약을 종합하여 나타내는 방식으로 직장과 기업의 성적지표로 사용
> ② $FSI = \sqrt{도수율(FR) \times 강도율(SR)}$

정답 01 ② 02 ② 03 ① 04 ④

05

각자가 위험에 대한 감수성 향상을 도모하기 위하여 삼각 및 원포인트 위험예지훈련을 실시하는 것은?

① 1인 위험예지훈련
② 자문자답 위험예지훈련
③ TBM 위험예지훈련
④ 시나리오 역할연기훈련

1인 위험예지훈련
① 위험요인에 대한 감수성을 향상시키기 위해 원포인트 및 삼각위험예지훈련을 통합한 활용기법
② 한 사람 한 사람이 같은 도해로 4라운드까지 1인 위험예지훈련을 실시한 후 리더의 사회로 결과에 대하여 서로 발표하고 토론함으로써 위험요소를 발견하고 파악한 후 해결능력을 향상시키는 훈련

06 ⭐빈출

다음 중 참가자에게 일정한 역할을 주어 실제적으로 연기를 시켜봄으로써 자기의 역할을 보다 확실히 인식할 수 있도록 체험학습을 시키는 교육방법은?

① Role playing
② Brain storming
③ Action playing
④ Fish Bowl playing

Role playing(역할 연기법)
① 참석자가 정해진 역할을 직접 연기해 본 후 함께 토론해보는 방법
② 흥미유발, 태도변용에 도움

07 ⭐빈출

다음 중 안전모의 성능시험에 있어서 AE, ABE종에만 한하여 실시하는 시험은?

① 내관통성시험, 충격흡수성시험
② 난연성시험, 내수성시험
③ 내관통성시험, 내전압성시험
④ 내전압성시험, 내수성시험

안전모의 성능기준

항목	시험성능기준
내관통성	AE, ABE종 안전모는 관통거리가 9.5mm 이하이고, AB종 안전모는 관통거리가 11.1mm 이하이어야 한다. (자율안전확인에서는 관통거리가 11.1mm 이하)
충격흡수성	최고전달충격력이 4,450N을 초과해서는 안 되며, 모체와 착장체의 기능이 상실되지 않아야 한다.
내전압성	AE, ABE종 안전모는 교류 20kW에서 1분간 절연파괴 없이 견뎌야 하고, 이때 누설되는 충전전류는 10mA 이하이어야 한다(자율안전확인에서는 제외).
내수성	AE, ABE종 안전모는 질량증가율이 1% 미만이어야 한다 (자율안전확인에서는 제외).
난연성	모체가 불꽃을 내며 5초 이상 연소되지 않아야 한다.
턱끈풀림	150N 이상 250N 이하에서 턱끈이 풀려야 한다.

08 ⭐빈출

다음 중 재해 사례 연구의 순서를 올바르게 나열한 것은?

① 직접원인과 문제점의 확인 → 근본적 문제의 결정 → 대책수립 → 사실의 확인
② 근본적 문제의 결정 → 직접원인과 문제점의 확인 → 대책수립 → 사실의 확인
③ 사실의 확인 → 직접원인과 문제점의 확인 → 근본적 문제의 결정 → 대책수립
④ 사실의 확인 → 근본적 문제의 결정 → 직접원인과 문제점의 확인 → 대책수립

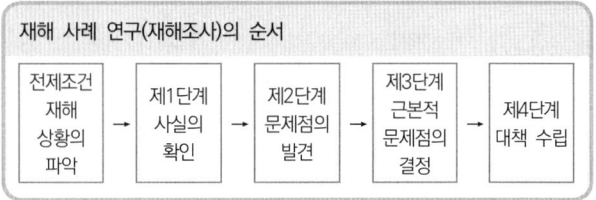

재해 사례 연구(재해조사)의 순서: 전제조건 재해 상황의 파악 → 제1단계 사실의 확인 → 제2단계 문제점의 발견 → 제3단계 근본적 문제점의 결정 → 제4단계 대책 수립

정답 05 ① 06 ① 07 ④ 08 ③

09

다음 중 하인리히가 제시한 1 : 29 : 300의 재해구성비율에 관한 설명으로 틀린 것은?

① 총 사고발생건수는 300건이다.
② 중상 또는 사망은 1회 발생된다.
③ 고장이 포함되는 무상해사고는 300건 발생된다.
④ 인적, 물적 손실이 수반되는 경상이 29건 발생된다.

> **하인리히의 법칙(1 : 29 : 300의 법칙)**
> 330번의 사고가 발생된다면 그중에 중상이 1건, 경상이 29건, 무상해 사고가 300건 발생한다는 뜻

10

안전보건교육의 단계별 교육과정 중 근로자가 지켜야 할 규정의 숙지를 위한 교육에 해당하는 것은?

① 지식교육
② 태도교육
③ 문제해결교육
④ 기능교육

> **지식교육**
> ① 강의, 시청각 교육 등 지식의 전달과 이해
> ② 다수인원에 대한 교육 가능
> ③ 광범위한 지식의 전달 가능
> ④ 규정의 숙지 및 안전의식의 제고 용이

11

다음 중 일반적으로 시간의 변화에 따라 야간에 상승하는 생체리듬은?

① 맥박수
② 염분량
③ 혈압
④ 체중

> **바이오리듬(생체리듬)의 변화**
> ① 주간감소, 야간증가 : 혈액의 수분, 염분량
> ② 주간상승, 야간감소 : 체온, 혈압, 체중, 맥박수
> ③ 특히 야간에는 체중감소, 소화불량, 말초신경기능저하, 피로의 자각증상 증대 등의 현상이 나타난다.

12

다음 중 산소결핍이 예상되는 맨홀 내에서 작업을 실시할 때 사고 방지대책으로 적절하지 않은 것은?

① 작업 시작 전 및 작업 중 충분한 환기 실시
② 작업 장소의 입장 및 퇴장 시 인원점검
③ 방독마스크의 보급과 착용 철저
④ 작업장과 외부와의 상시 연락을 위한 설비 설치

> **보호구의 사용기준**
> ① 방독마스크의 사용제한 : 산소농도가 18% 이상인 장소에서 사용하여야 하고, 고농도와 중농도에서 사용하는 방독마스크는 전면형(격리식, 직결식)을 사용해야 한다.
> ② 산소결핍장소에서는 송기마스크 및 호흡용 보호구를 착용해야 한다.

13

재해로 인한 직접비용으로 8000만원이 산재보상비로 지급되었다면 하인리히 방식에 따를 때 총 손실비용은 얼마인가?

① 16,000만원
② 24,000만원
③ 32,000만원
④ 40,000만원

> **하인리히(H.W.Heinrich) 방식(1 : 4 원칙)**
> ① 직접손실비용 : 간접손실비용 = 1 : 4(1대 4의 경험법칙)
> ② 총재해손실비용 = 직접비 + 간접비 = 직접비 × 5
> ③ 총재해손실비용 = 8,000만원 × 5 = 40,000만원

정답 09 ① 10 ① 11 ② 12 ③ 13 ④

14

다음 중 산업안전보건법령상 안전관리자의 직무에 해당되지 않은 것은? (단, 기타 안전에 관한 사항으로서 고용노동부장관이 정하는 사항은 제외한다.)

① 업무수행 내용의 기록·유지
② 근로자의 건강관리, 보건교육 및 건강증진 지도
③ 안전분야에 한정된 산업재해에 관한 통계의 유지·관리를 위한 지도·조언
④ 법 또는 법에 따른 명령으로 정한 안전에 관한 사항의 이행에 관한 보좌 및 지도·조언

> **안전관리자의 직무** (문제의 보기 ①, ③, ④ 외에 해당하는 직무)
> ① 산업안전 보건위원회 또는 안전·보건에 관한 노사 협의체에서 심의·의결한 직무와 해당 사업장의 안전보건관리규정 및 취업규칙에서 정한 직무
> ② 안전인증대상기계 기구 등과 자율안전확인대상기계 기구 등의 구입 시 적격품의 선정
> ③ 해당 사업장 안전교육계획의 수립 및 실시
> ④ 사업장 순회점검·지도 및 조치의 건의
> ⑤ 산업재해발생의 원인조사 및 재발방지를 위한 기술적 지도·조언

tip
근로자의 건강관리·보건교육 및 건강증진지도는 보건관리자의 직무에 해당되는 내용

15

다음 중 교육형태의 분류에 있어 가장 적절하지 않은 것은?

① 교육의도에 따라 형식적교육, 비형식적교육
② 교육성격에 따라 일반교육, 교양교육, 특수교육
③ 교육방법에 따라 가정교육, 학교교육, 사회교육
④ 교육내용에 따라 실업교육, 직업교육, 고등교육

> 가정교육, 학교교육, 사회교육은 교육의도에 따라 분류하는 형식적, 비형식적 교육의 종류에 해당되는 내용

16

안전교육 방법 중 OJT(On the Job Training) 특징과 거리가 먼 것은?

① 상호 신뢰 및 이해도가 높아진다.
② 개개인의 적절한 지도훈련이 가능하다.
③ 사업장의 실정에 맞게 실제적 훈련이 가능하다.
④ 관련 분야의 외부 전문가를 강사로 초빙하는 것이 가능하다.

> **OJT의 특징**
> ① 직장의 현장실정에 맞는 구체적이고 실질적인 교육이 가능하다.
> ② 교육의 효과가 업무에 신속하게 반영된다.
> ③ 교육의 이해도가 빠르고 동기부여가 쉽다.
> ④ 개인의 능력과 적성에 알맞은 맞춤교육이 가능하다.
> ⑤ 교육으로 인해 업무가 중단되는 업무손실이 적다.
> ⑥ 상사와의 의사소통 및 신뢰도 향상에 도움이 된다.

tip
외부 전문가를 강사로 초빙할 수 있는 것은 Off JT의 특징에 해당되는 내용

17

산업안전보건법령상 안전보건교육에서 근로자 정기 안전보건교육의 교육내용에 해당하지 않는 것은?

① 건강증진 및 질병 예방에 관한 사항
② 위험성 평가에 관한 사항
③ 유해·위험 작업환경 관리에 관한 사항
④ 작업공정의 유해·위험과 재해 예방대책에 관한 사항

> **근로자 정기안전보건 교육 내용**
> ① 건강증진 및 질병 예방에 관한 사항
> ② 유해 위험 작업환경 관리에 관한 사항
> ③ 산업안전 및 산업재해 예방에 관한 사항(화재·폭발 사고 발생 시 대피에 관한 사항을 포함)
> ④ 산업보건 및 건강장해 예방에 관한 사항(폭염·한파작업으로 인한 건강장해 발생 시 응급조치에 관한 사항을 포함)
> ⑤ 직무스트레스 예방 및 관리에 관한 사항
> ⑥ 위험성 평가에 관한 사항
> ⑦ 산업안전보건법령 및 산업재해보상보험 제도에 관한 사항
> ⑧ 직장내 괴롭힘, 고객의 폭언 등으로 인한 건강장해 예방 및 관리에 관한 사항

tip
2025년 법령개정. 문제와 해설은 개정된 내용 적용

정답 14② 15③ 16④ 17④

18 ⭐빈출

다음 중 매슬로우(Maslow)의 욕구 5단계 이론에 해당되지 않는 것은?

① 생리적 욕구   ② 안전 욕구
③ 감성적 욕구   ④ 존경의 욕구

> **매슬로우(Abraham Maslow)의 욕구(위계이론)**
> ① 생리적욕구   ② 안전의 욕구   ③ 사회적 욕구
> ④ 인정받으려는 욕구   ⑤ 자아실현의 욕구

19

경험한 내용이나 학습된 행동을 다시 생각하여 작업에 적용하지 아니하고 방치함으로써 경험의 내용이나 인상이 약해지거나 소멸되는 현상을 무엇이라 하는가?

① 착각   ② 훼손
③ 망각   ④ 단절

> **망각**
> 학습된 내용이 지속되지 않고 소실되는 현상(지속되는 것은 파지라고 한다.)

20

다음 중 안전점검 종류에 있어 점검주기에 의한 구분에 해당하는 것은?

① 육안점검   ② 수시점검
③ 형식점검   ④ 기능점검

> **안전점검의 종류(점검주기에 의한 구분)**
> ① 수시점검(일상점검)   ② 정기점검
> ③ 임시점검   ④ 특별점검

2과목 인간공학 및 위험성 평가·관리

21

인간-기계 시스템 설계의 주요 단계 중 기본설계 단계에서 인간의 성능 특성(human performance requirements)과 거리가 먼 것은?

① 속도   ② 정확성
③ 보조물 설계   ④ 사용자 만족

> **인간성능 요건**
> ① 정확도
> ② 속도
> ③ 숙련된 성능의 개발에 필요한 시간
> ④ 사용자 만족도

> **tip**
> 인간-기계 시스템의 시스템 설계단계
> 1단계 : 시스템의 목표와 성능 명세 결정
> 2단계 : 시스템의 정의   3단계 : 기본설계
> 4단계 : 인터페이스설계   5단계 : 보조물 설계
> 6단계 : 시험 및 평가

22 ⭐빈출

다음 중 FTA에서 사용되는 minimal cut set에 관한 설명으로 틀린 것은?

① 사고에 대한 시스템의 약점을 표현한다.
② 정상사상(Top event)을 일으키는 최소한의 집합이다.
③ 시스템에 고장이 발생하지 않도록 하는 모든 사항의 집합이다.
④ 일반적으로 Fussell Algorithm을 이용한다.

> **미니멀 컷셋(minimal cut set)**
> ① 컷셋의 집합 중에서 정상사상을 일으키기 위하여 필요한 최소한의 컷셋으로 정상사상인 결함사상을 발생시키므로 시스템이 고장 나는 상황을 나타낸다.
> ② 미니멀 컷셋은 시스템의 기능을 마비시키는 사고요인의 최소집합이다.

> **tip**
> 미니멀 패스셋은 그 안에 포함되는 모든 기본사상이 일어나지 않을 때 처음으로 정상사상이 일어나지 않는 기본사상의 집합으로 시스템이 고장 나지 않도록 하는 집합이다.

정답 18③ 19③ 20② 21③ 22③

23
다음 중 반응시간이 가장 느린 감각은?

① 청각
② 시각
③ 미각
④ 통각

감각 기관별 반응시간
① 청각 : 0.17초
② 촉각 : 0.18초
③ 시각 : 0.20초
④ 미각 : 0.29초
⑤ 통각 : 0.70초

---

24 ⭐빈출
다음 중 화학설비의 안정성 평가에서 정량적 평가의 항목에 해당되지 않는 것은?

① 조작
② 취급물질
③ 훈련
④ 설비용량

화학설비의 안전성 평가에서 정량적 평가 항목
① 각 구성요소의 물질 ② 화학설비의 용량 ③ 온도
④ 압력 ⑤ 조작

---

25 ⭐빈출
다음 중 의자 설계의 일반 원리로 가장 적합하지 않은 것은?

① 디스크 압력을 줄인다.
② 등근육의 정적 부하를 줄인다.
③ 자세고정을 줄인다.
④ 요부측만을 촉진한다.

의자 설계 시 고려해야할 사항
① 등받이의 굴곡은 요추의 굴곡(전만곡)과 일치해야 한다.
② 좌면의 높이는 사람의 신장에 따라 조절 가능해야 한다.
③ 정적인 부하와 고정된 작업자세를 피해야 한다.
④ 의자의 높이는 오금의 높이보다 같거나 낮아야 한다.

26
3개 공정의 소음수준 측정 결과 1공정은 100dB에서 1시간, 2공정은 95dB에서 1시간, 3공정은 90dB에서 1시간이 소요될 때 총 소음량(TND)과 소음설계의 적합성을 올바르게 나열한 것은? (단, 90dB에 8시간 노출될 때를 허용기준으로 하며, 5dB 증가할 때 허용시간은 1/2로 감소되는 법칙을 적용한다.)

① TND = 0.78, 적합
② TND = 0.88, 적합
③ TND = 0.98, 적합
④ TND = 1.08, 부적합

소음 투여량(noise dose)
① OSHA(미 노동부 직업안전 위생국)의 소음의 부분 투여 (80dB-A 이하 무시)

$$부분투여(\%) = \frac{실제노출시간}{최대허용시간} \times 100$$

② 허용노출수준 : 100%의 소음 투여량
(총 소음 투여량은 부분투여의 합)

③ TND = $(\frac{1}{2} + \frac{1}{4} + \frac{1}{8})$ = 0.88, 적합성은 1 미만이므로 적합

27
한 대의 기계를 120시간 동안 연속 사용한 경우 9회의 고장이 발생하였고, 이때의 총고장수리시간이 18시간이었다. 이 기계의 MTBF(Mean time between failure)는 약 몇 시간인가?

① 10.22
② 11.33
③ 14.27
④ 18.54

평균고장간격(MTBF)

$$MTBF = \frac{1}{고장률(\lambda)} = \frac{총가동시간}{고장건수} = \frac{120-18}{9} = 11.33$$

정답 23 ④ 24 ③ 25 ④ 26 ② 27 ②

28
다음 중 아날로그 표시장치를 선택하는 일반적인 요구사항으로 틀린 것은?

① 일반적으로 동침형보다 동목형을 선호한다.
② 일반적으로 동침과 동목은 혼용하여 사용하지 않는다.
③ 움직이는 요소에 대한 수동 조절을 설계할 때는 바늘(pointer)을 조정하는 것이 눈금을 조정하는 것보다 좋다.
④ 중요한 미세한 움직임이나 변화에 대한 정보를 표시할 때는 동침형을 사용한다

아날로그 표시장치	
정목동침형 (지침이동형)	정량적인 눈금이 정성적으로 사용되어 원하는 값으로부터의 대략적인 편차나, 고도를 읽을 때 그 변화방향과 변화율 등을 알고자 할 때
정침동목형 (지침고정형)	나타내고자 하는 값의 범위가 클 때, 비교적 작은 눈금판에 모두 나타내고자 할 때

29
인간공학의 연구를 위한 수집자료 중 동공확장 등과 같은 것은 어느 유형으로 분류되는 자료라 할 수 있는가?

① 생리 지표
② 주관적 자료
③ 강도 척도
④ 성능 자료

동공확장, 심장활동, 호흡수, 체온 등에 관련된 사항은 생리 지표에 해당된다.

30
다음 중 열중독증(heat illness)의 강도를 올바르게 나열한 것은?

ⓐ 열소모(heat exhaustion)
ⓑ 열발진(heat rash)
ⓒ 열경련(heat cramp)
ⓓ 열사병(heat stroke)

① ⓒ < ⓑ < ⓐ < ⓓ
② ⓒ < ⓑ < ⓓ < ⓐ
③ ⓑ < ⓒ < ⓐ < ⓓ
④ ⓑ < ⓓ < ⓐ < ⓒ

고온으로 인한 증상(열손상)	
열경련 (Heat Cramp)	고온 환경에서 심한 육체적 노동이나 운동을 함으로써 과다한 땀의 배출로 전해질이 고갈되어 발생하는 근육의 경련현상이다.
열소모 (Heat Exhaustion)	고온에서 장시간 힘든 일을 하거나, 심한 운동으로 땀을 다량 흘렸을 때 흔히 나타나는 현상으로 피로감, 현기증, 근육경련과 함께 심하면 순환장해를 일으키며 땀을 통해 손실하는 염분을 충분히 보충하지 못했을 때 주로 발생한다.
열사병 (Heat Stroke)	고온, 다습한 환경에 노출될 때 갑자기 발생해 심각한 체온조절장애를 일으키며, 체온상승(직장온도 40도 이상) 등을 일으켜 혼수상태에 빠지거나 때로는 생명을 위협하기도 한다.
열발진 (Heat Rash)	• 땀샘이 막히는 경우에 발생하는 발진으로 작고 붉은색을 띠고 있어 적색땀띠라고도 한다. • 고열이나 과도한 땀분비 등으로 인해 발생하며, 가렵고 찌르는 듯한 통증을 느끼기도 한다.

31
FT도에서 ①~⑤사상의 발생확률이 모두 0.06일 경우 T사상의 발생 확률은 약 얼마인가?

① 0.00036
② 0.00061
③ 0.142625
④ 0.2262

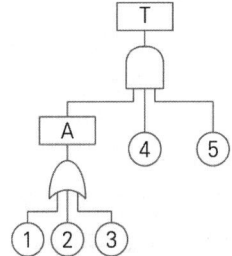

정상사상 발생확률
T = A × ④ × ⑤ A = 1 − (1 − ①)(1 − ②)(1 − ③) T = {1 − (1 − 0.06)(1 − 0.06)(1 − 0.06)} × 0.06 × 0.06 　= 0.00060989 ≒ 0.00061

32

다음 중 연구 기준의 요건에 대한 설명으로 옳은 것은?

① 적절성 : 반복 실험시 재현성이 있어야 한다.
② 신뢰성 : 측정하고자 하는 변수 이외의 다른 변수의 영향을 받아서는 안 된다.
③ 무오염성 : 의도된 목적에 부합하여야 한다.
④ 민감도 : 피실험자 사이에서 볼 수 있는 예상 차이점에 비례하는 단위로 측정해야 한다.

> 기준의 요건
> ① 적절성 : 기준이 의도된 목적에 적합하다고 판단되는 정도
> ② 무오염성 : 측정하고자 하는 변수 외의 영향이 없도록 함
> ③ 신뢰성 : 척도의 신뢰성(반복성)

33

다음 중 FT의 작성방법에 관한 설명으로 틀린 것은?

① 정성·정량적으로 해석·평가하기 전에는 FT를 간소화해야 한다.
② 정상(Top)사상과 기본사상과의 관계는 논리게이트를 이용해 도해한다.
③ FT를 작성하려면, 먼저 분석대상 시스템을 완전히 이해하여야 한다.
④ FT 작성을 쉽게 하기 위해서는 정상(Top)사상을 최대한 광범위하게 정의한다.

> 정상사상이 광범위할수록 FT 작성이 복잡해지고 정성 및 정량적인 해석이 힘들어진다.

34

다음 중 인간의 과오(Human error)를 정량적으로 평가하고 분석하는 데 사용하는 기법으로 가장 적절한 것은?

① THERP
② EMEA
③ CA
④ FMECA

> THERP(Technique For Human Error Rate Prediction)
> ① 시스템에 있어서 인간의 과오를 정량적으로 평가하기 위해 개발된 기법(Swain 등에 의해 개발된 인간실수 예측기법)
> ② 인간의 과오율의 추정법 등 5개의 스텝으로 구성
> ③ 기본적으로 ETA의 변형으로 루프, 바이패스를 가질 수 있고 맨머신 시스템의 부분적인 상세한 분석에 적합

35

다음 중 위험 조정을 위해 필요한 방법(위험조정기술)과 가장 거리가 먼 것은?

① 위험 회피(avoidance)
② 위험 감축(reduction)
③ 보류(retention)
④ 위험 확인(confirmation)

> 위험의 처리기술
> ① 회피(avoidance) ② 감축(reduction)
> ③ 보류(retention) ④ 전가(transfer)

36

다음 중 산업안전보건법령상 유해·위험방지계획서의 심사결과에 따른 구분·판정의 종류에 해당하지 않는 것은?

① 보류
② 부적정
③ 적정
④ 조건부 적정

> 심사결과 구분
> ① 적정 : 근로자의 안전과 보건을 위하여 필요한 조치가 구체적으로 확보되었다고 인정되는 경우
> ② 조건부 적정 : 근로자의 안전과 보건을 확보하기 위하여 일부 개선이 필요하다고 인정되는 경우
> ③ 부적정 : 기계·설비 또는 건설물이 심사기준에 위반되어 공사착공 시 중대한 위험발생의 우려가 있거나 계획에 근본적 결함이 있다고 인정되는 경우

정답 32 ④ 33 ④ 34 ① 35 ④ 36 ①

37

다음 중 은행 창구나 슈퍼마켓의 계산대에 적용하기에 가장 적합한 인체 측정 자료의 응용원칙은?

① 평균치 설계
② 최대 집단치 설계
③ 극단치 설계
④ 최소 집단치 설계

평균치를 기준으로 한 설계
① 특정 장비나 설비의 경우, 최대 집단치나 최소 집단치 또는 조절식으로 설계하기가 부적절하거나 불가능할 때
② 가게나 은행의 계산대 등

tip
극단치 설계 및 조절범위에 관한 사항도 출제빈도가 높은 사항이므로 꼭 확인하시기 바랍니다.

38

다음 중 음성통신에 있어 소음환경과 관련하여 성격이 다른 지수는?

① AI(Articulation Index)
② MAMA(Minimum Audible Movement Angle)
③ PNC(Preferred Noise Criteria Curves)
④ PSIL(Preferred-Octave Speech Interference Level)

음성통신에 관한 소음환경
① AI(Articulation index) : 명료도 지수라고하며, 대화가 상대방에 얼마나 정확하게 전해졌는지를 나타내는 지수로 통화 이해도를 추정할 수 있는 근거로 사용한다.
② NC(Noise Criteria) : 실내암소음 평가 방법의 기준으로 실내에서 회화의 양호한 전달을 위하여 중고음성 암소음 성분을 충분히 작게 보정한 허용기준이다. 저음성과 고음성 성분을 다소 강화시킨 PNC 곡선도 많이 활용되고 있다.
③ PSIL(Preferred-Octave Speech Interference Level) : 회화 방해레벨로 정상소음에 대한 회화의 방해 정도를 나타내는 척도이다.

39

어떤 설비의 시간당 고장률이 일정하다고 할 때 이 설비의 고장 간격은 다음 중 어떤 확률 분포를 따르는가?

① t 분포
② 와이블 분포
③ 지수 분포
④ 아이링(Eyring) 분포

지수 분포
지수 분포는 연속 확률 분포의 일종으로 어떤 사건이 일어나는 시간 간격의 분포와 관계가 있다. 사건이 서로 독립적일 때, 일정 시간 동안 발생하는 사건의 횟수가 푸아송 분포를 따른다면, 다음 사건이 일어날 때까지 대기 시간은 지수 분포를 따른다.

40

인간 신뢰도 분석기법 중 조작자 행동 나무(Operator Action Tree) 접근 방법이 환경적 사건에 대한 인간의 반응을 위해 인정하는 활동 3가지가 아닌 것은?

① 감지
② 추정
③ 진단
④ 반응

조작자 행동나무(Operator Action Tree : OAT)
① OAT 접근 방법
  ㉠ 감지   ㉡ 진단   ㉢ 반응
② 기본적 OAT

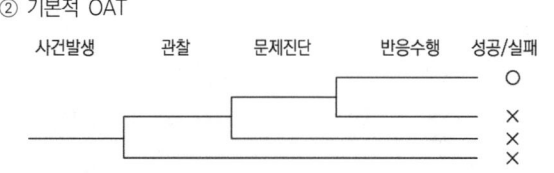

3과목 기계·기구 및 설비 안전 관리

41 ★빈출

다음 중 산업안전보건법령상 안전인증대상 방호장치에 해당하지 않는 것은?

① 롤러기 급정지장치
② 압력용기 압력방출용 파열판
③ 압력용기 압력방출용 안전밸브
④ 방폭구조(防爆構造) 전기기계·기구 및 부품

> **안전인증대상 방호장치**
> ① 프레스 및 전단기 방호장치
> ② 양중기용 과부하방지장치
> ③ 보일러 압력방출용 안전밸브
> ④ 압력용기 압력방출용 안전밸브
> ⑤ 압력용기 압력방출용 파열판
> ⑥ 절연용 방호구 및 활선작업용 기구
> ⑦ 방폭구조 전기기계·기구 및 부품
> ⑧ 추락 낙하 및 붕괴 등의 위험방지 및 보호에 필요한 가설기자재로서 고용노동부장관이 정하여 고시하는 것
> ⑨ 충돌 협착 등의 위험방지에 필요한 산업용 로봇 방호장치로서 고용노동부장관이 정하여 고시하는 것

tip
2020년 시행 법 개정으로 변경된 내용이며, 문제 및 해설은 개정된 법령에 맞게 수정하였습니다.

42

다음 중 휴대용 동력 드릴 작업 시 안전사항에 관한 설명으로 틀린 것은?

① 드릴의 손잡이를 견고하게 잡고 작업하여 드릴손잡이 부위가 회전하지 않고 확실하게 제어 가능하도록 한다.
② 절삭하기 위하여 구멍에 드릴날을 넣거나 뺄 때 반발에 의하여 손잡이 부분이 튀거나 회전하여 위험을 초래하지 않도록 팔을 드릴과 직선으로 유지한다.
③ 드릴이나 리머를 고정시키거나 제거하고자 할 때 금속성 망치 등을 사용하여 확실히 고정 또는 제거한다.
④ 드릴을 구멍에 맞추거나 스핀들의 속도를 낮추기 위해서 드릴날을 손으로 잡아서는 안 된다.

> **드릴이나 리머의 고정 및 제거**
> 드릴이나 리머를 고정시키거나 제거하고자 할 때는 금속성 물질로 두드리면 변형 및 파손될 우려가 있으므로 고무망치 등을 사용하거나 나무블록 등을 사이에 두고 두드려야 한다.

43 ★빈출

산업안전보건법에 따라 로봇을 운전하는 경우 근로자가 로봇에 부딪칠 위험이 있을 때에는 높이 얼마 이상의 방책을 설치하여야 하는가?

① 90cm ② 120cm
③ 150cm ④ 180cm

> **산업용로봇의 운전 중 위험 방지 조치**
> ① 높이 1.8미터 이상의 울타리 설치
> ② 컨베이어 시스템의 설치 등으로 울타리를 설치할 수 없는 일부 구간 : 안전매트 또는 광전자식 방호장치 등 감응형(感應形) 방호장치 설치

44 ★빈출

인장강도가 25kg/mm²인 강판의 안전율이 4라면 이 강판의 허용응력(kg/mm²)은 얼마인가?

① 4.25 ② 6.25
③ 8.25 ④ 10.25

> **허용응력**
> 안전계수 = $\dfrac{\text{인장강도}}{\text{허용응력}}$
> ∴ 허용응력 = $\dfrac{25}{4}$ = 6.25kg/mm²

정답 41 ① 42 ③ 43 ④ 44 ②

45

다음 중 금속 등의 도체에 교류를 통한 코일을 접근시켰을 때, 결함이 존재하면 코일에 유기되는 전압이나 전류가 변하는 것을 이용한 검사방법은?

① 자분탐상검사 ② 초음파탐상검사
③ 와류탐상검사 ④ 침투형광탐상검사

와류탐상검사
교류가 흐르는 코일을 전도체인 시험체에 가까이 하여 시험체 내에 와전류를 유도시키고 불연속부에 의한 와전류의 변화를 관찰함으로서 시험체에 존재하는 결함의 유무, 재질의 변화 등을 검출하는 방법

46

다음 중 리프트의 안전장치로 활용하는 것은?

① 그리드(grid)
② 아이들러(idler)
③ 스크레이퍼(scraper)
④ 리미트스위치(limit switch)

리미트스위치
리프트의 주요방호장치인 권과방지장치에는 리미트스위치가 사용되며 드럼의 회전에 연동되어 권과를 방지하는 방식의 나사형, 캠형과 후크의 상승에 의해 직접 작동시키는 중추형 리미트스위치가 있다.

47 ★빈출

기계의 방호장치 중 과도하게 한계를 벗어나 계속적으로 감아올리는 일이 없도록 제한하는 장치는?

① 일렉트로닉 아이 ② 권과방지장치
③ 과부하방지장치 ④ 해지장치

권과방지장치
① 와이어로프를 감아서 물건을 들어올리는 기계장치(호이스트, 리프트, 크레인 등)에서 로프가 너무 많이 과도하게 감기는 것을 방지하는 장치
② 양중기의 권상용 와이어로프 또는 지브 등의 붐 권상용 와이어로프의 권과를 방지하는 장치로 나사형 제동개폐기, 롤러형 제동개폐기, 캠형 제동개폐기 등이 있다.

48

가스집합용접장치에는 가스의 역류 및 역화를 방지할 수 있는 안전기를 설치하여야 하는데 다음 중 저압용 수봉식 안전기가 갖추어야 할 요건으로 옳은 것은?

① 수봉 배기관을 갖추어야 한다.
② 도입관은 수봉식으로 하고, 유효수주는 20mm 미만이어야 한다.
③ 수봉배기관은 안전기의 압력을 2.5kg/cm²에 도달하기 전에 배기시킬 수 있는 능력을 갖추어야 한다.
④ 파열판은 안전기 내의 압력이 50kg/cm²에 도달하기 전에 파열되어야 한다.

저압용 수봉식 안전기
① 게이지 압력이 0.07(kg/cm²) 이하의 저압식 아세틸렌 용접장치 안전기
② 주요부분은 두께 2mm 이상의 강판을 사용하여 내부압력에 견디도록 할 것
③ 도입부는 수봉식일 것
④ 수봉 배기관을 갖추도록 할 것
⑤ 도입부 및 수봉 배기관은 가스가 역류하고 역화 폭발을 할 때 위험을 확실히 방호할 수 있는 구조로 할 것
⑥ 유효수주는 25mm 이상으로 유지하여 만일의 사태에 대비하도록 할 것

49 ★빈출

완전 회전식 클러치 기구가 있는 프레스의 양수기동식 방호장치에서 누름버튼을 누를 때부터 사용하는 프레스의 슬라이드가 하사점에 도달할 때까지의 소요 최대시간이 0.15초이면 안전거리는 몇 mm 이상이어야 하는가?

① 150 ② 220
③ 240 ④ 300

양수기동식의 안전거리
$D_m = 1,600 \times T_m$
D_m : 안전거리(mm)
T_m : 양손으로 누름단추 누르기 시작할 때부터 슬라이드가 하사점에 도달하기까지의 소요시간(초)
∴ $D_m = 1,600 \times 0.15 = 240$(mm)

정답 45 ③ 46 ④ 47 ② 48 ① 49 ③

50
다음 중 산업안전보건법령상 승강기의 종류에 해당하지 않는 것은?

① 리프트
② 에스컬레이터
③ 소형 화물용 엘리베이터
④ 승객용 엘리베이터

양중기의 종류
① 크레인[호이스트(hoist)를 포함한다]
② 이동식 크레인
③ 리프트[건설용리프트, 산업용리프트, 자동차정비용리프트, 이삿짐운반용리프트(적재하중이 0.1톤 이상인 것으로 한정)]
④ 곤돌라
⑤ 승강기[승객용엘리베이터, 승객화물용엘리베이터, 화물용엘리베이터, 소형화물용엘리베이터, 에스컬레이트]

51
재료에 대한 시험 중 비파괴시험이 아닌 것은?

① 방사선투과시험
② 자분탐상시험
③ 초음파탐상시험
④ 피로시험

비파괴시험
① 육안검사
② 방사선투과시험
③ 초음파탐상검사
④ 액체침투탐상시험
⑤ 자분탐상시험 등

tip
피로시험은 재료의 피로에 대한 저항력을 시험하는 일로 파괴시험에 해당된다.

52
다음 중 정(chisel) 작업 시 안전수칙으로 적합하지 않은 것은?

① 반드시 보안경을 사용한다.
② 담금질한 재료는 정으로 작업하지 않는다.
③ 정 작업에는 모서리 부분은 크기를 3R 정도로 한다.
④ 철강재를 정으로 절단작업을 할 때 끝날 무렵에는 세게 때려 작업을 마무리한다.

정작업 안전수칙
① 정 작업을 할 때에는 반드시 보안경을 착용해야 한다.
② 정으로는 담금질된 재료를 절대로 가공할 수 없다.
③ 자르기 시작할 때와 끝날 무렵에는 되도록 세게 치지 않도록 한다.
④ 철강재를 정으로 절단할 때는 철편이 튀는 것에 주의한다.

53
다음 중 지게차의 안정도에 관한 설명으로 틀린 것은?

① 지게차의 등판능력을 표시한다.
② 좌우 안정도와 전후 안정도가 있다.
③ 주행과 하역작업의 안정도가 다르다.
④ 작업 또는 주행 시 안정도 이하로 유지해야 한다.

지게차의 안정도
① 하역작업 시 전후 안정도 4%(5톤 이상은 3.5%)
② 주행 시의 전후 안정도 18%
③ 하역작업 시의 좌우안정도 6%
④ 주행 시의 좌우 안정도
　(15 + 1.1V)% [여기서, V : 최고속도(km/hr)]

tip
등판능력이란 차량이 경사진 비탈길을 오를 때 등판 가능한 최대 경사각을 나타내는 것으로 tan, sin, %로 표시한다(퍼센트(%)일 경우 주행한 수평거리에 대한 올라간 수직거리의 %).

54
산업안전보건법에 따라 선반 등으로부터 돌출하여 회전하고 있는 가공물을 작업할 때 설치하여야 할 방호조치로 가장 적합한 것은?

① 안전난간
② 울 또는 덮개
③ 방진장치
④ 건널다리

덮개 또는 울 등을 설치해야 하는 경우
① 연삭기 또는 평삭기의 테이블, 형식기램 등의 행정끝이 위험을 미칠 경우
② 선반 등으로부터 돌출하여 회전하고 있는 가공물이 위험을 미칠 경우
③ 띠톱기계(목재가공용 띠톱기계 제외)의 절단에 필요한 톱날부위외의 위험한 톱날부위

정답 50 ① 51 ④ 52 ④ 53 ① 54 ②

55

다음 중 금형의 설치·해체작업의 일반적인 안전사항으로 틀린 것은?

① 금형의 설치용구는 프레스의 구조에 적합한 형태로 한다.
② 금형을 설치하는 프레스의 T홈 안길이는 설치 볼트 직경 이하로 한다.
③ 고정볼트는 고정 후 가능하면 나사산을 3~4개 정도 짧게 남겨 슬라이드 면과의 사이에 협착이 발생하지 않도록 해야 한다.
④ 금형 고정용 브래킷(물림판)을 고정시킬 때 고정용 브래킷은 수평이 되게 하고, 고정볼트는 수직이 되게 고정하여야 한다.

탈락 및 운반에 따른 위험방지방법
(1) 프레스기계에 설치하기 위해 금형에 설치하는 홈은 다음에 의할 것 　① 설치하는 프레스기계의 T홈에 적합한 형상의 것일 것 　② 안 길이는 설치볼트 직경의 2배 이상일 것 (2) 금형의 운반에 있어서 형의 어긋남을 방지하기 위해 대판, 안전핀 등을 사용할 것

56

프레스기의 안전대책 중 손을 금형 사이에 집어넣을 수 없도록 하는 본질적 안전화를 위한 방식(No-Hand-In-Die)에 해당하는 것은?

① 수인식
② 광전자식
③ 방호울식
④ 손쳐내기식

프레스 방호장치의 분류	
금형 안에 손이 들어가지 않는 구조 (No-Hand-in-Die Type)	금형 안에 손이 들어가는 구조 (Hand-in-Die Type)
① 안전울(방호울)이 부착된 프레스 ② 안전 금형을 부착한 프레스 ③ 전용 프레스 ④ 자동 송급, 배출기구가 있는 프레스 ⑤ 자동 송급, 배출장치를 부착한 프레스	① 프레스기의 종류, 압력능력, SPM, 행정길이, 작업방법에 상응하는 방호 장치 　㉠ 가드식 　㉡ 수인식 　㉢ 손쳐내기식 ② 정지 성능에 상응하는 방호장치 　㉠ 양수조작식 　㉡ 감응식, 광전자식

57

다음 설명 중 ( ) 안에 알맞은 내용은?

롤러기의 급정지장치는 롤러를 무부하로 회전시킨 상태에서 앞면 롤러의 표면속도가 30m/min 미만일 때에는 급정지거리가 앞면 롤러 원주의 ( ) 이내에서 롤러를 정지시킬 수 있는 성능을 보유해야 한다.

① $\frac{1}{5}$　　　　② $\frac{1}{4}$
③ $\frac{1}{3}$　　　　④ $\frac{1}{2.5}$

롤러의 급정지 거리	
앞면 롤러의 표면 속도(m/분)	급정지 거리
30 미만	앞면 롤러 원주의 1/3 이내
30 이상	앞면 롤러 원주의 1/2.5 이내

58

회전수가 300rpm, 연삭숫돌의 지름이 200mm일 때 숫돌의 원주속도는 몇 m/min인가?

① 60.0
② 94.2
③ 150.0
④ 188.5

연삭기의 원주속도
원주속도(m/min) = $\frac{\pi D(mm) N(rpm)}{1,000} = \frac{\pi \times 200 \times 300}{1,000}$ 　　　　　　= 188.5m/min

정답　55 ②　56 ③　57 ③　58 ④

59

다음 중 자동화설비를 사용하고자 할 때 기능의 안전화를 위하여 검토할 사항과 가장 거리가 먼 것은?

① 부품변형에 의한 오동작
② 사용압력 변동 시의 오동작
③ 전압강하 및 정전에 따른 오동작
④ 단락 또는 스위치 고장 시의 오동작

> 기능의 안전화 검토사항(자동화된 기계설비)전압의 강하, 정전 시 오동작, 단락스위치나 릴레이 고장 시 오동작, 상용압력 고장 시 오동작, 밸브계통의 고장에 의한 오동작 등

60 ★빈출

다음 중 보일러의 방호장치와 가장 거리가 먼 것은?

① 언로드 밸브
② 압력방출장치
③ 압력제한스위치
④ 고저수위조절장치

보일러 안전장치의 종류	
고저수위 조절장치	① 고저 수위 지점을 알리는 경보등·경보음 장치 등을 설치 - 동작상태 쉽게 감시 ② 자동으로 급수 또는 단수되도록 설치
압력방출 장치	① 보일러 규격에 적합한 압력방출장치를 최고사용압력 이하에서 작동되도록 1개 또는 2개 이상 설치 ② 2개 이상 설치된 경우 최고사용압력 이하에서 1개가 작동되고, 다른 압력방출장치는 최고사용압력 1.05배 이하에서 작동되도록 부착
압력제한 스위치	보일러의 과열방지를 위해 최고사용압력과 상용압력 사이에서 버너연소를 차단할 수 있도록 압력 제한 스위치 부착 사용

tip
언로드 밸브는 공기압축기에서 공기탱크 내의 압력이 최고사용압력에 도달하면 압송을 정지하고, 소정의 압력까지 강하하면 다시 압송 작업을 하는 밸브

4과목 전기설비 안전 관리

61

감전 등의 재해를 예방하기 위하여 고압기계·기구 주위에 관계자외 출입을 금하도록 울타리를 설치할 때, 울타리의 높이와 울타리로부터 충전부분까지의 거리의 합이 최소 몇 m 이상은 되어야 하는가?

① 5m 이상
② 6m 이상
③ 7m 이상
④ 9m 이상

> 울타리, 담 등의 시설(고압 및 특고압 충전부분)
> ① 울타리·담 등의 높이는 2m 이상으로 하고 지표면과 울타리·담 등의 하단 사이의 간격은 15cm 이하로 할 것
> ② 울타리·담 등과 고압 및 특고압의 충전부분이 접근하는 경우에는 울타리·담 등의 높이와 울타리·담 등으로부터 충전부분까지 거리의 합계는 35kV 이하일 경우 5m 이상, 35kV 초과할 경우 6m 이상으로 하되, 전압의 크기에 따라 정해진 거리가 증가

tip
전압의 크기에 따른 구체적인 거리는 본문내용을 참고하여 확인하시기 바랍니다.

62 ★빈출

저압전로의 보호도체 및 중성선의 접속방식에 따라 분류하는 접지계통에 해당하지 않는 것은?

① TN 계통
② TT 계통
③ IT 계통
④ IN 계통

> 저압전로의 보호도체 및 중성선의 접속 방식에 따라 분류하는 접지계통
> ① TN 계통 ② TT 계통 ③ IT 계통

63

피뢰침의 제한전압이 800kV, 충격절연강도가 1,260kV라 할 때, 보호여유도는 몇 %인가?

① 33.3
② 47.3
③ 57.5
④ 63.5

> **피뢰침의 보호 여유도**
>
> 여유도(%) = $\dfrac{충격절연강도 - 제한전압}{제한전압} \times 100$
>
> ∴ 여유도(%) = $\dfrac{1,260 - 800}{800} \times 100 = 57.5(\%)$

64

심실세동을 일으키는 위험한계 에너지는 약 몇 J인가? (단, 심실세동 전류 $I = \dfrac{165}{\sqrt{T}}$ mA, 통전시간 $T = 1$초, 인체의 전기저항 $R = 800\,\Omega$이다.)

① 12
② 22
③ 32
④ 42

> **심실세동 전류**
>
> $Q = I^2 RT[\text{J/S}] = \left(\dfrac{165}{\sqrt{T}} \times 10^{-3}\right)^2 \times 800 \times T = 21.87$

65

정전기 방전현상에 해당되지 않는 것은?

① 연면방전
② 코로나방전
③ 낙뢰방전
④ 스팀방전

> **방전의 형태**
>
> ① 코로나방전 ② 스트리머방전 ③ 불꽃방전
> ④ 연면방전 ⑤ 브러쉬방전 ⑥ 낙뢰방전 등

66

다른 두 물체가 접촉할 때 접촉 전위차가 발생하는 원인으로 옳은 것은?

① 두 물체의 온도의 차
② 두 물체의 습도의 차
③ 두 물체의 밀도의 차
④ 두 물체의 일함수의 차

> **일함수**
>
> 물질 내에 있는 전자 하나를 밖으로 끌어내는 데 필요한 최소의 일 또는 에너지를 일함수라고한다. 전하를 전기장 안에서 이동시키기 위해서는 일을 필요로 한다. +1[C]의 전하를 전기장이 미치지 않는 점에서 전기장 안의 한 점까지 운반하는 데 필요한 일을 그 점의 전위라 하며, 전위차의 기호는 V, 단위는 볼트[V]를 사용한다.

67

방폭전기설비의 용기 내부에 보호가스를 압입하여 내부압력을 유지함으로써 폭발성 가스 또는 증기가 내부로 유입하지 않도록 된 방폭구조는?

① 내압 방폭구조
② 압력 방폭구조
③ 안전증 방폭구조
④ 유입 방폭구조

> **압력 방폭구조(p)**
>
> 용기 내부에 보호가스(신선한 공기 또는 질소, 탄산가스 등의 불연성 가스)를 압입하여 내부 압력을 외부 환경보다 높게 유지함으로써 폭발성 가스 또는 증기가 용기 내부로 유입되지 않도록 한 구조(전폐형의 구조)

정답 63 ③ 64 ② 65 ④ 66 ④ 67 ②

68

내압(耐壓) 방폭 구조의 화염일주한계를 작게 하는 이유로 가장 알맞은 것은?

① 최소점화에너지를 높게 하기 위하여
② 최소점화에너지를 낮게 하기 위하여
③ 최소점화에너지 이하로 열을 식히기 위하여
④ 최소점화에너지 이상으로 열을 높이기 위하여

> **내압 방폭 구조(d)**
> ① 용기가 폭발압력에 견디고 외부의 폭발성 분위기에 불꽃의 전파를 방지하도록 한 방폭 구조
> ② 기기의 케이스는 전폐구조로 폭발 후 고열가스가 용기의 틈으로부터 누설되어도 틈의 냉각 효과로 외부의 폭발성 가스에 착화될 우려가 없도록 제작
> ③ 안전간격(화염일주 한계) : 화염이 틈새를 통하여 바깥쪽의 폭발성 가스에 전달되지 않도록 하는 한계의 틈새로 최소점화에너지 이하로 열을 식혀 안전을 유지하기 위함

69

인체의 표면적이 0.5m²이고 정전용량은 0.02pF/cm²이다. 3,300V의 전압이 인가되어 있는 전선에 접근하여 작업을 할 때 인체에 축적되는 정전기 에너지(J)는?

① 5.445×10^{-2}
② 5.445×10^{-4}
③ 2.723×10^{-2}
④ 2.723×10^{-4}

> **정전기 에너지**
> $W = \frac{1}{2}QV = \frac{1}{2}CV^2$ (J)이므로
> $W = \frac{1}{2} \times (0.02 \times 10^{-12}) \times 0.5 \times 10^4 \times 3,300^2 = 5.445 \times 10^{-4}$

70

방폭전기설비 계획 수립시의 기본 방침에 해당되지 않는 것은?

① 가연성 가스 및 가연성액체의 위험특성 확인
② 시설장소의 제조건 검토
③ 전기설비의 선정 및 결정
④ 위험장소 종별 및 범위의 결정

> **방폭전기설비 계획 수립 시의 기본 방침**
> ① 가연성 가스 및 가연성 액체의 위험특성 확인
> ② 시설장소의 제조건 검토
> ③ 위험장소 종별 및 범위의 결정
> ④ 방폭전기설비의 선정 및 설치
> ⑤ 방폭전기설비의 유지관리

71

전격 사고에 관한 사항과 관계가 없는 것은?

① 감전사고의 피해 정도는 접촉시간에 따라 위험성이 결정된다.
② 전압이 동일한 경우 교류가 직류보다 더 위험하다.
③ 교류에 감전된 경우 근육에 경련과 수축이 일어나서 접촉시간이 길어지게 된다.
④ 주파수가 높을수록 최소감지전류는 감소한다.

> **전격재해의 요인(1차적 감전요소)**
> ① 통전 전류의 크기 : 인체에 흐르는 전류의 양에 따라 위험성이 결정되므로 비록 저압의 전기라 하더라도 취급에 있어 주의하여야 한다.
> ② 통전 경로 : 같은 전류값이라 하여도 통전 경로에 따라 위험성이 다르다. 사람의 심장은 왼쪽에 있으므로 왼손으로 전기 기구를 취급하면 전류가 심장을 통해 흐르게 되어 오른손으로 사용할 경우보다 더욱 위험하게 된다.
> ③ 통전 시간 : 심실세동전류는 통전시간에 크게 관계되며, 시간이 길수록 위험하다.
> $I = \frac{165}{\sqrt{T}}$ (mA)
> ④ 전원의 종류 : 전압이 동일한 경우에도 교류는 직류보다 위험하다.

정답 68 ③　69 ②　70 ③　71 ④

72

제전기의 설명 중 잘못된 것은?

① 전압인가식은 교류 7,000V를 걸어 방전을 일으켜 발생한 이온으로 대전체의 전하를 중화시킨다.
② 방사선식은 특히 이동물체에 적합하고, α 및 β 선원이 사용되며, 방사선 장해, 취급에 주의를 요하지 않아도 된다.
③ 이온식은 방사선의 전리 작용으로 공기를 이온화시키는 방식으로, 제전 효율은 낮으나 폭발위험지역에 적당하다.
④ 자기방전식은 필름의 권취, 셀로판제조, 섬유공장 등에 유효하나, 2kV 내외의 대전이 남는 결점이 있다.

방사선식 제전기
방사선 동위원소의 전리작용을 이용하여 제전에 필요한 이온을 만드는 장치로서 방사선 장해로 인한 사용상의 주의가 요구되며 제전능력이 작아 제전 시간이 오래 걸리는 단점이 있고, 움직이는 물체의 제전에는 적합하지 못하다.

tip
전압인가식, 자기방전식 등 나머지 제전기의 특징에 대해서도 본문내용에서 꼭 확인하시기 바랍니다.

73

누전경보기는 사용전압이 600V 이하인 경계전로의 누설전류를 검출하여 당해 소방대상물의 관계자에게 경보를 발하는 설비를 말한다. 다음 중 누전경보기의 구성으로 옳은 것은?

① 감지기 - 발신기
② 변류기 - 수신부
③ 중계기 - 감지기
④ 차단기 - 증폭기

누전경보기의 구성요소
① 변류기 : 경계전로의 누설전류를 자동적으로 검출하여 이를 누전경보기의 수신부에 송신하는 장치
② 수신부 : 변류기로부터 검출된 신호를 수신하여 누전의 발생을 경보하여 주는 장치

74 빈출

방폭전기기기의 등급에서 위험장소의 등급분류에 해당되지 않는 것은?

① 3종 장소
② 2종 장소
③ 1종 장소
④ 0종 장소

위험장소의 분류(가스폭발위험장소)

분류	적요
0종 장소	인화성 액체의 증기 또는 가연성 가스에 의한 폭발위험이 지속적으로 또는 장기간 존재하는 장소
1종 장소	정상 작동상태에서 인화성 액체의 증기 또는 가연성 가스에 의한 폭발위험분위기가 존재하기 쉬운 장소
2종 장소	정상작동상태에서 인화성 액체의 증기 또는 가연성 가스에 의한 폭발위험분위기가 존재할 우려가 없으나, 존재할 경우 그 빈도가 아주 적고 단기간만 존재할 수 있는 장소

75

다음 보기의 누전차단기에서 정격감도전류에서 동작시간이 짧은 두 종류를 알맞게 고른 것은?

[보기]
고속형 누전차단기, 시연형 누전차단기,
반한시형 누전차단기, 감전방지용 누전차단기

① 고속형 누전차단기, 시연형 누전차단기
② 반한시형 누전차단기, 감전방지용 누전차단기
③ 반한시형 누전차단기, 시연형 누전차단기
④ 고속형 누전차단기, 감전방지용 누전차단기

누전 차단기의 종류

구분	동작시간
고속형	정격감도전류에서 0.1초 이내(감전보호용은 0.03초 이내)
반한시형	• 정격감도전류에서 0.2~1초 • 정격감도전류의 1.4배에서 0.1~0.5초 • 정격감도전류의 4.4배에서 0.05초 이내
시연형	정격감도전류에서 0.1초~2초

정답 72 ② 73 ② 74 ① 75 ④

76

전기설비에 접지를 하는 목적에 대하여 틀린 것은?

① 누설전류에 의한 감전방지
② 낙뢰에 의한 피해방지
③ 지락사고 시 대지전위 상승유도 및 절연강도 증가
④ 지락사고 시 보호계전기 신속동작

접지의 목적

① 설비의 절연물이 열화, 손상되었을 경우 발생할 수 있는 누설전류에 의한 감전방지
② 고압 및 저압의 혼촉 사고 발생 시 인간에게 위험을 줄 수 있는 전류를 대지로 흘려보냄으로써 감전 방지
③ 낙뢰에 의한 감전 및 피해 방지
④ 송배전선, 고전압모선 등에서 지락사고의 발생 시 보호계전기를 신속하게 동작
⑤ 송배전 선로의 지락사고 발생 시 대지전위의 상승억제 및 절연강도 경감

77

복사선 중 전기성 안염을 일으키는 광선은?

① 자외선
② 적외선
③ 가시광선
④ 근적외선

비전리 방사선

구분	자외선	적외선	가시광선
파장범위	400nm 이하	700nm 이상	400~700nm
작용	피부 : 홍반작용 (320~290nm) 눈 : 전기성 안염 (320nm 이하)	피부 : 화상 눈 : 열선 백내장	안정피로, 두통, 피로감, 안구진탕증

78

전동기계, 기구에 설치하는 작업자의 감전방지용 누전차단기의 ㉮ 정격감도전류(mA) 및 ㉯ 동작시간(초)의 최대 값은?

① ㉮ 10 ㉯ 0.03
② ㉮ 20 ㉯ 0.01
③ ㉮ 30 ㉯ 0.03
④ ㉮ 50 ㉯ 0.1

누전차단기 접속 시 준수사항

① 전기기계·기구에 접속되어 있는 누전차단기는 정격감도전류가 30밀리암페어 이하이고 작동시간은 0.03초 이내일 것
② 다만, 정격전부하전류가 50암페어 이상인 전기기계·기구에 접속되는 누전차단기는 오작동을 방지하기 위하여 정격감도전류는 200밀리암페어 이하로, 작동시간은 0.1초 이내로 할 수 있다.

79

전동공구 내부회로에 대한 누전측정을 하고자 한다. 220V용 전동공구를 그림과 같이 절연저항 측정을 하였을 때 지시치가 최소 몇 MΩ 이상이 되어야 하는가?

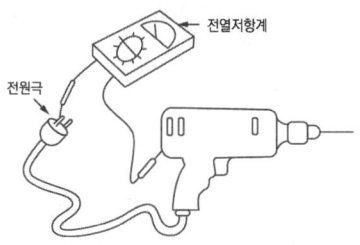

① 0.1MΩ 이상
② 0.3MΩ 이상
③ 0.5MΩ 이상
④ 1.0MΩ 이상

저압전로의 절연성능

전로의 사용전압(V)	DC 시험전압(V)	절연저항(MΩ 이상)
SELV 및 PELV	250	0.5
FELV, 500V 이하	500	1.0
500V 초과	1,000	1.0

[주] 특별저압(Extra Low Voltage : 2차 전압이 AC 50V, DC 120V 이하)으로 SELV(비접지회로 구성) 및 PELV(접지회로 구성)은 1차와 2차가 전기적으로 절연된 회로, FELV는 1차와 2차가 전기적으로 절연되지 않은 회로

정답 76 ③ 77 ① 78 ③ 79 ④

80

통전 중의 전력기기나 배선의 부근에서 일어나는 화재를 소화할 때 주수(注水)하는 방법으로 옳지 않은 것은?

① 화염이 일어나지 못하도록 물기둥인 상태로 주수
② 낙하를 시작해서 퍼지는 상태로 주수
③ 방출과 동시에 퍼지는 상태로 주수
④ 계면 활성제를 섞은 물이 방출과 동시에 퍼지는 상태로 주수

> 전기설비 소화에는 물과 포말소화를 할 수 없다. 그러나, 무상수 및 무상강화액 소화는 가능하다(봉상주수는 불가).

tip
소화기의 종류별 적응화재

소화기명	적응화재	소화효과
분말 소화기	B, C급 (단, 인산염 ABC)	질식(냉각)
증발성 액체 소화기	B, C급	부촉매(억제)효과, 질식(냉각)효과
CO₂ 소화기	B, C급	질식(냉각)
포말 소화기	A, B급	질식(냉각)
강화액 소화기	A급(분무상 : A, C)	냉각

5과목 화학설비 안전 관리

81

탱크내 작업 시 복장에 관한 설명으로 옳지 않은 것은?

① 정전기방지용 작업복을 착용할 것
② 작업원은 불필요하게 피부를 노출시키지 말 것
③ 작업모를 쓰고 긴팔의 상의를 반듯하게 착용할 것
④ 수분의 흡수를 방지하기 위하여 유지가 부착된 작업복을 착용할 것

> 유지류는 공기에 노출되었을 때, 공기 구성성분인 산소와 반응하여 산화반응을 일으키므로 사용하지 않는 것이 안전하다.

82

폭발 발생의 필요조건이 충족되지 않은 경우에는 폭발을 방지할 수 있는데, 다음 중 저온액화가스와 물 등의 고온액에 의한 증기폭발 발생의 필요조건으로 옳지 않은 것은?

① 폭발의 발생에는 액과 액이 접촉할 필요가 있다.
② 고온액의 계면온도가 응고점 이하가 되어 응고되어도 폭발의 가능성은 높아진다.
③ 증기폭발의 발생은 확률적 요소가 있고, 그것은 저온액화가스의 종류와 조성에 의해 정해진다.
④ 액과 액의 접촉 후 폭발 발생까지 수~수백 ms의 지연이 존재하지만 폭발의 시간 스케일은 5ms 이하이다.

> 저온액화가스와 물 등의 고온액에 의한 증기폭발은 액상에서 기상으로의 급격한 상변화에 의한 폭발이므로, 응고점 이하로 응고될 경우 폭발의 위험성은 낮아진다.

83

다음 중 플레어스텍에 부착하여 가연성 가스와 공기의 접촉을 방지하기 위하여 밀도가 작은 가스를 채워주는 안전장치는?

① molecular seal
② flame arrester
③ seal drum
④ purge

> 플레어 시스템(Flare system)
> ① molecular seal : 밀도가 작은 가스를 채워 공기와 가연성 가스의 접촉을 방지하기 위한 역류방지 장치
> ② flame arrester : 화염의 차단을 목적으로 하며 40mesh 이상의 가는 눈금의 금망이 여러 개 겹쳐져 있는 구조
> ③ seal drum : flare stack으로부터 화염이나 공기가 유입되는것을 방지하기 위하여 설치된 설비

정답 80 ① 81 ④ 82 ② 83 ①

84

산업안전보건법령상 안전밸브 등의 전단·후단에는 차단밸브를 설치하여서는 아니 되지만 다음 중 자물쇠형 또는 이에 준하는 형식의 차단밸브를 설치할 수 있는 경우로 틀린 것은?

① 인접한 화학설비 및 그 부속설비에 안전밸브 등이 각각 설치되어 있고, 해당 화학설비 및 그 부속설비의 연결배관에 차단밸브가 없는 경우
② 안전밸브 등의 배출용량의 4분의 1 이상에 해당하는 용량의 자동압력조절밸브와 안전밸브 등이 직렬로 연결된 경우
③ 화학설비 및 그 부속설비에 안전밸브 등이 복수방식으로 설치되어 있는 경우
④ 열팽창에 의하여 상승된 압력을 낮추기 위한 목적으로 안전밸브가 설치된 경우

차단밸브 설치금지

① 안전밸브의 전·후단에는 차단밸브 설치 금지
② 다음의 경우 자물쇠형 또는 이에 준하는 차단밸브 설치
 ㉠ 인접한 화학설비 및 그 부속설비에 안전밸브 등이 각각 설치되어 있고 당해 화학설비 및 그 부속설비의 연결배관에 차단밸브가 없는 경우
 ㉡ 안전밸브 등의 배출용량의 2분의 1 이상에 해당하는 용량의 자동압력조절밸브와 안전밸브 등이 병렬로 연결된 경우
 ㉢ 화학설비 및 그 부속설비에 안전밸브 등이 복수방식으로 설치되어 있는 경우
 ㉣ 예비용설비를 설치하고 각각의 설비에 안전밸브 등이 설치되어 있는 경우
 ㉤ 열팽창에 의하여 상승된 압력을 낮추기 위한 목적으로 안전밸브가 설치된 경우
 ㉥ 하나의 플레어스택(flare stack)에 2 이상의 단위공정의 플레어헤더(flare header)를 연결하여 사용하는 경우로서 각각의 단위공정의 플레어헤더에 설치된 차단밸브의 열림·닫힘상태를 중앙제어실에서 알 수 있도록 조치한 경우

85

다음 중 질식소화에 해당하는 것은?

① 가연성 기체의 분출화재 시 주 밸브를 닫는다.
② 가연성 기체의 연쇄반응을 차단하여 소화한다.
③ 연료 탱크를 냉각하여 가연성 가스의 발생속도를 작게 한다.
④ 연소하고 있는 가연물이 존재하는 장소를 기계적으로 폐쇄하여 공기의 공급을 차단한다.

질식소화

연소하고 있는 가연물이 들어 있는 용기 또는 장소를 기계적으로 밀폐하여 공기의 공급을 차단하거나 타고 있는 액체나 고체의 표면을 거품 또는 불연성 액체로 피복하여 연소에 필요한 공기의 공급을 차단시키는 소화방법

86

산업안전보건법령상 위험물 또는 위험물이 발생하는 물질을 가열·건조하는 경우 내용적이 얼마인 건조설비는 건조실을 설치하는 건축물의 구조를 독립된 단층 건물로 하여야 하는가?

① 0.3m³ 이하　　② 0.3m³ ~ 0.5m³
③ 0.5m³ ~ 0.75m³　　④ 1m³ 이상

위험물 건조설비를 설치하는 건축물의 구조

다음에 해당하는 위험물 건조설비 중 건조실을 설치하는 건축물의 구조는 독립된 단층건물로 하여야 한다(다만, 건조실을 건축물의 최상층에 설치하거나 건축물이 내화구조인 경우에는 그러하지 아니하다).
① 위험물 또는 위험물이 발생하는 물질을 가열·건조하는 경우 내용적이 1세제곱미터 이상인 건조설비
② 위험물이 아닌 물질을 가열·건조하는 경우로서 다음에 해당하는 건조설비
 ㉠ 고체 또는 액체연료의 최대사용량이 시간당 10킬로그램 이상
 ㉡ 기체연료의 최대사용량이 시간당 1세제곱미터 이상
 ㉢ 전기사용 정격용량이 10킬로와트 이상

87

액화 프로판 310kg을 내용적 50L 용기에 충전할 때 필요한 소요 용기의 수는 몇 개인가? (단, 액화 프로판의 가스정수는 2.35이다.)

① 15　　② 17
③ 19　　④ 21

저장능력의 산정식(용기일 경우)

① $G = \dfrac{V}{C}$ (G : 질량(kg), V : 부피(L), C : 가스의 정수)
② $G = \dfrac{50}{2.35} = 21.28$ 따라서, $\dfrac{310}{21.28} = 14.57$이므로, 용기는 15개가 필요하다.

정답　84 ②　85 ④　86 ④　87 ①

88

다음 중 온도가 증가함에 따라 열전도도가 감소하는 물질은?

① 에탄
② 프로판
③ 공기
④ 메틸알콜

온도에 따른 열전도도
① 열전도도는 온도의 함수이다. 금속의 열전도도는 온도가 증가함에 따라 감소하지만 수정 등은 증가한다.
② 기체의 열전도도는 기체의 운동론으로 설명할 수 있으며, 온도가 증가하고 분자량이 감소함에 따라 증가한다.
③ 액체의 열전도도는 다소 복잡하지만 물과 글리세린을 제외한 대부분의 액체의 열전도도는 온도가 증가함에 따라 감소한다.

89

다음 중 가연성 가스가 밀폐된 용기 안에서 폭발할 때 최대폭발 압력에 영향을 주는 인자로 볼 수 없는 것은?

① 가연성 가스의 농도
② 가연성 가스의 초기온도
③ 가연성 가스의 유속
④ 가연성 가스의 초기압력

최대폭발압력
① 온도가 고온일수록 최대폭발압력은 감소하고 폭발압력 상승속도는 증가한다.
② 최대폭발압력은 초기압력에 비례하여 증가한다.
③ 최대폭발압력은 부피와 형태에 큰 영향을 받지 않는다.

90

다음 중 두 종류 가스가 혼합될 때 폭발 위험이 가장 높은 것은?

① 염소, 아세틸렌
② CO_2, 염소
③ 암모니아, 질소
④ 질소, CO_2

불활성화(inerting)
혼합가스의 폭발을 방지하기 위한 불활성화(inerting) 작업을 할때 질소, 이산화탄소 및 수증기 등을 불활성 가스로 사용한다.

91

다음 중 분진 폭발에 관한 설명으로 틀린 것은?

① 폭발한계 내에서 분진의 휘발성분이 많을수록 폭발하기 쉽다.
② 분진이 발화 폭발하기 위한 조건은 가연성, 미분상태, 공기 중에서의 교반과 유동 및 점화원의 존재이다.
③ 가스폭발과 비교하여 연소의 속도나 폭발의 압력이 크고, 연소시간이 짧으며, 발생에너지가 크다.
④ 폭발한계는 입자의 크기, 입도분포, 산소농도, 함유수분, 가연성 가스의 혼입 등에 의해 같은 물질의 분진에서도 달라진다.

분진 폭발의 특징
연소속도 및 폭발압력은 가스폭발과 비교하여 작지만 연소시간이 길고, 발생에너지가 크기 때문에 파괴력과 타는 정도가 크다.

92

다음 중 연소 및 폭발에 관한 용어의 설명으로 틀린 것은?

① 폭굉 : 폭발충격파가 미반응 매질 속으로 음속보다 큰 속도로 이동하는 폭발
② 연소점 : 액체 위에 증기가 일단 점화된 후 연소를 계속할 수 있는 최고온도
③ 발화온도 : 가연성 혼합물이 주위로부터 충분한 에너지를 받아 스스로 점화할 수 있는 최저온도
④ 인화점 : 액체의 경우 액체 표면에서 발생한 증기 농도가 공기 중에서 연소 하한농도가 될 수 있는 가장 낮은 액체 온도

인화점과 연소점
① 인화점은 점화원에 의해 인화될 수 있는 최저온도이지만, 연소점에서는 연소가 지속되어야 하는 점이 인화점과 다르다. 따라서 연소점은 인화점보다 약간 높은 온도를 나타낸다.
② 연소점은 점화된 후 계속적으로 연소할 수 있는 최저온도이다.

정답 88 ④ 89 ③ 90 ① 91 ③ 92 ②

93

다음 중 공정안전보고서에 포함하여야 할 공정안전자료의 세부내용이 아닌 것은?

① 유해·위험설비의 목록 및 사양
② 방폭지역 구분도 및 전기단선도
③ 유해·위험물질에 대한 물질안전보건자료
④ 설비점검·검사 및 보수계획, 유지계획 및 지침서

공정안전보고서 내용(공정안전자료)
① 취급·저장하고 있거나 취급·저장하고자 하는 유해·위험물질의 종류 및 수량
② 유해·위험물질에 대한 물질안전보건자료
③ 유해하거나 위험한 설비의 목록 및 사양
④ 유해하거나 위험한 설비의 운전방법을 알 수 있는 공정도면
⑤ 각종 건물·설비의 배치도
⑥ 폭발위험장소 구분도 및 전기단선도
⑦ 위험설비의 안전설계·제작 및 설치 관련 지침서

tip
포함사항에는 공정안전자료 외에 공정위험성 평가서, 안전운전 계획, 비상조치 계획 등이 있다.

94

다음 중 화학물질 및 물리적 인자의 노출기준에 있어 유해물질대상에 대한 노출기준의 표시단위가 잘못 연결된 것은?

① 분진 : ppm
② 증기 : ppm
③ 석면 : 개수/cm³
④ 고온 : 습구흑구온도지수

노출기준의 표시단위

가스 및 증기	피피엠(ppm)
분진 및 미스트 등 에어로졸	mg/m³ 다만, 석면 및 내화성 세라믹섬유는 세제곱센티미터당 개수(개/cm³)
고온	습구흑구온도지수(WBGT)

95

다음 중 기체의 자연발화온도 측정법에 해당하는 것은?

① 중량법   ② 접촉법
③ 예열법   ④ 발열법

자연발화온도 측정법
① 기체측정법 : 도입법, 유통법, 단열압축법, 예열법 등
② 액체, 고체의 측정법 : 유적접, 발열법, 중량법, 접촉법 등

tip
측정법은 승온법과 정온법 두 가지로 분류한다.

96 ★빈출

메탄 1vol%, 헥산 2vol%, 에틸렌 2vol%, 공기 95vol%로 된 혼합가스의 폭발하한계 값(vol%)은 약 얼마인가? (단, 메탄, 헥산, 에틸렌의 폭발하한계 값은 각각 5.0, 1.1, 2.7%이다.)

① 1.8   ② 3.5
③ 12.8   ④ 21.7

르샤틀리에의 법칙
① 각 성분기체의 체적
메탄 : $\frac{1}{5} \times 100 = 20\%$, 헥산 : $\frac{2}{5} \times 100 = 40\%$,
에틸렌 : $\frac{2}{5} \times 100 = 40\%$
② 혼합가스의 폭발하한계 값
$$\frac{100}{L} = \frac{V_1}{L_1} + \frac{V_2}{L_2} + \frac{V_3}{L_3} = \frac{20}{1.1} + \frac{40}{5.0} + \frac{40}{2.7} = 55.18$$
그러므로 $L = \frac{100}{55.18} = 1.81$

정답 93 ④ 94 ① 95 ③ 96 ①

97

다음 중 관의 지름을 변경하고자 할 때 필요한 관 부속품은?

① reducer
② elbow
③ plug
④ valve

피팅류(Fittings)	
두 개의 관을 연결할 때	플랜지(flange), 유니온(union), 카플링(coupling), 니플(nipple), 소켓(socket)
관로의 방향을 바꿀 때	엘보우(elbow), Y지관(Y-branch), 티(tee), 십자(cross)
관로의 크기를 바꿀 때	축소관(reducer), 부싱(bushing)

tip
리듀서(축소관)는 관의 지름 즉, 관로의 크기를 바꿀 때 사용되는 부속품

98

산업안전보건법령상 물질안전보건자료를 작성할 때에 혼합물로 된 제품들이 각각의 제품을 대표하여 하나의 물질안전보건자료를 작성할 수 있는 충족 요건 중 각 구성성분의 함량변화는 얼마 이하이어야 하는가?

① 5%
② 10%
③ 15%
④ 30%

혼합물의 유해성·위험성 결정
혼합물로 된 제품들이 다음의 요건을 충족하는 경우에는 각각의 제품을 대표하여 하나의 물질안전보건자료를 작성할 수 있다.
① 혼합물로 된 제품의 구성성분이 같을 것
② 각 구성성분의 함량변화가 10퍼센트(%) 이하일 것
③ 비슷한 유해성을 가질 것

99

화재 감지에 있어서 열감지 방식 중 차동식에 해당하지 않는 것은?

① 공기식
② 열전대식
③ 바이메탈식
④ 열반도체식

자동화재 탐지 설비(열감지기)	
차동식 감지기	온도상승율이 일정치를 넘는 경우에 동작하는 것으로 특정 위치의 온도변화를 감지하는 spot형과 실내 전체의 온도변화를 감지하는 분포형으로 분류 ① 공기식 spot형 ② 공기관식 분포형 ③ 열전대식 분포형(두 접점 사이의 온도차로 열기전력이 발생하면 전위차를 측정하는 제베크 효과를 이용) ④ 열반도체식(반도체 열센서를 이용)
정온식 감지기	일정 온도 이상이 될 때 동작하는 것으로 spot형과 감지선형으로 분류(바이메탈식)
보상식 감지기	주변의 온도변화에 의한 감도가 변화하는 것으로 차동식과 정온식의 기능을 갖는 것이 있음

100

다음 중 금수성 물질에 대하여 적응성이 있는 소화기는?

① 무상강화액소화기
② 이산화탄소소화기
③ 할로겐화합물소화기
④ 탄산수소염류분말소화기

금수성 물질의 소화
금수성 물질에 대한 소화에는 탄산수소염류 등의 분말소화설비 및 탄산수소염류 분말소화기와 건조사 등으로만 소화가 가능하다.

정답 97 ① 98 ② 99 ③ 100 ④

6과목 건설공사 안전 관리

101

터널 지보공을 조립하거나 변경하는 경우에 조치하여야 하는 사항으로 옳지 않은 것은?

① 목재의 터널 지보공은 그 터널 지보공의 각 부재에 작용하는 긴압 정도를 체크하여 그 정도가 최대한 차이나도록 할 것
② 강(鋼)아치 지보공의 조립은 연결볼트 및 띠장 등을 사용하여 주재 상호 간을 튼튼하게 연결할 것
③ 기둥에는 침하를 방지하기 위하여 받침목을 사용하는 등의 조치를 할 것
④ 주재(主材)를 구성하는 1세트의 부재는 동일 평면 내에 배치할 것

터널 지보공 조립, 변경 시 조치사항
① 주재를 구성하는 1세트의 부재는 동일 평면 내에 배치할 것
② 목재의 터널지보공은 그 터널지보공의 각 부재의 긴압 정도가 균등하게 되도록 할 것
③ 기둥에는 침하를 방지하기 위하여 받침목을 사용하는 등의 조치를 할 것
  ㉠ 조립간격은 조립도에 따를 것
  ㉡ 주재가 아치작용을 충분히 할 수 있도록 쐐기를 박는 등 필요한 조치를 할 것
  ㉢ 연결볼트 및 띠장 등을 사용하여 주재 상호간을 튼튼하게 연결할 것
  ㉣ 터널 등의 출입구 부분에는 받침대를 설치할 것
  ㉤ 낙하물이 근로자에게 위험을 미칠 우려가 있는 경우에는 널판 등을 설치할 것

102 빈출

52m 높이로 강관비계를 세우려면 지상에서 몇 미터까지 2개의 강관으로 묶어 세워야 하는가?

① 11m ② 16m
③ 21m ④ 26m

강관비계의 구조(높이제한)
① 비계기둥 최고부로부터(아랫 방향으로) 31m 되는 지점 밑부분의 비계기둥은 2본의 강관으로 묶어세울 것
② 52m - 31m = 21m

103 빈출

신품의 추락방지망 중 그물코의 크기 10cm인 매듭 방망의 인장강도 기준으로 옳은 것은?

① 110kgf 이상 ② 200kgf 이상
③ 360kgf 이상 ④ 400kgf 이상

안전망 인장강도

그물코의 크기 (단위 : 센티미터)	방망의 종류(단위 : 킬로그램)			
	매듭 없는 방망		매듭 방망	
	신품	폐기 시	신품	폐기 시
10	240	150	200	135
5			110	60

104

콘크리트 타설을 위한 거푸집 및 동바리의 구조검토 시 가장 선행되어야 할 작업은?

① 각 부재에 생기는 응력에 대하여 안전한 단면을 산정한다.
② 하중·외력에 의하여 각 부재에 생기는 응력을 구한다.
③ 가설물에 작용하는 하중 및 외력의 종류, 크기를 산정한다.
④ 사용할 거푸집 및 동바리의 설치간격을 결정한다.

거푸집 및 동바리의 구조계산
거푸집 및 동바리는 구조물의 종류, 규모, 중요도, 시공조건 및 환경조건 등을 고려하여 연직방향하중, 수평방향하중 및 콘크리트의 측압 등에 대해 설계해야 하며, 동바리의 설계는 강도뿐만 아니라 변형에 대해서도 고려한다.

정답 101 ① 102 ③ 103 ② 104 ③

105

클램쉘(Clam shell)의 용도로 옳지 않은 것은?

① 잠함 안의 굴착에 사용된다.
② 수면 아래의 자갈, 모래를 굴착하고 준설선에 많이 사용된다.
③ 건축구조물의 기초 등 정해진 범위의 깊은 굴착에 적합하다.
④ 단단한 지반의 작업도 가능하며 작업속도가 빠르고 특히 암반굴착에 적합하다.

클램쉘(Clam shell)
① 지반 아래 협소하고 깊은 수직굴착에 주로 사용(수중굴착 및 구조물 기초바닥, 우물통 기초의 내부 굴착 등)
② Bucket이 양쪽으로 개폐되며 Bucket을 열어서 굴삭
③ 모래, 자갈 등을 채취하여 트럭에 적재(단단한 지반 작업 불가)

106

표준관입시험에 대한 내용으로 옳지 않은 것은?

① N치(N-value)는 지반을 30cm 굴진하는 데 필요한 타격 횟수를 의미한다.
② 50/3의 표기에서 50은 굴진수치, 3은 타격횟수를 의미한다.
③ 63.5kg 무게의 추를 76cm 높이에서 자유낙하하여 타격하는 시험이다.
④ 사질지반에 적용하며, 점토지반에서는 편차가 커서 신뢰성이 떨어진다.

표준 관입 시험(S. P. T)
① 질량 63.5 ± 0.5kg의 드라이브 해머를 760 ± 10mm 자유낙하시키고 보링로드 머리부에 부착한 노킹블록을 타격하여 보링로드 앞 끝에 부착한 표준관입 시험용 샘플러를 지반에 300mm 박아 넣는데 필요한 타격횟수 N값을 측정
② 흙의 지내력 판단, 사질토 적용

tip
① 50/3의 표기에서 50은 타격횟수, 3은 누계 관입량을 의미한다.
② 연약점토 지반에는 십자형날개 달린 rod를 흙 속에 관입하여 실시하는 Vane test로 측정한다.

107 ★빈출

폭풍 시 옥외에 설치되어 있는 주행크레인에 대하여 이탈방지를 위한 조치가 필요한 풍속 기준은?

① 순간풍속이 20m/sec를 초과할 때
② 순간풍속이 25m/sec를 초과할 때
③ 순간풍속이 30m/sec를 초과할 때
④ 순간풍속이 35m/sec를 초과할 때

폭풍 등에 대한 안전조치

풍속의 기준	내용	조치사항
순간풍속이 초당 30미터 초과	폭풍에 의한 이탈방지	옥외에 설치된 주행크레인의 이탈방지 장치 작동 등 이탈방지를 위한 조치
	폭풍 등으로 인한 이상 유무 점검	옥외에 설치된 양중기를 사용하여 작업하는 경우 미리 기계 각 부위에 이상이 있는지 점검
순간풍속이 초당 35미터 초과	붕괴 등의 방지	건설용 리프트의 받침의 수를 증가시키는 등 붕괴방지조치
	폭풍에 의한 무너짐 방지	옥외에 설치된 승강기의 받침의 수를 증가시키는 등 무너지는 것을 방지하기 위한 조치

108

철골조립작업에서 안전한 작업발판과 안전난간을 설치하기가 곤란한 경우 작업원에 대한 안전대책으로 가장 알맞은 것은?

① 안전대 및 구명로프 사용
② 안전모 및 안전화 사용
③ 출입금지 조치
④ 작업중지 조치

철골조립작업 재해방지(추락방지)

기능	용도·사용장소·조건	설비
안전한 작업이 가능한 작업대	높이 2미터 이상의 장소로서 추락의 우려가 있는 작업	비계, 달비계, 수평통로 안전난간대
추락자를 보호할 수 있는 것	작업대 설치가 어렵거나 개구부 주위로 난간 설치가 어려운 곳	추락방지용 방망
추락의 우려가 있는 위험장소에서 작업자의 행동을 제한하는 것	개구부 및 작업대의 끝	난간, 울타리
작업자의 신체를 유지시키는 것	안전한 작업대나 난간 설비를 할 수 없는 곳	안전대 부착설비, 안전대, 구명줄

정답 105 ④ 106 ② 107 ③ 108 ①

109

철근콘크리트 구조물의 해체를 위한 장비가 아닌 것은?

① 램머(Rammer)
② 압쇄기
③ 철제 해머
④ 핸드 브레이커(Hand Breaker)

> **램머**
> 램머는 충격식 다짐기계로 소형이고 가벼워서 대형기계진입이 곤란한 협소한 장소에 유리

110 ⭐빈출

낙하물방지망 또는 방호선반을 설치하는 경우에 수평면과의 각도 기준으로 옳은 것은?

① 10° 이상 20° 이하
② 20° 이상 30° 이하
③ 25° 이상 35° 이하
④ 35° 이상 45° 이하

일반적인 낙하위험 방지대책	
필요한 법적조치사항	① 낙하물 방지망 설치 ② 수직 보호망 설치 ③ 방호선반 설치 ④ 출입금지구역 설정 ⑤ 보호구(안전모)착용
낙하물방지망 또는 방호선반 설치 시 준수사항	① 설치높이는 10m 이내마다 설치하고, 내민 길이는 벽면으로부터 2m 이상으로 할 것 ② 수평면과의 각도는 20도 이상 30도 이하를 유지할 것

111 ⭐빈출

강풍 시 타워크레인의 작업제한과 관련된 사항으로 타워크레인의 운전 작업을 중지해야 하는 순간풍속기준으로 옳은 것은?

① 순간풍속이 매 초당 10미터 초과
② 순간풍속이 매 초당 15미터 초과
③ 순간풍속이 매 초당 30미터 초과
④ 순간풍속이 매 초당 40미터 초과

> **강풍시 타워크레인의 작업제한**
> ① 순간풍속이 매 초당 10미터 초과 : 타워크레인의 설치·수리·점검 또는 해체 작업 중지
> ② 순간풍속이 매 초당 15미터 초과 : 타워크레인의 운전 작업 중지

112

다음은 항만하역작업 시 통행설비의 설치에 관한 내용이다. ( ) 안에 알맞은 숫자는?

> 사업주는 갑판의 윗면에서 선창 밑바닥까지의 깊이가 ( )를 초과하는 선창의 내부에서 화물취급작업을 하는 경우에 그 작업에 종사하는 근로자가 안전하게 통행할 수 있는 설비를 설치하여야 한다.

① 1.0m
② 1.2m
③ 1.3m
④ 1.5m

> **항만하역작업 시 안전수칙**
> ① 통행설비 설치 : 갑판의 윗면에서 선창 밑바닥까지 깊이가 1.5m를 초과하는 선창 내부에서 화물취급작업을 할 경우
> ② 동시 작업금지 : 같은 선창 내부의 다른 층에서 동시에 작업금지

정답 109 ① 110 ② 111 ② 112 ④

113

콘크리트 타설작업과 관련하여 준수하여야 할 사항으로 가장 거리가 먼 것은?

① 당일의 작업을 시작하기 전에 해당 작업에 관한 거푸집 및 동바리 등의 변형·변위 및 지반의 침하 유무 등을 점검하고 이상이 있는 경우 보수할 것
② 콘크리트를 타설하는 경우에는 편심이 발생하지 않도록 골고루 분산하여 타설할 것
③ 진동기는 많이 사용할수록 균일한 콘크리트를 얻을 수 있으므로 가급적 많이 사용할 것
④ 설계도서상의 콘크리트 양생기간을 준수하여 거푸집동바리 등을 해체할 것

콘크리트 타설작업시 준수사항

① 당일의 작업을 시작하기 전에 해당 작업에 관한 거푸집 및 동바리의 변형·변위 및 지반의 침하 유무 등을 점검하고 이상이 있으면 보수할 것
② 작업 중에는 감시자를 배치하는 등의 방법으로 거푸집 및 동바리의 변형·변위 및 침하 유무 등을 확인해야 하며, 이상이 있으면 작업을 중지하고 근로자를 대피시킬 것
③ 콘크리트 타설작업 시 거푸집 붕괴의 위험이 발생할 우려가 있으면 충분한 보강조치를 할 것
④ 설계도서상의 콘크리트 양생기간을 준수하여 거푸집 및 동바리를 해체할 것
⑤ 콘크리트를 타설하는 경우에는 편심이 발생하지 않도록 골고루 분산하여 타설할 것

tip
2023년 법령개정. 문제는 개정 전 내용이며, 해설은 개정된 내용 적용

114 ★

부두·안벽 등 하역작업을 하는 장소에서는 부두 또는 안벽의 선을 따라 통로를 설치하는 경우에는 폭을 최소 얼마 이상으로 해야하는가?

① 70cm
② 80cm
③ 90cm
④ 100cm

부두 등 하역작업장 조치사항

① 작업장 및 통로의 위험한 부분에는 안전하게 작업할 수 있는 조명을 유지할 것
② 부두 또는 안벽의 선을 따라 통로를 설치하는 때에는 폭을 90cm 이상으로 할 것
③ 육상에서의 통로 및 작업장소로서 다리 또는 선거의 갑문을 넘는 보도 등의 위험한 부분에는 안전난간 또는 울타리 등을 설치할 것
④ 바닥으로부터 높이 2m 이상 하적단(포대, 가마니 등)은 인접 하적단과 간격을 하적단 밑부분에서 10cm 이상 유지

115

지반조사 보고서 내용에 해당되지 않는 항목은?

① 지반공학적 조건
② 표준관입시험치, 콘관입저항치 결과분석
③ 시공예정인 흙막이 공법
④ 건설할 구조물 등에 대한 지반특성

지반을 구성하는 지층 및 토층의 형성, 지하수의 상태, 각 지층 및 토층의 성상 등을 알아내어 계획하는 구조물의 설계 및 공사 계획에 필요한 자료를 제공하기 위한 조사이다.

tip
시공예정 흙막이 공법은 시공 계획이나 설계 단계에서 결정되는 것으로 보고서 내용에는 해당되지 않는다.

116

흙막이 가시설 공사 시 사용되는 각 계측기 설치 목적으로 옳지 않은 것은?

① 지표침하계 – 지표면 침하량 측정
② 수위계 – 지반 내 지하수위의 변화 측정
③ 하중계 – 상부 적재하중 변화 측정
④ 지중경사계 – 지중의 수평 변위량 측정

계측기

① 간극수압계 : 지중에 작용하는 수압 측정
② 지하수위계 : 굴착에 따른 지하수위 변동 파악
③ 하중계 : 흙막이 버팀대에 작용하는 토압, 어스 앵커의 인장력 등을 측정하는 기기
④ 변형계 : 흙막이 버팀대의 변형 정도를 파악하는 기기

정답 113 ③ 114 ③ 115 ③ 116 ③

117 ⭐

산업안전보건기준에 관한 규칙에 따른 철골공사 작업 시 작업을 중지해야 할 경우는?

① 강우량 1.5mm/hr
② 풍속 8m/sec
③ 강설량 5mm/hr
④ 지진 진도 1.0

> **철골작업 안전기준(작업의 제한)**
> ① 풍속 : 초당 10m 이상인 경우
> ② 강우량 : 시간당 1mm 이상인 경우
> ③ 강설량 : 시간당 1cm 이상인 경우

118

철골구조의 앵커 볼트 매립과 관련된 사항 중 옳지 않은 것은?

① 기둥중심은 기준선 및 인접기둥의 중심에서 3mm 이상 벗어나지 않을 것
② 앵커 볼트는 매립 후에 수정하지 않도록 설치할 것
③ 베이스플레이트의 하단은 기준 높이 및 인접기둥의 높이에서 3mm 이상 벗어나지 않을 것
④ 앵커 볼트는 기둥중심에서 2mm 이상 벗어나지 않을 것

> **앵커 볼트 매립 시 주의사항**
> (1) 앵커 볼트는 매립 후에 수정하지 않도록 설치
> (2) 앵커 볼트 매립 정밀도 범위
>   ① 기둥 중심은 기준선 및 인접기둥의 중심에서 5mm 이상 벗어나지 않을 것
>   ② 인접 기둥간 중심거리의 오차는 3mm 이하일 것
>   ③ 앵커 볼트는 기둥중심에서 2mm 이상 벗어나지 않을 것
>   ④ Base Plate의 하단은 기준높이 및 인접기둥의 높이에서 3mm 이상 벗어나지 않을 것
> (3) 앵커 볼트는 견고하게 고정시키고 이동변형이 발생하지 않도록 주의하면서 콘크리트 타설

119 ⭐

터널붕괴를 방지하기 위한 지보공 점검사항과 가장 거리가 먼 것은?

① 부재의 긴압 정도
② 부재의 손상·변형·부식·변위·탈락의 유무 및 상태
③ 기둥침하의 유무 및 상태
④ 경보장치의 작동상태

> **터널 지보공 점검사항**
> ① 부재의 손상·변형·부식·변위 탈락의 유무 및 상태
> ② 부재의 긴압 정도
> ③ 부재의 접속부 및 교차부의 상태
> ④ 기둥침하의 유무 및 상태

120 ⭐

연약지반의 이상현상 중 하나인 히빙(heaving)현상에 대한 안전대책이 아닌 것은?

① 흙막이벽의 근입깊이를 깊게 한다.
② 굴착 저면에 토사 등으로 하중을 가한다.
③ 흙막이 배면의 표토를 제거하여 토압을 경감시킨다.
④ 주변 수위를 높인다.

> **히빙(heaving) 방지대책**
> ① 흙막이 근입깊이를 깊게
> ② 표토제거 하중감소
> ③ 지반개량
> ④ 굴착면 하중증가
> ⑤ 어스앵커설치

tip
히빙은 연약성 점토지반 굴착 시, 보일링은 투수성이 좋은 사질지반에서 발생한다.

정답 117 ① 118 ① 119 ④ 120 ④

2024년 5월 9일~5월 28일 | CBT 기출복원문제

1과목 산업재해 예방 및 안전보건교육

01
아담스(Edward Adams)의 사고연쇄 반응이론 중 관리자가 의사결정을 잘못하거나 감독자가 관리적 잘못을 하였을 때의 단계에 해당되는 것은?

① 사고
② 작전적 에러
③ 관리구조 결함
④ 전술적 에러

> **아담스(Adams)의 사고 요인과 관리 시스템**
> ① 재해의 직접원인을 관리 시스템 내의 불안전 행동과 불안전 상태에 두고 이것을 강조하기 위하여 전술적 에러로 설명한다.
> ② 전술적 에러는 작전적 에러의 영향으로 발생하며, 작전적 에러는 감독자 및 관리자의 관리적인 잘못에 기인한 것으로 아담스는 관리상 잘못으로 인한 개념을 강조하고 있다.

02 ★빈출
다음 중 산업재해의 원인으로 간접적 원인에 해당되지 않는 것은?

① 기술적 원인
② 물적 원인
③ 관리적 원인
④ 교육적 원인

> 불안전한 행동(인적 원인)과 불안전한 상태(물적 원인)는 산업재해의 직접원인에 해당된다.

03 ★빈출
산업안전보건법령상 안전·보건표지에 있어 경고표지의 종류 중 기본모형이 다른 것은?

① 매달린 물체 경고
② 폭발성 물질 경고
③ 고압전기 경고
④ 방사성 물질 경고

> 폭발성 물질 경고는 마름모 형태이며, 나머지 보기는 삼각형 형태의 기본모형이다.

04
다음 중 정기점검에 관한 설명으로 가장 적합한 것은?

① 안전강조 기간, 방화점검 기간에 실시하는 점검
② 사고 발생 이후 곧바로 외부 전문가에 의하여 실시하는 점검
③ 작업자에 의해 매일 작업 전, 중, 후에 해당 작업설비에 대하여 수시로 실시하는 점검
④ 기계, 기구, 시설 등에 대하여 주, 월, 또는 분기 등 지정된 날짜에 실시하는 점검

> **안전점검의 종류**
>
> | | |
> |---|---|
> | 일상점검 | 작업 시작 전이나 사용 전 또는 작업 중에 일상적으로 실시하는 점검. 작업담당자, 감독자가 실시하고 결과를 담당책임자가 확인 |
> | 정기점검 (계획점검) | 1개월, 6개월, 1년 단위로 일정기간마다 정기적으로 점검(외관, 구조, 기능의 점검 및 분해검사) |
> | 임시점검 | 정기점검 실시 후 다음 점검시기 이전에 임시로 실시하는 점검(기계, 기구, 설비의 갑작스런 이상 발생 시) |
> | 특별점검 | • 기계, 기구, 설비의 신설변경 또는 고장, 수리 등을 할 경우
• 정기점검기간을 초과하여 사용하지 않던 기계설비를 다시 사용하고자 할 경우
• 강풍(순간풍속 30m/s 초과) 또는 지진(중진 이상 지진) 등의 천재지변 후 |

정답 01 ② 02 ② 03 ② 04 ④

05 ⭐빈출

산업안전보건법령상 근로자 안전 보건교육의 교육시간에 관한 설명으로 옳은 것은?

① 사무직에 종사하는 근로자의 정기교육은 매 반기 6시간 이상이다.
② 판매업무에 직접 종사하는 근로자의 정기교육은 매 반기 6시간 이상이다.
③ 일용근로자 및 근로계약기간이 1주일 이하인 기간제근로자의 작업내용 변경 시 교육은 2시간 이상이다.
④ 근로계약기간이 1주일 초과 1개월 이하인 기간제 근로자의 채용 시 교육은 8시간 이상이다.

교육과정	교육대상		교육시간
가. 정기교육	사무직 종사 근로자		매 반기 6시간 이상
	그 밖의 근로자	판매업무에 직접 종사하는 근로자	매 반기 6시간 이상
		판매업무에 직접 종사하는 근로자 외의 근로자	매 반기 12시간 이상
나. 채용 시 교육	일용근로자 및 근로계약기간이 1주일 이하인 기간제근로자		1시간 이상
	근로계약기간이 1주일 초과 1개월 이하인 기간제근로자		4시간 이상
	그 밖의 근로자		8시간 이상
다. 작업내용 변경 시 교육	일용근로자 및 근로계약기간이 1주일 이하인 기간제근로자		1시간 이상
	그 밖의 근로자		2시간 이상
라. 특별교육	일용근로자 및 근로계약기간이 1주일 이하인 기간제근로자 : 특별교육 대상 작업별 교육에 해당하는 작업 종사 근로자	타워크레인 작업 시 신호 업무 작업에 종사하는 근로자 제외	2시간 이상
		타워크레인 작업 시 신호업무 작업에 종사하는 근로자에 한정	8시간 이상
	일용근로자 및 근로계약기간이 1주일 이하인 기간제근로자를 제외한 근로자 : 특별교육 대상 작업별 교육에 해당하는 작업 종사 근로자에 한정		• 16시간 이상 (최초 작업에 종사하기 전 4시간 이상 실시하고 12시간은 3개월 이내에서 분할하여 실시 가능) • 단기간 작업 또는 간헐적 작업인 경우에는 2시간 이상
마. 건설업 기초 안전·보건 교육	건설 일용근로자		4시간 이상

06

안전교육 중 프로그램 학습법의 장점으로 볼 수 없는 것은?

① 학습자의 학습 과정을 쉽게 알 수 있다.
② 지능, 학습속도 등 개인차를 충분히 고려할 수 있다.
③ 매 반응마다 피드백이 주어지기 때문에 학습자가 흥미를 가질 수 있다.
④ 여러 가지 수업 매체를 동시에 다양하게 활용할 수 있다.

프로그램 학습법	
수강자의 학습진행 정도에 맞도록 프로그램 자료를 작성하여 스스로 학습하도록 하는 방법	
적용단계	① 수업의 전 단계에서 적용가능 ② 수강자의 개인차가 최대한 조절되어야 할 경우 ③ 기본개념학이나 논리적인 학습이 필요할 때 효과적
주의해야 할 점	① 프로그램 학습은 자신의 조건에 맞추어 스스로 하는 학습임을 주지 ② 학습과정의 철저한 점검 필요 ③ 수강자의 사회성이 결여되기 쉬운 점에 대한 대책 강구 ④ 새로운 프로그램 개발 노력(개발비 문제)

07 ⭐빈출

동기부여이론 중 데이비스(K. Davis)의 이론은 동기유발을 식으로 표현하였다. 옳은 것은?

① 지식(knowledge) × 기능(skill)
② 능력(ability) × 태도(attitude)
③ 상황(situation) × 태도(attitude)
④ 능력(ability) × 동기유발(motivation)

데이비스의 동기 부여 이론
인간의 성과×물적인 성과 = 경영의 성과 ① 지식(knowledge) × 기능(skill) = 능력(ability) ② 상황(situation) × 태도(attitude) = 동기유발(motivation) ③ 능력(ability) × 동기유발(motivation) = 인간의 성과(human performance)

정답 05 ① 06 ④ 07 ③

08
다음 중 산업재해 통계에 있어서 고려해야 될 사항으로 틀린 것은?

① 산업재해 통계는 안전 활동을 추진하기 위한 정밀 자료이며 중요한 안전 활동 수단이다.
② 산업재해 통계를 기반으로 안전조건이나, 상태를 추측해서는 안 된다.
③ 산업재해 통계 그 자체보다는 재해 통계에 나타난 경향과 성질의 활용을 중요시해야 된다.
④ 이용 및 활용가치가 없는 산업재해 통계는 그 작성에 따른 시간과 경비의 낭비임을 인지하여야 한다.

산업재해 통계
① 산업재해 통계는 구체적으로 표시되어야 한다.
② 산업재해 통계의 목적은 기업에서 발생한 산업재해에 대하여 효과적인 대책을 강구하기 위함이다.
③ 산업재해 통계는 안전 활동을 추진하기 위한 기초자료이다.

09
경보기가 울려도 기차가 오기까지 아직 시간이 있다고 판단하여 건널목을 건너다가 사고를 당했다. 다음 중 이 재해자의 행동성향으로 옳은 것은?

① 착오·착각
② 무의식행동
③ 억측판단
④ 지름길반응

억측판단은 자기멋대로 하는 주관적인 판단을 말하는 것으로 불안전한 행동의 배후요인에 해당된다.

10
다음 중 무재해운동의 기본이념 3원칙에 해당되지 않는 것은?

① 모든 재해에는 손실이 발생하므로 사업주는 근로자의 안전을 보장하여야 한다는 것을 전제로 한다.
② 위험을 발견, 제거하기 위하여 전원이 참가, 협력하여 각자의 위치에서 의욕적으로 문제해결을 실천하는 것을 뜻한다.
③ 직장 내의 모든 잠재위험요인을 적극적으로 사전에 발견, 파악, 해결함으로써 뿌리에서부터 산업재해를 제거하는 것을 말한다.
④ 무재해, 무질병의 직장을 실현하기 위하여 직장의 위험요인을 행동하기 전에 예지하여 발견, 파악, 해결함으로써 재해발생을 예방하거나 방지하는 것을 말한다.

무재해 운동의 3대 원칙
무의 원칙	모든 잠재위험요인을 적극적으로 사전에 발견하고 파악·해결함으로써 산업재해의 근원적인 요소들을 없앤다는 것을 의미한다.
선취의 원칙	사업장 내에서 행동하기 전에 잠재위험요인을 발견하고 파악·해결하여 재해를 예방하는 것을 의미한다.
참가의 원칙	잠재위험요인을 발견하고 파악·해결하기 위하여 전원이 일치 협력하여 각자의 위치에서 적극적으로 문제를 해결하겠다는 것을 의미한다.

tip
위의 내용은 공단에서 개정하여 사용하는 내용이며, 개정 전의 내용인 무의 원칙, 선취(해결)의 원칙, 참가의 원칙도 함께 알아두어야 함

11 ★
다음 중 산업안전보건법령상 안전검사 대상 유해·위험 기계의 종류가 아닌 것은?

① 곤돌라
② 압력용기
③ 리프트
④ 아크용접기

안전검사 대상 유해·위험기계
① 프레스
② 전단기
③ 크레인(정격하중 2톤 미만 제외)
④ 리프트
⑤ 압력용기
⑥ 곤돌라
⑦ 국소배기장치(이동식 제외)
⑧ 원심기(산업용에 한정)
⑨ 롤러기(밀폐형 구조 제외)
⑩ 사출성형기[형 체결력 294킬로뉴튼(kN) 미만 제외]
⑪ 고소작업대(화물자동차 또는 특수자동차에 탑재한 것으로 한정)
⑫ 컨베이어
⑬ 산업용 로봇
⑭ 혼합기
⑮ 파쇄기 또는 분쇄기

tip
법령개정으로 ⑭, ⑮ 내용이 추가되었으며, 2026년 6월 26일부터 시행

정답 08 ① 09 ③ 10 ① 11 ④

12

다음 중 안전인증대상 안전모의 성능기준 항목이 아닌 것은?

① 내열성
② 턱끈풀림
③ 내관통성
④ 충격흡수성

안전모의 시험 성능기준	
항목	시험성능기준
내관통성	AE, ABE종 안전모는 관통거리가 9.5mm 이하이고, AB종 안전모는 관통거리가 11.1mm 이하이어야 한다.
충격흡수성	최고전달충격력이 4,450N을 초과해서는 안 되며, 모체와 착장체의 기능이 상실되지 않아야 한다.
내전압성	AE, ABE종 안전모는 교류 20kW에서 1분간 절연파괴 없이 견뎌야 하고, 이때 누설되는 충전전류는 10mA 이하이어야 한다.
내수성	AE, ABE종 안전모는 질량증가율이 1% 미만이어야 한다.
난연성	모체가 불꽃을 내며 5초 이상 연소되지 않아야 한다.
턱끈풀림	150N 이상 250N 이하에서 턱끈이 풀려야 한다.

13

적응기제(適應機制, Adjustment Mechanism)의 종류 중 도피적 기제(행동)에 해당하지 않는 것은?

① 고립
② 퇴행
③ 억압
④ 합리화

적응기제의 기본유형	
공격적 행동	책임전가, 폭행, 폭언 등
도피적 행동	퇴행, 억압, 고립, 백일몽 등
방어적 행동	승화, 보상, 합리화, 동일시, 반동형성, 투사 등

14

다음 중 안전보건교육의 단계별 종류에 해당하지 않는 것은?

① 지식교육
② 기초교육
③ 태도교육
④ 기능교육

안전보건 교육의 단계별 교육과정	
① 제1단계 : 지식교육	② 제2단계 : 기능교육
③ 제3단계 : 태도교육	

15

도수율이 24.5이고, 강도율이 2.15인 사업장이 있다. 이 사업장에서 한 근로자가 입사하여 퇴직할 때까지 며칠의 근로손실일수가 발생하겠는가?

① 2.45일
② 215일
③ 245일
④ 2150일

환산 강도율 계산
환산 강도율(S) = 강도율 × 100 = 2.15 × 100 = 215(일)

16

관리그리드 이론에서 인간관계 유지에는 낮은 관심을 보이지만 과업에 대해서는 높은 관심을 가지는 리더십의 유형에 해당하는 것은?

① (1,1)형
② (1,9)형
③ (9,1)형
④ (9,9)형

관리그리드(managerial grid) 이론	
유형	설명
(1,1) 무관심형 (무책임·방임형)	생산과 인간에 대한 관심이 모두 무관심한 유형으로서 리더 자신의 직분을 유지하는 데 필요한 최소의 노력만을 투입하는 유형
(9,1) 생산지향형 (과업형)	과업경영자형으로 인간에 대한 관심은 적고 생산에 대해 최대의 관심을 갖는 행동유형
(1,9) 인간중심지향형 (인기형)	인간에 대한 관심이 매우 높고 생산에 대한 관심은 매우 낮아 구성원의 만족과 친밀한 분위기를 조성하는 데 노력하는 행동유형
(5,5) 중용형(절충형)	과업의 능률과 인간적 요소를 절충하여 적당한 수준의 성과를 지향하는 행동유형
(9,9) 이상형	인간과 생산에 모두 최대의 관심을 가지고 있는 최고의 리더십유형으로 구성원들과 조직체의 공동목표와 상호의존관계를 강조하고 상호신뢰적인 행동유형

tip
관리그리드의 그래프를 해석하는 내용이 출제되므로 이론에 대한 개념을 확실히 이해해야 함

정답 12① 13④ 14② 15② 16③

17 ⭐빈출

안전교육의 형태 중 OJT(On the Job of Training) 교육에 대한 설명과 가장 거리가 먼 것은?

① 다수의 근로자에게 조직적 훈련이 가능하다.
② 직장의 실정에 맞게 실제적인 훈련이 가능하다.
③ 훈련에 필요한 업무의 지속성이 유지된다.
④ 직장의 직속상사에 의한 교육이 가능하다.

OJT의 특징
① 직장의 현장실정에 맞는 구체적이고 실질적인 교육이 가능하다.
② 교육의 효과가 업무에 신속하게 반영된다.
③ 교육의 이해도가 빠르고 동기부여가 쉽다.
④ 개인의 능력과 적성에 알맞은 맞춤교육이 가능하다.
⑤ 교육으로 인해 업무가 중단되는 업무손실이 적다.
⑥ 교육경비의 절감효과가 있다.
⑦ 상사와의 의사소통 및 신뢰도 향상에 도움이 된다.

tip
다수의 근로자에게 조직적 훈련을 행하는 것은 현장을 떠난 집체교육(Off JT)의 장점이다.

18 ⭐빈출

레빈(Lewin)은 인간의 행동 특성을 다음과 같이 표현하였다. 변수 "E"가 의미하는 것으로 옳은 것은?

$$B = f(P \cdot E)$$

① 연령
② 성격
③ 작업환경
④ 지능

레빈(K. Lewin)의 식
① 레빈(K. Lewin)의 행동법칙 : $B = f(P \cdot E)$
　B : Behavior(인간의 행동)
　f : function(함수관계 : $P \cdot E$에 영향을 줄 수 있는 조건)
　P : Person(개체 : 연령, 경험, 심신상태, 성격, 지능 등)
　E : Environment(심리적 환경-인간관계, 작업환경, 설비적 결함 등)
② 레빈의 이론
　인간의 행동(B)은 인간이 가진 능력과 자질 즉, 개체(P)와 주변의 심리적 환경(E)과의 상호함수관계에 있다.

19 ⭐빈출

다음 중 브레인스토밍(Brainstorming) 기법에 관한 설명으로 옳은 것은?

① 지정된 표현방식을 벗어나 자유롭게 의견을 제시한다.
② 주제와 내용이 다르거나 잘못된 의견은 지적하여 조정한다.
③ 참여자에게는 동일한 회수의 의견제시 기회가 부여된다.
④ 타인의 의견을 수정하거나 동의하여 다시 제시하지 않는다.

브레인스토밍(Brain-storming)
(1) 자유분방하게 진행하는 토의식 아이디어 창출법
(2) B · S 4원칙
　① 비판금지　② 자유분방　③ 대량발언　④ 수정발언

20

산업안전보건법령상 산업안전보건위원회의 구성원 중 사용자 위원에 해당되지 않는 것은? (단, 해당 위원이 사업장에 선임이 되어 있는 경우에 한한다.)

① 안전관리자
② 보건관리자
③ 산업보건의
④ 명예산업안전감독관

산업안전보건위원회 구성원

구분	산업안전보건위원회 구성원
사용자 위원	① 당해 사업의 대표자 ② 안전관리자 1명 ③ 보건관리자 1명 ④ 산업보건의(선임되어 있는 경우) ⑤ 해당 사업의 대표자가 지명하는 9명 이내의 해당 사업장 부서의 장
근로자 위원	① 근로자대표 ② 근로자대표가 지명하는 1명 이상의 명예산업안전감독관 ③ 근로자대표가 지명하는 9명 이내의 해당 사업장의 근로자(명예감독관이 근로자위원으로 지명되어 있는 경우 그 수를 제외)

정답 17① 18③ 19① 20④

2과목 인간공학 및 위험성 평가·관리

21

다음 중 시스템 안전 프로그램의 개발단계에서 이루어져야 할 사항의 내용과 가장 거리가 먼 것은?

① 교육훈련을 시작한다.
② 위험분석으로 주로 FMEA가 적용된다.
③ 설계의 수용가능성을 위해 보다 완벽한 검토를 한다.
④ 이 단계의 모형분석과 검사결과는 OHA의 입력자료로 사용된다.

생산(production)단계
품질관리 부서와의 상호협력, 안전교육의 시작, 설계변경에 따른 수정 작업, 이전 단계의 안전수준이 유지되는지 확인 등

---
tip
시스템 안전 프로그램의 수명주기
① 제1단계 : 구상단계   ② 제2단계 : 정의단계
③ 제3단계 : 개발단계   ④ 제4단계 : 생산단계
⑤ 제5단계 : 배치 및 운용단계

---

22 ★빈출

다음 중 정보를 전송하기 위해 청각적 표시장치보다 시각적 표시장치를 사용하는 것이 더 효과적인 경우는?

① 정보의 내용이 간단한 경우
② 정보가 후에 재참조되는 경우
③ 정보가 즉각적인 행동을 요구하는 경우
④ 정보의 내용이 시간적인 사건을 다루는 경우

청각 장치와 시각 장치의 비교

청각 장치 사용	시각 장치 사용
① 전언이 간단하다.	① 전언이 복잡하다.
② 전언이 짧다.	② 전언이 길다.
③ 전언이 후에 재참조되지 않는다.	③ 전언이 후에 재참조된다.
④ 전언이 시간적 사상을 다룬다.	④ 전언이 공간적인 위치를 다룬다.
⑤ 전언이 즉각적인 행동을 요구한다(긴급할 때).	⑤ 전언이 즉각적인 행동을 요구하지 않는다.

---
tip
해설내용은 일부입니다. 자세한 내용은 본문내용을 참고하세요.

23

다음 중 공장 소음에 대한 방지계획에 있어 음원에 대한 대책에 해당하지 않는 것은?

① 설비의 격리   ② 적절한 재배치
③ 저소음 설비 사용   ④ 귀마개 및 귀덮개 사용

귀마개 및 귀덮개를 사용하는 것은 근로자(수음자)에 대한 대책이며, 나머지 보기는 음원에 대한 대책에 해당된다.

24

다음 중 일반적으로 대부분의 임무에서 시각적 암호의 효능에 대한 결과에서 가장 성능이 우수한 암호는?

① 구성 암호   ② 영자와 형상 암호
③ 숫자 및 색 암호   ④ 영자 및 구성 암호

숫자, 영자, 기하적 형상 등의 비교실험
성능이 우수한 것부터 낮은 것 순서대로 나열하면 다음과 같다.
숫자 및 색 암호 → 영자 → 형상 암호 → 구성 암호

25

불(Bool) 대수의 정리를 나타낸 관계식 중 틀린 것은?

① $A \cdot 0 = 0$ ② $A + 1 = 1$
③ $A \cdot \bar{A} = 1$ ④ $A(A + B) = A$

불 대수의 대수법칙
① $A + 0 = A$ ② $A + 1 = 1$
③ $A \cdot 0 = 0$ ④ $A \cdot 1 = A$
⑤ $A + A = A$ ⑥ $A + \bar{A} = 1$
⑦ $A \cdot A = A$ ⑧ $A \cdot \bar{A} = 0$
⑨ $A(A + B) = AA + AB = A + AB = A$

26
다음 중 동작의 효율을 높이기 위한 동작경제의 원칙으로 볼 수 없는 것은?

① 신체사용에 관한 원칙
② 작업장 배치에 관한 원칙
③ 복수 작업자 활용에 관한 원칙
④ 공구 및 설비 디자인에 관한 원칙

> **동작경제의 원칙**
> ① 신체의 사용에 관한 원칙(Use of the human body)
> ② 작업장의 배치에 관한 원칙(Arrangement of the workplace)
> ③ 공구 및 설비 디자인에 관한 원칙(Design of tools and equipments)

27
다음 중 간헐적으로 페달을 조작할 때 다리에 걸리는 부하를 평가하기에 가장 적당한 측정 변수는?

① 근전도
② 산소소비량
③ 심장박동수
④ 에너지소비량

> **EMG(electromyogram : 근전도)**
> 개별근육이나 근육군의 국소 근육활동에 관한 척도로 이용(특정부위의 근육활동)

28
조사연구자가 특정한 연구를 수행하기 위해서는 어떤 상황에서 실시할 것인가를 선택하여야 한다. 즉, 실험실 환경에서도 가능하고, 실제 현장 연구도 가능한데 다음 중 현장 연구를 수행했을 경우 장점으로 가장 적절한 것은?

① 비용 절감
② 정확한 자료수집 가능
③ 일반화가 가능
④ 실험조건의 조절 용이

> **실험실 연구와 현장 연구의 특징**
>
> | | |
> |---|---|
> | 실험실 연구 | ① 비용이 절감된다.
② 정확한 자료수집이 가능하다.
③ 실험조건의 조절이 쉽다.
④ 일반화가 불가능하고 현실성이 부족하다. |
> | 현장연구 | ① 현실성이 있으며 일반화가 가능하다.
② 실험에 필요한 비용이 많이 든다.
③ 실험조건을 균일하게 적용하기 어렵다.
④ 정확한 자료수집이 불가능하다. |

29
FT도 작성에 사용되는 사상 중 시스템의 정상적인 가동상태에서 일어날 것이 기대되는 사상은?

① 통상사상
② 기본사상
③ 생략사상
④ 결함사상

> | 명칭 | 설명 |
> |---|---|
> | 결함사상(사상기호) | 개별적인 결함사상 |
> | 기본사상(사상기호) | 더 이상 전개되지 않는 기본인 사상 또는 발생 확률이 단독으로 얻어지는 낮은 레벨의 기본적인 사상 |
> | 생략사상(최후사상) | 정보부족 해석기술의 불충분 등으로 더 이상 전개할 수 없는 사상. 작업진행에 따라 해석이 가능한 때는 다시 속행함 |
> | 통상사상(사상기호) | 통상발생이 예상되는 사상(예상되는 원인) |

30
다음 중 결함수분석법(FTA)에서의 미니멀 컷셋과 미니멀 패스셋에 관한 설명으로 옳은 것은?

① 미니멀 컷셋은 정상사상(top event)을 일으키기 위한 최소한의 컷셋이다.
② 미니멀 컷셋은 시스템의 신뢰성을 표시하는 것이다.
③ 미니멀 패스셋은 시스템의 위험성을 표시하는 것이다.
④ 미니멀 패스셋은 시스템의 고장을 발생시키는 최소의 패스셋이다.

> **미니멀 컷셋과 미니멀 패스셋**
> ① 정상사상을 발생시키는 기본사상의 집합으로 그 안에 포함되는 모든 기본사상이 발생할 때 정상사상을 발생시킬 수 있는 기본사상의 집합을 컷셋이라 하며, 컷셋의 집합중에서 정상사상을 일으키기 위하여 필요한 최소한의 컷셋을 미니멀 컷셋이라 한다(시스템의 위험성 또는 안전성을 나타냄).
> ② 미니멀 컷셋은 시스템의 기능을 마비시키는 사고요인의 최소집합이다.
> ③ 그 안에 포함되는 모든 기본사상이 일어나지 않을 때 처음으로 정상사상이 일어나지 않는 기본사상의 집합인 패스셋에서 필요 최소한의 것을 미니멀 패스셋이라 한다(시스템의 신뢰성을 나타냄).
> ④ 패스셋은 정상사상이 발생하지 않는 즉, 시스템이 고장 나지 않는 사상의 집합이다.

정답 26 ③ 27 ① 28 ③ 29 ① 30 ①

31

다음 중 시성능기준함수(VL₈)의 일반적인 수준 설정으로 틀린 것은?

① 현실상황에 적합한 조명수준이다.
② 표적 탐지 확률은 50[%]에서 99[%]로 한다.
③ 표적(target)은 정적인 과녁에서 동적인 과녁으로 한다.
④ 언제, 시계 내의 어디에 과녁이 나타날지 아는 경우이다.

> 언제, 시계 내의 어디에 과녁이 나타날지 모르는 경우이다.

32 빈출

다음 중 인간-기계 시스템을 3가지로 분류한 설명으로 틀린 것은?

① 자동 시스템에서는 인간요소를 고려하여야 한다.
② 자동 시스템에서 인간은 감시, 정비유지, 프로그램 등의 작업을 담당한다.
③ 수동 시스템에서 기계는 동력원을 제공하고 인간의 통제 하에서 제품을 생산한다.
④ 기계 시스템에서는 동력기계화 체계와 고도로 통합된 부품으로 구성된다.

인간 기계 시스템의 유형

수동 시스템	인간의 신체적인 힘을 동력원으로 사용하여 작업통제(동력원 및 제어 : 인간, 수공구나 기타 보조물로 구성) : 다양성 있는 체계로 역할을 수행할 수 있는 능력을 최대한 활용하는 시스템
기계 시스템	① 반자동시스템, 변화가 적은 기능들을 수행하도록 설계(고도로 통합된 부품들로 구성되며 융통성이 없는 체계) ② 동력은 기계가 제공, 조정장치를 사용한 통제는 인간이 담당
자동 시스템	① 감지, 정보처리 및 의사결정 행동을 포함한 모든 임무 수행 (완전하게 프로그램되어야 함) ② 대부분 폐회로 체계이며, 신뢰성이 완전하지 못하여 감시, 프로그램 작성 및 수정 정비유지 등은 인간이 담당

33

다음 중 각 기본사상의 발생확률이 증감하는 경우 정상사상의 발생확률에 어느 정도 영향을 미치는가를 반영하는 지표로서 수리적으로는 편미분계수와 같은 의미를 갖는 FTA의 중요도 지수는?

① 구조 중요도
② 확률 중요도
③ 치명 중요도
④ 비구조 중요도

중요도 지수

① 구조 중요도 : 각 기본사상의 발생확률은 고려하지 않은 채 결함수의 구조상 각 기본사상이 갖는 치명성을 나타낸다.
② 확률 중요도 : 각 기본사상 발생확률의 증감이 정상사상 발생확률의 증감에 어느 정도 기여하는지를 나타내는 척도이다.
③ 치명 중요도 : 현실적 어려움을 고려한 확률적 중요도 지수이다.

34

중이소골(ossicle)이 고막의 진동을 내이의 난원창(oval window)에 전달하는 과정에서 음파의 압력은 어느 정도 증폭되는가?

① 2배
② 12배
③ 22배
④ 220배

귀의 구조(중이)

중이	고막	소리에 의해 최초로 진동하는 얇은 막
	청소골	고막의 소리를 증폭시켜 내이(난원창)로 전달 (22배 증폭)
	유스타키오관	외이와 중이의 압력 조절

35 빈출

다음 설명 중 ㉠과 ㉡에 해당하는 내용이 올바르게 연결된 것은?

> 예비위험분석(PHA)의 식별된 4가지 사고 카테고리 중 작업자의 부상 및 시스템의 중대한 손해를 초래하거나 작업자의 생존 및 시스템의 유지를 위하여 즉시 수정 조치를 필요로 하는 상태를 (㉠), 작업자의 부상 및 시스템의 중대한 손해를 초래하지 않고 대처 또는 제어할 수 있는 상태를 (㉡)(이)라 한다.

① ㉠ - 파국적, ㉡ - 중대
② ㉠ - 중대, ㉡ - 파국적
③ ㉠ - 한계적, ㉡ - 중대
④ ㉠ - 중대, ㉡ - 한계적

식별된 사고의 4가지 범주(카테고리)

파국적	인원의 사망 또는 중상, 또는 완전한 시스템 손실
중대(위기)	인원의 상해 또는 중대한 시스템의 손상으로 인원이나 시스템 생존을 위해 즉시 시정조치 필요
한계적	인원의 상해 또는 중대한 시스템의 손상 없이 배제 또는 제어 가능
무시가능	인원의 손상이나 시스템의 손상은 초래하지 않는다.

정답 31 ④ 32 ③ 33 ② 34 ③ 35 ④

36

다음 중 인간 오류에 관한 설계기법에 있어 전적으로 오류를 범하지 않게는 할 수 없으므로 오류를 범하기 어렵도록 사물을 설계하는 방법은?

① 배타설계(exclusive design)
② 예방설계(prevention design)
③ 최소설계(minimum design)
④ 감소설계(reduction design)

> **인적 오류 설계기법**
> 배타설계는 오류를 범할 수 없도록 사물을 설계하는 것이며, 예방설계는 오류를 범하기 어렵도록 사물을 설계하는 것을 말한다.

> **tip**
> 인적오류(human error)의 가능성이나 부정적인 결과를 줄이기 위한 3가지 설계방법
> ① 배타설계(排他設計 : exclusive design)
> ② 예방설계(保護設計 : prevention design)
> ③ 안전설계(安全設計 : fail-safe design)

37

어느 부품 1000개를 100000시간 동안 가동하였을 때 5개의 불량품이 발생하였을 경우 평균동작시간(MTTF)은?

① 1×10^6시간
② 2×10^7시간
③ 1×10^8시간
④ 2×10^9시간

> **평균동작시간(MTTF)**
> (1) 공식
> ① 고장률(λ) = $\frac{\text{고장건수}(r)}{\text{총가동시간}(T)}$
> ② MTTF = $\frac{1}{\lambda}$
>
> (2) 계산식
> ① 고장률 = $\frac{5}{1,000 \times 100,000} = \frac{5}{10^8} = 5 \times 10^{-8}/h$
> ② MTTF = $\frac{1}{5 \times 10^{-8}/h} = 2 \times 10^7 h$

38

다음 중 산업안전보건법에 따라 제조업의 유해·위험 방지계획서를 작성하고자 할 때 관련 규정에 따라 1명 이상 포함시켜야 하는 사람의 자격으로 적합하지 않은 것은?

① 안전관리분야 기술사 자격을 취득한 사람
② 기계안전·전기안전·화공안전분야의 산업안전지도사 자격을 취득한 사람
③ 기사 자격을 취득한 사람으로서 해당 분야에서 5년 근무한 경력이 있는 사람
④ 한국산업안전보건공단이 실시하는 관련 교육을 8시간 이수한 사람

> 계획서를 작성할 때에 다음의 어느 하나에 해당하는 자격을 갖춘 사람 또는 공단이 실시하는 관련 교육을 20시간 이상 이수한 사람 중 1명 이상을 포함시켜야 한다.
> ① 기계, 금속, 화공, 전기, 안전관리, 산업보건관리, 산업위생 또는 환경분야 기술사 자격을 취득한 사람
> ② 기계안전·전기안전·화공안전분야의 산업안전지도사 또는 산업위생지도사 자격을 취득한 사람
> ③ ① 관련 분야 기사 자격을 취득한 사람으로서 해당 분야에서 3년 이상 근무한 경력이 있는 사람
> ④ ① 관련 분야 산업기사 자격을 취득한 사람으로서 해당 분야에서 5년 이상 근무한 경력이 있는 사람

39

다음 중 Weber의 법칙에 관한 설명으로 틀린 것은?

① Weber비는 분별의 질을 나타낸다.
② Weber비가 작을수록 분별력은 낮아진다.
③ 변화감지역(JND)이 작을수록 그 자극차원의 변화를 쉽게 검출할 수 있다.
④ 변화감지역(JND)은 사람이 50%를 검출할 수 있는 자극차원의 최소변화이다.

> **Weber의 법칙**
> ① 감각기관의 기준자극과 변화감지역의 연관관계를 나타낸다.
> ② 변화감지역은 사용되는 기준자극의 크기에 비례
> ② Weber비 = $\frac{\text{변화감지역}}{\text{기준자극크기}}$
> ③ Weber비가 작을수록 분별력이 뛰어난 감각이다.

정답 36② 37② 38④ 39②

40

[보기]는 화학설비의 안전성 평가 단계를 간략히 나열한 것이다. 다음 중 평가 단계 순서를 올바르게 나타낸 것은?

[보기]
- ㉠ 관계 자료의 작성준비
- ㉡ 정량적 평가
- ㉢ 정성적 평가
- ㉣ 안전대책

① ㉠ → ㉢ → ㉡ → ㉣
② ㉠ → ㉡ → ㉣ → ㉢
③ ㉠ → ㉢ → ㉣ → ㉡
④ ㉠ → ㉡ → ㉢ → ㉣

안전성 평가의 기본원칙(6단계)
① 제1단계 : 관계 자료의 정비검토
② 제2단계 : 정성적 평가
③ 제3단계 : 정량적 평가
④ 제4단계 : 안전대책
⑤ 제5단계 : 재해 정보에 의한 재평가
⑥ 제6단계 : FTA에 의한 재평가

3과목 기계·기구 및 설비 안전 관리

41

다음 중 드릴 작업의 안전수칙으로 가장 적합한 것은?

① 손을 보호하기 위하여 장갑을 착용한다.
② 작은 일감은 양 손으로 견고히 잡고 작업한다.
③ 정확한 작업을 위하여 구멍에 손을 넣어 확인한다.
④ 작업시작 전 척 렌치(chuck wrench)를 반드시 뺀다.

드릴 작업 시 안전대책
① 일감은 견고히 고정, 손으로 잡고 하는 작업 금지
② 드릴 끼운 후 척 렌치는 반드시 빼둘 것
③ 장갑 착용 금지 및 칩은 브러시로 제거
④ 구멍 뚫기 작업 시 손으로 관통 확인 금지
⑤ 구멍이 관통된 후에는 기계 정지 후 손으로 돌려서 드릴을 뺄 것

42

질량 100[kg]인 화물이 와이어로프에 매달려 2[m/s²]의 가속도로 권상되고 있다. 이때 와이어로프에 작용하는 장력의 크기는 몇 [N]인가? (단, 여기서 중력가속도는 10[m/s²]로 한다.)

① 200[N]
② 300[N]
③ 1,200[N]
④ 2,000[N]

와이어로프에 걸리는 총하중 계산
① 동하중(W_2) = $\dfrac{W_1}{g} \times a = \dfrac{100}{10} \times 2 = 20$
② 총하중(W) = 정하중(W_1) + 동하중(W_2) = 100 + 20 = 120
③ 단위 환산 : 120kgf × 10 = 1,200N

43

다음 중 산업안전보건법령상 보일러에 설치하여야 하는 방호장치에 해당하지 않는 것은?

① 절탄장치
② 압력제한스위치
③ 압력방출장치
④ 고저수위조절장치

보일러 안전장치의 종류
① 고저수위조절장치
② 압력방출장치
③ 압력제한스위치
④ 화염검출기

44

다음 중 정 작업 시의 작업안전수칙으로 틀린 것은?

① 정 작업 시에는 보안경을 착용하여야 한다.
② 정 작업으로 담금질된 재료를 가공해서는 안 된다.
③ 정 작업을 시작할 때와 끝날 무렵에는 세게 친다.
④ 철강재를 정으로 절단 시에는 철편이 날아 튀는 것에 주의한다.

정 작업 시 안전수칙
① 정 작업을 할 때에는 반드시 보안경을 착용해야 한다.
② 정으로는 담금질된 재료를 절대로 가공할 수 없다.
③ 자르기 시작할 때와 끝날 무렵에는 되도록 세게 치지 않도록 한다.
④ 철강재를 정으로 절단할 때는 철편이 튀는 것에 주의한다.

정답 40 ① 41 ④ 42 ③ 43 ① 44 ③

45

둥근톱의 톱날 직경이 500[mm]일 경우 분할날의 최소길이는 약 얼마이어야 하는가?

① 262[mm] ② 314[mm]
③ 333[mm] ④ 410[mm]

> **분할날의 최소길이**
> ① 분할날은 톱 뒷날의 $\frac{2}{3}$ 이상을 덮도록 하여야 한다.
> ② $(\pi \times 500) \times \frac{1}{4} \times \frac{2}{3} = 261.799 = 262$[mm]

46

다음 중 산업안전보건법령상 지게차의 헤드가드가 갖추어야 하는 사항으로 옳은 것은?

① 강도는 지게차의 최대하중의 2배 값(4톤을 넘는 값에 대해서는 4톤으로 한다)의 등분포정하중(等分布靜荷重)에 견딜 수 있을 것
② 상부틀의 각 개구의 폭 또는 길이가 20[cm] 이상일 것
③ 운전자가 앉아서 조작하는 방식의 지게차의 경우에는 운전자의 좌석 윗면에서 헤드가드의 상부틀 아랫면까지의 높이가 1.2[m] 이상일 것
④ 운전자가 서서 조작하는 방식의 지게차의 경우에는 운전석의 바닥면에서 헤드가드의 상부틀 하면까지의 높이가 2.5[m] 이상일 것

> **헤드가드**
> ① 상부틀의 각 개구의 폭 또는 길이가 16cm 미만일 것
> ② 운전자가 앉아서 조작하거나 서서 조작하는 지게차의 헤드가드는 「산업표준화법」에 따른 한국산업표준에서 정하는 높이 기준 이상일 것

47

연삭숫돌의 기공 부분이 너무 적거나, 연질의 금속을 연마할 때에 숫돌표면의 공극이 연삭칩에 막혀서 연삭이 잘 행하여지지 않는 현상을 무엇이라 하는가?

① 자생 현상 ② 드레싱 현상
③ 그레이징 현상 ④ 눈메꿈 현상

> **연삭숫돌의 수정(현상)**
>
> | 구분 | 그레이징(glazing) | 로딩(loading) |
> | --- | --- | --- |
> | 현상 | 숫돌차의 입자가 탈락되지 않고 마모에 의해 납작하게 된 상태에서 연삭되는 현상 | 연삭작업 중 숫돌입자의 표면이나 기공에 쇳가루가 차 있는 상태, 즉 눈메꿈 현상 |
> | 원인 | ① 숫돌의 결합도가 크다 ② 숫돌의 회전속도가 너무 빠르다. ③ 숫돌의 재료가 공작물의 재료에 부적합하다. | ① 숫돌입자가 너무 잘다. ② 조직이 너무 치밀하다. ③ 연삭깊이가 깊다. ④ 숫돌차의 회전속도가 너무 느리다. |

48 빈출

다음 중 밀링작업에 있어서의 안전조치 사항으로 틀린 것은?

① 절삭유의 주유는 가공 부분에서 분리된 커터의 위에서 하도록 한다.
② 급속이송은 백래시 제거장치가 동작하지 않고 있음을 확인한 다음 행한다.
③ 밀링 커터의 칩은 작고 날카로우므로 반드시 칩 브레이커로 한다.
④ 상하좌우의 이송장치의 핸들은 사용 후 풀어 놓는다.

> 칩브레이커는 선반의 방호장치이며, 밀링의 칩은 가장 가늘고 예리하므로 반드시 브러시로 제거해야 한다.

정답 45 ① 46 ① 47 ④ 48 ③

49

산업안전보건법령상 비파괴검사를 해서 결함 유무를 확인하여야 하는 고속회전체의 기준으로 옳은 것은?

① 회전축의 중량이 100킬로그램을 초과하고 원주속도가 초당 120미터 이상인 고속회전체
② 회전축의 중량이 500킬로그램을 초과하고 원주속도가 초당 100미터 이상인 고속회전체
③ 회전축의 중량이 1톤을 초과하고 원주 속도가 초당 120미터 이상인 고속회전체
④ 회전축의 중량이 3톤을 초과하고 원주 속도가 초당 100미터 이상인 고속회전체

고속회전체의 위험방지

고속회전체(원심분리기 등의 회전체로 원주속도가 매초당 25m 초과)의 회전시험 시 파괴로 인한 위험방지	전용의 견고한 시설물 내부 또는 견고한 장벽 등으로 격리된 장소에서 실시
고속회전체의 회전시험 시 미리 비파괴검사 실시하는 대상	회전축의 중량이 1톤 초과하고 원주속도가 매초당 120m 이상인 것

50

다음은 프레스기에 사용되는 수인식 방호장치에 관한 설명이다. ( ) 안의 ⓐ, ⓑ에 들어갈 내용으로 가장 적합한 것은?

수인식 방호장치는 일반적으로 행정수가 (ⓐ)이고, 행정길이는 (ⓑ)인 프레스에 사용이 가능한데, 이러한 제한은 행정수의 경우 손이 충격적으로 끌리는 것을 방지하기 위해서이며, 행정길이는 손이 안전한 위치까지 충분히 끌리도록 하기 위해서이다.

① ⓐ : 150[SPM] 이하, ⓑ : 30[mm] 이상
② ⓐ : 120[SPM] 이하, ⓑ : 40[mm] 이상
③ ⓐ : 150[SPM] 이하, ⓑ : 30[mm] 미만
④ ⓐ : 120[SPM] 이상, ⓑ : 40[mm] 미만

수인식(Pull out)

① 확동식 클러치를 갖는 크랭크 프레스기에 적합
② 작업자의 손과 수인기구가 슬라이드와 직결되어 연속낙하로 인한 재해방지
③ SPM 120 이하, 행정길이 40mm 이상 프레스에 사용가능
④ 양수조작기구 병용 가능

51

리프트의 제작기준 등을 규정함에 있어 정격속도의 정의로 옳은 것은?

① 화물을 싣고 하강할 때의 속도
② 화물을 싣고 상승할 때의 속도
③ 화물을 싣고 상승할 때의 평균속도
④ 화물을 싣고 상승할 때와 하강할 때의 평균속도

용어의 정의

① 적재하중(Movable Load) : 리프트의 구조나 재료에 따라 운반구에 화물을 적재하고 상승할 수 있는 적재정량의 하중
② 정격속도(Rated Speed) : 운반구에 적재하중을 싣고 상승할 때의 속도

52

기계의 각 작동 부분 상호간을 전기적, 기구적, 공유압장치 등으로 연결해서 기계의 각 작동 부분이 정상으로 작동하기 위한 조건이 만족되지 않을 경우 자동적으로 그 기계를 작동할 수 없도록 하는 것을 무엇이라 하는가?

① 인터록기구
② 과부하방지장치
③ 트립기구
④ 오버런기구

록기구(Lock 기구)의 종류

인터록 (Interlock)	기계식, 전기식, 유공압식 또는 이들의 조합으로 2개 이상의 부분이 상호 구속되는 형태
키식 인터록 (Key Type Interlock)	열쇠를 사용하여 한쪽을 잠그지 않으면 다른 쪽이 열리지 않는 형태
키록(Key lock)	1개 또는 상호 다른 여러 개의 열쇠를 사용하며, 전체의 열쇠가 열리지 않으면 기계가 조작되지 않는 형태

tip
인터록 장치의 요건
① 가드가 완전히 닫히기 전에는 기계가 작동되어서는 안 된다.
② 가드가 열리는 순간 기계의 작동은 반드시 정지되어야 한다.

53

일반적으로 기계설비의 점검시기를 운전상태와 정지상태로 구분할 때 다음 중 운전 중의 점검사항이 아닌 것은?

① 클러치의 동작상태
② 베어링의 온도상승 여부
③ 설비의 이상음과 진동상태
④ 동력전달부의 볼트·너트의 풀림상태

> 동력전달부의 볼트·너트의 풀림상태에 대한 점검은 정지상태에서 해야 가능하다.

54

다음 중 설비의 일반적인 고장형태에 있어 마모고장과 가장 거리가 먼 것은?

① 부품, 부재의 마모
② 열화에 생기는 고장
③ 부품, 부재의 반복피로
④ 순간적 외력에 의한 파손

> 순간적 외력에 의한 파손은 예측할 수 없는 경우에 발생하는 고장으로 우발고장에 해당된다.

55

다음 중 아세틸렌 용접 시 역화가 일어날 때 가장 먼저 취해야 할 행동으로 가장 적절한 것은?

① 산소밸브를 즉시 잠그고, 아세틸렌 밸브를 잠근다.
② 아세틸렌 밸브를 즉시 잠그고, 산소밸브를 잠근다.
③ 산소밸브는 열고, 아세틸렌 밸브는 즉시 닫아야 한다.
④ 아세틸렌의 사용압력을 1[kgf/cm²] 이하로 즉시 낮춘다.

> 토오치 취급상 주의사항
> ① 팁이 과열된 때는 산소만 다소 분출시키면서 물 속에 넣어 냉각시킬 것
> ② 점화 시 아세틸렌 밸브를 열고 점화 후 산소 밸브를 열어 조절
> ③ 작업 종료 후 또는 역화·역류발생 시에는 산소밸브를 먼저 잠글 것

56

다음 중 프레스기계의 위험을 방지하기 위한 본질적 안전화(No-Hand in Die 방식)가 아닌 것은?

① 안전 금형의 사용
② 수인식 방호장치 사용
③ 전용 프레스 사용
④ 금형에 안전 울 설치

> 프레스 기계의 안전화
>
> | 금형 안에 손이 들어가지 않는 구조 (No-Hand-in-Die Type) | 금형 안에 손이 들어가는 구조 (Hand-in-Die Type) |
> | --- | --- |
> | ① 안전울(방호울)이 부착된 프레스
② 안전 금형을 부착한 프레스
③ 전용 프레스
④ 자동 송급, 배출기구가 있는 프레스
⑤ 자동 송급, 배출장치를 부착한 프레스 | ① 프레스기의 종류, 압력능력, SPM, 행정길이, 작업방법에 상응하는 방호 장치
 ㉠ 가드식
 ㉡ 수인식
 ㉢ 손쳐내기식
② 정지 성능에 상응하는 방호장치
 ㉠ 양수조작식
 ㉡ 감응식, 광전자식 |

57

다음 중 선반의 방호장치로 적당하지 않은 것은?

① 실드(sheild)
② 슬라이딩(sliding)
③ 척커버(chuck cover)
④ 칩 브레이커 (chip breaker)

> 선반의 방호장치
> ① 실드(Shield)
> ② 척 커버(Chuck Cover)
> ③ 칩 브레이커
> ④ 급정지 브레이크

58

산업용 로봇은 크게 입력정보교시에 의한 분류와 동작형태에 의한 분류로 나눌 수 있다. 다음 중 입력정보교시에 의한 분류에 해당되는 것은?

① 관절 로봇
② 극좌표 로봇
③ 원통좌표 로봇
④ 수치제어 로봇

> **입력정보교시에 의한 분류**
> ① 고정시퀀스 로봇 ② 가변시퀀스 로봇 ③ 플레이백형 로봇
> ④ 수치제어용 로봇 ⑤ 학습제어 로봇   ⑥ 지능로봇
> ⑦ 감각제어 로봇 등

59

다음 중 수평거리 20[m], 높이가 5[m]인 경우 지게차의 안정도는 얼마인가?

① 10[%]
② 20[%]
③ 25[%]
④ 40[%]

> 지게차의 안정도 $= \dfrac{h}{l} \times 100(\%) = \dfrac{5}{20} = 25[\%]$

60 ★

다음 중 롤러기에 사용되는 급정지장치의 급정지거리 기준으로 옳은 것은?

① 앞면 롤러의 표면속도가 30[m/min] 미만이면 급정지 거리는 앞면 롤러 직경의 1/3 이내이어야 한다.
② 앞면 롤러의 표면속도가 30[m/min] 이상이면 급정지 거리는 앞면 롤러 직경의 1/3 이내이어야 한다.
③ 앞면 롤러의 표면속도가 30[m/min] 미만이면 급정지 거리는 앞면 롤러 원주의 1/3 이내이어야 한다.
④ 앞면 롤러의 표면속도가 30[m/min] 이상이면 급정지 거리는 앞면 롤러 원주의 1/3 이내이어야 한다.

> **롤러의 급정지 거리**
>
> | 앞면 롤러의 표면 속도(m/분) | 급정지 거리 |
> | --- | --- |
> | 30 미만 | 앞면 롤러 원주의 1/3 이내 |
> | 30 이상 | 앞면 롤러 원주의 1/2.5 이내 |

4과목 전기설비 안전 관리

61

감전사고가 발생했을 때 피해자를 구출하는 방법으로 옳지 않은 것은?

① 피해자가 계속하여 전기설비에 접촉되어 있다면 우선 그 설비의 전원을 신속히 차단한다.
② 순간적으로 감전 상황을 판단하고 피해자의 몸과 충전부가 접촉되어 있는지를 확인한다.
③ 충전부에 감전되어 있으면 몸이나 손을 잡고 피해자를 곧바로 이탈시켜야 한다.
④ 절연 고무장갑, 고무장화 등을 착용한 후에 구원해 준다.

> **감전사고 피해자 구조**
> ① 충전부에 감전된 경우 몸이나 손을 잡고 피해자를 구출할 경우 구조자도 감전되므로 위험하다.
> ② 반드시 기기의 전원을 차단하고 구조자는 절연용 보호구를 착용한 후 구조작업을 해야 한다.

62

그림과 같이 변압기 2차에 200[V]의 전원이 공급되고 있을 때 지락점에서 지락사고가 발생하였다면 회로에 흐르는 전류는 몇 [A]인가? (단, $R_2 = 10[\Omega]$, $R_3 = 30[\Omega]$이다.)

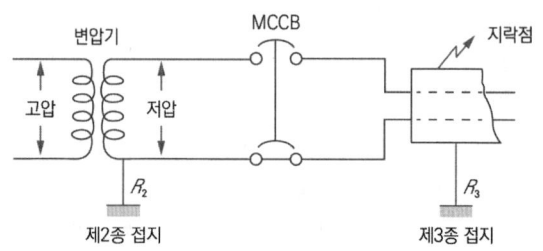

① 5[A]
② 10[A]
③ 15[A]
④ 20[A]

> **전류**
> ① 저항이 직렬로 연결되어 있으므로
>   전체저항 $(R) = R_2 + R_3 = 10 + 30 = 40[\Omega]$
> ② 전류$(I) = \dfrac{V}{R} = \dfrac{200}{40} = 5[A]$

정답 58 ④ 59 ③ 60 ③ 61 ③ 62 ①

63

전선로를 개로한 후에도 잔류 전하에 의한 감전재해를 방지하기 위하여 방전을 요하는 것은?

① 나선의 가공 송배선 선로
② 전열회로
③ 전동기에 연결된 전선로
④ 개로한 전선로가 전력 케이블로 된 것

> 개로된 전로가 전력 케이블·전력 콘덴서 등을 가진 것으로서 잔류 전하에 의하여 위험이 발생할 우려가 있는 경우 당해 잔류 전하를 확실히 방전시켜야 한다.

64

정전기 재해방지 대책에서 접지방법에 해당되지 않는 것은?

① 접지단자와 접지용 도체와의 접속에 이용되는 접지기구는 견고하고 확실하게 접속시켜주는 것이 좋다.
② 접지단자와 접지용 도체, 접지기구와 확실하게 접촉될 수 있도록 금속면이 노출되어 있거나, 금속면에 나사, 너트 등을 이용하여 연결할 수 있어야 한다.
③ 접지용 도체의 설치는 정전기가 발생하는 작업 전이나 발생할 우려가 없게 된 후 정치시간이 경과한 후에 행하여야 한다.
④ 본딩은 금속도체 상호간에 전기적 접속이므로 접지용 도체, 접지단자에 의하여 표준 환경조건에서 저항은 $1[M\Omega]$ 미만이 되도록 견고하고 확실하게 실시하여야 한다.

> **정전기 제거를 위한 접지 저항**
> 정전기 방지를 위한 저항은 $1 \times 10^6 \Omega$ 이하이면 충분하나 일반적으로 안전을 고려하여 $1 \times 10^3 \Omega$ 미만으로 하되, 전동기 등의 전기기계기구인 경우 감전위험을 고려하여 100Ω 이하의 낮은 값으로 접지를 한다.

65

인체저항에 대한 설명으로 옳지 않은 것은?

① 인체저항은 인가전압의 함수이다.
② 인가시간이 길어지면 온도상승으로 인체저항은 증가한다.
③ 인체저항은 접촉면적에 따라 변한다.
④ 1,000[V] 부근에서 피부의 절연파괴가 발생할 수 있다.

> 인가시간이 길어지면 온도상승으로 인체저항은 미약하지만 약간 감소한다.

66

전동기용 퓨즈의 사용 목적으로 알맞은 것은?

① 과전압 차단
② 지락과전류 차단
③ 누설전류 차단
④ 회로에 흐르는 과전류 차단

> 퓨즈는 전기회로에서 규정보다 큰 과전류가 흐를 경우 전류의 열작용에 의해 용단되므로 회로, 기기를 전원으로부터 분리시켜 보호하는 장치이다.

67

감전사고로 인한 호흡 정지 시 구강대 구강법에 의한 인공호흡의 매분 회수와 시간은 어느 정도 하는 것이 바람직한가?

① 매분 5~10회, 30분 이하
② 매분 12~15회, 30분 이상
③ 매분 20~30회, 30분 이하
④ 매분 30회 이상, 20분 ~ 30분 정도

> **구강대 구강법**
> ① 구급자는 환자의 머리 측에 위치한다.
> ② 베개 같은 것으로 등 아래쪽을 받쳐서 머리를 뒤로 구부린다.
> ③ 왼손의 엄지손가락을 환자의 치아 사이에 넣어 턱을 위로 들어올리듯이 한다.
> ④ 오른손으로 환자의 코를 잡아 공기가 빠지지 않도록 한다.
> ⑤ 공기를 깊이 마시고 환자의 가슴이 부풀어 오를 때까지 입안에 세게 불어 넣어 가슴이 부풀어 오르면 입을 뗀다.
> ⑥ 매분 12~15회, 30분 이상 실시한다.

정답 63 ④ 64 ④ 65 ② 66 ④ 67 ②

68

다음은 어떤 방전에 대한 설명인가?

> 대전이 큰 엷은 층상의 부도체를 박리할 때 또는 엷은 층상의 대전된 부도체의 뒷면에 밀접한 접지체가 있을 때 표면에 연한 복수의 수지상 발광을 수반하여 발생하는 방전

① 코로나 방전 ② 뇌상 방전
③ 연면 방전 ④ 불꽃 방전

연면 방전
부도체의 대전량이 매우 클 경우와 대전된 부도체의 표면과 접지체가 매우 가까울 경우 발생하기 쉬운 방전

69

다음은 인체 내에 흐르는 60[Hz] 전류의 크기에 따른 영향을 기술한 것이다. 틀린 것은? (단, 통전경로는 손 → 발, 성인(남)의 기준이다.)

① 20~30[mA]는 고통을 느끼고 강한 근육의 수축이 일어나 호흡이 곤란하다.
② 50~100[mA]는 순간적으로 확실하게 사망한다.
③ 1~8[mA]는 쇼크를 느끼나 인체의 기능에는 영향이 없다.
④ 15~20[mA]는 쇼크를 느끼고 감전부위 가까운 쪽의 근육이 마비된다.

50[mA]는 매우 위험한 상황이며, 100~200[mA]일 경우 순간적으로 확실하게 사망한다.

70

정전기 화재폭발 원인인 인체대전에 대한 예방대책으로 옳지 않은 것은?

① 대전물체를 금속판 등으로 차폐한다.
② 대전방지제를 넣은 제전복을 착용한다.
③ 대전방지 성능이 있는 안전화를 착용한다.
④ 바닥 재료는 고유저항이 큰 물질을 사용한다.

인체에 대전된 정전기에 의한 화재 또는 폭발 위험이 있는 경우 정전기 대전방지용 안전화 착용, 제전복 착용, 정전기 제전용구 사용, 작업장 바닥에 도전성을 갖추도록 하는 등의 조치가 필요하다.

71

교류 3상 전압 380[V], 부하 50[kVA]인 경우 배선에서의 누전 전류의 한계는 약 [mA]인가? (단, 전기설비기술기준에서의 누설전류 허용값을 적용한다.)

① 10[mA] ② 38[mA]
③ 54[mA] ④ 76[mA]

허용누설전류
허용 누설 전류 ≤ 최대공급전류/2,000이므로
$$\frac{50,000}{\sqrt{3} \times 380} \times \frac{1}{2,000} = 0.03798\text{A} = 37.98\text{mA}$$

tip
3상 변압기에서는 상수값을 대입해야 함을 반드시 기억할 것

72

저압전로의 절연성능에 관한 설명으로 적합하지 않는 것은?

① 전로의 사용전압이 SELV일 때 DC 시험전압은 250V이다.
② 전로의 사용전압이 PELV일 때 절연저항은 0.5MΩ 이상이어야 한다.
③ 전로의 사용전압이 FELV일 때 DC 시험전압은 1,000V이다.
④ 전로의 사용전압이 600V일 때 절연저항은 1.0MΩ 이상이어야 한다.

저압전로의 절연성능

전로의 사용전압(V)	DC 시험전압(V)	절연저항(MΩ 이상)
SELV 및 PELV	250	0.5
FELV, 500V 이하	500	1.0
500V 초과	1,000	1.0

[주] 특별저압(Extra Low Voltage : 2차 전압이 AC 50V, DC 120V 이하)으로 SELV(비접지회로구성) 및 PELV(접지회로 구성)는 1차와 2차가 전기적으로 절연된 회로, FELV는 1차와 2차가 전기적으로 절연되지 않은 회로

정답 68 ③ 69 ② 70 ④ 71 ② 72 ③

73
방폭구조에 관계있는 위험 특성이 아닌 것은?

① 발화 온도
② 증기 밀도
③ 화염 일주한계
④ 최소 점화전류

최소 점화전류(minimum igniting current, MIC)란 본질안전방폭구조의 불꽃점화시험장치에서 시험가스에 점화를 일으키는 저항성 또는 유도성 회로의 최소 전류를 말한다.

tip
증기밀도는 방폭구조의 위험특성과 관련이 없는 사항이다.

74 ★
허용 접촉전압과 종별이 서로 다른 것은?

① 제1종 : 2.5[V] 초과
② 제2종 : 25[V] 이하
③ 제3종 : 50[V] 이하
④ 제4종 : 제한없음

허용 접촉전압

종별	접촉 상태	허용접촉전압
제1종	• 인체의 대부분이 수중에 있는 경우	2.5V 이하
제2종	• 인체가 현저하게 젖어있는 경우 • 금속성의 전기기계장치나 구조물에 인체의 일부가 상시 접촉되어 있는 경우	25V 이하
제3종	• 제1종, 제2종 이외의 경우로 통상의 인체상태에 있어서 접촉전압이 가해지면 위험성이 높은 경우	50V 이하
제4종	• 제1종, 제2종 이외의 경우로 통상의 인체상태에 있어서 접촉전압이 가해지더라도 위험성이 낮은 경우 • 접촉전압이 가해질 우려가 없는 경우	제한 없음

75
두 물체의 마찰로 3,000[V]의 정전기가 생겼다. 폭발성 위험의 장소에서 두 물체의 정전용량은 약 몇 [pF]이면 폭발로 이어지겠는가? (단, 착화에너지는 0.25[mJ]이다.)

① 14
② 28
③ 45
④ 56

정전용량

$$W(J) = \frac{1}{2}QV = \frac{1}{2}CV^2$$

$$2.5 \times 10^{-4} J = \frac{C \times 3,000^2}{2}$$

$$C = \frac{2.5 \times 10^{-4} \times 2}{3,000^2} = 5.556 \times 10^{-11}(F) = 55.56(pF)$$

76
교류 아크 용접기용 자동전격 방지기의 시동감도는 높을수록 좋으나, 극한상황 하에서 전격을 방지하기 위해서 시동감도는 몇 [Ω]을 상한치로 하는 것이 바람직한가?

① 500[Ω]
② 1,000[Ω]
③ 1,500[Ω]
④ 2,000[Ω]

표준시동감도란 정격전원전압에 있어서 전격방지기를 시동시킬 수 있는 출력회로의 시동감도로서 명판에 표시된 것을 말한다. 시동감도가 클수록 아크발생이 쉬우며 검정규격상 500[Ω]이 상한치이다.

77 ★
정전기 발생에 영향을 주는 요인이 아닌 것은?

① 물체의 분리속도
② 물체의 특성
③ 물체의 접촉시간
④ 물체의 표면상태

정전기 발생의 영향 요인
① 물체의 특성
② 물체의 표면상태
③ 물체의 이력
④ 접촉면적 및 압력
⑤ 분리속도
⑥ 완화시간

정답 73② 74① 75④ 76① 77③

78

대지를 접지로 이용하는 이유는?

① 대지는 넓어서 무수한 전류통로가 있기 때문에 저항이 작다.
② 대지는 철분을 많이 포함하고 있기 때문에 저항이 작다.
③ 대지는 토양의 주성분이 산화알루미늄(Al_2O_3)이므로 저항이 작다.
④ 대지는 토양의 주성분이 규소(SiO_2)이므로 저항이 영(Zero)에 가깝다.

> 대지를 접지로 이용하는 것은 지구의 표면적이 대단히 넓어 거기에 대단히 많은 전하를 충전할 수 있으며 저항이 작기 때문이다.

79 빈출

방폭전기기기의 발화도의 온도등급과 최고 표면온도에 의한 폭발성 가스의 분류표기를 가장 올바르게 나타낸 것은?

① T_1 : 450[℃] 이하
② T_2 : 350[℃] 이하
③ T_4 : 125[℃] 이하
④ T_6 : 100[℃] 이하

> 전기기기의 최고표면온도의 분류
>
> | 온도등급 | T_1 | T_2 | T_3 | T_4 | T_5 | T_6 |
> |---|---|---|---|---|---|---|
> | 최고표면온도(℃) | 450 | 300 | 200 | 135 | 100 | 85 |

80

자동전격방지장치에 대한 설명으로 올바른 것은?

① 아크 발생이 중단된 후 약 1초 이내에 출력측 무부하 전압을 자동적으로 10[V] 이하로 강하시킨다.
② 용접 시에 용접기 2차측의 부하전압을 무부하전압으로 변경시킨다.
③ 용접봉을 모재에 접촉할 때 용접기 2차측은 폐회로가 되며, 이때 흐르는 전류를 감지한다.
④ SCR 등의 개폐용 반도체 소자를 이용한 유접점방식이 많이 사용되고 있다.

> 교류아크 용접기 방호장치의 성능조건
>
> ① 교류아크 용접기는 안정성 있는 아크 발생을 위해 구조상 65~90V의 2차 무부하 전압이 부과되어 충전부에 접촉함으로 인하여 감전사고가 일어나기 쉽다. 따라서 자동전격방지기는 아크 발생을 중지하였을 때 지동시간이 1.0초 이내에 2차 무부하 전압을 25V 이내로 감압시켜 안전을 유지할 수 있어야 한다.
> ② 지동시간이란 용접봉 홀더에 용접기 출력측의 무부하 전압이 발생한 후 주접점이 개방될 때까지의 시간을 말한다.

5과목 화학설비 안전 관리

81 빈출

8[vol%] 헥산, 3[vol%] 메탄, 1[vol%] 에틸렌으로 구성된 혼합가스의 연소하한값(LFL)은 약 몇 [vol%]인가? (단, 각 물질의 공기 중 연소하한값은 헥산은 1.1[vol%], 메탄은 5.0[vol%], 에틸렌은 2.7[vol%]이다.)

① 0.69
② 1.45
③ 1.95
④ 2.45

> 르샤틀리에의 법칙(혼합가스의 폭발범위 계산)
>
> 연소 하한값 $= \dfrac{12}{L} = \dfrac{8}{1.1} + \dfrac{3}{5.0} + \dfrac{1}{2.7} = 8.243$
>
> 그러므로, $L = \dfrac{12}{8.243} = 1.456$

82

어떤 습한 고체재료 10[kg]의 건조 후 무게를 측정하였더니 6.8[kg]이었다. 이 재료의 함수율은 몇 [kg · H_2O/kg]인가?

① 0.25
② 0.36
③ 0.47
④ 0.58

> 함수율
>
> $\dfrac{\text{건조 전 질량} - \text{건조 후 질량}}{\text{건조 후 질량}} = \dfrac{10 - 6.8}{6.8} = 0.47 [kg \cdot H_2O/kg]$

정답   78 ①   79 ①   80 ③   81 ②   82 ③

83

반응성 화학물질의 위험성은 주로 실험에 의한 평가보다 문헌조사 등을 통한 계산에 의해 평가하는 방법이 사용되고 있는데, 이에 관한 설명으로 옳지 않은 것은?

① 위험성이 너무 커서 물성을 측정할 수 없는 경우 계산에 의한 평가 방법을 사용할 수도 있다.
② 연소열, 분해열, 폭발열 등의 크기에 의해 그 물질의 폭발 또는 발화의 위험예측이 가능하다.
③ 계산에 의한 평가를 하기 위해서는 폭발 또는 분해에 따른 생성물의 예측이 이루어져야 한다.
④ 계산에 의한 위험성 예측은 모든 물질에 대해 정확성이 있으므로 더 이상의 실험을 필요로 하지 않는다.

> 계산에 의한 위험성 예측은 물질에 따라 차이가 날 수 있으므로 실험을 통해 좀더 정확한 값을 구해야 한다.

84

보기의 고압가스용 기기재료로 구리를 사용하여도 안전한 것은?

① O_2 ② C_2H_2
③ NH_3 ④ H_2S

> 산소는 공기 중에 존재하는 조연성 가스로 고압에서 유지와 접촉하면 위험하나 일반적으로 안전한 가스이며, 아세틸렌, 암모니아, 황화수소 등은 구리와 반응 시 폭발 및 부식의 위험이 있다.

tip
특히 아세틸렌 제조를 위한 설비 중 아세틸렌에 접촉하는 부분에는 동 또는 동 함유량을 70% 이상 사용하지 않는다.

85

산업안전보건법에서 정한 위험물질을 기준량 이상 제조, 취급, 사용 또는 저장하는 설비로서 내부의 이상상태를 조기에 파악하기 위하여 필요한 온도계·유량계·압력계 등의 계측장치를 설치하여야 하는 대상이 아닌 것은?

① 가열로 또는 가열기
② 증류·정류·증발·추출 등 분리를 하는 장치
③ 반응폭주 등 이상화학반응에 의하여 위험물질이 발생할 우려가 있는 설비
④ 300[℃] 이상의 온도 또는 게이지 압력이 7[kg/cm²] 이상의 상태에서 운전하는 설비

> **계측 장치 설치 대상 특수화학설비**
> ① 발열반응이 일어나는 반응장치
> ② 증류·정류·증발·추출 등 분리를 행하는 장치
> ③ 가열시켜 주는 물질의 온도가 가열되는 위험물질의 분해온도 또는 발화점보다 높은 상태에서 운전되는 설비
> ④ 반응폭주 등 이상화학반응에 의하여 위험물질이 발생할 우려가 있는 설비
> ⑤ 온도가 섭씨 350˚ 이상이거나 게이지압력이 10kg/cm² 이상인 상태에서 운전되는 설비
> ⑥ 가열로 또는 가열기

86

다음 중 인화점이 가장 낮은 물질은?

① CS_2 ② C_2H_5OH
③ CH_3COCH_3 ④ $CH_3COOC_2H_5$

> **인화점**
> ① CS_2(이황화탄소) : -30℃
> ② C_2H_5OH(에틸알콜) : 13℃
> ③ CH_3COCH_3(아세톤) : -18℃
> ④ $CH_3COOC_2H_5$(아세트산에틸) : -4℃

87

산업안전보건법에서 규정하고 있는 위험물 중 부식성염기류로 분류되기 위하여 농도가 40[%] 이상이어야 하는 물질은?

① 염산   ② 아세트산
③ 불산   ④ 수산화칼륨

> **부식성 물질**
> ① 부식성 산류(300kg)
>   ㉠ 농도가 20퍼센트 이상인 염산, 황산, 질산, 기타 이와 동등 이상의 부식성을 가지는 물질
>   ㉡ 농도가 60퍼센트 이상인 인산, 아세트산, 불산, 기타 이와 동등 이상의 부식성을 가지는 물질
> ② 부식성 염기류(300kg) : 농도가 40퍼센트 이상인 수산화나트륨, 수산화칼륨, 기타 이와 동등 이상의 부식성을 가지는 염기류

정답 83 ④ 84 ① 85 ④ 86 ① 87 ④

88

폭굉현상은 혼합물질에만 한정되는 것이 아니고, 순수물질에 있어서도 그 분해열이 폭굉을 일으키는 경우가 있다. 다음 중 고압 하에서 폭굉을 일으키는 순수물질은?

① 오존
② 아세톤
③ 아세틸렌
④ 아조메탄

아세틸렌(C_2H_2)

분해반응 : $C_2H_2 \rightarrow 2C + H_2$

① 발열량(54kcal/mol)이 크므로 화염의 온도가 3100℃ 정도가 된다.
② 배관 중 아세틸렌의 분해폭발이 일어나면 화염이 가속되어 폭굉으로 되기 쉽다.

89

다음 중 스프링식 안전밸브를 대체할 수 있는 안전장치는?

① 캡(cap)
② 파열판(rupture disk)
③ 게이트밸브(gate valve)
④ 벤트스텍(vent stack)

안전밸브의 종류

① 스프링식
② 파열판식
③ 중추식
④ 가용전식(가용합금식)

90

공기 중 암모니아가 20[ppm](노출기준 25[ppm]), 톨루엔이 20[ppm](노출기준 50[ppm])이 완전혼합되어 존재하고 있다. 혼합물질의 노출기준을 보정하는 데 활용하는 노출지수는 약 얼마인가? (단, 두 물질 간에 유해성이 인체의 서로 다른 부위에 작용한다는 증거는 없다.)

① 1.0
② 1.2
③ 1.5
④ 1.6

혼합물의 노출기준

$$\text{노출기준} = \frac{C_1}{T_1} + \frac{C_2}{T_2} = \frac{20}{25} + \frac{20}{50} = 1.2$$

91

미국소방협회(NFPA)의 위험표시라벨에서 황색 숫자는 어떠한 위험성을 나타내는가?

① 건강위험성
② 화재위험성
③ 반응위험성
④ 기타위험성

NFPA의 위험 등급(5단계 구분)

① 각각에 대하여 위험이 없는 것을 0, 가장 큰 위험을 4로 하여 5단계로 구분

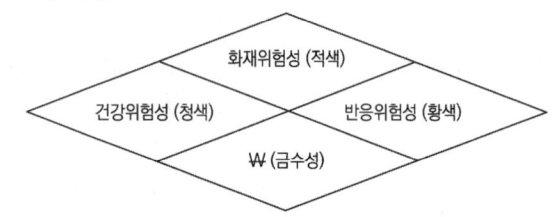

② 반응위험성의 분류

등급 구분	0	1	2	3	4
반응 위험성 (황색)	보통의 상태에서는 안정되며 화재에 노출된 상태하에서도 안정한 물질 등	보통의 상태에서는 안정되나 온도와 압력이 상승하면 불안정한 물질 등	상온하에서 불안정하게 격렬한 화학변화를 받으나 폭굉하지 않는 물질 등	폭굉 또는 폭발적 분해나 폭발반응을 일으키나 강한 기폭력을 필요로 하는 물질 등	용이하게 폭굉을 일으키든가, 상온상압 하에서 폭발적 분해를 용이하게 일으키는 물질 등

정답 88 ③ 89 ② 90 ② 91 ③

92

가스 누출감지경보기의 선정기준, 구조 및 설치 방법에 관한 설명으로 옳지 않은 것은?

① 암모니아를 제외한 가연성 가스 누출감지경보기는 방폭성능을 갖는 것이어야 한다.
② 독성 가스 누출감지경보기는 해당 독성 가스 허용농도의 25[%] 이하에서 경보가 울리도록 설정하여야 한다.
③ 하나의 감지대상 가스가 가연성이면서 독성인 경우에는 독성 가스를 기준하여 가스 누출감지경보기를 선정하여야 한다.
④ 건축물 내에 설치되는 경우, 감지대상 가스의 비중이 공기보다 무거운 경우에는 건축물 내의 하부에 설치하여야 한다.

가스누출감지 경보기		
선정기준	① 감지대상 가스의 특성을 충분히 고려하여 가장 적절한 것을 선정 ② 하나의 감지대상 가스가 가연성이면서 독성인 경우에는 독성 가스를 기준으로 가스 누출감지경보기 선정
경보설정치	① 가연성 가스 누출감지경보기는 감지대상 가스의 폭발하한계 25% 이하, 독성 가스 누출감지경보기는 해당 독성 가스의 허용농도 이하에서 경보가 울리도록 설정 ② 가스 누출감지경보의 정밀도는 경보설정치에 대하여 가연성 가스 누출감지경보기는 ±25% 이하, 독성 가스 누출감지경보기는 ±30% 이하이어야 한다.

tip
설치위치 등 나머지 사항은 본문내용을 참고하세요.

93 ★빈출

다음 중 자연 발화의 방지법과 관계가 없는 것은?

① 점화원을 제거한다.
② 저장소 등의 주위 온도를 낮게 한다.
③ 습기가 많은 곳에는 저장하지 않는다.
④ 통풍이나 저장법을 고려하여 열의 축적을 방지한다.

자연발화 방지법
① 통풍이 잘되게 할 것 ② 저장실 온도를 낮출 것 ③ 열이 축적되지 않는 퇴적방법을 선택할 것 ④ 습도가 높지 않도록 할 것

tip
자연발화는 점화원 없이 축적된 열에 의해 발화하는 것이므로 점화원을 제거하는 것은 방지법이 될 수 없다.

94

[보기]의 물질을 폭발 범위가 넓은 것부터 좁은 순으로 옳게 배열한 것은?

[보기]
H_2 C_3H_8 CH_4 CO

① $CO > H_2 > C_3H_8 > CH_4$
② $H_2 > CO > CH_4 > C_3H_8$
③ $C_3H_8 > CO > CH_4 > H_2$
④ $CH_4 > H_2 > CO > C_3H_8$

가연성 가스	폭발하한 값(%)	폭발상한 값(%)
아세틸렌(C_2H_2)	2.5	81
메탄(CH_4)	5	15
수소(H_2)	4	75
일산화탄소(CO)	12.5	74
프로판(C_3H_8)	2.1	9.5

tip
아세틸렌은 폭발범위가 가장 넓은 가스로 위험도 계산 등에서도 출제 빈도가 높으므로 폭발범위 값을 반드시 기억해둘 것

95

분말 소화설비에 관한 설명으로 옳지 않은 것은?

① 기구가 간단하고 유지관리가 용이하다.
② 온도 변화에 대한 약제의 변질이나 성능의 저하가 없다.
③ 분말은 흡습력이 작으며 금속의 부식을 일으키지 않는다.
④ 다른 소화설비보다 소화능력이 우수하며 소화시간이 짧다.

분말은 방사 후 흡습하여 약알칼리 또는 약산성을 나타내기 때문에 금속을 부식시킬 수 있다. 따라서 전기 기기 등에 사용한 경우는 소화 후 즉시 청소를 해야 한다.

정답 92 ② 93 ① 94 ② 95 ③

96
탱크 내부에서 작업 시 작업용구에 관한 설명으로 옳지 않은 것은?

① 유리라이닝을 한 탱크 내부에서는 줄사다리를 사용한다.
② 가연성 가스가 있는 경우 불꽃을 내기 어려운 금속을 사용한다.
③ 용접 절단 시에는 바람의 영향을 억제하기 위하여 환기장치의 설치를 제한한다.
④ 탱크 내부에 인화성 물질의 증기로 인한 폭발 위험이 우려되는 경우 방폭구조의 전기기계기구를 사용한다.

> 밀폐공간인 탱크 내부에서 용접작업 시에는 유해증기 및 산소결핍으로 인한 위험이 있으므로 충분한 환기조치를 하여야 한다.

97
산업안전보건법에 의한 공정안전보고서에 포함되어야 하는 내용 중 공정안전자료의 세부내용에 해당하지 않는 것은?

① 안전운전지침서
② 각종 건물·설비의 배치도
③ 유해·위험설비의 목록 및 사양
④ 위험설비의 안전설계·제작 및 설치관련 지침서

> 공정안전 자료 세부내용
> ① 취급·저장하고 있거나 취급·저장하고자 하는 유해·위험물질의 종류 및 수량
> ② 유해·위험물질에 대한 물질안전보건자료
> ③ 유해하거나 위험한 설비의 목록 및 사양
> ④ 유해하거나 위험한 설비의 운전방법을 알 수 있는 공정도면
> ⑤ 각종 건물·설비의 배치도
> ⑥ 폭발위험장소 구분도 및 전기단선도
> ⑦ 위험설비의 안전설계·제작 및 설치관련 지침서

tip
안전운전지침서는 안전운전 계획의 세부내용에 해당된다.

98
가스를 화학적 특성에 따라 분류할 때 독성가스가 아닌 것은?

① 황화수소(H_2S)
② 시안화수소(HCN)
③ 이산화탄소(CO_2)
④ 산화에틸렌(C_2H_4O)

> 이산화탄소는 불연성기체로 비교적 높은 농도 범위에서 특별한 독성을 나타내지 않아서 생활에 많이 이용되고 있다. 각종 탄산음료 및 소화기의 약제로도 사용된다.

99 ★빈출
다음 중 연소 시 발생하는 열에너지를 흡수하는 매체를 화염 속에 투입하여 소화하는 방법은?

① 냉각소화
② 희석소화
③ 질식소화
④ 억제소화

> 냉각소화
> ① 액체 또는 고체 화재에 물 등을 사용하여 가연물을 냉각시켜 인화점 및 발화점 이하로 낮추어 소화시키는 방법이 냉각소화이다.
> ② 주로 물이 사용되는데 이는 물이 열에너지를 흡수하는 기화잠열(539cal/g)이 크기 때문이다.

100
다음 중 석유화재의 거동에 관한 설명으로 틀린 것은?

① 액면상의 연소 확대에 있어서 액온이 인화점보다 높을 경우 예혼합형 전파연소를 나타낸다.
② 액면상의 연소 확대에 있어서 액온이 인화점보다 낮을 경우 예열형 전파연소를 나타낸다.
③ 저장조 용기의 직경이 1[m] 이상에서 액면강하속도는 용기 직경에 관계없이 일정하다.
④ 저장조 용기의 직경이 1[m] 이상이면 층류화염형태를 나타낸다.

> 액면화재(석유류 화재)
> ① 액온이 인화점보다 높을 때는 예혼합형 전파연소가 되어 연소확대가 대단히 빠르게 된다.
> ② 액온이 인화점보다 낮을 때는 예열형 전파연소가 되어 액의 온도를 인화점 이상으로 예열해야만 연소가 가능하다.
> ③ 액면화재는 화염으로부터 액면으로의 전열과 액의 증발에 좌우된다.
> ④ 용기의 직경이 커질수록 액면의 강하속도는 감소한다(일반적으로 직경이 1m를 넘을 시 용기직경에 관계없이 강하속도는 일정하다).

정답 96 ③ 97 ① 98 ③ 99 ① 100 ④

6과목 건설공사 안전 관리

101 빈출
콘크리트의 측압에 관한 설명으로 옳은 것은?

① 거푸집 수밀성이 크면 측압은 작다.
② 철근의 양이 적으면 측압은 작다.
③ 부어넣기 속도가 빠르면 측압은 작아진다.
④ 외기의 온도가 낮을수록 측압은 크다.

> **측압이 커지는 조건(측압의 영향요소)**
> ① 거푸집 수평단면이 클수록
> ② 콘크리트 슬럼프치가 클수록
> ③ 거푸집 표면이 평탄할수록
> ④ 철골, 철근량이 적을수록
> ⑤ 콘크리트 시공연도가 좋을수록
> ⑥ 외기의 온도가 낮을수록
> ⑦ 타설 속도가 빠를수록
> ⑧ 다짐이 충분할수록

102 빈출
가설계단 및 계단참을 설치하는 때에는 매 m²당 몇 [kg] 이상의 하중에 견딜 수 있는 강도를 가진 구조로 설치하여야 하는가?

① 200[kg]   ② 300[kg]
③ 400[kg]   ④ 500[kg]

> **계단 및 계단참의 강도**
> ① 매 제곱미터당 500킬로그램 이상의 하중에 견딜 수 있는 강도를 가진 구조로 설치
> ② 안전율(재료의 파괴응력도와 허용응력도의 비율)은 4 이상
> ③ 계단 및 승강구 바닥을 구멍이 있는 재료로 만드는 경우 렌치나 그 밖의 공구 등이 낙하할 위험이 없는 구조

103
지반조사의 간격 및 깊이에 대한 내용으로 옳지 않은 것은?

① 조사간격은 지층상태, 구조물 규모에 따라 정한다.
② 지층이 복잡한 경우에는 기 조사한 간격 사이에 보완조사를 실시한다.
③ 절토, 개착, 터널 구간은 기반암의 심도 5~6[m]까지 확인한다.
④ 조사깊이는 액상화 문제가 있는 경우에는 모래층 하단에 있는 단단한 지지층까지 조사한다.

> **지반조사**
> ① 지반조사는 건설공사 대상지반의 지층분포와 토질, 암석 및 암반 등 지반의 공학적 성질을 명확히 파악하여 구조물의 계획, 설계, 시공 및 유지관리 업무를 수행하는 데 필요한 정보를 제공하기 위하여 실시한다.
> ② 절토, 개착, 터널 구간은 기반암의 심도 2[m]까지 확인한다.

104 빈출
비계의 높이가 2[m] 이상인 작업장소에 작업발판을 설치할 때 그 폭은 최소 얼마 이상이어야 하는가?

① 30[cm]   ② 40[cm]
③ 50[cm]   ④ 60[cm]

> **비계높이 2m 이상 장소의 작업발판 설치기준**
> ① 발판재료는 작업할 때의 하중을 견딜 수 있도록 견고한 것으로 할 것
> ② 작업발판의 폭은 40센티미터 이상으로 하고, 발판재료 간의 틈은 3센티미터 이하로 할 것
> ③ ②에도 불구하고 선박 및 보트 건조작업의 경우 선박블록 또는 엔진실 등의 좁은 작업공간에 작업발판을 설치하기 위하여 필요하면 작업발판의 폭을 30센티미터 이상으로 할 수 있고, 걸침비계의 경우 강관기둥 때문에 발판재료 간의 틈을 3센티미터 이하로 유지하기 곤란하면 5센티미터 이하로 할 수 있다.
> ④ 추락의 위험성이 있는 장소에는 안전난간을 설치할 것
> ⑤ 작업발판의 지지물은 하중에 의하여 파괴될 우려가 없는 것을 사용할 것
> ⑥ 작업발판재료는 뒤집히거나 떨어지지 않도록 둘 이상의 지지물에 연결하거나 고정시킬 것
> ⑦ 작업발판을 작업에 따라 이동시킬 경우에는 위험방지에 필요한 조치를 할 것

정답 101 ④ 102 ④ 103 ③ 104 ②

105

이동식 비계를 조립하여 작업을 하는 경우의 준수기준으로 옳지 않은 것은?

① 비계의 최상부에서 작업을 할 때에는 안전난간을 설치하여야 한다.
② 작업발판 최대적재하중은 400[kg]을 초과하지 않도록 한다.
③ 승강용 사다리는 견고하게 설치하여야 한다.
④ 작업발판은 항상 수평을 유지하고 작업발판 위에서 안전난간을 딛고 작업을 하거나 받침대 또는 사다리를 사용하여 작업하지 않도록 한다.

> **이동식비계 조립 시 준수사항**
> ① 이동식비계의 바퀴에는 뜻밖의 갑작스러운 이동 또는 전도를 방지하기 위하여 브레이크·쐐기 등으로 바퀴를 고정시킨 다음 비계의 일부를 견고한 시설물에 고정하거나 아웃트리거를 설치하는 등 필요한 조치를 할 것
> ② 승강용 사다리는 견고하게 설치할 것
> ③ 비계의 최상부에서 작업을 하는 경우에는 안전난간을 설치할 것
> ④ 작업발판은 항상 수평을 유지하고 작업발판 위에서 안전난간을 딛고 작업을 하거나 받침대 또는 사다리를 사용하여 작업하지 않도록 할 것
> ⑤ 작업발판의 최대적재하중은 250킬로그램을 초과하지 않도록 할 것

106 ★빈출

위험방지를 위해 철골작업을 중지하여야 하는 기준으로 옳은 것은?

① 풍속이 초당 1[m] 이상인 경우
② 강우량이 시간당 1[cm] 이상인 경우
③ 강설량이 시간당 1[cm] 이상인 경우
④ 10분간 평균풍속이 초당 5[m] 이상인 경우

> **철골작업 안전기준(작업의 제한)**
> ① 풍속 : 초당 10m 이상인 경우
> ② 강우량 : 시간당 1mm 이상인 경우
> ③ 강설량 : 시간당 1cm 이상인 경우

107

말뚝을 절단할 때 내부응력에 가장 큰 영향을 받는 말뚝은?

① 나무말뚝　　② PC말뚝
③ 강말뚝　　　④ RC말뚝

> PC말뚝은 콘크리트의 인장응력을 상쇄하기 위해 PC강선 등을 이용하여 미리 압축응력을 도입한 콘크리트로 프리 텐션 공법과 포스트 텐션 공법이 있다.

108

압쇄기를 사용하여 건물해체 시 그 순서로 옳은 것은?

[보기]
A : 보, B : 기둥, C : 슬래브, D : 벽체

① A - B - C - D
② A - C - B - D
③ C - A - D - B
④ D - C - B - A

> **압쇄기의 사용방법**
> ① 항시 중기의 안전성을 확인하고 중기침하로 인한 위험을 사전 제거토록 조치하여야 하며 중기작업구조의 지반다짐을 확인하고 편평도는 1/100 이내이어야 한다.
> ② 상층 부분의 보와 기둥, 벽체를 해체할 경우는 해체물이 비산, 낙하할 위험이 있으므로 해체구조 바로 아래층에 수평 낙하물 방호책을 설치해서 해체물이 비산, 낙하되지 않도록 하여야 한다.
> ③ 압쇄기에 의한 파쇄작업순서는 슬래브, 보, 벽체, 기둥의 순서로 해체한다.

109 ★빈출

작업발판 일체형 거푸집에 해당되지 않는 것은?

① 갱폼(Gang Form)
② 슬립폼(Slip Form)
③ 유로폼(Euro Form)
④ 클라이밍폼(Climbing Form)

> **작업발판 일체형 거푸집**
> ① 갱폼(gang form)
> ② 슬립폼(slip form)
> ③ 클라이밍폼(climbing form)
> ④ 터널 라이닝폼(tunnel lining form)
> ⑤ 그 밖에 거푸집과 작업발판이 일체로 제작된 거푸집

정답 105 ② 106 ③ 107 ② 108 ③ 109 ③

110

철골작업에서의 승강로 설치기준 중 ( ) 안에 알맞은 숫자는?

> 사업주는 근로자가 수직방향으로 이동하는 철골부재에는 답단간격이 ( )센티미터 이내인 고정된 승강로를 설치하여야 한다.

① 20   ② 30
③ 40   ④ 50

철골작업 안전기준(승강로 설치)
① 수직 방향으로 이동하는 철골부재 : 답단간격이 30cm 이내인 고정된 승강로 설치
② 수평방향 철골과 수직방향 철골 연결 부분 : 연결작업을 위한 작업발판 설치

111

산업안전보건기준에 관한 규칙에 따른 거푸집 및 동바리를 조립하는 경우의 준수사항으로 옳지 않은 것은?

① 개구부 상부에 동바리를 설치하는 경우에는 상부하중을 견딜 수 있는 견고한 받침대를 설치할 것
② 동바리의 이음은 같은 품질의 제품을 사용할 것
③ 강재와 강재의 접속부 및 교차부는 철선을 사용하여 단단히 연결할 것
④ 거푸집이 곡면인 경우에는 버팀대의 부착 등 그 거푸집의 부상(浮上)을 방지하기 위한 조치를 할 것

거푸집 및 동바리 조립 시 안전조치
① 동바리의 이음은 같은 품질의 재료를 사용할 것
② 강재와 강재와의 접속부 및 교차부는 볼트·클램프 등 전용철물을 사용하여 단단히 연결할 것

tip
2023년 법령개정. 문제와 해설은 개정된 내용 적용

112

달비계 설치 시 와이어로프를 사용할 때 사용가능한 와이어로프의 조건은?

① 지름의 감소가 공칭지름의 8[%]인 것
② 이음매가 없는 것
③ 심하게 변형되거나 부식된 것
④ 와이어로프의 한 꼬임에서 끊어진 소선의 수가 10[%]인 것

와이어로프의 사용제한 조건
① 이음매가 있는 것
② 와이어로프의 한 꼬임(스트랜드)에서 끊어진 소선(필러선 제외)의 수가 10% 이상인 것
③ 지름의 감소가 공칭지름의 7%를 초과하는 것
④ 꼬인 것
⑤ 심하게 변형되거나 부식된 것
⑥ 열과 전기충격에 의해 손상된 것

tip
2021년 법령개정으로 달비계는 곤돌라형 달비계와 작업의자형 달비계로 구분하여 정리해야 하니 본문내용을 참고하시기 바랍니다.

113

장비 자체보다 높은 장소의 땅을 굴착하는 데 적합한 장비는?

① 파워셔블(Power Shovel)
② 불도저(Bulldozer)
③ 드래그라인(Drag line)
④ 클램쉘(Clam Shell)

파워셔블(Power Shovel)
① 굴착공사와 싣기에 많이 사용
② 기계가 위치한 지반보다 높은 굴착에 유리

tip
드래그 셔블(Back Hoe)
① 기계가 위치한 지반보다 낮은 굴착에 사용
② 기초 굴착, 수중굴착, 좁은 도랑 및 비탈면 절취 등의 작업

정답 110 ② 111 ③ 112 ② 113 ①

114

앵글도저보다 큰 각으로 움직일 수 있어 흙을 깎아 옆으로 밀어내면서 전진하므로 제설, 제토작업 및 다량의 흙을 전방으로 밀고 가는 데 적합한 불도저는?

① 스트레이트 도저
② 틸트 도저
③ 레이크 도저
④ 힌지 도저

Blade(배토판)의 형태 및 작동방법에 의한 분류	
Straight Dozer	트랙터의 종방향 중심축에 배토판을 직각으로 설치하여 직선적인 굴착 및 압토작업에 효율적
Angle Dozer	배토판을 20°~30°의 수평방향으로 돌릴 수 있도록 만든 장치, 측면굴착에 유리
Tilt Dozer	배토판 좌우를 상하 25~30°까지 기울일 수 있어 도랑파기, 경사면 굴착에 유리
Hinge dozer	배토판 중앙에 힌지를 붙여 안팎으로 V자형으로 꺾을 수 있으며, 삽을 밖으로 꺾으면 흙을 옆으로 밀어내면서 전진하므로 제토·제설작업 및 다량의 흙을 앞으로 밀고 가는 데 적합

tip
레이크 도저(Rake dozer) : 배토판(Blade) 대신 레이크(Rake) 부착

115

흙의 특성으로 옳지 않은 것은?

① 흙은 선형재료이며, 응력-변형률 관계가 일정하게 정의된다.
② 흙의 성질은 본질적으로 비균질, 비등방성이다.
③ 흙의 거동은 연약지반에 하중이 작용하면 시간의 변화에 따라 압밀침하가 발생한다.
④ 점토 대상이 되는 흙은 지표면 밑에 있기 때문에 지반의 구성과 공학적 성질은 시추를 통해서 자세히 판명된다.

흙의 특성
① 흙은 비선형 재료이며 응력-변형률 관계가 일정하게 정의되지 않는다.
② 흙의 거동은 응력에 의존할 뿐 아니라 시간과 환경에도 의존한다.
③ 흙의 성질은 본질적으로 비균질, 비등방이다.

116

흙막이 벽을 설치하여 기초 굴착작업 중 굴착부 바닥이 솟아올랐다. 이에 대한 대책으로 옳지 않은 것은?

① 굴착 주변의 상재하중을 증가시킨다.
② 흙막이 벽의 근입 깊이를 깊게 한다.
③ 토류벽의 배면토압을 경감시킨다.
④ 지하수 유입을 막는다.

흙막이 굴착 시 주의사항		
구분	방지대책	
히빙(Heaving) 현상	① 흙막이 근입깊이를 깊게 ② 표토제거 하중감소(상재하중감소) ③ 지반개량 ④ 굴착면 하중증가 ⑤ 어스앵커설치	
보일링(Boiling) 현상	① Filter 및 차수벽설치 ② 흙막이 근입깊이를 깊게(불투수층까지) ③ 약액주입등의 굴착면 고결 ④ 지하수위저하 ⑤ 압성토 공법	

117

토석 붕괴의 위험이 있는 사면에서 작업할 경우의 행동으로 옳지 않은 것은?

① 동시작업의 금지
② 대피공간의 확보
③ 2차재해의 방지
④ 급격한 경사면 계획

급격한 경사로 인한 기울기(구배)의 증가는 토석 붕괴의 위험을 발생시킨다. 그러므로 정해진 기울기 이하로 안전한 작업을 하도록 해야 한다.

정답 114 ④ 115 ① 116 ① 117 ④

118

작업장 출입구 설치 시 준수해야 할 사항으로 옳지 않은 것은?

① 주된 목적이 하역운반기계용인 출입구에는 보행자용 출입구를 따로 설치하지 않을 것
② 출입구의 위치·수 및 크기가 작업장의 용도와 특성에 맞도록 할 것
③ 출입구에 문을 설치하는 경우에는 근로자가 쉽게 열고 닫을 수 있도록 할 것
④ 계단이 출입구와 바로 연결된 경우에는 작업자의 안전한 통행을 위하여 그 사이에 1.2[m] 이상 거리를 두거나 안내표지 또는 비상벨 등을 설치할 것

> **작업장의 출입구 설치 시 준수사항**
> ① 출입구의 위치, 수 및 크기가 작업장의 용도와 특성에 맞도록 할 것
> ② 출입구에 문을 설치하는 경우에는 근로자가 쉽게 열고 닫을 수 있도록 할 것
> ③ 주된 목적이 하역운반기계용인 출입구에는 인접하여 보행자용 출입구를 따로 설치할 것
> ④ 하역운반기계의 통로와 인접하여 있는 출입구에서 접촉에 의하여 근로자에게 위험을 미칠 우려가 있는 경우에는 비상등·비상벨 등 경보장치를 할 것
> ⑤ 계단이 출입구와 바로 연결된 경우에는 작업자의 안전한 통행을 위하여 그 사이에 1.2미터 이상 거리를 두거나 안내표지 또는 비상벨 등을 설치할 것

119

흙의 투수계수에 영향을 주는 인자에 대한 내용으로 옳지 않은 것은?

① 공극비 : 공극비가 클수록 투수계수는 작다.
② 포화도 : 포화도가 클수록 투수계수도 크다.
③ 유체의 점성계수 : 점성계수가 클수록 투수계수는 작다.
④ 유체의 밀도 : 유체의 밀도가 클수록 투수계수는 크다.

> **투수계수**
> ① 이 값이 작을수록 물이 토양층을 통과하기 어렵다는 것을 나타낸다.
> ② 토양의 투수계수는 토양입자의 크기, 공극률, 입자크기 분포 등과 같이 토양 자체의 영향과 액체의 점성계수, 비중량과 같은 액체의 성질에 영향을 받는다.
> ③ 공극비가 클수록 투수계수는 크다.

120

철근인력운반에 대한 설명으로 옳지 않은 것은?

① 운반할 때에는 중앙부를 묶어 운반한다.
② 긴 철근은 두 사람이 한 조가 되어 어깨메기로 운반하는 것이 좋다.
③ 운반 시 1인당 무게는 25[kg] 정도가 적당하다.
④ 긴 철근을 한 사람이 운반할 때는 한쪽을 어깨에 메고 한쪽 끝을 땅에 끌면서 운반한다.

> **철근의 인력운반**
> ① 1인당 무게는 25킬로그램 정도가 적절하며 무리한 운반은 삼가
> ② 2인 이상이 1조가 되어 어깨메기로 하여 운반하는 등의 안전 도모
> ③ 긴 철근을 부득이 한 사람이 운반할 때에는 한쪽을 어깨에 메고 한쪽 끝을 끌면서 운반
> ④ 운반할 때에는 양끝을 묶어 운반
> ⑤ 내려놓을 때는 천천히 내려놓고 던지지 않을 것
> ⑥ 공동 작업을 할 때에는 신호에 따라 작업

정답 118 ① 119 ① 120 ①

2024년 7월 5일~7월 27일 | CBT 기출복원문제

1과목 산업재해 예방 및 안전보건교육

01 ⭐빈출

다음 중 산업재해가 발생하였을 때 [보기]의 각 단계를 긴급처치의 순서대로 가장 적절하게 나열한 것은?

[보기]
- ㉠ 재해자 구출
- ㉡ 관계자 통보
- ㉢ 2차재해 방지
- ㉣ 관련 기계의 정지
- ㉤ 재해자의 응급처치
- ㉥ 현장보존

① ㉠ → ㉣ → ㉡ → ㉤ → ㉢ → ㉥
② ㉡ → ㉠ → ㉣ → ㉤ → ㉢ → ㉥
③ ㉣ → ㉠ → ㉤ → ㉡ → ㉢ → ㉥
④ ㉤ → ㉠ → ㉣ → ㉢ → ㉡ → ㉥

긴급처리의 순서
① 피재기계의 정지와 피해확산방지
② 재해자의 응급조치
③ 관계자에게 통보
④ 2차재해 예방
⑤ 현장보존

tip
재해발생 시 조치순서
산업재해 발생 → 긴급처리 → 재해조사 → 원인강구 → 대책수립 → 대책실시계획 → 실시 → 평가

02

다음 중 리더의 행동스타일과 리더십을 연결시킨 것으로 잘못 연결된 것은?

① 부하 중심적 리더십 - 치밀한 감독
② 직무 중심적 리더십 - 생산과업 중심
③ 부하 중심적 리더십 - 부하와의 관계 중시
④ 직무 중심적 리더십 - 공식권한과 권력에 의존

부하 중심적 리더십
① 집단 구성원(종업원)에게 완전한 자유를 주고 리더의 권한 행사는 없음
② 리더는 자문기관으로써의 역할만하고 부하직원들이 목표와 정책수립
③ 집단 성원간의 합의가 안 될 경우 혼란야기

tip
치밀한 감독이나 완전한 통제를 하는 것은 리더 중심일 경우에 해당된다.

03

안전교육의 내용에 있어 다음 설명과 가장 관계가 깊은 것은?

- 교육대상자가 그것을 스스로 행함으로 얻어진다.
- 개인의 반복적 시행착오에 의해서만 얻어진다.

① 안전지식의 교육
② 안전기능의 교육
③ 문제해결의 교육
④ 안전태도의 교육

기능교육의 특징
① 시범, 견학, 현장실습을 통한 경험체득과 이해(표준작업방법사용)
② 작업능력 및 기술능력 부여
③ 작업동작의 표준화
④ 교육기간의 장기화
⑤ 개인별 교육으로 다수인원 교육 곤란

정답 01 ③ 02 ① 03 ②

04

기업 내 정형교육 중 TWI(Training Within Industry)의 교육 내용에 있어 직장 내 부하 직원에 대하여 가르치는 기술과 관련이 가장 깊은 기법은?

① JIT(Job Instruction Training)
② JMT(Job Method Training)
③ JRT(Job Relation Training)
④ JST(Job Safety Training)

> **TWI(Training with industry) 교육과정**
> ① Job Method Training(JMT) : 작업방법훈련(작업개선법)
> ② Job Instruction Training(JIT) : 작업지도훈련(작업지도법)
> ③ Job Relations Training(JRT) : 인간관계훈련(부하통솔법)
> ④ Job Safety Training(JST) : 작업안전훈련(안전관리법)

05

다음 중 방독마스크의 성능기준에 있어 사용 장소에 따른 등급의 설명으로 틀린 것은?

① 고농도는 가스 또는 증기의 농도가 100분의 2 이하의 대기 중에서 사용하는 것을 말한다.
② 중농도는 가스 또는 증기의 농도가 100분의 1 이하의 대기 중에서 사용하는 것을 말한다.
③ 저농도는 가스 또는 증기의 농도가 100분의 0.5 이하의 대기 중에서 사용하는 것으로서 긴급용이 아닌 것을 말한다.
④ 고농도와 중농도에서 사용하는 방독마스크는 전면형(격리식, 직결식)을 사용해야 한다.

> **등급 및 사용장소**
> ① 저농도 및 최저농도는 가스 또는 증기의 농도가 100분의 0.1 이하의 대기 중에서 사용하는 것으로서 긴급용이 아닌 것
> ② 방독마스크는 산소농도가 18% 이상인 장소에서 사용하여야 하고, 고농도와 중농도에서 사용하는 방독마스크는 전면형(격리식, 직결식)을 사용해야 한다.

06

기술교육의 형태 중 존 듀이(J. Dewey)의 사고과정 5단계에 해당하지 않는 것은?

① 추론한다.
② 시사를 받는다.
③ 가설을 설정한다.
④ 가슴으로 생각한다.

> **존 듀이의 사고과정**
> ① 시사를 받는다.
> ② 문제를 설정한다(지성적 정리).
> ③ 문제해결을 위한 가설을 설정한다.
> ④ 가설에 대해 추론한다.
> ⑤ 실험과 관찰에 의해 가설을 검증한다.

07

다음 중 산업안전보건법령상 안전·보건표지의 종류에 있어 안내표지에 해당하지 않는 것은?

① 들것
② 비상용기구
③ 출입구
④ 세안장치

> 출입구는 안전·보건표지의 종류에 해당되지 않으며, 비상구에 관한 사항이 안내표지에 포함된다.

08

다음 중 인간의 착각현상에서 움직이지 않는 것이 움직이는 것처럼 느껴지는 현상을 무엇이라 하는가?

① 유도운동
② 잔상운동
③ 자동운동
④ 유선운동

> **유도운동**
> ① 실제로는 정지한 물체가 어느 기준물체의 이동에 유도되어 움직이는 것처럼 느끼는 현상
> ② 출발하는 자동차의 창문으로 길가의 가로수를 볼 때 가로수가 움직이는 것처럼 보이는 현상

> **tip**
> 착각현상의 종류에는 자동운동(암실 내에 정지된 작은 광점이나 밤하늘의 별), 유도운동, 가현운동(정지하고 있는 대상물이 빠르게 나타나거나 사라지는 것)이 있다.

정답 04 ① 05 ③ 06 ④ 07 ③ 08 ①

09
다음 중 Line-Staff형 안전조직에 관한 설명으로 가장 옳은 것은?

① 생산부분의 책임이 막중하다.
② 명령계통과 조언 권고적 참여가 혼동되기 쉽다.
③ 안전지시나 조치가 철저하고, 실시가 빠르다.
④ 생산부분에는 안전에 대한 책임과 권한이 없다.

> Line-Staff형
> ① 라인형과 스탭형의 장점을 절충한 이상적인 조직
> ② 라인에서 안전보건업무가 수행되어 안전 보건에 관한 지시 명령조치가 신속 정확하게 전달, 수행
> ③ 안전보건의 전문지식 및 기술축적 용이
> ④ 1,000명 이상의 대규모사업장
> ⑤ 명령 계통과 조언·권고적 참여가 혼돈될 가능성

10
다음 중 안전교육 지도안의 4단계에 해당되지 않는 것은?

① 도입   ② 적용
③ 제시   ④ 보상

> 안전교육의 4단계
> 1단계 도입(준비) → 2단계 제시(설명) → 3단계 적용(응용) → 4단계 확인(평가)

11
다음 중 안전점검 방법에서 육안점검과 가장 관련이 깊은 것은?

① 테스트 해머 점검   ② 부식·마모 점검
③ 가스검지기 점검   ④ 온도계 점검

> 부식이나 마모 상태는 육안으로 점검한다.

12
다음 중 인간의 행동특성에 관한 레빈(Lewin)의 법칙 "$B = f(P \cdot E)$"에서 P에 해당되는 것은?

① 행동   ② 소질
③ 환경   ④ 함수

> 레빈(K. Lewin)의 행동법칙
> $B = f(P \cdot E)$
> B : Behavior(인간의 행동)
> f : function(함수관계 : P·E에 영향을 줄 수 있는 조건)
> P : Person(개체 : 연령, 경험, 심신 상태, 성격, 지능 등)
> E : Environment(심리적 환경-인간관계, 작업환경, 설비적 결함 등)

13
[표]는 A작업장을 하루 10회 순회하면서 적발된 불안전한 행동 건수이다. A작업장의 1일 불안전한 행동률은 약 얼마인가?

순회 횟수	1회	2회	3회	4회	5회
근로자 수	100	100	100	100	100
불안전한 행동 적발건수	0	1	2	0	0
순회 횟수	6회	7회	8회	9회	10회
근로자 수	100	100	100	100	100
불안전한 행동 적발건수	1	2	0	0	1

① 0.07[%]   ② 0.7[%]
③ 7[%]   ④ 70[%]

> 불안전한 행동률 = $\dfrac{7}{100 \times 10} \times 100 = 0.7[\%]$

정답 09 ② 10 ④ 11 ② 12 ② 13 ②

14 ⭐

다음 중 재해 예방의 4원칙에 관한 설명으로 적절하지 않은 것은?

① 재해의 발생에는 반드시 그 원인이 있다.
② 사고의 발생과 손실의 발생에는 우연적 관계가 있다.
③ 재해는 원칙적으로 원인만 제거되면 예방이 가능하다.
④ 재해예방을 위한 대책은 존재하지 않으므로 최소화에 중점을 두어야 한다.

> **대책선정의 원칙**
> 원인의 정확한 분석에 의해 가장 타당한 재해예방 대책이 선정되어야 한다는 원칙이다.

> **tip**
> 재해예방의 4원칙
> ① 손실우연의 원칙 ② 예방가능의 원칙
> ③ 원인계기의 원칙 ④ 대책선정의 원칙

15 ⭐

다음 중 산업안전보건법령상 안전보건교육에 있어 관리감독자 정기교육의 내용에 해당되지 않는 것은?

① 작업개시 전 점검에 관한 사항
② 위험성 평가에 관한 사항
③ 유해·위험 작업환경 관리에 관한 사항
④ 작업공정의 유해·위험과 재해 예방대책에 관한 사항

> **관리감독자 정기교육**
> ① 산업안전 및 산업재해 예방에 관한 사항(화재·폭발 사고 발생 시 대피에 관한 사항을 포함)
> ② 산업보건 및 건강장해 예방에 관한 사항(폭염·한파작업으로 인한 건강장해 발생 시 응급조치에 관한 사항을 포함)
> ③ 위험성 평가에 관한 사항
> ④ 유해·위험 작업환경 관리에 관한 사항
> ⑤ 산업안전보건법령 및 산업재해보상보험 제도에 관한 사항
> ⑥ 직무스트레스 예방 및 관리에 관한 사항
> ⑦ 직장 내 괴롭힘, 고객의 폭언 등으로 인한 건강장해 예방 및 관리에 관한 사항
> ⑧ 작업공정의 유해·위험과 재해 예방대책에 관한 사항
> ⑨ 사업장 내 안전보건관리체제 및 안전·보건조치 현황에 관한 사항
> ⑩ 표준안전 작업방법 결정 및 지도·감독 요령에 관한 사항
> ⑪ 현장근로자와의 의사소통능력 및 강의능력 등 안전보건교육 능력 배양에 관한 사항
> ⑫ 비상시 또는 재해 발생 시 긴급조치에 관한 사항
> ⑬ 그 밖의 관리감독자의 직무에 관한 사항

> **tip**
> 2025년 법령개정. 문제와 해설은 개정된 내용 적용

16 ⭐

다음 중 데이비스(K. Davis)의 동기부여 이론에서 인간의 성과(human performance)를 가장 적합하게 나타낸 것은?

① 지식(knowledge) × 기능(skill)
② 기능(skill) × 상황(situation)
③ 상황(situation) × 태도(attitude)
④ 능력(ability) × 동기유발(motivation)

> **데이비스의 동기부여 이론**
> 인간의 성과 × 물적인 성과 = 경영의 성과
> ① 지식(knowledge) × 기능(skill) = 능력(ability)
> ② 상황(situation) × 태도(attitude) = 동기유발(motivation)
> ③ 능력(ability) × 동기유발(motivation) = 인간의 성과(human performance)

17 ⭐

다음 중 브레인스토밍(brain-storming) 기법에 관한 설명으로 옳은 것은?

① 타인의 의견에 대하여 장·단점을 표현할 수 있다.
② 발언은 순서대로 하거나, 균등한 기회를 부여한다.
③ 주제와 관련이 없는 사항이라도 발언을 할 수 있다.
④ 이미 제시된 의견과 유사한 사항은 피하여 발언한다.

> **브레인스토밍(Brain-storming)**
> (1) 자유분방하게 진행하는 토의식 아이디어 창출법
> (2) B.S 4원칙
> ① 비판금지 ② 자유분방 ③ 대량발언 ④ 수정발언

정답 14 ④ 15 ① 16 ④ 17 ③

18

안전관리를 "안전은 (㉠)을(를) 제어하는 기술"이라 정의할 때 다음 중 ㉠에 들어갈 용어로 예방 관리적 차원과 가장 가까운 용어는?

① 위험   ② 사고
③ 재해   ④ 상해

> **안전에 대한 본질적 대책**
> 최근에는 재해예방(injury prevention, 소극적 대처)보다는 위험방지(hazard protection, 적극적 대처)에 역점을 두어 근원적인 안전을 도모하고자 한다.

19

다음 중 산업재해 통계의 활용 용도로 가장 적절하지 않은 것은?

① 제도의 개선 및 시정   ② 재해의 경향파악
③ 관리자 수준 향상   ④ 동종업종과의 비교

> 산업재해 통계자료는 과거안전수준 및 동종업종과의 비교, 경향파악, 새로운 제도의 개선 및 시정 등에 활용되며, 관리자 수준 향상과는 무관하다.

20 ⭐

다음 중 산업안전보건법령상 안전인증 대상 기계·기구 및 설비에 해당하지 않는 것은?

① 연삭기   ② 압력용기
③ 롤러기   ④ 고소(高所) 작업대

> **안전인증 대상 위험기계·기구**
> ① 프레스   ② 전단기 및 절곡기   ③ 크레인
> ④ 리프트   ⑤ 압력용기   ⑥ 롤러기
> ⑦ 사출성형기   ⑧ 고소 작업대   ⑨ 곤돌라

tip
2020년 시행. 관련법령 전부개정으로 변경된 내용입니다. 해설은 개정된 내용에 맞게 적용했으니 착오 없으시기 바랍니다.

2과목 인간공학 및 위험성 평가·관리

21

란돌트(Landolt) 고리에 있는 1.5[mm]의 틈을 5[m]의 거리에서 겨우 구분할 수 있는 사람의 최소분간시력은 약 얼마인가?

① 0.1   ② 0.3
③ 0.7   ④ 1.0

> **최소 분간 시력(간격해상력)**
> ① 시각(분) = L/D(rad) = $L \times 57.3 \times 60/D$(분)
> $= \dfrac{1.5 \times 57.3 \times 60}{5,000} = 1.0314$
> ② 시력 = 1/시각 = 1/1.0314 = 0.9696 ≒ 1.0

22 ⭐

인간-기계 시스템의 설계를 6단계로 구분할 때 다음 중 첫 번째 단계에서 시행하는 것은?

① 기본설계
② 시스템의 정의
③ 인터페이스 설계
④ 시스템의 목표와 성능명세 결정

> **인간-기계 시스템의 설계 6단계**
> ① 1단계 : 시스템의 목표와 성능 명세 결정
> ② 2단계 : 시스템의 정의
> ③ 3단계 : 기본설계
> ④ 4단계 : 인터페이스 설계
> ⑤ 5단계 : 보조물 설계
> ⑥ 6단계 : 시험 및 평가

정답 18 ① 19 ③ 20 ① 21 ④ 22 ④

23
다음 중 변화감지역(JND: Just noticeable difference)이 가장 작은 음은?

① 낮은 주파수와 작은 강도를 가진 음
② 낮은 주파수와 큰 강도를 가진 음
③ 높은 주파수와 작은 강도를 가진 음
④ 높은 주파수와 큰 강도를 가진 음

> **변화감지역(최소의 자극범위)**
> ① 신호의 강도, 진동수에 의한 신호의 상대식별 등 물리적 자극의 변화여부를 감지할 수 있는 최소의 자극 범위를 말한다.
> ② 강한음에 있어서 약 1,000Hz 이하에 대한 변화감지역은 작으나, 이보다 높은 진동수에 대해서는 급격히 증가한다.
> ③ 변화 감지역이 작을수록 변화를 검출하기 쉽다.

24
시스템의 수명주기 중 PHA기법이 최초로 사용되는 단계는?

① 구상단계
② 정의단계
③ 개별단계
④ 생산단계

> **시스템 수명주기**
> 시스템 수명주기 제1단계인 구상단계에서 PHA기법이 최초로 사용된다.

tip
PHA(예비 위험 분석)
시스템 안전 프로그램에 있어서 최초단계(구상단계)의 분석으로, 시스템 내의 위험한 요소가 얼마나 위험한 상태에 있는가를 정성적으로 평가하는 방법

25 ★
다음 중 인간이 감지할 수 있는 외부의 물리적 자극 변화의 최소 범위는 기준이 되는 자극의 크기에 비례하는 현상을 설명한 이론은?

① 웨버(Weber) 법칙
② 피츠(Fitts) 법칙
③ 신호검출이론(SDT)
④ 힉-하이만(Hick-Hyman) 법칙

> **웨버의 법칙**
> ① 감각기관의 기준자극과 변화감지역의 연관관계
> ② Weber비 = $\dfrac{\text{변화감지역}}{\text{기준자극 크기}}$

26
A사의 안전관리자는 자사 화학 설비의 안전성 평가를 위해 2단계인 정성적 평가를 진행하기 위하여 평가항목 대상을 분류하였다. 다음 주요 평가 항목 중에서 성격이 다른 것은?

① 건조물
② 공장내 배치
③ 입지조건
④ 원재료, 중간제품

> **정성적 평가(제2단계)**
> ① 설계관계 : 입지조건, 공장 내의 배치, 건조물, 소방용 설비 등
> ② 운전관계 : 원재료, 중간제품 등의 위험성, 프로세스의 운전조건 수송, 저장 등에 대한 안전대책, 프로세스기기의 선정요건

27
위험 및 운전성 검토(HAZOP)에서의 전제조건으로 틀린 것은?

① 두 개 이상의 기기고장이나 사고는 일어나지 않는다.
② 조작자는 위험상황이 일어났을 때 그것을 인식할 수 있다.
③ 안전장치는 필요할 때 정상 동작하지 않는 것으로 간주한다.
④ 장치 자체는 설계 및 제작사양에 맞게 제작된 것으로 간주한다.

> **HAZOP 검토의 원리 및 개념**
> ① 5~7명의 각 분야별 전문가와 안전기사로 구성된 팀원들이 상상력을 동원하여 유인어(guide-word)로서 위험요소를 점검
> ② 설계의 각 부분의 완전성을 검토(test)하기 위해 만들어진 질문들이 설계의도로부터 설계가 벗어날 수 있는 모든 경우를 검토해 볼 수 있도록 하기 위한 것

정답 23 ② 24 ① 25 ① 26 ④ 27 ③

28

날개가 2개인 비행기의 양 날개에 엔진이 각각 2개씩 있다. 이 비행기는 양 날개에서 각각 최소한 1개의 엔진은 작동을 해야 추락하지 않고 비행할 수 있다. 각 엔진의 신뢰도가 각각 0.9이며, 각 엔진은 독립적으로 작동한다고 할 때, 이 비행기가 정상적으로 비행할 신뢰도는 약 얼마인가?

① 0.89
② 0.91
③ 0.94
④ 0.98

> 신뢰도(Rs) = {1 − (1 − 0.9)(1 − 0.9)} × {1 − (1 − 0.9)(1 − 0.9)}
> = 0.9801

29

A자동차에서 근무하는 K씨는 지게차로 철갑판을 하역하는 업무를 한다. 지게차 운전으로 K씨에게 노출된 직업성 질환의 위험 요인과 동일한 위험 요인에 노출된 작업자는?

① 연마기 운전자
② 착암기 운전자
③ 대형운송차량 운전자
④ 목재용 치퍼(Chippers) 운전자

> 장시간 앉아서 운전을 하므로 고정된 자세와 전신진동, 그리고 불안전한 자세가 동반될 수 있어 요통 관련 질환에 노출된다.

30

다음 중 인간공학에 있어 인체측정의 목적으로 가장 올바른 것은?

① 안전관리를 위한 자료
② 인간공학적 설계를 위한 자료
③ 생산성 향상을 위한 자료
④ 사고 예방을 위한 자료

> **인체측정**
> 신체 치수를 기본으로 신체 각 부위의 무게, 무게중심, 부피, 운동범위, 관성 등의 물리적 특성을 측정하여 인간공학적인 설계 및 일상생활에 적용하는 분야를 인체측정학이라 한다.

31

산업안전보건법령에 따라 유해·위험방지계획서를 제출할 때에는 사업장별로 관련 서류를 첨부하여 해당 작업시작 며칠 전까지 해당 기관에 제출하여야 하는가?

① 7일
② 15일
③ 30일
④ 60일

> 제출서류는 작업시작 15일 전까지 공단에 2부를 제출하여야 한다.

> **tip**
> 건설업에 해당하는 대상 사업장일 경우 공사착공 전날까지 공단에 2부를 제출한다.

32

다음 중 몸의 중심선으로부터 밖으로 이동하는 신체부위의 동작을 무엇이라 하는가?

① 외전
② 외선
③ 내전
④ 내선

> **신체부위의 운동(기본동작)**
> ① 내전(內轉)(adduction) : 몸 중심선으로 향하는 이동
> ② 외전(外轉)(abduction) : 몸 중심선으로부터 멀어지는 이동
> ③ 내선(內旋)(medial rotation) : 몸 중심선으로 향하는 회전
> ④ 외선(外旋)(lateral rotation) : 몸 중심선으로부터 회전

정답 28 ④ 29 ③ 30 ② 31 ② 32 ①

33 빈출
FTA에서 사용하는 다음 사상기호에 대한 설명으로 맞는 것은?

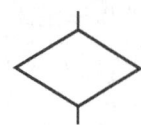

① 시스템 분석에서 좀 더 발전시켜야 하는 사상
② 시스템의 정상적인 가동상태에서 일어날 것이 기대되는 사상
③ 불충분한 자료로 결론을 내릴 수 없어 더 이상 전개 할 수 없는 사상
④ 주어진 시스템의 기본사상으로 고장원인이 분석되었기 때문에 더 이상 분석할 필요가 없는 사상

> **생략사상(최후사상)**
> 정보부족 해석기술의 불충분 등으로 더 이상 전개할 수 없는 사상. 작업진행에 따라 해석이 가능할 때는 다시 속행한다.

34 빈출
다음 중 결함수분석법에서 path set에 관한 설명으로 옳은 것은?

① 시스템의 약점을 표현한 것이다.
② Top 사상을 발생시키는 조합이다.
③ 시스템이 고장 나지 않도록 하는 사상의 조합이다.
④ 일반적으로 Fussell Algorithm을 이용한다.

> **미니멀 패스셋**
> 패스셋은 정상사상이 발생하지 않는 즉, 시스템이 고장 나지 않는 사상의 집합이다.

> **tip**
> 미니멀 컷셋은 시스템의 기능을 마비시키는 사고요인의 최소집합이다.

35
다음 중 적정온도에서 추운 환경으로 바뀔 때의 현상으로 틀린 것은?

① 피부 온도는 내려간다.
② 직장 온도가 약간 올라간다.
③ 몸이 떨리고 소름이 돋는다.
④ 피부를 경유하는 혈액 순환량이 증가한다.

> **온도변화에 대한 신체의 조절작용**
>
> | | |
> |---|---|
> | 적정온도에서 고온환경으로 변화 | ① 많은 양의 혈액이 피부를 경유하여 온도가 상승한다.
② 직장 온도가 내려간다.
③ 발한이 시작 된다. |
> | 적정온도에서 한랭환경으로 변화 | ① 피부를 경유하는 혈액의 순환량이 감소하고 많은 양의 혈액이 몸의 중심부를 순환한다.
② 피부 온도는 내려간다.
③ 직장 온도가 약간 올라간다.
④ 소름이 돋고 몸이 떨리는 오한을 느낀다. |

36 빈출
다음 중 의자 설계의 일반원리로 옳지 않은 것은?

① 추간판의 압력을 줄인다.
② 등근육의 정적 부하를 줄인다.
③ 쉽게 조절할 수 있도록 한다.
④ 고정된 자세로 장시간 유지되도록 한다.

> **의자 설계 시 고려해야 할 사항**
> ① 등받이의 굴곡은 요추의 굴곡(전만곡)과 일치해야 한다.
> ② 좌면의 높이는 사람의 신장에 따라 조절 가능해야 한다.
> ③ 정적인 부하와 고정된 작업자세를 피해야 한다.
> ④ 추간판의 압력을 줄일 수 있어야 한다.

37
다음 중 인간공학의 목표와 가장 거리가 먼 것은?

① 에러 감소　　② 생산성 증대
③ 안전성 향상　　④ 신체 건강 증진

> **목적(산업현장 및 작업장 측면)**
> ① 안전성 향상 및 사고예방
> ② 작업능률(에러 감소) 및 생산성 증대
> ③ 작업환경의 쾌적성

정답 33 ③　34 ③　35 ④　36 ④　37 ④

38
다음 중 설비보전의 조직 형태에서 집중보전(Central Maintenance)의 장점이 아닌 것은?

① 보전요원은 각 현장에 배치되어 있어 재빠르게 작업할 수 있다.
② 전 공장에 대한 판단으로 중점보전이 수행될 수 있다.
③ 분업/전문화가 진행되어 전문직으로서 고도의 기술을 갖게 된다.
④ 직종 간의 연락이 좋고, 공사 관리가 쉽다.

집중보전(Central Maintenance)
보전작업 및 보전원을 한 관리자 아래에 두고, 보전현장도 한 곳에 집중되며 설계나 예방보전관리 등이 한 곳에서 집중적으로 이루어진다.

tip
각 지역별로 분산된 보전조직을 두는 것은 지역보전이라 하며, 보전원이 각 제조부문의 감독하에 놓이는 것을 부문보전이라 한다.

39 ⭐빈출
다음 중 작동 중인 전자레인지의 문을 열면 작동이 자동으로 멈추는 기능과 가장 관련이 깊은 오류 방지 기능은?

① lock-in
② lock-out
③ inter-lock
④ shift-lock

인터록(inter-lock) 장치
기계식, 전기식, 유공압입식 또는 이들의 조합으로 2개 이상의 부분이 상호 구속되는 형태

tip
인터록 장치의 요건
① 가드가 완전히 닫히기 전에는 기계가 작동되어서는 안 된다.
② 가드가 열리는 순간 기계의 작동은 반드시 정지되어야 한다.

40 ⭐빈출
그림과 같은 FT도에 대한 미니멀 컷셋(mimimal cut sets)으로 옳은 것은? (단, Fussell의 알고리즘을 따른다.)

① {1, 2}
② {1, 3}
③ {2, 3}
④ {1, 2, 3}

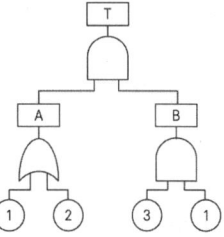

FT도의 미니멀 컷셋(mimimal cut sets)ion tree : OAT)

T → AB → ①B → ①③①
         ②B   ②③①

그러므로, 미니멀 컷셋은 (①③)

3과목　기계·기구 및 설비 안전 관리

41
다음 중 프레스의 방호장치에 관한 설명으로 틀린 것은?

① 양수조작식 방호장치는 1행정 1정지 기구에 사용할 수 있어야 한다.
② 손쳐내기식 방호장치는 슬라이드 하행정거리의 3/4 위치에서 손을 완전히 밀어내야 한다.
③ 광전자식 방호장치의 정상동작표시램프는 붉은색, 위험표시램프는 녹색으로 하며, 쉽게 근로자가 볼 수 있는 곳에 설치해야 한다.
④ 게이트 가드 방호장치는 가드가 열린 상태에서 슬라이드를 동작시킬 수 없고 또한 슬라이드 작동 중에는 게이트 가드를 열 수 없어야 한다.

광전자식 방호장치 설치방법
정상동작표시램프는 녹색, 위험표시램프는 붉은색으로 하며, 쉽게 근로자가 볼 수 있는 곳에 설치해야 한다.

정답　38 ①　39 ③　40 ②　41 ③

42

산업안전보건법령상 지게차의 최대하중의 2배 값이 6톤일 경우 헤드가드의 강도는 몇 톤의 등분포정하중에 견딜 수 있어야 하는가?

① 4
② 6
③ 8
④ 12

헤드가드
강도는 지게차의 최대하중의 2배의 값(그 값이 4톤을 넘는 것에 대하여서는 4톤으로 한다)의 등분포정하중에 견딜 수 있는 것일 것

43

다음 중 목재 가공기계의 반발예방장치와 같이 위험장소에 설치하여 위험원이 비산하거나 튀는 것을 방지하는 등 작업자로부터 위험원을 차단하는 방호장치는?

① 포집형 방호장치
② 감지형 방호장치
③ 위치 제한형 방호장치
④ 접근 반응형 방호장치

포집형 방호장치
위험원에 대한 방호장치로서 연삭숫돌이나 목재가공기계의 칩이 비산할 경우 이를 방지하고 안전하게 칩을 포집하는 방법

44

다음 중 프레스기에 사용되는 방호장치에 있어 급정지 기구가 부착되어야만 유효한 것은?

① 양수 조작식
② 손쳐내기식
③ 가드식
④ 수인식

급정지 기구에 따른 방호장치	
급정지 기구가 부착되어 있어야만 유효한 방호장치	① 양수 조작식 방호장치 ② 감응식 방호장치
급정지 기구가 부착되어 있지 않아도 유효한 방호장치	① 양수 기동식 방호장치 ② 게이트 가드식 방호장치 ③ 수인식 방호장치 ④ 손쳐내기식 방호장치

45

다음 중 롤러기의 두 롤러 사이에서 형성되는 위험점은?

① 협착점
② 물림점
③ 접선물림점
④ 회전말림점

기계 설비에 의해 형성되는 위험점	
협착점	① 프레스 금형 조립 부위 ② 전단기의 누름판 및 칼날 부위 ③ 선반 및 평삭기의 베드 끝 부위
끼임점	① 연삭 숫돌과 작업대 ② 반복 동작되는 링크기구 ③ 교반기의 교반날개와 몸체 사이
절단점	① 밀링컷터 ② 둥근톱 날 ③ 목공용 띠톱 날 부분
물림점	① 기어와 피니언 ② 롤러의 회전 등
접선 물림점	① V벨트와 풀리 ② 기어와 랙 ③ 롤러와 평벨트 등
회전 말림점	① 회전축 ② 드릴축

46

다음 중 와이어로프의 꼬임에 관한 설명으로 틀린 것은?

① 보통꼬임에는 S꼬임이나 Z꼬임이 있다.
② 보통꼬임은 스트랜드의 꼬임방향과 로프의 꼬임방향이 반대로 된 것을 말한다.
③ 랭꼬임은 로프의 끝이 자유로이 회전하는 경우나 킹크가 생기기 쉬운 곳에 적당하다.
④ 랭꼬임은 보통꼬임에 비하여 마모에 대한 저항성이 우수하다.

와이어로프의 꼬임		
구분	보통꼬임(Ordinary lay)	랭꼬임(Lang's lay)
특성	① 소선의 외부길이가 짧아 쉽게 마모 ② 킹크가 잘 생기지 않으며 로프 자체변형이 적음 ③ 하중에 대한 큰 저항성 ④ 선박, 육상 등에 많이 사용되며, 취급이 용이	① 소선과 외부의 접촉 길이가 보통꼬임에 비해 길다 ② 꼬임이 풀리기 쉽고, 킹크가 생기기 쉽다 ③ 내마모성, 유연성, 내피로성이 우수

정답 42 ① 43 ① 44 ① 45 ② 46 ③

47

다음 중 산업안전보건법령에 따라 산업용 로봇의 사용 및 수리 등에 관한 사항으로 틀린 것은?

① 작업을 하고 있는 동안 로봇의 기동스위치 등에 "작업 중"이라는 표시를 하여야 한다.
② 해당 작업에 종사하고 있는 근로자의 안전한 작업을 위하여 작업종사자 외의 사람이 기동스위치를 조작할 수 있도록 하여야 한다.
③ 로봇을 운전하는 경우에 근로자가 로봇에 부딪칠 위험이 있을 때에는 안전매트 및 높이 1.8[m] 이상의 방책을 설치하는 등 필요한 조치를 하여야 한다.
④ 로봇의 작동범위에서 해당 로봇의 수리·검사·조정·청소·급유 또는 결과에 대한 확인작업을 하는 경우에는 해당 로봇의 운전을 정지함과 동시에 그 작업을 하고 있는 동안 로봇의 기동스위치를 열쇠로 잠근 후 열쇠를 별도 관리하여야 한다.

> **산업용 로봇의 안전관리**
> ① 작업에 종사하고 있는 근로자 또는 그 근로자를 감시하는 사람은 이상을 발견하면 즉시 로봇의 운전을 정지시키기 위한 조치를 할 것
> ② 작업을 하고 있는 동안 로봇의 기동스위치 등에 작업 중이라는 표시를 하는 등 작업에 종사하고 있는 근로자가 아닌 사람이 그 스위치 등을 조작할 수 없도록 필요한 조치를 할 것

48 ★

다음 중 프레스 등의 금형을 부착·해체 또는 조정하는 작업을 할 때 급작스런 슬라이드의 작동에 대비한 방호장치로 가장 적절한 것은?

① 접촉예방장치
② 권과방지장치
③ 과부하방지장치
④ 안전블록

> 금형의 부착 및 해체작업 시 슬라이드의 불시하강을 방지하기 위한 조치로 반드시 안전블록을 설치하여야 한다.

49

회전축이나 베어링 등이 마모 등으로 변형되거나 회전의 불균형에 의하여 발생하는 진동을 무엇이라고 하는가?

① 단속진동
② 정상진동
③ 충격진동
④ 우연진동

> 일정한 회전수로 회전하는 기계에 의한 진동을 정상진동이라 한다. 정상진동은 일정한 시간간격에 동일한 현상이 반복되는 진동이다.

50

산업안전보건법령에 따라 레버풀러(lever puller) 또는 체인블록(chain block)을 사용하는 경우 훅의 입구(hook mouth) 간격이 제조자가 제공하는 제품사양서 기준으로 얼마 이상 벌어진 것은 폐기하여야 하는가?

① 3[%]
② 5[%]
③ 7[%]
④ 10[%]

> **레버풀러(lever puller)또는 체인블록(chain block) 사용 시 준수사항**
> ① 정격하중을 초과하여 사용하지 말 것
> ② 레버풀러 작업 중 훅이 빠져 튕길 우려가 있을 경우에는 훅을 대상물에 직접 걸지 말고 피벗클램프(pivot clamp)나 러그(lug)를 연결하여 사용할 것
> ③ 레버풀러의 레버에 파이프 등을 끼워서 사용하지 말 것
> ④ 체인블록의 상부 훅(top hook)은 인양하중에 충분히 견디는 강도를 갖고, 정확히 지탱될 수 있는 곳에 걸어서 사용할 것
> ⑤ 훅의 입구(hook mouth) 간격이 제조자가 제공하는 제품사양서 기준으로 10퍼센트 이상 벌어진 것은 폐기할 것
> ⑥ 체인블록은 체인이 꼬이거나 헝클어지지 않도록 할 것
> ⑦ 체인과 훅은 변형, 파손, 부식, 마모되거나 균열된 것을 사용하지 않도록 조치할 것

정답 47 ② 48 ④ 49 ② 50 ④

51

다음 중 재료이송방법의 자동화에 있어 송급배출장치가 아닌 것은?

① 다이얼피더
② 슈트
③ 에어분사장치
④ 푸셔피더

이송장치
① 1차 가공용 송급배출장치(로울피터, 그리퍼 피드 등 사용)
② 2차 가공용 송급배출장치(슈트, 다이얼피더, 푸셔피더, 트랜스퍼피더, 프레스용로봇 등)
③ 에어분사장치
④ 오토핸드
⑤ 리프터

52

다음 중 아세틸렌 용접장치에서 역화의 원인과 가장 거리가 먼 것은?

① 아세틸렌의 공급 과다
② 토치 성능의 부실
③ 압력 조정기의 고장
④ 토치 팁에 이물질이 묻은 경우

아세틸렌 용접장치의 역화원인
① 압력 조정기 고장
② 산소공급이 과다할 경우
③ 토치 팁에 이물질이 묻었을 때
④ 과열되었을 경우
⑤ 토치의 성능이 불량할 때

53

다음 중 셰이퍼와 플레이너(planer)의 방호장치가 아닌 것은?

① 방책
② 칩받이
③ 칸막이
④ 칩 브레이크

셰이퍼와 플레이너(planer)의 방호장치
① 울타리(방책, 방호울) ② 칩받이 ③ 칸막이 ④ 가드

54

다음 중 방사선 투과검사에 가장 적합한 활용 분야는?

① 변형을 측정
② 완제품의 표면결함 검사
③ 재료 및 기기의 계측 검사
④ 재료 및 용접부의 내부결함 검사

결함위치에 따른 분류

표면 결함 검출을 위한 비파괴 시험	내부 결함 검출을 위한 비파괴 시험
① 육안검사	① 방사선 투과시험
② 자분 탐상시험	② 음향 방출시험
③ 액체침투 탐상시험	③ 초음파 탐상시험
④ 와전류 탐상시험	

55

선반으로 작업을 하고자 지름 30[mm]의 일감을 고정하고, 500[rpm]으로 회전시켰을 때 일감 표면의 원주 속도는 약 몇 [m/s]인가?

① 0.628
② 0.785
③ 23.56
④ 47.12

$$원주속도(m/s) = \frac{\pi D(mm) \times N(rpm)}{60 \times 1,000}$$

$$= \frac{3.14 \times 30 \times 500}{60 \times 1,000} = 0.785[m/s]$$

정답 51 ③ 52 ① 53 ④ 54 ④ 55 ②

56

다음 중 밀링작업 시 하향절삭의 장점에 해당되지 않는 것은?

① 일감의 고정이 간편하다.
② 일감의 가공면이 깨끗하다.
③ 이송기구의 백래시(backlash)가 자연히 제거된다.
④ 밀링커터의 날이 마찰작용을 하지 않으므로 수명이 길다.

밀링 절삭 방법		
구분	상향절삭(Up-Cutting)	하향절삭(Down-Cutting)
장점	① 칩이 절삭을 방해하지 않는다. ② 절삭이 순조롭다. ③ 백래시가 제거된다.	① 공작물의 고정이 간단하다. ② 커터날의 마모가 적다. ③ 절삭면이 정밀하다. ④ 커터날의 가열이 적다.
단점	① 공작물을 확실하게 고정해야 한다. ② 커터의 수명이 짧다. ③ 동력의 소비가 크다. ④ 절삭면이 거칠다.	① 칩이 끼여 절삭을 방해한다. ② 아버(arbor)가 휘기 쉽다. ③ 백래시 제거장치가 필요하다.

57 ⭐빈출

다음 중 상부를 사용할 것을 목적으로 하는 탁상용 연삭기 덮개의 노출 각도로 옳은 것은?

① 180° 이상
② 120° 이내
③ 60° 이내
④ 15° 이내

연삭기 덮개의 설치방법
① 탁상용 연삭기의 노출각도는 80° 이내로 하되, 숫돌의 주축에서 수평면 위로 이루는 원주 각도는 65° 이상이 되지 않도록 하여야 한다. ② 연삭숫돌의 상부를 사용하는 것을 목적으로 하는 연삭기는 60° 이내로 한다. ③ 휴대용 연삭기는 180° 이내로 한다. ④ 원통형 연삭기는 180° 이내로 하되, 숫돌의 주축에서 수평면 위로 이루는 원주각도는 65° 이상이 되지 않도록 하여야 한다. ⑤ 절단 및 평면 연삭기는 150° 이내로 하되, 숫돌의 주축에서 수평면 밑으로 이루는 덮개의 각도는 15° 이상이 되도록 하여야 한다.

58

허용응력이 100[kgf/mm²]이고, 단면적이 2[mm²]인 강판의 극한하중이 400[kgf]이라면 안전율은 얼마인가?

① 2
② 4
③ 5
④ 50

안전율
① 극한강도 $= \dfrac{400}{2} = 200[kgf/mm^2]$ ① 극한강도 $= \dfrac{극한강도}{허용응력} = \dfrac{200}{100} = 2$

59 ⭐빈출

다음 중 산업안전보건법령상 보일러 및 압력용기에 관한 사항으로 틀린 것은?

① 보일러의 안전한 가동을 위하여 보일러 규격에 맞는 압력방출장치를 1개 또는 2개 이상 설치하고 최고 사용압력 이하에서 작동되도록 하여야 한다.
② 공정안전보고서 제출 대상으로서 이행수준 평가결과가 우수한 사업장의 경우 보일러의 압력방출장치에 대하여 5년에 1회 이상으로 설정압력에서 압력방출장치가 적정하게 작동하는지를 검사할 수 있다.
③ 보일러의 과열을 방지하기 위하여 최고사용압력과 상용압력 사이에서 보일러의 버너 연소를 차단할 수 있도록 압력제한스위치를 부착하여 사용하여야 한다.
④ 압력용기 등을 식별할 수 있도록 하기 위하여 그 압력용기 등의 최고사용압력, 제조연월일, 제조회사명 등이 지워지지 않도록 각인(刻印) 표시된 것을 사용하여야 한다.

압력방출장치(보일러의 안전장치)
매년 1회 이상 교정을 받은 압력계를 이용하여 설정압력에서 압력방출장치가 적정하게 작동하는지 검사 후 납으로 봉인(공정안전보고서 이행상태 평가결과가 우수한 사업장은 4년마다 1회 이상 설정압력에서 압력방출장치가 적정하게 작동하는지 검사할 수 있다)

정답 56 ③ 57 ③ 58 ① 59 ②

60
다음 중 양중기에서 사용되는 해지장치에 관한 설명으로 가장 적합한 것은?

① 2중으로 설치되는 권과방지장치를 말한다.
② 화물의 인양시 발생하는 충격을 완화하는 장치이다.
③ 과부하 발생시 자동적으로 전류를 차단하는 방지장치이다.
④ 와이어로프가 훅크에서 이탈하는 것을 방지하는 장치이다.

> **해지장치**
> 훅 걸이용 와이어로프 등이 훅으로 부터 벗겨지는 것을 방지하기 위한 장치이다.

4과목 전기설비 안전 관리

61
접지공사에 관한 설명으로 틀린 것은?

① 접지극은 보호도체를 사용하여 주접지단자에 연결하여야 한다.
② 접지시스템은 계통접지, 보호접지, 피뢰시스템접지 등으로 구분한다.
③ 접지시스템은 접지극, 접지도체, 보호도체 및 기타 설비로 구성되어 있다.
④ 접지시스템의 시설 종류에는 단독접지, 공통접지, 통합접지가 있다.

> 접지극은 접지도체를 사용하여 주접지단자에 연결하여야 한다.

62
다음 중 정전기 발생에 대한 재해방지 대책으로 적합하지 못한 것은?

① 적절한 도전성 재료를 사용한다.
② 점화원의 우려가 없는 제전장치를 사용한다.
③ 도체부분에 접지를 실시한다.
④ 공기 중 습도를 낮게 유지한다.

> 건조한 환경은 정전기를 발생하는 조건이므로, 가습을 하여 60~70% 이상 습도를 유지하는 것이 정전기 방지대책이 될 수 있다.

63
접지계통 분류에서 TN 접지방식이 아닌 것은?

① TN-T 방식　　② TN-C 방식
③ TN-S 방식　　④ TN-C-S 방식

TN 계통의 분류	
TN-S 계통	• 계통 전체에 대해 별도의 중성선 또는 PE 도체를 사용 • 배전계통에서 PE 도체를 추가로 접지할 수 있음
TN-C 계통	• 계통 전체에 대해 중성선과 보호도체의 기능을 동일 도체로 겸용한 PEN 도체를 사용 • 배전계통에서 PEN 도체를 추가로 접지할 수 있음
TN-C-S계통	• 계통의 일부분에서 PEN 도체를 사용하거나, 중성선과 별도의 PE 도체를 사용하는 방식 • 배전계통에서 PEN 도체와 PE 도체를 추가로 접지할 수 있음

64
인체의 전기적 저항이 5,000[Ω]이고, 전류가 3[mA]가 흘렀다. 인체의 정전용량이 0.1[μF]라면 인체에 대전된 정전하는 몇 [μC]인가?

① 0.5　　② 1.0
③ 1.5　　④ 2.0

> **대전된 정전하**
> ① 공식 : $\frac{1}{2}QV = \frac{1}{2}CV^2$
> [C : 도체의 정전용량(F), V : 대전 전위(V), Q : 대전전하량(C)]
> ② 위의 식을 유도하면
> $Q[\mu C] = CV = 0.1 \times 10^{-6} \times 15 \times 10^6 = 1.5[\mu C]$

정답　　60 ④ 61 ① 62 ④ 63 ① 64 ③

65

다음은 어떤 방폭구조에 대한 설명인가?

> 전기기구의 권선, 에어갭, 접점부, 단자부 등과 같이 정상적인 운전 중에 불꽃, 아크 또는 과열이 생겨서는 안 될 부분에 대하여 이를 방지하거나 온도 상승을 제한하기 위하여 전기기기의 안전도를 증가시킨 구조이다.

① 압력방폭구조
② 유입방폭구조
③ 안전증방폭구조
④ 본질안전방폭구조

> **안전증방폭구조(e)**
> ① 정상 운전 중에 폭발성 가스 또는 증기에 점화원이 될 전기불꽃, 아크 또는 고온부분 등의 발생을 방지하기 위하여 기계적, 전기적 구조상 또는 온도상승에 대해서 특히 안전도를 증가시킨 구조
> ② 코일의 절연성능 강화 및 표면온도상승을 더욱 낮게 설계하거나 공극 및 연면거리를 크게 하여 안전도 증가

66

정전기의 발생에 영향을 주는 요인이 아닌 것은?

① 물체의 표면상태
② 외부공기의 풍속
③ 접촉면적 및 압력
④ 박리속도

> **정전기 발생의 영향 요인**
> ① 물체의 특성 ② 물체의 표면상태 ③ 물체의 이력
> ④ 접촉면적 및 압력 ⑤ 분리(박리)속도

67

인체의 저항을 500[Ω]이라 하면, 심실세동을 일으키는 정현파 교류에 있어서의 에너지적인 위험한계는 어느 정도인가?

① 6.5 ~ 17.0[J]
② 15.0 ~ 25.5[J]
③ 20.5 ~ 30.5[J]
④ 31.5 ~ 38.5[J]

> **전기에너지의 한계**
> $Q = \left(\dfrac{165}{\sqrt{T}} \times 10^{-3}\right)^2 \times 500 \times 1 = 13.612[J]$

68

전기 기계·기구의 조작 시 등의 안전조치에 관하여 사업주가 조치해야 하는 사항으로 틀린 것은?

① 전기적 불꽃 또는 아크에 의한 화상의 우려가 있는 고압 이상의 충전전로 작업에 근로자를 종사시키는 경우에는 방염처리된 작업복을 착용시켜야 한다.
② 전기 기계·기구의 조작부분을 점검하거나 보수하는 경우에는 근로자가 안전하게 작업할 수 있도록 전기 기계·기구로부터 폭 50센티미터 이상의 작업공간을 확보하여야 한다.
③ 작업공간을 확보하는 것이 곤란할 경우 근로자에게 절연용 보호구를 착용하도록 하여야 한다.
④ 전기적 불꽃 또는 아크에 의한 화상의 우려가 있는 고압 이상의 충전전로 작업에 근로자를 종사시키는 경우에는 난연(難燃)성능을 가진 작업복을 착용시켜야 한다.

> **전기 기계·기구의 조작 시 등의 안전조치**
> ① 전기 기계·기구의 조작부분을 점검하거나 보수하는 경우에는 근로자가 안전하게 작업할 수 있도록 전기 기계·기구로부터 폭 70센티미터 이상의 작업공간을 확보하여야 한다. 다만, 작업공간을 확보하는 것이 곤란하여 근로자에게 절연용 보호구를 착용하도록 한 경우에는 그러하지 아니하다.
> ② 사업주는 전기적 불꽃 또는 아크에 의한 화상의 우려가 있는 고압 이상의 충전전로 작업에 근로자를 종사시키는 경우에는 방염처리된 작업복 또는 난연(難燃)성능을 가진 작업복을 착용시켜야 한다.

정답 65 ③ 66 ② 67 ① 68 ②

69

다음 그림은 심장맥동주기를 나타낸 것이다. T파는 어떤 경우인가?

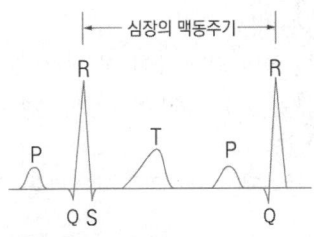

① 심방의 수축에 따른 파형
② 심실의 수축에 따른 파형
③ 심실이 휴식 시 발생하는 파형
④ 심방의 휴식 시 발생하는 파형

> T파는 심실 수축말기(종료 후)에 일어나는 재분극에 의해 형성되며, 전격에 의한 심실세동 확률이 가장 높다.

70 ⭐

내압방폭구조에서 안전간극(safe gap)을 적게 하는 이유로 가장 알맞은 것은?

① 최소점화에너지를 높게 하기 위해
② 폭발화염이 외부로 전파되지 않도록 하기 위해
③ 폭발압력에 견디고 파손되지 않도록 하기 위해
④ 쥐가 침입해서 전선 등을 갉아먹지 않도록 하기 위해

> 안전간격(안전간극)은 화염이 틈새를 통하여 바깥쪽의 폭발성 가스에 전달되지 않는 한계의 틈새를 말한다.

71

감전사고 시의 긴급조치에 관한 설명으로 가장 부적절한 것은?

① 구출자는 감전자 발견 즉시 보호용구 착용여부에 관계없이 직접 충전부로부터 이탈시킨다.
② 감전에 의해 넘어진 사람에 대하여 의식의 상태, 호흡의 상태, 맥박의 상태 등을 관찰한다.
③ 감전에 의하여 높은 곳에서 추락한 경우에는 출혈의 상태, 골절의 이상 유무 등을 확인, 관찰한다.
④ 반드시 기기의 전원을 차단하고 구조자는 절연용 보호구를 착용한 후 구조작업을 해야 한다.

> 감전사고 피해자 구조
> ① 충전부에 감전된 경우 몸이나 손을 잡고 피해자를 구출할 경우 구조자도 감전되므로 위험하다.
> ② 반드시 기기의 전원을 차단하고 구조자는 절연용보호구를 착용한 후 구조작업을 해야 한다.

72

가스증기 위험장소의 금속관공사의 경우 관 상호 간 및 관과 박스 기타의 부속품·풀 박스 또는 전기 기계·기구와는 몇 턱 이상 나사 조임으로 견고하게 접속하여야 하는가?

① 2턱   ② 3턱
③ 4턱   ④ 5턱

> 관 상호 간 및 관과 박스 기타의 부속품·풀 박스 또는 전기 기계·기구와는 5턱 이상 나사 조임으로 접속하는 방법 또는 기타 이와 동등 이상의 효력이 있는 방법에 의하여 견고하게 접속할 것

73

대지에서 용접작업을 하고 있는 작업자가 용접봉에 접촉한 경우 통전전류는? (단, 용접기의 출력 측 무부하전압 : 90[V], 접촉저항(손, 용접봉 등 포함) : 10[kΩ], 인체의 내부저항 : 1[kΩ], 발과 대지의 접촉저항 : 20[kΩ]이다.)

① 약 0.19[mA]   ② 약 0.29[mA]
③ 약 1.96[mA]   ④ 약 2.90[mA]

> 통전전류(옴의 법칙)
> $$전류(I) = \frac{전압(V)}{저항(R)} = \frac{90}{(10+1+20) \times 1,000}$$
> $$= 0.0029[A] = 2.90[mA]$$

정답 69 ③ 70 ② 71 ① 72 ④ 73 ④

74
임시배선의 안전대책으로 틀린 것은?

① 모든 배선은 반드시 분전반 또는 배전반에서 인출해야 한다.
② 중량물의 압력 또는 기계적 충격을 받을 우려가 있는 곳에 설치할 때는 사전에 적절한 방호조치를 한다.
③ 케이블 트레이나 전선관의 케이블에 임시배선용 케이블을 연결할 경우는 접속함을 사용하여 접속해야 한다.
④ 지상 등에서 금속관으로 방호할 때는 그 금속관을 접지하지 않아도 된다.

> 지상 등에서 금속관으로 방호할 때는 그 금속관은 반드시 접지하여야 한다.

75 빈출
피뢰기가 갖추어야 할 이상적인 성능 중 잘못된 것은?

① 제한전압이 낮아야 한다.
② 반복동작이 가능하여야 한다.
③ 충격방전 개시전압이 높아야 한다.
④ 뇌전류의 방전능력이 크고 속류의 차단이 확실하여야 한다.

> **피뢰기의 구비 성능**
> ① 충격방전 개시전압과 제한전압이 낮을 것
> ② 반복동작이 가능할 것
> ③ 속류차단능력과 방전내량이 충분할 것

76
전기화재 발화원으로 관계가 먼 것은?

① 단열 압축   ② 광선 및 방사선
③ 낙뢰(벼락)   ④ 기계적 정지 에너지

> 정지하고 있는 물체가 갖는 에너지를 정지 에너지라 한다. 질량을 에너지의 단위로 나타낸 것으로 발화원이 될 수 없으며 정지 질량 에너지라고도 표현한다.

77
스파크 화재의 방지책이 아닌 것은?

① 통형퓨즈를 사용할 것
② 개폐기를 불연성의 외함 내에 내장시킬 것
③ 가연성 증기, 분진 등 위험한 물질이 있는 곳에는 방폭형 개폐기를 사용할 것
④ 전기배선이 접속되는 단자의 접촉저항을 증가시킬 것

> **스파크 방지 대책**
> ① 개폐기를 불연성의 외함 내에 내장하거나 통형퓨즈 사용
> ② 접촉부분의 산화, 변형, 퓨즈의 나사풀림으로 인한 접촉저항의 증가 방지
> ③ 가연성, 증기, 분진 등 위험한 물질이 있는 곳은 방폭형 개폐기 사용
> ④ 유입 개폐기는 절연유의 열화강도 유량에 주의하고 내화벽 설치 등

78
고장전류와 같은 대전류를 차단할 수 있는 것은?

① 차단기(CB)   ② 유입 개폐기(OS)
③ 단로기(DS)   ④ 선로 개폐기(LS)

> **차단기**
> 가스 차단기는 저소음이며 과전압의 발생이 적어 고전압, 대전류 차단에 적합하다.

79 빈출
감전방지용 누전차단기의 정격감도전류 및 작동시간을 옳게 나타낸 것은?

① 15[mA] 이하, 0.1초 이내
② 30[mA] 이하, 0.03 이내
③ 50[mA] 이하, 0.5초 이내
④ 100[mA] 이하, 0.05초 이내

> **누전차단기**
> 전기기계·기구에 접속되어 있는 누전차단기는 정격감도전류가 30밀리암페어 이하이고 작동시간은 0.03초 이내일 것(다만, 정격전부하전류가 50암페어 이상인 전기기계·기구에 접속되는 누전차단기는 오작동을 방지하기 위하여 정격감도전류는 200밀리암페어 이하로, 작동시간은 0.1초 이내로 할 수 있다.)

정답 74 ④ 75 ③ 76 ④ 77 ④ 78 ① 79 ②

80
의료용 전기전자(Medical Electronics) 기기의 접지방식은?

① 금속체 보호 접지   ② 등전위 접지
③ 계통 접지   ④ 기능용 접지

> **등전위 접지**
> 병원에 설치하는 접지계통의 대표적인 사례로 환자가 사용하는 침대 등 접촉할 수 있는 모든 금속기기에 전위차가 발생하는 것을 막기 위하여 금속부분을 모두 결합시켜 접지하는 것

5과목 화학설비 안전 관리

81
다음 설명이 의미하는 것은?

> 온도, 압력 등 제어상태가 규정의 조건을 벗어나는 것에 의해 반응속도가 지수 함수적으로 증대되고, 반응용기 내의 온도, 압력이 급격히 이상 상승되어 규정 조건을 벗어나고, 반응이 과격화되는 현상

① 비등   ② 과열·과압
③ 폭발   ④ 반응폭주

> 문제의 설명은 반응폭주에 대한 정의에 해당되며, 이러한 반응폭주에 대한 파열판 설치 등의 안전조치가 반드시 이루어져야 한다.

82 ★빈출
메탄, 에탄, 프로판의 폭발하한계가 각각 5[vol%], 3[vol%], 2.5[vol%]일 때 다음 중 폭발하한계가 가장 낮은 것은? (단, Le Chatelier의 법칙을 이용한다.)

① 메탄 20[vol%], 에탄 30[vol%], 프로판 50[vol%]의 혼합가스
② 메탄 30[vol%], 에탄 30[vol%], 프로판 40[vol%]의 혼합가스
③ 메탄 40[vol%], 에탄 30[vol%], 프로판 30[vol%]의 혼합가스
④ 메탄 50[vol%], 에탄 30[vol%], 프로판 20[vol%]의 혼합가스

> **르샤틀리에의 법칙(혼합가스의 폭발범위 계산)**
> 공식: $\dfrac{100}{L} = \dfrac{V_1}{L_1} + \dfrac{V_2}{L_2} + \dfrac{V_3}{L_3}$
>
> ① $\dfrac{100}{L} = \dfrac{20}{5.0} + \dfrac{30}{3.0} + \dfrac{50}{2.5} = 34$, $L = 2.94(\%)$
> ② $\dfrac{100}{L} = \dfrac{30}{5.0} + \dfrac{30}{3.0} + \dfrac{40}{2.5} = 32$, $L = 3.125(\%)$
> ③ $\dfrac{100}{L} = \dfrac{40}{5.0} + \dfrac{30}{3.0} + \dfrac{30}{2.5} = 30$, $L = 3.33(\%)$
> ④ $\dfrac{100}{L} = \dfrac{50}{5.0} + \dfrac{30}{3.0} + \dfrac{20}{2.5} = 28$, $L = 3.57(\%)$

83 ★빈출
특수화학설비를 설치할 때 내부의 이상상태를 조기에 파악하기 위하여 필요한 계측장치로 가장 거리가 먼 것은?

① 압력계   ② 유량계
③ 온도계   ④ 습도계

> **내부이상상태의 조기파악**
> ① 계측장치의 설치 : 온도계, 유량계, 압력계 등
> ② 자동경보장치의 설치

84
프로판(C_3H_8) 가스가 공기 중 연소할 때의 화학양론농도는 약 얼마인가? (단, 공기 중의 산소농도는 21[vol%]이다.)

① 2.5[vol%]   ② 4.0[vol%]
③ 5.6[vol%]   ④ 9.5[vol%]

> **프로판(C_3H_8)의 화학양론 농도**
> $Cst = \dfrac{1}{1 + 4.773\left(n + \dfrac{m-f-2\lambda}{4}\right)} \times 100\%$
>
> $\therefore \dfrac{1}{1 + 4.773\left(3 + \dfrac{8}{4}\right)} \times 100\% = 4.03\%$

정답 80 ② 81 ④ 82 ① 83 ④ 84 ②

85

분진폭발의 발생 순서로 옳은 것은?

① 비산 → 분산 → 퇴적분진 → 발화원 → 2차폭발 → 전면폭발
② 비산 → 퇴적분진 → 분산 → 발화원 → 2차폭발 → 전면폭발
③ 퇴적분진 → 발화원 → 분산 → 비산 → 전면폭발 → 2차폭발
④ 퇴적분진 → 비산 → 분산 → 발화원 → 전면폭발 → 2차폭발

> **분진폭발의 과정**
> (분진의 퇴적 → 비산하여 분진운 생성 → 분산 → 점화원 → 폭발 → 2차폭발)
>
>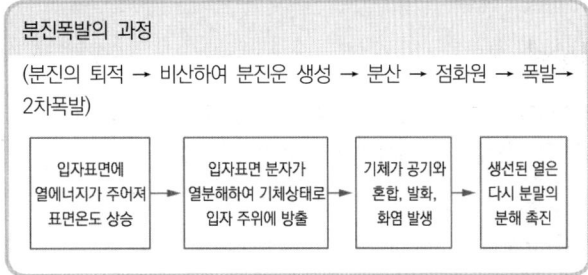

86

연소 및 폭발에 관한 설명으로 옳지 않은 것은?

① 가연성 가스가 산소 중에서는 폭발범위가 넓어진다.
② 화학양론농도 부근에서는 연소나 폭발이 가장 일어나기 쉽고 또한 격렬한 정도도 크다.
③ 혼합농도가 한계농도에 근접함에 따라 연소 및 폭발이 일어나기 쉽고 격렬한 정도도 크다.
④ 일반적으로 탄화수소계의 경우 압력의 증가에 따라 폭발상한계는 현저하게 증가하지만, 폭발하한계는 큰 변화가 없다.

> **가스 폭발 범위의 영향 요소**
> ① 가스의 온도가 높을수록 폭발범위도 일반적으로 넓어진다.
> ② 가스의 압력이 높아지면 하한값은 큰 변화가 없으나 상한값은 높아진다.
> ③ 화학양론농도 부근에서는 연소나 폭발이 가장 일어나기 쉽고 또한 격렬한 정도도 크다.
> ④ 산소 중에서의 폭발범위는 공기 중에서 보다 넓어지며, 발화점과 인화점은 낮아지고 연소 속도도 빠르게 진행된다.

87

아세틸렌에 관한 설명으로 옳지 않은 것은?

① 철과 반응하여 폭발성 아세틸리드를 생성한다.
② 폭굉의 경우 발생 압력이 초기압력의 20~50배에 이른다.
③ 분해반응은 발열량이 크며 화염온도는 3,100[℃]에 이른다.
④ 용단 또는 가열작업을 하는 경우 게이지 압력이 127킬로파스칼을 초과하여서는 안 된다.

> **아세틸렌**
> ① Cu, Ag, Hg 등의 금속과 화합시 폭발성 화합물인 아세틸리드를 생성한다.
> ② 반응식 : $C_2H_2 + 2Cu \rightarrow Cu_2C_2 + H_2$

88

폭발하한계에 관한 설명으로 옳지 않은 것은?

① 폭발하한계에서 화염의 온도는 최저치로 된다.
② 폭발하한계에 있어서 산소는 연소하는 데 과잉으로 존재한다.
③ 화염이 하향전파인 경우 일반적으로 온도가 상승함에 따라서 폭발하한계는 높아진다.
④ 폭발하한계는 혼합가스의 단위 체적당의 발열량이 일정한 한계치에 도달하는 데 필요한 가연성 가스의 농도이다.

> **폭발한계**
> ① 폭발한계에 대한 온도의 영향은 폭발한계의 측정방법에 따라 다르고 화염이 상향전파인 경우에는 그다지 영향이 없고 하향전파인 경우에는 현저한 영향이 나타난다.
> ② 하향전파인 경우 일반적으로 온도가 상승함에 따라서 하한계가 낮아지고 상한계는 상승하여 결과적으로 폭발범위가 확대된다.

정답 85 ④ 86 ③ 87 ① 88 ③

89
다음 중 메탄-공기 중의 물질에 가장 적은 첨가량으로 연소를 억제할 수 있는 것은?

① 헬륨 ② 이산화탄소
③ 질소 ④ 브로민화메틸

> **할로겐 화합물 소화기**
> ① 브로민은 할로겐 화합물 소화기의 약제이며, 할로겐 화합물 소화기의 원리는 연소를 억제하여 소화한다는 것이다.
> ② 증기는 화재의 불꽃에 의해 할로겐 원소가 유리되어 가연물이 산소와 결합하기 전 가연성 유리기와 결합한다. → 부촉매 효과

90 ★빈출
산업안전보건법상 부식성 물질 중 부식성 염기류는 농도가 몇 [%] 이상인 수산화나트륨·수산화칼륨 기타 이와 동등 이상의 부식성을 가지는 염기류를 말하는가?

① 20 ② 40
③ 50 ④ 60

> **부식성 물질**
>
> | 부식성 산류 (300kg) | ① 농도가 20퍼센트 이상인 염산, 황산, 질산, 기타 이와 동등 이상의 부식성을 가지는 물질
② 농도가 60퍼센트 이상인 인산, 아세트산, 불산, 기타 이와 동등 이상의 부식성을 가지는 물질 |
> |---|---|
> | 부식성 염기류 (300kg) | 농도가 40퍼센트 이상인 수산화나트륨, 수산화칼륨, 기타 이와 동등 이상의 부식성을 가지는 염기류 |

91
공업용 용기의 몸체 도색으로 가스명과 도색명의 연결이 옳은 것은?

① 산소 - 청색 ② 질소 - 백색
③ 수소 - 주황색 ④ 아세틸렌 - 회색

> **용기의 도색 및 표시**
> ① 산소 - 녹색
> ② 질소 - 회색
> ③ 액화탄산가스 - 청색
> ④ 아세틸렌 - 황색
> ⑤ 액화암모니아 - 백색

92
산업안전보건법에 따라 유해·위험설비의 설치·이전 또는 주요 구조부분의 변경 공사시 공정안전보고서는 착공일 며칠 전까지 관련기관에 제출하여야 하는가?

① 15일 ② 30일
③ 60일 ④ 90일

> **공정안전보고서의 제출절차**
>
>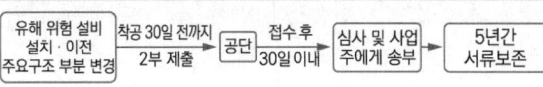

93 ★빈출
자동화재탐지설비의 감지기 종류 중 열감지기가 아닌 것은?

① 차동식 ② 정온식
③ 보상식 ④ 광전식

> **자동화재 탐지 설비(감지기)**
> ① 열감지기 : 차동식, 정온식, 보상식
> ② 연기감지기 : 광전식, 이온화식

tip
감지기란 화재 발생시 발생하는 열, 연기, 불꽃 또는 연소 생성물을 자동적으로 감지하여 수신기에 발신하는 장치를 말한다.

94
유독 위험성과 해당물질과의 연결이 옳지 않은 것은?

① 중독성 - 포스겐
② 발암성 - 콜타르, 피치
③ 질식성 - 일산화탄소, 황화수소
④ 자극성 - 암모니아, 아황산가스, 불화수소

> 포스겐은 자극적인 냄새를 지닌 극히 유독한 가스로서 독성가스에 해당되며 일산화탄소와 염소를 반응시켜 얻는다.

정답 89 ④ 90 ② 91 ③ 92 ② 93 ④ 94 ①

95 빈출

아세틸렌 용접장치에 설치하여야 하는 안전기의 설치요령이 옳지 않은 것은?

① 안전기를 취관마다 설치한다.
② 주관에만 안전기 하나를 설치한다.
③ 발생기와 분리된 용접장치에는 가스저장소와의 사이에 안전기를 설치한다.
④ 주관 및 취관에 가장 가까운 분기관마다 안전기를 부착할 경우 용접장치의 취관마다 안전기를 설치하지 않아도 된다.

아세틸렌 용접장치 안전기 설치방법
① 취관마다 안전기 설치
② 주관 및 취관에 가장 가까운 분기관마다 안전기 부착
③ 가스용기가 발생기와 분리되어 있는 아세틸렌 용접장치는 발생기와 가스용기 사이(흡입관)에 안전기 설치

96

다음 중 최소발화에너지가 가장 작은 가연성 가스는?

① 수소
② 메탄
③ 에탄
④ 프로판

최소발화에너지
① 수소 - 0.019
② 메탄 - 0.28
③ 에탄 - 0.31
④ 프로판 - 0.31

---

97 빈출

다음 중 종이, 목재, 섬유류 등에 의하여 발생한 화재의 화재급수로 옳은 것은?

① A급
② B급
③ C급
④ D급

화재의 종류

화재 급수	정의
A급 화재	일반화재. 물을 사용하는 냉각효과가 제일 우선하는 것으로, 목재, 섬유류, 나무, 종이, 플라스틱처럼 타고난 후 재를 남기는 보통화재
B급 화재	유류화재. 가연성 액체인 에테르, 가솔린, 등유, 경유 등(고체 유지류 포함)과 프로판가스와 같은 가연성 가스 등에서 발생하는 것으로 연소 후 아무것도 남기지 않는 유류·가스화재
C급 화재	전기화재. 소화 시 전기절연성을 갖는 소화제를 사용하여야 하는 변압기, 전기다리미 등 전기가 통하고 있는 기계·기구 등에서 발생하는 화재
D급 화재	• 금속화재. 금속의 열전도에 따른 화재나 금속분에 의한 분진의 폭발 등 • 철분, 마그네슘, 금속분류에 의한 화재로 일반적으로 건조사에 의한 소화방법 사용

98

단열반응기에서 100[℉], 1[atm]의 수소가스를 압축하는 반응기를 설계할 때 안전하게 조업할 수 있는 최대압력은 약 몇 [atm]인가? (단, 수소의 자동발화온도는 1,075[℉]이고, 수소는 이상기체로 가정하고, 비열비(r)는 1.4이다.)

① 14.62
② 24.23
③ 34.10
④ 44.62

최대압력

① $(100℉ - 32) \times \dfrac{5}{9} + 273.15 = 310.928 K$

② $(1,075℉ - 32) \times \dfrac{5}{9} + 273.15 = 852.594 K$

③ 최대압력 $= \left(\dfrac{T_2}{T_1}\right)^{r/(r-1)} = \left(\dfrac{852.594}{310.928}\right)^{1.4/0.4} = 34.142$

99

다음 중 포소화설비 적용대상이 아닌 것은?

① 유류저장탱크
② 비행기격납고
③ 주차장 또는 차고
④ 유입차단기 등의 전기기기 설치장소

전기설비에는 물 및 포소화설비를 사용할 수 없으며, 분말, 탄산가스, 할로겐화물 소화기 등을 사용하여 소화할 수 있다.

정답 95 ② 96 ① 97 ① 98 ③ 99 ④

100
화재시 발생하는 유해가스 중 가장 독성이 큰 것은?

① CO　　　　　② $COCl_2$
③ NH_3　　　　④ HCN

> 화재시 연소 생성물 중 독성이 높은 것부터 낮은 순서
> 포스겐 > 염화수소 > CO > CO_2

6과목 건설공사 안전 관리

101
다음 중 지하수위를 저하시키는 공법은?

① 동결 공법　　　② 웰포인트 공법
③ 뉴매틱케이슨 공법　④ 치환 공법

> 동결 공법과 치환 공법은 점성토에 대한 연약지반개량 공법이고, 뉴매틱케이슨 공법은 고압작업에 해당하는 잠함 공법이다.

102
항타기 또는 항발기의 권상장치 드럼축과 권상장치로부터 첫 번째 도르래의 축 간의 거리는 권상장치 드럼폭의 몇 배 이상으로 하여야 하는가?

① 5배　　　　② 8배
③ 10배　　　　④ 15배

> 항타기 · 항발기의 도르래의 위치
> ① 권상장치의 드럼축과 권상장치로부터 첫번째 도르래의 축과의 거리를 권상장치의 드럼폭의 15배 이상으로 하여야 한다.
> ② 도르래는 권상장치의 드럼의 중심을 지나야 하며 축과 수직면상에 있어야 한다.

103 ★
다음은 달비계 또는 높이 5[m] 이상의 비계를 조립 · 해체하거나 변경하는 작업에 대한 준수사항이다. ( ) 안에 들어갈 숫자는?

> 비계재료의 연결 · 해체작업을 하는 경우에는 폭 ( )센티미터 이상의 발판을 설치하고 근로자로 하여금 안전대를 사용하도록 하는 등 추락을 방지하기 위한 조치를 할 것

① 15　　　　② 20
③ 25　　　　④ 30

> 비계 조립 해체 및 변경(달비계 또는 높이 5m 이상 비계) 시 안전조치
> ① 비계재료의 연결 · 해체작업을 하는 때에는 폭 20cm 이상의 발판을 설치하고 근로자로 하여금 안전대를 사용하도록 하는 등 근로자의 추락방지를 위한 조치를 할 것
> ② 재료 · 기구 또는 공구 등을 올리거나 내리는 때에는 근로자로 하여금 달줄 또는 달포대 등을 사용하도록 할 것

104
사업주가 유해 · 위험방지 계획서 제출 후 건설공사 중 6개월 이내마다 안전보건공단의 확인사항을 받아야 할 내용이 아닌 것은?

① 유해 · 위험방지 계획서의 내용과 실제공사 내용이 부합하는지 여부
② 유해 · 위험방지 계획서 변경 내용의 적정성
③ 자율안전관리 업체 유해 · 위험방지 계획서 제출 · 심사 면제
④ 추가적인 유해 · 위험요인의 존재 여부

> 공단의 확인사항
> ① 유해 · 위험방지 계획서의 내용과 실제공사 내용과의 부합여부
> ② 유해 · 위험방지 계획서 변경 내용의 적정성
> ③ 추가적인 유해 · 위험요인의 존재 여부

정답　100 ②　101 ②　102 ④　103 ②　104 ③

105 ⭐

가설통로의 구조에 대한 기준으로 틀린 것은?

① 경사가 15도를 초과하는 경우에는 미끄러지지 아니하는 구조로 할 것
② 경사는 20도 이하로 할 것
③ 추락의 위험이 있는 장소에는 안전난간을 설치할 것
④ 수직갱에 가설된 통로의 길이가 15미터 이상인 경우에는 10미터 이내마다 계단참을 설치할 것

가설 통로의 구조

① 견고한 구조로 할 것
② 경사는 30도 이하로 할 것
③ 경사가 15도를 초과하는 때에는 미끄러지지 아니하는 구조로 할 것
④ 추락의 위험이 있는 장소에는 안전난간을 설치할 것
⑤ 수직갱에 가설된 통로의 길이가 15m 이상인 때에는 10m 이내마다 계단참을 설치할 것
⑥ 건설공사에 사용하는 높이 8m 이상인 비계다리에는 7m 이내마다 계단참을 설치할 것

106 ⭐

권상용 와이어로프의 절단하중이 200[ton]일 때 와이어로프에 걸리는 최대하중의 값을 구하면? (단, 안전계수는 5임)

① 1,000[ton] ② 400[ton]
③ 100[ton]   ④ 40[ton]

권상용 와이어로프의 안전계수

① 안전계수 = $\dfrac{절단하중}{최대하중}$

② 최대하중 = $\dfrac{200}{5}$ = 40[ton]

107

콘크리트 강도에 영향을 주는 요소로 거리가 먼 것은?

① 거푸집 모양과 형상
② 양생 온도와 습도
③ 타설 및 다지기
④ 콘크리트 재령 및 배합

콘크리트의 압축강도에 영향을 미치는 요인

① 구성 재료의 영향
② 콘크리트 배합의 영향
③ 콘크리트 재령의 영향
④ 양생의 영향(온도, 습도)
⑤ 시공방법의 영향(타설 및 다지기 등)

108 ⭐

사다리식 통로에 대한 설치기준으로 틀린 것은?

① 발판의 간격은 일정하게 할 것
② 발판과 벽과의 사이는 15[cm] 이상의 간격을 유지할 것
③ 사다리식 통로의 길이가 10[m] 이상인 때에는 3[m] 이내마다 계단참을 설치할 것
④ 사다리의 상단은 걸쳐놓은 지점으로부터 60[cm] 이상 올라가도록 할 것

사다리식 통로의 구조

① 견고한 구조로 할 것
② 심한 손상·부식 등이 없는 재료를 사용할 것
③ 발판의 간격은 일정하게 할 것
④ 발판과 벽과의 사이는 15센티미터 이상의 간격을 유지할 것
⑤ 폭은 30센티미터 이상으로 할 것
⑥ 사다리가 넘어지거나 미끄러지는 것을 방지하기 위한 조치를 할 것
⑦ 사다리의 상단은 걸쳐놓은 지점으로부터 60센티미터 이상 올라가도록 할 것
⑧ 사다리식 통로의 길이가 10미터 이상인 경우에는 5미터 이내마다 계단참을 설치할 것
⑨ 사다리식 통로의 기울기는 75도 이하로 할 것. 다만, 고정식 사다리식 통로의 기울기는 90도 이하로 하고, 그 높이가 7미터 이상인 경우에는 다음의 구분에 따른 조치를 할 것
  ㉠ 등받이울이 있어도 근로자 이동에 지장이 없는 경우: 바닥으로부터 높이가 2.5미터 되는 지점부터 등받이울을 설치할 것
  ㉡ 등받이울이 있으면 근로자가 이동이 곤란한 경우: 한국산업표준에서 정하는 기준에 적합한 개인용 추락 방지 시스템을 설치하고 근로자로 하여금 한국산업표준에서 정하는 기준에 적합한 전신안전대를 사용하도록 할 것
⑩ 접이식 사다리 기둥은 사용 시 접혀지거나 펼쳐지지 않도록 철물 등을 사용하여 견고하게 조치할 것

tip
2024년 개정된 법령 적용

정답 105 ② 106 ④ 107 ① 108 ③

109

건설업의 산업안전보건관리비 사용기준에 해당되지 않는 것은?

① 안전시설비
② 안전관리자·보건관리자의 임금
③ 환경보전비
④ 안전보건교육비

> **산업안전보건관리비의 사용기준**
> ① 안전관리자·보건관리자의 임금 등
> ② 안전시설비 등
> ③ 보호구 등
> ④ 안전보건진단비 등
> ⑤ 안전보건교육비 등
> ⑥ 근로자 건강장해예방비 등
> ⑦ 건설재해예방전문지도기관의 지도에 대한 대가로 지급하는 비용

110

미리 작업장소의 지형 및 지반상태 등에 적합한 제한 속도를 정하지 않아도 되는 차량계 건설기계의 속도 기준은?

① 최대 제한 속도가 10[km/h] 이하
② 최대 제한 속도가 20[km/h] 이하
③ 최대 제한 속도가 30[km/h] 이하
④ 최대 제한 속도가 40[km/h] 이하

> 차량계 하역운반기계, 차량계 건설기계(최대 제한 속도가 시속 10킬로미터 이하인 것은 제외)를 사용하여 작업을 하는 경우 미리 작업장소의 지형 및 지반 상태 등에 적합한 제한 속도를 정하고, 운전자로 하여금 준수하도록 하여야 한다.

111 빈출

이동식 비계를 조립하여 작업을 하는 경우의 준수사항으로 틀린 것은?

① 승강용 사다리는 견고하게 설치할 것
② 작업발판의 최대적재하중은 250[kg]을 초과하지 않도록 할 것
③ 비계의 최상부에서 작업을 하는 경우에는 안전난간을 설치할 것
④ 작업발판은 항상 수평을 유지하고 작업발판 위에서 안전난간을 딛고 작업을 하거나 받침대 또는 사다리를 사용하여 작업하도록 할 것

> **이동식 비계의 조립시 준수사항**
> ① 이동식 비계의 바퀴에는 뜻밖의 갑작스러운 이동 또는 전도를 방지하기 위하여 브레이크·쐐기 등으로 바퀴를 고정시킨 다음 비계의 일부를 견고한 시설물에 고정하거나 아웃트리거를 설치하는 등 필요한 조치를 할 것
> ② 승강용 사다리는 견고하게 설치할 것
> ③ 비계의 최상부에서 작업을 하는 경우에는 안전난간을 설치할 것
> ④ 작업발판은 항상 수평을 유지하고 작업발판 위에서 안전난간을 딛고 작업을 하거나 받침대 또는 사다리를 사용하여 작업하지 않도록 할 것
> ⑤ 작업발판의 최대적재하중은 250킬로그램을 초과하지 않도록 할 것

112 빈출

와이어로프를 달비계에 사용할 때의 사용금지 기준으로 틀린 것은?

① 이음매가 있는 것
② 꼬인 것
③ 지름의 감소가 공칭지름의 5[%]를 초과하는 것
④ 와이어로프의 한 꼬임에서 끊어진 소선의 수가 10[%] 이상인 것

> **달비계 와이어로프의 사용제한**
> ① 이음매가 있는 것
> ② 와이어로프의 한 꼬임(스트랜드)에서 끊어진 소선(필러선 제외)의 수가 10% 이상인 것
> ③ 지름의 감소가 공칭지름의 7%를 초과하는 것
> ④ 꼬인 것
> ⑤ 심하게 변형되거나 부식된 것

tip
2021년 법령개정으로 달비계는 곤돌라형 달비계와 작업의자형 달비계로 구분하여 정리해야 하니 본문내용을 참고하시기 바랍니다.

정답 109 ③ 110 ① 111 ④ 112 ③

113

물로 포화된 점토에 다지기를 하면 압축하중으로 지반이 침하하는데 이로 인하여 간극 수압이 높아져 물이 배출되면서 흙의 간극이 감소하는 현상을 무엇이라고 하는가?

① 액상화　　　　　② 압밀
③ 예민비　　　　　④ 동상현상

> **압밀**
> ① 압밀(壓密, consolidation)이란 포화된 점토층이 하중을 받아 오랜 시간에 걸쳐 간극수가 빠져나가 침하가 발생하는 현상을 말한다.
> ② 점토의 투수 계수는 사질토에 비해 훨씬 작기 때문에 재하로 인하여 생겨난 과잉 간극 수압은 오랜 시간에 걸쳐 점진적으로 소실된다(압밀 완료 시 과잉 간극 수압은 0이 된다).

114

토사 등이 떨어질 우려가 있는 등 위험한 장소에서 차량계 건설기계를 사용하는 경우 해당 차량계 건설기계에 견고한 낙하물 보호구조를 갖춰야 할 대상이 아닌 것은?

① 불도저　　　　　② 스크레이퍼
③ 항타기 및 항발기　④ 고소작업대

> **낙하물 보호구조를 갖춰야 할 차량계 건설기계**
> ① 불도저　② 트랙터　③ 굴착기
> ④ 로더　⑤ 스크레이퍼　⑥ 덤프트럭
> ⑦ 모터그레이더　⑧ 롤러　⑨ 천공기
> ⑩ 항타기 및 항발기

115

철골 조립작업에서 작업발판과 안전난간을 설치하기가 곤란한 경우 안전대책으로 가장 타당한 것은?

① 안전벨트 착용　　② 달줄, 달포대의 사용
③ 투하설비 설치　　④ 사다리 사용

철골조립작업 재해방지(추락방지)

기능	용도·사용장소·조건	설비
안전한 작업이 가능한 작업대	높이 2미터 이상의 장소로서 추락의 우려가 있는 작업	비계, 달비계, 수평통로, 안전난간대
추락자를 보호할 수 있는 것	작업대 설치가 어렵거나 개구부 주위로 난간 설치가 어려운 곳	추락방지용 방망
추락의 우려가 있는 위험장소에서 작업자의 행동을 제한하는 것	개구부 및 작업대의 끝	난간, 울타리
작업자의 신체를 유지시키는 것	안전한 작업대나 난간 설비를 할 수 없는 곳	안전대 부착설비, 안전대, 구명줄

116

로드(rod)·유압잭(jack) 등을 이용하여 거푸집을 연속적으로 이동시키면서 콘크리트를 타설할 때 사용되는 것으로 silo 공사 등에 적합한 거푸집은?

① 메탈폼　　　　　② 슬라이딩폼
③ 워플폼　　　　　④ 페코빔

> **슬라이딩폼(sliding form, slip form)**
> 슬라이딩폼은 슬립폼이라고도 하며, 수평·수직적으로 반복된 구조물을 시공 이음이 없이 균일한 형상으로 시공하기 위하여 요크(yoke)·로드(rod)·유압잭(jack)을 이용하여 거푸집을 연속적으로 이동시키면서 콘크리트를 타설하여 구조물을 시공하는 거푸집 공법

정답　113 ②　114 ④　115 ①　116 ②

117

옥외에 설치되어 있는 주행크래인에 이탈을 방지하기 위한 조치를 취해야 하는 것은 순간 풍속이 매 초당 몇 미터를 초과할 경우인가?

① 30[m]
② 35[m]
③ 40[m]
④ 45[m]

폭풍 등에 의한 안전조치사항

풍속의 기준	조치사항
순간풍속이 매 초당 30미터 초과	주행크레인의 이탈방지 장치 작동
	작업전 크레인의 이상 유무 점검
	건설용 리프트의 이상 유무 점검
순간풍속이 매 초당 35미터 초과	건설용 리프트의 받침의 수를 증가시키는 등 붕괴방지조치
	옥외에 설치된 승강기의 받침의 수를 증가시키는 등 무너지는 것을 방지하기 위한 조치

118

잠함 또는 우물통의 내부에서 근로자가 굴착작업을 하는 경우에 바닥으로부터 천장 또는 보까지의 높이는 최소 얼마 이상으로 하여야 하는가?

① 1.2[m]
② 1.5[m]
③ 1.8[m]
④ 2.1[m]

잠함내 굴착작업

① 침하관계도에 따라 굴착방법 및 재하량 등을 정할 것
② 바닥으로부터 천장 또는 보까지의 높이는 1.8[m] 이상으로 할 것

119

터널공사 시 인화성 가스가 일정 농도 이상으로 상승하는 것을 조기에 파악하기 위하여 설치하는 자동경보장치의 작업시작 전 점검해야 할 사항이 아닌 것은?

① 계기의 이상 유무
② 발열 여부
③ 검지부의 이상 유무
④ 경보장치의 작동상태

자동경보 장치의 작업시작 전 점검사항

① 계기의 이상 유무
② 검지부의 이상 유무
③ 경보장치의 작동상태

120

고소작업대를 설치하거나 이동하는 경우 준수해야 할 사항으로 거리가 먼 것은?

① 설치하는 경우 바닥과 고소작업대는 가능하면 수평을 유지하도록 할 것
② 설치하는 경우 갑작스러운 이동을 방지하기 위하여 아웃트리거 또는 브레이크 등을 확실히 사용할 것
③ 이동하는 경우 이동통로의 요철상태 또는 장애물의 유무 등을 확인할 것
④ 이동 중 전도 등의 위험예방을 위하여 유도하는 사람을 배치하고 짧은 구간을 이동하는 경우에는 작업대를 가장 낮게 내린 상태에서 작업자를 태우고 이동하지 말 것

고소작업대를 이동하는 경우 준수해야 할 사항

① 작업대를 가장 낮게 내릴 것
② 작업자를 태우고 이동하지 말 것. 다만, 이동 중 전도 등의 위험예방을 위하여 유도하는 사람을 배치하고 짧은 구간을 이동하는 경우에는 작업대를 가장 낮게 내린 상태에서 작업자를 태우고 이동할 수 있음
③ 이동통로의 요철상태 또는 장애물의 유무 등을 확인할 것

정답 117 ① 118 ③ 119 ② 120 ④

산 업 안 전 기 사 필 기 8 개 년 기 출 문 제 집 + 무 료 특 강

PART 03

최신 CBT 기출복원문제

(2025년 1회 · 2회 · 3회)

2025년 CBT 기출복원문제

2025년 2월 7일~3월 4일 CBT 기출복원문제

자격종목	시험시간	문항수	점수
산업안전기사	3시간	120문항	

▮ 제1과목 : 산업재해 예방 및 안전보건교육

01 맥그리거(Mcgregor)의 X, Y 이론에서 X 이론에 대한 관리 처방으로 볼 수 없는 것은?

① 직무의 확장
② 권위주의적 리더십의 확립
③ 경제적 보상체제의 강화
④ 면밀한 감독과 엄격한 통제

02 산업안전보건법상 안전관리자가 수행해야 할 업무가 아닌 것은?

① 사업상 순회점검 · 지도 및 조치의 건의
② 산업재해에 관한 통계의 유지·관리·분석을 위한 보좌 및 조언·지도
③ 작업장 내에서 사용되는 전체 환기장치 및 국소 배기장치 등에 관한 설비의 점검
④ 해당 사업장 안전교육계획의 수립 및 안전교육 실시에 관한 보좌 및 조언·지도

03 안전교육훈련의 진행 제3단계에 해당하는 것은?

① 적용
② 제시
③ 도입
④ 확인

04 산업안전보건기준에 관한 규칙에 따른 프레스기의 작업시작 전 점검사항이 아닌 것은?

① 클러치 및 브레이크의 기능
② 금형 및 고정볼트 상태
③ 방호장치의 기능
④ 언로드밸브의 기능

05 작업자 적성의 요인이 아닌 것은?

① 성격(인간성)
② 지능
③ 인간의 연령
④ 흥미

06 산업안전보건법령상 안전보건교육 중 관리감독자의 정기교육 내용으로 옳은 것은?

① 작업 개시 전 점검에 관한 사항
② 물질안전보건자료에 관한 사항
③ 건강증진 및 질병 예방에 관한 사항
④ 위험성평가에 관한 사항

07 산업안전보건법령상 안전·보건표지의 색채와 색도기준의 연결이 틀린 것은? (단, 색도기준은 한국산업표준(KS)에 따른 색의 3속성에 의한 표시방법에 따른다.)

① 빨간색 - 7.5R 4/14
② 노란색 - 5Y 8.5/12
③ 파란색 - 2.5PB 4/10
④ 흰색 - N0.5

08 강도율에 관한 설명 중 틀린 것은?

① 사망 및 영구 전노동 불능(신체장해 등급 1~3급)의 손실일수는 7,500일로 환산한다.
② 신체장해 등급 중 제14급은 근로손실일수를 50일로 환산한다.
③ 영구 일부노동 불능은 신체 장해등급에 따른 근로손실일수에 $\frac{300}{365}$을 곱하여 환산한다.
④ 일시 전노동 불능은 휴업일수에 $\frac{300}{365}$을 곱하여 근로손실일수를 환산한다.

09 다음 중 브레인스토밍(Brain Storming)의 4원칙을 올바르게 나열한 것은?

① 자유분방, 비판금지, 대량발언, 수정발언
② 비판자유, 소량발언, 자유분방, 수정발언
③ 대량발언, 비판자유, 자유분방, 수정발언
④ 소량발언, 자유분방, 비판금지, 수정발언

10 매슬로우의 욕구단계이론 중 자기의 잠재력을 최대한 살리고 자기가 하고 싶었던 일을 실현하려는 인간의 욕구에 해당하는 것은?

① 생리적 욕구
② 사회적 욕구
③ 자아실현의 욕구
④ 안전에 대한 욕구

11 수업매체별 장·단점 중 '컴퓨터 수업(computer assisted instruction)'의 장점으로 옳지 않은 것은?

① 개인차를 최대한 고려할 수 있다.
② 학습자가 능동적으로 참여하고, 실패율이 낮다.
③ 교사와 학습자가 시간을 효과적으로 이용할 수 없다.
④ 학생의 학습과 과정의 평가를 과학적으로 할 수 있다.

12 산업안전보건법령상 산업안전보건위원회의 구성에서 사용자위원이 아닌 것은? (단, 해당 위원이 사업장에 선임이 되어 있는 경우에 한한다.)

① 안전관리자
② 보건관리자
③ 산업보건의
④ 명예산업안전감독관

13 Y-G 성격검사에서 "안전, 적응, 적극형"에 해당하는 형의 종류는?

① A형
② B형
③ C형
④ D형

14 안전교육에 대한 설명으로 옳은 것은?

① 사례중심과 실연을 통하여 기능적 이해를 돕는다.
② 사무직과 기능직은 그 업무가 판이하게 다르므로 분리하여 교육한다.
③ 현장 작업자는 이해력이 낮으므로 단순반복 및 암기를 시킨다.
④ 안전교육에 건성으로 참여하는 것을 방지하기 위하여 인사고과에 필히 반영한다.

15 산업안전보건법령에 따라 환기가 극히 불량한 좁은 밀폐된 장소에서 용접작업을 하는 근로자를 대상으로 한 특별안전·보건교육 내용에 포함되지 않는 것은? (단, 일반적인 안전·보건에 필요한 사항은 제외한다.)

① 환기설비에 관한 사항
② 질식 시 응급조치에 관한 사항
③ 작업순서, 안전작업방법 및 수칙에 관한 사항
④ 폭발 한계점, 발화점 및 인화점 등에 관한 사항

16 크레인, 리프트 및 곤돌라는 사업장에 설치가 끝난 날부터 몇 년 이내에 최초의 안전검사를 실시해야 하는가? (단, 이동식 크레인, 이삿짐운반용 리프트는 제외한다.)

① 1년   ② 2년
③ 3년   ④ 4년

17 산업안전보건법령상 중대재해의 범위에 해당하지 않는 것은?

① 1명의 사망자가 발생한 재해
② 1개월의 요양을 요하는 부상자가 동시에 5명 발생한 재해
③ 3개월의 요양을 요하는 부상자가 동시에 3명 발생한 재해
④ 10명의 직업성 질병자가 동시에 발생한 재해

18 Thorndike의 시행착오설에 의한 학습의 원칙이 아닌 것은?

① 연습의 원칙
② 효과의 원칙
③ 동일성의 원칙
④ 준비성의 원칙

19 재해의 빈도와 상해의 강약도를 혼합하여 집계하는 지표로 옳은 것은?

① 강도율
② 종합재해지수
③ 안전활동율
④ Safe-T-Score

20 집단에서의 인간관계 메커니즘(Mechanism)과 가장 거리가 먼 것은?

① 분열, 강박
② 모방, 암시
③ 동일화, 일체화
④ 커뮤니케이션, 공감

제2과목 : 인간공학 및 위험성 평가·관리

21. 건구온도 30℃, 습구온도 35℃일 때의 옥스퍼드(Oxford) 지수는 얼마인가?
   ① 20.75℃ ② 24.58℃
   ③ 32.78℃ ④ 34.25℃

22. 작업자가 용이하게 기계·기구를 식별하도록 암호화(Coding)를 한다. 암호화 방법이 아닌 것은?
   ① 강도   ② 형상
   ③ 크기   ④ 색채

23. 반사형 없이 모든 방향으로 빛을 발하는 점광원에서 5m 떨어진 곳의 조도가 120lux라면 2m 떨어진 곳의 조도는?
   ① 150lux ② 192.2lux
   ③ 750lux ④ 3,000lux

24. 육체작업의 생리학적 부하측정 척도가 아닌 것은?
   ① 맥박수   ② 산소소비량
   ③ 근전도   ④ 점멸융합주파수

25. 신뢰성과 보전성 개선을 목적으로 한 효과적인 보전기록자료에 해당하는 것은?
   ① 자재관리표
   ② 주유지시서
   ③ 재고관리표
   ④ MTBF 분석표

26. 보기의 실내면에서 빛의 반사율이 낮은 곳에서부터 높은 순서대로 나열한 것은?

   [보기]
   A : 바닥 B : 천정 C : 가구 D : 벽

   ① A < B < C < D
   ② A < C < B < D
   ③ A < C < D < B
   ④ A < D < C < B

27. 다음 시스템의 신뢰도는 얼마인가? (단, 각 요소의 신뢰도는 a, b가 각 0.8, c, d가 각 0.6이다.)

   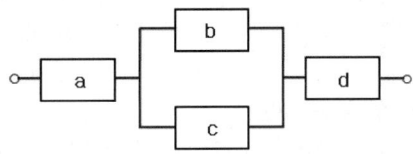

   ① 0.2245 ② 0.3754
   ③ 0.4416 ④ 0.5756

28. FTA(Fault Tree Analysis)에 사용되는 논리기호와 명칭이 올바르게 연결된 것은?

   ① ◇ : 전이기호
   ② ▱ : 기본사상
   ③ ⬠ : 통상사상
   ④ ○ : 결함사상

29 고장형태와 영향분석(FMEA)에서 평가요소로 틀린 것은?

① 고장 발생의 빈도
② 고장 영향의 크기
③ 고장 방지의 가능성
④ 기능적 고장 영향의 중요도

30 결함수 분석의 기대효과와 가장 관계가 먼 것은?

① 시스템의 결함 진단
② 시간에 따른 원인 분석
③ 사고원인 규명의 간편화
④ 사고원인 분석의 정량화

31 인간공학에 대한 설명으로 틀린 것은?

① 인간이 사용하는 물건, 설비, 환경의 설계에 적용된다.
② 인간을 작업과 기계에 맞추는 설계 철학이 바탕이 된다.
③ 인간-기계 시스템의 안전성과 편리성, 효율성을 높인다.
④ 인간의 생리적, 심리적인 면에서의 특성이나 한계점을 고려한다.

32 빨강, 노랑, 파랑의 3가지 색으로 구성된 교통 신호등이 있다. 신호등은 항상 3가지 색 중 하나가 켜지도록 되어 있다. 1시간 동안 조사한 결과, 파란등은 총 30분 동안, 빨간등과 노란등은 각각 총 15분 동안 켜진 것으로 나타났다. 이 신호등의 총 정보량은 몇 bit 인가?

① 0.5   ② 0.75
③ 1.0   ④ 1.5

33 화학설비에 대한 안전성 평가 중 정량적 평가항목에 해당되지 않는 것은?

① 공정
② 취급물질
③ 압력
④ 화학설비용량

34 시각 장치와 비교하여 청각 장치 사용이 유리한 경우는?

① 메시지가 길 때
② 메시지가 복잡할 때
③ 정보 전달 장소가 너무 소란할 때
④ 메시지에 대한 즉각적인 반응이 필요할 때

35 산업안전보건법령상 사업주가 유해위험방지 계획서를 제출할 때에는 사업장별로 관련 서류를 첨부하여 해당 작업 시작 며칠 전까지 해당 기관에 제출하여야 하는가?

① 7일
② 15일
③ 30일
④ 60일

36 인간-기계 시스템을 설계할 때에는 특정 기능을 기계에 할당하거나 인간에게 할당하게 된다. 이러한 기능할당과 관련된 사항으로 옳지 않은 것은? (단, 인공지능과 관련된 사항은 제외한다.)
① 인간은 원칙을 적용하여 다양한 문제를 해결하는 능력이 기계에 비해 우월하다.
② 일반적으로 기계는 장시간 일관성이 있는 작업을 수행하는 능력이 인간에 비해 우월하다.
③ 인간은 소음, 이상온도 등의 환경에서 작업을 수행하는 능력이 기계에 비해 우월하다.
④ 일반적으로 인간은 주위가 이상하거나 예기치 못한 사건을 감지하여 대처하는 능력이 기계에 비해 우월하다.

37 자동차를 생산하는 공장의 어떤 근로자가 95dB(A)의 소음수준에서 하루 8시간 작업하며 매 시간 조용한 휴게실에서 20분씩 휴식을 취한다고 가정하였을 때, 8시간 시간가중평균(TWA)은? (단, 소음은 누적소음노출량측정기로 측정하였으며, OSHA에서 정한 95dB(A)의 허용시간은 4시간이라 가정한다.)
① 약 91dB(A)
② 약 92dB(A)
③ 약 93dB(A)
④ 약 94dB(A)

38 정신작업 부하를 측정하는 척도를 크게 4가지로 분류할 때 심박수의 변동, 뇌 전위, 동공 반응 등 정보처리에 중추신경계 활동이 관여하고 그 활동이나 징후를 측정하는 것은?
① 주관적(subjective) 척도
② 생리적(physiological) 척도
③ 주 임무(primary task) 척도
④ 부 임무(secondary task) 척도

39 Chapanis가 정의한 위험의 확률수준과 그에 따른 위험발생률로 옳은 것은?
① 전혀 발생하지 않는(impossible) 발생빈도 : 10^{-8}/day
② 극히 발생할 것 같지 않는(extremely unlikely) 발생빈도 : 10^{-7}/day
③ 거의 발생하지 않은(remote) 발생빈도 : 10^{-6}/day
④ 가끔 발생하는(occasional) 발생빈도 : 10^{-5}/day

40 인간의 위치 동작에 있어 눈으로 보지 않고 손을 수평면상에서 움직이는 경우 짧은 거리는 지나치고, 긴 거리는 못 미치는 경향이 있는데 이를 무엇이라고 하는가?
① 사정효과(range effect)
② 반응효과(reaction effect)
③ 간격효과(distance effect)
④ 손동작효과(hand action effect)

제3과목 : 기계 · 기구 및 설비 안전 관리

41 다음 중 비파괴 시험의 종류에 해당하지 않는 것은?

① 와류 탐상시험
② 초음파 탐상시험
③ 인장시험
④ 방사선 투과시험

42 두께 2mm이고 치진폭이 2.5mm인 목재가공용 둥근톱에서 반발예방장치 분할날의 두께(t)로 적절한 것은?

① 2.2mm ≤ t < 2.5mm
② 2.0mm ≤ t < 3.5mm
③ 1.5mm ≤ t < 2.5mm
④ 2.5mm ≤ t < 3.5mm

43 마찰 클러치가 부착된 프레스에 부적합한 방호장치는? (단, 방호장치는 한 가지 형식만 사용할 경우로 한정한다.)

① 양수조작식
② 광전자식
③ 가드식
④ 수인식

44 아세틸렌용접장치 및 가스집합용접장치에서 가스의 역류 및 역화를 방지하기 위한 안전기의 형식에 속하는 것은?

① 주수식
② 침지식
③ 투입식
④ 수봉식

45 다음 목재가공용 기계에 사용되는 방호장치의 연결이 옳지 않은 것은?

① 둥근톱기계 : 톱날접촉예방장치
② 띠톱기계 : 날접촉예방장치
③ 모떼기기계 : 날접촉예방장치
④ 동력식 수동대패기계 : 반발예방장치

46 급정지 기구가 부착되어 있지 않아도 유효한 프레스의 방호장치로 옳지 않은 것은?

① 양수기동식
② 가드식
③ 손쳐내기식
④ 양수조작식

47 인장강도가 350MPa인 강판의 안전율이 4라면 허용응력은 몇 N/mm² 인가?

① 76.4
② 87.5
③ 98.7
④ 102.3

48 그림과 같이 50kN의 중량물을 와이어 로프를 이용하여 상부에 60°의 각도가 되도록 들어 올릴 때, 로프 하나에 걸리는 하중(T)은 약 몇 kN인가?

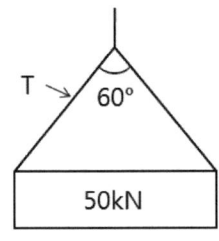

① 16.8
② 24.5
③ 28.9
④ 37.9

49 소음에 관한 사항으로 틀린 것은?

① 소음에는 익숙해지기 쉽다.
② 소음계는 소음에 한하여 계측할 수 있다.
③ 소음의 피해는 정신적, 심리적인 것이 주가 된다.
④ 소음이란 귀에 불쾌한 음이나 생활을 방해하는 음을 통틀어 말한다.

50 와이어로프의 꼬임에 관한 설명으로 틀린 것은?

① 보통꼬임에는 S 꼬임이나 Z 꼬임이 있다.
② 보통꼬임은 스트랜드의 꼬임방향과 로프의 꼬임방향이 반대로 된 것을 말한다.
③ 랭꼬임은 로프의 끝이 자유로이 회전하는 경우나 킹크가 생기기 쉬운 곳에 적당하다.
④ 랭꼬임은 보통꼬임에 비하여 마모에 대한 저항성이 우수하다.

51 구내운반차의 제동장치 준수사항에 대한 설명으로 틀린 것은?

① 조명이 없는 장소에서 작업 시 전조등과 후미등을 갖출 것
② 운전석이 차 실내에 있는 것은 좌우에 한 개씩 방향지시기를 갖출 것
③ 작업을 안전하게 하기 위하여 필요한 조명이 있는 장소에서 사용하는 구내운반차는 반드시 전조등과 후미등을 갖출 것
④ 주행을 제동하거나 정지상태를 유지하기 위하여 유효한 제동장치를 갖출 것

52 프레스의 방호장치 중 광전자식 방호장치에 관한 설명으로 틀린 것은?

① 연속 운전작업에 사용할 수 있다.
② 핀클러치 구조의 프레스에 사용할 수 있다.
③ 기계적 고장에 의한 2차 낙하에는 효과가 없다.
④ 시계를 차단하지 않기 때문에 작업에 지장을 주지 않는다.

53 선반가공 시 연속적으로 발생되는 칩으로 인해 작업자가 다치는 것을 방지하기 위하여 칩을 짧게 절단시켜주는 안전장치는?

① 커버
② 브레이크
③ 보안경
④ 칩 브레이커

54 아세틸렌 용접장치에 관한 설명 중 틀린 것은?

① 아세틸렌발생기로부터 5m 이내, 발생기실로부터 3m 이내에는 흡연 및 화기사용을 금지한다.
② 발생기실에는 관계 근로자가 아닌 사람이 출입하는 것을 금지한다.
③ 아세틸렌 용기는 뉘어서 사용한다.
④ 건식안전기의 형식으로 소결금속식과 우회로식이 있다.

55 산업안전보건법령상 프레스의 작업시작 전 점검사항이 아닌 것은?

① 금형 및 고정볼트 상태
② 방호장치의 기능
③ 전단기 칼날 및 테이블의 상태
④ 트롤리(trolley)가 횡행하는 레일의 상태

56 프레스 양수조작식 방호장치 누름버튼의 상호간 내측거리는 몇 mm 이상인가?

① 50   ② 100
③ 200 ④ 300

57 비파괴 검사 방법으로 틀린 것은?

① 인장 시험
② 음향 탐상 시험
③ 와류 탐상 시험
④ 초음파 탐상 시험

58 기계설비의 위험점 중 연삭숫돌과 작업받침대, 교반기의 날개와 하우스 등 고정 부분과 회전하는 동작 부분 사이에서 형성되는 위험점은?

① 끼임점   ② 물림점
③ 협착점   ④ 절단점

59 다음 중 금형을 설치 및 조정할 때 안전수칙으로 가장 적절하지 않은 것은?

① 금형을 체결할 때에는 적합한 공구를 사용한다.
② 금형의 설치 및 조정은 전원을 끄고 실시한다.
③ 금형을 부착하기 전에 하사점을 확인하고 설치한다.
④ 금형을 체결할 때에는 안전블럭을 잠시 제거하고 실시한다.

60 선반 작업에 대한 안전수칙으로 가장 적절하지 않은 것은?

① 선반의 바이트는 끝을 짧게 장치한다.
② 작업 중에는 면장갑을 착용하지 않도록 한다.
③ 작업이 끝난 후 절삭 칩의 제거는 반드시 브러시 등의 도구를 사용한다.
④ 작업 중 일감의 치수 측정 시 기계 운전 상태를 저속으로 하고 측정한다.

제4과목 : 전기설비 안전 관리

61 정전용량 C = $20\mu F$, 방전 시 전압 V = 2kV일 때 정전에너지는 몇 J인가?

① 40   ② 80
③ 400 ④ 800

62 접지 저항치를 결정하는 저항이 아닌 것은?

① 접지선, 접지극의 도체저항
② 접지전극과 주회로 사이의 낮은 절연저항
③ 접지전극 주위의 토양이 나타내는 저항
④ 접지전극의 표면과 접하는 토양 사이의 접촉저항

63 작업장소 중 제전복을 착용하지 않아도 되는 장소는?

① 상대 습도가 높은 장소
② 분진이 발생하기 쉬운 장소
③ LCD 등 display 제조 작업 장소
④ 반도체 등 전기소자 취급 작업 장소

64 내압방폭구조인 전기기기의 성능기준에서 접합면의 일반요구사항에 해당하지 않는 것은?

① 접합면은 응력이 최소화될 수 있도록 설계해야 한다.
② 접합면은 필요할 경우, 부식방지처리를 할 수 있다.
③ 접합면은 전기도금을 할 수 없다.
④ 도료 또는 분말 도장처리는 허용되지 않는다. 다만, 도장 재료 및 방법이 접합면의 방폭성능에 해로운 영향을 주지 않는 경우에 한하여 도장처리를 허용할 수 있다.

65 다음 그림은 심장맥동주기를 나타낸 것이다. T파는 어떤 경우인가?

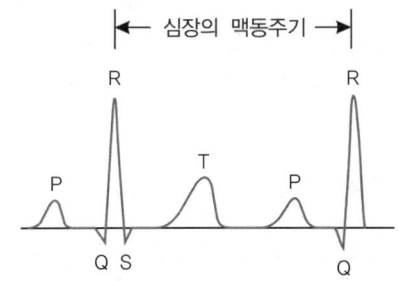

① 심방의 수축에 따른 파형
② 심실의 수축에 따른 파형
③ 심실이 휴식 시 발생하는 파형
④ 심방의 휴식 시 발생하는 파형

66 교류 아크 용접기의 자동전격장치는 전격의 위험을 방지하기 위하여 아크 발생이 중단된 후 약 1초 이내에 출력측 무부하 전압을 자동적으로 몇 V 이하로 저하시켜야 하는가?

① 85 ② 70
③ 50 ④ 25

67 인체의 대부분이 수중에 있는 상태에서 허용접촉전압은 몇 V 이하인가?

① 2.5 ② 25
③ 30 ④ 50

68 우리나라의 안전전압으로 볼 수 있는 것은 약 몇 V인가?

① 30 ② 50
③ 60 ④ 70

69 전류가 흐르는 상태에서 단로기를 끊었을 때 여러 가지 파괴작용을 일으킨다. 다음 그림에서 유입차단기의 차단순위와 투입순위가 안전수칙에 가장 적합한 것은?

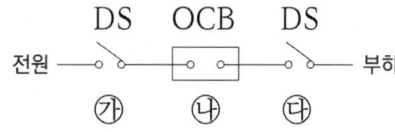

　　　　차단　　　　　　투입
① ㉮ → ㉯ → ㉰, ㉮ → ㉯ → ㉰
② ㉯ → ㉰ → ㉮, ㉯ → ㉰ → ㉮
③ ㉰ → ㉯ → ㉮, ㉰ → ㉮ → ㉯
④ ㉯ → ㉰ → ㉮, ㉰ → ㉮ → ㉯

70 내압 방폭구조에서 안전간극(safe gap)을 적게 하는 이유로 옳은 것은?

① 최소점화에너지를 높게 하기 위해
② 폭발화염이 외부로 전파되지 않도록 하기 위해
③ 폭발압력에 견디고 파손되지 않도록 하기 위해
④ 설치류가 전선 등을 훼손하지 않도록 하기 위해

71 정전작업 시 작업 전 조치하여야 할 실무 사항으로 틀린 것은?

① 잔류전하의 방전
② 단락 접지기구의 철거
③ 검전기에 의한 정전확인
④ 개로개폐기의 잠금 또는 표시

72 인체감전보호용 누전차단기의 정격감도전류(mA)와 동작시간(초)의 최대값은?

① 10mA, 0.03초
② 20mA, 0.01초
③ 30mA, 0.03초
④ 50mA, 0.1초

73 저압전로의 절연성능에서 FELV의 DC시험전압과 절연저항은?

① 250V, 0.5MΩ 이상
② 500V, 1.0MΩ 이상
③ 1,000V, 1.0MΩ 이상
④ 500V, 0.5MΩ 이상

74 교류아크 용접기에 전격 방지기를 설치하는 요령 중 틀린 것은?

① 이완 방지 조치를 한다.
② 직각으로만 부착해야 한다.
③ 동작 상태를 알기 쉬운 곳에 설치한다.
④ 테스트 스위치는 조작이 용이한 곳에 위치시킨다.

75 전기기기의 Y종 절연물의 최고 허용온도는?

① 80℃   ② 85℃
③ 90℃   ④ 105℃

76 내압방폭구조의 기본적 성능에 관한 사항으로 틀린 것은?

① 내부에서 폭발할 경우 그 압력에 견딜 것
② 폭발화염이 외부로 유출되지 않을 것
③ 습기침투에 대한 보호가 될 것
④ 외함 표면온도가 주위의 가연성 가스에 점화하지 않을 것

77 전기설비에 접지를 하는 목적으로 틀린 것은?

① 누설전류에 의한 감전방지
② 낙뢰에 의한 피해방지
③ 지락사고 시 대지전위 상승유도 및 절연강도 증가
④ 지락사고 시 보호계전기 신속동작

78 전로에 시설하는 기계기구의 철대 및 금속제 외함에 접지공사를 생략할 수 없는 경우는?

① 30V 이하의 기계기구를 건조한 곳에 시설하는 경우
② 물기 없는 장소에 설치하는 저압용 기계기구를 위한 전로에 정격감도전류 40mA 이하, 동작시간 2초 이하의 전류동작형 누전차단기를 시설하는 경우
③ 철대 또는 외함의 주위에 적당한 절연대를 설치하는 경우
④ 「전기용품 및 생활용품 안전관리법」의 적용을 받는 이중절연구조로 되어 있는 기계기구를 시설하는 경우

79 한국전기설비규정에 따라 욕조나 샤워시설이 있는 욕실 등 인체가 물에 젖어있는 상태에서 전기를 사용하는 장소에 인체감전보호용 누전차단기가 부착된 콘센트를 시설하는 경우 누전차단기의 정격감도전류 및 동작시간은?

① 15mA 이하, 0.01초 이하
② 15mA 이하, 0.03초 이하
③ 30mA 이하, 0.01초 이하
④ 30mA 이하, 0.03초 이하

80 개폐기로 인한 발화는 스파크에 의한 가연물의 착화화재가 많이 발생한다. 이를 방지하기 위한 대책으로 틀린 것은?

① 가연성 증기, 분진 등이 있는 곳은 방폭형을 사용한다.
② 개폐기를 불연성 상자 안에 수납한다.
③ 비포장 퓨즈를 사용한다.
④ 접속부분의 나사풀림이 없도록 한다.

| 제5과목 : 화학설비 안전 관리

81 가연성 기체의 분출 화재 시 주 공급밸브를 닫아서 연료공급을 차단하여 소화하는 방법은?

① 제거소화
② 냉각소화
③ 희석소화
④ 억제소화

82 다음 중 산업안전보건법령상 물질안전보건자료의 작성·비치 제외 대상이 아닌 것은?

① 원자력법에 의한 방사성 물질
② 농약관리법에 의한 농약
③ 비료관리법에 의한 비료
④ 관세법에 의해 수입되는 공업용 유기용제

83 다음 중 산업안전보건법령상 화학설비의 부속설비로만 이루어진 것은?

① 사이클론, 백필터, 전기집진기 등 분진처리설비
② 응축기, 냉각기, 가열기, 증발기 등 열교환기류
③ 고로 등 점화기를 직접 사용하는 열교환기류
④ 혼합기, 발포기, 압출기 등 화학제품 가공설비

84 증류탑에서 포종탑 내에 설치되어 있는 포종의 주요 역할로 옳은 것은?

① 압력을 증가시켜주는 역할
② 탑내 액체를 이송하는 역할
③ 화학적 반응을 시켜주는 역할
④ 증기와 액체의 접촉을 용이하게 해주는 역할

85 물과 반응하여 가연성 기체를 발생하는 것은?

① 피크린산
② 이황화탄소
③ 칼륨
④ 과산화칼륨

86 프로판(C_3H_8)의 연소하한계가 2.2vol%일 때 연소를 위한 최소산소농도(MOC)는 몇 vol%인가?

① 5.0
② 7.0
③ 9.0
④ 11.0

87 다음 중 유기과산화물로 분류되는 것은?

① 메틸에틸케톤
② 과망가니즈산칼륨
③ 과산화마그네슘
④ 과산화벤조일

88 연소이론에 대한 설명으로 틀린 것은?

① 착화온도가 낮을수록 연소위험이 크다.
② 인화점이 낮은 물질은 반드시 착화점도 낮다.
③ 인화점이 낮을수록 일반적으로 연소위험이 크다.
④ 연소범위가 넓을수록 연소위험이 크다.

89 가연성 물질을 취급하는 장치를 퍼지하고자 할 때 잘못된 것은?

① 대상 물질의 물성을 파악한다.
② 사용하는 불활성 가스의 물성을 파악한다.
③ 퍼지용 가스를 가능한 한 빠른 속도로 단시간에 다량 송입한다.
④ 장치 내부를 세정한 후 퍼지용 가스를 송입한다.

90 다음 물질이 물과 접촉하였을 때 위험성이 가장 낮은 것은?

① 산화칼륨
② 나트륨
③ 메틸리튬
④ 이황화탄소

91 폭발원인물질의 물리적 상태에 따라 구분할 때 기상폭발에 해당되지 않는 것은?

① 분진폭발
② 응상폭발
③ 분무폭발
④ 가스폭발

92 화염방지기의 설치에 관한 사항으로 ( )에 알맞은 것은?

> 사업주는 인화성 액체 및 인화성 가스를 저장·취급하는 화학설비에서 증기나 가스를 대기로 방출하는 경우에는 외부로부터의 화염을 방지하기 위하여 화염방지기를 그 설비 (　) 에 설치하여야 한다.

① 상단
② 하단
③ 중앙
④ 무게중심

93 폭발방호대책 중 이상 또는 과잉압력에 대한 안전장치로 볼 수 없는 것은?

① 안전 밸브(safety valve)
② 릴리프 밸브(relief valve)
③ 파열판(bursting disk)
④ 플레임 어레스터(flame arrester)

94 다음 인화성 가스 중 가장 가벼운 물질은?

① 아세틸렌
② 수소
③ 부탄
④ 에틸렌

95. 가연성 가스 및 증기의 위험도에 따른 방폭전기기기의 분류로 폭발등급을 사용하는데, 이러한 폭발등급을 결정하는 것은?

① 발화도
② 화염일주한계
③ 폭발한계
④ 최소발화에너지

96. 다음 중 메타인산(HPO_3)에 의한 소화효과를 가진 분말소화약제의 종류는?

① 제1종 분말소화약제
② 제2종 분말소화약제
③ 제3종 분말소화약제
④ 제4종 분말소화약제

97. 산업안전보건법령상 대상 설비에 설치된 안전밸브에 대해서는 경우에 따라 구분된 검사주기마다 안전밸브가 적정하게 작동하는지 검사하여야 한다. 화학공정 유체와 안전밸브의 디스크 또는 시트가 직접 접촉될 수 있도록 설치된 경우의 검사주기로 옳은 것은?

① 매년 1회 이상
② 2년마다 1회 이상
③ 3년마다 1회 이상
④ 4년마다 1회 이상

98. 위험물안전관리법령상 제1류 위험물에 해당하는 것은?

① 과염소산나트륨
② 과염소산
③ 과산화수소
④ 과산화벤조일

99. 산업안전보건법령상 다음 내용에 해당하는 폭발위험장소는?

> 20종 장소 밖으로서 분진운 형태의 가연성 분진이 폭발농도를 형성할 정도의 충분한 양이 정상 작동 중에 존재할 수 있는 장소를 말한다.

① 21종 장소
② 22종 장소
③ 0종 장소
④ 1종 장소

100. 다음 중 질식소화에 해당하는 것은?

① 가연성 기체의 분출화재 시 주 밸브를 닫는다.
② 가연성 기체의 연쇄반응을 차단하여 소화한다.
③ 연료 탱크를 냉각하여 가연성 가스의 발생속도를 작게 한다.
④ 연소하고 있는 가연물이 존재하는 장소를 기계적으로 폐쇄하여 공기의 공급을 차단한다.

▎제6과목 : 건설공사 안전 관리

101. 굴착과 싣기를 동시에 할 수 있는 토공기계가 아닌 것은?

① Power shovel
② Tractor shovel
③ Back hoe
④ Motor grader

102 작업의자형 달비계 설치 시 준수사항으로 옳지 않은 것은?

① 작업대의 4개 모서리에 로프를 매달아 작업대가 뒤집히거나 떨어지지 않도록 연결할 것
② 작업용 섬유로프와 구명줄은 같은 고정점에 결속되도록 할 것
③ 추락방지를 위해 안전대를 착용하도록 하고 착용한 안전줄을 달비계의 구명줄에 체결하도록 할 것
④ 작업높이보다 길이가 짧은 섬유로프는 사용하지 말 것

103 콘크리트 타설 시 거푸집의 측압에 영향을 미치는 인자들에 관한 설명으로 옳지 않은 것은?

① 슬럼프가 클수록 작다.
② 타설속도가 빠를수록 크다.
③ 거푸집 속의 콘크리트 온도가 낮을수록 크다.
④ 콘크리트의 타설높이가 높을수록 크다.

104 흙의 투수계수에 영향을 주는 인자에 관한 설명으로 옳지 않은 것은?

① 공극비 : 공극비가 클수록 투수계수는 작다.
② 포화도 : 포화도가 클수록 투수계수도 크다.
③ 유체의 점성계수 : 점성계수가 클수록 투수계수는 작다.
④ 유체의 밀도 : 유체의 밀도가 클수록 투수계수는 크다.

105 화물운반하역 작업 중 걸이작업에 관한 설명으로 옳지 않은 것은?

① 와이어로프 등은 크레인의 후크 중심에 걸어야 한다.
② 인양 물체의 안정을 위하여 2줄 걸이 이상을 사용하여야 한다.
③ 매다는 각도는 60° 이상으로 하여야 한다.
④ 근로자를 매달린 물체 위에 탑승시키지 않아야 한다.

106 거푸집 및 동바리 등을 조립하는 경우에 준수하여야 할 사항으로 옳지 않은 것은?

① 받침목이나 깔판의 사용, 콘크리트 타설, 말뚝박기 등 동바리의 침하를 방지하기 위한 조치를 할 것
② 개구부 상부에 동바리를 설치하는 경우에는 상부하중을 견딜 수 있는 견고한 받침대를 설치할 것
③ 거푸집이 곡면인 경우에는 버팀대의 부착 등 그 거푸집의 부상(浮上)을 방지하기 위한 조치를 할 것
④ 동바리로 사용하는 파이프서포트를 4개 이상 이어서 사용하지 않도록 할 것

107 사업의 종류가 건설업이고, 공사금액이 850억원일 경우 산업안전보건법령에 따른 안전관리자를 최소 몇 명 이상 두어야 하는가? (단, 상시근로자는 600명으로 가정)

① 1명 이상
② 2명 이상
③ 3명 이상
④ 4명 이상

108 선박에서 하역작업 시 근로자들이 안전하게 오르내릴 수 있는 현문 사다리 및 안전망을 설치하여야 하는 것은 선박이 최소 몇 톤급 이상일 경우인가?

① 500톤급
② 300톤급
③ 200톤급
④ 100톤급

109 차량계 하역운반기계 등에 화물을 적재하는 경우에 준수하여야 할 사항으로 옳지 않은 것은?

① 하중이 한쪽으로 치우쳐서 효율적으로 적재되도록 할 것
② 구내운반차 또는 화물자동차의 경우 화물의 붕괴 또는 낙하에 의한 위험을 방지하기 위하여 화물에 로프를 거는 등 필요한 조치를 할 것
③ 운전자의 시야를 가리지 않도록 화물을 적재할 것
④ 최대적재량을 초과하지 않도록 할 것

110 말비계를 조립하여 사용할 때의 준수사항으로 옳지 않은 것은?

① 지주부재의 하단에는 미끄럼 방지장치를 한다.
② 말비계의 높이가 2m를 초과할 경우에는 작업발판의 폭을 40cm 이상으로 한다.
③ 양측 끝부분에 올라서서 작업하여야 한다.
④ 지주부재의 수평면과의 기울기를 75° 이하로 한다.

111 다음 중 유해·위험방지계획서를 작성 및 제출하여야 하는 공사에 해당되지 않는 것은?

① 지상높이가 31m인 건축물의 건설·개조 또는 해체
② 최대 지간길이가 50m인 교량건설 등 공사
③ 깊이가 9m인 굴착공사
④ 터널 건설 등의 공사

112 건립 중 강풍에 의한 풍압 등 외압에 대한 내력이 설계에 고려되었는지 확인하여야 하는 철골구조물의 기준으로 옳지 않은 것은?

① 높이 20m 이상의 구조물
② 구조물의 폭과 높이의 비가 1 : 4 이상인 구조물
③ 이음부가 공장 제작인 구조물
④ 연면적당 철골량이 50kg/m² 이하인 구조물

113 다음 중 방망사의 폐기 시 인장강도에 해당하는 것은? (단, 그물코의 크기는 10cm이며 매듭 없는 방망의 경우임)

① 50kg
② 100kg
③ 150kg
④ 200kg

114 작업장에 계단 및 계단참을 설치하는 경우 매 제곱미터당 최소 몇 킬로그램 이상의 하중에 견딜 수 있는 강도를 가진 구조를 설치하여야 하는가?

① 300kg
② 400kg
③ 500kg
④ 600kg

115 굴착공사에서 비탈면 또는 비탈면 하단을 성토하여 붕괴를 방지하는 공법은?

① 배수공
② 배토공
③ 공작물에 의한 방지공
④ 압성토공

116 공정율이 65%인 건설현장의 경우 공사 진척에 따른 산업안전보건관리비의 최소 사용기준으로 옳은 것은? (단, 공정율은 기성공정율을 기준으로 함)

① 40% 이상
② 50% 이상
③ 60% 이상
④ 70% 이상

117 곤돌라형 달비계를 설치하는 경우 준수해야 할 사항으로 옳지 않은 것은?

① 지름의 감소가 공칭지름의 7퍼센트를 초과하는 와이어로프를 사용해서는 아니된다.
② 달기 체인의 길이가 달기 체인이 제조된 때의 길이의 5퍼센트를 초과한 것을 사용해서는 아니된다.
③ 작업발판의 재료는 뒤집히거나 떨어지지 않도록 비계의 보 등에 연결하거나 고정시켜야 한다.
④ 작업발판은 폭을 30센티미터 이상으로 하고 틈새가 없도록 하여야 한다.

118 사면 보호 공법 중 구조물에 의한 보호 공법에 해당되지 않는 것은?

① 블록공
② 식생구멍공
③ 돌쌓기공
④ 현장타설 콘크리트 격자공

119 산업안전보건법령에서 규정하는 철골작업을 중지하여야 하는 기후조건에 해당하지 않는 것은?

① 풍속이 초당 10m 이상인 경우
② 강우량이 시간당 1mm 이상인 경우
③ 강설량이 시간당 1cm 이상인 경우
④ 기온이 영하 5℃ 이하인 경우

120 강관을 사용하여 비계를 구성하는 경우 준수하여야 할 기준으로 옳지 않은 것은?

① 비계기둥의 간격은 띠장 방향에서는 1.85m 이하, 장선(長線) 방향에서는 1.5m 이하로 할 것
② 띠장 간격은 2.0m 이하로 할 것
③ 비계기둥의 제일 윗부분으로부터 31m 되는 지점 밑부분의 비계기둥은 3개의 강관으로 묶어 세울 것
④ 비계기둥 간의 적재하중은 400kg을 초과하지 않도록 할 것

2025년 5월 10일~5월 30일 CBT 기출복원문제

자격종목	시험시간	문항수	점수
산업안전기사	3시간	120문항	

제1과목 : 산업재해 예방 및 안전보건교육

01 산업안전보건법상 안전관리자의 업무에 해당되지 않는 것은?

① 업무수행 내용의 기록·유지
② 산업재해에 관한 통계의 유지·관리·분석을 위한 보좌 및 지도·조언
③ 법 또는 법에 따른 명령으로 정한 안전에 관한 사항의 이행에 관한 보좌 및 지도·조언
④ 작업장 내에서 사용되는 전체 환기장치 및 국소 배기장치 등에 관한 설비의 점검과 작업방법의 공학적 개선에 관한 보좌 및 지도·조언

02 버드(Bird)의 재해분포에 따르면 20건의 경상(물적, 인적상해)사고가 발생했을 때 무상해, 무사고(위험순간) 고장은 몇 건이 발생하겠는가?

① 600 ② 800
③ 1,200 ④ 1,600

03 산업안전보건법상 안전보건교육 중 관리감독자 정기교육의 교육내용이 아닌 것은?

① 유해·위험 작업환경 관리에 관한 사항
② 표준안전작업방법 및 지도·감독 요령에 관한 사항
③ 작업공정의 유해·위험과 재해 예방 대책에 관한 사항
④ 기계·기구의 위험성과 작업의 순서 및 동선에 관한 사항

04 산업안전보건법상 방독마스크 사용이 가능한 공기 중 최소 산소농도 기준은 몇 % 이상인가?

① 14% ② 16%
③ 18% ④ 20%

05 다음 재해사례에서 기인물에 해당하는 것은?

> 기계작업에 배치된 작업자가 반장의 지시를 받기 전에 정지된 선반을 운전시키면서 변속치차의 덮개를 벗겨내고 치차를 저속으로 운전하면서 급유하려고 할 때 오른손이 변속치차에 맞물려 손가락이 절단되었다.

① 덮개 ② 급유
③ 선반 ④ 변속치차

06 하인리히의 재해 코스트 평가방식 중 직접비에 해당하지 않는 것은?

① 산재보상비
② 치료비
③ 간호비
④ 생산손실

07 한 사람, 한 사람의 위험에 대한 감수성 향상을 도모하기 위하여 삼각 및 원 포인트 위험예지훈련을 통합한 활용기법은?

① 1인 위험예지훈련
② TBM 위험예지훈련
③ 자문자답 위험예지훈련
④ 시나리오 역할연기훈련

08 보호구 안전인증 고시에 따른 분리식 방진마스크의 성능기준에서 포집효율이 특급인 경우, 염화나트륨(NaCl) 및 파라핀오일(Paraffin oil) 시험에서의 포집효율은?

① 99.95% 이상
② 99.9% 이상
③ 99.5% 이상
④ 99.0% 이상

09 산소결핍이 예상되는 맨홀 내에서 작업을 실시할 때의 사고 방지 대책으로 적절하지 않은 것은?

① 작업 시작 전 및 작업 중 충분한 환기 실시
② 작업 장소의 입장 및 퇴장 시 인원점검
③ 방진마스크의 보급과 착용 철저
④ 작업장과 외부와의 상시 연락을 위한 설비 설치

10 안전교육방법 중 강의법에 대한 설명으로 옳지 않은 것은?

① 단기간의 교육 시간 내에 비교적 많은 내용을 전달할 수 있다.
② 다수의 수강자를 대상으로 동시에 교육할 수 있다.
③ 다른 교육방법에 비해 수강자의 참여가 제약된다.
④ 수강자 개개인의 학습진도를 조절할 수 있다.

11 적응기제(適應機制)의 형태 중 방어적 기제에 해당하지 않는 것은?

① 고립
② 보상
③ 승화
④ 합리화

12 부주의 발생 원인에 포함되지 않는 것은?

① 의식의 단절
② 의식의 우회
③ 의식수준의 저하
④ 의식의 지배

13 산업안전보건법령상 안전·보건표지의 종류 중 다음 표지의 명칭은? (단, 마름모 테두리는 빨간색이며, 안의 내용은 검은색이다.)

① 폭발성 물질 경고
② 산화성 물질 경고
③ 부식성 물질 경고
④ 급성 독성 물질 경고

14 하인리히의 재해발생 이론이 다음과 같이 표현될 때, α가 의미하는 것으로 옳은 것은?

재해의 발생
= 설비적 결함 + 관리적 결함 + α

① 노출된 위험의 상태
② 재해의 직접원인
③ 물적 불안전 상태
④ 잠재된 위험의 상태

15 허즈버그(Herzberg)의 위생-동기이론에서 동기요인에 해당하는 것은?

① 감독
② 안전
③ 책임감
④ 작업조건

16 안전보건표지에 관한 기준으로 틀린 것은?

① 산화성 물질 경고표지와 사용금지표지의 기본모형은 빨간색이다.
② 부식성 물질 경고표지의 바탕은 노란색, 기본모형·관련부호 및 그림은 검은색이다.
③ 인화성 물질 경고표지와 낙하물경고표지의 기본모형은 서로 다르다.
④ 화학물질 취급장소에서의 유해·위험경고표지의 색도기준은 7.5R 4/14이다.

17 재해원인 분석방법의 통계적 원인분석 중 사고의 유형, 기인물 등 분류항목을 큰 순서대로 도표화한 것은?

① 파레토도
② 특성요인도
③ 크로스도
④ 관리도

18 다음 중 헤드십(headship)에 관한 설명과 가장 거리가 먼 것은?

① 권한의 근거는 공식적이다.
② 지휘의 형태는 민주주의적이다.
③ 상사와 부하와의 사회적 간격은 넓다.
④ 상사와 부하와의 관계는 지배적이다.

19 다음 설명에 해당하는 학습 지도의 원리는?

> 학습자가 지니고 있는 각자의 요구와 능력 등에 알맞은 학습활동의 기회를 마련해주어야 한다는 원리

① 직관의 원리
② 자기활동의 원리
③ 개별화의 원리
④ 사회화의 원리

20 안전교육의 단계에 있어 교육대상자가 스스로 행함으로서 습득하게 하는 교육은?

① 의식교육
② 기능교육
③ 지식교육
④ 태도교육

┃제2과목 : 인간공학 및 위험성 평가·관리

21 A 제지회사의 유아용 화장지 생산 공정에서 작업자의 불안전한 행동을 유발하는 상황이 자주 발생하고 있다. 이를 해결하기 위한 개선의 ECRS에 해당하지 않는 것은?

① Combine
② Standard
③ Eliminate
④ Rearrange

22 결함수분석법에서 path set에 관한 설명으로 맞는 것은?

① 시스템의 약점을 표현한 것이다.
② Top 사상을 발생시키는 조합이다.
③ 시스템이 고장 나지 않도록 하는 사상의 조합이다.
④ 시스템고장을 유발시키는 필요불가결한 기본사상들의 집합이다.

23 고령자의 정보처리 과업을 설계할 경우 지켜야 할 지침으로 틀린 것은?

① 표시 신호를 더 크게 하거나 밝게 한다.
② 개념, 공간, 운동 양립성을 높은 수준으로 유지한다.
③ 정보처리 능력에 한계가 있으므로 시분할 요구량을 늘린다.
④ 제어표시장치를 설계할 때 불필요한 세부내용을 줄인다.

24 위험성평가 절차에서 사전준비에 해당하는 사항이 아닌 것은?

① 사업장 순회점검 및 설문조사
② 위험성 수준과 그 수준을 판단하는 기준 확정
③ 허용가능한 위험성의 수준 확정
④ 사업장 안전보건정보 활용(재해사례, 재해통계, 작업환경 측정 등에 관한 정보)

25 점광원으로부터 0.3m 떨어진 구면에 비추는 광량이 5Lumen일 때, 조도는 약 몇 럭스인가?

① 0.06   ② 16.7
③ 55.6   ④ 83.4

26 생명유지에 필요한 단위시간당 에너지량을 무엇이라 하는가?

① 기초 대사량
② 산소 소비율
③ 작업 대사량
④ 에너지 소비율

27 FT도에 사용되는 다음 게이트의 명칭은?

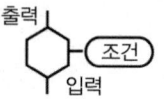

① 부정 게이트
② 억제 게이트
③ 배타적 OR 게이트
④ 우선적 AND 게이트

28 인간-기계 시스템의 설계를 6단계로 구분할 때, 첫 번째 단계에서 시행하는 것은?

① 기본 설계
② 시스템의 정의
③ 인터페이스 설계
④ 시스템의 목표와 성능명세 결정

29 다음 설명에 해당하는 설비보전 방식의 유형은?

> 설비보전 정보와 신기술을 기초로 신뢰성, 조작성, 보전성, 안전성, 경제성 등이 우수한 설비의 선정, 조달, 또는 설계를 통하여 궁극적으로 설비의 설계, 제작 단계에서 보전활동이 불필요한 체제를 목표로 한 설비보전 방법을 말한다.

① 개량보전   ② 보전예방
③ 사후보전   ④ 일상보전

30. 원자력 산업과 같이 상당한 안전이 확보되어 있는 장소에서 추가적인 고도의 안전 달성을 목적으로 하고 있으며, 관리, 설계, 생산, 보전 등 광범위한 안전을 도모하기 위하여 개발된 분석기법은?

① DT
② FTA
③ THERP
④ MORT

31. 결함수분석(FTA)에 관한 설명으로 틀린 것은?

① 연역적 방법이다.
② 버텀-업(Bottom-Up) 방식이다.
③ 기능적 결함의 원인을 분석하는 데 용이하다.
④ 정량적 분석이 가능하다.

32. 조종 - 반응비(Control-Response Ratio, C/R비)에 대한 설명 중 틀린 것은?

① 조종장치와 표시장치의 이동 거리 비율을 의미한다.
② C/R비가 클수록 조종장치는 민감하다.
③ 최적 C/R비는 조정시간과 이동시간의 교점이다.
④ 이동시간과 조정시간을 감안하여 최적 C/R비를 구할 수 있다.

33. 산업안전보건기준에 관한 규칙상 "강렬한 소음 작업"에 해당하는 기준은?

① 85데시벨 이상의 소음이 1일 4시간 이상 발생하는 작업
② 85데시벨 이상의 소음이 1일 8시간 이상 발생하는 작업
③ 90데시벨 이상의 소음이 1일 4시간 이상 발생하는 작업
④ 90데시벨 이상의 소음이 1일 8시간 이상 발생하는 작업

34. HAZOP 기법에서 사용하는 가이드 워드와 의미가 잘못 연결된 것은?

① No/Not - 설계 의도의 완전한 부정
② More/Less - 정량적인 증가 또는 감소
③ Part of - 성질상의 감소
④ Other than - 기타 환경적인 요인

35. 그림과 같이 신뢰도 95%인 펌프 A가 각각 신뢰도 90%인 밸브 B와 밸브 C의 병렬밸브계와 직렬계를 이룬 시스템의 실패 확률은 약 얼마인가?

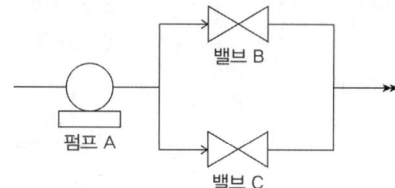

① 0.0091
② 0.0595
③ 0.9405
④ 0.9811

36. 인간이 기계보다 우수한 기능으로 옳지 않은 것은? (단, 인공지능은 제외한다.)

① 암호화된 정보를 신속하게 대량으로 보관할 수 있다.
② 관찰을 통해서 일반화하여 귀납적으로 추리한다.
③ 항공사진의 피사체나 말소리처럼 상황에 따라 변화하는 복잡한 자극의 형태를 식별할 수 있다.
④ 수신 상태가 나쁜 음극선관에 나타나는 영상과 같이 배경 잡음이 심한 경우에도 신호를 인지할 수 있다.

37 촉감의 일반적인 척도의 하나인 2점 문턱값(two-point threshold)이 감소하는 순서대로 나열된 것은?

① 손가락 → 손바닥 → 손가락 끝
② 손바닥 → 손가락 → 손가락 끝
③ 손가락 끝 → 손가락 → 손바닥
④ 손가락 끝 → 손바닥 → 손가락

38 인체측정자료의 응용원칙에서 최소집단치를 기준으로 설계하는 것은?

① 통로의 폭
② 비행기 좌석의 앞뒤 간격
③ 출입문의 높이
④ 비상정지장치까지의 거리

39 어느 부품 1,000개를 100,000시간 동안 가동하였을 때 5개의 불량품이 발생하였을 경우 평균동작시간(MTTF)은?

① 1×10^6시간
② 2×10^7시간
③ 1×10^8시간
④ 2×10^9시간

40 신체활동의 생리학적 측정법 중 전신의 육체적인 활동을 측정하는 데 가장 적합한 방법은?

① Flicker 측정
② 산소소비량 측정
③ 근전도(EMG) 측정
④ 피부전기반사(GSR) 측정

제3과목 : 기계·기구 및 설비 안전 관리

41 반복응력을 받게 되는 기계구조부분의 설계에서 허용응력을 결정하기 위한 기초강도로 가장 적합한 것은?

① 항복점(Yield piont)
② 극한 강도(Ultimate strength)
③ 크리프 한도(Creep limit)
④ 피로 한도(Fatigue limit)

42 그림과 같이 목재가공용 둥근톱 기계에서 분할날(t2) 두께가 4.0mm일 때 톱날 두께 및 톱날 진폭과의 관계로 옳은 것은?

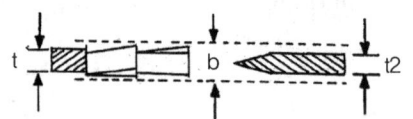

t : 톱날 두께   b : 톱날 진폭   t2 : 분할날 두께

① b > 4.0mm, t ≦ 3.6mm
② b > 4.0mm, t ≦ 4.0mm
③ b < 4.0mm, t ≦ 4.4mm
④ b > 4.0mm, t ≧ 3.6mm

43 컨베이어, 이송용 롤러 등을 사용하는 때에 정전, 전압강하 등에 의한 위험을 방지하기 위하여 설치하는 안전장치는?

① 덮개 또는 울
② 비상정지장치
③ 과부하방지장치
④ 이탈 및 역주행 방지장치

44 드릴링 머신에서 드릴의 지름이 20mm이고 원주속도가 62.8m/min 일 때 드릴의 회전수는 약 몇 rpm인가?

① 500   ② 1,000
③ 2,000   ④ 3,000

45 다음 중 공장 소음에 대한 방지계획에 있어 소음원에 대한 대책에 해당하지 않는 것은?

① 해당 설비의 밀폐
② 설비실의 차음벽 시공
③ 작업자의 보호구 착용
④ 소음기 및 흡음장치 설치

46 재료의 강도시험 중 항복점을 알 수 있는 시험의 종류는?

① 비파괴시험
② 충격시험
③ 인장시험
④ 피로시험

47 프레스 및 전단기에 사용되는 손쳐내기식 방호장치의 성능기준에 대한 설명 중 옳지 않은 것은?

① 진동각도·진폭시험 : 행정길이가 최소일 때 진동각도는 60°~90°이다.
② 진동각도·진폭시험 : 행정길이가 최대일 때 진동각도는 30°~60°이다.
③ 완충시험 : 손쳐내기봉에 의한 과도한 충격이 없어야 한다.
④ 무부하 동작시험 : 1회의 오동작도 없어야 한다.

48 다음 중 프레스를 제외한 사출성형기·주형조형기 및 형단조기 등에 관한 안전조치 사항으로 틀린 것은?

① 근로자의 신체 일부가 말려들어갈 우려가 있는 경우에는 양수조작식 방호장치를 설치하여 사용한다.
② 게이트가드식 방호장치를 설치할 경우에는 연동구조를 적용하여 문을 닫지 않아도 동작할 수 있도록 한다.
③ 사출성형기의 전면에 작업용 발판을 설치할 경우 근로자가 쉽게 미끄러지지 않는 구조여야 한다.
④ 기계의 히터 등의 가열부위, 감전우려가 있는 부위에는 방호덮개를 설치하여 사용한다.

49 둥근톱 기계의 방호장치에서 분할날과 톱날 원주면과의 거리는 몇 mm 이내로 조정, 유지할 수 있어야 하는가?

① 12
② 14
③ 16
④ 18

50 산업안전보건법령에 따라 사업주가 보일러의 폭발 사고를 예방하기 위하여 유지·관리하여야 할 안전장치가 아닌 것은?

① 압력방호판
② 화염 검출기
③ 압력방출장치
④ 고저수위 조절장치

51 질량이 100kg인 물체를 그림과 같이 길이가 같은 2개의 와이어로프로 매달아 옮기고자 할 때 와이어로프 Ta에 걸리는 장력은 약 몇 N인가?

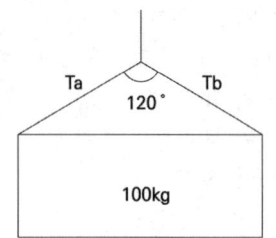

① 200
② 400
③ 490
④ 980

52 다음 중 드릴 작업의 안전수칙으로 가장 적합한 것은?

① 손을 보호하기 위하여 장갑을 착용한다.
② 작은 일감은 양손으로 견고히 잡고 작업한다.
③ 정확한 작업을 위하여 구멍에 손을 넣어 확인한다.
④ 작업시작 전 척 렌치(chuck wrench)를 반드시 제거하고 작업한다.

53 산업안전보건법령상 컨베이어를 사용하여 작업을 할 때 작업시작 전 점검사항으로 가장 거리가 먼 것은?

① 원동기 및 풀리(pulley) 기능의 이상 유무
② 이탈 등의 방지장치 기능의 이상 유무
③ 유압장치의 기능의 이상 유무
④ 비상정지장치 기능의 이상 유무

54 다음 중 기계설비에서 반대로 회전하는 두 개의 회전체가 맞닿는 사이에 발생하는 위험점으로 가장 적절한 것은?

① 물림점
② 협착점
③ 끼임점
④ 절단점

55 선반 작업 시 안전수칙으로 가장 적절하지 않은 것은?

① 기계에 주유 및 청소 시 반드시 기계를 정지시키고 한다.
② 칩 제거 시 브러시를 사용한다.
③ 바이트에는 칩 브레이커를 설치한다.
④ 선반의 바이트는 끝을 길게 장치한다.

56 산업안전보건법령상 산업용 로봇의 작업 시작 전 점검 사항으로 가장 거리가 먼 것은?

① 외부 전선의 피복 또는 외장의 손상 유무
② 압력방출장치의 이상 유무
③ 매니퓰레이터 작동 이상 유무
④ 제동장치 및 비상정지장치의 기능

57 선반작업의 안전수칙으로 가장 거리가 먼 것은?

① 기계에 주유 및 청소를 할 때에는 저속회전에서 한다.
② 일반적으로 가공물의 길이가 지름의 12배 이상일 때는 방진구를 사용하여 선반작업을 한다.
③ 바이트는 가급적 짧게 설치한다.
④ 면장갑을 사용하지 않는다.

58 다음 중 보일러의 안전한 작업을 위한 방호장치의 설명 중 가장 적절하지 않은 것은?

① 보일러 규격에 맞는 압력방출장치를 1개 또는 2개 이상 설치하고 최고사용압력(설계압력 또는 최고허용압력) 이하에서 작동되도록 한다.
② 압력방출장치가 2개 이상 설치된 경우 최고사용압력 이하에서 1개가 작동되고, 다른 압력방출장치는 최고사용압력 1.05배 이하에서 작동되도록 부착한다.
③ 보일러의 과열방지를 위해 최고사용압력과 상용압력 사이에서 버너연소를 차단할 수 있도록 화염검출기를 부착한다.
④ 고저 수위 지점을 알리는 경보등·경보음 장치 등을 설치하고, 자동으로 급수 또는 단수되도록 고저수위조절장치를 설치한다.

59 산업안전보건법령상 크레인에서 권과방지장치의 달기구 윗면이 권상장치의 아랫면과 접촉할 우려가 있는 경우 최소 몇 m 이상 간격이 되도록 조정하여야 하는가? (단, 직동식 권과방지장치의 경우는 제외)

① 0.1 ② 0.15
③ 0.25 ④ 0.3

60 슬라이드가 내려옴에 따라 손을 쳐내는 막대가 좌우로 왕복하면서 위험한계에 있는 손을 보호하는 프레스 방호장치는?

① 수인식
② 게이트 가드식
③ 반발예방장치
④ 손쳐내기식

제4과목 : 전기설비 안전 관리

61 전기설비에 작업자의 직접 접촉에 의한 감전방지 대책이 아닌 것은?

① 충전부에 절연 방호망을 설치할 것
② 충전부는 내구성이 있는 절연물로 완전히 덮어 감쌀 것
③ 충전부가 노출되지 않도록 폐쇄형 외함구조로 할 것
④ 관계자 외에도 쉽게 출입이 가능한 장소에 충전부를 설치할 것

62 교류 아크용접기의 자동전격방지장치는 아크 발생이 중단된 후 출력측 무부하 전압을 1초 이내 몇 V 이하로 저하시켜야 하는가?

① 25 ② 35
③ 50 ④ 80

63 변압기의 고압·특고압측 전로 또는 사용전압이 35kV 이하의 특고압전로가 저압측 전로와 혼촉하고 저압전로의 대지전압이 150V를 초과하는 경우 변압기 중성점 접지 저항값으로 옳은 것은?

① 1초 초과 2초 이내에 고압·특고압 전로를 자동으로 차단하는 장치를 설치할 때는 300을 나눈 값 이하
② 1초 이내에 고압·특고압 전로를 자동으로 차단하는 장치를 설치할 때는 300을 나눈 값 이하
③ 1초 초과 2초 이내에 고압·특고압 전로를 자동으로 차단하는 장치를 설치할 때는 600을 나눈 값 이하
④ 2초 이내에 고압·특고압 전로를 자동으로 차단하는 장치를 설치할 때는 600을 나눈 값 이하

64 고압 및 특고압의 전로에 시설하는 피뢰기의 접지저항은 몇 Ω 이하로 하여야 하는가?

① 10Ω 이하
② 100Ω 이하
③ 10^6Ω 이하
④ 1kΩ 이하

65 감전사고를 방지하기 위한 방법으로 틀린 것은?

① 전기기기 및 설비의 위험부에 위험표지
② 전기설비에 대한 누전차단기 설치
③ 전기기기에 대한 정격표시
④ 무자격자는 전기기계 및 기구에 전기적인 접촉 금지

66 인체의 저항을 500Ω이라 할 때 단상 440V의 회로에서 누전으로 인한 감전재해를 방지할 목적으로 설치하는 누전 차단기의 규격은?

① 30mA, 0.1초
② 30mA, 0.03초
③ 50mA, 0.1초
④ 50mA, 0.3초

67 접지시스템에 관한 설명중 틀린 것은?

① 계통접지, 보호접지, 피뢰시스템접지로 구분할수 있다.
② 계통접지는 TN, TT, IN 계통이 있다.
③ TN계통은 TN-S, TN-C, TN-C-S로 분류할수 있다.
④ 구성요소는 접지극, 접지도체, 보호도체 및 기타 설비로 구성되어 있다.

68 방폭지역 구분 중 폭발성 가스 분위기가 정상상태에서 조성되지 않거나 조성된다 하더라도 짧은 기간에만 존재할 수 있는 장소는?

① 0종 장소
② 1종 장소
③ 2종 장소
④ 비방폭지역

69 정전기 발생에 대한 방지대책의 설명으로 틀린 것은?

① 가스용기, 탱크 등의 도체부는 전부 접지한다.
② 배관 내 액체의 유속을 제한한다.
③ 화학섬유의 작업복을 착용한다.
④ 대전 방지제 또는 제전기를 사용한다.

70 정전기의 유동대전에 가장 크게 영향을 미치는 요인은?

① 액체의 밀도
② 액체의 유동속도
③ 액체의 접촉면적
④ 액체의 분출온도

71 과전류에 의해 전선의 허용전류보다 큰 전류가 흐르는 경우 절연물이 화구가 없더라도 자연히 발화하고 심선이 용단되는 발화단계의 전선 전류밀도(A/㎟)는?

① 10~20
② 30~50
③ 60~120
④ 130~200

72 방폭구조에 관계있는 위험 특성이 아닌 것은?

① 발화 온도
② 증기 밀도
③ 화염 일주한계
④ 최소 점화전류

73 금속제 외함을 가지는 저압의 기계기구로서 사람이 쉽게 접촉할 우려가 있는 곳에 시설하는 것에 전기를 공급하는 전로에는 자동으로 전로를 차단하는 누전차단기를 시설해야 하는 전기기계의 사용전압 기준은?

① 30V 초과
② 50V 초과
③ 90V 초과
④ 150V 초과

74 정전용량 C = 20μF, 방전 시 전압 V = 2kV일 때 정전에너지(J)는?

① 40
② 80
③ 400
④ 800

75 전로에 시설하는 기계기구의 금속제 외함에 접지공사를 하지 않아도 되는 경우로 틀린 것은?

① 저압용의 기계기구를 건조한 목재의 마루 위에서 취급하도록 시설한 경우
② 외함 주위에 적당한 절연대를 설치한 경우
③ 교류 대지 전압이 300V 이하인 기계기구를 건조한 곳에 시설한 경우
④ 전기용품 및 생활용품 안전관리법의 적용을 받는 2중 절연구조로 되어 있는 기계기구를 시설하는 경우

76 Dalziel에 의하여 동물실험을 통해 얻어진 전류값을 인체에 적용했을 때 심실세동을 일으키는 전기에너지(J)는 약 얼마인가? (단, 인체 전기저항은 500Ω으로 보며, 흐르는 전류 $I = \dfrac{165}{\sqrt{T}}$ mA로 한다.)

① 9.8
② 13.6
③ 19.6
④ 27

77 기기보호등급(Equipment Protection Level)에서 폭발성 가스 분위기에 설치되는 기기로 예상된 오작동 또는 드문 오작동 중에 점화원이 될 수 없는 "매우 높은" 보호등급의 기기에 해당하는 것은?

① EPL Ga
② EPL Gb
③ EPL Gc
④ EPL Gd

78 정격전부하전류가 50암페어 이상인 전기기계·기구에 접속되는 누전차단기는 오작동을 방지하기 위하여 정격감도전류는 얼마 이하로, 작동시간은 얼마 이내로 할 수 있는가?

① 30mA 이하, 0.03초 이내
② 200mA 이하, 0.1초 이내
③ 50mA 이하, 0.5초 이내
④ 100mA 이하, 0.05초 이내

79 피뢰레벨에 따른 회전구체 반경이 틀린 것은?

① 피뢰레벨 Ⅰ : 20m
② 피뢰레벨 Ⅱ : 30m
③ 피뢰레벨 Ⅲ : 50m
④ 피뢰레벨 Ⅳ : 60m

80 지락사고 시 1초를 초과하고 2초 이내에 고압전로를 자동차단하는 장치가 설치되어 있는 고압전로에 변압기 중성점 접지공사를 하였다. 접지저항은 몇 Ω 이하로 유지해야 하는가? (단, 변압기의 고압측 전로의 1선 지락전류는 10A이다.)

① 10Ω ② 20Ω
③ 30Ω ④ 40Ω

■ 제5과목 : 화학설비 안전 관리

81 다음 중 화학공장에서 주로 사용되는 불활성 가스는?

① 수소
② 수증기
③ 질소
④ 일산화탄소

82 위험물안전관리법령에서 정한 위험물의 유별 구분이 나머지 셋과 다른 하나는?

① 질산
② 질산칼륨
③ 과염소산
④ 과산화수소

83 다음 중 압축기 운전 시 토출압력이 갑자기 증가하는 이유로 가장 적절한 것은?

① 윤활유의 과다
② 피스톤 링의 가스 누설
③ 토출관 내에 저항 발생
④ 저장조 내 가스압의 감소

84 프로판(C_3H_8) 가스가 공기 중 연소할 때의 화학양론농도는 약 얼마인가? (단, 공기 중의 산소농도는 21vol%이다.)

① 2.5vol%
② 4.0vol%
③ 5.6vol%
④ 9.5vol%

85 공기 중에서 A 가스의 폭발하한계는 2.2vol%이다. 이 폭발하한계 값을 기준으로 하여 표준 상태에서 A 가스와 공기의 혼합기체 1m³에 함유되어 있는 A 가스의 질량을 구하면 약 몇 g인가? (단, A 가스의 분자량은 26이다.)

① 19.02 ② 25.54
③ 29.02 ④ 35.54

86 다음 중 물과 반응하여 수소가스를 발생할 위험이 가장 낮은 물질은?

① Mg   ② Zn
③ Cu   ④ Na

87 고압의 환경에서 장시간 작업하는 경우에 발생할 수 있는 잠함병(潛函病) 또는 잠수병(潛數病)은 다음 중 어떤 물질에 의하여 중독현상이 일어나는가?

① 질소
② 황화수소
③ 일산화탄소
④ 이산화탄소

88. 다음 중 열교환기의 보수에 있어 일상점검항목과 정기적 개방점검항목으로 구분할 때 일상점검항목으로 가장 거리가 먼 것은?

① 도장의 노후상황
② 부착물에 의한 오염의 상황
③ 보온재, 보냉재의 파손 여부
④ 기초볼트의 체결 정도

89. 위험물안전관리법령상 제3류 위험물 중 금수성 물질에 대하여 적응성이 있는 소화기는?

① 포소화기
② 이산화탄소소화기
③ 할로겐화합물소화기
④ 탄산수소염류 분말소화기

90. 화재 감시자에 관한 사항 중 틀린 것은?

① 가연성 물질이 금속으로 된 칸막이·벽·천장 또는 지붕의 반대쪽 면에 인접해 있어 열전도나 열복사에 의해 발화될 우려가 있는 장소에는 화재 감시자를 배치하지 않아도 된다.
② 작업반경 11미터 이내에 건물구조 자체나 내부에 가연성 물질이 있는 장소에서 용접·용단 작업을 하도록 하는 경우 화재 감시자를 지정하여 배치해야 한다.
③ 화재 감시자는 화재 발생 시 사업장 내 근로자의 대피 유도 등의 업무를 수행해야 한다.
④ 사업주는 화재 감시자에게 업무수행에 필요한 확성기, 휴대용 조명기구 및 화재 대피용 마스크 등 대피용 방연장비를 지급해야 한다.

91. 일산화탄소에 대한 설명으로 틀린 것은?

① 무색·무취의 기체이다.
② 염소와 촉매 존재 하에 반응하여 포스겐이 된다.
③ 인체 내의 헤모글로빈과 결합하여 산소운반기능을 저하시킨다.
④ 불연성 가스로서, 허용농도가 10ppm이다.

92. 금속의 용접·용단 또는 가열에 사용되는 가스 등의 용기를 취급할 때의 준수사항으로 틀린 것은?

① 전도의 위험이 없도록 한다.
② 밸브를 서서히 개폐한다.
③ 용해아세틸렌의 용기는 세워서 보관한다.
④ 용기의 온도를 섭씨 65도 이하로 유지한다.

93. 다음 중 산업안전보건법령상 화학설비의 부속설비로만 이루어진 것은?

① 사이클론, 백필터, 전기집진기 등 분진처리설비
② 응축기, 냉각기, 가열기, 증발기 등 열교환기류
③ 고로 등 점화기를 직접 사용하는 열교환기류
④ 혼합기, 발포기, 압출기 등 화학제품 가공설비

94 다음 중 밀폐 공간내 작업 시의 조치사항으로 가장 거리가 먼 것은?

① 산소결핍이나 유해가스로 인한 질식의 우려가 있으면 진행 중인 작업에 방해되지 않도록 주의하면서 환기를 강화하여야 한다.
② 해당 작업장을 적정한 공기상태로 유지되도록 환기하여야 한다.
③ 그 장소에 근로자를 입장시킬 때와 퇴장시킬 때마다 인원을 점검하여야 한다.
④ 그 작업장과 외부의 감시인 간에 항상 연락을 취할 수 있는 설비를 설치하여야 한다.

95 산업안전보건법령상 폭발성 물질을 취급하는 화학설비를 설치하는 경우에 단위공정설비로부터 다른 단위공정설비 사이의 안전거리는 설비 바깥 면으로부터 몇 m 이상이어야 하는가?

① 10   ② 15
③ 20   ④ 30

96 탄화수소 증기의 연소하한값 추정식은 연료의 양론농도(Cst)의 0.55배이다. 프로판 1몰의 연소반응식이 다음과 같을 때 연소하한값은 약 몇 vol%인가?

$$C_3H_8 + 5O_2 \rightarrow 3CO_2 + 4H_2O$$

① 2.22   ② 4.03
③ 4.44   ④ 8.06

97 다음 중 가연성 가스의 연소 형태에 해당하는 것은?

① 분해연소
② 증발연소
③ 표면연소
④ 확산연소

98 다음 중 산업안전보건법령상 위험물질의 종류에 있어 인화성 가스에 해당하지 않는 것은?

① 수소
② 부탄
③ 에틸렌
④ 과산화수소

99 반응폭주 등 급격한 압력상승의 우려가 있는 경우에 설치하여야 하는 것은?

① 파열판
② 통기밸브
③ 체크밸브
④ 플레임 어레스터(Flame arrester)

100 다음 중 응상폭발이 아닌 것은?

① 분해폭발
② 수증기폭발
③ 전선폭발
④ 고상간의 전이에 의한 폭발

제6과목 : 건설공사 안전 관리

101 공정율이 65%인 건설현장의 경우 공사 진척에 따른 산업안전보건관리비의 최소 사용기준으로 옳은 것은?

① 40% 이상
② 50% 이상
③ 60% 이상
④ 70% 이상

102 화물취급작업과 관련한 위험방지를 위해 조치하여야 할 사항으로 옳지 않은 것은?

① 작업장 및 통로의 위험한 부분에는 안전하게 작업할 수 있는 조명을 유지할 것
② 차량 등에서 화물을 내리는 작업을 하는 경우에 해당 작업에 종사하는 근로자에게 쌓여 있는 화물 중간에서 화물을 빼내도록 하지 말 것
③ 육상에서의 통로 및 작업장소로서 다리 또는 선거 갑문을 넘는 보도 등의 위험한 부분에는 안전난간 또는 울타리 등을 설치할 것
④ 부두 또는 안벽의 선을 따라 통로를 설치하는 경우에는 폭을 50cm 이상으로 할 것

103 타워크레인을 자립고(自立高) 이상의 높이로 설치할 때 지지벽체가 없어 와이어로프로 지지하는 경우의 준수사항으로 옳지 않은 것은?

① 와이어로프를 고정하기 위한 전용 지지프레임을 사용할 것
② 와이어로프 설치각도는 수평면에서 60° 이내로 하되, 지지점은 4개소 이상으로 하고, 같은 각도로 설치할 것
③ 와이어로프와 그 고정부위는 충분한 강도와 장력을 갖도록 설치하되, 와이어로프를 클립·샤클(Shackle) 등의 기구를 사용하여 고정하지 않도록 유의할 것
④ 와이어로프가 가공전선에 근접하지 않도록 할 것

104 말비계를 조립하여 사용할 때의 준수사항으로 옳지 않은 것은?

① 지주부재의 하단에는 미끄럼 방지장치를 한다.
② 지주부재와 수평면과의 기울기는 75° 이하로 한다.
③ 말비계의 높이가 2m를 초과할 경우에는 작업발판의 폭을 30cm 이상으로 한다.
④ 지주부재와 지주부재 사이를 고정시키는 보조부재를 설치한다.

105 중량물을 운반할 때의 바른 자세로 옳은 것은?

① 허리를 구부리고 양손으로 들어올린다.
② 중량은 보통 체중의 60%가 적당하다.
③ 물건은 최대한 몸에서 멀리 떼어서 들어올린다.
④ 길이가 긴 물건은 앞쪽을 높게 하여 운반한다.

106 건설작업장에서 근로자가 상시 작업하는 장소의 작업면 조도기준으로 옳지 않은 것은? (단, 갱내 작업장과 감광재료를 취급하는 작업장의 경우는 제외)

① 초정밀 작업 : 600럭스(lux) 이상
② 정밀작업 : 300럭스(lux) 이상
③ 보통작업 : 150럭스(lux) 이상
④ 그 밖의 작업 : 75럭스(lux) 이상

107 산업안전보건법령에 따른 거푸집 및 동바리를 조립하는 경우의 준수사항으로 옳지 않은 것은?

① 개구부 상부에 동바리를 설치하는 경우에는 상부하중을 견딜 수 있는 견고한 받침대를 설치할 것
② 동바리의 이음은 같은 품질의 재료를 사용할 것
③ 강재의 접속부 및 교차부는 철선을 사용하여 단단히 연결할 것
④ 거푸집이 곡면인 경우에는 버팀대에 부착 등 그 거푸집의 부상(浮上)을 방지하기 위한 조치를 할 것

108 추락방지용 방망의 그물코의 크기가 10cm인 신품 매듭 방망사의 인장강도는 몇 킬로그램 이상이어야 하는가?

① 80   ② 110
③ 150   ④ 200

109 부두 등의 하역작업장에서 부두 또는 안벽의 선에 따라 통로를 설치하는 경우, 최소 폭 기준은?

① 90cm 이상
② 75cm 이상
③ 60cm 이상
④ 45cm 이상

110 건설업 산업안전보건관리비 계상 및 사용기준은 산업안전보건법에서 정하는 건설공사 중 총 공사금액이 얼마 이상인 공사에 적용하는가?

① 4천만원
② 3천만원
③ 2천만원
④ 1천만원

111 가설통로를 설치하는 경우 준수하여야 할 기준으로 옳지 않은 것은?

① 경사는 30° 이하로 할 것
② 경사가 15°를 초과하는 경우에는 미끄러지지 아니하는 구조로 할 것
③ 수직갱에 가설된 통로의 길이가 15m 이상인 때에는 15m 이내마다 계단참을 설치할 것
④ 건설공사에 사용하는 높이 8m 이상의 비계다리에는 7m 이내마다 계단참을 설치할 것

112 온도가 하강함에 따라 토중수가 얼어 부피가 약 9% 정도 증대하게 됨으로써 지표면이 부풀어오르는 현상은?

① 동상현상
② 연화현상
③ 리칭현상
④ 액상화현상

113 사다리식 통로의 길이가 10m 이상일 때 얼마 이내마다 계단참을 설치하여야 하는가?

① 3m 이내마다
② 4m 이내마다
③ 5m 이내마다
④ 6m 이내마다

114 토사붕괴를 예방하기 위한 굴착면의 기울기 기준으로 옳은 것은?

① 연암 1 : 0.5
② 풍화암 1 : 1.0
③ 모래 1 : 1.5
④ 그 밖의 흙 1 : 0.5

115 낙하물에 의한 위험방지 조치의 기준으로 옳은 것은?

① 높이가 최소 2m 이상인 곳에서 물체를 투하할 때는 적당한 투하설비를 갖춰야 한다.
② 낙하물방지망은 높이 10m 이내마다 설치한다.
③ 방호선반 설치 시 내민 길이는 벽면으로부터 3m 이상으로 한다.
④ 낙하물방지망의 설치각도는 수평면과 30~40°를 유지한다.

116 토질시험 중 연약한 점토 지반의 점착력을 판별하기 위하여 실시하는 현장시험은?

① 베인테스트(Vane Test)
② 표준관입시험(SPT)
③ 하중재하시험
④ 삼축압축시험

117 흙막이 공법을 흙막이 지지방식에 의한 분류와 구조방식에 의한 분류로 나눌 때 다음 중 지지방식에 의한 분류에 해당하는 것은?

① 수평 버팀대식 흙막이 공법
② H-Pile 공법
③ 지하연속벽 공법
④ Top down method 공법

118 철골용접부의 결함을 검사하는 방법으로 가장 거리가 먼 것은?

① 알칼리 반응 시험
② 방사선 투과시험
③ 자기분말 탐상시험
④ 침투 탐상시험

119 유해위험방지 계획서를 제출하려고 할 때 그 첨부서류와 가장 거리가 먼 것은?

① 공사개요서
② 산업안전보건관리비 작성요령
③ 전체 공정표
④ 재해발생 위험 시 연락 및 대피방법

120 콘크리트 타설작업과 관련하여 준수하여야 할 사항으로 가장 거리가 먼 것은?

① 당일의 작업을 시작하기 전에 해당 작업에 관한 거푸집 및 동바리 등의 변형·변위 및 지반의 침하 유무 등을 점검하고 이상이 있으면 보수할 것
② 콘크리트를 타설하는 경우에는 편심이 발생하지 않도록 골고루 분산하여 타설할 것
③ 진동기의 사용은 많이 할수록 균일한 콘크리트를 얻을 수 있으므로 가급적 많이 사용할 것
④ 설계도서상의 콘크리트 양생기간을 준수하여 거푸집 및 동바리 등을 해체할 것

2025년 8월 9일~9월 1일 CBT 기출복원문제

자격종목	시험시간	문항수	점수
산업안전기사	3시간	120문항	

제1과목 : 산업재해 예방 및 안전보건교육

01 라인(Line)형 안전관리 조직의 특징으로 옳은 것은?

① 안전에 관한 기술의 축적이 용이하다.
② 안전에 관한 지시나 조치가 신속하다.
③ 조직원 전원을 자율적으로 안전활동에 참여시킬 수 있다.
④ 권한 다툼이나 조정 때문에 통제수속이 복잡해지며, 시간과 노력이 소모된다.

02 레빈(Lewin)은 인간의 행동 특성을 다음과 같이 표현하였다. 변수 'P'가 의미하는 것은?

$$B = f(P \cdot E)$$

① 행동
② 소질
③ 환경
④ 함수

03 Y-K(Yutaka - Kohate) 성격검사에 관한 사항으로 옳은 것은?

① C, C'형은 적응이 빠르다.
② M, M'형은 내구성, 집념이 부족하다.
③ S, S'형은 담력, 자신감이 강하다.
④ P, P'형은 운동, 결단이 빠르다.

04 재해예방의 4원칙이 아닌 것은?

① 손실우연의 원칙
② 사전준비의 원칙
③ 원인계기의 원칙
④ 대책선정의 원칙

05 시몬즈(Simonds)의 재해손실비용 산정방식에 있어 비보험 코스트에 포함되지 않는 것은?

① 영구 전노동 불능상해
② 영구 부분노동 불능상해
③ 일시 전노동 불능상해
④ 일시 부분노동 불능상해

06 하인리히 사고예방대책의 기본원리 5단계로 옳은 것은?

① 조직 → 사실의 발견 → 분석 → 시정방법의 선정 → 시정책의 적용
② 조직 → 분석 → 사실의 발견 → 시정방법의 선정 → 시정책의 적용
③ 사실의 발견 → 조직 → 분석 → 시정방법의 선정 → 시정책의 적용
④ 사실의 발견 → 분석 → 조직 → 시정방법의 선정 → 시정책의 적용

07 교육훈련의 4단계를 올바르게 나열한 것은?

① 도입 → 적용 → 제시 → 확인
② 도입 → 확인 → 제시 → 적용
③ 적용 → 제시 → 도입 → 확인
④ 도입 → 제시 → 적용 → 확인

08 직무적성검사의 특징과 가장 거리가 먼 것은?

① 재현성
② 객관성
③ 타당성
④ 표준화

09 타일러(Tyler)의 교육과정개발에서 학습경험 선정의 원리에 해당하지 않는 것은?

① 기회의 원리
② 만족의 원리
③ 가능성의 원리
④ 개별화의 원리

10 사업주가 자율적으로 해당 사업장의 산업재해를 예방하기 위하여 안전보건관리체제를 구축하고 정기적으로 위험성평가를 실시하여 잠재 유해·위험 요인을 지속적으로 개선하는 등 산업재해예방을 위한 조치 사항을 체계적으로 관리하는 제반 활동에 해당하는 것은?

① 안전보건개선계획
② 안전보건경영시스템
③ 유해위험방지계획서
④ 안전보건관리규정

11 산업안전보건법상의 안전·보건표지 종류 중 관계자외 출입금지표지에 해당되는 것은?

① 안전모 착용
② 폭발성 물질 경고
③ 방사성 물질 경고
④ 석면취급 및 해체

12 재해예방의 4원칙에 관한 설명으로 틀린 것은?

① 재해의 발생에는 반드시 원인이 존재한다.
② 재해의 발생과 손실의 발생은 우연적이다.
③ 재해를 예방할 수 있는 안전대책은 반드시 존재한다.
④ 재해는 원인 제거가 불가능하므로 예방만이 최선이다.

13 안전교육 훈련에 있어 동기부여 방법에 대한 설명으로 가장 거리가 먼 것은?

① 안전 목표를 명확히 설정한다.
② 안전활동의 결과를 평가, 검토하도록 한다.
③ 경쟁과 협동을 유발시킨다.
④ 동기유발 수준을 과도하게 높인다.

14 산업안전보건법령상 유해위험 방지계획서 제출 대상 공사에 해당하는 것은?

① 깊이가 5m 이상인 굴착 공사
② 최대 지간 거리 30m 이상인 교량 건설 공사
③ 지상높이 21m 이상인 건축물 공사
④ 터널 건설 공사

15 스트레스의 요인 중 외부적 자극 요인에 해당하지 않는 것은?

① 자존심의 손상
② 대인관계 갈등
③ 가족의 죽음, 질병
④ 경제적 어려움

16 하인리히 방식의 재해코스트 산정에서 직접비에 해당되지 않은 것은?

① 휴업보상비
② 병상위문금
③ 장해특별보상비
④ 상병보상연금

17 다음 중 안전모의 성능시험에 있어서 AE, ABE종에만 한하여 실시하는 시험은?

① 내관통성시험, 충격흡수성시험
② 난연성시험, 내수성시험
③ 난연성시험, 내전압성시험
④ 내전압성시험, 내수성시험

18 플리커 검사(flicker test)의 목적으로 가장 적절한 것은?

① 혈중 알코올농도 측정
② 체내 산소량 측정
③ 작업강도 측정
④ 피로의 정도 측정

19 강도율에 관한 설명 중 틀린 것은?

① 사망 및 영구 전노동 불능(신체장해등급 1~3급)의 근로손실일수는 7,500일로 환산한다.
② 신체장해등급 중 제14급은 근로손실일수를 50일로 환산한다.
③ 영구 일부노동 불능은 신체 장해등급에 따른 근로손실일수에 $\frac{300}{365}$을 곱하여 환산한다.
④ 일시 전노동 불능은 휴업일수에 $\frac{300}{365}$을 곱하여 근로손실일수를 환산한다.

20 다음 중 브레인스토밍의 4원칙과 가장 거리가 먼 것은?

① 자유로운 비평
② 자유분방한 발언
③ 대량적인 발언
④ 타인 의견의 수정 발언

┃제2과목 : 인간공학 및 위험성 평가·관리

21 결함수분석의 기호 중 입력사상이 어느 하나라도 발생할 경우 출력사상이 발생하는 것은?

① NOR GATE
② AND GATE
③ OR GATE
④ NAND GATE

22 가스밸브를 잠그는 것을 잊어 사고가 발생했다면 작업자는 어떤 인적오류를 범한 것인가?

① 생략 오류(omission error)
② 시간지연 오류(time error)
③ 순서 오류(sequential error)
④ 작위적 오류(commission error)

23 어떤 소리가 1,000Hz, 60dB인 음과 같은 높이임에도 4배 더 크게 들린다면, 이 소리의 음압수준은 얼마인가?

① 70dB
② 80dB
③ 90dB
④ 100dB

24 시스템 안전분석 방법 중 예비위험분석(PHA) 단계에서 식별하는 4가지 범주에 속하지 않는 것은?

① 위기상태
② 무시가능상태
③ 파국적상태
④ 예비조처상태

25 결함수분석법(FTA)에서의 미니멀 컷셋과 미니멀 패스셋에 관한 설명으로 맞는 것은?

① 미니멀 컷셋은 시스템의 신뢰성을 표시하는 것이다.
② 미니멀 패스셋은 시스템의 위험성을 표시하는 것이다.
③ 미니멀 패스셋은 시스템의 고장을 발생시키는 최소의 패스셋이다.
④ 미니멀 컷셋은 정상사상(top event)을 일으키기 위한 최소한의 컷셋이다.

26 자극 – 반응 조합의 관계에서 인간의 기대와 모순되지 않는 성질을 무엇이라 하는가?

① 양립성
② 적응성
③ 변별성
④ 신뢰성

27 인간 – 기계 시스템에 관한 내용으로 틀린 것은?

① 인간 성능의 고려는 개발의 첫 단계에서부터 시작되어야 한다.
② 기능 할당 시에 인간 기능에 대한 초기의 주의가 필요하다.
③ 평가 초점은 인간 성능의 수용가능한 수준이 되도록 시스템을 개선하는 것이다.
④ 인간 – 컴퓨터 인터페이스 설계는 인간보다 기계의 효율이 우선적으로 고려되어야 한다.

28 반사율이 85%, 글자의 밝기가 400cd/㎡인 VDT 화면에 350lx의 조명이 있다면 대비는 약 얼마인가?

① -2.8
② -4.2
③ -5.0
④ -6.0

29 음량수준을 측정할 수 있는 3가지 척도에 해당되지 않는 것은?

① Sone
② 럭스
③ Phon
④ 인식소음 수준

30. 수리가 가능한 어떤 기계의 가용도(availability)는 0.90이고, 평균수리시간(MTTR)이 2시간일 때, 이 기계의 평균수명(MTBF)은?

① 15시간
② 16시간
③ 17시간
④ 18시간

31. 동작 경제 원칙에 해당되지 않는 것은?

① 신체 사용에 관한 원칙
② 작업장 배치에 관한 원칙
③ 사용자 요구 조건에 관한 원칙
④ 공구 및 설비 디자인에 관한 원칙

32. 인간 – 기계 시스템의 연구 목적으로 가장 적절한 것은?

① 정보 저장의 극대화
② 운전시 피로의 평준화
③ 시스템의 신뢰성 극대화
④ 안전의 극대화 및 생산능률의 향상

33. 다음 FT 도에서 최소 컷셋(Minimal cut set)으로만 올바르게 나열한 것은?

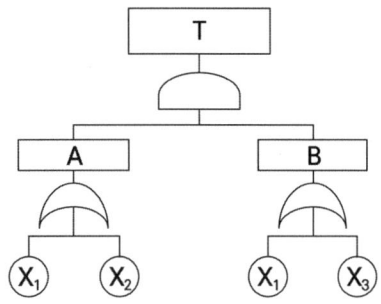

① [X_1]
② [X_1], [X_2]
③ [X_1, X_2, X_3]
④ [X_1, X_2], [X_1, X_3]

34. 인간의 정보처리 과정 3단계에 포함되지 않는 것은?

① 인지 및 정보처리단계
② 반응단계
③ 행동단계
④ 인식 및 감지단계

35. 시각 표시장치보다 청각 표시장치의 사용이 바람직한 경우는?

① 전언이 복잡한 경우
② 전언이 재참조되는 경우
③ 전언이 즉각적인 행동을 요구하는 경우
④ 직무상 수신자가 한 곳에 머무는 경우

36. FTA에서 사용하는 수정게이트의 종류 중 3개의 입력현상 중 2개가 발생한 경우에 출력이 생기는 것은?

① 위험지속기호
② 조합 AND 게이트
③ 배타적 OR 게이트
④ 억제 게이트

37. FTA에서 사용되는 최소 컷셋에 관한 설명으로 옳지 않은 것은?

① 일반적으로 Fussell Algorithm을 이용한다.
② 정상사상(Top event)을 일으키는 최소한의 집합이다.
③ 반복되는 사건이 많은 경우 Limnios와 Ziani Algorithm을 이용하는 것이 유리하다.
④ 시스템에 고장이 발생하지 않도록 하는 모든 사상의 집합이다.

38 직무에 대하여 청각적 자극 제시에 대한 음성 응답을 하도록 할 때 가장 관련 있는 양립성은?

① 공간적 양립성
② 양식 양립성
③ 운동 양립성
④ 개념적 양립성

39 컴퓨터 스크린상에 있는 버튼을 선택하기 위해 커서를 이동시키는 데 걸리는 시간을 예측하는 데 가장 적합한 법칙은?

① Fitts의 법칙
② Lewin의 법칙
③ Hick의 법칙
④ Weber의 법칙

40 설비의 고장과 같이 발생확률이 낮은 사건의 특정시간 또는 구간에서의 발생횟수를 측정하는 데 가장 적합한 확률분포는?

① 이항분포(binomial distribution)
② 푸아송분포(Poisson distribution)
③ 와이블분포(Weibull distribution)
④ 지수분포(exponential distribution)

| 제3과목 : 기계·기구 및 설비 안전 관리

41 산업안전보건법령상 롤러기의 방호장치 중 롤러의 앞면 표면속도가 30m/min 이상일 때 무부하 동작에서 급정지거리는?

① 앞면 롤러 원주의 1/2.5 이내
② 앞면 롤러 원주의 1/3 이내
③ 앞면 롤러 원주의 1/3.5 이내
④ 앞면 롤러 원주의 1/5.5 이내

42 극한하중이 600N인 체인에 안전계수가 4일 때 체인의 정격하중(N)은?

① 130 ② 140
③ 150 ④ 160

43 연삭작업에서 숫돌의 파괴원인으로 가장 적절하지 않은 것은?

① 숫돌의 회전속도가 너무 빠를 때
② 연삭작업 시 숫돌의 정면을 사용할 때
③ 숫돌에 큰 충격을 줬을 때
④ 숫돌의 회전중심이 제대로 잡히지 않았을 때

44 산업안전보건법령상 용접장치의 안전에 관한 준수사항으로 옳은 것은?

① 아세틸렌 용접장치의 발생기실을 옥외에 설치한 경우에는 그 개구부를 다른 건축물로부터 1m 이상 떨어지도록 하여야 한다.
② 가스집합장치로부터 7m 이내의 장소에서는 화기의 사용을 금지시킨다.
③ 아세틸렌 발생기에서 10m 이내 또는 발생기실에서 4m 이내의 장소에서는 화기의 사용을 금지시킨다.
④ 아세틸렌 용접장치를 사용하여 용접 작업을 할 경우 게이지 압력이 127kPa을 초과하는 압력의 아세틸렌을 발생시켜 사용해서는 아니 된다.

45 롤러 작업 시 위험점에서 가드(guard) 개구부까지의 최단 거리를 60mm라고 할 때, 최대로 허용할 수 있는 가드 개구부 틈새는 약 몇 mm인가? (단, 위험점이 비전동체이다.)

① 6   ② 10
③ 15 ④ 18

46 지게차의 안정을 유지하기 위한 안정도 기준으로 틀린 것은?

① 5톤 미만의 부하 상태에서 하역작업 시의 전후 안정도는 4% 이내이어야 한다.
② 부하 상태에서 하역작업 시의 좌우 안정도는 10% 이내이어야 한다.
③ 무부하 상태에서 주행 시의 좌우 안정도는 (15 + 1.1 × V)% 이내이어야 한다(단, V는 구내 최고 속도[km/h]).
④ 부하 상태에서 주행 시 전후 안정도는 18% 이내이어야 한다.

47 산업용 로봇에서 근로자에게 발생할 수 있는 부상 등의 위험을 방지하기 위하여 울타리를 설치할 때 일반적으로 높이는 몇 m 이상으로 해야 하는가?

① 1.8   ② 2.1
③ 2.4   ④ 2.7

48 프레스 방호장치에서 수인식 방호장치를 사용하기에 가장 적합한 기준은?

① 슬라이드 행정길이가 100mm 이상, 슬라이드 행정수가 100spm 이하
② 슬라이드 행정길이가 50mm 이상, 슬라이드 행정수가 100spm 이하
③ 슬라이드 행정길이가 100mm 이상, 슬라이드 행정수가 200spm 이하
④ 슬라이드 행정길이가 50mm 이상, 슬라이드 행정수가 200spm 이하

49 상용운전압력 이상으로 압력이 상승할 경우 보일러의 파열을 방지하기 위하여 버너의 연소를 차단하여 열원을 제거함으로써 정상압력으로 유도하는 장치는?

① 압력방출장치
② 고저수위 조절장치
③ 압력제한 스위치
④ 통풍제어 스위치

50 둥근톱 기계에서 분할날의 설치에 관한 사항이다. 옳지 않은 것은?

① 둥근톱의 톱날 지름이 500mm일 경우 분할날의 최소길이는 약 262mm이다.
② 분할날과 톱날 원주면과의 거리는 12mm 이내로 조정, 유지해야 한다.
③ 분할날은 표준테이블면상의 톱의 후면날의 1/3 이상을 덮도록 하여야 한다.
④ 둥근톱의 두께가 1.20mm이라면 분할날의 두께는 1.32mm 이상이어야 한다.

51 압력용기 등에 설치하는 안전밸브에 관련한 설명으로 옳지 않은 것은?

① 안지름이 150mm를 초과하는 압력용기에 대해서는 과압에 따른 폭발을 방지하기 위하여 규정에 맞는 안전밸브를 설치해야 한다.
② 급성 독성 물질이 지속적으로 외부에 유출될 수 있는 화학설비 및 그 부속설비에는 파열판과 안전밸브를 병렬로 설치한다.
③ 안전밸브는 보호하려는 설비의 최고 사용압력 이하에서 작동되도록 하여야 한다.
④ 안전밸브의 배출용량은 그 작동원인에 따라 각각의 소요분출량을 계산하여 가장 큰 수치를 해당 안전밸브의 배출용량으로 하여야 한다.

52 다음 중 소성가공을 열간가공과 냉간가공으로 분류하는 가공온도의 기준은?

① 융해점 온도
② 공석점 온도
③ 공정점 온도
④ 재결정 온도

53 산업안전보건법령에 따라 레버풀러(lever puller) 또는 체인블록(chain block)을 사용하는 경우 훅의 입구(hook mouth) 간격이 제조자가 제공하는 제품사양서 기준으로 몇 % 이상 벌어진 것은 폐기하여야 하는가?

① 3
② 5
③ 7
④ 10

54 다음 중 위치 제한형 방호장치에 해당 되는 프레스 방호장치는?

① 수인식 방호장치
② 광전자식 방호장치
③ 양수조작식 방호장치
④ 손쳐내기식 방호장치

55 밀링작업의 안전조치에 대한 설명으로 적절하지 않은 것은?

① 절삭 중의 칩 제거는 칩 브레이커로 한다.
② 공작물을 고정할 때에는 기계를 정지시킨 후 작업한다.
③ 강력절삭을 할 경우에는 공작물을 바이스에 깊게 물려 작업한다.
④ 가공 중 공작물의 치수를 측정할 때에는 기계를 정지시킨 후 측정한다.

56 산업안전보건법령에 따라 아세틸렌 용접장치의 아세틸렌 발생기를 설치하는 경우, 발생기실의 설치장소에 대한 설명 중 A, B에 들어갈 내용으로 옳은 것은?

- 발생기실은 건물의 최상층에 위치하여야 하며, 화기를 사용하는 설비로부터 (A)를 초과하는 장소에 설치하여야 한다.
- 발생기실을 옥외에 설치한 경우에는 그 개구부를 다른 건축물로부터 (B) 이상 떨어지도록 하여야 한다.

① A : 1.5m, B : 3m
② A : 2m, B : 4m
③ A : 3m, B : 1.5m
④ A : 4m, B : 2m

57 산업안전보건법상 유해·위험방지를 위한 방호조치를 하지 아니하고는 양도, 대여, 설치 또는 사용에 제공하거나, 양도·대여를 목적으로 진열해서는 아니 되는 기계·기구가 아닌 것은?

① 예초기
② 진공포장기
③ 원심기
④ 연삭기

58 프레스 작동 후 슬라이드가 하사점에 도달할 때까지의 소요시간이 0.5초일 때 양수기동식 방호장치의 안전거리는 최소 얼마인가?

① 200mm
② 400mm
③ 600mm
④ 800mm

59 산업재해 손실액 산정 시 직접비가 2,000만원일 때 하인리히 방식을 적용하면 총 손실액은?

① 2,000만원
② 8,000만원
③ 1억원
④ 1억 2,000만원

60 크레인, 리프트 및 곤돌라는 사업장에 설치가 끝난 날부터 몇 년 이내에 최초의 안전검사를 실시해야 하는가?

① 6개월
② 1년
③ 2년
④ 3년

┃ 제4과목 : 전기설비 안전 관리

61 KS C IEC 60079-0에 따른 방폭기기에 대한 설명이다. 다음 빈칸에 들어갈 알맞은 용어는?

> (ⓐ)은 EPL로 표현되며 점화원이 될 수 있는 가능성에 기초하여 기기에 부여된 보호등급이다. EPL의 등급 중 (ⓑ)는 정상 작동, 예상된 오작동, 드문 오작동 중에 점화원이 될 수 없는 "매우 높은" 보호 등급의 기기이다.

① ⓐ Explosion Protection Level
　ⓑ EPL Ga
② ⓐ Explosion Protection Level
　ⓑ EPL Gc
③ ⓐ Equipment Protection Level
　ⓑ EPL Ga
④ ⓐ Equipment Protection Level
　ⓑ EPL Gc

62 접지계통 분류에서 TN접지방식이 아닌 것은?

① TN-S 방식
② TN-C 방식
③ TN-T 방식
④ TN-C-S 방식

63 한국전기설비규정에 따라 피뢰설비에서 외부피뢰시스템의 수뢰부시스템으로 적합하지 않는 것은?

① 돌침
② 수평도체
③ 메시도체
④ 환상도체

64 최소 착화에너지가 0.26mJ인 가스에 정전용량이 100pF인 대전 물체로부터 정전기 방전에 의하여 착화할 수 있는 전압은 약 몇 V인가?

① 2,240　　② 2,260
③ 2,280　　④ 2,300

65 절연전선의 과전류에 의한 연소단계 중 착화단계의 전선전류밀도(A/mm^2)로 알맞은 것은?

① 40　　② 50
③ 65　　④ 120

66 전기시설의 직접 접촉에 의한 감전방지 방법으로 적절하지 않은 것은?

① 충전부는 내구성이 있는 절연물로 완전히 덮어 감쌀 것
② 충전부가 노출되지 않도록 폐쇄형 외함이 있는 구조로 할 것
③ 충전부에 충분한 절연효과가 있는 방호망 또는 절연 덮개를 설치할 것
④ 충전부는 관계자 외 출입이 용이한 전개된 장소에 설치하고 위험표시 등의 방법으로 방호를 강화할 것

67 전압은 저압, 고압 및 특별고압으로 구분되고 있다. 다음 중 저압에 대한 설명으로 가장 알맞은 것은?

① 직류 1,500V 미만, 교류 1,000V 미만
② 직류 1,000V 이하, 교류 1,500V 이하
③ 직류 1,500V 이하, 교류 1,000V 이하
④ 직류 1,000V 미만, 교류 1,500V 미만

68 대전의 완화를 나타내는 데 중요한 인자인 시정수(time constant)는 최초의 전하가 약 몇 %까지 완화되는 시간을 말하는가?

① 20   ② 37
③ 45   ④ 50

69 근로자가 충전전로를 취급하거나 그 인근에서 작업하는 경우 사업주가 조치해야 할 사항으로 틀린 것은?

① 충전전로를 취급하는 근로자에게 그 작업에 적합한 절연용 보호구를 착용시킬 것
② 충전전로에 근접한 장소에서 전기작업을 하는 경우에는 해당 전압에 적합한 절연용 방호구를 설치할 것
③ 고압 및 특별고압의 전로에서 전기작업을 하는 근로자에게 활선작업용 기구 및 장치를 사용하도록 할 것
④ 유자격자가 아닌 근로자가 충전전로 인근의 높은 곳에서 작업할 때에 근로자의 몸 또는 긴 도전성 물체가 방호되지 않은 충전전로에서 대지전압이 50킬로볼트 이하인 경우에는 200센티미터 이내로 접근할 수 없도록 할 것

70 내압방폭구조의 필요충분조건에 대한 사항으로 틀린 것은?

① 폭발화염이 외부로 유출되지 않을 것
② 습기침투에 대한 보호를 충분히 할 것
③ 내부에서 폭발한 경우 그 압력에 견딜 것
④ 외함의 표면온도가 외부의 폭발성 가스를 점화하지 않을 것

71 역률개선용 커패시터(capacitor)가 접속되어 있는 전로에서 정전작업을 할 경우 다른 정전작업과는 달리 주의 깊게 취해야 할 조치사항으로 옳은 것은?

① 안전표지 부착
② 개폐기 전원투입 금지
③ 잔류전하 방전
④ 활선 근접작업에 대한 방호

72 교류 아크 용접기의 자동전격방지기란 용접기의 2차 전압을 25[V] 이하로 자동조절하여 안전을 도모하려는 것이다. 다음 사항 중 어떤 시점에서 그 기능이 발휘되어야 하는가?

① 전체 작업시간 동안
② 아크를 발생시킬 때만
③ 용접작업을 진행하고 있는 동안만
④ 용접작업 중단 직후부터 다음 아크 발생 시까지

73 다음 중 전기기기의 불꽃 또는 열로 인해 폭발성 위험분위기에 점화되지 않도록 컴파운드를 충전해서 보호한 방폭 구조는?

① 몰드 방폭구조
② 비점화 방폭구조
③ 안전증 방폭구조
④ 본질안전 방폭구조

74 접지의 목적과 효과로 볼 수 없는 것은?

① 낙뢰에 의한 피해방지
② 송배전선에서 지락사고의 발생 시 보호 계전기를 신속하게 작동시킴
③ 설비의 절연물이 손상되었을 때 흐르는 누설전류에 의한 감전방지
④ 송배전선로의 지락사고 시 대지전위의 상승을 억제하고 절연강도를 상승시킴

75 방폭전기설비의 용기 내부에 보호가스를 압입하여 내부압력을 외부 대기 이상의 압력으로 유지함으로써 용기 내부에 폭발성 가스 분위기가 형성되는 것을 방지하는 방폭구조는?

① 내압 방폭구조
② 압력 방폭구조
③ 안전증 방폭구조
④ 유입 방폭구조

76 1종 위험장소로 분류되지 않는 것은?

① 탱크류의 벤트(Vent) 개구부 부근
② 인화성 액체 탱크 내의 액면 상부의 공간부
③ 점검수리 작업에서 가연성 가스 또는 증기를 방출하는 경우의 밸브 부근
④ 탱크롤리, 드럼관 등이 인화성 액체를 충전하고 있는 경우의 개구부 부근

77 저압전로의 절연성능에 관한 다음 사항 중 틀린 것은?

① SELV는 절연저항이 0.5MΩ 이상이어야 한다.
② PELV는 DC 시험전압 250V를 사용한다.
③ 전로의 사용전압이 500V 이하일 경우 DC 시험전압 1,000V를 사용한다.
④ 전로의 사용전압이 500V 초과일 경우 절연저항은 1.0MΩ 이상이어야 한다.

78 근로자가 노출된 충전부 또는 그 부분에서 작업함으로써 감전될 우려가 있는 경우에는 작업에 들어가기 전에 해당 전로를 차단하여야 한다. 전로 차단절차 중 틀린 것은?

① 전원을 투입한 후 각 단로기 등을 폐로하고 확인할 것
② 차단장치나 단로기 등에 잠금장치 및 꼬리표를 부착할 것
③ 개로된 전로에서 유도전압 또는 전기에너지가 축적되어 근로자에게 전기위험을 끼칠 수 있는 전기기기 등은 접촉하기 전에 잔류전하를 완전히 방전시킬 것
④ 검전기를 이용하여 작업 대상 기기가 충전되었는지를 확인할 것

79 방폭전기기기에 "Ex ia IIC T4 Ga"라고 표시되어 있다. 해당 기기에 대한 설명으로 틀린 것은?

① 정상 작동, 예상된 오작동 또는 드문 오작동 중에 점화원이 될 수 없는 "매우 높은" 보호등급의 기기이다.
② 온도 등급이 T4이므로 최고표면온도가 150℃를 초과해서는 안 된다.
③ 본질안전 방폭구조로 0종 장소에서 사용이 가능하다.
④ 수소 및 아세틸렌 등의 가스가 존재하는 곳에 사용이 가능하다.

80 전기기계·기구의 기능 설명으로 옳은 것은?

① CB는 부하전류를 개폐시킬 수 있다.
② ACB는 진공 중에서 차단동작을 한다.
③ DS는 회로의 개폐 및 대용량부하를 개폐시킨다.
④ 피뢰침은 뇌나 계통의 개폐에 의해 발생하는 이상전압을 대지로 방전시킨다.

제5과목 : 화학설비 안전 관리

81 사업주는 가스폭발 위험장소 또는 분진폭발 위험장소에 설치되는 건축물 등에 대해서는 규정에서 정한 부분을 내화구조로 하여야 한다. 다음 중 내화구조로 하여야 하는 부분에 대한 기준이 틀린 것은?

① 건축물의 기둥 : 지상 1층(지상 1층의 높이가 6미터를 초과하는 경우에는 6미터)까지
② 위험물 저장·취급용기의 지지대(높이가 30센티미터 이하인 것은 제외) : 지상으로부터 지지대의 끝부분까지
③ 건축물의 보 : 지상 2층(지상 2층의 높이가 10미터를 초과하는 경우에는 10미터)까지
④ 배관·전선관 등의 지지대 : 지상으로부터 1단(1단의 높이가 6미터를 초과하는 경우에는 6미터)까지

82 다음 물질 중 인화점이 가장 낮은 물질은?

① 이황화탄소
② 아세톤
③ 크실렌
④ 경유

83 물의 소화력을 높이기 위하여 물에 탄산칼륨(K_2CO_3)과 같은 염류를 첨가한 소화약제를 일반적으로 무엇이라 하는가?

① 포 소화약제
② 분말 소화약제
③ 강화액 소화약제
④ 산알칼리 소화약제

84. 다음 중 분진의 폭발위험성을 증대시키는 조건에 해당하는 것은?

① 분진의 온도가 낮을수록
② 분위기 중 산소 농도가 작을수록
③ 분진 내의 수분농도가 작을수록
④ 분진의 표면적이 입자체적에 비하여 작을수록

85. 다음 중 이산화탄소 소화약제의 장점으로 볼 수 없는 것은?

① 기체 팽창률 및 기화 잠열이 작다.
② 액화하여 용기에 보관할 수 있다.
③ 전기에 대해 부도체이다.
④ 자체 증기압이 높기 때문에 자체 압력으로 방사가 가능하다.

86. 아세톤에 대한 설명으로 틀린 것은?

① 증기는 유독하므로 흡입하지 않도록 주의해야 한다.
② 무색이고 휘발성이 강한 액체이다.
③ 비중이 0.79이므로 물보다 가볍다.
④ 인화점이 20℃이므로 여름철에 더 인화 위험이 높다.

87. 다음 중 자연발화에 대한 설명으로 가장 적절한 것은?

① 습도를 높게 하면 자연발화를 방지할 수 있다.
② 점화원을 잘 관리하면 자연발화를 방지할 수 있다.
③ 저장실을 밀폐하여 내부온도를 높이면 자연발화를 방지할 수 있다.
④ 자연발화는 외부로 방출하는 열보다 내부에서 발생하는 열의 양이 많은 경우에 발생한다.

88. 다음 중 최소발화에너지에 관한 설명으로 틀린 것은?

① 압력이 상승하면 작아진다.
② 온도가 상승하면 작아진다.
③ 산소농도가 높아지면 작아진다.
④ 유체의 유속이 높아지면 작아진다.

89. 다음 중 가연성 가스이며 독성 가스에 해당하는 것은?

① 수소　　② 프로판
③ 산소　　④ 일산화탄소

90. 화재감지기의 종류 중 연기감지기의 작동방식에 해당되는 것은?

① 차동식
② 보상식
③ 정온식
④ 이온화식

91. 다음 중 가연성 물질이 연소하기 쉬운 조건으로 옳지 않은 것은?

① 연소 발열량이 클 것
② 점화에너지가 작을 것
③ 산소와 친화력이 클 것
④ 입자의 표면적이 작을 것

92. 다음 중 화염일주한계와 폭발등급에 대한 설명으로 틀린 것은?
   ① 수소와 메탄은 상호 다른 등급에 해당한다.
   ② 폭발등급은 화염일주한계에 따라 등급을 구분한다.
   ③ 폭발등급 ⅡA 가스는 폭발등급 ⅡC 가스보다 폭발점화 파급위험이 크다.
   ④ 폭발성 혼합가스에서 화염일주한계 값이 작은 가스일수록 외부로 폭발점화 파급위험이 커진다.

93. 산업안전보건법령상 건조설비를 사용하여 작업을 하는 경우 폭발 또는 화재를 예방하기 위하여 준수하여야 하는 사항으로 적절하지 않은 것은?
   ① 위험물 건조설비를 사용하는 때에는 미리 내부를 청소하거나 환기할 것
   ② 위험물 건조설비를 사용하는 때에는 건조로 인하여 발생하는 가스·증기 또는 분진에 의하여 폭발·화재의 위험이 있는 물질을 안전한 장소로 배출시킬 것
   ③ 위험물 건조설비를 사용하여 가열건조하는 건조물은 쉽게 이탈되도록 할 것
   ④ 고온으로 가열건조한 가연성 물질은 발화의 위험이 없는 온도로 냉각한 후에 격납시킬 것

94. 유류저장탱크에서 화염의 차단을 목적으로 외부에 증기를 방출하기도 하고 외기를 흡입하기도 하는 부분에 설치하는 안전장치는?
   ① vent stack
   ② safety valve
   ③ gate valve
   ④ flame arrester

95. 다음 중 공기와 혼합 시 최소착화에너지 값이 가장 작은 것은?
   ① CH_4
   ② C_3H_8
   ③ C_6H_6
   ④ H_2

96. 펌프의 사용 시 공동현상(cavitation)을 방지하고자 할 때의 조치사항으로 틀린 것은?
   ① 펌프의 회전수를 높인다.
   ② 흡입비 속도를 작게 한다.
   ③ 펌프의 흡입관의 두(head) 손실을 줄인다.
   ④ 펌프의 설치높이를 낮추어 흡입양정을 짧게 한다.

97. 에틸알콜(C_2H_5OH) 1몰이 완전연소할 때 생성되는 CO_2의 몰수로 옳은 것은?
   ① 1
   ② 2
   ③ 3
   ④ 4

98. 프로판과 메탄의 폭발하한계가 각각 2.5, 5.0vol%이라고 할 때 프로판과 메탄이 3:1의 체적비로 혼합되어 있다면 이 혼합가스의 폭발하한계는 약 몇 vol%인가? (단, 상온, 상압 상태이다.)
   ① 2.9
   ② 3.3
   ③ 3.8
   ④ 4.0

99 다음 중 CF₃Br 소화약제를 가장 적절하게 표현한 것은?

① 하론 1031
② 하론 1211
③ 하론 1301
④ 하론 2402

100 산업안전보건기준에 관한 규칙에서 규정하고 있는 급성 독성 물질의 정의에 해당되지 않는 것은?

① 가스 LC50(쥐, 4시간 흡입)이 2,500ppm 이하인 화학물질
② LD50(경구, 쥐)이 kg당 300mg(체중) 이하인 화학물질
③ 증기 LC50(쥐, 4시간 흡입)이 10mg/L 이하인 화학물질
④ LD50(경피, 토끼)이 kg당 2,000mg(체중) 이하인 화학물질

▎제6과목 : 건설공사 안전 관리

101 신축공사현장에서 타워크레인으로 목재 파레트에 적재된 벽돌을 옥상으로 운반하던 중 벽돌이 쏟아지면서 아래로 떨어져 재해자가 벽돌에 맞아 사망한 재해가 발생하였다. 재해 발생원인과 가장 거리가 먼 것은?

① 양중기 운반작업 중 낙하물로 인한 위험구간에 대한 출입금지 조치 미실시
② 안전한 작업을 위한 투하설비 미설치
③ 낙하위험작업 시 안전모 미착용
④ 양중기 인양 작업 시 물체 고정방법 불량

102 산업안전보건법령에 따른 양중기의 종류에 해당하지 않는 것은?

① 곤돌라
② 리프트
③ 클램쉘
④ 크레인

103 화물취급작업과 관련한 위험방지를 위해 조치하여야 할 사항으로 옳지 않은 것은?

① 하역작업을 하는 장소에서 작업장 및 통로의 위험한 부분에는 안전하게 작업할 수 있는 조명을 유지할 것
② 하역작업을 하는 장소에서 부두 또는 안벽의 선을 따라 통로를 설치하는 경우에는 폭을 50cm 이상으로 할 것
③ 차량 등에서 화물을 내리는 작업을 하는 경우에 해당 작업에 종사하는 근로자에게 쌓여 있는 화물 중간에서 화물을 빼내도록 하지 말 것
④ 꼬임이 끊어진 섬유로프 등을 화물운반용 또는 고정용으로 사용하지 말 것

104 표준관입시험에 관한 설명으로 옳지 않은 것은?

① N치(N-value)는 지반을 30cm 굴진하는 데 필요한 타격횟수를 의미한다.
② N치가 4~10일 경우 모래의 상대밀도는 매우 단단한 편이다.
③ 63.5kg 무게의 추를 76cm 높이에서 자유낙하하여 타격하는 시험이다.
④ 사질지반에 적용하며, 점토지반에서는 편차가 커서 신뢰성이 떨어진다.

105 잠함, 우물통, 수직갱, 그 밖에 이와 유사한 건설물 또는 설비의 내부에서 굴착작업을 하는 경우 준수해야 할 사항으로 가장 거리가 먼 것은?

① 산소 결핍 우려가 있는 경우에는 산소의 농도를 측정하는 사람을 지명하여 측정하도록 할 것
② 굴착 깊이가 30미터를 초과하는 경우에는 송기를 위한 설비를 설치하여 필요한 양의 공기를 공급할 것
③ 굴착 깊이가 20미터를 초과하는 경우에는 해당 작업장소와 외부와의 연락을 위한 통신설비 등을 설치할 것
④ 근로자가 안전하게 오르내리기 위한 설비를 설치할 것

106 동바리로 사용하는 파이프 서포트를 조립할 경우 안전조치 사항으로 옳지 않은 것은?

① 파이프 서포트를 3개 이상 이어서 사용하지 않도록 할 것
② 파이프 서포트를 이어서 사용하는 경우에는 4개 이상의 볼트 또는 전용철물을 사용하여 이을 것
③ 높이가 3.5미터를 초과하는 경우에는 높이 2미터 이내마다 수평연결재를 2개 방향으로 만들고 수평연결재의 변위를 방지할 것
④ 연결철물을 사용하여 수직재를 견고하게 연결하고, 연결부위가 탈락 또는 꺾어지지 않도록 할 것

107 로드(rod), 유압잭(jack) 등을 이용하여 거푸집을 연속적으로 이동시키면서 콘크리트를 타설할 때 사용되는 것으로 silo 공사 등에 적합한 거푸집은?

① 메탈폼
② 슬라이딩폼
③ 워플폼
④ 페코빔

108 양중기에 사용하는 와이어로프에서 화물의 하중을 직접 지지하는 달기와이어로프 또는 달기체인의 안전계수 기준은?

① 3 이상
② 4 이상
③ 5 이상
④ 10 이상

109 구축물 등에 대한 구조검토, 안전진단 등의 안전성 평가를 하여 근로자에게 미칠 위험성을 미리 제거해야 하는 경우에 해당하지 않는 것은?

① 구축물 등의 인근에서 굴착·항타작업 등으로 침하·균열 등이 발생하여 붕괴의 위험이 예상될 경우
② 오랜 기간 사용하지 않던 구축물 등을 재사용하게 되어 안전성을 검토해야 하는 경우
③ 구축물 등이 그 자체의 무게·적설·풍압 또는 그 밖에 부가되는 하중 등으로 붕괴 등의 위험이 없을 경우
④ 화재 등으로 구축물 등의 내력이 심하게 저하됐을 경우

110 흙막이 지보공을 설치하였을 때 정기적으로 점검하여야 할 사항과 거리가 먼 것은?

① 경보장치의 작동상태
② 부재의 손상·변형·부식·변위 및 탈락의 유무와 상태
③ 버팀대의 긴압의 정도
④ 부재의 접속부·부착부 및 교차부의 상태

111 사다리식 통로 등을 설치하는 경우 고정식 사다리식 통로의 기울기는 최대 몇 도 이하로 하여야 하는가?

① 60도 ② 75도
③ 80도 ④ 90도

112 곤돌라형 달비계의 구조에서 달비계 작업발판의 폭은 최소 얼마 이상이어야 하는가?

① 30cm ② 40cm
③ 50cm ④ 60cm

113 강관틀비계를 조립하여 사용하는 경우 준수해야 할 기준으로 옳지 않은 것은?

① 높이가 20m를 초과하거나 중량물의 적재를 수반하는 작업을 할 경우에는 주틀 간의 간격을 2.4m 이하로 할 것
② 수직방향으로 6m, 수평방향으로 8m 이내마다 벽이음을 할 것
③ 길이가 띠장 방향으로 4m 이하이고 높이가 10m를 초과하는 경우에는 10m 이내마다 띠장 방향으로 버팀기둥을 설치할 것
④ 주틀 간에 교차 가새를 설치하고 최상층 및 5층 이내마다 수평재를 설치할 것

114 근로자의 추락 등의 위험을 방지하기 위한 안전난간의 구조 및 설치요건에 관한 기준으로 옳지 않은 것은?

① 상부난간대는 바닥면·발판 또는 경사로의 표면으로부터 90cm 이상 지점에 설치할 것
② 발끝막이판은 바닥면 등으로부터 10cm 이상의 높이를 유지할 것
③ 난간대는 지름 1.5cm 이상의 금속제 파이프나 그 이상의 강도를 가진 재료일 것
④ 안전난간은 구조적으로 가장 취약한 지점에서 가장 취약한 방향으로 작용하는 100kg 이상의 하중에 견딜 수 있는 튼튼한 구조일 것

115 건설공사 유해·위험방지계획서를 제출해야 할 대상공사에 해당하지 않는 것은?

① 깊이 10m인 굴착공사
② 다목적댐 건설공사
③ 최대 지간길이가 40m인 교량건설 공사
④ 연면적 5,000㎡인 냉동·냉장창고시설의 설비공사

116 곤돌라형 달비계를 설치하는 경우 사용가능한 와이어로프로 볼 수 있는 것은?

① 이음매가 있는 것
② 와이어로프의 한 꼬임에서 끊어진 소선의 수가 5%인 것
③ 지름의 감소가 공칭지름의 10%인 것
④ 열과 전기충격에 의해 손상된 것

117 비계의 부재 중 기둥과 기둥을 연결시키는 부재가 아닌 것은?

① 띠장
② 장선
③ 가새
④ 작업발판

118 항만하역작업에서의 선박승강설비 설치기준으로 옳지 않은 것은?

① 200톤급 이상의 선박에서 하역작업을 하는 경우에 근로자들이 안전하게 오르내릴 수 있는 현문(舷門) 사다리를 설치하여야 하며, 이 사다리 밑에 안전망을 설치하여야 한다.
② 현문 사다리는 견고한 재료로 제작된 것으로 너비는 55cm 이상이어야 한다.
③ 현문 사다리의 양측에 82cm 이상의 높이로 울타리를 설치하여야 한다.
④ 현문 사다리는 근로자의 통행에만 사용하여야 하며, 화물용 발판 또는 화물용 보판으로 사용하도록 해서는 아니 된다.

119 근로자가 수직방향으로 이동하는 철골부재에 고정된 승강로를 설치할 경우 답단 간격으로 알맞은 것은?

① 30cm 이내
② 40cm 이내
③ 50cm 이내
④ 60cm 이내

120 본 터널(main tunnel)을 시공하기 전에 터널에서 약간 떨어진 곳에 지질조사, 환기, 배수, 운반 등의 상태를 알아보기 위하여 설치하는 터널은?

① 프리패브(prefab) 터널
② 사이드(side) 터널
③ 쉴드(shield) 터널
④ 파일럿(pilot) 터널

2025년 CBT 기출복원문제 정답 및 해설

2025년 2월 7일~3월 4일 CBT 기출복원문제

01	02	03	04	05	06	07	08	09	10	11	12	13	14	15	16	17	18	19	20
①	③	①	④	②	④	③	①	③	③	③	④	④	①	④	③	②	③	②	①
21	22	23	24	25	26	27	28	29	30	31	32	33	34	35	36	37	38	39	40
④	①	③	④	④	③	③	③	②	②	②	④	①	④	②	③	②	②	①	①
41	42	43	44	45	46	47	48	49	50	51	52	53	54	55	56	57	58	59	60
③	①	④	④	④	④	②	③	②	④	③	②	④	④	④	①	①	④	④	④
61	62	63	64	65	66	67	68	69	70	71	72	73	74	75	76	77	78	79	70
①	②	④	②	③	①	①	①	④	②	③	②	②	③	②	②	③	②	②	③
81	82	83	84	85	86	87	88	89	90	91	92	93	94	95	96	97	98	99	100
①	④	①	②	④	④	④	④	①	②	③	②	②	④	②	②	③	①	①	④
101	102	103	104	105	106	107	108	109	110	111	112	113	114	115	116	117	118	119	120
④	②	①	①	③	④	②	②	①	③	③	③	③	③	③	④	①	②	④	③

▎제1과목 : 산업재해 예방 및 안전보건교육

01 ▶ ①

X, Y 이론의 관리처방

X 이론의 관리처방(독재적 리더쉽)	Y 이론의 관리처방(민주적 리더쉽)
① 권위주의적 리더쉽의 확보 ② 경제적 보상체계의 강화 ③ 세밀한 감독과 엄격한 통제 ④ 상부책임제도의 강화(경영자의 간섭) ⑤ 설득, 보상, 벌, 통제에 의한 관리	① 분권화와 권한의 위임 ② 민주적 리더쉽의 확립 ③ 직무 확장 ④ 비공식적 조직의 활용 ⑤ 목표에 의한 관리 ⑥ 자체 평가제도의 활성화 ⑦ 조직목표달성을 위한 자율적인 통제

02 빈출 ▶ ③

안전관리자의 업무(보기 외에)
① 산업안전보건위원회 또는 안전·보건에 관한 노사협의체에서 심의·의결한 업무와 해당 사업장의 안전보건관리규정 및 취업규칙에서 정한 업무
② 안전인증대상 기계 등과 자율안전확인대상 기계 등 구입 시 적격품의 선정에 관한 보좌 및 지도·조언
③ 위험성평가에 관한 보좌 및 조언·지도
④ 산업재해 발생의 원인 조사·분석 및 재발 방지를 위한 기술적 보좌 및 지도·조언

⑤ 법 또는 법에 따른 명령으로 정한 안전에 관한 사항의 이행에 관한 보좌 및 지도·조언
⑥ 업무수행 내용의 기록·유지
⑦ 그 밖에 안전에 관한 사항으로서 고용노동부장관이 정하는 사항

03 ▶ ①

안전교육의 4단계
도입 → 제시 → 적용 → 확인

04 ▶ ④

프레스기의 작업시작 전 점검사항(보기 외에)
① 크랭크축·플라이휠·슬라이드·연결봉 및 연결나사의 풀림 유무
② 1행정 1정지 기구·급정지장치 및 비상정지장치의 기능
③ 슬라이드 또는 칼날에 의한 위험방지 기구의 기능
④ 전단기의 칼날 및 테이블의 상태

05 ▶ ③

작업자의 적성요인은 지능, 성격, 직업흥미, 인성, 학력, 신체조건 등

06 ▶ ④

관리감독자 정기교육 내용(25년 법령 개정내용 적용)
① 산업안전 및 산업재해 예방에 관한 사항(화재·폭발 사고 발생 시 대피에 관한 사항을 포함한다)
② 산업보건 및 건강장해 예방에 관한 사항(폭염·한파작업으로 인한 건강장해 발생 시 응급조치에 관한 사항을 포함한다)
③ 위험성평가에 관한 사항
④ 유해·위험 작업환경 관리에 관한 사항
⑤ 산업안전보건법령 및 산업재해보상보험 제도에 관한 사항
⑥ 직무스트레스 예방 및 관리에 관한 사항
⑦ 직장 내 괴롭힘, 고객의 폭언 등으로 인한 건강장해 예방 및 관리에 관한 사항
⑧ 작업공정의 유해·위험과 재해 예방대책에 관한 사항
⑨ 사업장 내 안전보건관리체제 및 안전·보건조치 현황에 관한 사항
⑩ 표준안전 작업방법 결정 및 지도·감독 요령에 관한 사항
⑪ 현장근로자와의 의사소통능력 및 강의능력 등 안전보건교육 능력 배양에 관한 사항
⑫ 비상시 또는 재해 발생 시 긴급조치에 관한 사항
⑬ 그 밖의 관리감독자의 직무에 관한 사항

07 ▶ ④

안전보건표지의 색채 및 색도기준

색채	색도기준	용도	사용례
빨간색	7.5R 4/14	금지	정지신호, 소화설비 및 그 장소, 유해행위의 금지
		경고	화학물질 취급장소에서의 유해위험 경고
노란색	5Y 8.5/12	경고	화학물질 취급장소에서의 유해위험 경고 이외의 위험경고, 주의표지 또는 기계 방호물
파란색	2.5PB 4/10	지시	특정행위의 지시 및 사실의 고지
녹색	2.5G 4/10	안내	비상구 및 피난소, 사람 또는 차량의 통행표지
흰색	N9.5		파란색 또는 녹색에 대한 보조색
검은색	N0.5		문자 및 빨간색 또는 노란색에 대한 보조색

08 ▶ ③

강도율
① 강도율은 근로시간 1,000시간당 재해에 의해 잃어버린 근로손실일수
② 장해등급에 따른 손실일수는 근로손실일수에 해당되므로 그대로 적용
③ 일시 전노동 불능은 연간 365일을 기준으로 한 것이므로 환산하여 적용
④ 영구 일부노동 불능은 신체장해등급 4급~14급에 해당

09 ▶ ①

브레인스토밍(Brain-storming)의 4원칙
① 비판금지 : 「좋다」 또는 「나쁘다」라고 비판하지 않는다.
② 자유분방 : 자유로운 분위기에서 편안한 마음으로 발표한다.
③ 대량발언 : 내용의 질적인 수준보다 양적으로 많이 발언하는 것에 치중한다.
④ 수정발언 : 타인의 발표내용을 수정하거나 개조하여 관련된 내용을 추가 발표하여도 좋다.

10 ▶ ③

매슬로우(Maslow)의 욕구 5단계
① 1단계 : 생리적 욕구
② 2단계 : 안전의 욕구
③ 3단계 : 사회적 욕구
④ 4단계 : 인정받으려는 욕구
⑤ 5단계 : 자아실현의 욕구

11 ▶ ③

컴퓨터 학습은 교사와 학생 간의 양방향 의사소통이 가능하며, 교사와 학습자가 시간을 효과적으로 이용할 수 있는 것이 장점이다.

12 ▶ ④

산업안전보건위원회 구성위원

구분	산업안전보건위원회 구성위원
사용자 위원	① 당해 사업의 대표자 ② 안전관리자 1명 ③ 보건관리자 1명 ④ 산업보건의(선임되어 있는 경우) ⑤ 해당 사업의 대표자가 지명하는 9명 이내의 해당 사업장 부서의 장
근로자 위원	① 근로자대표 ② 근로자대표가 지명하는 1명 이상의 명예산업안전감독관 ③ 근로자대표가 지명하는 9명 이내의 해당 사업장의 근로자(명예감독관이 근로자위원으로 지명되어 있는 경우 그 수를 제외)

13 ▶ ④

Y-G(矢田部-Guilford) 성격검사
① A형(평균형) : 조화적, 적응적
② B형(우편형) : 정서 불안정, 활동적, 외향적(불안전, 적극형, 부적응)
③ C형(좌편형) : 안정, 소극형(온순, 소극적, 안정, 내향적, 비활동)
④ D형(우하형) : 안정, 적응, 적극형(정서 안정, 활동적, 사회 적응, 대인 관계 양호)
⑤ E형(좌하형) : 불안정, 부적응, 수동형(D형과 반대)

14 ▶ ①

기능적인 이해(Functional understanding)란 「왜 그렇게 하지 않으면 안 되는가」에 대한 충분한 이해가 필요(암기식, 주입식 탈피)한 것으로 기억의 흔적이 강하게 인식될 뿐 아니라 이상발생 시 긴급조치 및 응용동작을 취할 수 있는 등 안전교육에 있어 꼭 필요한 지도원칙에 해당된다.

15 ▶ ④

밀폐된 장소에서 용접작업, 습한 장소에서 전기용접작업 하는 경우(문제의 보기 외에)
① 전격방지 및 보호구 착용에 관한 사항
② 작업환경점검에 관한 사항

tip
폭발 한계점, 발화점 및 인화점 등에 관한 사항은 폭발성·물반응성·자기반응성·자기발열성 물질, 자연발화성 액체·고체 및 인화성 액체의 제조 또는 취급작업에 해당되는 내용이다.

16 빈출 ▶ ③

안전검사의 주기

크레인, 리프트 및 곤돌라	사업장에 설치가 끝난 날부터 3년 이내에 최초 안전검사 실시, 그 이후부터 매 2년마다(건설현장에서 사용하는 것은 최초로 설치한 날부터 매 6개월마다)
그 밖의 유해·위험기계 등	사업장에 설치가 끝난 날부터 3년 이내에 최초 안전검사 실시, 그 이후부터 매 2년마다(공정안전보고서를 제출하여 확인을 받은 압력용기는 4년마다)

17 빈출 ▶ ②

중대재해
① 사망자가 1명 이상 발생한 재해
② 3개월 이상의 요양이 필요한 부상자가 동시에 2명 이상 발생한 재해
③ 부상자 또는 직업성 질병자가 동시에 10명 이상 발생한 재해

18 ▶ ③

시행착오설에 의한 학습법칙
① 연습의 법칙
② 효과의 법칙
③ 준비성의 법칙

19 빈출 ▶ ②

종합재해지수(FSI)
① 재해의 빈도의 다소와 상해의 정도의 강약을 종합하여 나타내는 방식으로 직장과 기업의 성적지표로 사용
② FSI = $\sqrt{도수율(FR) \times 강도율(SR)}$

20 빈출 ▶ ①

인간관계의 메카니즘
① 동일화
② 투사
③ 커뮤니케이션
④ 모방
⑤ 암시

제2과목 : 인간공학 및 위험성 평가·관리

21 빈출 ▶ ④

옥스퍼드(Oxford) 지수
① 습건(WD) 지수라고도 부르며, 습구온도(W)와 건구온도(D)의 가중 평균치로 정의
② WD = 0.85W + 0.15D
   = (0.85×35) + (0.15×30) = 34.25℃

22 ▶ ①

색채는 시각적 암호화이며, 형상, 표면촉감, 크기를 이용한 촉각적 암호화 등이 있다.

23 빈출 ▶ ③

조도와 광도

$$조도 = \frac{광도}{거리^2}$$

① 광도 = 120×5^2 = 3,000cd ② 조도 = $\frac{3,000}{2^2}$ = 750lux

24 ▶ ④

신체활동의 생리학적 측정법

동적 근력작업	에너지 대사량(R.M.R), 산소 섭취량, CO_2 배출량과 호흡량, 심박수, 근전도(E.M.G) 등을 측정
정적 근력 작업	에너지 대사량과 심박수와의 상관관계 또는 시간적 경과, 근전도 등을 측정
신경적 작업	매회 평균 호흡 진폭, 심박수(맥박수), 피부전기반사(G.S.R) 등을 측정
심적 작업	플리커 값 등을 측정

25 ▶ ④

MTBF 분석표, 설비이력카드, 고장원인 대책표 등이 있다.

26 ▶ ③

추천반사율

바닥	가구, 사무용 기기, 책상	창문 발(blind), 벽	천정
20~40%	25~45%	40~60%	80~90%

27 빈출 ▶ ③

시스템의 성능신뢰도
$R_s = 0.8 \times \{1-(1-0.8)(1-0.6)\} \times 0.6 = 0.4416$

28 빈출 ▶ ③

논리기호와 명칭

결함사상	기본사상	생략사상	통상사상
▭	◯	◇	⬡

29 ▶ ②

고장등급의 결정방법(평가요소)
다음의 평가요소 중 선택하여 고장 평점을 계산하고 등급을 결정
C_1 : 기능적 고장의 영향의 중요도
C_2 : 영향을 미치는 시스템의 범위
C_3 : 고장 발생의 빈도
C_4 : 고장 방지의 가능성
C_5 : 신규 설계의 정도

30 ▶ ②

결함수 분석법의 활용 및 기대효과
① 사고원인 규명의 간편화   ② 사고원인 분석의 일반화
③ 사고원인 분석의 정량화   ④ 노력, 시간의 절감
⑤ 시스템의 결함 진단   ⑥ 안전점검표 작성

31 ▶ ②

인간공학의 정의
인간이 편리하게 사용할 수 있도록 기계 설비 및 환경을 인간에 맞추어 설계하는 과정을 인간공학이라 한다(인간의 편리성을 위한 설계).

32 ▶ ④

정보량(H) = {0.5 × log2(1/0.5)} + {0.25 × log2(1/0.25)} + {0.25 × log2(1/0.25)} = 1.5bit

33 빈출 ▶ ①

정량적 평가 항목
① 각 구성요소의 물질
② 화학설비의 용량
③ 온도
④ 압력
⑤ 조작

34 빈출 ▶ ④

청각 장치와 시각 장치의 비교

청각 장치 사용	시각 장치 사용
① 전언이 간단하다.	① 전언이 복잡하다.
② 전언이 짧다.	② 전언이 길다.
③ 전언이 후에 재참조되지 않는다.	③ 전언이 후에 재참조된다.
④ 전언이 시간적 사상을 다룬다.	④ 전언이 공간적인 위치를 다룬다.
⑤ 전언이 즉각적인 행동을 요구한다 (긴급할 때).	⑤ 전언이 즉각적인 행동을 요구하지 않는다.
⑥ 수신장소가 너무 밝거나 암조응유지가 필요하다.	⑥ 수신장소가 너무 시끄럽다.
⑦ 직무상 수신자가 자주 움직인다.	⑦ 직무상 수신자가 한곳에 머문다.
⑧ 수신자가 시각계통이 과부하상태이다.	⑧ 수신자의 청각 계통이 과부하상태이다.

35 ▶ ②

제출서류는 작업시작 15일 전까지 공단에 2부를 제출하여야 하며, 건설업에 해당하는 대상 사업장일 경우 공사착공 전날까지 공단에 2부를 제출한다.

36 빈출 ▶ ③

기계가 인간보다 우수한 기능
① 여러 개의 프로그램된 활동 동시 수행
② 과부하 상태에서도 효율적으로 작동
③ 주위가 소란해도 효율적으로 작동

37 ▶ ②

시간가중평균(TWA)
① 노출소음량 : $\frac{5.33}{4} \times 100 = 133.333\%$

② TWA[dB(A)] = $90 + 16.61\log(\frac{133.33}{100})$ = 92.07342

38 ▶ ②

정신적 작업부하에 관한 생리적 측정치
① 부정맥지수
② 점멸융합주파수
③ 기타 정신부하에 관한 생리적 측정치(눈꺼풀의 깜박임율, 동공지름, 뇌파도 등)

tip
정신작업 부하의 측정
① 주(主)임무 측정   ② 부(副)임무 측정
③ 생리적 척도   ④ 주관적 척도

39 ▶ ①

발생이 불가능하거나 전혀 발생하지 않는(impossible) : 10^{-8}/day

40 ▶ ①

사정효과(range effect)
① 보지 않고 손을 움직일 경우 짧은 거리는 지나치고 긴 거리는 못미치는 경향
② 작은 오차에는 과잉반응하고 큰 오차에는 과소반응

▌제3과목 : 기계 · 기구 및 설비 안전 관리

41 ▶ ③

비파괴 시험
① 육안검사
② 방사선 투과 시험
③ 초음파 탐상검사
④ 액체침투 탐상시험
⑤ 자분 탐상시험

42 ▶ ①

분할날의 설치기준
① 분할날의 두께는 둥근톱 두께의 1.1배 이상이어야 한다.
$1.1t_1 \leq t_2 < b$ (t_1 : 톱두께, t_2 : 분할날 두께, b : 치진폭)
② 견고히 고정할 수 있으며 분할날과 톱날 원주면과의 거리는 12mm 이내로 조정, 유지할 수 있어야 하고 표준 테이블면 상의 톱 뒷날의 2/3 이상을 덮도록 하여야 한다.

43 빈출 ▶ ④

수인식(Pull out)
① 확동식 클러치를 갖는 크랭크 프레스기에 적합
② 작업자의 손과 수인기구가 슬라이드와 직결되어 연속낙하로 인한 재해방지
③ SPM 100 이하, 행정길이 50mm 이상 프레스에 사용가능

44 ▶ ④

아세틸렌 발생기의 종류

주수식 발생기	카바이드에 물을 작용시키는 방식
투입식 발생기	다량의 물에 카바이드를 소량 투하하는 방식
침지식 발생기	카바이드통에 든 카바이드가 수실의 물에 잠겨서 발생시키는 방식

45 ▶ ④

동력식 수동대패기계의 방호장치는 날접촉 방지장치이다.

46 빈출 ▶ ④

급정지 기구에 따른 방호장치

급정지 기구가 부착되어 있어야만 유효한 방호장치	① 양수조작식 방호장치 ② 광전자식 방호장치
급정지 기구가 부착되어 있지 않아도 유효한 방호장치	① 양수기동식 방호장치 ② 가드식 방호장치 ③ 수인식 방호장치 ④ 손쳐내기식 방호장치

47 ▶ ②

허용응력

안전계수 = $\dfrac{인장강도}{허용응력}$

허용응력 = $\dfrac{350 \times 10^6}{4} \times 10^{-6} = 87.5 \text{N/mm}^2$

48 ▶ ③

슬링 와이어로프의 한 가닥에 걸리는 하중

하중 = $\dfrac{화물의\ 무게(W_1)}{2} \div \cos\dfrac{\theta}{2} = \dfrac{50°}{2} \div \cos\dfrac{60°}{2} = 28.868\text{kN}$

49 ▶ ②

소음계는 소음측정 기능을 기본으로 주파수분석기능, 특정소음에 대한 녹음기능, 건축음향 측정, 풍향, 풍속 등의 다양한 측정과 분석이 가능하다.

50 빈출 ▶ ③

와이어로프의 꼬임

구분	보통꼬임(Ordinary lay)	랭꼬임(Lang's lay)
개념	스트랜드의 꼬임 방향과 로프의 꼬임방향이 반대로 된 것	스트랜드의 꼬임방향과 로프의 꼬임방향이 동일한 것
특성	① 소선의 외부길이가 짧아 쉽게 마모 ② 킹크가 잘 생기지 않으며 로프 자체변형이 적음 ③ 하중에 대한 큰 저항성 ④ 선박, 육상 등에 많이 사용되며, 취급이 용이	① 소선과 외부의 접촉길이가 보통 꼬임에 비해 김 ② 꼬임이 풀리기 쉽고, 킹크가 생기기 쉬움 ③ 내마모성, 유연성, 내피로성이 우수

51 ▶ ③

구내운반차의 준수사항
① 주행을 제동하거나 정지상태를 유지하기 위하여 유효한 제동장치를 갖출 것
② 경음기를 갖출 것
③ 운전자석이 차 실내에 있는 것은 좌우에 한 개씩 방향지시기를 갖출 것
④ 전조등과 후미등을 갖출 것(작업을 안전하게 하기 위하여 필요한 조명이 있는 장소에서 사용하는 구내운반차는 제외)
⑤ 구내운반차가 후진 중에 주변의 근로자 또는 차량계하역운반기계 등과 충돌할 위험이 있는 경우에는 구내운반차에 후진경보기와 경광등을 설치할 것

52 ▶ ②

광전자식(감응형)
① 슬라이드 하강 중 신체의 접근을 검출기구가 감지하여 슬라이드를 정지시키는 방식
② 시계가 차단되지 않아 양호하지만 마찰식(friction) 클러치에만 사용 가능하므로 확동식 클러치를 갖는 크랭크 프레스에는 부적합

53 빈출 ▶ ④

칩 브레이커
길게 형성되는 절삭 칩을 바이트를 사용하여 절단해주는 선반의 방호장치

54 ▶ ③

가스 용기 취급 시 준수사항에서 용기의 온도를 섭씨 40도 이하로 유지해야 하며, 용해아세틸렌의 용기는 세워서 사용해야 한다.

55 ▶ ④

프레스 작업시작 전 점검사항
① 클러치 및 브레이크의 기능
② 크랭크축·플라이휠·슬라이드·연결봉 및 연결나사의 풀림 유무
③ 1행정 1정지기구·급정지장치 및 비상정지장치의 기능
④ 슬라이드 또는 칼날에 의한 위험방지 기구의 기능
⑤ 프레스의 금형 및 고정볼트 상태
⑥ 방호장치의 기능
⑦ 전단기의 칼날 및 테이블의 상태

56 빈출 ▶ ④

양수조작식 방호장치의 각 누름버튼 상호 간 내측거리는 300mm 이상이어야 한다.

57 ▶ ①

비파괴 시험
① 육안검사
② 방사선 투과 시험
③ 초음파 탐상검사
④ 액체침투 탐상 시험
⑤ 자분 탐상 시험 등

tip
인장 시험은 재료에 인장력을 가해 항복점, 인장강도 등의 기계적 성질을 조사하는 파괴시험에 해당된다.

58 빈출 ▶ ①

끼임점(Shear-point)
고정부분과 회전 또는 직선운동 부분에 의해 형성
① 연삭숫돌과 작업대
② 반복 동작되는 링크기구
③ 교반기의 교반날개와 몸체 사이

59 ▶ ④

안전블록
프레스 등의 금형을 부착, 해체, 조정작업 시 슬라이드의 불시하강 방지를 위해 설치

60 ▶ ④

일감의 치수 측정, 주유 및 청소 시에는 반드시 기계를 정지시켜야 한다.

제4과목 : 전기설비 안전 관리

61 ▶ ①

정전 에너지

$$E = \frac{1}{2}CV^2 = \frac{1}{2} \times 20 \times 10^{-6} \times 2{,}000^2 = 40(J)$$

62 ▶ ②

접지 저항 구성요소
① 대지저항(접지전극 주위의 토양성분의 저항)
② 접촉저항(접지전극 표면과 접하는 토양 사이의 접촉 저항)
③ 접지전극의 도체저항
④ 접지선의 저항

63 ▶ ①

공기 중의 상대습도를 60~70% 정도 유지하면 정전기가 제거된다.

64 ▶ ③

접합면은 전기도금을 할 수 있다. 다만, 도금층 두께가 0.008mm를 초과하지 않아야 한다.

65 ▶ ③

T파는 심실 수축 말기(종료 후)에 일어나는 재분극에 의해 형성되며, 전격에 의한 심실세동 확률이 가장 높다.

66 빈출 ▶ ④

자동전격방지기
교류 아크 용접기의 자동전격방지기는 아크 발생을 중지하였을 때 지동시간이 1.0초 이내에 2차 무부하 전압을 25V 이하로 감압시켜 안전을 유지할 수 있어야 한다.

67 빈출 ▶ ①

허용 접촉전압

종 별	접 촉 상 태	허용접촉전압
제1종	인체의 대부분이 수중에 있는 경우	2.5V 이하
제2종	• 인체가 현저하게 젖어있는 경우 • 금속성의 전기기계장치나 구조물에 인체의 일부가 상시 접촉되어 있는 경우	25V 이하
제3종	제1종, 제2종 이외의 경우로 통상의 인체상태에 있어서 접촉전압이 가해지면 위험성이 높은 경우	50V 이하
제4종	• 제1종, 제2종 이외의 경우로 통상의 인체상태에 있어서 접촉전압이 가해지더라도 위험성이 낮은 경우 • 접촉전압이 가해질 우려가 없는 경우	제한없음

68 빈출 ▶ ①

안전전압이란 인체에 위험을 주지 않을 정도의 낮은 전압을 말하며, 우리나라는 30V로 규정하고 있다.

69 빈출 ▶ ④

단로기 사용방법
① 단로기를 끊을 경우 : 차단기를 개로한 후에 끊는다.
② 단로기를 넣을 경우 : 차단기를 폐로하기 전에 넣는다.

70 빈출 ▶ ②

안전간극(화염일주한계)
화염이 틈새를 통하여 바깥쪽의 폭발성 가스에 전달되지 않는 한계의 틈새

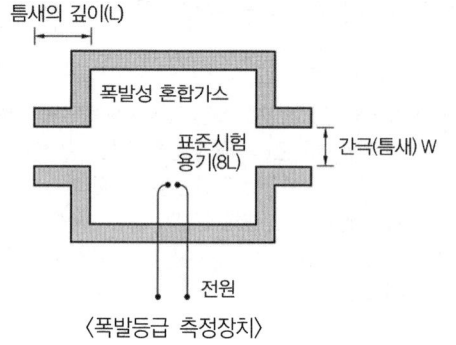

〈폭발등급 측정장치〉

71 빈출 ▶ ②

전로 차단 절차(정전작업)
① 전기기기 등에 공급되는 모든 전원을 관련 도면, 배선도 등으로 확인할 것
② 전원을 차단한 후 각 단로기 등을 개방하고 확인할 것
③ 차단장치나 단로기 등에 잠금장치 및 꼬리표를 부착할 것
④ 개로된 전로에서 유도전압 또는 전기에너지가 축적되어 근로자에게 전기위험을 끼칠 수 있는 전기기기 등은 접촉하기 전에 잔류전하를 완전히 방전시킬 것
⑤ 검전기를 이용하여 작업 대상 기기가 충전되었는지를 확인할 것
⑥ 전기기기 등이 다른 노출 충전부와의 접촉, 유도 또는 예비동력원의 역송전 등으로 전압이 발생할 우려가 있는 경우에는 충분한 용량을 가진 단락 접지기구를 이용하여 접지할 것

72 ▶ ③
감전보호용 누전차단기
전기기계·기구에 접속되어 있는 누전차단기는 정격감도전류가 30밀리암페어 이하이고 작동시간은 0.03초 이내일 것(다만, 정격전부하전류가 50암페어 이상인 전기기계·기구에 접속되는 누전차단기는 오작동을 방지하기 위하여 정격감도전류는 200밀리암페어 이하로, 작동시간은 0.1초 이내로 할 수 있다.)

73 ▶ ②
저압전로의 절연성능

전로의 사용전압(V)	DC 시험전압(V)	절연저항(MΩ 이상)
SELV 및 PELV	250	0.5
FELV, 500V 이하	500	1.0
500V 초과	1,000	1.0

74 ▶ ②
자동전격방지기의 설치방법
① 직각으로 부착할 것(부득이할 경우 직각에서 20°를 넘지 않을 것)
② 용접기의 이동·진동·충격으로 이완되지 않도록 이완 방지 조치를 취할 것
③ 전방 장치의 작동 상태를 알기 위한 표시등은 보기 쉬운 곳에 설치할 것
④ 전방 장치의 작동 상태를 실험하기 위한 테스트 스위치는 조작하기 쉬운 곳에 설치할 것

75 ▶ ③
절연계급
① Y종 : 90℃ 이내
② A종 : 105℃ 이내
③ E종 : 120℃ 이내
④ B종 : 130℃ 이내

76 ▶ ③
내압 방폭구조(d)
① 용기내부에서 폭발성 가스 또는 증기가 폭발하였을 때 용기가 그 압력에 견디며 또한 접합면, 개구부 등을 통하여 외부의 폭발성 가스 증기에 인화되지 않도록 한 구조
② 전폐형으로 내부에서의 가스등의 폭발압력에 견디고 그 주위의 폭발 분위기하의 가스등에 점화되지 않도록 하는 방폭구조
③ 폭발 후에는 크레아런스가 있어 고온의 가스를 서서히 방출시킴으로 냉각

77 ▶ ③
접지의 목적
① 설비의 절연물이 열화, 손상되었을 경우 발생할 수 있는 누설전류에 의한 감전방지
② 고압 및 저압의 혼촉사고 발생 시 인간에게 위험을 줄 수 있는 전류를 대지로 흘려보냄으로써 감전방지
③ 낙뢰에 의한 감전 및 피해방지
④ 송배전선, 고전압모선 등에서 지락사고의 발생 시 보호계전기를 신속하게 동작
⑤ 송배전 선로의 지락사고 발생 시 대지전위의 상승억제 및 절연강도 경감

78 ▶ ②
접지를 하지 않아도 되는 안전한 부분
① 「전기용품 및 생활용품 안전관리법」이 적용되는 이중절연 또는 이와 같은 수준 이상으로 보호되는 구조로 된 전기기계·기구
② 절연대 위 등과 같이 감전 위험이 없는 장소에서 사용하는 전기기계·기구
③ 비접지방식의 전로(그 전기기계·기구의 전원측의 전로에 설치한 절연변압기의 2차전압이 300볼트 이하, 정격용량이 3킬로볼트암페어 이하이고 그 절연변압기의 부하측의 전로가 접지되어 있지 아니한 것)에 접속하여 사용되는 전기기계·기구

79 ▶ ②
욕조나 샤워시설이 있는 욕실 또는 화장실 등 인체가 물에 젖어있는 상태에서 전기를 사용하는 장소에 콘센트를 시설하는 경우에는 인체감전보호용 누전차단기(정격감도전류 15 mA 이하, 동작시간 0.03초 이하의 전류동작형의 것) 또는 절연변압기(정격용량 3 kVA 이하인 것)로 보호된 전로에 접속하거나, 인체감전보호용 누전차단기가 부착된 콘센트를 시설하여야 한다.

80 ▶ ③
개폐기를 불연성의 외함내에 내장하거나 통형 퓨즈 등을 사용해야 한다.

제5과목 : 화학설비 안전 관리

81 ▶ ①
가연물의 공급차단은 연소의 3요소 중 가연물을 제거함으로 소화하는 제거소화에 해당된다.

82 ▶ ④

물질안전보건자료의 작성·제출 제외 대상 화학물질
① 「원자력안전법」에 따른 방사성 물질
② 「생활주변방사선 안전관리법」에 따른 원료물질
③ 「약사법」에 따라 품목허가 또는 품목신고를 받은 의약품·의약외품
④ 「화장품법」에 따른 화장품
⑤ 「마약류 관리에 관한 법률」에 따른 마약 및 향정신성의약품
⑥ 「농약관리법」에 따른 농약
⑦ 「사료관리법」에 따른 사료
⑧ 「비료관리법」에 따른 비료
⑨ 「식품위생법」에 따른 식품 및 식품첨가물
⑩ 「총포·도검·화약류 등의 안전관리에 관한 법률」에 따른 화약류
⑪ 「폐기물관리법」에 따른 폐기물
⑫ 「의료기기법」에 따른 의료기기
⑬ 「건강기능식품에 관한 법률」에 따른 건강기능식품
⑭ 「위생용품 관리법」에 따른 위생용품
⑮ 「생활화학제품 및 살생물질의 안전관리에 관한 법률」에 따른 생활화학제품

83 ▶ ①

②, ③, ④는 화학설비에 해당되는 내용이다.

84 ▶ ④

포종
증류탑에서 증기와 액체의 접촉을 좋게 하는 것으로 증기를 거품상으로 분산시키기 위해 설치되어 있는 것

85 ▶ ③

물과 반응하여 가연성 가스를 발생하는 3류 위험물에는 칼륨, 나트륨, 알킬알루미늄 등이 있다.

86 ▶ ④

최소산소농도(MOC)
$C_3H_8 + 5O_2 \rightarrow 3CO_2 + 4H_2O$이므로
MOC = LFL × 산소의 화학양론계수 = 2.2 × 5 = 11.0(vol%)

87 ▶ ④

유기과산화물
① 과산화벤조일(BenzoylPeroxide)
② 과산화메틸에틸케톤(Methyl Ethyl KetonePeroxide) 등

88 ▶ ②

인화점이 낮을수록 위험한 물질이지만, 인화점이 낮은 물질이 반드시 착화점도 낮은 것은 아니다.

89 ▶ ③

산소농도를 연속적으로 감시하여 최소산소농도 이상인 경우 불활성 가스를 서서히 주입하여 산소농도를 최소산소농도 이하가 되도록 하여야 한다.

90 ▶ ④

이황화탄소
① 매우 강한 독성을 가진 화합물 중 하나이며, 인화점이 매우 낮고, 발화 범위가 매우 넓다.
② 다량일 경우 물속에 보관하는 것이 안전하다.

91 ▶ ②

폭발의 분류(물리적 상태)
① 기상폭발 : 가스폭발, 분무폭발, 분진폭발, 가스분해폭발
② 응상폭발 : 수증기폭발, 증기폭발 등

92 ▶ ①

통기설비 및 화염방지기 설치
① 인화성 액체를 저장·취급하는 대기압 탱크에는 통기관 또는 통기밸브(breather valve) 설치
② 인화성 액체 및 인화성 가스를 저장 취급하는 화학설비에서 증기나 가스를 대기로 방출하는 경우에는 외부로부터의 화염을 방지하기 위하여 그 설비상단에 화염방지기 설치

93 빈출 ▶ ④

플레임 어레스터(flame arrester)
가연성 증기가 발생하는 유류저장 탱크에서 증기를 방출하거나 외기를 흡입하는 부분에 설치하는 안전장치로서 화염의 차단을 목적으로 하며 40mesh 이상의 가는 눈금의 금망이 여러 개 겹쳐져 있다.

94 ▶ ②

수소(Hydrogen)는 주기율표의 가장 첫 번째 위치하는 화학 원소로(원자번호 1), 표준 원자량은 1.008로 알려진 원소 중에 가장 가볍고 전 우주를 통틀어서 가장 많은 양을 차지하고 있는 것으로 알려져 있다.

95 ▶ ②

안전간극(화염일주한계)
화염이 틈새를 통하여 바깥쪽의 폭발성 가스에 전달되지 않는 한계의 틈새

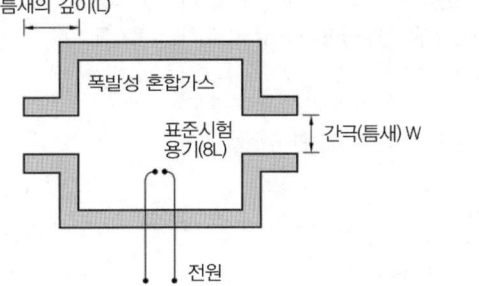

96 ▶ ③

제3종 분말소화약제
① 인산암모늄은 ABC소화제라 하며 부착성이 좋은 메타인산을 만들어 다른 소화분말보다 30% 이상 소화능력이 향상
② 제3종 분말은 HPO_3(메타인산)이 발생하여 부착력이 매우 우수해 일반가연물에 달라붙어 열분해를 막기 때문에 A급 화재에도 가능

97 ▶ ②

안전밸브의 검사주기
① 화학공정 유체와 안전밸브의 디스크 또는 시트가 직접접촉이 가능하도록 설치된 경우 : 2년마다 1회 이상
② 안전밸브 전단에 파열판이 설치된 경우 : 3년마다 1회 이상
③ 공정안전보고서 이행상태 평가결과가 우수한 사업장의 안전밸브의 경우 : 4년마다 1회 이상

98 ▶ ①

위험물의 종류
① 과염소산, 과산화수소 : 산화성 액체(6류 위험물)
② 과산화벤조일 : 자기반응성물질(5류 위험물)

99 ▶ ①

분진폭발 위험장소

분류	적요
20종 장소	분진운 형태의 가연성 분진이 폭발농도를 형성할 정도로 충분한 양이 정상작동 중에 연속적으로 또는 자주 존재하거나, 제어할 수 없을 정도의 양 및 두께의 분진층이 형성될 수 있는 장소
21종 장소	20종 장소 외의 장소로서, 분진운 형태의 가연성 분진이 폭발농도를 형성할 정도의 충분한 양이 정상작동 중에 존재할 수 있는 장소
22종 장소	21종 장소 외의 장소로서, 가연성 분진운 형태가 드물게 발생 또는 단기간 존재할 우려가 있거나, 이상작동 상태하에서 가연성 분진층이 형성될 수 있는 장소

100 ▶ ④

질식소화
가연물이 있는 용기 또는 장소를 기계적으로 밀폐하여 공기의 공급을 차단하거나 타고 있는 액체나 고체의 표면을 거품 또는 불연성 액체로 피복하여 연소에 필요한 공기의 공급을 차단시키는 소화방법

제6과목 : 건설공사 안전 관리

101 ▶ ④

모터 그레이더(자주식 그레이더)
끝마무리 작업, 정지작업에 유효 : 전륜을 기울게 할 수 있어 비탈면 고르기 작업도 가능

102 ▶ ②

작업용 섬유로프와 구명줄은 다른 고정점에 결속되도록 할 것

103 ▶ ①

측압이 커지는 조건(보기 외에)
① 철골, 철근량이 적을수록
② 콘크리트 슬럼프치가 클수록
③ 콘크리트 시공연도가 좋을수록
④ 다짐이 충분할수록

104 ▶ ①

투수계수
① 이 값이 작을수록 물이 토양층을 통과하기 어렵다는 것을 나타낸다.
② 공극비가 클수록 투수계수는 크다.

105 ▶ ③

운반하역작업 시 걸이작업 준수사항
① 와이어로프 등은 크레인의 후크 중심에 걸어야 한다.
② 인양 물체의 안정을 위하여 2줄 걸이 이상을 사용하여야 한다.
③ 밑에 있는 물체를 걸고자 할 때에는 위의 물체를 제거한 후에 행하여야 한다.
④ 매다는 각도는 60도 이내로 하여야 한다.
⑤ 근로자를 매달린 물체 위에 탑승시키지 않아야 한다.

106 ▶ ④

동바리로 사용하는 파이프서포트를 3개 이상 이어서 사용하지 않도록 할 것

107 ▶ ②
건설업 안전관리자 선임
공사금액 800억원 이상 또는 상시근로자 600명 이상 : 2명 이상(공사금액 800억원을 기준으로 700억원이 증가할 때마다 또는 상시근로자 600명을 기준으로 300명이 추가될 때마다 1명씩 추가한다)

108 빈출 ▶ ②
300톤급 이상의 선박에서 하역작업 시 승강설비(현문 사다리 및 안전망) 설치

109 빈출 ▶ ①
차량계 하역운반기계 등에 화물을 적재하는 경우에는 하중이 한쪽으로 치우치지 않도록 적재할 것

110 빈출 ▶ ③
지주부재의 하단에는 미끄럼방지장치를 하고, 양측 끝부분에 올라서서 작업하지 않도록 할 것

111 빈출 ▶ ③
유해위험 방지계획서를 제출해야 될 대상 건설업(2021년 법령개정 내용 적용)
① 다음의 어느 하나에 해당하는 건축물 또는 시설 등의 건설, 개조 또는 해체공사
  ㉠ 지상 높이가 31미터 이상인 건축물 또는 인공구조물
  ㉡ 연면적 3만제곱미터 이상인 건축물
  ㉢ 연면적 5천제곱미터 이상인 시설로서 다음의 어느 하나에 해당하는 시설
    ㉮ 문화 및 집회시설   ㉯ 판매시설, 운수시설
    ㉰ 종교시설   ㉱ 의료시설 중 종합병원
    ㉲ 숙박시설 중 관광숙박시설 ㉳ 지하도 상가
    ㉴ 냉동, 냉장 창고시설
② 최대 지간 길이가 50미터 이상인 다리의 건설 등 공사
③ 연면적 5천 제곱미터 이상인 냉동, 냉장창고 시설의 설비공사 및 단열공사
④ 다목적댐, 발전용댐, 저수용량 2천만톤 이상의 용수전용댐 및 지방상수도 전용댐의 건설 등 공사
⑤ 터널의 건설 등 공사
⑥ 깊이 10미터 이상인 굴착 공사

112 ▶ ③
외압(강풍에 의한 풍압)에 대한 내력 설계 확인 구조물
① 높이 20m 이상 구조물
② 구조물 폭과 높이의 비가 1 : 4 이상인 구조물
③ 연면적당 철골량이 50kg/m² 이하인 구조물
④ 단면 구조에 현저한 차이가 있는 구조물
⑤ 기둥이 타이 플레이트형인 구조물
⑥ 이음부가 현장 용접인 구조물

113 ▶ ③
안전망 인장강도

그물코의 크기 (단위 : 센티미터)	방망의 종류(단위 : 킬로그램)			
	매듭 없는 방망		매듭 방망	
	신품	폐기 시	신품	폐기 시
10	240	150	200	135
5			110	60

114 빈출 ▶ ③
계단의 안전

계단 및 계단참의 강도	① 매 제곱미터당 500킬로그램 이상의 하중에 견딜 수 있는 강도를 가진 구조로 설치 ② 안전율은 4 이상
계단의 폭	폭은 1미터 이상이며 손잡이 외 다른 물건 설치, 적재 금지
계단참의 높이	높이가 3미터를 초과하는 계단에 높이 3미터 이내마다 진행방향으로 길이 1.2미터 이상의 계단참 설치
천장의 높이	바닥면으로부터 높이 2미터 이내의 공간에 장애물이 없을 것
계단의 난간	높이 1미터 이상인 계단의 개방된 측면에 안전난간 설치

115 ▶ ④
비탈면 보호공법
① 식생공법, 구조물 보호공, 응급대책(배수공법, 배토공법, 압성토공법), 항구대책(옹벽공법) 등이 있다.
② 압성토공법은 비탈면의 붕괴를 방지하기 위해 비탈면 하단에 일정한 폭과 높이로 성토하여 비탈면을 보호하는 공법을 말한다.

116 빈출 ▶ ②
공사진척에 따른 안전관리비 사용기준

공정율	50% 이상 70% 미만	70% 이상 90% 미만	90% 이상
사용기준	50% 이상	70% 이상	90% 이상

117 ▶ ④
작업발판은 폭을 40센티미터 이상으로 하고 틈새가 없도록 할 것

118 ▶ ②
비탈면 보호공법

식생 공법	떼붙임공, 식생공, 식수공, 파종공
구조물 보호공	블록(돌)붙임공, 블록(돌)쌓기공, 콘크리트블럭 격자공, 뿜어붙이기공

119 빈출 ▶ ④
철골작업 시 작업의 제한
① 풍속 : 초당 10m 이상인 경우
② 강우량 : 시간당 1mm 이상인 경우
③ 강설량 : 시간당 1cm 이상인 경우

120 빈출 ▶ ③
비계기둥 최고부로부터(아래 방향으로) 31m 되는 지점 밑부분의 비계기둥은 2본의 강관으로 묶어세울 것

2025년 5월 10일~5월 30일 CBT 기출복원문제

01	02	03	04	05	06	07	08	09	10	11	12	13	14	15	16	17	18	19	20
④	③	④	③	③	④	①	①	③	④	①	④	④	④	③	②	①	②	③	②
21	22	23	24	25	26	27	28	29	30	31	32	33	34	35	36	37	38	39	40
②	③	③	①	③	①	②	④	②	④	②	②	④	④	②	①	②	④	②	②
41	42	43	44	45	46	47	48	49	50	51	52	53	54	55	56	57	58	59	60
④	①	②	②	③	②	②	①	①	②	②	③	①	②	②	①	②	③	③	④
61	62	63	64	65	66	67	68	69	70	71	72	73	74	75	76	77	78	79	70
④	①	①	①	③	②	③	②	③	③	③	②	③	①	②	②	②	①	②	③
81	82	83	84	85	86	87	88	89	90	91	92	93	94	95	96	97	98	99	100
③	②	③	②	②	③	①	②	④	①	④	①	①	①	①	①	④	④	①	①
101	102	103	104	105	106	107	108	109	110	111	112	113	114	115	116	117	118	119	120
②	④	③	③	④	①	①	④	①	③	③	①	③	②	②	①	①	①	②	③

제1과목 : 산업재해 예방 및 안전보건교육

01 ▶ ④
작업장 내에서 사용되는 전체 환기 장치 및 국소 배기장치 등에 관한 설비의 점검과 작업방법의 공학적 개선에 관한 보좌 및 지도·조언은 보건관리자의 업무에 해당되는 내용

02 ▶ ③
재해발생에 관한 이론
① 버드의 법칙
  1[중상 또는 폐질] : 10[경상(물적,인적상해)] : 30[무상해사고(물적손실)] : 600[무상해, 무사고고장(위험순간)]
② 무상해, 무사고(위험순간) = $\frac{20}{10} \times 600 = 1,200$

03 ▶ ④
기계·기구의 위험성과 작업의 순서 및 동선에 관한 사항은 채용 시 교육 및 작업내용 변경 시 교육 내용

04 ▶ ③
산소농도 18% 미만인 상태를 산소결핍이라 하며 반드시 송기마스크 등의 보호구를 착용해야 한다. 방진마스크와 방독마스크는 반드시 산소농도 18% 이상에서만 착용가능하다.

05 ▶ ③
기인물과 가해물
① 기인물 : 재해발생의 주원인이며 재해를 가져오게 한 근원이 되는 기계, 장치, 물(物) 또는 환경 등(불안전 상태)
② 가해물 : 직접 사람에게 접촉하여 피해를 주는 기계, 장치, 물(物) 또는 환경 등

06 ▶ ④
직접비와 간접비

직접비(법적으로 지급되는 산재보상비)	간접비(직접비 제외한 모든 비용)
요양급여, 휴업급여, 장해급여, 간병급여, 유족급여, 직업재활급여, 상병보상연금, 장례비 등	인적손실, 물적손실, 생산손실, 임금손실, 시간손실, 신규채용비용, 기타손실 등

07 ▶ ①
1인 위험예지훈련
① 위험요인에 대한 감수성을 향상시키기 위해 원포인트 및 삼각위험예지 훈련을 통합한 활용기법
② 한 사람 한 사람이 같은 도해로 4라운드까지 1인 위험예지훈련을 실시한 후 리더의 사회로 결과에 대하여 서로 발표하고 토론함으로써 위험요소를 발견·파악 후 해결능력을 향상시키는 훈련

08 ▶ ①

방진마스크의 성능기준(포집효율)

종류	등급	염화나트륨(NaCl) 및 파라핀오일(Paraffin oil) 시험(%)
분리식	특급	99.95% 이상
	1급	94.0% 이상
	2급	80.0% 이상
안면부여과식	특급	99.0% 이상
	1급	94.0% 이상
	2급	80.0% 이상

09 ▶ ③

호흡용 보호구의 사용기준

방진마스크는 산소농도가 18% 이상인 장소에서 사용하여야 하며, 산소결핍장소에서는 송기마스크를 착용해야 한다.

10 ▶ ④

강의식의 장·단점

장점	① 가장 오래된 전통 교수방법으로 안전지식의 전달방법으로 유용하다. ② 집단적 지도법으로 많은 인원을 단시간에 교육할 수 있으며, 교육내용이 많을 경우에 효율적인 방법이다. ③ 적절한 학습기자재의 활용은 동기유발 및 교과과정의 이해력을 높일 수 있다. ④ 새로운 지식에 대한 체계적인 교육과 개념정리에 유리하다.
단점	① 교육대상자가 어느 정도 지식을 갖고 있는 경우 효과를 기대하기 힘들다. ② 교사 중심으로 진행되어 수강자는 완전히 수동적인 입장이며 참여가 제약된다. ③ 수강자의 학습 진척 상황이나 성취정도를 점검하기 곤란하다. ④ 교재 위주의 교육으로 현실과 무관한 지식의 암기에 그치기 쉽다.

11 빈출 ▶ ①

적응기제의 기본유형

공격적 행동	책임전가, 폭행, 폭언 등
도피적 행동	퇴행, 억압, 고립, 백일몽 등
방어적 행동	승화, 보상, 합리화, 동일시, 반동형성, 투사 등

12 ▶ ④

부주의 현상

의식의 단절(중단)	의식수준 제0단계(phase 0)의 상태(특수한 질병의 경우)
의식의 우회	의식수준 제0단계(phase 0)의 상태(걱정, 고뇌, 욕구만 등)
의식수준의 저하	의식수준 제1단계(phase I) 이하의 상태(심신 피로 또는 단조로운 작업시)
의식의 혼란	외적 조건의 문제로 의식이 혼란되고 분산되어 작업에 잠재된 위험요인에 대응할 수 없는 상태(자극이 애매모호하거나, 너무 강하거나 약할 때)
의식의 과잉	의식수준이 제4단계(phase IV)인 상태(돌발사태 및 긴급 이상사태로 주의의 일점 집중현상 발생)

13 ▶ ④

경고표지(기본모형이 마름모 형태)

201 인화성 물질 경고	202 산화성 물질 경고	203 폭발성 물질 경고
204 급성 독성 물질 경고	205 부식성 물질 경고	213 발암성·변이원성·생식독성·전신독성·호흡기 과민성 물질 경고

tip
나머지 경고표지는 기본모형이 삼각형이고 검은색이며, 바탕은 노란색, 관련 부호 및 그림은 검은색

14 ▶ ④

하인리히의 재해발생이론

재해의 발생 = 물적불안전상태 + 인적불안전상태 + α
　　　　　 = 설비적 결함 + 관리적 결함 + α

α : 잠재된 위험의 상태(potential) = 재해

15 ▶ ③

허즈버그의 동기위생 이론

① 위생요인 : 조직의 정책과 방침, 작업조건, 대인관계, 임금, 신분, 감독 등
② 동기요인 : 직무상의 성취, 인정, 성장 또는 발전, 책임감, 도전, 직무내용 자체 등

16 빈출 ▶ ②

부식성 물질 경고표지는 바탕은 무색, 기본모형은 빨간색, 관련부호 및 그림은 검은색으로 화학물질 취급장소에서의 유해·위험 경고에 해당된다.

17 ▶ ①

재해 통계 도표

파레토도	관리 대상이 많은 경우 최소의 노력으로 최대의 효과를 얻을 수 있는 방법(분류항목을 큰 값에서 작은 값 순서로 도표화하는 데 편리)
특성요인도	특성과 요인관계를 어골상으로 세분하여 연쇄관계를 나타내는 방법(원인요소와의 관계를 상호 인과관계만으로 결부)
크로스분석	두 가지 또는 그 이상의 요인이 서로 밀접한 상호관계를 유지할 때 사용되는 방법
관리도	재해 발생건수 등의 추이파악 → 목표관리 행하는 데 필요한 월별 재해 발생 수의 그래프화 → 관리 구역 설정 → 관리하는 방법

18 ▶ ②

헤드십과 리더십의 구분

구분	권한부여 및 행사	권한 근거	상관과 부하와의 관계 및 책임귀속	부하와의 사회적 간격	지휘 형태
헤드십	• 위에서 위임하여 임명 • 임명된 헤드	법적 또는 공식적	지배적 상사	넓다	권위주의적
리더십	• 아래로부터의 동의에 의한 선출 • 선출된 리더	개인능력	개인적인 영향 상사와 부하	좁다	민주주의적

19 ▶ ③

학습지도의 원리
① 개별화의 원리 : 학습자의 요구 및 능력 등의 개인차에 맞도록 지도해야 한다는 원리
② 그 밖에 자발성의 원리, 사회화의 원리, 통합의 원리, 직관의 원리, 목적의 원리

20 ▶ ②

기능교육은 교육대상자가 스스로 행하는 반복적 시행착오에 의해서만 얻어진다.

제2과목 : 인간공학 및 위험성 평가·관리

21 ▶ ②

작업분석(작업방법의 개선원칙)
① Eliminate(제거)
② Combine(결합)
③ Rearrange(재조정)
④ Simplify(단순화)

22 ▶ ③

패스셋(path set)
그 안에 포함되는 모든 기본사상이 일어나지 않을 때 처음으로 정상사상이 일어나지 않는 기본사상의 집합으로 결함(고장)이 발생하지 않는 사상의 조합을 말한다.

23 ▶ ③

고령자의 정보처리 과업을 설계할 경우에는 시분할 요구량을 줄여서 기능을 단순화시켜야 한다.

24 ▶ ①

유해·위험요인 파악 방법
① 사업장 순회점검(특별한 사정이 없으면 포함)
② 근로자들의 상시적 제안
③ 설문조사·인터뷰 등 청취조사
④ 안전보건 체크리스트
⑤ MSDS 등 안전보건자료에 의한 방법

25 ▶ ③

조도(럭스)
광속(Lumen) = 조도(lux) × {거리(m)}²

조도 = $\dfrac{광속}{거리^2}$ = $\dfrac{5}{0.3^2}$ = 55.5556

26 ▶ ①

기초 대사량(basal metabolic rate)
① 생명을 유지하는 데 필요로 하는 최소한의 에너지량을 기초 대사량이라 한다.
② 운동이나 활동하지 않는 안정된 상태에서 신체 기능을 유지하는 데 필요한 대사량이다.

27 ▶ ②

제약(억제) 게이트
입력사상 중 어느 것이나 이 게이트로 나타내는 조건이 만족하는 경우에만 출력사상이 발생한다는 조건부확률

28 ▶ ④

체계설계 과정의 주요단계
제1단계 : 목표 및 성능명세의 결정
제2단계 : 체계의 정의
제3단계 : 기본 설계
제4단계 : 계면(인터페이스) 설계
제5단계 : 촉진물 설계
제6단계 : 시험 및 평가

29 ▶ ②

보전예방(Maintenance Prevention : MP)

정의	설비의 계획·설계 단계에서 보전에 관한 정보와 신기술을 활용하여 신뢰성, 안전성, 조작성, 보전성, 경제성 등이 우수한 설비를 설계하고, 정상가동 중 발생하는 열화 손실 등을 사전에 방지하기 위한 활동
목표	사용 중 불량을 발생시키지 않는 설비를 설계하기 위해 설비의 설계, 제작 단계에서 연구하고 검토하여 궁극적으로는 보전활동이 불필요한 설비를 설계하는 것을 목표로 함

30 ▶ ④

MORT
① 1970년 이래 미국에너지 연구개발청(ERDA)의 Johnson에 의해 개발
② MORT란 이름을 붙인 해석 트리를 중심으로 하여 FTA와 동일한 논리기법 사용
③ 관리, 설계, 생산, 보전 등의 광범위하게 안전을 도모하는 것
④ 목적 : 원자력 산업과 같은 대부분 상당히 높은 안전을 요하는 곳에서 보다 고도의 안전을 달성하는 것

31 ▶ ②

FTA의 특징
① 분석에는 게이트, 이벤트, 부호 등의 그래픽 기호를 사용하여 결함 단계를 표현하며, 각각의 단계에 확률을 부여하여 어떤 상황의 실패 확률계산 가능
② 연역적이고 정량적인 해석방법이며 Top-Down 방식
③ 상황에 따라 정성적 해석뿐만 아니라 재해의 직접원인 해석도 가능하며 복잡한 시스템의 상세해석 등 융통성이 풍부

tip
귀납적인 방법은 Bottom-Up 방식에 해당되며, 연역적인 방법(FTA)은 Top-Down 방식에 해당된다.

32 ▶ ②

조종 - 반응 비율(통제비)
① 조종 - 표시장치 이동비율(control display ratio)로 C/D비 또는 C/R비
② 조종장치의 움직인 거리(회전수)와 표시 장치상의 지침이 움직인 거리의 비
③ 최적치는 두 곡선의 교점 부근
④ C/D비가 작을수록 이동시간은 짧고, 조종은 어려워서 민감한 조정 장치임

33 ▶ ④

소음작업의 기준

소음작업	1일 8시간 작업을 기준으로 85데시벨 이상의 소음이 발생하는 작업
강열한 소음작업	① 90데시벨 이상의 소음이 1일 8시간 이상 발생되는 작업 ② 95데시벨 이상의 소음이 1일 4시간 이상 발생되는 작업 ③ 100데시벨 이상의 소음이 1일 2시간 이상 발생되는 작업 ④ 105데시벨 이상의 소음이 1일 1시간 이상 발생되는 작업 ⑤ 110데시벨 이상의 소음이 1일 30분 이상 발생되는 작업 ⑥ 115데시벨 이상의 소음이 1일 15분 이상 발생되는 작업

34 ▶ ④

HAZOP에서 유인어의 의미

GUIDE WORD	의미	GUIDE WORD	의미
NO 혹은 NOT	설계의도의 완전한 부정	PART OF	성질상의 감소 (정성적 감소)
MORE LESS	양의 증가 혹은 감소 (정량적)	REVERSE	설계의도의 논리적인 역 (설계의도와 반대 현상)
AS WELL AS	성질상의 증가 (정성적 증가)	OTHER THAN	완전 대체의 필요

35 ▶ ②

실패확률 계산
① 신뢰도(Rs) = 0.95 × {1 - (1 - 0.9)(1 - 0.9)} = 0.9405
② 실패확률 = 1 - 0.9405 = 0.0595

36 ▶ ①

암호화된 정보를 신속하게 대량으로 보관할 수 있는 것은 기계가 인간보다 우수한 기능이며, 많은 양의 정보를 장시간 보관하는 것은 인간이 기계보다 우수한 기능에 해당된다.

37 ▶ ②
2점 문턱값
① 피부에 두 개의 촉각점을 자극했을 때 서로 다른 지점의 감각을 식별할 수 있는 능력을 2점 문턱값이라 하며, 피부감각의 민감도를 나타내는 것으로 신체부위에 따라 상당한 차이가 있다.
② 손등 → 손바닥 → 손가락 → 손가락 끝

38 ▶ ④
극단적인 사람을 위한 설계

구분	최대집단치	최소집단치
개념	대상 집단에 대한 인체 측정 변수의 상위 백분위수(percentile)를 기준으로 90, 95, 99%치가 사용	관련 인체 측정 변수 분포의 하위 백분위수를 기준으로 1, 5, 10%치가 사용
사용 예	① 출입문, 통로, 의자 사이의 간격 등의 공간 여유의 결정 ② 줄사다리, 그네 등의 지지물의 최소 지지중량(강도)	선반의 높이 또는 조정장치까지의 거리, 버스나 전철의 손잡이 등의 결정

39 ▶ ②
평균동작시간(MTTF)
① 고장률(λ) = $\dfrac{고장건수(r)}{총가동시간(T)}$ = $\dfrac{5}{1{,}000 \times 100{,}000}$
　　　= $\dfrac{5}{1{,}000 \times 100{,}000}$ = $\dfrac{5}{10^8}$ = 5×10^{-8}/h
② MTTF = $\dfrac{1}{\lambda}$ = $\dfrac{1}{5 \times 10^{-8}/h}$ = 2×10^7 h

40 ▶ ②
생리학적 측정법
① 작업자에게 주어지는 작업량에 따른 작업부하를 산소소비량, 심박수 등과 같은 생리적 반응을 측정하여 평가하는 방법
② 산소소비량은 국소 근육의 부하를 평가하는 상황에는 적합하지 않지만, 전신 작업을 평가하기에는 매우 유용한 방법

■ 제3과목 : 기계·기구 및 설비 안전 관리

41 ▶ ④
기초강도의 결정인자
고온에서 정하중이 작용할 경우 크리프 강도이며, 반복응력이 작용할 경우에는 피로 한도를 기초강도로 한다.

42 ▶ ①
분할날의 설치기준
① 분할날의 두께는 둥근톱 두께의 1.1배 이상이어야 한다.
　$1.1t_1 \leq t_2 < b$ (t_1 : 톱 두께, t_2 : 분할날 두께, b : 치진폭)
② $1.1t_1 \leq 4$이므로, $t_1 \leq 3.63$

43 ▶ ④
컨베이어의 안전조치사항
① 이탈 등의 방지(정전, 전압강하 등에 의한 화물 또는 운반구의 이탈 및 역주행 방지장치)
② 화물의 낙하위험 시에는 덮개 또는 낙하방지용 울 등의 설치
③ 근로자의 신체의 일부가 말려드는 등 근로자에게 위험을 미칠 우려가 있을 때 및 비상시에 정지할 수 있는 비상정지장치 부착

44 ▶ ②
드릴의 원주속도
① 원주속도 = $\dfrac{\pi DN}{1{,}000}$
② 회전수(N) = $\dfrac{원주속도}{\pi D} \times 1{,}000$ = $\dfrac{62.8}{\pi \times 20} \times 1{,}000$ = $1{,}000$ (rpm)

45 ▶ ③
소음관리(소음통제 방법)
① 소음원의 제거 : 가장 적극적인 대책
② 소음원의 통제 : 안전설계, 정비 및 주유, 고무 받침대 부착, 소음기 사용 등
③ 소음의 격리 : 씌우개(enclosure), 방이나 장벽을 이용(창문을 닫으면 10dB 감음 효과)
④ 차음 장치 및 흡음재 사용
⑤ 적절한 배치(lay out)

46 ▶ ③
인장시험으로 알 수 있는 내용
① 탄성 한도
② 비례 한도
③ 항복점
④ 신장
⑤ 인장강도

47 ▶ ②

손쳐내기식 방호장치의 성능기준

진동각도 · 진폭 시험	행정길이가 최소일 때 : 진동각도는 (60~90)°이다. 최대일 때 : 진동각도는 (45~90)°이다.
완충시험	손쳐내기봉에 의한 과도한 충격이 없어야 한다.
무부하 동작시험	1회의 오동작도 없어야 한다.

48 ▶ ②

사출성형기, 주형조형기 및 형단조기
① 게이트가드 또는 양수조작식의 방호장치(신체의 일부가 말려들어가는 것 방지)
② 게이트가드는 반드시 연동구조로 할 것
③ 히터 등의 가열부위 또는 감전의 우려가 있는 부위에는 방호덮개 설치

tip
게이트가드식 방호장치를 설치할 경우에는 인터록(연동)장치를 사용하여 문을 닫지 않으면 동작되지 않는 구조로 한다.

49 빈출 ▶ ①

분할날의 설치기준
① 분할날의 두께는 둥근톱 두께의 1.1배 이상이어야 한다.
  $1.1t_1 \leq t_2 < b$ (t_1 : 톱 두께, t_2 : 분할날 두께, b : 치진폭)
② 견고히 고정할 수 있으며 분할날과 톱날 원주면과의 거리는 12mm 이내로 조정, 유지할 수 있어야 하고 표준 테이블면 상의 톱 뒷날의 2/3 이상을 덮도록 하여야 한다.

50 빈출 ▶ ①

보일러 안전장치의 종류
① 고저수위 조절장치
② 압력방출장치
③ 압력제한스위치
④ 화염 검출기

51 ▶ ④

슬링 와이어로프의 한 가닥에 걸리는 하중
① 하중 = $\dfrac{\text{화물의 무게}(W_1)}{2} \div \cos\dfrac{\theta}{2} = \dfrac{100}{2} \div \cos\dfrac{120}{2} = 100\text{kg}$
② $100\text{kg} \times 9.8 = 980\text{N}$

52 빈출 ▶ ④

드릴 작업 시 안전대책
① 일감은 견고히 고정, 손으로 잡고 하는 작업 금지
② 드릴 끼운 후 척 렌치는 반드시 빼둘 것
③ 장갑 착용 금지 및 칩은 브러시로 제거
④ 구멍 뚫기 작업 시 손으로 관통확인 금지
⑤ 구멍이 관통된 후에는 기계정지 후 손으로 돌려서 드릴을 뺄 것
⑥ 일감 설치, 테이블 고정 및 조정은 기계 정지 후 실시
⑦ 보안경 착용 및 안전덮개(shield) 설치

53 ▶ ③

컨베이어의 작업시작 전 점검사항
① 원동기 및 풀리 기능의 이상 유무
② 이탈 등의 방지장치 기능의 이상 유무
③ 비상정지장치 기능의 이상 유무
④ 원동기 · 회전축 · 기어 및 풀리 등의 덮개 또는 울 등의 이상 유무

54 빈출 ▶ ①

물림점
회전하는 두 개의 회전축에 의해 형성(회전체가 서로 반대방향으로 회전하는 경우)

55 ▶ ④

선반의 바이트는 짧게 장치하고 일감의 길이가 직경의 12배 이상일 때 방진구 사용

56 빈출 ▶ ②

교시 등의 작업을 하는 경우 작업 시작 전 점검사항
① 외부 전선의 피복 또는 외장의 손상 유무
② 매니퓰레이터(manipulator) 작동의 이상 유무
③ 제동장치 및 비상정지장치의 기능

57 ▶ ①

기계에 주유 및 청소를 할 때에는 반드시 기계를 정지시키고 해야 한다.

58 빈출 ▶ ③

보일러의 과열방지를 위해 최고사용압력과 상용압력 사이에서 버너연소를 차단할 수 있도록 압력 제한 스위치 부착한다.

59 ▶ ③

권과방지장치는 훅·버킷 등 달기구의 윗면(그 달기구에 권상용 도르래가 설치된 경우에는 권상용 도르래의 윗면)이 드럼·상부도르래·트롤리프레임 등 권상장치의 아랫면과 접촉할 우려가 있는 때에는 그 간격이 0.25미터 이상(직동식 권과방지장치는 0.05미터 이상)이 되도록 조정하여야 한다.

60 빈출 ▶ ④

손쳐내기식 (push away, sweep guard)
① 슬라이드에 캠 등으로 연결된 손쳐내기식 봉에 의해 위험한계 내의 손을 쳐내는 방식
② SPM 100 이하, 슬라이드 행정길이 약 40mm 이상의 프레스에 사용 가능

제4과목 : 전기설비 안전관리

61 빈출 ▶ ④

직접 접촉에 의한 감전 방지대책(보기 외에)
① 발전소·변전소 및 개폐소 등 구획되어 있는 장소로서 관계근로자 외의 자의 출입이 금지되는 장소에 충전부를 설치하고, 위험표시 등의 방법으로 방호를 강화할 것
② 전주 위 및 철탑 위 등 격리되어 있는 장소로서 관계근로자 외의 자가 접근할 우려가 없는 장소에 충전부를 설치할 것

62 빈출 ▶ ①

자동전격방지기는 아크발생을 중지하였을 때 지동시간이 1.0초 이내에 2차 무부하 전압을 25V 이내로 감압시켜 안전을 유지할 수 있어야 한다.

63 ▶ ①

변압기 중성점 접지 저항값
① 일반적으로 변압기의 고압·특고압 전로 1선 지락전류로 150을 나눈 값과 같은 저항값 이하
② 변압기의 고압·특고압측 전로 또는 사용전압이 35kV 이하의 특고압전로가 저압측 전로와 혼촉하고 저압전로의 대지전압이 150V를 초과하는 경우
　㉠ 1초 초과 2초 이내에 고압·특고압 전로를 자동으로 차단하는 장치를 설치할 때는 300을 나눈 값 이하
　㉡ 1초 이내에 고압·특고압 전로를 자동으로 차단하는 장치를 설치할 때는 600을 나눈 값 이하

64 빈출 ▶ ①

고압 및 특고압의 전로에 시설하는 피뢰기의 접지저항은 10Ω 이하로 하여야 한다.

65 ▶ ③

감전사고 방지대책

분류	내용
직접 접촉	① 폐쇄형 외함이 있는 구조 ② 절연효과가 있는 방호망 또는 절연덮개 설치 ③ 절연물로 완전히 덮어 감쌀 것
간접 접촉	① 보호절연 ② 안전 전압 이하의 기기 사용 ③ 접지 ④ 누전차단기의 설치 ⑤ 비접지식 전로의 채용 ⑥ 이중절연구조

66 빈출 ▶ ②

누전차단기 접속시 준수사항
① 전기기계·기구에 접속되어 있는 누전차단기는 정격감도전류가 30밀리암페어 이하이고 작동시간은 0.03초 이내일 것
② 다만, 정격전부하전류가 50암페어 이상인 전기기계·기구에 접속되는 누전차단기는 오작동을 방지하기 위하여 정격감도전류는 200밀리암페어 이하로, 작동시간은 0.1초 이내로 할 수 있다.

67 ▶ ②

계통접지는 TN 계통, TT 계통, IT 계통이 있다.

68 빈출 ▶ ③

위험장소의 분류

분류	적요
0종 장소	인화성 액체의 증기 또는 가연성 가스에 의한 폭발위험이 지속적으로 또는 장기간 존재하는 장소
1종 장소	정상작동상태에서 인화성 액체의 증기 또는 가연성 가스에 의한 폭발위험분위기가 존재하기 쉬운 장소
2종 장소	정상작동상태에서 인화성 액체의 증기 또는 가연성 가스에 의한 폭발위험분위기가 존재할 우려가 없으나, 존재할 경우 그 빈도가 아주 적고 단기간만 존재할 수 있는 장소

69 ▶③

정전기에 의한 재해 방지대책
① 접지 : 접지에 의한 정전기 완화가 가능한 표면저항은 $10^4 \sim 10^8 \Omega$
② 유속의 제한 : 액체의 비산 방지 및 초기 배관 내 유속 제한
③ 보호구 착용 : 대전 방지 작업화(정전화), 정전작업복 착용, 손목띠 착용 등
④ 대전방지제 : 섬유 등에 흡습성과 이온성을 부여하여 도전성을 증가시켜 대전방지
⑤ 가습 : 공기 중의 상대습도를 60~70% 정도 유지하기 위해 가습방법을 사용
⑥ 제전기의 사용

70 ▶②

정전기 발생현상(유동 대전)
① 액체류를 파이프 등으로 수송할 때 액체류가 파이프 등과 접촉하여 두 물질의 경계에 전기 2중층이 형성되어 정전기가 발생한다.
② 액체류의 유동속도가 정전기 발생에 큰 영향을 준다.

71 ▶③

전선의 발화단계(전류밀도)

단계	인화단계	착화단계	발화단계		순시용단단계
상태	허용전류의 정도	큰 전류, 점화원 없이 착화연소	심선용단		심선용단 및 도선폭발
전류밀도 (A/mm²)	40~43	43~60	발화 후 용단	용단과 동시발화	120 이상
			60~70	75~120	

72 ▶②

방폭구조와 관련되는 위험특성
① 최대 안전틈새(화염 일주한계)
② 최소 점화전류비
③ 발화온도에 대응하는 온도등급(최고 표면온도) 등

tip
최소 점화전류(minimum igniting current, MIC)란 본질안전방폭구조의 불꽃점화시험장치에서 시험가스에 점화를 일으키는 저항성 또는 유도성 회로의 최소 전류를 말한다.

73 ▶②

누전차단기의 시설
금속제 외함을 가지는 사용전압 50볼트를 초과하는 저압의 기계기구로서 사람이 쉽게 접촉할 우려가 있는 곳에 시설하는 것에 전기를 공급하는 전로에는 전원의 자동차단에 의한 저압전로의 보호대책으로 누전차단기를 시설해야 한다.

74 ▶①

정전 에너지
$$E = \frac{1}{2}CV^2 = \frac{1}{2} \times 20 \times 10^{-6} \times 2{,}000^2 = 40(J)$$

75 ▶③

접지를 하지 않아도 되는 안전한 부분
① 「전기용품 및 생활용품 안전관리법」이 적용되는 2중 절연 또는 이와 같은 수준 이상으로 보호되는 구조로 된 전기기계·기구
② 절연대 위 등과 같이 감전 위험이 없는 장소에서 사용하는 전기기계·기구
③ 비접지방식의 전로에 접속하여 사용되는 전기기계·기구

tip
접지를 하지 않아도 되는 경우
① 사용전압이 직류 300V 또는 교류 대지전압이 150V 이하인 기계기구를 건조한 곳에 시설하는 경우
② 저압용의 기계기구를 건조한 목재의 마루 기타 이와 유사한 절연성 물건 위에서 취급하도록 시설하는 경우

76 ▶②

심실 세동 전류
$$Q = I^2 RT(J/S) = \left(\frac{165}{\sqrt{T}} \times 10^{-3}\right)^2 \times 500 \times 1 = 13.6$$

77 ▶①

기기보호등급(Equipment Protection Level)

EPL	점화원이 될 수 있는 가능성에 기초하여 기기에 부여된 보호등급
EPL Ga	폭발성 가스분위기에 설치되는 기기로 정상작동, 예상된 오작동 또는 드문 오작동 중에 점화원이 될 수 없는 "매우 높은" 보호등급의 기기
EPL Gb	폭발성 가스 분위기에 설치되는 기기로 정상작동 또는 예상된 오작동 중에 점화원이 될 수 없는 "높은" 보호등급의 기기
EPL Gc	폭발성 가스 분위기에 설치되는 기기로 정상작동 중에 점화원이 될 수 없고 정기적인 고장발생 시 점화원으로서 비활성 상태의 유지를 보장하기 위하여 추가적인 보호장치가 있을 수 있는 "강화된 (enhanced)" 보호등급의 기기

78 ▶ ②
누전차단기 접속 시 준수사항
① 전기기계·기구에 접속되어 있는 누전차단기는 정격감도전류가 30밀리암페어 이하이고 작동시간은 0.03초 이내일 것
② 다만, 정격전부하전류가 50암페어 이상인 전기기계·기구에 접속되는 누전차단기는 오작동을 방지하기 위하여 정격감도전류는 200밀리암페어 이하로, 작동시간은 0.1초 이내로 할 수 있음

79 ▶ ③
피뢰시스템의 레벨별 회전구체 반경

피뢰시스템의 레벨	I	II	III	IV
회전구체 반경 γ (m)	20	30	45	60

80 ▶ ③
변압기 중성점 접지 저항값
접지저항(Ω) = 300/10A = 30(Ω)

tip
① 일반적으로 변압기의 고압·특고압측 전로 1선지락전류로 150을 나눈값과 같은 저항값 이하
② 변압기의 고압·특고압측 전로 또는 사용전압이 35kV이하의 특고압전로가 저압측 전로와 혼촉하고 저압전로의 대지전압이 150V를 초과하는 경우
  ⓐ 1초 초과 2초 이내에 고압·특고압 전로를 자동으로 차단하는 장치를 설치할 때는 1선지락전류로 300을 나눈 값 이하
  ⓑ 1초 이내에 고압·특고압 전류를 자동으로 차단하는 장치를 설치할 때는 600을 나눈 값 이하

┃제5과목 : 화학설비 안전 관리

81 빈출 ▶ ③
화학공장에서 주로 불활성 가스로 사용되는 것은 공기 중의 약 78%를 차지하는 질소이다.

82 ▶ ②
산화성 액체(6류 위험물)
① 부식성 및 유독성이 강한 강산화제로써 산소를 많이 함유하고 있어 조연성 물질
② 가연물과의 접촉이나 분해를 촉진하는 물품과의 접근금지

tip
질산칼륨은 제1류 위험물에 해당되는 물질이다.

83 ▶ ③
토출관 내에 저항이 발생할 경우 토출압력이 갑자기 증가하게 된다.

84 ▶ ②
프로판(C_3H_8)의 화학양론 농도
$$C_{st} = \frac{1}{1 + 4.773\left(n + \frac{m-f-2\lambda}{4}\right)} \times 100\%$$

$$\therefore \frac{1}{1 + 4.773\left(3 + \frac{8}{4}\right)} \times 100 = 4.03 \text{vol}\%$$

85 ▶ ②
폭발하한계에 의한 가스의 질량
① A 가스와 공기의 혼합기체 1m³ 중 A 가스의 부피
$$1,000L \times \frac{2.2}{100} = 22L$$
② 표준상태에서 A 가스의 분자량은 26g이므로
$$22L \times \frac{26g}{22.4L} = 25.536g$$

86 ▶ ③
물과의 반응
이온화 경향이 낮은 구리와 금 등은 물과 반응하지 않기 때문에 수소가스를 발생하지 않는다.

87 ▶ ①
잠수병(잠함병)
깊은 바다에서는 호흡을 통해 몸 속으로 들어간 질소기체가 높은 수압으로 인해 체외로 잘 빠져나가지 못하고 혈액 속에 녹게 된다. 그러다 수면 위로 빠르게 올라오면 체내의 질소기체가 기포를 만들면서 몸에 통증을 유발하게 되는데 이러한 병을 잠수병이라 한다.

88 ▶ ②
열교환기의 일상점검 항목
① 보온재 및 보냉재의 파손상황
② 도장의 노후 상황
③ Flange부, 용접부 등의 누출 여부
④ 기초볼트의 체결 상태

89 ▶ ④

금수성 물질의 소화
금수성 물질의 소화에는 탄산수소염류 등을 이용한 분말소화약제 등 금수성 위험물에 적응성이 있는 분말소화약제를 사용한다.

90 ▶ ①

화재감시자를 배치해야 할 용접·용단 작업 장소
① 작업반경 11미터 이내에 건물구조 자체나 내부(개구부 등으로 개방된 부분을 포함한다)에 가연성 물질이 있는 장소
② 작업반경 11미터 이내의 바닥 하부에 가연성 물질이 11미터 이상 떨어져 있지만 불꽃에 의해 쉽게 발화될 우려가 있는 장소
③ 가연성 물질이 금속으로 된 칸막이·벽·천장 또는 지붕의 반대쪽 면에 인접해 있어 열전도나 열복사에 의해 발화될 우려가 있는 장소

91 ▶ ④

일산화탄소
① 공기보다 약간 가벼운 무색, 무취의 기체로 독성이 강하다.
② 허용농도는 30ppm이며, 폭발범위가 12.5% ~ 74%로 공기 중에서 잘 연소한다.

92 빈출 ▶ ④

용기의 온도를 섭씨 40도 이하로 유지할 것

93 ▶ ①

화학설비의 부속설비
① 배관·밸브·관·부속류 등 화학물질 이송 관련 설비
② 온도·압력·유량 등을 지시·기록 등을 하는 자동제어 관련 설비
③ 안전밸브·안전판·긴급차단 또는 방출밸브 등 비상조치 관련 설비
④ 가스누출감지 및 경보 관련 설비
⑤ 세정기·응축기·벤트스택·플레어스택 등 폐가스처리설비
⑥ 사이클론·백필터·전기집진기 등 분진처리설비
⑦ 가목부터 바목까지의 설비를 운전하기 위하여 부속된 전기 관련 설비
⑧ 정전기 제거장치, 긴급 샤워설비 등 안전 관련 설비

94 ▶ ①

밀폐공간 작업 시 조치사항(보기 외에)
① 밀폐공간작업 프로그램 수립·시행
② 당해 근로자외 출입금지
③ 사고 시 즉시 대피
④ 감시인의 배치
⑤ 잠재위험요인 파악(산소농도 측정 등)
⑥ 대피용 기구(송기 마스크, 사다리, 섬유로프 등)의 비치

tip
폭발이나 산화 등의 위험으로 인하여 환기할 수 없거나 작업의 성질상 환기하기가 매우 곤란한 경우에는 근로자에게 공기호흡기 또는 송기마스크를 지급하여 착용하도록 하고 환기하지 아니할 수 있다.

95 빈출 ▶ ①

위험물 저장 취급 화학설비(안전거리)

구분	안전거리
단위공정시설 및 설비로부터 다른 단위공정시설 및 설비의 사이	설비의 외면으로부터 10미터 이상
플레어스택으로부터 단위공정시설 및 설비, 위험물 저장탱크 또는 위험물 하역설비의 사이	플레어스택으로부터 반경 20미터 이상
위험물 저장탱크로부터 단위공정시설 및 설비, 보일러 또는 가열로의 사이	저장탱크의 외면으로부터 20미터 이상
사무실·연구실·실험실·정비실 또는 식당으로부터 단위공정시설 및 설비, 위험물 저장탱크, 위험물 하역설비, 보일러 또는 가열로의 사이	사무실 등의 외면으로부터 20미터 이상

96 ▶ ①

연소하한값 계산
① 완전 연소 조성 농도(화학양론농도)
$$Cst = \frac{100}{1 + 4.773\left(3 + \frac{8}{4}\right)} = 4.022$$

② 폭발 하한계 계산방법
$L ≒ 0.55x$
∴ 연소하한값 $= 0.55 \times 4.022 = 2.2121 vol\%$

97 빈출 ▶ ④

기체의 연소
① 확산연소 : 가연성 가스와 공기가 확산에 의해 혼합되어 연소 범위 농도에 이르러 연소하는 현상
② 예혼합연소 : 기체연료의 연소에 필요한 공기 또는 산소를 미리 혼합하여 연소하는 현상

98 빈출 ▶ ④

인화성 가스
① 수소 ② 아세틸렌 ③ 에틸렌
④ 메탄 ⑤ 에탄 ⑥ 프로판
⑦ 부탄 ⑧ 유해·위험물질 규정량에 따른 인화성 가스

tip
과산화수소는 산화성 액체에 해당된다.

99 ▶ ①

파열판을 설치해야 하는 경우
① 반응폭주 등 급격한 압력상승의 우려가 있는 경우
② 급성 독성물질의 누출로 인하여 주위의 작업환경을 오염시킬 우려가 있는 경우
③ 운전 중 안전밸브에 이상물질이 누적되어 안전밸브가 작동되지 아니할 우려가 있는 경우

100 ▶ ①

분해폭발은 기상폭발에 해당된다.

▌제6과목 : 건설공사 안전 관리

101 ▶ ②

공사진척에 따른 안전관리비 사용기준

공정율	50% 이상 70% 미만	70% 이상 90% 미만	90% 이상
사용기준	50% 이상	70% 이상	90% 이상

102 ▶ ④

부두 등 하역작업장 조치사항(보기 외에)
① 부두 또는 안벽의 선을 따라 통로를 설치하는 때에는 폭을 90cm 이상으로 할 것
② 바닥으로부터 높이 2m 이상 하적단(포대, 가마니 등)은 인접 하적단과 간격을 하적단 밑부분에서 10cm 이상 유지

103 ▶ ③

와이어로프와 그 고정부위는 충분한 강도와 장력을 갖도록 설치하고, 와이어로프를 클립·샤클 등의 고정기구를 사용하여 견고하게 고정시켜 풀리지 아니하도록 하며, 사용 중에는 충분한 강도와 장력을 유지하도록 할 것

104 ▶ ③

말비계의 조립 시 준수사항(보기 외에)
① 지주부재의 하단에는 미끄럼 방지장치를 하고, 양측 끝부분에 올라서서 작업하지 아니하도록 할 것
② 말비계의 높이가 2미터를 초과할 경우에는 작업발판의 폭을 40cm 이상으로 할 것

105 ▶ ④

인력운반작업 준수사항(인양)
① 등은 항상 직립 유지(등을 굽히지 말 것), 가능한 한 지면과 수직이 되도록 할 것
② 운반의 일반적 하중 기준은 체중의 40%의 중량을 유지할 것
③ 무릎은 직각자세를 취하고 몸은 가능한 한 인양물에 근접하여 정면에서 인양할 것
④ 길이가 긴 물건을 단독으로 어깨에 메고 운반할 때에는 화물 앞부분 끝을 근로자 신장보다 약간 높게 하여 모서리, 곡선 등에 충돌하지 않도록 주의할 것

106 ▶ ①

작업장의 조도기준
① 초정밀 작업 : 750lux 이상 ② 정밀작업 : 300lux 이상
③ 보통작업 : 150lux 이상 ④ 그밖의 작업 : 75lux 이상

107 ▶ ③

강재의 접속부 및 교차부는 볼트·클램프 등 전용철물을 사용하여 단단히 연결할 것

108 ▶ ④

안전망 인장강도

그물코의 크기 (단위 : cm)	방망의 종류(단위 : 킬로그램)			
	매듭 없는 방망		매듭 방망	
	신품	폐기 시	신품	폐기 시
10	240	150	200	135
5			110	60

109 ▶ ①

부두 등 하역작업장 조치사항
① 작업장 및 통로의 위험한 부분에는 안전하게 작업할 수 있는 조명을 유지할 것
② 부두 또는 안벽의 선을 따라 통로를 설치하는 때에는 폭을 90cm 이상으로 할 것

110 ▶ ③

산업안전보건법에서 정하는 건설공사 중 총공사금액 2천만원 이상인 공사에 적용한다.

111 ▶ ③

가설통로 계단참 설치기준
① 수직갱에 가설된 통로의 길이가 15미터 이상인 경우에는 10미터 이내마다 계단참을 설치할 것
② 건설공사에 사용하는 높이 8미터 이상인 비계다리에는 7미터 이내마다 계단참을 설치할 것

112 ▶ ①

동상현상
(1) 정의 : 흙 속의 공극수가 동결되어 부피가 약 9% 팽창되기 때문에 지표면이 부풀어 오르는 현상
(2) 주된 원인
  ① 모관상승고가 크다.
  ② 투수성이 크다.
  ③ 지하수위가 높아 동결선 위쪽에 있다.
  ④ 영하의 온도 지속기간이 길다(동결지수가 크다).

113 ▶ ③

사다리식 통로의 구조
① 발판과 벽과의 사이는 15센티미터 이상의 간격을 유지할 것
② 폭은 30센티미터 이상으로 할 것
③ 사다리의 상단은 걸쳐놓은 지점으로부터 60센티미터 이상 올라가도록 할 것
④ 사다리식 통로의 길이가 10미터 이상인 경우에는 5미터 이내마다 계단참을 설치할 것
⑤ 사다리식 통로의 기울기는 75도 이하로 할 것

114 ▶ ②

굴착면의 기울기 기준

지반의 종류	모래	연암 및 풍화암	경암	그 밖의 흙
굴착면의 기울기	1 : 1.8	1 : 1.0	1 : 0.5	1 : 1.2

115 ▶ ②

설치 시 준수사항 및 투하설비
① 높이 10미터 이내마다 설치하고, 내민 길이는 벽면으로부터 2미터 이상으로 할 것
② 수평면과의 각도는 20도 이상 30도 이하를 유지할 것
③ 높이가 3미터 이상인 장소로부터 물체를 투하하는 경우 적당한 투하설비를 설치하거나 감시인을 배치하는 등 위험을 방지하기 위하여 필요한 조치

116 ▶ ①

베인테스트(Vane test)
① 연약점토 지반에 십자형날개 달린 rod를 흙 속에 관입
② rod의 회전 moment를 측정하여 점토지반의 점착력 판별

117 ▶ ①

지지방식에 의한 흙막이 공법은 자립식, 타이로드앵커식, 버팀대식 등이 있다.

118 ▶ ①

용접부 결함 검사방법
① 내부결함 : 초음파 탐상검사, 방사선 투과검사
② 표면결함 : 육안검사, 자기분말 탐상검사, 침투 탐상검사

119 ▶ ②

유해위험방지 계획서 제출 시 첨부서류(보기 외에)
① 공사현장의 주변 현황 및 주변과의 관계를 나타내는 도면(매설물 현황 포함)
② 산업안전보건관리비 사용계획서
③ 안전관리 조직표

120 ▶ ③

콘크리트 타설 작업 시 준수사항
① 당일의 작업을 시작하기 전에 해당 작업에 관한 거푸집 및 동바리의 변형·변위 및 지반의 침하 유무 등을 점검하고 이상이 있으면 보수할 것
② 작업 중에는 감시자를 배치하는 등의 방법으로 거푸집 및 동바리의 변형·변위 및 침하 유무 등을 확인해야 하며, 이상이 있으면 작업을 중지하고 근로자를 대피시킬 것
③ 콘크리트 타설작업 시 거푸집 붕괴의 위험이 발생할 우려가 있으면 충분한 보강조치를 할 것
④ 설계도서상의 콘크리트 양생기간을 준수하여 거푸집 및 동바리를 해체할 것
⑤ 콘크리트를 타설하는 경우에는 편심이 발생하지 않도록 골고루 분산하여 타설할 것

2025년 8월 9일~9월 1일 CBT 기출복원문제

01	02	03	04	05	06	07	08	09	10	11	12	13	14	15	16	17	18	19	20
②	②	①	②	①	①	④	①	④	②	④	④	④	④	①	②	④	④	③	①
21	22	23	24	25	26	27	28	29	30	31	32	33	34	35	36	37	38	39	40
③	①	②	④	④	①	②	②	②	④	③	④	①	②	③	②	④	②	①	②
41	42	43	44	45	46	47	48	49	50	51	52	53	54	55	56	57	58	59	60
①	③	②	④	③	②	①	②	③	②	④	③	③	②	③	③	④	④	③	④
61	62	63	64	65	66	67	68	69	70	71	72	73	74	75	76	77	78	79	80
③	③	④	③	②	③	②	②	④	②	③	①	④	①	②	②	④	①	③	①
81	82	83	84	85	86	87	88	89	90	91	92	93	94	95	96	97	98	99	100
③	①	③	③	①	④	④	④	④	④	③	③	④	④	①	②	①	①	③	④
101	102	103	104	105	106	107	108	109	110	111	112	113	114	115	116	117	118	119	120
②	②	②	③	②	④	③	③	①	④	②	①	③	③	②	④	①	①	①	④

제1과목 : 산업재해 예방 및 안전보건교육

01 빈출 ▶ ②

라인형의 특징
① 안전보건관리와 생산을 동시에 수행
② 명령과 보고가 상하관계뿐이므로 간단명료(모든 권한이 포괄적이고 직선적으로 행사)
③ 명령이나 지시가 신속정확하게 전달되어 개선조치가 빠르게 진행
④ 안전보건에 관한 전문지식이나 기술이 결여되어 안전보건관리가 원만하게 이루어지지 못함

02 빈출 ▶ ②

레빈(K. Lewin)의 행동법칙
$B = f(P \cdot E)$
B : Behavior(인간의 행동)
f : function(함수관계 : $P \cdot E$에 영향을 줄 수 있는 조건)
P : Person(소질, 연령, 경험, 심신상태, 성격, 지능 등)
E : Environment(심리적 환경 - 인간관계, 작업환경, 설비적 결함 등)

03 빈출 ▶ ①

Y-K(Yutaka-Kohata) 성격 검사

작업 성격 유형	작업 성격 인자
C, C'형 : 담즙질 (진공성형)	① 운동, 결단, 기민 빠름 ② 적응 빠름 ③ 세심하지 않음 ④ 내구, 집념 부족 ⑤ 진공(進功), 자신감 강함
M, M'형 : 흑담즙질 (신경질형)	① 운동성 느리고 지속성 풍부 ② 적응 느림 ③ 세심, 억제, 정확함 ④ 내구성, 집념, 지속성 ⑤ 담력, 자신감 강함
S, S'형 : 다혈질 (운동성형)	①, ②, ③, ④ : C, C'형과 동일 ⑤ 담력, 자신감 약함
P, P'형 : 점액질 (평범수동성형)	①, ②, ③, ④ : M, M'형과 동일 ⑤ 약함
Am형 : 이상질	① 극도로 나쁨 ② 극도로 느림 ③ 극도로 나쁨 ④ 극도로 결핍 ⑤ 극도로 강하거나 약함

04 ▶ ②

재해예방의 4원칙
① 손실우연의 원칙
② 예방가능의 원칙
③ 원인계기의 원칙
④ 대책선정의 원칙

05 ▶ ①

Simonds and Grimaldi 방식
① 총 재해 비용 산출방식 = 보험 Cost + 비보험 Cost
② 사망과 영구 전노동 불능상해는 재해범주에서 제외됨

06 ▶ ①

사고예방대책의 기본원리 5단계
① 1단계 : 안전관리조직
② 2단계 : 사실의 발견
③ 3단계 : 분석 및 평가
④ 4단계 : 시정책 선정
⑤ 5단계 : 시정책 적용

07 빈출 ▶ ④

교육훈련의 4단계
① 1단계 : 도입
② 2단계 : 제시
③ 3단계 : 적용
④ 4단계 : 확인

08 ▶ ①

심리검사의 구비조건(직무적성 검사)

표준화	검사관리를 위한 절차가 동일하고 검사조건이 같아야 한다.
객관성	검사결과의 채점에 있어 공정한 평가가 이루어져야 한다.
규준	검사결과의 해석에 있어 상대적 위치를 결정하기 위한 척도이다.
신뢰성	검사 결과의 일관성을 의미하는 것으로 동일한 문항을 재측정할 경우 오차값이 적어야 한다.
타당성	검사에 있어 가장 중요한 요소로 측정하고자 하는 것을 실제로 측정하고 있는가를 나타낸다.

09 빈출 ▶ ④

학습경험 선정과 조직의 원리(Tyler의 교육과정개발)

학습경험 선정의 원리	① 기회의 원리 ② 만족의 원리 ③ 가능성의 원리 ④ 다활동의 원리(일목표 다경험) ⑤ 다성과의 원리(일경험 다목표) 등
학습경험 조직의 원리	① 수직관계(계속성, 계열성) ② 수평관계(통합성)

10 ▶ ②

안전보건경영시스템(KOSHA-MS)
사업주가 자율적으로 해당 사업장의 산업재해를 예방하기 위하여 안전보건관리체제를 구축하고 정기적으로 위험성평가를 실시하여 잠재 유해·위험 요인을 지속적으로 개선하는 등 산업재해예방을 위한 조치 사항을 체계적으로 관리하는 제반 활동을 말한다.

11 ▶ ④

관계자외 출입금지표지

	501 허가대상물질 작업장	502 석면취급/ 해체 작업장	503 금지대상물질의 취급 실험실 등
관계자외 출입금지	관계자 외 출입금지 (허가물질 명칭) 제조/사용/보관 중 보호구/보호복 착용 흡연 및 음식물 섭취 금지	관계자 외 출입금지 석면 취급/해체 중 보호구/보호복 착용 흡연 및 음식물 섭취 금지	관계자 외 출입금지 발암물질 취급 중 보호구/보호복 착용 흡연 및 음식물 섭취 금지

12 빈출 ▶ ④

재해예방의 4원칙
① 손실우연의 원칙
② 예방가능의 원칙
③ 원인계기의 원칙
④ 대책선정의 원칙

13 ▶ ④

동기부여방법
① 안전 목표를 명확히 설정한다.
② 결과를 평가, 검토하도록 한다.
③ 경쟁과 협동을 유발시킨다.
④ 안전의 근본이념을 인식시킨다.
⑤ 상과 벌을 준다.
⑥ 동기유발의 최적 수준을 유지하도록 한다.

14 빈출 ▶ ④

유해위험 방지계획서를 제출해야 될 대상 건설업(2021년 법령개정 내용 적용)
① 다음의 어느 하나에 해당하는 건축물 또는 시설 등의 건설, 개조 또는 해체공사
  ㉠ 지상 높이가 31미터 이상인 건축물 또는 인공구조물
  ㉡ 연면적 3만제곱미터 이상인 건축물
  ㉢ 연면적 5천제곱미터 이상인 시설로서 다음의 어느 하나에 해당하는 시설
    ㉮ 문화 및 집회시설   ㉯ 판매시설, 운수시설
    ㉰ 종교시설   ㉱ 의료시설 중 종합병원
    ㉲ 숙박시설 중 관광숙박시설 ㉳ 지하도 상가
    ㉴ 냉동, 냉장 창고시설
② 최대 지간 길이가 50미터 이상인 다리의 건설 등 공사
③ 연면적 5천 제곱미터 이상인 냉동, 냉장창고 시설의 설비공사 및 단열공사

④ 다목적댐, 발전용댐, 저수용량 2천만톤 이상의 용수전용댐 및 지방상수도 전용댐의 건설 등 공사
⑤ 터널의 건설 등 공사
⑥ 깊이 10미터 이상인 굴착 공사

15 ▶ ①

스트레스의 발생요인

자극요인(외부)	환경적 요인	경제적, 정치적, 사회적, 기술적 요인 등
	조직적 요인	조직구조, 인간관계, 대인관계, 작업조건
	개인적 요인	직무, 가족문제 등
반응요인(내부)	욕구불만	행동과 목표 사이에 발생하는 방해요인(자존심의 손상 등)
	걱정	상황에 대처하는 준비가 안 될 때 발생하는 감정
상호작용요인	자극과 반응의 상호작용	복잡한 상호작용에 의해 발생

16 ▶ ②

직접비와 간접비

직접비(법적으로 지급되는 산재보상비)	간접비(직접비 제외한 모든 비용)
요양급여, 휴업급여, 장해급여, 간병급여, 유족급여, 직업재활급여, 상병보상연금, 장례비 등	인적손실, 물적손실, 생산손실, 임금손실, 시간손실, 신규채용비용, 기타손실 등

17 ▶ ④

안전모의 성능기준

항목	시험성능기준
내관통성	AE, ABE종 안전모는 관통거리가 9.5mm 이하이고, AB종 안전모는 관통거리가 11.1mm 이하이어야 한다.
충격 흡수성	최고전달충격력이 4,450N을 초과해서는 안 되며, 모체와 착장체의 기능이 상실되지 않아야 한다.
내전압성	AE, ABE종 안전모는 교류 20kW에서 1분간 절연파괴 없이 견뎌야 하고, 이때 누설되는 충전전류는 10mA 이하이어야 한다.
내수성	AE, ABE종 안전모는 질량증가율이 1% 미만이어야 한다.
난연성	모체가 불꽃을 내며 5초 이상 연소되지 않아야 한다.
턱끈풀림	150N 이상 250N 이하에서 턱끈이 풀려야 한다.

18 ▶ ④

플리커법(융합한계빈도)
사이가 벌어진 회전하는 원판으로 들어오는 광원의 빛을 단속시켜 연속광으로 보이는지 단속광으로 보이는지 경계에서의 빛의 단속주기를 플리커치라고 하여 피로도검사에 이용

19 ▶ ③

영구 일부노동 불능
부상 결과 신체의 일부, 즉 근로기능의 일부를 상실한 경우(신체장해등급 제4급~제14급)

20 ▶ ①

브레인 스토밍(Brain-storming)
① 비판금지 : 「좋다」 또는 「나쁘다」라고 비판하지 않는다.
② 자유분방 : 자유로운 분위기에서 편안한 마음으로 발표한다.
③ 대량발언 : 내용의 질적인 수준보다 양적으로 많이 발언하는 것에 치중한다.
④ 수정발언 : 타인의 발표내용을 수정하거나 개조하여 관련된 내용을 추가 발표하여도 좋다.

제2과목 : 인간공학 및 위험성 평가 · 관리

21 ▶ ③

AND 게이트는 모든 입력사상이 공존할 때만 출력사상이 발생하며, OR 게이트는 입력사상 중 어느 하나라도 발생할 경우 출력사상이 발생한다.

22 ▶ ①

스웨인(A. D. Swain)의 휴먼에러 분류(독립행동에 의한 분류)

Omission error	필요한 직무나 단계를 수행하지 않은(생략) 에러
Commission error	직무나 순서 등을 착각하여 잘못 수행(불확실한 수행)한 에러
Sequential error	직무 수행과정에서 순서를 잘못 지켜(순서착오) 발생한 에러
Time error	정해진 시간내 직무를 수행하지 못하여(수행지연) 발생한 에러
Extraneous error	불필요한 직무 또는 절차를 수행하여 발생한 에러

23 ▶ ②

Phon과 Sone의 관계
Sone치 = $2^{(Phon치 - 40)/10}$
Sone치 = $2^{(60 - 40)/10}$ = 4Sone 이 음의 4배이므로 16Sone
16Sone치 = $2^{(x - 40)/10}$
$\log 16 = (x-40)/10 \log 2$
$\dfrac{x-40}{10} = \dfrac{\log 16}{\log 2}$
$\dfrac{x-40}{10} = 4$ 그러므로, $x = 80$dB

24 ▶ ④

식별된 사고의 4가지 범주(카테고리)

파국적	인원의 사망 또는 중상, 또는 완전한 시스템 손실
중대(위기)	인원의 상해 또는 중대한 시스템의 손상으로 인원이나 시스템 생존을 위해 즉시 시정조치 필요
한계적	인원의 상해 또는 중대한 시스템의 손상 없이 배제 또는 제어 가능
무시가능	인원의 손상이나 시스템의 손상은 초래하지 않음

25 빈출 ▶ ④

미니멀 컷셋은 정상사상을 일으키기 위한 최소한의 컷셋이며, 미니멀 패스셋은 정상사상이 일어나지 않는 기본사상의 집합을 말한다.

26 빈출 ▶ ①

양립성이란 인간의 기대와 모순되지 않는 것으로 기계의 작동이나 표시가 작업자가 예상하는 바와 일치하는 관계를 말한다.

27 ▶ ④

인간-컴퓨터 인터페이스 설계는 기계보다 인간의 효율이 우선적으로 고려되어야 한다.

28 ▶ ②

대비에 관한 계산문제

반사율(%) = $\dfrac{cd/m^2 \times \pi}{lux}$

① $\dfrac{350 \times 0.85}{3.14} = 94.75 cd/m^2$

② $400 + 94.75 = 494.75 cd/m^2$

③ 대비 = $\dfrac{94.75 - 494.75}{94.75} = -4.22$

29 ▶ ②

음량수준의 척도

Phon의 음량 수준	어떤 음의 Phon 값으로 표시한 음량 수준은 이 음과 같은 크기로 들리는 1,000Hz 순음의 음압 수준(dB)
Sone에 의한 음량	① 40dB의 1,000Hz 순음의 크기(= 40Phon)를 1Sone ② 기준음보다 10배 크게 들리는 음은 10Sone의 음량
인식소음 수준 (perceived magnitude)	PLdB(perceived level of noise) 인식소음수준 척도 : 3,150Hz에 중심을 둔 1/3 옥타브대 음을 기준으로 사용

30 ▶ ④

가용도(availability)

가용도 = $\dfrac{MTBF}{MTBF + MTTR}$

MTBF = $\dfrac{1.8}{0.1} = 18$시간

31 빈출 ▶ ③

동작 경제의 원칙
① 신체의 사용에 관한 원칙(Use of the human body)
② 작업장의 배치에 관한 원칙(Arrangement of the workplace)
③ 공구 및 설비 디자인에 관한 원칙(Design of tools and equipments)

32 ▶ ④

인간-기계 시스템의 정의

주어진 입력으로부터 원하는 출력을 생성하기 위한 인간과 기계 및 부품의 상호작용으로 주목적은 안전의 최대화와 능률의 극대화 및 재해예방이다.

33 ▶ ①

최소 컷셋(Minimal cut set)

① 먼저, cut set을 구하면

$$T \to AB \to \begin{matrix} X_1B \\ X_2B \end{matrix} \to \begin{matrix} X_1X_1 \\ X_1X_3 \\ X_2X_1 \\ X_2X_3 \end{matrix}$$

② 그러므로, Minimal cut set은 [X_1], [X_2, X_3]

34 ▶ ②

인간의 정보처리 과정
① 인식 및 감지단계
② 인지 및 정보처리 단계
③ 행동단계

35 빈출 ▶ ③

청각 장치와 시각 장치의 비교

청각 장치 사용	시각 장치 사용
① 전언이 간단하거나 짧다.	① 전언이 복잡하거나 길다.
② 전언이 후에 재참조되지 않는다.	② 전언이 후에 재참조된다.
③ 전언이 시간적 사상을 다룬다.	③ 전언이 공간적인 위치를 다룬다.
④ 전언이 즉각적인 행동을 요구한다(긴급할 때).	④ 전언이 즉각적인 행동을 요구하지 않는다.
⑤ 수신자의 시각계통이 과부하상태일 때	⑤ 수신자의 청각 계통이 과부하상태일 때

36 ▶ ②

수정게이트

① 우선적 AND 게이트 : 입력사상 중 어떤 사상이 다른 사상보다 앞에 일어났을 때 출력사상이 발생한다.
② 조합 AND 게이트 : 3개 이상의 입력사상 중 어느 것이나 2개가 일어나면 출력이 발생한다.
③ 배타적 OR 게이트 : OR 게이트인데 2개 또는 그 이상의 입력이 존재하는 경우에는 출력이 발생하지 않는다.
④ 위험지속기호 : 입력사상이 생겨 어떤 일정한 시간이 지속했을 때 출력이 발생한다. 만약 지속되지 않으면 출력은 발생하지 않는다.

37 ▶ ④

미니멀 컷셋(최소 컷셋)

① 컷셋의 집합 중에서 정상사상을 일으키기 위하여 필요한 최소한의 컷셋으로 정상사상인 결함사상을 발생시키므로 시스템이 고장 나는 상황을 나타낸다.
② 미니멀 컷셋은 시스템의 기능을 마비시키는 사고요인의 최소집합이다.

38 ▶ ②

양립성의 종류

공간적(spatial) 양립성	표시장치나 조정장치에서 물리적 형태 및 공간적 배치
운동(movement) 양립성	표시장치의 움직이는 방향과 조정장치의 방향이 사용자의 기대와 일치
개념적(conceptual) 양립성	이미 사람들이 학습을 통해 알고 있는 개념적 연상
양식(modality) 양립성	직무에 알맞은 자극과 응답의 양식의 존재에 대한 양립성(청각적 자극제시에 음성응답)

39 ▶ ①

Fitts의 법칙

① 목표물의 크기가 작고 움직이는 거리가 증가할수록 운동시간이 증가한다는 이론으로 목표물까지 움직이는 데 필요한 시간은 목표물의 크기와 목표까지의 거리의 함수이다.
② $T = a + b \log_2 \left(\dfrac{D}{W} + 1 \right)$

여기서,
T : 선택하는 데 걸리는 시간
D : 대상물체의 중심에서 측정한 거리
W : 목표물의 폭
a, b : 실험 상수

40 ▶ ②

지수분포와 푸아송분포

지수분포는 연속 확률분포의 일종으로 어떤 사건이 일어나는 시간 간격의 분포와 관계가 있다. 사건이 서로 독립적일 때, 일정 시간동안 발생하는 사건의 횟수가 푸아송분포를 따른다면, 다음 사건이 일어날 때까지 대기 시간은 지수분포를 따른다.

제3과목 : 기계·기구 및 설비 안전 관리

41 ▶ ①

표면속도에 따른 급정지 거리

① 30m/분 미만 : 앞면 롤러 원주의 1/3 이내
② 30m/분 이상 : 앞면 롤러 원주의 1/2.5 이내

42 ▶ ③

안전계수

① 안전계수 = $\dfrac{\text{극한하중}}{\text{정격하중}}$
② 정격하중 = $\dfrac{600}{4} = 150(N)$

43 ▶ ②

숫돌의 파괴원인

① 숫돌의 회전 속도가 너무 빠를 때
② 숫돌 자체에 균열이 있을 때
③ 숫돌에 과대한 충격을 가할 때
④ 숫돌의 측면을 사용하여 작업할 때
⑤ 숫돌의 불균형이나 베어링 마모에 의한 진동이 있을 때
⑥ 숫돌 반경 방향의 온도 변화가 심할 때
⑦ 플랜지가 현저히 작을 때
⑧ 작업에 부적당한 숫돌을 사용할 때
⑨ 숫돌의 치수가 부적당할 때

44 ▶ ④

용접장치의 안전

① 아세틸렌 발생기실을 옥외에 설치할 경우 그 개구부를 다른 건축물로부터 1.5m 이상 떨어지도록 할 것
② 가스집합장치로부터 5미터 이내의 장소에서는 흡연, 화기의 사용 또는 불꽃을 발생할 우려가 있는 행위를 금지할 것
③ 아세틸렌 발생기에서 5미터 이내 또는 발생기실에서 3미터 이내의 장소에는 흡연, 화기의 사용 또는 불꽃이 발생할 위험한 행위를 금지시킬 것

45 ▶ ③

가드의 개구부 간격

Y = 6 + 0.15X

Y = 6 + 0.15 × 60 = 15mm

46 빈출 ▶ ②

하역작업 시의 좌우안정도는 6% 이내이어야 한다.

47 빈출 ▶ ①

산업용 로봇의 운전 중 위험방지
① 높이 1.8미터 이상의 울타리 설치
② 컨베이어 시스템의 설치 등으로 울타리를 설치할 수 없는 일부 구간에 대해서는 안전매트 또는 광전자식 방호장치 등 감응형 방호장치 설치

48 ▶ ②

수인식(Pull out)
① 확동식 클러치를 갖는 크랭크 프레스기에 적합, 양수조작기구 병용 가능
② 100spm 이하, 행정길이 50mm 이상 프레스에 사용 가능

49 빈출 ▶ ③

압력제한 스위치
보일러의 과열방지를 위해 최고사용압력과 상용압력 사이에서 버너연소를 차단할 수 있도록 압력 제한 스위치 부착 사용

50 ▶ ③

분할날은 표준테이블면상의 톱의 후면날의 2/3 이상을 덮도록 하여야 한다.

51 ▶ ②

안전밸브의 설치방법

파열판 및 안전밸브의 직렬 설치	① 대량의 독성 물질이 지속적으로 외부에 유출될 수 있는 화학설비 및 부속설비 ② 압력 지시계 또는 자동경보장치 설치
파열판과 안전밸브를 병렬로 반응기 상부에 설치	반응폭주 현상이 발생했을 때 반응기 내부 과압을 분출하고자 할 경우

52 ▶ ④

소성가공의 분류

구분	냉간가공(cold working)	열간가공(hot working)
정의	재결정 온도 이하의 온도에서 하는 가공	고온가공, 재결정 온도 이상의 온도에서 하는 가공
특징	① 가공면이 아름답고 정밀한 형상의 가공면 ② 가공경화로 강도가 증가되며 연신율은 감소 ③ 냉간가공의 일종으로 상온보다 약간 높은 온도에서 소성가공하는 것을 온간가공이라 하여 구분	① 거친 가공에 적당 ② 재결정 온도 이상으로 가열하므로 가공이 쉬움 ③ 산화로 인하여 정밀한 가공은 곤란

53 ▶ ④

레버풀러(lever puller) 또는 체인블록(chain block) 사용 시 준수사항
① 정격하중을 초과하여 사용하지 말 것
② 레버풀러 작업 중 훅이 빠져 튕길 우려가 있을 경우에는 훅을 대상물에 직접 걸지 말고 피벗클램프(pivot clamp)나 러그(lug)를 연결하여 사용할 것
③ 레버풀러의 레버에 파이프 등을 끼워서 사용하지 말 것
④ 체인블록의 상부 훅(top hook)은 인양하중에 충분히 견디는 강도를 갖고, 정확히 지탱될 수 있는 곳에 걸어서 사용할 것
⑤ 훅의 입구(hook mouth) 간격이 제조자가 제공하는 제품사양서 기준으로 10퍼센트 이상 벌어진 것은 폐기할 것
⑥ 체인블록은 체인이 꼬이거나 헝클어지지 않도록 할 것
⑦ 훅은 변형, 파손, 부식, 마모되거나 균열된 것을 사용하지 않도록 조치할 것

54 빈출 ▶ ③

위치 제한형 방호장치
① 기계의 조작장치를 일정거리 이상 떨어지게 설치하여 작업자의 신체 부위가 위험 범위 밖에 있도록 하는 방법
② 프레스의 양수조작식 방호 장치 : 안전거리(S) = 1.6t (t : 급정지 소요시간, ms)

55 ▶ ①

밀링작업 시 안전대책
① 상하이송장치의 핸들은 사용 후 반드시 빼둘 것
② 가공물 측정 및 설치 시에는 반드시 기계정지 후 실시
③ 가공 중 손으로 가공면 점검금지 및 장갑 착용금지
④ 밀링작업의 칩은 가장 가늘고 예리하므로 보안경 착용 및 기계정지 후 브러시로 제거
⑤ 급속이송은 백래시(backlash) 제거장치가 작동하지 않음을 확인한 후 실시

56 ▶③

발생기실의 설치장소
① 전용의 발생기 실내에 설치
② 건물의 최상층에 위치, 화기를 사용하는 설비로부터 3m를 초과하는 장소에 설치
③ 옥외에 설치할 경우 그 개구부를 다른 건축물로부터 1.5m 이상 떨어지도록 할 것

57 ▶④

대상 기계·기구 방호장치
① 예초기 : 날접촉 예방장치
② 원심기 : 회전체 접촉 예방장치
③ 공기압축기 : 압력방출장치
④ 금속절단기 : 날접촉 예방장치
⑤ 지게차 : 헤드가드, 백레스트, 전조등, 후미등, 안전벨트
⑥ 포장기계(진공포장기, 래핑기로 한정) : 구동부 방호 연동장치

58 ▶④

양수기동식의 안전거리
$D_m(mm) = 1,600 \times T_m(s) = 1,600 \times 0.5 = 800mm$

59 ▶③

재해 손실비(하인리히 방식)
① 직접손실비용 : 간접손실비용 = 1 : 4 (1대 4의 경험법칙)
② 재해손실비용 = 직접비 + 간접비 = 직접비 × 5

60 ▶④

크레인(이동식크레인 제외), 리프트(이삿짐운반용리프트 제외) 및 곤돌라 안전검사
사업장에 설치가 끝난 날부터 3년 이내에 최초 안전검사를 실시하되, 그 이후부터 2년마다(건설현장에서 사용하는 것은 최초로 설치한 날부터 6개월마다)

제4과목 : 전기설비 안전 관리

61 ▶③

기기보호등급(EPL, Equipment Protection Level)

EPL Ga	폭발성 가스분위기에 설치되는 기기로 정상작동, 예상된 오작동 또는 드문 오작동 중에 점화원이 될 수 없는 "매우 높은" 보호등급의 기기
EPL Gb	폭발성 가스분위기에 설치되는 기기로 정상작동 또는 예상된 오작동 중에 점화원이 될 수 없는 "높은" 보호등급의 기기
EPL Gc	폭발성 가스분위기에 설치되는 기기로 정상작동 중에 점화원이 될 수 없고 정기적인 고장 발생 시 점화원으로서 비활성 상태의 유지를 보장하기 위하여 추가적인 보호장치가 있을 수 있는 "강화된" 보호등급의 기기

62 ▶③

TN 계통의 분류

TN-S 계통	• 계통 전체에 대해 별도의 중성선 또는 PE 도체를 사용 • 배전계통에서 PE 도체를 추가로 접지할 수 있음
TN-C 계통	• 계통 전체에 대해 중성선과 보호도체의 기능을 동일도체로 겸용한 PEN 도체를 사용 • 배전계통에서 PEN 도체를 추가로 접지할 수 있음
TN-C-S 계통	• 계통의 일부에서 PEN 도체를 사용하거나, 중성선과 별도의 PE 도체를 사용하는 방식 • 배전계통에서 PEN 도체와 PE 도체를 추가로 접지할 수 있음

63 ▶④

수뢰부 시스템 선정

돌침	• 뇌격을 선단으로 흡입하여 선단과 대지 사이를 연결한 도체를 이용, 뇌격전류를 안전하게 대지로 방류 • 돌침이 길어질 경우 보호효과가 불확실해지는 부분이 생겨 차폐가 실패할 수 있으므로 주의가 필요
수평도체	건축물 상부에 수평도체를 가설하여 뇌격을 흡입하여 대지 사이를 연결하는 도체를 이용, 대지로 방류하는 방식(송전선의 가공지선)
그물망(메시)도체	• 피보호물 주위를 적당한 간격의 망상도체로 감싸는 방식 • 철골조 또는 철근 콘크리트조 빌딩(자체가 케이지 형성)에서는 전등, 전화선 등에 대한 별도의 보호 필요

64 ▶③

최소 착화에너지(E)
① $E = \dfrac{1}{2}CV^2$
② $V = \sqrt{\dfrac{2E}{C}} = \sqrt{\dfrac{2 \times 0.26 \times 10^{-3}}{100 \times 10^{-12}}} = 2,280.35(V)$

65 ▶ ②

전선 발화단계
① 인화 단계 : 40 ~ 43A/mm²
② 착화 단계 : 43 ~ 60A/mm²
③ 발화 단계 : 60 ~ 120A/mm²
④ 용단 단계 : 120A/mm² 이상

66 빈출 ▶ ④

① 발전소·변전소 및 개폐소 등 구획되어 있는 장소로서 관계근로자가 아닌 사람의 출입이 금지되는 장소에 충전부를 설치하고, 위험표시 등의 방법으로 방호를 강화할 것
② 전주 위 및 철탑 위 등 격리되어 있는 장소로서 관계근로자가 아닌 사람이 접근할 우려가 없는 장소에 충전부를 설치할 것

67 빈출 ▶ ③

전압의 구분

전원의 종류	저압	고압	특고압
교류[AC]	1,000V 이하	1,000V 초과 7,000V 이하	7,000V 초과
직류[DC]	1,500V 이하	1,500V 초과 7,000V 이하	

68 ▶ ②

시정수(time constant)
완화가 시간과 함께 지수함수적으로 일어나는 경우, 대전물체의 전하량이 초기값의 약 37(%)가 될 때까지의 시간을 말한다.

69 ▶ ④

유자격자가 아닌 근로자가 충전전로 인근의 높은 곳에서 작업할 때에 근로자의 몸 또는 긴 도전성 물체가 방호되지 않은 충전전로에서 대지전압이 50킬로볼트 이하인 경우에는 300센티미터 이내로, 대지전압이 50킬로볼트를 넘는 경우에는 10킬로볼트당 10센티미터씩 더한 거리 이내로 각각 접근할 수 없도록 할 것

70 ▶ ②

내압 방폭구조(d)
① 용기내부에서 폭발성 가스 또는 증기가 폭발하였을 때 용기가 그 압력에 견디며 또한 접합면, 개구부 등을 통하여 외부의 폭발성 가스 증기에 인화되지 않도록 한 구조
② 전폐형으로 내부에서의 가스 등의 폭발압력에 견디고 그 주위의 폭발 분위기하의 가스 등에 점화되지 않도록 하는 방폭구조
③ 폭발 후에는 크레아런스가 있어 고온의 가스를 서서히 방출시킴으로 냉각

71 ▶ ③

개로된 전로에서 유도전압 또는 전기에너지가 축적되어 근로자에게 전기위험을 끼칠 수 있는 전기기기 등은 접촉하기 전에 잔류전하를 완전히 방전시킬 것(전력용 콘덴서, 전력용 케이블 등)

72 ▶ ④

① 자동전격방지기는 아크발생을 중지하였을 때 지동시간이 1.0초 이내에 2차 무부하 전압을 25V 이하로 감압시켜 안전을 유지할 수 있어야 함
② 지동시간 : 용접봉 홀더에 용접기 출력측의 무부하 전압이 발생한 후 주접점이 개방될 때까지의 시간

73 ▶ ①

몰드 방폭구조
전기기기의 스파크 또는 열로 인해 폭발성 위험분위기에 점화되지 않도록 컴파운드를 충전해서 보호한 방폭구조를 말한다.

74 ▶ ④

접지의 목적
① 설비의 절연물이 열화, 손상되었을 경우 발생할 수 있는 누설전류에 의한 감전방지
② 고압 및 저압의 혼촉사고 발생 시 인간에게 위험을 줄 수 있는 전류를 대지로 흘려보냄으로써 감전방지
③ 낙뢰에 의한 감전 및 피해방지
④ 송배전선, 고전압모선 등에서 지락사고의 발생 시 보호계전기를 신속하게 동작
⑤ 송배전 선로의 지락사고 발생 시 대지전위의 상승억제 및 절연강도 경감

75 빈출 ▶ ②

압력 방폭구조(p)
용기 내부에 보호가스(신선한 공기 또는 질소, 탄산가스 등의 불연성 가스)를 압입하여 내부 압력을 외부 환경보다 높게 유지함으로써 폭발성 가스 또는 증기가 용기내부에 유입되지 않도록 한 구조(전폐형의 구조)

76 ▶ ②

용기·장치·배관 등의 내부는 0종 장소(Zone 0)에 해당된다.

77 ▶ ③

저압전로의 절연성능

전로의 사용전압(V)	DC 시험전압(V)	절연저항(MΩ 이상)
SELV 및 PELV	250	0.5
FELV, 500V 이하	500	1.0
500V 초과	1,000	1.0

78 빈출 ▶ ①

① 전기기기 등에 공급되는 모든 전원을 관련 도면, 배선도 등으로 확인할 것
② 전원을 차단한 후 각 단로기 등을 개방하고 확인할 것
③ 차단장치나 단로기 등에 잠금장치 및 꼬리표를 부착할 것
④ 개로된 전로에서 유도전압 또는 전기에너지가 축적되어 근로자에게 전기위험을 끼칠 수 있는 전기기기 등은 접촉하기 전에 잔류전하를 완전히 방전시킬 것
⑤ 검전기를 이용하여 작업 대상 기기가 충전되었는지를 확인할 것
⑥ 전기기기 등이 다른 노출 충전부와의 접촉, 유도 또는 예비동력원의 역송전 등으로 전압이 발생할 우려가 있는 경우에는 충분한 용량을 가진 단락 접지기구를 이용하여 접지할 것

79 ▶ ②

온도등급 T4는 135℃를 초과해서는 안 된다.

80 ▶ ①

전기기계·기구 기능
① ACB(Air Circuit Breaker) : 기중차단기
② DS(Disconnecting Switch) : 단로기(무부하개폐)
③ 피뢰침 : 낙뢰로 인한 이상전압을 대지로 방전

제5과목 : 화학설비 안전 관리

81 빈출 ▶ ③

가스 또는 분진 폭발 위험장소의 건축물(내화구조)
① 건축물의 기둥 및 보는 지상 1층(지상 1층의 높이가 6미터를 초과하는 경우에는 6미터)까지
② 위험물 저장·취급용기의 지지대(높이가 30센티미터 이하인 것 제외)는 지상으로부터 지지대의 끝부분까지
③ 배관·전선관 등의 지지대는 지상으로부터 1단(1단의 높이가 6미터를 초과하는 경우에는 6미터)까지

tip
물 분무시설 또는 폼헤드설비 등의 자동소화설비를 설치하여 화재 시 2시간 이상 안전성을 유지할 경우 내화구조로 하지 아니할 수 있다.

82 ▶ ①

인화점
① 이황화탄소 : -30℃
② 아세톤 : -18℃
③ 크실렌 : 17 ~ 23℃
④ 경유 : 50 ~ 70℃

83 ▶ ③

강화액 소화기
① 물에 탄산칼륨을 보강시킨 소화기
② 탄산 칼륨으로 빙점을 -30 ~ -25℃ 까지 낮춘 한냉지 또는 겨울철 사용 소화기

84 빈출 ▶ ③

수분은 분진의 부유성을 억제하므로 수분농도가 클수록 폭발위험성을 감소시키고 수분농도가 작을수록 폭발위험성을 증대시킨다.

85 ▶ ①

탄산가스 소화약제

특징	① 이음매 없는 고압가스 용기 사용 ② 용기 내의 액탄산가스를 줄 톰슨 효과에 의해 드라이 아이스로 방출 ③ 질식 및 냉각 효과이며 전기화재에 가장 적당. 유류 화재에도 사용 ④ 소화 후 증거 보존이 용이하나 방사거리가 짧은 단점 ⑤ 반도체 및 컴퓨터 설비 등에 사용 가능 ⑥ 기체 팽창률 및 기화 잠열이 큼
탄산가스의 성질	① 더 이상 산소와 반응하지 않는 안전한 가스이며 공기보다 무거움(분자량 44) ② 전기에 대한 절연성이 우수함

86 ▶ ④

아세톤의 인화점은 약 -18 ~ -20℃이다.

87 빈출 ▶ ④

자연발화 방지방법
① 통풍이 잘 되게 할 것
② 저장실 온도를 낮출 것
③ 열이 축적되지 않는 퇴적방법을 선택할 것
④ 습도가 높지 않도록 할 것

88 ▶ ④
최소발화에너지의 변화 요인
① 압력이나 온도의 증가에 따라 감소하며, 공기 중에서보다 산소 중에서 더 감소함
② 분진의 MIE는 일반적으로 가연성 가스보다 큰 에너지 준위를 가짐
③ 질소 농도 증가는 MIE를 증가시킴

89 ▶ ④
일산화탄소
① 공기보다 약간 가벼운 무색, 무취의 기체로 독성이 강하다.
② 폭발범위가 12.5% ~ 74%로 공기 중에서 잘 연소한다.

90 빈출 ▶ ④
화재감지기의 종류
① 열감지기 : 차동식, 정온식, 보상식
② 연기감지기 : 광전식, 이온화식

91 빈출 ▶ ④
가연물의 구비조건
① 산소와 친화력이 좋고 표면적이 넓을 것
② 반응열(발열량)이 클 것
③ 열전도율이 작을 것
④ 활성화 에너지가 작을 것

92 ▶ ③
폭발등급

폭발등급	안전간격(mm)	대상가스
II A	0.9 이상	일산화탄소, 메탄, 암모니아, 프로판, 가솔린, 벤젠 등
II B	0.5 초과 0.9 미만	에틸렌, 석탄가스
II C	0.5 이하	수소, 수성가스, 아세틸렌, 이황화탄소

93 ▶ ③
위험물 건조설비 사용 시 준수사항
① 미리 내부를 청소하거나 환기할 것
② 건조로 인하여 발생하는 가스·증기 또는 분진에 의하여 폭발·화재의 위험이 있는 물질을 안전한 장소로 배출시킬 것
③ 위험물 건조설비를 사용하여 가열 건조하는 건조물은 쉽게 이탈되지 않도록 할 것
④ 고온으로 가열건조한 가연성 물질은 발화의 위험이 없는 온도로 냉각한 후에 격납시킬 것
⑤ 건조설비에 근접한 장소에는 가연성 물질을 두지 아니하도록 할 것

94 빈출 ▶ ④
플레임 어레스터(flame arrester)
가연성 증기가 발생하는 유류저장 탱크에서 증기를 방출하거나 외기를 흡입하는 부분에 설치하는 안전장치로서 화염차단을 목적으로 하며, 40mesh 이상의 가는 눈금의 금망이 여러 개 겹쳐져 있다.

95 ▶ ④
최소발화에너지

가연성 가스	공기 중 최소발화에너지 (10^{-3})	가연성 가스	공기 중 최소발화에너지 (10^{-3})J
이황화탄소	0.015	벤젠	0.20
수소	0.019	메탄	0.28
아세틸렌	0.02	에탄	0.31
에틸렌	0.096	프로판	0.31

96 ▶ ①
캐비테이션(공동현상) 방지법
① 펌프의 설치높이를 낮추어 흡입양정을 짧게 한다.
② 펌프의 임펠러를 수중에 완전히 잠기게 한다.
③ 흡입배관의 관지름을 굵게 하거나 굽힘을 적게 한다.
④ 펌프 회전수를 낮추어 속도를 작게 한다.
⑤ 양 흡입 펌프를 사용하거나 두 대 이상의 펌프를 사용한다.
⑥ 펌프 흡입관의 마찰손실 및 저항을 작게 한다.

97 ▶ ②
에틸알콜(C_2H_5OH)의 연소반응식
$C_2H_5OH + 3O_2 \rightarrow 2CO_2 + 3H_2O$

98 빈출 ▶ ①
르샤틀리에의 법칙(혼합가스의 폭발범위 계산)
$$\frac{100}{L} = \frac{V_1}{L_1} + \frac{V_2}{L_2} = \frac{75}{2.5} + \frac{25}{5.0} = 35 \quad \therefore L = 2.857$$

99 ▶ ③
할론 넘버 : C, F, Cl, Br의 개수로 표시
① 일염화 일취화 메탄 : 1011
② 일취화 일염화 이불화 메탄 : 1211
③ 이취화 사불화 에탄 : 2402
④ 일취화 삼불화 메탄 : 1301

100 ▶ ④

급성 독성 물질

쥐 또는 토끼에 대한 경피흡수실험에 의하여 실험동물의 50%를 사망시킬 수 있는 물질의 양, 즉 LD50(경피, 토끼 또는 쥐)이 kg당 1,000mg(체중) 이하인 화학물질

▌제6과목 : 건설공사 안전 관리

101 ▶ ②

투하설비

높이가 3미터 이상인 장소로부터 물체를 투하하는 경우 적당한 투하설비를 설치하거나 감시인을 배치하는 등 위험을 방지하기 위하여 필요한 조치를 하여야 한다.

102 ▶ ③

양중기의 종류
① 크레인(호이스트 포함)
② 이동식 크레인
③ 리프트(건설용 리프트, 산업용 리프트, 자동차정비용 리프트, 이삿짐운반용 리프트)
④ 곤돌라
⑤ 승강기

103 ▶ ②

부두 등 하역작업장 조치사항(보기 외에)
① 부두 또는 안벽의 선을 따라 통로를 설치하는 때에는 폭을 90cm 이상으로 할 것
② 바닥으로부터 높이 2m 이상 하적단(포대, 가마니 등)은 인접 하적단과 간격을 하적단 밑부분에서 10cm 이상 유지
③ 육상에서의 통로 및 작업장소로서 다리 또는 선거 갑문을 넘는 보도 등의 위험한 부분에는 안전난간 또는 울타리 등을 설치할 것

104 ▶ ②

표준관입시험(S. P. T)
① 질량 63.5±0.5 kg의 드라이브 해머를 760±10 mm 자유낙하시키고 보링로드 머리부에 부착한 노킹블록을 타격하여 보링로드 앞 끝에 부착한 표준관입 시험용 샘플러를 지반에 300mm 박아 넣는 데 필요한 타격횟수 N값을 측정한다.
② N값이 4 ~ 10이면 상대밀도가 느슨한 상태이며, 상대밀도가 매우 단단한 정도는 50을 초과하는 경우이다.

105 ▶ ②

산소농도 측정 결과 산소 결핍이 인정되거나 굴착 깊이가 20미터를 초과하는 경우에는 송기를 위한 설비를 설치하여 필요한 양의 공기를 공급해야 한다.

106 ▶ ④

연결철물을 사용하여 수직재를 견고하게 연결하고, 연결부위가 탈락 또는 꺾이지 않도록 하는 것은 시스템동바리를 조립할 경우의 안전조치 사항이다.

107 ▶ ②

슬라이딩폼

구조가 간단하고 연속해서 시공이 가능하며 작업관리가 쉽고 일체식 시공이 가능하기 때문에 사일로나 교량의 교각 등에 사용한다.

108 ▶ ③

와이어로프의 안전계수

근로자가 탑승하는 운반구를 지지하는 달기와이어로프 또는 달기체인의 경우	10 이상
화물의 하중을 직접 지지하는 달기와이어로프 또는 달기체인의 경우	5 이상
훅, 샤클, 클램프, 리프팅 빔의 경우	3 이상
그 밖의 경우	4 이상

109 ▶ ③

구축물 등의 안전성 평가
① 구축물 등의 인근에서 굴착·항타작업 등으로 침하·균열 등이 발생하여 붕괴의 위험이 예상될 경우
② 구축물 등에 지진, 동해(凍害), 부동침하(不同沈下) 등으로 균열·비틀림 등이 발생했을 경우
③ 구축물 등이 그 자체의 무게·적설·풍압 또는 그 밖에 부가되는 하중 등으로 붕괴 등의 위험이 있을 경우
④ 화재 등으로 구축물 등의 내력(耐力)이 심하게 저하됐을 경우
⑤ 오랜 기간 사용하지 않던 구축물 등을 재사용하게 되어 안전성을 검토해야 하는 경우
⑥ 구축물 등의 주요구조부에 대한 설계 및 시공 방법의 전부 또는 일부를 변경하는 경우
⑦ 그 밖의 잠재위험이 예상될 경우

110 ▶①

흙막이 지보공 설치 시 점검사항
① 부재의 손상·변형·부식·변위 및 탈락의 유무와 상태
② 버팀대의 긴압의 정도
③ 침하의 정도
④ 부재의 접속부·부착부 및 교차부의 상태

111 ▶④

사다리식 통로의 기울기는 75도 이하로 할 것. 다만, 고정식 사다리식 통로의 기울기는 90도 이하로 하고, 그 높이가 7미터 이상인 경우에는 다음의 구분에 따른 조치를 할 것
① 등받이울이 있어도 근로자 이동에 지장이 없는 경우 : 바닥으로부터 높이가 2.5미터 되는 지점부터 등받이울을 설치할 것
② 등받이울이 있으면 근로자가 이동이 곤란한 경우 : 한국산업표준에서 정하는 기준에 적합한 개인용 추락 방지 시스템을 설치하고 근로자로 하여금 한국산업표준에서 정하는 기준에 적합한 전신안전대를 사용하도록 할 것

112 ▶②

곤돌라형 달비계의 작업발판은 폭을 40cm 이상으로 하고 틈새가 없도록 할 것

113 ▶①

높이가 20m 초과하거나 중량물의 적재를 수반하는 작업의 경우 주틀 간의 간격을 1.8m 이하로 할 것

114 ▶③

난간대는 지름 2.7센티미터 이상의 금속제 파이프나 그 이상의 강도가 있는 재료일 것

115 ▶③

유해위험 방지계획서를 제출해야 될 대상 건설업
① 다음의 어느 하나에 해당하는 건축물 또는 시설 등의 건설, 개조 또는 해체공사
  ㉠ 지상 높이가 31미터 이상인 건축물 또는 인공구조물
  ㉡ 연면적 3만제곱미터 이상인 건축물
  ㉢ 연면적 5천제곱미터 이상인 시설로서 다음의 어느 하나에 해당하는 시설
    ㉮ 문화 및 집회시설 ㉯ 판매시설, 운수시설
    ㉰ 종교시설   ㉱ 의료시설 중 종합병원
    ㉲ 숙박시설 중 관광숙박시설 ㉳ 지하도 상가
    ㉴ 냉동, 냉장 창고시설
② 최대 지간 길이가 50미터 이상인 다리의 건설 등 공사
③ 연면적 5천 제곱미터 이상인 냉동, 냉장창고 시설의 설비공사 및 단열공사
④ 다목적댐, 발전용댐, 저수용량 2천만톤 이상의 용수전용댐 및 지방상수도 전용댐의 건설 등 공사
⑤ 터널의 건설 등 공사
⑥ 깊이 10미터 이상인 굴착 공사

116 ▶②

와이어로프의 사용제한 조건
① 와이어로프의 한 꼬임(스트랜드)에서 끊어진 소선의 수가 10% 이상인 것
② 지름의 감소가 공칭지름의 7%를 초과하는 것
③ 꼬인 것
④ 심하게 변형되거나 부식된 것

117 ▶④

비계를 조립하는 등의 방법으로 작업발판을 설치하며, 비계의 기둥과 기둥은 띠장, 장선, 가새 등으로 연결한다.

118 ▶①

항만하역작업 시 선박 승강설비
① 300톤급 이상의 선박에서 하역작업 시 현문 사다리(승강설비) 및 안전망을 설치하여야 한다.
② 현문 사다리는 견고한 재료로 제작된 것으로 너비 55cm 이상 양측에 82cm 이상의 높이로 울타리 설치 및 바닥은 미끄러지지 않도록 적합한 재질로 처리되어야 한다.

119 ▶①

근로자가 수직방향으로 이동하는 철골부재에는 답단 간격이 30센티미터 이내인 고정된 승강로를 설치하여야 하며, 수평방향 철골과 수직방향 철골이 연결되는 부분에는 연결작업을 위하여 작업발판 등을 설치하여야 한다.

120 ▶④

파일럿(pilot) 터널
본터널 굴착 전에 여러 가지 다양한 조사를 목적으로 pilot 터널을 선시공(선진도갱공법)

박문각 자격증 시리즈
산업안전기사
필기 8개년 기출문제집 + 무료특강

초판인쇄	2026. 1. 10		저자와의
초판발행	2026. 1. 15		협의 하에
			인지 생략

편 저 자	김용원
발 행 인	박용
출판총괄	김현실
개발책임	이성준
편집개발	김태희, 김지은
마 케 팅	김치환, 최지희
일러스트	㈜ 유미지

발 행 처	㈜ 박문각출판
출판등록	등록번호 제2019-000137호
주 소	06654 서울시 서초구 효령로 283 서경B/D 4층
전 화	(02) 6466-7202
팩 스	(02) 584-2927
홈페이지	www.pmgbooks.co.kr

ISBN	979-11-7519-172-3
정가	38,000원

이 책의 무단 전재 또는 복제 행위는 저작권법 제 136조에 의거, 5년 이하의 징역 또는 5,000만원 이하의 벌금에 처하거나 이를 병과할 수 있습니다.